CAD/CAM/CAE 微视频讲解大系

中文版 AutoCAD 2022
室内装潢设计从入门到精通
（实战案例版）

1376 分钟同步微视频讲解　160 个实例案例分析

疑难问题集　☑应用技巧集　☑典型练习题　☑认证考题　☑常用图块集　☑大型图纸案例及视频　☑PPT 课件

天工在线　编著

中国水利水电出版社
www.waterpub.com.cn
· 北京 ·

内 容 提 要

《中文版AutoCAD 2022室内装潢设计从入门到精通（实战案例版）》是一本应用AutoCAD 2022软件进行室内装潢设计的基础教程、视频教程。本教程以AutoCAD 2022软件为平台，从实际应用出发，系统而全面地介绍了AutoCAD 2022软件在室内装潢设计中的应用技巧。全书分3篇，共23章。第1篇为基础知识篇，主要介绍了室内设计与AutoCAD 2022软件应用的基础知识，具体包括室内设计的基本概念、AutoCAD 2022入门知识、基本绘图设置、二维绘图命令、编辑命令、精确绘制图形、文本与表格、尺寸标注、辅助绘图工具、图纸布局与出图等。在讲解过程中，重要知识点配有实例操作和视频讲解，在让读者更好地理解和掌握知识点的应用的同时，切实提高读者的动手操作能力。第2篇和第3篇为实战案例篇，分别介绍了酒店中餐厅和商业广场展示中心的平面图、顶棚图、地坪图、装饰图、立面图、剖面图的绘制方法及绘制过程，通过具体案例的操作与演练，全面提升读者灵活运用AutoCAD软件进行室内装潢设计的综合技能。

本书配备了极为丰富的学习资源。其中，配套资源包括：①160个实例的同步微视频讲解，扫描二维码即可随时随地看视频，超方便；②全书实例的源文件和初始文件可以直接调用或查看，对比学习，效率更高。附赠资源包括：①AutoCAD疑难问题集、AutoCAD应用技巧集、AutoCAD常用图块集、AutoCAD常用填充图案集、AutoCAD常用快捷命令速查手册、AutoCAD常用快捷键速查手册、AutoCAD常用工具按钮速查手册；②9套室内装潢、建筑相关的大型设计图纸图集、源文件及25小时的同步视频讲解；③AutoCAD认证考试大纲、AutoCAD认证考试样题。

本书适合AutoCAD室内设计从入门到提高、到精通各层次的读者使用，也适合作为应用型高校或相关培训机构的AutoCAD室内设计教材，还可作为室内装潢设计工程技术人员的参考工具书。AutoCAD 2012、2014、2018、2020等较低版本的读者也可参考学习。

图书在版编目（CIP）数据

中文版AutoCAD 2022室内装潢设计从入门到精通：实战案例版 / 天工在线编著. — 北京：中国水利水电出版社，2022.10

（CAD/CAM/CAE微视频讲解大系）

ISBN 978-7-5226-0528-9

Ⅰ. ①中… Ⅱ. ①天… Ⅲ. ①室内装潢设计－计算机辅助设计－AutoCAD软件 Ⅳ. ①TU238.2-39

中国版本图书馆CIP数据核字（2022）第037940号

丛 书 名	CAD/CAM/CAE微视频讲解大系
书　　名	中文版AutoCAD 2022室内装潢设计从入门到精通（实战案例版） ZHONGWENBAN AutoCAD 2022 SHINEI ZHUANGHUANG SHEJI CONG RUMEN DAO JINGTONG
作　　者	天工在线　编著
出版发行	中国水利水电出版社 （北京市海淀区玉渊潭南路1号D座　100038） 网址：www.waterpub.com.cn E-mail：zhiboshangshu@163.com 电话：（010）62572966-2205/2266/2201（营销中心）
经　　售	北京科水图书销售有限公司 电话：（010）68545874、63202643 全国各地新华书店和相关出版物销售网点
排　　版	北京智博尚书文化传媒有限公司
印　　刷	涿州市新华印刷有限公司
规　　格	203mm×260mm　16开本　31.25印张　823千字　4插页
版　　次	2022年10月第1版　2022年10月第1次印刷
印　　数	0001—5000册
定　　价	99.80元

工艺吊顶

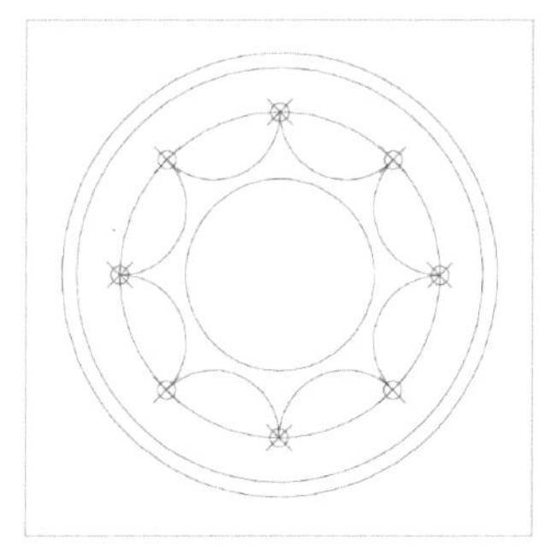
水晶吊灯

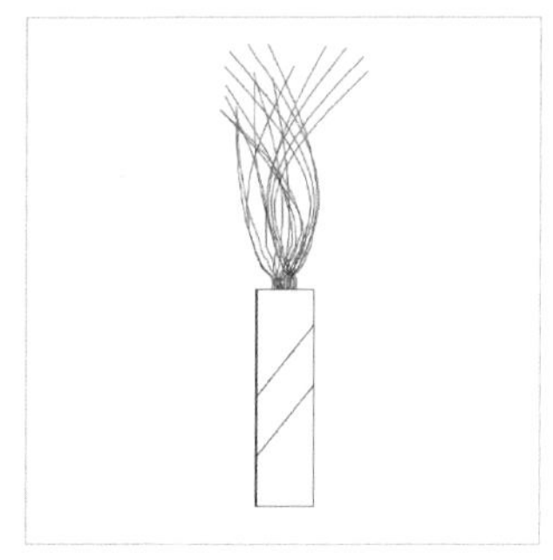
装饰瓶

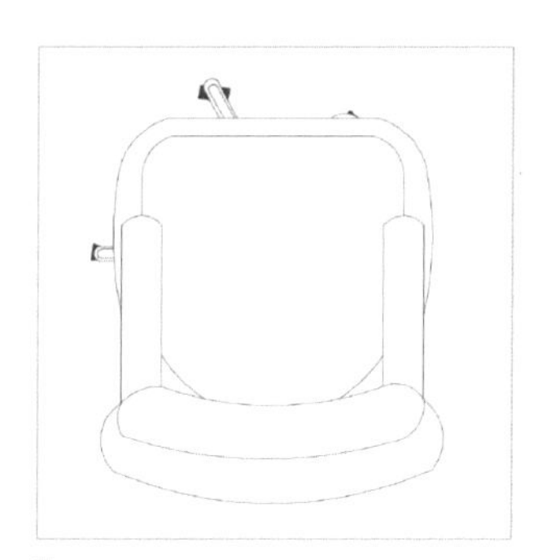
办公椅

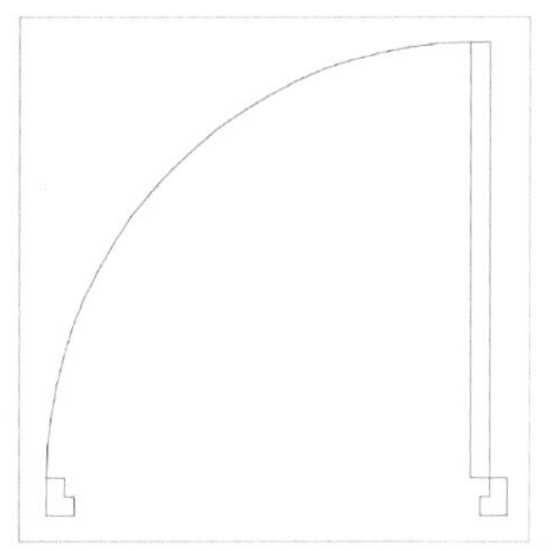
单开门

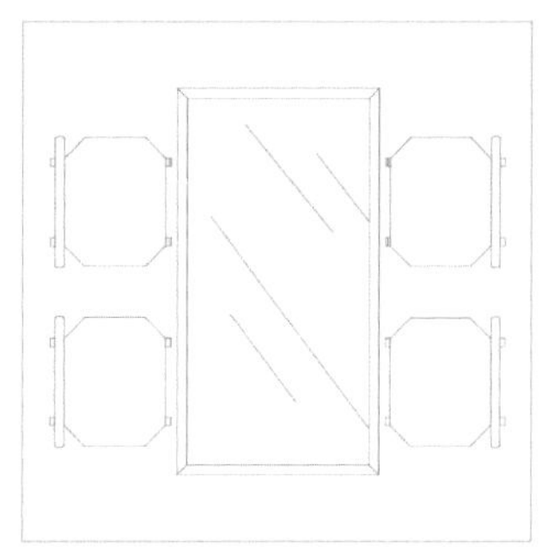
四人餐桌

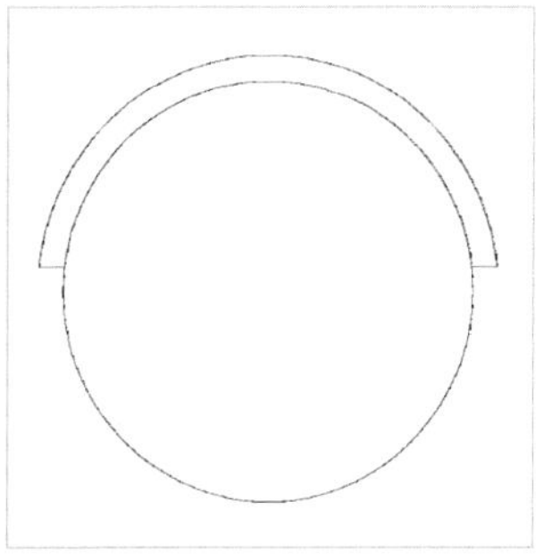
吧凳

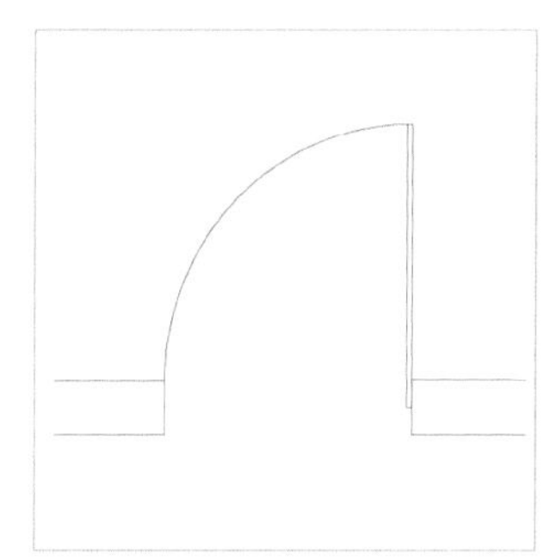
单扇平开门

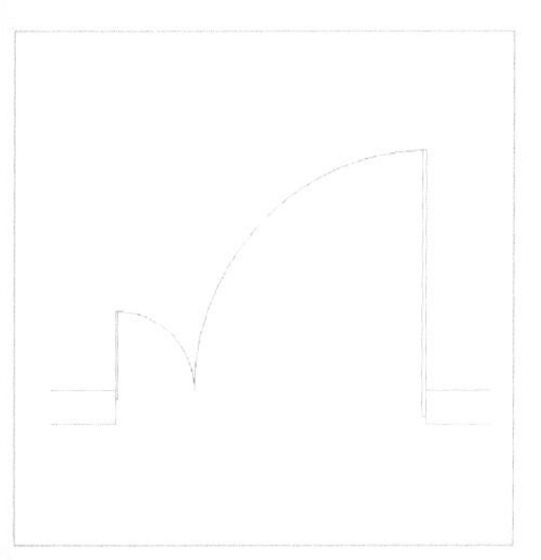
子母门

吧台

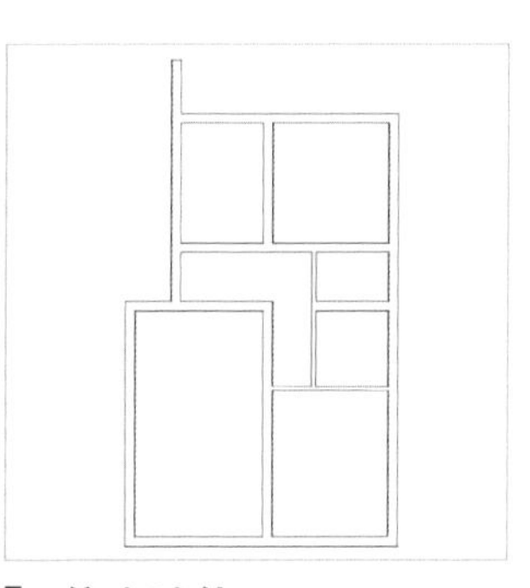
住宅墙体

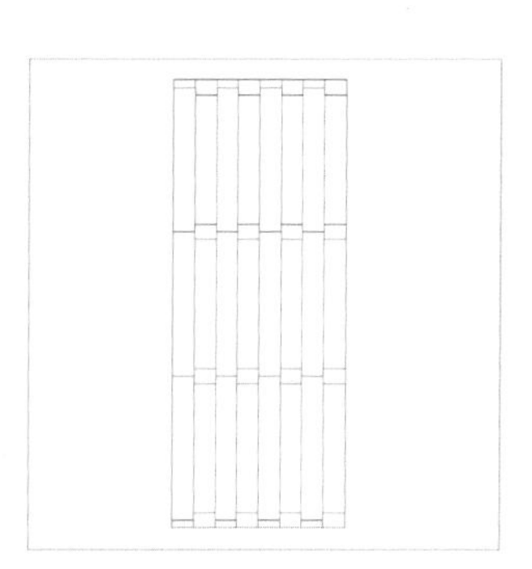
镂空屏风

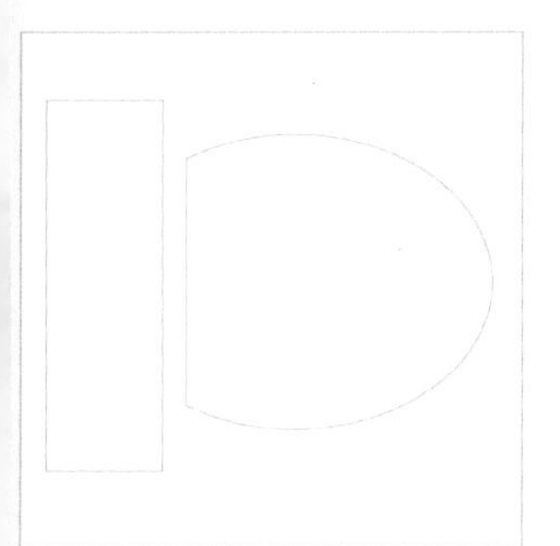
马桶

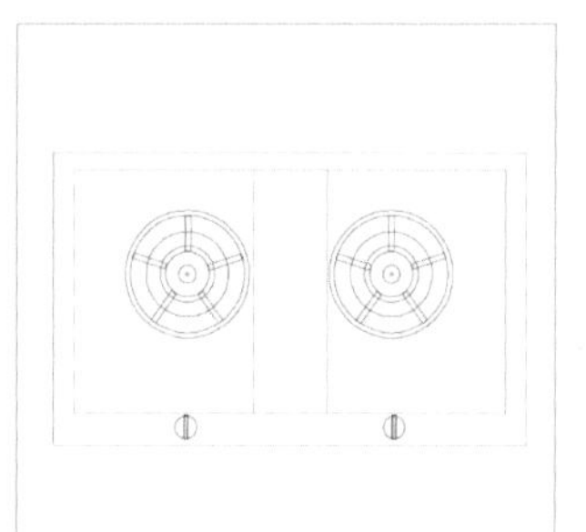
燃气灶

射灯

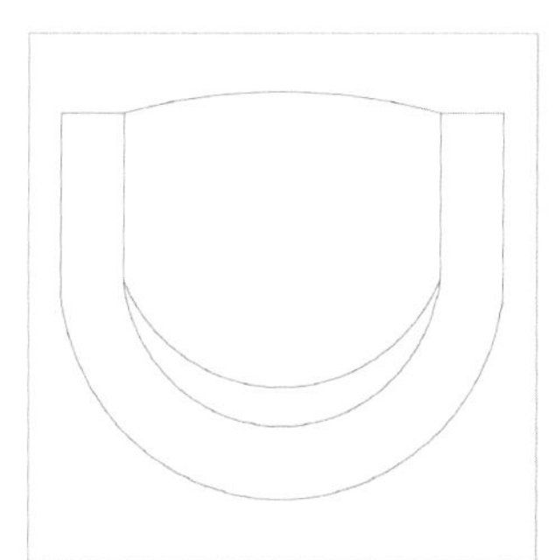
小靠背椅

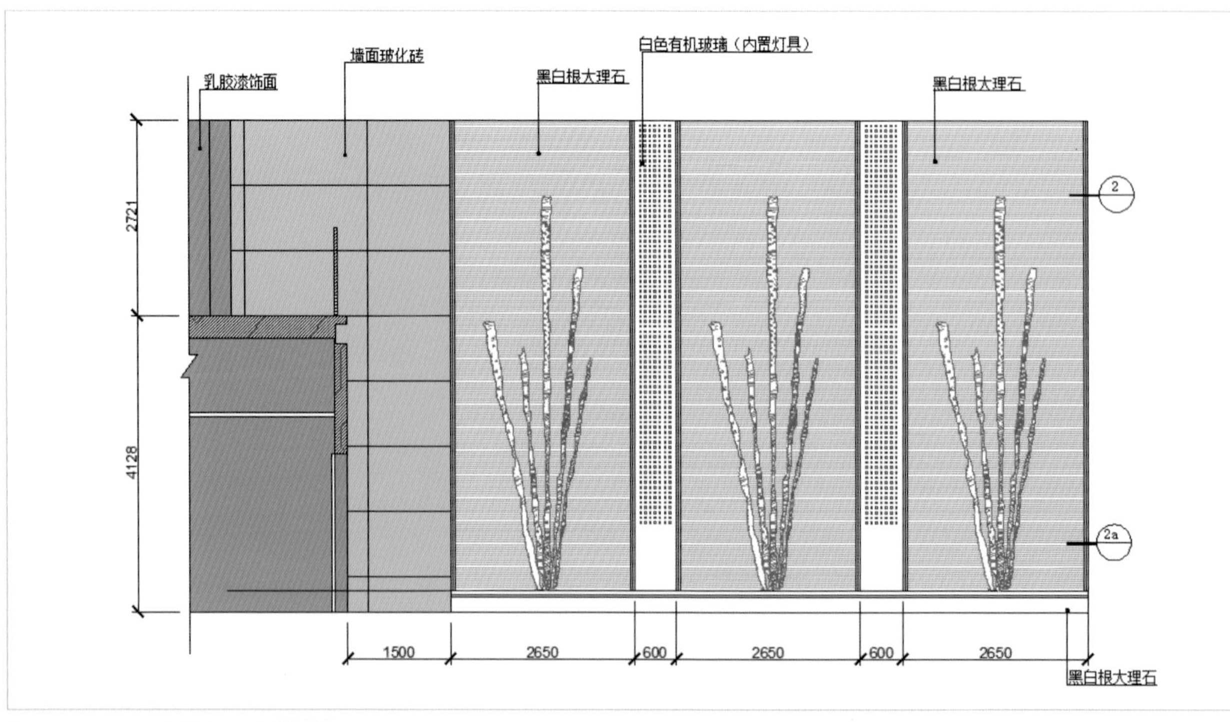

商业广场展示中心B立面图

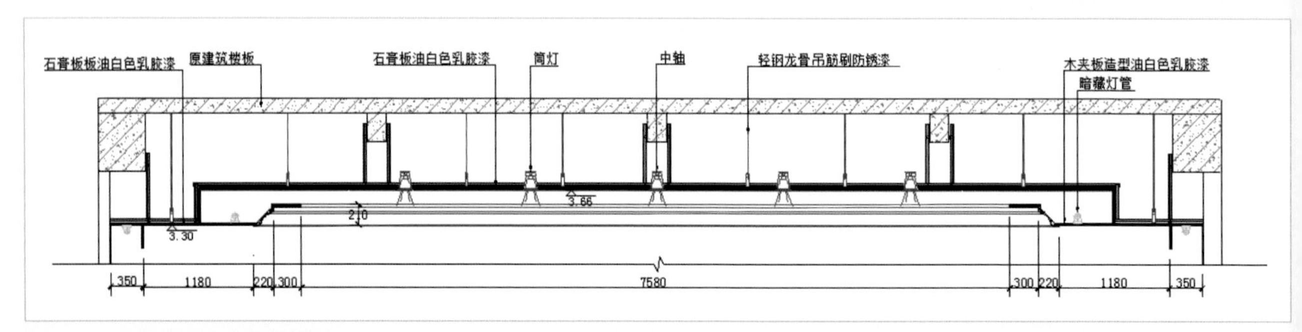

二层中餐厅剖面图的绘制

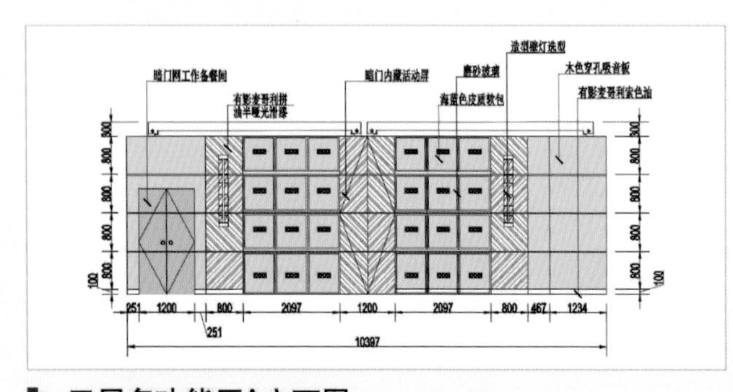

三层多功能厅A立面图

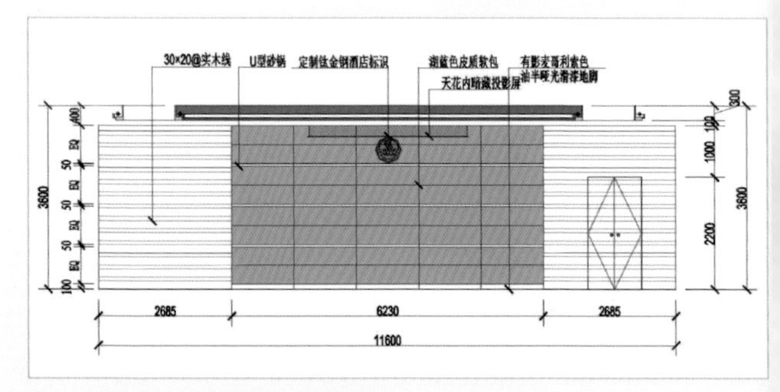

三层多功能厅C立面图

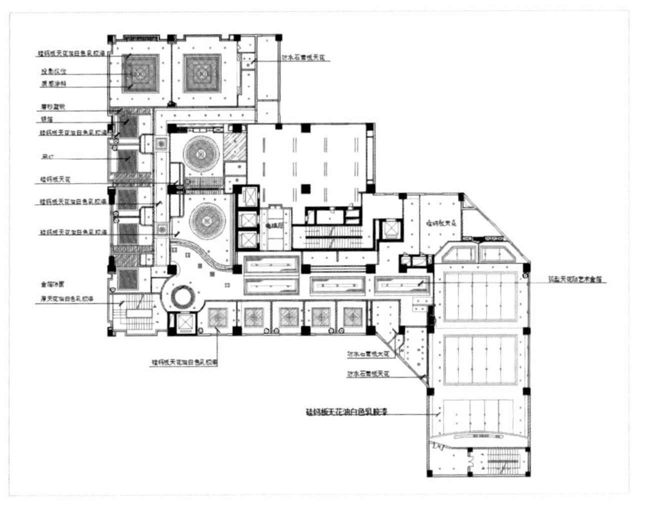

三层中餐厅顶棚图

二层中餐厅地坪图

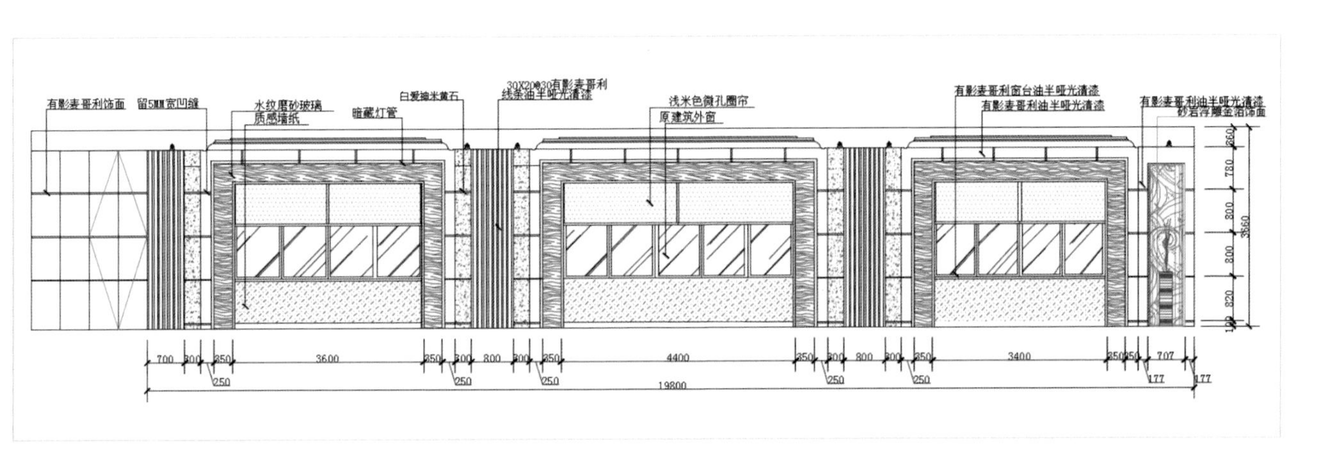

二层中餐厅B立面图

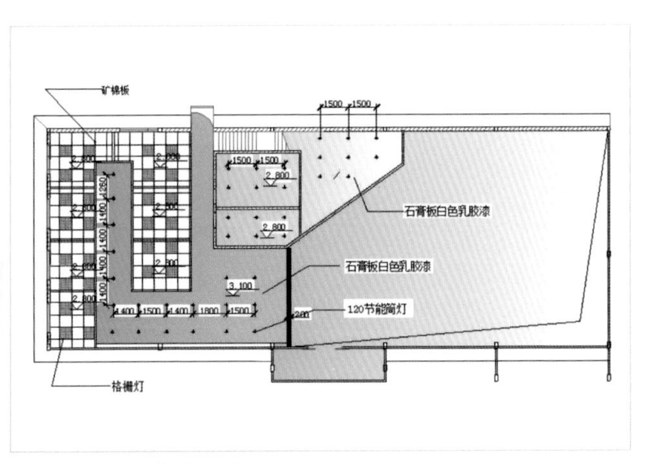

广场展示中心顶棚图

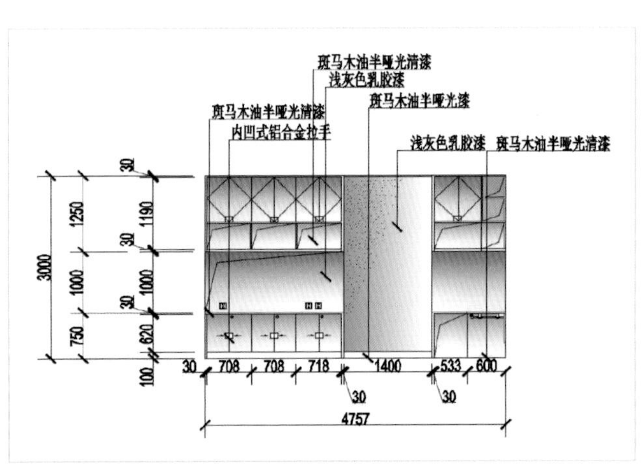

三层多功能厅控制室C立面

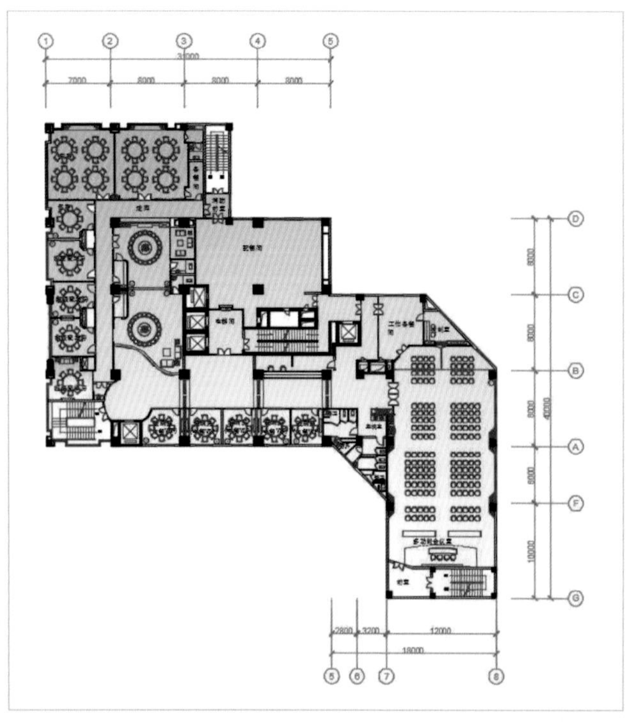

三层中餐厅装饰平面图

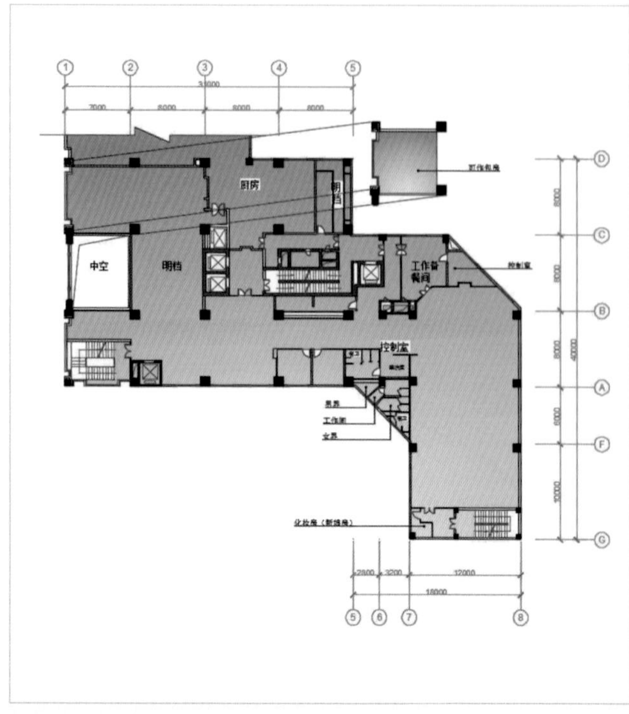

二层中餐厅平面图

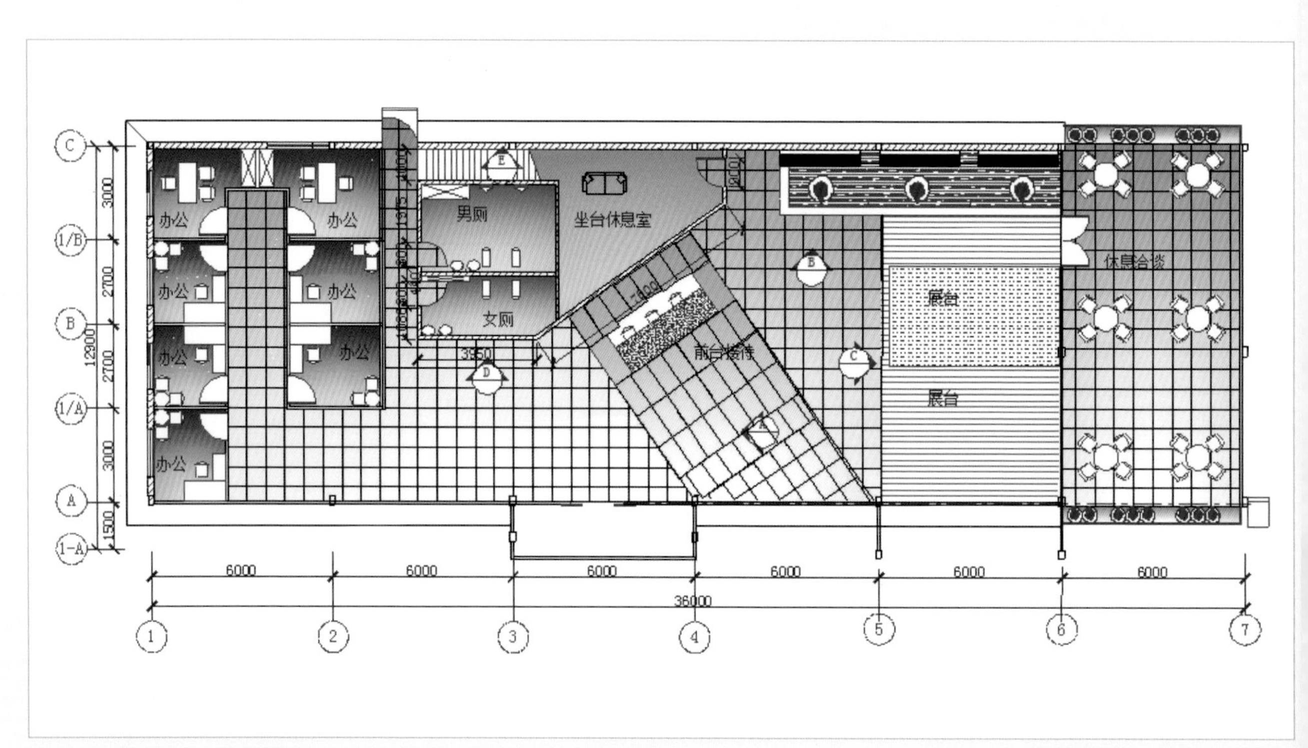

广场展示中心地坪图

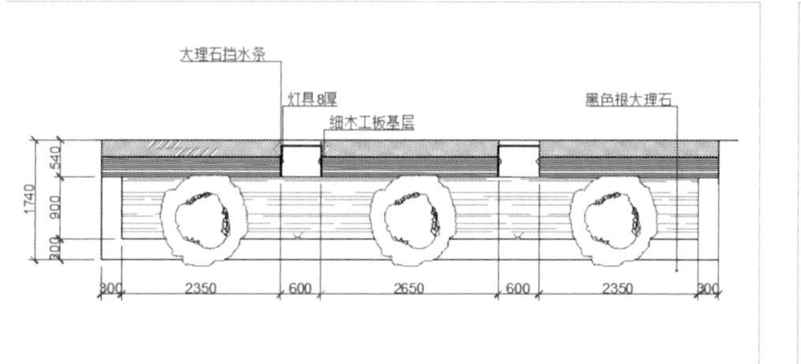

商业广场展示中心剖面图2

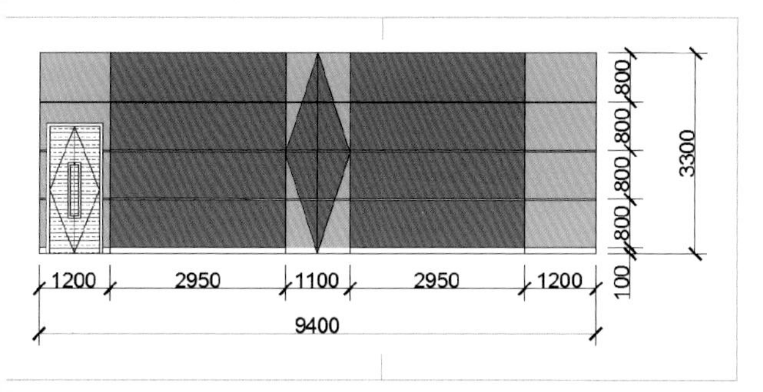

二层中餐厅A立面图

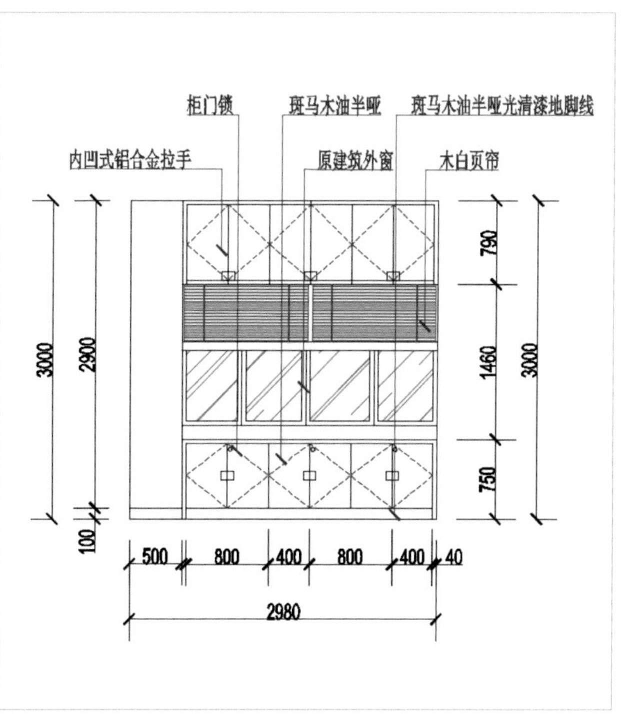

二层中餐厅化妆室D立面

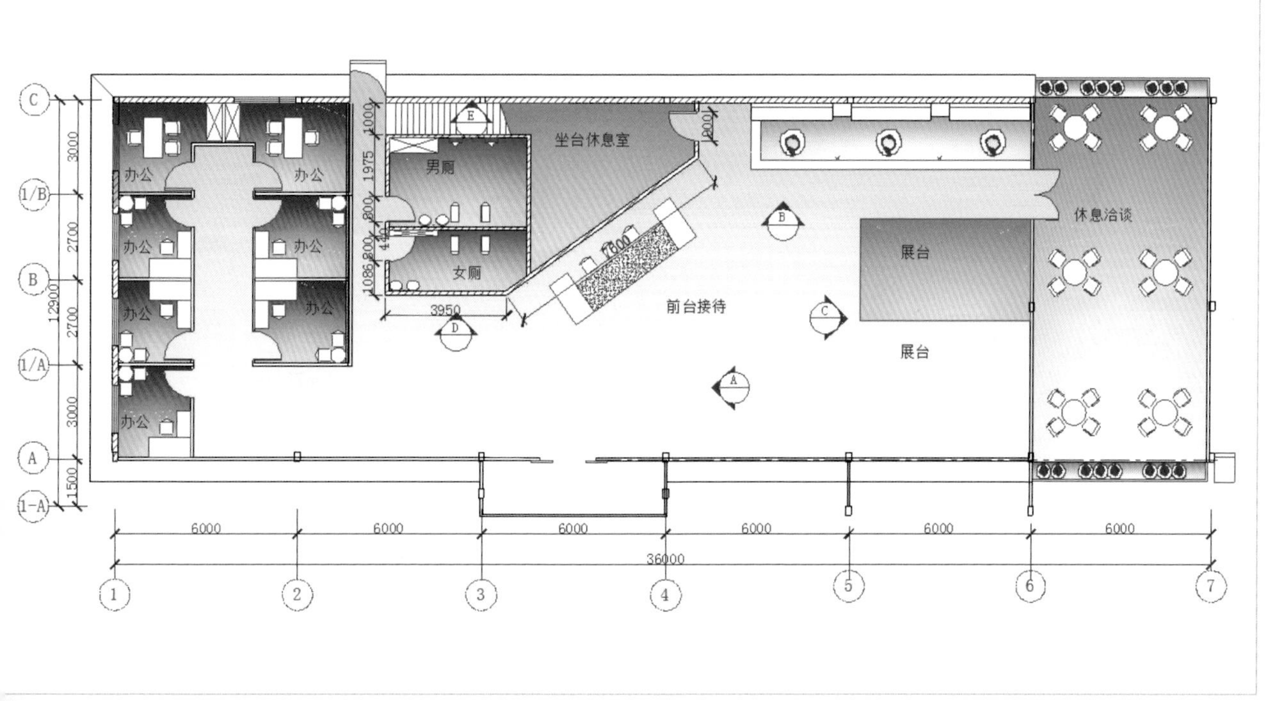

广场展示中心装饰平面图

Try your best
Never underestimate your power to change yourself!

前　言

Preface

近年来，随着计算机的发展，计算机辅助设计（CAD）和计算机辅助制造（CAM）技术也得到了飞速发展。AutoCAD 软件作为产品设计的一个重要工具，因具有操作简单、功能强大、性能稳定、兼容性好、扩展性强等优点，成为计算机辅助设计系统中应用最为广泛的图形软件之一。AutoCAD 是 Autodesk 公司开发的一款自动计算机辅助设计软件，是集二维绘图、三维设计、参数化设计、协同设计、通用数据库管理和互联网通信功能于一体的计算机辅助绘图软件包。室内设计是 AutoCAD 的一个重要的应用方向，同时，AutoCAD 还在室内设计平面图、立面图、装饰图的绘制方面发挥着重要作用，更因其绘图的便利性和可修改性，使设计人员的工作效率在很大程度上得到了提高。

本书是以 AutoCAD 2022 版本为基础进行讲解的。

本书特点

➘ 内容合理，适合自学

本书定位以室内设计初学者为主，它充分考虑了初学者的特点，在内容讲解上由浅入深、循序渐进，能引领读者快速入门。在知识点上，本书不求面面俱到，但求够用，学好本书，即可快速掌握室内设计工作中需要的所有重点技术。

➘ 视频讲解，通俗易懂

为了提高学习效率，本书的实例都录制有教学视频，且视频在录制时还设定了实际授课的场景，并在各知识点的关键处给出了解释、提醒和需注意事项。专业知识和经验的提炼能让读者在高效学习的同时，更多地体会到绘图的乐趣。

➘ 内容全面，实例丰富

本书系统全面地介绍了 AutoCAD 2022 软件的基础知识及其在室内装潢设计行业中的实战案例应用。对重点知识进行讲解时还配有实例操作和视频讲解，让读者在更好地理解和掌握知识点应用的同时，切实提高读者的动手操作能力；实战案例篇则是通过具体案例的操作与演练，来全面提升读者灵活运用 AutoCAD 软件进行室内装潢设计的综合技能。

➘ 栏目设置，精彩关键

根据需要并结合实际工作经验，作者在书中穿插了大量的“注意”“技巧”“手把手教你学”等模块，给读者以关键提示。此外，书中还设置了“动手练”模块，让读者在快速理解相关知识点后动手练习，达到举一反三的效果。

本书显著特色

➘ 体验好，随时随地学习

二维码扫一扫，随时随地看视频。书中大部分实例都提供了二维码，读者朋友可以通过手机微信扫一扫，随时随地观看相关的教学视频（若个别手机不能播放，请参考前言中的“本书学习资源列表及获取方式”，将视频下载到计算机上观看）。

➘ 资源多，全方位辅助学习

从配套到拓展，资源库一应俱全。本书提供了几乎所有实例的配套视频和源文件，还提供了应用技巧精选、疑难问题精选、常用图块集、全套工程图纸案例、各种快捷命令速查手册、认证考试练习题等，各类学习资源一网打尽。

➘ 实例多，用实例学习更高效

案例丰富详尽，边做边学更快捷。跟随大量实例去学习，边学边做，从做中学，可以使学习更深入、更高效。

➘ 入门易，全力为初学者着想

遵循学习规律，入门实战相结合。本书编写采用了“基础知识+实例”的模式，内容由浅入深、循序渐进，让入门与实战达到完美结合。

➘ 服务快，让你学习无后顾之忧

提供在线服务，随时随地可交流。本书提供了微信公众号、读者交流圈等多渠道的贴心服务。

本书学习资源列表及获取方式

为让读者朋友在最短的时间学会并精通 AutoCAD 辅助绘图技术，本书提供了极为丰富的学习配套资源，具体如下。

➘ 配套资源

（1）为方便读者学习，本书为所有实例录制了讲解视频，共 1376 分钟。读者可扫描二维码直接观看或参考本书的资源获取方式下载后观看。

（2）用实例学习更专业，本书包含了各类中小实例共 160 个，其素材和源文件可参考本书的资源获取方式下载后使用。

➘ 拓展学习资源

（1）AutoCAD 疑难问题集（180 问）。

（2）AutoCAD 应用技巧集（100 条）。

（3）AutoCAD 常用图块集（600 个）。

（4）AutoCAD 常用填充图案集（671 个）。

（5）AutoCAD 常用快捷命令速查手册（1 部）。

（6）AutoCAD 常用快捷键速查手册（1 部）。

（7）AutoCAD 常用工具按钮速查手册（1 部）。

（8）AutoCAD 大型设计图纸源文件及视频（9 套）。

（9）AutoCAD 2022 工程师认证考试大纲（2 部）。

（10）AutoCAD 认证考试样题（256 道）。

以上资源的获取方式如下（注意，本书不配带光盘，以上提到的所有资源均需通过下面的方法下载后使用）。

读者朋友关注下方的微信公众号（设计指北），然后输入 CD05289 并发送到公众号后台，获取本书资源的下载链接。将该链接复制到计算机浏览器的地址栏中（一定要复制到计算机浏览器的地址栏，通过计算机下载，手机不能下载，也不能在线解压，没有解压密码），按 Enter 键进入网盘资源界面。该链接为百度网盘资源下载链接，请事先在电脑中安装百度网盘和解压缩软件。

设计指北

学习交流

读者朋友可使用手机微信扫描下方的二维码，加入本书的读者交流圈，进行在线交流学习。

读者交流圈

特别说明（新手必读）：

在学习本书或按照本书中的实例进行操作之前，请先在计算机中安装 AutoCAD 2022 中文版软件，读者可以在 Autodesk 官网下载该软件的试用版本，也可以在网上商城、当地电脑城、软件经销商处购买其安装软件。

关于作者

本书由天工在线组织编写。天工在线是一个集 CAD/CAM/CAE 技术研讨、工程开发、培训咨询和图书创作于一体的工程技术人员协作联盟，其中有 40 多位专职及众多兼职的 CAD/CAM/CAE 工程技术专家。

天工在线负责人由 Autodesk 中国认证考试中心首席专家担任，全面负责 Autodesk 中国官方认证考试大纲的制定、题库建设、技术咨询和师资力量的培训等工作。天工在线的成员精通

Autodesk 系列软件，他们编著的很多教材都成为了国内具有引导性的旗帜作品，在国内相关专业方向图书创作领域具有举足轻重的地位。

本书具体的编写人员有胡仁喜、刘昌丽、康士廷、闫聪聪、杨雪静、卢园、孟培、解江坤、井晓翠、张亭、万金环、王敏等，在此对他们的付出深表谢意！

致谢

本书能够顺利出版，是作者、编辑和所有审校人员共同努力的结果，在此对他们表示深深的感谢，同时祝福所有读者在通往优秀设计师的道路上一帆风顺！

编　者

2022 年 2 月

目　录

Contents

第1篇　基础知识篇

第2篇 酒店中餐厅篇

第 3 篇 商业广场展示中心篇

1

为了让人们在室内环境中能够舒适地生活，我们需要从整体上考虑环境和家具的布置布局。室内设计的根本目的在于创造出满足人们物质与精神两方面需求的空间环境。

第 1 篇　基础知识篇

本篇主要介绍室内设计的基础知识与 AutoCAD 2022 基础知识。包括室内设计的基本概念、AutoCAD 2022 入门、基本绘图设置、简单和高级二维绘图命令、简单和高级编辑命令、精确绘制图形、文本与表格、尺寸标注、辅助绘图工具和图纸布局与出图。通过本篇的学习，读者可以打下 AutoCAD 绘图在室内应用的基础，为后面的室内设计的学习做准备。

第 1 章　室内设计的基本概念

内容简介

本章主要介绍室内设计的基本概念和理论。在掌握了基本概念的基础上，才能理解和领会室内设计布置图中的内容和安排方法，更好地学习室内设计的知识。

内容要点

- 室内设计基础
- 室内设计原理
- 室内设计制图的内容
- 室内设计制图的要求及规范
- 室内设计方法

案例效果

1.1　室内设计基础

室内装潢是现代工作、生活空间环境中比较重要的部分，也是与建筑设计密不可分的组成部分。了解室内装潢的特点和要求，对学习使用 AutoCAD 进行设计是十分必要的。

1.1.1　室内设计概述

室内（Interior）是指建筑物的内部，即建筑物的内部空间。室内设计（Interior Design）就是对建筑物内部空间进行的设计。所谓“装潢”，意为装点、美化和打扮。关于室内设计的特点与专业范围，众说纷纭，但把室内设计简单地称为“装潢设计”是一种较为普遍的说法。诚然，在室内设计工作中含有装潢设计的内容，但它又不完全是单纯的装潢问题。要深刻地理解室内设计的含义，掌握其内涵和特色，需要我们对历史文化、技术水平、城市文脉、环境状况、经济条件、生活习俗和审美要求等因素作出综合分析。在创作过程中，室内设计不同于雕塑、绘画等造型艺术形式能再现生活，它只能运用特殊手段，如空间、体型、细部、色彩、质感等形成的整体效果，表达出各种抽象的意味，如宏伟、壮观、粗放、秀丽、庄严、活泼、典雅等。室内设计的创作，其构思过程是受各种制约条件限定的，因此，只能沿着一定的轨迹，运用形象的思维逻辑创造出美的艺术形式。

从含义上说，室内设计是建筑创作中不可割裂的一个组成部分，其焦点是如何为人们创造出良好的物质与精神环境。所以室内设计不是一项孤立的工作，确切地说，它是建筑构思中的深化、延伸和升华。因此，既不能人为地将它从完整的建筑总体构思中划分出去，也不能抹杀掉室内设计的相对独立性，更不能把室内外空间界定得那么分明。因为室内空间的创意是相对于室外环境和总体设计架构而存在的，二者是相互依存、相互制约、相互渗透和相互协调的有机关系。忽视或有意割断这种内在的联系，将使创作陷入空中楼阁的境地，犹如无源之水、无本之木，失掉了构思的依据，必然导致创作思路的枯竭，使其作品苍白、俗套、缺乏新意。显然，当今室内设计发展的特征更多的是强调尊重人们自身的价值观、深层的文化背景、民族的形式特色及宏观的时代潮流。通过装潢设计，可以使得室内环境更加适宜人们工作、生活。图1-1和图1-2所示是常见住宅的客厅装潢前后的效果对比。

图1-1　客厅装潢前的效果

图1-2　客厅装潢后的效果

现代室内设计作为一门新兴的学科，尽管只发展了数十年，但是人们有意识地对自己工作、生活的室内进行安排布置，甚至美化装潢，赋予室内环境以所需求的气氛，从人类文明伊始时期就已经存在了。我国各类民居，如北京的四合院、四川的山地住宅及上海的里弄建筑等，在体现地域文化的建筑形体与室内空间组织、建筑装潢的设计与制作等方面都有极为宝贵且可供借鉴的成果。随着经济的发展，从公共建筑、商业建筑，乃至千家万户的居住建筑，在室内设计和建筑装潢方面都有着蓬勃的发展。现代社会是一个经济、信息、科技、文化等方面高速发展的社会，人们对社会的物质生活和精神生活不断提出新的要求，相应地，人们对所处的工作、生活环境的质量也必将提出更高的要求，这就需要设计师从实践到理论认真学习、刻苦钻研和积极探索，如此才能创造出安全、健康、实用、美观，且具有文化内涵的室内环境。

从风格上划分，室内设计可分为中式风格、西式风格和现代风格，再进一步细分，又可分为地中海风格、北美风格等。

1.1.2　室内设计的特点

1. 室内设计是建筑的构成空间，是环境的一部分

室内设计的空间存在形式主要依靠建筑物的围合性与控制性，除了对屋顶以外的空间，进行空间

和地面两大体系的设计。当然，室内设计是以建筑为中心，与周围的环境要素共同构成的统一整体，周围的环境要素既相互联系又相互制约，组成功能相对单一、空间相对简洁的室内设计。

室内设计是整体环境的一部分，是环境空间的节点设计，是衬托主体环境的视觉构筑形象，同时室内设计的形象特色还将反映建筑物的某些功能，以及空间特征。设计师无论是在地面上运用水面、草地、踏步、铺地的变化；还是在空间中运用高墙、矮墙、花墙、透空墙等的处理；或是在向外延伸时交替使用花台、廊柱、雕塑、栏杆等多种空间的隔断形式，都要与建筑主体的功能、形象等相得益彰，在造型及色彩上也要协调统一。因此，室内设计必须在遵循整体性原则的基础上处理好整体与局部、主体与室内的关系。

2. 室内设计的相对独立性

与其他环境一样，室内是由环境的构成要素及环境设施所组成的空间系统。室内设计在整体的环境中具有相对独立的功能，也具有由环境设施构成的相对完整的空间形象，并且可以传达出相对独立的空间内涵，它在满足部分人群行为需求的基础上，也可以满足部分人群精神上的需要，以及对美的、个性化环境的追求。

室内设计虽然相对独立，但从属于整体建筑环境空间，且每一处室内设计都是为了表达某种含义或服务于某些特定的人群，它是整个环境的设计节点。

3. 室内设计的环境艺术性

室内设计是门综合艺术，它将空间的组织方法、造型方式、材料等与社会文化、情感、审美、价值趋向相结合，创造出具有艺术美感价值的环境空间，为人们提供舒适、美观、安全、实用的空间，同时满足人们生理、心理、审美等方面的需求。

环境是一种空间艺术的载体，室内设计是环境设计的一部分，所以，室内设计是环境空间与艺术的综合体现，是环境设计的细化与深入。

进行现代的室内设计，设计师要在统一、整体的环境下基于对空间造型、材料肌理、人、环境、建筑之间关系的理解进行设计。同时还要突出室内设计所具有的独立性，并利用空间环境构成要素的差异性和统一性，通过造型、质地、色彩向人们展示形象，表达特定的情感。

1.2 室内设计的原理

室内设计是一门大众参与较为广泛的艺术活动，是设计内涵集中体现的地方。室内设计是人类创造更好的生存和生活环境条件的必要活动，它运用现代的设计原理进行适当、美观的设计，使空间更加符合人们生理和心理的需求，同时也促进了人们审美意识的提高，不仅对社会的物质文明建设有着重要的促进作用，而且对精神文明建设也有着潜移默化的积极作用。

1.2.1 室内设计的作用

室内设计具有以下作用和意义。

1．提高室内造型的艺术性，满足人们的审美需求

在忙碌、紧张的现代社会生活中，人们对于城市的景观环境、居住环境及设计质量越来越关注，尤其是城市的景观环境及与人的生活息息相关的室内设计更是备受关注。

在时代发展中，强化建筑及建筑空间的个性、意境和气氛，使不同类型的建筑及外部空间更具性格特征、情感及艺术感染力，以此来满足不同人群室内活动的需要。同时，通过对空间造型、色彩基调、光线变化及空间尺度的艺术处理来营造良好的、开阔的室内视觉审美空间。

因此，室内设计从舒适、美观入手，改善并提高人们的生活水平，表现出空间造型的艺术性；同时，随着时间的流逝，室内设计将成为运用创造性而凝铸在历史中的时空艺术。

2．保护建筑主体结构的牢固性，延长建筑的使用寿命

室内设计不仅可以弥补建筑空间的缺陷与不足，加强建筑的空间序列效果，还能增强构筑物、景观的物理性能，以及辅助设施的使用效果，提高室内空间的综合使用性能。

室内设计是一门综合性学科，它要求设计师不仅要具备审美的艺术素质，同时还应具备环境保护学、园林学、绿化学、室内装修学、社会学、设计学等多门学科的综合知识，以增强建筑的物理性能和设备的使用效果，提高建筑的综合使用性能。家具、绿化、雕塑、水体、基面、小品等设计也可以弥补由建筑造成的空间缺陷与不足，加强室内设计空间的序列效果，增强室内设计中各构成要素相互融合的艺术处理，提高室外空间的综合使用性能。例如，在室内设计中，雕塑、构筑物的设置既可以改变空间的构成形式，提高空间的利用效果，也可以提升空间的审美功能，满足人们对室内空间综合性能的使用需求。

3．协调好“建筑、人、空间”三者的关系

室内设计是以人为中心的设计，是环境空间的节点设计。室内设计由建筑物围合而成，且具有限定性的空间小环境。自室内设计产生之初，它就展现出了“建筑、人、空间”三者之间协调与制约的关系。室内设计就是要将建筑的艺术风格、形成的限制性空间的强弱，使用者的个人特征、社会属性，小环境空间的色彩、造型、肌理三者之间的关系按照设计者的思想重新加以组合，以满足使用者舒适、美观、安全、实用的需求。

总之，室内设计的核心是如何通过对室内小空间进行艺术的、综合的、统一的设计，提升室内整体空间环境和室内空间环境的形象，满足人们的生理及心理需求，更好地为人类的生活、生产和活动服务并创造出新的、现代的生活理念。

1.2.2 室内设计的主体

人是室内设计的主体。人的活动决定了室内设计的目的和意义，人是室内环境的使用者和创造者。有了人，才区分出了室内和室外。

人的活动规律之一是在动态和静态间交替进行的，即动态—静态—动态—静态。

人的活动规律之二是个人活动与多人活动交叉进行。

人们在室内空间活动时，按照一般的活动规律，可将活动空间分为三种功能区，即静态功能区、动态功能区和静动双重功能区。

根据人们的具体活动行为，又有更加详细的划分：静态功能区又将划分为睡眠区、休息区、学

习办公区等，如图1-3所示；动态功能区又将划分为运动区、大厅，如图1-4所示；静动双重功能区包含了静态功能区和动态功能区的双重功能，如会客区、车站候车室等，如图1-5所示。

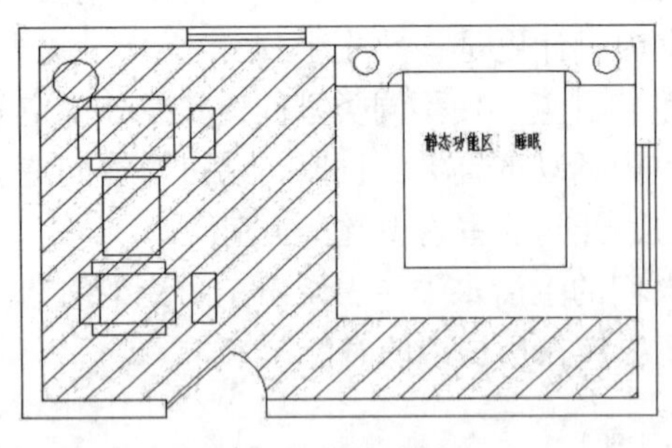

图1-3 静态功能区

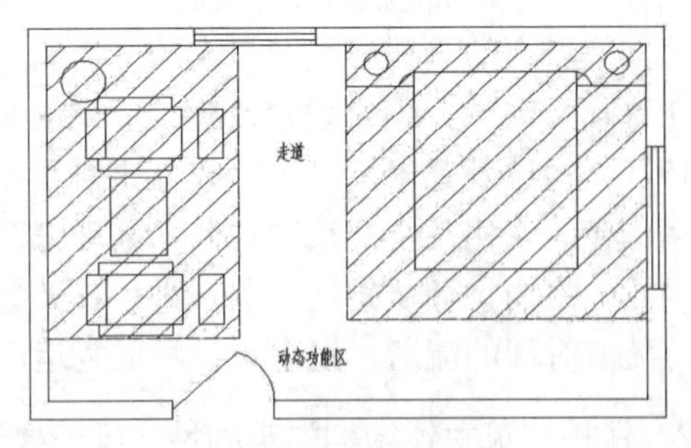

图1-4 动态功能区

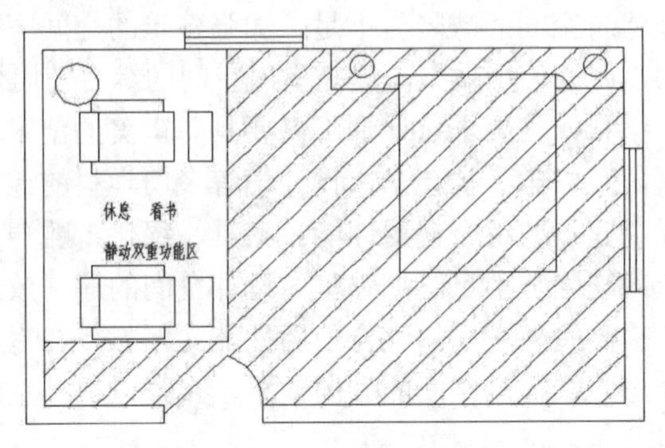

图1-5 静动双重功能区

进行室内设计之前先要明确使用空间的性质（通常是由使用功能决定的），尤其要明确其主要的使用功能。如在起居室内设置酒吧台、视听区等，但其主要的功能仍然是起居室。

空间流线分析是室内设计的重要步骤，其目的如下。

（1）明确空间主体——人的活动规律以及相关参数，如数量、体积、常用位置等。

（2）明确设备、物品的运行规律、摆放位置、数量、体积等。

（3）分析各种活动因素的平行、互动、交叉关系。

（4）经过以上分析，提出初步设计思路和设想。

空间流线分析从构成情况可分为水平流线和垂直流线；从使用状况可分为单人流线和多人流线；从流线性质可分为单一功能流线和多功能流线；流线交叉形成的枢纽有室内空间厅、场。

图1-6所示为某单人水平流线分析图，图1-7所示为某大厅多人水平流线分析图。

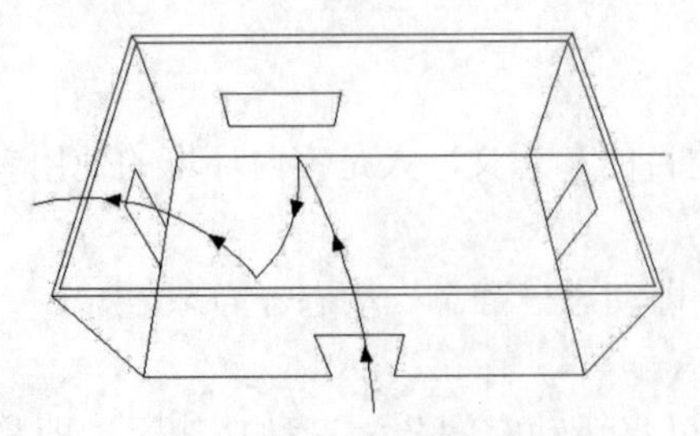

图1-6 单人水平流线分析图

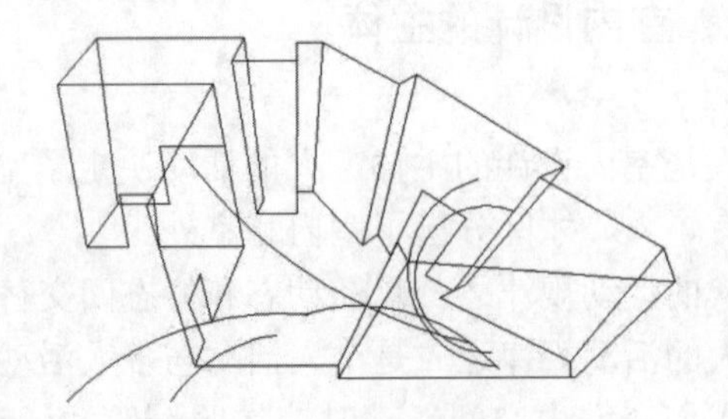

图1-7 多人水平流线分析图

功能流线组合形式分为中心型、自由型、对称型、簇型和线型等，如图1-8所示。

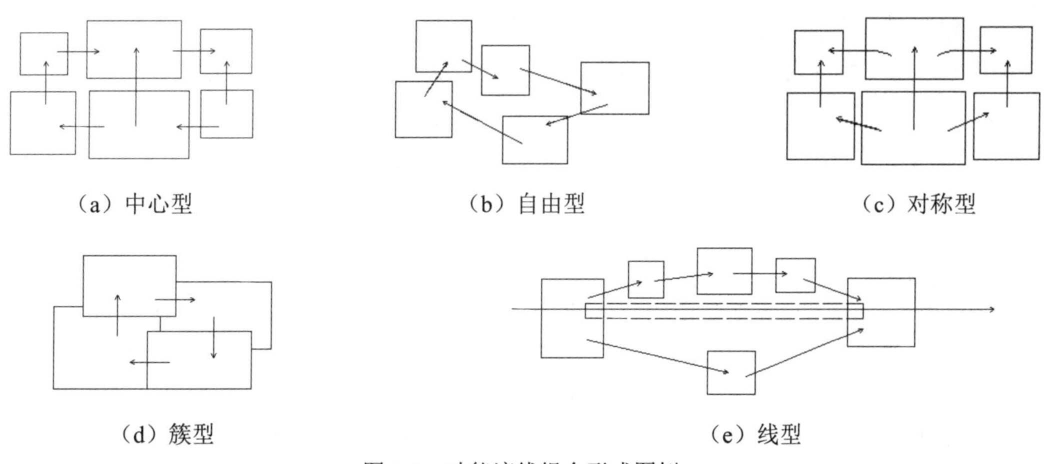

（a）中心型　（b）自由型　（c）对称型

（d）簇型　（e）线型

图 1-8　功能流线组合形式图例

1.2.3　室内设计的构思

1．初始阶段

室内设计的构思在设计过程中起着举足轻重的作用，良好的设计构思可使后续工作有效、完美地进行。初始阶段的构思内容包括以下几方面。

（1）认定原型空间的使用功能。室内设计是在建筑主体完成后的原型空间内进行的，因此室内设计的首要工作就是要认定原型空间的使用功能，也就是原型空间的使用性质。

（2）流线分析和组织。原型空间认定之后，下一步要进行流线分析和组织，流线包括水平流线和垂直流线，按需要又可分为单一流线和多种流线。

（3）功能分区图式化。经过流线分析和组织之后，还要进行功能分区图式化布置，进一步接近平面布局设计。

（4）图式选择。选择最佳图式布局作为平面设计的最终依据。

（5）平面初步组合。经过前面几个步骤，最后形成了空间平面组合的形式，有待进一步深化。

2．深化阶段

经过构思的初始阶段会形成一份构思方案，在此基础上可进行构思深化阶段的设计。深化阶段的构思内容和步骤如图 1-9 所示。

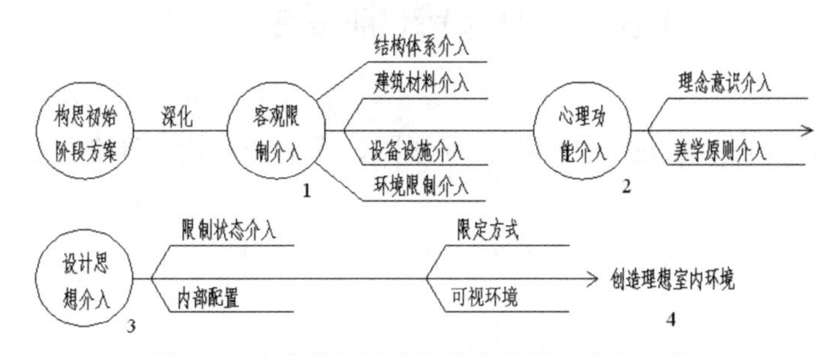

图 1-9　室内设计深化阶段的构思内容和步骤

结构技术对室内设计构思的影响主要表现在两个方面：一是原型空间墙体结构方式；二是原型

空间屋顶结构方式。

墙体结构方式关系到内部空间改造的饰面采用的方法和材料。基本的原型空间墙体结构方式有以下 4 种。

（1）板柱墙。

（2）砌块墙。

（3）柱间墙。

（4）轻隔断墙。

屋顶（屋盖）结构方式关系到顶棚的做法。主要的屋顶结构方式有以下 4 种。

（1）构架结构体系。

（2）梁板结构体系。

（3）大跨度结构体系。

（4）异型结构体系。

另外，室内设计还要考虑建筑所用材料对设计内涵和色彩、光影、情调的影响；室内外露管道和布线的处理；通风条件、采光条件、噪声、温度的影响等。

随着人们对室内居住环境要求的提高，设计时还要结合个人喜好，定好室内设计的基调。一般人们对室内的格调要求有以下 3 种类型。

（1）现代新潮。

（2）怀旧情调。

（3）随意舒适（折中型）。

1.2.4 创造理想室内空间

经过前面两个阶段的构思设计，已形成较完美的设计方案。创建室内空间的第一个标准就是要使其具备形态、体量、质量，即形、体、质三个方面的统一协调。第二个标准是使用功能和精神功能的统一。例如，在住宅的书房中，除了布置写字台、书柜外，还布置了绿化等装饰物，使室内空间在满足了书房使用功能的同时，也活跃了气氛、净化了空气、满足了人们的精神需求。

一个完美的室内设计作品，是经过初始构思阶段和深入构思阶段，最后通过设计师对各种因素和功能的协调平衡创造出来的。要提高室内设计的水平，就要综合利用各个领域的知识和深入的构思设计。最终室内设计方案需要形成最基本的图纸方案。

1.3 室内设计制图的内容

一套完整的室内设计图一般包括平面图、顶棚图、立面图、构造详图和透视图。下面简述各种图样的概念及内容。

1.3.1 室内平面图

室内平面图是以平行于地面的切面，在距地面 1.5mm 左右的位置将上部切去而形成的正投影图。室内平面图中应展现的内容如下。

（1）墙体、隔断及门窗、各空间大小及布局、家具陈设、人流交通路线、室内绿化等。若不单独绘制地面材料平面图，则应该在平面图中标出地面材料。

（2）标注各房间尺寸、家具陈设尺寸及布局尺寸，对于复杂的公共建筑，还应标注轴线编号。

（3）注明地面材料名称及规格。

（4）注明房间名称及家具名称。

（5）注明室内地坪标高。

（6）注明详图索引符号、图例及立面内视符号。

（7）注明图名和比例。

（8）若需要辅助文字说明的平面图，还要注明文字说明、统计表格等。

1.3.2　室内顶棚图

室内顶棚图是根据顶棚在其下方假想的水平镜面上的正投影绘制而成的镜像投影图。室内顶棚图中应展现的内容如下。

（1）顶棚的造型及材料说明。

（2）顶棚灯具和电器的图例、名称规格等说明。

（3）顶棚造型尺寸标注，灯具和电器的安装位置标注。

（4）顶棚标高标注。

（5）顶棚细部做法的说明。

（6）详图索引符号、图名、比例等。

1.3.3　室内立面图

以平行于室内墙面的切面将前面部分切去后，剩余部分的正投影图即室内立面图。室内立面图的主要内容如下。

（1）墙面造型、材质及家具陈设在立面上的正投影图。

（2）门窗立面及其他装潢元素立面。

（3）立面各组成部分的尺寸，地坪、吊顶的标高。

（4）材料名称及细部做法说明。

（5）详图索引符号、图名、比例等。

1.3.4　构造详图

为了放大个别设计内容和细部做法，多以剖面图的方式表达局部剖开后的情况，这就是构造详图。构造详图展现的内容如下。

（1）以剖面图的绘制方法绘制出各材料断面、构配件断面及其相互关系。

（2）用细线表示出剖视方向上看到的部位轮廓及相互关系。

（3）标出材料断面图例。

（4）用指引线标出构造层次的材料名称及做法。

（5）标出其他构造做法。

（6）标注各部分尺寸。

（7）标注详图编号和比例。

1.3.5 透视图

透视图是根据透视原理，在平面上绘制出能够反映三维空间效果的图形，它与人的视觉空间感受相似。室内设计常用的绘制方法有一点透视、两点透视（成角透视）等。

透视图可以由人工绘制，也可以由计算机绘制。它能直观地表达出设计思想和效果，故也称作效果图或表现图，是一个完整的设计方案不可缺少的部分。鉴于本书重点是介绍使用 AutoCAD 2020 绘制二维图形，因此本书中不详述这部分的内容。

1.4 室内设计制图的要求及规范

本节主要介绍室内制图中的图幅（即图面的大小）、图标及会签栏的尺寸，线型要求，常用图示标志、材料符号及绘图比例。

1.4.1 图幅、图标及会签栏

1．图幅

图幅是指图纸宽度和长度组成的图面。根据国家规范的规定，按图面的长和宽的大小确定图幅的等级。室内设计常用的图幅有 A0（也称作 0 号图幅，依此类推）、A1、A2、A3 及 A4，每种图幅的长宽尺寸见表 1-1，表中的尺寸代号的意义如图 1-10 和图 1-11 所示。

表 1-1　图幅标准　　单位：mm

尺寸代号	图幅代号				
	A0	A1	A2	A3	A4
$b \times l$	841×1189	594×841	420×594	297×420	210×297
c	10			5	
a	25				

2．图标

图标即图纸的图标栏（又称标题栏）。它包括设计单位名称、工程名称区、签字区、图名区及图号区等内容，一般的图标格式如图 1-12 所示。现在很多设计单位会采用个性化的图标格式，但仍要包括这几项内容。

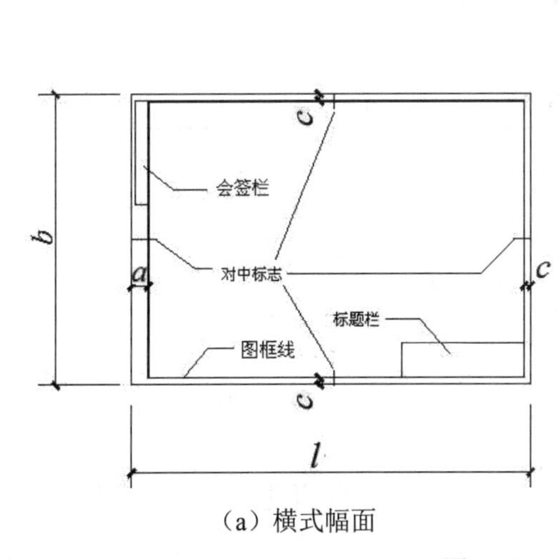

（a）横式幅面

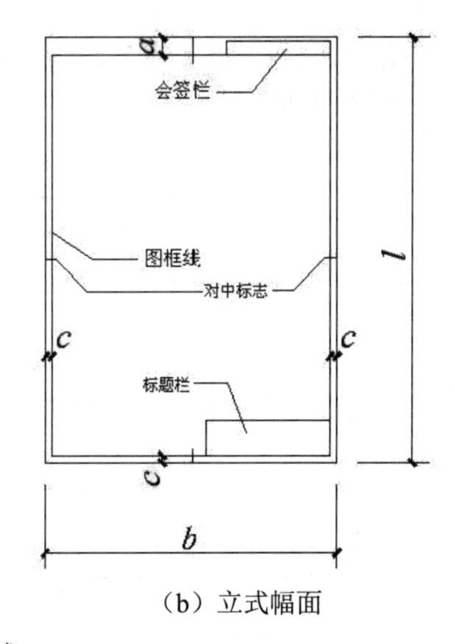

（b）立式幅面

图 1-10　A0~A3 图幅格式

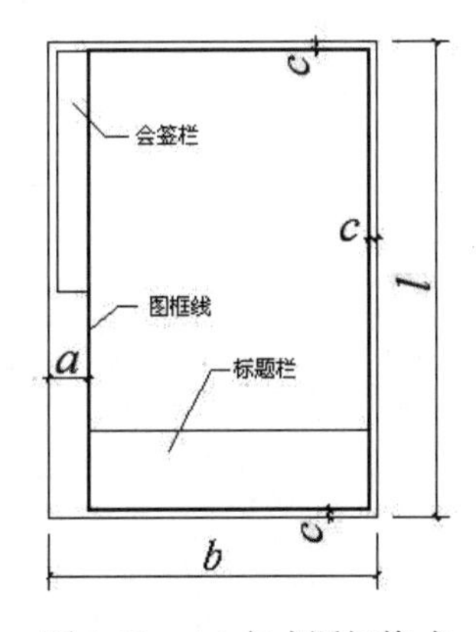

图 1-11　A4 立式图幅格式

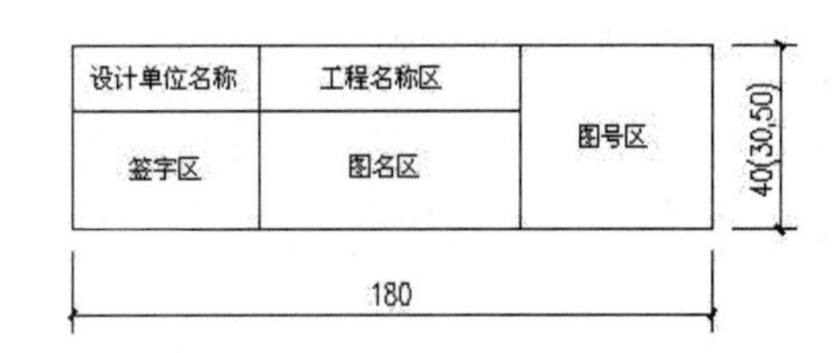

图 1-12　图标格式

3．会签栏

会签栏是各工种负责人在审核后签名用的表格，其中包括专业、签名、日期等内容，具体内容可根据需要进行设置。图 1-13 所示为其中的一种格式。对于不需要会签的图样，可以不设此栏。

（专业）	（实名）	（签名）	（日期）

25　25　25　25
100
5　5　5　5　20

图 1-13　会签栏格式

1.4.2　线型要求

室内设计图主要由各种线条构成，不同的线型表示不同的对象和部位，代表着不同的含义。为了图面能够清晰、准确、美观地表达设计思想，工程实践中采用了一套常用的线型，并规定了它们的使用范围，常用线型参见表 1-2。在 AutoCAD 2022 中，可以通过对“图层”中“线型”“线宽”的设置来选定所需的线型。

表 1-2　常用线型

名称		线型	线宽	适用范围
实线	粗		b	建筑平面图、剖面图、构造详图的被剖切截面的轮廓线；建筑立面图、室内立面图外轮廓线；图框线
	中		$0.5b$	室内设计图中被剖切的次要构件的轮廓线；室内平面图、顶棚图、立面图、家具三视图中构配件的轮廓线等
	细		$\leqslant 0.25b$	尺寸线、图例线、索引符号、地面材料线及其他细部刻画用线
虚线	中		$0.5b$	主要用于构造详图中不可见的实物轮廓
	细		$\leqslant 0.25b$	其他不可见的次要实物轮廓线
点划线	细		$\leqslant 0.25b$	轴线、构配件的中心线、对称线等
折断线	细		$\leqslant 0.25b$	画图样时的断开界线
波浪线	细		$\leqslant 0.25b$	构造层次的断开界线，有时也表示省略画出时的断开界线

提示：

标准实线宽度 b=0.4~0.8mm。

1.4.3　尺寸标注

在对室内设计图进行标注时，要注意以下原则。

（1）尺寸标注应力求准确、清晰、美观大方。同一张图样中，标注风格应保持一致。

（2）尺寸线应尽量标注在图样轮廓线之外，从小到大的尺寸由内至外依次标注，不能将大尺寸标注在内、而小尺寸标注在外，如图 1-14 所示。

（a）尺寸标注正确　（b）尺寸标注错误

图 1-14　尺寸标注正误对比

（3）最内一道尺寸线与图样轮廓线之间的距离不应小于 10mm，两道尺寸线之间的距离一般为 7~10mm。

（4）尺寸界线朝向图样的端头距图样轮廓的距离应不小于 2mm，不宜直接与之相连。

（5）在图线拥挤的地方应合理安排尺寸线的位置，但不宜与图线、文字及符号相交；可以考虑将轮廓线用作尺寸界线，但不能作为尺寸线。

（6）对于连续相同的尺寸，可以采用“均分”或“（EQ）”字样代替，如图 1-15 所示。

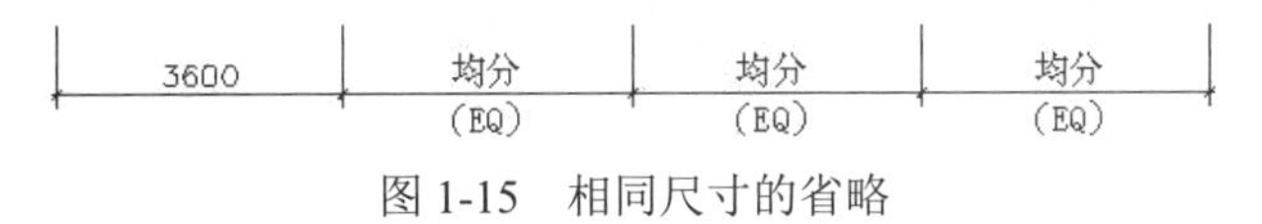

图 1-15　相同尺寸的省略

1.4.4　文字说明

在一幅完整的图样中，用图线方式表现得不充分或无法用图线表示的地方，就需要进行文字说明，如材料名称、构配件名称、构造做法、统计表及图名等。文字说明是图样内容的重要组成部分，制图规范对文字标注中的字体、字的大小、字体字号搭配等方面作了一些具体规定。

（1）一般原则：字体端正、排列整齐、清晰准确、美观大方，避免过于个性化的文字标注。

（2）字体：一般标注推荐采用仿宋字，标题可使用楷体、隶书、黑体字等，如下所示。

仿宋：室内设计（小四）室内设计（四号）室内设计（二号）

黑体：室内设计（四号）室内设计（小二）

楷体：室内设计（四号）室内设计（二号）

隶书：室内设计（三号）室内设计（一号）

字母、数字及符号：0123456789abcdefghijk% @（四号）或

0123456789abcdefghijk%@（二号）

（3）字的大小：标注的文字高度要适中。同一类型的文字应采用同一大小的字号。较大的字用于较概括性的说明内容，较小的字用于较细致的说明内容。

（4）字体及大小的搭配应体现出层次感。

1.4.5　常用图示标志

1. 详图索引符号及详图符号

在室内平面图、立面图、剖面图中，需要另设详图表示的部位可标注一个索引符号，以表明该详图的位置，这个索引符号就是详图索引符号。详图索引符号采用细实线绘制，圆圈直径 10mm，如图 1-16 所示。图 1-16（d）~ 图 1-16（g）可用于索引剖面详图，详图就在本张图样时，采用图 1-16（a）的形式；详图不在本张图样时，采用图 1-16（b）~ 图 1-16（g）所示的形式。

（a）本张图纸上的剖切符号　　（b）详图的剖切符号

图 1-16　详图索引符号

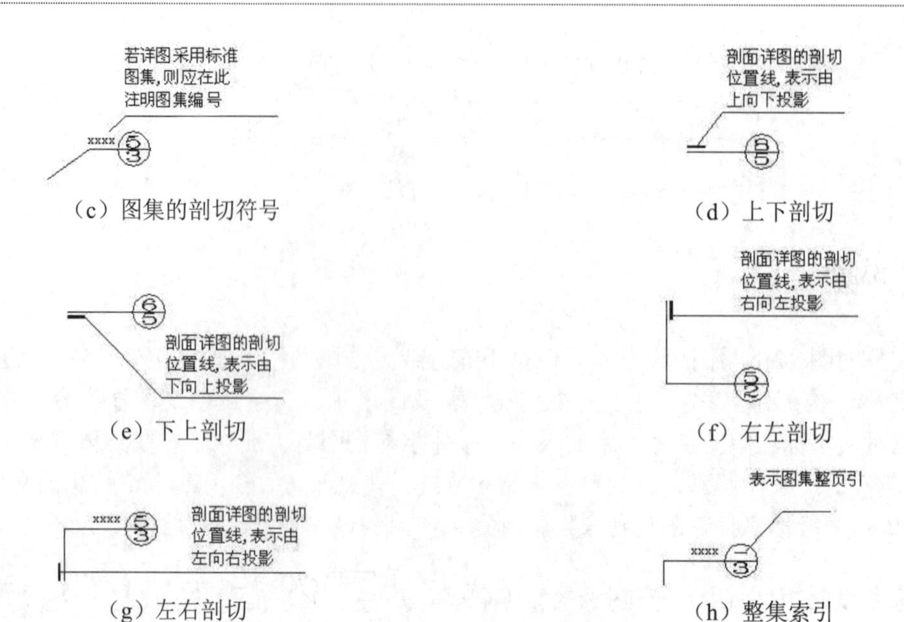

（c）图集的剖切符号　（d）上下剖切

（e）下上剖切　（f）右左剖切

（g）左右剖切　（h）整集索引

图 1-16　详图索引符号（续）

详图符号即详图的编号，用粗实线绘制，圆圈直径 14mm，如图 1-17 所示。

（a）普通详图编号　（b）带索引详图编号

图 1-17　详图符号

2. 引出线

由图样引出一条或多条线段指向文字说明，该线段就是引出线。引出线与水平方向的夹角一般采用 0°、30°、45°、60°、90°，常见的引出线形式如图 1-18 所示。图 1-18（a）～ 图 1-18（d）所示为普通引出线，图 1-18（e）～图 1-18（h）所示为多层构造引出线。使用多层构造引出线时，应注意构造分层的顺序要与文字说明的分层顺序一致。文字说明可以放在引出线的端头，如图 1-18（a）～图 1-18（h）所示，也可以放在引出线水平段之上，如图 1-18（i）所示。

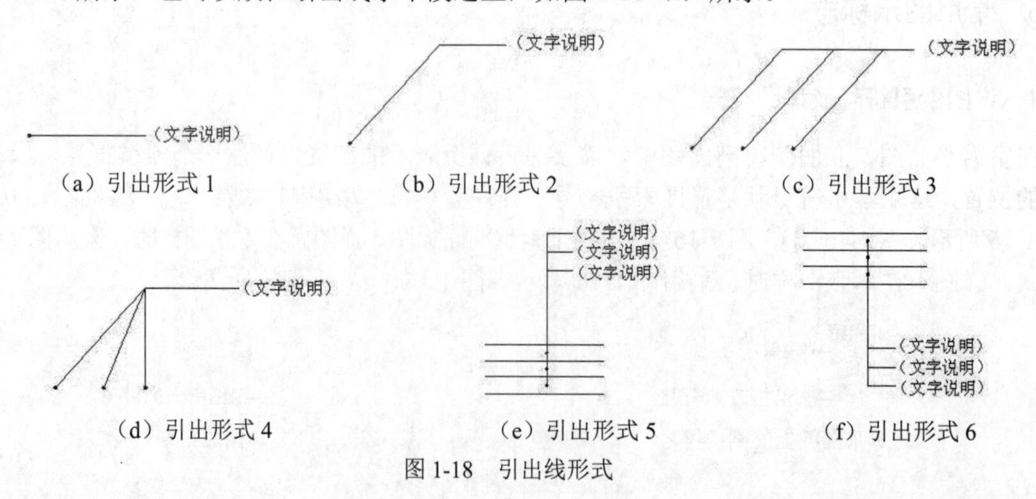

（a）引出形式 1　（b）引出形式 2　（c）引出形式 3

（d）引出形式 4　（e）引出形式 5　（f）引出形式 6

图 1-18　引出线形式

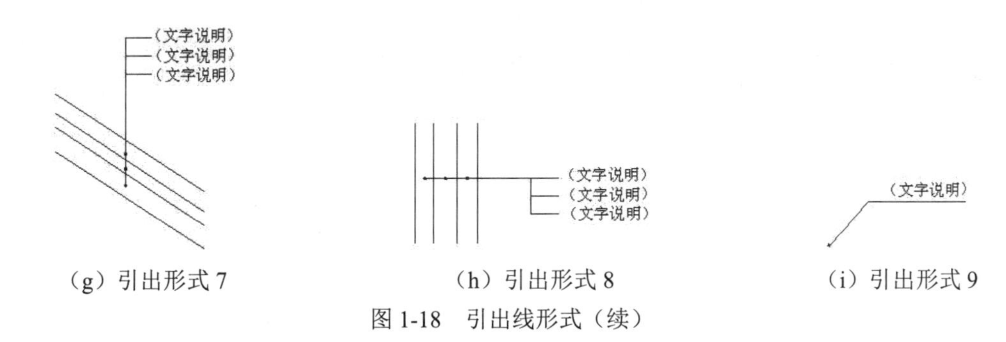

（g）引出形式 7　　（h）引出形式 8　　（i）引出形式 9

图 1-18　引出线形式（续）

3. 内视符号

在房屋建筑中，一个特定的室内空间领域总存在竖向分隔（如隔断或墙体）。因此，根据具体情况，设计时有可能需要绘制一个或多个立面图来表达隔断、墙体及家具、构配件的设计情况。内视符号标注在平面图中，包含视点位置、方向和编号 3 个信息，建立平面图和室内立面图之间的联系。内视符号的形式如图 1-19 所示。图 1-19 中立面图编号可用英文字母或阿拉伯数字表示，黑色的箭头指向表示立面的方向；图 1-19（a）所示为单向内视符号，图 1-19（b）所示为双向内视符号，图 1-19（c）所示为四向内视符号，A、B、C、D 顺时针标注。

（a）单向内视符号　　（b）双向内视符号　　（c）四向内视符号

图 1-19　内视符号

为了方便读者查阅，这里列出了其他常用符号及其意义，见表 1-3。

表 1-3　室内设计图常用符号图例

符号图例	说　明	符号图例	说　明
3.600 / 3.600	标高符号，线上数字为标高值，单位为 m。在标注位置比较拥挤时采用下面的形式	i=5%	表示坡度
1　1	标注剖切位置的符号，标注数字的方向为投影方向，“1”与剖面图的编号“3-1”对应	2　2	标注绘制断面图的位置，标注数字的方向为投影方向，“2”与断面图的编号“3-2”对应
	对称符号。在对称图形的中轴位置画此符号，可以省画另一半图形		指北针
	楼板开方孔		楼板开圆孔
@	表示重复出现的固定间隔，如“双向木栅格@500”	ϕ	表示直径，如 ϕ30
平面图 1:100	图名及比例	① 1：5	索引详图名及比例

续表

符号图例	说明	符号图例	说明
	单扇平开门		旋转门
	双扇平开门		卷帘门
	子母门		单扇推拉门
	单扇弹簧门		双扇推拉门
	四扇推拉门		折叠门
	窗		首层楼梯
下	顶层楼梯	上 下	中间层楼梯

1.4.6 常用材料符号

室内设计图中经常会使用材料图例来表示材料，在无法用图例表示的地方会采用文字说明。为了方便读者查阅，这里将常用的图例汇集，见表 1-4。

表 1-4 常用材料图例

材料图例	说明	材料图例	说明
	自然土壤		夯实土壤
	毛石砌体		普通砖
	石材		砂、灰土
	空心砖		松散材料
	混凝土		钢筋混凝土
	多孔材料		金属
	矿渣、炉渣		玻璃
	纤维材料		防水材料，上下两种根据绘图比例大小选用
	木材		液体，须注明液体名称

1.4.7　常用绘图比例

下面列出常用绘图比例，读者可根据实际情况灵活使用。

（1）平面图：1∶50、1∶100 等。

（2）立面图：1∶20、1∶30、1∶50、1∶100 等。

（3）顶棚图：1∶50、1∶100 等。

（4）构造详图：1∶1、1∶2、1∶5、1∶10、1∶20 等。

1.5　室内设计的方法

本节主要介绍室内设计的各种方法。

室内设计的主要目的是美化环境，而美化环境又有不同的方法，下面分别进行介绍。

（1）现代室内设计方法。该方法是在满足功能要求的情况下，利用材料、色彩、质感、光影等有序的布置来创造美。

（2）空间分割方法。组织和划分平面与空间，是室内设计的一个主要方法。利用该设计方法，巧妙地布置平面和利用空间，有时可以突破原有建筑平面及空间的限制，满足室内需要。在这种情况下，设计还能使室内空间流通、平面灵活多变。

（3）民族特色方法。想表现出民族特色时可采用此设计方法，使室内充满民族韵味，而不是民族符号及语言的简单堆砌。

（4）其他设计方法。突出主题、人流导向、制造气氛等都是室内设计的常用方法。

室内设计人员拿到的是一个建筑的外壳，这个外壳或许是新建筑，或许是老建筑，但设计的魅力就在于它能在原有建筑的各种限制下做出最理想的方案。

提示：

“它山之石，可以攻玉。”多看、多交流有助于提高设计者的设计水平和鉴赏能力。

第 2 章　AutoCAD 2022 入门

内容简介

本章将学习 AutoCAD 2022 绘图的基本知识，了解如何设置图形系统参数，掌握创建新的图形文件、打开已有文件的方法等，为进行系统学习做准备。

内容要点

- 操作环境简介
- 文件管理
- 基本输入操作
- 模拟认证考试

案例效果

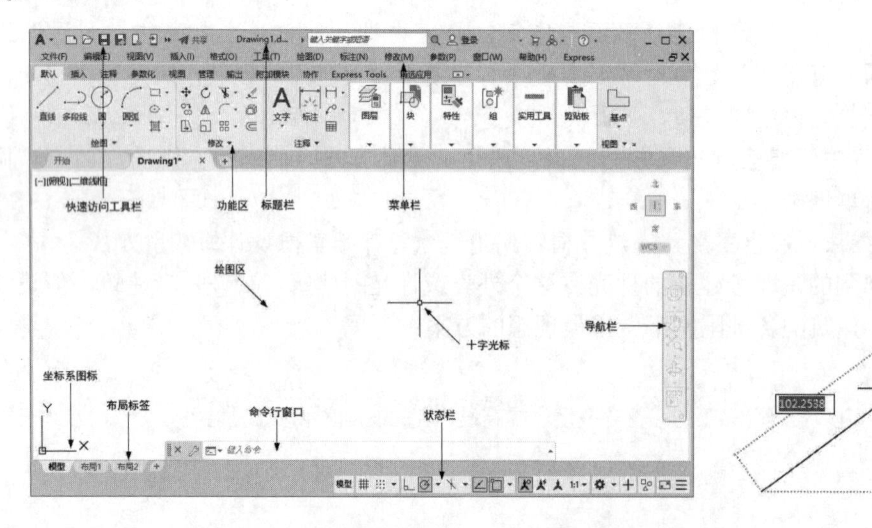

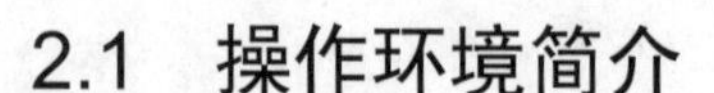

2.1　操作环境简介

本节将对操作环境进行简要介绍。

2.1.1　操作界面

AutoCAD 的操作界面是 AutoCAD 中显示、编辑图形的区域，一个完整的草图与注释操作界面如图 2-1 所示，其中包含标题栏、菜单栏、功能区、绘图区、十字光标、导航栏、坐标系图标、命令行窗口、状态栏、布局标签和快速访问工具栏等。

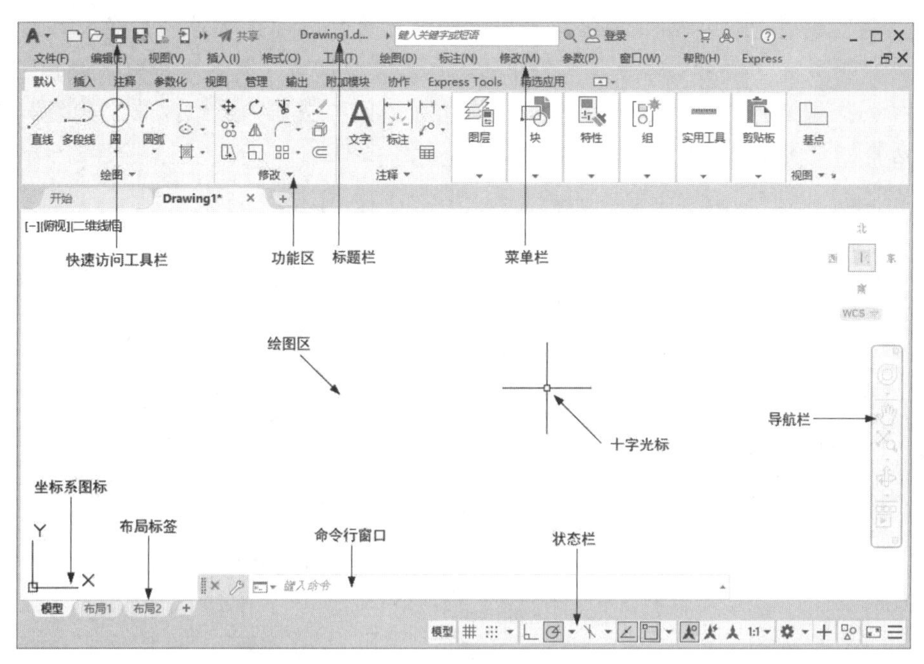

图 2-1　AutoCAD 2022 中文版的操作界面

扫一扫，看视频

动手学——设置“明”界面

安装 AutoCAD 2022 后，默认的界面如图 2-2 所示。

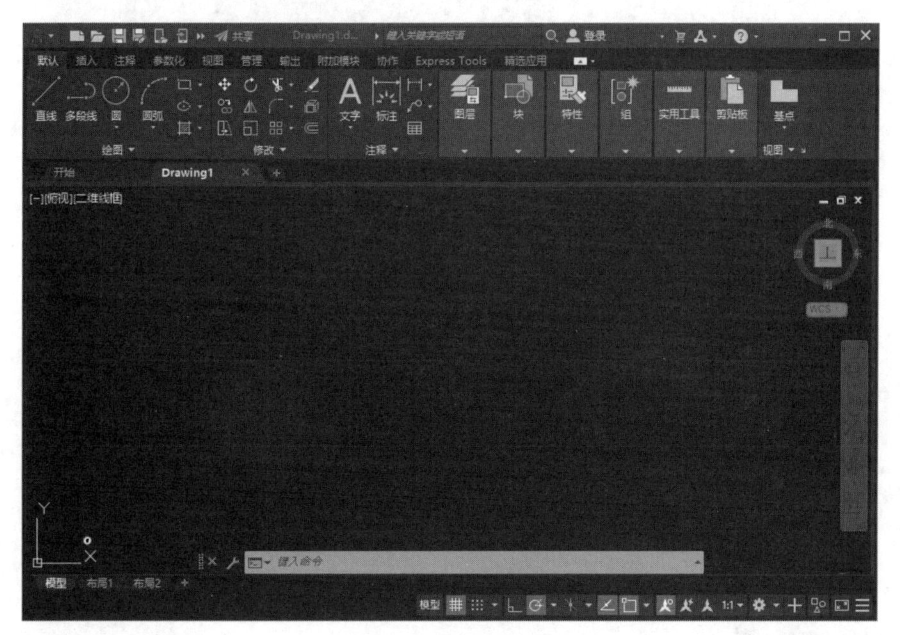

图 2-2　默认界面

操作步骤

（1）在绘图区右击鼠标，打开快捷菜单，如图 2-3 所示，❶选择“选项”命令。

（2）打开“选项”对话框，如图 2-4 所示，选择“显示”选项卡，❷将“窗口元素”选项组中的“颜色主题”设置为“明”。❸继续单击“窗口元素”选项组中的“颜色”按钮，将打开如图 2-5 所示的“图形窗口颜色”对话框。❹单击“图形窗口颜色”对话框中的“颜色”下拉箭头，在打开的下拉列表中选择白色。❺然后单击“应用并关闭”按钮，继续单击“确定”按钮，退出“选项”对话框。设置完后的界面如图 2-1 所示。

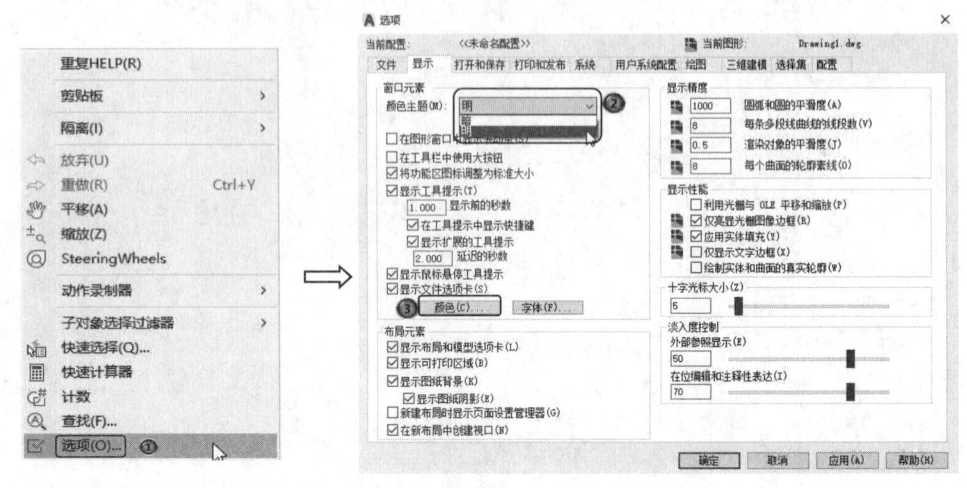

图 2-3 快捷菜单

图 2-4 “选项”对话框

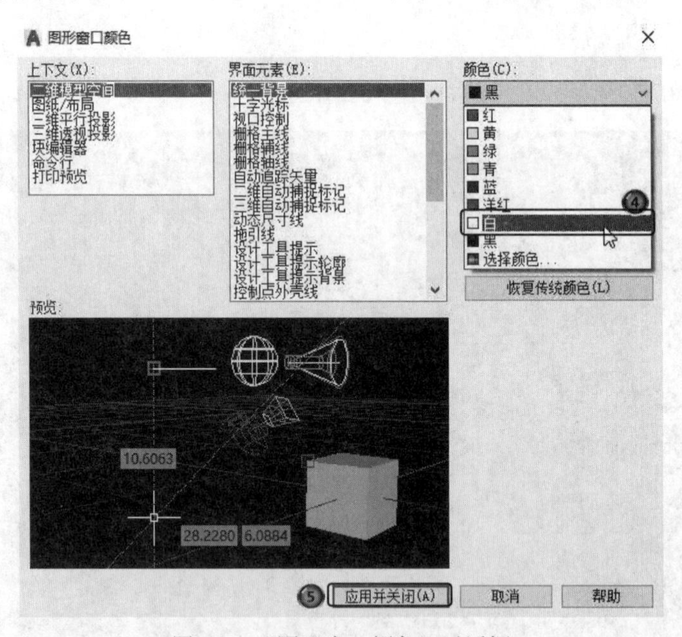

图 2-5 “图形窗口颜色”对话框

1. 标题栏

AutoCAD 2022 中文版操作界面的最上方是标题栏。标题栏中显示了系统当前正在运行的应用程序和用户正在使用的图形文件。在第一次启动 AutoCAD 2022 时，标题栏中将显示 AutoCAD 2022 在启动时创建的图形文件 Drawing1.dwg，如图 2-1 所示。

注意：

若要将 AutoCAD 的工作空间切换到"草图与注释"模式下，可以单击操作界面右下角的"切换工作空间"按钮⚙ ▾，在弹出的菜单中选择"草图与注释"命令，才能显示如图 2-1 所示的操作界面。本书中的所有操作均是在"草图与注释"模式下进行的。

2. 菜单栏

同其他 Windows 程序一样，AutoCAD 的菜单也是下拉形式并包含子菜单的。AutoCAD 的菜单栏中包含 13 个菜单："文件""编辑""视图""插入""格式""工具""绘图""标注""修改""参数""窗口""帮助""Express"，这些菜单几乎包含了 AutoCAD 中的所有绘图命令，后面的章节将对这些菜单功能进行详细讲解。

动手学——设置菜单栏

操作步骤

（1）❶单击 AutoCAD 快速访问工具栏右侧的三角形，❷在打开的下拉菜单中选择"显示菜单栏"命令，如图 2-6 所示。

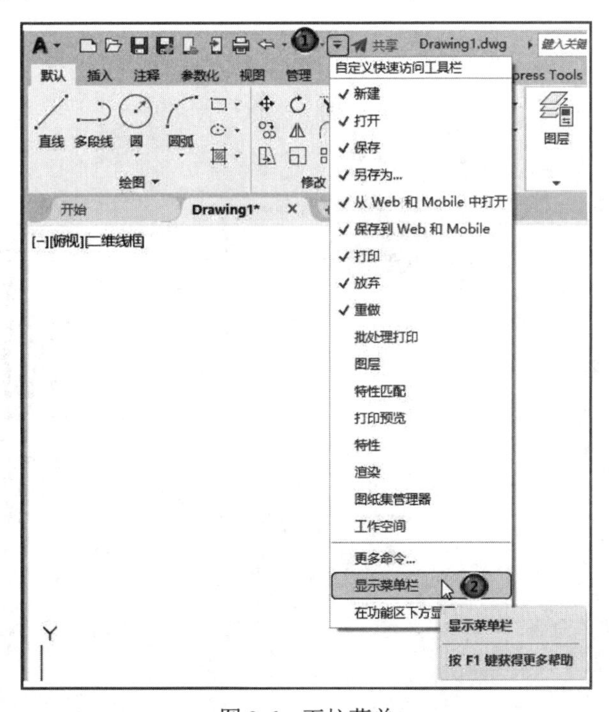

图 2-6　下拉菜单

（2）调出的菜单栏位于界面的上方，如图 2-7 所示。

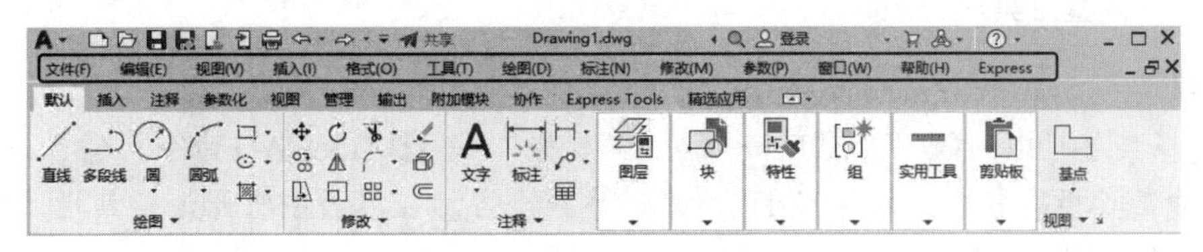

图 2-7　菜单栏位于界面上方

（3）在图 2-6 所示的下拉菜单中选择“隐藏菜单栏”命令，则可关闭菜单栏。

一般来讲，AutoCAD 下拉菜单中的命令有以下 3 种。

（1）带有子菜单的菜单命令。这种类型的菜单命令后面带有小三角形。例如，选择菜单栏中的“绘图”→“圆”命令，系统会进一步显示出“圆”子菜单中包含的命令，如图 2-8 所示。

（2）打开对话框的菜单命令。这种类型的命令后面带有省略号。例如，选择菜单栏中的“格式”→“表格样式”命令，如图 2-9 所示，系统会打开“表格样式”对话框，如图 2-10 所示。

（3）直接执行操作的菜单命令。这种类型的命令后面既无小三角形，也无省略号，选择该命令后会直接进行相应的操作。例如，选择菜单栏中的“视图”→“重画”命令，系统会刷新所有视图。

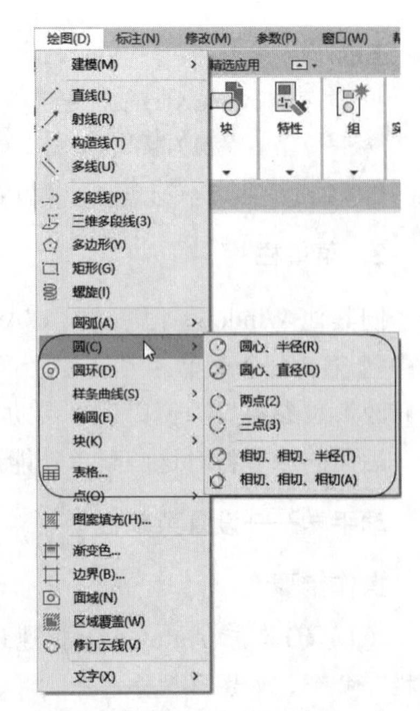

图 2-8　带有子菜单的菜单命令

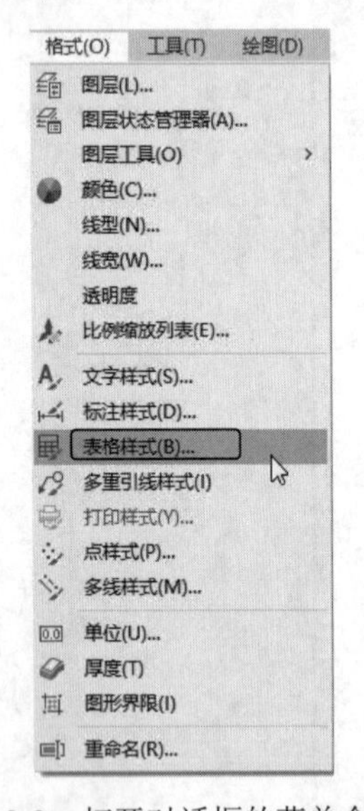

图 2-9　打开对话框的菜单命令

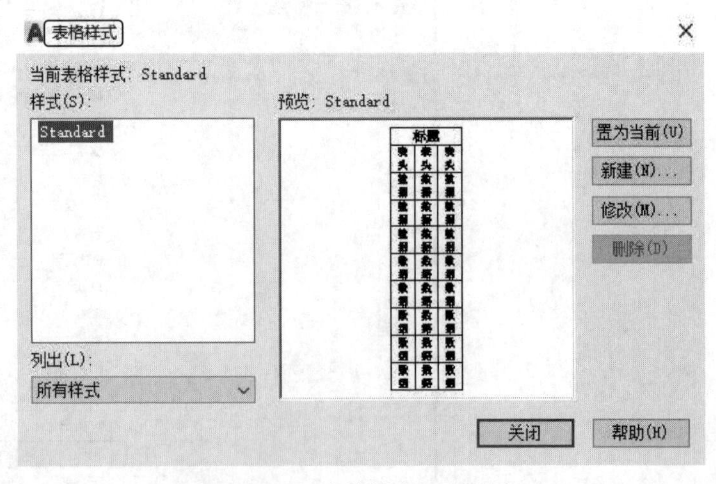

图 2-10　“表格样式”对话框

3．工具栏

工具栏是一组按钮工具的集合。AutoCAD 2022 为用户提供了几十种工具栏。

扫一扫，看视频

动手学——设置工具栏

操作步骤

（1）选择菜单栏中的❶“工具”→❷“工具栏”→❸AutoCAD 命令，❹单击某一个未在界面中显示的工具栏的名称，如图 2-11 所示，系统会自动在界面中打开该工具栏，如图 2-12 所示；反之，则会关闭该工具栏。

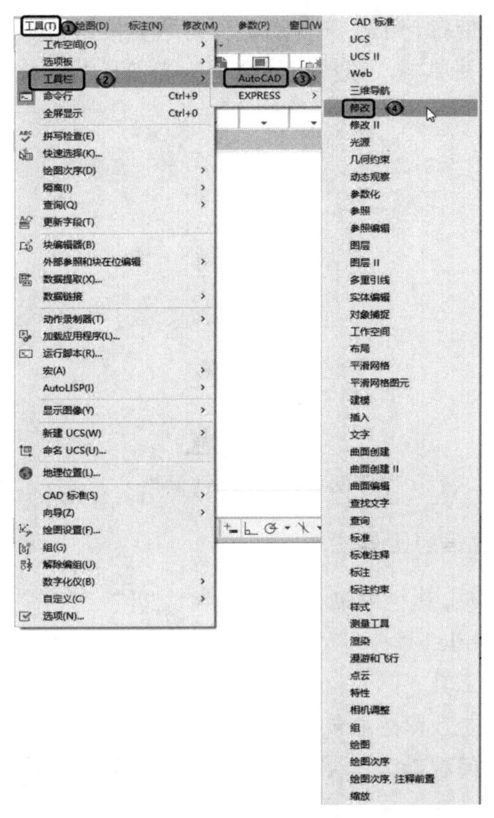

图 2-11　设置工具栏

（2）把光标移动到某个按钮上，稍停片刻即会在该按钮的一侧显示相应的功能提示，此时单击按钮就可以启动相应的命令。

（3）工具栏可以在绘图区浮动显示，如图 2-12 所示。若要关闭该浮动工具栏，可以拖动浮动工具栏到绘图区边界，使其变为固定工具栏；也可以把固定工具栏拖出，使其成为浮动工具栏。

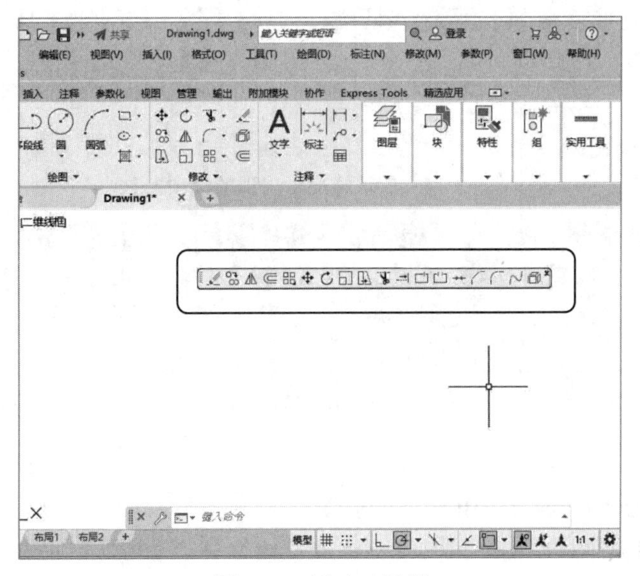

图 2-12　浮动工具栏

有些工具栏按钮的右下角带有一个小三角形，单击这类按钮会打开相应的工具栏，如图2-13所示。将光标移动到某一按钮上并单击，该按钮就会变为当前显示的按钮。单击当前显示的按钮，即可执行相应的命令。

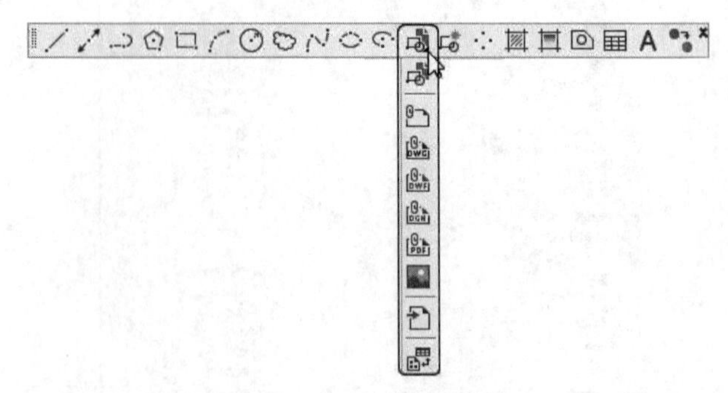

图2-13　打开工具栏

4. 快速访问工具栏和交互信息工具栏

（1）快速访问工具栏。该工具栏中包含“新建”“打开”“保存”“另存为”“从Web和Mobile中打开”“保存到Web和Mobile”“打印”“放弃”“重做”等常用的工具。用户也可以单击此工具栏后面的下拉按钮选择需要的工具。

（2）交互信息工具栏。该工具栏中包含“搜索”“Autodesk Account”“Autodesk App Store”“保持连接”和“单击此处访问帮助”等常用的数据交互访问工具按钮。

5. 功能区

在默认情况下，功能区包括“默认”“插入”“注释”“参数化”“视图”“管理”“输出”“附加模块”“协作”“Express Tools”及“精选应用”选项卡，如图2-14所示（所有的选项卡显示面板如图2-15所示）。每个选项卡均集成了相关的操作工具，方便了用户的使用。用户可以单击功能区选项后面的按钮控制功能的展开与收缩。

图2-14　默认情况下出现的选项卡

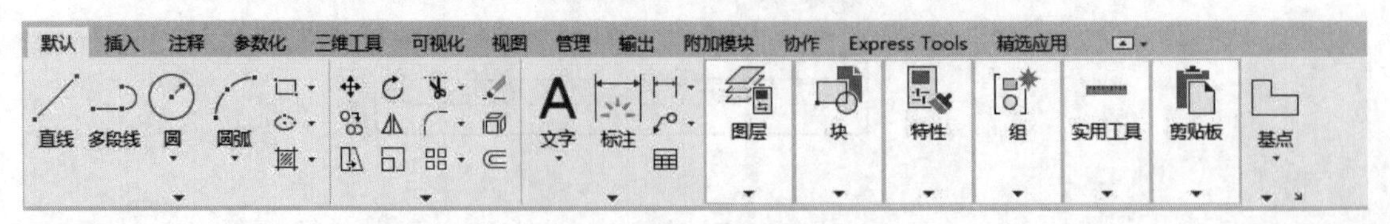

图2-15　所有的选项卡

【执行方式】

➘　命令行：RIBBON（或RIBBONCLOSE）。

➘　菜单栏：选择菜单栏中的“工具”→“选项板”→“功能区”命令。

动手学——设置功能区

操作步骤

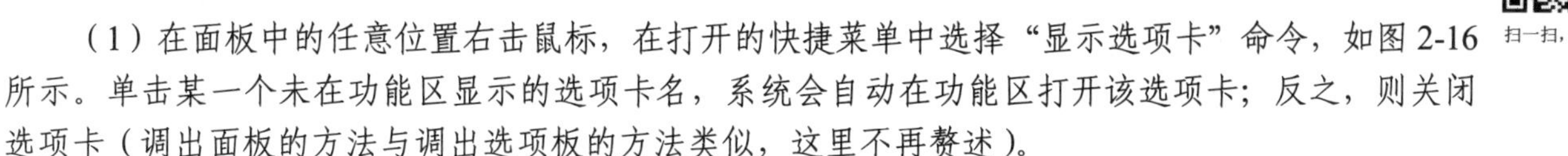

（1）在面板中的任意位置右击鼠标，在打开的快捷菜单中选择“显示选项卡”命令，如图2-16所示。单击某一个未在功能区显示的选项卡名，系统会自动在功能区打开该选项卡；反之，则关闭选项卡（调出面板的方法与调出选项板的方法类似，这里不再赘述）。

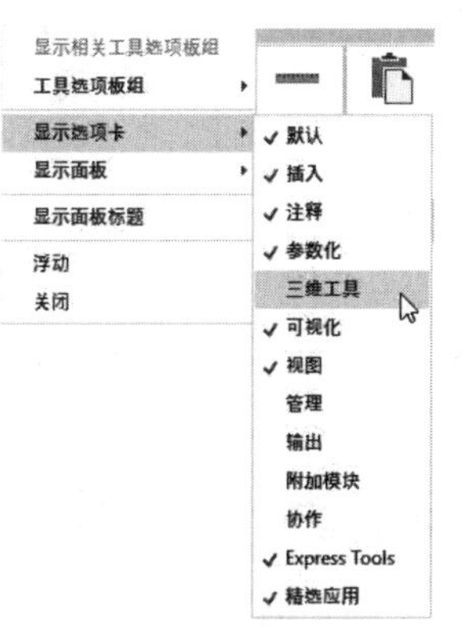

图2-16　快捷菜单

（2）面板可以在绘图区浮动（见图2-17），将光标放在浮动面板的右上角，会显示出“将面板返回到功能区”提示信息，如图2-18所示，单击鼠标即可使其变为固定面板。也可以把固定面板拖出，使其成为浮动面板。

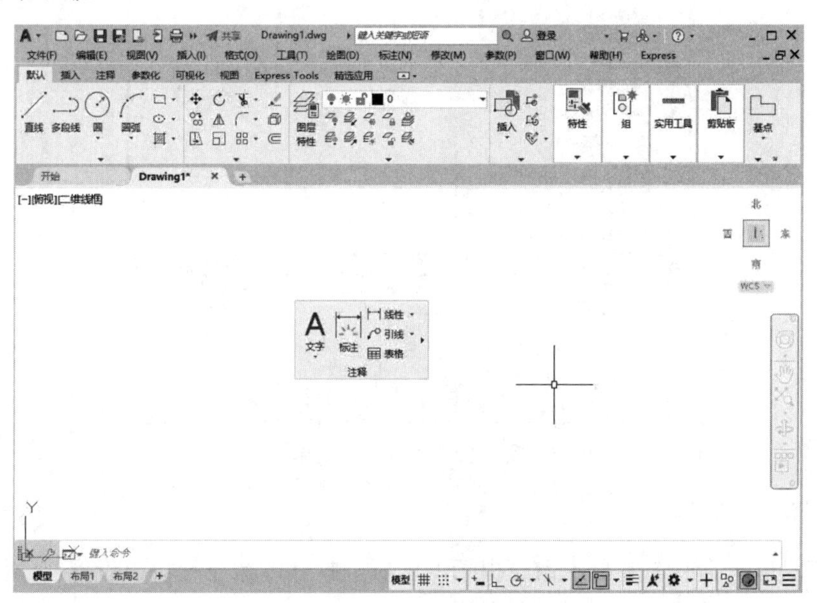

图2-17　浮动面板

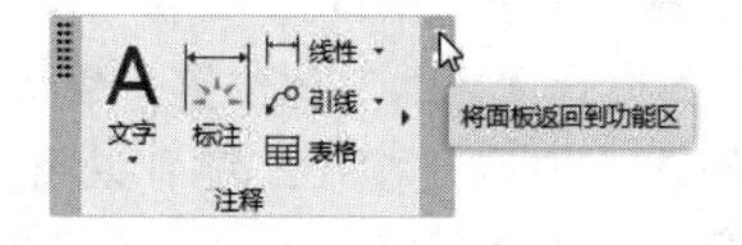

图2-18　“注释”面板

6．绘图区

绘图区是指在标题栏下方的大片空白区域，主要用于绘制图形，用户要完成一幅设计图，其主要工作都是在绘图区中完成的。

7．坐标系图标

在绘图区的左下角有一个箭头指向的图标，称为坐标系图标，表示用户绘图时正使用的坐标系样式。坐标系图标的作用是为点的坐标确定一个参照系。用户根据工作需要，也可以选择将其关闭。

【执行方式】

- 命令行：UCSICON。
- 菜单栏：选择菜单栏中的❶“视图”→❷“显示”→❸“UCS 图标”→❹“开”命令，如图 2-19 所示。

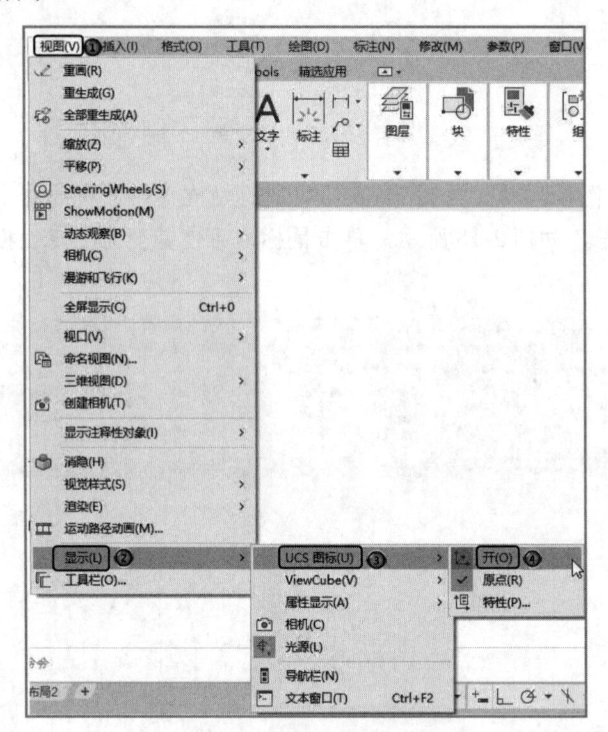

图 2-19 “视图”菜单

8．命令行窗口

命令行窗口是输入命令名和显示命令提示的区域，默认的命令行窗口设置在绘图区下方，由若干文本行构成。对命令行窗口有以下几点需要说明。

（1）移动拆分条，可以扩大或缩小命令行窗口。

（2）可以拖动命令行窗口，布置在绘图区的其他位置。默认情况下该窗口将位于图形区的下方。

（3）对于当前命令行窗口中输入的内容，按 F2 键可以用文本编辑的方法对之进行编辑，如图 2-20 所示。AutoCAD 中的文本窗口和命令行窗口相似，都可以显示当前 AutoCAD 进程中命令的输入和执行过程。在执行 AutoCAD 的某些命令时，系统会自动切换到文本窗口，并列出有关信息。

```
命令:
命令: L
LINE
指定第一个点:
指定下一点或 [放弃(U)]:
指定下一点或 [放弃(U)]:
指定下一点或 [闭合(C)/放弃(U)]: *取消*
命令: 指定对角点或 [栏选(F)/圈围(WP)/圈交(CP)]:
命令: _.erase 找到 2 个
命令: *取消*
命令:
命令:
命令: _circle
指定圆的圆心或 [三点(3P)/两点(2P)/切点、切点、半径(T)]:
指定圆的半径或 [直径(D)]:
命令:
命令:
命令: _circle
指定圆的圆心或 [三点(3P)/两点(2P)/切点、切点、半径(T)]:
指定圆的半径或 [直径(D)] <48.2023>:
命令:
命令:
命令: _erase
选择对象: 指定对角点: 找到 2 个
选择对象:
```

布局1 布局2 + 模型

图 2-20 文本窗口

（4）AutoCAD 通过命令行窗口反馈各种信息，也包括出错信息，因此，用户要时刻关注在命令行窗口中出现的信息。

9. 状态栏

状态栏显示在屏幕的底部，从左到右依次有“坐标”“模型空间”“栅格”“捕捉模式”“推断约束”“动态输入”“正交模式”“极轴追踪”“等轴测草图”“对象捕捉追踪”“二维对象捕捉”“线宽”“透明度”“选择循环”“三维对象捕捉”“动态 UCS”“选择过滤”“小控件”“注释可见性”“自动缩放”“注释比例”“切换工作空间”“注释监视器”“单位”“快捷特性”“锁定用户界面”“隔离对象”“图形性能”“全屏显示”“自定义”等 30 个功能按钮。单击部分开关按钮，可以实现这些功能的开关。通过部分按钮也可以控制图形或绘图区的状态。

技巧：

默认情况下，状态栏中不会显示所有的工具，用户可以单击状态栏最右侧的按钮，选择要从“自定义”菜单中显示的工具。状态栏中显示的工具可能会发生变化，这具体取决于当前的工作空间及当前显示的是“模型”还是“布局”。

下面对状态栏中的按钮做简单介绍，如图 2-21 所示。

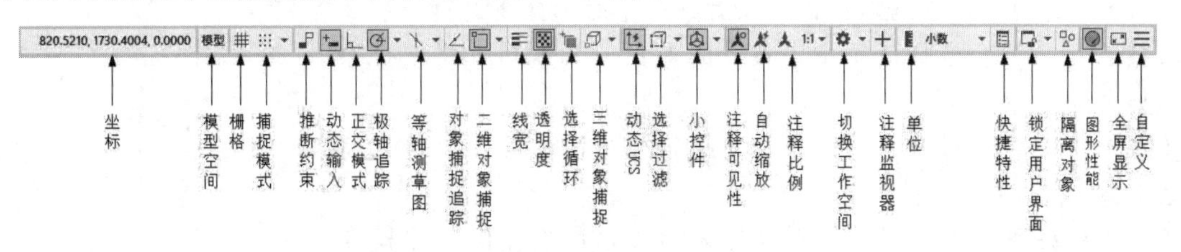

图 2-21 状态栏

（1）坐标：显示工作区光标放置点的坐标。

（2）模型空间：可在模型空间与布局空间之间进行转换。

（3）栅格：栅格是由覆盖整个坐标系（UCS）XY 平面的直线或点组成的矩形图案。使用栅格类似于在图形下放置一张坐标纸。利用栅格可以对齐对象并直观显示对象之间的距离。

（4）捕捉模式：对象捕捉对于在对象上指定精确位置非常重要。不论何时提示输入点，都可以指定对象捕捉。默认情况下，当光标移到对象的捕捉位置时，将会显示标记和工具提示。

（5）推断约束：自动在正在创建或编辑的对象与对象捕捉的关联对象及点之间应用约束。

（6）动态输入：在光标附近显示出一个提示框（称之为“工具提示”），以及对应的命令提示和光标的当前坐标值。

（7）正交模式：将光标限制在水平或垂直方向上移动，以便于精确地创建和修改对象。当创建或移动对象时，可以使用“正交”模式将光标限制在相对于用户坐标系（UCS）的水平或垂直方向上。

（8）极轴追踪：使用极轴追踪，光标将按指定角度进行移动。创建或修改对象时，可以使用“极轴追踪”来显示由指定的极轴角度所定义的临时对齐路径。

（9）等轴测草图：通过设定“等轴测捕捉/栅格”，可以很容易地沿3个等轴测平面之一对齐对象。尽管等轴测图形看似是三维图形，但它实际上是由二维图形表示的。因此，不能期望提取三维距离和面积、从不同视点显示对象或自动消除隐藏线。

（10）对象捕捉追踪：使用对象捕捉追踪，可以沿着基于对象捕捉点的对齐路径进行追踪。已获取的点会显示一个小加号（+），一次最多可以获取7个追踪点。获取点之后，在绘图路径上移动光标，将显示相对于获取点的水平、垂直或极轴对齐路径。例如，可以基于对象端点、中点或者对象的交点，沿着某个路径选择一点。

（11）二维对象捕捉：使用执行对象捕捉设置（也称为对象捕捉），可以在对象上的精确位置指定捕捉点。选择多个选项后，将应用选定的捕捉模式返回距离靶框中心最近的点。按Tab键可以在这些选项之间循环。

（12）线宽：分别显示对象所在图层中设置的不同宽度，而不是统一线宽。

（13）透明度：使用该命令可以调整绘图对象显示的明暗程度。

（14）选择循环：当一个对象与其他对象彼此接近或重叠时，准确地选择某一个对象是很困难的，这时可以使用选择循环的命令。单击鼠标左键，会弹出“选择集”列表框，里面列出了鼠标点击位置的所有图形，然后在列表中选择所需的对象即可。

（15）三维对象捕捉：三维中的对象捕捉与在二维中工作的方式类似，不同之处在于在三维中可以投影对象捕捉。

（16）动态UCS：在创建对象时使UCS的XY平面自动与实体模型的平面临时对齐。

（17）选择过滤：根据对象特性或对象类型对选择集进行过滤。按下该按钮后，只会选择满足指定条件的对象，其他对象将被排除在选择集之外。

（18）小控件：可以帮助用户沿三维轴或平面移动、旋转、缩放一组对象。

（19）注释可见性：当图标变亮时表示显示所有比例的注释性对象；当图标变暗时表示仅显示当前比例的注释性对象。

（20）自动缩放：当注释比例更改时，会自动将比例添加到注释对象。

（21）注释比例：单击注释比例右下角的小三角符号，会弹出“注释比例”列表，如图2-22所示，用户可以根据需要选择适当的注释比例。

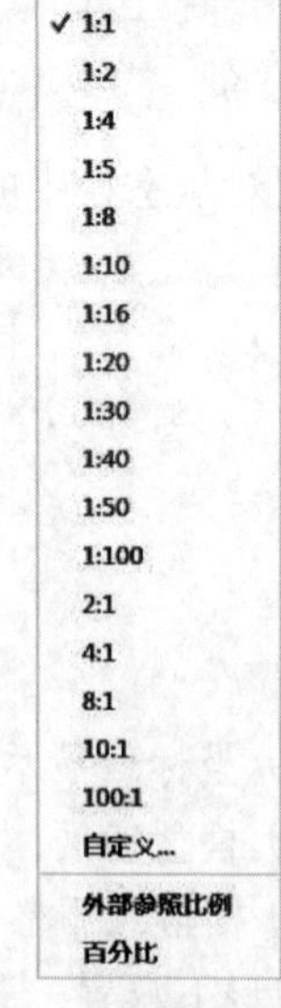

图2-22 “注释比例”列表

（22）切换工作空间：进行工作空间转换。

（23）注释监视器：打开仅用于所有事件或模型文档事件的注释监视器。

（24）单位：指定线性和角度单位的格式及小数位数。

（25）快捷特性：控制快捷特性面板的使用与禁用。

（26）锁定用户界面：按下该按钮，可以锁定工具栏、面板和可固定窗口的位置及大小。

（27）隔离对象：选择隔离对象后，会在当前视图中只显示选定对象，而其他对象会被暂时隐藏；选择隐藏对象后，会在当前视图中暂时隐藏选定对象，而其他对象都可见。

（28）图形性能：设置图形卡的驱动程序或者设置硬件加速的选项。

（29）全屏显示：该选项可以清除 Windows 窗口中的标题栏、功能区和选项板等界面元素，使 AutoCAD 的绘图窗口全屏显示，如图 2-23 所示。

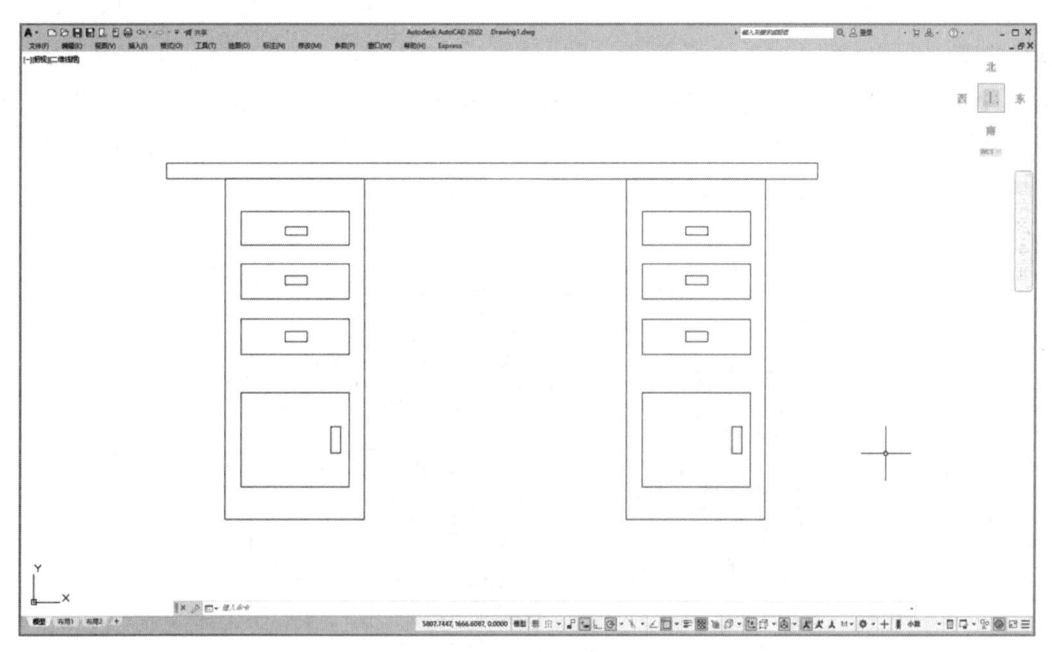

图 2-23　全屏显示

（30）自定义：状态栏可以提供重要信息，且无须中断工作流。使用 MODEMACRO 系统变量可将应用程序所能识别的大多数数据显示在状态栏中。使用该系统变量的计算、判断和编辑功能可以完全按照用户的要求构造状态栏。

10. 布局标签

AutoCAD 系统默认设定一个“模型”空间和“布局 1”“布局 2”两个图样空间布局标签，这里有两个概念需要解释一下。

（1）布局。布局是系统为绘图设置的一种环境，包括图样大小、尺寸单位、角度设定、数值精确度等，在系统预设的 3 个标签中，这些环境变量都保持默认设置。用户也可根据实际需要改变变量的值，还可设置符合自己要求的新标签。

（2）模型。AutoCAD 的空间分为模型空间和图样空间两种。模型空间是通常绘图的环境，而在图样空间中，用户可以创建浮动视口，以不同视图显示所绘图形，还可以调整浮动视口并决定所包含视图的缩放比例。如果用户选择图样空间，可以打印多个视图，也可以打印任意布局的视图。AutoCAD 系统默认打开模型空间，用户可以通过单击操作界面下方的布局标签选择需要的布局。

11．光标大小

在绘图区中，有一个作用类似光标的“十”字线，其交点坐标反映了光标在当前坐标系中的位置。在 AutoCAD 中，该“十”字线被称为十字光标，如图 2-1 所示。

✍ 技巧：

AutoCAD 通过十字光标的坐标值表示当前点的位置。十字光标的方向与当前用户坐标系的 X、Y 轴方向平行，其长度系统预设为绘图区大小的 5%，用户可以根据绘图的实际需要修改其大小。

扫一扫，看视频

动手学——设置光标大小

操作步骤

（1）选择菜单栏中的“工具”→“选项”命令，❶打开“选项”对话框。

（2）❷选择“显示”选项卡，❸在“十字光标大小”文本框中直接输入数值或拖动文本框后面的滑块，均可对十字光标的大小进行调整，如图 2-24 所示。

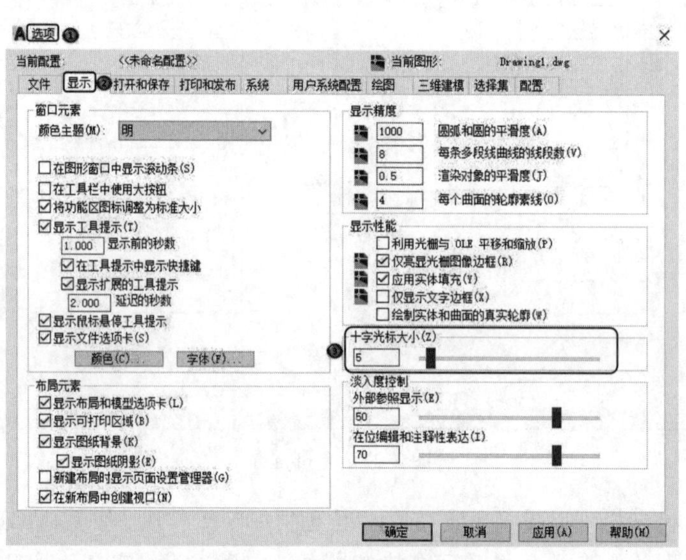

图 2-24 “显示”选项卡

此外，还可通过设置系统变量 CURSORSIZE 的值修改其大小，命令行提示与操作如下：

```
命令：_CURSORSIZE↙
输入 CURSORSIZE 的新值 <5>：5
```

在提示下输入新值即可修改光标大小，默认值为绘图区大小的 5%。

2.1.2 绘图系统

每台计算机所使用的显示器、输入设备和输出设备的类型都是不同的，用户喜好的风格及计算机的目录设置也不同。一般来讲，使用 AutoCAD 2022 的默认配置就可以绘图，但为了方便使用定点设备或打印机，以及提高绘图的效率，推荐用户在绘图前进行必要的配置。

【执行方式】

- 命令行：PREFERENCES。
- 菜单栏：选择菜单栏中的“工具”→“选项”命令。
- 快捷菜单：在绘图区右击，系统打开快捷菜单，如图 2-25 所示，选择“选项”命令。

图 2-25　快捷菜单

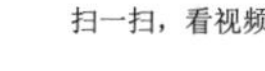

扫一扫，看视频

动手学——设置绘图区的颜色

操作步骤

在默认情况下，AutoCAD 的绘图区是黑色背景、白色线条，这不符合大多数用户的习惯，因此修改绘图区的颜色是大多数用户都要进行的操作。

（1）选择菜单栏中的“工具”→“选项”命令，❶打开“选项”对话框，❷选择如图 2-26 所示的“显示”选项卡，❸再单击“窗口元素”选项组中的“颜色”按钮，❹打开如图 2-27 所示的“图形窗口颜色”对话框。

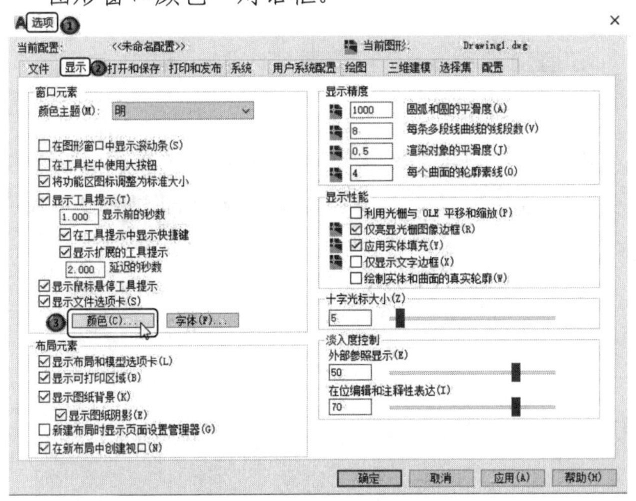

图 2-26 “显示”选项卡

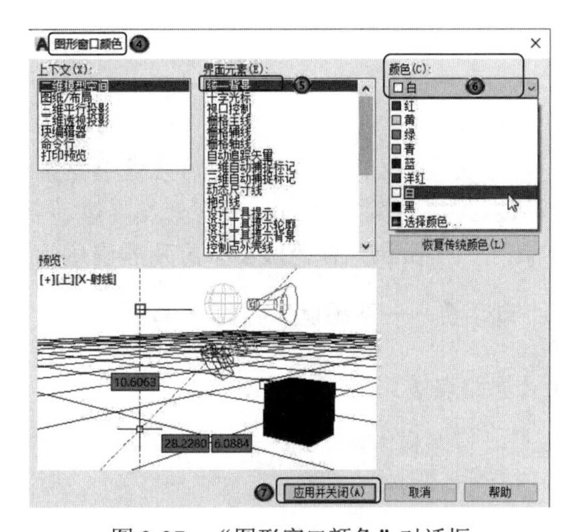

图 2-27 “图形窗口颜色”对话框

技巧：

设置实体显示精度时请务必注意，精度越高（显示质量越高），计算机计算的时间就越长，建议用户不要将精度设得太高，设定一个合理程度即可。

（2）在界面元素中选择要更换颜色的元素，❺这里选择“统一背景”元素，❻接着在“颜色”下拉列表框中选择需要的窗口颜色，❼然后单击“应用并关闭”按钮，此时 AutoCAD 的绘图区就变换了背景色，通常会按视觉习惯设置白色为窗口颜色。

【选项说明】

选择“选项”命令后，系统会打开“选项”对话框。用户可以在该对话框中设置有关选项，对绘图系统进行配置。下面就其中主要的两个选项卡加以说明，其他配置选项在后面用到时再作具体说明。

（1）系统配置。“选项”对话框中的第5个选项卡为“系统”选项卡，如图2-28所示。该选项卡是用来设置AutoCAD系统的相关特性的。其中，“常规选项”选项组是用来确定是否选择系统配置的基本选项。

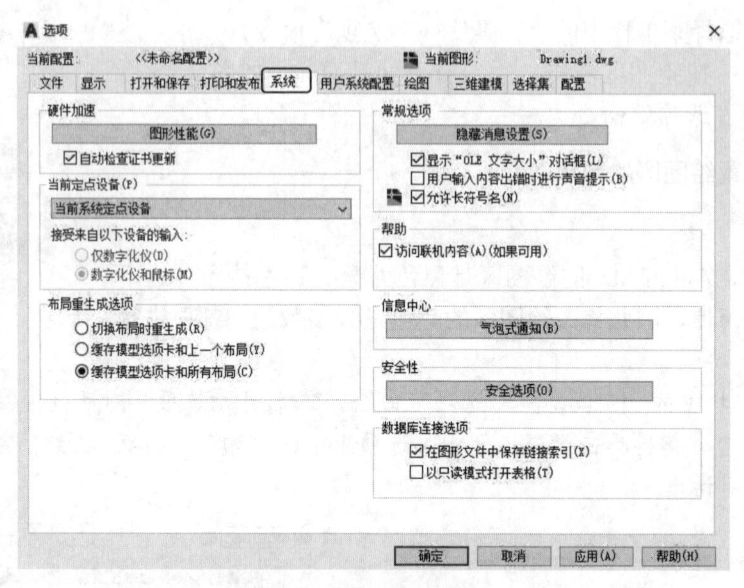

图2-28 “系统”选项卡

（2）显示配置。“选项”对话框中的第2个选项卡为“显示”选项卡。该选项卡是用于控制AutoCAD系统的外观的，用户可设定滚动条、文件选项卡等显示与否，设置绘图区的颜色、十字光标大小、AutoCAD的版面布局及各实体的显示精度等。

扫一扫，看视频

动手练——熟悉操作界面

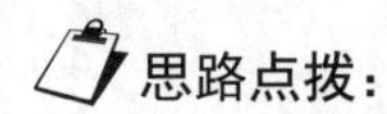
思路点拨：

了解操作界面各部分的功能，掌握改变绘图区的颜色和十字光标大小的方法，能够熟练地打开、移动、关闭工具栏。

2.2 文件管理

本节将介绍有关文件管理的一些基本操作，包括新建文件、打开已有文件、保存文件、删除文件等，这些都是使用AutoCAD 2022最基础的知识。

2.2.1 新建文件

启动AutoCAD 2022，系统会自动新建一个文件Drawing1，如果想新画一张图，可以再新建文件。

【执行方式】

- 命令行：NEW。
- 菜单栏：选择菜单栏中的“文件”→“新建”命令。
- 主菜单：选择主菜单栏中的“新建”命令。
- 工具栏：单击标准工具栏中的“新建”按钮□或单击快速访问工具栏中的“新建”按钮□。
- 快捷键：Ctrl+N。

【操作步骤】

执行上述操作后，系统会打开如图 2-29 所示的“选择样板”对话框。选择适当的模板后，单击“打开”按钮，即可新建一个图形文件。

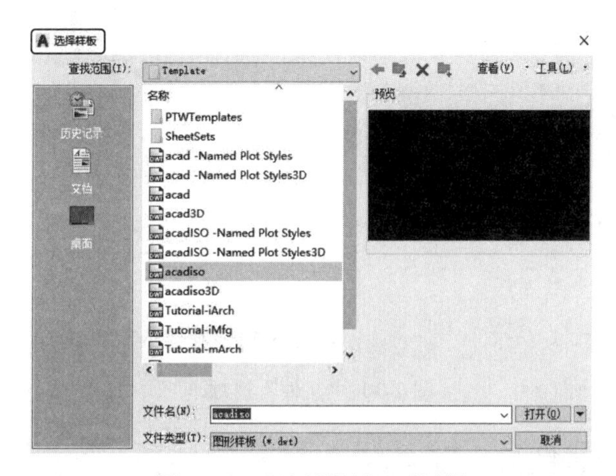

图 2-29 “选择样板”对话框

技巧：

AutoCAD 最常用的模板文件有两个：acad.dwt 和 acadiso.dwt，一个是英制的，一个是公制的。

2.2.2 快速新建文件

如果用户不愿意每次新建文件时都要选择样板文件，可以在系统中预先设置默认的样板文件，从而快速创建图形，该功能是创建新图形最快捷的方法。

【执行方式】

命令行：QNEW。

动手学——快速创建图形

扫一扫，看视频

操作步骤

要想使用快速创建图形功能，必须先进行如下设置。

（1）在命令行输入 FILEDIA 命令后按 Enter 键，设置系统变量为 1；在命令行输入 STARTUP 命令后按 Enter 键，设置系统变量为 0。

（2）选择菜单栏中的“工具”→“选项”命令，❶弹出“选项”对话框，❷选择“文件”选项卡，❸单击“样板设置”前面的“+”图标，在展开的选项列表中选择“快速新建的默认样板文件名”选项，如图 2-30 所示。❹单击“浏览”按钮，打开“选择文件”对话框，然后选择需要的样板文件即可。

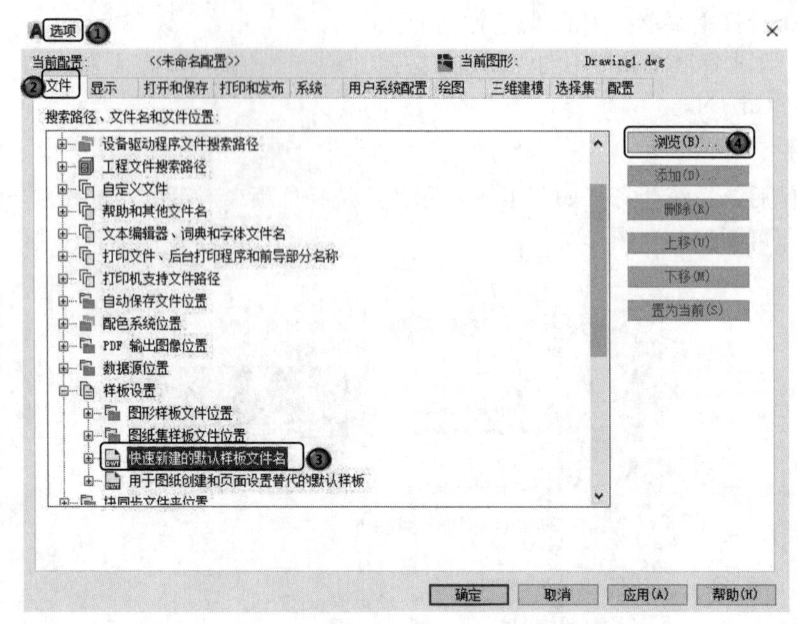

图 2-30 “文件”选项卡

（3）在命令行进行如下操作。

```
命令：QNEW↙
```

执行上述命令后，系统会立即从所选的图形样板中创建新图形，而不显示任何对话框或提示。

2.2.3 保存文件

画完图或在画图过程中均可随时保存文件。

【执行方式】

- 命令名：QSAVE（或 SAVE）。
- 菜单栏：选择菜单栏中的“文件”→“保存”命令。
- 主菜单：选择主菜单栏中的“保存”命令。
- 工具栏：单击标准工具栏中的“保存”按钮或快速访问工具栏中的“保存”按钮。
- 快捷键：Ctrl+S。

执行上述操作后，若文件已命名，则系统会自动保存文件；若文件未命名（默认名为 Drawing2.dwg），❶则系统会打开“图形另存为”对话框，如图 2-31 所示，❷用户可以重新命名并保存文件。❸在“保存于”下拉列表框中指定保存文件的路径，❹在“文件类型”下拉列表框中指定保存文件的类型。

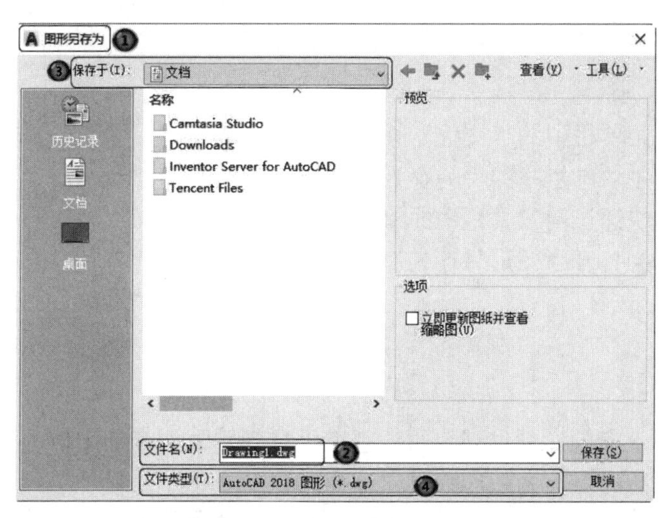

图 2-31 “图形另存为”对话框

✍ 技巧：

为了让使用低版本软件的人能正常打开文件，也可以将文件保存为低版本。因为 AutoCAD 每年更新一个版本，但文件格式不是每年都变，约每 3 年一变。

扫一扫，看视频

动手学——自动保存设置

操作步骤

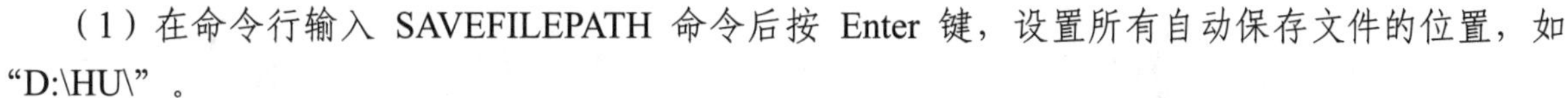

（1）在命令行输入 SAVEFILEPATH 命令后按 Enter 键，设置所有自动保存文件的位置，如“D:\HU\”。

（2）在命令行输入 SAVEFILE 命令后按 Enter 键，设置自动保存文件名。该系统变量存储的文件是只读文件，用户可以从中查询自动保存的文件名。

（3）在命令行输入 SAVETIME 命令后按 Enter 键，用户可以指定在使用自动保存时保存图形的时间间隔，单位是“分”。

注意：

在本实例中输入 SAVEFILEPATH 命令后，若设置文件的保存位置为“D:\HU\”，则在 D 盘下必须有 HU 文件夹，否则保存无效。

在没有相应的保存文件路径时，命令行提示与操作如下：

```
命令: SAVEFILEPATH
输入 SAVEFILEPATH 的新值，或输入"."表示无<"C:\Documents and Settings\Administrator\ local settings\temp\">: d:\hu\（输入文件路径）
SAVEFILEPATH 无法设置为该值
*无效*
```

2.2.4 另存文件

已保存的图纸也可以另存为新的文件名。

【执行方式】

- 命令行：SAVEAS。
- 菜单栏：选择菜单栏中的“文件”→“另存为”命令。
- 主菜单：选择主菜单栏中的“另存为”命令。
- 工具栏：单击快速访问工具栏中的“另存为”按钮。

执行上述操作后，会打开“图形另存为”对话框，对文件重命名后再进行保存。

2.2.5 打开文件

用户可以打开之前保存的文件继续编辑，也可以打开别人保存的文件进行学习或借用图形。在绘图过程中，用户可以随时保存画图的成果。

【执行方式】

- 命令行：OPEN。
- 菜单栏：选择菜单栏中的“文件”→“打开”命令。
- 主菜单：选择主菜单栏中的“打开”命令。
- 工具栏：单击标准工具栏中的“打开”按钮或单击快速访问工具栏中的“打开”按钮。
- 快捷键：Ctrl+O。

【操作步骤】

执行上述操作后，会打开“选择文件”对话框，如图 2-32 所示。

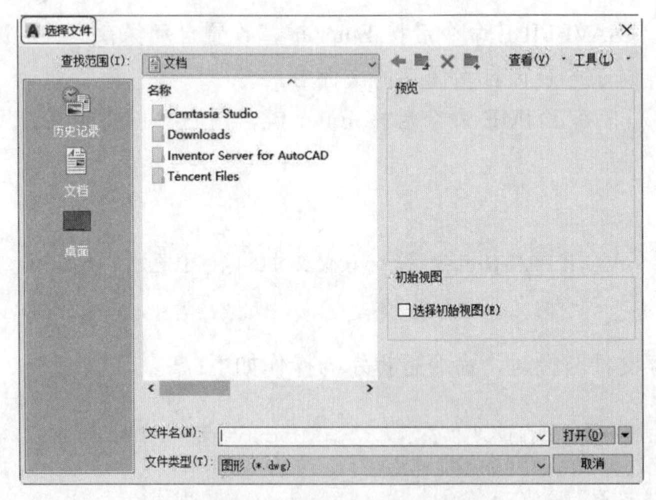

图 2-32 “选择文件”对话框

技巧：

高版本的 AutoCAD 可以打开低版本的.dwg 文件，而低版本的 AutoCAD 无法打开高版本的.dwg 文件。

如果用户只是自己画图，可以完全不理会版本，输入文件名后直接单击“保存”按钮就可以了；如果用户需要把图纸传给其他人，就需要根据对方使用的 AutoCAD 版本来选择保存的版本了。

【选项说明】

在"文件类型"下拉列表框中可选择.dwg、.dwt、.dws 和.dxf 文件格式。其中，.dws 文件是包含标准图层、标注样式、线型和文字样式的样板文件；.dxf 文件是用文本形式存储的图形文件，能被其他程序读取，许多第三方应用软件都支持.dxf 文件格式。

2.2.6　退出

绘制完图形后，不继续绘制的话可以直接退出软件。

【执行方式】

- 命令行：QUIT 或 EXIT。
- 菜单栏：选择菜单栏中的"文件"→"退出"命令。
- 主菜单：选择主菜单栏中的"关闭"命令。
- 按钮：单击 AutoCAD 操作界面右上角的"关闭"按钮✕。

执行上述操作后，若用户对图形所做的修改尚未保存，则会打开如图 2-33 所示的系统提示对话框。单击"是"按钮，系统将保存文件，然后退出；单击"否"按钮，系统将不保存文件；若用户对图形所做的修改已经保存，则直接退出即可。

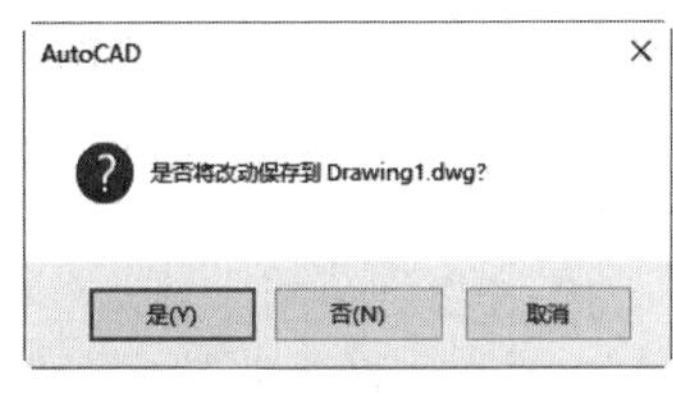

图 2-33　系统提示对话框

动手练——管理图形文件

扫一扫，看视频

图形文件的管理包括文件的新建、打开、保存、退出等。本练习要求读者熟练掌握.dwg 文件的赋名保存、自动保存的方法。

思路点拨：

（1）启动 AutoCAD 2022，进入操作界面。
（2）打开一幅已经保存过的图形。
（3）进行自动保存设置。
（4）尝试在图形上绘制任意图线。
（5）将图形以新的名称保存。
（6）退出该图形。

2.3　基本输入操作

绘制图形的要点在于快和准，即图形尺寸绘制准确以节省绘图时间。本节将介绍不同命令的操作方法，读者在学习绘图命令时，应尽可能掌握多种方法，并从中找出适合自己且快速的方法。

2.3.1 命令输入方式

AutoCAD 交互绘图必须输入必要的指令和参数。下面以绘制直线为例，介绍 AutoCAD 中的命令输入方式。

（1）在命令行输入命令名。命令字符是不区分大小写的，如命令 LINE。执行命令时，在命令行提示中经常会出现命令选项。在命令行输入绘制直线命令 LINE 后，命令行提示与操作如下：

```
命令：LINE↙
指定第一个点：(在绘图区指定一点或输入一个点的坐标)
指定下一点或 [放弃(U)]:
```

命令行中不带括号的提示为默认选项（如上面的“指定下一点或”），因此可以直接输入直线的起点坐标或在绘图区指定一点，如果要选择其他选项，则应该首先输入该选项的标识字符与“放弃”选项的标识字符“U”，然后按系统提示输入数据即可。在命令选项的后面有时还带有尖括号，尖括号内的数值为默认数值。

（2）在命令行输入命令缩写字符，例如，L（LINE）、C（CIRCLE）、A（ARC）、Z（ZOOM）、R（REDRAW）、M（MOVE）、CO（COPY）、PL（PLINE）、E（ERASE）等。

（3）选择“绘图”菜单栏中对应的命令，在命令行窗口中可以看到对应的命令说明及命令名。

（4）单击“绘图”工具栏中对应的按钮，在命令行窗口中也可以看到对应的命令说明及命令名。

（5）在绘图区打开快捷菜单。如果在前面刚使用过输入的命令，可以在绘图区右击，打开快捷菜单，在“最近的输入”子菜单中选择需要的命令，如图 2-34 所示。“最近的输入”子菜单中存储了最近使用的命令，如果经常重复使用某个命令，这种方法比较快捷。

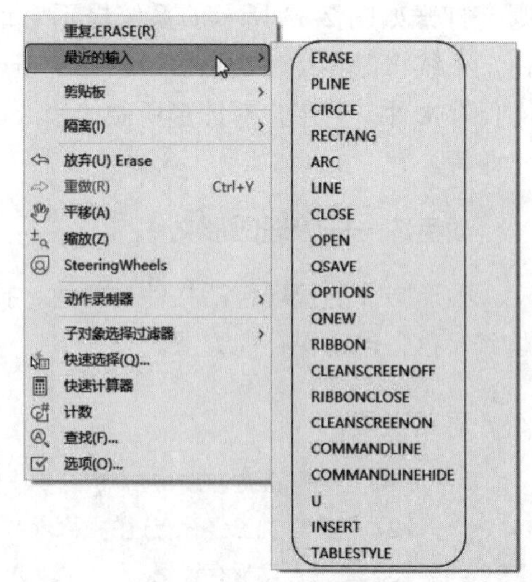

图 2-34 快捷菜单

（6）在命令行直接按 Enter 键。如果用户要重复使用上次使用的命令，可以直接在命令行按 Enter 键，系统会立即重复执行上次使用的命令。这种方法适用于重复执行某个命令。

2.3.2 命令的重复、撤销和重做

用户在绘图过程中经常会重复使用相同命令或者用错命令，下面介绍命令的重复操作、撤销操作和重做操作。

1. 命令的重复

按 Enter 键，可重复调用上一个命令，而不管上一个命令是完成了还是被取消了。

2. 命令的撤销

在命令执行的任何时刻都可以取消或终止命令。

【执行方式】

- 命令行：UNDO。
- 菜单栏：选择菜单栏中的“编辑”→“放弃”命令。
- 工具栏：单击标准工具栏中的“放弃”按钮或者快速访问工具栏中的“放弃”按钮。
- 快捷键：Esc。

3. 命令的重做

要恢复已被撤销的命令，用户可以通过以下操作进行。

【执行方式】

- 命令行：REDO（快捷命令为 RE）。
- 菜单栏：选择菜单栏中的“编辑”→“重做”命令。
- 工具栏：单击标准工具栏中的“重做”按钮或快速访问工具栏中的“重做”按钮。
- 快捷键：Ctrl+Y。

AutoCAD 2022 可以一次执行多重放弃和重做操作。单击快速访问工具栏中的“放弃”按钮或“重做”按钮后面的小三角形，即可在弹出的下拉菜单中选择要放弃或重做的操作，如图 2-35 所示。

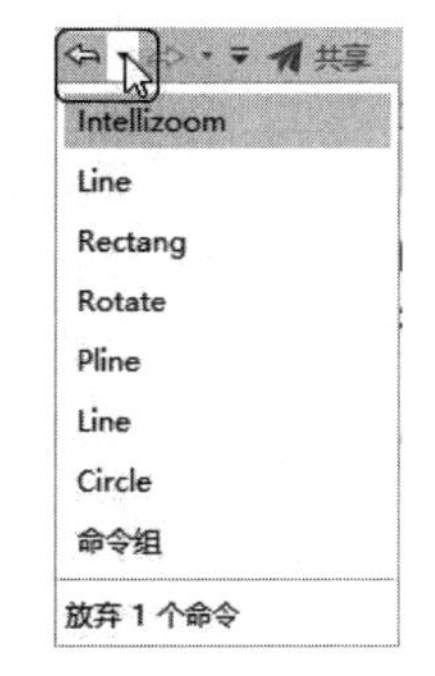

图 2-35　放弃或重做选项

2.3.3　命令执行方式

有的命令有两种执行方式，即通过对话框或命令行输入命令。如果要使用命令行方式，可在命令名前加短划线来表示，如“-LAYER”就表示要使用命令行方式执行“图层”命令。而如果在命令行输入“LAYER”，那么系统会打开“图层特性管理器”选项板。

另外，有些命令同时存在命令行、菜单栏、工具栏和功能区 4 种执行方式，这时如果选择菜单栏、工具栏或功能区方式，命令行会显示该命令，并在前面加下划线。例如，通过菜单栏、工具栏或功能区方式执行“直线”命令时，命令行会显示“_line”。

2.4　模拟认证考试

1. 下面不可以拖动的是（　　）。

   A. 命令行　　B. 工具栏

   C. 工具选项板　　D. 菜单

2. 打开和关闭命令行的快捷键是（　　）。

   A. F2　　B. Ctrl+F2

C．Ctrl+F9　　　　D．Ctrl+9

3．文件有多种输出格式，下列的格式输出不正确的是（　　）。

A．.dwfx　　　　B．.wmf

C．.bmp　　　　D．.dgx

4．在 AutoCAD 中，若光标悬停在命令或控件上时，首先显示的提示是（　　）。

A．下拉菜单　　　　B．文本输入框

C．基本工具提示　　　　D．补充工具提示

5．在“全屏显示”状态下，（　　）不显示在绘图界面中。

A．标题栏　　　　B．命令窗口

C．状态栏　　　　D．功能区

6．坐标（@100,80）表示（　　）。

A．该点距原点 X 方向的位移为 100，Y 方向位移为 80

B．该点相对原点的距离为 100，该点与前一点连线与 X 轴的夹角为 80°

C．该点相对前一点 X 方向的位移为 100，Y 方向位移为 80

D．该点相对前一点的距离为 100，该点和前一点连线与 X 轴的夹角为 80°

7．要恢复用 U 命令放弃的操作，应该用（　　）命令。

A．redo（重做）　　　　B．redrawall（重画）

C．regen（重生成）　　　　D．regenall（全部重生成）

8．若图面已有一点 A（2,2），要得到另一点 B（4,4），以下坐标输入不正确的是（　　）。

A．@4,4　　　　B．@2,2

C．4,4　　　　D．@2<45

9．在 AutoCAD 中，设置光标悬停在命令上时，基本工具提示与显示扩展工具提示之间显示的延迟时间是（　　）。

A．在“选项”对话框的“显示”选项卡中进行设置

B．在“选项”对话框的“文件”选项卡中进行设置

C．在“选项”对话框的“系统”选项卡中进行设置

D．在“选项”对话框的“用户系统配置”选项卡中进行设置

第 3 章　基本绘图设置

内容简介

本章将学习关于二维绘图的参数设置知识。了解并熟练掌握图层和基本绘图参数的设置，进而应用到图形绘制过程中。

内容要点

- 基本绘图参数
- 显示图形
- 图层
- 实例——设置样板图绘图环境
- 模拟认证考试

案例效果

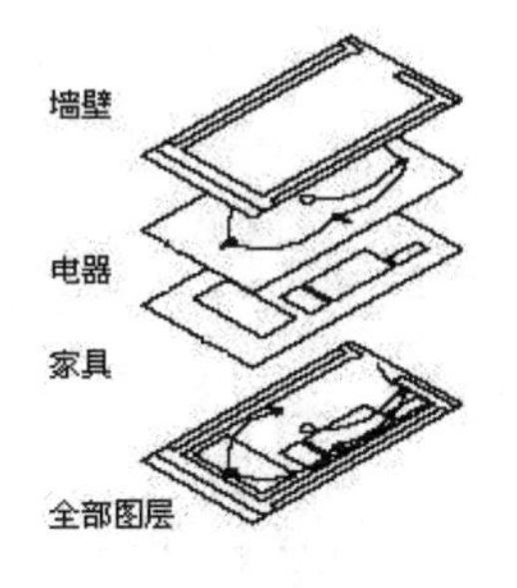

3.1　基本绘图参数

绘制一幅图形时，需要设置一些基本参数，如图形单位、图幅界限等，下面进行简要介绍。

3.1.1　设置图形单位

在 AutoCAD 中，对于任何图形，总有其大小、精度和所采用的单位，屏幕上显示的仅为屏幕单位，但屏幕单位应该对应一个真实的单位，不同的单位其显示格式也不同。

【执行方式】

- 命令行：DDUNITS（或 UNITS，快捷命令为 UN）。
- 菜单栏：选择菜单栏中的“格式”→“单位”命令。

扫一扫，看视频

动手学——设置图形单位

操作步骤

（1）在命令行中输入快捷命令 UN，系统会打开“图形单位”对话框，如图 3-1 所示。

（2）在长度“类型”下拉列表中选择小数，在“精度”下拉列表中选择 0.00。

（3）在角度“类型”下拉列表中选择十进制度数，在“精度”下拉列表中选择 0。

（4）其他采用默认设置，单击“确定”按钮，即可完成图形单位的设置。

【选项说明】

（1）“长度”与“角度”选项组：指定测量的长度与角度的当前单位及精度。

（2）“插入时的缩放单位”选项组：控制插入到当前图形中的块和图形的测量单位。如果块或图形创建时使用的单位与该选项指定的单位不同，则在插入这些块或图形时，将对其按比例进行缩放。插入比例是原块或图形使用的单位与目标图形使用的单位之比。如果插入块时不想按指定单位缩放，则可在其下拉列表框中选择“无单位”选项。

（3）“输出样例”选项组：显示使用当前单位和角度设置的例子。

（4）“光源”选项组：指定当前图形中光源强度的测量单位。为创建和使用光度控制光源，必须从其下拉列表框中指定非“常规”的单位。

（5）“方向”按钮：单击该按钮，系统会打开“方向控制”对话框，如图 3-2 所示，在其中可进行方向控制设置。

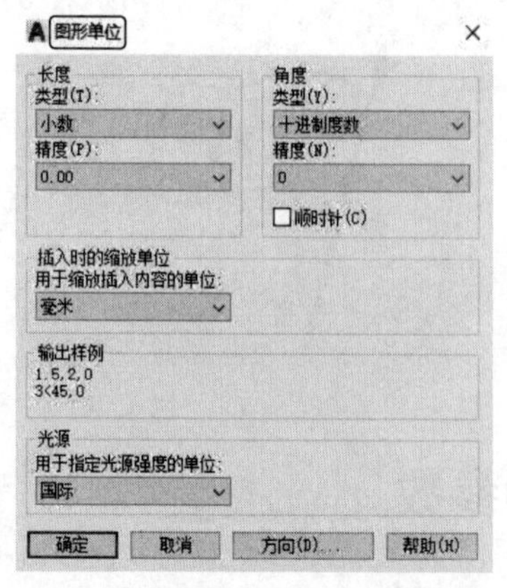

图 3-1 “图形单位”对话框

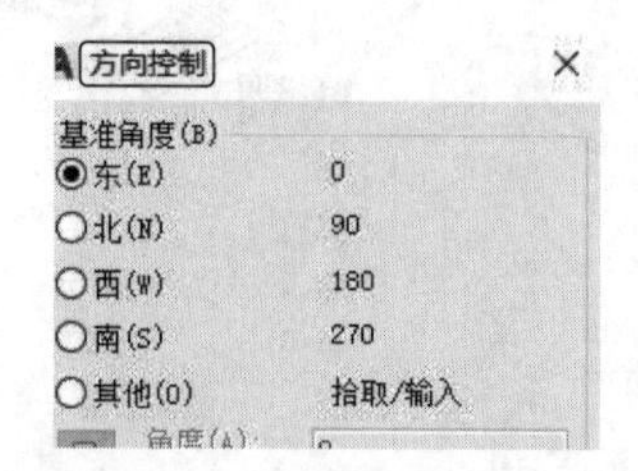

图 3-2 “方向控制”对话框

3.1.2 设置图形界限

绘图界限用于标明用户的工作区域和图纸的边界，为了便于用户准确地绘制和输出图形，避免绘制的图形超出某个范围，可使用绘图界限功能。

【执行方式】

- 命令行：LIMITS。
- 菜单栏：选择菜单栏中的“格式”→“图形界限”命令。

扫一扫，看视频

动手学——设置 A4 图形界限

操作步骤

在命令行中输入 LIMITS 命令，设置图形界限为 297×210，命令行提示与操作如下：

```
命令：LIMITS↙
重新设置模型空间界限：
指定左下角点或 [开(ON)/关(OFF)] <0.0000,0.0000>:（输入图形边界左下角的坐标后按 Enter 键）
指定右上角点 <13.0000,90000>:297,210（输入图形边界右上角的坐标后按 Enter 键）
```

【选项说明】

（1）开(ON)：使图形界限有效。用户在图形界限以外拾取的点将视为无效。

（2）关(OFF)：使图形界限无效。用户可以在图形界限以外拾取点或实体。

（3）动态输入角点坐标：可以直接在绘图区的动态文本框中输入角点坐标，输入了横坐标值后，按“,”键，接着输入纵坐标值，如图 3-3 所示；也可以直接单击鼠标，以确定角点位置。

图 3-3　动态输入

✍ **技巧：**

在命令行中输入坐标时，请检查此时的输入法是否是英文输入状态。如果是中文输入状态，输入“150，20”，则会由于“，”的原因，系统认定该坐标输入无效。这时，只需将输入法改为英文状态并重新输入“,”即可。

扫一扫，看视频

动手练——设置绘图环境

在绘制图形之前，用户需要先设置绘图环境。

思路点拨：

（1）设置图形单位。

（2）设置 A3 图形界限。

3.2　显示图形

显示图形的一般方法是使用“缩放”和“平移”命令。使用这两个命令可以在绘图区域放大或缩小图形显示，或者改变观察位置。

3.2.1　图形缩放

“缩放”命令可将图形放大或缩小显示，以便用户观察和绘制图形，该命令并不会改变图形的实际位置和尺寸，而是改变视图的比例。

【执行方式】

➘ 命令行：ZOOM。

- 菜单栏：选择菜单栏中的“视图”→“缩放”→“实时”命令。
- 工具栏：单击标准工具栏中的“实时缩放”按钮±Q。
- 功能区：单击❶“视图”选项卡❷“导航”面板中❸“范围”下拉菜单中的❹“实时”按钮±Q（见图3-4）。

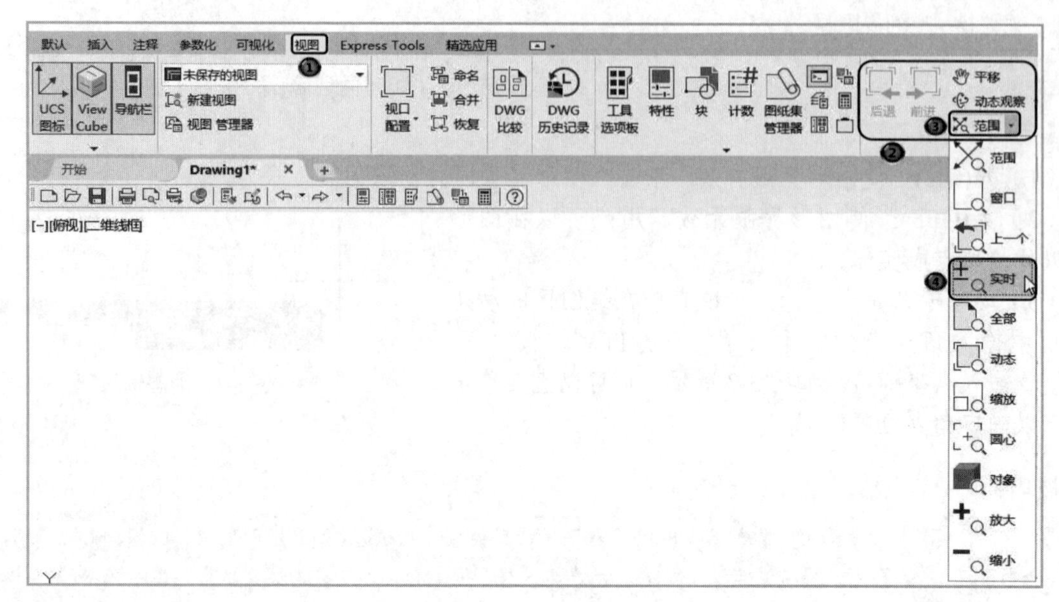

图3-4 单击“实时”按钮

【操作步骤】

```
命令：ZOOM
指定窗口的角点，输入比例因子 (nX 或 nXP)，或者[全部(A)/中心(C)/动态(D)/范围(E)/上一个(P)/比例(S)/窗口(W)/对象(O)] <实时>:
```

【选项说明】

（1）输入比例因子：根据输入的比例因子，以当前的视图窗口为中心，将视图窗口中显示的内容放大或缩小输入的比例倍数。nX 是指根据当前视图指定比例，nXP 是指定相对于图纸空间单位的比例。

（2）全部(A)：缩放以显示所有可见对象和视觉辅助工具。

（3）中心(C)：缩放以显示由中心点和比例值或高度所定义的视图。高度值较小时可增加放大比例，高度值较大时可减小放大比例。

（4）动态(D)：使用矩形视图框进行平移和缩放。视图框表示视图，我们可以更改它的大小，或让其在图形中移动。移动视图框或调整它的大小，将其中的视图平移或缩放，以充满整个视口。

（5）范围(E)：缩放以显示所有对象的最大范围。

（6）上一个(P)：缩放显示上一个视图。

（7）窗口(W)：缩放显示矩形窗口指定的区域。

（8）对象(O)：缩放以便尽可能大地显示一个或多个选定的对象并使其位于视图的中心。

（9）实时：以更高视图的比例交互缩放，光标将变为带有加号和减号的放大镜。

☞教你一招：

在绘画过程中大家都习惯于用滚轮来缩放和放大图纸，但在缩放图纸的时候经常会遇到这样的情况：滚动滚轮，而图纸无法继续放大或缩小，状态栏会提示“已无法进一步缩小”或“已无法进一步缩放”，这时视图缩放并不能满足我们的要求，还需要继续缩放。为什么出现这种现象呢?

（1）AutoCAD 在打开显示图纸的时候，首先读取文件里写的图形数据，然后生成用于屏幕显示的数据，生成显示数据的过程在 AutoCAD 里叫作重生成，很多人应该会经常使用 RE 命令。

（2）当用滚轮放大或缩小图形到一定倍数的时候，AutoCAD 判断需要重新根据当前视图范围来生成显示数据，因此就会提示无法继续缩小或缩放。直接输入 RE 命令后按 Enter 键，就可以继续缩放了。

（3）如果想显示全图，最好就不要用滚轮，直接输入 ZOOM 命令，按 Enter 键，再输入 E 或 A，按 Enter 键，则 AutoCAD 在全图缩放时会根据情况自动进行重生成。

3.2.2　平移图形

使用“平移”命令可通过单击和移动光标重新放置图形。

【执行方式】

- 命令行：PAN。
- 菜单栏：选择菜单栏中的“视图”→“平移”→“实时”命令。
- 工具栏：单击标准工具栏中的“实时平移”按钮。
- 功能区：单击❶“视图”选项卡❷“导航”面板中的❸“平移”按钮（见图 3-5）。

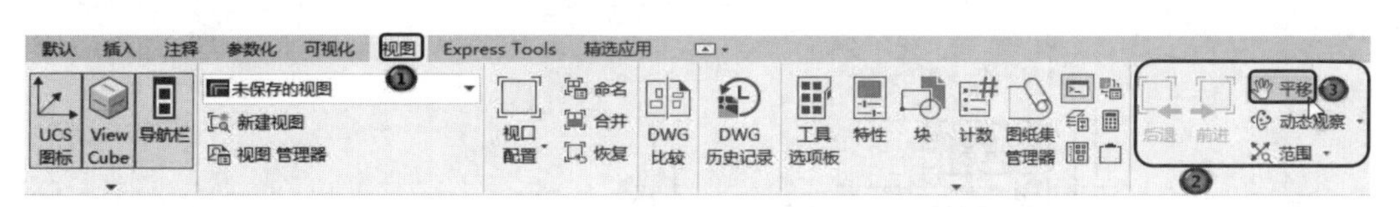

图 3-5　“导航”面板

执行上述命令后，单击“实时平移”按钮，然后移动手形光标即可平移图形。当移动到图形的边沿时，光标就会变成一个三角形。

另外，在 AutoCAD 2022 中，为显示控制命令，系统设置了一个右键快捷菜单，如图 3-6 所示。在该菜单中，用户可以在显示命令执行的过程中透明地进行切换。

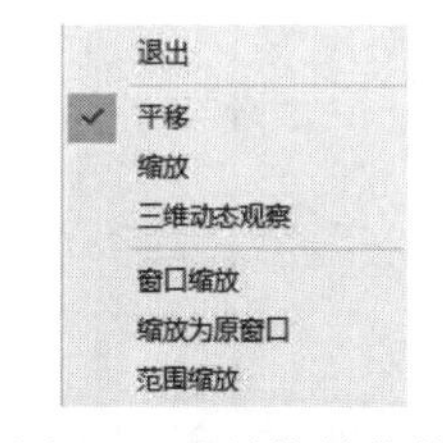

图 3-6　右键快捷菜单

3.2.3　实例——查看图形细节

扫一扫，看视频

调用素材：初始文件\第 3 章\中餐厅装饰平面图.dwg

本实例要求查看图 3-7 所示的中餐厅装饰平面图的细节。

操作步骤

（1）打开初始文件\第 3 章\中餐厅装饰平面图.dwg 文件，如图 3-7 所示。

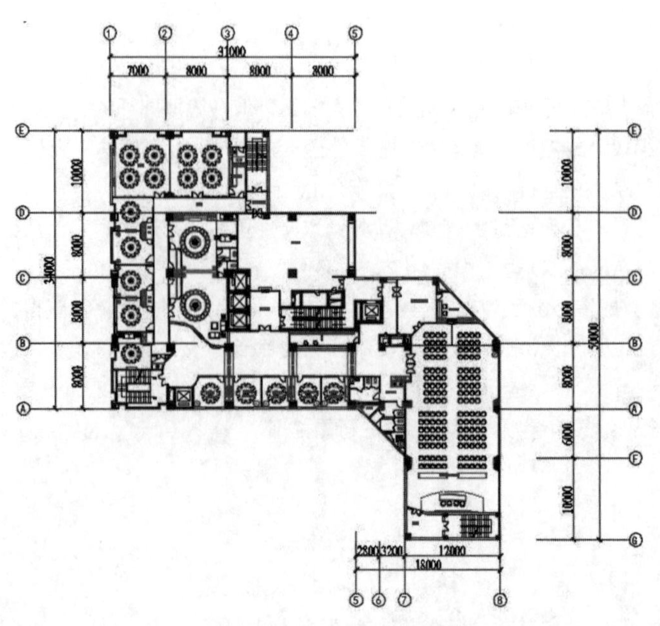

图 3-7　中餐厅装饰平面图

（2）单击“视图”选项卡“导航”面板中的“平移”按钮，移动手形光标将图形向左拖动，如图 3-8 所示。

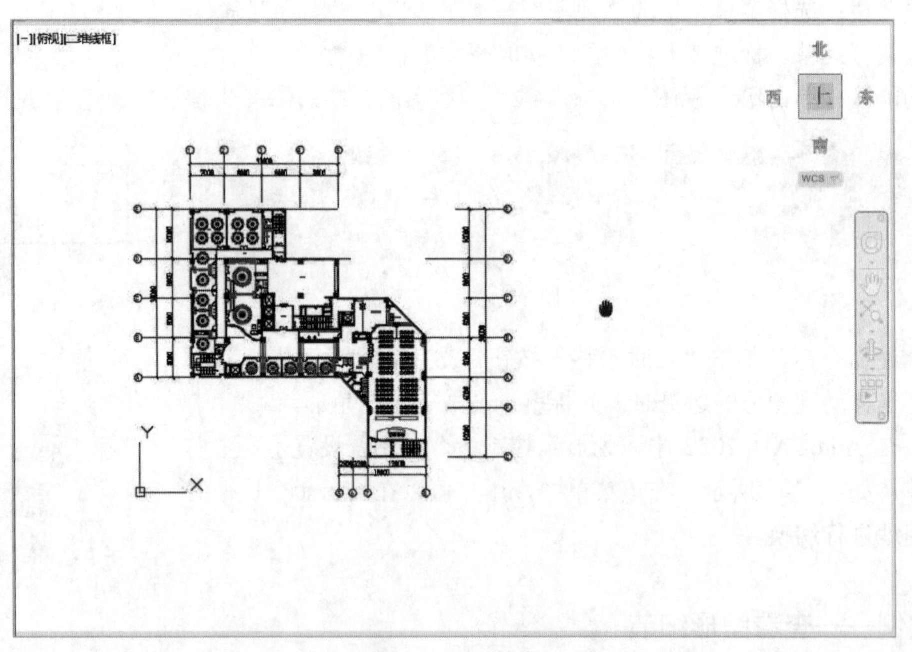

图 3-8　平移图形

（3）右击鼠标打开快捷菜单，选择其中的“缩放”命令，如图 3-9 所示。

绘图平面出现缩放标记，向上拖动鼠标将图形实时放大，单击“视图”选项卡“导航”面板中的“平移”按钮，将图形移动到中间位置，如图 3-10 所示。

（4）单击“视图”选项卡“导航”面板中的“窗口”按钮，用鼠标拖出一个缩放窗口，如图 3-11 所示。单击“确认”按钮后，窗口缩放效果如图 3-12 所示。

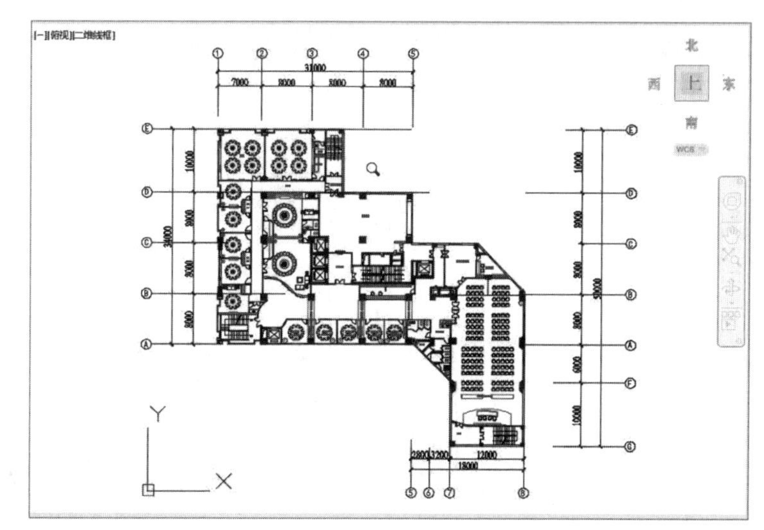

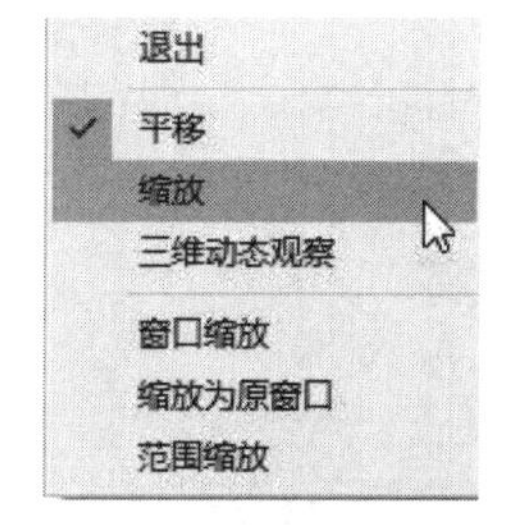

图 3-9　快捷菜单

图 3-10　实时放大

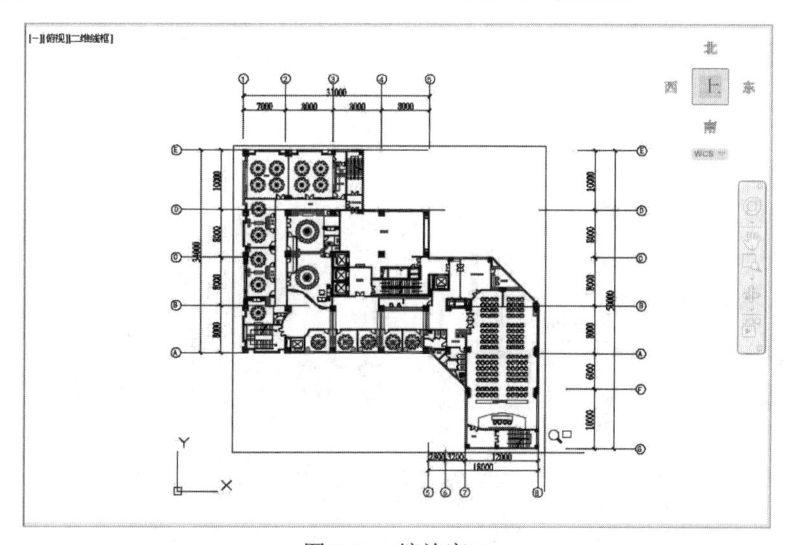

图 3-11　缩放窗口

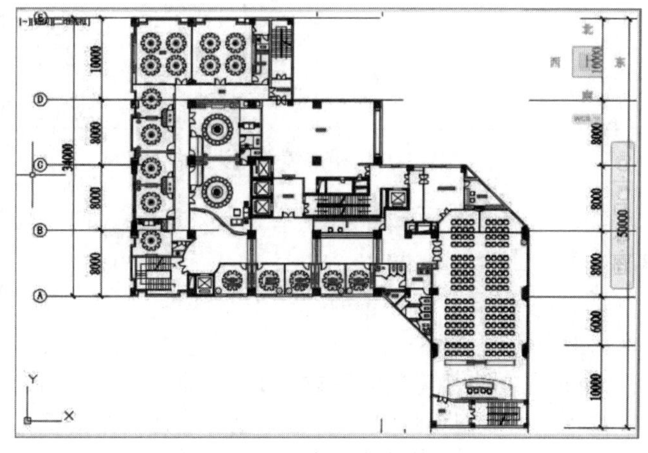

图 3-12　窗口缩放效果

（5）单击“视图”选项卡“导航”面板中的“圆心”按钮，在图形上要查看大体位置并指定一个缩放中心点，如图 3-13 所示。在命令行提示下输入“2X”为缩放比例，缩放效果如图 3-14 所示。

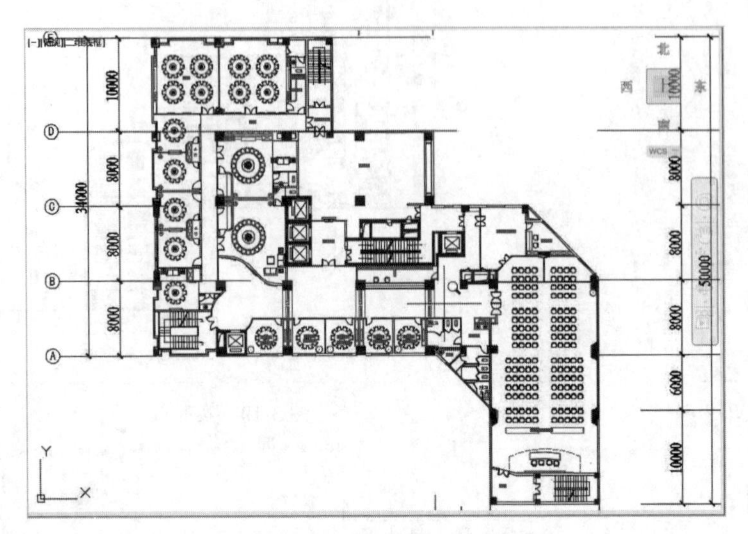

图 3-13　指定缩放中心点

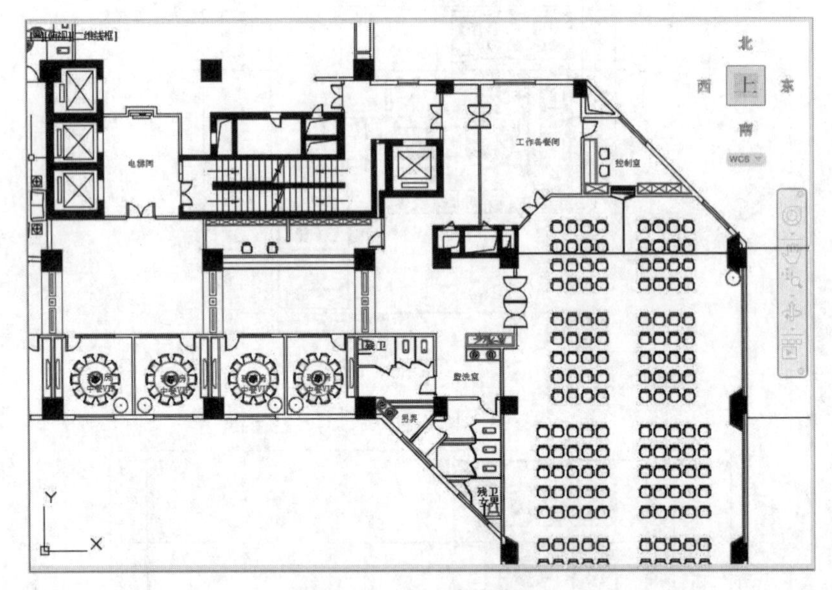

图 3-14　中心缩放效果

（6）单击“视图”选项卡“导航”面板中的“上一个”按钮，系统自动返回上一次缩放的图形窗口，即中心缩放前的图形窗口。

（7）单击“视图”选项卡“导航”面板中的“动态”按钮，此时，图形平面上会出现一个中心有小叉的显示范围框，如图 3-15 所示。

（8）单击鼠标左键，会出现右边带箭头的缩放范围显示框，如图 3-16 所示。拖动鼠标，可以看出带箭头的范围框大小在变化，如图 3-17 所示。松开鼠标左键，范围框又变成带小叉的形式，可以再次按住鼠标左键平移显示框，如图 3-18 所示。按 Enter 键，则系统显示动态缩放后的图形效果如图 3-19 所示。

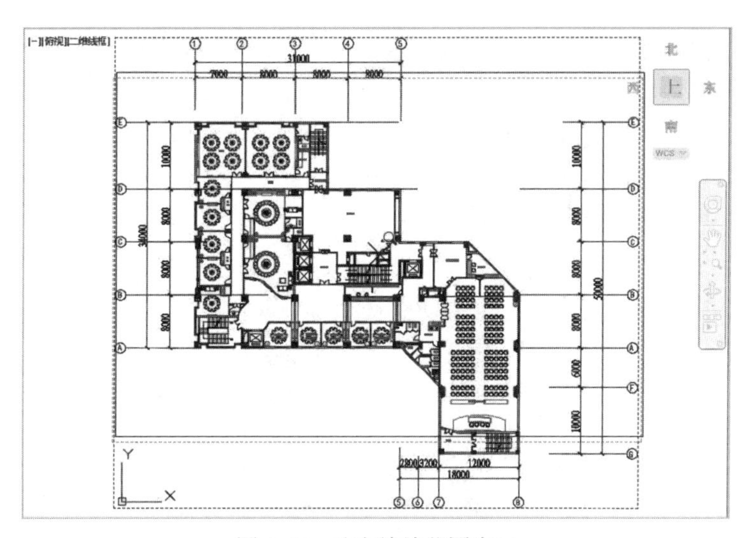

图 3-15　动态缩放范围窗口

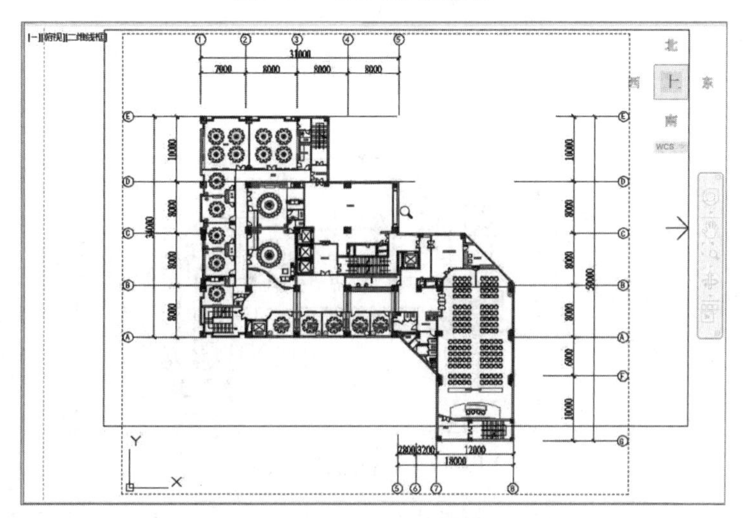

图 3-16　右边带箭头的缩放范围显示框

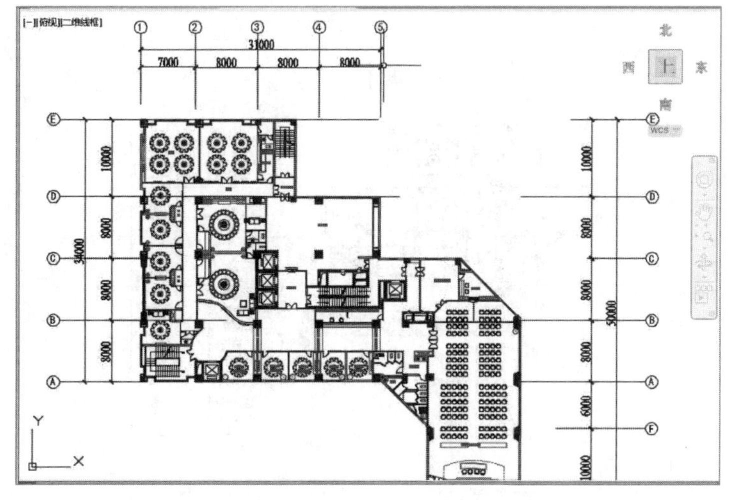

图 3-17　变化的范围框

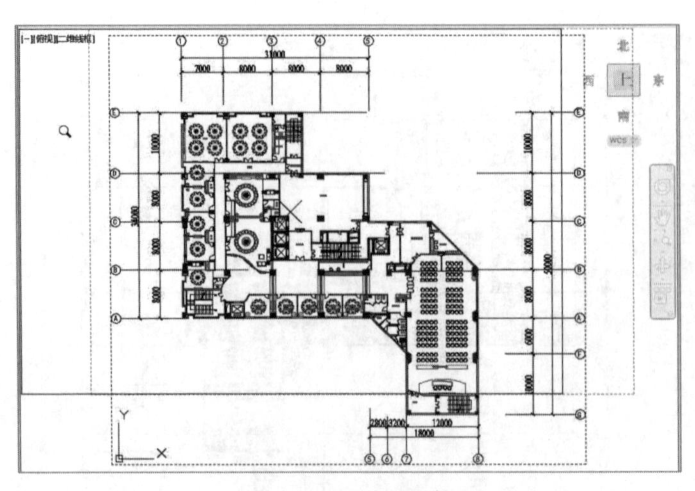

图 3-18　平移显示框

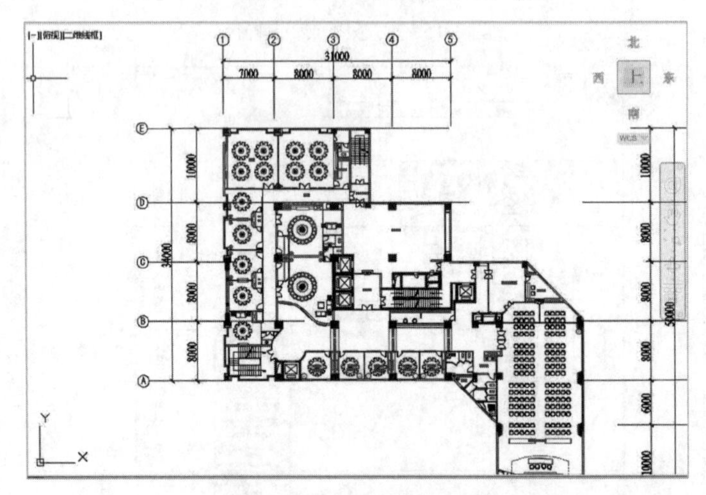

图 3-19　动态缩放的效果

（9）单击“视图”选项卡“导航”面板中的“全部”按钮，系统将显示全部图形画面，最终效果如图 3-20 所示。

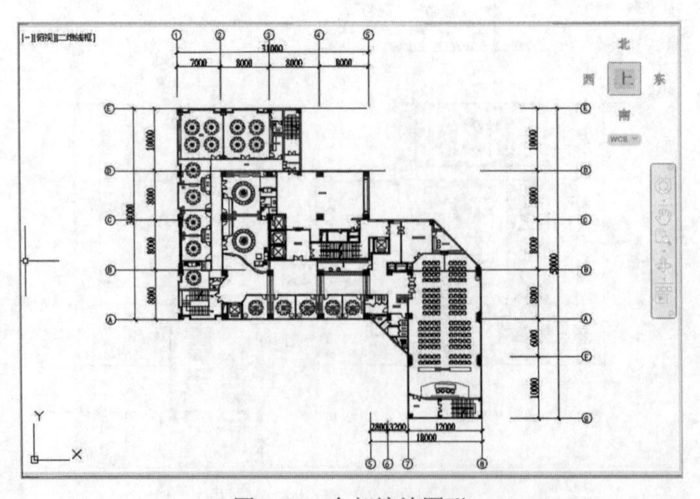

图 3-20　全部缩放图形

（10）单击“视图”选项卡“导航”面板中的“对象”按钮，并框选图 3-21 中的相应范围，系统进行对象缩放，最终效果如图 3-22 所示。

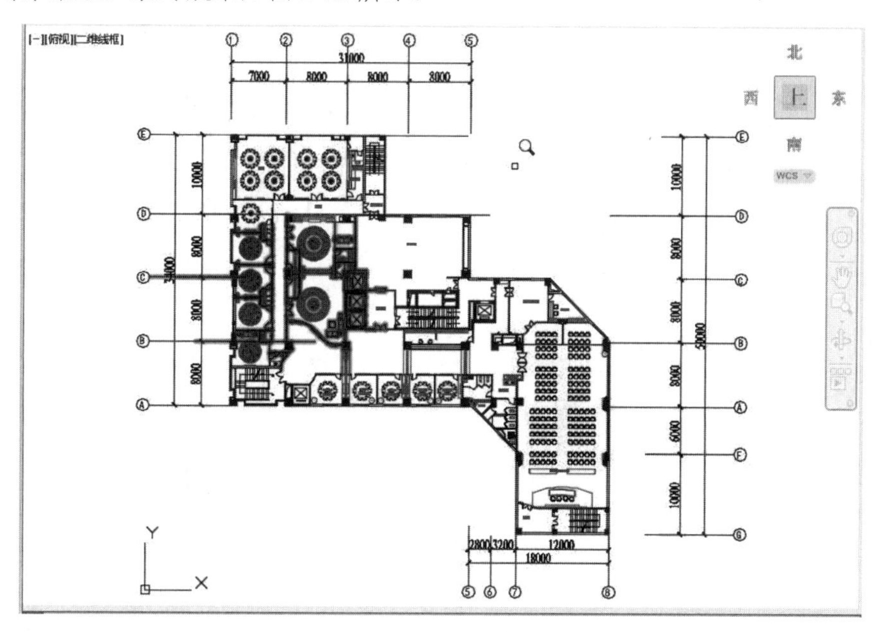

图 3-21　选择对象

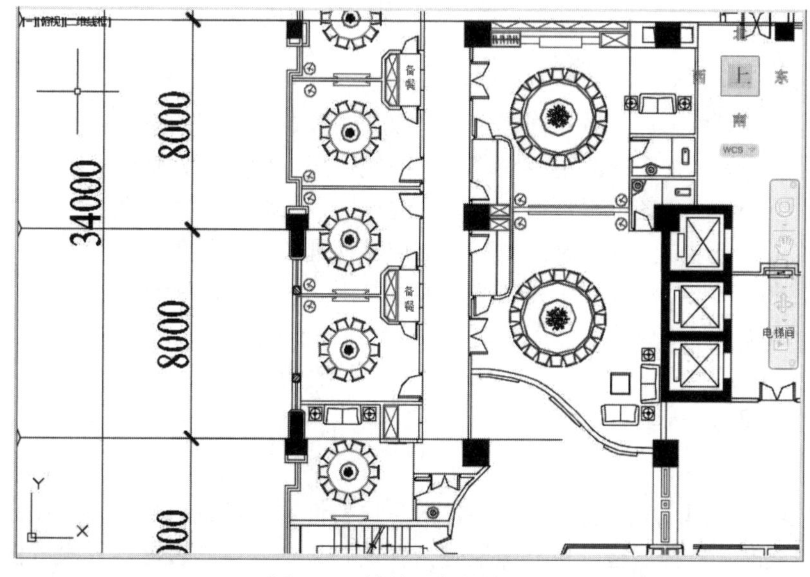

图 3-22　缩放对象的效果

动手练——查看洗浴中心二层装饰图细节

扫一扫，看视频

本练习要求用户熟练掌握各种图形显示工具的使用方法。

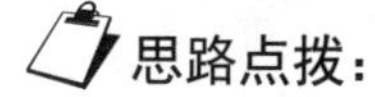

思路点拨：

源文件：源文件\第 3 章\洗浴中心二层装饰.dwg

如图 3-23 所示，使用“平移”和“缩放”工具移动和缩放图形。

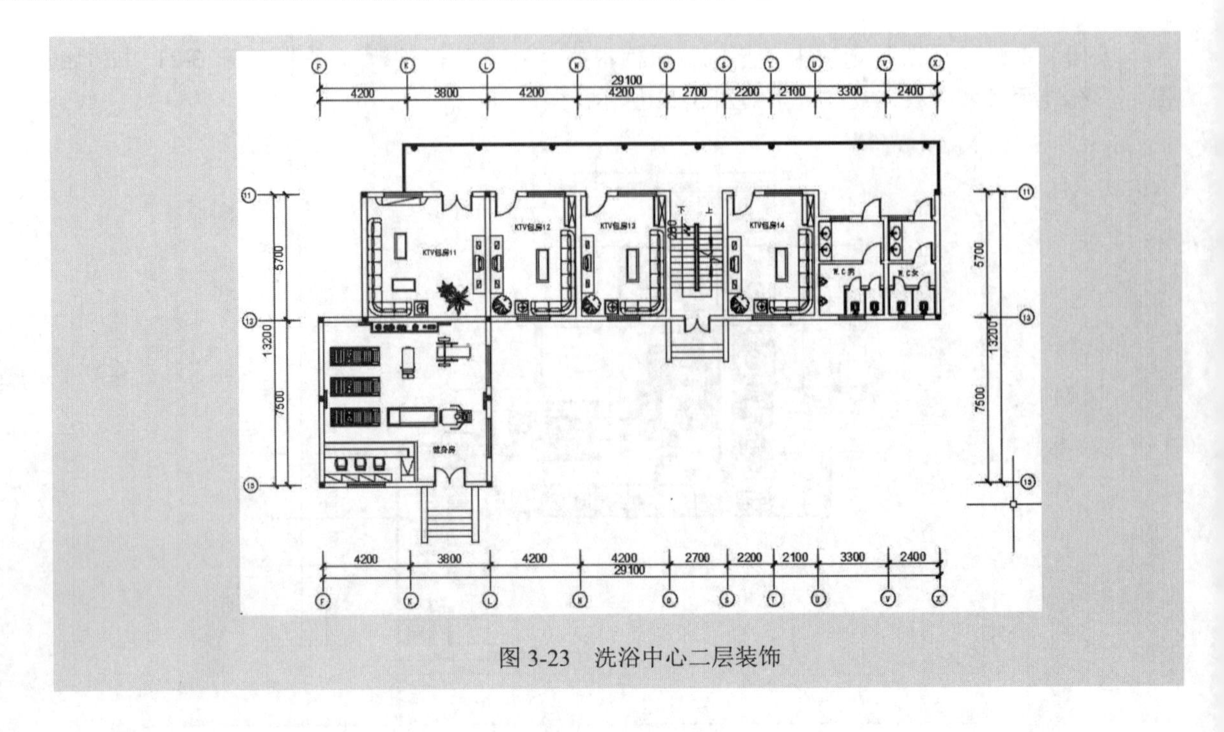

图 3-23　洗浴中心二层装饰

3.3　图　　层

图层的概念类似投影片，将不同属性的对象分别放置在不同的投影片（图层）上。例如，将图形的主要线段、中心线、尺寸标注等分别绘制在不同的图层上，每个图层都可设定不同的线型、线条颜色，然后把不同的图层堆在一起形成一张完整的视图，这样可使视图层次分明，方便了图形对象的编辑与管理。一个完整的图形就是由它所包含的所有图层上的对象叠加在一起构成的，如图 3-24 所示。

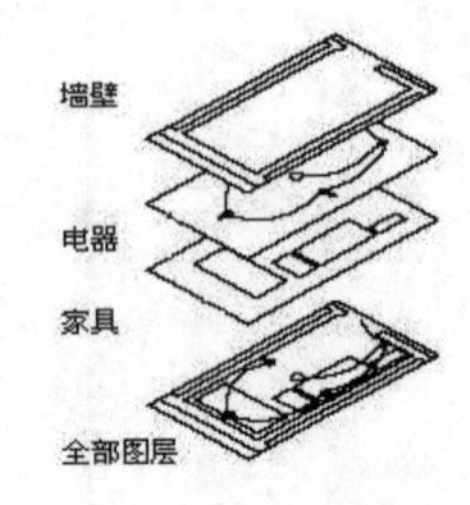

图 3-24　图层效果

3.3.1　图层的设置

在用图层功能绘图之前，首先要对图层的各项特性进行设置，包括建立和命名图层、设置当前图层、设置图层的颜色和线型、设置图层是否关闭、设置图层是否冻结、设置图层是否锁定，以及设置图层是否删除等。

1. 通过对话框设置图层

AutoCAD 2022 提供了详细且直观的“图层特性管理器”选项板，用户可以方便地通过对该选项板中的各选项及其二级选项板的设置，实现创建新图层、设置图层颜色及线型等多种操作。

【执行方式】

➘ 命令行：LAYER。

- 菜单栏：选择菜单栏中的“格式”→“图层”命令。
- 工具栏：单击“图层”工具栏中的“图层特性管理器”按钮。
- 功能区：单击“默认”选项卡“图层”面板中的“图层特性”按钮或“视图”选项卡“选项板”面板中的“图层特性”按钮。

扫一扫，看视频

动手学——设置三环旗的图层

源文件：源文件\第 3 章\设置三环旗的图层.dwg

绘制如图 3-25 所示的三环旗。

图 3-25　三环旗

操作步骤

（1）单击“默认”选项卡“图层”面板中的“图层特性”按钮，打开“图层特性管理器”选项板，如图 3-26 所示。

（2）单击“新建”按钮创建新图层，新图层的特性将继承 0 图层的特性或继承已选择的某一图层的特性。新图层的默认名为“图层 1”，显示在中间的图层列表中，将其更名为“旗尖”，再用同样方法建立“旗杆”层、“旗面”层和“三环”层。这样就建立了 4 个新图层。此时，选中“旗尖”层，单击“颜色”下的色块形图标，将打开“选择颜色”对话框，如图 3-27 所示。选择灰色色块，单击“确定”按钮后，回到“图层特性管理器”选项板，此时，“旗尖”层的颜色变为灰色。

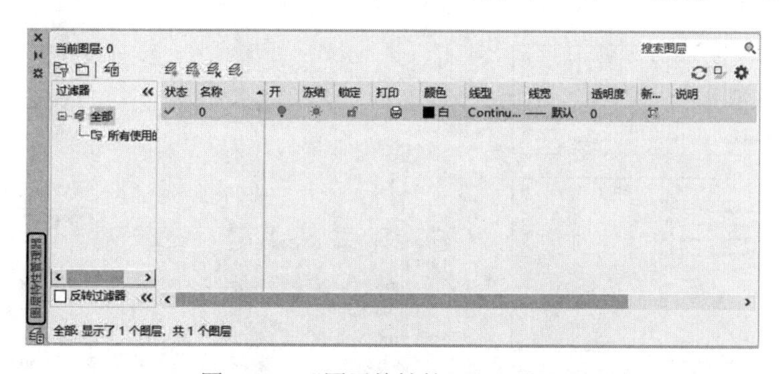

图 3-26　“图层特性管理器”选项板

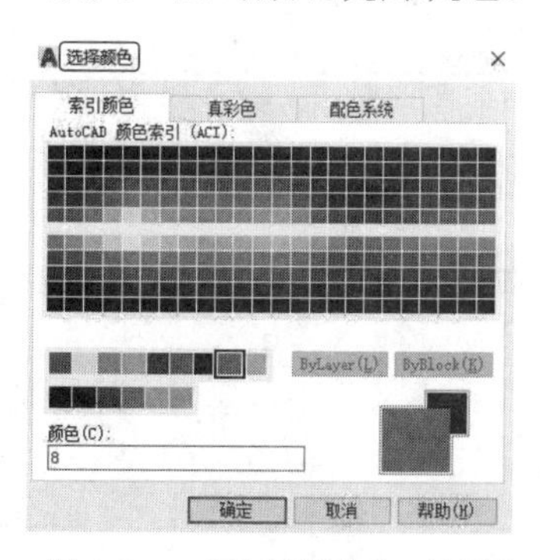

图 3-27　“选择颜色”对话框

（3）选中“旗杆”层，用同样的方法将颜色改为红色，再单击“线宽”下的线宽值，将打开“线宽”对话框，如图 3-28 所示，选中 0.4mm 的线宽，单击“确定”按钮后返回到“图层特性管理器”选项板。用同样的方法将“旗面”层的颜色设置为白色，线宽设置为默认值，将“三环”层的颜色设置为蓝色。整体设置如下。

“旗尖”层：线型为 Continuous，颜色为灰色，线宽为 0.4mm。

“旗杆”层：线型为 Continuous，颜色为红色，线宽为默认值。

“旗面”层：线型为 Continuous，颜色为白色，线宽为默认值。

“三环”层：线型为 Continuous，颜色为蓝色，线宽为默认值。

设置完成的“图层特性管理器”选项板如图 3-29 所示。

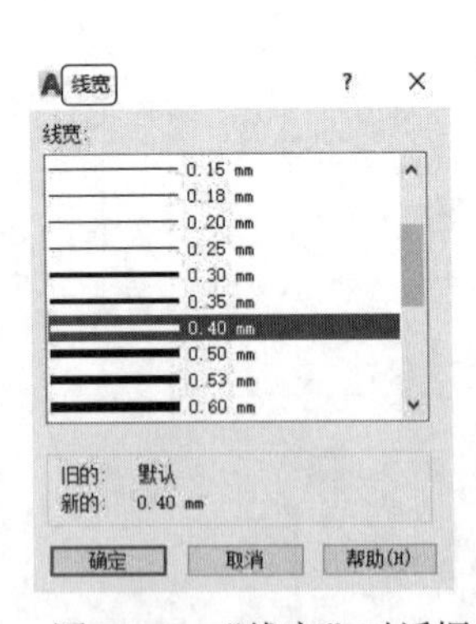

图 3-28 “线宽”对话框

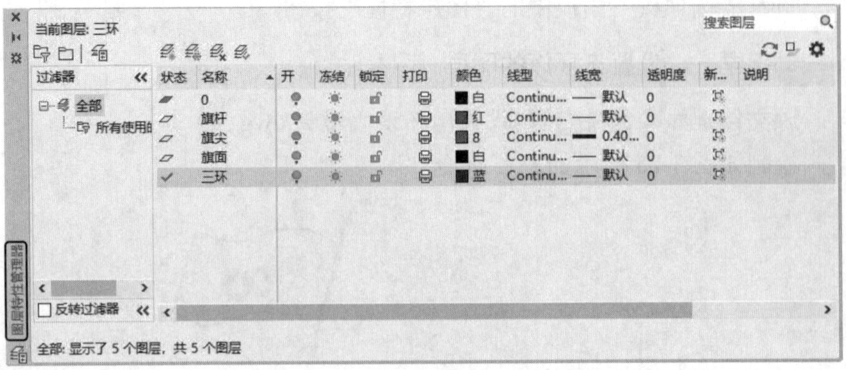

图 3-29 “图层特性管理器”选项板

【选项说明】

（1）“新建特性过滤器”按钮：单击该按钮，可以打开“图层过滤器特性”对话框，如图 3-30 所示。该对话框可以基于一个或多个图层特性创建图层过滤器。

（2）“新建组过滤器”按钮：单击该按钮，可以创建一个“组过滤器”，其中包含用户选定并添加到该过滤器的图层。

（3）“图层状态管理器”按钮：单击该按钮，可以打开“图层状态管理器”对话框，如图 3-31 所示。从中可以将图层的当前特性设置保存到命名图层状态中，后面可再恢复这些设置。

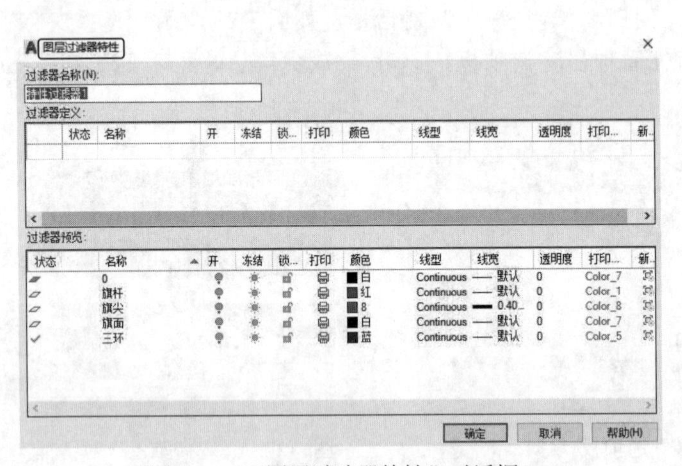

图 3-30 “图层过滤器特性”对话框

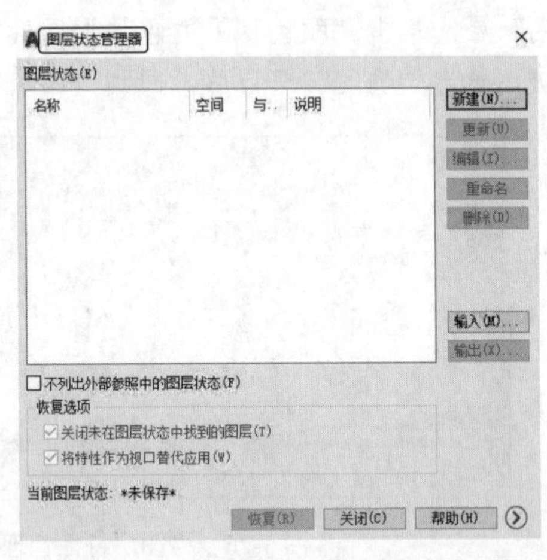

图 3-31 “图层状态管理器”对话框

（4）“新建图层”按钮：单击该按钮，图层列表中出现一个新的图层名称“图层 1”，用户可使用此名称，也可改名。要想同时创建多个图层，可选中一个图层名后输入多个名称，各名称之间以逗号分隔。图层的名称可以包含字母、数字、空格和特殊符号，AutoCAD 2022 支持长达 222 个字符的图层名称。新的图层继承了创建新图层时所选中的已有图层的所有特性（如颜色、线型、开/关状态等），如果新建图层时没有图层被选中，则新图层保持默认的设置。

（5）“在所有视口中都被冻结的新图层视口”按钮：单击该按钮，将创建新图层，然后在所有现有布局视口中将其冻结。可以在“模型”空间或“布局”空间访问此按钮。

（6）“删除图层”按钮：在图层列表中选中某一图层，然后单击该按钮，可把该图层删除。

（7）“置为当前”按钮：在图层列表中选中某一图层，然后单击该按钮，可把该图层设置为当前图层，并在“当前图层”列中显示其名称。当前图层的名称存储在系统变量CLAYER中。另外，双击图层名也可把其设置为当前图层。

（8）“搜索图层”文本框：输入字符时，按名称快速过滤图层列表。关闭图层特性管理器后，并不会保存此过滤器。

（9）“过滤器”列表：显示图形中的图层过滤器列表。单击 « 和 » 按钮可展开或收拢“过滤器”列表。当“过滤器”列表处于收拢状态时，可使用位于图层特性管理器左下角的“展开或收拢弹出图层过滤器树”按钮来显示“过滤器”列表。

（10）“反转过滤器”复选框：选中该复选框后，将会显示所有不满足选定图层特性过滤器中条件的图层。

（11）图层列表区：显示已有的图层及其特性。要修改某一图层的某一特性，可以单击它所对应的图标。右击空白区域或利用快捷菜单可快速选中所有图层。列表区中各列的含义如下。

① 状态：指示项目的类型，有图层过滤器、正在使用的图层、空图层或当前图层 4 种。

② 名称：显示满足条件的图层名称。如果要对某图层进行修改，首先就要选中该图层的名称。

③ 状态转换图标：在“图层特性管理器”选项板的图层列表中有一列图标，单击这些图标，可以打开或关闭该图标所代表的功能，如图 3-32 所示。各图标功能说明见表 3-1。

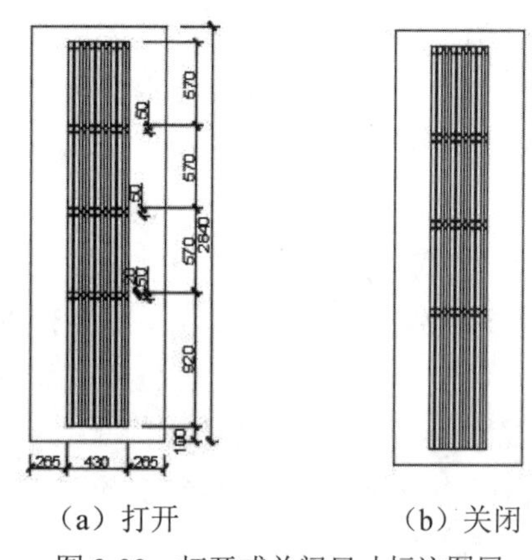

（a）打开　　（b）关闭

图 3-32　打开或关闭尺寸标注图层

表 3-1　图标功能

图　示	名　称	功 能 说 明
/	打开/关闭	将图层设定为打开或关闭状态。当呈现关闭状态时，该图层上的所有对象将隐藏不显示，只有处于打开状态的图层会在绘图区上显示或由打印机打印出来。因此，绘制复杂的视图时，先将不编辑的图层暂时关闭，可降低图形的复杂性。图 3-32（a）和图 3-32（b）分别表示尺寸标注图层打开和关闭的情形
/	解冻/冻结	将图层设定为解冻或冻结状态。当图层呈冻结状态时，该图层上的对象均不会显示在绘图区上，也不能由打印机打出，而且不能执行重生（REGEN）、缩放（ZOOM）、平移（PAN）等命令操作。因此，若将视图中不编辑的图层暂时冻结，可以加快执行绘图编辑的速度。打开/关闭功能只是单纯地将对象隐藏，因此并不会加快执行速度（注意：当前图层不能被冻结）
/	解锁/锁定	将图层设定为解锁或锁定状态。被锁定的图层仍然显示在绘图区，但不能被编辑修改，只能绘制新的图形，这样可防止重要的图形被修改
/	打印/不打印	设定该图层是否可以打印图形
/	新视口冻结/视口解冻	仅在当前布局视口中冻结选定的图层。如果图层在图形中已冻结或关闭，则无法在当前视口中解冻该图层

④ 颜色：显示和改变图层的颜色。如果要改变某一图层的颜色，单击其对应的颜色图标，会打开如图 3-33 所示的“选择颜色”对话框，用户可从中选择需要的颜色。

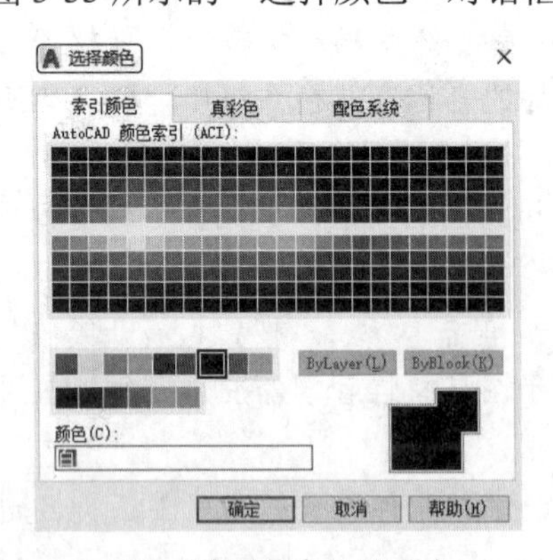

（a）“索引颜色”选项卡

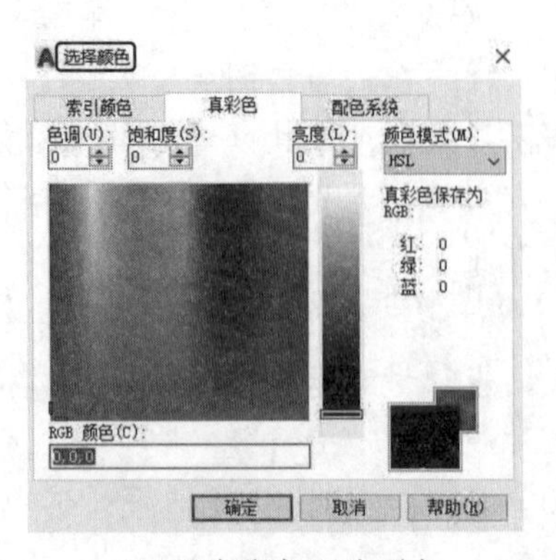

（b）“真彩色”选项卡

图 3-33　“选择颜色”对话框

⑤ 线型：显示和修改图层的线型。如果要修改某一图层的线型，可单击该图层的线型名，打开“选择线型”对话框，如图 3-34 所示，其中列出了当前可用的线型，用户可从中选择需要的线型。

⑥ 线宽：显示和修改图层的线宽。如果要修改某一图层的线宽，可单击该图层的“线宽”列，打开“线宽”对话框，如图 3-35 所示，其中列出了 AutoCAD 设定的线宽，用户可从中选择需要的线宽。“线宽”列表框中显示了可以选用的线宽值，用户可从中选择需要的线宽。“旧的”显示行显示前面赋予图层的线宽，当创建一个新图层时，系统会采用默认线宽（其值为 0.01in，即 0.22mm），默认线宽的值由系统变量 LWDEFAULT 设定，“新的”显示行显示赋予图层的新线宽。

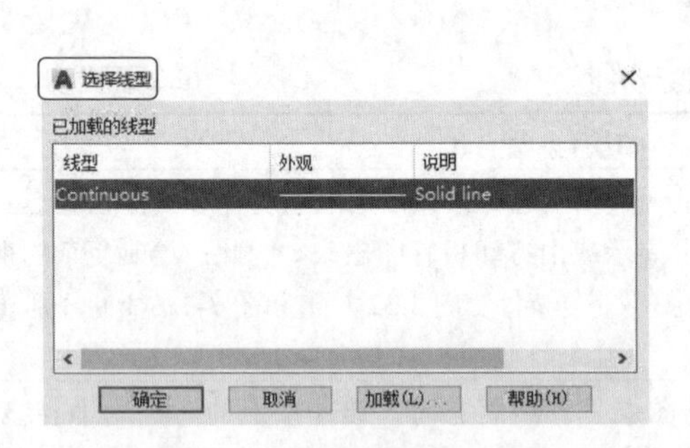

图 3-34　“选择线型”对话框

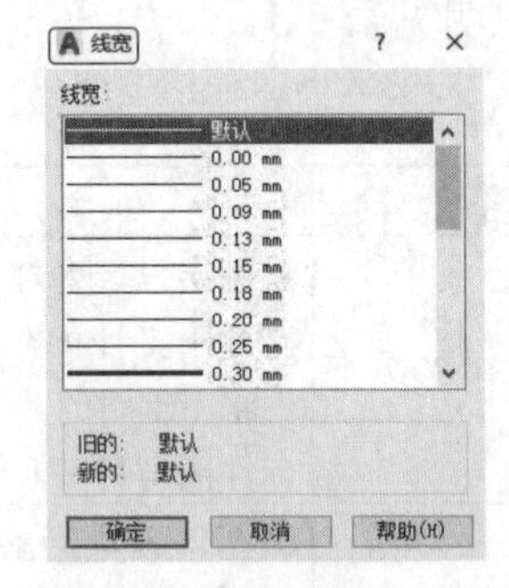

图 3-35　“线宽”对话框

⑦ 打印样式：打印图形时各项属性的设置。

技巧：

合理利用图层，可以事半功倍。用户在开始绘制图形时，可预先设置一些基本图层。每个图层锁定专门用途，这样做用户只须绘制一份图形文件，就可以组合出许多需要的图纸，要修改时也可针对各个图层进行。

2．通过面板设置图层

AutoCAD 2022 提供了一个“特性”面板，如图 3-36 所示。用户可以使用该面板中的选项快速查看和改变所选对象的图层、颜色、线型和线宽等属性。“特性”面板上的图层颜色、线型、线宽和打印样式的控制增强了查看和编辑对象属性的命令。在绘图区选择任何对象，都会在“特性”面板上自动显示它所在的图层、颜色、线型等属性。“特性”面板各部分的功能介绍如下。

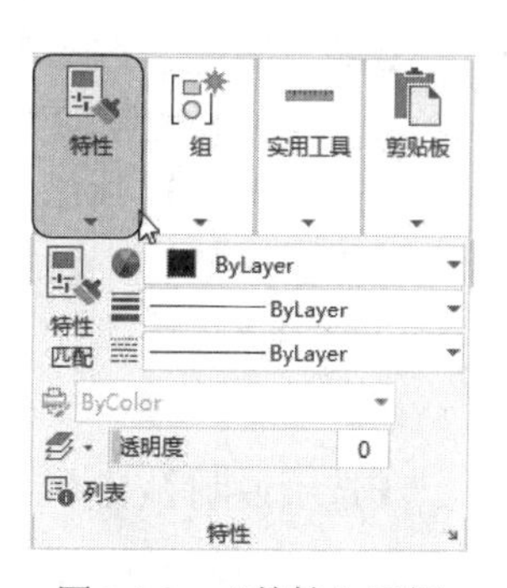

图 3-36　“特性”面板

（1）“颜色控制”下拉列表框：单击右侧的向下箭头，用户可从打开的选项列表中选择一种颜色，使之成为当前颜色，如果选择“选择颜色”选项，系统打开对话框以选择其他颜色。修改当前颜色后，不论在哪个图层上绘图都采用该颜色，但对各个图层的颜色没有影响。

（2）“线型控制”下拉列表框：单击右侧的向下箭头，用户可从打开的选项列表中选择一种线型，使之成为当前线型。修改当前线型后，不论在哪个图层上绘图都采用该种线型，但对各个图层的线型设置没有影响。

（3）“线宽控制”下拉列表框：单击右侧的向下箭头，用户可从打开的选项列表中选择一种线宽，使之成为当前线宽。修改当前线宽后，不论在哪个图层上绘图都采用该种线宽，但对各个图层的线宽设置没有影响。

（4）“打印类型控制”下拉列表框：单击右侧的向下箭头，用户可从打开的选项列表中选择一种打印样式，使之成为当前打印样式。

教你一招：

图层的设置有哪些原则？

（1）在够用的基础上越少越好。不管是什么专业、什么阶段的图纸，图纸上所有的图元可以按照一定的规律来组织整理。比如，建筑专业的平面图，就按照柱、墙、轴线、尺寸标注、一般汉字、门窗墙线、家具等来定义图层，然后在画图的时候，根据类别把该图元放到相应的图层中去。

（2）0 层的使用。很多人喜欢在 0 层上画图，因为 0 层是默认层，白色是 0 层的默认色，看上去一片白，这样不可取。因此不建议在 0 层上随意画图，而是建议用来定义块。定义块时，先将所有图元均设置为 0 层，再定义块。这样，在插入块时，插入在哪个层，块就存在哪个层中。

（3）图层颜色的定义。图层的设置有很多属性，在设置图层时，还应该定义好相应的颜色、线型和线宽。图层的颜色定义要注意两点：一是不同的图层一般要用不同的颜色；二是颜色的选择应该根据打印时线宽的粗细来选择。打印时，线型设置越宽的图层，颜色就应该选用越亮的。

3.3.2　颜色的设置

使用 AutoCAD 绘制的图形对象都具有一定的颜色，为了更清晰地表达绘制的图形，可把同一类图形对象用相同的颜色绘制，使不同类的对象具有不同的颜色，以便区分。这就需要用户适当地对颜色进行设置了。AutoCAD 允许用户设置图层颜色，如为新建的图形对象设置当前色，或者改变已有图形对象的颜色。

【执行方式】

- 命令行：COLOR（快捷命令为 COL）。

➘ 菜单栏：选择菜单栏中的“格式”→“颜色”命令。

➘ 功能区：在“默认”选项卡中展开“特性”面板，打开“颜色控制”下拉列表框，从中选择“更多颜色”选项，如图 3-37 所示。

图 3-37　选择“更多颜色”选项

【操作步骤】

执行上述操作后，系统会打开如图 3-33 所示的“选择颜色”对话框。

【选项说明】

1.“索引颜色”选项卡

选择此选项卡，可以在系统提供的 222 种颜色索引表中选择所需要的颜色，如图 3-33（a）所示。

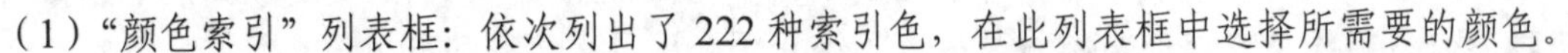
（1）“颜色索引”列表框：依次列出了 222 种索引色，在此列表框中选择所需要的颜色。

（2）“颜色”文本框：所选择的颜色代号值显示在“颜色”文本框中，也可以直接在该文本框中输入用户设定的代号值来选择颜色。

（3）ByLayer 和 ByBlock 按钮：单击这两个按钮，颜色分别按图层和图块设置。这两个按钮只有在设定了图层颜色和图块颜色后才可以使用。

2.“真彩色”选项卡

选择此选项卡，可以选择需要的任意颜色，如图 3-33（b）所示。可以拖动调色板中的颜色指示光标和亮度滑块选择颜色及其亮度。也可以通过“色调”“饱和度”和“亮度”的调节钮来选择需要的颜色。所选颜色的红、绿、蓝值显示在下面的“颜色”文本框中，也可以直接在该文本框中输入用户设定的红、绿、蓝值来选择颜色。

在此选项卡中还有一个“颜色模式”下拉列表框，默认的颜色模式为 HSL 模式，也就是图 3-33（b）所示的模式。RGB 模式也是常用的一种颜色模式，如图 3-38 所示。

3.“配色系统”选项卡

选择此选项卡，可以从标准配色系统（如 Pantone）中选择预定义的颜色，如图 3-39 所示。在“配色系统”下拉列表框中选择需要的系统，然后拖动右边的滑块来选择具体的颜色，所选颜色编号显示在下面的“颜色”文本框中，用户也可以直接在该文本框中输入编号值来选择颜色。

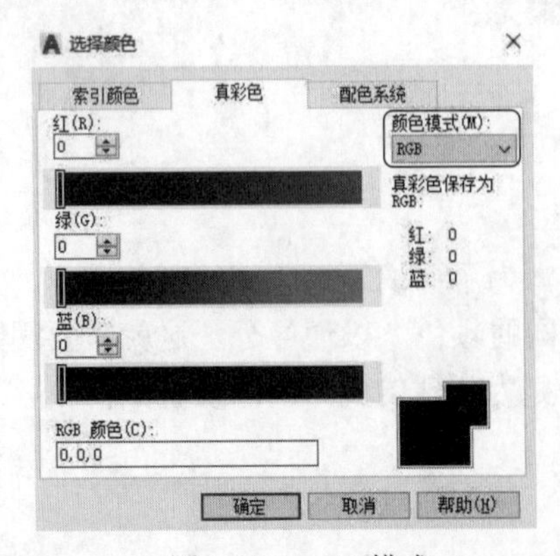

图 3-38　RGB 模式

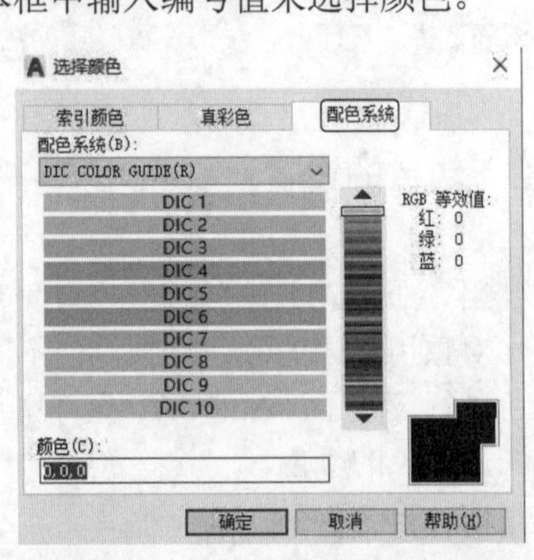

图 3-39　“配色系统”选项卡

3.3.3 线型的设置

在国家标准 GB/T 4457.4—2002 中，对各种图线名称、线型、线宽，以及在图样中的应用都作了规定。常用的图线有 4 种：粗实线、细实线、虚线、细点划线（见表 1-2）。

1. 在“图层特性管理器”选项板中设置线型

单击“默认”选项卡“图层”面板中的“图层特性”按钮，打开“图层特性管理器”选项板，如图 3-29 所示。在“图层”列表中单击线型名，系统会打开“选择线型”对话框，如图 3-34 所示，该对话框中选项的含义如下。

（1）“已加载的线型”列表框：显示当前绘图中加载的线型，可供用户选用，其右侧显示线型的形式。

（2）“加载”按钮：单击该按钮，打开“加载或重载线型”对话框，用户可通过此对话框加载线型并把它添加到线型列中。但要注意，加载的线型必须在线型库（LIN）文件中定义过。标准线型都保存在 acad.lin 文件中。

2. 直接设置线型

【执行方式】

- 命令行：LINETYPE。
- 功能区：单击“默认”选项卡“特性”面板中“线型”下拉菜单中的“其他”按钮（见图 3-40）。

【操作步骤】

在命令行输入上述命令后按 Enter 键，系统会打开“线型管理器”对话框，如图 3-41 所示，用户可在该对话框中设置线型。该对话框中的选项含义与前面介绍的选项含义相同，此处不再赘述。

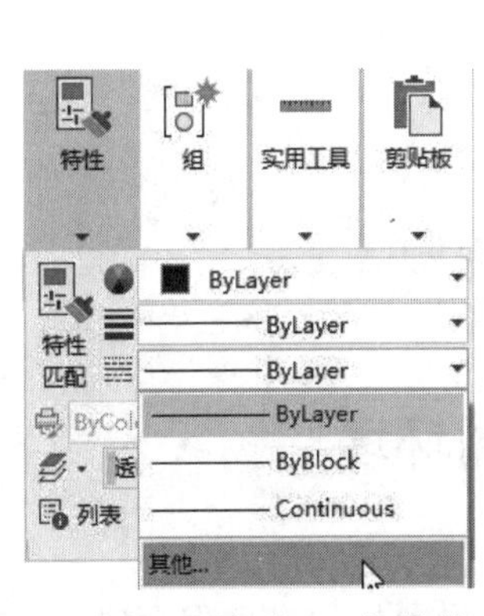

图 3-40 “线型”下拉菜单

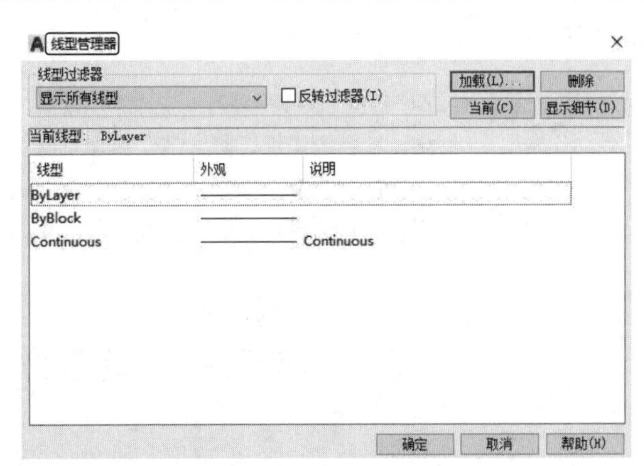

图 3-41 “线型管理器”对话框

3.3.4 线宽的设置

图线分为粗、细两种，粗线的宽度 b 应按图样的大小和图形的复杂程度在 0.2~2mm 之间选择，

细线的宽度约为 *b*/2。AutoCAD 提供了相应的工具帮助用户来设置线宽。

1. 在“图层特性管理器”中设置线型

按照 3.3.1 小节讲述的方法打开“图层特性管理器”选项板，如图 3-26 所示。单击其中的“线宽”项，打开“线宽”对话框，其中列出了系统设定的线宽，用户可从中选取。

2. 直接设置线宽

【执行方式】

- 命令行：LINEWEIGHT。
- 菜单栏：选择菜单栏中的“格式”→“线宽”命令。
- 功能区：单击“默认”选项卡“特性”面板上的“线宽”下拉菜单中的“线宽设置”按钮（见图 3-42）。

【操作步骤】

在命令行输入上述命令后，系统会打开“线宽”对话框，该对话框中的选项含义与前面介绍的选项含义相同，此处不再赘述。

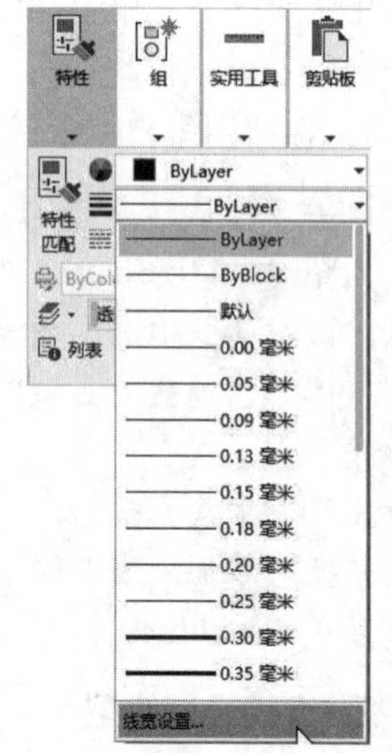

图 3-42 “线宽”下拉菜单

教你一招：

有的用户设置了线宽，但在图形中显示不出效果，出现这种情况一般有以下两种原因。

（1）忘记打开“显示线宽”按钮。

（2）线宽设置的宽度不够，AutoCAD 只能显示出 0.3mm 以上的线宽的宽度，如果宽度低于 0.3mm，就无法显示出线宽的效果。

扫一扫，看视频

动手练——设置绘制花朵的图层

思路点拨：

设置“花蕊”“绿叶”和“花瓣”图层，具体如下。

（1）“花蕊”图层，颜色为洋红，其余属性都保持默认设置不变。

（2）“绿叶”图层，颜色为绿色，其余属性都保持默认设置不变。

（3）“花瓣”图层，颜色为粉色，线宽为 0.30mm，其余属性都保持默认设置不变。

扫一扫，看视频

3.4 实例——设置样板图绘图环境

打开.dwg 格式的图形文件，设置图形单位与图形界限后，再将设置好的文件保存成.dwt 格式的样板图文件。绘制过程中会用到打开、单位、图形界限和保存等命令。

操作步骤

（1）打开文件。单击快速访问工具栏中的“打开”按钮，打开下载资源包中的“源文件\第 3 章\A3 样板图.dwg”文件。

（2）设置单位。选择菜单栏中的“格式”→“单位”命令，打开“图形单位”对话框，如图 3-43 所示。设置“长度”的“类型”为“小数”，“精度”为 0；设置“角度”的“类型”为“十进制度数”，“精度”为 0，系统默认逆时针方向为正；设置“用于缩放插入内容的单位”为“毫米”。

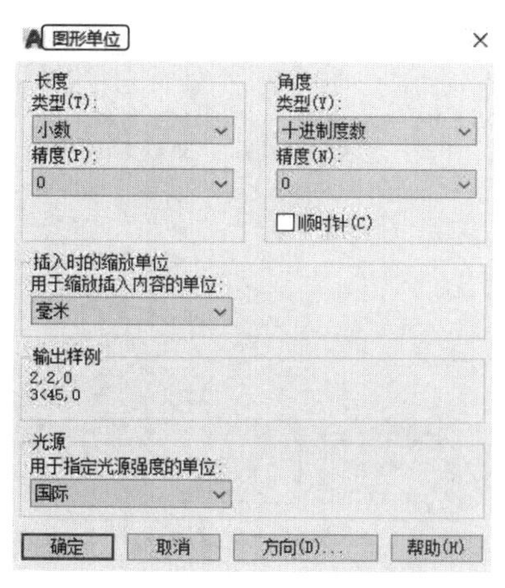

图 3-43 “图形单位”对话框

（3）设置图形边界。国标对图纸的幅面大小作了严格规定，见表 3-2。

表 3-2 图幅国家标准

幅面代号	A0	A1	A2	A3	A4
宽×长（mm×mm）	841×1189	594×841	420×594	297×420	210×297

在这里，不妨按国标 A3 图纸幅面设置图形边界（A3 图纸的幅面为 420mm×297mm）。

选择菜单栏中的“格式”→“图形界限”命令设置图幅，命令行提示与操作如下。

```
命令: LIMITS
重新设置模型空间界限:
指定左下角点或 [开(ON)/关(OFF)] <0.0000,0.0000>:0,0
指定右上角点 <420.0000,297.0000>: 420,297
```

本实例准备设置一个室内制图样板图，图层设置见表 3-3。

表 3-3 图层设置

图层名	颜色	线型	线宽	用途
0	7（白色）	Continuous	*b*	图框线
CEN	2（黄色）	CENTER	*b*/2	中心线
HIDDEN	1（红色）	HIDDEN	*b*/2	隐藏线
BORDER	5（蓝色）	Continuous	*b*	可见轮廓线
TITLE	6（洋红）	Continuous	*b*	标题栏零件名
T—NOTES	4（青色）	Continuous	*b*/2	标题栏注释
NOTES	7（白色）	Continuous	*b*/2	一般注释
LW	5（蓝色）	Continuous	*b*/2	细实线
HATCH	5（蓝色）	Continuous	*b*/2	填充剖面线
DIMENSION	3（绿色）	Continuous	*b*/2	尺寸标注

（4）设置层名。单击“默认”选项卡“图层”面板中的“图层特性”按钮，打开“图层特性管理器”选项板，如图 3-44 所示。在该选项板中单击“新建”按钮，在图层列表框中会出现一个默认名称为“图层 1”的新图层，如图 3-45 所示。单击该图层名，将图层名改为 CEN，如图 3-46 所示。

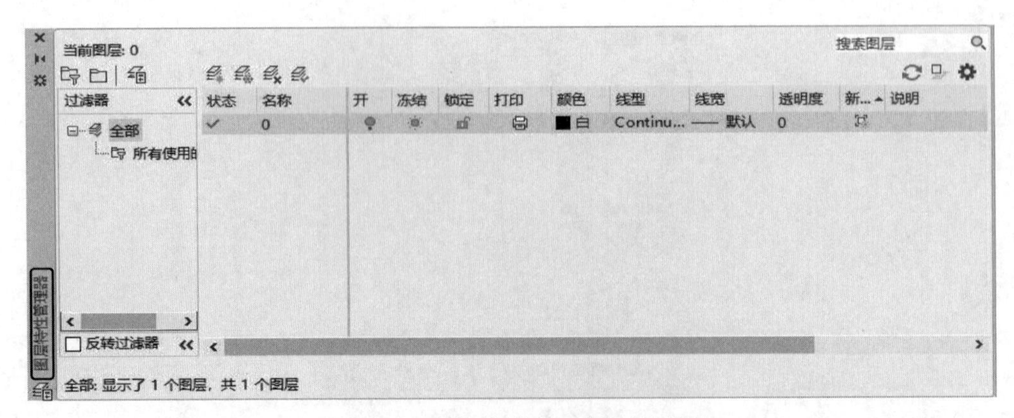

图 3-44 “图层特性管理器”选项板

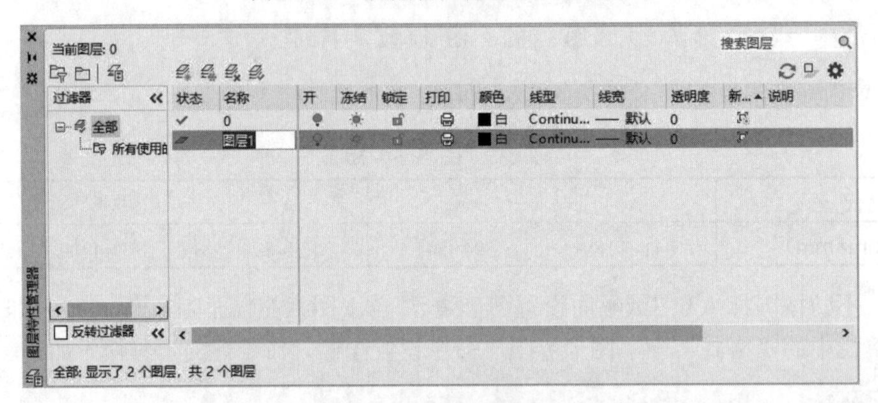

图 3-45 新建图层

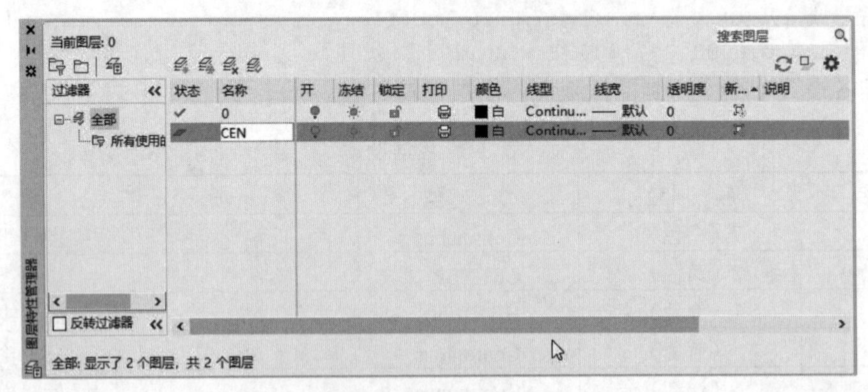

图 3-46 更改图层名

（5）设置图层颜色。为了区分不同图层上的图线，增加图形不同部分的对比性，可以为不同的图层设置不同的颜色。单击 CEN 图层“颜色”标签下的颜色色块，系统打开“选择颜色”对话框，如图 3-47 所示。在该对话框中选择黄色，单击“确定”按钮。在“图层特性管理器”选项板中可以发现 CEN 图层的颜色变成了黄色，如图 3-48 所示。

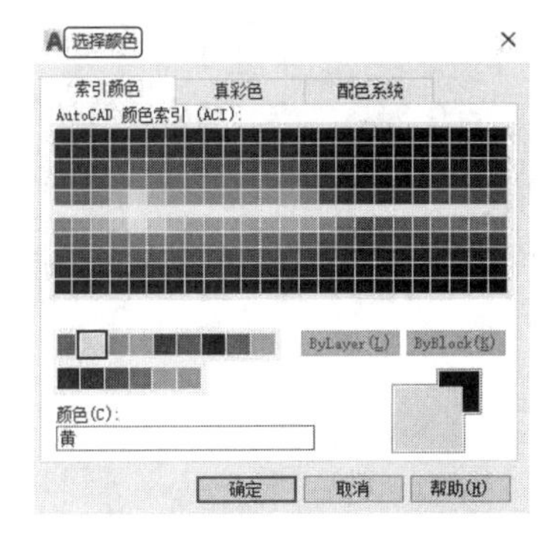

图 3-47　“选择颜色”对话框

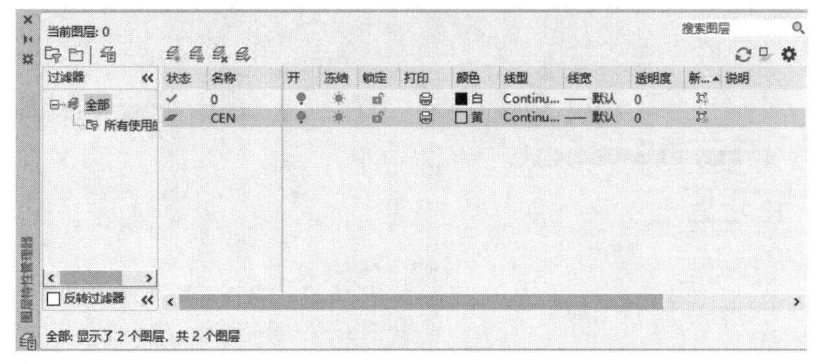

图 3-48　更改颜色

（6）设置线型。在常用的工程图纸中通常要用到不同的线型，这是因为不同的线型表示不同的含义。在上述“图层特性管理器”选项板中单击 CEN 图层“线型”标签下的线型选项，系统打开“选择线型”对话框，如图 3-49 所示，单击“加载”按钮，打开“加载或重载线型”对话框，如图 3-50 所示。在该对话框中选择 CENTER 线型，单击“确定”按钮。系统回到“选择线型”对话框，这时在“已加载的线型”列表框中就出现了 CENTER 线型，如图 3-51 所示。选择 CENTER 线型，单击“确定”按钮，在“图层特性管理器”选项板中可以发现 CEN 图层的线型变成了 CENTER 线型，如图 3-52 所示。

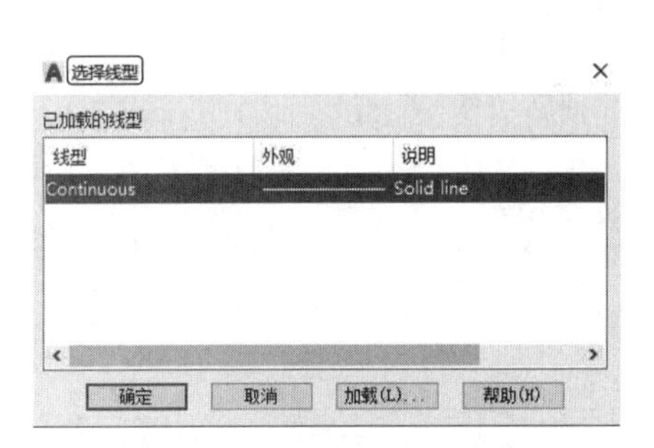

图 3-49　“选择线型”对话框

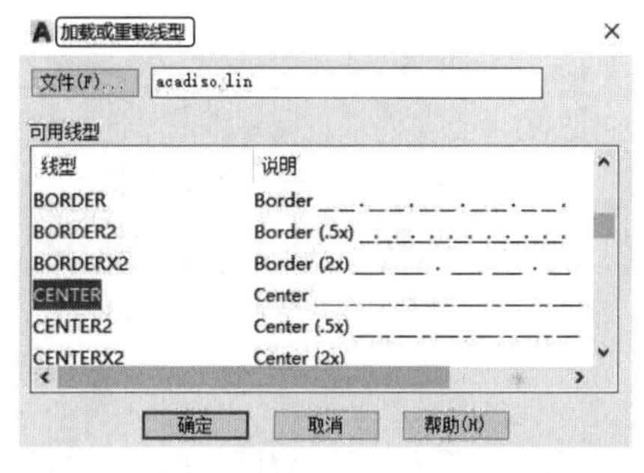

图 3-50　“加载或重载线型”对话框

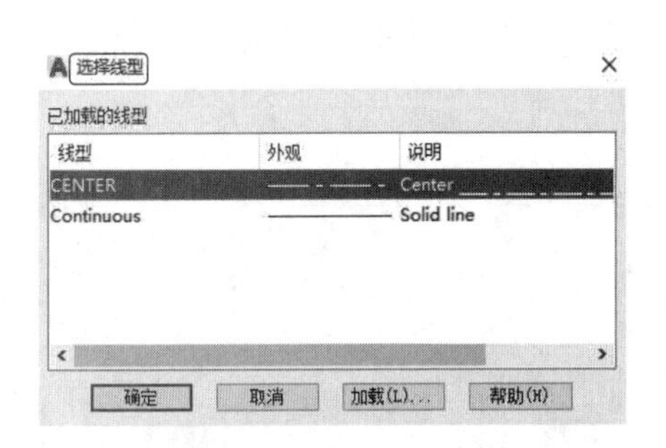

图 3-51　加载线型

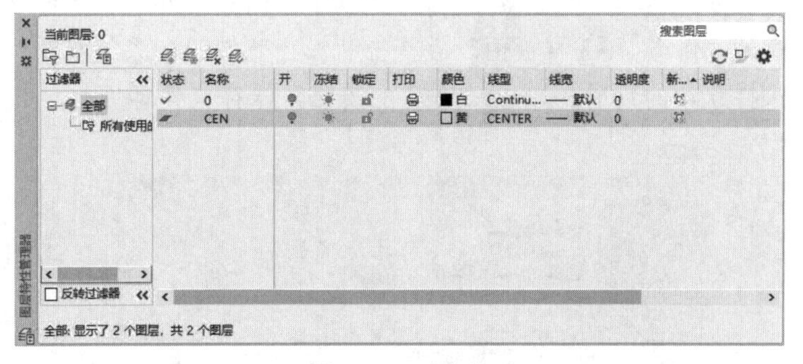

图 3-52　更改线型

（7）设置线宽。在工程图中，不同的线宽也表示不同的含义，因此也要对不同图层的线宽进行设置，单击上述“图层特性管理器”选项板中 CEN 图层“线宽”标签下的选项，系统打开“线宽”对话框，如图 3-53 所示。在该对话框中选择适当的线宽，单击“确定”按钮，在“图层特性管理器”选项板中可以发现 CEN 图层的线宽变成了 0.15mm，如图 3-54 所示。

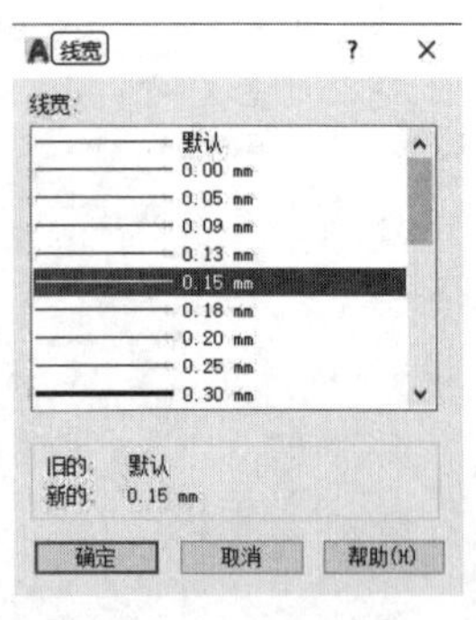

图 3-53 “线宽”对话框

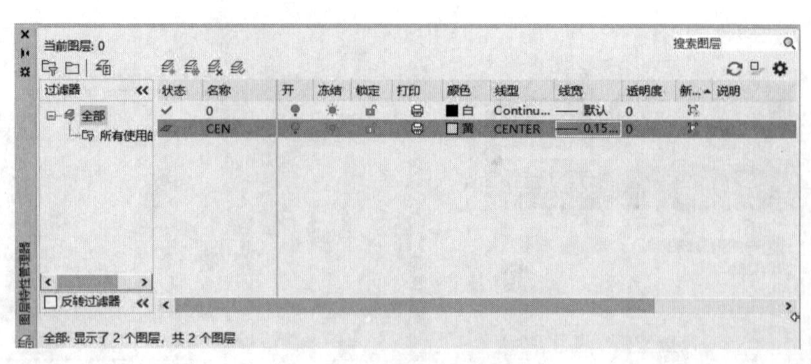

图 3-54 更改线宽

技巧：

应尽量按照新国标的相关规定，保持细线与粗线之间的比例大约为 1：2。

用同样的方法建立不同层名的新图层，这些不同的图层可以分别存放不同的图线或图形的不同部分。设置完成的图层如图 3-55 所示。

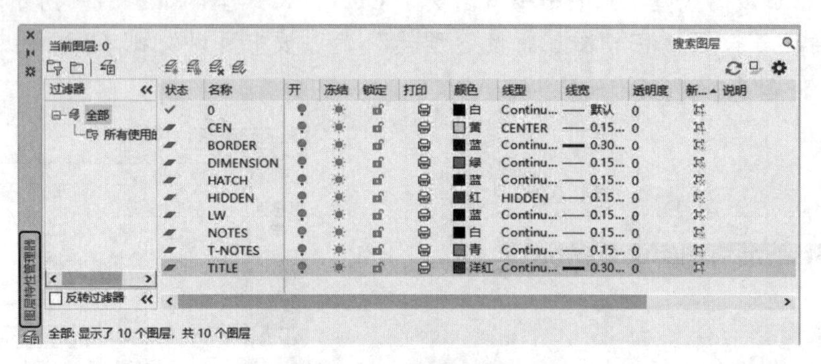

图 3-55 设置图层

（8）保存为样板图文件。单击快速访问工具栏中的“另存为”按钮，打开“图形另存为”对话框。在“文件类型”下拉列表框中选择“AutoCAD 图形样板(*.dwt)”选项，如图 3-56 所示，输入文件名“A3 样板图”后单击“保存”按钮，系统打开“样板选项”对话框，如图 3-57 所示，保持默认的设置并单击“确定”按钮，保存文件即可。

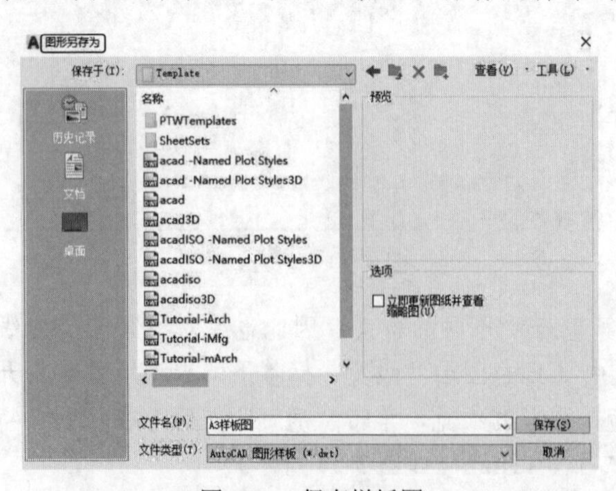

图 3-56 保存样板图

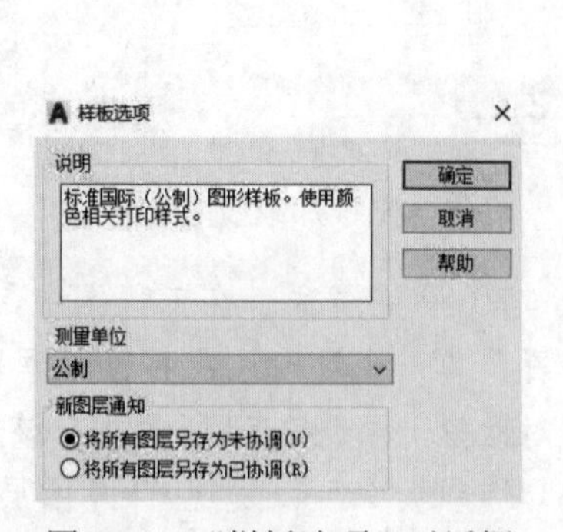

图 3-57 “样板选项”对话框

3.5 模拟认证考试

1．要使图元的颜色始终与图层的颜色一致，应将该图元的颜色设置为（　　）。

A．BYLAYER　　B．BYBLOCK　　C．COLOR　　D．RED

2．当前图形有 5 个图层，分别是 0、A1、A2、A3、A4，如果 A3 图层为当前图层，并且 0、A1、A2、A3、A4 都处于打开状态且没有被冻结，那么下面说法正确的是（　　）。

A．除了 0 层，其他层都可以冻结

B．除了 A3 层，其他层都可以冻结

C．可以同时冻结 5 个图层

D．一次只能冻结 1 个图层

3．要查看图形中的全部对象，下列操作恰当的是（　　）。

A．在 ZOOM 下执行 P 命令　　B．在 ZOOM 下执行 A 命令

C．在 ZOOM 下执行 S 命令　　D．在 ZOOM 下执行 W 命令

4．如果某图层的对象不能被编辑，但在屏幕上可见，且能捕捉该对象的特殊点和标注尺寸，则该图层状态为（　　）。

A．冻结　　B．锁定　　C．隐藏　　D．块

5．对某图层进行锁定后，则（　　）。

A．图层中的对象不可编辑，但可添加对象

B．图层中的对象不可编辑，也不可添加对象

C．图层中的对象可编辑，也可添加对象

D．图层中的对象可编辑，但不可添加对象

6．不可以通过“图层过滤器特性”对话框中过滤的特性是（　　）。

A．图层名、颜色、线型、线宽和打印样式

B．打开还是关闭图层

C．锁定还是解锁图层

D．图层是 ByLayer 还是 ByBlock

7．用（　　）命令可以设置图形界限。

A．SCALE　　B．EXTEND　　C．LIMITS　　D．LAYER

8．在日常工作中贯彻办公和绘图标准时，下列最为有效的方式是（　　）。

A．应用典型的图形文件　　B．应用模板文件

C．重复利用已有的二维绘图文件　　D．在“启动”对话框中选取公制

9．绘制图形时，需要使用一种前面没有用过的线型，请给出具体的解决步骤。

第 4 章　简单二维绘图命令

内容简介

本章将学习简单二维绘图的基本知识，了解直线类、圆类、点类命令，学习平面绘图知识。

内容要点

- 直线类命令
- 圆类命令
- 点类命令
- 平面图形
- 模拟认证考试

案例效果

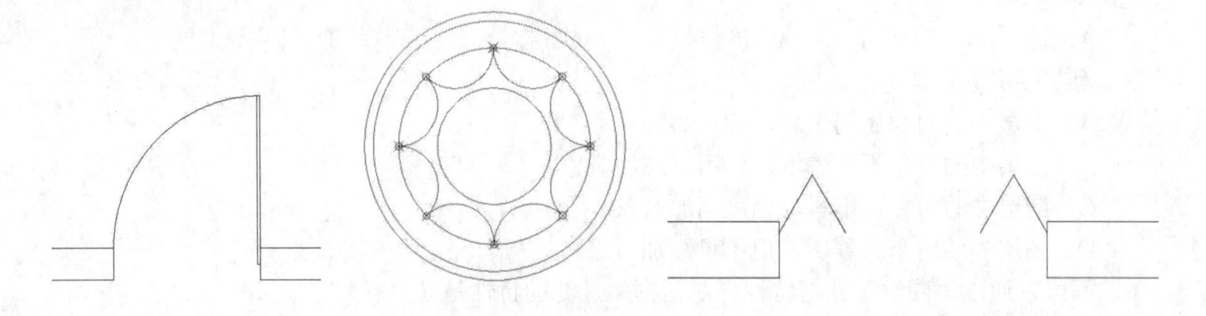

4.1　直线类命令

直线类命令包括绘制直线段和构造线，它是 AutoCAD 中最简单的绘图命令。

4.1.1　直线

无论多么复杂的图形都是由点、直线、圆弧等按不同的粗细、间隔、颜色组合而成的。其中，直线是 AutoCAD 绘图中最简单、最基本的一种图形单元，连续的直线可以组成折线，直线与圆弧又可以组成多段线。直线在机械制图中常用于展现物体棱边或平面的投影，在建筑制图中则常用于展现建筑平面投影。

【执行方式】

- 命令行：LINE（快捷命令为 L）。
- 菜单栏：选择菜单栏中的“绘图”→“直线”命令。

- 工具栏：单击“绘图”工具栏中的“直线”按钮╱。
- 功能区：单击“默认”选项卡“绘图”面板中的“直线”按钮╱。

动手学——方餐桌

源文件：源文件\第 4 章\方餐桌.dwg

使用“直线”命令绘制如图 4-1 所示的方餐桌。

操作步骤

（1）单击“默认”选项卡“绘图”面板中的“直线”按钮╱，绘制连续线段。命令行提示与操作如下：

```
命令：_LINE
指定第一个点：0,0
指定下一点或 [放弃(U)]：@1200,0
指定下一点或 [退出(E)/放弃(U)]：@0,1200
指定下一点或 [关闭(C)/退出(X)/放弃(U)]：@-1200,0
指定下一点或 [关闭(C)/退出(X)/放弃(U)]：c
```

绘制的图形如图 4-2 所示。

图 4-1　方餐桌

图 4-2　绘制连续线段

（2）单击“默认”选项卡“绘图”面板中的“直线”按钮╱，绘制外框，命令行提示与操作如下：

```
命令：_LINE
指定第一个点：20,20↙
指定下一点或 [放弃(U)]：@1160,0↙
指定下一点或 [退出(E)/放弃(U)]：@0,1160↙
指定下一点或 [关闭(C)/退出(X)/放弃(U)]：@-1160,0↙
指定下一点或 [关闭(C)/退出(X)/放弃(U)]：c↙
```

最终效果如图 4-1 所示，至此一个简易的餐桌就绘制完成了。

注意：

每个命令都有 4 种执行方式，这里只给出了命令行执行方式，其他 3 种执行方式的操作方法与命令行执行方式相同。

教你一招：

坐标输入与命令行输入的区别如下：

动态输入框中的坐标输入与命令行输入略有不同，如果之前没有定位任何一个点，那么输入的坐标就是绝对坐标，如果定位了下一个点，那么默认输入的就是相对坐标，无须在坐标值前加@符号。

如果想在动态输入框中输入绝对坐标，需要先输入一个#号。例如，输入“#20,30”，就相当于在命令行直接输入 20,30，输入“#20<45”就相当于在命令行输入 20<45。

需要注意的是，由于 AutoCAD 2022 可以通过鼠标确定方向，直接输入距离后按 Enter 键就可以确定下一点的坐标。如果在输入#20后按Enter键，这与输入20后直接按Enter键没有任何区别，只是将点定位到沿光标方向距离上一点20的位置。

【选项说明】

（1）若采用按Enter键响应“指定第一个点”提示，系统会把上次绘制图线的终点作为本次图线的起始点。比如，上次操作为绘制圆弧，按 Enter 键响应后会绘制出通过圆弧终点并与该圆弧相切的直线段，该线段的长度为光标在绘图区指定的一点与切点之间线段的距离。

（2）在“指定下一点”提示下，用户可以指定多个端点，从而绘出多条直线段。但是，每一段直线都是一个独立的对象，可以进行单独的编辑操作。

（3）绘制两条以上直线段后，若采用输入C选项响应“指定下一点”提示，系统会自动连接起始点和最后一个端点，从而绘出封闭的图形。

（4）若采用输入U选项响应提示，则删除最近一次绘制的直线段。

（5）若设置正交方式（单击状态栏中的“正交模式”按钮），则只能绘制水平线段或垂直线段。

技巧：

（1）由直线组成的图形，它的每条线段都是独立的对象，可以对每条直线段进行单独编辑。

（2）结束直线命令后，若需要再次执行直线命令，可根据命令行提示，直接按Enter键，则会以上次最后绘制的线段或圆弧的终点作为当前线段的起点。

（3）在命令行中输入三维点的坐标，则可以绘制三维直线段。

4.1.2 数据输入法

在AutoCAD 2022中，点的坐标可以用直角坐标、极坐标、球面坐标和柱面坐标表示，每一种坐标又分别具有两种坐标输入方式，即绝对坐标和相对坐标。其中，直角坐标和极坐标最为常用，具体输入方法如下。

（1）直角坐标法。即用点的X、Y坐标值表示坐标。在命令行中输入点的坐标“15,18”，则表示输入了一个X、Y的坐标值分别为15、18的点，此为绝对坐标输入方式，表示该点的坐标是相对于当前坐标原点的坐标值，如图4-3（a）所示。如果输入“@10,20”，则为相对坐标输入方式，表示该点的坐标是相对于前一点的坐标值，如图4-3（c）所示。

（2）极坐标法。即用长度和角度表示坐标，只能用来表示二维点的坐标。

① 在绝对坐标输入方式下，表示为“长度<角度”，如“25<50”，其中，长度为该点到坐标原点的距离，角度为该点到原点的连线与X轴正向的夹角，如图4-3（b）所示。

② 在相对坐标输入方式下，表示为“@长度<角度”，如“@25<45”，其中，长度为该点到前一点的距离，角度为该点到前一点的连线与X轴正向的夹角，如图4-3（d）所示。

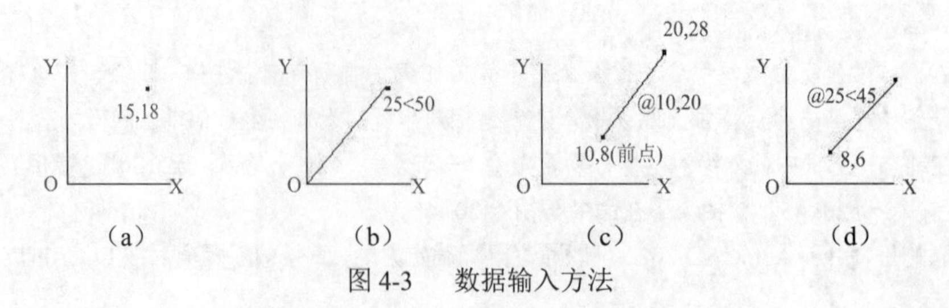

图4-3　数据输入方法

（3）动态数据的输入。单击状态栏中的“动态输入”按钮，系统会打开动态输入功能，可在绘图区动态地输入某些参数数据。例如，绘制直线时，在光标附近会动态地显示“指定第一个点:”，以及后面的坐标框。当前坐标框中显示的是目前光标所在的位置，可以输入数据，两个数据之间以逗号隔开，如图 4-4 所示。指定第一个点后，系统动态显示直线的角度，同时要求输入线段长度值，如图 4-5 所示，其输入效果与“@长度<角度”方式相同。

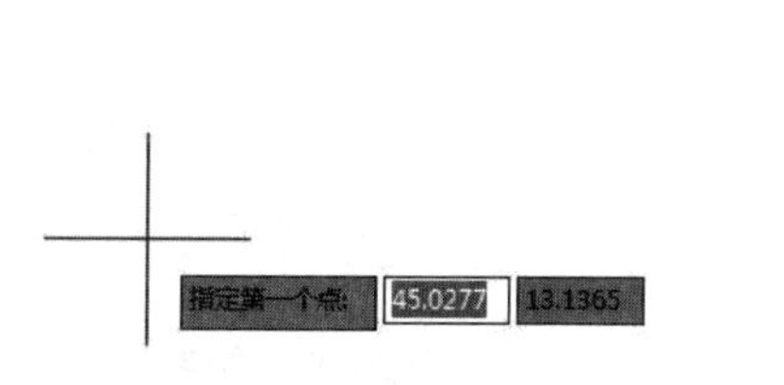

图 4-4 动态输入坐标值

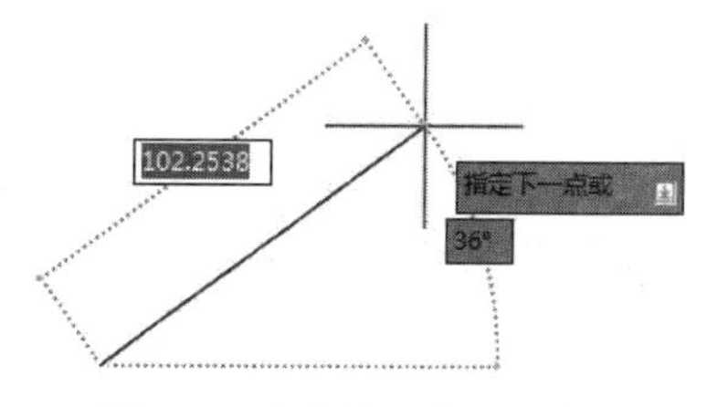

图 4-5 动态输入线段长度值

（4）点的输入。在绘图过程中，常需要输入点的位置，AutoCAD 提供了以下几种输入点的方式。

① 用键盘直接在命令行输入点的坐标。直角坐标有两种输入方式：“x,y”（点的绝对坐标值，如“100,50”）和“@x,y”（相对于上一点的相对坐标值，如“@ 50,-30”）。

极坐标的输入方式为“长度<角度”（其中，长度为点到坐标原点的距离，角度为原点到该点连线与 X 轴的正向夹角，如“20<45”）或“@长度<角度”（相对于上一点的相对极坐标，如“@ 50<-30”）。

② 用鼠标等定标设备移动光标，在绘图区单击直接取点。

③ 用目标捕捉方式捕捉绘图区已有图形的特殊点（如端点、中点、中心点、插入点、交点、切点、垂足点等）。

④ 直接输入距离。先拖动出直线以确定方向，然后用键盘输入距离，这样有利于准确地控制对象的长度。

（5）距离值的输入。在 AutoCAD 中，有时需要提供高度、宽度、半径、长度等表示距离的值。系统提供了两种输入距离值的方式：一种是用键盘在命令行中直接输入数值；另一种是先在绘图区选择两点，再以两点的距离值确定出所需数值。

动手学——利用动态输入绘制标高符号

扫一扫，看视频

本实例主要练习执行“直线”命令后，如何在动态输入功能下绘制标高符号的流程图，如图 4-6 所示。

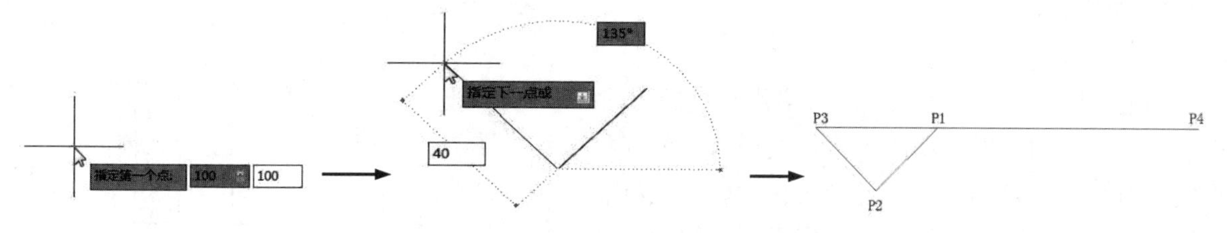

图 4-6 绘制标高符号的流程图

操作步骤：

（1）系统默认打开动态输入，如果动态输入没有打开，可单击状态栏中的“动态输入”按钮，打开动态输入。单击“默认”选项卡“绘图”面板中的“直线”按钮，在动态输入框中输入第 1 点的坐标为（100,100），如图 4-7 所示。按 Enter 键确认 P1。

（2）拖动鼠标，在动态输入框中输入长度为 40，然后按 Tab 键切换到角度输入框，在动态输入框中输入角度为 135°，如图 4-8 所示，按 Enter 键确认 P2。

图 4-7　确定 P1 点　　图 4-8　确定 P2 点

（3）拖动鼠标，在鼠标位置为 135° 时，动态输入“40”，如图 4-9 所示，按 Enter 键确认 P3 点。

（4）拖动鼠标，然后在动态输入框中输入相对直角坐标（@180，0），按 Enter 键确认 P4 点。如图 4-10 所示。也可以拖动鼠标，在鼠标位置为 0° 时，动态输入“180”，如图 4-11 所示，按 Enter 键确认 P4 点，完成绘制。

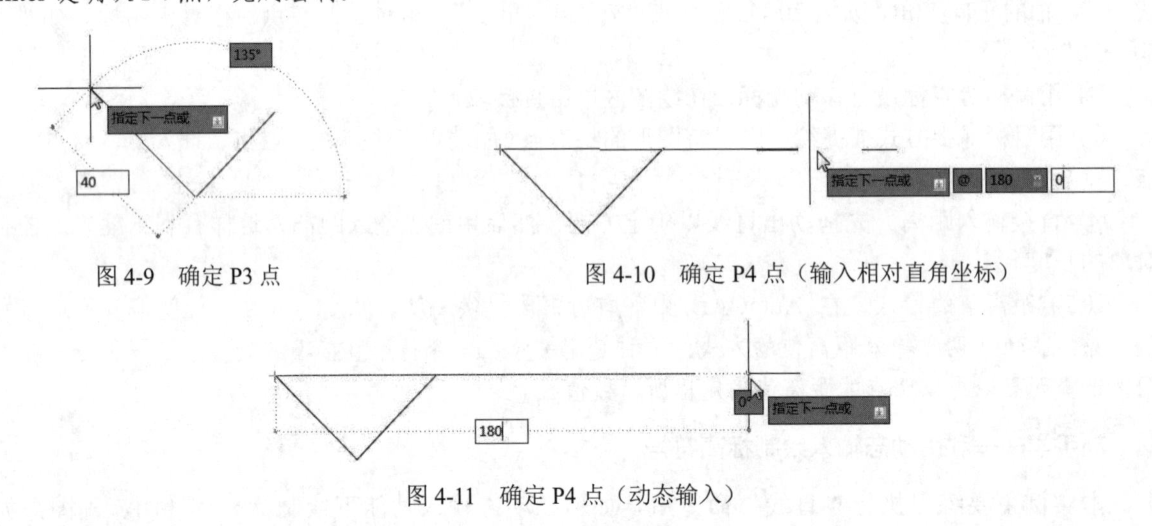

图 4-9　确定 P3 点　　图 4-10　确定 P4 点（输入相对直角坐标）

图 4-11　确定 P4 点（动态输入）

4.1.3　构造线

构造线就是无穷长度的直线（多用在机械制图中），用于模拟手工作图中的辅助作图线。构造线用特殊的线型显示，在图形输出时可不作输出。应用构造线作为辅助线绘制三视图是构造线的主要用途，构造线的应用保证了三视图之间“主、俯视图长对正，主、左视图高平齐，俯、左视图宽相等”的对应关系。图 4-12 所示为应用构造线作为辅助线绘制三视图的示例。图中细线为构造线，粗线为三视图轮廓线。

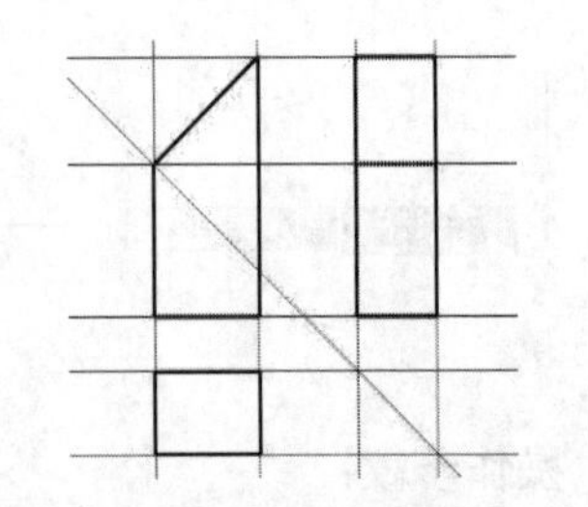

图 4-12　用构造线辅助绘制三视图

【执行方式】

- 命令行：XLINE（快捷命令为 XL）。
- 菜单栏：选择菜单栏中的“绘图”→“构造线”命令。
- 工具栏：单击“绘图”工具栏中的“构造线”按钮 。
- 功能区：单击“默认”选项卡“绘图”面板中的“构造线”按钮 。

【操作步骤】

```
命令：XLINE↙
指定点或[水平(H)/垂直(V)/角度(A)/二等分(B)/偏移(O)]：(给出根点 1)
指定通过点：(指定通过点 2，绘制一条双向无限长直线)
指定通过点：(继续指定点，继续绘制线，如图 4-13（a）所示，按 Enter 键结束)
```

【选项说明】

（1）指定点：用于绘制通过指定两点的构造线，如图 4-13（a）所示。

（2）水平(H)：用于绘制通过指定点的水平构造线，如图 4-13（b）所示。

（3）垂直(V)：用于绘制通过指定点的垂直构造线，如图 4-13（c）所示。

（4）角度(A)：用于绘制沿指定方向或与指定直线之间的夹角为指定角度的构造线，如图 4-13（d）所示。

（5）二等分(B)：用于绘制平分由指定 3 点所确定的角的构造线，如图 4-13（e）所示。

（6）偏移(O)：用于绘制与指定直线平行的构造线，如图 4-13（f）所示。

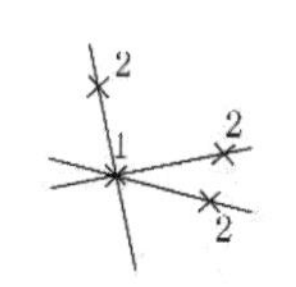
（a）指定点

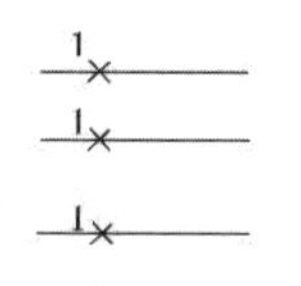
（b）水平(H)

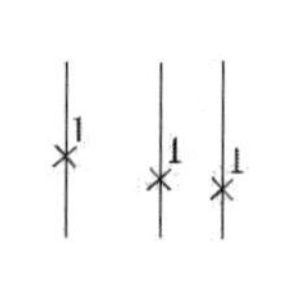
（c）垂直(V)

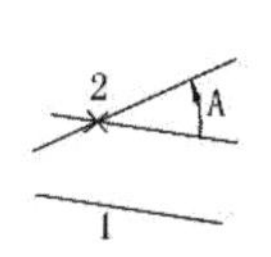

（d）角度(A)

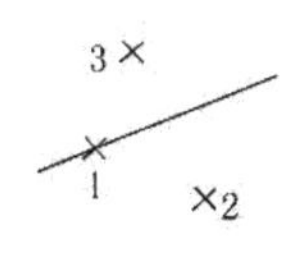

（e）二等分(B)

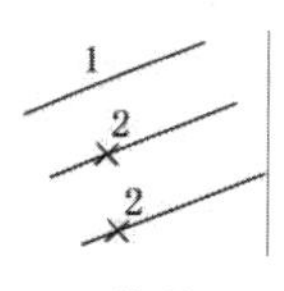
（f）偏移(O)

图 4-13　绘制构造线

动手练——绘制折叠门

扫一扫，看视频

使用“直线”命令绘制如图 4-14 所示的折叠门。

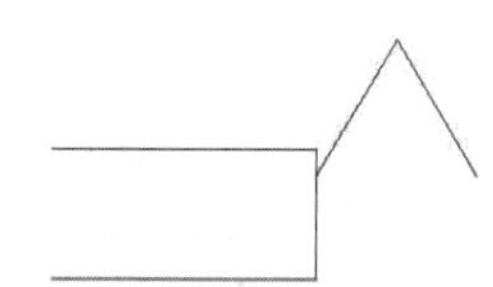
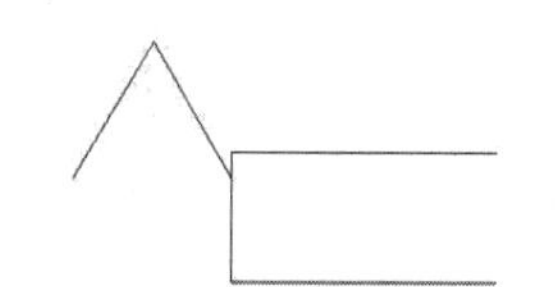

图 4-14　折叠门

思路点拨：

源文件：源文件\第 4 章\折叠门.dwg

为了做到准确无误，要求通过坐标值输入指定直线的相关点，从而使读者灵活掌握直线的绘制方法。

4.2　圆 类 命 令

圆类命令可要来绘制圆、圆弧、圆环、椭圆及椭圆弧，它是 AutoCAD 中最简单的曲线命令。

4.2.1　圆

圆是最简单的封闭曲线，也是绘制工程图时经常会用到的图形单元。

【执行方式】

- 命令行：CIRCLE（快捷命令为 C）。
- 菜单栏：选择菜单栏中的“绘图”→“圆”命令。
- 工具栏：单击“绘图”工具栏中的“圆”按钮⊘。
- 功能区：单击❶“默认”选项卡“绘图”面板中的❷“圆”下拉菜单（见图 4-15）。

扫一扫，看视频

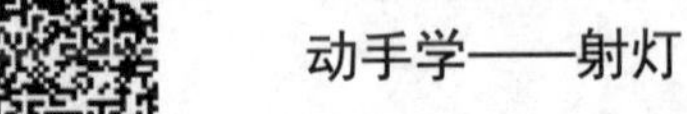

动手学——射灯

源文件：源文件\第 4 章\射灯.dwg

本实例最终绘制的射灯如图 4-16 所示。

操作步骤

（1）单击“默认”选项卡“绘图”面板中的“圆”按钮⊘，在图中适当位置绘制半径为 60 的圆，命令行提示与操作如下：

```
命令：_CIRCLE
指定圆的圆心或 [三点(3P)/两点(2P)/切点、切点、半径(T)]：任意位置指定一点
指定圆的半径或 [直径(D)]：60
```

绘制效果如图 4-17 所示。

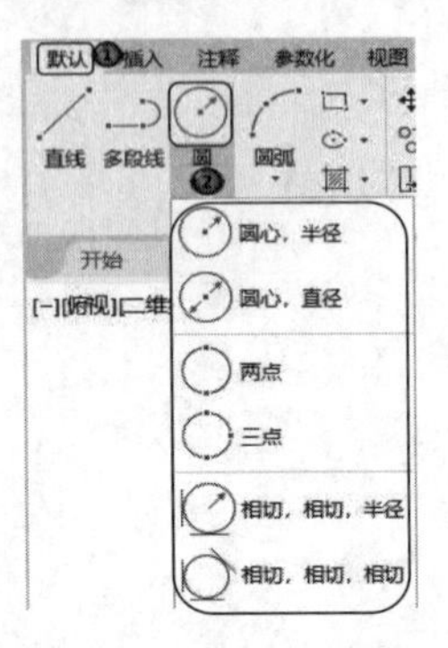

图 4-15　“圆”下拉菜单

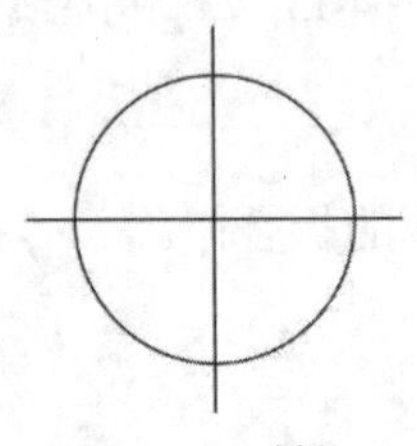

图 4-16　射灯

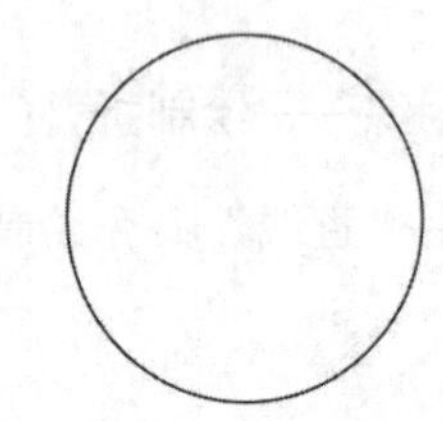

图 4-17　绘制圆

技巧：

有时图形经过缩放或 ZOOM 后，绘制的圆边显示棱边，图形会变得粗糙。在命令行中输入 RE 命令，可重新生成模型，使圆边光滑。也可以在“选项”对话框的“显示”选项栏中调整“圆弧和圆的平滑度”。

（2）单击“默认”选项卡“绘图”面板中的“直线”按钮╱，以圆心为起点，分别绘制长度为 80 的 4 条直线，效果如图 4-16 所示。

【选项说明】

（1）切点，切点，半径(T)：通过先指定两个相切对象，再给出半径的方法绘制圆。图 4-18 展出了以“切点、切点、半径”方式绘制圆的各种情形（加粗的圆为最后绘制的圆）。

（2）选择菜单栏中的❶“绘图”→❷“圆”命令，❸其子菜单中比命令行多了一种“相切、相切、相切”的绘制方法，如图 4-19 所示。

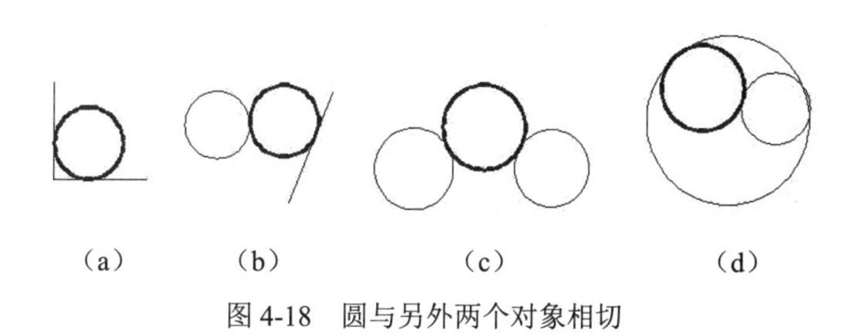

（a）　（b）　（c）　（d）

图 4-18　圆与另外两个对象相切

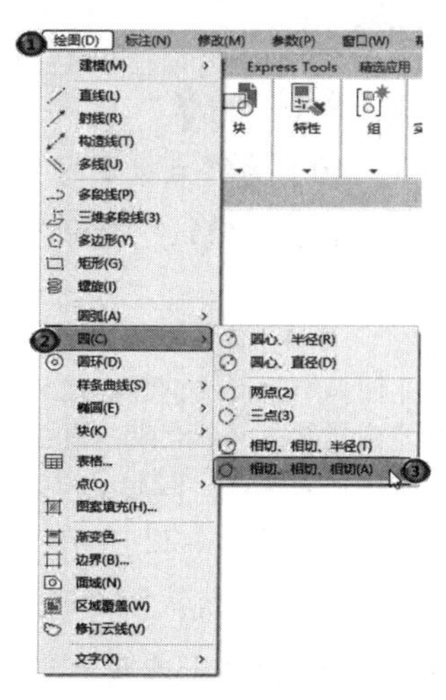

图 4-19　“圆”子菜单

4.2.2　圆弧

圆弧是圆的一部分。在工程造型中，圆弧的应用比圆更普遍。我们通常强调的“流线型”或“圆润”的造型实际上就是圆弧造型。

【执行方式】

- 命令行：ARC（快捷命令为 A）。
- 菜单栏：选择菜单栏中的“绘图”→“圆弧”命令。
- 工具栏：单击“绘图”工具栏中的“圆弧”按钮。
- 功能区：单击❶“默认”选项卡❷“绘图”面板中的❸“圆弧”下拉菜单（见图 4-20）。

扫一扫，看视频

动手学——小靠背椅

源文件：源文件\第 4 章\小靠背椅.dwg

绘制如图 4-21 所示的小靠背椅。

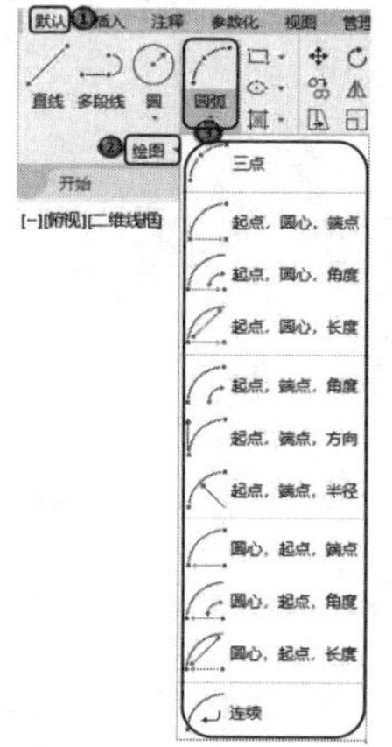

图 4-20　“圆弧”下拉菜单

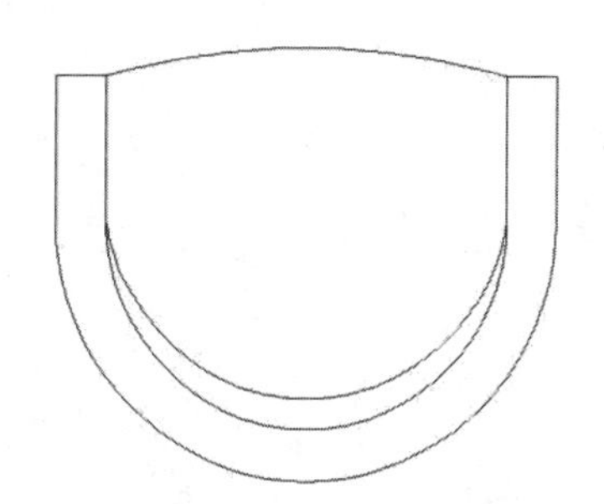

图 4-21　小靠背椅

操作步骤

（1）单击“默认”选项卡“绘图”面板中的“直线”按钮╱，任意指定一点为线段起点，以点（@0,-140）为终点绘制一条线段。

（2）单击“默认”选项卡“绘图”面板中的“圆弧”按钮⌒，绘制圆弧。命令行提示与操作如下：

```
命令：_ARC
指定圆弧的起点或 [圆心(C)]:[选择第（1）步中绘制的直线的下端点]
指定圆弧的第二个点或 [圆心(C)/端点(E)]: @250,-250
指定圆弧的端点: @250,250
```

绘制效果如图 4-22 所示。

（3）单击“默认”选项卡“绘图”面板中的“直线”按钮╱，以刚绘制圆弧的右端点为起点，以点（@0,140）为终点绘制一条线段，效果如图 4-23 所示。

（4）单击“默认”选项卡“绘图”面板中的“直线”按钮╱，分别以刚绘制的两条线段的上端点为起点，以点（@50,0）和（@-50,0）为终点绘制两条线段，效果如图 4-24 所示。

（5）单击“默认”选项卡“绘图”面板中的“直线”按钮╱和“圆弧”按钮⌒，以刚绘制的两条水平线的两个端点为起点和终点，绘制线段和圆弧，效果如图 4-25 所示。

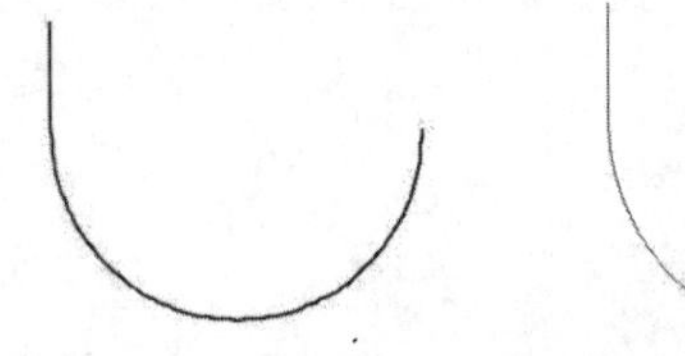

图 4-22　绘制圆弧

图 4-23　绘制直线

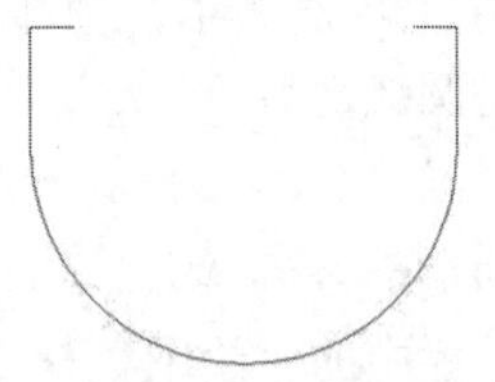

图 4-24　绘制线段

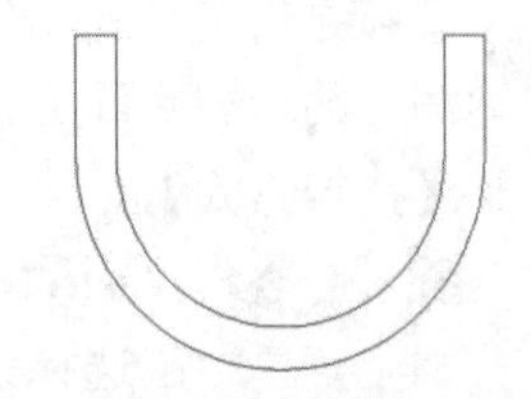

图 4-25　绘制线段和圆弧

（6）最后以图 4-25 中内部两条竖线的上下两个端点分别为起点和终点，以适当位置点为中间点，绘制两条圆弧，最终效果如图 4-21 所示。

【选项说明】

（1）用命令行方式绘制圆弧时，可以根据系统提示选择不同的选项，具体功能与利用菜单栏中的“绘图”→“圆弧”中子菜单提供的 11 种方式相似。这 11 种方式绘制的圆弧如图 4-26 所示。

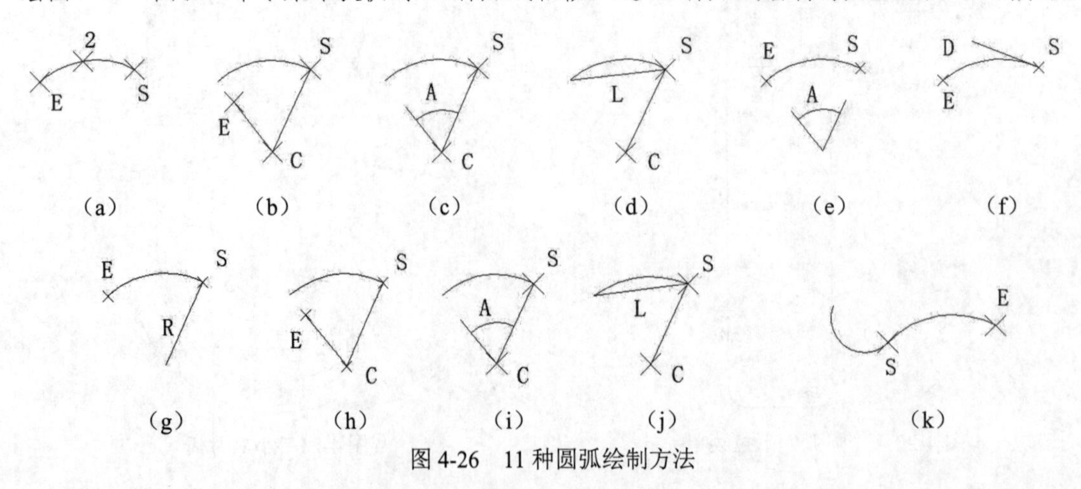

图 4-26　11 种圆弧绘制方法

（2）需要强调的是“连续”方式，绘制的圆弧与上一线段圆弧相切。连续绘制圆弧段，只提供端点即可。

☞教你一招：

绘制圆弧时，应注意什么？

绘制圆弧时，注意指定合适的端点或圆心，指定端点的时针方向也为绘制圆弧的方向。例如，要绘制下半圆弧，则起始端点应在左侧，终端点应在右侧，此时端点的时针方向为逆时针，即得到相应的逆时针圆弧。

4.2.3 圆环

圆环可以看作是两个同心圆，使用“圆环”命令可以快速完成同心圆的绘制。

【执行方式】

- 命令行：DONUT（快捷命令为 DO）。
- 菜单栏：选择菜单栏中的“绘图”→“圆环”命令。
- 功能区：单击“默认”选项卡“绘图”面板中的“圆环”按钮◎。

【操作步骤】

```
命令:DONUT↙
指定圆环的内径<0.5000>:(指定圆环内径)
指定圆环的外径 <1.0000>:(指定圆环外径)
指定圆环的中心点或 <退出>:(指定圆环的中心点)
指定圆环的中心点或 <退出>:[指定圆环的中心点，绘制相同内外径的圆环。用 Enter 键、空格键结束命令，如图 4-27 (a) 所示]
```

【选项说明】

（1）绘制不等内外径，则画出的填充圆环如图 4-27（a）所示。

（2）若指定内径为零，则画出的实心填充圆如图 4-27（b）所示。

（3）若指定内外径相等，则画出的普通圆如图 4-27（c）所示。

（4）用 FILL 命令可以控制圆环是否填充，命令行提示与操作如下:

```
命令: FILL↙
输入模式 [开(ON)/关(OFF)] <开>:
```

选择“开”表示填充，选择“关”表示不填充，如图 4-27（d）所示。

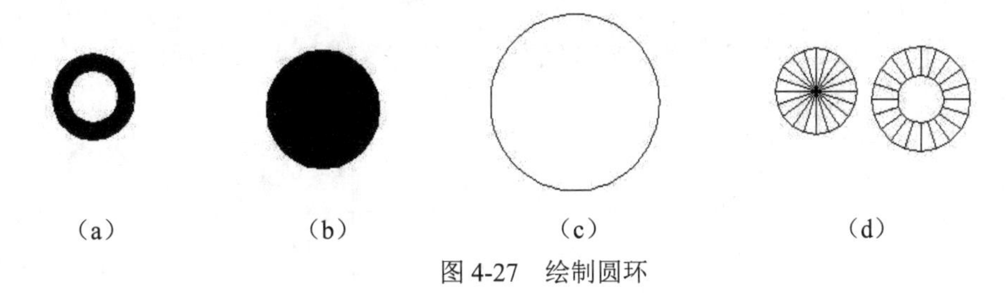

图 4-27　绘制圆环

4.2.4 椭圆与椭圆弧

椭圆也是一种典型的封闭曲线图形，圆在某种意义上可以看成是椭圆的特例。椭圆在室内装潢设计时经常会用到，如室内设计单元中的浴盆、桌子等。

【执行方式】

- 命令行：ELLIPSE（快捷命令为 EL）。
- 菜单栏：选择菜单栏中的“绘图”→“椭圆”→“圆弧”命令。
- 工具栏：单击“绘图”工具栏中的“椭圆”按钮或“椭圆弧”按钮。
- 功能区：单击❶“默认”选项卡❷“绘图”面板中的❸“椭圆”下拉菜单（见图 4-28）。

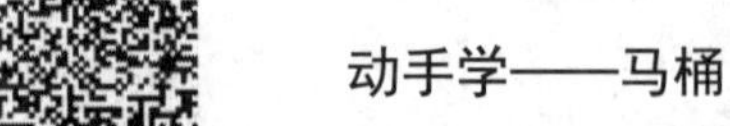
扫一扫，看视频

动手学——马桶

源文件：源文件\第 4 章\马桶.dwg

本实例主要介绍椭圆弧绘制的方法。首先使用“椭圆弧”命令绘制马桶外沿，然后使用“直线”命令绘制马桶后沿和水箱，如图 4-29 所示。

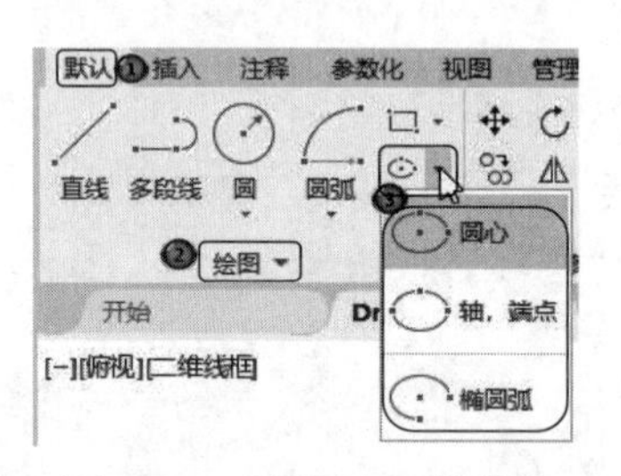

图 4-28 “椭圆”下拉菜单

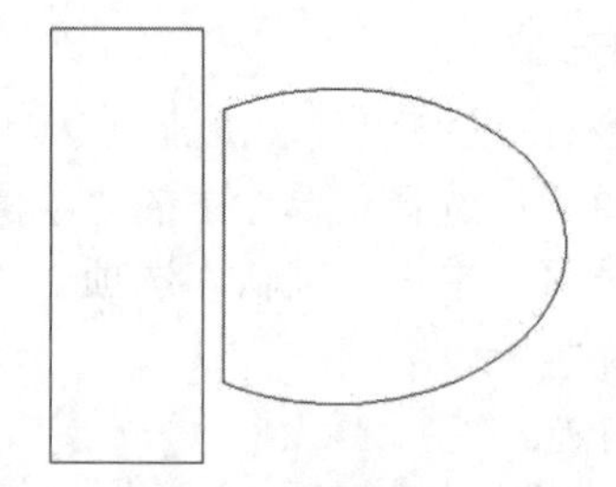
图 4-29 绘制马桶

操作步骤

（1）单击“默认”选项卡“绘图”面板中的“椭圆弧”按钮，绘制马桶外沿。命令行提示与操作如下：

```
命令: _ELLIPSE
指定椭圆的轴端点或 [圆弧(A)/中心点(C)]: _a
指定椭圆弧的轴端点或 [中心点(C)]: c
指定椭圆弧的中心点: 后指定一点
指定轴的端点: 后指定一点
指定另一条半轴长度或 [旋转(R)]: 后在一点
指定起点角度或 [参数(P)]: 后在下面适当位置指定一点
指定端点角度或 [参数(P)/夹角(I)]: 后在正上方适当位置指定一点
```

绘制效果如图 4-30 所示。

（2）单击“默认”选项卡“绘图”面板中的“直线”按钮，连接椭圆弧两个端点，绘制马桶后沿，效果如图 4-31 所示。

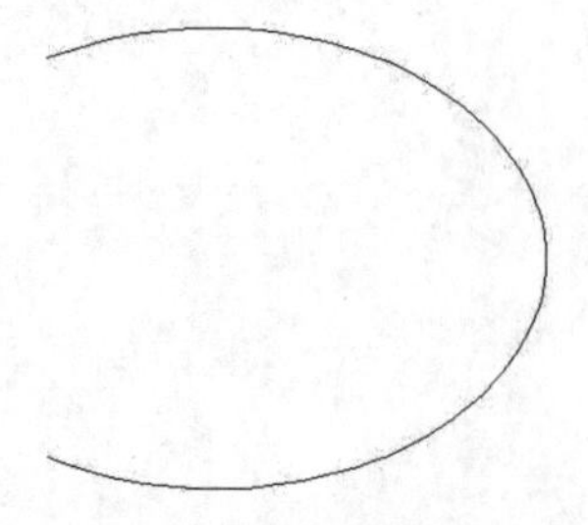
图 4-30 绘制马桶外沿

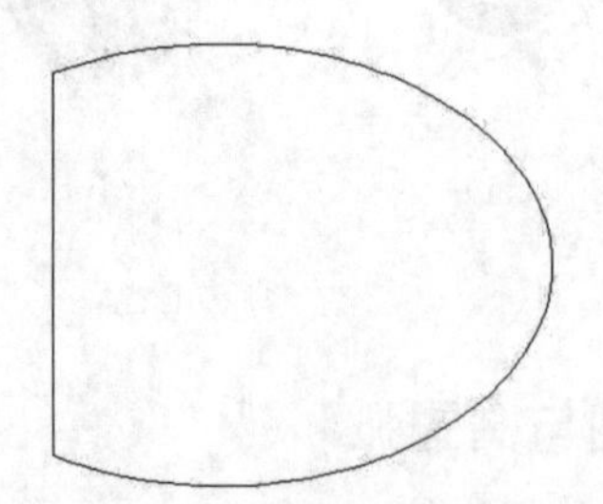
图 4-31 绘制马桶后沿

（3）单击“默认”选项卡“绘图”面板中的“直线”按钮，取适当的尺寸，在左边绘制一个矩形框作为水箱。最终效果如图 4-29 所示。

技巧：

指定起点角度和端点角度的点时不要将两个点的顺序指定反了，因为系统默认的旋转方向是逆时针，如果指定反了，得出的结果可能和预期的刚好相反。

【选项说明】

（1）指定椭圆的轴端点：根据两个端点定义椭圆的第一条轴，第一条轴的角度确定了整个椭圆的角度。第一条轴既可定义椭圆的长轴，也可定义其短轴。椭圆按图 4-32（a）中显示的 1—2—3—4 顺序绘制。

（2）圆弧(A)：用于创建一段椭圆弧，与“单击‘默认’选项卡‘绘图’面板中的‘椭圆弧’按钮”功能相同。其中第一条轴的角度确定了椭圆弧的角度。第一条轴既可定义椭圆弧长轴，也可定义其短轴。选择该选项，命令行提示与操作如下：

```
指定椭圆弧的轴端点或 [中心点(C)]：(指定端点或输入“C”)
指定轴的另一个端点：(指定另一端点)
指定另一条半轴长度或 [旋转(R)]：(指定另一条半轴长度或输入“R”)
指定起点角度或 [参数(P)]：(指定起始角度或输入“P”)
指定端点角度或 [参数(P)/夹角(I)]：
```

其中各选项含义如下。

① 起点角度：指定椭圆弧端点的两种方式之一，光标与椭圆中心点连线的夹角为椭圆端点位置的角度，如图 4-32（b）所示。

（a）椭圆　（b）椭圆弧

图 4-32　椭圆和椭圆弧

② 参数(P)：指定椭圆弧端点的另一种方式，该方式同样是指定椭圆弧端点的角度，但通过以下矢量参数方程式创建椭圆弧。

$$p(u)=c+a\cos u+b\sin u$$

其中，c 是椭圆的中心点；a 和 b 分别是椭圆的长轴和短轴；u 为光标与椭圆中心点连线的夹角。

③ 夹角(I)：定义从起点角度开始的包含角度。

④ 中心点(C)：通过指定的中心点创建椭圆。

⑤ 旋转(R)：通过绕第一条轴旋转圆来创建椭圆。这个操作相当于将一个圆绕椭圆轴翻转一个角度后的投影视图。

技巧：

使用“椭圆”命令生成的椭圆是以多段线还是以椭圆为实体，是由系统变量 PELLIPSE 决定的。

扫一扫，看视频

动手练——绘制洗脸盆

绘制如图 4-33 所示的洗脸盆。

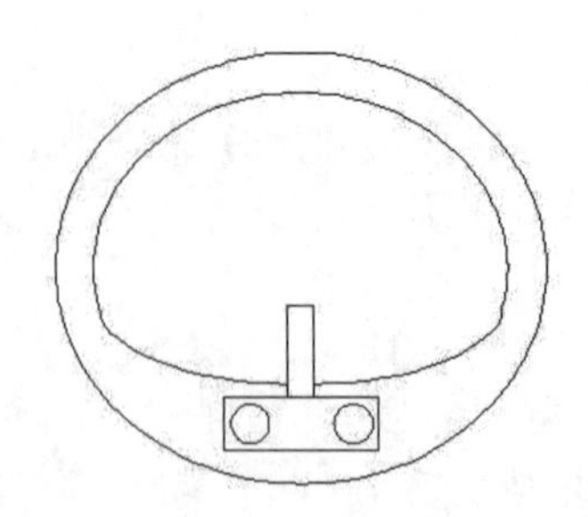

图 4-33　洗脸盆

思路点拨：

源文件：源文件\第 4 章\洗脸盆.dwg

（1）使用“直线”命令绘制水龙头。

（2）使用“圆”命令绘制水龙头旋钮。

（3）使用“椭圆”和“椭圆弧”命令绘制脸盆的内外沿。

（4）使用“圆弧”命令绘制脸盆的内沿其他部分。

4.3　点类命令

点在 AutoCAD 中有多种不同的表示方式，用户可以根据需要进行相应的设置，也可以设置成等分点和测量点。

4.3.1　点

通常认为，点是最简单的图形单元。在工程图形中，点通常用来标定某个特殊的坐标位置，或者作为某个绘制步骤的起点和基础。为了使点更显眼，AutoCAD 为点设置了各种样式，用户可以根据需要来选择。

【执行方式】

- 命令行：POINT（快捷命令为 PO）。
- 菜单栏：选择菜单栏中的❶“绘图”→ ❷“点”命令。
- 工具栏：单击“绘图”工具栏中的“点”按钮∴。
- 功能区：单击“默认”选项卡中“绘图”面板中的“多点”按钮∴。

【操作步骤】

```
命令：_POINT
当前点模式：PDMODE=0  PDSIZE=0.0000
指定点：（指定点所在的位置）
```

【选项说明】

（1）通过菜单方法操作时（见图 4-34），“单点”命令表示只输入一个点，“多点”命令表示可输入多个点。

（2）可以单击状态栏中的“对象捕捉”按钮□设置点捕捉模式，帮助用户选择点。

（3）点在图形中的表示样式共有 20 种。可通过 DDPTYPE 命令或选择菜单栏中的“格式”→“点样式”命令打开“点样式”对话框来设置，如图 4-35 所示。

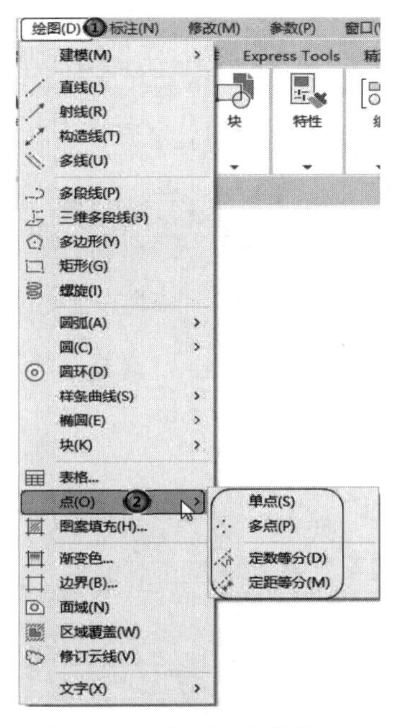

图 4-34 “点”子菜单

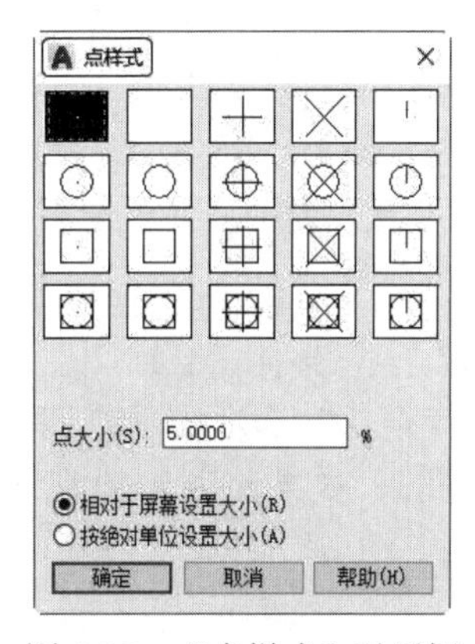

图 4-35 “点样式”对话框

4.3.2 定数等分

有时用户需要把某个线段或曲线按一定的份数进行等分。这一操作在手工绘图中很难实现，但在 AutoCAD 中可以通过相关命令轻松完成。

【执行方式】

- 命令行：DIVIDE（快捷命令为 DIV）。
- 菜单栏：选择菜单栏中的“绘图”→“点”→“定数等分”命令。
- 功能区：单击“默认”选项卡“绘图”面板中的“定数等分”按钮。

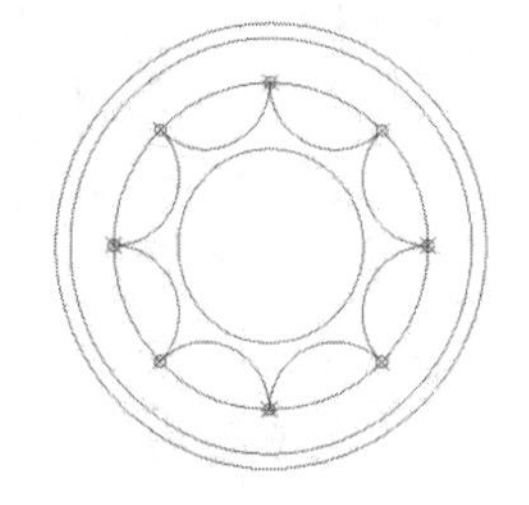

图 4-36 水晶吊灯

扫一扫，看视频

动手学——水晶吊灯

源文件：源文件\第 4 章\水晶吊灯.dwg

本实例将绘制如图 4-36 所示的水晶吊灯。

操作步骤

（1）单击“默认”选项卡“绘图”面板中的“圆”按钮，分别绘制半径为 1300、2200、

2800 和 3000 的同心圆，如图 4-37 所示。

（2）选择菜单栏中的“格式”→“点样式”命令，弹出“点样式”对话框，修改点的显示样式，如图 4-38 所示。

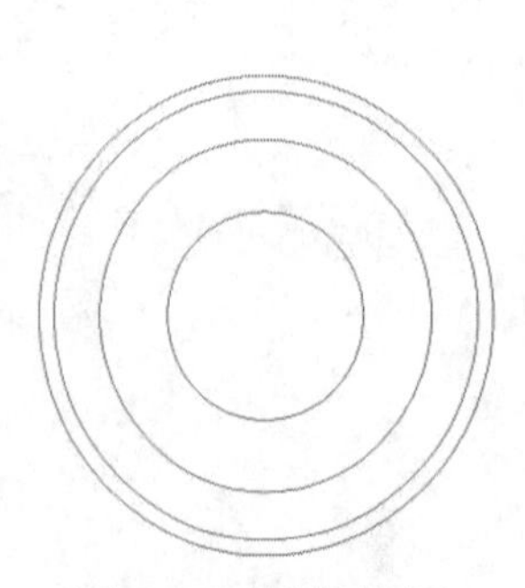

图 4-37 绘制同心圆

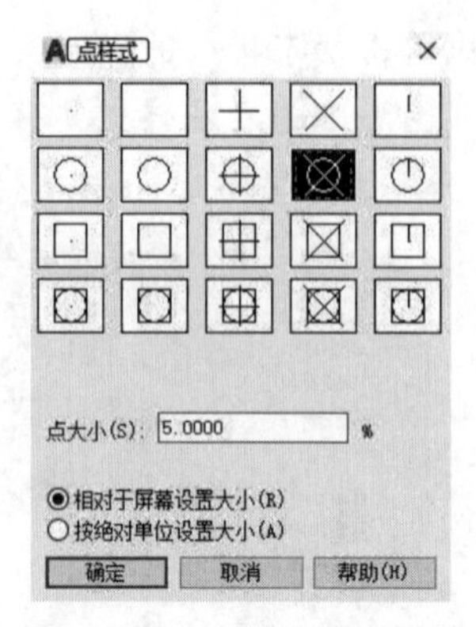

图 4-38 “点样式”对话框

（3）单击“默认”选项卡“绘图”面板中的“定数等分”按钮，选择半径为 2200 的圆，在命令行中输入等分数目为 8，如图 4-39 所示。命令行提示与操作如下：

```
命令：_DIVIDE
选择要定数等分的对象：选取半径为 2200 的圆
输入线段数目或 [块(B)]：8
```

（4）在“默认”选项卡“绘图”面板中的“圆弧”下拉菜单中单击“起点、端点、方向”按钮，绘制圆弧，效果如图 4-40 所示。

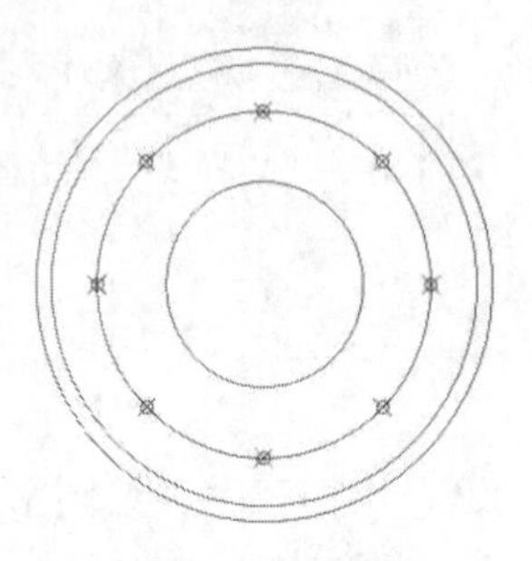

图 4-39 点显示效果

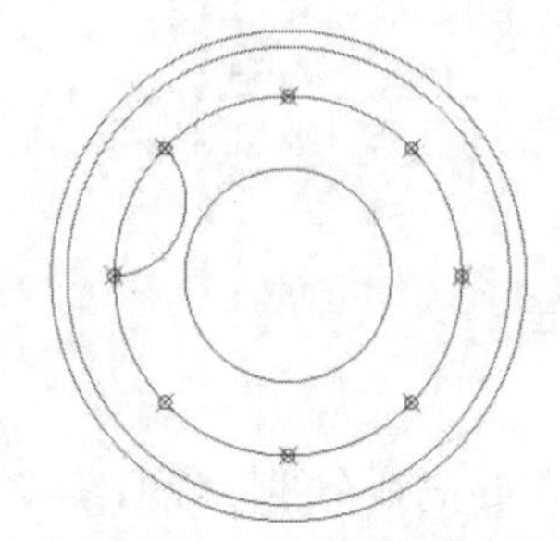

图 4-40 绘制圆弧

【选项说明】

（1）等分数目范围为 2~32767。

（2）在等分点处按当前点样式设置，画出等分点。

（3）在第二提示行选择“块(B)”选项时，表示在等分点处插入指定的块（块知识的具体讲解可参见后面章节）。

4.3.3 定距等分

它和定数等分类似的是，有时需要把某个线段或曲线以给定的长度为单元进行等分。在 AutoCAD 中通过相关命令即可完成定距等分。

【执行方式】

- 命令行：MEASURE（快捷命令为 ME）。
- 菜单栏：选择菜单栏中的“绘图”→“点”→“定距等分”命令。
- 功能区：单击“默认”选项卡“绘图”面板中的“定距等分”按钮。

【操作步骤】

```
命令：MEASURE↙
选择要定距等分的对象：（选择要设置测量点的实体）
指定线段长度或 [块(B)]：（指定分段长度）
```

【选项说明】

（1）设置的起点一般是指定线的绘制起点。

（2）在第二提示行选择“块(B)”选项时，表示在测量点处插入指定的块。

（3）在等分点处，按当前点样式设置绘制测量点。

（4）最后一个测量段的长度不一定等于指定分段长度。

教你一招：

定数等分和定距等分有什么区别？

定数等分是将某个线段按段数平均分段，定距等分是将某个线段按距离分段。例如：一条长为 112mm 的直线，用定数等分命令时，如果该线段被平均分成 10 段，每一个线段的长度都是相等的，长度就是原来的 1/10。而用定距等分时，如果设置定距等分的距离为 10mm，那么从端点开始，每 10mm 为一段，前 11 段段长都为 10mm，但最后一段的长度并不是 10mm，因为 112/10 是不能整除的，结果并不是整数，所以定距等分的线段并不是所有的线段都相等。

动手练——绘制地毯

扫一扫，看视频

绘制如图 4-41 所示的地毯。

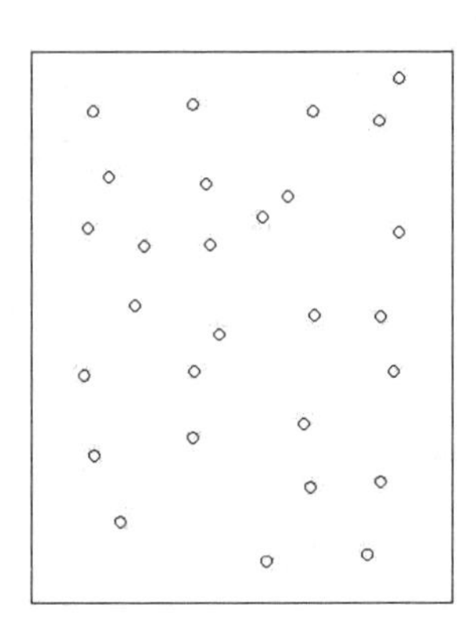

图 4-41　地毯

思路点拨：

源文件：源文件\第 4 章\地毯.dwg

（1）设置点样式。

（2）使用“直线”命令绘制地毯外形。

（3）使用“多点”命令绘制地毯装饰点。

4.4 平面图形

简单的平面图形命令包括“矩形”和“多边形”命令等。

4.4.1 矩形

矩形是最简单的封闭式直线图形，在建筑制图中常用来表示墙体平面。

【执行方式】

- 命令行：RECTANG（快捷命令为 REC）。
- 菜单栏：选择菜单栏中的“绘图”→“矩形”命令。
- 工具栏：单击“绘图”工具栏中的“矩形”按钮▭。
- 功能区：单击“默认”选项卡“绘图”面板中的“矩形”按钮▭。

扫一扫，看视频

动手学——单扇平开门

源文件：源文件\第 4 章\单扇平开门.dwg

使用“矩形”命令绘制如图 4-42 所示的单扇平开门。

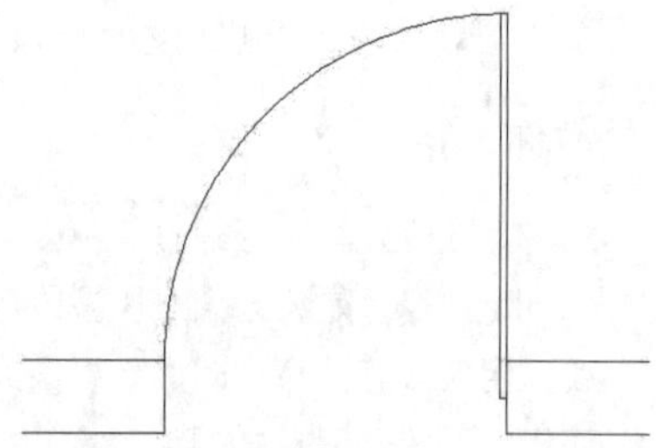
图 4-42　单扇平开门

操作步骤

（1）单击“默认”选项卡“绘图”面板中的“直线”按钮╱，绘制门框，门框的宽度为 50，门框之间的距离为 240，如图 4-43 所示。

（2）单击“默认”选项卡“绘图”面板中的“矩形”按钮▭，绘制门。命令行提示与操作如下：

```
命令：_RECTANG
指定第一个角点或 [倒角(C)/标高(E)/圆角(F)/厚度(T)/宽度(W)]: 340,25
指定另一个角点或 [面积(A)/尺寸(D)/旋转(R)]: 335,290
```

效果如图 4-44 所示。

图 4-43　绘制门框　　图 4-44　绘制门

（3）单击“默认”选项卡“绘图”面板中的“圆弧”按钮⌒，绘制一段圆弧。命令行提示与操作如下：

```
命令: _ARC
指定圆弧的起点或 [圆心(C)]: 335,290
指定圆弧的第二个点或 [圆心(C)/端点(E)]: c
指定圆弧的中心点(按住 Ctrl 键以切换方向)或 [角度(A)/方向(D)/半径(R)]: 340,50
```

最终效果如图 4-42 所示。

【选项说明】

（1）第一个角点：通过指定两个角点确定矩形，如图 4-45（a）所示。

（2）倒角(C)：指定倒角距离，绘制带倒角的矩形，如图 4-45（b）所示。每一个角点的逆时针和顺时针方向的倒角可以相同，也可以不同，其中第一个倒角距离是指角点逆时针方向倒角距离，第二个倒角距离是指角点顺时针方向倒角距离。

（3）标高(E)：指定矩形标高（Z 坐标），即把矩形放置在标高为 Z 并与 XOY 坐标面平行的平面上，并作为后续矩形的标高值。

（4）圆角(F)：指定圆角半径，绘制带圆角的矩形，如图 4-45（c）所示。

（5）厚度(T)：主要用在三维制图中，输入厚度后画出的矩形是立体的，如图 4-45（d）所示。

（6）宽度(W)：指定线宽，如图 4-45（e）所示。

（a）第一个角点　（b）倒角(C)　（c）圆角(F)　（d）厚度(T)　（e）宽度(W)

图 4-45　绘制矩形

（7）面积(A)：指定面积与长或宽创建矩形。选择该选项，命令行提示与操作如下：

```
输入以当前单位计算的矩形面积 <20.0000>:（输入面积值）
计算矩形标注时的依据 [长度(L)/宽度(W)] <长度>:（按 Enter 键或输入“W”）
输入矩形长度 <4.0000>: （指定长度或宽度）
```

指定长度或宽度后，系统会自动计算另一个维度，从而绘制出矩形。如果矩形被倒角或圆角，则在长度或面积的计算中也会考虑此设置，如图 4-46 所示。

（8）尺寸(D)：通过长和宽创建矩形，第二个指定点将矩形定位在与第一角点相关的位置上。

（9）旋转(R)：使所绘制的矩形旋转一定角度。选择该选项，命令行提示与操作如下：

```
指定旋转角度或 [拾取点(P)] <45>:（指定角度）
指定另一个角点或 [面积(A)/尺寸(D)/旋转(R)]:（指定另一个角点或选择其他选项）
```

指定旋转角度后，系统按指定角度创建的矩形如图 4-47 所示。

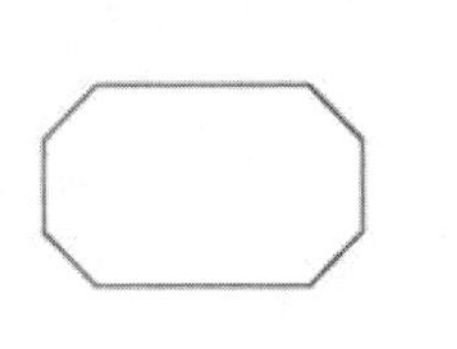

倒角距离（1,1）
面积：20，长度：6

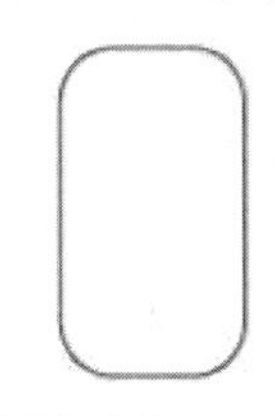

圆角半径：1.0
面积：20，宽度：6

图 4-46　使用“面积”命令绘制矩形

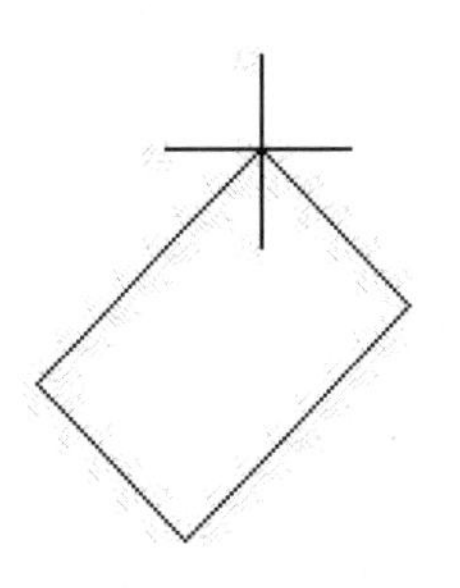

图 4-47　旋转矩形

4.4.2 多边形

正多边形是相对复杂的一种平面图形，人类曾经为准确地找到手工绘制正多边形的方法而不断求索。伟大的数学家高斯发现了正十七边形的绘制方法，哥廷根大学还为他建立了一座以正十七边形棱柱为底座的纪念像。现在使用 AutoCAD 就可以轻松地绘制任意边的正多边形。

【执行方式】

- 命令行：POLYGON（快捷命令为 POL）。
- 菜单栏：选择菜单栏中的“绘图”→“多边形”命令。
- 工具栏：单击“绘图”工具栏中的“多边形”按钮。
- 功能区：单击“默认”选项卡“绘图”面板中的“多边形”按钮。

【操作步骤】

```
命令：_POLYGON↙
输入侧面数：输入多边形的边数
指定正多边形的中心点或 [边(E)]：输入多边形的中心点
输入选项 [内接于圆(I)/外切于圆(C)]：创建内接于圆或外切于圆的多边形
```

【选项说明】

（1）边(E)：选择该选项，则只要指定多边形的一条边，系统就会按逆时针方向创建该正多边形，如图 4-48（a）所示。

（2）内接于圆(I)：选择该选项，绘制的多边形内接于圆，如图 4-48（b）所示。

（3）外切于圆(C)：选择该选项，绘制的多边形外切于圆，如图 4-48（c）所示。

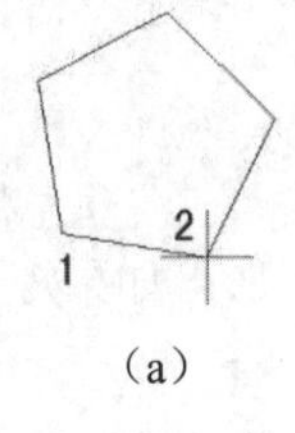

（a）

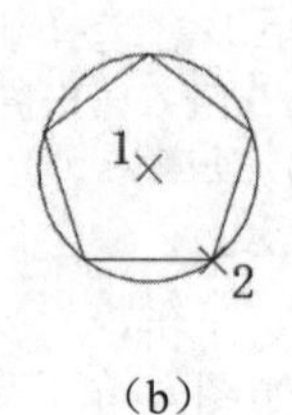

（b）

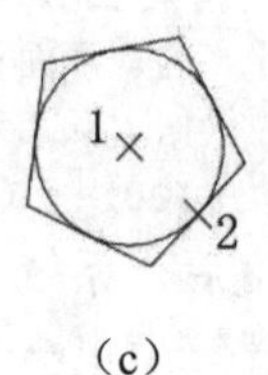

（c）

图 4-48 绘制多边形

扫一扫，看视频

动手练——绘制卡通造型

绘制如图 4-49 所示的卡通造型。

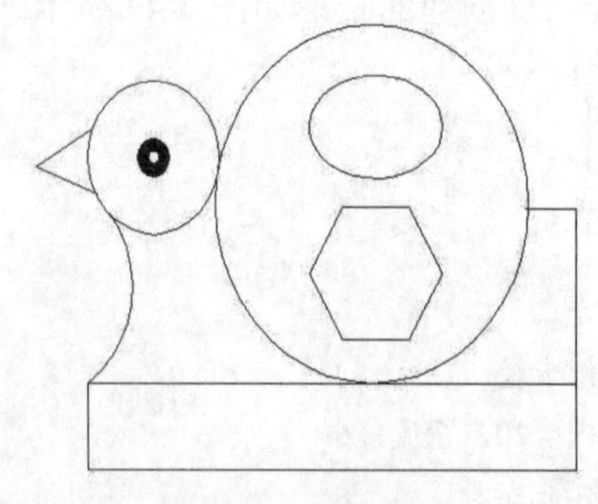

图 4-49 卡通造型

思路点拨：

源文件：源文件\第 4 章\卡通造型.dwg

本练习图形涉及多种绘图命令，可使用户灵活掌握本章各种图形的绘制方法。

4.5 模拟认证考试

1. 已知一长度为500的直线，若希望使用“定距等分”命令一次性绘制7个点对象，则输入的线段长度不能是（　　）。

   A. 60　　B. 63　　C. 66　　D. 69

2. 在绘制圆时使用“两点（2P）”选项，则两点之间的距离是（　　）。

   A. 最短弦长　　B. 周长　　C. 半径　　D. 直径

3. 关于使用“圆环”命令绘制的圆环，说法正确的是（　　）。

   A. 圆环是填充环或实体填充圆，即带有宽度的闭合多段线
   B. 圆环的两个圆是不能一样大的
   C. 圆环无法创建实体填充圆
   D. 圆环标注的半径值是内环的值

4. 按住（　　）键可切换所要绘制的圆弧方向。

   A. Shift　　B. Ctrl　　C. F1　　D. Alt

5. 以同一点作为正五边形的中心，圆的半径为 50，分别用 I 和 C 方式画的正五边形的间距为（　　）。

   A. 15.32　　B. 9.55　　C. 7.43　　D. 12.76

6. 要重复使用刚执行的命令，可以按（　　）键。

   A. Ctrl　　B. Alt　　C. Enter　　D. Shift

7. 绘制如图 4-50 所示的八角凳。

8. 绘制如图 4-51 所示的椅子。

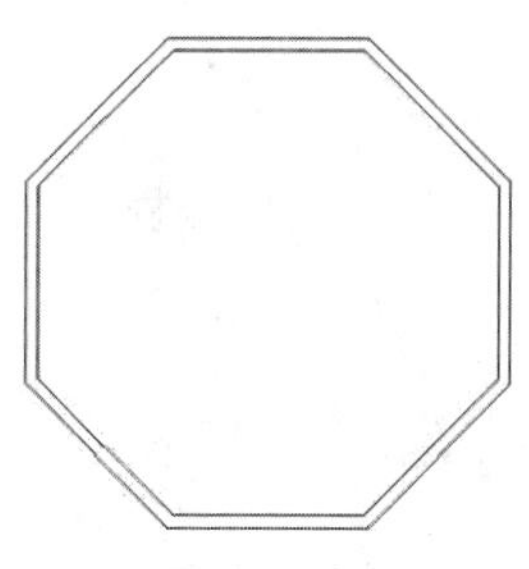

图 4-50　八角凳

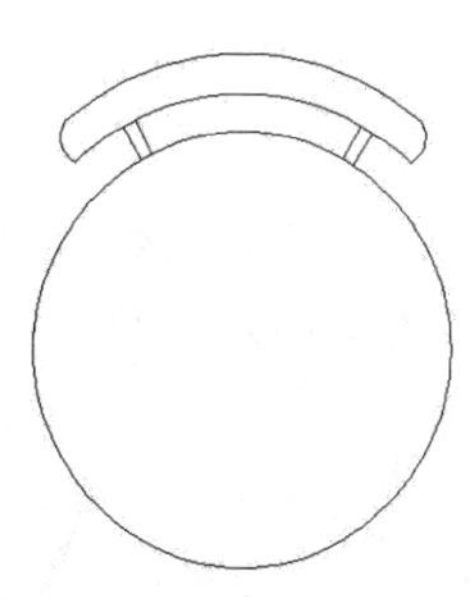

图 4-51　椅子

第 5 章　复杂二维绘图命令

内容简介

本章将学习有关 AutoCAD 2022 的复杂绘图命令和编辑命令，读者应熟练掌握用 AutoCAD 2022 绘制二维几何元素（如样条曲线、多段线及多线）的方法，以及使用相应的编辑命令修正图形的方法。

内容要点

- 样条曲线
- 多段线
- 多线
- 图案填充
- 模拟认证考试

案例效果

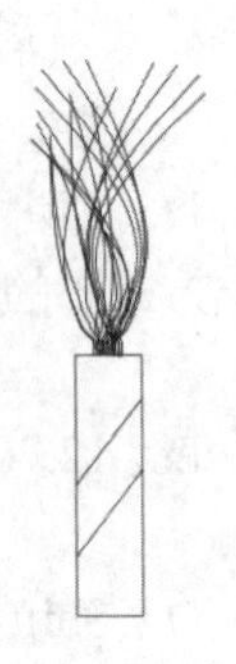
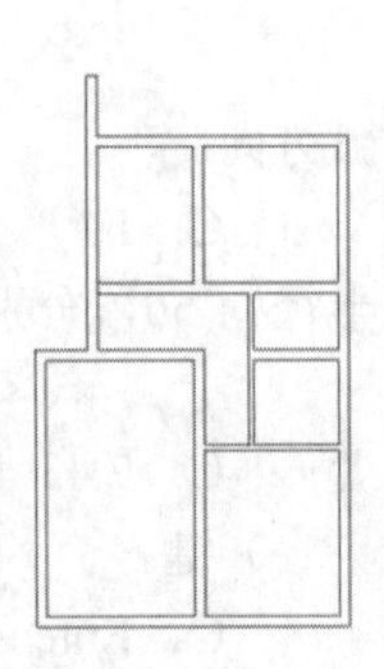
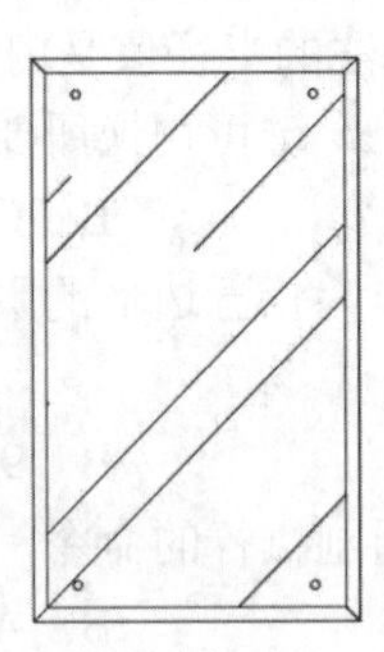

5.1　样 条 曲 线

AutoCAD 中使用了一种称为非一致有理 B 样条（NURBS）曲线的特殊样条曲线类型。使用 NURBS 曲线能够在控制点之间产生一条光滑的曲线，如图 5-1 所示。

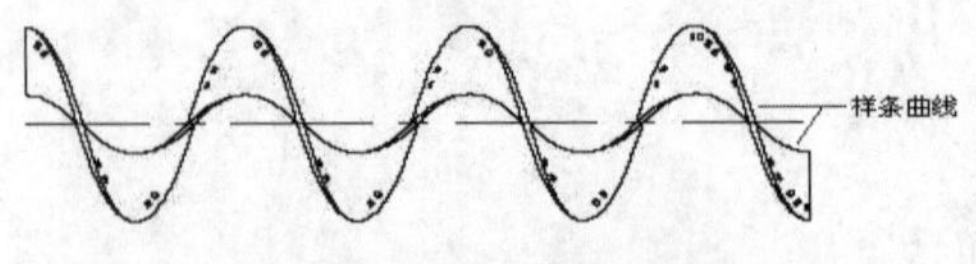

图 5-1　样条曲线

5.1.1　绘制样条曲线

在 AutoCAD 中可以创建形状不规则的曲线。

【执行方式】

- 命令行：SPLINE。
- 菜单栏：选择菜单栏中的“绘图”→“样条曲线”命令。
- 工具栏：单击“绘图”工具栏中的“样条曲线”按钮。
- 功能区：单击“默认”选项卡“绘图”面板中的“样条曲线拟合”按钮或“样条曲线控制点”按钮。

动手学——装饰瓶

源文件：源文件\第 5 章\装饰瓶.dwg

本实例绘制的装饰瓶如图 5-2 所示。

操作步骤

（1）单击“默认”选项卡“绘图”面板中的“矩形”按钮，绘制一个 139×514 的矩形作为装饰瓶的外轮廓。

（2）单击“默认”选项卡“绘图”面板中的“直线”按钮，绘制瓶上的装饰线，如图 5-3 所示。

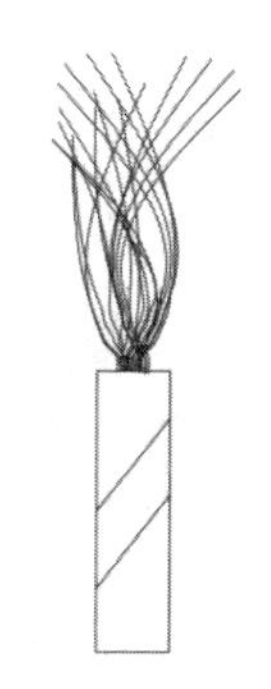

图 5-2 装饰瓶

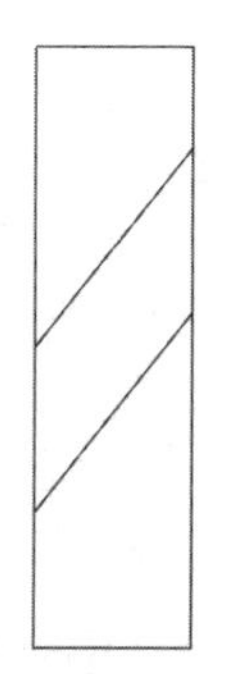

图 5-3 绘制瓶上的装饰线

（3）单击“默认”选项卡“绘图”面板中的“样条曲线拟合”按钮，绘制装饰瓶中的植物。命令行提示与操作如下：

```
命令: _SPLINE
当前设置: 方式=拟合    节点=弦
指定第一个点或 [方式(M)/节点(K)/对象(O)]: _M
输入样条曲线创建方式 [拟合(F)/控制点(CV)] <拟合>: _FIT
当前设置: 方式=拟合    节点=弦
指定第一个点或 [方式(M)/节点(K)/对象(O)]:在瓶口适当位置指定第一点
输入下一个点或 [起点切向(T)/公差(L)]:指定第二点
输入下一个点或 [端点相切(T)/公差(L)/放弃(U)]:指定第三点
输入下一个点或 [端点相切(T)/公差(L)/放弃(U)/闭合(C)]:指定第四点
输入下一个点或 [端点相切(T)/公差(L)/放弃(U)/闭合(C)]:依次指定其他点
```

采用相同的方法绘制装饰瓶中的植物，如图 5-2 所示。

技巧：

在命令前加下划线表示采用菜单或工具栏方式执行命令，与命令行方式效果相同。

【选项说明】

（1）第一个点：指定样条曲线的第一个点、第一个拟合点或第一个控制点。

（2）方式(M)：控制使用拟合点还是使用控制点来创建样条曲线。

① 拟合(F)：通过指定样条曲线必须经过的拟合点来创建3阶B样条曲线。

② 控制点(CV)：通过指定控制点来创建样条曲线。使用此方法可创建1阶（线性）、2阶（二次）、3阶（三次）……10阶的样条曲线。移动控制点可调整样条曲线的形状。

（3）节点(K)：用来确定样条曲线中连续拟合点之间的零部件曲线如何过渡。

（4）对象(O)：将二维或三维的二次及三次样条曲线的拟合多段线转换为等价的样条曲线，然后根据DelOBJ系统变量的设置删除该拟合多段线。

5.1.2　编辑样条曲线

在AutoCAD中也可以修改样条曲线的参数，或将样条曲线拟合的多段线转换为样条曲线。

【执行方式】

- 命令行：SPLINEDIT。
- 菜单栏：选择菜单栏中的“修改”→“对象”→“样条曲线”命令。
- 快捷菜单：选中要编辑的样条曲线，在绘图区右击，在弹出的快捷菜单中选择“样条曲线”下拉菜单中的选项，并进行编辑。
- 工具栏：单击“修改II”工具栏中的“编辑样条曲线”按钮。
- 功能区：单击“默认”选项卡“修改”面板中的“编辑样条曲线”按钮。

【操作步骤】

```
命令：SPLINEDIT↙
选择样条曲线：(选择要编辑的样条曲线。若选择的样条曲线是用SPLINE命令创建的，其近似点以夹点的颜色显示出来；若选择的样条曲线是用PLINE命令创建的，其控制点以夹点的颜色显示出来)
输入选项 [闭合(C)/合并(J)/拟合数据(F)/编辑顶点(E)/转换为多段线(P)/反转(R)/放弃(U)/退出(X)]<退出>:
```

【选项说明】

（1）闭合(C)：决定样条曲线是开放还是闭合的。开放的样条曲线有两个端点，而闭合的样条曲线可形成一个环。

（2）合并(J)：将选定的样条曲线与其他样条曲线、直线、多段线和圆弧在重合端点处合并，形成一个较大的样条曲线。

（3）拟合数据(F)：编辑近似数据。选择该选项后，创建样条曲线时，指定的各点会以小方格的形式显示出来。

（4）转换为多段线(P)：将样条曲线转换为多段线。精度值决定了最终多段线与原样条曲线拟合的精确程度（有效值为0~99之间的任意整数）。

（5）反转(R)：反转样条曲线的方向。该项操作主要用于应用程序。

技巧：

选中已画好的样条曲线，曲线上会显示若干夹点，绘制时单击几个点就会生成几个夹点，用鼠标单击某个夹点并拖动可改变曲线形状，还可更改“拟合公差”的数值来改变曲线通过点的精确程度，数值为0时精确度最高。

动手练——绘制雨伞

绘制如图 5-4 所示的雨伞。

图 5-4 雨伞

思路点拨：

源文件：源文件\第 5 章\雨伞.dwg

（1）使用“圆弧”命令绘制伞的外框。

（2）使用“样条曲线”命令绘制伞的底边。

（3）使用“圆弧”命令绘制伞面。

（4）使用“多段线”命令绘制伞顶和伞把。

5.2 多 段 线

多段线是作为单个对象创建的相互连接的线段组合图形。该组合线段作为一个整体，可以由直线段、圆弧段或两者的组合线段组成，并且可以是任意开放或封闭的图形。

5.2.1 绘制多段线

多段线由直线段或圆弧连接而成，可作为单一对象使用，还可绘制成直线箭头或弧形箭头。

【执行方式】

- 命令行：PLINE（快捷命令为 PL）。
- 菜单栏：选择菜单栏中的“绘图”→“多段线”命令。
- 工具栏：单击“绘图”工具栏中的“多段线”按钮。
- 功能区：单击“默认”选项卡“绘图”面板中的“多段线”按钮。

动手学——浴盆

源文件：源文件\第 5 章\浴盆.dwg

本实例通过绘制浴盆讲解多段线的应用，绘制完成的浴盆如图 5-5 所示。

图 5-5 浴盆

操作步骤

单击“默认”选项卡“绘图”面板中的“多段线”按钮，绘制如图 5-5 所示的浴盆。命令行提示与操作如下：

```
命令: _PLINE
指定起点: 100,200
当前线宽为 0.0000
指定下一点或 [圆弧(A)/半宽(H)/长度(L)/放弃(U)/宽度(W)]: w
指定起点宽度 <0.0000>: 2
指定端点宽度 <2.0000>:
指定下一点或 [圆弧(A)/半宽(H)/长度(L)/放弃(U)/宽度(W)]: 400,200
指定下一点或 [圆弧(A)/闭合(C)/半宽(H)/长度(L)/放弃(U)/宽度(W)]: w
```

```
指定起点宽度 <2.0000>: 5
指定端点宽度 <5.0000>: 10
指定下一点或 [圆弧(A)/闭合(C)/半宽(H)/长度(L)/放弃(U)/宽度(W)]: 400,100
指定下一点或 [圆弧(A)/闭合(C)/半宽(H)/长度(L)/放弃(U)/宽度(W)]: a
指定圆弧的端点(按住 Ctrl 键以切换方向)或[角度(A)/圆心(CE)/闭合(CL)/方向(D)/半宽(H)/直线(L)/半径(R)/第二个点(S)/放弃(U)/宽度(W)]: 200,100
指定圆弧的端点(按住 Ctrl 键以切换方向)或[角度(A)/圆心(CE)/闭合(CL)/方向(D)/半宽(H)/直线(L)/半径(R)/第二个点(S)/放弃(U)/宽度(W)]: l
指定下一点或 [圆弧(A)/闭合(C)/半宽(H)/长度(L)/放弃(U)/宽度(W)]: 100,100
指定下一点或 [圆弧(A)/闭合(C)/半宽(H)/长度(L)/放弃(U)/宽度(W)]: c
```

完成绘制后的效果如图 5-5 所示。

【选项说明】

（1）圆弧(A)：绘制圆弧的方法与“圆弧”命令相似。命令行提示与操作如下：

```
指定圆弧的端点(按住 Ctrl 键以切换方向)或[角度(A)/圆心(CE)/方向(D)/半宽(H)/直线(L)/半径(R)/二个点(S)/放弃(U)/宽度(W)]:
```

（2）半宽(H)：指定从宽线段的中心到一条边的宽度。

（3）长度(L)：按照与上一线段相同的角度方向创建指定长度的线段。如果上一线段是圆弧，将创建与该圆弧段相切的新直线段。

（4）放弃(U)：删除最近添加的线段。

（5）宽度(W)：指定下一线段的宽度。

☞教你一招：

定义多段线的半宽和宽度时，注意以下事项。

（1）起点宽度将成为默认的端点宽度。

（2）端点宽度在再次修改宽度之前，将作为所有后续线段的统一宽度。

（3）宽线段的起点和端点位于线段的中心。

（4）典型情况下，相邻多段线的线段交点将倒角。但在圆弧段互不相切，有非常尖锐的角或者使用点划线线型的情况下将不倒角。

5.2.2 编辑多段线

编辑多段线可以合并二维多段线、将线条和圆弧转换为二维多段线，以及将多段线转换为近似B样条曲线的曲线。

【执行方式】

- 命令行：PEDIT（快捷命令为 PE）。
- 菜单栏：选择菜单栏中的“修改”→“对象”→“多段线”命令。
- 工具栏：单击“修改 II”工具栏中的“编辑多段线”按钮。
- 快捷菜单：选择要编辑的多段线，在绘图区右击，在弹出的快捷菜单中选择“多段线”→“编辑多段线”命令。
- 功能区：单击“默认”选项卡“修改”面板中的“编辑多段线”按钮。

【操作步骤】

```
命令: PEDIT
选择多段线或 [多条(M)]:
输入选项 [闭合(C)/合并(J)/宽度(W)/编辑顶点(E)/拟合(F)/样条曲线(S)/非曲线化(D)/线型生成(L)/
反转(R)/放弃(U)]:j
选择对象:
选择对象:
输入选项 [打开(O)/合并(J)/宽度(W)/编辑顶点(E)/拟合(F)/样条曲线(S)/非曲线化(D)/线型生成(L)/
反转(R)/放弃(U)]:
```

【选项说明】

（1）合并(J)：以选中的多段线为主体，合并其他直线段、圆弧或多段线，使其成为一条多段线。能合并的条件是各段线的端点首尾相连，如图 5-6 所示。

（2）宽度(W)：修改整条多段线的线宽，使其具有同一线宽，如图 5-7 所示。

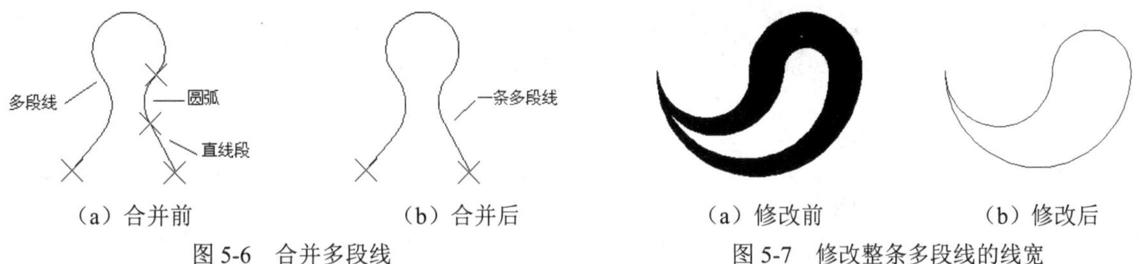

（a）合并前　（b）合并后

图 5-6　合并多段线

（a）修改前　（b）修改后

图 5-7　修改整条多段线的线宽

（3）编辑顶点(E)：选择该选项后，在多段线起点处出现一个斜的十字叉“×”，它为当前顶点的标记，并在命令行进行后续操作的提示。

```
[下一个(N)/上一个(P)/打断(B)/插入(I)/移动(M)/重生成(R)/拉直(S)/切向(T)/宽度(W)/退出(X)]
<N>:
```

这些选项允许用户进行移动、插入顶点和修改任意两点间的线宽等操作。

（4）拟合(F)：从指定的多段线生成由光滑圆弧连接而成的圆弧拟合曲线，该曲线经过多段线的各顶点，如图 5-8 所示。

（5）样条曲线(S)：以指定的多段线的各顶点作为控制点，生成 B 样条曲线，如图 5-9 所示。

图 5-8　生成圆弧拟合曲线

图 5-9　生成 B 样条曲线

（6）非曲线化(D)：用直线代替指定的多段线中的圆弧。对于选择“拟合(F)”选项或“样条曲线(S)”选项后生成的圆弧拟合曲线或样条曲线，删去其生成曲线时新插入的顶点，则恢复成由直线段组成的多段线，如图 5-10 所示。

（7）线型生成(L)：当多段线的线型为点划线时，控制多段线的线型生成方式开关。选择此选项，命令行提示与操作如下：

```
输入多段线线型生成选项 [开(ON)/关(OFF)] <关>:
```

选择 ON 时，将在每个顶点处允许以短划线开始或结束生成线型；选择 OFF 时，将在每个顶点处允许以长划线开始或结束生成线型。线型生成不能用于包含带变宽线段的多段线。图 5-11 所示为控制多段线的线型效果。

图 5-10　生成直线　　　　图 5-11　控制多段线的线型（线型为点划线时）

☞ 教你一招：

直线、构造线、多段线的区别如下。

直线：有起点和端点的线。直线每一段都是分开的，画完以后不是一个整体，在选取时需要一根一根地选取。

构造线：没有起点和端点的无限长的线。作为辅助线时和 Photoshop 中的辅助线差不多。

多段线：由多条线段组成一个整体的线段（可以是闭合的，也可以是非闭合的；可能是同一粗细，也可能是粗细结合的）。如想选中该线段中的一部分，必须先将其分解。同样，多条线段在一起也可以组合成多段线。

注意：

多段线是一条完整的线，折弯的地方是一体的，与直线不同，线与线端点相连。另外，多段线可以改变线宽，使端点和尾点的粗细不同，多段线还可以绘制圆弧，这是直线绝对不可能做到的。另外，对于“偏移”命令，直线和多段线的偏移对象也不相同，直线是偏移单线，多段线是偏移图形。

扫一扫，看视频

动手练——绘制浴缸

绘制如图 5-12 所示的浴缸。

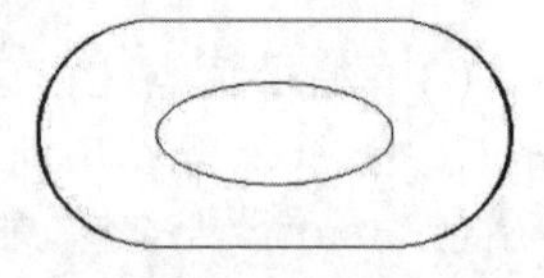

图 5-12　浴缸

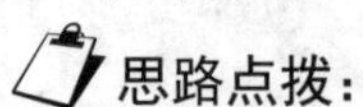

源文件：源文件\第 5 章\浴缸.dwg

（1）使用“多段线”命令绘制浴缸外沿。

（2）使用“椭圆”命令绘制缸底。

5.3　多　　线

多线是一种复合线，由连续的直线段复合组成。多线的一个突出优点是能够提高绘图效率，保证图线之间的统一性。多线一般用于电子线路、建筑墙体的绘制中。

5.3.1　定义多线样式

在使用“多线”命令之前，可以对多线的数量和每条单线的偏移距离、颜色、线型和背景填充等特性进行设置。

【执行方式】

➘ 命令行：MLSTYLE。

➘ 菜单栏：选择菜单栏中的“格式”→“多线样式”命令。

动手学——定义住宅墙体的样式

源文件： 源文件\第 5 章\定义住宅墙体样式.dwg

绘制如图 5-13 所示的住宅墙体。

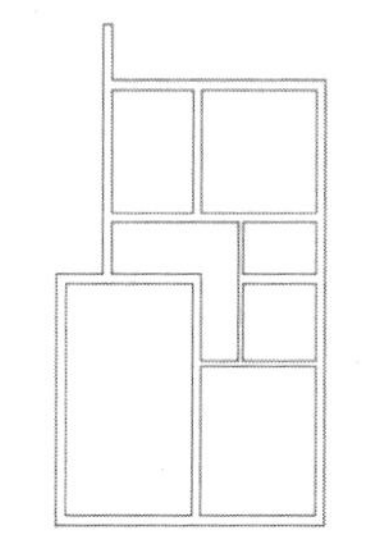

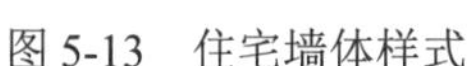
图 5-13　住宅墙体样式

操作步骤

（1）单击“默认”选项卡“绘图”面板中的“构造线”按钮，绘制一条水平构造线和一条竖直构造线，组成十字辅助线，如图 5-14 所示。继续绘制辅助线，命令行提示与操作如下：

```
命令：_MLSTYLE
指定点或 [水平(H)/垂直(V)/角度(A)/二等分(B)/偏移(O)]：O
指定偏移距离或[通过（T）]<通过>：1200
选择直线对象：选择竖直构造线
指定向哪侧偏移：指定右侧一点
```

采用相同的方法将偏移得到的竖直构造线依次向右偏移 2400、1200 和 2100，绘制的竖直构造线如图 5-15 所示。采用同样的方法绘制水平构造线，并依次向下偏移 1500、3300、1500、2100 和 3900，绘制完成的住宅墙体辅助线网格如图 5-16 所示。

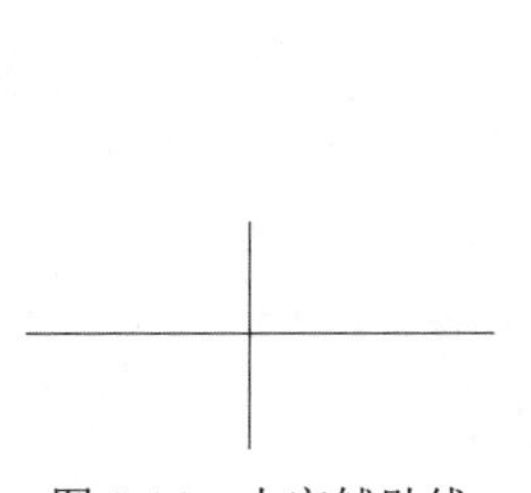
图 5-14　十字辅助线

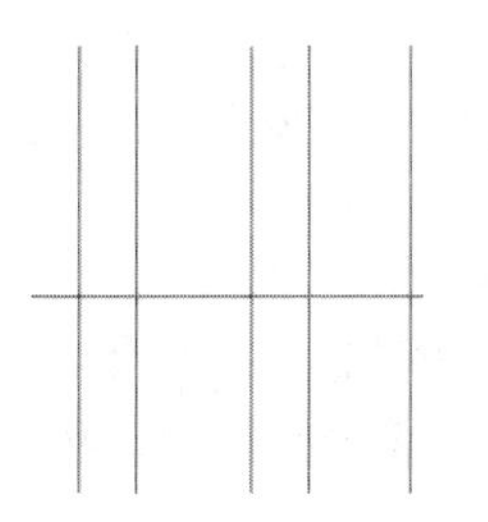
图 5-15　绘制竖直构造线

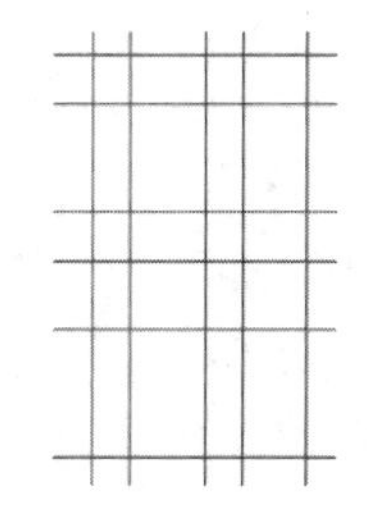
图 5-16　住宅墙体辅助线网格

（2）定义 240 多线样式。选择菜单栏中的“格式”→“多线样式”命令，系统打开如图 5-17 所示的“多线样式”对话框。单击“新建”按钮，系统打开如图 5-18 所示的“创建新的多线样式”对话框，在该对话框的“新样式名”文本框中输入“240 墙”，单击“继续”按钮。

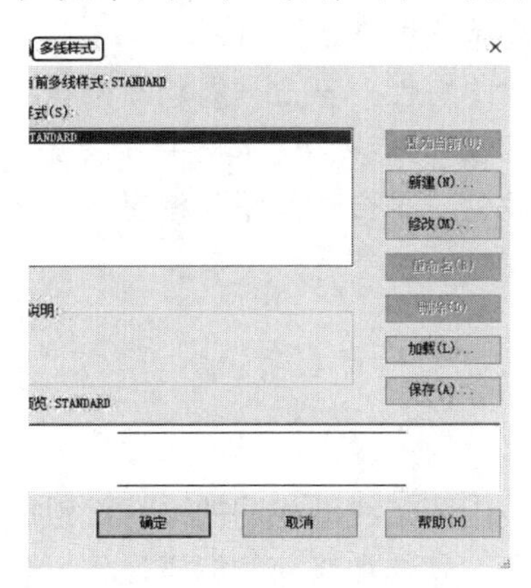

图 5-17　“多线样式”对话框

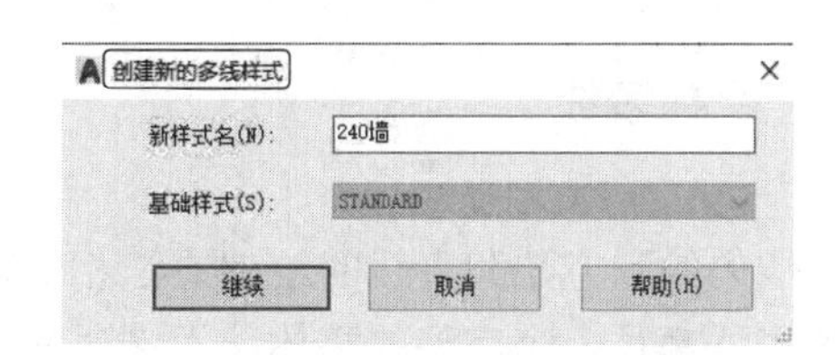

图 5-18　“创建新的多线样式”对话框

（3）系统打开“新建多线样式:240 墙”对话框，进行如图 5-19 所示的多线样式的设置。单击“确定”按钮，返回到“多线样式”对话框，单击“置为当前”按钮，将“240 墙”样式置为当前，单击“确定”按钮，完成 240 墙的设置。

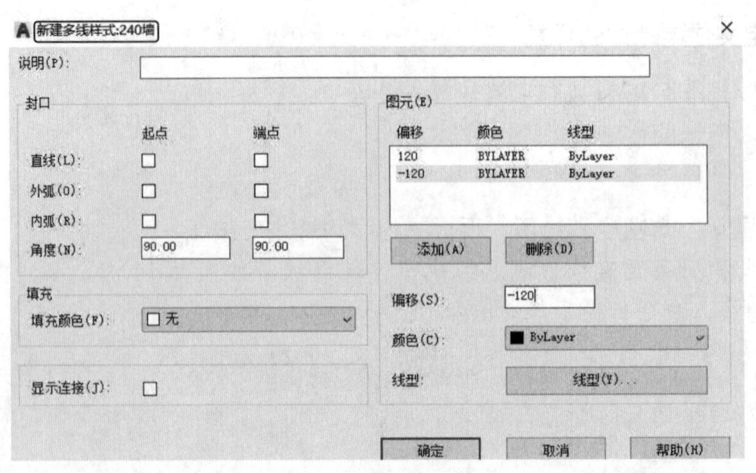

图 5-19 设置多线样式

技巧：

在建筑平面图中，墙体用双线表示，一般采用轴线定位的方式。以轴线为中心，具有很强的对称关系，因此绘制墙线通常有以下 3 种方法。

（1）使用“偏移”命令直接偏移轴线，将轴线向两侧偏移一定距离，得到双线，然后将所得双线转移至“墙线”图层。

（2）使用“多线”命令直接绘制墙线。

（3）当墙体要求填充成实体颜色时，也可以采用“多段线”命令直接绘制，将线宽设置为墙厚即可。

笔者推荐选用第二种方法，即采用“多线”命令绘制墙线。

【选项说明】

“新建多线样式:240 墙”对话框中的选项说明如下。

（1）“封口”选项组：可以设置多线起点和端点的特性，包括直线、外弧、内弧封口及封口线段或圆弧的角度。

（2）“填充”选项组：在“填充颜色”下拉列表框中选择多线填充的颜色。

（3）“图元”选项组：在此选项组中设置组成多线元素的特性。单击“添加”按钮，为多线添加元素；反之，单击“删除”按钮，可以为多线删除元素。在“偏移”文本框中可以设置选中元素的位置偏移值。在“颜色”下拉列表框中为选中元素选择颜色。单击“线型”按钮，为选中元素设置线型。

5.3.2 绘制多线

多线的绘制方法和直线的绘制方法相似，不同的是多线由两条线型相同的平行线组成。绘制的每一条多线都是一个完整的整体，不能对其进行偏移、倒角、延伸和修剪等编辑操作，只能用“分解”命令将其分解成多条直线后再编辑。

【执行方式】

- 命令行：MLINE。
- 菜单栏：选择菜单栏中的“绘图”→“多线”命令。

扫一扫，看视频

动手学——绘制住宅墙体

调用素材：初始文件\第 5 章\定义住宅墙体样式.dwg

源文件：源文件\第 5 章\住宅墙体.dwg

使用“多线”命令绘制如图 5-20 所示的住宅墙体。

操作步骤

（1）打开初始文件\第 5 章\定义住宅墙体样式.dwg 文件。

（2）选择菜单栏中的“绘图”→“多线”命令，绘制 240 墙体。命令行提示与操作如下：

```
命令：_MLINE
当前设置：对正 = 无，比例 = 1.00，样式 = 240 墙
指定起点或 [对正(J)/比例(S)/样式(ST)]： s
输入多线比例 <1.00>:
当前设置：对正 = 无，比例 = 1.00，样式 = 240 墙
指定起点或 [对正(J)/比例(S)/样式(ST)]： J
输入对正类型 [上(T)/无(Z)/下(B)] <无>： Z
当前设置：对正 = 无，比例 = 1.00，样式 = 240 墙
指定起点或 [对正(J)/比例(S)/样式(ST)]：在绘制的辅助线交点上指定一点
指定下一点：在绘制的辅助线交点上指定下一点
```

绘制效果如图 5-21 所示，采用相同的方法根据辅助线网格绘制其余的 240 墙线，绘制效果如图 5-22 所示。

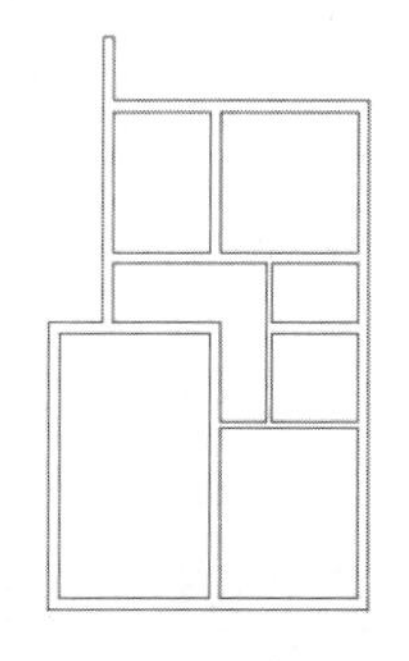
图 5-20　住宅墙体

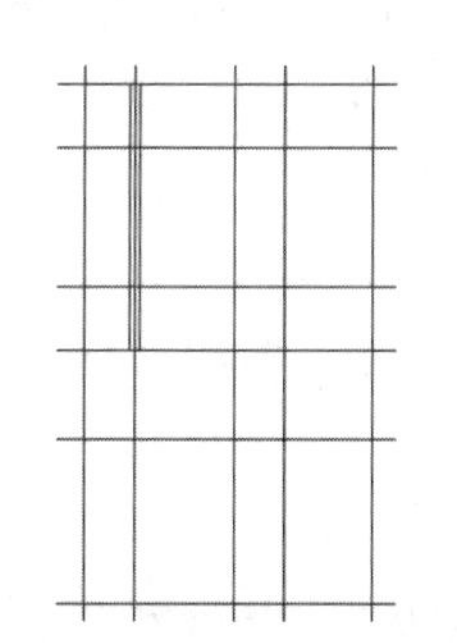
图 5-21　绘制 240 墙线 1

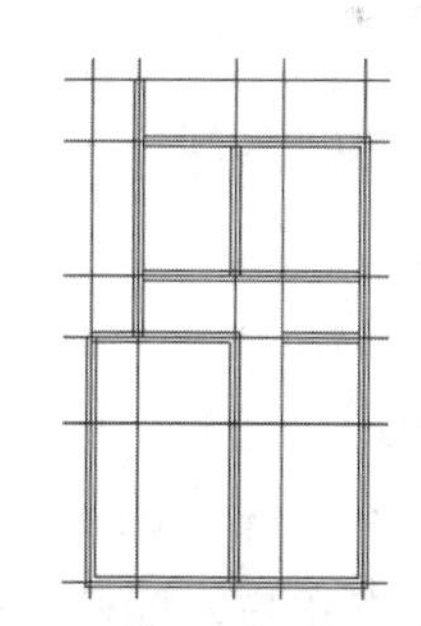
图 5-22　绘制所有的 240 墙线

（3）定义 120 多线样式。选择菜单栏中的“格式”→“多线样式”命令，系统打开“多线样式”对话框。单击“新建”按钮，系统打开“创建新的多线样式”对话框，在该对话框的“新样式名”文本框中输入“120 墙”，单击“继续”按钮。系统打开“新建多线样式:120 墙”对话框，进行如图 5-23 所示的设置。单击“确定”按钮，返回到“多线样式”对话框，单击“置为当前”按钮，将“120 墙”样式置为当前，单击“确定”按钮，完成 120 墙的设置。

（4）选择菜单栏中的“绘图”→“多线”命令，根据辅助线网格绘制 120 的墙体，效果如图 5-24 所示。命令行提示与操作如下：

```
命令：_MLINE
```

```
当前设置：对正 = 无，比例 = 1.00，样式 = 240墙
指定起点或 [对正(J)/比例(S)/样式(ST)]： st
输入多线样式名或 [?]： 120墙
当前设置：对正 = 无，比例 = 1.00，样式 = 120墙
指定起点或 [对正(J)/比例(S)/样式(ST)]：
指定下一点：
指定下一点或 [放弃(U)]：
```

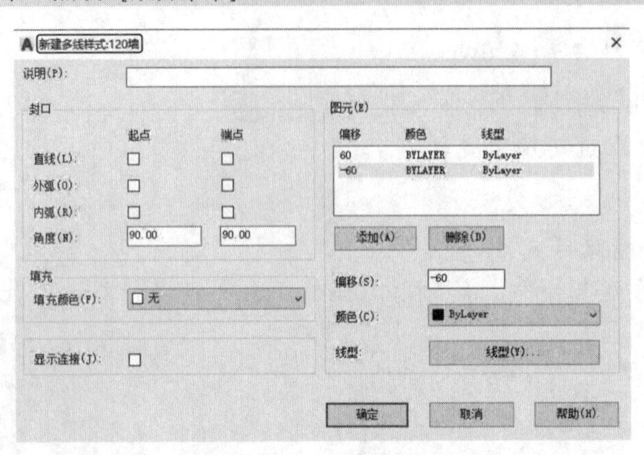

图 5-23　设置多线样式

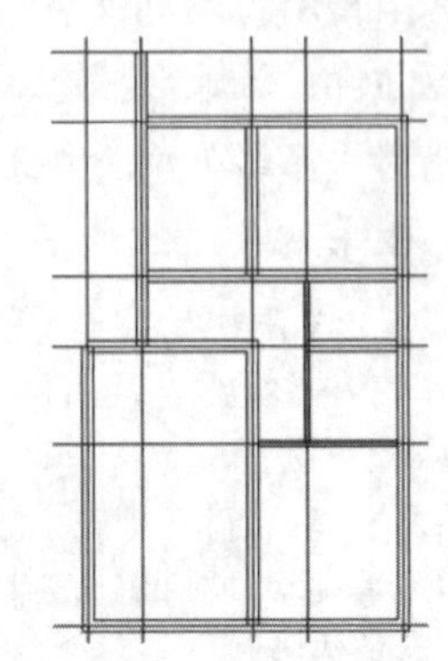

图 5-24　绘制 120 的墙体

【选项说明】

（1）对正(J)：该选项用于给定绘制多线的基准。共有“上”“无”和“下”3 种对正类型。其中，“上”表示以多线上侧的线为基准，依此类推。

（2）比例(S)：选择该选项，要求用户设置平行线的间距。输入值为 0 时，平行线重合；值为负时，多线的排列倒置。

（3）样式(ST)：该选项用于设置当前使用的多线样式。

5.3.3　编辑多线

AutoCAD 为用户提供了 4 种类型的 12 个多线编辑工具。

【执行方式】

- 命令行：MLEDIT。
- 菜单栏：选择菜单栏中的“修改”→“对象”→“多线”命令。

扫一扫，看视频

动手学——编辑住宅墙体

调用素材：初始文件\第 5 章\绘制住宅墙体.dwg

源文件：源文件\第 5 章\住宅墙体.dwg

绘制如图 5-25 所示的住宅墙体。

图 5-25　住宅墙体

操作步骤

（1）打开初始文件\第 5 章\绘制住宅墙体.dwg 文件。

（2）编辑多线。选择菜单栏中的“修改”→“对象”→“多线”命令，系统打开“多线编辑工具”对话框，如图 5-26 所示。选择“T 形打

开”选项，命令行提示与操作如下：

```
命令：_MLEDIT
选择第一条多线：选择多线
选择第二条多线：选择多线
选择第一条多线或 [放弃(U)]：选择多线
```

采用同样的方法继续进行多线编辑，如图 5-27 所示。

然后在“多线编辑工具”对话框中选择“角点结合”选项，对墙线进行编辑，并删除辅助线。

（3）单击“默认”选项卡“绘图”面板中的“直线”按钮╱，将端口处封闭，最后效果如图 5-25 所示。

【选项说明】

对话框中的第一列可处理十字交叉的多线，第二列可处理 T 形相交的多线，第三列可处理角点连接和顶点，第四列可处理多线的剪切或接合。

动手练——绘制墙体

绘制如图 5-28 所示的墙体。

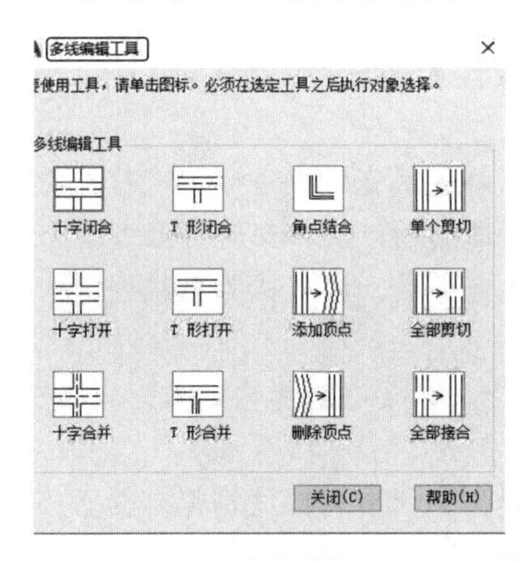

图 5-26　“多线编辑工具”对话框

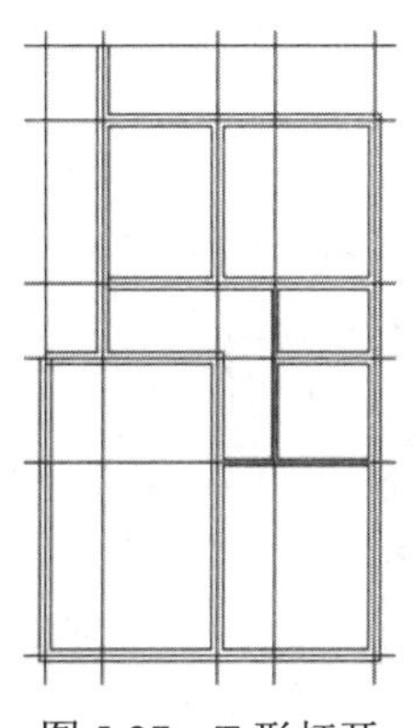

图 5-27　T 形打开

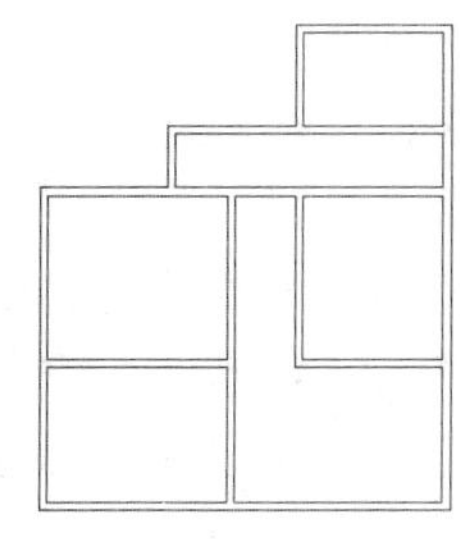

图 5-28　墙体

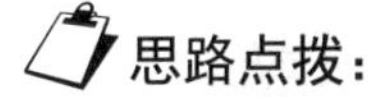

源文件：源文件\第 5 章\墙体.dwg

（1）设置多线样式。

（2）使用“多线”命令绘制多线墙体。

（3）使用“多线编辑”命令对墙体进行编辑。

5.4　图案填充

为了标示某一区域的材质或用料，可以在其上绘制一定的图案。图形中的填充图案描述了对象的材料特性并增加了图形的可读性。通常，填充图案能帮助绘图者实现表达信息的目的，绘图者也可以使用渐变色填充图案，从而增强演示图形的效果。

5.4.1 基本概念

1. 图案边界

进行图案填充时，首先要确定填充图案的边界。定义边界的对象只能是直线、双向射线、单向射线、多义线、样条曲线、圆弧、圆、椭圆、椭圆弧、面域等对象或用这些对象定义的块，并且作为边界的对象在当前图层上必须全部可见。

2. 孤岛

在进行图案填充时，可把位于总填充区域内的封闭区称为孤岛，如图 5-29 所示。在使用 BHATCH 命令填充时，AutoCAD 允许用户以拾取点的方式确定填充边界，即在希望填充的区域内任意拾取一点，系统会自动确定填充边界，同时也确定该边界内的岛。如果用户以选择对象的方式确定填充边界，则必须确切地选取这些岛，相关知识已在 5.2.2 小节中介绍过。

3. 填充方式

在进行图案填充时，需要控制填充的范围，AutoCAD 为用户设置了以下 3 种填充方式，以实现对填充范围的控制。

（1）普通方式。如图 5-30（a）所示，该方式从边界开始，从每条填充线或每个填充符号的两端向里填充，遇到内部对象与之相交时，填充线或符号断开，直到遇到下一次相交时再继续填充。采用这种填充方式时，要避免剖面线或符号与内部对象的相交次数为奇数，该方式为系统内部的默认方式。

（2）最外层方式。如图 5-30（b）所示，该方式从边界向内填充，只要在边界内部与对象相交，剖面符号就会断开，而不再继续填充。

（3）忽略方式。如图 5-30（c）所示，该方式忽略边界内的对象，所有内部结构都被剖面符号覆盖。

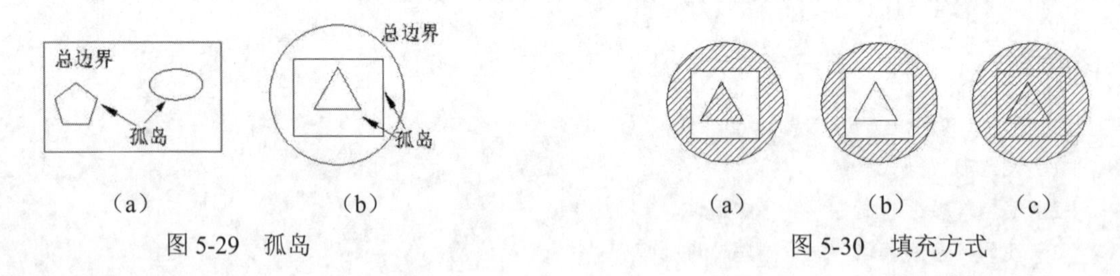

图 5-29　孤岛　　　图 5-30　填充方式

5.4.2 图案填充的操作

图案可用来区分工程部件或用来表现组成对象的材质。用户可以使用预定义的图案填充，如用当前的线型定义简单的直线图案或者差集更为复杂的填充图案，也可以在某一封闭区域内填充关联图案，生成随边界变化的相关填充，或者生成不相关的填充。

【执行方式】

➘ 命令行：HATCH（快捷命令为 H）。

- 菜单栏：选择菜单栏中的“绘图”→“图案填充”命令。
- 工具栏：单击“绘图”工具栏中的“图案填充”按钮。
- 功能区：单击“默认”选项卡“绘图”面板中的“图案填充”按钮。

扫一扫，看视频

动手学——镜子

源文件：源文件\第 5 章\镜子.dwg

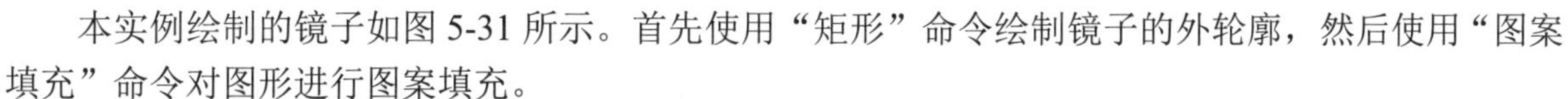

本实例绘制的镜子如图 5-31 所示。首先使用“矩形”命令绘制镜子的外轮廓，然后使用“图案填充”命令对图形进行图案填充。

操作步骤

（1）单击“默认”选项卡“绘图”面板中的“矩形”按钮，以坐标原点为角点，绘制 600×1000 的矩形。重复“矩形”命令，以（25,25）为角点，绘制 550×950 的矩形。效果如图 5-32 所示。

（2）单击“默认”选项卡“绘图”面板中的“直线”按钮，连接两个矩形角点。效果如图 5-33 所示。

（3）单击“默认”选项卡“绘图”面板中的“圆”按钮，在 4 个角上绘制半径为 8 的圆。效果如图 5-34 所示。

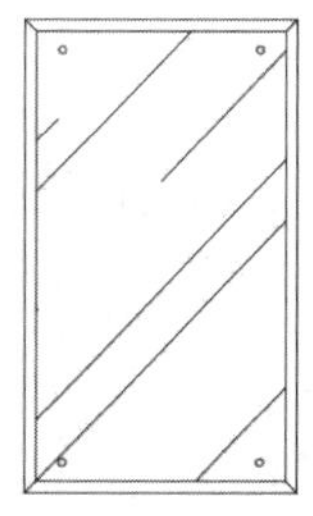

图 5-31　镜子

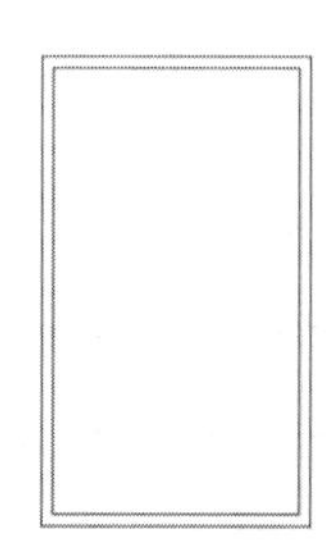

图 5-32　绘制外形

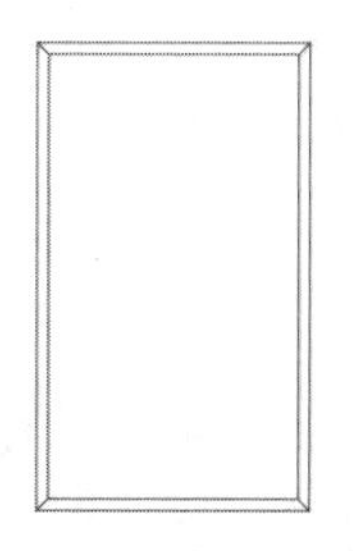

图 5-33　绘制连接线

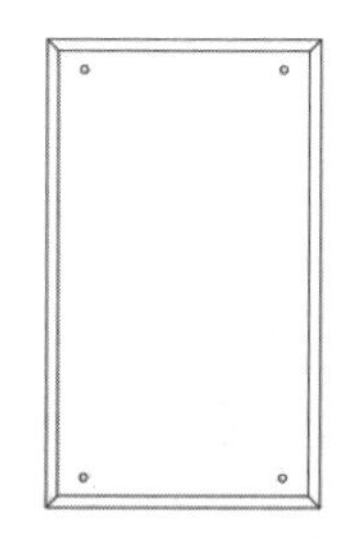

图 5-34　绘制圆

（4）单击“默认”选项卡“绘图”面板中的“图案填充”按钮，打开“图案填充创建”选项卡，选择 AR-RROOF 图案，设置角度为 45°，比例为 20，如图 5-35 所示。选择如图 5-36 所示的内部矩形为填充边界，单击“关闭图案填充创建”按钮，关闭选项卡。效果如图 5-31 所示。命令行提示与操作如下：

```
命令：_HATCH
拾取内部点或 [选择对象(S)/放弃(U)/设置(T)]：正在选择所有对象...
正在选择所有可见对象...
正在分析所选数据...
正在分析内部孤岛...
拾取内部点或 [选择对象(S)/放弃(U)/设置(T)]：
```

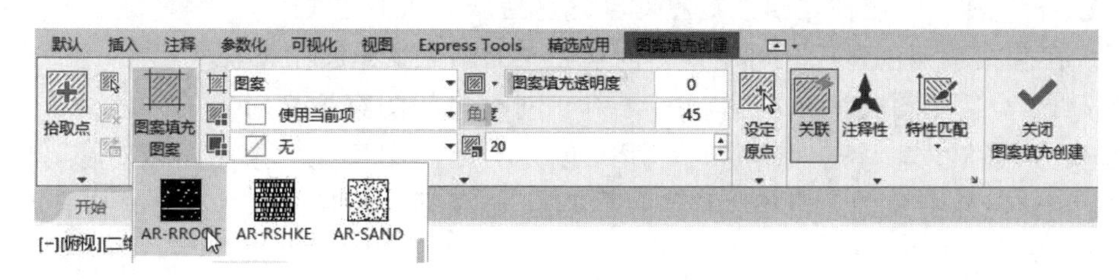

图 5-35　“图案填充创建”选项卡

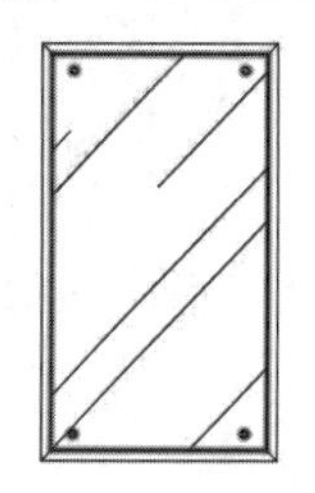

图 5-36　选择填充区域

【选项说明】

1．“边界”面板

（1）拾取点：通过选择由一个或多个对象形成的封闭区域内的点，确定图案填充边界（见图 5-37）。指定内部点时，可以随时在绘图区域中右击以显示包含多个选项的快捷菜单。

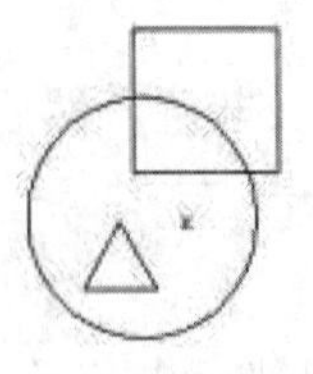
（a）选择一点

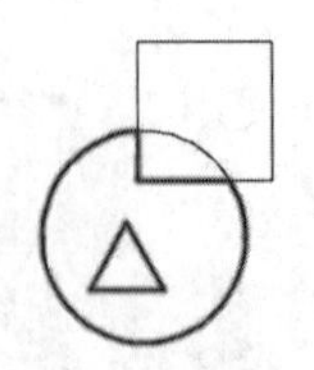
（b）填充区域

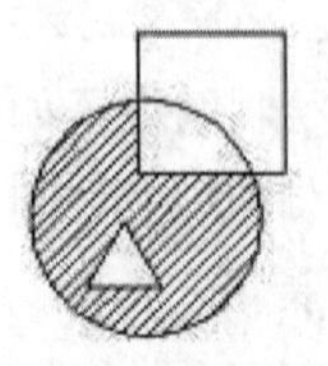
（c）填充结果

图 5-37　边界确定

（2）选择边界对象：指定基于选定对象的图案填充边界。使用该选项时，不会自动检测内部对象，必须选择选定边界内的对象，以按照当前孤岛检测样式填充这些对象（见图 5-38）。

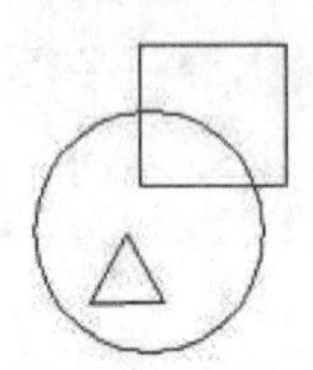
（a）原始图形

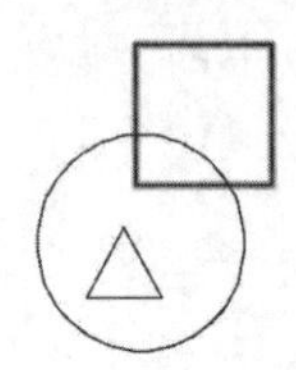
（b）选取边界对象

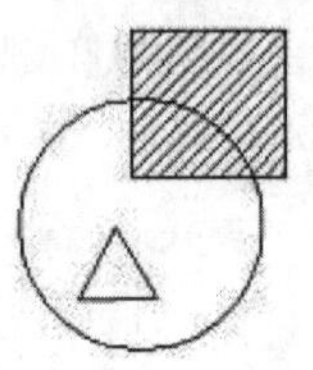
（c）填充结果

图 5-38　选取边界对象

（3）删除边界对象：从边界定义中删除之前添加的任何对象（见图 5-39）。

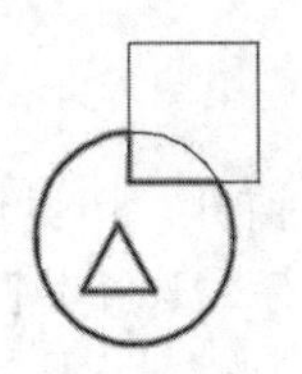
（a）选取边界对象

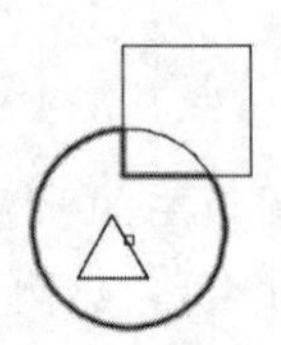
（b）删除边界

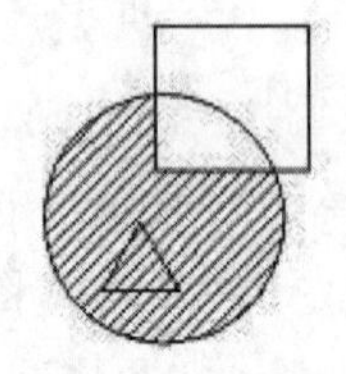
（c）填充结果

图 5-39　删除“岛”后的边界

（4）重新创建边界：围绕选定的图案填充或填充对象创建多段线或面域，并使其与图案填充对象相关联（可选）。

（5）显示边界对象：选择构成选定关联图案填充对象的边界对象，使用时显示的夹点可修改图案填充边界。

（6）保留边界对象：指定如何处理图案填充边界对象。包括以下几个选项。

① 不保留边界：（仅在图案填充创建期间可用）不创建独立的图案填充边界对象。

② 保留边界—多段线：（仅在图案填充创建期间可用）创建封闭图案填充对象的多段线。

③ 保留边界—面域：（仅在图案填充创建期间可用）创建封闭图案填充对象的面域对象。

（7）选择新边界集：指定对象的有限集（称为边界集），以便通过创建图案填充时的拾取点进行计算。

2. “图案”面板

显示所有预定义和自定义图案的预览图像。

3. “特性”面板

（1）图案填充类型：指定是使用纯色、渐变色、图案还是用户定义的图案填充。
（2）图案填充颜色：替代实体填充和填充图案的当前颜色。
（3）背景色：指定填充图案背景的颜色。
（4）图案填充透明度：设定新图案填充或填充的透明度，替代当前对象的透明度。
（5）图案填充角度：指定图案填充或填充的角度。
（6）填充图案比例：放大或缩小预定义或自定义填充图案。
（7）相对图纸空间：（仅在布局中可用）相对于图纸空间，以单位缩放填充图案。使用此选项，很容易做到以适合布局的比例显示填充图案。
（8）双向：（仅当“图案填充类型”设定为“用户定义”时可用）将绘制第二组直线，与原始直线成 90°角，从而构成交叉线。
（9）ISO 笔宽：（仅对于预定义的 ISO 图案可用）基于选定的笔宽缩放 ISO 图案。

4. “原点”面板

（1）设定原点：直接指定新的图案填充原点。
（2）左下：将图案填充原点设定在图案填充边界矩形范围的左下角。
（3）右下：将图案填充原点设定在图案填充边界矩形范围的右下角。
（4）左上：将图案填充原点设定在图案填充边界矩形范围的左上角。
（5）右上：将图案填充原点设定在图案填充边界矩形范围的右上角。
（6）中心：将图案填充原点设定在图案填充边界矩形范围的中心。
（7）使用当前原点：将图案填充原点设定在 HPORIGIN 系统变量中存储的默认位置。
（8）存储为默认原点：将新图案填充原点的值存储在 HPORIGIN 系统变量中。

5. “选项”面板

（1）关联：指定图案填充或使用关联图案填充。关联的图案填充在用户修改其边界对象时将会更新。
（2）注释性：指定图案填充为注释性。此特性会自动完成缩放注释过程，从而使注释能够以正确的大小在图纸上打印或显示。
（3）特性匹配。
① 使用当前原点：使用选定图案填充对象（除图案填充原点外）设定图案填充的特性。
② 使用源图案填充的原点：使用选定图案填充对象（包括图案填充原点）设定图案填充的特性。
（4）允许的间隙：设定将对象用作图案填充边界时可以忽略的最大间隙。默认值为 0，此值指定对象必须封闭区域而没有间隙。
（5）独立的图案填充：控制当指定了几个单独的闭合边界时，是创建单个图案填充对象，还是创建多个图案填充对象。

（6）孤岛检测。

① 普通孤岛检测：从外部边界向内填充。如果遇到内部孤岛，填充将关闭，直到遇到孤岛中的另一个孤岛。

② 外部孤岛检测：从外部边界向内填充。此选项仅填充指定的区域，不会影响内部孤岛。

③ 忽略孤岛检测：忽略所有内部的对象，填充图案时将通过这些对象。

（7）绘图次序：为图案填充或填充指定绘图次序。选项包括不更改、后置、前置、置于边界之后和置于边界之前。

5.4.3 渐变色的操作

在绘图过程中，有些图形在填充时需要用到一种或多种颜色，尤其在绘制装潢、美工等图纸时，就需要用到渐变色图案填充功能，利用该功能可以对封闭区域进行适当的渐变色填充，从而形成比较好的颜色修饰效果。

【执行方式】

- 命令行：GRADIENT。
- 菜单栏：选择菜单栏中的“绘图”→“渐变色”命令。
- 工具栏：单击“绘图”工具栏中的“渐变色”按钮。
- 功能区：单击“默认”选项卡“绘图”面板中的“渐变色”按钮。

【操作步骤】

执行上述命令后，系统会打开如图5-40所示的“图案填充创建”选项卡，其中按钮的含义与图案填充的类似，这里不再赘述。

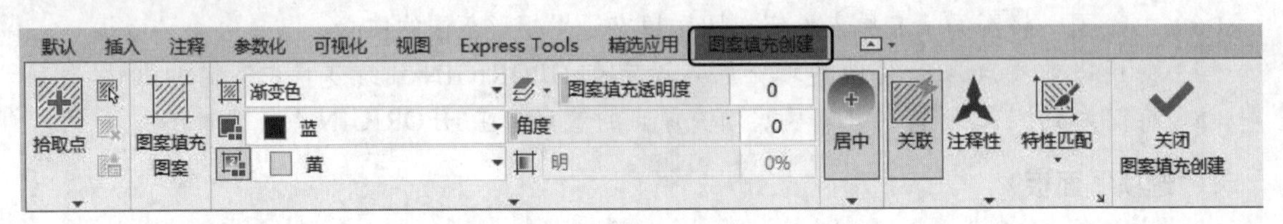

图5-40 “图案填充创建”选项卡

5.4.4 编辑填充的图案

图案填充编辑器可用来修改现有的图案填充对象，但不能修改边界。

【执行方式】

- 命令行：HATCHEDIT（快捷命令为HE）。
- 菜单栏：选择菜单栏中的“修改”→“对象”→“图案填充”命令。
- 工具栏：单击“修改II”工具栏中的“编辑图案填充”按钮。
- 功能区：单击“默认”选项卡“修改”面板中的“编辑图案填充”按钮。
- 快捷菜单：选中填充的图案，右击图案，在打开的快捷菜单中选择“图案填充编辑”命令。

➘ 快捷方法：直接选择填充的图案，然后打开“图案填充编辑器”选项卡（见图 5-41）。

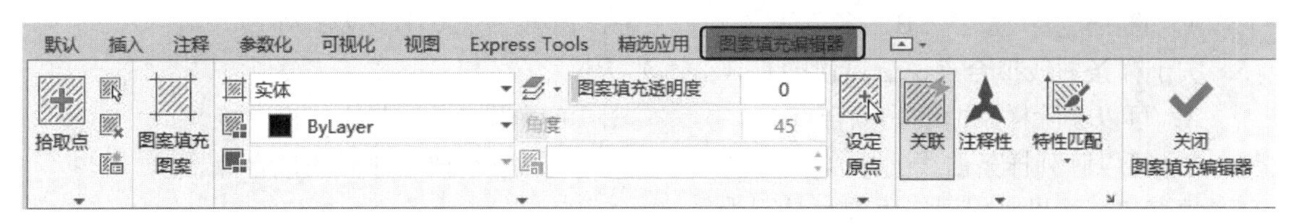

图 5-41　“图案填充编辑器”选项卡

扫一扫，看视频

动手练——绘制田间小屋

绘制如图 5-42 所示的田间小屋。

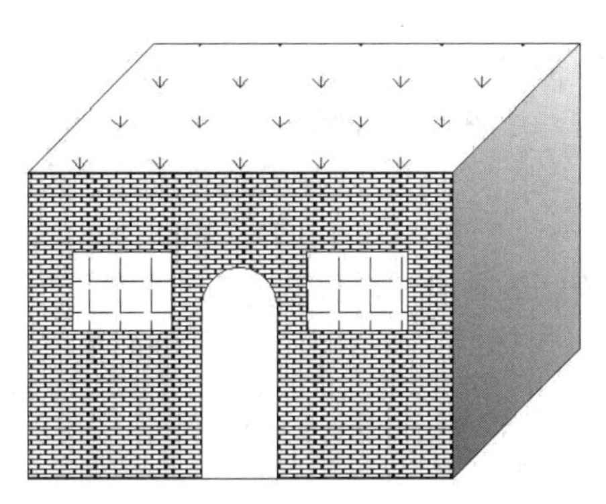

图 5-42　田间小屋

思路点拨：

源文件：源文件\第 5 章\田间小屋.dwg

（1）使用“矩形”和“直线”命令绘制房屋外框。

（2）使用“矩形”命令绘制窗户。

（3）使用“多段线”命令绘制门。

（4）使用“图案填充”命令填充图案。

5.5　模拟认证考试

1．若需要编辑已知多段线，使用“多段线”命令的（　　）选项可以创建宽度不等的对象。

A．样条(S)　　B．锥形(T)

C．宽度(W)　　D．编辑顶点(E)

2．执行“样条曲线拟合”命令后，（　　）用来输入曲线的偏差值。值越大，曲线越远离指定的点；值越小，曲线就离指定的点越近。

A．闭合　　B．端点切向　　C．公差　　D．起点切向

3．无法用多段线直接绘制的是（　　）。

A．直线段　　B．弧线段

C．样条曲线　　D．直线段和弧线段的组合线段

4．设置“多线样式”时，下列不属于多线封口的是（　　）。

A．直线　　B．多段线　　C．内弧　　D．外弧

5．关于样条曲线拟合点说法错误的是（　　）。

A．可以删除样条曲线的拟合点　　B．可以添加样条曲线的拟合点

C．可以阵列样条曲线的拟合点　　D．可以移动样条曲线的拟合点

6．填充选择边界时出现红色圆圈是因为（　　）。

A．绘制的圆没有删除　　B．检测到点样式为圆的端点

C．检测到无效的图案填充边界　　D．程序出错。重新启动可以解决

7．图案填充时，有时需要改变原点位置来适应图案填充边界，但默认情况下，图案填充原点的坐标是（　　）。

A．(0,0)　　B．(0,1)　　C．(1,0)　　D．(1,1)

8．根据图案填充创建边界时，边界类型可能是（　　）。

A．多段线　　B．封闭的样条曲线

C．三维多段线　　D．螺旋线

9．使用“填充图案”命令绘制图案时，可以选定（　　）。

A．图案的颜色和比例　　B．图案的角度和比例

C．图案的角度和线型　　D．图案的颜色和线型

10．绘制如图 5-43 所示的图形 1。

11．绘制如图 5-44 所示的图形 2。

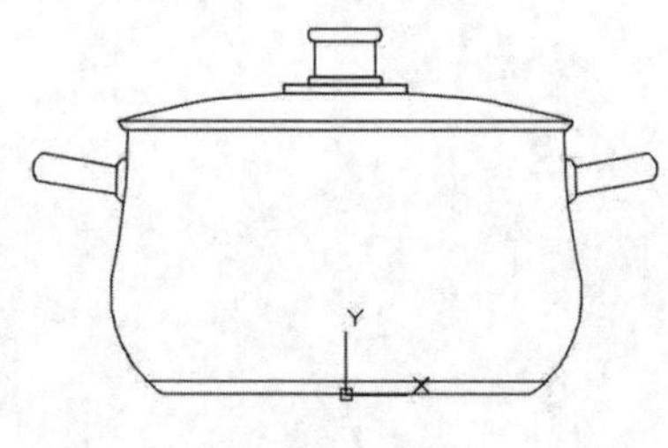

图 5-43　图形 1

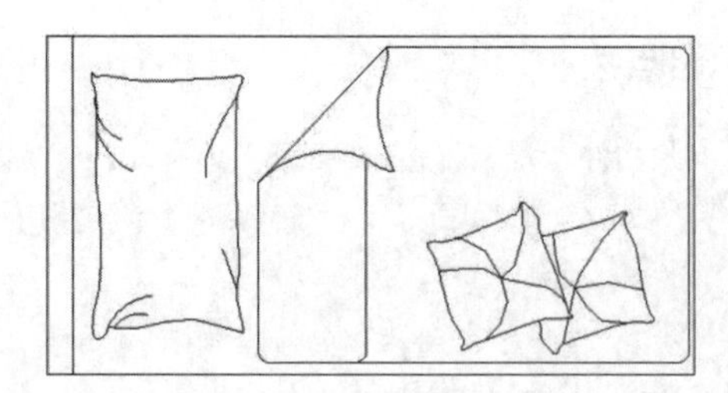

图 5-44　图形 2

第 6 章　简单编辑命令

内容简介

二维图形的编辑操作配合绘图命令，可以辅助用户进一步完成复杂图形对象的绘制，并可使用户合理安排和组织图形，保证绘图准确，减少重复。可见，对编辑命令的熟练掌握和使用有助于提高用户设计和绘图的效率。

内容要点

- 选择对象
- 复制类命令
- 改变位置类命令
- 实例——燃气灶
- 模拟认证考试

案例效果

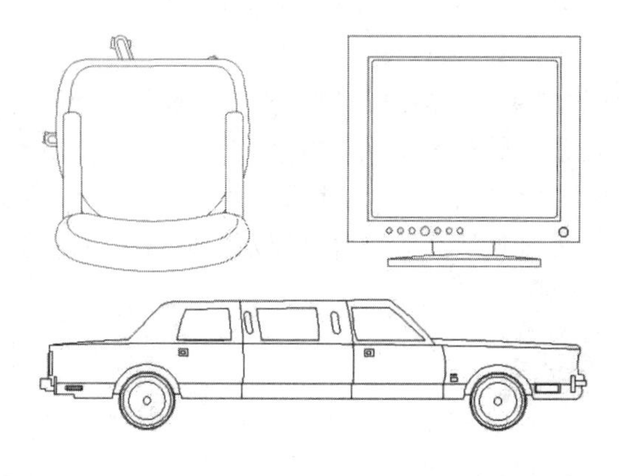

6.1　选 择 对 象

选择对象是进行编辑的前提。AutoCAD 提供了多种选择对象的方法，如点取方法、用选择窗口选择对象、用选择线选择对象、用对话框选择对象和用套索选择工具选择对象等。

AutoCAD 2022 为用户提供两种编辑图形的途径，具体如下。

（1）首先执行编辑命令，然后选择要编辑的对象。

（2）首先选择要编辑的对象，然后执行编辑命令。

这两种途径的执行效果是相同的，但选择对象是进行编辑的前提。在 AutoCAD 2022 中既可以编辑单个的选择对象，又可以把选择的多个对象组成整体，如选择集和对象组，再进行整体编辑与修改。

6.1.1 构造选择集

选择集可以仅由一个图形对象构成，也可以是一个复杂的对象组，如位于某一特定层上具有某种特定颜色的一组对象。选择集的构造可以在调用编辑命令之前或之后。

AutoCAD 提供了以下几种方法构造选择集。

（1）首先选择一个编辑命令，然后选择对象，按 Enter 键结束操作。

（2）使用 SELECT 命令。

（3）用点取设备选择对象，然后调用编辑命令。

（4）定义对象组。

无论使用哪种方法，AutoCAD 都将提示用户选择对象，并且光标的形状由十字光标变为拾取框。下面结合 SELECT 命令说明选择对象的方法。

【操作步骤】

SELECT 命令可以单独使用，也可以在执行其他编辑命令时自动调用。命令行提示与操作如下：

```
命令：SELECT
选择对象：（等待用户以某种方式选择对象。AutoCAD 2022 提供了多种选择方式，输入“?”可以查看这些选择方式）
需要点或窗口(W)/上一个(L)/窗交(C)/框(BOX)/全部(ALL)/栏选(F)/圈围(WP)/圈交(CP)/编组(G)/添加(A)/删除(R)/多个(M)/前一个(P)/放弃(U)/自动(AU)/单个(SI)/子对象(SU)/对象(O)
```

【选项说明】

（1）点：直接通过点取的方式选择对象。用鼠标或键盘移动拾取框，使其框住要选取的对象，然后单击鼠标，就会选中该对象并以高亮度显示对象。

（2）窗口(W)：用由两个对角顶点确定的矩形窗口选取位于其范围内部的所有图形，与边界相交的对象不会被选中。在指定对角顶点时应该按照从左向右的顺序进行，如图 6-1 所示。

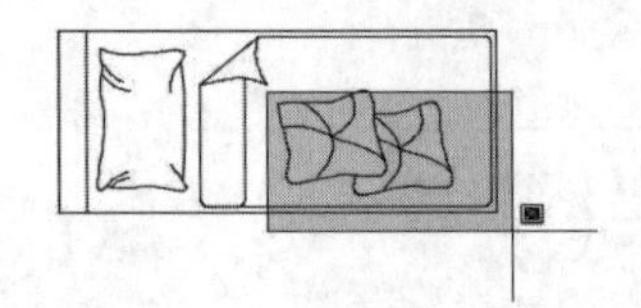

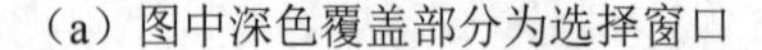

（a）图中深色覆盖部分为选择窗口

（b）选择后的图形

图 6-1　使用“窗口”对象选择方式

（3）上一个(L)：在“选择对象:”提示下输入“L”后，按 Enter 键，系统会自动选取最后绘制的一个对象。

（4）窗交(C)：该方式与“窗口”方式类似，区别在于它不但会选中矩形窗口内部的对象，还会选中与矩形窗口边界相交的对象。选择的对象如图 6-2 所示。

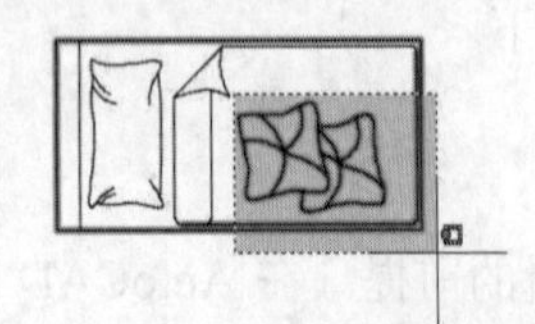

（a）图中深色覆盖的部分为选择窗口

（b）选择后的图形

图 6-2　使用“窗交”对象选择方式

（5）框(BOX)：使用该方式，系统会根据用户在屏幕上给出的两个对角点的位置而自动引用“窗口”或“窗交”方式。若从左向右指定对角点，则为“窗口”方式；反之，则为“窗交”方式。

（6）全部(ALL)：选取图面上的所有对象。

（7）栏选(F)：用户临时绘制一些直线，这些直线不必构成封闭图形，凡是与这些直线相交的对象均会被选中。选择的对象如图 6-3 所示。

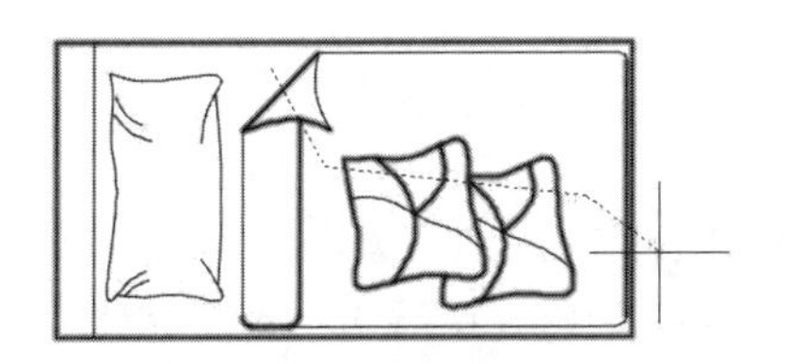

（a）图中虚线为选择栏

（b）选择后的图形

图 6-3　使用“栏选”对象选择方式

（8）圈围(WP)：使用一个不规则的多边形来选择对象。根据提示，用户顺次输入构成多边形的所有顶点的坐标，最后按 Enter 键结束操作，系统将自动连接第一个顶点到最后一个顶点之间的各个顶点，形成一个封闭的多边形。凡是被多边形围住的对象均会被选中（不包括边界）。选择的对象如图 6-4 所示。

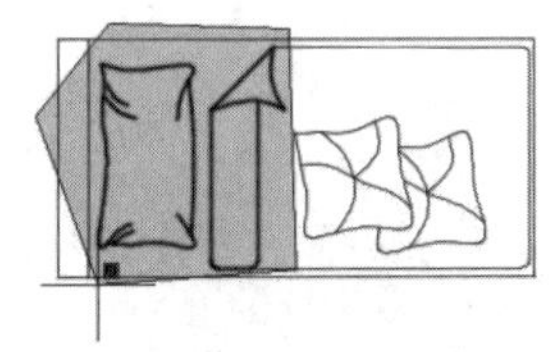

（a）图中十字线所拉出的深色多边形为选择窗口

（b）选择后的图形

图 6-4　使用“圈围”对象选择方式

（9）圈交(CP)：类似“圈围”方式，在“选择对象:”提示后输入“CP”，后续操作与“圈围”方式相同。区别在于与多边形边界相交的对象也会被选中。

（10）编组(G)：使用预先定义的对象组作为选择集。事先将若干个对象组成对象组，再用组名引用。

（11）添加(A)：添加下一个对象到选择集中，也可用于从移走模式（Remove）到选择模式的切换。

（12）删除(R)：按住 Shift 键选择对象，可以从当前选择集中移走该对象。对象由高亮度显示状态变为正常显示状态。

（13）多个(M)：指定多个点，不高亮度显示对象。这种方法可以加快在复杂图形上的选择对象过程。若两个对象交叉，两次指定交叉点，则可以选中这两个对象。

（14）前一个(P)：用关键字 P 回应“选择对象:”的提示，则把上次编辑命令中的最后一次构造的选择集或最后一次使用 SELECT（DDSELECT）命令预置的选择集作为当前选择集。这种方法适用于对同一选择集进行多种编辑操作的情况。

（15）放弃(U)：用于取消加入选择集的对象。

（16）自动(AU)：选择结果视用户在屏幕上的选择操作而定。如果选中单个对象，则该对象为自动选择的结果；如果选择点落在对象内部或外部的空白处，则系统会提示“指定对角点”，此时，系统会采取一种窗口的选择方式。对象被选中后，会变为虚线形式，并以高亮度显示。

（17）单个(SI)：选择指定的第一个对象或对象集，而不继续提示进行下一步的选择。

（18）子对象(SU)：使用户可以逐个选择原始形状，这些形状是复合实体的一部分或三维实体的顶点、边和面。可以选择这些子对象的其中一个，也可以创建多个子对象的选择集。选择集可以包含多种类型的子对象。

（19）对象(O)：结束选择子对象的功能。使用户可以使用对象选择方法。

技巧：

若矩形框从左向右定义，即第一个选择的对角点为左侧的对角点，矩形框内部的对象被选中，框外部及与矩形框边界相交的对象不会被选中。若矩形框从右向左定义，矩形框内部及与矩形框边界相交的对象都会被选中。

6.1.2 快速选择

有时用户需要选择具有某些共同属性的对象来构造选择集，如选择具有相同颜色、相同线型或相同线宽的对象，用户当然可以使用前面介绍的方法选择这些对象，但如果要选择的对象数量较多且分布在较复杂的图形中，则会导致很大的工作量。

【执行方式】

- 命令行：QSELECT。
- 菜单栏：选择菜单栏中的“工具”→“快速选择”命令。
- 快捷菜单：在右键快捷菜单中选择“快速选择”命令（见图6-5）或在“特性”选项板中单击“快速选择”按钮（见图6-6）。

图6-5 “快速选择”右键快捷菜单

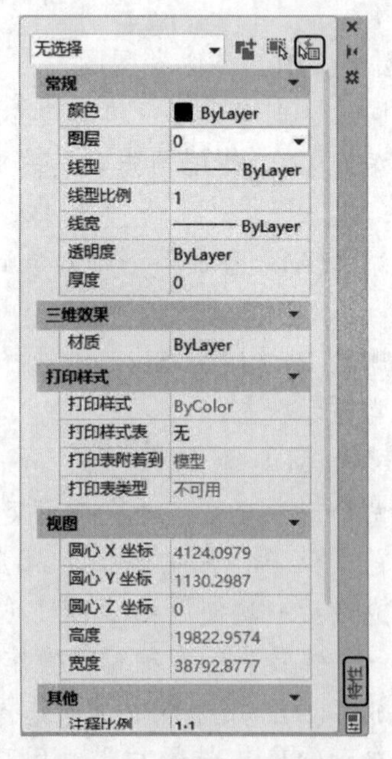

图6-6 “特性”选项板

【操作步骤】

执行上述命令后，系统会打开如图 6-7 所示的“快速选择”对话框。利用该对话框可以根据用户指定的过滤标准快速创建选择集。

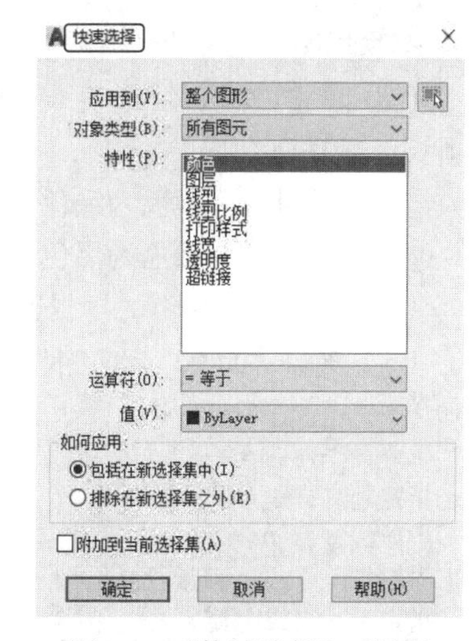

图 6-7　“快速选择”对话框

6.1.3　构造对象组

对象组与选择集并没有本质的区别，当我们把若干个对象定义为选择集并想让它们在以后的操作中始终作为一个整体时，为了简洁，可以对这个选择集命名并保存起来，这个命名的选择集就是对象组，它的名字称为组名。

如果对象组可以被选择（位于锁定层上的对象组不能被选择），那么用户可以通过它的组名引用该对象组，一旦组中任何一个对象被选中，那么组中的全部对象成员就都被选中了。该命令的调用方法为：在命令行中输入 GROUP 命令。

执行上述命令后，系统会打开“对象编组”对话框。利用该对话框可以查看或修改存在的对象组属性，也可以创建新的对象组。

6.2　复制类命令

本节将详细介绍 AutoCAD 2022 的复制类命令。使用这些复制类命令，就可以方便地编辑、绘制图形了。

6.2.1　复制命令

使用“复制”命令可以为原对象以指定的角度和方向创建一个对象副本。系统复制默认是多重复制，也就是选定图形并指定基点后，即可通过定位不同的目标点复制出多份来。

【执行方式】

- 命令行：COPY。
- 菜单栏：选择菜单栏中的“修改”→“复制”命令。
- 工具栏：单击“修改”工具栏中的“复制”按钮。
- 功能区：单击“默认”选项卡“修改”面板中的“复制”按钮。
- 快捷菜单：选择要复制的对象，在绘图区右击，在弹出的快捷菜单中选择“复制选择”命令。

动手学——汽车模型

源文件：源文件\第 6 章\汽车模型.dwg

本实例将绘制如图 6-8 所示的汽车模型。

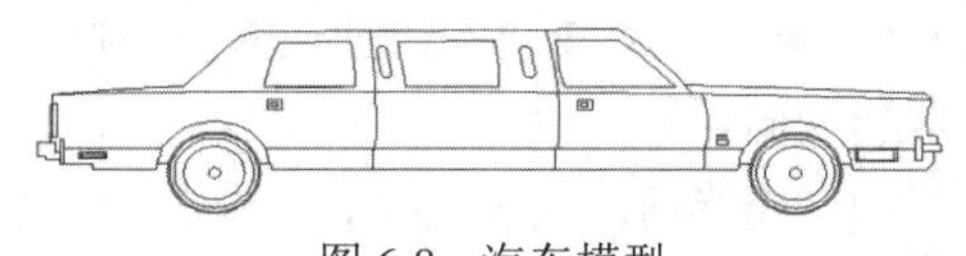

图 6-8　汽车模型

操作步骤

（1）单击“默认”选项卡“图层”面板中的“图层特性”按钮，打开“图层特性管理器”选项板，新建两个图层。

① “1”图层，颜色为绿色，其余属性默认。

② “2”图层，颜色为黑色，其余属性默认。

（2）选择菜单栏中的“视图”→“缩放”→“圆心”命令，将绘图区域缩放到适当大小。

（3）单击“默认”选项卡“绘图”面板中的“多段线”按钮，绘制车壳。命令行提示与操作如下：

```
命令: _pline
指定起点: 5,18
当前线宽为 0.0000
指定下一点或 [圆弧(A)/半宽(H)/长度(L)/放弃(U)/宽度(W)]: @0,32
指定下一点或 [圆弧(A)/闭合(C)/半宽(H)/长度(L)/放弃(U)/宽度(W)]: @54,4
指定下一点或 [圆弧(A)/闭合(C)/半宽(H)/长度(L)/放弃(U)/宽度(W)]: 85,77
指定下一点或 [圆弧(A)/闭合(C)/半宽(H)/长度(L)/放弃(U)/宽度(W)]: 216,77
指定下一点或 [圆弧(A)/闭合(C)/半宽(H)/长度(L)/放弃(U)/宽度(W)]: 243,55
指定下一点或 [圆弧(A)/闭合(C)/半宽(H)/长度(L)/放弃(U)/宽度(W)]: 333,51
指定下一点或 [圆弧(A)/闭合(C)/半宽(H)/长度(L)/放弃(U)/宽度(W)]: 333,18
指定下一点或 [圆弧(A)/闭合(C)/半宽(H)/长度(L)/放弃(U)/宽度(W)]: 306,18
指定下一点或 [圆弧(A)/闭合(C)/半宽(H)/长度(L)/放弃(U)/宽度(W)]: a
指定圆弧的端点(按住 Ctrl 键以切换方向)或[角度(A)/圆心(CE)/闭合(CL)/方向(D)/半宽(H)/直线
(L)/半径(R)/第二个点(S)/放弃(U)/宽度(W)]: r
指定圆弧的半径: 21.5
指定圆弧的端点(按住 Ctrl 键以切换方向)或 [角度(A)]: a
指定夹角: 180
指定圆弧的弦方向(按住 Ctrl 键以切换方向) <180>:
指定圆弧的端点(按住 Ctrl 键以切换方向)或[角度(A)/圆心(CE)/闭合(CL)/方向(D)/半宽(H)/直线
(L)/半径(R)/第二个点(S)/放弃(U)/宽度(W)]: l
指定下一点或 [圆弧(A)/闭合(C)/半宽(H)/长度(L)/放弃(U)/宽度(W)]: 87,18
指定下一点或 [圆弧(A)/闭合(C)/半宽(H)/长度(L)/放弃(U)/宽度(W)]: a
指定圆弧的端点(按住 Ctrl 键以切换方向)或[角度(A)/圆心(CE)/闭合(CL)/方向(D)/半宽(H)/直线
(L)/半径(R)/第二个点(S)/放弃(U)/宽度(W)]: r
指定圆弧的半径: 21.5
指定圆弧的端点(按住 Ctrl 键以切换方向)或 [角度(A)]: a
指定夹角: 180
指定圆弧的弦方向(按住 Ctrl 键以切换方向) <180>:
指定圆弧的端点(按住 Ctrl 键以切换方向)或[角度(A)/圆心(CE)/闭合(CL)/方向(D)/半宽(H)/直线
(L)/半径(R)/第二个点(S)/放弃(U)/宽度(W)]: l
指定下一点或 [圆弧(A)/闭合(C)/半宽(H)/长度(L)/放弃(U)/宽度(W)]: c
```

绘制效果如图 6-9 所示。

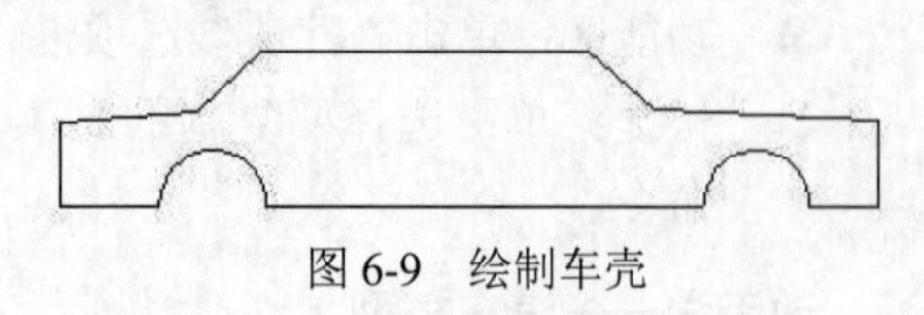

图 6-9　绘制车壳

（4）绘制车轮。

① 单击“默认”选项卡“绘图”面板中的“圆”按钮，指定（65.5, 18）为圆心，分别以 17.3、11.3 为半径绘制圆。

② 将当前图层设为“1”图层，重复“圆”命令，指定（65.5, 18）为圆心，分别以 16、2.3、

14.8 为半径绘制圆。

③ 单击“默认”选项卡“绘图”面板中的“直线”按钮╱，将车轮与车体连接起来。

（5）复制车轮。单击“默认”选项卡“修改”面板中的“复制”按钮，复制绘制的所有圆，命令行提示与操作如下：

```
命令： _COPY
选择对象： （选择车轮的所有圆）
选择对象：
当前设置： 复制模式 = 多个
指定基点或 [位移(D)/模式(O)] <位移>: 284.5,18
指定第二个点或 [阵列(A)/退出(E)/放弃(U)] <退出>:
```

绘制效果如图 6-10 所示。

（6）绘制车门。

① 将“2”图层设置为当前图层，单击“默认”选项卡“绘图”面板中的“直线”按钮╱，指定坐标点{（5,27），（333,27）}绘制一条直线。

② 单击“默认”选项卡“修改”面板中的“修剪”按钮（“修剪”命令在 7.1.1 小节中详细讲解），修剪掉刚刚绘制的直线与车轮相交部位。

③ 单击“默认”选项卡“绘图”面板中的“圆弧”按钮，利用三点方式绘制圆弧，坐标点为{（5,50），（126,52），（333,47）}。

④ 单击“默认”选项卡“绘图”面板中的“直线”按钮╱，绘制坐标点为{（125,18），（@0,9），（194,18），（@0,9）}的直线。

⑤ 单击“默认”选项卡“绘图”面板中的“圆弧”按钮，绘制圆弧起点为（126,27），第二点为（126.5,52），圆弧端点为（124,77）的圆弧。

⑥ 单击“默认”选项卡“修改”面板中的“复制”按钮，复制上述圆弧，复制坐标为{（125,27），（195,27）}。绘制效果如图 6-11 所示。

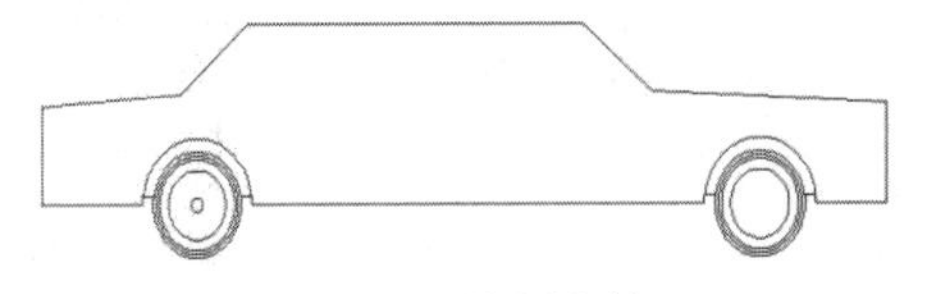

图 6-10　绘制车轮

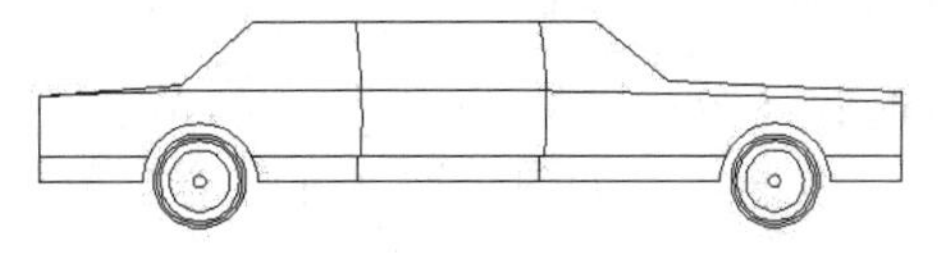

图 6-11　绘制车门

（7）绘制车窗。

① 单击“默认”选项卡“绘图”面板中的“直线”按钮╱，绘制坐标点为{（90,72），（84,53），（119,54），（117,73）}的直线。

② 单击“默认”选项卡“绘图”面板中的“直线”按钮╱，绘制坐标点为{（196,74），（198,53），（236,54），（214,73）}的直线。绘制效果如图 6-12 所示。

（8）用户可以根据自己的喜好做细部修饰，如图 6-13 所示。

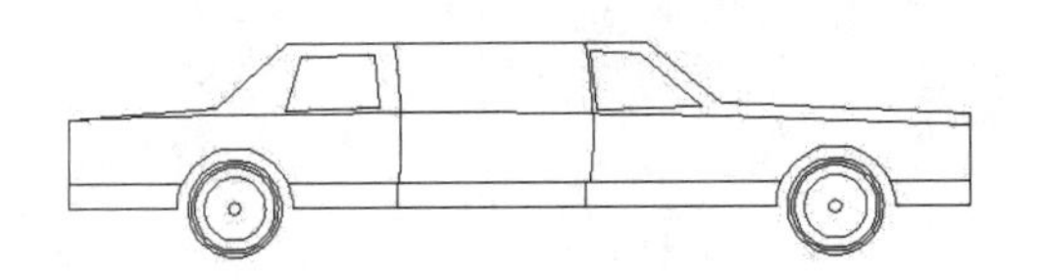

图 6-12　绘制车窗

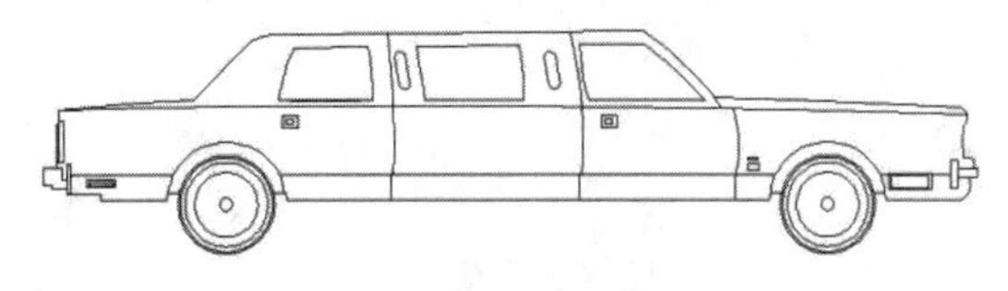

图 6-13　汽车

【选项说明】

（1）指定基点：指定一个坐标点后，AutoCAD 把该点作为复制对象的基点。

指定第二个点后，系统将根据这两点确定的位移矢量把选择的对象复制到第二点处。如果此时直接按 Enter 键，即选择默认的“用第一点作位移”，则第一个点被当作相对于 X、Y、Z 的位移。例如，如果指定基点为（2,3）并在下一个提示下按 Enter 键，则该对象从它当前的位置开始，在 X 方向上移动 2 个单位，在 Y 方向上移动 3 个单位。一次复制完成后，可以不断地指定新的第二点，从而实现多重复制。

（2）位移(D)：直接输入位移值，表示以选择对象时的拾取点为基准，以拾取点坐标为移动方向，纵横比移动指定位移后所确定的点为基点。例如，选择对象时的拾取点坐标为（2,3），输入位移为 5，则表示以（2,3）点为基准，沿纵横比为 3:2 的方向移动 5 个单位所确定的点为基点。

（3）模式(O)：控制是否自动重复该命令。确定复制模式是单个还是多个。

（4）阵列(A)：指定在线性阵列中排列的副本数量。

6.2.2 镜像命令

镜像对象是指把选择的对象以一条镜像线为对称轴进行镜像后的对象。镜像操作完成后，可以保留原对象，也可以将其删除。

【执行方式】

- 命令行：MIRROR。
- 菜单栏：选择菜单栏中的“修改”→“镜像”命令。
- 工具栏：单击“修改”工具栏中的“镜像”按钮⚠。
- 功能区：单击“默认”选项卡“修改”面板中的“镜像”按钮⚠。

扫一扫，看视频

动手学——办公椅

源文件：源文件\第 6 章\办公椅.dwg

本实例将绘制如图 6-14 所示的办公椅。

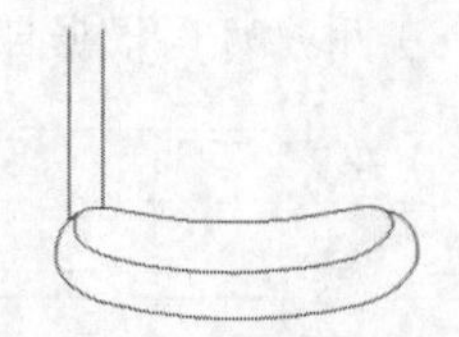

图 6-14 办公椅

操作步骤

（1）单击“默认”选项卡“绘图”面板中的“多段线”按钮，在图形适当位置绘制连续多段线，如图 6-15 所示。

（2）单击“默认”选项卡“绘图”面板中的“圆弧”按钮，在图形适当位置绘制圆弧，完成椅背的绘制，如图 6-16 所示。

（3）单击“默认”选项卡“绘图”面板中的“直线”按钮，在图形适当位置绘制两条竖直直线，如图 6-17 所示。

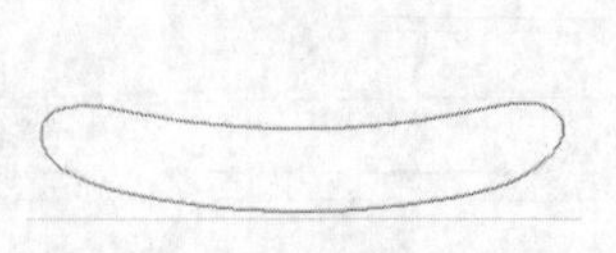

图 6-15 绘制连续多段线

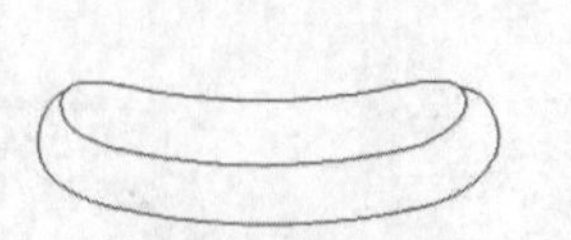

图 6-16 绘制圆弧

图 6-17 绘制竖直直线

（4）单击“默认”选项卡“绘图”面板中的“圆弧”按钮，绘制圆弧封闭两竖直直线端口，如图 6-18 所示。

（5）单击“默认”选项卡“修改”面板中的“镜像”按钮△，选择上步绘制的图形为镜像对象，将其进行镜像，完成扶手的绘制。命令行提示与操作如下：

```
命令：_MIRROR
选择对象：（选择刚刚绘制的左侧扶手）
选择对象：
指定镜像线的第一点：（选取椅背的中点）
指定镜像线的第二点：
要删除源对象吗？[是(Y)/否(N)] <否>:
```

绘制效果如图 6-19 所示。

（6）单击“默认”选项卡“绘图”面板中的“直线”按钮╱和“圆弧”按钮⌒，完成椅面的绘制，如图 6-20 所示。

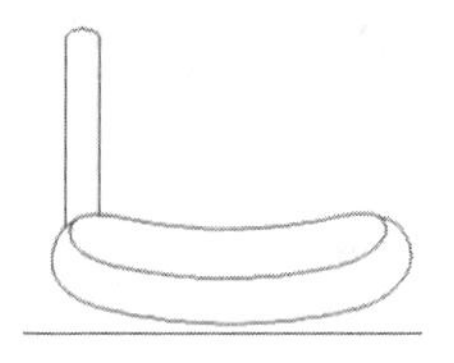

图 6-18　绘制圆弧

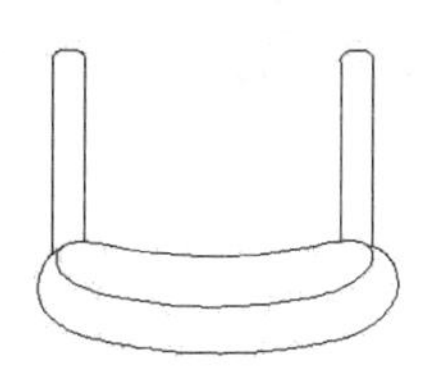

图 6-19　镜像图形

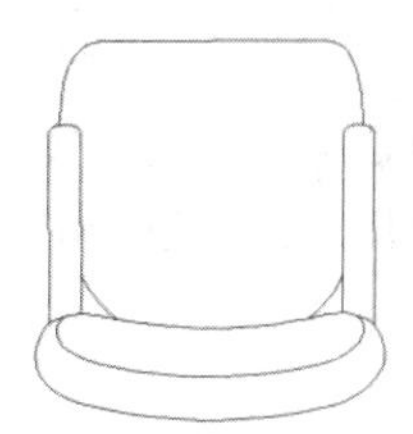

图 6-20　绘制椅面

（7）单击“默认”选项卡“绘图”面板中的“直线”按钮╱和“圆弧”按钮⌒，完成剩余椅面的绘制，如图 6-21 所示。

（8）单击“默认”选项卡“绘图”面板中的“圆弧”按钮⌒，在图形底部绘制一段圆弧，如图 6-22 所示。

（9）单击“默认”选项卡“绘图”面板中的“直线”按钮╱，在上步绘制的圆弧上选取一点为起点绘制连续直线，如图 6-23 所示。使用上述方法完成椅子剩余图形的绘制，如图 6-14 所示。

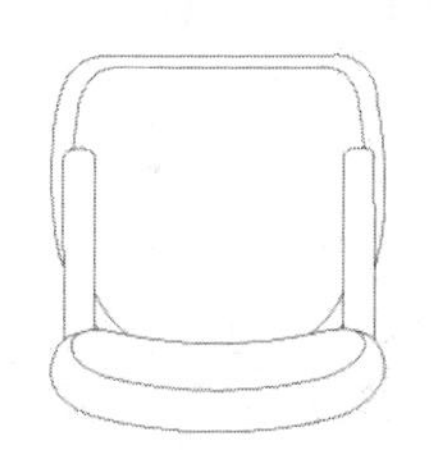

图 6-21　绘制外围线

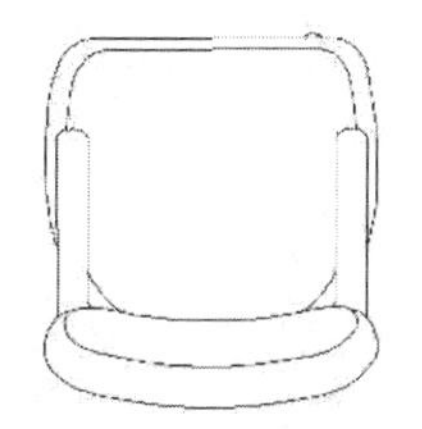

图 6-22　绘制圆弧

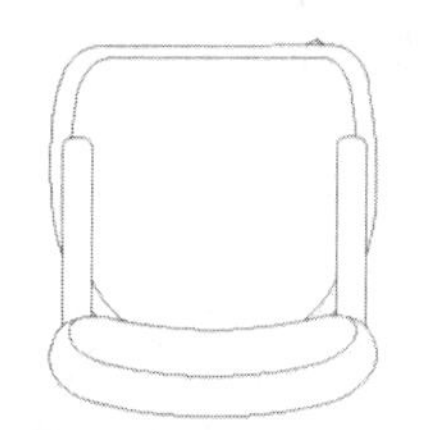

图 6-23　绘制连续直线

6.2.3　偏移命令

偏移对象是指保持所选择对象的形状，在不同的位置以不同的尺寸大小新建的一个对象。

【执行方式】

- 命令行：OFFSET。
- 菜单栏：选择菜单栏中的“修改”→“偏移”命令。
- 工具栏：单击“修改”工具栏中的“偏移”按钮⊆。
- 功能区：单击“默认”选项卡“修改”面板中的“偏移”按钮⊆。

扫一扫，看视频

动手学——显示器

源文件：源文件\第 6 章\显示器.dwg

本实例将绘制如图 6-24 所示的显示器。

操作步骤

（1）单击“默认”选项卡“绘图”面板中的“矩形”按钮，绘制显示器屏幕外轮廓，如图 6-25 所示。

（2）单击“默认”选项卡“修改”面板中的“偏移”按钮，创建屏幕内侧显示屏区域的轮廓线。命令行提示与操作如下：

```
命令：OFFSET
当前设置：删除源=否  图层=源  OFFSETGAPTYPE=0
指定偏移距离或 [通过(T)/删除(E)/图层(L)] <通过>：(输入偏移距离或指定通过点位置)
选择要偏移的对象，或 [退出(E)/放弃(U)] <退出>：(选择要偏移的图形)
指定通过点或 [退出(E)/多个(M)/放弃(U)] <退出>：
选择要偏移的对象，或 [退出(E)/放弃(U)] <退出>：(按 Enter 键结束)
```

绘制效果如图 6-26 所示。

图 6-24 显示器

图 6-25 绘制外轮廓

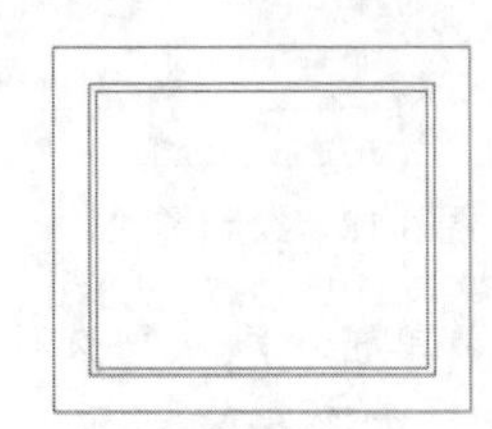
图 6-26 绘制内侧矩形

（3）单击“默认”选项卡“绘图”面板中的“直线”按钮，将内侧显示屏区域的轮廓线的交角处连接起来，如图 6-27 所示。

（4）单击“默认”选项卡“绘图”面板中的“多段线”按钮，绘制显示器矩形底座，如图 6-28 所示。

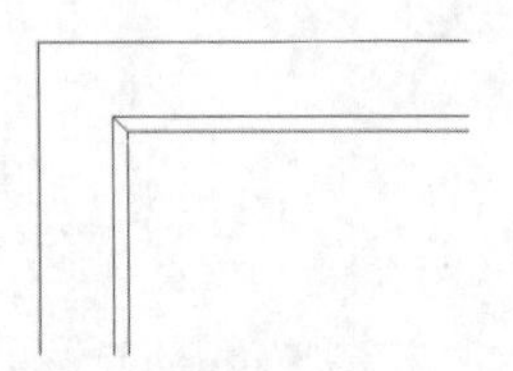
图 6-27 连接交角处

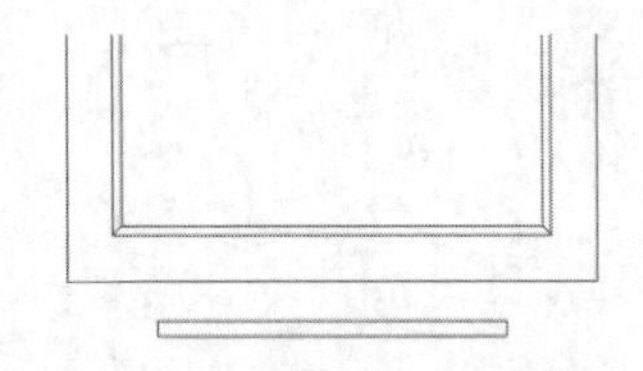
图 6-28 绘制矩形底座

（5）单击“默认”选项卡“绘图”面板中的“圆弧”按钮，绘制底座的弧线造型，如图 6-29 所示。

（6）单击“默认”选项卡“绘图”面板中的“直线”按钮，绘制底座与显示屏之间的连接线造型，如图 6-30 所示。

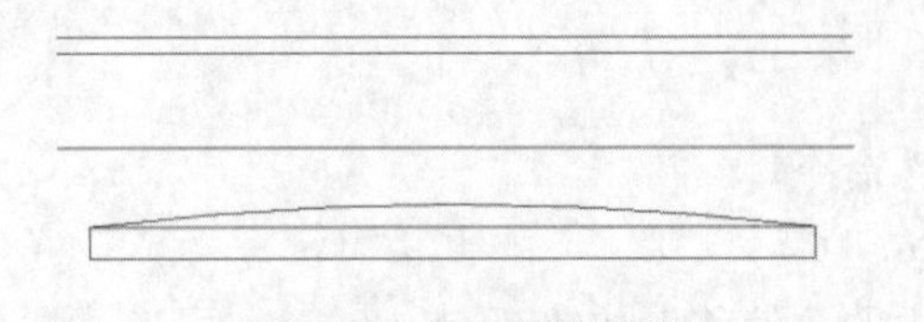
图 6-29 绘制连接弧线

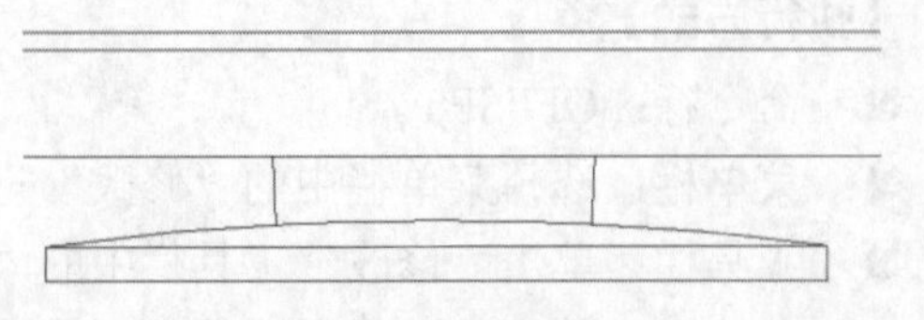
图 6-30 绘制连接线

（7）单击“默认”选项卡“绘图”面板中的“圆”按钮◯，创建显示屏由多个大小不同的圆形构成的调节按钮，如图 6-31 所示。

（8）单击“默认”选项卡“修改”面板中的“复制”按钮，复制图形。

注意：

> 显示器的调节按钮仅为示意造型。

（9）在显示屏的右下角绘制电源开关按钮。单击“默认”选项卡“绘图”面板中的“圆”按钮◯，先绘制两个同心圆，如图 6-32 所示。

注意：

> 显示器的电源开关按钮由两个同心圆和一个矩形组成。

（10）单击“默认”选项卡“绘图”面板中的“多段线”按钮，绘制开关按钮的矩形造型，如图 6-33 所示。

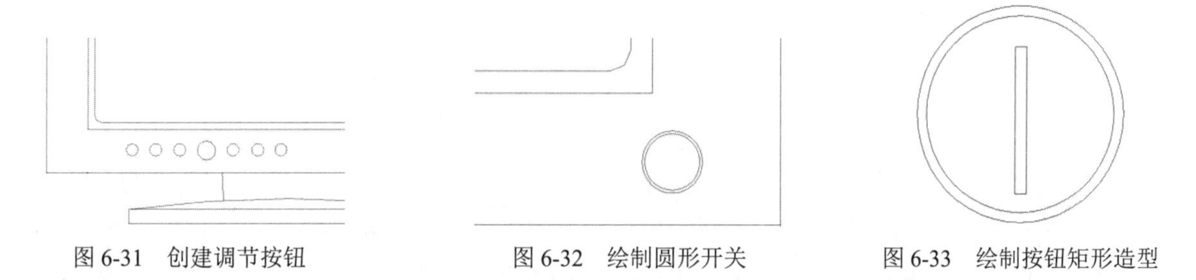

图 6-31　创建调节按钮　　图 6-32　绘制圆形开关　　图 6-33　绘制按钮矩形造型

【选项说明】

（1）指定偏移距离：输入一个距离值，或按 Enter 键，使用当前的距离值，系统把该距离值作为偏移距离，如图 6-34 所示。

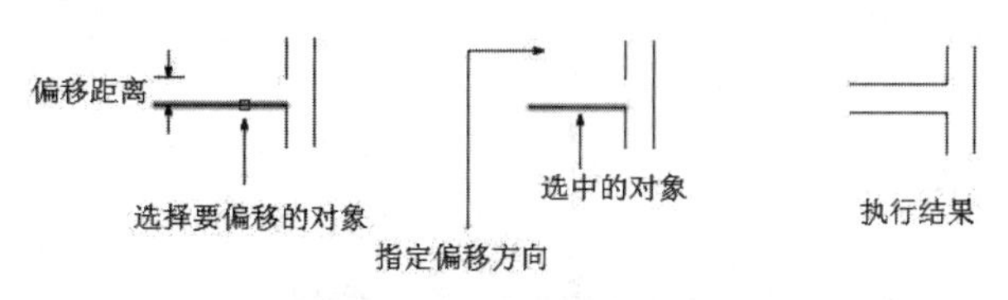

图 6-34　指定偏移对象的距离

（2）通过(T)：指定偏移对象的通过点。选择该选项后出现如下提示。

```
选择要偏移的对象，或 [退出(E)/放弃(U)] <退出>:（选择要偏移的对象，按 Enter 键结束操作）
指定通过点或 [退出(E)/多个(M)/放弃(U)] <退出>:（指定偏移对象的一个通过点）
```

操作完毕后，系统根据指定的通过点绘出偏移对象，如图 6-35 所示。

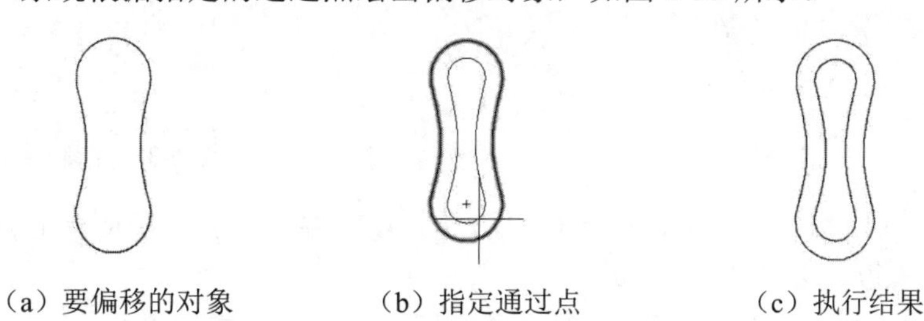

（a）要偏移的对象　　（b）指定通过点　　（c）执行结果

图 6-35　指定偏移对象的通过点

（3）删除(E)：偏移后，将源对象删除。选择该选项后出现如下提示。

```
要在偏移后删除源对象吗？[是(Y)/否(N)] <否>:
```

（4）图层(L)：确定将偏移对象创建在当前图层上，还是在源对象所在的图层上。选择该选项后出现如下提示。

```
输入偏移对象的图层选项 [当前(C)/源(S)] <源>:
```

6.2.4 阵列命令

阵列是指多次重复选择对象并把这些副本按矩形或环形排列。把副本按矩形排列称为建立矩形阵列，把副本按环形排列称为建立极阵列。建立极阵列时，应该控制复制对象的次数和对象是否被旋转；建立矩形阵列时，应该控制行和列的数量，以及对象副本之间的距离。

使用该命令可以建立矩形阵列、极阵列（环形）和旋转的矩形阵列。

【执行方式】

- 命令行：ARRAY。
- 菜单栏：选择菜单栏中的“修改”→“阵列”命令。
- 工具栏：单击“修改”工具栏中的“矩形阵列”按钮，或者单击“修改”工具栏中的“路径阵列”按钮，或者单击“修改”工具栏中的“环形阵列”按钮。
- 功能区：❶单击“默认”选项卡❷“修改”面板中的❸“矩形阵列”按钮或“路径阵列”按钮或“环形阵列”按钮（见图 6-36）。

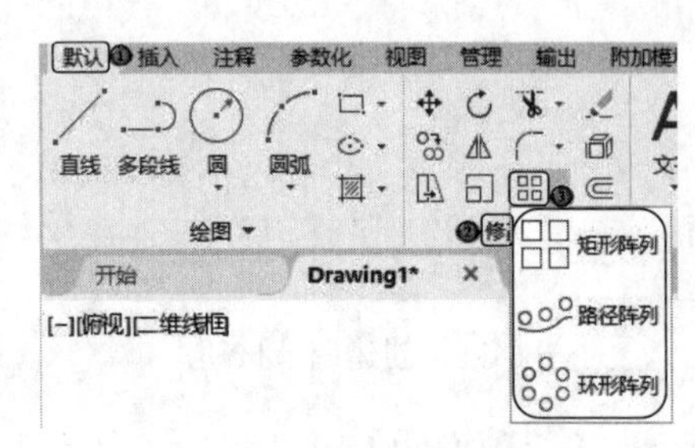

图 6-36 “阵列”下拉列表

扫一扫，看视频

动手学——工艺吊顶

源文件：源文件\第 6 章\工艺吊顶.dwg

本实例绘制的工艺吊顶如图 6-37 所示。

操作步骤

（1）单击“默认”选项卡“绘图”面板中的“圆”按钮，在适当的位置绘制半径为 100 和 75 的同心圆，如图 6-38 所示。

图 6-37 工艺吊顶

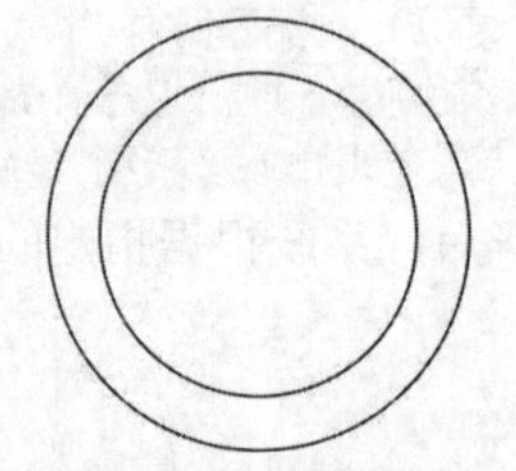

图 6-38 绘制同心圆

（2）单击“默认”选项卡“绘图”面板中的“直线”按钮，以圆心为起点绘制长度为 200 的水平直线，如图 6-39 所示。

（3）单击“默认”选项卡“绘图”面板中的“圆”按钮，在距离圆心 150 处绘制半径为 25

的圆。命令行提示与操作如下：

```
命令：_CIRCLE
指定圆的圆心或 [三点(3P)/两点(2P)/切点、切点、半径(T)]: from
基点：<偏移>: @150,0
指定圆的半径或 [直径(D)] <25.0000>: 25
```

绘制效果如图 6-40 所示。

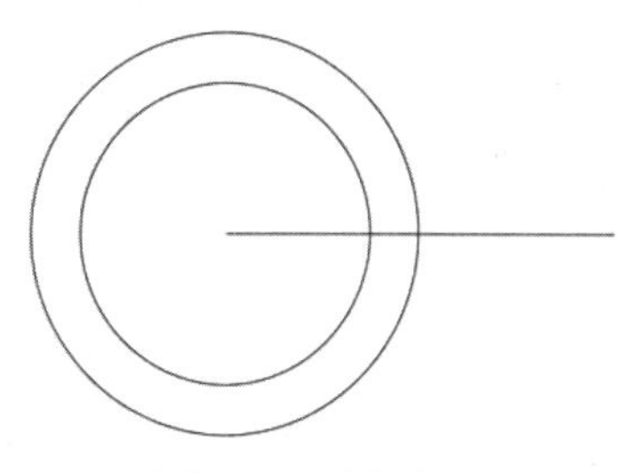

图 6-39　绘制直线

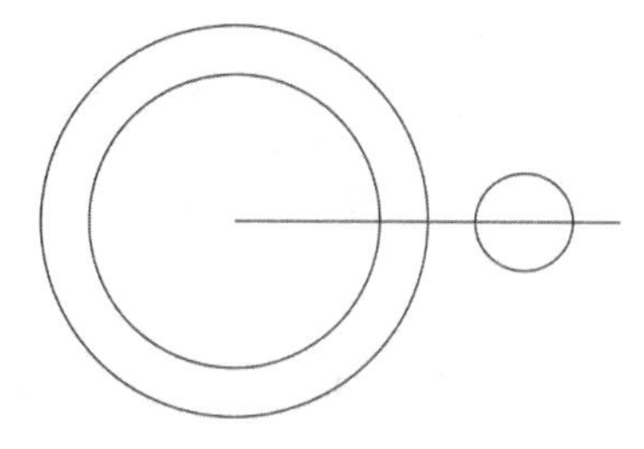

图 6-40　绘制圆

（4）单击“默认”选项卡“绘图”面板中的“环形阵列”按钮，将直线和小圆进行环形阵列，或在命令行中输入 ARRAY 命令，命令行提示与操作如下：

```
命令：ARRAY
选择对象：选择直线和小圆
选择对象：
输入阵列类型 [矩形(R)/路径(PA)/极轴(PO)] <矩形>:PO
类型 = 极轴　关联 = 否
指定阵列的中心点或 [基点(B)/旋转轴(A)]:选取同心圆的圆心
选择夹点以编辑阵列或 [关联(AS)/基点(B)/项目(I)/项目间角度(A)/填充角度(F)/行(ROW)/层(L)/旋转项目(ROT)/退出(X)] <退出>: I
输入阵列中的项目数或 [表达式(E)] <6>: 8
选择夹点以编辑阵列或 [关联(AS)/基点(B)/项目(I)/项目间角度(A)/填充角度(F)/行(ROW)/层(L)/旋转项目(ROT)/退出(X)] <退出>: F
指定填充角度(+=逆时针、-=顺时针)或 [表达式(EX)] <360>:
选择夹点以编辑阵列或 [关联(AS)/基点(B)/项目(I)/项目间角度(A)/填充角度(F)/行(ROW)/层(L)/旋转项目(ROT)/退出(X)] <退出>:
```

提示：

也可以在“阵列创建”选项卡中直接输入项目数和填充角度，如图 6-41 所示。

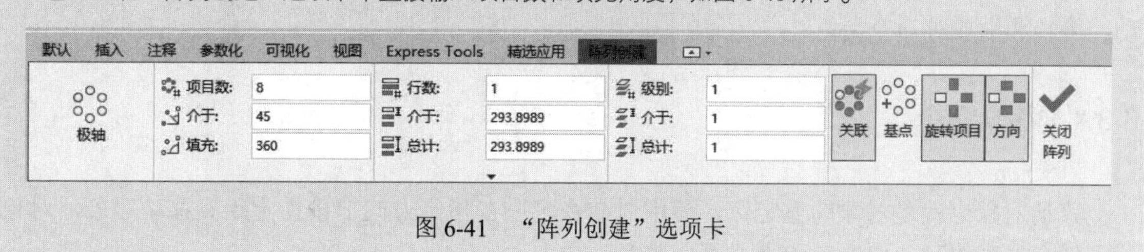

图 6-41　“阵列创建”选项卡

【选项说明】

（1）矩形(R)（命令行：ARRAYRECT）：将选定对象的副本分布到行数、列数和层数的任意组合。通过夹点，调整阵列间距、列数、行数和层数；也可以分别选择各选项输入数值。

（2）路径(PA)（命令行：ARRAYPATH）：沿路径或部分路径均匀分布选定对象的副本。选择该选项后出现如下提示。

选择路径曲线：（选择一条曲线作为阵列路径）
选择夹点以编辑阵列或 [关联(AS)/方法(M)/基点(B)/切向(T)/项目(I)/行(R)/层(L)/对齐项目(A)/Z方向(Z)/退出(X)]
<退出>：（通过夹点，调整阵列行数和层数；也可以分别选择各选项输入数值）

（3）极轴(PO)：在绕中心点或旋转轴的环形阵列中均匀分布对象副本。选择该选项后出现如下提示。

指定阵列的中心点或 [基点(B)/旋转轴(A)]：（选择中心点、基点或旋转轴）
选择夹点以编辑阵列或 [关联(AS)/基点(B)/项目(I)/项目间角度(A)/填充角度(F)/行(ROW)/层(L)/旋转项目(ROT)/退出(X)] <退出>：（通过夹点，调整角度，填充角度；也可以分别选择各选项输入数值）

扫一扫，看视频

动手练——绘制洗手台

绘制如图 6-42 所示的洗手台。

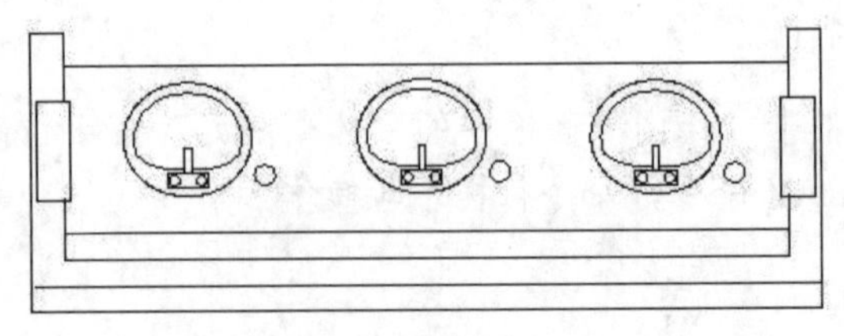

图 6-42　洗手台

思路点拨：

源文件：源文件\第 6 章\洗手台.dwg

（1）使用“直线”和“矩形”命令绘制洗手台架。

（2）使用“直线”“圆弧”和“椭圆弧”命令绘制一个洗手盆及肥皂盒。

（3）使用“复制”或“矩形阵列”命令复制另两个洗手盆及肥皂盒。

6.3　改变位置类命令

改变位置类编辑命令的功能是按照指定要求改变当前图形或图形某部分的位置，主要包括移动、旋转和缩放等命令。

6.3.1　移动命令

移动对象也就是对象的重定位，使用该命令可以在指定方向上按指定距离移动对象，对象的位置虽然会发生改变，但方向和大小不会改变。

【执行方式】

- 命令行：MOVE。
- 菜单栏：选择菜单栏中的“修改”→“移动”命令。
- 快捷菜单：选择要复制的对象，在绘图区右击，在弹出的快捷菜单中选择“移动”命令。

- 工具栏：单击“修改”工具栏中的“移动”按钮✥。
- 功能区：单击“默认”选项卡“修改”面板中的“移动”按钮✥。

动手学——推拉门

源文件：源文件\第 6 章\推拉门.dwg

扫一扫，看视频

本实例绘制如图 6-43 所示的推拉门。

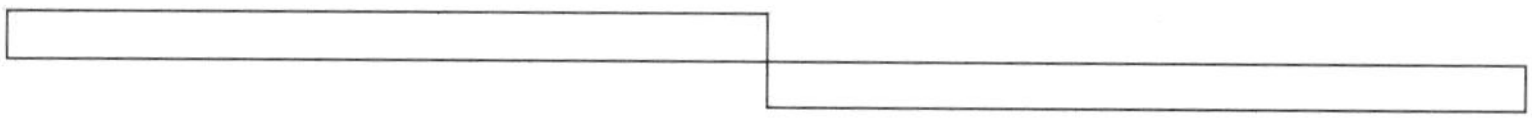

图 6-43　推拉门

操作步骤

（1）单击“默认”选项卡“绘图”面板中的“矩形”按钮 ▭，绘制一个 1000×60 的矩形，如图 6-44 所示。

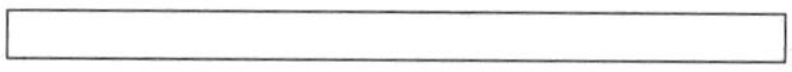

图 6-44　绘制矩形

（2）单击“默认”选项卡“修改”面板中的“复制”按钮 ⚯，选择矩形，将其复制到右侧。选择矩形左上角点作为基点，然后选择右上角点作为目标点，复制后的图形如图 6-45 所示。

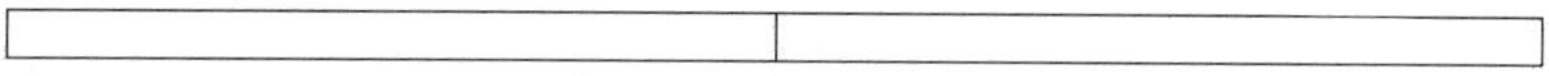

图 6-45　复制矩形

（3）单击“默认”选项卡“修改”面板中的“移动”按钮✥，选择右侧矩形，然后选择两个矩形交界处直线的上端点作为基点，选择直线的下端点作为目标点，如图 6-46 所示，移动后的图形如图 6-43 所示。命令行提示与操作如下：

```
命令：_MOVE
选择对象：（选择右侧矩形）
选择对象：
指定基点或 [位移(D)] <位移>:（选择两个矩形的交界处直线的上端点）
指定第二个点或 <使用第一个点作为位移>:（选择直线的下端点）
```

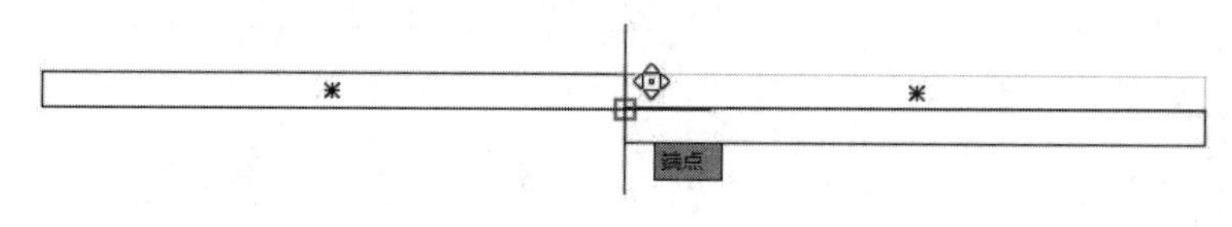

图 6-46　选择基点

6.3.2　旋转命令

在保持原来形状不变的情况下以一定点为中心，以一定角度为旋转角度旋转后得到的图形。

【执行方式】

- 命令行：ROTATE。
- 菜单栏：选择菜单栏中的“修改”→“旋转”命令。

- 快捷菜单：选择要旋转的对象，在绘图区右击，在弹出的快捷菜单中选择“旋转”命令。
- 工具栏：单击“修改”工具栏中的“旋转”按钮。
- 功能区：单击“默认”选项卡“修改”面板中的“旋转”按钮。

扫一扫，看视频

动手学——单开门

源文件：源文件\第 6 章\单开门.dwg

本实例绘制如图 6-47 所示的单开门。

操作步骤

（1）单击“默认”选项卡“绘图”面板中的“矩形”按钮，在绘图区中绘制一个 60×80 的矩形，如图 6-48 所示。

（2）单击“默认”选项卡“修改”面板中的“分解”按钮，分解刚刚绘制的矩形。

（3）单击“默认”选项卡“修改”面板中的“偏移”按钮，将矩形的左侧边界和上侧边界分别向右和向下偏移 40，如图 6-49 所示。

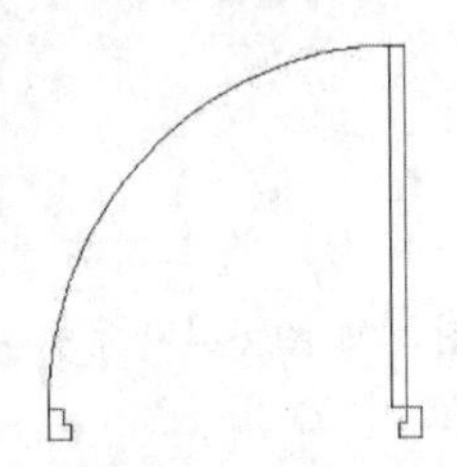
图 6-47　单开门

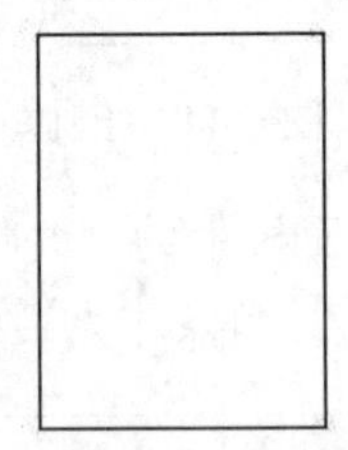
图 6-48　绘制矩形

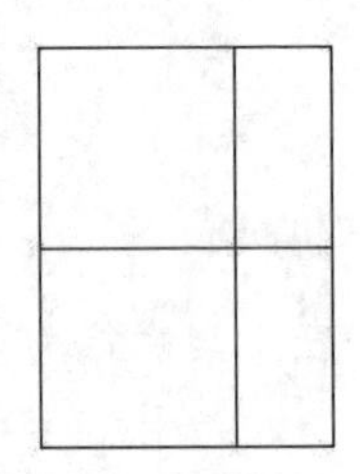
图 6-49　偏移边界

（4）单击“默认”选项卡“修改”面板中的“修剪”按钮，将矩形右上部分及内部的直线修剪掉，如图 6-50 所示，此图形即为单扇门的门垛。

（5）单击“默认”选项卡“绘图”面板中的“矩形”按钮，在门垛的上部绘制一个 920×40 的矩形，如图 6-51 所示。

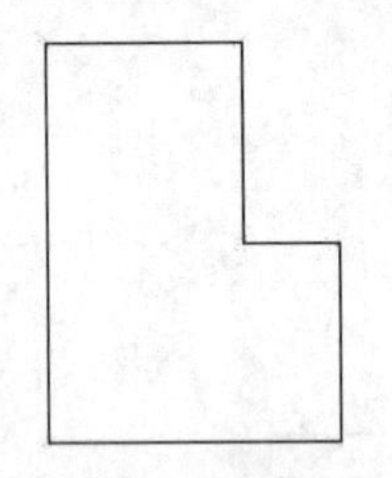
图 6-50　修剪图形

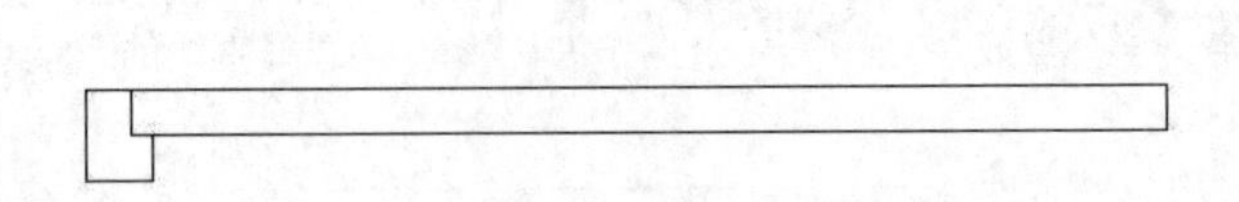
图 6-51　绘制矩形

（6）单击“默认”选项卡“修改”面板中的“镜像”按钮，选择门垛，选择矩形的中线作为基准线，对称到另外一侧，如图 6-52 所示。

（7）单击“默认”选项卡“修改”面板中的“旋转”按钮，选择中间的矩形（即门扇），以右上角的点为轴，将门扇顺时针旋转-90°。命令行提示与操作如下：

```
命令：_ROTATE
UCS 当前的正角方向：ANGDIR=逆时针　ANGBASE=0
选择对象：（中间的矩形即门扇）
选择对象：
指定基点：（选取右上角的点为基点）
```

```
指定旋转角度，或 [复制(C)/参照(R)] <45>:  -90
```

绘制效果如图 6-53 所示。

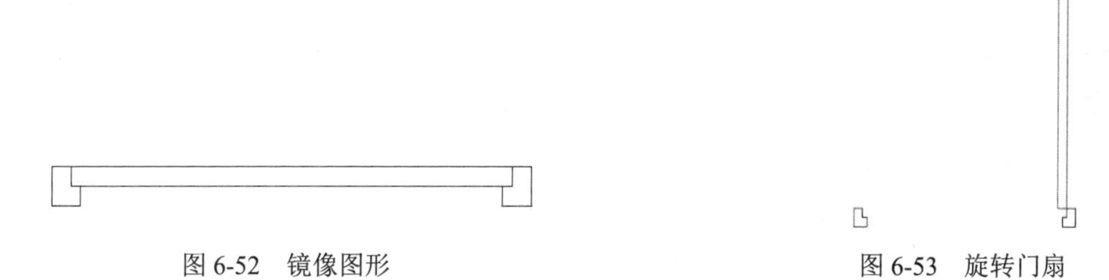

图 6-52　镜像图形　　　　图 6-53　旋转门扇

（8）单击“默认”选项卡“绘图”面板中的“圆弧”按钮，绘制门的开启线，如图 6-47 所示。

【选项说明】

（1）复制(C)：选择该选项，旋转对象的同时保留原对象，如图 6-54 所示。

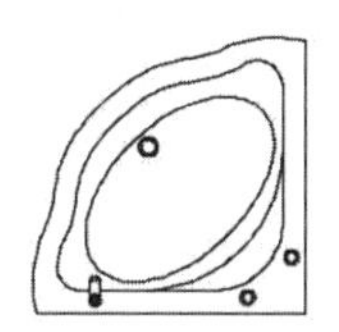
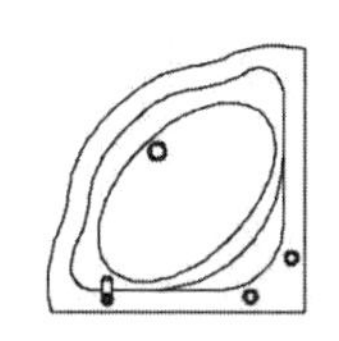
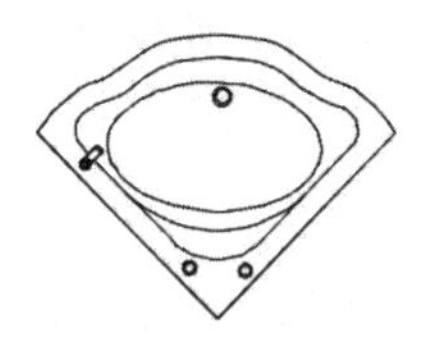

图 6-54　复制旋转

（2）参照(R)：采用参照方式旋转对象时，命令行提示与操作如下：

```
指定参照角 <0>:（指定要参考的角度，默认值为 0）
指定新角度或[点(P)]：（输入旋转后的角度值）
```

操作完毕后，对象被旋转至指定的角度位置。

技巧：

可以用拖动鼠标的方法旋转对象。选择对象并指定基点后，从基点到当前光标位置会出现一条连线，鼠标选择的对象会动态地随着该连线与水平方向的夹角的变化而旋转，按 Enter 键，确认旋转操作，如图 6-55 所示。

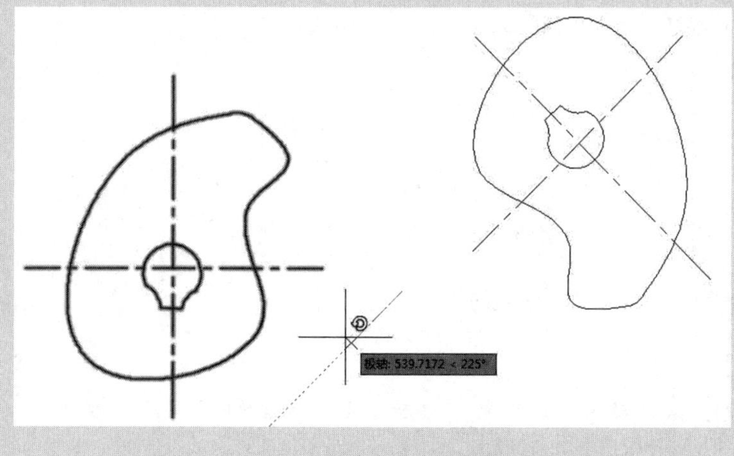

图 6-55　拖动鼠标旋转对象

6.3.3 缩放命令

缩放命令是将已有图形对象以基点为参照进行等比例缩放，该命令可以调整对象的大小，还可以使其在一个方向上按照要求增大或缩小一定的比例。

【执行方式】

- 命令行：SCALE。
- 菜单栏：选择菜单栏中的“修改”→“缩放”命令。
- 快捷菜单：选择要缩放的对象，在绘图区右击，在弹出的快捷菜单中选择“缩放”命令。
- 工具栏：单击“修改”工具栏中的“缩放”按钮 。
- 功能区：单击“默认”选项卡“修改”面板中的“缩放”按钮 。

扫一扫，看视频

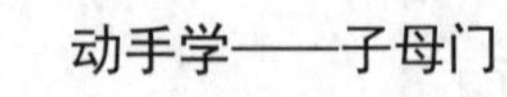

动手学——子母门

源文件：源文件\第 6 章\子母门.dwg

绘制如图 6-56 所示的子母门。

操作步骤

（1）利用所学知识绘制双扇平开门，如图 6-57 所示。

（2）单击“默认”选项卡“修改”面板中的“缩放”按钮，将双扇平开门进行缩放。命令行提示与操作如下：

```
命令: SCALE
选择要偏移的对象，或 [退出(E)/放弃(U)] <退出>: （框选左边门扇）
选择对象:
指定基点: （指定左墙体右上角）
指定比例因子或 [复制(C)/参照(R)]: 0.5（结果如图 6-58 所示）
命令: SCALE
选择对象: （框选右边门扇）
选择对象:
指定基点: （指定右门右下角）
指定比例因子或 [复制(C)/参照(R)]: 1.5
```

最终效果如图 6-58 所示。

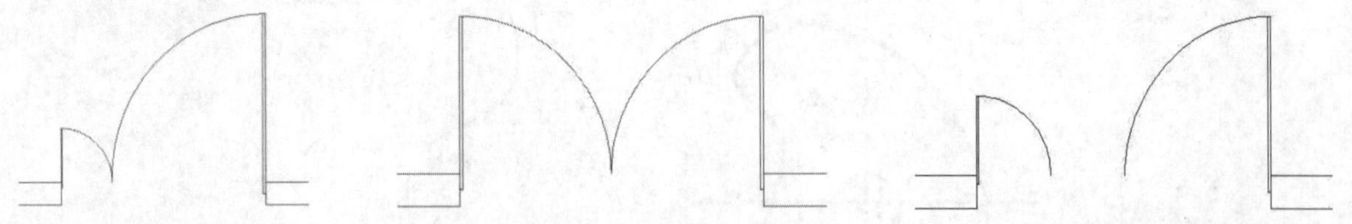

图 6-56　子母门　　图 6-57　绘制初步双扇平开门　　图 6-58　缩放左、右扇门

【选项说明】

（1）参照(R)：采用参考方向缩放对象时，系统提示如下：

```
指定参照长度 <1>:（指定参考长度值）
指定新的长度或 [点(P)] <1.0000>:（指定新长度值）
```

若新长度值大于参考长度值，则放大对象；否则，缩小对象。操作完毕后，系统以指定的基点按指定的比例因子缩放对象。如果选择“点(P)”选项，则指定两点来定义新的长度。

（2）指定比例因子：选择对象并指定基点后，从基点到当前光标位置会出现一条线段，线段的长度即为比例因子。鼠标选择的对象会动态地随着该连线长度的变化而缩放，按 Enter 键，确认缩放操作。

（3）复制(C)：选择该选项时，可以复制缩放对象，即缩放对象时保留原对象，如图 6-59 所示。

扫一扫，看视频

动手练——绘制装饰盘

绘制如图 6-60 所示的装饰盘。

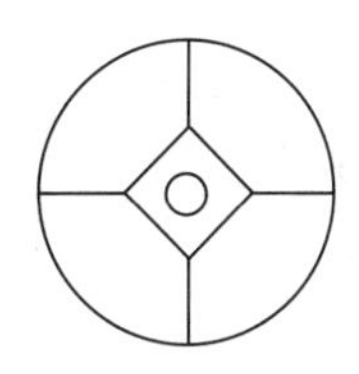
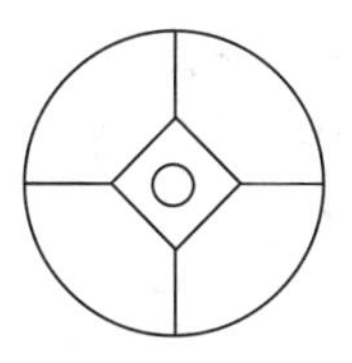
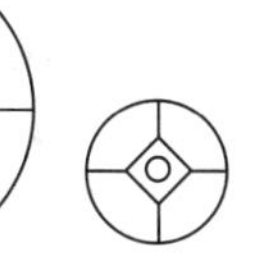

图 6-59　复制缩放

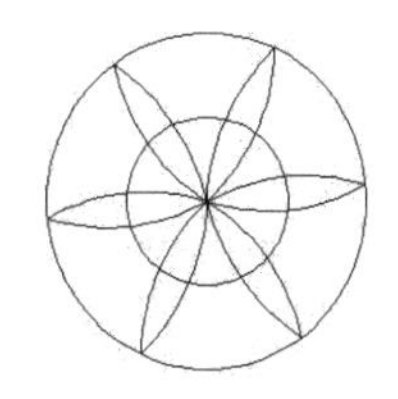

图 6-60　装饰盘

思路点拨：

源文件：源文件\第 6 章\装饰盘.dwg

（1）使用“圆”命令绘制盘外轮廓线。

（2）使用“圆弧”和“镜像”命令绘制一个花瓣。

（3）使用“环形阵列”命令阵列花瓣。

（4）使用“缩放”命令绘制装饰盘内圆。

扫一扫，看视频

6.4　实例——燃气灶

源文件：源文件\第 6 章\燃气灶.dwg

本实例绘制的燃气灶如图 6-61 所示。

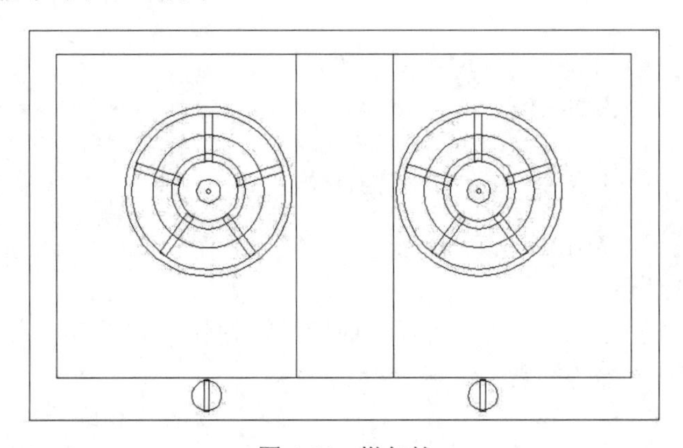

图 6-61　燃气灶

操作步骤

（1）单击“默认”选项卡“绘图”面板中的“矩形”按钮▭，绘制适当大小的矩形，创建燃气灶外侧矩形轮廓线，效果如图 6-62 所示。

（2）单击“默认”选项卡“绘图”面板中的“多段线”按钮⊃，根据燃气灶的布局，在外侧矩形轮廓线内部绘制一个稍小的矩形。命令行提示与操作如下：

```
命令：PLINE↙
指定起点：(确定起点位置)
当前线宽为 0.0000
指定下一点或 [圆弧(A)/半宽(H)/长度(L)/放弃(U)/宽度(W)]：(输入多段线端点的坐标或直接在屏幕上使用鼠标点取)
指定下一点或 [圆弧(A)/闭合(C)/半宽(H)/长度(L)/放弃(U)/宽度(W)]：(下一点)
指定下一点或 [圆弧(A)/闭合(C)/半宽(H)/长度(L)/放弃(U)/宽度(W)]：(下一点)
指定下一点或 [圆弧(A)/闭合(C)/半宽(H)/长度(L)/放弃(U)/宽度(W)]： (输入 C↙)
```

绘制效果如图 6-63 所示。

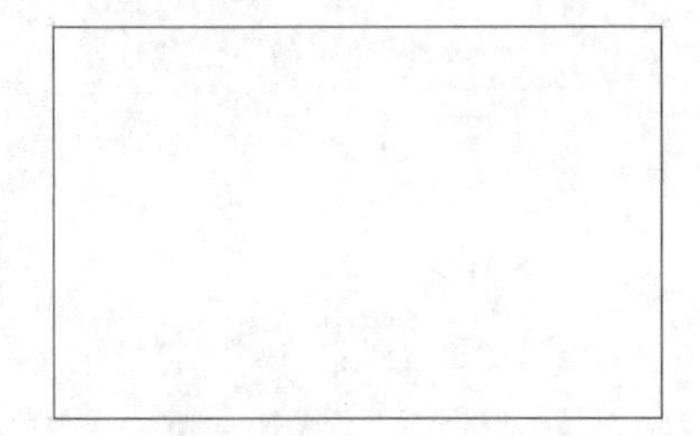

图 6-62　燃气灶外轮廓

图 6-63　绘制内侧矩形

注意：

内部稍小矩形的前面边与外轮廓边的距离预留稍大些。

（3）单击“默认”选项卡“绘图”面板中的“直线”按钮／，在中部位置绘制一条直线。命令行提示与操作如下：

```
命令：LINE
指定第一点：(指定直线起点位置)
指定下一点或 [放弃(U)]：(指定直线终点位置)
指定下一点或 [放弃(U)]：
```

（4）单击“默认”选项卡“修改”面板中的“镜像”按钮⚠，镜像生成对称图形。命令行提示与操作如下：

```
命令:MIRROR
选择对象：(选择上一步绘制的直线)
选择对象：
指定镜像线的第一点：(以中间的轴线位置作为镜像线)
指定镜像线的第二点：
要删除源对象吗？[是(Y)/否(N)] <否>:N
```

绘制效果如图 6-64 所示。

（5）单击“默认”选项卡“绘图”面板中的“圆”按钮⊙，绘制盘外轮廓线，建立一个圆形作为圆形支架造型轮廓线。命令行提示与操作如下：

```
命令：CIRCLE↙
指定圆的圆心或 [三点(4P)/两点(2P)/切点、切点、半径(T)]：(指定圆心点位置)
指定圆的半径或 [直径(D)] <20.000>：(输入圆形半径或在屏幕上直接点取)
```

绘制效果如图 6-65 所示。

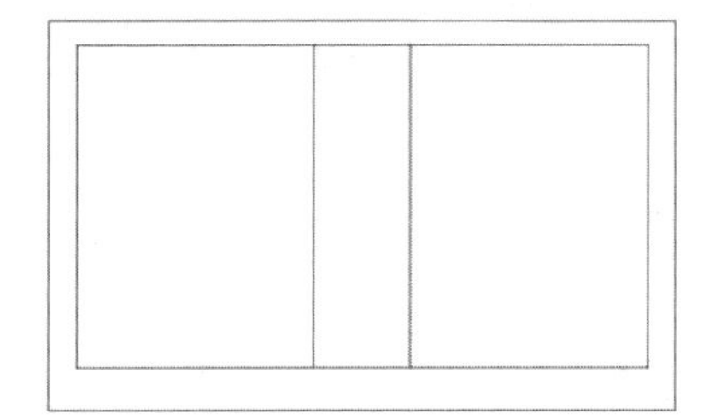

图 6-64　绘制两条直线

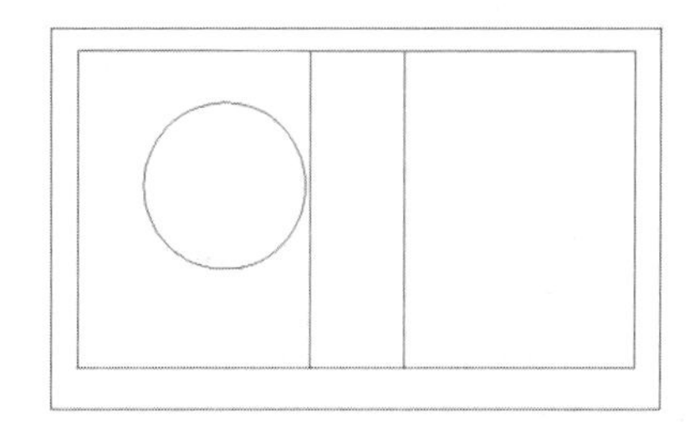

图 6-65　建立一个圆形

（6）单击“默认”选项卡“修改”面板中的“偏移”按钮⊆，使用偏移功能得到多个不同大小的同心圆。命令行提示与操作如下：

```
命令：OFFSET↙
当前设置：删除源=否　图层=源　OFFSETGAPTYPE=0
指定偏移距离或 [通过(T)/删除(E)/图层(L)] <通过>：(输入偏移距离或指定通过点位置)
选择要偏移的对象，或 [退出(E)/放弃(U)] <退出>：(选择要偏移的图形)
指定通过点或 [退出(E)/多个(M)/放弃(U)] <退出>:
选择要偏移的对象，或 [退出(E)/放弃(U)] <退出>：↙
```

绘制效果如图 6-66 所示。

（7）单击“默认”选项卡“绘图”面板中的“矩形”按钮□，在同心圆上部绘制一个矩形作为支架支撑骨架。绘制效果如图 6-67 所示。

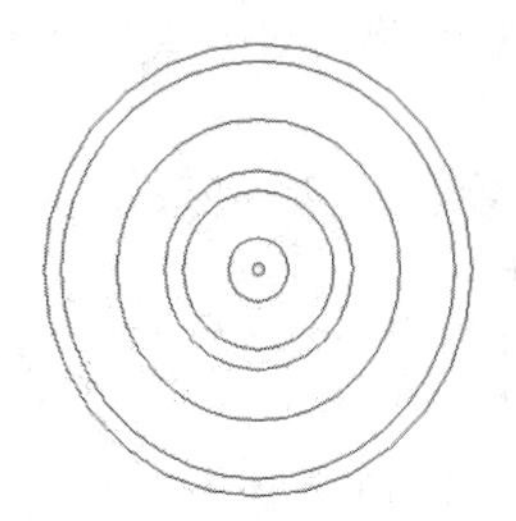

图 6-66　多个同心圆

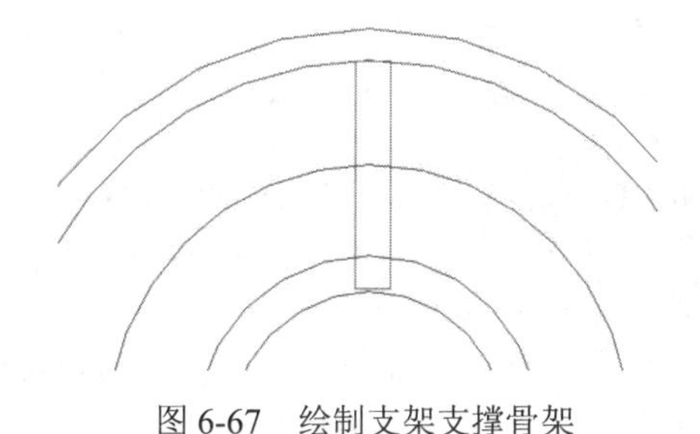

图 6-67　绘制支架支撑骨架

注意：

支架支撑骨架可以使用 PLINE 或 RECTANG 功能命令来绘制。

（8）单击“默认”选项卡“修改”面板中的“环形阵列”按钮⁘，进行环形阵列，得到整个支架中的支撑骨架，如图 6-68 所示。命令行提示与操作如下：

```
命令：_ARRAYPOLAR
选择对象：（选择刚刚绘制的矩形）
选择对象：
类型 = 极轴　关联 = 否
指定阵列的中心点或 [基点(B)/旋转轴(A)]：（同心圆的圆心）
选择夹点以编辑阵列或 [关联(AS)/基点(B)/项目(I)/项目间角度(A)/填充角度(F)/行(ROW)/层(L)/旋转项目(ROT)/退出(X)] <退出>：i
输入阵列中的项目数或 [表达式(E)] <6>：5
选择夹点以编辑阵列或 [关联(AS)/基点(B)/项目(I)/项目间角度(A)/填充角度(F)/行(ROW)/层(L)/旋转项目(ROT)/退出(X)] <退出>:
```

（9）单击“默认”选项卡“修改”面板中的“镜像”按钮⚠，通过镜像支架，得到另外一侧

相同的图形。命令行提示与操作如下:

```
命令:MIRROR↙
选择对象：（选择支架）
选择对象:
选择对象：↙
指定镜像线的第一点：(以中间的轴线位置作为镜像线)
指定镜像线的第二点:
要删除源对象吗？[是(Y)/否(N)] <否>:N↙
```

绘制效果如图 6-69 所示。

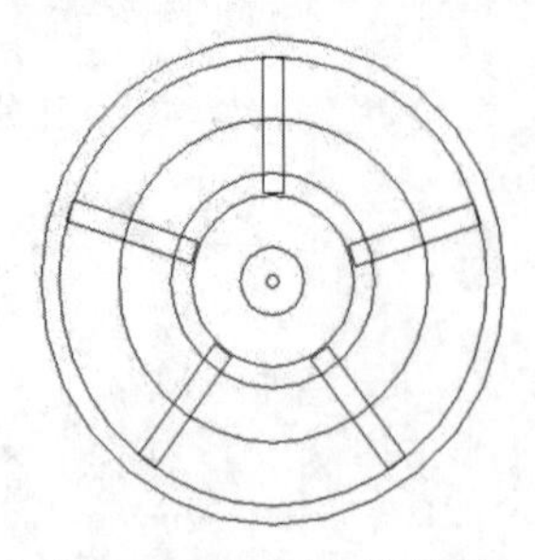

图 6-68　阵列支撑骨架

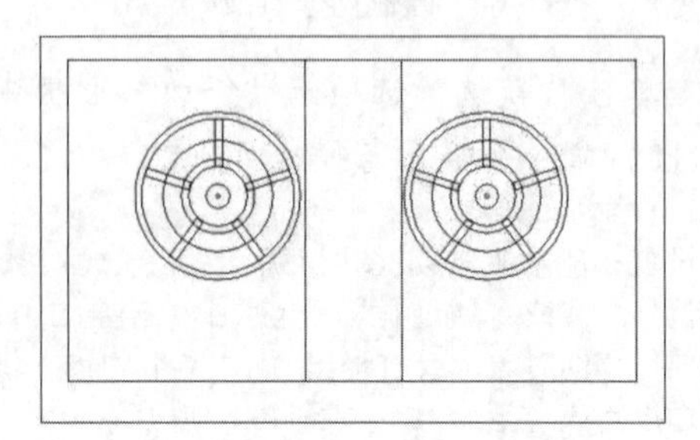

图 6-69　镜像支架

注意：

也可以通过复制得到另外一侧的图形。

（10）单击“默认”选项卡“绘图”面板中的“圆”按钮，建立燃气灶点火开关按钮部分图形。命令行提示与操作如下:

```
命令：CIRCLE↙
指定圆的圆心或 [三点(4P)/两点(2P)/切点、切点、半径(T)]：(指定圆心点位置)
指定圆的半径或 [直径(D)] <20.000>：(输入圆形半径或在屏幕上直接点取)
```

绘制效果如图 6-70 所示。

（11）单击“默认”选项卡“绘图”面板中的“多段线”按钮，创建燃气灶点火开关按钮中间矩形轮廓线。命令行提示与操作如下:

```
命令：PLINE↙
指定起点:(确定起点位置)
当前线宽为 0.0000
指定下一点或 [圆弧(A)/半宽(H)/长度(L)/放弃(U)/宽度(W)]:(输入多段线端点的坐标或直接在屏幕上使用鼠标点取)
指定下一点或 [圆弧(A)/闭合(C)/半宽(H)/长度(L)/放弃(U)/宽度(W)]:(下一点)
指定下一点或 [圆弧(A)/闭合(C)/半宽(H)/长度(L)/放弃(U)/宽度(W)]:(下一点)
指定下一点或 [圆弧(A)/闭合(C)/半宽(H)/长度(L)/放弃(U)/宽度(W)]: C↙
```

绘制效果如图 6-71 所示。

图 6-70　按钮部分图形　　　　图 6-71　按钮中间矩形

（12）使用 COPY 或 MIRROR 功能命令得到另外一侧的按钮开关，如图 6-72 所示。命令提示与操作如下：

```
命令：COPY↙
选择对象：（选择按钮开关）
选择对象：找到 1 个，总计 2 个
选择对象：
当前设置： 复制模式 = 多个
指定基点或 [位移(D)/模式(O)] <位移>:
指定第二个点或 <使用第一个点作为位移>:(进行复制，指定复制图形复制点位置)
指定第二个点或 [退出(E)/放弃(U)] <退出>:(指定下一个复制对象距离位置)
指定第二个点或 [退出(E)/放弃(U)] <退出>:
```

（13）选择菜单栏中的“视图”→“缩放”→“实时”命令，完成燃气灶造型绘制，缩放视图进行观察。命令提示与操作如下：

```
命令:ZOOM
指定窗口的角点，输入比例因子 (nX 或 nXP)，或者[全部(A)/中心(C)/动态(D)/范围(E)/上一个(P)/比例(S)/窗口(W)/对象(O)] <实时>:E
```

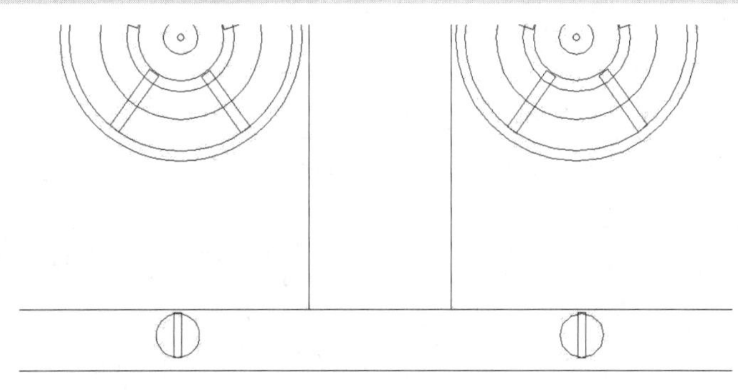

图 6-72　复制开关

6.5　模拟认证考试

1．要在选择集中去除对象，首先要选择对象，按住（　　）键可以进行去除对象的选择。

A．Space　　B．Shift　　C．Ctrl　　D．Alt

2．执行“环形阵列”命令，可在指定圆心后默认创建（　　）个图形。

A．4　　B．6　　C．8　　D．10

3．将半径为 10、圆心为（70,100）的圆矩形阵列。阵列 3 行 2 列，行偏移距离为-30，列偏移距离为 50，阵列角度为 10°。那么阵列后第 2 列第 3 行圆的圆心坐标是（　　）。

A．X = 119.2404，Y = 106.6824　　B．X=124.4498，Y = 79.1382

C．X = 129.6593，Y = 49.5939　　D．X = 80.4189，Y = 40.9115

4．已有一个画好的圆，绘制一组同心圆可以用（　　）命令来实现。

A．伸展（STRETCH）　　B．偏移（OFFSET）

C．延伸（EXTEND）　　D．移动（MOVE）

5．在对图形对象进行复制操作时，指定了基点坐标为（0,0），系统要求指定第二点时直接按 Enter 键结束，则复制出的图形所处位置是（　　）。

A．没有复制出新图形　　B．与原图形重合

C．图形基点坐标为（0,0）　　D．系统提示错误

6．在一张复杂图样中，要选择半径小于 10 的圆，如何快速方便地选择？（　　）

A．通过选择过滤

B．先执行“快速选择”命令，在对话框中设置对象类型为圆，特性为直径，运算符为小于，输入值为 10，然后单击“确定”按钮

C．先执行“快速选择”命令，在对话框中设置对象类型为圆，特性为半径，运算符为小于，输入值为 10，然后单击“确定”按钮

D．先执行“快速选择”命令，在对话框中设置对象类型为圆，特性为半径，运算符为等于，输入值为 10，然后单击“确定”按钮

7．使用“偏移”命令时，下列说法正确的是（　　）。

A．偏移值可以小于 0，只是向反向偏移

B．可以框选对象进行一次偏移多个对象

C．一次只能偏移一个对象

D．“偏移”命令执行时不能删除原对象

8．在进行移动操作时，给定了基点坐标为（190,70），系统要求给定第二点时输入@，按 Enter 键结束，那么图形对象移动量是（　　）。

A．到原点　　B．190,70　　C．-190,-70　　D．0,0

第 7 章　高级编辑命令

内容简介

除了第 6 章讲的编辑命令之外，还有修剪、延伸、拉伸、拉长、圆角、倒角及打断等编辑命令，本章将详细介绍这些编辑命令。

内容要点

- 改变图形特性
- 圆角和倒角
- 打断、合并和分解对象
- 对象编辑
- 实例——绘制六人餐桌椅
- 模拟认证考试

案例效果

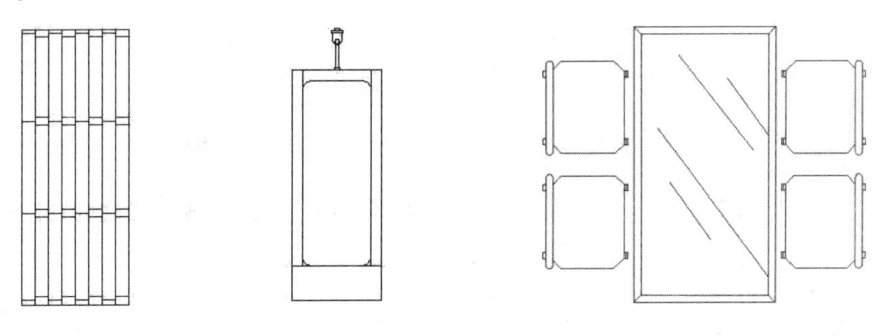

7.1　改变图形特性

改变图形特性这一类编辑命令在对指定对象进行编辑后，可使编辑对象的几何特性发生改变，下面介绍修剪、延伸、拉伸、拉长等命令。

7.1.1　“修剪”命令

“修剪”命令是将超出边界的多余部分删除，它与橡皮擦的功能相似。修剪操作可以修改直线、圆、圆弧、多段线、样条曲线、射线，也可填充图案。

【执行方式】

- 命令行：TRIM。

- 菜单栏：选择菜单栏中的“修改”→“修剪”命令。
- 工具栏：单击“修改”工具栏中的“修剪”按钮。
- 功能区：单击“默认”选项卡“修改”面板中的“修剪”按钮。

扫一扫，看视频

动手学——镂空屏风

源文件：源文件\第7章\镂空屏风.dwg

本实例将绘制如图7-1所示的镂空屏风。

操作步骤

（1）单击“默认”选项卡“绘图”面板中的“矩形”按钮，绘制一个600×1500的矩形，并将其分解，效果如图7-2所示。

（2）单击“默认”选项卡“修改”面板中的“偏移”按钮，将左端竖直线向右偏移7次，偏移距离为75，效果如图7-3所示。

（3）单击“默认”选项卡“修改”面板中的“偏移”按钮，将水平直线向上偏移到适当位置，效果如图7-4所示。

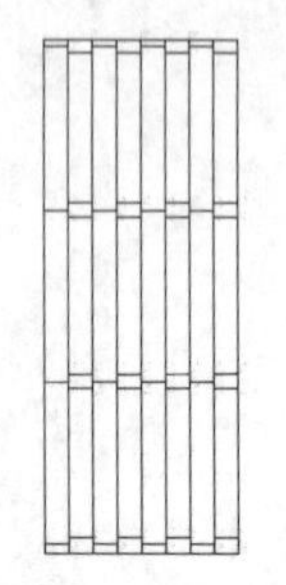

图7-1　镂空屏风

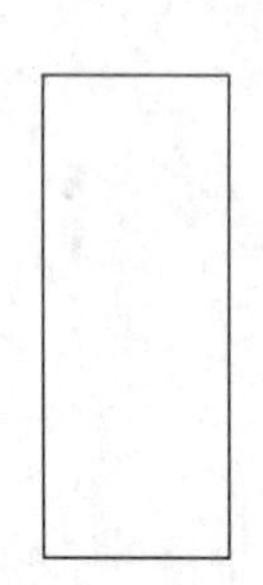

图7-2　绘制矩形

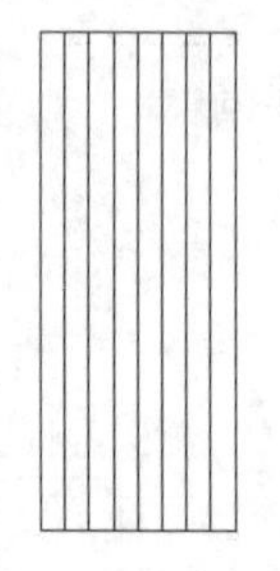

图7-3　偏移竖直线

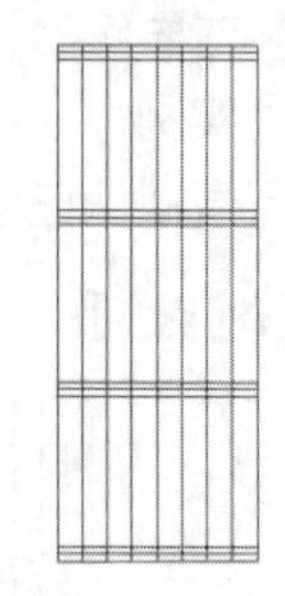

图7-4　偏移水平直线

（4）单击“默认”选项卡“修改”面板中的“修剪”按钮，修剪多余的线段。命令行提示与操作如下：

```
命令：_TRIM
当前设置:投影=UCS，边=无
选择剪切边...
选择对象或 <全部选择>:
选择对象:
选择要修剪的对象，或按住 Shift 键选择要延伸的对象，或[栏选(F)/窗交(C)/投影(P)/边(E)/删除(R)/放弃(U)]:
指定对角点:
指定对角点:
选择要修剪的对象，或按住 Shift 键选择要延伸的对象，或[栏选(F)/窗交(C)/投影(P)/边(E)/删除(R)/放弃(U)]:
```

技巧：

修剪边界对象支持常规的各种选择技巧，如点选、框选，而且可以不断地累积选择。当然，最简单的选择方法是当出现选择修剪边界时直接按空格键或Enter键，此时会把图中所有图形作为修剪编辑对象，即可修剪图中的任意对象。将所有对象作为修剪对象的操作非常简单，省略了选择修剪边界的操作，因此大多数设计人员都已经习惯了这样的操作。这里建议具体情况具体对待，不要什么情况下都使用这种方法。

【选项说明】

（1）按住 Shift 键：在选择对象时，如果按住 Shift 键，系统会自动将“修剪”命令转换成“延伸”命令。

（2）栏选(F)：选择该选项后，系统会以栏选的方式选择被修剪的对象，如图 7-5 所示。

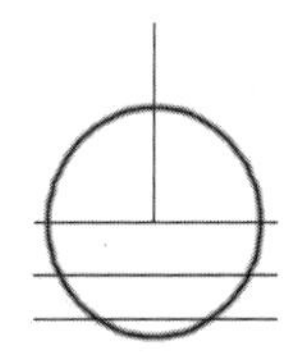

（a）选定剪切边

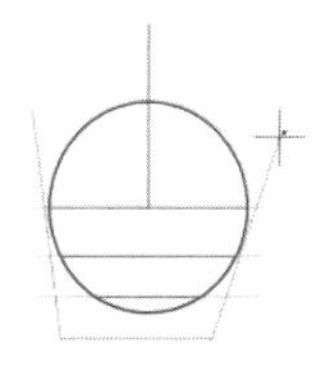

（b）使用栏选的方式选定修剪对象

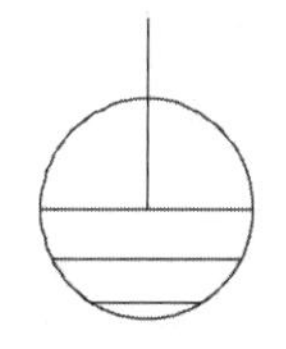

（c）修剪后的效果

图 7-5　栏选选择修剪对象

（3）窗交(C)：选择该选项后，系统会以窗交的方式选择被修剪的对象，如图 7-6 所示。

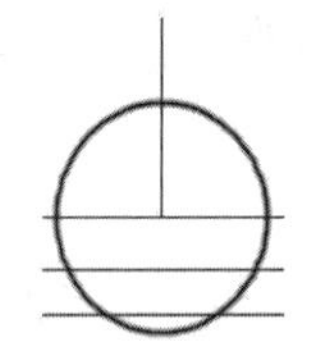

（a）选定剪切边

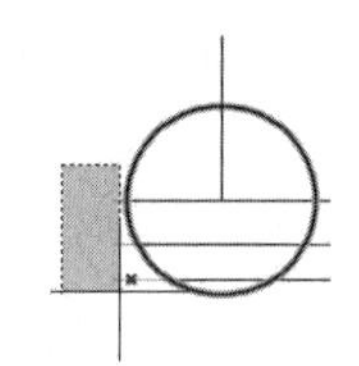

（b）使用窗交的方式选定修剪对象

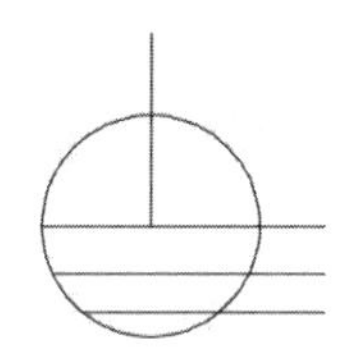

（c）修剪后的效果

图 7-6　窗交选择修剪对象

（4）边(E)：选择该选项后，还需选择对象的修剪方式，如延伸或不延伸。

① 延伸(E)：即延伸边界修剪对象。在此方式下，如果剪切边没有与要修剪的对象相交，系统会延伸剪切边直至与要修剪的对象相交，然后修剪，如图 7-7 所示。

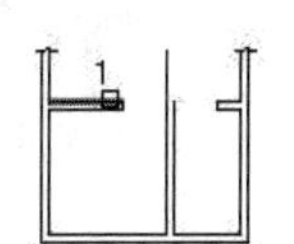

（a）选择剪切边

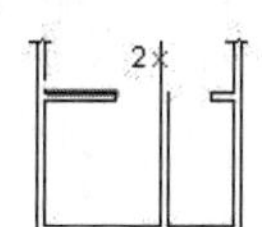

（b）选择要修剪的对象

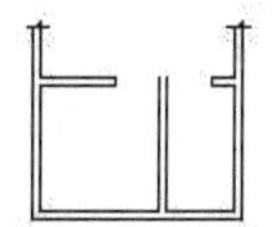

（c）修剪后的效果

图 7-7　延伸方式修剪对象

② 不延伸(N)：即不延伸边界修剪对象。在此方式下，只能修剪与剪切边相交的对象。

7.1.2 “延伸”命令

延伸是指延伸一个对象直至另一个对象的边界线，如图 7-8 所示。

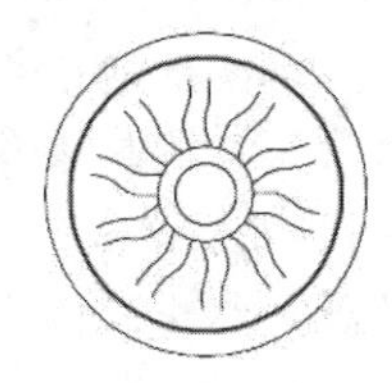

（a）选择边界

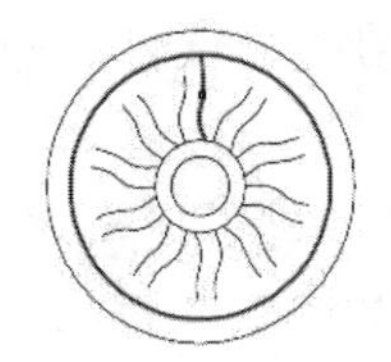

（b）选择要延伸的对象

（c）最终效果

图 7-8　延伸对象

【执行方式】

- 命令行：EXTEND。
- 菜单栏：选择菜单栏中的“修改”→“延伸”命令。
- 工具栏：单击“修改”工具栏中的“延伸”按钮。
- 功能区：单击“默认”选项卡“修改”面板中的“延伸”按钮。

扫一扫，看视频

动手学——窗户

源文件：源文件\第 7 章\窗户.dwg

绘制如图 7-9 所示的窗户。

操作步骤

（1）单击“默认”选项卡“绘图”面板中的“矩形”按钮，绘制角点坐标分别为（100,100）、（300,500）的矩形作为窗户外轮廓线，绘制效果如图 7-10 所示。

（2）单击“默认”选项卡“绘图”面板中的“直线”按钮，绘制坐标为（200,100）、（200,200）的直线分割矩形，绘制效果如图 7-11 所示。

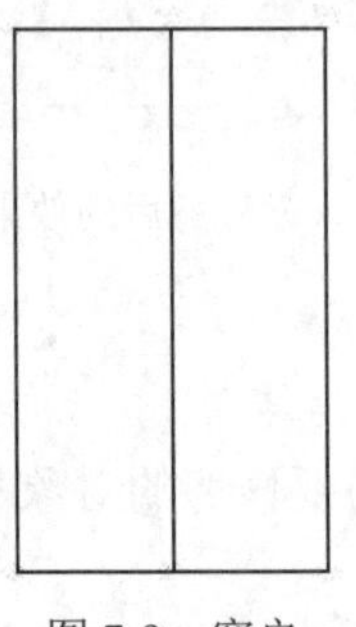
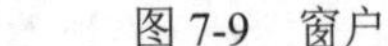
图 7-9　窗户

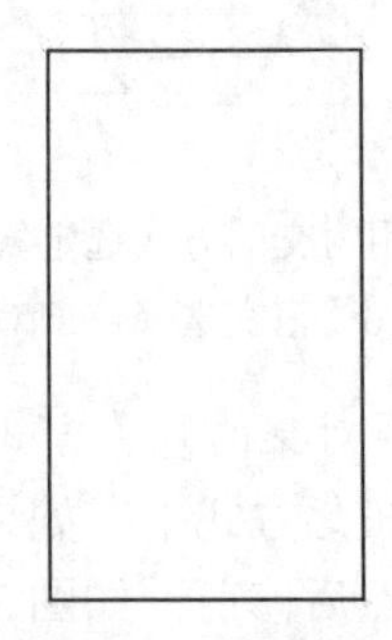
图 7-10　绘制矩形

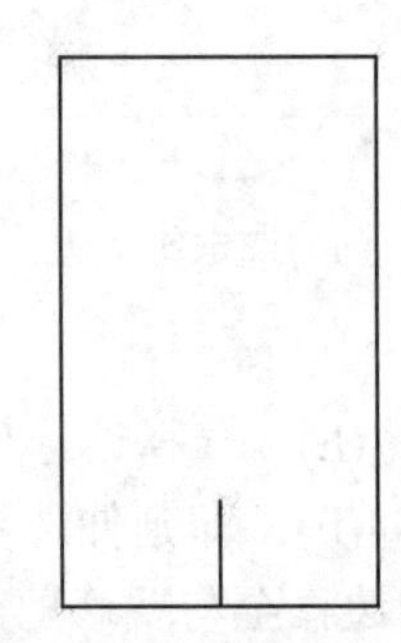
图 7-11　绘制窗户分割线

（3）单击“默认”选项卡“修改”面板中的“延伸”按钮，将直线延伸至矩形最上面的边窗户。命令行中的提示与操作如下：

```
命令：_EXTEND
当前设置:投影=UCS，边=无
选择边界的边...
选择对象或 <全部选择>：（拾取矩形的最上边）
选择要延伸的对象，或按住 Shift 键选择要修剪的对象，或[栏选(F)/窗交(C)/投影(P)/边(E)/放弃(U)]:
（拾取直线）
```

绘制效果如图 7-9 所示。

【选项说明】

（1）系统规定可以用作边界对象的对象有直线段、射线、双向无限长线、圆弧、圆、椭圆、二维和三维多段线、样条曲线、文本、浮动的视口和区域等。如果选择二维多段线作为边界对象，系统会忽略其宽度而把对象延伸至多段线的中心线上。如果要延伸的对象是适配样条多段线，则延伸后会在多段线的控制框上增加新节点。如果要延伸的对象是锥形的多段线，则系统会修正延伸端的宽度，使多段线从起始端平滑地延伸至新的终止端。如果延伸操作导致新终止端的宽度为负值，则取宽度值为 0，如图 7-12 所示。

（2）选择对象时，如果按住 Shift 键，系统会自动将“延伸”命令转换成“修剪”命令。

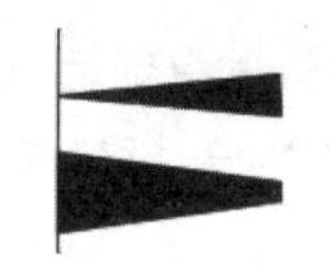

（a）选择边界对象　（b）选择要延伸的多段线　（c）延伸后的效果

图 7-12　延伸对象

7.1.3 “拉伸”命令

拉伸对象是指拖拉选择的且形状发生改变后的对象。拉伸对象时，需指定拉伸的基点和移置点，利用一些辅助工具，如捕捉、钳夹功能及相对坐标等可以提高拉伸的精度。

【执行方式】

- 命令行：STRETCH。
- 菜单栏：选择菜单栏中的“修改”→“拉伸”命令。
- 工具栏：单击“修改”工具栏中的“拉伸”按钮。
- 功能区：单击“默认”选项卡“修改”面板中的“拉伸”按钮。

【操作步骤】

```
命令: _STRETCH
以交叉窗口或交叉多边形选择要拉伸的对象...
选择对象:选取要拉伸的对象
指定基点或 [位移(D)] <位移>: 指定拉伸基点
指定第二个点或 <使用第一个点作为位移>:↙
```

【选项说明】

（1）必须采用“窗交”方式选择拉伸对象。

（2）选择拉伸对象时，指定第一个点后，若指定第二个点，系统会根据这两点决定矢量拉伸对象。若直接按 Enter 键，系统会把第一个点作为 X 轴和 Y 轴的分量值。

7.1.4 “拉长”命令

“拉长”命令可以更改对象的长度和圆弧的包含角。

【执行方式】

- 命令行：LENGTHEN。
- 菜单栏：选择菜单栏中的“修改”→“拉长”命令。
- 功能区：单击“默认”选项卡“修改”面板中的“拉长”按钮。

【操作步骤】

```
命令: _LENGTHEN
选择要拉长的对象或 [增量(DE)/百分比(P)/总计(T)/动态(DY)] <增量(DE)>:
```

【选项说明】

（1）增量(DE)：用指定增加量的方法来改变对象的长度或角度。

（2）百分比(P)：用指定要修改对象的长度占总长度的百分比的方法来改变圆弧或直线段的长度。

（3）总计(T)：用指定新的总长度或总角度值的方法来改变对象的长度和角度。

（4）动态(DY)：在该模式下，可以使用拖拉鼠标的方法来动态地改变对象的长度和角度。

教你一招：

拉伸和拉长工具的区别如下：

拉伸和拉长工具都可以改变对象的大小，不同的是拉伸可以一次框选多个对象，不仅能改变对象的大小，还能改变对象的形状；而拉长只能改变对象的长度，且不受边界的局限。适合使用拉长操作的对象有直线、弧线和样条曲线等。

扫一扫，看视频

动手练——绘制灯具

绘制如图 7-13 所示的灯具。

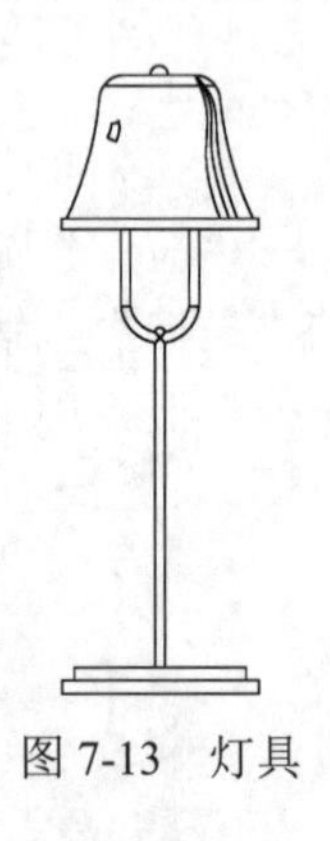

图 7-13　灯具

思路点拨：

源文件：源文件\第 7 章\灯具.dwg

（1）使用“矩形”和“镜像”命令绘制轮廓线。

（2）使用“圆弧”和“偏移”命令绘制灯柱。

（3）使用“修剪”命令修剪多余线段。

（4）使用“样条曲线拟合”“镜像”和“圆弧”命令绘制灯罩。

7.2　圆角和倒角

在绘图的过程中，圆角和倒角是用户经常会用到的。用户在使用“圆角”和“倒角”命令时，要先设置圆角半径和倒角距离，否则命令执行后很可能看不到任何效果。

7.2.1　“圆角”命令

圆角是指用指定的半径决定的一段平滑的圆弧来连接两个对象。系统规定可以用圆角连接一对直线段、非圆弧的多段线段、样条曲线、双向无限长线、射线、圆、圆弧和椭圆，也可以在任何时刻用圆角连接非圆弧多段线的每个节点。

【执行方式】

- 命令行：FILLET。
- 菜单栏：选择菜单栏中的“修改”→“圆角”命令。
- 工具栏：单击“修改”工具栏中的“圆角”按钮。
- 功能区：单击“默认”选项卡“修改”面板中的“圆角”按钮。

扫一扫，看视频

动手学——小便器

源文件：源文件\第 7 章\小便器.dwg

本实例将绘制如图 7-14 所示的小便器。

操作步骤

（1）单击“默认”选项卡“绘图”面板中的“矩形”按钮，指定坐标点{（0,0），（400,1000）}绘制矩形。重复使用“矩形”命令，绘制另 3 个矩形，角点坐标分别为{（0,150），（45,1000）}、{（45,150），（355,950）}、{（355,150），（400,1000）}，绘制效果如图 7-15 所示。

（2）单击“默认”选项卡“修改”面板中的“圆角”按钮，圆角半径设为 40，将中间的矩形进行圆角处理。命令行提示与操作如下：

```
命令：_FILLET
当前设置：模式 = 修剪，半径 =0.0000
选择第一个对象或 [放弃(U)/多段线(P)/半径(R)/修剪(T)/多个(M)]：r
指定圆角半径：40
选择第一个对象或 [放弃(U)/多段线(P)/半径(R)/修剪(T)/多个(M)]：p
选择二维多段线：（选择如图 7-15 所示的矩形）
```

最终效果如图 7-16 所示。

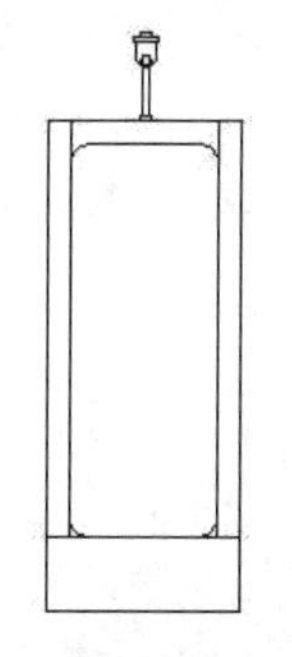

图 7-14　小便器

图 7-15　绘制矩形

图 7-16　圆角处理

（3）单击“默认”选项卡“绘图”面板中的“直线”按钮，指定角点坐标{（45,150），（355,150）}绘制直线，绘制效果如图 7-16 所示。

（4）单击“默认”选项卡“绘图”面板中的“直线”按钮，指定坐标点（187.5,1000）、（187.5,1010）、（210.5,1000）绘制直线。

（5）单击“默认”选项卡“绘图”面板中的“矩形”按钮，指定坐标点{（192,1010），（207.5,1110）}绘制矩形。

重复应用“矩形”命令绘制另两个矩形，角点坐标分别为{（172.5,1160），（227.5,1170）}、{（190,1170），（210,1180）}。

（6）单击“默认”选项卡“绘图”面板中的“多段线”按钮，绘制多段线。命令行提示与操作如下:

```
命令: _PLINE
指定起点: 177.5,1160
当前线宽为 0.0000
指定下一点或 [圆弧(A)/半宽(H)/长度(L)/放弃(U)/宽度(W)]: 177.5,1131
指定下一点或 [圆弧(A)/闭合(C)/半宽(H)/长度(L)/放弃(U)/宽度(W)]: a
指定圆弧的端点或[角度(A)/圆心(CE)/闭合(CL)/方向(D)/半宽(H)/直线(L)/半径(R)/第二个点(S)/放弃(U)/宽度(W)]: @45,0
指定圆弧的端点或[角度(A)/圆心(CE)/闭合(CL)/方向(D)/半宽(H)/直线(L)/半径(R)/第二个点(S)/放弃(U)/宽度(W)]: l
指定下一点或 [圆弧(A)/闭合(C)/半宽(H)/长度(L)/放弃(U)/宽度(W)]: 222.5,1160
指定下一点或 [圆弧(A)/闭合(C)/半宽(H)/长度(L)/放弃(U)/宽度(W)]:
```

（7）单击“默认”选项卡“绘图”面板中的“圆”按钮，绘制圆。命令行提示与操作如下:

```
命令:CIRCLE
指定圆的圆心或 [三点(3P)/两点(2P)/切点、切点、半径(T)]: 200,1120
指定圆的半径或 [直径(D)] <0.0000>: 10
```

绘制效果如图 7-14 所示。

【选项说明】

（1）多段线(P): 在一条二维多段线的两段直线段的节点处插入圆滑的弧。选择多段线后，系统会根据指定的圆弧的半径把多段线各顶点用圆滑的弧连接起来。

（2）修剪(T): 决定在圆角连接两条边时是否修剪这两条边，如图 7-17 所示。

（3）多个(M): 可以同时对多个对象进行圆角编辑，而不必重新启用命令。

（4）按住 Shift 键并选择两条直线，可以快速创建零距离倒角或零半径圆角。

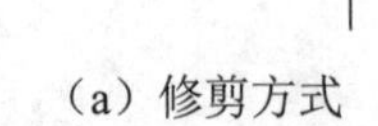

（a）修剪方式　　（b）不修剪方式

图 7-17　圆角连接

☞教你一招:

还有以下几种情况下的圆角。

（1）当两条线相交或不相连时，利用圆角进行修剪和延伸。

如果将圆角半径设置为 0，则不会创建圆弧，操作对象将被修剪或延伸直到它们相交。当两条线相交或不相连时，使用“圆角”命令可以自动进行修剪和延伸，比使用“修剪”和“延伸”命令更方便。

（2）对平行直线倒圆角。

系统不仅可以对相交或未连接的线倒圆角，平行的直线、构造线和射线同样可以倒圆角。对平行线进行倒圆角时，软件将忽略原来的圆角设置，自动调整圆角半径，生成一个半圆连接两条直线，绘制键槽或类似零件时比较方便。对于平行线倒圆角时，第一个选定对象必须是直线或射线，不能是构造线，因为构造线没有端点，但是可以作为圆角的第二个对象。

（3）对多段线加圆角或删除圆角。

如果想对多段线上适合圆角半径的每条线段的顶点处插入相同长度的圆角弧，可在倒圆角时使用“多段线”选项；如果想删除多段线上的圆角和弧线，也可以使用“多段线”选项，只需将圆角设置为 0，“圆角”命令将删除该圆弧线段并延伸直线，直到它们相交。

7.2.2　“倒角”命令

倒角是指用斜线连接两个不平行的线型对象。可以用斜线连接直线段、双向无限长线、射线和多段线。

【执行方式】

- 命令行：CHAMFER。
- 菜单栏：选择菜单栏中的“修改”→“倒角”命令。
- 工具栏：选择“修改”工具栏中的“倒角”按钮。
- 功能区：单击“默认”选项卡“修改”面板中的“倒角”按钮。

扫一扫，看视频

动手学——四人餐桌

源文件：源文件\第 7 章\四人餐桌.dwg

本实例将绘制如图 7-18 所示的四人餐桌。

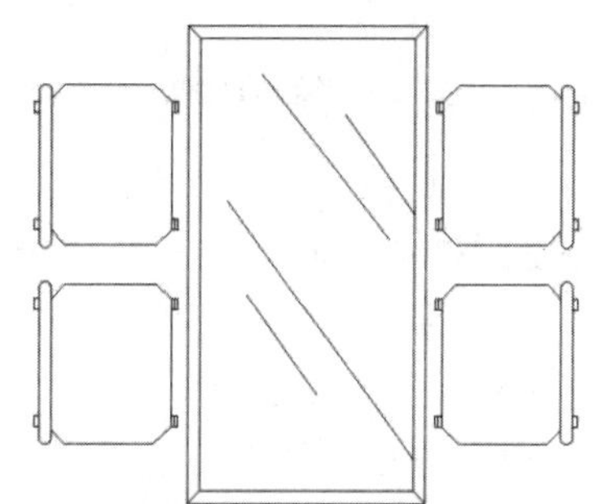
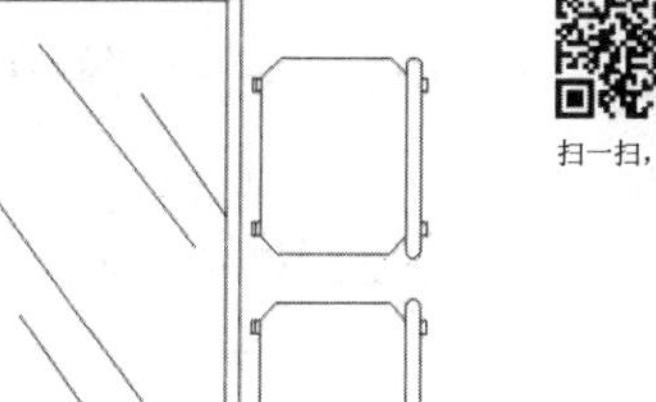

图 7-18　四人餐桌

操作步骤

（1）单击“默认”选项卡“绘图”面板中的“矩形”按钮，在图形空白区域绘制一个 800×1500 的矩形，如图 7-19 所示。

（2）单击“默认”选项卡“修改”面板中的“偏移”按钮，选择上步绘制的矩形为偏移对象并向内进行偏移，偏移距离为 40，如图 7-20 所示。

（3）单击“默认”选项卡“绘图”面板中的“直线”按钮，绘制 4 条斜向直线，如图 7-21 所示。

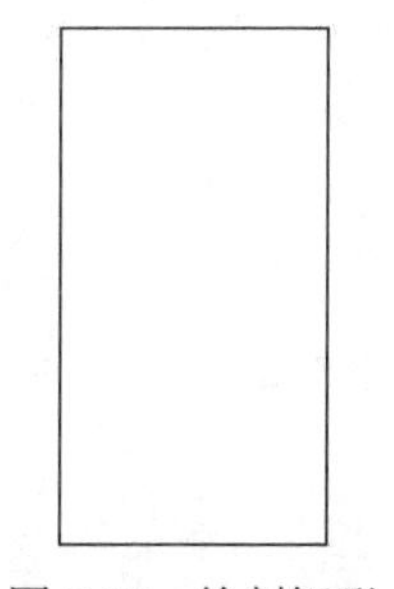

图 7-19　绘制矩形

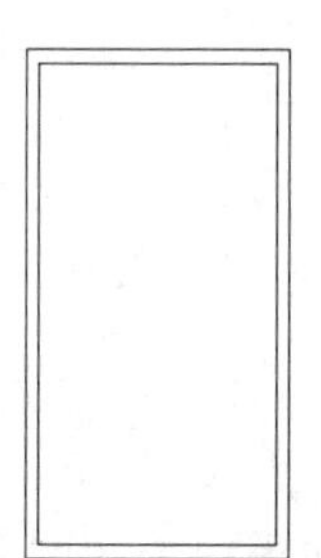

图 7-20　偏移矩形

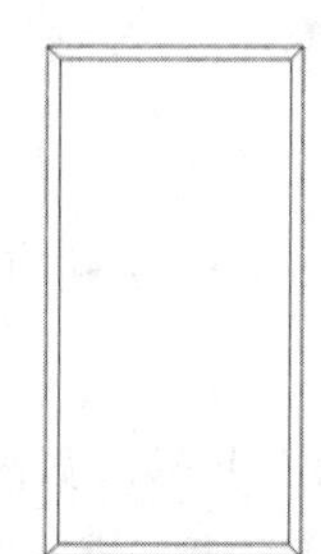

图 7-21　绘制直线

（4）单击“默认”选项卡“绘图”面板中的“直线”按钮，在矩形图形内绘制多条斜向直线，如图 7-22 所示。

（5）单击“默认”选项卡“绘图”面板中的“矩形”按钮，在图形空白区域绘制一个 400×500 的矩形，如图 7-23 所示。

（6）单击“默认”选项卡“修改”面板中的“倒角”按钮，选择上步绘制矩形的 4 条边为倒角对象并对其进行倒角处理，倒角距离为 81。命令行提示与操作如下：

```
命令: _chamfer
("修剪"模式) 当前倒角距离 1 = 0，距离 2 = 0
选择第一条直线或 [放弃(U)/多段线(P)/距离(D)/角度(A)/修剪(T)/方式(E)/多个(M)]: d
```

```
指定第一个倒角距离 <0>: 81
指定第二个倒角距离 <81>:
选择第一条直线或 [放弃(U)/多段线(P)/距离(D)/角度(A)/修剪(T)/方式(E)/多个(M)]: m
选择第一条直线或 [放弃(U)/多段线(P)/距离(D)/角度(A)/修剪(T)/方式(E)/多个(M)]:
选择第二条直线，或按住 Shift 键选择直线以应用角点或 [距离(D)/角度(A)/方法(M)]:
```

绘制效果如图 7-24 所示。

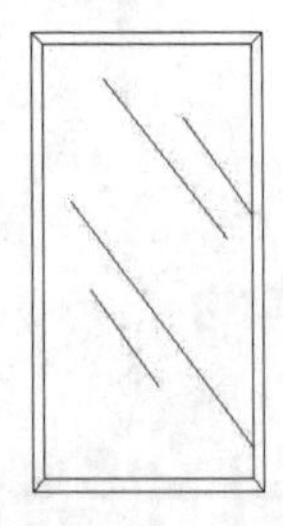

图 7-22　绘制直线

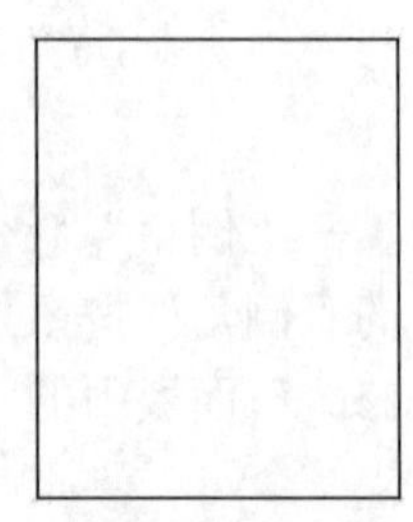

图 7-23　绘制矩形

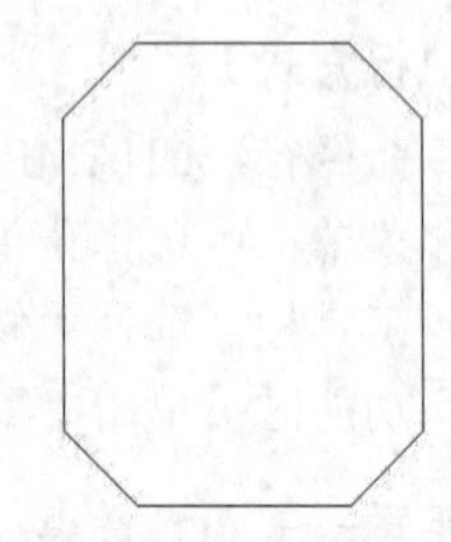

图 7-24　倒角处理

（7）单击“默认”选项卡“绘图”面板中的“矩形”按钮，在上步倒角后的矩形下端绘制一个 22×32 的矩形，如图 7-25 所示。

（8）单击“默认”选项卡“绘图”面板中的“直线”按钮，在上步绘制的矩形内绘制一条竖直直线，如图 7-26 所示。

（9）单击“默认”选项卡“修改”面板中的“复制”按钮，选择上步绘制的图形为复制对象并向上进行复制，如图 7-27 所示。

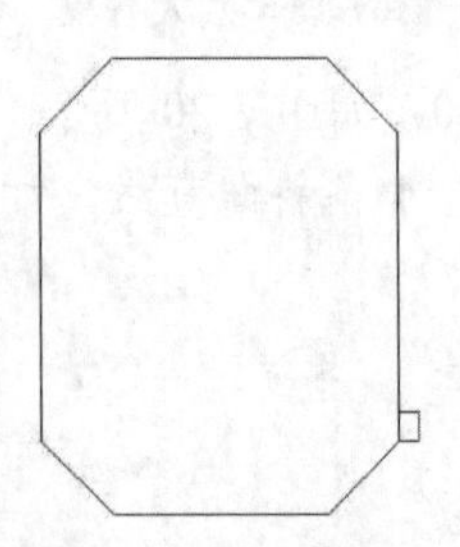

图 7-25　绘制矩形

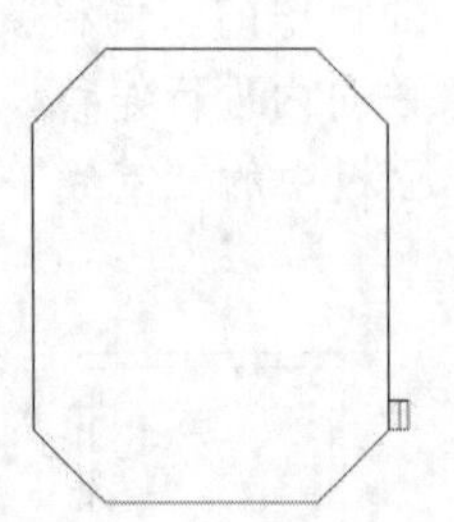

图 7-26　绘制直线

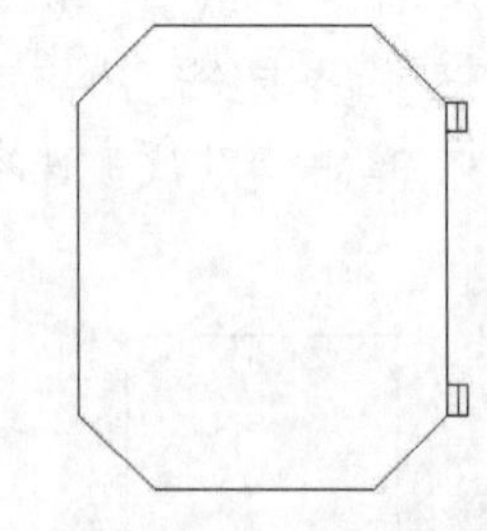

图 7-27　复制图形

（10）单击“默认”选项卡“绘图”面板中的“矩形”按钮，在绘制的大矩形左端绘制一个 38×510 的矩形，如图 7-28 所示。

（11）单击“默认”选项卡“修改”面板中的“圆角”按钮，选择上步绘制的矩形为圆角对象并对其进行圆角处理，圆角半径为 15，如图 7-29 所示。

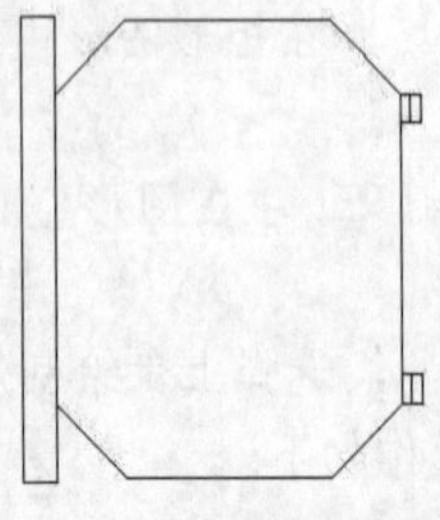

图 7-28　绘制矩形

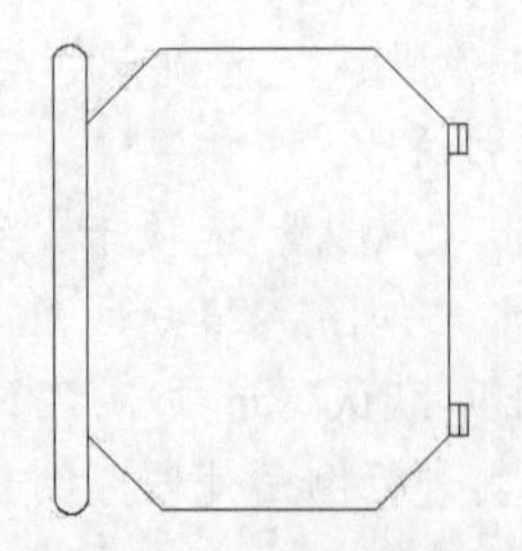

图 7-29　圆角处理

（12）单击“默认”选项卡“绘图”面板中的“矩形”按钮，在上步绘制的矩形左侧绘制一个 18×32 的矩形，如图 7-30 所示。

（13）单击“默认”选项卡“修改”面板中的“复制”按钮，选择上步绘制的矩形为复制对象并向上进行复制，完成图形的绘制，如图 7-31 所示。

（14）单击“默认”选项卡“修改”面板中的“移动”按钮，选择上步绘制完成的椅子图形为移动对象，将其移动放置到餐桌处，如图 7-32 所示。

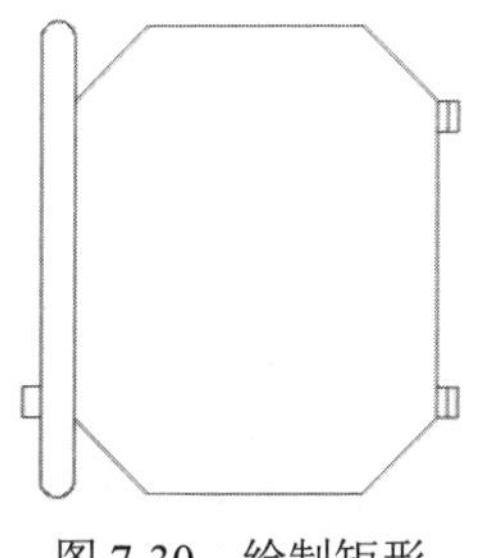

图 7-30 绘制矩形

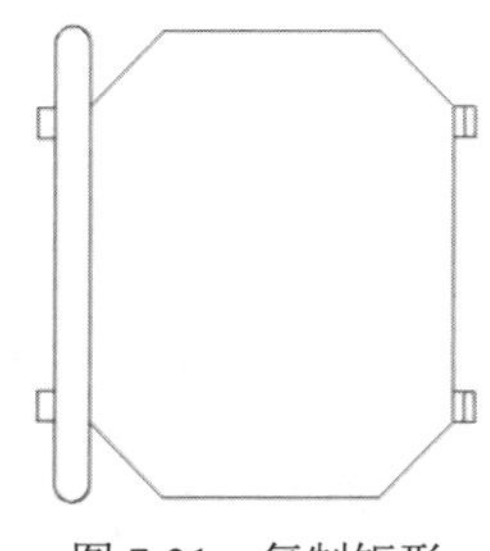

图 7-31 复制矩形

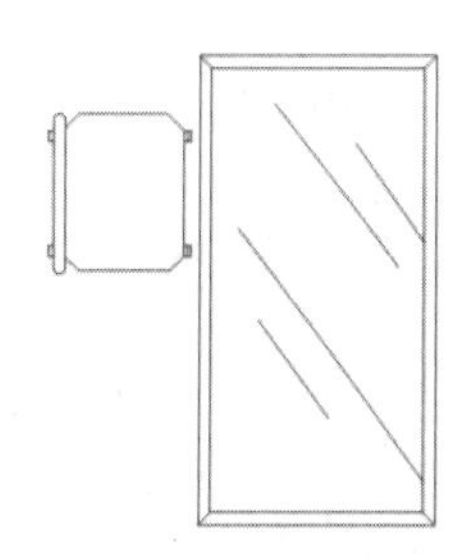

图 7-32 移动椅子

（15）单击“默认”选项卡“修改”面板中的“复制”按钮，选择上步移动的椅子图形为复制对象并向下复制一个椅子图形。

（16）单击“默认”选项卡“修改”面板中的“镜像”按钮，选择上步绘制的两个椅子图形为镜像对象，将其向右侧进行镜像，绘制效果如图 7-18 所示。

【选项说明】

（1）多段线(P)：对多段线的各个交叉点进行倒角编辑。为了得到好的连接效果，一般设置斜线是相等的值。系统根据指定的斜线距离把多段线的每个交叉点都作斜线连接，连接的斜线成为多段线新添加的构成部分，如图 7-33 所示。

（2）距离(D)：选择倒角的两个斜线距离。斜线距离是指从被连接的对象与斜线的交点到被连接的两个对象可能的交点之间的距离，如图 7-34 所示。这两个斜线距离可以相同也可以不相同，若二者均为 0，则系统不绘制连接的斜线，而是把两个对象延伸至相交，并修剪超出的部分。

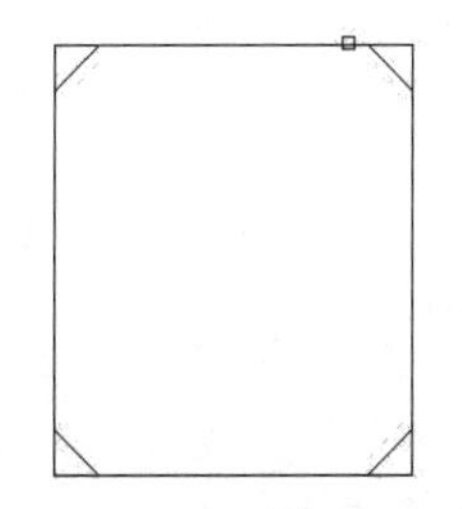

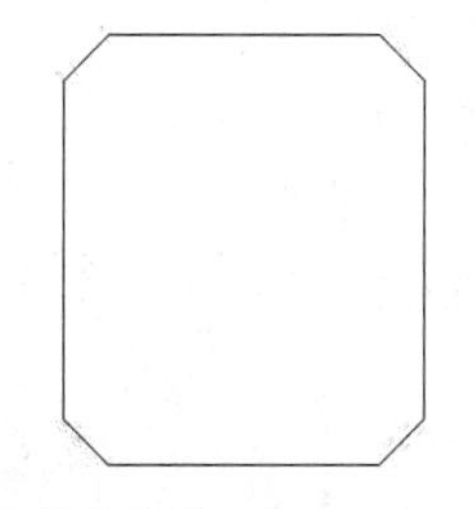

图 7-33 斜线连接多段线

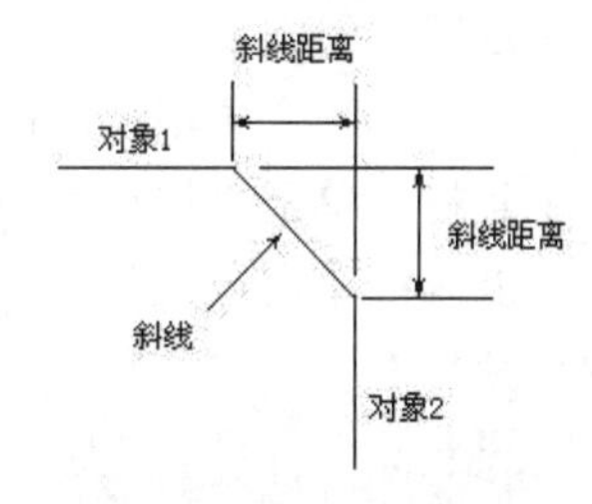

图 7-34 斜线距离

（3）角度(A)：选择第一条直线的斜线距离和角度。采用这种方法为斜线连接对象时，需要输入两个参数：斜线与一个对象的斜线距离和斜线与该对象的夹角，如图 7-35 所示。

（4）修剪(T)：与圆角连接（FILLET）命令相同，该选项决定连接对象后，是否剪切原对象。

（5）方式(E)：决定采用“距离”方式或“角度”方式来倒角。

（6）多个(M)：同时对多个对象进行倒角编辑。

动手练——绘制微波炉

绘制如图 7-36 所示的微波炉。

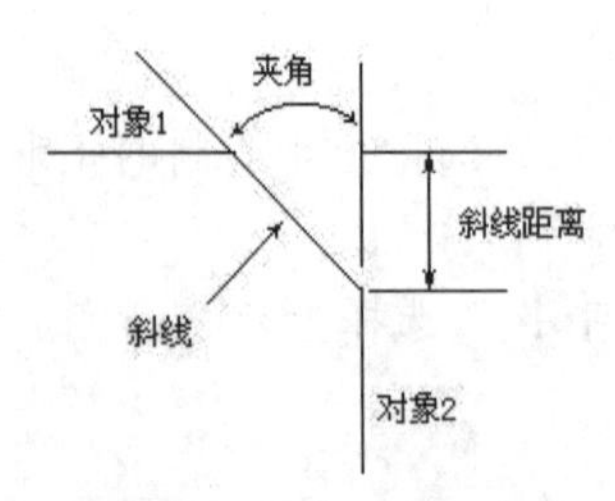

图 7-35　斜线距离与夹角

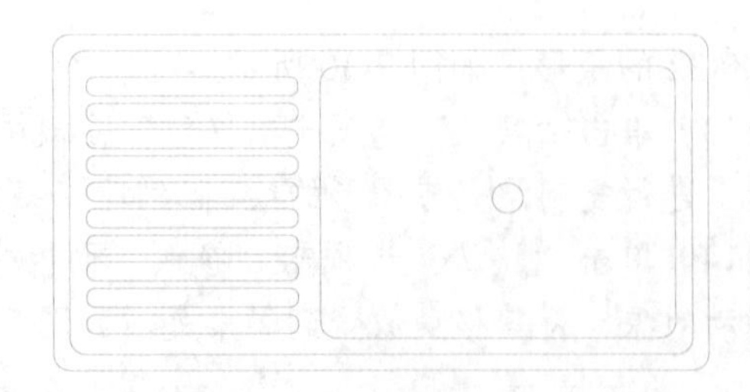

图 7-36　微波炉

思路点拨：

源文件：源文件\第 7 章\微波炉.dwg

（1）使用“矩形”命令绘制微波炉外轮廓。

（2）使用“矩形”命令绘制散热孔。

（3）使用“圆角”命令进行圆角处理。

7.3　打断、合并和分解对象

编辑命令除了前面学到的复制类命令、改变位置类命令、改变图形特性的命令及圆角和倒角命令之外，还有打断、合并和分解命令。

7.3.1　“打断”命令

打断是在两个点之间创建间隔，也就是说在打断之处存在间隙。

【执行方式】

- 命令行：BREAK。
- 菜单栏：选择菜单栏中的“修改”→“打断”命令。
- 工具栏：单击“修改”工具栏中的“打断”按钮。
- 功能区：单击“默认”选项卡“修改”面板中的“打断”按钮。

【操作步骤】

```
命令：_BREAK
选择对象：
指定第二个打断点或[第一点(F)]：
```

【选项说明】

如果选择“第一点(F)”选项，系统将丢弃前面的第一个选择点，重新提示用户指定两个打断点。

7.3.2　“打断于点”命令

打断于点是将对象在某一点处打断，打断之处没有间隙。有效的对象包括直线、圆弧等，但不能是圆、矩形和多边形等封闭的图形。此命令与“打断”命令类似。

【执行方式】

- 命令行：BREAK。
- 工具栏：单击“修改”工具栏中的“打断于点”按钮 。
- 功能区：单击“默认”选项卡“修改”面板中的“打断于点”按钮 。

【操作步骤】

```
命令: _BREAK
选择对象:(选择要打断的对象)
指定第二个打断点或 [第一点(F)]: _f(系统自动执行“第一点(F)”选项)
指定第一个打断点:(选择打断点)
指定第二个打断点: @(系统自动忽略此提示)
```

7.3.3 “合并”命令

“合并”命令可以将直线、圆弧、椭圆弧和样条曲线等独立的对象合并为一个对象。

【执行方式】

- 命令行：JOIN。
- 菜单栏：选择菜单栏中的“修改”→“合并”命令。
- 工具栏：单击“修改”工具栏中的“合并”按钮 。
- 功能区：单击“默认”选项卡“修改”面板中的“合并”按钮 。

【操作步骤】

```
命令: JOIN
选择源对象或要一次合并的多个对象:(选择一个对象)
选择要合并的对象:(选择另一个对象)
选择要合并的对象:
```

7.3.4 “分解”命令

使用“分解”命令选择一个对象后，该对象就会被分解（允许一次分解多个对象）。

【执行方式】

- 命令行：EXPLODE。
- 菜单栏：选择菜单栏中的“修改”→“分解”命令。
- 工具栏：单击“修改”工具栏中的“分解”按钮 。
- 功能区：单击“默认”选项卡“修改”面板中的“分解”按钮 。

动手学——吧台

扫一扫，看视频

源文件：源文件\第 7 章\吧台.dwg

绘制如图 7-37 所示的吧台。

操作步骤

（1）单击“默认”选项卡“绘图”面板中的“矩形”按钮 ，绘制一个 400×600 的矩形，如

图 7-38 所示。重复应用“矩形”命令，在其右侧绘制一个 500×600 的矩形作为吧台的台板，如图 7-39 所示。

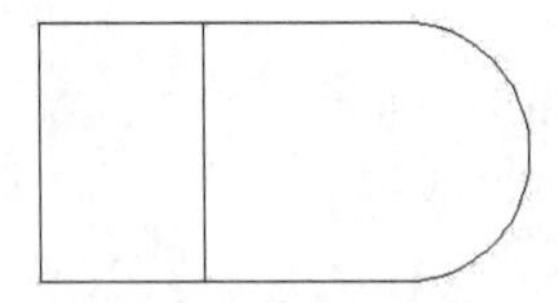
图 7-37　吧台

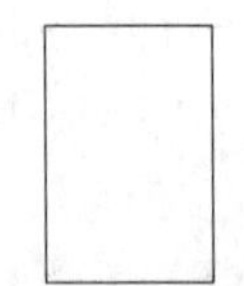
图 7-38　绘制矩形

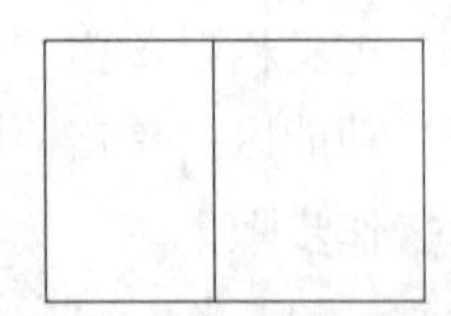
图 7-39　绘制吧台的台板

（2）单击“默认”选项卡“绘图”面板中的“圆”按钮，在矩形右侧的边缘中点绘制一个半径为 300 的圆，如图 7-40 所示。

（3）单击“默认”选项卡“修改”面板中的“分解”按钮，选择右侧的矩形和圆，删除右侧的垂直边。命令行提示与操作如下：

```
命令： _EXPLODE
选择对象： （右侧的矩形和圆）
选择对象： （按 Enter 键）
```

效果如图 7-41 所示。

（4）单击“默认”选项卡“修改”面板中的“修剪”按钮，选择上下两条水平直线作为修剪边界，将圆的左侧修剪掉，生成的吧台图形如图 7-37 所示。

扫一扫，看视频

动手练——绘制沙发

绘制如图 7-42 所示的沙发。

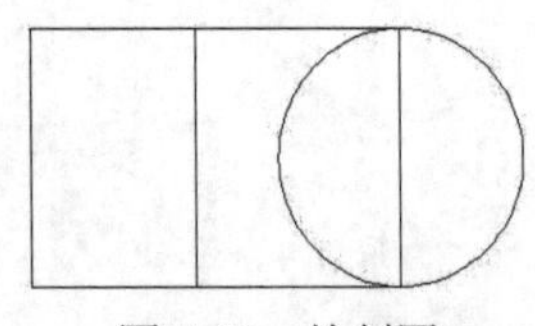
图 7-40　绘制圆

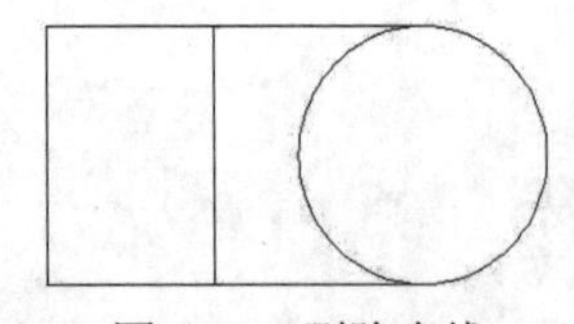
图 7-41　删除直线

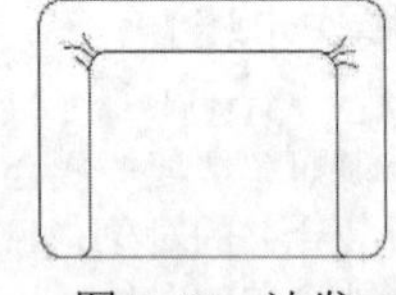
图 7-42　沙发

思路点拨：

源文件：源文件\第 7 章\沙发.dwg

（1）使用“矩形”和“直线”命令绘制沙发的初步轮廓。

（2）使用“圆角”命令绘制倒圆角。

（3）使用“延伸”命令延伸图形。

（4）使用“圆弧”命令绘制沙发皱纹。

7.4 对象编辑

在 AutoCAD 2022 中，用户不仅可以对图形进行编辑，还可以对图形对象的某些特性进行编辑。

7.4.1 钳夹功能

要使用钳夹功能编辑对象，必须先打开钳夹功能。

（1）选择菜单栏中的“工具”→“选项”命令，弹出❶“选项”对话框，❷选择“选择集”选项卡，如图 7-43 所示。在“夹点”选项组中选中❸“显示夹点”复选框。在该选项卡中还可以设置代表夹点小方格的尺寸和颜色。

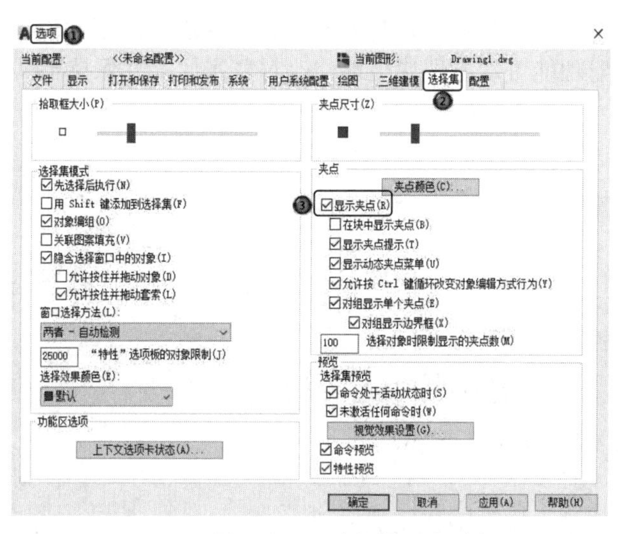

图 7-43　“选择集”选项卡

利用夹点功能可以快速方便地编辑对象。AutoCAD 在图形对象上定义了一些特殊点，称为夹点，利用夹点可以灵活地控制对象，如图 7-44 所示。

（2）也可以通过 GRIPS 系统变量来控制是否打开夹点功能，1 代表打开，0 代表关闭。

（3）打开夹点功能后，应该在编辑对象之前先选择对象。

夹点表示对象的控制位置。使用夹点编辑对象，要选择一个夹点作为基点，称为基准夹点。

（4）选择一种编辑操作：镜像、移动、旋转、拉伸和缩放。可以用空格键、Enter 键或快捷键循环选择这些功能，如图 7-45 所示。

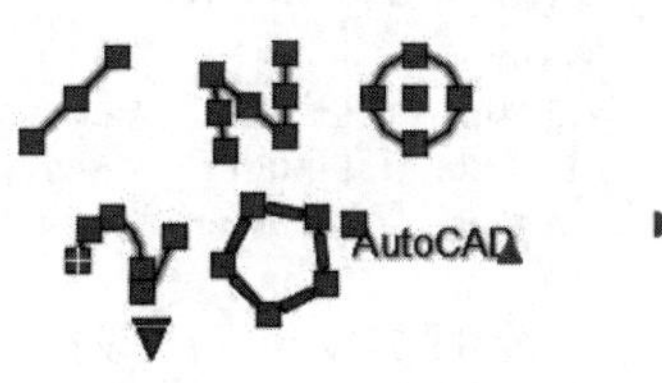

图 7-44　显示夹点

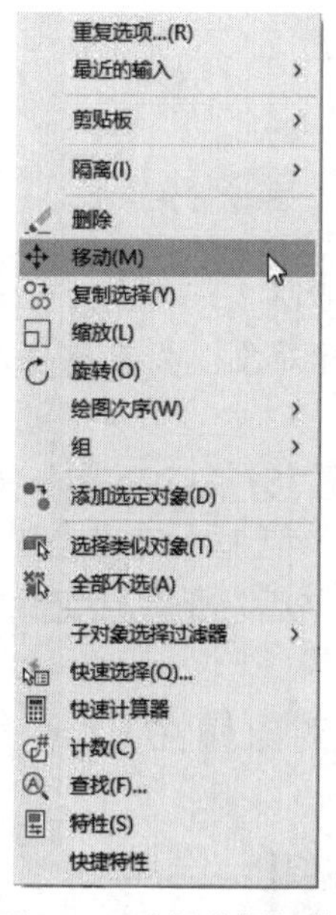

图 7-45　选择编辑操作

7.4.2 特性匹配

利用特性匹配功能可以将目标对象的属性与源对象的属性进行匹配，使目标对象的属性与源对象的属性相同。利用特性匹配功能可以方便快捷地修改对象属性，并保持不同对象的属性相同。

【执行方式】

- 命令行：MATCHPROP。
- 菜单栏：选择菜单栏中的“修改”→“特性匹配”命令。
- 工具栏：单击标准工具栏中的“特性匹配”按钮。
- 功能区：单击“默认”选项卡“特性”面板中的“特性匹配”按钮。

扫一扫，看视频

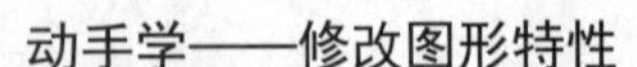

动手学——修改图形特性

调用素材： 初始文件\第 7 章\修改图形特性初始文件.dwg

源文件： 源文件\第 7 章\修改图形特性.dwg

操作步骤

（1）打开初始文件\第 7 章\修改图形特性初始文件.dwg 文件，如图 7-46 所示。

（2）单击“默认”选项卡“特性”面板中的“特性匹配”按钮，将矩形的线型修改为粗实线。命令行提示与操作如下：

```
命令：_MATCHPROP
选择源对象：选取圆
当前活动设置： 颜色 图层 线型 线型比例 线宽 透明度 厚度 打印样式 标注 文字 图案填充 多段线 视口 表格材质 多重引线中心对象
选择目标对象或 [设置(S)]：鼠标变成画笔，选取矩形，如图 7-47 所示
```

效果如图 7-48 所示。

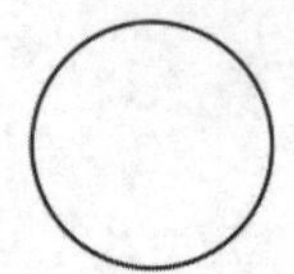

图 7-46 原始文件

图 7-47 选取目标对象

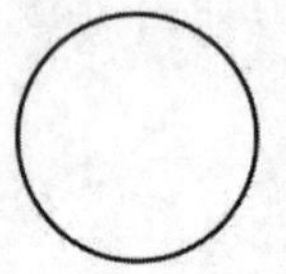
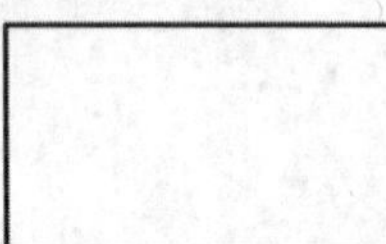

图 7-48 完成矩形特性的修改

【选项说明】

（1）目标对象：指定要将源对象的特性复制到其上的对象。

（2）设置(S)：选择此选项，打开如图 7-49 所示的“特性设置”对话框，可以控制要将哪些对象特性复制到目标对象。默认情况下，选定所有对象特性进行复制。

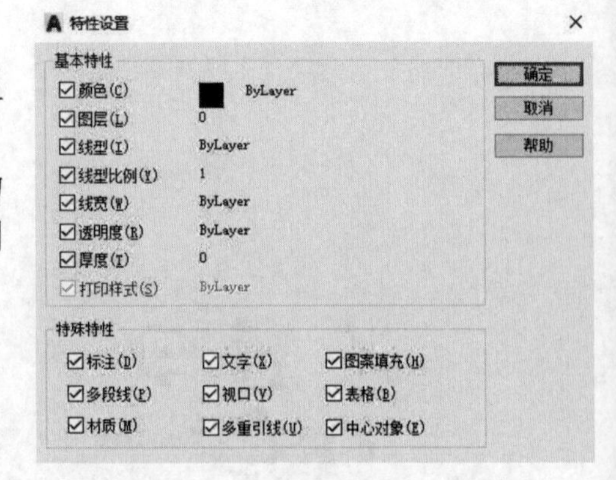

图 7-49 “特性设置”对话框

7.4.3 修改对象属性

【执行方式】

- 命令行：DDMODIFY 或 PROPERTIES。

- 菜单栏：选择菜单栏中的“修改”→“特性”命令，或者选择菜单栏中的“工具”→“选项板”→“特性”命令。
- 工具栏：单击标准工具栏中的“特性”按钮。
- 快捷键：Ctrl+1。
- 功能区：单击“视图”选项卡“选项板”面板中的“特性”按钮。

扫一扫，看视频

动手学——五环

源文件：源文件\第 7 章\五环.dwg

本实例将绘制如图 7-50 所示的五环。

操作步骤

（1）单击“默认”选项卡“绘图”面板中的“圆环”按钮，设置圆环内径为 40、外径为 50，绘制 5 个圆环，如图 7-51 所示。

图 7-50　五环

图 7-51　绘制五环

（2）单击“视图”选项卡“选项板”面板中的“特性”按钮，弹出“特性”选项板，单击第一个圆环，“特性”选项板中列出了该圆环所在的图层、颜色、线型、线宽等基本特性及其几何特性，如图 7-52 所示。单击“颜色”选项，在表示颜色的色块后出现一个按钮。单击此按钮，打开“颜色”下拉列表，从中选择“蓝”选项，如图 7-53 所示。连续按两次 Esc 键，退出选项板。

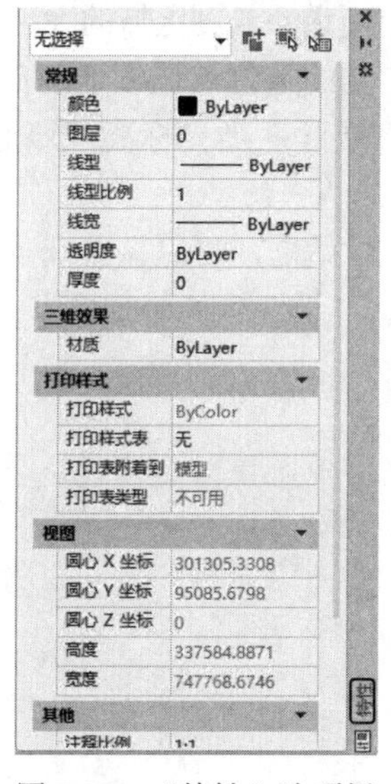

图 7-52　“特性”选项板

图 7-53　设置颜色

（3）第二个圆环的颜色为默认的黑色，将另外 3 个圆环的颜色分别修改为红色、黄色和绿色。最终绘制的效果如图 7-50 所示。

【选项说明】

（1）切换 PICKADD 系统变量的值：单击此按钮，打开或关闭 PICKADD 系统变量。打开 PICKADD 时，每个选定对象都将添加到当前选择集中。

（2）选择对象：使用任意选择方法选择所需对象。

（3）快速选择：单击此按钮，打开如图 7-54 所示的“快速选择”对话框，用于创建基于过滤条件的选择集。

（4）快捷菜单：在“特性”选项板的标题栏上右击，打开如图 7-55 所示的快捷菜单。

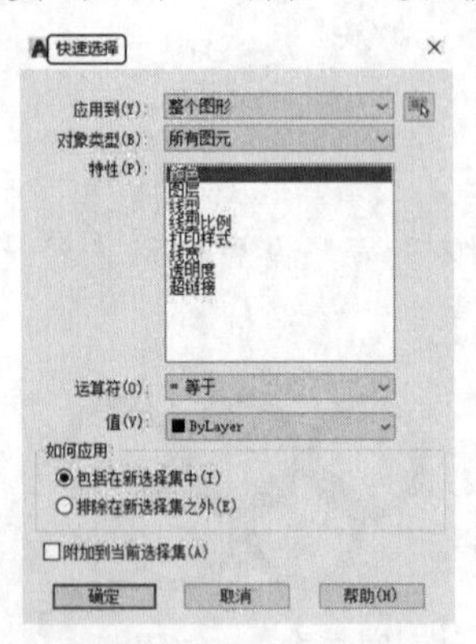

图 7-54 “快速选择”对话框

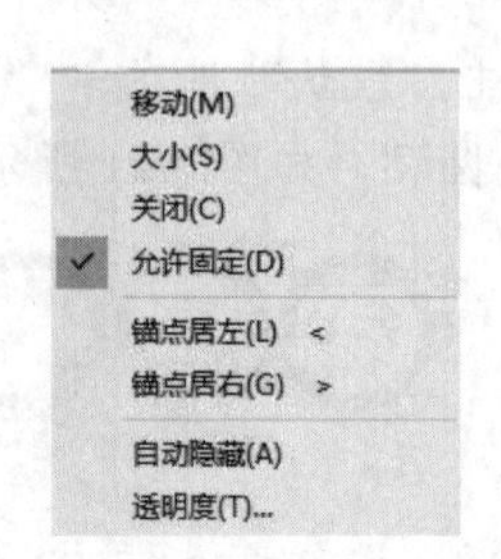

图 7-55 “特性”快捷菜单

① 移动：选择此选项，系统显示用于移动选项板的四向箭头光标，移动光标则可移动选项板。

② 大小：选择此选项，系统显示四向箭头光标，用于拖动选项板的边或角点使其变大或变小。

③ 关闭：选择此选项则关闭选项板。

④ 允许固定：切换固定或定位选项板。选择此选项，在图形边上的固定区域或拖动窗口时，可以固定该窗口。固定窗口附着到应用程序窗口的边上，并导致重新调整绘图区域的大小。

⑤ 锚点居左/锚点居右：将选项板附着到绘图区域右侧或左侧的定位点选项卡基点。

⑥ 自动隐藏：当光标移动到浮动选项板上时，该选项板将展开；当光标离开该选项板时，它将关闭。

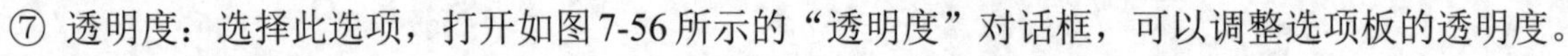

⑦ 透明度：选择此选项，打开如图 7-56 所示的“透明度”对话框，可以调整选项板的透明度。

扫一扫，看视频

动手练——绘制花朵

绘制如图 7-57 所示的花朵。

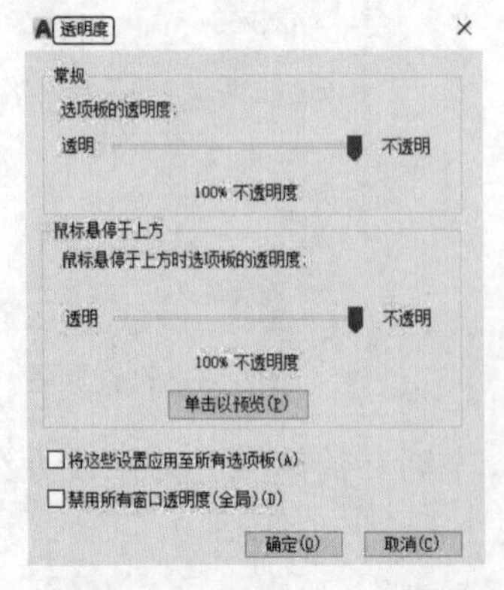

图 7-56 “透明度”对话框

图 7-57 花朵

思路点拨：

源文件：源文件\第 7 章\花朵.dwg

（1）使用“圆”命令绘制花蕊。

（2）使用“多边形”和“圆弧”命令绘制花瓣。

（3）使用“多段线”命令绘制枝叶。

（4）修改花瓣和枝叶的颜色。

7.5　实例——绘制六人餐桌椅

扫一扫，看视频

源文件：源文件\第 7 章\绘制六人餐桌椅.dwg

绘制如图 7-58 所示的六人餐桌椅。

操作步骤

（1）单击“默认”选项卡“绘图”面板中的“矩形”按钮，绘制一个 1500×1000 的矩形，如图 7-59 所示。

（2）单击“默认”选项卡“绘图”面板中的“直线”按钮，在矩形的长边和短边方向的中点各绘制一条直线作为辅助线，如图 7-60 所示。

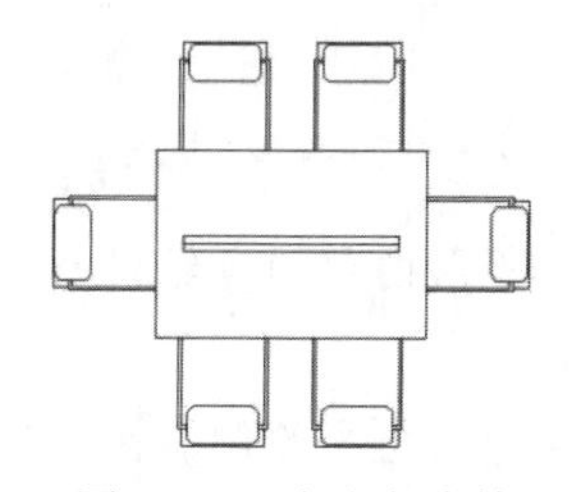
图 7-58　六人餐桌椅

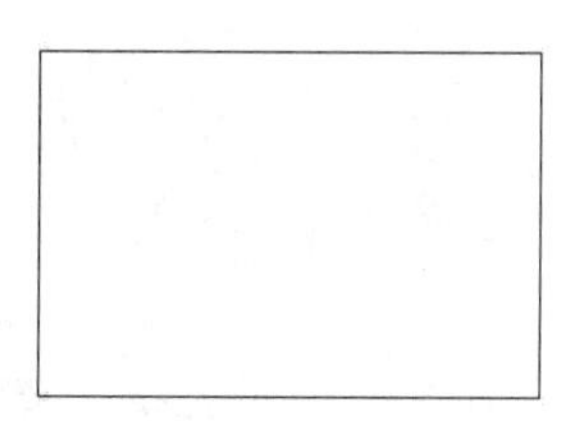
图 7-59　绘制矩形

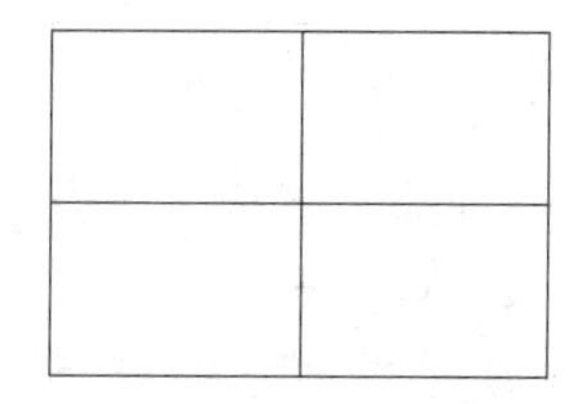
图 7-60　绘制辅助线

（3）单击“默认”选项卡“绘图”面板中的“矩形”按钮，在空白处绘制一个 1200×40 的矩形，如图 7-61 所示。单击“默认”选项卡“修改”面板中的“移动”按钮，以矩形底边中点为基点，移动矩形至刚刚绘制的辅助线交叉处，如图 7-62 所示。

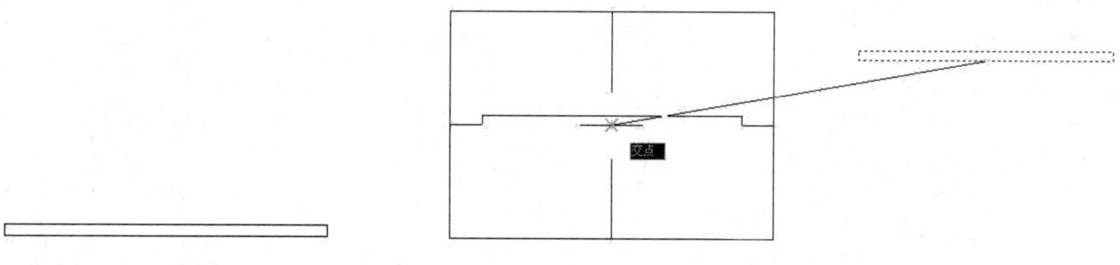

图 7-61　绘制矩形

图 7-62　移动矩形

（4）单击“默认”选项卡“修改”面板中的“镜像”按钮，选择刚刚移动的矩形，然后以水平辅助线为镜像轴，将其镜像到下侧，如图 7-63 所示。

（5）单击“默认”选项卡“绘图”面板中的“矩形”按钮，在空白处绘制边长为500的正方形，如图7-64所示。

（6）单击“默认”选项卡“修改”面板中的“偏移”按钮，偏移距离设置为20，将绘制的正方形向内偏移，如图7-65所示。在空白处绘制一个400×200的矩形，如图7-66所示。

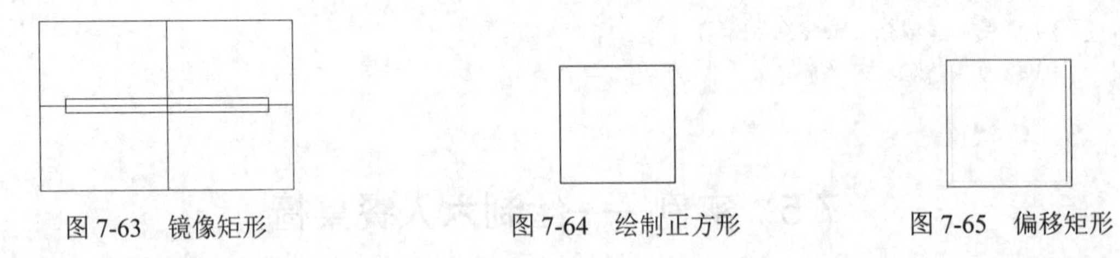

图7-63　镜像矩形　　图7-64　绘制正方形　　图7-65　偏移矩形

（7）单击“默认”选项卡“修改”面板中的“圆角”按钮，对上步绘制的矩形进行倒圆角，圆角半径为50，如图7-67所示。

（8）单击“默认”选项卡“修改”面板中的“移动”按钮，将倒圆角后的矩形移动到正方形上侧边的中心，如图7-68所示。

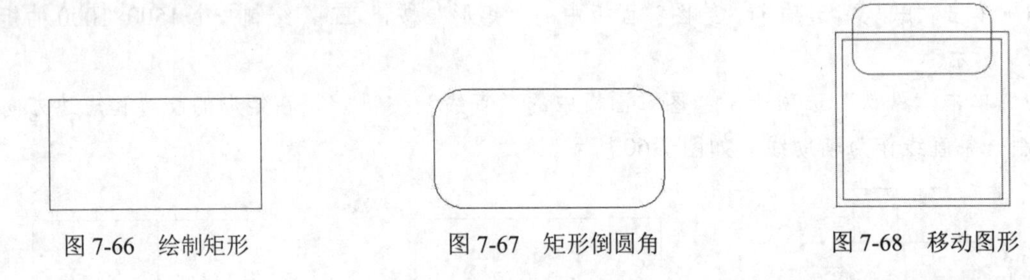

图7-66　绘制矩形　　图7-67　矩形倒圆角　　图7-68　移动图形

（9）单击“默认”选项卡“修改”面板中的“修剪”按钮，将矩形内部的直线修剪掉，如图7-69所示。

（10）单击“默认”选项卡“绘图”面板中的“直线”按钮，在矩形上方绘制直线，直线的端点及位置如图7-70所示，完成椅子图形的绘制。

（11）单击“默认”选项卡“修改”面板中的“移动”按钮，将移动的基点选定为内部正方形的下侧角点，使其与餐桌的外边重合，如图7-71所示。

（12）单击“默认”选项卡“修改”面板中的“修剪”按钮，将餐桌边缘内部的多余线段修剪掉，如图7-72所示。

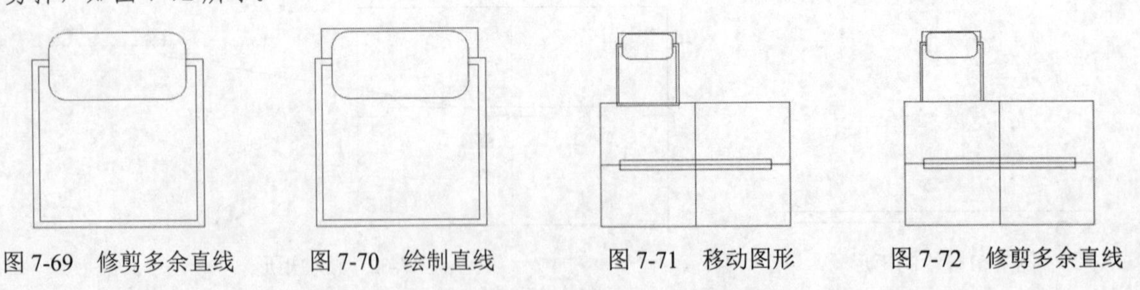

图7-69　修剪多余直线　　图7-70　绘制直线　　图7-71　移动图形　　图7-72　修剪多余直线

（13）单击“默认”选项卡“修改”面板中的“镜像”按钮和“旋转”按钮，将椅子图形进行复制并删除辅助线，效果如图7-58所示。

7.6　模拟认证考试

1．“拉伸”命令能够按指定的方向拉伸图形，此命令只能用（　　）方式选择对象。

A．交叉窗口　　B．窗口　　C．点　　D．ALL

2．要剪切与剪切边延长线相交的圆，则需执行的操作是（　　）。

A．剪切时按住 Shift 键　　B．剪切时按住 Alt 键

C．修改“边”参数为“延伸”　　D．剪切时按住 Ctrl 键

3．关于“分解”命令的描述正确的是（　　）。

A．对象分解后颜色、线型和线宽不会改变

B．图案分解后图案与边界的关联性仍然存在

C．多行文字分解后将变为单行文字

D．构造线分解后可得到两条射线

4．对一个对象倒圆角之后，有时候发现对象被修剪了，有时候发现对象没有被修剪，究其原因是（　　）。

A．修剪之后应当选择“删除”命令

B．圆角选项里有 T，可以控制对象是否被修剪

C．应该先进行倒角再修剪

D．用户的误操作

5．在进行打断操作时，系统要求指定第二打断点，这时输入了@，然后按 Enter 键结束，其结果是（　　）。

A．没有实现打断

B．在第一打断点处将对象一分为二，打断距离为零

C．从第一打断点处将对象另一部分删除

D．系统要求指定第二打断点

6．分别绘制圆角为 20 的矩形和倒角为 20 的矩形，长均为 100、宽均为 80。其面积相比较而言，（　　）。

A．圆角矩形的面积大　　B．倒角矩形的面积大

C．两矩形的面积一样大　　D．面积大小无法判断

7．对两条平行的直线倒圆角，圆角半径设置为 20，其结果是（　　）。

A．不能倒圆角　　B．按半径 20 倒圆角

C．系统提示错误　　D．倒出半圆，其直径等于直线间的距离

8．绘制如图 7-73 所示的图形 1。

9．绘制如图 7-74 所示的图形 2。

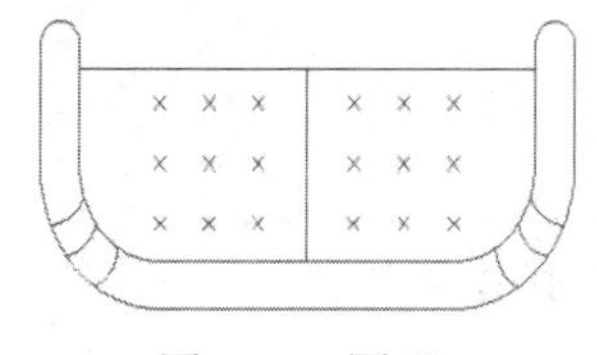

图 7-73　图形 1

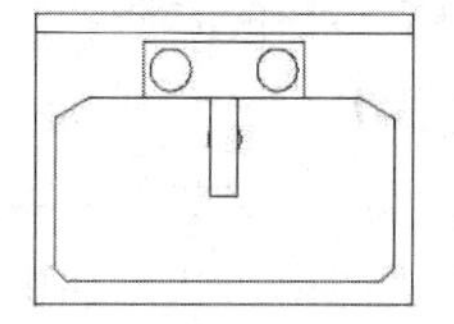

图 7-74　图形 2

第 8 章　精确绘制图形

内容简介

本章将讲解关于精确绘图的相关知识。读者应了解并熟练掌握正交、栅格、对象捕捉、自动追踪、参数化设计等工具的妙用方法，并将各工具应用到图形绘制过程中。

内容要点

- 精确定位工具
- 对象捕捉
- 自动追踪
- 动态输入
- 模拟认证考试

案例效果

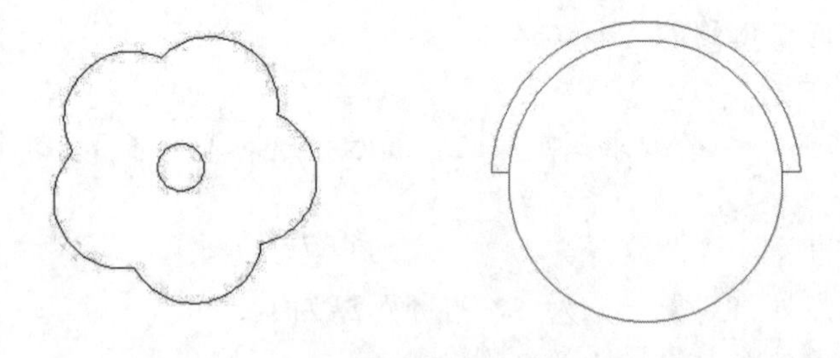

8.1　精确定位工具

精确定位工具是指能够快速准确地定位某些特殊点（如端点、中点、圆心等）和特殊位置（如水平位置、垂直位置）的工具。

8.1.1　栅格显示

用户可以应用栅格显示工具，使绘图区显示网格，类似于传统的坐标纸。本节将介绍控制栅格显示及设置栅格参数的方法。

【执行方式】

- 菜单栏：选择菜单栏中的“工具”→“绘图设置”命令。
- 状态栏：单击状态栏中的“栅格”按钮#（仅限于打开与关闭）。
- 快捷键：F7（仅限于打开与关闭）。

【操作步骤】

选择菜单栏中的“工具”→“绘图设置”命令，系统打开“草图设置”对话框，选择“捕捉和栅格”选项卡，如图 8-1 所示。

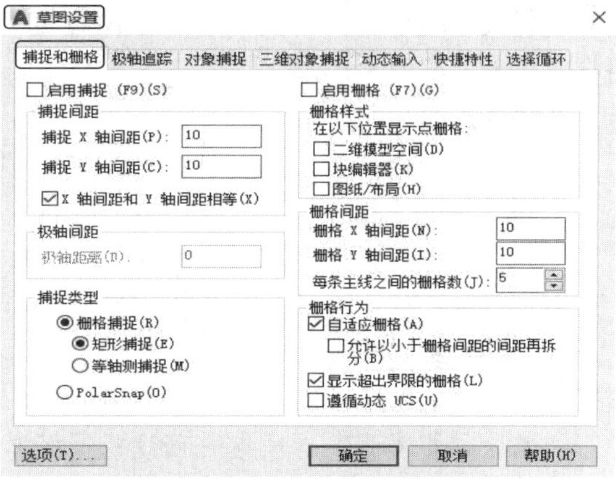

【选项说明】

（1）“启用栅格”复选框：用于控制是否显示栅格。

（2）“栅格样式”选项组：在二维中设定栅格样式。

① 二维模型空间：将二维模型空间的栅格样式设定为点栅格。

② 块编辑器：将块编辑器的栅格样式设定为点栅格。

图 8-1　“捕捉和栅格”选项卡

③ 图纸/布局：将图纸和布局的栅格样式设定为点栅格。

（3）“栅格间距”选项组。

“栅格 X 轴间距”和“栅格 Y 轴间距”文本框：用于设置栅格在水平与垂直方向的间距。如果将“栅格 X 轴间距”和“栅格 Y 轴间距”设置为 0，则 AutoCAD 系统会自动将捕捉的栅格间距应用于栅格，且其原点和角度总是与捕捉栅格的原点和角度相同。另外，用户还可以通过 GRID 命令在命令行设置栅格间距。

（4）“栅格行为”选项组。

① 自适应栅格：缩小时，限制栅格密度。如果选中“允许以小于栅格间距的间距再拆分”复选框，则在放大时会生成更多间距更小的栅格线。

② 显示超出界限的栅格：显示超出图形界限指定的栅格。

③ 遵循动态 UCS：可以更改栅格平面以跟随动态 UCS 的 XY 平面。

技巧：

在“栅格间距”选项组中设置时，若先在“栅格 X 轴间距”文本框中输入一个数值后按 Enter 键，则系统会自动传送这个值给“栅格 Y 轴间距”，这样可减少用户的工作量。

8.1.2　捕捉模式

为了能够准确地在绘图区捕捉点，AutoCAD 提供了捕捉工具，可以在绘图区生成一个隐含的栅格（捕捉栅格），这个栅格能够捕捉光标，约束光标只能落在栅格的某一个节点上，使用户能够高精确度地捕捉和选择这个栅格上的点。本节主要介绍捕捉栅格的参数设置方法。

【执行方式】

- 菜单栏：选择菜单栏中的“工具”→“绘图设置”命令。
- 状态栏：单击状态栏中的“捕捉模式”按钮 （仅限于打开与关闭）。
- 快捷键：F9（仅限于打开与关闭）。

【操作步骤】

选择菜单栏中的“工具”→“绘图设置”命令，打开“草图设置”对话框，选择“捕捉和栅格”选项卡，如图 8-1 所示。

【选项说明】

（1）“启用捕捉”复选框：可控制捕捉功能的开关，它与按 F9 键或单击状态栏中的“捕捉模式”按钮 的功能相同。

（2）“捕捉间距”选项组：可设置捕捉参数，其中，“捕捉 X 轴间距”与“捕捉 Y 轴间距”文本框用于确定捕捉栅格点在水平和垂直两个方向上的间距。

（3）“极轴间距”选项组：该选项组只有在选择 PolarSnap 捕捉类型时才可用。可在“极轴距离”文本框中输入距离值，也可以在命令行中输入 SNAP 命令，设置捕捉的有关参数。

（4）“捕捉类型”选项组：可设置捕捉类型和样式。AutoCAD 提供了两种捕捉栅格的方式：“栅格捕捉”和“PolarSnap（极轴捕捉）”。

① 栅格捕捉：是指按正交位置捕捉位置点。“栅格捕捉”又分为“矩形捕捉”和“等轴测捕捉”两种方式。在“矩形捕捉”方式下，捕捉栅格里为标准的矩形显示，而在“等轴测捕捉”方式下捕捉，栅格和光标十字线不再互相垂直，而是呈绘制等轴测图时的特定角度，在绘制等轴测图时使用这种方式十分方便。

② PolarSnap：可以根据设置的任意极轴角捕捉位置点。

8.1.3 正交模式

在使用 AutoCAD 绘图过程中，经常需要绘制水平直线和垂直直线，但是用光标控制选择线段的端点时，很难保证两个点一直沿着水平或垂直方向前进，这时就需要使用 AutoCAD 中的正交功能。用户启用正交模式后，无论是画线还是移动对象，就只能沿水平方向或垂直方向移动光标，也只能绘制平行于坐标轴的正交线段。

【执行方式】

- 命令行：ORTHO。
- 状态栏：单击状态栏中的“正交模式”按钮 。
- 快捷键：F8。

【操作步骤】

```
命令：ORTHO↙
输入模式 [开(ON)/关(OFF)] <开>：(设置开或关)
```

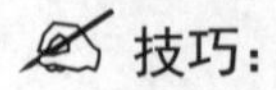

技巧：

“正交”模式必须依托于其他绘图工具才能显示其功能效果。

8.2 对象捕捉

在用 AutoCAD 绘图时经常会用到一些特殊的点，如圆心、切点，以及圆弧的端点、中点等，如果只用光标在图形上选择，要准确地找到这些点是十分困难的。因此，AutoCAD 提供了一些识别这些点的工具，通过这些工具即可容易地构造新几何体，精确地绘制图形，其结果比传统手工绘图更精确且更容易维护。在 AutoCAD 中，这种功能称为对象捕捉功能。

8.2.1　对象捕捉设置

在用 AutoCAD 绘图之前，可以根据需要先设置开启一些对象捕捉模式，绘图时系统就能自动捕捉这些特殊点，从而加快绘图速度、提高绘图质量。

【执行方式】

- 命令行：DDOSNAP。
- 菜单栏：选择菜单栏中的“工具”→“绘图设置”命令。
- 工具栏：单击“对象捕捉”工具栏中的“对象捕捉设置”按钮。
- 状态栏：单击状态栏中的“对象捕捉”按钮（仅限于打开与关闭）。
- 快捷键：F3（仅限于打开与关闭）。
- 快捷菜单：按住 Shift 键不放，同时右击鼠标，在弹出的快捷菜单中选择“对象捕捉设置”命令。

动手学——花瓣

扫一扫，看视频

源文件：源文件\第 8 章\花瓣.dwg

绘制如图 8-2 所示的花瓣。

操作步骤

（1）选择菜单栏中的“工具”→“绘图设置”命令，在“草图设置”对话框中选择“对象捕捉”选项卡，如图 8-3 所示。单击“全部选择”按钮，选择所有的对象捕捉模式，确认后退出。

图 8-2　花瓣

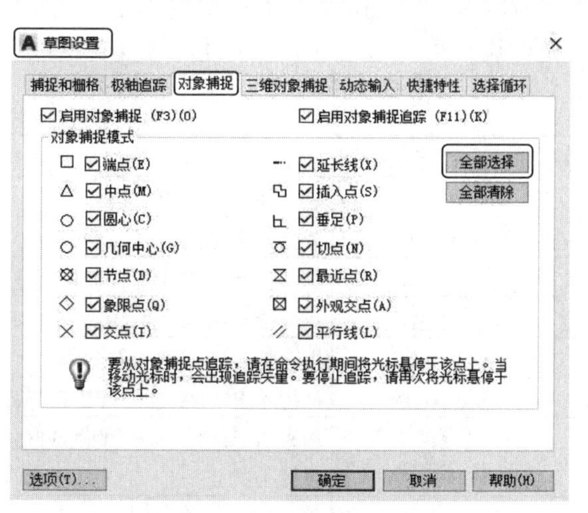

图 8-3　“对象捕捉”选项卡

（2）单击“默认”选项卡“绘图”面板中的“圆”按钮，绘制花蕊，如图 8-4 所示。

（3）单击“默认”选项卡“绘图”面板中的“多边形”按钮，再单击状态栏中的“对象捕捉”按钮，使其处于按下状态，打开对象捕捉功能，捕捉圆心，绘制内接于圆的正五边形。绘制效果如图 8-5 所示。

（4）单击“默认”选项卡“绘图”面板中的“圆弧”按钮，捕捉最上斜边中点为起点、最上顶点为第二点、左上斜边中点为端点绘制花朵，绘制效果如图 8-6 所示。用同样的方法绘制另外 4 段圆弧。

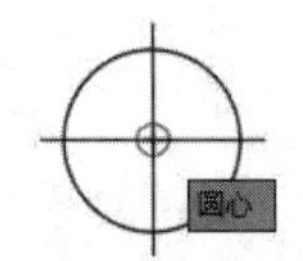

图 8-4 捕捉圆心

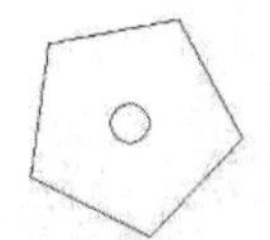

图 8-5 绘制正五边形

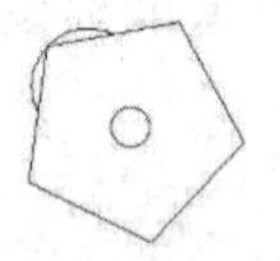

图 8-6 绘制一段圆弧

（5）删除正五边形，效果如图 8-2 所示。

【选项说明】

（1）“启用对象捕捉”复选框：选中该复选框，在“对象捕捉模式”选项组中，被选中的捕捉模式处于激活状态。

（2）“启用对象捕捉追踪”复选框：用于打开或关闭自动追踪功能。

（3）“对象捕捉模式”选项组：该选项组中列出各种捕捉模式的复选框，被选中的复选框处于激活状态。单击“全部清除”按钮，则所有模式均被清除；单击“全部选择”按钮，则所有模式均被选中。

（4）“选项”按钮：单击该按钮可以打开“选项”对话框的“绘图”设置界面，利用该对话框可决定捕捉模式的各项设置。

8.2.2 特殊位置点捕捉

在绘制 AutoCAD 图形时，有时需要指定一些特殊位置的点，如圆心、端点、中点、平行线上的点等，这时用户可以通过对象捕捉功能来捕捉这些点，见表 8-1。

表 8-1 特殊位置点捕捉

捕 捉 模 式	快 捷 命 令	功 能
临时追踪点	TT	建立临时追踪点
两点之间的中点	M2P	捕捉两个独立点之间的中点
捕捉自	FRO	与其他捕捉方式配合使用，建立一个临时参考点作为指出后继点的基点
中点	MID	用来捕捉对象（如线段或圆弧等）的中点
圆心	CEN	用来捕捉圆或圆弧的圆心
节点	NOD	捕捉用 POINT 或 DIVIDE 等命令生成的点
象限点	QUA	用来捕捉距光标最近的圆或圆弧上可见部分的象限点，即圆周上 0°、90°、180°、270°位置上的点
0 交点	INT	用来捕捉对象（如线、圆弧或圆等）的交点
延长线	EXT	用来捕捉对象延长路径上的点
插入点	INS	用于捕捉块、形、文字、属性或属性定义等对象的插入点
垂足	PER	在线段、圆、圆弧或其延长线上捕捉一个点，与最后生成的点形成连线，与该线段、圆或圆弧正交
切点	TAN	最后生成的一个点到选中的圆或圆弧上引切线，切线与圆或圆弧的交点

续表

捕 捉 模 式	快 捷 命 令	功 能
最近点	NEA	用于捕捉离拾取点最近的线段、圆、圆弧等对象上的点
外观交点	APP	用来捕捉两个对象在视图平面上的交点。若两个对象没有直接相交，则系统自动计算其延长后的交点；若两个对象在空间上为异面直线，则系统计算其投影方向上的交点
平行线	PAR	用于捕捉与指定对象平行方向上的点
无	NON	关闭对象捕捉模式
对象捕捉设置	OSNAP	设置对象捕捉

AutoCAD 提供了命令行、工具栏和右键快捷菜单 3 种执行特殊点对象捕捉的方法。

在使用特殊位置点捕捉的快捷命令前，必须先选择绘制对象的命令或工具，再在命令行中输入其快捷命令。

8.3 自 动 追 踪

自动追踪是指按指定角度或与其他对象建立指定关系绘制对象。利用自动追踪功能可以对齐路径，有助于用户以精确的位置和角度创建对象。自动追踪包括“对象捕捉追踪”和“极轴追踪”两个追踪选项。“对象捕捉追踪”是指以捕捉到的特殊位置点为基点，按指定的极轴角或极轴角的倍数对齐要指定点的路径。“极轴追踪”是指按指定的极轴角或极轴角的倍数对齐要指定点的路径。

8.3.1 对象捕捉追踪

“对象捕捉追踪”必须配合“对象捕捉”功能一起使用，即使状态栏中的“对象捕捉”按钮和“对象捕捉追踪”按钮均处于打开状态。

【执行方式】

- 命令行：DDOSNAP。
- 菜单栏：选择菜单栏中的“工具”→“绘图设置”命令。
- 工具栏：单击“对象捕捉”工具栏中的“对象捕捉设置”按钮。
- 状态栏：单击状态栏中的“对象捕捉”按钮和“对象捕捉追踪”按钮；或者单击“极轴追踪”右侧的下拉按钮，在弹出的下拉菜单中选择“正在追踪设置”命令（见图 8-7）。
- 快捷键：F11。

动手学——吧凳

扫一扫，看视频

源文件：源文件\第 8 章\吧凳.dwg

绘制如图 8-8 所示的吧凳。

操作步骤

（1）单击“默认”选项卡“绘图”面板中的“圆”按钮，绘制一个适当大小的圆，如图 8-9

所示。

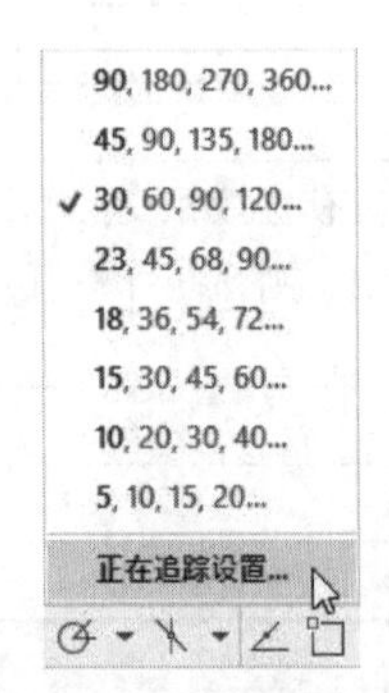

图 8-7　选择“正在追踪设置”命令

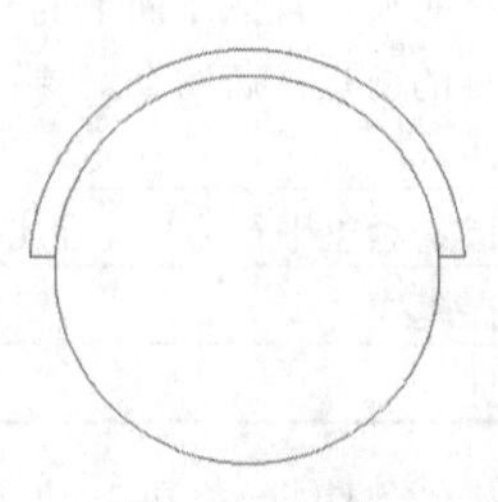

图 8-8　吧凳

图 8-9　绘制圆

（2）打开状态栏中的“对象捕捉”按钮、“对象捕捉追踪”按钮及“正交”按钮。单击“默认”选项卡“绘图”面板中的“直线”按钮，在圆的左侧绘制一条短直线，然后将光标捕捉到刚绘制的直线右端点，向右拖动鼠标，拉出一条水平追踪线，如图 8-10 所示，从捕捉追踪线与右边圆的交点绘制另外一条直线，效果如图 8-11 所示。

（3）单击“默认”选项卡“绘图”面板中的“圆弧”按钮，绘制一段圆弧。命令行提示与操作如下：

```
命令: _arc
指定圆弧的起点或[圆心(C)]: 后指定右边线段的右端点
指定圆弧的第二个点或[圆心(C)/端点(E)]: 后输入“E”
指定圆弧的端点: 后指定左边线段的左端点
指定圆弧的中心点(按住 Ctrl 键以切换方向)或 [角度(A)/方向(D)/半径(R)]: 后捕捉圆心
```

绘制效果如图 8-8 所示。

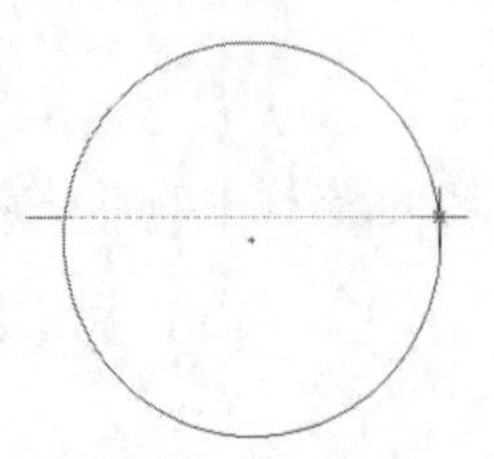

图 8-10　捕捉追踪

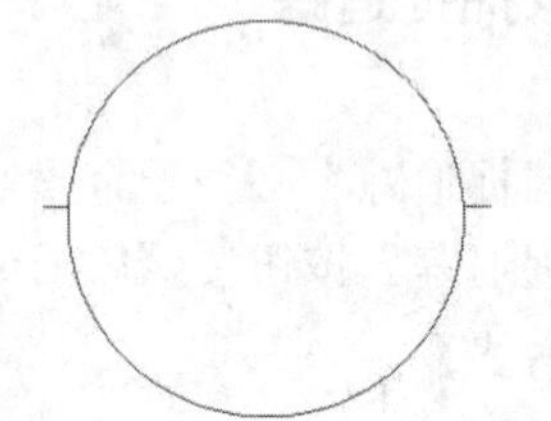

图 8-11　绘制线段

8.3.2　极轴追踪

“极轴追踪”必须配合“对象捕捉”功能一起使用，即使状态栏中的“极轴追踪”按钮和“对象捕捉”按钮均处于打开状态。

【执行方式】

- 命令行：DDOSNAP。
- 菜单栏：选择菜单栏中的“工具”→“绘图设置”命令。
- 工具栏：单击“对象捕捉”工具栏中的“对象捕捉设置”按钮。
- 状态栏：单击状态栏中的“对象捕捉”按钮和“极轴追踪”按钮。
- 快捷键：F10。

【操作步骤】

执行上述方式后，会打开“草图设置”对话框中的“极轴追踪”选项卡，如图 8-12 所示。

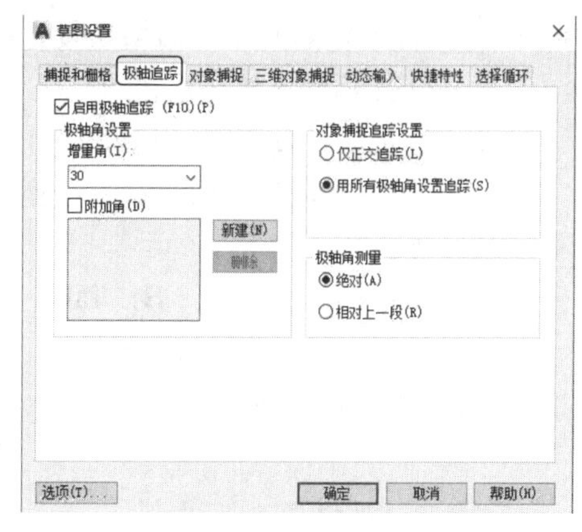

图 8-12 “极轴追踪”选项卡

【选项说明】

（1）“启用极轴追踪”复选框：选中该复选框，即启用极轴追踪功能。

（2）“极轴角设置”选项组：设置极轴角的值，可以在“增量角”下拉列表框中选择一种角度值，也可以选中“附加角”复选框，单击“新建”按钮设置任意附加角。系统在进行极轴追踪时，同时追踪增量角和附加角，且可以设置多个附加角。

（3）“对象捕捉追踪设置”和“极轴角测量”选项组：按界面提示设置相应的单选按钮，利用自动追踪可以完成三视图的绘制。

8.4 动 态 输 入

动态输入功能可实现在绘图平面直接动态输入绘制对象的各种参数，使绘图变得直观、简洁。

【执行方式】

- 命令行：DSETTINGS。
- 菜单栏：选择菜单栏中的“工具”→“绘图设置”命令。
- 工具栏：单击“对象捕捉”工具栏中的“对象捕捉设置”按钮。
- 状态栏：动态输入（只限于打开与关闭）。
- 快捷键：F12（只限于打开与关闭）。

【操作步骤】

按照上面的执行方式操作，或者在“动态输入”开关上右击，在弹出的快捷菜单中选择“动态输入设置”命令，系统会打开如图 8-13 所示的“草图设置”对话框的“动态输入”选项卡。

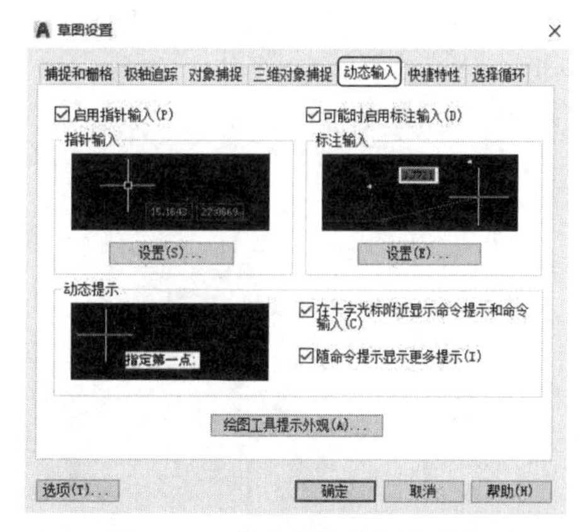

图 8-13 “动态输入”选项卡

8.5 模拟认证考试

1. 对“极轴”追踪角度进行设置，把增量角设为 30°，把附加角设为 10°，采用极轴追踪时，不会显示极轴对齐的是（　　）。

A. 10　　B. 30　　C. 40　　D. 60

2．当捕捉设定的间距与栅格所设定的间距不同时，（　　）。

A．捕捉仍然只按栅格进行　　　　B．捕捉时按照捕捉间距进行

C．捕捉既按栅格，又按捕捉间距进行　　　　D．无法设置

3．执行对象捕捉时，如果在一个指定的位置上有多个对象符合捕捉条件，则按（　　）键可以在不同对象间切换。

A．Ctrl　　　　B．Tab　　　　C．Alt　　　　D．Shift

4．绘制如图 8-14 所示的图形。

5．绘制如图 8-15 所示的图形。

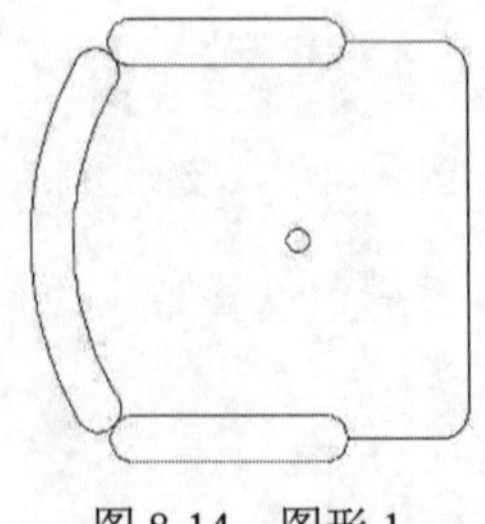

图 8-14　图形 1

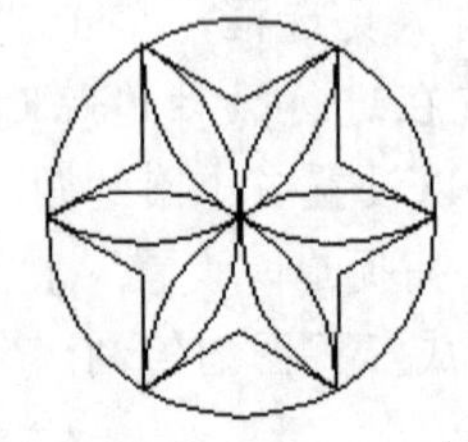

图 8-15　图形 2

第 9 章　文本与表格

内容简介

文字注释是图形中很重要的一部分内容，进行设计时，用户通常不仅要绘制出图形，还要在图形中标注一些文字（如技术要求、注释说明等），对图形对象加以解释。

AutoCAD 提供了多种写入文字的方法。本章将介绍文本的注释和编辑功能。图表在 AutoCAD 中也有大量的应用，如创建明细表、参数表和标题栏等。本章主要内容包括文本样式、文本标注、文本编辑及表格的定义，以及创建文字等。

内容要点

- 文本样式
- 文本标注
- 文本编辑
- 表格
- 实例——绘制 A3 样板图
- 模拟认证考试

案例效果

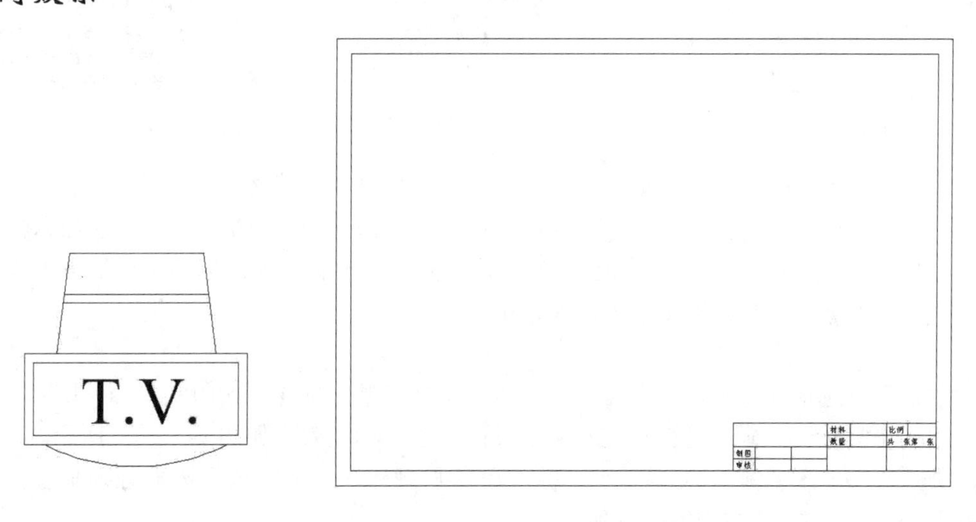

9.1　文 本 样 式

所有 AutoCAD 图形中的文字都有与其相对应的文本样式。当用户输入文字对象时，AutoCAD 会使用当前设置的文本样式。文本样式是用来控制文字基本形状的一组设置。

【执行方式】

- 命令行：STYLE（快捷命令为 ST）或 DDSTYLE。
- 菜单栏：选择菜单栏中的“格式”→“文字样式”命令。
- 工具栏：单击“文字”工具栏中的“文字样式”按钮。
- 功能区：单击“默认”选项卡“注释”面板中的“文字样式”按钮。

【操作步骤】

执行上述操作后，系统会打开“文字样式”对话框，如图 9-1 所示。

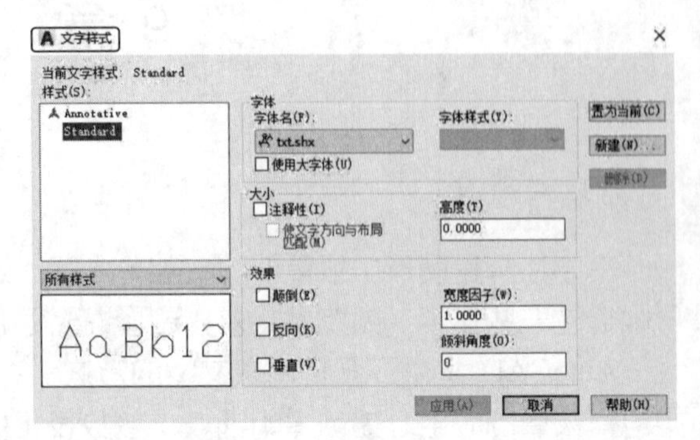

图 9-1 “文字样式”对话框

【选项说明】

（1）“样式”列表框：其中会列出所有已设定的文字样式名，选择已有样式名，可对其进行相关操作。单击“新建”按钮，系统会打开如图 9-2 所示的“新建文字样式”对话框，在该对话框中可以为新建的文字样式输入名称。从“样式”列表框中选中要改名的文本样式，右击后在弹出的快捷菜单中选择“重命名”命令，如图 9-3 所示，然后为所选文本样式输入新的名称。

（2）“字体”选项组：用于确定字体样式。在 AutoCAD 中，除了它固有的 SHX 字体文件外，还可以使用 TrueType 字体（如宋体、楷体、italley 等）。一种字体可以设置不同的效果，从而被多种文本样式使用。图 9-4 所示就是同一种字体（宋体）的不同样式。

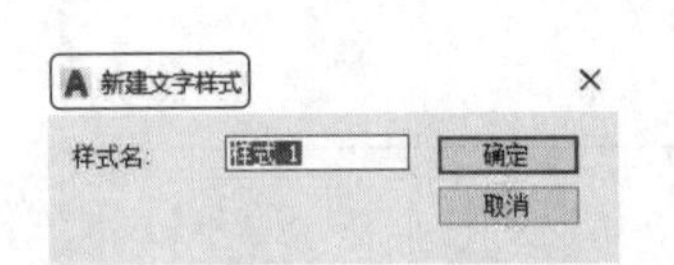

图 9-2 “新建文字样式”对话框

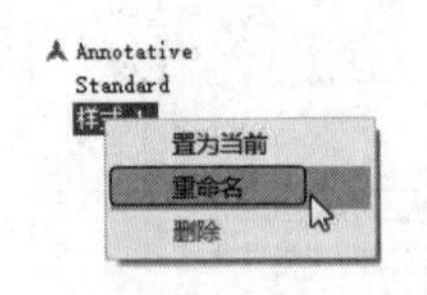

图 9-3 选择“重命名”命令

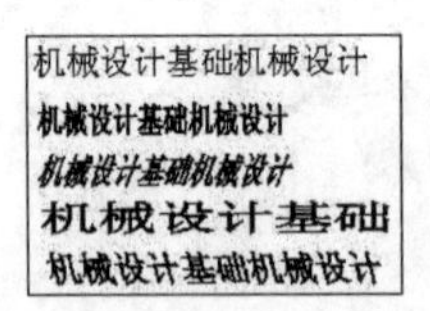

图 9-4 同一字体的不同样式

（3）“大小”选项组：用于确定文本样式使用的字体文件、字体风格及字高。“高度”文本框用来设置创建文字时的固定字高，在用 TEXT 命令输入文字时，AutoCAD 不再提示输入字高参数。如果在此文本框中设置字高为 0，系统会在每一次创建文字时提示输入字高，所以，如果不想固定字高，就可以把“高度”文本框中的数值设置为 0。

（4）“效果”选项组。

①“颠倒”复选框：选中该复选框，表示将文本文字颠倒标注，如图 9-5（a）所示。

②“反向”复选框：确定是否将文本文字反向标注，标注效果如图 9-5（b）所示。

③“垂直”复选框：确定文本是水平标注还是垂直标注。选中该复选框时为垂直标注，否则为水平标注，垂直标注的效果如图 9-6 所示。

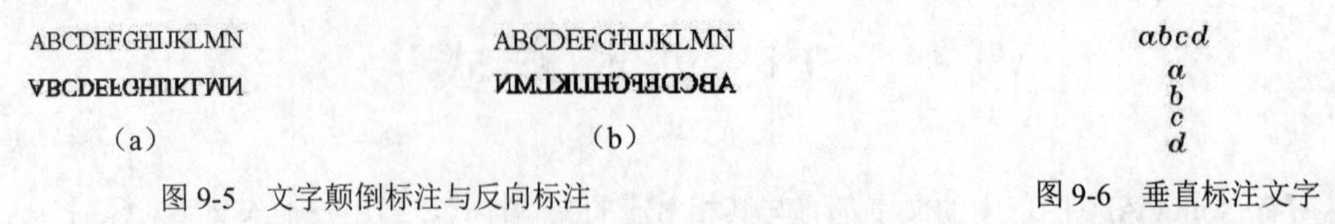

（a）（b）

图 9-5 文字颠倒标注与反向标注

图 9-6 垂直标注文字

④“宽度因子”文本框：设置宽度系数，确定文本字符的宽高比。当比例系数为 1 时，表示将

按定义的宽高比标注文字；当比例系数小于1时，字会变窄，反之字会变宽。图9-4所示是在不同比例系数下标注的文本文字。

⑤“倾斜角度”文本框：设置文字的倾斜角度。角度为0时不倾斜，为正数时向右倾斜，为负数时向左倾斜，效果如图9-4所示。

（5）“应用”按钮。确认对文字样式的设置。当创建新的文字样式或对现有文字样式的某些特征进行修改后，都需要单击此按钮，系统才会确认所做的改动。

9.2 文本标注

在绘制图形的过程中，文字传递了很多设计信息，它可能是一个很复杂的说明，也可能是一个简短的文字信息。当需要文字标注的文本不太长时，可以利用 TEXT 命令创建单行文本标注；当需要标注很长、很复杂的文字信息时，可以利用 MTEXT 命令创建多行文本标注。

9.2.1 单行文本标注

使用单行文字标注可以创建一行或多行文字，其中的每行文字都是一个独立的对象。用户可对其进行移动、格式设置或其他修改。

【执行方式】

- 命令行：TEXT。
- 菜单栏：选择菜单栏中的“绘图”→“文字”→“单行文字”命令。
- 工具栏：单击“文字”工具栏中的“单行文字”按钮A。
- 功能区：单击“默认”选项卡“注释”面板中的“单行文字”按钮A；或者单击“注释”选项卡“文字”面板中的“单行文字”按钮A。

【操作步骤】

```
命令：TEXT↙
当前文字样式：Standard  文字高度： 2.3000  注释性： 否  对正： 左
指定文字的起点或 [对正(J)/样式(S)]：在适当位置单击
指定文字的旋转角度 <0>:
```

技巧：

用 TEXT 命令创建文本时，在命令行输入的文字同时显示在绘图区，而且在创建过程中可以随时改变文本的位置，只要移动光标到新的位置单击，就结束当前行，随后输入的文字在新的文本位置出现，用这种方法可以把多行文本标注到绘图区的不同位置。

【选项说明】

（1）指定文字的起点：在此提示下直接在绘图区选择一点作为输入文本的起始点，执行上述命令后，即可在指定位置输入文本文字，输入后按 Enter 键，文本文字另起一行，可继续输入文字，待全部输入完后按两次 Enter 键，退出 TEXT 命令。可见，TEXT 命令也可创建多行文本，只是这种多行文本每一行是一个对象，不能对多行文本同时进行操作。

技巧：

只有当前文本样式中设置的字符高度为 0，在使用 TEXT 命令时，系统才出现要求用户确定字符高度的提示。AutoCAD 允许将文本行倾斜排列，图 9-7 所示为倾斜角度分别是 0°、45°和−45°时的排列效果。在“指定文字的旋转角度 <0>”提示下输入文本行的倾斜角度或在绘图区拉出一条直线来指定倾斜角度。

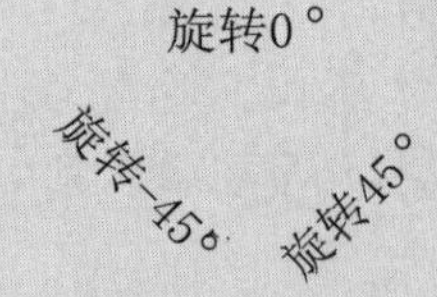

图 9-7　文本行倾斜排列的效果

（2）对正(J)：在“指定文字的起点或[对正(J)/样式(S)]”提示下输入“J”，用来确定文本的对齐方式，对齐方式决定文本的哪部分与所选插入点对齐。执行此选项，命令行操作与提示如下：

```
输入选项 [左(L)/居中(C)/右(R)/对齐(A)/中间(M)/布满(F)/左上(TL)/中上(TC)/右上(TR)/左中(ML)/正中(MC)/右中(MR)/左下(BL)/中下(BC)/右下(BR)]：
```

在此提示下选择一个选项作为文本的对齐方式。当文本文字水平排列时，AutoCAD 为标注文本的文字定义了如图 9-8 所示的顶线、中线、基线和底线，各种对齐方式如图 9-9 所示，图中大写字母对应上述提示中的各命令。

图 9-8　文本行的底线、基线、中线和顶线

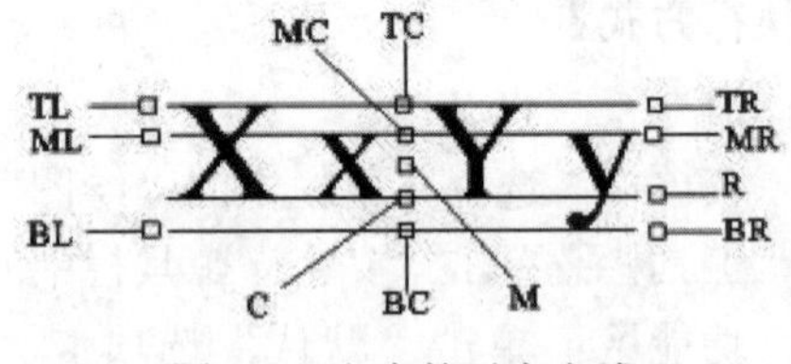

图 9-9　文本的对齐方式

选择“对齐(A)”选项，要求用户指定文本行基线的起始点与终止点的位置，命令行操作与提示如下：

```
指定文字基线的第一个端点：（指定文本行基线的起点位置）
指定文字基线的第二个端点：（指定文本行基线的终点位置）
输入文字：（输入一行文本后按 Enter 键）
输入文字：（继续输入文本或直接按 Enter 键结束命令）
```

输入的文本文字均匀地分布在指定的两点之间，如果两点间的连线不水平，则文本行倾斜放置，倾斜角度由两点间的连线与 X 轴的夹角确定；字高、字宽根据两点间的距离、字符的多少及文本样式中设置的宽度系数自动确定。指定了两点之后，每行输入的字符越多，字宽和字高越小。

其他选项与“对齐”类似，此处不再赘述。

用户在实际绘图时，有时需要标注一些特殊字符，例如直径符号、上划线或下划线、温度符号等，由于这些符号不能直接从键盘上输入，AutoCAD 提供了一些控制码用来实现这些要求。控制码用两个百分号（%%）加一个字符构成，常用的控制码及对应的特殊字符见表 9-1。

表 9-1　AutoCAD 常用控制码

控　制　码	标注的特殊字符	控　制　码	标注的特殊字符
%%o	上划线	\U+0278	电相角
%%u	下划线	\U+E101	流线
%%d	“度”符号（°）	\U+2261	恒等于
%%p	正负符号（±）	\U+E102	界碑线
%%c	直径符号（ϕ）	\U+2260	不相等（≠）
%%%	百分号（%）	\U+2126	欧姆（Ω）
\U+2248	约等于（≈）	\U+03A9	欧米伽（Ω）
\U+2220	角度（∠）	\U+214A	地界线
\U+E100	边界线	\U+2082	下标 2
\U+2104	中心线	\U+00B2	上标 2
\U+0394	差值		

其中，%%O 和%%U 分别是上划线和下划线的开关，第一次出现此符号开始划上划线和下划线，第二次出现此符号，上划线和下划线终止。例如，输入“I want to %%U go to Beijing%%U.”，会得到如图 9-10（a）所示的文本行，输入“50%%D+%%C75%%P12”，会得到如图 9-10（b）所示的文本行。

I want to go to Beijing.

（a）

50°+ø75±12

（b）

图 9-10　文本行

9.2.2　多行文本标注

使用多行文本标注可以将若干文字段落创建为单个多行文字对象。使用文字编辑器还可以格式化文字的外观、列和边界。

【执行方式】

- 命令行：MTEXT（快捷命令为 T 或 MT）。
- 菜单栏：选择菜单栏中的“绘图”→“文字”→“多行文字”命令。
- 工具栏：单击“绘图”工具栏中的“多行文字”按钮 A 或单击“文字”工具栏中的“多行文字”按钮 A。
- 功能区：单击“默认”选项卡“注释”面板中的“多行文字”按钮 A；或者单击“注释”选项卡“文字”面板中的“多行文字”按钮 A。

扫一扫，看视频

动手学——电视机

源文件：源文件\第 9 章\电视机.dwg

绘制如图 9-11 所示的电视机。

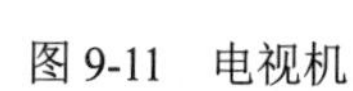

图 9-11　电视机

操作步骤

（1）单击“默认”选项卡“绘图”面板中的“矩形”按钮 ▭，在适当的位置绘制 50×20 的矩形，如图 9-12 所示。

（2）单击“默认”选项卡“修改”面板中的“偏移”按钮 ⊆，将矩形向内偏移，偏移距离为 2，如图 9-13 所示。

图 9-12　绘制矩形　　　　图 9-13　偏移矩形

（3）单击“默认”选项卡“绘图”面板中的“直线”按钮，捕捉矩形长边的中点，绘制一条竖直直线，作为绘图的辅助线，如图 9-14 所示。在矩形的上部适当位置绘制一条长为 30 的直线，并将其中点移动到辅助线上，如图 9-15 所示。

（4）单击“默认”选项卡“绘图”面板中的“直线”按钮，在水平直线左端绘制一条斜向直线。

（5）单击“默认”选项卡“修改”面板中的“镜像”按钮，将上步绘制的斜向直线镜像到辅助线的另外一侧，如图 9-16 所示。

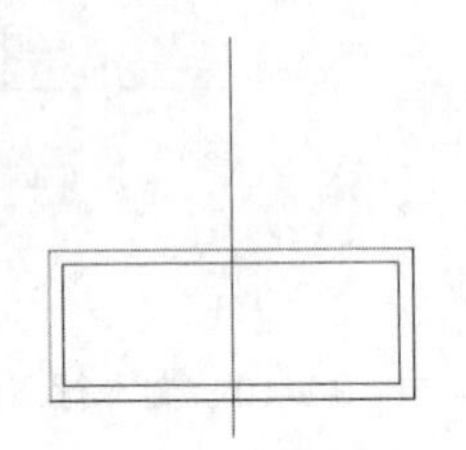

图 9-14　绘制辅助线

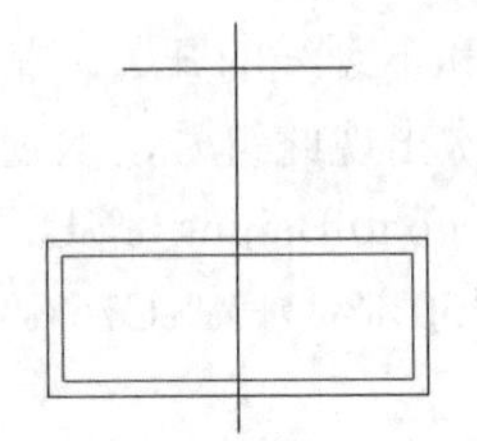

图 9-15　绘制水平直线

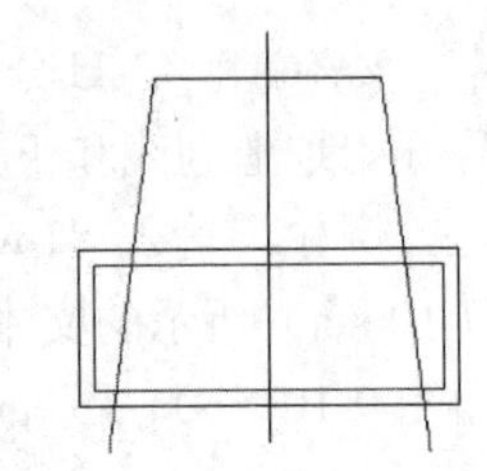

图 9-16　绘制并镜像斜向直线

（6）单击“默认”选项卡“绘图”面板中的“直线”按钮，在水平线的下方继续绘制两条水平直线。

（7）单击“默认”选项卡“修改”面板中的“修剪”按钮，将刚刚绘制的水平直线在斜向直线外侧的部分删除，如图 9-17 所示。

（8）单击“默认”选项卡“绘图”面板中的“圆弧”按钮，在矩形下方以图 9-18 所示的 A、B、C 3 个点绘制圆弧。

（9）单击“默认”选项卡“修改”面板中的“删除”按钮和“修剪”按钮，删除多余的直线和辅助线，如图 9-19 所示。

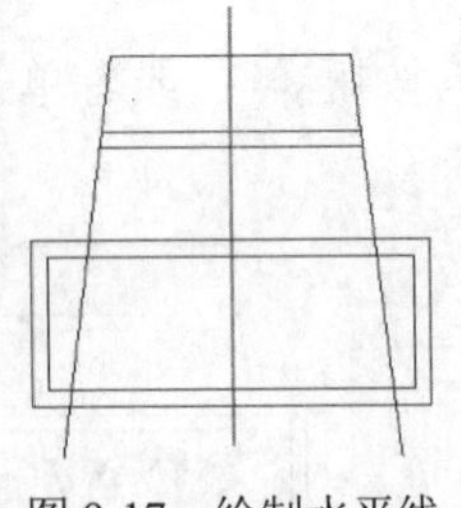

图 9-17　绘制水平线

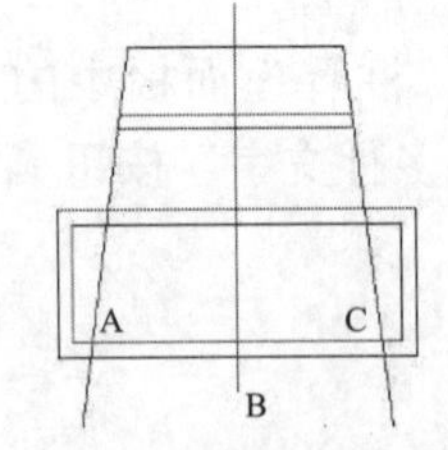

图 9-18　绘制圆弧的点

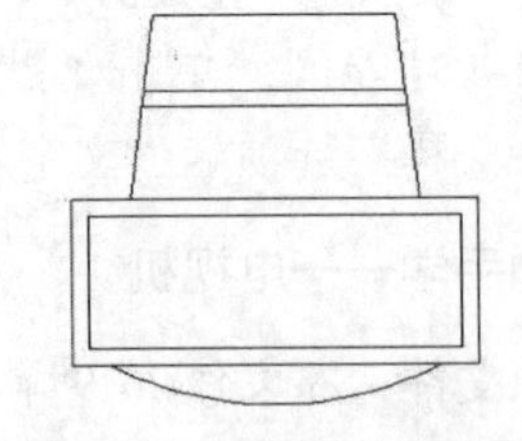

图 9-19　删除多余直线

（10）单击“默认”选项卡“注释”面板中的“文字样式”按钮，弹出“文字样式”对话框，单击“新建”按钮，弹出“新建文字样式”对话框，输入“文字”，如图 9-20 所示，单击“确定”按钮，返回“文字样式”对话框，设置新样式参数。在“字体名”下拉列表框中选择宋体，“高度”为 10，其余参数默认，如图 9-21 所示。单击“置为当前”按钮，将新建文字样式置为当前。

图 9-20　新建文字样式

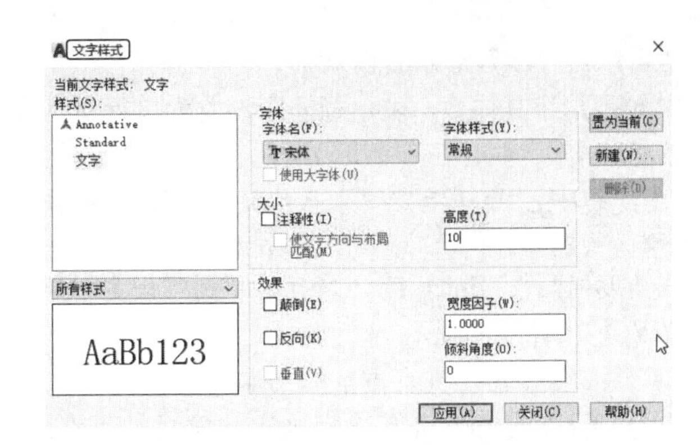

图 9-21　设置文字样式

（11）单击“默认”选项卡“注释”面板中的“多行文字”按钮 A，在空白处单击，指定第一角点，向右下角拖动出适当距离，左键单击，指定第二点，打开多行文字编辑器和“文字编辑器”选项卡，在矩形框中输入“T.V.”字样，如图 9-22 所示，单击空白处任意位置，完成电视机模型的绘制，最终绘制效果如图 9-11 所示。

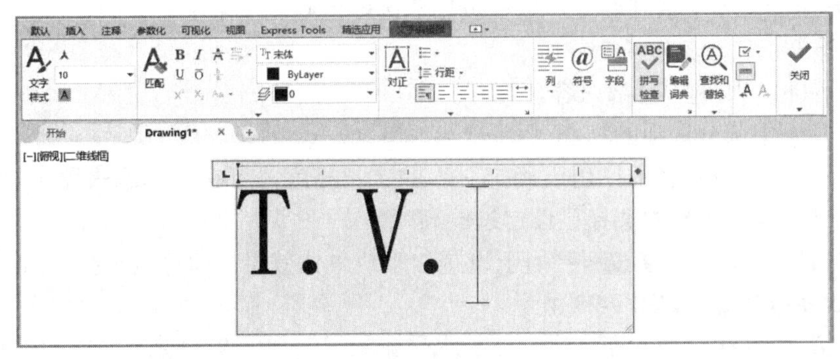

图 9-22　输入文字

【选项说明】

（1）指定对角点：在绘图区选择两个点作为矩形框的两个角点，AutoCAD 以这两个点为对角点构成一个矩形区域，其宽度作为将来要标注的多行文本的宽度，第一个点作为第一行文本顶线的起点。响应后打开“文字编辑器”选项卡和“多行文字”编辑器，可利用此编辑器输入多行文本文字并对其格式进行设置。关于该对话框中各项含义及编辑器功能，稍后再详细介绍。

（2）对正(J)：用于确定所标注文本的对齐方式。选择该选项，命令行提示如下：

```
输入对正方式 [左上(TL)/中上(TC)/右上(TR)/左中(ML)/正中(MC)/右中(MR)/左下(BL)/中下(BC)/右下(BR)] <左上(TL)>:
```

这些对齐方式与 TEXT 命令中的各对齐方式相同。选择一种对齐方式后按 Enter 键，系统回到上一级提示。

（3）行距(L)：用于确定多行文本的行间距。这里所说的行间距是指相邻两文本行基线之间的垂直距离。选择此选项，命令行提示如下：

```
输入行距类型 [至少(A)/精确(E)] <至少(A)>:
```

在此提示下有“至少”和“精确”两种方式确定行间距。

① 在“至少”方式下，系统根据每行文本中最大的字符自动调整行间距。

② 在“精确”方式下，系统为多行文本赋予一个固定的行间距，可以直接输入一个确切的间

距值，也可以是“nx”形式的输入。

其中 n 是一个具体数，表示行间距设置为单行文本高度的 n 倍，而单行文本高度是本行文本字符高度的 1.66 倍。

（4）旋转(R)：用于确定文本行的倾斜角度。选择该选项命令行提示如下：

```
指定旋转角度 <0>：（输入倾斜角度）
```

输入角度值后按 Enter 键，系统返回到“指定对角点或 [高度(H)/对正(J)/行距(L)/旋转(R)/样式(S)/宽度(W)/栏(C)]:”的提示。

（5）样式(S)：用于确定当前的文本文字样式。

（6）宽度(W)：用于指定多行文本的宽度。可在绘图区选择一点，与前面确定的第一个角点组成一个矩形，将框的宽作为多行文本的宽度；也可以输入一个数值，精确设置多行文本的宽度。

（7）栏(C)：由栏宽、栏间距宽度和栏高组成矩形框。

“文字编辑器”选项卡：用来控制文本文字的显示特性。可以在输入文本文字前设置文本的特性，也可以改变已输入的文本文字特性。要改变已有文本文字显示的特性，首先应选择要修改的文本，选择文本的方式有以下 3 种。

① 将光标定位到文本文字开始处，按住鼠标左键，拖到文本末尾。

② 双击某个文字，则该文字被选中。

③ 3 次单击鼠标，则选中全部内容。

下面介绍选项卡中部分选项的功能。

①“文字高度”下拉列表框：用于确定文本的字符高度，可在文本编辑器中输入设置新的字符高度，也可从此下拉列表框中选择已设定过的高度值。

②“粗体”**B**和“斜体”*I*按钮：用于设置加粗或斜体效果，但这两个按钮只对 TrueType 字体有效，如图 9-23 所示。

从入门到实践
从入门到实践
从入门到实践
从入门到实践
从入门到实践

图 9-23　文本样式

③“删除线”按钮：用于在文字上添加水平删除线，如图 9-23 所示。

④“上划线”O和“下划线”U按钮：用于设置或取消文字的上、下划线，如图 9-23 所示。

⑤“堆叠”按钮：为层叠或非层叠文本按钮，用于层叠所选的文本文字，也就是创建分数形式。当文本中某处出现“/”“^”或“#”3 种层叠符号之一时，选中需层叠的文字才可层叠文本。二者缺一不可。则符号左边的文字作为分子，右边的文字作为分母进行层叠。

AutoCAD 提供了 3 种分数形式。

- 如果选中“abcd/efgh”后单击该按钮，得到如图 9-24（a）所示的分数形式。
- 如果选中“abcd^efgh”后单击该按钮，则得到如图 9-24（b）所示的形式，此形式多用于标注极限偏差。
- 如果选中“abcd#efgh”后单击该按钮，则创建斜排的分数形式，如图 9-24（c）所示。

如果选中已经层叠的文本对象后单击该按钮，则恢复到非层叠形式。

⑥“倾斜角度”（0/）文本框：用于设置文字的倾斜角度。

技巧：

倾斜角度与斜体效果是两个不同的概念，前者可以设置任意倾斜角度，后者是在任意倾斜角度的基础上设置斜体效果，如图 9-25 所示。第一行倾斜角度为 0°，非斜体效果；第二行倾斜角度为 12°，非斜体效果；第三行倾斜角度为 12°，斜体效果。

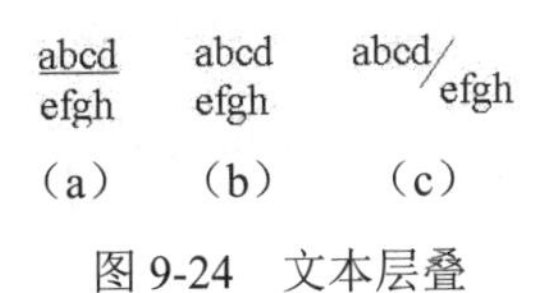

图 9-24　文本层叠

都市农夫
都市农夫
都市农夫

图 9-25　倾斜角度与斜体效果

⑦“符号”按钮@：用于输入各种符号。单击该按钮，系统打开符号列表，如图 9-26 所示，可以从中选择符号输入到文本中。

⑧“字段”按钮：用于插入一些常用或预设字段。单击该按钮，系统打开“字段”对话框，如图 9-27 所示，用户可从中选择字段插入到标注文本中。

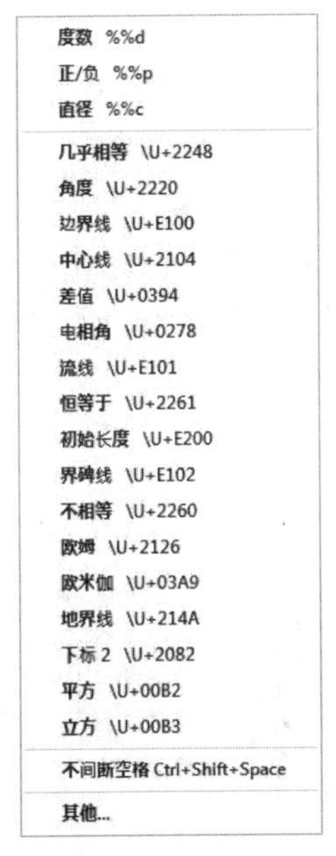

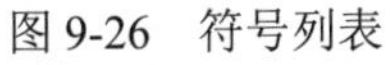
图 9-26　符号列表

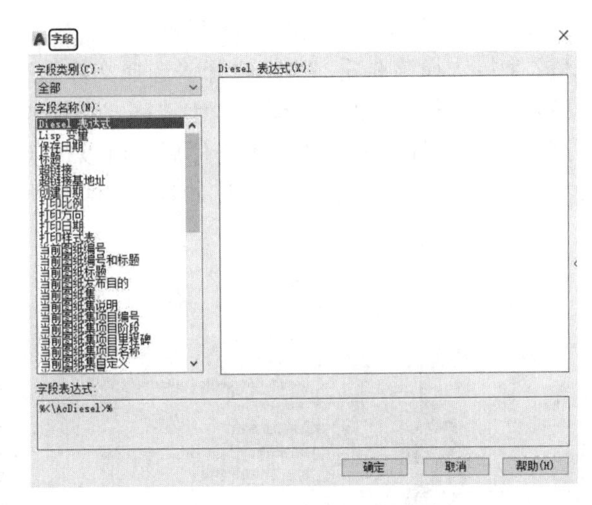

图 9-27　“字段”对话框

⑨“间距”下拉列表框：用于增大或减小选定字符之间的空间。1.0 表示设置常规间距，设置大于 1.0 表示增大间距，设置小于 1.0 表示减小间距。

⑩“宽度因子”下拉列表框：用于扩展或收缩选定字符。1.0 表示设置此字体中字母的常规宽度，可以增大该宽度或减小该宽度。

⑪“上标”x^2按钮：将选定文字转换为上标，即在输入线的上方设置稍小的文字。

⑫“下标”x_2按钮：将选定文字转换为下标，即在输入线的下方设置稍小的文字。

⑬“项目符号和编号”下拉列表：显示用于创建列表的选项，缩进列表以与第一个选定的段落对齐。如果清除复选标记，多行文字对象中的所有列表格式都将被删除，各项将被转换为纯文本。

- 关闭：如果选择该选项，将从应用了列表格式的选定文字中删除字母、数字和项目符号。不更改缩进状态。
- 以数字标记：应用带有句点的数字用于列表中项的列表格式。
- 以字母标记：应用带有句点的字母用于列表中项的列表格式。如果列表含有的项多于字母中含有的字母，可以使用双字母继续序列。
- 以项目符号标记：应用项目符号用于列表中项的列表格式。
- 起点：在列表格式中启动新的字母或数字序列。如果选定的项位于列表中间，则选定项下面的未选中的项也将成为新列表的一部分。

- 连续：将选定的段落添加到上面最后一个列表然后继续序列。如果选择了列表项而非段落，选定项下面的未选中的项将继续序列。
- 允许自动项目符号和编号：在输入时应用列表格式。以下字符可以用作字母和数字后的标点，并不能用作项目符号，如句点（.）、逗号（,）、右括号（)）、右尖括号（>）、右方括号（]）和右花括号（}）。
- 允许项目符号和列表：如果选择该选项，列表格式将应用到外观类似列表的多行文字对象中的所有纯文本。
  - ✧ 拼写检查：确定输入时拼写检查处于打开还是关闭状态。
  - ✧ 编辑词典：显示词典对话框，从中可添加或删除在拼写检查过程中使用的自定义词典。
  - ✧ 标尺：在编辑器顶部显示标尺。拖动标尺末尾的箭头可更改文字对象的宽度。列模式处于活动状态时，还显示高度和列夹点。

⑭ 输入文字：选择该选项，系统打开“选择文件”对话框，如图 9-28 所示。选择任意 ASCII 或 RTF 格式的文件。输入的文字保留原始字符格式和样式特性，但可以在多行文字编辑器中编辑和格式化输入的文字。选择要输入的文本文件后，可以替换选定的文字或全部文字，或在文字边界内将插入的文字附加到选定的文字中。输入文字的文件必须小于 32KB。

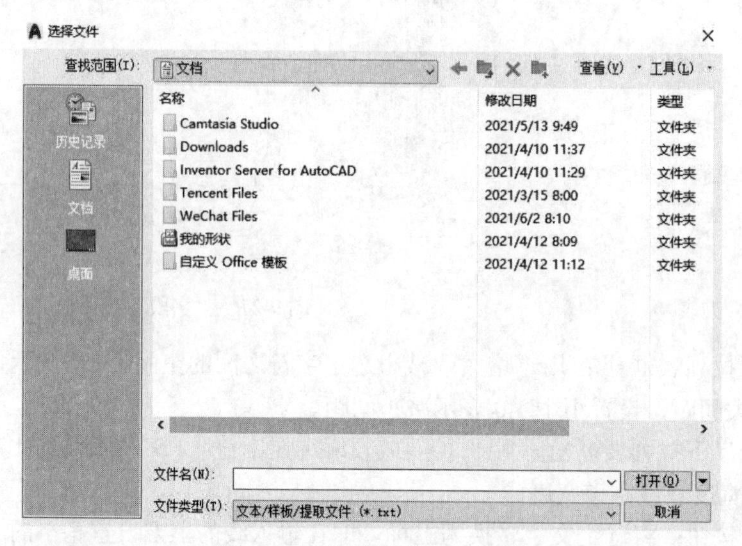

图 9-28 “选择文件”对话框

☞教你一招：

单行文字和多行文字的区别如下：

单行文字每行文字是一个独立的对象，对于不需要多种字体或多行的内容，可以创建单行文字，单行文字对于标签非常方便。

多行文字可以是一组文字，对于较长、较为复杂的内容，可以创建多行或段落文字。多行文字是由任意数目的文字行或段落组成的，布满指定的宽度，还可以沿垂直方向无限延伸。多行文字中，无论行数是多少，单个编辑任务中创建的每个段落集都将构成单个对象，用户可对其进行移动、旋转、删除、复制、镜像或缩放操作。

单行文字和多行文字之间的互相转换：多行文字用“分解”命令分解成单行文字；选中单行文字然后输入 text2mtext 命令，即可将单行文字转换为多行文字。

动手练——绘制内视符号

图 9-29 内视符号

扫一扫，看视频

绘制如图 9-29 所示的内视符号。

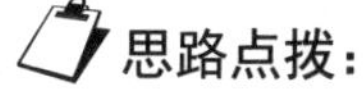
思路点拨：

源文件：源文件\第 9 章\内视符号.dwg

（1）使用"圆""多边形"和"直线"命令绘制内视符号的大体轮廓。

（2）使用"图案填充"命令填充正四边形和圆之间的区域。

（3）设置文字样式。

（4）使用"多行文字"命令输入文字。

9.3 文本编辑

AutoCAD 2022 提供了"文字样式"编辑器，通过这个编辑器可以方便直观地设置需要的文本样式，或是对已有样式进行修改。

【执行方式】

- 命令行：TEXTEDIT。
- 菜单栏：选择菜单栏中的"修改"→"对象"→"文字"→"编辑"命令。
- 工具栏：单击"文字"工具栏中的"编辑"按钮。

【操作步骤】

```
命令：TEXTEDIT↙
当前设置：编辑模式 = Multiple
选择注释对象或 [放弃(U)/模式(M)]：
```

【选项说明】

（1）选择注释对象：选取要编辑的文字、多行文字或标注对象。

要求选择想要修改的文本，同时光标变为拾取框。用拾取框选择对象时有以下两种情况。

① 如果选择的文本是用 TEXT 命令创建的单行文本，则深显该文本，可对其进行修改。

② 如果选择的文本是用 MTEXT 命令创建的多行文本，选择对象后则打开"文字编辑器"选项卡和多行文字编辑器，可根据前面的介绍对各项设置或内容进行修改。

（2）放弃(U)：放弃对文字对象的上一个更改。

（3）模式(M)：控制是否自动重复命令。选择此选项，命令行提示如下：

```
输入文本编辑模式选项 [单个(S)/多个(M)] <Multiple>:
```

① 单个(S)：修改选定的文字对象一次，然后结束命令。

② 多个(M)：允许在命令持续时间内编辑多个文字对象。

9.4 表　格

在以前的AutoCAD版本中，要绘制表格必须采用绘制图线或结合偏移、复制等编辑命令来完成，这样的操作过程烦琐而复杂，不利于提高绘图效率。自从 AutoCAD 2005 新增加了"表格"绘图功能，创建表格就变得非常容易，用户可以直接插入设置好样式的表格。同时随着版本的不断升级，表格功能也在精益求精、日趋完善。

9.4.1 定义表格样式

和文字样式一样，所有 AutoCAD 图形中的表格都有与其相对应的表格样式。当插入表格对象时，系统使用当前设置的表格样式。表格样式是用来控制表格基本形状和间距的一组设置。模板文件 ACAD.DWT 和 ACADISO.DWT 中定义了名为 Standard 的默认表格样式。

【执行方式】

- 命令行：TABLESTYLE。
- 菜单栏：选择菜单栏中的“格式”→“表格样式”命令。
- 工具栏：单击“样式”工具栏中的“表格样式管理器”按钮。
- 功能区：单击“默认”选项卡“注释”面板中的“表格样式”按钮。

【操作步骤】

执行上述方式后，打开如图 9-30 所示的“表格样式”对话框。

【选项说明】

（1）“新建”按钮：单击该按钮，系统打开“创建新的表格样式”对话框，如图 9-31 所示。输入新的表格样式名后，单击“继续”按钮，系统打开“新建表格样式：Standard 副本”对话框，如图 9-32 所示，从中可以定义新的表格样式。

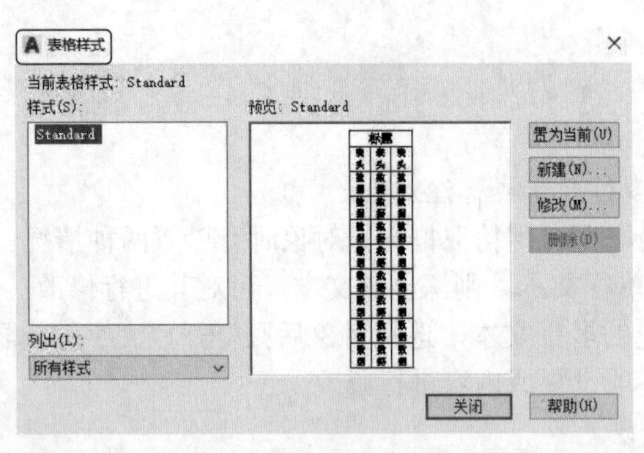

图 9-30 “表格样式”对话框

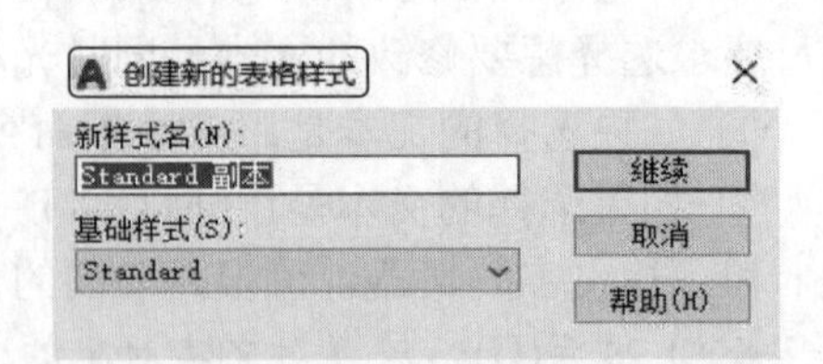

图 9-31 “创建新的表格样式”对话框

“新建表格样式: Standard 副本”对话框的“单元样式”下拉列表框中有 3 个重要的选项，分别是“数据”“表头”和“标题”，分别控制表格中数据、列标题和总标题的有关参数，如图 9-33 所示。在“新建表格样式: Standard 副本”对话框中有 3 个重要的选项卡，分别介绍如下。

①“常规”选项卡：用于控制数据栏格与标题栏格的上下位置关系，如图 9-32 所示。

②“文字”选项卡：用于设置文字属性，选择该选项卡，在“文字样式”下拉列表框中可以选择已定义的文字样式并应用于数据文字，也可以单击右侧的...按钮重新定义文字样式。其中，“文字高度”“文字颜色”和“文字角度”各选项应设置的参数如图 9-34 所示。

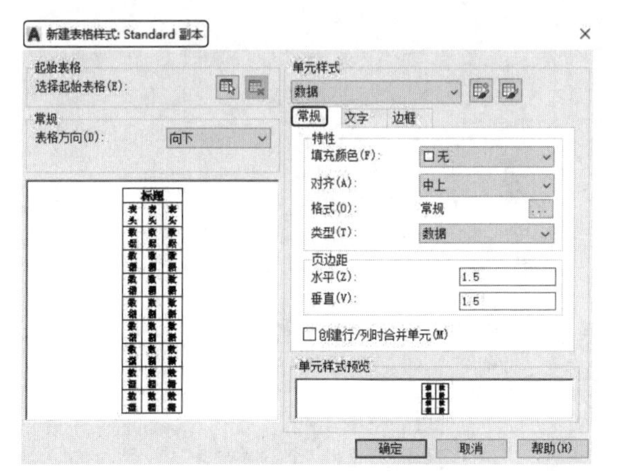

图 9-32 “新建表格样式：Standard 副本”对话框

标题		
表头	表头	表头
数据	数据	数据
数据	数据	数据
数据	数据	数据
数据	数据	数据
数据	数据	数据
数据	数据	数据

图 9-33 表格样式

③“边框”选项卡：用于设置表格的边框属性下面的数据边框线的各种形式，如绘制所有数据边框线、只绘制数据边框外部边框线、只绘制数据边框内部边框线、无边框线、只绘制底部边框线等。“线宽”“线型”和“颜色”下拉列表框控制边框线的线宽、线型和颜色；“间距”文本框用于控制单元格边界和内容之间的间距，如图 9-35 所示。

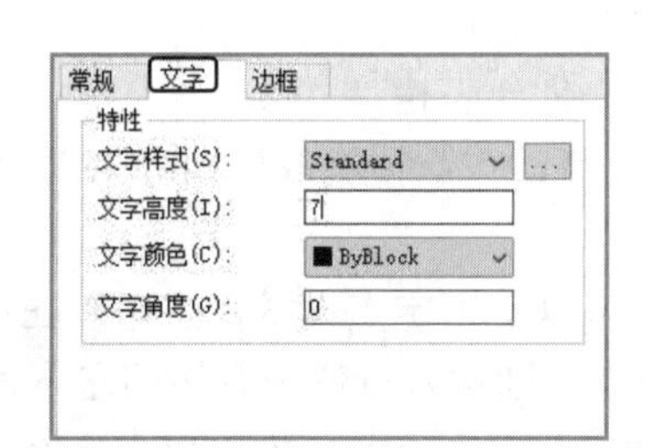

图 9-34 “文字”选项卡

图 9-35 “边框”选项卡

（2）“修改”按钮：用于对当前表格样式进行修改，方式与新建表格样式相同。

9.4.2 创建表格

在设置好表格样式后，用户可以利用 TABLE 命令创建表格。

【执行方式】

- 命令行：TABLE。
- 菜单栏：选择菜单栏中的“绘图”→“表格”命令。
- 工具栏：单击“绘图”工具栏中的“表格”按钮▦。
- 功能区：单击“默认”选项卡“注释”面板中的“表格”按钮▦或单击“注释”选项卡“表格”面板中的“表格”按钮▦。

【操作步骤】

执行上述方式后，打开如图 9-36 所示的“插入表格”对话框，在对话框中设置表格参数，然后将表格插入到适当位置。

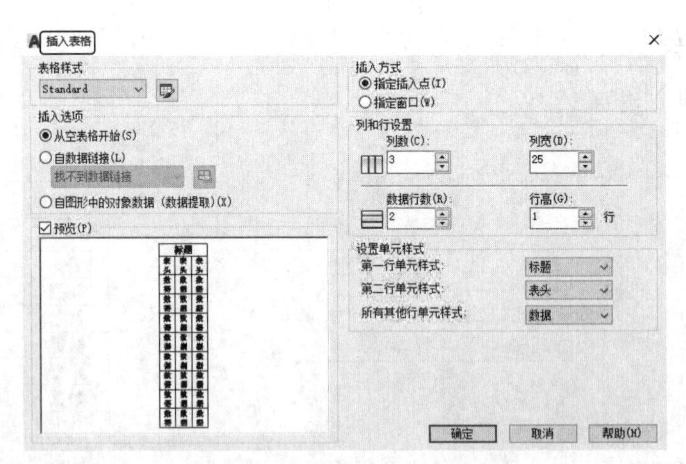

图 9-36 “插入表格”对话框

【选项说明】

（1）“表格样式”选项组：可以在“表格样式”下拉列表框中选择一种表格样式，也可以通过单击后面的按钮来新建或修改表格样式。

（2）“插入选项”选项组：指定插入表格的方式。

① “从空表格开始”单选按钮：创建可以手动填充数据的空表格。

② “自数据链接”单选按钮：通过启动数据连接管理器来创建表格。

③ “自图形中的对象数据（数据提取）”单选按钮：通过启动“数据提取”向导来创建表格。

（3）“插入方式”选项组。

① “指定插入点”单选按钮：指定表格左上角的位置。可以使用定点设备，也可以在命令行中输入坐标值。如果表格样式将表格的方向设置为由下而上读取，则插入点位于表格的左下角。

② “指定窗口”单选按钮：指定表的大小和位置。可以使用定点设备，也可以在命令行中输入坐标值。选中该单选按钮时，行数、列数、列宽和行高取决于窗口的大小，以及列和行的设置。

技巧：

在“插入方式”选项组中选中“指定窗口”单选按钮后，列与行设置的两个参数中只能指定一个，另外一个由指定窗口的大小自动等分来确定。

（4）“列和行设置”选项组。

指定列和数据行的数目，以及列宽与行高。

（5）“设置单元样式”选项组。

指定“第一行单元样式”“第二行单元样式”和“所有其他行单元样式”分别为标题、表头或者数据样式。

扫一扫，看视频

9.5 实例——绘制 A3 样板图

源文件： 源文件\第 9 章\A3 样板图.dwg

绘制好的 A3 样板图如图 9-37 所示。

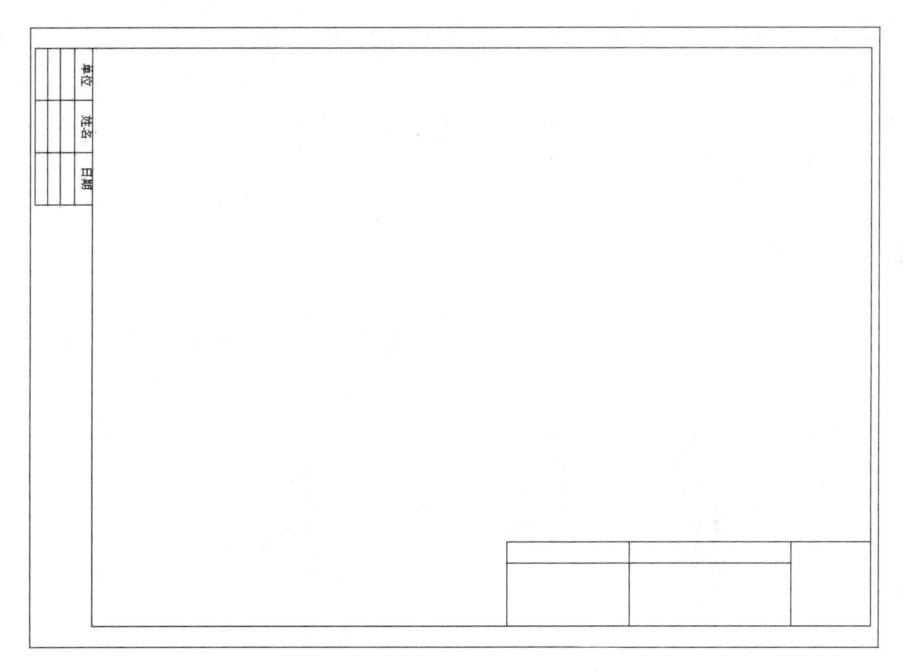

图 9-37　A3 样板图

注意：

所谓样板图，就是将绘制图形通用的一些基本内容和参数事先设置好并绘制出来，以.dwt 格式保存起来。在本实例中绘制的 A3 图纸，可以绘制好图框、标题栏，设置好图层、文字样式、标注样式等，然后作为样板图保存。以后需要绘制 A3 幅面的图形时，打开此样板图在此基础上绘图即可。

操作步骤

（1）新建文件。单击快速访问工具栏中的“新建”按钮，弹出“选择样板”对话框，在“打开”按钮下拉菜单中选择“无样板公制”命令，新建空白文件。

（2）设置图层。单击“默认”选项卡“图层”面板中的“图层特性”按钮，新建如下两个图层。

① 图框层：颜色为白色，其余参数默认。

② 标题栏层：颜色为白色，其余参数默认。

（3）绘制图框。将“图框层”图层设定为当前图层。单击“默认”选项卡“绘图”面板中的“矩形”按钮，绘制角点坐标为（30，10）和（415，287）的矩形，绘制效果如图 9-38 所示。

（4）绘制标题栏。将“标题栏层”图层设定为当前图层。

① 标题栏示意图如图 9-39 所示，由于分隔线并不整齐，所以可以先绘制一个 9×4 的标准表格，然后在此基础上编辑或合并单元格以形成如图 9-39 所示的形式。

图 9-38　绘制的矩形

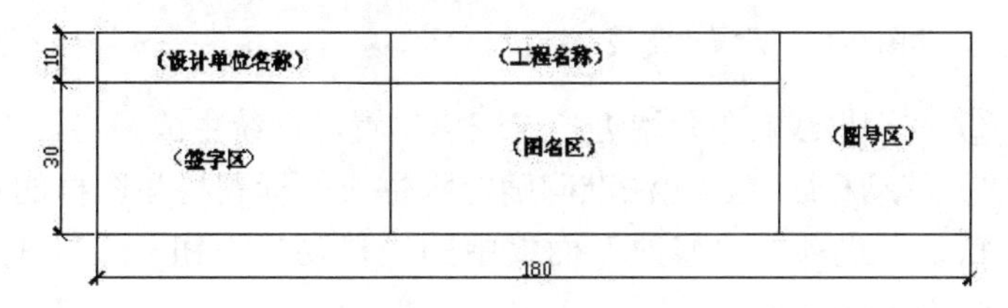

图 9-39　标题栏示意图

② 单击“默认”选项卡“注释”面板中的“表格样式”按钮，系统弹出“表格样式”对话框，如图 9-40 所示。

③ 单击“表格样式”对话框中的“修改”按钮，系统弹出“修改表格样式: Standard”对话框，在“单元样式”下拉列表框中选择“数据”选项，在下面的“文字”选项卡中将“文字高度”设置为 6，如图 9-41 所示。再选择“常规”选项卡，将“页边距”选项组中的“水平”和“垂直”都设置成 1，如图 9-42 所示。

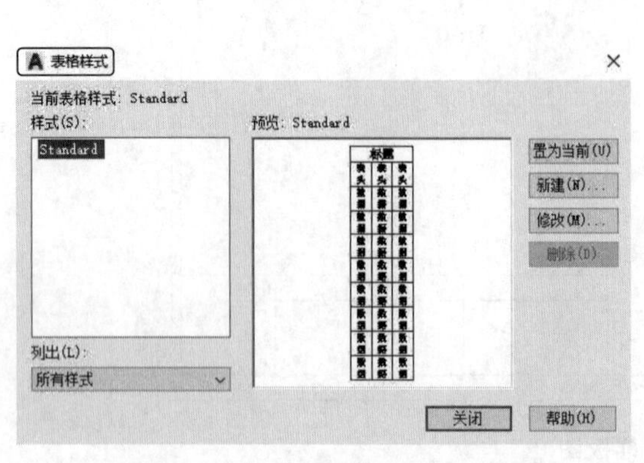

图 9-40　“表格样式”对话框

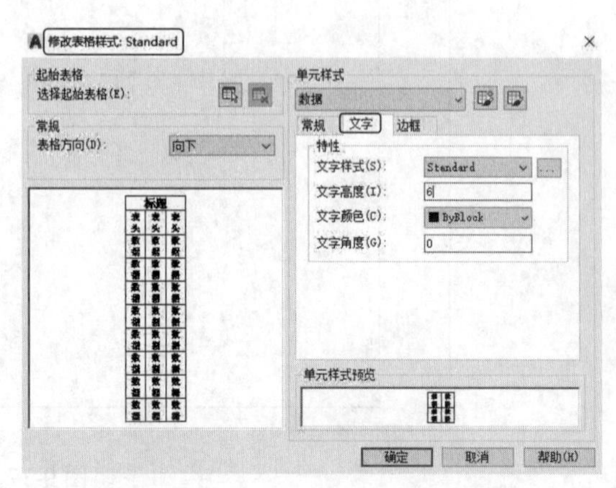

图 9-41　“修改表格样式: Standard”对话框

④ 单击“确定”按钮，系统回到“表格样式”对话框，单击“关闭”按钮退出。

⑤ 单击“默认”选项卡“注释”面板中的“表格”按钮，系统弹出“插入表格”对话框，在“列和行设置”选项组中将“列数”设置为 9，将“列宽”设置为 20，将“数据行数”设置为 2（加上标题行和表头行共 4 行），将“行高”设置为 1 行，即为 10；在“设置单元样式”选项组中，将“第一行单元样式”“第二行单元样式”“所有其他行单元样式”都设置为“数据”，如图 9-43 所示。

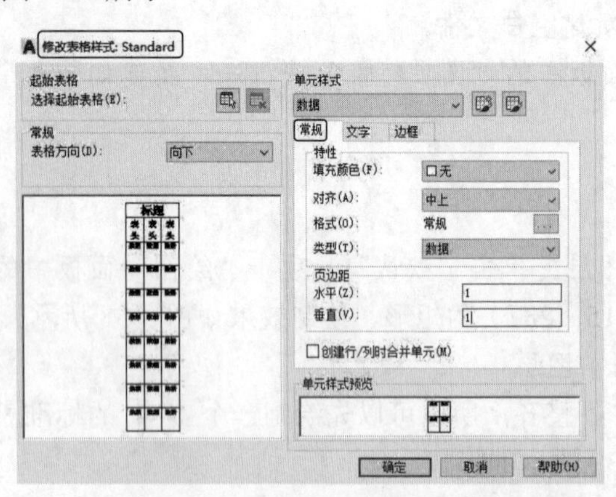

图 9-42　设置“常规”选项卡

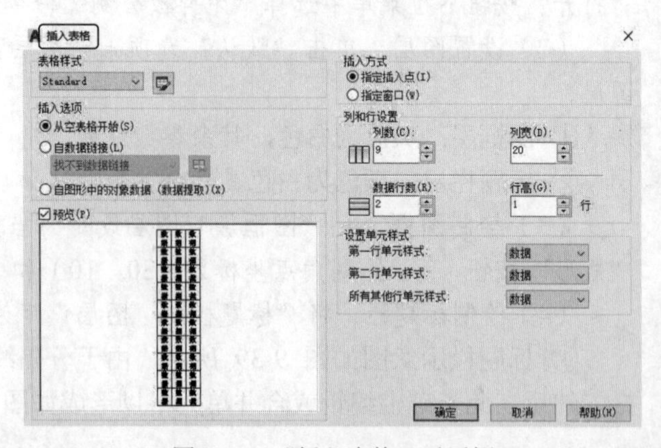

图 9-43　“插入表格”对话框

⑥ 在图框线右下角附近指定表格位置，系统生成表格，不输入文字，如图 9-44 所示。

⑦ 移动标题栏。无法准确确定刚生成的标题栏与图框的相对位置，因此需要移动标题栏。单击“默认”选项卡“修改”面板中的“移动”按钮，将刚绘制的表格准确放置在图框的右下角，如图 9-45 所示。

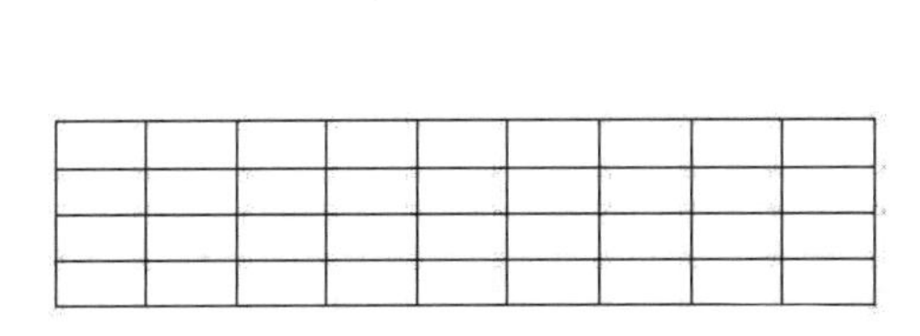

图 9-44　生成表格

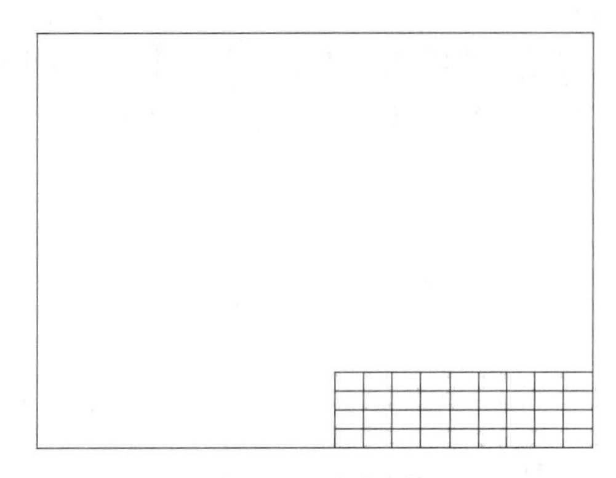

图 9-45　移动表格

⑧ 选择 A 单元格，按住 Shift 键，同时选择 B 和 C 单元格，在“表格单元”选项卡中单击“合并单元格”按钮，在弹出的下拉菜单中选择“合并全部”命令，如图 9-46 所示。

重复上述方法，对其他单元格进行合并，效果如图 9-47 所示。

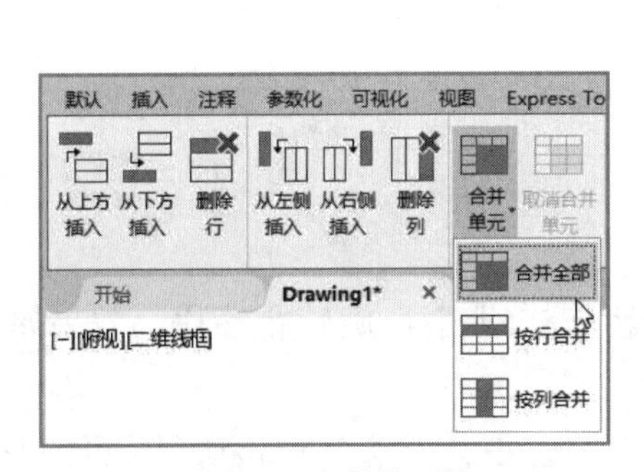

图 9-46　合并单元格

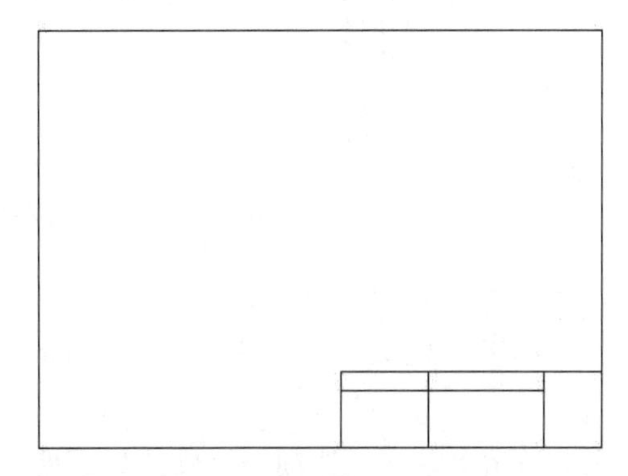

图 9-47　完成标题栏单元格编辑

（5）绘制会签栏。会签栏具体大小和样式如图 9-48 所示。用户可以采取和标题栏相同的绘制方法来绘制会签栏。

① 在“修改表格样式: Standard”对话框中的“文字”选项卡中将“文字高度”设置为 4，如图 9-49 所示；再把“常规”选项卡中“页边距”选项组中的“水平”和“垂直”都设置为 0.5。

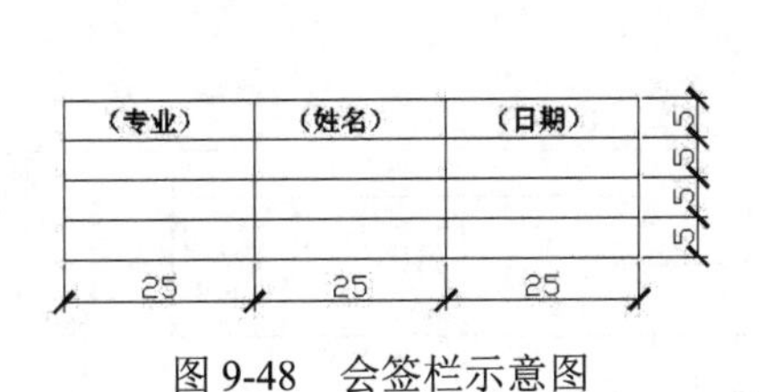

图 9-48　会签栏示意图

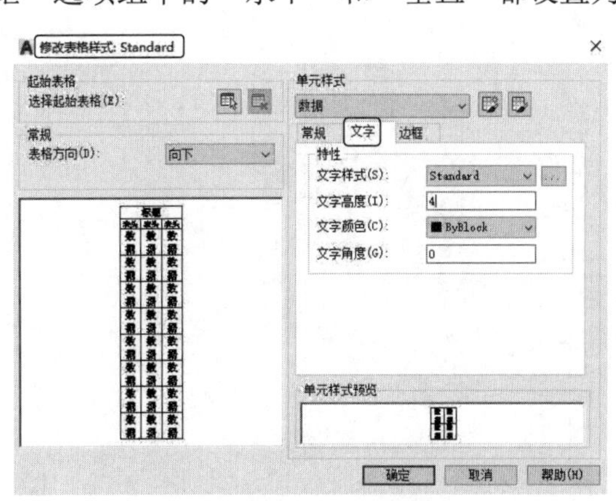

图 9-49　设置表格样式

② 单击“默认”选项卡“注释”面板中的“表格”按钮▦，系统弹出“插入表格”对话框，在“列和行设置”选项组中，将“列数”设置为3，“列宽”设置为25，“数据行数”设置为2，“行高”设置为 1 行；在“设置单元样式”选项组中，将“第一行单元样式”“第二行单元样式”和“所有其他行单元样式”都设置为“数据”，如图 9-50 所示。

③ 在表格中输入文字，效果如图 9-51 所示。

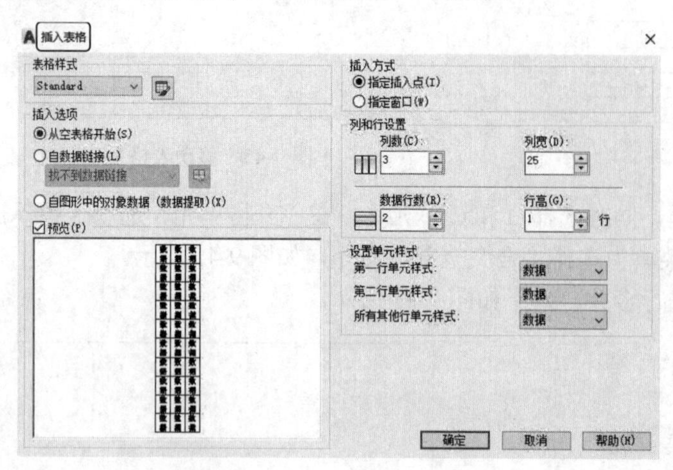

图 9-50　设置表格的行和列

单位	姓名	日期

图 9-51　会签栏的绘制

（6）旋转和移动会签栏。

① 单击“默认”选项卡“修改”面板中的“旋转”按钮 ↻，旋转会签栏，效果如图 9-52 所示。

② 单击“默认”选项卡“修改”面板中的“移动”按钮✥，将会签栏移动到图框的左上角，效果如图 9-53 所示。

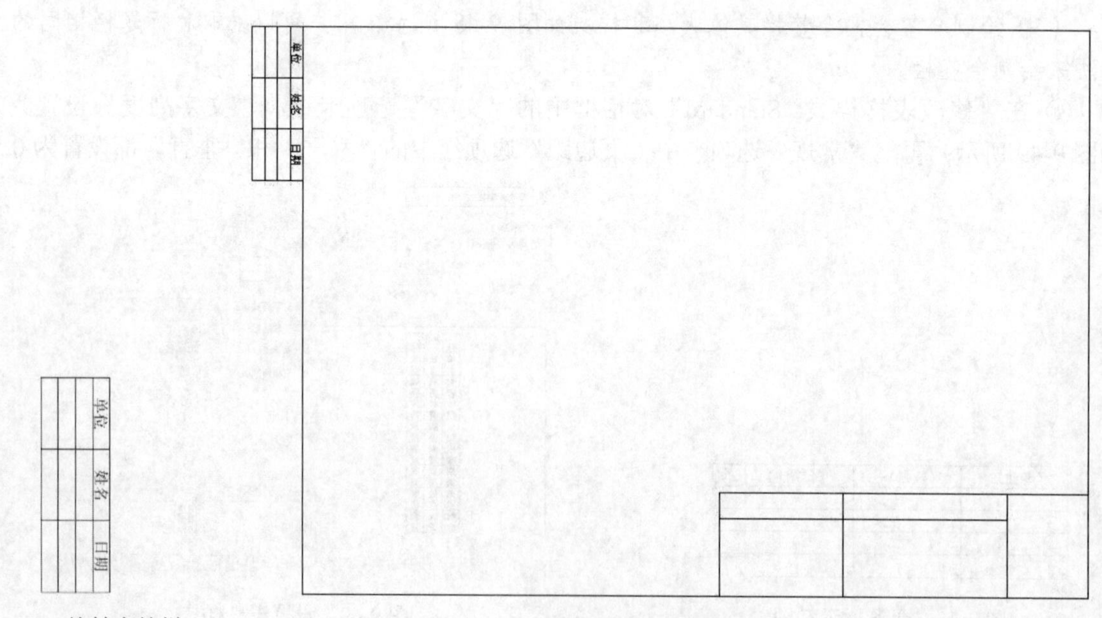

图 9-52　旋转会签栏

图 9-53　移动会签栏

（7）绘制外框。单击“默认”选项卡“绘图”面板中的“矩形”按钮 ，在最外侧绘制一个 420×297 的外框，最终完成样板图的绘制，如图 9-37 所示。

（8）保存样板图。选择菜单栏中的“文件”→“另存为”命令，系统弹出“图形另存为”对话框，将图形保存为.dwt 格式的文件即可，如图 9-54 所示。

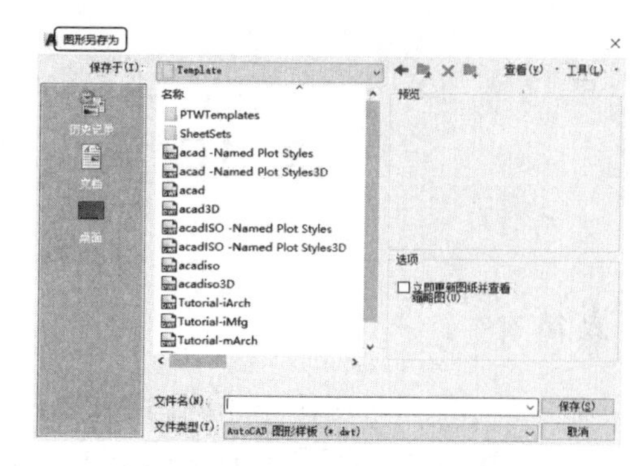

图 9-54 “图形另存为”对话框

9.6 模拟认证考试

1．在设置文字样式的时候，设置了文字的高度，其效果是（　　）。

A．在输入单行文字时，可以改变文字高度

B．输入单行文字时，不可以改变文字高度

C．在输入多行文字的时候，不能改变文字高度

D．都能改变文字高度

2．使用多行文本编辑器时，其中%%C、%%D、%%P 分别表示（　　）。

A．直径、度数、下划线　　B．直径、度数、正负

C．度数、正负、直径　　D．下划线、直径、度数

3．以下不能创建表格的方式是（　　）。

A．从空表格开始　　B．自数据链接

C．自图形中的对象数据　　D．自文件中的数据链接

4．在正常输入汉字时却显示“?”，原因是（　　）。

A．因为文字样式没有设定好　　B．输入错误

C．堆叠字符　　D．字高太高

5．按如图 9-55 所示设置文字样式，则文字的宽度因子是（　　）。

A．0　　B．0.5　　C．1　　D．无效值

6．绘制如图 9-56 所示的模板。

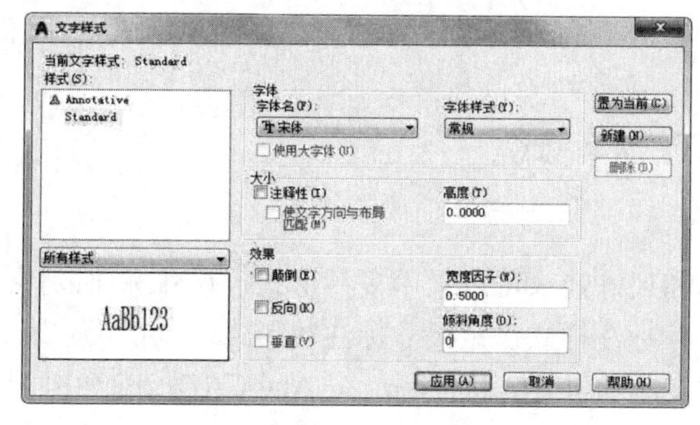

图 9-55 文字样式

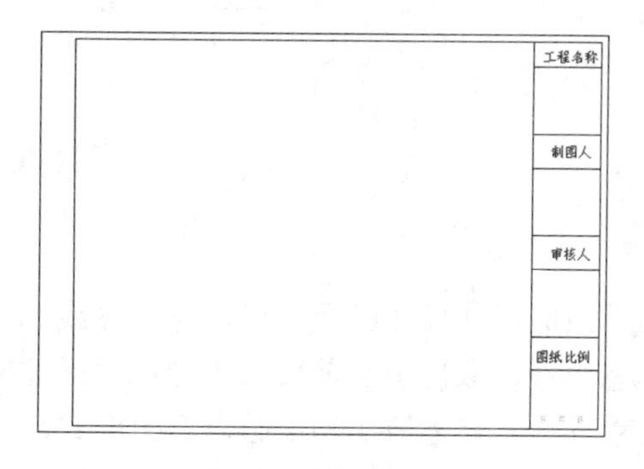

图 9-56 模板

第 10 章　尺 寸 标 注

内容简介

尺寸标注是绘图设计过程当中相当重要的一个环节。因为图形的主要作用是表述物体的形状，而物体各部分的真实大小和各部分之间的确切位置只能通过尺寸标注来表达。因此，没有正确的尺寸标注，绘制出的图样对于加工制造就没有了意义。AutoCAD 2022 为用户提供了方便、准确的标注尺寸功能。本章就来讲解 AutoCAD 2022 的尺寸标注功能。

内容要点

- 尺寸样式
- 标注尺寸
- 引线标注
- 编辑尺寸标注
- 模拟认证考试

案例效果

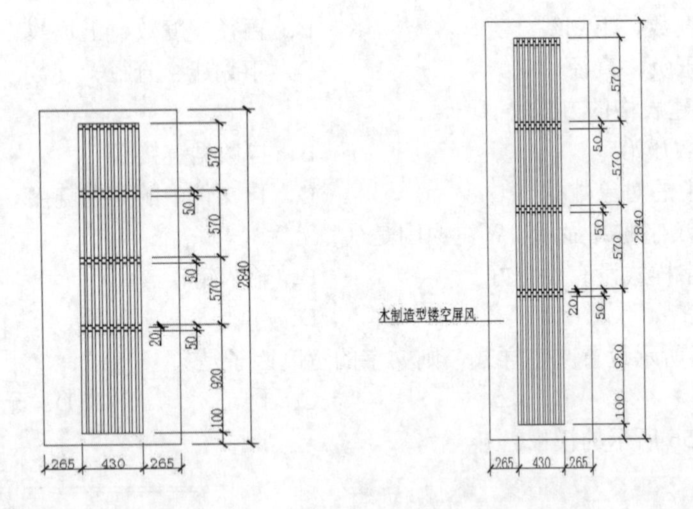

10.1　尺 寸 样 式

组成尺寸标注的尺寸线、尺寸界线、尺寸文本和尺寸箭头可以采用多种形式，尺寸标注以什么形态出现，取决于当前所采用的尺寸标注样式。尺寸标注样式决定尺寸标注的形式，包括尺寸线、尺寸界线、尺寸箭头和中心标记的形式，以及尺寸文本的位置、特性等。在 AutoCAD 2022 中可以通过“标注样式管理器”对话框方便地设置需要的尺寸标注样式。

10.1.1 新建或修改尺寸样式

在进行尺寸标注前，先要创建尺寸标注的样式。如果不创建尺寸样式而是直接进行标注，则系统会使用默认名称为 Standard 的样式。用户如果认为使用的标注样式中某些设置不合适，也可以修改标注样式。

【执行方式】

- 命令行：DIMSTYLE（快捷命令 D）。
- 菜单栏：选择菜单栏中的“格式”→“标注样式”命令或“标注”→“标注样式”命令。
- 工具栏：单击“标注”工具栏中的“标注样式”按钮。
- 功能区：单击“默认”选项卡“注释”面板中的“标注样式”按钮。

【操作步骤】

执行上述操作后，系统打开“标注样式管理器”对话框，如图 10-1 所示。通过该对话框可方便、直观地定制和浏览尺寸标注样式，包括创建新的标注样式、修改已存在的标注样式、设置当前尺寸标注样式、样式重命名以及删除已有的标注样式等。

【选项说明】

（1）“置为当前”按钮：单击该按钮，可把在“样式”列表框中选择的样式设置为当前标注样式。

（2）“新建”按钮：创建新的尺寸标注样式。单击该按钮，系统打开“创建新标注样式”对话框，如图 10-2 所示，通过该对话框可创建一个新的尺寸标注样式，其中各选项功能说明如下。

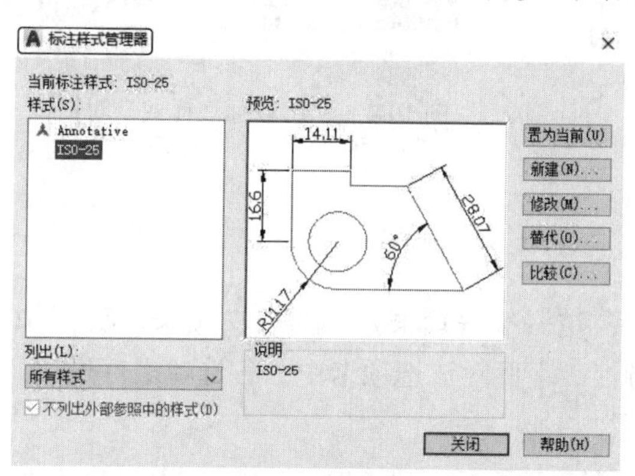

图 10-1 “标注样式管理器”对话框

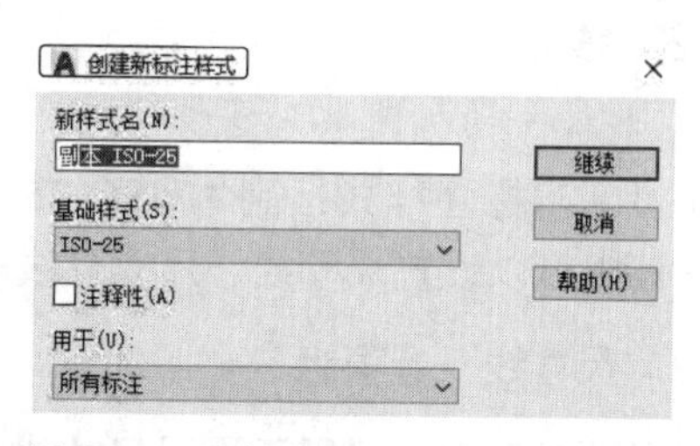

图 10-2 “创建新标注样式”对话框

① “新样式名”文本框：为新的尺寸标注样式命名。

② “基础样式”下拉列表框：选择创建新样式所基于的标注样式。单击“基础样式”下拉列表框，打开当前已有的样式列表，从中选择一项作为定义新样式的基础，新的样式是在所选样式的基础上修改一些特性得到的。

③ “用于”下拉列表框：指定新样式应用的尺寸类型。单击该下拉列表框，打开尺寸类型列表，如果新建样式应用于所有尺寸，则选择“所有标注”选项；如果新建样式只应用于特定的尺寸标注（如只在标注直径时使用此样式），则选择相应的尺寸类型。

④ “继续”按钮：各选项设置好以后，单击该按钮，系统打开“新建标注样式：副本

ISO-25”对话框，如图 10-3 所示，通过该对话框可对新标注样式的各项特性进行设置。该对话框中各部分的含义和功能将在后面介绍。

（3）“修改”按钮：修改一个已存在的尺寸标注样式。单击该按钮，系统打开“修改标注样式”对话框，该对话框中的各选项与“新建标注样式”对话框中完全相同，可以对已有标注样式进行修改。

（4）“替代”按钮：设置临时覆盖尺寸标注样式。单击该按钮，系统打开“替代当前样式”对话框，该对话框中各选项与“新建标注样式：副本 ISO-25”对话框中完全相同，用户可改变选项的设置，以覆盖原来的设置，但这种修改只对指定的尺寸标注起作用，而不影响当前其他尺寸变量的设置。

（5）“比较”按钮：比较两个尺寸标注样式在参数上的区别，或浏览一个尺寸标注样式的参数设置。单击该按钮，系统打开“比较标注样式”对话框，如图 10-4 所示。可以把比较结果复制到剪贴板上，然后粘贴到其他的 Windows 应用软件上。

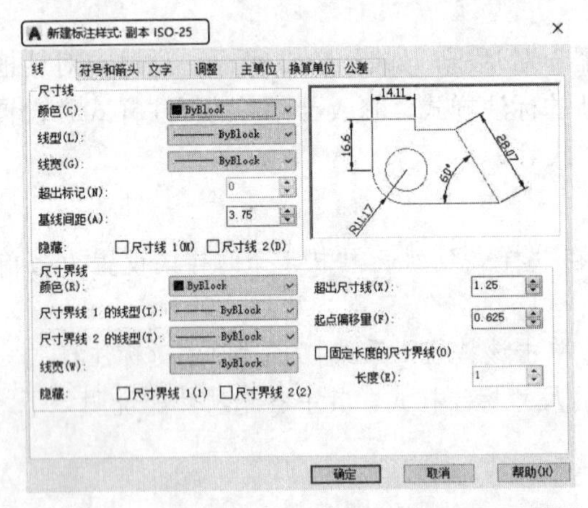

图 10-3 “新建标注样式：副本 ISO-25”对话框

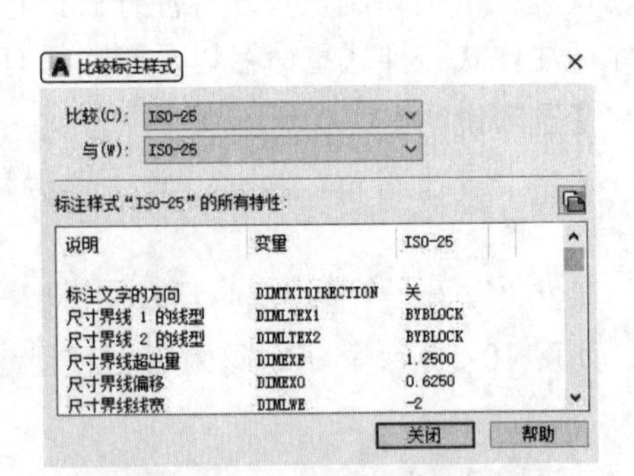

图 10-4 “比较标注样式”对话框

10.1.2 线

在“新建标注样式：副本 ISO-25”对话框中，第一个选项卡是“线”选项卡，如图 10-3 所示，在其中可以设置尺寸线、尺寸界线的形式和特性。下面对该选项卡中的各选项进行说明。

1. “尺寸线”选项组

“尺寸线”选项组用于设置尺寸线的特性，其中各选项的含义如下。

（1）“颜色”（“线型”“线宽”）下拉列表框：用于设置尺寸线的颜色（线型、线宽）。

（2）“超出标记”微调框：当尺寸箭头设置为短斜线、短波浪线等或尺寸线上无箭头时，可利用此微调框设置尺寸线超出尺寸界线的距离。

（3）“基线间距”微调框：设置以基线方式标注尺寸时相邻两尺寸线之间的距离。

（4）“隐藏”复选框组：确定是否隐藏尺寸线及相应的箭头。选中“尺寸线 1（2）”复选框，表示隐藏第一（二）段尺寸线。

2. “尺寸界线”选项组

“尺寸界线”选项组用于确定尺寸界线的形式，其中各选项的含义如下。

（1）“颜色”（“线宽”）下拉列表框：用于设置尺寸界线的颜色（线宽）。

（2）“尺寸界线 1（2）的线型”下拉列表框：用于设置第一条尺寸界线的线型（DIMLTEX1 系统变量）。

（3）“超出尺寸线”微调框：用于确定尺寸界线超出尺寸线的距离。

（4）“起点偏移量”微调框：用于确定尺寸界线的实际起始点相对于指定尺寸界线起始点的偏移量。

（5）“隐藏”复选框组：确定是否隐藏尺寸界线。

（6）“固定长度的尺寸界线”复选框：选中该复选框，系统以固定长度的尺寸界线标注尺寸，可以在其下面的“长度”文本框中输入长度值。

3. 尺寸样式显示框

在“新建标注样式：副本 ISO-25”对话框的右上方有一个尺寸样式显示框，该显示框以样例的形式显示用户设置的尺寸样式。

10.1.3 符号和箭头

在“新建标注样式：副本 ISO-25”对话框中，第二个选项卡是“符号和箭头”选项卡，如图 10-5 所示，在其中可以设置箭头、圆心标记、弧长符号和半径标注折弯的形式和特性。下面对该选项卡中的各选项进行说明。

1. “箭头”选项组

“箭头”选项组用于设置尺寸箭头的形式。AutoCAD 提供了多种箭头形状，列在“第一个”和“第二个”下拉列表框中。另外，还允许采用用户自定义的箭头形状。两个尺寸箭头可以采用相同的形式，也可以采用不同的形式。

（1）“第一（二）个”下拉列表框：用于设置第一（二）个尺寸箭头的形式。单击此下拉列表框，打开各种箭头形式，其中列出了各类箭头的形状（即名称）。一旦选择了第一个箭头的类型，第二个箭头则自动与其匹配，若要想第二个箭头取不同的形状，可在“第二个”下拉列表框中设定。

如果在列表框中选择了“用户箭头”选项，则打开如图 10-6 所示的“选择自定义箭头块”对话框，可以事先把自定义的箭头存成一个图块，在该对话框中输入该图块名即可。

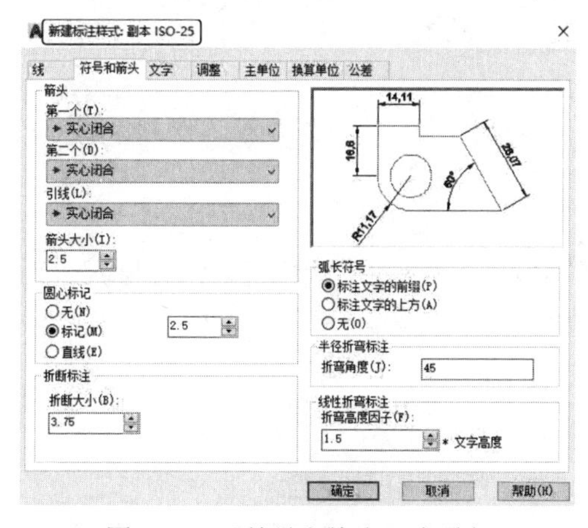

图 10-5 “符号和箭头”选项卡

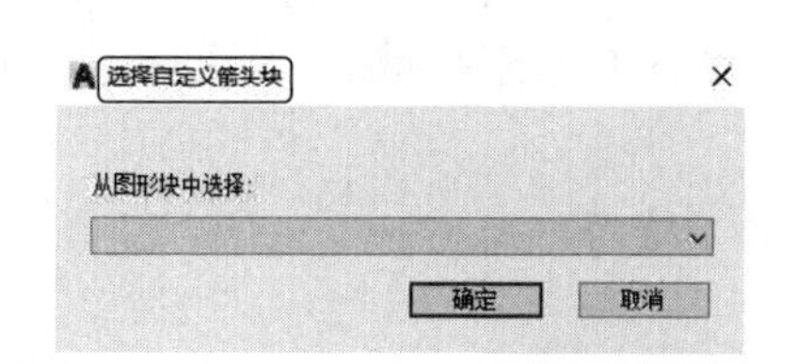

图 10-6 “选择自定义箭头块”对话框

（2）“引线”下拉列表框：确定引线箭头的形式，与“第一个”设置类似。

（3）“箭头大小”微调框：用于设置尺寸箭头的大小。

2. “圆心标记”选项组

“圆心标记”选项组用于设置半径标注、直径标注和中心标注中的中心标记和中心线形式。其中各项含义如下。

（1）“无”单选按钮：选中该单选按钮，既不产生中心标记，也不产生中心线。

（2）“标记”单选按钮：选中该单选按钮，中心标记为一个点记号。

（3）“直线”单选按钮：选中该单选按钮，中心标记采用中心线的形式。

（4）“大小”微调框：用于设置中心标记和中心线的大小和粗细。

3. “折断标注”选项组

“折断标注”选项组用于控制折断标注的间距宽度。

4. “弧长符号”选项组

“弧长符号”选项组用于控制弧长标注中圆弧符号的显示，其中 3 个单选按钮的含义介绍如下。

（1）“标注文字的前缀”单选按钮：选中该单选按钮，将弧长符号放在标注文字的左侧，如图 10-7（a）所示。

（2）“标注文字的上方”单选按钮：选中该单选按钮，将弧长符号放在标注文字的上方，如图 10-7（b）所示。

（3）“无”单选按钮：选中该单选按钮，不显示弧长符号，如图 10-7（c）所示。

5. “半径折弯标注”选项组

“半径折弯标注”选项组用于控制折弯（Z 字形）半径标注的显示。折弯半径标注通常在中心点位于页面外部时创建。在“折弯角度”文本框中可以输入连接半径标注的尺寸界线和尺寸线的横向直线角度，如图 10-8 所示。

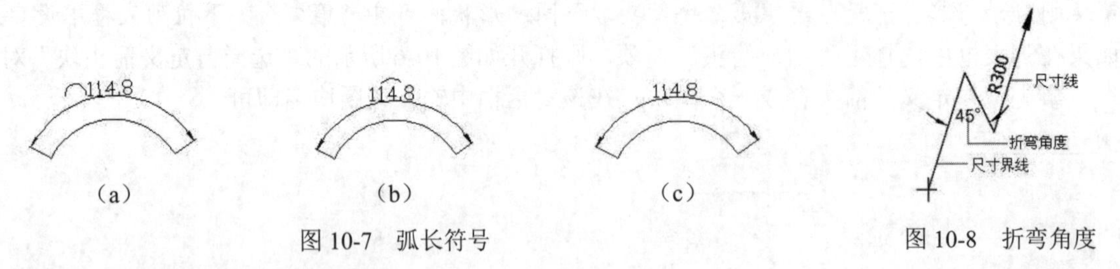

图 10-7　弧长符号　　　图 10-8　折弯角度

6. “线性折弯标注”选项组

“线性折弯标注”选项组用于控制折弯线性标注的显示。当标注不能精确表示实际尺寸时，常将折弯线添加到线性标注中。通常，实际尺寸比所需值小。

10.1.4　文字

在“新建标注样式：副本 ISO-25”对话框中，第 3 个选项卡是“文字”选项卡，如图 10-9 所示，在其中可以设置尺寸文本文字的形式、布置、对齐方式等。下面对该选项卡中的各选项分别说明如下。

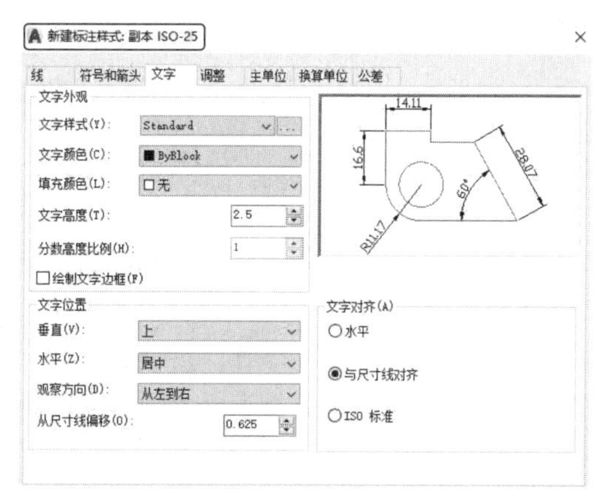

图 10-9　“文字”选项卡

1.“文字外观”选项组

（1）“文字样式”下拉列表框：用于选择当前尺寸文本采用的文字样式。

（2）“文字颜色”下拉列表框：用于设置尺寸文本的颜色。

（3）“填充颜色”下拉列表框：用于设置标注中文字背景的颜色。

（4）“文字高度”微调框：用于设置尺寸文本的字高。如果选用的文本样式中已设置了具体的字高（不是 0），则此处的设置无效；如果文本样式中设置的字高为 0，则以此处设置为准。

（5）“分数高度比例”微调框：用于确定尺寸文本的比例系数。

（6）“绘制文字边框”复选框：选中该复选框，AutoCAD 在尺寸文本的周围加上边框。

2.“文字位置”选项组

（1）“垂直”下拉列表框：用于确定尺寸文本相对于尺寸线在垂直方向的对齐方式，如图 10-10 所示。

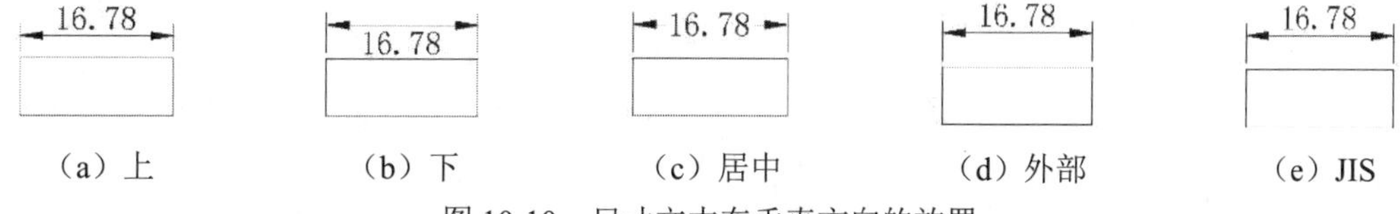

（a）上　（b）下　（c）居中　（d）外部　（e）JIS

图 10-10　尺寸文本在垂直方向的放置

（2）“水平”下拉列表框：用于确定尺寸文本相对于尺寸线和尺寸界线在水平方向的对齐方式。单击此下拉列表框，可从中选择的对齐方式有 5 种：居中、第一条尺寸界线、第二条尺寸界线、第一条尺寸界线上方、第二条尺寸界线上方，如图 10-11 所示。

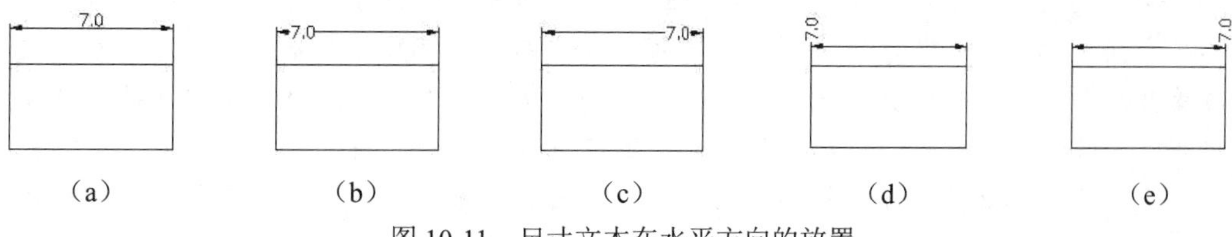

（a）　（b）　（c）　（d）　（e）

图 10-11　尺寸文本在水平方向的放置

（3）“观察方向”下拉列表框：用于控制标注文字的观察方向（可用 DIMTXTDIRECTION 系统变量设置）。

（4）“从尺寸线偏移”微调框：当尺寸文本放在断开的尺寸线中间时，该微调框用来设置尺寸文本与尺寸线之间的距离。

3. “文字对齐”选项组

“文字对齐”选项组用于控制尺寸文本的排列方向。

（1）“水平”单选按钮：选中该单选按钮，尺寸文本沿水平方向放置。不论标注什么方向的尺寸，尺寸文本总保持水平。

（2）“与尺寸线对齐”单选按钮：选中该单选按钮，尺寸文本沿尺寸线方向放置。

（3）“ISO 标准”单选按钮：选中该单选按钮，当尺寸文本在尺寸界线之间时，沿尺寸线方向放置；在尺寸界线之外时，沿水平方向放置。

10.1.5 调整

在“新建标注样式：副本 ISO-25”对话框中，第 4 个选项卡是“调整”选项卡，如图 10-12 所示。该选项卡会根据两条尺寸界线之间的空间，将尺寸文本、尺寸箭头放置在两尺寸界线内或外。如果空间允许，AutoCAD 会把尺寸文本和箭头放置在尺寸界线的里面；如果空间不足，则会根据本选项卡的各项设置进行放置。下面对该选项卡中的各选项分别说明如下。

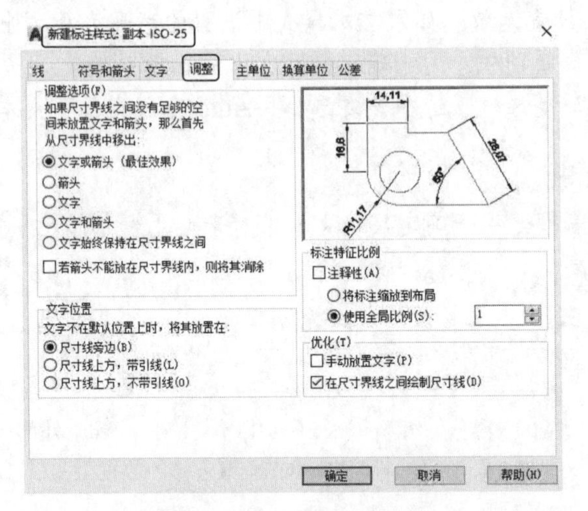

图 10-12 “调整”选项卡

1. “调整选项”选项组

（1）“文字或箭头”单选按钮：选中该单选按钮，如果空间允许，把尺寸文本和箭头都放置在两尺寸界线之间；如果两尺寸界线之间只够放置尺寸文本，则把尺寸文本放置在尺寸界线之间，而把箭头放置在尺寸界线之外；如果只够放置箭头，则把箭头放在里面，把尺寸文本放在外面；如果两尺寸界线之间既放不下文本，也放不下箭头，则把二者均放在外面。

（2）“文字”和“箭头”单选按钮：选中该单选按钮，如果空间允许，把尺寸文本和箭头都放置在两尺寸界线之间；否则把文本和箭头都放在尺寸界线外面。

其他选项含义类似，此处不再赘述。

2.“文字位置”选项组

“文字位置”选项组用于设置尺寸文本的位置，包括尺寸线旁、尺寸线上方带引线和尺寸线上方不带引线，如图10-13所示。

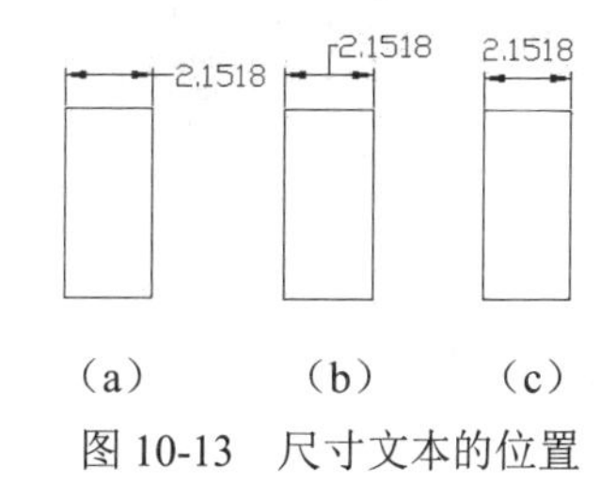

图10-13 尺寸文本的位置

3.“标注特征比例”选项组

（1）“注释性”复选框：指定标注为注释性。注释性对象和样式用于控制注释对象在模型空间或布局中显示的尺寸和比例。

（2）“将标注缩放到布局”单选按钮：根据当前模型空间视口和图纸空间之间的比例确定比例因子。当在图纸空间而不是模型空间视口中工作时，或当TILEMODE被设置为1时，将使用默认的比例因子1:0。

（3）“使用全局比例”单选按钮：确定尺寸的整体比例系数。其后面的“比例值”微调框可以用来选择需要的比例。

4.“优化”选项组

“优化”选项组用于设置附加的尺寸文本布置选项，包含以下两个选项。

（1）“手动放置文字”复选框：选中该复选框，标注尺寸时由用户确定尺寸文本的放置位置，忽略前面的对齐设置。

（2）“在尺寸界线之间绘制尺寸线”复选框：选中该复选框，不管尺寸文本在尺寸界线里面还是在外面，AutoCAD 均在两尺寸界线之间绘出一尺寸线；否则，当尺寸界线内放不下尺寸文本而将其放在外面时，尺寸界线之间则无尺寸线。

10.1.6 主单位

在“新建标注样式：副本 ISO-25”对话框中，第 5 个选项卡是“主单位”选项卡，如图10-14所示，可用来设置尺寸标注的主单位和精度，以及为尺寸文本添加固定的前缀或后缀。下面对该选项卡中的各选项分别说明如下。

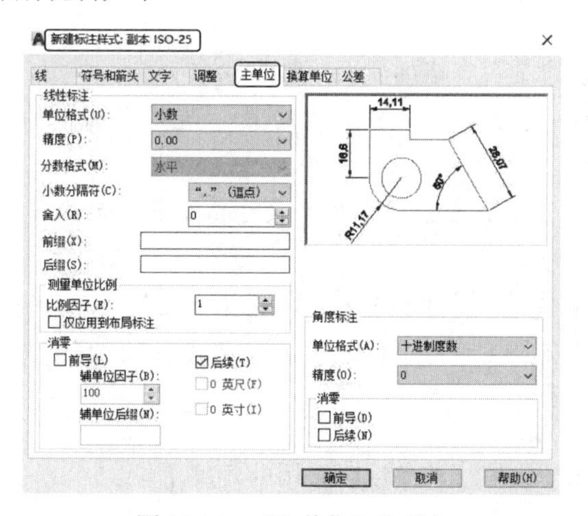

图10-14 “主单位”选项卡

1．“线性标注”选项组

“线性标注”选项组用来设置标注长度型尺寸时采用的单位和精度。

（1）“单位格式”下拉列表框：用于确定标注尺寸时使用的单位制（角度型尺寸除外）。在其下拉列表框中提供了“科学”“小数”“工程”“建筑”“分数”“Windows 桌面”6 种单位制，可根据需要选择。

（2）“精度”下拉列表框：用于确定标注尺寸时的精度，也就是精确到小数点后几位。

技巧：

精度设置一定要和用户的需求吻合，如果设置的精度过低，标注会出现误差。

（3）“分数格式”下拉列表框：用于设置分数的形式。AutoCAD 2022 提供了“水平”“对角”“非堆叠”3 种形式供用户选用。

（4）“小数分隔符”下拉列表框：用于确定十进制单位（Decimal）的分隔符。AutoCAD 2022 提供了句点（.）、逗点（,）和空格 3 种形式。系统默认的小数分隔符是逗点，所以每次标注尺寸时要注意把此处设置为句点。

（5）“舍入”微调框：用于设置除角度之外的尺寸测量圆整规则。用户需在文本框中输入一个值，如输入“1”，则所有测量值均为整数。

（6）“前缀”文本框：为尺寸标注设置固定前缀。可以输入文本，也可以利用控制符产生特殊字符，这些文本将被加在所有尺寸文本之前。

（7）“后缀”文本框：为尺寸标注设置固定后缀。

2．“测量单位比例”选项组

“测量单位比例”选项组用于确定 AutoCAD 自动测量尺寸时的比例因子。其中“比例因子”微调框用来设置除角度之外所有尺寸测量的比例因子。例如，用户确定比例因子为 2，AutoCAD 则把实际测量为 1 的尺寸标注为 2。如果选中“仅应用到布局标注”复选框，则设置的比例因子只适用于布局标注。

3．“消零”选项组

“消零”选项组用于设置是否省略标注尺寸时的 0。

（1）“前导”复选框：选中该复选框，省略尺寸值处于高位的 0。例如，0.50000 标注为“.50000”。

（2）“后续”复选框：选中该复选框，省略尺寸值小数点后末尾的 0。例如，8.5000 标注为“8.5”，而 30.0000 标注为“30”。

（3）“0 英尺（寸）”复选框：选中该复选框，采用“工程”和“建筑”单位制时，如果尺寸值小于 1 英尺（寸）时，省略英尺（寸）。例如，0'-6 1/2" 标注为“6 1/2"”。

4．“角度标注”选项组

“角度标注”选项组用于设置标注角度时采用的角度单位。

10.1.7 换算单位

在“新建标注样式：副本 ISO-25”对话框中，第 6 个选项卡是“换算单位”选项卡，如图 10-15 所示，在其中可以对替换单位进行设置。下面对该选项卡中的各选项分别说明如下。

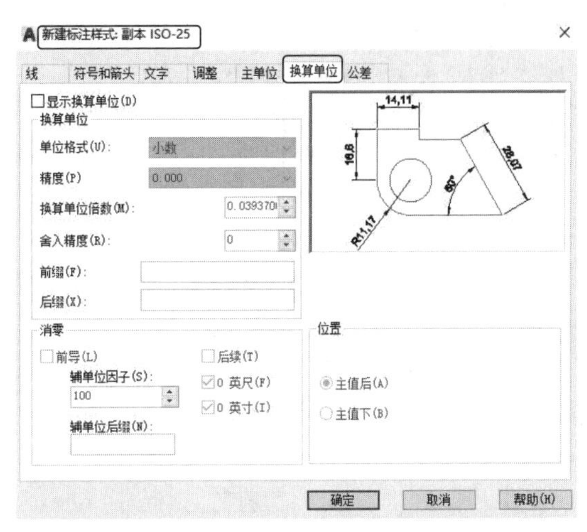

图 10-15 “换算单位”选项卡

1.“显示换算单位”复选框

选中该复选框，则替换单位的尺寸值也同时显示在尺寸文本上。

2.“换算单位”选项组

“换算单位”选项组用于设置替换单位，其中各选项的含义如下。

（1）“单位格式”下拉列表框：用于选择替换单位采用的单位制。

（2）“精度”下拉列表框：用于设置替换单位的精度。

（3）“换算单位倍数”微调框：用于指定主单位和替换单位的转换因子。

（4）“舍入精度”微调框：用于设定替换单位的圆整规则。

（5）“前缀”文本框：用于设置替换单位文本的固定前缀。

（6）“后缀”文本框：用于设置替换单位文本的固定后缀。

3.“消零”选项组

（1）“辅单位因子”微调框：将辅单位的数量设置为一个单位。它用于在距离小于一个单位时以辅单位为单位计算标注距离。例如，如果后缀为 m 而辅单位后缀则以 cm 显示，则输入“100”。

（2）“辅单位后缀”文本框：用于设置标注值辅单位中包含的后缀。可以输入文字或使用控制代码显示特殊符号。例如，输入“cm”可将“.96m”显示为“96cm”。

其他选项含义与“主单位”选项卡中“消零”选项组含义类似，此处不再赘述。

4.“位置”选项组

“位置”选项组用于设置替换单位尺寸标注的位置。

10.1.8 公差

在“新建标注样式：副本 ISO-25”对话框中，第 7 个选项卡是“公差”选项卡，如图 10-16 所示，该选项卡用于确定标注公差的方式。下面对选项卡中的各选项分别说明如下。

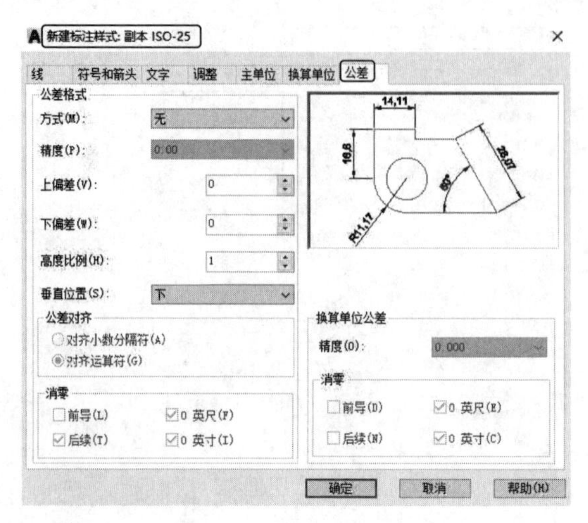

图 10-16 “公差”选项卡

1. “公差格式”选项组

“公差格式”选项组用于设置公差的标注方式。

（1）“方式”下拉列表框：用于设置公差标注的方式。AutoCAD 提供了 5 种标注公差的方式，分别是“无”“对称”“极限偏差”“极限尺寸”和“基本尺寸”，其中“无”表示不标注公差，其余 4 种标注情况如图 10-17 所示。

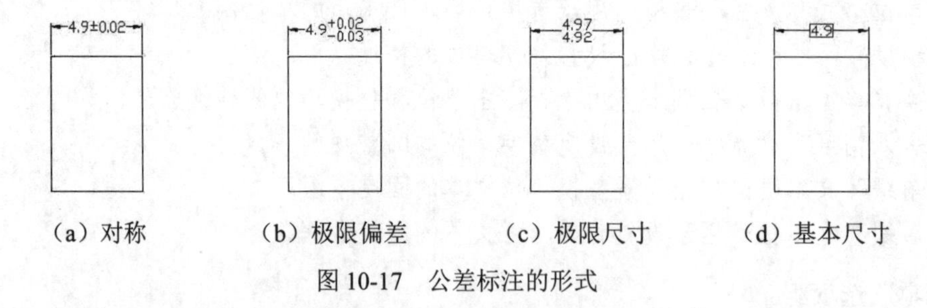

（a）对称　（b）极限偏差　（c）极限尺寸　（d）基本尺寸

图 10-17 公差标注的形式

（2）“精度”下拉列表框：用于确定公差标注的精度。

技巧：

公差标注的精度设置一定要准确，否则标注出的公差值会出现错误。

（3）“上（下）偏差”微调框：用于设置尺寸的上（下）偏差。

（4）“高度比例”微调框：用于设置公差文本的高度比例，即公差文本的高度与一般尺寸文本的高度之比。

✍ 技巧：

国家标准规定，公差文本的高度是一般尺寸文本高度的 0.5 倍，用户要注意设置。

（5）“垂直位置”下拉列表框：用于控制“对称”和“极限偏差”形式公差标注的文本对齐方式，如图 10-18 所示。

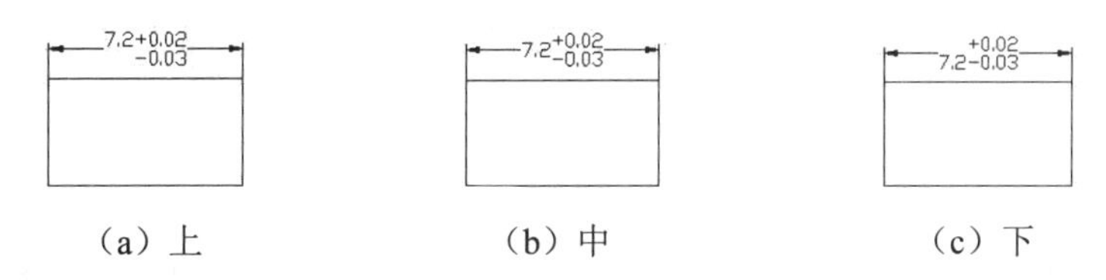

（a）上　　（b）中　　（c）下

图 10-18　公差文本的对齐方式

2.“公差对齐”选项组

“公差对齐”选项组用于在堆叠时控制上偏差值和下偏差值的对齐。

（1）“对齐小数分隔符”单选按钮：选中该单选按钮，通过值的小数分隔符堆叠值。

（2）“对齐运算符”单选按钮：选中该单选按钮，通过值的运算符堆叠值。

3.“消零”选项组

“消零”选项组用于控制是否禁止输出前导 0 和后续 0，以及 0 英尺和 0 英寸部分（可用 DIMTZIN 系统变量设置）。

4.“换算单位公差”选项组

“换算单位公差”选项组用于对形位公差标注的替换单位进行设置，各项的设置方法与前面介绍的方法相同。

10.2　标注尺寸

正确标注尺寸是设计绘图工作中非常重要的一个环节，AutoCAD 2022 为用户提供了方便、快捷的尺寸标注方法，既可通过执行命令实现，又可利用菜单或工具按钮实现。本节重点介绍如何对各种类型的尺寸进行标注。

10.2.1　线性标注

线性标注用于标注图形对象的线性距离或长度，包括水平标注、垂直标注和旋转标注 3 种类型。

【执行方式】

- 命令行：DIMLINEAR（缩写名为 DIMLIN）。
- 菜单栏：选择菜单栏中的“标注”→“线性”命令。
- 工具栏：单击“标注”工具栏中的“线性”按钮⊢⊣。

➘ 命令行：DIMLINEAR（快捷命令为 DLI）。
➘ 功能区：单击“默认”选项卡“注释”面板中的“线性”按钮。

【操作步骤】

```
命令：_DIMLINEAR↙
指定第一个尺寸界线原点或<选择对象>：
指定第二条尺寸界线原点：
指定尺寸线位置或［多行文字(M)/文字(T)/角度(A)/水平(H)/垂直(V)/旋转(R)]:指定尺寸线位置
```

【选项说明】

（1）指定尺寸线位置：用于确定尺寸线的位置。用户可移动鼠标选择合适的尺寸线位置，然后按 Enter 键或单击，AutoCAD 则自动测量要标注线段的长度并标注出相应的尺寸。

（2）多行文字(M)：用多行文本编辑器确定尺寸文本。

（3）文字(T)：用于在命令行提示下输入或编辑尺寸文本。选择该选项后，命令行提示与操作如下：

```
输入标注文字 <默认值>:
```

其中的默认值是 AutoCAD 自动测量得到的被标注线段的长度，直接按 Enter 键即可采用此长度值，也可输入其他数值代替默认值。当尺寸文本中包含默认值时，可使用尖括号“< >”表示默认值。

（4）角度(A)：用于确定尺寸文本的倾斜角度。

（5）水平(H)：水平标注尺寸，不论标注什么方向的线段，尺寸线总保持水平放置。

（6）垂直(V)：垂直标注尺寸，不论标注什么方向的线段，尺寸线总保持垂直放置。

（7）旋转(R)：输入尺寸线旋转的角度值，旋转标注尺寸。

10.2.2 对齐标注

对齐标注是指所标注尺寸的尺寸线与两条尺寸界线起始点间的连线平行。

【执行方式】

➘ 命令行：DIMALIGNED（快捷命令为 DAL）。
➘ 菜单栏：选择菜单栏中的“标注”→“对齐”命令。
➘ 工具栏：单击“标注”工具栏中的“对齐”按钮。
➘ 功能区：单击“默认”选项卡“注释”面板中的“对齐”按钮或单击“注释”选项卡“标注”面板中的“对齐”按钮。

【操作步骤】

```
命令：DIMALIGNED↙
指定第一个尺寸界线原点或 <选择对象>:
指定第二条尺寸界线原点：
指定尺寸线位置或[多行文字(M)/文字(T)/角度(A)]:
```

【选项说明】

“对齐”命令标注的尺寸线与所标注轮廓线平行，标注起始点到终点之间的距离尺寸。

10.2.3　基线标注

基线标注用于产生一系列基于同一尺寸界线的尺寸标注，适用于长度尺寸、角度和坐标标注。在使用基线标注方式之前，应该先标注出一个相关的尺寸作为基线标准。

【执行方式】

- 命令行：DIMBASELINE（快捷命令为 DBA）。
- 菜单栏：选择菜单栏中的“标注”→“基线”命令。
- 工具栏：单击“标注”工具栏中的“基线”按钮。
- 功能区：单击“注释”选项卡“标注”面板中的“基线”按钮。

【操作步骤】

```
命令：DIMBASELINE↙
指定第二条尺寸界线原点或 [选择(S)/放弃(U)] <选择>:
```

【选项说明】

（1）指定第二条尺寸界线原点：直接确定另一个尺寸的第二条尺寸界线的起点，AutoCAD 以上次标注的尺寸为基准标注，标注出相应尺寸。

（2）选择(S)：在上述提示下直接按 Enter 键，命令行提示如下：

```
选择基准标注：（选取作为基准的尺寸标注）
```

技巧：

基线（或平行）和连续（或链）标注是一系列基于线性标注的连续标注，连续标注是首尾相连的多个标注。在创建基线或连续标注之前，必须创建线性、对齐或角度标注。可从当前任务最近创建的标注中以增量方式创建基线标注。

10.2.4　连续标注

连续标注又叫尺寸链标注，用于产生一系列连续的尺寸标注，后一个尺寸标注均把前一个标注的第二条尺寸界线作为它的第一条尺寸界线。连续标注适用于长度型尺寸、角度型尺寸和坐标标注。在使用连续标注方式之前，应该先标注出一个相关的尺寸。

【执行方式】

- 命令行：DIMCONTINUE（快捷命令为 DCO）。
- 菜单栏：选择菜单栏中的“标注”→“连续”命令。
- 工具栏：单击“标注”工具栏中的“连续”按钮。
- 功能区：单击“注释”选项卡“标注”面板中的“连续”按钮。

动手学——标注装饰屏风尺寸

调用素材：初始文件\第 10 章\装饰屏风.dwg

源文件：源文件\第 10 章\标注装饰屏风尺寸.dwg

本实例标注如图 10-19 所示的装饰屏风尺寸。

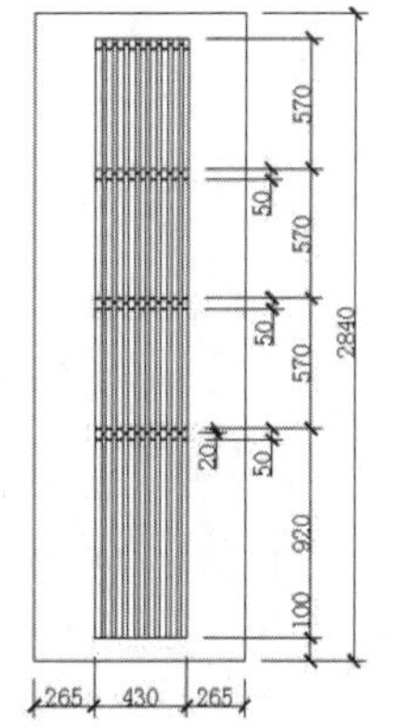

图 10-19　标注装饰屏风尺寸

扫一扫，看视频

操作步骤

（1）打开初始文件\第 10 章\装饰屏风.dwg 文件。

（2）单击“默认”选项卡“注释”面板中的“标注样式”按钮，打开“标注样式管理器”对话框，新建“详图”标注样式。在“线”选项卡中设置“超出尺寸线”为 50，“起点偏移量”为 100；在“符号和箭头”选项卡中设置箭头符号为“建筑标记”，“箭头大小”为 50；在“文字”选项卡中设置文字大小为 80；在“主单位”选项卡中设置“精度”为 0，小数分隔符为“句点”。单击“确定”按钮，返回“标注样式管理器”对话框。单击“置为当前”按钮，将设置的标注样式置为当前标注样式，再单击“关闭”按钮。

（3）单击“默认”选项卡“注释”面板中的“线性”按钮，标注尺寸 265，命令行提示与操作如下：

```
命令：_DIMLINEAR↙
指定第一个尺寸界线原点或 <选择对象>:（捕捉标注为 265 的左下端的一个端点，作为第一条尺寸标注的起点）
指定第二条尺寸界线原点：（捕捉标注为 265 的边的另一个端点，作为第一条尺寸标注的终点）
指定尺寸线位置或 [多行文字(M)/文字(T)/水平(H)/垂直(V)/旋转(R)]: t↙
输入标注文字<10>: 265↙
指定尺寸线位置或 [多行文字(M)/文字(T)/角度(A)/水平(H)/垂直(V)/旋转(R)]:（指定尺寸线位置）
```

绘制效果如图 10-20 所示。

（4）单击“注释”选项卡“标注”面板中的“连续”按钮，标注装饰屏风下端尺寸，命令行提示与操作如下：

```
命令：_DIMCONTINUE↙
指定第二条尺寸界线原点或 [放弃(U)/选择(S)]<选择>:（选择屏风下端为第二条尺寸界线）
标注文字=430
指定第二个尺寸界线原点或 [选择(S)/放弃(U)] <选择>:
标注文字 = 265
指定第二个尺寸界线原点或 [选择(S)/放弃(U)] <选择>:
```

效果如图 10-21 所示。

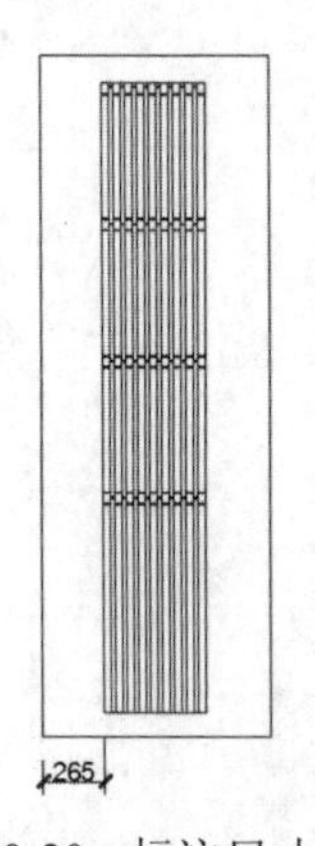

图 10-20 标注尺寸 265

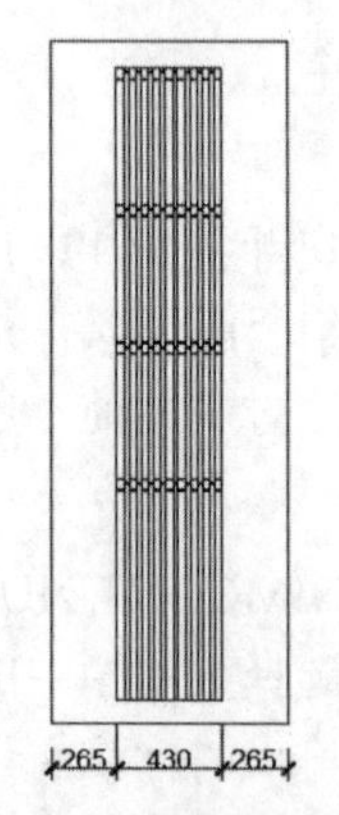

图 10-21 连续标注尺寸

（5）单击“注释”选项卡“标注”面板中的“线性标注”按钮和“连续”按钮，完成图形的尺寸标注，如图 10-19 所示。

技巧：

AutoCAD 允许用户利用连续标注方式和基线标注方式进行角度标注，如图 10-22 所示。

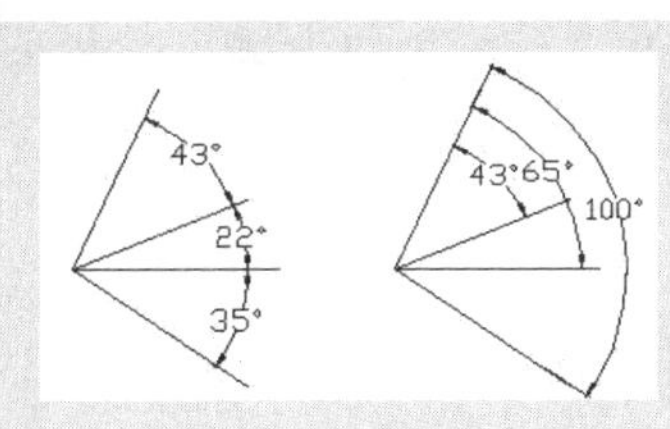

图 10-22 连续型角度标注和基线型角度标注

扫一扫，看视频

动手练——标注居室平面图尺寸

标注如图 10-23 所示的居室平面图尺寸。

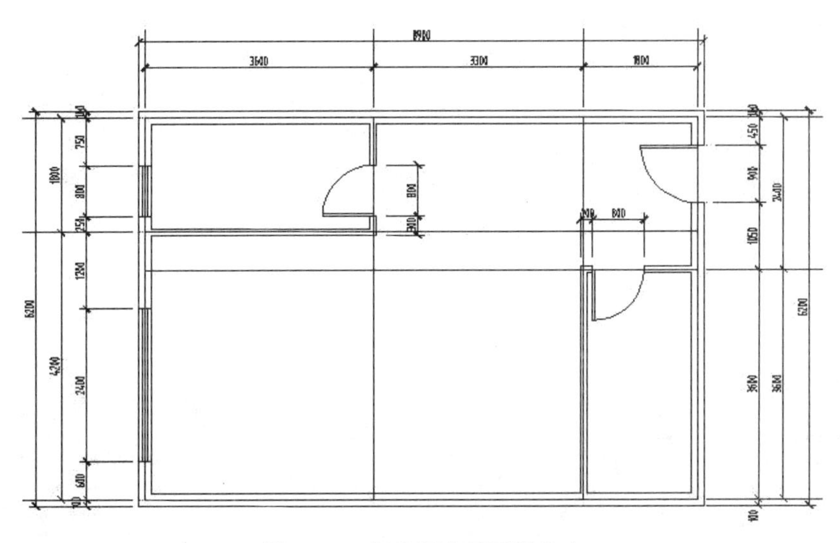

图 10-23 标注居室平面图尺寸

思路点拨：

源文件：源文件\第 10 章\标注居室平面图尺寸.dwg

（1）设置标注样式。

（2）标注线性尺寸和连续尺寸。

10.3 引线标注

AutoCAD 提供了引线标注功能，通过该功能不仅可以标注特定的尺寸，如圆角、倒角等，还可以在图中添加多行旁注及说明。在引线标注中，指引线可以是折线，也可以是曲线，指引线端部可以有箭头，也可以没有箭头。

10.3.1 快速引线标注

利用 QLEADER 命令可快速生成指引线及注释，而且可以通过命令行优化对话框进行用户自定义，由此可以消除不必要的命令行提示，取得最高的工作效率。

【执行方式】

命令行：QLEADER。

扫一扫，看视频

动手学——标注装饰屏风说明文字

调用素材：源文件\第 10 章\标注装饰屏风尺寸.dwg

源文件：源文件\第 10 章\标注装饰屏风说明文字.dwg

对装饰屏风添加说明文字，如图 10-24 所示。

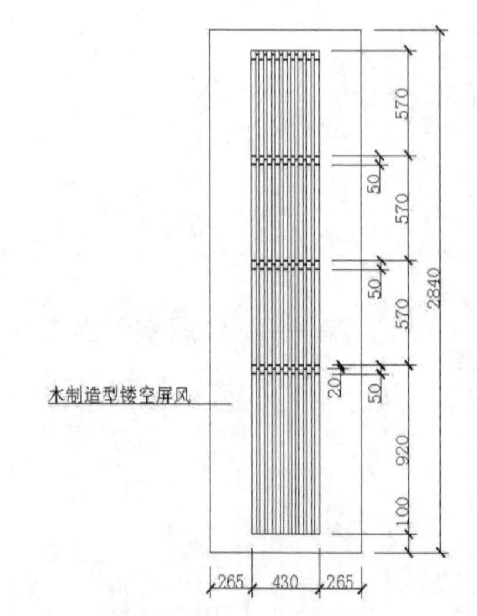

图 10-24　装饰屏风

操作步骤

（1）打开源文件\第 10 章\标注装饰屏风尺寸.dwg 文件。

（2）单击“默认”选项卡“注释”面板中的“文字样式”按钮A，打开“文字样式”对话框，新建“说明”文字样式，设置“高度”为 80，并将其设置为当前图层。

（3）在命令行中输入 QLEADER 命令，并通过“引线设置”对话框设置参数，如图 10-25 所示。标注说明文字，效果如图 10-24 所示。

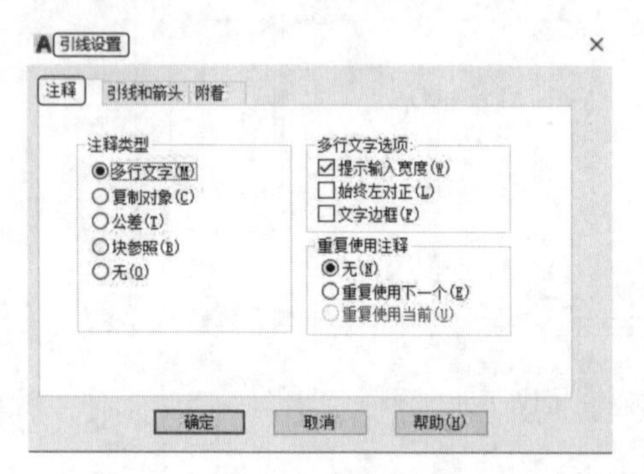

（a）“注释”选项卡

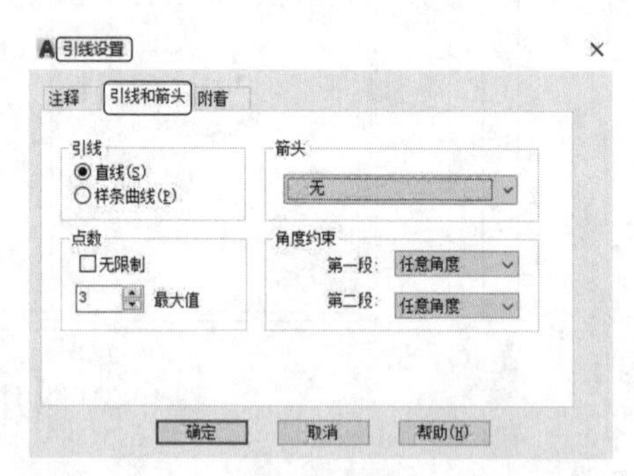

（b）“引线和箭头”选项卡

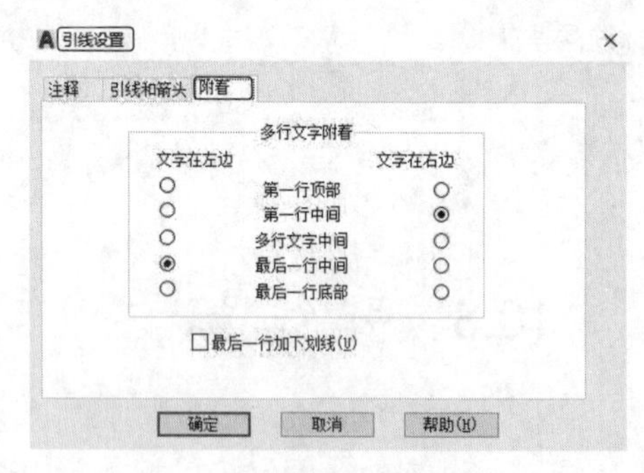

（c）“附着”选项卡

图 10-25　“引线设置”对话框

【选项说明】

（1）指定第一个引线点：在上面的提示下确定一点作为指引线的第一点。命令行提示如下：

```
指定下一点：（输入指引线的第二点）
指定下一点：（输入指引线的第三点）
```

AutoCAD 提示用户输入的点的数目由“引线设置”对话框确定。输入指引线的点后，命令行提示如下：

```
指定文字宽度 <0.0000>:（输入多行文本的宽度）
输入注释文字的第一行 <多行文字(M)>:
```

① 输入注释文字的第一行：在命令行输入第一行文本。

② 多行文字(M)：打开多行文字编辑器，输入编辑多行文字。

直接按 Enter 键，结束 QLEADER 命令，并把多行文本标注在指引线的末端附近。

（2）设置(S)：直接按 Enter 键或输入 S，打开“引线设置”对话框，允许对引线标注进行设置。该对话框包含“注释”“引线和箭头”“附着”3 个选项卡，下面分别进行介绍。

① “注释”选项卡［见图 10-25（a）］：用于设置引线标注中注释文本的类型、多行文本的格式并确定注释文本是否多次使用。

② “引线和箭头”选项卡［见图 10-25（b）］：用来设置引线标注中指引线和箭头的形式。其中“点数”选项组设置执行 QLEADER 命令时，AutoCAD 将提示用户输入点的数目。例如，设置点数为 3，执行 QLEADER 命令时，当用户在提示下指定 3 个点后，AutoCAD 自动提示用户输入注释文本。注意设置的点数要比用户希望的指引线的段数多 1。可利用微调框进行设置，如果选中“无限制”复选框，AutoCAD 会一直提示用户输入点直到连续按两次 Enter 键为止。“角度约束”选项组设置第一段和第二段指引线的角度约束。

③ “附着”选项卡［见图 10-25（c）］：设置注释文本和指引线的相对位置。如果最后一段指引线指向右边，系统自动把注释文本放在右侧；反之放在左侧。利用该选项卡左侧和右侧的单选按钮可以分别设置位于左侧和右侧的注释文本与最后一段指引线的相对位置，二者可相同也可不相同。

10.3.2 多重引线标注

多重引线可创建为箭头优先、引线基线优先或内容优先。

【执行方式】

- 命令行：MLEADER。
- 菜单栏：选择菜单栏中的“标注”→“多重引线”命令。
- 工具栏：单击“多重引线”工具栏中的“多重引线”按钮。
- 功能区：单击“默认”选项卡“注释”面板中的“多重引线”按钮。

【操作步骤】

```
命令: _MLEADER
指定引线箭头的位置或 [引线基线优先(L)/内容优先(C)/选项(O)] <选项>:
指定引线箭头的位置:
```

【选项说明】

（1）引线箭头的位置：指定多重引线对象箭头的位置。

（2）引线基线优先(L)：指定多重引线对象的基线位置。如果先前绘制的多重引线对象是基线优先，则后续的多重引线也将先创建基线（除非另外指定）。

（3）内容优先(C)：指定与多重引线对象相关联的文字或块的位置。如果先前绘制的多重引线对象是内容优先，则后续的多重引线对象也将先创建内容（除非另外指定）。

（4）选项(O)：指定用于放置多重引线对象的选项。输入 O 选项后，命令行提示与操作如下：

```
输入选项 [引线类型(L)/引线基线(A)/内容类型(C)/最大节点数(M)/第一个角度(F)/第二个角度(S)/退出选项(X)] <退出选项>:
```

① 引线类型(L)：指定要使用的引线类型。

② 内容类型(C)：指定要使用的内容类型。

③ 最大节点数(M)：指定新引线的最大节点数。

④ 第一个角度(F)：约束新引线中的第一个点的角度。

⑤ 第二个角度(S)：约束新引线中的第二个点的角度。

⑥ 退出选项(X)：返回到第一个 MLEADER 命令提示。

10.4 编辑尺寸标注

AutoCAD 允许对已经创建好的尺寸标注进行编辑修改，包括修改尺寸文本的内容、改变其位置、使尺寸文本倾斜一定的角度等，还可以对尺寸界线进行编辑。

10.4.1 尺寸编辑

利用 DIMEDIT 命令可以修改已有尺寸标注的文本内容、把尺寸文本倾斜一定的角度，还可以对尺寸界线进行修改，使其旋转一定角度从而标注一段线段在某一方向上的投影尺寸。DIMEDIT 命令可以同时对多个尺寸标注进行编辑。

【执行方式】

- 命令行：DIMEDIT（快捷命令为 DED）。
- 菜单栏：选择菜单栏中的“标注”→“对齐文字”→“默认”命令。
- 工具栏：单击“标注”工具栏中的“编辑标注”按钮。

【操作步骤】

```
命令：DIMEDIT↙
输入标注编辑类型 [默认(H)/新建(N)/旋转(R)/倾斜(O)] <默认>:
```

【选项说明】

（1）默认(H)：按尺寸标注样式中设置的默认位置和方向放置尺寸文本，如图 10-26（a）所示。选择该选项，命令行提示与操作如下：

```
选择对象：选择要编辑的尺寸标注
```

（2）新建(N)：选择该选项，系统打开多行文字编辑器，可利用该编辑器对尺寸文本进行修改。

（3）旋转(R)：改变尺寸文本行的倾斜角度。尺寸文本的中心点不变，使文本沿指定的角度方向倾斜排列，如图 10-26（b）所示。若输入角度为 0，则按“新建标注样式”对话框“文字”选项卡中设置的默认方向排列。

（4）倾斜(O)：修改长度型尺寸标注的尺寸界线，使其倾斜一定角度，与尺寸线不垂直，如图 10-26（c）所示。

10.4.2 尺寸文本编辑

通过DIMTEDIT命令可以改变尺寸文本的位置，使其位于尺寸线上面左端、右端或中间，而且可使文本倾斜一定的角度。

【执行方式】

- 命令行：DIMTEDIT。
- 菜单栏：选择菜单栏中的“标注”→“对齐文字”→除“默认”命令外其他命令。
- 工具栏：单击“标注”工具栏中的“编辑标注文字”按钮。
- 功能区：单击“注释”选项卡“标注”面板中的“文字角度”、“左对齐”、“居中对齐”、右对齐按钮。

【操作步骤】

```
命令：DIMTEDIT↙
选择标注：(选择一个尺寸标注)
为标注文字指定新位置或 [左对齐(L)/右对齐(R)/居中(C)/默认(H)/角度(A)]:
```

【选项说明】

（1）为标注文字指定新位置：更新尺寸文本的位置。用鼠标把文本拖动到新的位置，这时系统变量DIMSHO为ON。

（2）左对齐(L)/右对齐(R)：使尺寸文本沿尺寸线左（右）对齐，如图10-26（d）和图10-26（e）所示。该选项只对长度型、半径型、直径型尺寸标注起作用。

（3）居中(C)：把尺寸文本放在尺寸线上的中间位置，如图10-26（a）所示。

（4）默认(H)：把尺寸文本按默认位置放置。

（5）角度(A)：改变尺寸文本行的倾斜角度。

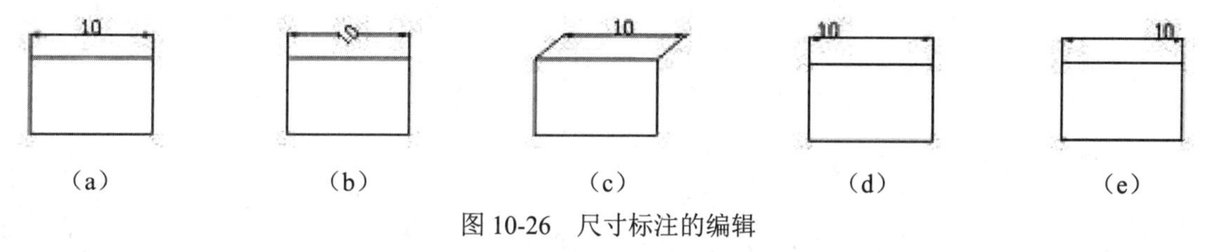

图10-26 尺寸标注的编辑

10.5 模拟认证考试

1．如果选择的比例因子为2，则长度为50的直线将被标注为（　　）。

A．100　　B．50

C．25　　D．询问，然后由设计者指定

2．图和已标注的尺寸同时放大2倍，其结果是（　　）。

A．尺寸值是原尺寸的2倍　　B．尺寸值不变，字高是原尺寸的2倍

C．尺寸箭头是原尺寸的2倍　　D．原尺寸不变

3．将尺寸标注对象如尺寸线、尺寸界线、箭头和文字作为单一的对象，必须将（　　）设置为ON。

A．DIMON　　B．DIMASZ　　C．DIMASO　　D．DIMEXO

4．不能作为多重引线线型类型的是（　　）。

A．直线　　B．多段线　　C．样条曲线　　D．以上均可以

5．新建一个标注样式，此标注样式的基准标注为（　　）。

A．ISO-25　　B．当前标注样式

C．应用最多的标注样式　　D．命名最靠前的标注样式

第 11 章　辅助绘图工具

内容简介

为了提高系统整体的图形设计效率，并有效管理整个系统的所有图形设计文件，经过不断的探索和完善，AutoCAD 推出了大量的集成化的绘图工具，利用设计中心和工具选项板，用户可以建立自己的个性化图库，也可以利用其他用户提供的资源，快速准确地进行图形设计。

本章主要介绍查询工具、图块、设计中心、工具选项板等知识。

内容要点

- 图块
- 图块属性
- 设计中心
- 工具选项板
- 模拟认证考试

案例效果

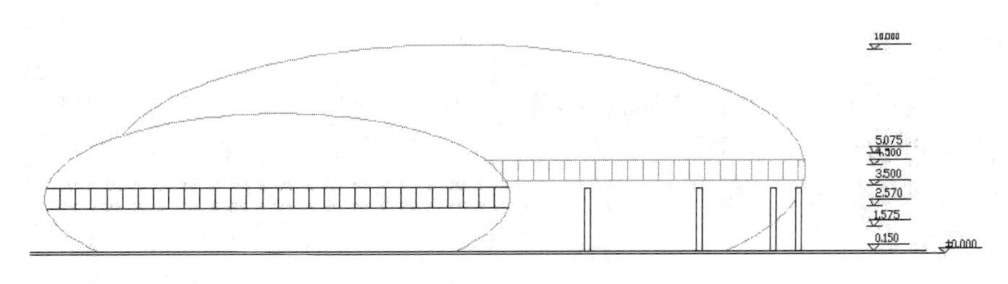

11.1　图　　块

图块又称块，它是由一组图形对象组成的集合。一组对象一旦被定义为图块，它们将成为一个整体，选中图块中任意一个图形对象即可选中构成图块的所有对象。AutoCAD 把一个图块作为一个对象进行编辑、修改等操作，用户可根据绘图需要把图块插入到图中指定的位置，在插入时还可以指定不同的缩放比例和旋转角度；如果需要对组成图块的单个图形对象进行修改，还可以利用“分解”命令把图块分开，分解成若干个对象；图块还可以重新定义，一旦被重新定义，整个图中基于该块的对象都将随之改变。

11.1.1　定义图块

将图形创建成一个整体形成块，方便在作图时插入同样的图形，不过这个块只相对于当前图纸，其他图纸不能插入此块。

【执行方式】

- 命令行：BLOCK（快捷命令为B）。
- 菜单栏：选择菜单栏中的“绘图”→“块”→“创建”命令。
- 工具栏：单击“绘图”工具栏中的“创建块”按钮。
- 功能区：单击“默认”选项卡“块”面板中的“创建”按钮或“插入”选项卡“块定义”面板中的“创建块”按钮。

扫一扫，看视频

动手学——创建轴号图块

源文件：源文件\第11章\创建轴号图块.dwg

本实例绘制的轴号图块如图11-1所示。本实例应用二维绘图及文字命令绘制轴号，利用创建块命令将其创建为图块。

图11-1　轴号图块

操作步骤

1. 绘制轴号

（1）单击“默认”选项卡“绘图”面板中的“圆”按钮，绘制一个直径为900的圆，如图11-2所示。

（2）单击“默认”选项卡“注释”面板中的“多行文字”按钮 A，在圆内输入“轴号”字样，字高为250，效果如图11-1所示。

2. 保存图块

单击“默认”选项卡“块”面板中的“创建”按钮，打开“块定义”对话框，如图11-3所示。单击“拾取点”按钮，拾取轴号的圆心为基点，然后单击“选择对象”按钮，拾取图形和文字为对象，输入图块名称“轴号”，单击“确定”按钮，保存图块。

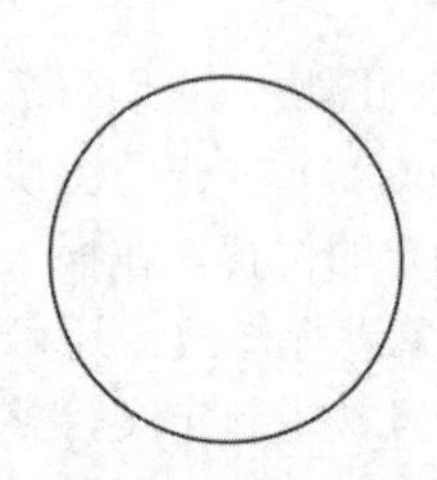
图11-2　绘制轴号

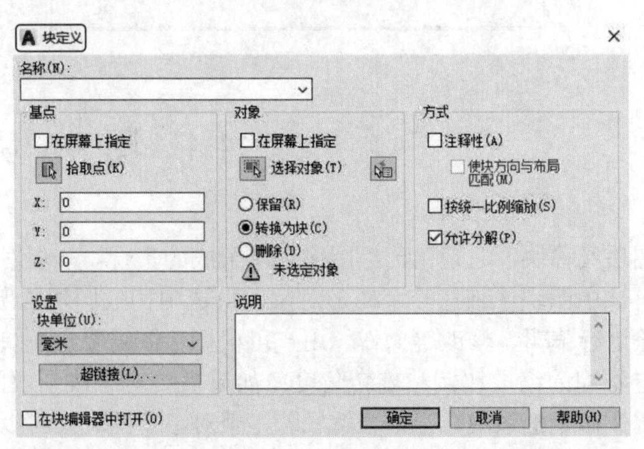

图11-3　“块定义”对话框

【选项说明】

（1）“基点”选项组：确定图块的基点，默认值是（0, 0, 0），也可以在下面的X、Y、Z文本框中输入块的基点坐标值。单击“拾取点”按钮，系统临时切换到绘图区，在绘图区中选择一点后，返回“块定义”对话框中，把选择的点作为图块的放置基点。

（2）“对象”选项组：用于选择制作图块的对象，以及设置图块对象的相关属性。如图 11-4 所示，把图 11-4（a）中的正五边形定义为图块，图 11-4（b）为选中“删除”单选按钮的效果，图 11-4（c）为选中“保留”单选按钮的效果。

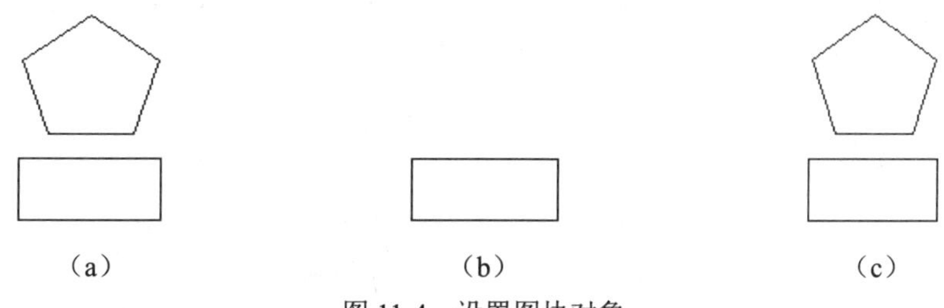

图 11-4　设置图块对象

（3）“设置”选项组：指定从 AutoCAD 设计中心拖动图块时用于测量图块的单位，以及设置缩放、分解和超链接等。

（4）“在块编辑器中打开”复选框：选中该复选框，可以在块编辑器中定义动态块，后面将详细介绍。

（5）“方式”选项组：指定块的行为。“注释性”复选框指定在图纸空间中块参照的方向与布局方向匹配；“按统一比例缩放”复选框指定是否阻止块参照不按统一比例缩放；“允许分解”复选框指定块参照是否可以被分解。

11.1.2　图块的存盘

利用 BLOCK 命令定义的图块保存在其所属的图形当中，该图块只能在该图形中插入，而不能插入到其他的图形中。但是，有些图块在许多图形中要经常用到，这时可以用 WBLOCK 命令把图块以图形文件的形式（扩展名为.dwg）写入磁盘。图形文件就可以在任意图形中用 INSERT 命令插入。

【执行方式】

- 命令行：WBLOCK（快捷命令为 W）。
- 功能区：单击“插入”选项卡“块定义”面板中的“写块”按钮。

动手学——写轴号图块

扫一扫，看视频

源文件：源文件\第 11 章\写轴号图块.dwg

本实例绘制的轴号图块如图 11-1 所示。本实例应用二维绘图及文字命令绘制轴号，利用写块命令将其定义为图块。

操作步骤

1．绘制轴号

图 11-5　绘制图

（1）单击“默认”选项卡“绘图”面板中的“圆”按钮，绘制一个直径为 900 的圆，如图 11-5 所示。

（2）单击“默认”选项卡“注释”面板中的“多行文字”按钮 A，在圆内输入轴号字样，字高为 250，效果如图 11-6 所示。

2．保存图块

单击“插入”选项卡“块定义”面板中的“写块”按钮，打开“写块”对话框，如图 11-7 所示。单击“拾取点”按钮，拾取轴号的圆心为基点，单击“选择对象”按钮，拾取下面的图形为对象，输入图块名称“轴号”并指定路径，单击“确定”按钮，保存图块。

图 11-6　绘制轴号

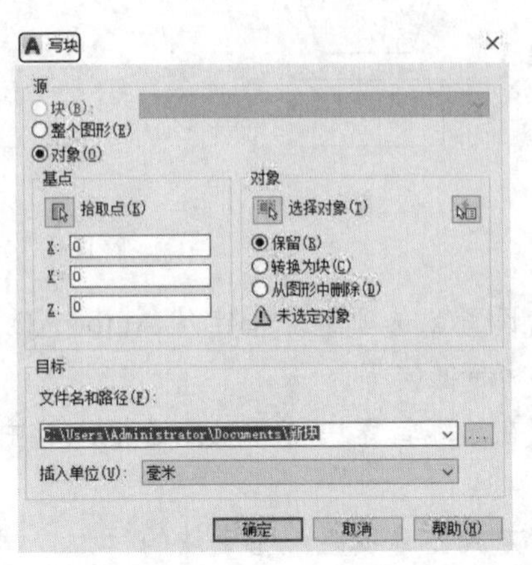

图 11-7　“写块”对话框

【选项说明】

（1）“源”选项组：确定要保存为图形文件的图块或图形对象。选中“块”单选按钮，单击右侧的下拉列表框，在其展开的列表中选择一个图块，将其保存为图形文件；选中“整个图形”单选按钮，则把当前的整个图形保存为图形文件；选中“对象”单选按钮，则把不属于图块的图形对象保存为图形文件。对象的选择通过“对象”选项组来完成。

（2）“基点”选项组：用于选择图形。

（3）“目标”选项组：用于指定图形文件的名称、保存路径和插入单位。

☞教你一招：

创建块与写块的区别如下：

创建块是内部图块，在一个文件内定义的图块，可以在该文件内部起作用，内部图块一旦被定义，它就和文件同时被存储和打开。写块是外部图块，将“块”以主文件的形式写入磁盘，其他图形文件也可以使用它，要注意这是外部图块和内部图块的一个重要区别。

11.1.3　图块的插入

在 AutoCAD 绘图过程中，可根据需要随时把已经定义好的图块或图形文件插入到当前图形的任意位置，在插入的同时还可以改变图块的大小、旋转一定的角度或把图块分开等。插入图块的方法有多种，本节将逐一进行介绍。

【执行方式】

➘　命令行：INSERT（快捷命令为 I）。

- 菜单栏：选择菜单栏中的“插入”→“块选项板”命令。
- 工具栏：单击“插入点”工具栏中的“插入块”按钮或“绘图”工具栏中的“插入块”按钮。
- 功能区：单击“默认”选项卡“块”面板中的“插入”下拉菜单或“插入”选项卡“块”面板中的“插入”下拉菜单，如图 11-8 所示。

【操作步骤】

执行上述操作后，即可单击并放置所显示功能区库中的块。该库显示当前图形中的所有块定义。单击并放置这些块。其他两个选项（即“最近使用的块”和“收藏夹”）会将“块”选项板打开到相应选项卡，如图 11-9 所示，从选项卡中可以指定要插入的图块及插入位置。

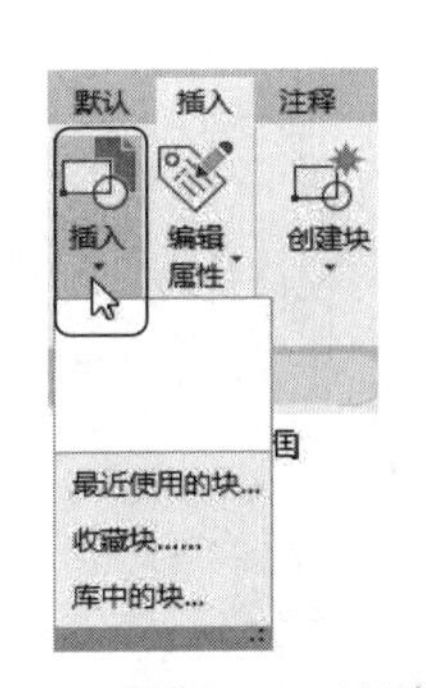

图 11-8 “插入”下拉菜单

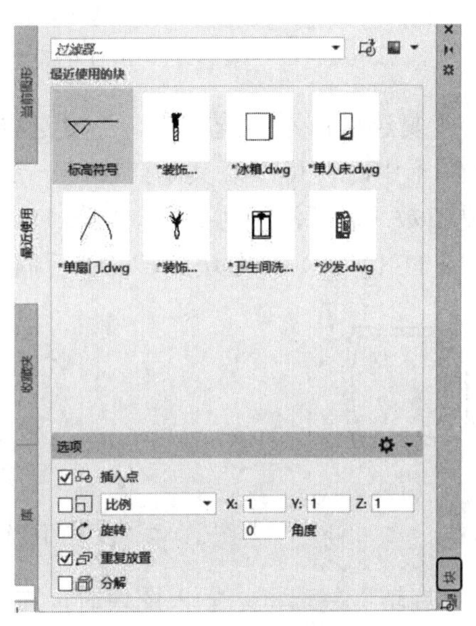

图 11-9 “块”选项板

【选项说明】

（1）“当前图形”选项卡：显示当前图形中可用块定义的预览或列表。

（2）“最近使用”选项卡：显示当前和上一个任务中最近插入或创建的块定义的预览或列表。这些块可能来自各种图形。

（3）“收藏夹”选项卡：在“块”选项板中的块上单击鼠标右键，然后单击“复制到收藏夹”以添加到“收藏夹”选项卡。

（4）“插入选项”下拉列表说明如下。

①“插入点”复选框：指定块的插入点。如果选中该选项，则插入块时使用定点设备或手动输入坐标，即可指定插入点。如果取消选中该选项，将使用之前指定的坐标。

②“比例”复选框：确定插入图块时的缩放比例。图块被插入到当前图形中时，可以以任意比例放大或缩小。如图 11-10 所示，图 11-10（a）是被插入的图块，图 11-10（b）为按比例系数 1.5 插入该图块的结果，图 11-10（c）为按比例系数 0.5 插入该图块的结果。X 轴方向和 Y 轴方向的比例系数也可以取不同，如图 11-10（d）所示，插入的图块 X 轴方向的比例系数为 1，Y 轴方向的比例系数为 1.5。另外，比例系数还可以是一个负数，当为负数时表示插入图块的镜像，其效果如图 11-11 所示。

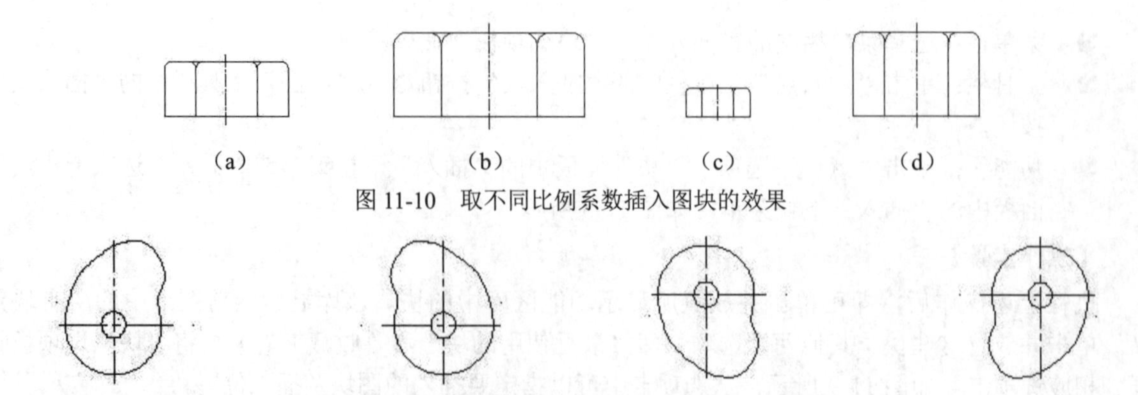

图 11-10　取不同比例系数插入图块的效果

（a）X 比例=1，Y 比例=1　（b）X 比例=-1，Y 比例=1　（c）X 比例=1，Y 比例=-1　（d）X 比例=-1，Y 比例=-1

图 11-11　取比例系数为负值插入图块的效果

③“旋转”复选框：不勾选“旋转”复选框，直接在右侧角度文本框中输入旋转角度。图块被插入到当前图形中时，可以绕其基点旋转一定的角度，角度可以是正数（表示沿逆时针方向旋转），也可以是负数（表示沿顺时针方向旋转）。如图 11-12 所示，图 11-12（b）为图块旋转 30°后插入的效果，图 11-12（c）为图块旋转-30°后插入的效果。

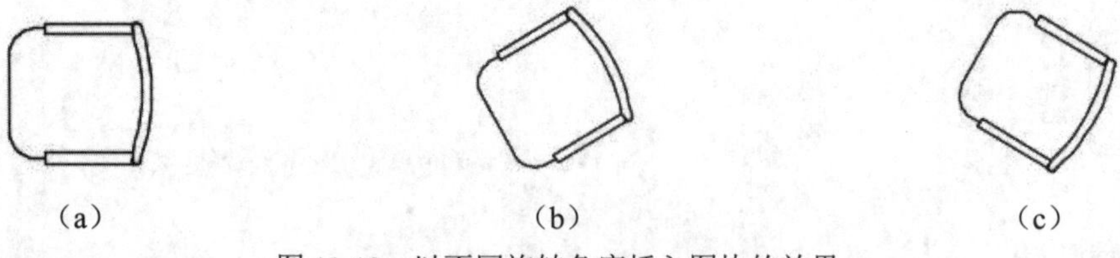

图 11-12　以不同旋转角度插入图块的效果

如果选中“旋转”复选框，插入图块时，在绘图区适当位置单击鼠标左键确定插入点，然后拖曳鼠标可以调整图块的旋转角度，或在命令行直接输入指定角度，最后单击回车键或者鼠标左键以确定图块旋转角度。

④“重复放置”复选框：控制是否自动重复块插入。如果选中该选项，系统将自动提示其他插入点，直到按 Esc 键取消命令。如果取消选中该选项，将插入指定的块一次。

⑤“分解”复选框：选中该复选框，则在插入块的同时将其分开，插入到图形中的组成块对象不再是一个整体，可对每个对象单独进行编辑操作。

扫一扫，看视频

动手练——标注标高符号

标注如图 11-13 所示的标高符号。

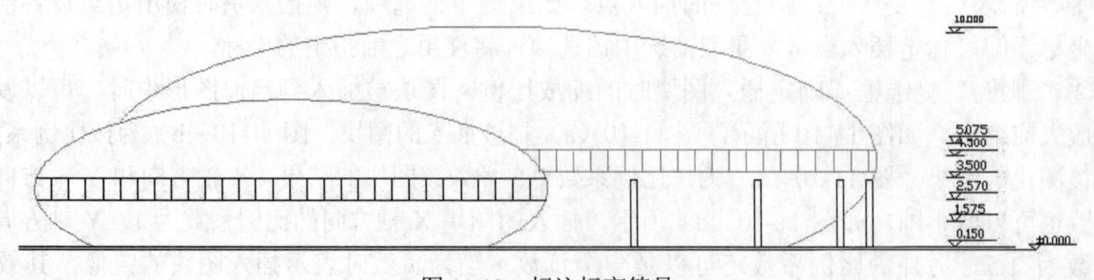

图 11-13　标注标高符号

思路点拨：

源文件：源文件\第 11 章\标注标高符号.dwg

（1）使用"直线"命令绘制标高符号。

（2）使用"写块"命令创建标高图块。

（3）使用"插入块"命令插入标高图块。

（4）使用"多行文字"命令输入标高数值。

11.2　图 块 属 性

图块除了包含图形对象以外，还可以具有非图形信息。例如，把一把椅子的图形定义为图块后，还可以把椅子的号码、材料、重量、价格及说明等文本信息一并加入到图块当中。图块的这些非图形信息叫作图块的属性，它是图块的一个组成部分，与图形对象一起构成一个整体，在插入图块时，AutoCAD 把图形对象连同属性一起插入到图形中。

11.2.1　定义图块属性

属性是将数据附着到块上的标签或标记。属性中可能包含的数据包括零件编号、价格、注释和物主的名称等。

【执行方式】

- 命令行：ATTDEF（快捷命令为 ATT）。
- 菜单栏：选择菜单栏中的"绘图"→"块"→"定义属性"命令。
- 功能区：单击"默认"选项卡"块"面板中的"定义属性"按钮或"插入"选项卡"块定义"面板中的"定义属性"按钮。

动手学——定义轴号图块属性

扫一扫，看视频

源文件：源文件\第 11 章\定义轴号图块属性.dwg

操作步骤

（1）单击"默认"选项卡"绘图"面板中的"构造线"按钮，绘制一条水平构造线和一条竖直构造线，组成"十"字构造线，如图 11-14 所示。

（2）单击"默认"选项卡"修改"面板中的"偏移"按钮，将水平构造线连续分别向上偏移，偏移后相邻直线间的距离分别为 1200、3600、1800、2100、1900、1500、1100、1600 和 1200，得到水平方向的辅助线；将竖直构造线连续分别向右偏移，偏移后相邻直线间的距离分别为 900、1300、3600、600、900、3600、3300 和 600，得到竖直方向的辅助线。

（3）单击"默认"选项卡"绘图"面板中的"矩形"按钮和"修改"面板中的"修剪"按钮，将轴线修剪，如图 11-15 所示。

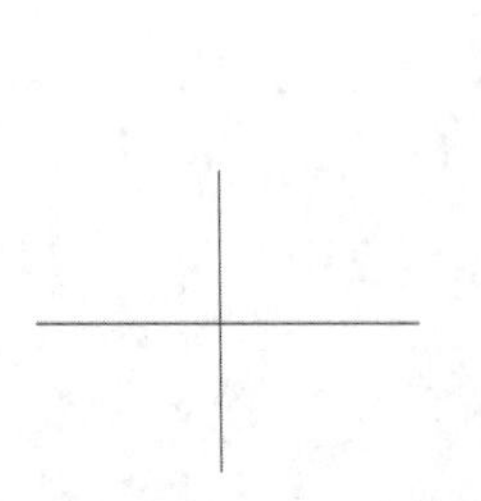

图 11-14 绘制“十”字构造线

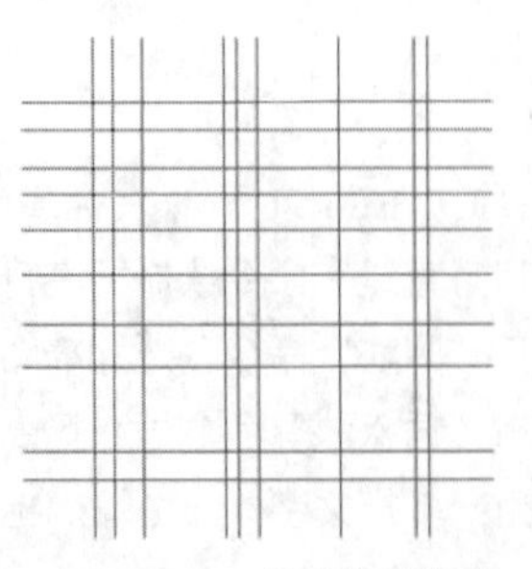

图 11-15 绘制轴线网

（4）单击“默认”选项卡“绘图”面板中的“圆”按钮，在适当位置绘制一个半径为 900 的圆，如图 11-16 所示。

（5）单击“默认”选项卡“块”面板中的“定义属性”按钮，打开“属性定义”对话框，如图 11-17 所示，单击“确定”按钮，在圆心位置输入一个块的属性值。

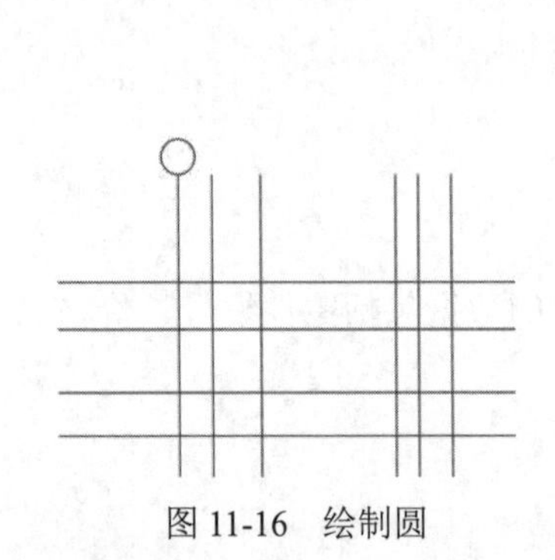

图 11-16 绘制圆

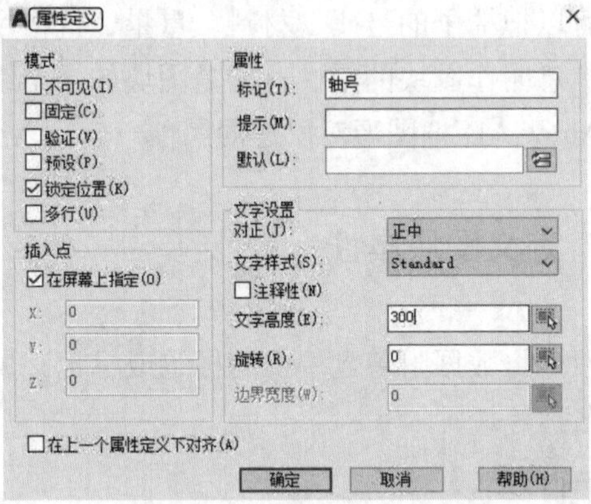

图 11-17 “属性定义”对话框

【选项说明】

（1）“模式”选项组。该选项组用于确定属性的模式。

①“不可见”复选框：选中该复选框，属性为不可见显示方式，即插入图块并输入属性值后，属性值在图中并不显示出来。

②“固定”复选框：选中该复选框，属性值为常量，即属性值在属性定义时给定，在插入图块时，系统不再提示输入属性值。

③“验证”复选框：选中该复选框，当插入图块时，系统重新显示属性值，提示用户验证该值是否正确。

④“预设”复选框：选中该复选框，当插入图块时，系统自动把事先设置好的默认值赋予属性，而不再提示输入属性值。

⑤“锁定位置”复选框：锁定块参照中属性的位置。解锁后，属性可以相对于使用夹点编辑块的其他部分移动，并且可以调整多行文字属性的大小。

⑥“多行”复选框：选中该复选框，可以指定属性值包含多行文字，也可以指定属性的边界宽度。

（2）“属性”选项组。该选项组用于设置属性值。在每个文本框中，AutoCAD 允许输入不超过 256 个字符。

①“标记”文本框：输入属性标签。属性标签可由除空格和感叹号以外的所有字符组成，系统自动把小写字母改为大写字母。

②“提示”文本框：输入属性提示。属性提示是插入图块时系统要求输入属性值的提示，如果不在此文本框中输入文字，则以属性标签作为提示。如果在“模式”选项组中选中“固定”复选框，即设置属性为常量，则不需设置属性提示。

③“默认”文本框：设置默认的属性值。可把使用次数较多的属性值作为默认值，也可不设默认值。

（3）“插入点”选项组。该选项组用于确定属性文本的位置。可以在插入时由用户在图形中确定属性文本的位置，也可以在 X、Y、Z 文本框中直接输入属性文本的位置坐标。

（4）“文字设置”选项组。该选项组用于设置属性文本的对齐方式、文本样式、字高和倾斜角度。

（5）“在上一个属性定义下对齐”复选框。选中该复选框表示把属性标签直接放在前一个属性的下面，而且该属性继承前一个属性的文本样式、字高和倾斜角度等特性。

11.2.2　修改属性的定义

在定义图块之前，可以对属性的定义加以修改，不仅可以修改属性标签，还可以修改属性提示和属性默认值。

【执行方式】

- 命令行：TEXTEDIT。
- 菜单栏：选择菜单栏中的“修改”→“对象”→“文字”→“编辑”命令。

【操作步骤】

执行上述操作后，选择定义的图块，打开“编辑属性定义”对话框，如图 11-18 所示。该对话框表示要修改属性的“标记”“提示”及“默认值”，可在各文本框中进行修改。

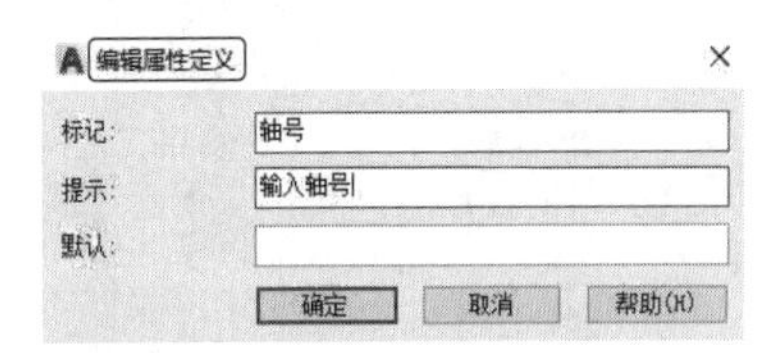

图 11-18　“编辑属性定义”对话框

11.2.3　图块属性编辑

当属性被定义到图块当中，甚至图块被插入到图形当中之后，用户还可以对图块属性进行编辑。利用 ATTEDIT 命令可以通过对话框对指定图块的属性值进行修改，利用 ATTEDIT 命令不仅可以修改属性值，而且可以对属性的位置、文本等其他设置进行编辑。

【执行方式】

- 命令行：ATTEDIT（快捷命令为 ATE）。
- 菜单栏：选择菜单栏中的“修改”→“对象”→“属性”→“单个”命令。
- 工具栏：单击“修改 II”工具栏中的“编辑属性”按钮。

- 功能区：单击“默认”选项卡“块”面板中的“编辑属性”按钮。

扫一扫，看视频

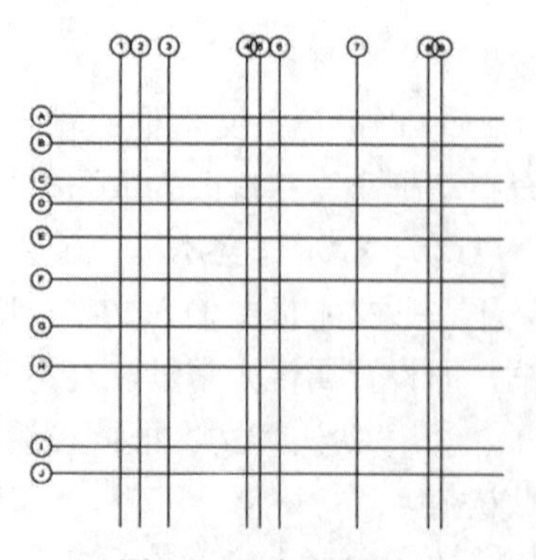

图 11-19　标注轴号

动手学——编辑轴号图块属性并标注

调用素材：初始文件\第 11 章\定义轴号图块属性.dwg

源文件：源文件\第 11 章\编辑轴号图块属性并标注.dwg

标注如图 11-19 所示的轴号。

操作步骤

（1）打开初始文件\第 11 章\定义轴号图块属性.dwg 文件。

（2）单击“默认”选项卡“块”面板中的“创建块”按钮，打开“块定义”对话框，如图 11-20 所示，将整个圆和刚才的“轴号”标记为对象，如图 11-21 所示。单击“确定”按钮，打开如图 11-22 所示的“编辑属性”对话框，输入轴号为“1”，单击“确定”按钮，轴号效果图如图 11-23 所示。

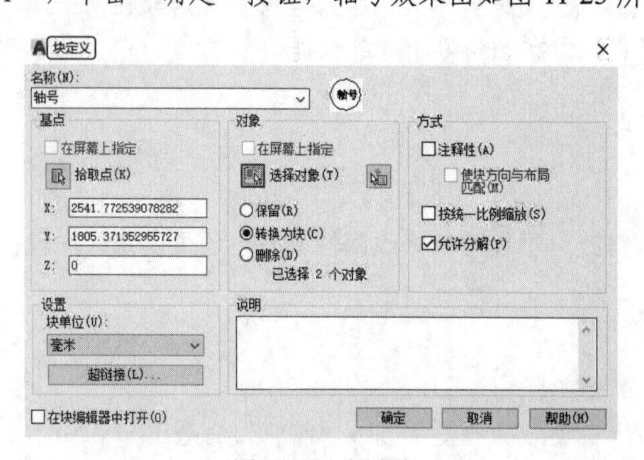

图 11-20　创建块

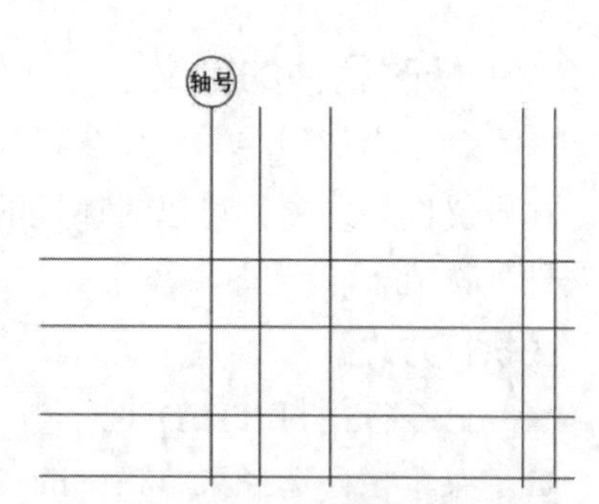

图 11-21　在圆心位置写入属性值

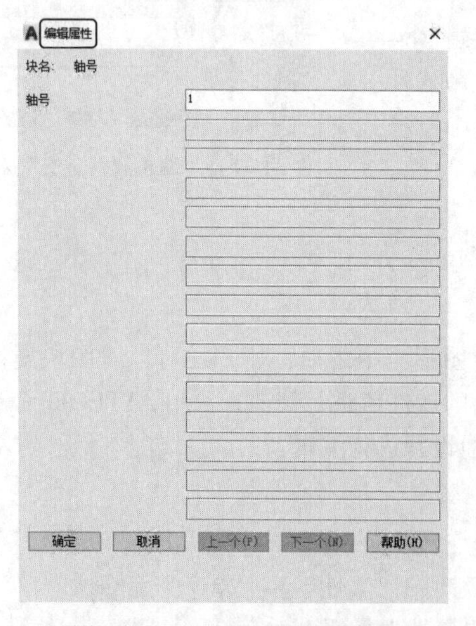

图 11-22　“编辑属性”对话框

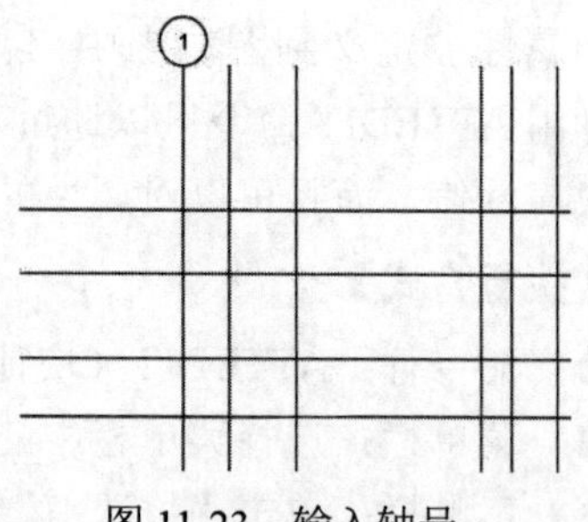

图 11-23　输入轴号

（3）单击“默认”选项卡“块”面板中“插入”下拉菜单中的“最近使用的块”选项，打开如图 11-24 所示的“块”选项板，在“最近使用的块”选项中选择“轴号”图块，将轴号图块插入到轴线上，打开“编辑属性”对话框修改图块属性，效果如图 11-19 所示。

【选项说明】

对话框中显示出所选图块包含的前 8 个属性的值，用户可对这些属性值进行修改。如果该图块中还有其他的属性，可单击“上一个”按钮和“下一个”按钮对它们进行观察和修改。

当用户通过菜单栏或工具栏执行上述命令时，系统打开“增强属性编辑器”对话框，如图 11-25 所示。该对话框不仅可以编辑属性值，还可以编辑属性的文字选项和图层、线型、颜色等特性值。

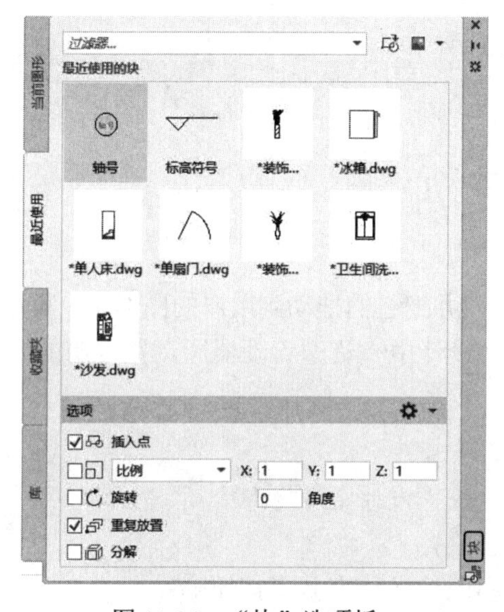

图 11-24 “块”选项板

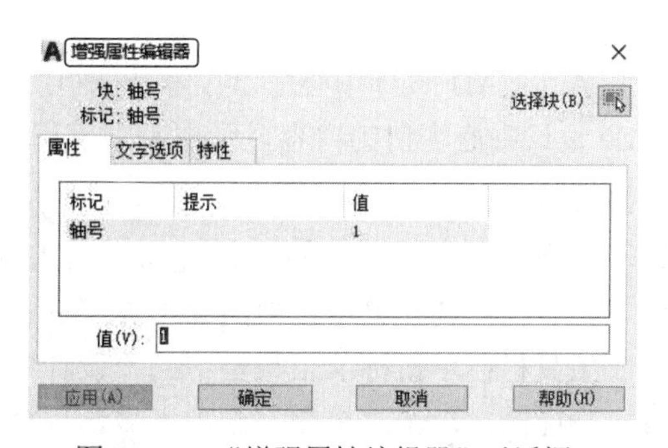

图 11-25 “增强属性编辑器”对话框

另外，还可以通过“块属性管理器”对话框来编辑属性。单击“默认”选项卡“块”面板中的“块属性管理器”按钮，系统打开“块属性管理器”对话框，如图 11-26 所示。单击“编辑”按钮，系统打开“编辑属性”对话框，如图 11-27 所示，可以通过该对话框编辑属性。

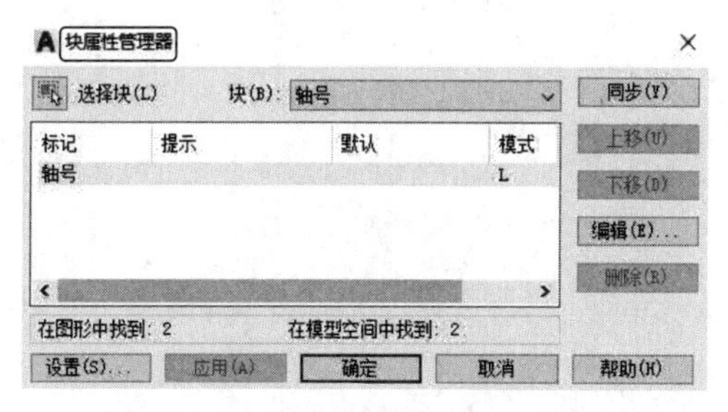

图 11-26 “块属性管理器”对话框

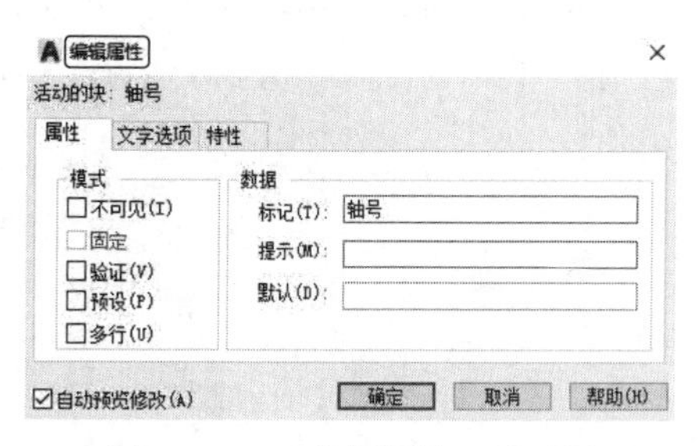

图 11-27 “编辑属性”对话框

动手练——标注带属性的标高符号

标注如图 11-28 所示的标高符号。

扫一扫，看视频

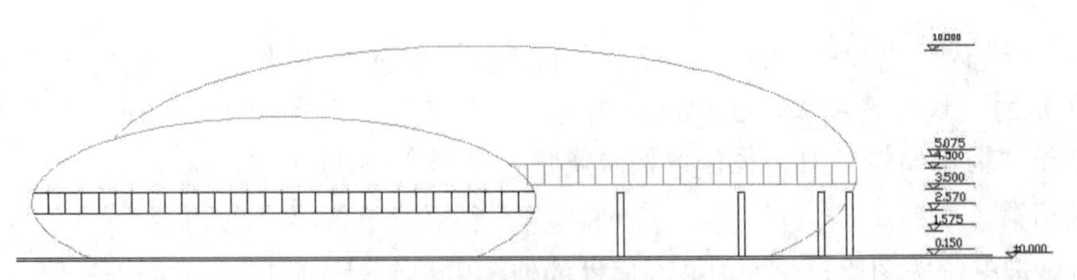

图 11-28　标注带属性的标高符号

思路点拨：

源文件：源文件\第 11 章\标注带属性的标高符号.dwg

（1）使用“直线”命令绘制标高符号。

（2）使用“定义属性”和“写块”命令创建标高图块。

（3）使用“插入块”命令插入标高图块并输入属性值。

11.3　设计中心

使用 AutoCAD 设计中心可以很容易地组织设计内容，并把它们拖动到用户的图形中。可以使用 AutoCAD 设计中心窗口的内容显示框来观察用 AutoCAD 设计中心资源管理器所浏览资源的细目。

【执行方式】

- 命令行：ADCENTER（快捷命令为 ADC）。
- 菜单栏：选择菜单栏中的“工具”→“选项板”→“设计中心”命令。
- 工具栏：单击标准工具栏中的“设计中心”按钮。
- 功能区：单击“视图”选项卡“选项板”面板中的“设计中心”按钮。
- 快捷键：Ctrl+2。

【操作步骤】

执行上述操作后，系统打开“设计中心”选项板。第一次启动设计中心时，默认打开的选项卡为“文件夹”选项卡。内容显示区采用大图标显示，左边的资源管理器显示系统的树形结构，浏览资源的同时，在内容显示区显示所浏览资源的有关细目或内容，如图 11-29 所示。

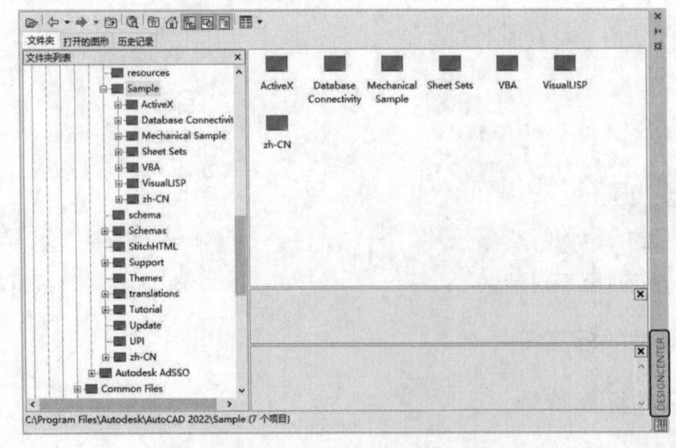

图 11-29　“设计中心”选项板

在该区域中，左侧方框为AutoCAD设计中心的资源管理器，右侧方框为AutoCAD设计中心的内容显示框。其中，上面窗口为文件显示框，中间窗口为图形预览显示框，下面窗口为说明文本显示框。

【选项说明】

可以利用鼠标拖动边框的方法来改变 AutoCAD 设计中心资源管理器和内容显示区，以及AutoCAD绘图区的大小，但内容显示区的最小尺寸应能显示两列大图标。

如果要改变AutoCAD设计中心的位置，可以按住鼠标左键拖动，松开左键后，AutoCAD设计中心便处于当前位置，到新位置后，仍可用鼠标改变各窗口的大小。用户也可以通过设计中心边框左上方的“自动隐藏”按钮来自动隐藏设计中心。

☞教你一招：

利用设计中心插入图块。

在利用AutoCAD绘制图形时，可以将图块插入到图形当中。将一个图块插入到图形中时，块定义就被复制到图形数据库当中。在一个图块被插入图形之后，如果原来的图块被修改，则插入到图形当中的图块也随之改变。

当其他命令正在执行时，不能插入图块到图形当中。例如，如果在插入块时，提示行正在执行一个命令，此时光标则会变成一个带斜线的圆，提示操作无效。另外，一次只能插入一个图块。

AutoCAD设计中心提供了两种插入图块的方法，分别是“利用鼠标指定比例和旋转方式”与“精确指定坐标、比例和旋转角度方式”。

1．利用鼠标指定比例和旋转方式插入图块

系统根据光标拉出的线段长度、角度确定比例与旋转角度，插入图块的步骤如下。

（1）从文件夹列表或查找结果列表中选择要插入的图块，按住鼠标左键，将其拖动到打开的图形中。松开鼠标左键，此时选择的对象被插入到当前被打开的图形当中。利用当前设置的捕捉方式可以将对象插入到存在的任何图形当中。

（2）在绘图区单击指定一点作为插入点，移动鼠标，光标位置点与插入点之间距离为缩放比例，单击确定比例。采用同样的方法移动鼠标，光标指定位置和插入点的连线与水平线的夹角为旋转角度。被选择的对象就根据光标指定的比例和角度插入到图形当中。

2．精确指定坐标、比例和旋转角度方式插入图块

使用该方法可以设置插入图块的参数，插入图块的步骤如下。

（1）从文件夹列表或查找结果列表框中选择要插入的对象，拖动对象到打开的图形中。

（2）右击鼠标，可以选择快捷菜单中的“比例”和“旋转”等命令，如图11-30所示。

（3）在相应的命令行提示下输入比例和旋转角度等数值，被选择的对象根据指定的参数插入到图形当中。

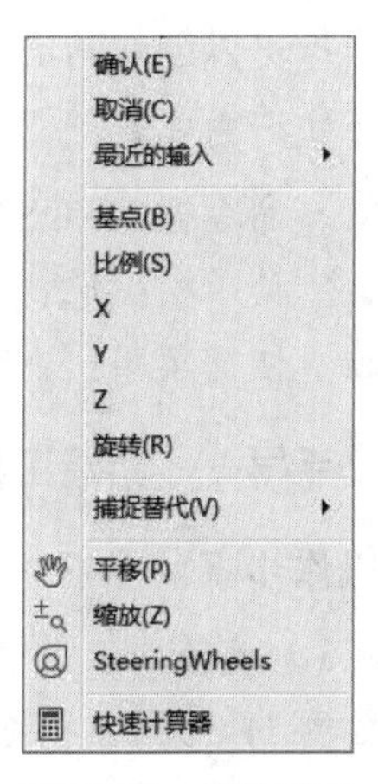

图 11-30　快捷菜单

11.4 工具选项板

工具选项板中的选项卡提供了组织、共享和放置块及填充图案的有效方法。工具选项板还可以包含由第三方开发人员提供的自定义工具。

11.4.1 打开工具选项板

可在工具选项板中整理块、图案填充和自定义工具。

【执行方式】

- 命令行：TOOLPALETTES（快捷命令为 TP）。
- 菜单栏：选择菜单栏中的“工具”→“选项板”→“工具选项板”命令。
- 工具栏：单击标准工具栏中的“工具选项板窗口”按钮。
- 功能区：单击“视图”选项卡“选项板”面板中的“工具选项板”按钮。
- 快捷键：Ctrl+3。

【操作步骤】

执行上述操作后，系统自动打开工具选项板，如图 11-31 所示。

在工具选项板中，系统设置了一些常用图形选项卡，这些常用图形可以方便用户绘图。

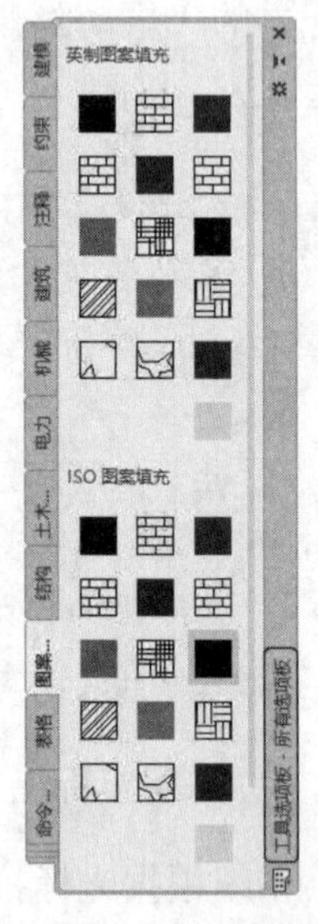

图 11-31 工具选项板

11.4.2 新建工具选项板

用户可以创建新的工具选项板，这样有利于个性化作图，也能够满足特殊作图的需要。

【执行方式】

- 命令行：CUSTOMIZE。
- 菜单栏：选择菜单栏中的“工具”→“自定义”→“工具选项板”命令。
- 快捷菜单：在快捷菜单中选择“自定义”命令。

扫一扫，看视频

动手学——新建工具选项板

操作步骤

（1）选择菜单栏中的“工具”→“自定义”→“工具选项板”命令，系统打开“自定义”对话框，如图 11-32 所示。在“选项板”列表框中右击，在弹出的快捷菜单中选择“新建选项板”命令。

（2）在“选项板”列表框中出现一个“新建选项板”，可以为其命名，确定后，工具选项板中就增加了一个新的选项卡，如图 11-33 所示。

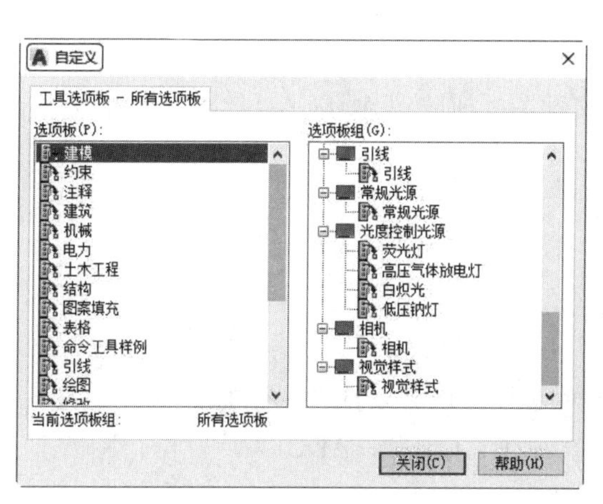

图 11-32　“自定义”对话框

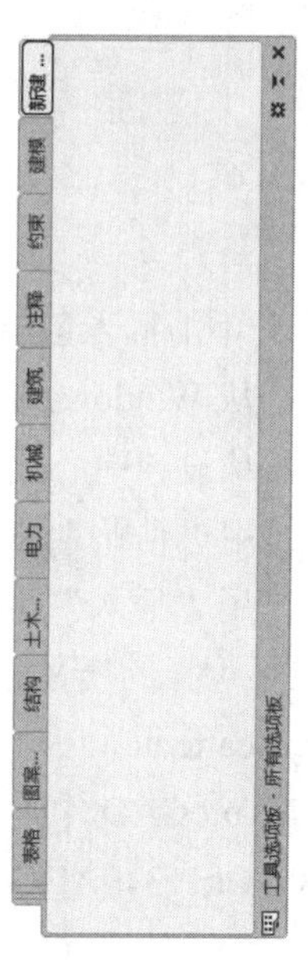

图 11-33　“新建“选项卡

11.4.3　向工具选项板中添加内容

将图形、块和图案填充从设计中心拖动到工具选项板中。

例如，在 DesignCenter 文件夹上右击，在弹出的快捷菜单中选择“创建块的工具选项板”命令，如图 11-34 所示。在设计中心中存储的图元就出现在工具选项板中新建的 DesignCenter 选项卡上，如图 11-35 所示。这样用户就可以将设计中心与工具选项板结合起来，建立一个快捷方便的工具选项板。将工具选项板中的图形拖动到另一个图形中时，图形将作为块插入。

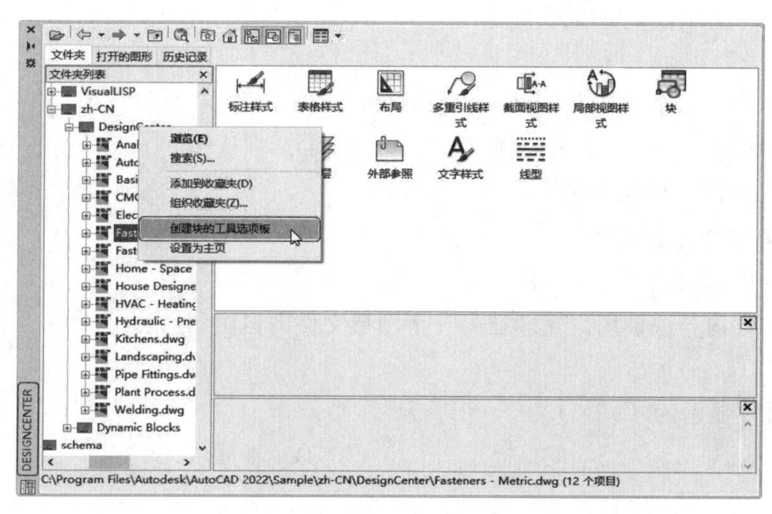

图 11-34　将存储的图元创建成“设计中心”工具选项板

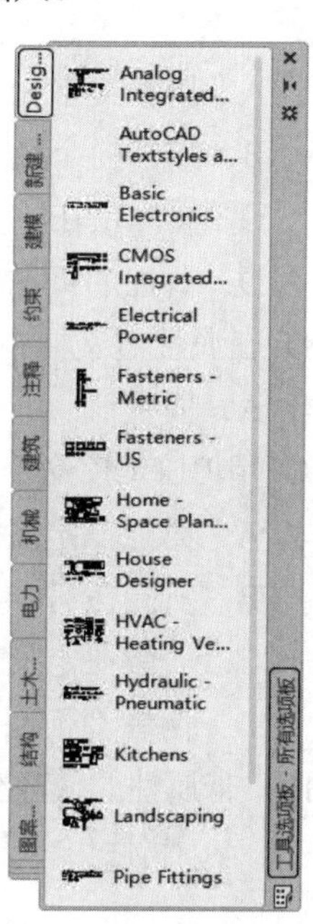

图 11-35　新创建的工具选项板

11.5 模拟认证考试

1. 下列不能插入创建好的块的方法是（　　）。

A. 从 Windows 资源管理器中将图形文件图标拖放到 AutoCAD 绘图区域插入块

B. 从设计中心插入块

C. 用“粘贴”命令插入块

D. 用“插入”命令插入块

2. 将不可见的属性修改为可见的命令是（　　）。

A. eattedit　　B. battman　　C. attedit　　D. ddedit

3. 在 AutoCAD 中，下列（　　）项中的两种操作均可以打开设计中心。

A. Ctrl+3，ADC　　B. Ctrl+2，ADC

C. Ctrl+3，AGC　　D. Ctrl+2，AGC

4. 在设计中心里，单击“收藏夹”，则会（　　）。

A. 出现搜索界面　　B. 定位到 Home 文件夹

C. 定位到 Designcenter 文件夹　　D. 定位到 Autodesk 文件夹

5. 属性定义框中“提示”栏的作用是（　　）。

A. 提示输入属性值插入点　　B. 提示输入新的属性值

C. 提示输入属性值所在图层　　D. 提示输入新的属性值的字高

6. 图形无法通过设计中心更改的是（　　）。

A. 大小　　B. 名称　　C. 位置　　D. 外观

7. 下列（　　）项不能用块属性管理器进行修改。

A. 属性文字如何显示

B. 属性的个数

C. 属性所在的图层和属性行的颜色、宽度及类型

D. 属性的可见性

8. 在属性定义框中，（　　）选项不设置，将无法定义块属性。

A. 固定　　B. 标记　　C. 提示　　D. 默认

9. 用 BLOCK 命令定义的内部图块，说法正确的是（　　）。

A. 只能在定义它的图形文件内自由调用

B. 只能在另一个图形文件内自由调用

C. 既能在定义它的图形文件内自由调用，又能在另一个图形文件内自由调用

D. 两者都不能用

10. 带属性的块经分解后，属性显示为（　　）。

A. 属性值　　B. 标记　　C. 提示　　D. 不显示

11．绘制如图 11-36 所示的图形。

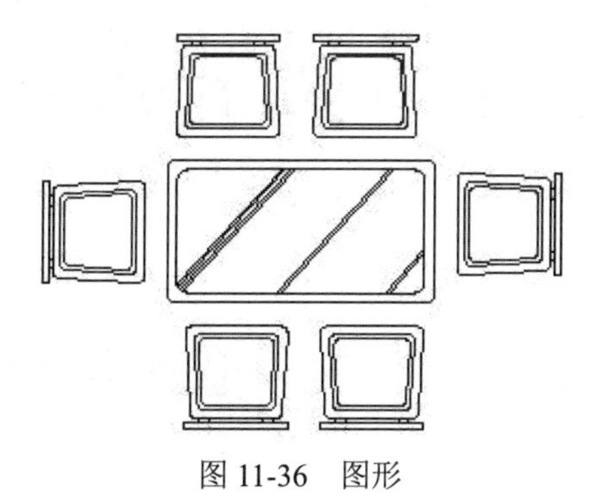

图 11-36　图形

第 12 章　图纸布局与出图

内容简介

对于施工图而言，其输出对象主要是打印机，打印输出的图纸将成为施工人员施工的主要依据。在打印时，需要确定纸张的大小、输出比例及打印线宽、颜色等相关内容。

内容要点

- 视口与空间
- 出图
- 模拟认证考试

案例效果

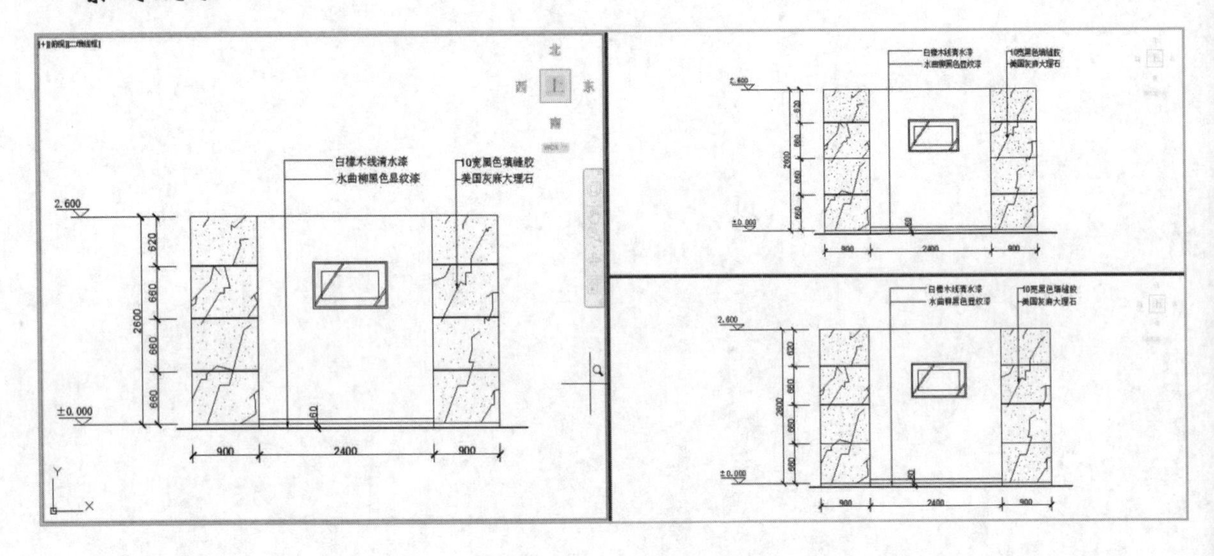

12.1　视口与空间

视口与空间是有关图形显示和控制的两个重要概念，本节将进行简要介绍。

12.1.1　视口

绘图区可以被划分为多个相邻的非重叠视口，在每个视口中可以进行平移和缩放操作，也可以进行三维视图设置与三维动态观察。

1．新建视口

【执行方式】

- 命令行：VPORTS。
- 菜单栏：选择菜单栏中的“视图”→“视口”→“新建视口”命令。
- 工具栏：单击“视口”工具栏中的“显示‘视口’对话框”按钮。
- 功能区：单击①“视图”选项卡“模型视口”面板中的②“视口配置”下拉菜单（见图 12-1）。

扫一扫，看视频

动手学——创建多个视口

调用素材：初始文件\第 12 章\秘书室 B 立面图.dwg

源文件：源文件\第 12 章\创建多个视口.dwg

操作步骤

（1）打开初始文件\第 12 章\秘书室 B 立面图.dwg 文件。

（2）选择菜单栏中的“视图”→“视口”→“新建视口”命令，系统打开如图 12-2 所示的“视口”对话框的“新建视口”选项卡。

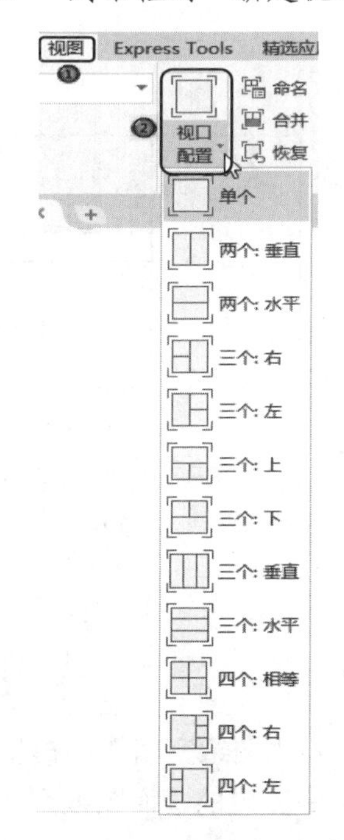

图 12-1　“视口配置”下拉菜单

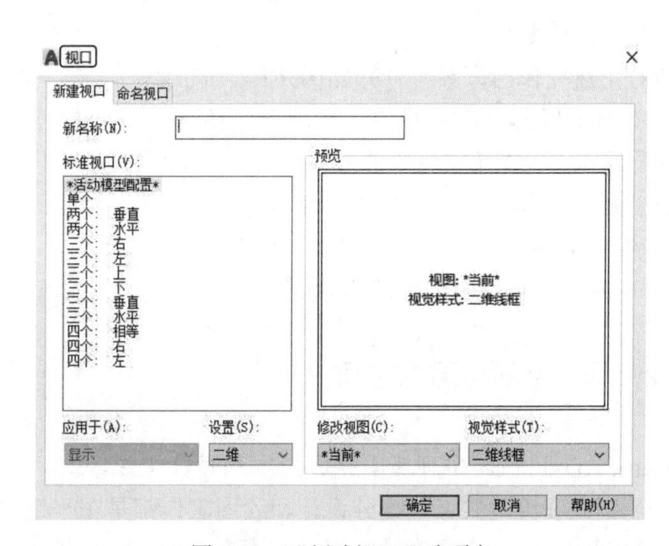

图 12-2　“新建视口”选项卡

（3）在“标准视口”列表中选择“三个：左”，其他采用默认设置。也可以直接在“模型视口”面板中的“视口配置”下拉菜单中选择“三个：左”选项。

（4）单击“确定”按钮，在窗口中创建 3 个视口，如图 12-3 所示。

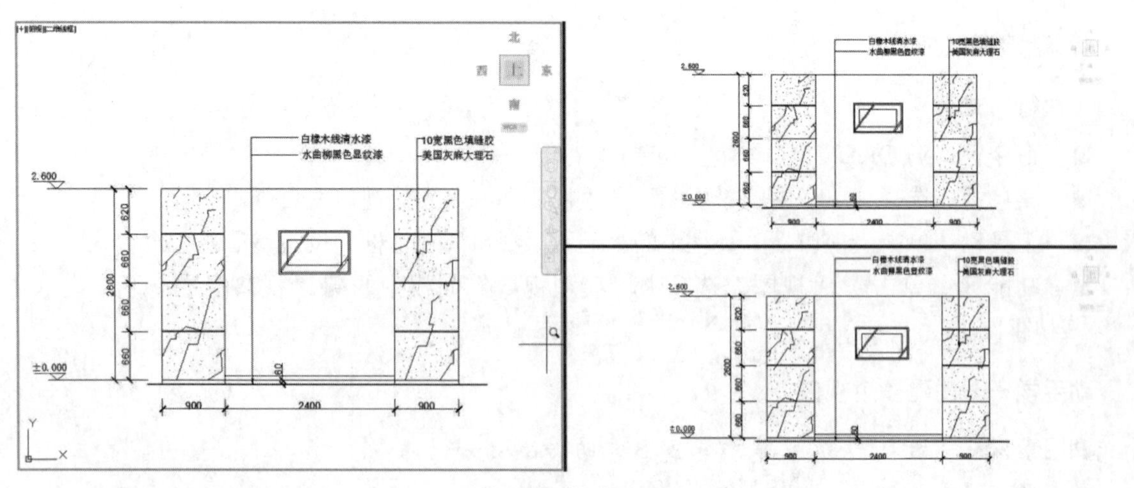

图 12-3　创建视口

2. 命名视口

【执行方式】

- 菜单栏：选择菜单栏中的“视图”→“视口”→“命名视口”命令。
- 工具栏：单击“视口”工具栏中的“显示‘视口’对话框”按钮。
- 功能区：单击“视图”选项卡“模型视口”面板中的“命名”按钮。

【操作步骤】

执行上述操作后，系统打开如图 12-4 所示的“视口”对话框的“命名视口”选项卡，该选项卡用来显示保存在图形文件中的视口配置。其中，“当前名称”提示行显示当前视口名称；“命名视口”列表框用来显示保存的视口配置；“预览”显示框用来预览被选择的视口配置。

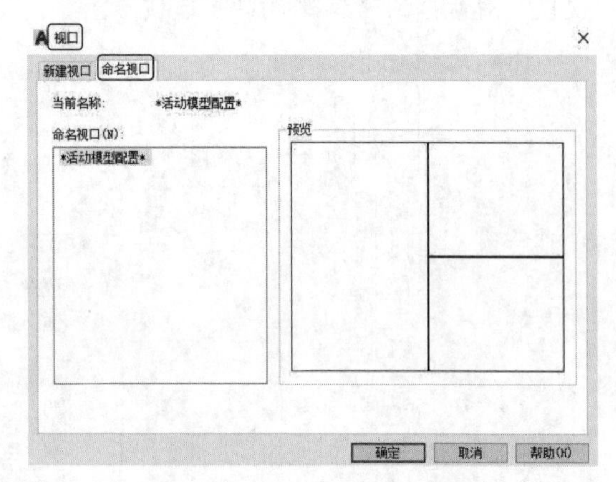

图 12-4　“命名视口”选项卡

12.1.2　模型空间与图纸空间

AutoCAD 可在两个环境中完成绘图和设计工作，即“模型空间”和“图纸空间”。模型空间又分为平铺式和浮动式。大部分设计和绘图工作都是在平铺式模型空间中完成的，而图纸空间是模拟手工绘图的空间，它是为绘制平面图而准备的一张虚拟图纸，是一个二维空间的工作环境。从某种意义上说，图纸空间就是为布局图面、打印出图而设计的，还可在其中添加诸如边框、注释、标题和尺寸标注等内容。

在模型空间和图纸空间中，都可以进行输出设置。在绘图区底部有“模型”选项卡及一个或多个“布局”选项卡，如图 12-5 所示。

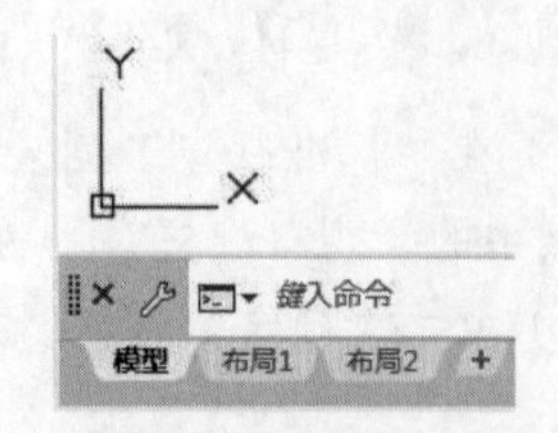

图 12-5　“模型”选项卡和“布局”选项卡

单击“模型”或“布局”选项卡，可以在它们之间进行空间的切换，如图12-6和图12-7所示。

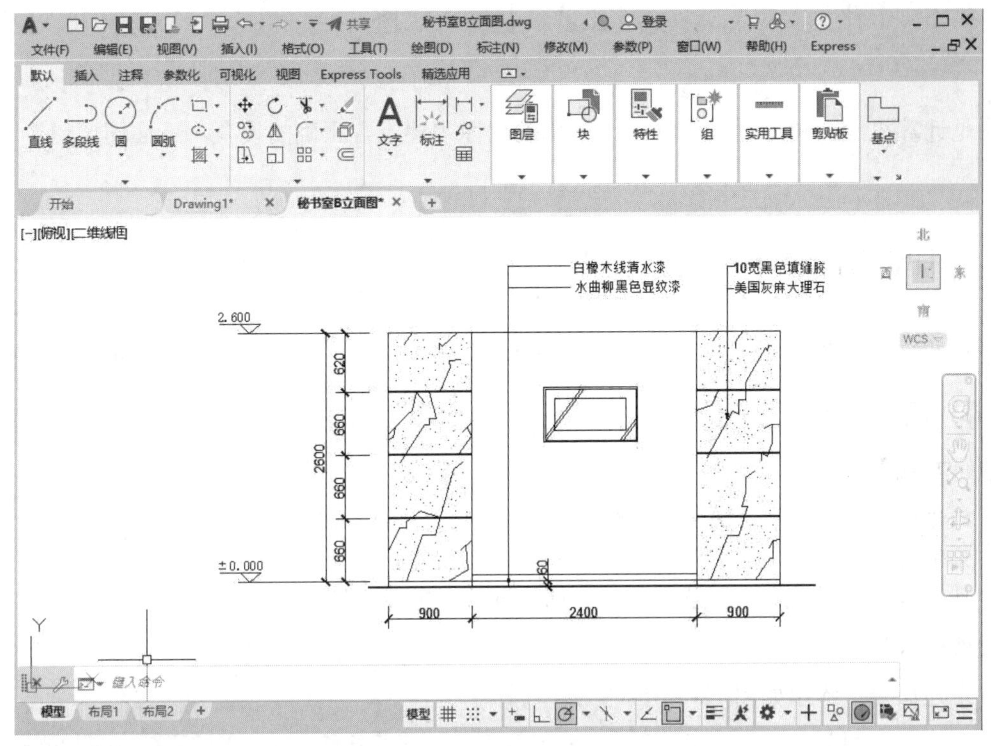

图 12-6　“模型”空间

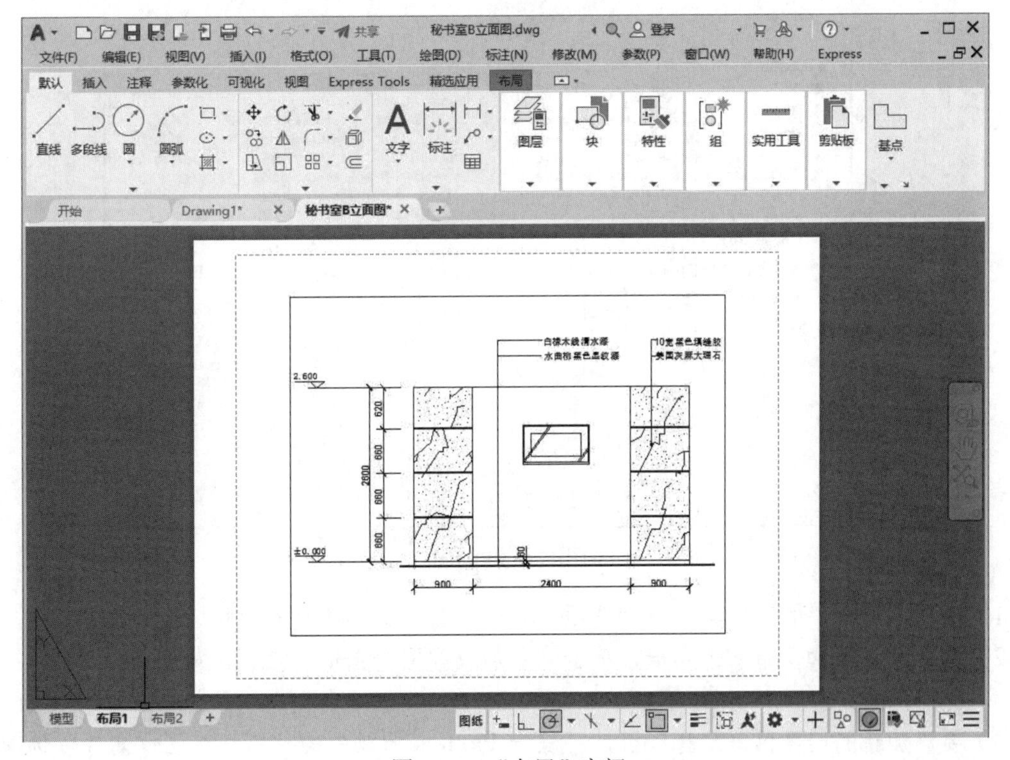

图 12-7　“布局”空间

12.2 出　图

出图是计算机绘图的最后一个环节，正确的出图需要进行正确的设置，下面简要讲述出图的基本设置。

12.2.1 打印设备的设置

最常见的打印设备有打印机和绘图仪。在输出图样时，首先需要添加和配置要使用的打印设备。

1. 打开打印设备

【执行方式】

- 命令行：PLOTTERMANAGER。
- 菜单栏：选择菜单栏中的“文件”→“绘图仪管理器”命令。
- 功能区：单击“输出”选项卡“打印”面板中的“绘图仪管理器”按钮。

【操作步骤】

执行上述命令，弹出如图 12-8 所示的窗口。

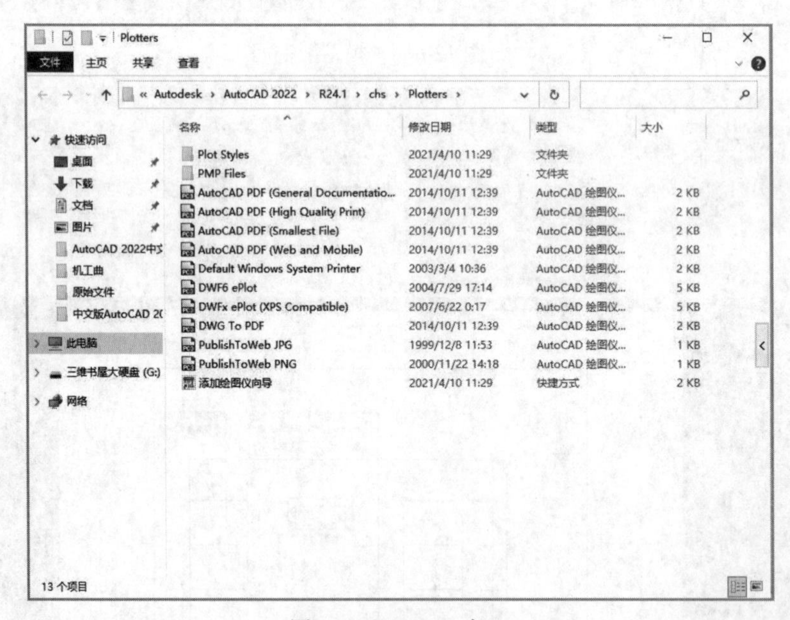

图 12-8　Plotters 窗口

（1）选择菜单栏中的“工具”→“选项”命令，打开“选项”对话框。

（2）选择“打印和发布”选项卡，单击“添加或配置绘图仪”按钮，如图 12-9 所示。

（3）此时，系统打开 Plotters 窗口。

（4）要添加新的绘图仪器或打印机，可双击 Plotters 窗口中的“添加绘图仪向导”选项，打开“添加绘图仪-简介”对话框，如图 12-10 所示，按向导逐步完成添加。

2. 绘图仪配置编辑器

双击 Plotters 窗口中的绘图仪配置图标，如 PublishToWeb JPG.pc3，打开“绘图仪配置编辑器”对话框，如图 12-11 所示，对绘图仪进行相关设置。

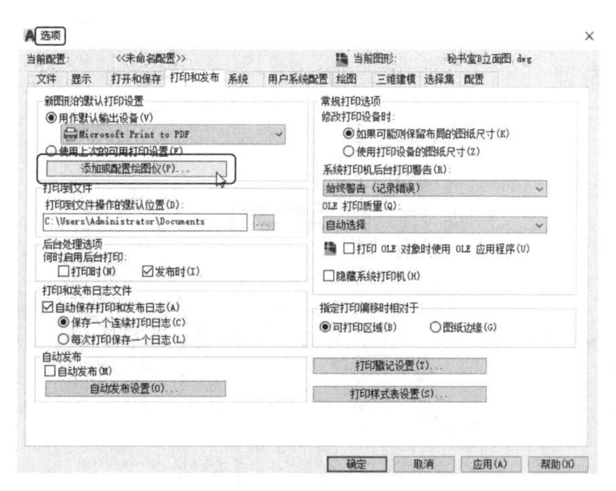

图 12-9　“打印和发布”选项卡

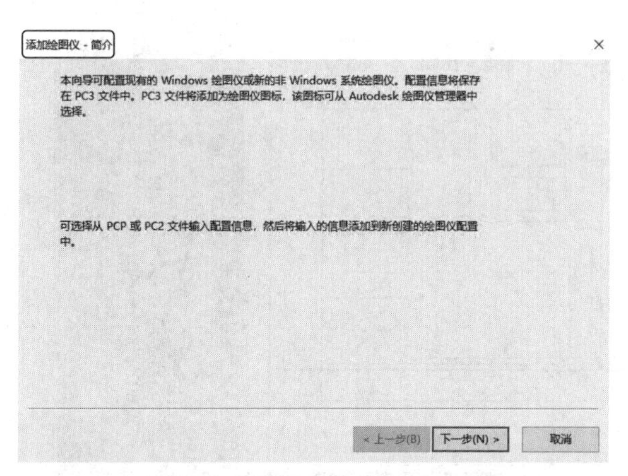

图 12-10　“添加绘图仪-简介”对话框

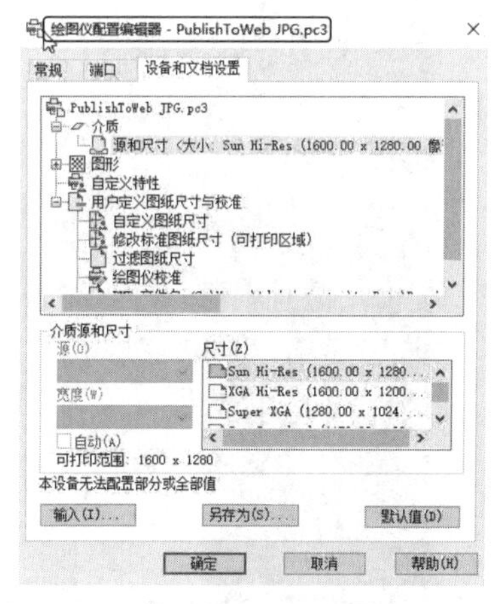

图 12-11　“绘图仪配置编辑器”对话框

在“绘图仪配置编辑器”对话框中有 3 个选项卡，可根据需要进行配置。

☞教你一招：

输出图像文件方法如下：

选择菜单栏中的“文件”→“输出”命令，或直接在命令行中输入 EXPORT 命令，系统将打开“输出”对话框，在“保存类型”下拉列表框中选择*.bmp 格式，单击“保存”按钮，在绘图区选中要输出的图形后按 Enter 键，被选图形便被输出为.bmp 格式的图形文件。

12.2.2　创建布局

图纸空间就是图纸布局环境，可用于指定图纸大小、添加标题栏、显示模型的多个视图及创建图形标注和注释。

【执行方式】

- 命令行：LAYOUTWIZARD。
- 菜单栏：选择菜单栏中的“插入”→“布局”→“创建布局向导”命令。

扫一扫，看视频

动手学——创建图纸布局

调用素材： 初始文件\第12章\秘书室B立面图.dwg

源文件： 源文件\第12章\创建图纸布局.dwg

本实例创建如图12-12所示的图纸布局。

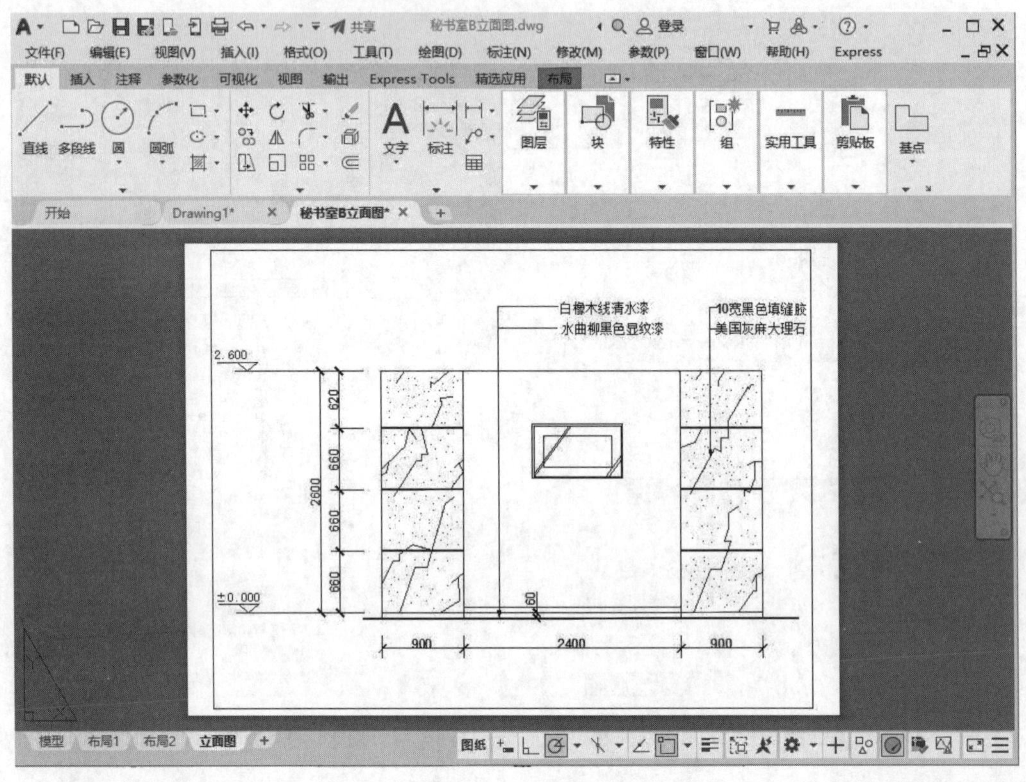

图12-12 图纸布局

操作步骤

（1）打开初始文件\第12章\秘书室B立面图.dwg文件。

（2）选择菜单栏中的“插入”→“布局”→“创建布局向导”命令，打开“创建布局-开始”对话框。在“输入新布局的名称”文本框中输入新布局名称为“立面图”，如图12-13所示，单击“下一步”按钮。

（3）进入打印机选择页面，为新布局选择配置的绘图仪，这里选择DWG To PDF.pc3，如图12-14所示，单击“下一步”按钮。

（4）进入图纸尺寸选择页面，在图纸尺寸下拉列表中选择“ISO A3（297.00×420.00毫米）”，图形单位选择“毫米”，如图12-15所示，单击“下一步”按钮。

（5）进入图纸方向选择页面，选择“横向”图纸方向，如图12-16所示，单击“下一步”按钮。

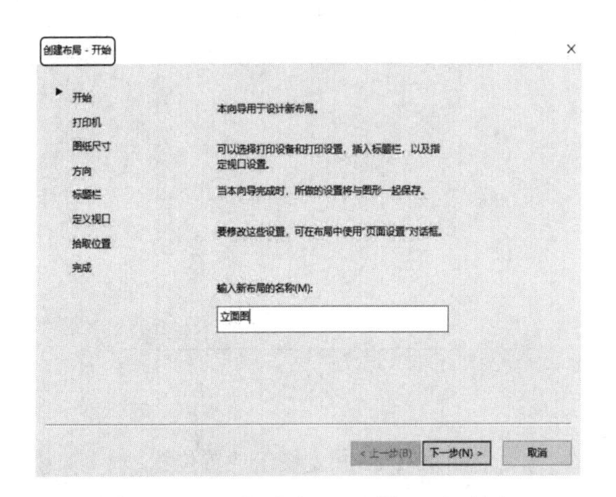

图 12-13 “创建布局-开始”对话框

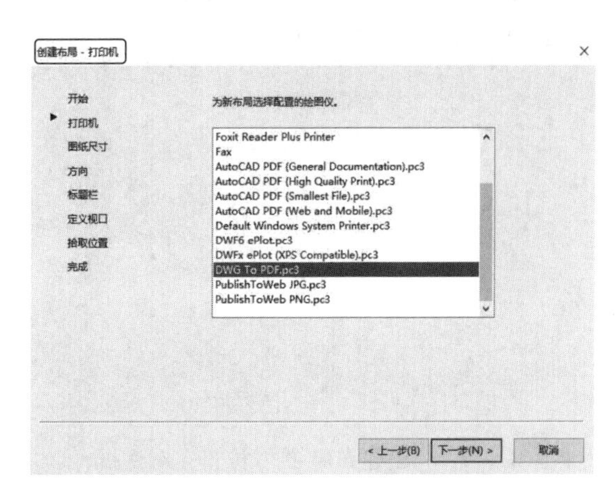

图 12-14 “创建布局-打印机”对话框

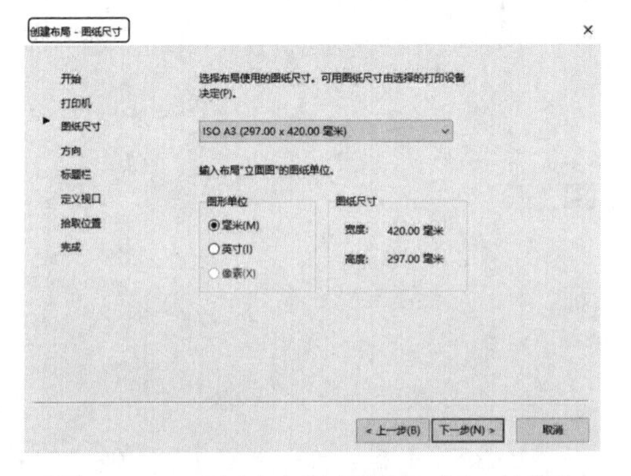

图 12-15 “创建布局-图纸尺寸”对话框

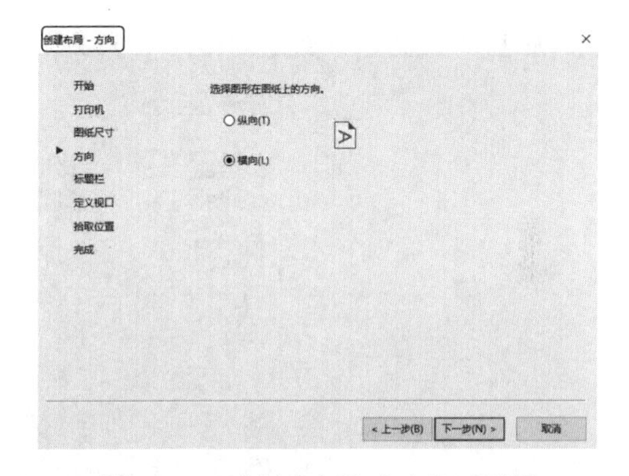

图 12-16 “创建布局-方向”对话框

（6）进入布局标题栏选择页面，此零件图中带有标题栏，所以这里选择“无”，如图 12-17 所示，单击“下一步”按钮。

（7）进入定义视口页面，视口设置为“单个”，视口比例为“按图纸空间缩放”，如图 12-18 所示。

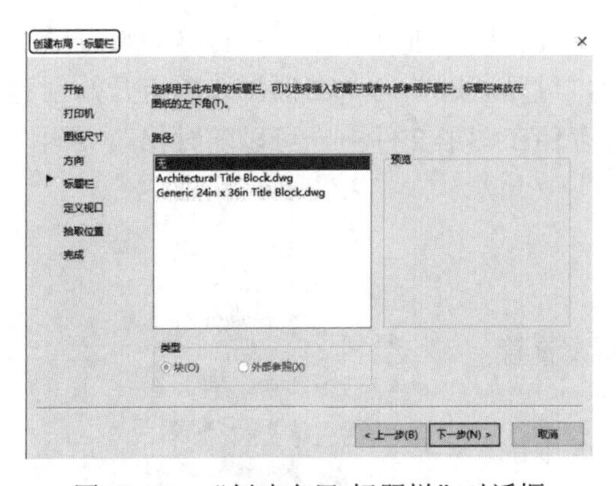

图 12-17 “创建布局-标题栏”对话框

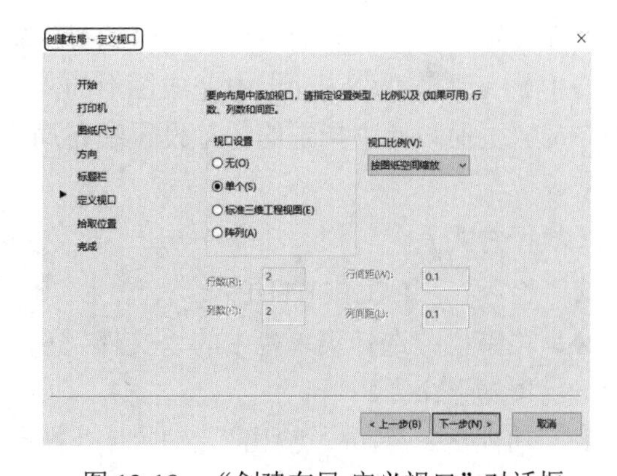

图 12-18 “创建布局-定义视口”对话框

（8）进入拾取位置页面，如图 12-19 所示，单击“选择位置”按钮，在布局空间中指定图纸的放置位置，如图 12-20 所示，单击“下一步”按钮。

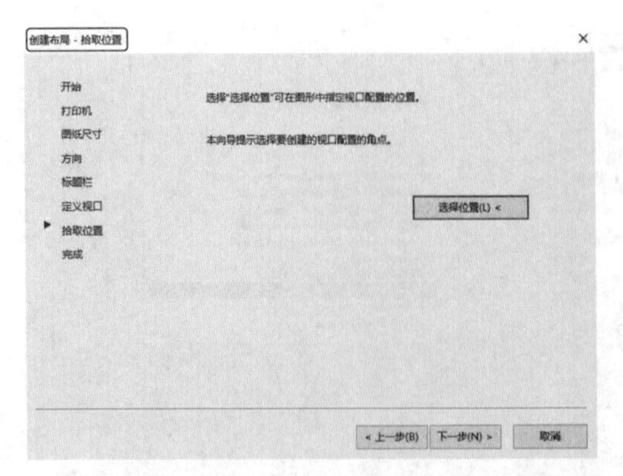

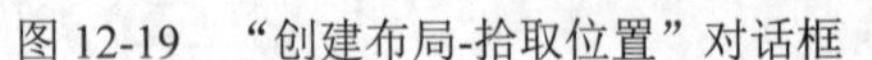
图 12-19 “创建布局-拾取位置”对话框

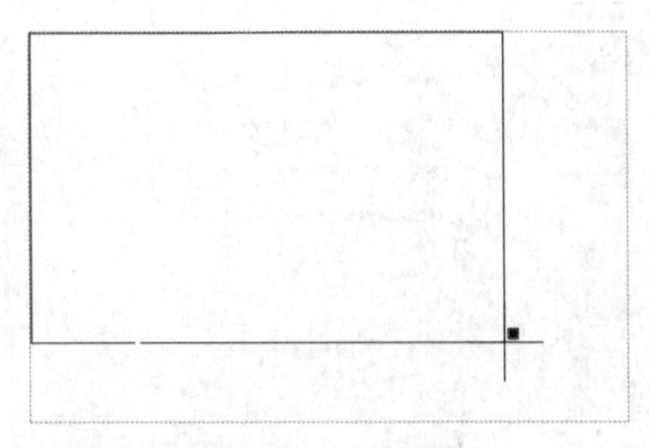

图 12-20 指定图纸放置位置

（9）进入完成页面，单击“完成”按钮，完成新图纸布局的创建，如图 12-21 所示。系统自动返回到布局空间，显示新创建的布局“立面图”。

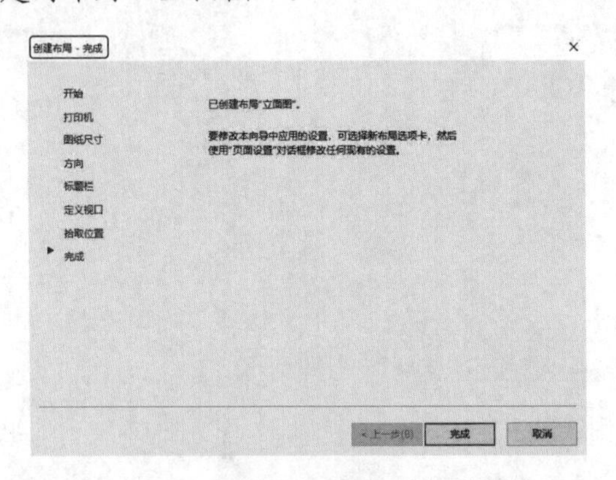

图 12-21 完成“立面图”布局的创建

12.2.3 页面设置

页面设置可以对打印设备和其他影响最终输出的外观及格式进行设置，并将这些设置应用到其他布局中。在“模型”选项卡中完成图形的绘制之后，可以通过单击“布局”选项卡开始创建要打印的布局。页面设置中指定的各种设置和布局将一起存储在图形文件中，可以随时修改页面设置中的参数。

【执行方式】

- 命令行：PAGESETUP。
- 菜单栏：选择菜单栏中的“文件”→“页面设置管理器”命令。
- 功能区：单击“输出”选项卡“打印”面板中的“页面设置管理器”按钮。
- 快捷菜单：在“模型”空间或“布局”空间中右击“模型”或“布局”选项卡，在弹出的快捷菜单中选择“页面设置管理器”命令，如图 12-22 所示。

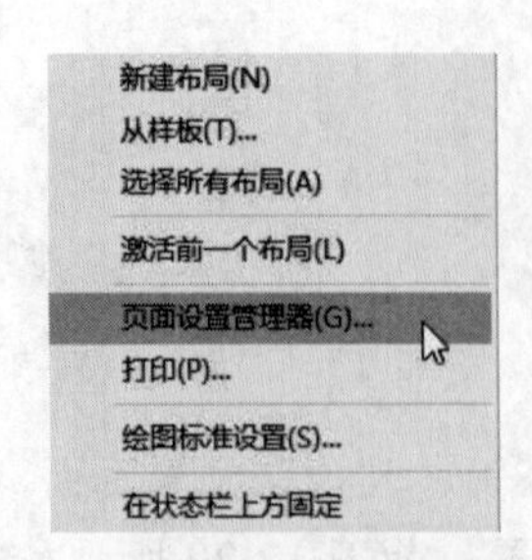

图 12-22 选择“页面设置管理器”命令

动手学——设置页面布局

调用素材：初始文件\第 12 章\创建图纸布局.dwg

操作步骤

（1）打开源文件\创建图纸布局.dwg 文件。

（2）单击“输出”选项卡“打印”面板中的“页面设置管理器”按钮，打开“页面设置管理器”对话框，如图 12-23 所示。在该对话框中可以完成新建布局、修改原有布局、输入存在的布局和将某一布局置为当前等操作。

（3）在“页面设置管理器”对话框中单击“新建”按钮，打开“新建页面设置”对话框，如图 12-24 所示。

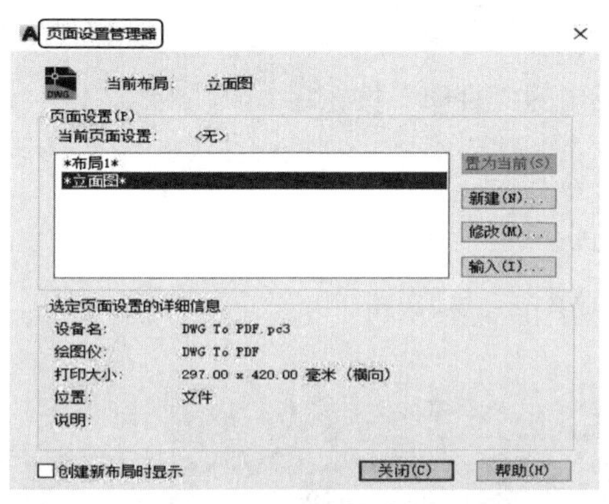

图 12-23　“页面设置管理器”对话框

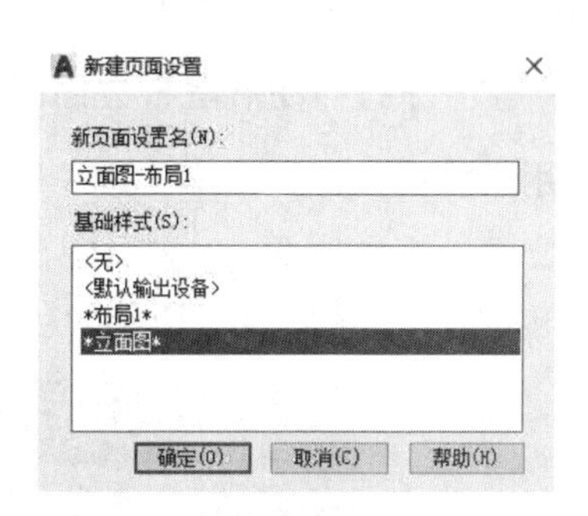

图 12-24　“新建页面设置”对话框

（4）在“新页面设置名”文本框中输入新建页面的名称，如“立面图-布局 1”，单击“确定”按钮，打开“页面设置-立面图”对话框，如图 12-25 所示。

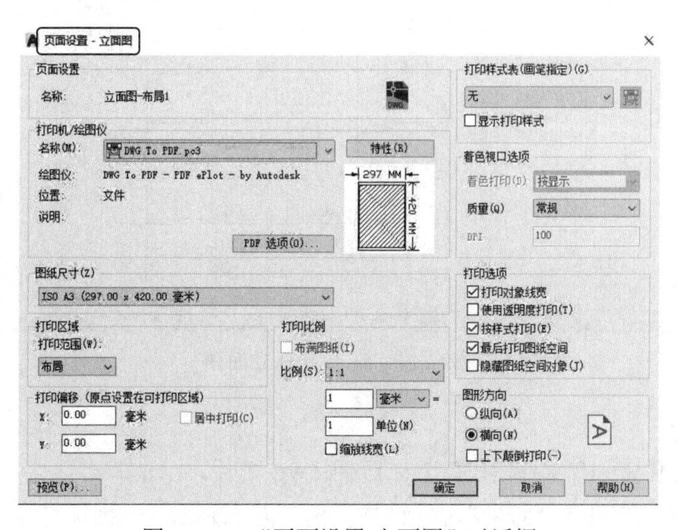

图 12-25　“页面设置-立面图”对话框

（5）在“页面设置-立面图”对话框中可以设置布局和打印设备，并预览布局的结果。对于一个布局，可利用“页面设置-立面图”对话框来完成其设置，虚线表示图纸中当前配置的图纸尺寸和绘图仪的可打印区域。设置完毕后，单击“确定”按钮。

12.2.4 从模型空间输出图形

从“模型”空间输出图形时，需要在打印时指定图纸尺寸，即在“打印”对话框中选择要使用的图纸尺寸。该对话框中列出的图纸尺寸取决于在“打印”或“页面设置”对话框中选定的打印机或绘图仪。

【执行方式】

- 命令行：PLOT。
- 菜单栏：选择菜单栏中的“文件”→“打印”命令。
- 工具栏：单击标准工具栏中的“打印”按钮。
- 功能区：单击“输出”选项卡“打印”面板中的“打印”按钮。

扫一扫，看视频

动手学——打印秘书室B立面图

调用素材：初始文件\第12章\秘书室B立面图.dwg

源文件：源文件\第12章\打印秘书室B立面图.dwg

本实例打印如图12-26所示的秘书室B立面图。

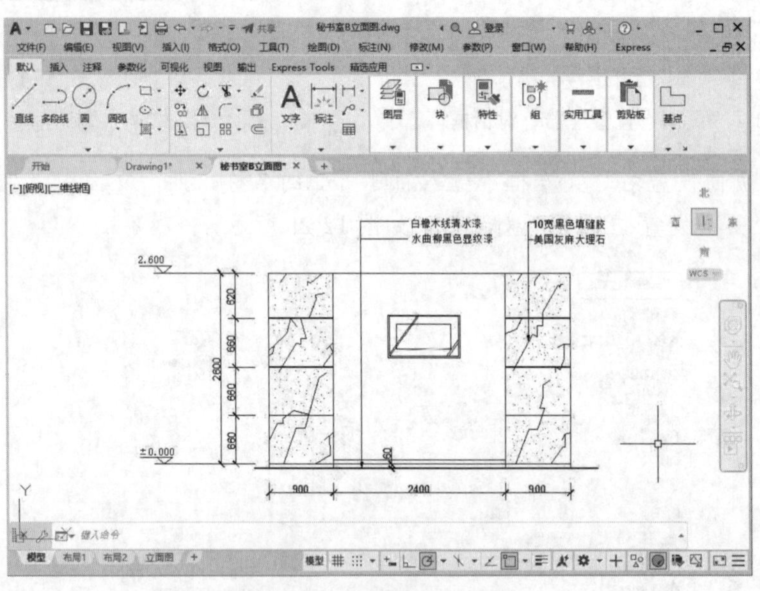

图12-26 秘书室B立面图

操作步骤

（1）打开初始文件\第12章\秘书室B立面图.dwg文件。

（2）单击“输出”选项卡“打印”面板中的“打印”按钮，执行打印操作。

（3）打开“打印-模型”对话框，在该对话框中设置打印机名称为DWG To PDF.pc3，选择图纸尺寸为“ISO A3（420.00×297.00毫米）”，打印范围设置为“窗口”，选取立面图图纸的两角点，选中“布满图纸”复选框，选择图形方向为“横向”，其他采用默认设置，如图12-27所示。

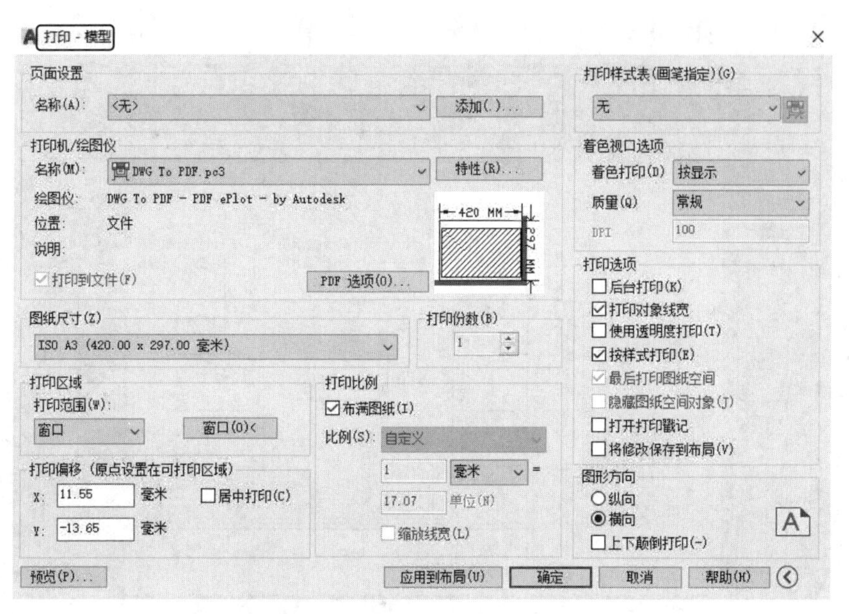

图 12-27　“打印-模型”对话框

（4）完成所有的设置后，单击“确定”按钮，打开“浏览打印文件”对话框，将图纸保存到指定位置，如图 12-28 所示，单击“保存”按钮。

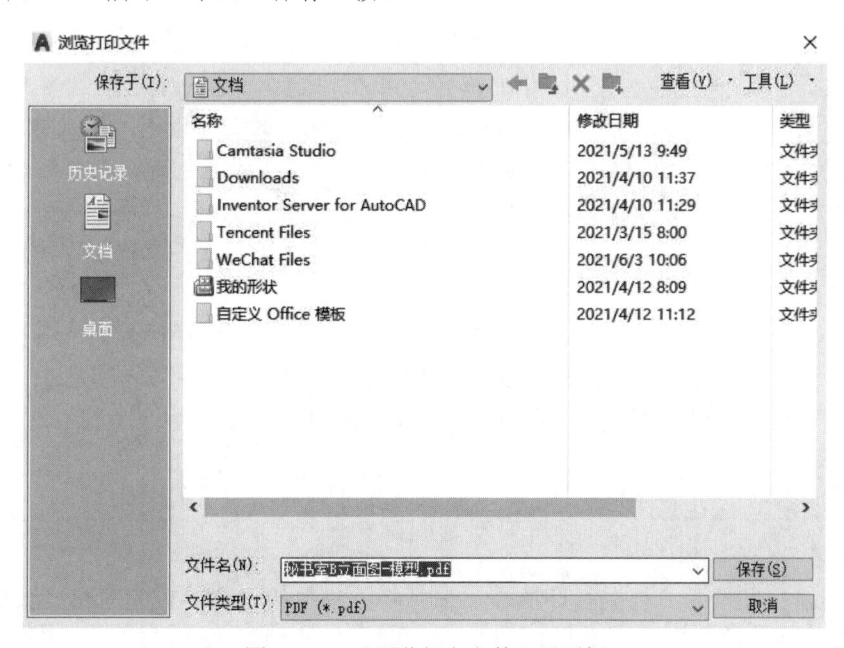

图 12-28　“浏览打印文件”对话框

（5）单击“预览”按钮，打印预览效果如图 12-29 所示。按 Esc 键，退出打印预览并返回“打印”对话框。

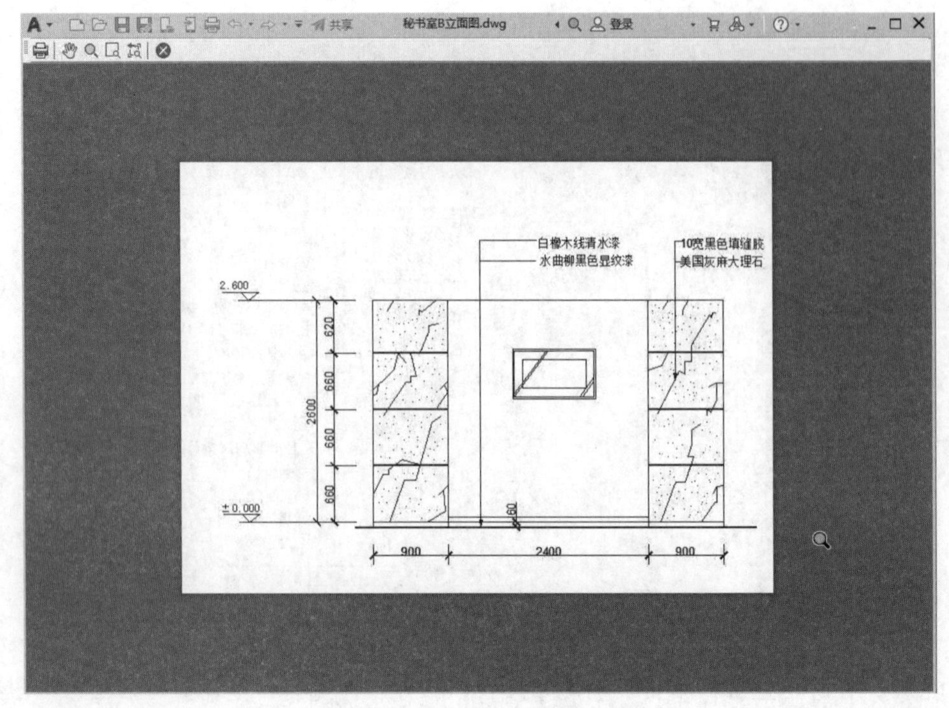

图 12-29 打印预览

【选项说明】

“打印-模型”对话框中的各项功能介绍如下。

（1）“页面设置”选项组：列出了图形中已命名或已保存的页面设置，可以将这些已保存的页面设置作为当前页面设置，也可以单击“添加”按钮，基于当前设置创建一个新的页面设置。

（2）“打印机/绘图仪”选项组：用于指定打印时使用已配置的打印设备。在“名称”下拉列表框中列出了可用的 PC3 文件或系统打印机，用户可以从中选择。设备名称前面的图标用于识别是 PC3 文件还是系统打印机。

（3）“打印份数”微调框：用于指定要打印的份数。当打印到文件时，此选项不可用。

（4）“应用到布局”按钮：单击此按钮，可将当前打印设置保存到当前布局中。

其他选项与“页面设置-模型”对话框中的相同，此处不再赘述。

12.2.5 从图纸空间输出图形

从图纸空间输出图形时，根据打印的需要进行相关参数的设置，首先应在“页面设置-布局”对话框中指定图纸的尺寸。

扫一扫，看视频

动手学——打印秘书室 B 立面图 2

调用素材：初始文件\第 12 章\秘书室 B 立面图.dwg

源文件：源文件\第 12 章\秘书室 B 立面图.dwg

操作步骤

（1）打开初始文件\第 12 章\秘书室 B 立面图.dwg 文件。

（2）将视图空间切换到“布局1”，如图12-30所示。在“布局1”选项卡上右击，在弹出的快捷菜单中选择“页面设置管理器”命令，如图12-31所示。

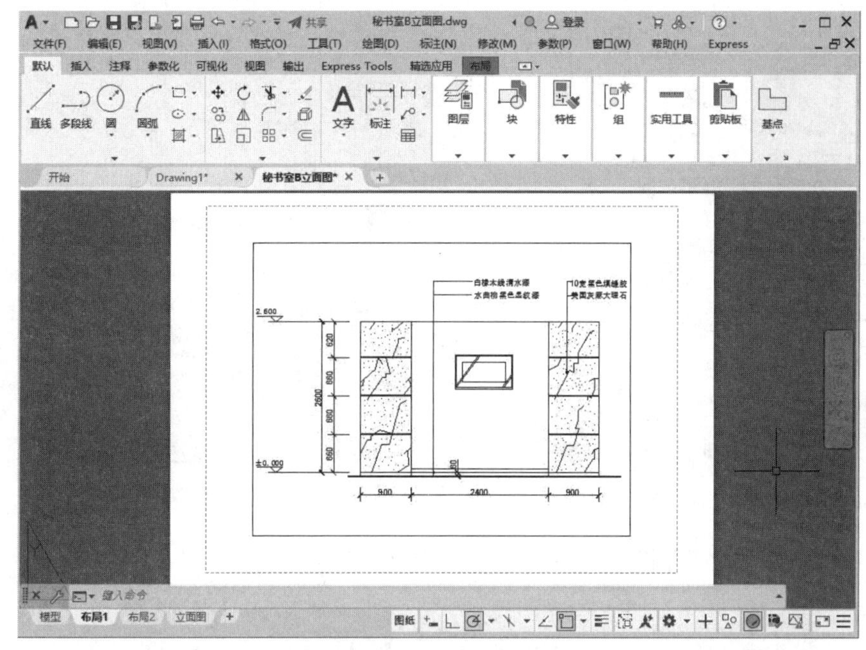

图12-30　切换到“布局1”　　图12-31　快捷菜单

（3）打开“页面设置管理器”对话框，如图12-32所示。单击“新建”按钮，打开“新建页面设置”对话框。

（4）在“新建页面设置”对话框的“新页面设置名”文本框中输入“立面图”，如图12-33所示。

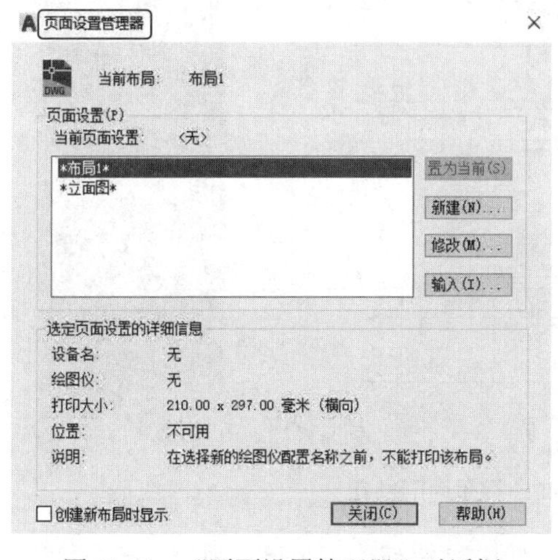

图12-32　“页面设置管理器”对话框

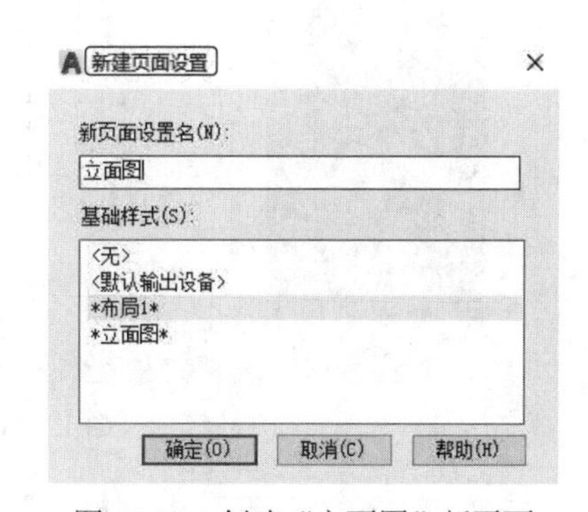

图12-33　创建“立面图”新页面

（5）单击“确定”按钮，打开“页面设置-布局1”对话框，根据打印的需要进行相关参数的设置，如图12-34所示。

（6）设置完成后，单击“确定”按钮，返回到“页面设置管理器”对话框。在“页面设置”列表框中选择“立面图”选项，单击“置为当前”按钮，将其设置为当前布局，如图 12-35 所示。

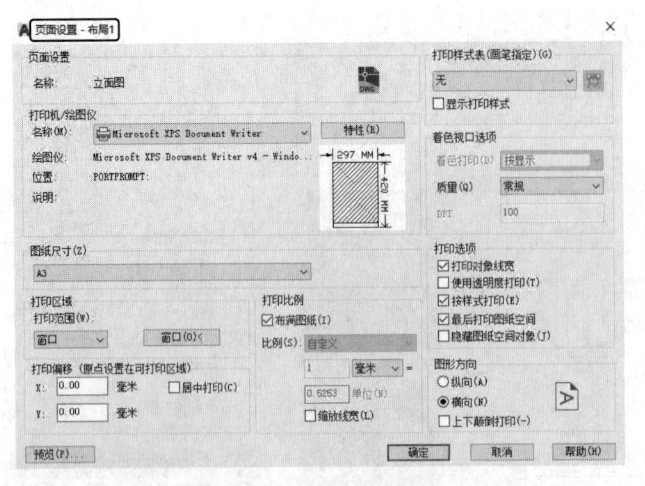

图 12-34　“页面设置-布局 1”对话框

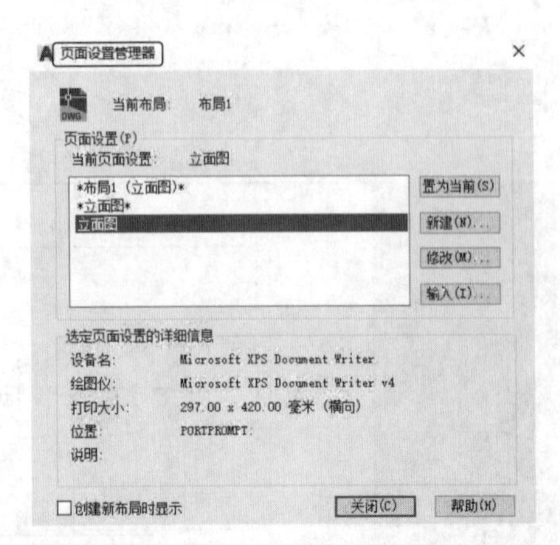

图 12-35　将“立面图”布局置为当前

（7）单击“关闭”按钮，完成“立面图”布局的创建，如图 12-36 所示。

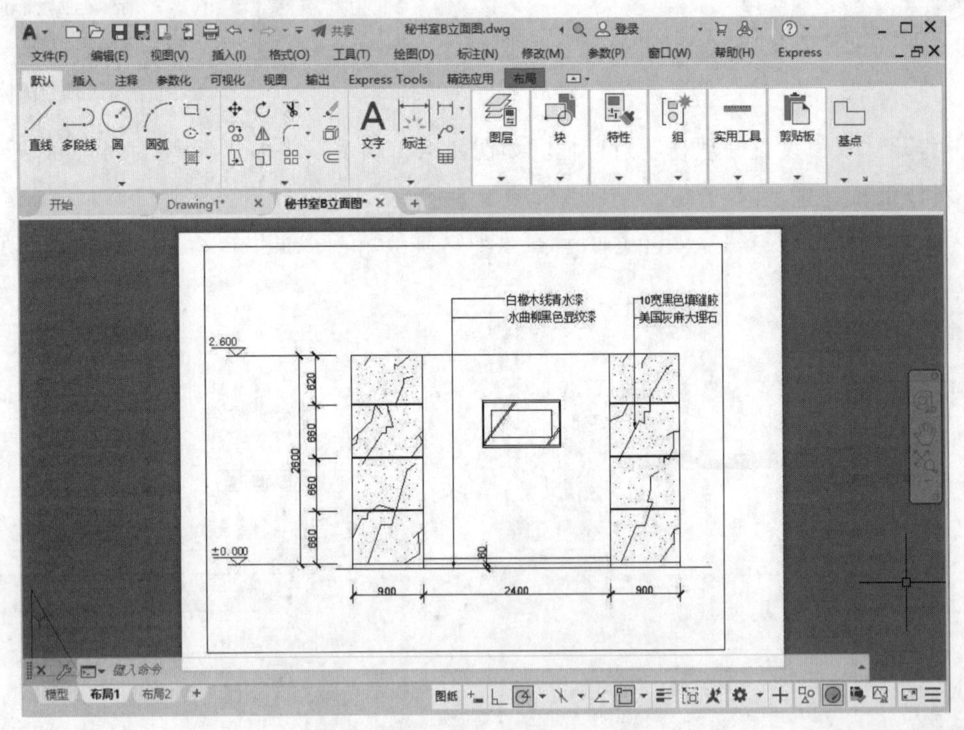

图 12-36　完成“立面图”布局的创建

（8）单击“输出”选项卡“打印”面板中的“打印”按钮，打开“打印-布局 1”对话框，如图 12-37 所示，不需要重新设置，单击左下方的“预览”按钮，打印预览效果如图 12-38 所示。

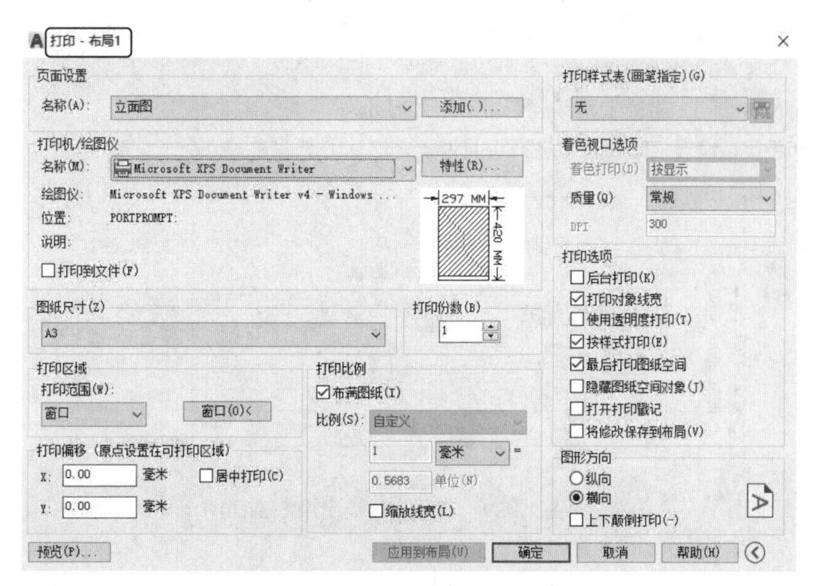

图 12-37　“打印-布局 1”对话框

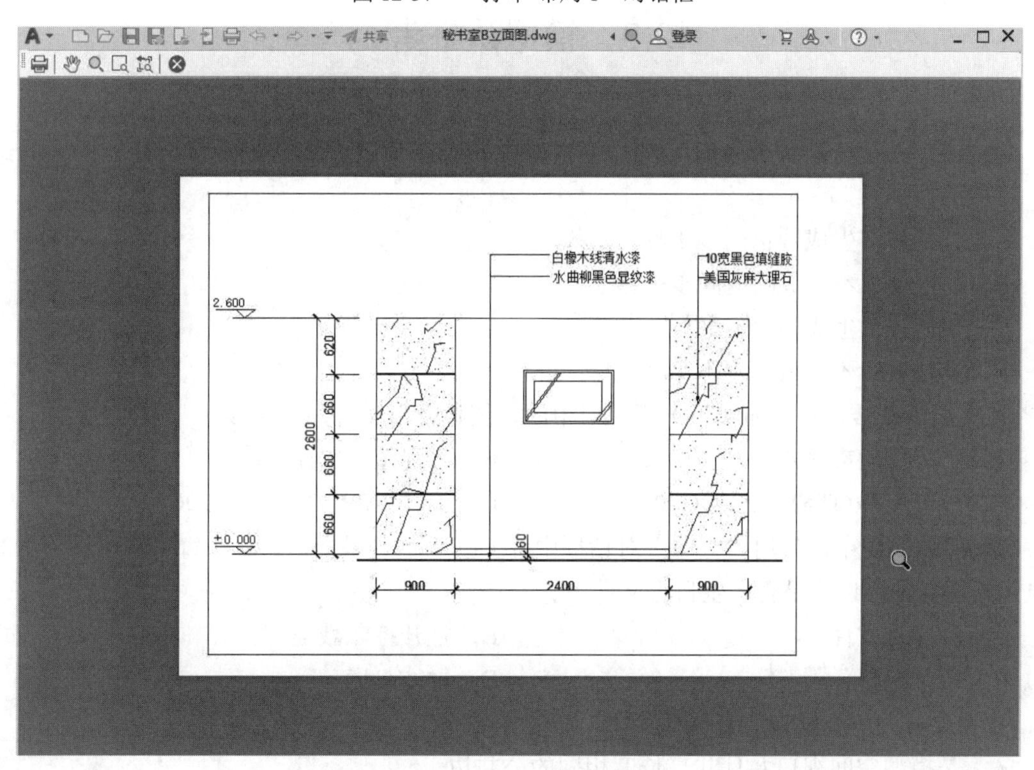

图 12-38　打印预览效果

（9）如果对效果满意，在预览窗口中右击，在弹出的快捷菜单中选择“打印”命令，完成一张图纸的打印。

扫一扫，看视频

动手练——打印商业广场展示中心剖面图

本练习要求用户熟练掌握各种工程图的出图方法。

思路点拨：

源文件：源文件\第 12 章\商业广场展示中心剖面图.dwg

如图 12-39 所示，设置打印设备，进行页面设置，然后出图。

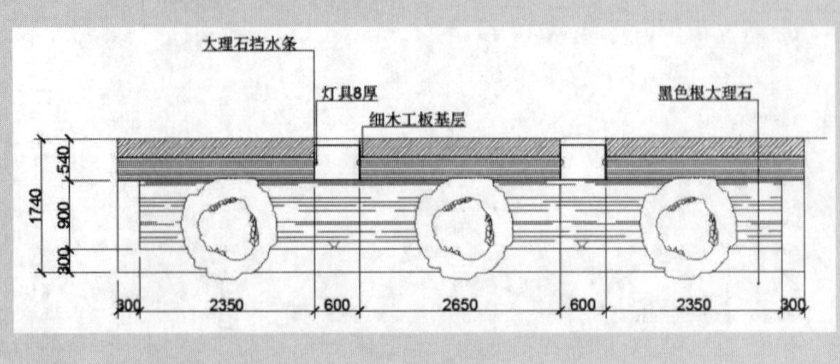

图 12-39 商业广场展示中心剖面图

12.3 模拟认证考试

1．将当前图形生成 4 个视口，在一个视口中新画一个圆并将全图平移，其他视口的结果是（　　）。

A．其他视口生成圆也同步平移

B．其他视口不生成圆但同步平移

C．其他视口生成圆但不平移

D．其他视口不生成圆也不平移

2．在布局中旋转视口，如果不希望视口中的视图随视口旋转，则应该（　　）。

A．将视图约束固定　　B．将视图放在锁定层

C．设置 VPROTATEASSOC=0　　D．设置 VPROTATEASSOC=1

3．在 AutoCAD 中，使用“打印”对话框中的（　　），可以指定是否在每个输出图形的某个角落上显示绘图标记，以及是否产生日志文件。

A．打印到文件　　B．打开打印戳记

C．后台打印　　D．样式打印

4．如果要合并两个视口，必须（　　）。

A．是模型空间视口并且共享长度相同的公共边

B．在“模型”空间合并

C．在“布局”空间合并

D．一样大小

5．使用“缩放”和“平移”命令查看如图 12-40 所示别墅首层装饰平面图。

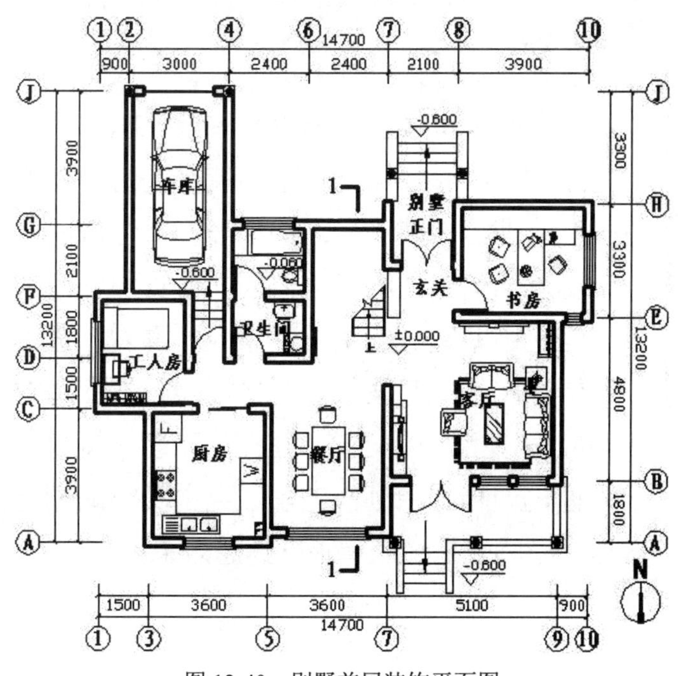

图 12-40　别墅首层装饰平面图

6．设置打印，并将此图纸（见图 12-40）出图。

2

酒店中餐厅室内布置整体设计思路可以概括为两个字——简约。室内装饰崇尚“少即是多”的理念，装饰少，功能多，十分符合现代人渴求简单生活的心理，因而很受那些追求时尚但又不希望受约束的青年人所喜爱。在平面功能布局上，方案设计严格按照原本的室内空间面积进行。以科学、理性、符合功能需求、人性化为布局原则，力争达到主次空间划分合理，空间转折节点清晰的理想效果。

第 2 篇 酒店中餐厅篇

本篇以酒店中餐厅室内设计为核心，讲述室内设计工程图绘制的操作步骤、方法和技巧等，包括平面图、装饰平面图、顶棚图、地坪图、立面图和剖面图等知识。

本篇通过实例加深读者对 AutoCAD 功能的理解和掌握，并使读者熟悉各种室内设计工程图的绘制方法。

第 13 章　中餐厅平面图的绘制

内容简介

本章将以某大型酒店中餐厅平面图室内设计为例，详细讲述大型酒店中餐厅平面图的绘制过程。在讲述过程中，会逐步带领读者完成平面图的绘制，并讲述关于室内设计平面图绘制的理论知识和技巧。具体包括平面图绘制的知识要点、平面图的绘制步骤、装饰图块的绘制、尺寸文字标注等内容。

内容要点

- 二层中餐厅平面图的绘制
- 三层中餐厅平面图的绘制

案例效果

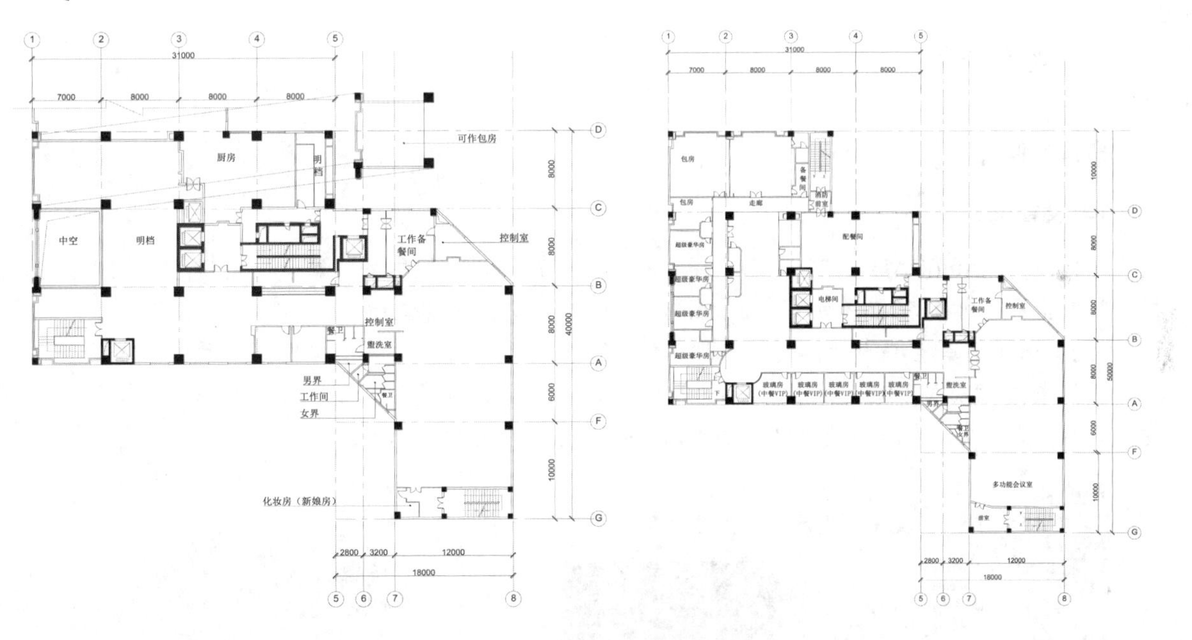

13.1　二层中餐厅平面图的绘制

某大型酒店二层设计为高档的中餐厅，主要由中餐大厅、控制室、多个包房、工作备餐间大厅以及电梯厅茶室构成。下面主要讲述二层中餐厅平面图的绘制方法，如图 13-1 所示。

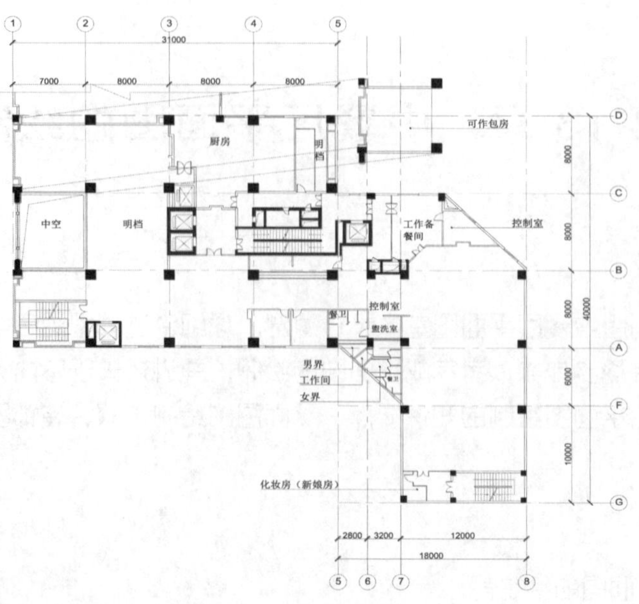

图 13-1　二层中餐厅平面图

源文件：源文件\第 13 章\二层中餐厅平面图.dwg

扫一扫，看视频

13.1.1　绘图准备

操作步骤

1. 设置单位

（1）打开 AutoCAD 2022 应用程序，单击快速访问工具栏中的“新建”按钮，弹出“选择样板”对话框，如图 13-2 所示。以 acadiso.dwt 为样板文件，建立新文件。

（2）选择菜单栏中的“格式”→“单位”命令，系统打开“图形单位”对话框，如图 13-3 所示。设置长度“类型”为“小数”，“精度”为 0；设置角度“类型”为“十进制度数”，“精度”为 0；系统默认方向为顺时针，插入时的缩放比例设置为“毫米”。

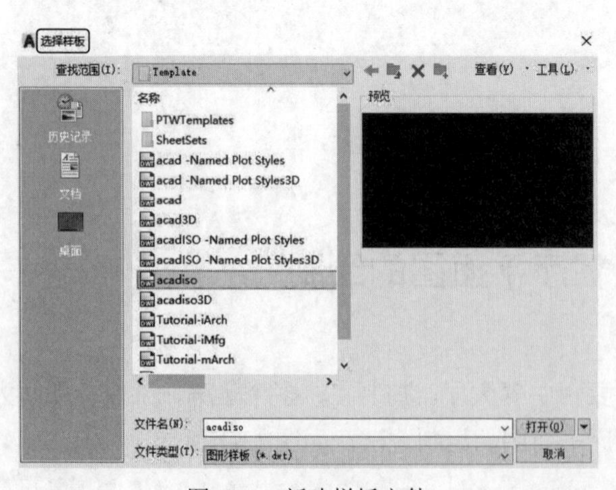

图 13-2　新建样板文件

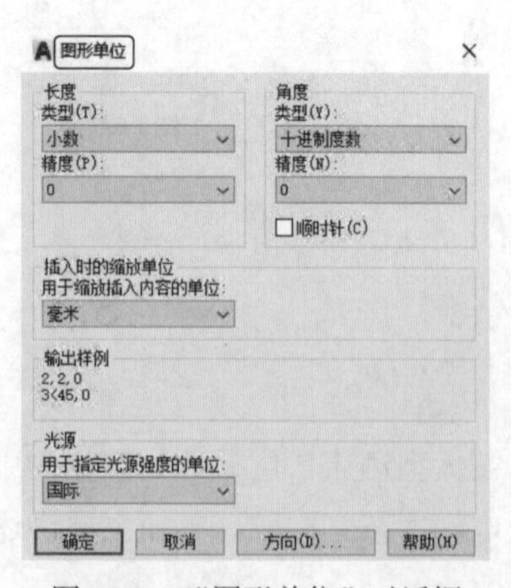

图 13-3　“图形单位”对话框

（3）在命令行中输入 LIMITS 命令，设置图幅为 42000×29700。命令行提示与操作如下：

```
命令: LIMITS
重新设置模型空间界限:
指定左下角点或 [开(ON)/关(OFF)] <0,0>:
指定右上角点 <420,297>: 42000,29700
```

2．新建图层

（1）单击“默认”选项卡“图层”面板中的“图层特性”按钮，弹出“图层特性管理器”选项板，如图 13-4 所示。

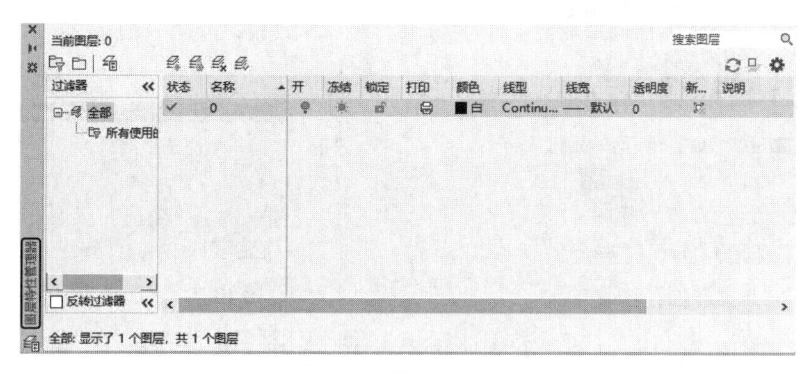

图 13-4　“图层特性管理器”选项板

技巧：

在绘图过程中，往往有不同的绘图内容，如轴线、墙线、装饰布置图块、地板、标注、文字等，如果将这些内容都放置在一起，绘图之后如果要删除或编辑某一类型的图形，会让选取变得困难。AutoCAD 提供的图层功能为编辑操作带来了极大的方便。

用户在绘图初期可以建立不同的图层，并将不同类型的图形绘制在不同的图层当中，之后在编辑时就可利用图层的显示和隐藏功能、锁定功能来操作图层中的图形，方便了后期的编辑操作。

（2）单击“图层特性管理器”选项板中的“新建图层”按钮，新建一个图层，如图 13-5 所示。

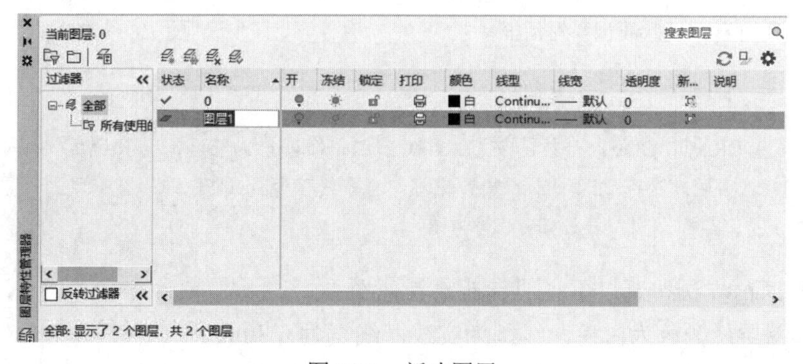

图 13-5　新建图层

（3）新建图层的图层名称默认为“图层 1”，将其修改为“轴线”。图层名称后面的选项由左至右依次为“开/关图层”“冻结/解冻图层”“锁定/解锁图层”“图层默认颜色”“图层默认线型”“图层默认线宽”和“打印样式”等。其中，编辑图形时最常用的是“图层的开/关”“锁定以及图层颜色”“线型的设置”等。

（4）单击新建的“轴线”图层“颜色”栏中的色块，弹出“选择颜色”对话框，如图 13-6 所示，选择红色为轴线图层的默认颜色。单击“确定”按钮，返回“图层特性管理器”选项板。

（5）单击“线型”栏中的选项，弹出“选择线型”对话框，如图 13-7 所示。轴线一般在绘图中应用点划线进行绘制，因此应将“轴线”图层的默认线型设为中心线。单击“加载”按钮，弹出“加载或重载线型”对话框，如图 13-8 所示。

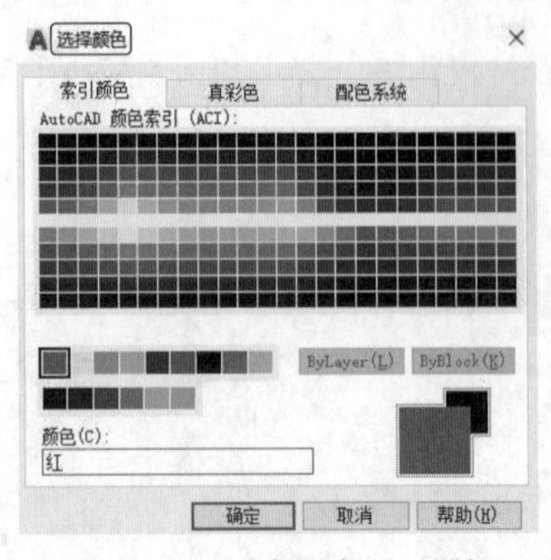

图 13-6　“选择颜色”对话框

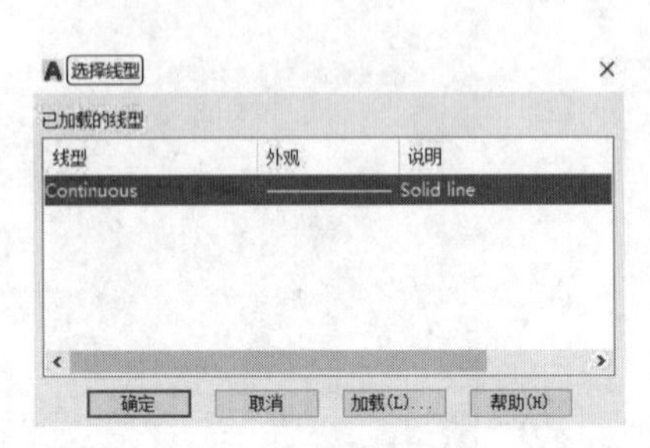

图 13-7　“选择线型”对话框

（6）在“已加载的线型”列表框中选择 CENTER 线型，单击“确定”按钮，返回“选择线型”对话框。选择刚刚加载的线型，如图 13-9 所示，单击“确定”按钮，轴线图层设置完毕。

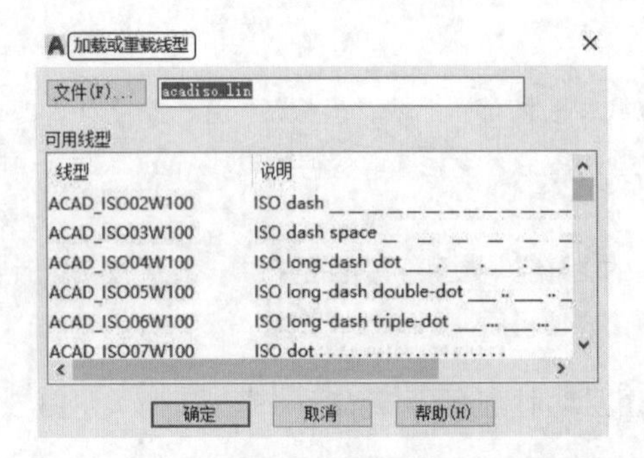

图 13-8　“加载或重载线型”对话框

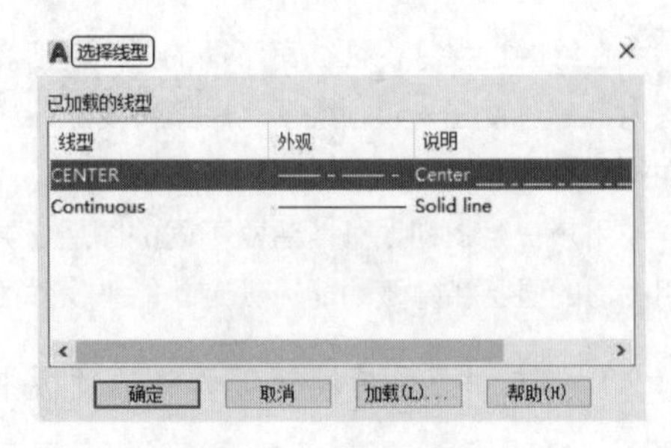

图 13-9　加载线型

技巧：

修改系统变量 DRAGMODE，推荐修改为 AUTO。当系统变量为 ON 时，在选定要拖动的对象后，仅当在命令行中输入 DRAG 后才在拖动时显示对象的轮廓；当系统变量为 OFF 时，在拖动时不显示对象的轮廓；系统变量为 AUTO 时，在拖动时总是显示对象的轮廓。

（7）采用相同的方法按照以下说明，新建其他图层。

①“墙线”图层：颜色为白色，线型为实线，线宽为 0.3mm。

②“门窗”图层：颜色为蓝色，线型为实线，线宽为默认。

③“轴线”图层：颜色为红色，线型为 CENTER，线宽为默认。

④“文字”图层：颜色为白色，线型为实线，线宽为默认。

⑤“尺寸”图层：颜色为 94，线型为实线，线宽为默认。

⑥“柱子”图层：颜色为白色，线型为实线，线宽为默认。

✍ 技巧：

如何删除顽固图层?

方法 1：将无用的图层关闭，全选后复制粘贴至一新文件中，那些无用的图层就不会粘贴过来。如果曾在这个不要的图层中定义过块，又在另一图层中插入了这个块，那么这个不要的图层是不能用这种方法删除的。

方法 2：选择需要留下的图形，然后选择“文件”→“输出”→“块文件”命令，这样的块文件就是选中部分的图形了，如果这些图形中没有指定的层，这些层也不会被保存在新的图块图形中。

方法 3：打开一个 CAD 文件，把要删的层先关闭，在图面上只留下需要的可见图形，选择“文件”→“另存为”命令，确定文件名，在“文件类型”栏选择“*.DXF”格式，在弹出的对话窗口中选择“工具”→“选项”→“DXF 选项”命令，再在选择对象处打钩，依次单击“确定”和“保存”按钮，就可选择保存对象了，把可见或要用的图形选上就可以确定保存了，完成后退出这个刚保存的文件，再打开来看看，就会发现不想要的图层不见了。

方法 4：用 laytrans 命令，将需删除的图层映射为 0 层即可，这个方法可以删除具有实体对象或被其他块嵌套定义的图层。

（8）在绘制的平面图中包括轴线、门窗、装饰、文字和尺寸标注几项内容，分别按照上面所介绍的方式设置图层。其中的颜色可以依照读者的绘图习惯自行设置，并没有具体的要求。设置完成后的“图层特性管理器”选项板如图 13-10 所示。

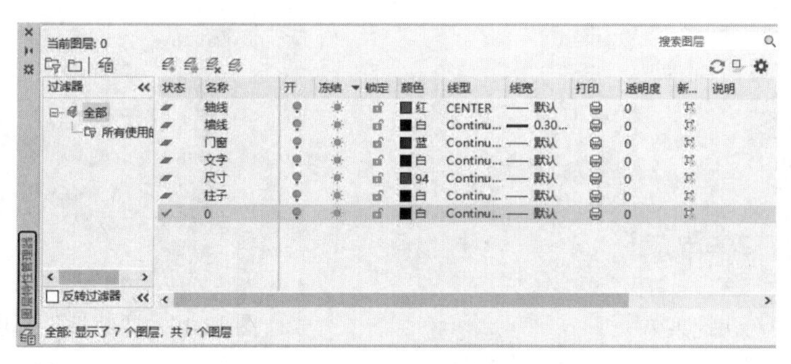

图 13-10　设置图层

13.1.2　绘制轴线

扫一扫，看视频

操作步骤

（1）选择“轴线”图层为当前图层，单击“默认”选项卡“绘图”面板中的“直线”按钮 ╱，在空白区域任选一点为直线起点，绘制一条长度为 50800 的竖直轴线，如图 13-11 所示。

（2）单击“默认”选项卡“绘图”面板中的“直线”按钮 ╱，以上步绘制的竖直直线下端点为起点，向右绘制一条长度为 57240 的水平轴线，如图 13-12 所示。

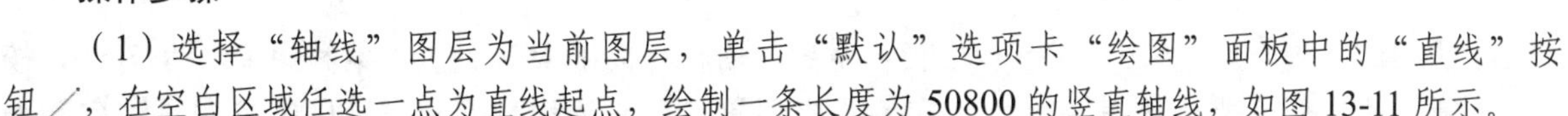

图 13-11　绘制竖直轴线　　　　图 13-12　绘制水平轴线

✍ 技巧：

使用“直线”命令时，若为正交轴网，可按下“正交”按钮，根据正交方向提示，直接输入下一点的距离即可，而不需要输入@符号；若为斜线，则可按下“极轴”按钮，设置斜线角度，此时，图形即进入了自动捕捉所需角度的状态，可提高制图时直线输入距离的速度。注意，两者不能同时使用。

（3）此时，轴线的线型虽然为中心线，但是由于比例太小，显示出来还是实线的形式。选择刚绘制的轴线并右击，在弹出的快捷菜单中选择“特性”命令，如图 13-13 所示，弹出“特性”选项板，如图 13-14 所示。将“线型比例”设置为 100，轴线显示如图 13-15 所示。

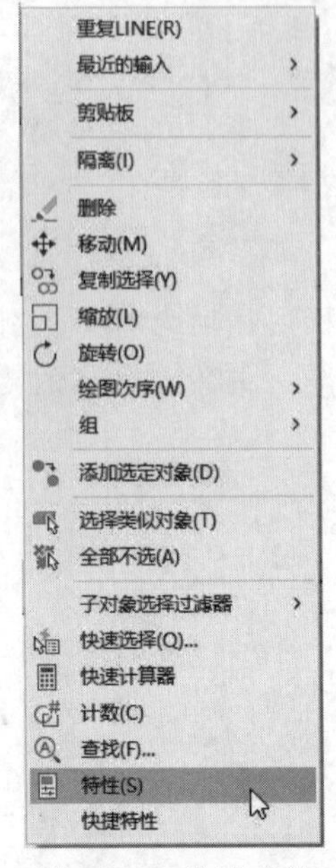

图 13-13　快捷菜单

图 13-14　“特性”选项板

✍ 技巧：

通过全局修改或单个修改每个对象的线型比例因子，可以按不同的比例使用同一个线型。默认情况下，全局线型和单个线型比例均设置为 1.0。比例越小，每个绘图单位中生成的重复图案就越多。例如，设置为 0.5 时，每一个图形单位在线型定义中显示重复两次的同一图案。不能显示完整线型图案的短线段显示为连续线。对于太短，甚至不能显示一个虚线小段的线段，可以使用更小的线型比例。

（4）单击“默认”选项卡“修改”面板中的“偏移”按钮⊆，设置“偏移距离”为 7000，按 Enter 键，选择竖直直线为偏移对象，在直线右侧单击，将直线向右偏移 7000 的距离，效果如图 13-16 所示。

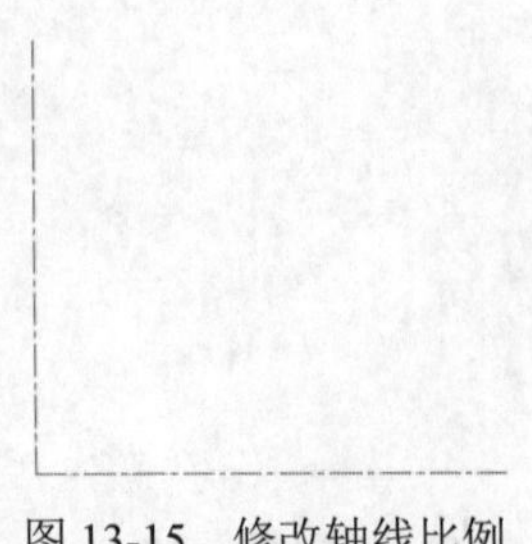

图 13-15　修改轴线比例

图 13-16　偏移竖直直线

（5）单击“默认”选项卡“修改”面板中的“偏移”按钮⊆，继续向右偏移竖直直线，偏移的距离分别为 8000、8000、8000、2800、3200、12000，效果如图 13-17 所示。

（6）单击“默认”选项卡“修改”面板中的“偏移”按钮⊆，设置“偏移距离”为 10000，按 Enter 键，选择水平直线为偏移对象，在直线上侧单击，将直线向上偏移 10000 的距离，效果如图 13-18 所示。

（7）单击“默认”选项卡“修改”面板中的“偏移”按钮⊆，继续向上偏移，偏移距离为 6000、8000、8000、8000，效果如图 13-19 所示。

图 13-17　偏移多条竖直直线

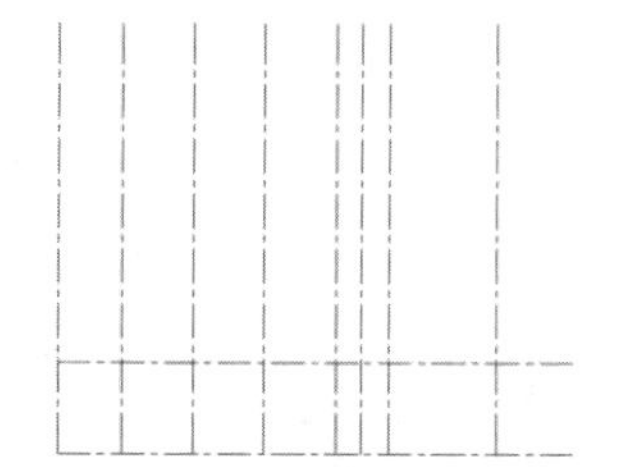

图 13-18　偏移水平直线

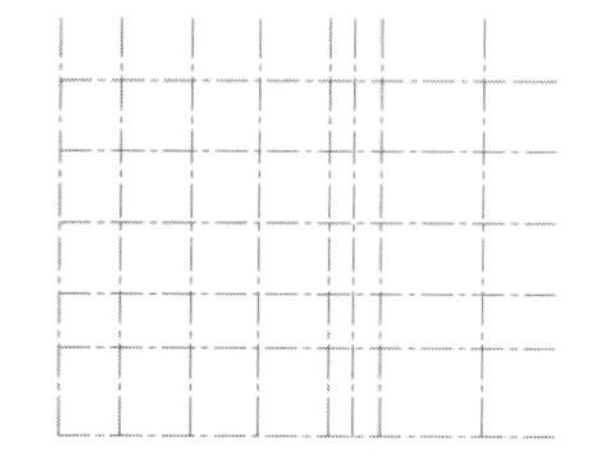

图 13-19　偏移多条水平直线

技巧：

依次选择“工具”→“选项”→“配置”→“重置”命令或按钮，或执行 MENULOAD 命令，然后单击“浏览”按钮，在打开的对话框中选择 ACAD.MNC 加载即可。

（8）单击“默认”选项卡“修改”面板中的“修剪”按钮✂，选择如图 13-20 所示的矩形区域为修剪区域，修剪轴线后，效果如图 13-21 所示。

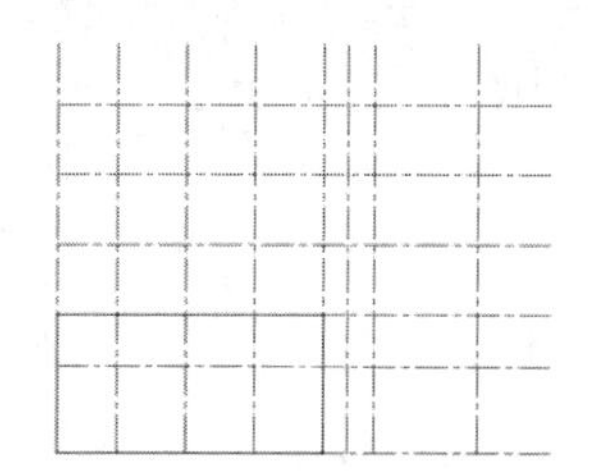

图 13-20　绘制修剪区域

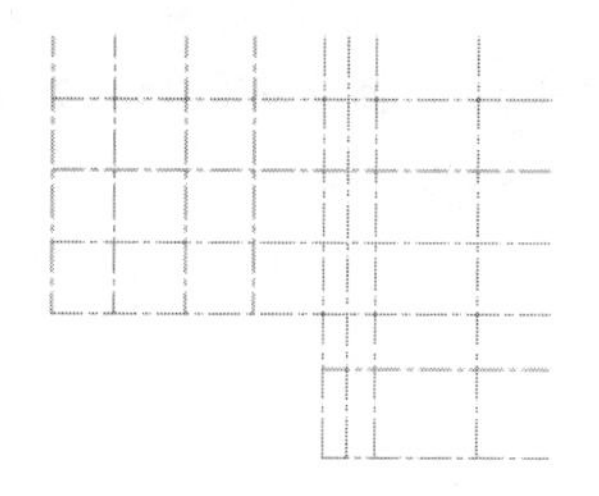

图 13-21　修剪轴线

13.1.3　绘制及布置墙体柱子

扫一扫，看视频

操作步骤

1. 绘制柱子

（1）选择“柱子”图层为当前层，单击“绘图”工具栏中的“矩形”按钮▭，在图形空白区域任选一点为矩形起点，绘制一个 1000×1000 的矩形，如图 13-22 所示。

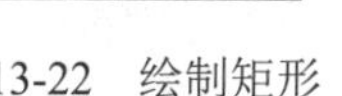

图 13-22　绘制矩形

（2）单击“默认”选项卡“绘图”面板中的“图案填充”按钮▦，打开“图案填充创建”选项卡，如图 13-23 所示。单击“图案填充图案”选项，在打开的“填充图案”下拉列表框中选择如图 13-24 所示的图案类型，单击“拾取点”按钮，选择上步绘制的矩形为填充区域即可完成柱子的图案填充，效果如图 13-25 所示。

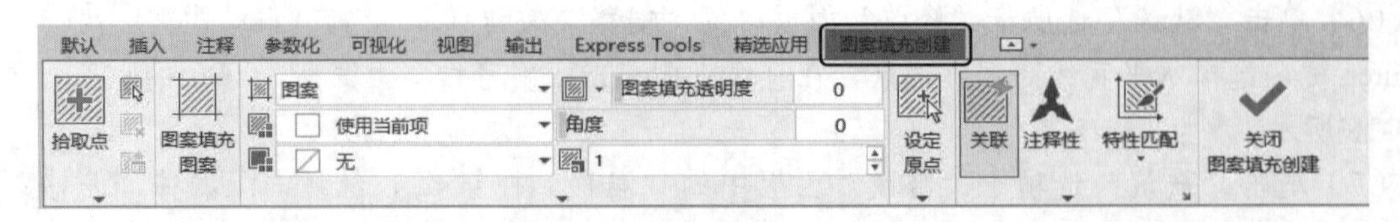

图 13-23　“图案填充创建”选项卡

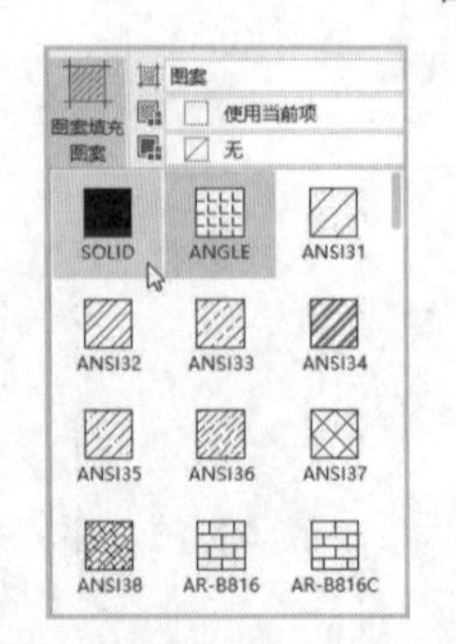

图 13-24　“填充图案”下拉列表

图 13-25　填充图形

（3）单击“默认”选项卡“绘图”面板中的“矩形”按钮，任选一点为矩形起点，在图形空白区域绘制一个 900×600 的矩形，如图 13-26 所示。

（4）单击“默认”选项卡“绘图”面板中的“矩形”按钮，任选一点为矩形起点，在图形空白区域绘制一个 500×1050 的矩形，如图 13-27 所示。

（5）单击“默认”选项卡“修改”面板中的“移动”按钮，选择上步绘制的矩形下部水平边终点为移动基点，选择 900×600 的矩形中点为第二点，效果如图 13-28 所示。

图 13-26　绘制矩形

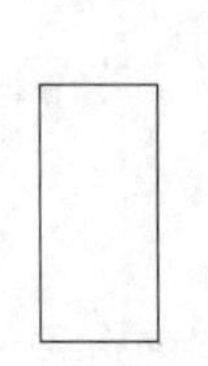

图 13-27　绘制矩形

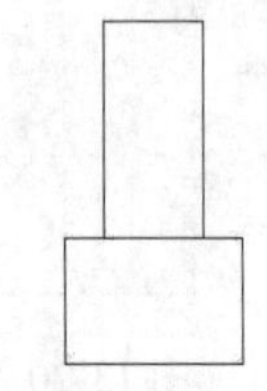

图 13-28　移动矩形

（6）单击“默认”选项卡“修改”面板中的“倒角”按钮，选择如图 13-29 所示的边为倒角边，倒角距离为 106，效果如图 13-30 所示。

（7）单击“默认”选项卡“绘图”面板中的“图案填充”按钮，系统打开“图案填充创建”选项卡，选择 SOLID 图案，单击“拾取点”按钮，选择图 13-30 所示的两个矩形为填充区域，系统回到“图案填充创建”选项卡，按 Enter 键完成图案填充，效果如图 13-31 所示。

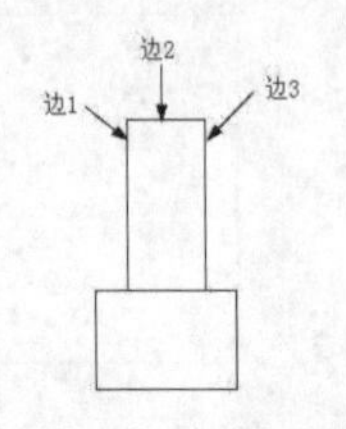

图 13-29　倒角边

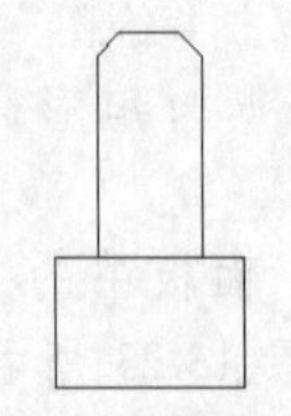

图 13-30　倒角柱子

图 13-31　填充矩形

（8）使用上述绘制柱子的方法绘制 700×700 的矩形柱子，并将绘制矩形填充 SOLID 图案，如图 13-32 所示。

（9）使用上述绘制柱子的方法绘制 600×700 的矩形柱子，并将绘制矩形填充 SOLID 图案，如图 13-33 所示。

（10）使用上述绘制柱子的方法绘制 500×500 的矩形柱子，并将绘制矩形填充 SOLID 图案，如图 13-34 所示。

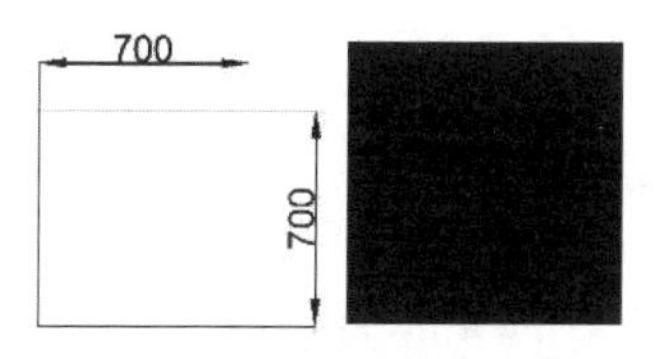

图 13-32　绘制 700×700 的柱子

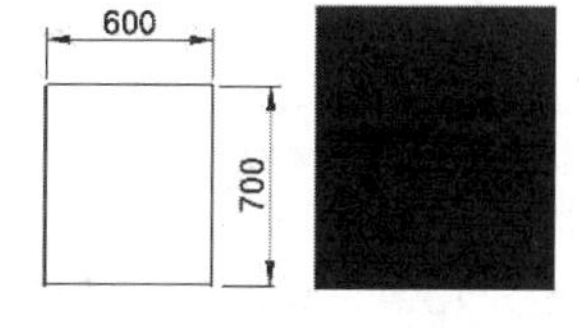

图 13-33　绘制 600×700 的柱子

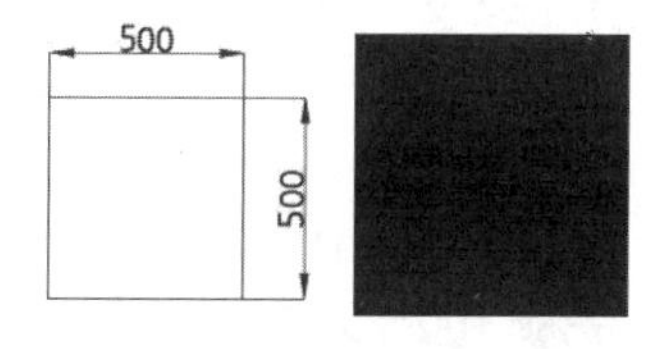

图 13-34　绘制 500×500 的柱子

（11）使用上述绘制柱子的方法绘制 800×800 的矩形柱子，并将绘制矩形填充 SOLID 图案，如图 13-35 所示。

（12）使用上述绘制柱子的方法绘制 900×900 的矩形柱子，并将绘制矩形填充 SOLID 图案，如图 13-36 所示。

（13）使用上述绘制柱子的方法绘制 800×900 的矩形柱子，并将绘制矩形填充 SOLID 图案，如图 13-37 所示。

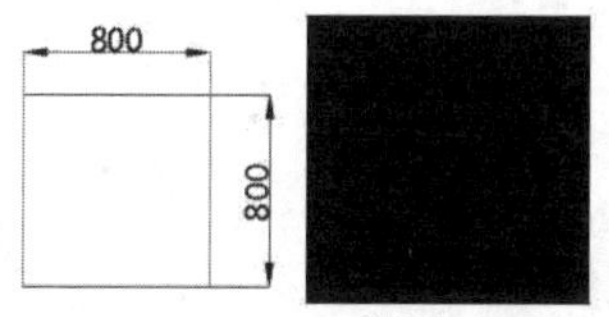

图 13-35　绘制 800×800 的柱子

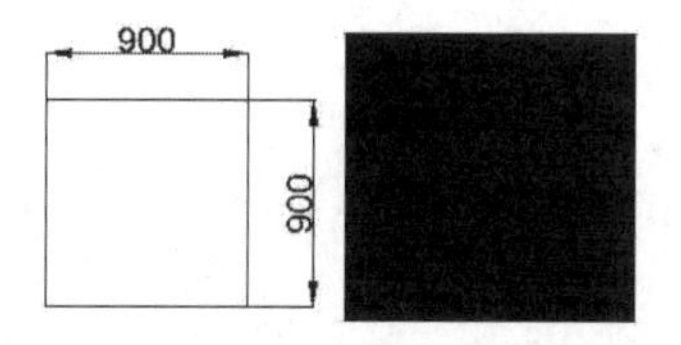

图 13-36　绘制 900×900 的柱子

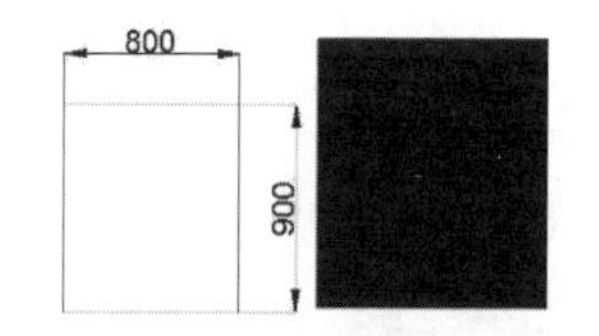

图 13-37　绘制 800×900 的柱子

（14）使用上述绘制柱子的方法绘制 800×600 的矩形柱子，并将绘制矩形填充 SOLID 图案，如图 13-38 所示。

（15）使用上述绘制柱子的方法绘制 600×900 的矩形柱子，并将绘制矩形填充 SOLID 图案，如图 13-39 所示。

（16）单击“默认”选项卡“修改”面板中的“移动”按钮✥，选择 1000×1000 的矩形柱子为移动对象，将其放置到前面绘制的轴网内，命令行提示与操作如下：

```
命令：MOVE
选择对象：(选择 1000×1000 的矩形柱子)
指定基点或 [位移(D)] <位移>：(柱子的左上角点)
指定第二个点或 <使用第一个点作为位移>：
```

效果如图 13-40 所示。

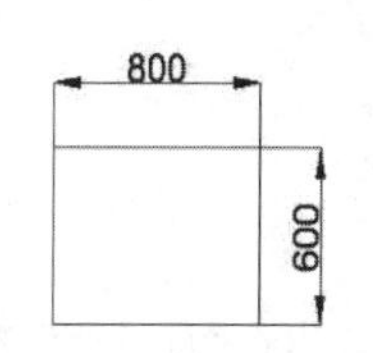

图 13-38　绘制 800×600 的柱子

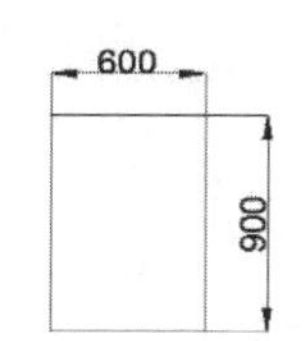

图 13-39　绘制 600×900 的柱子

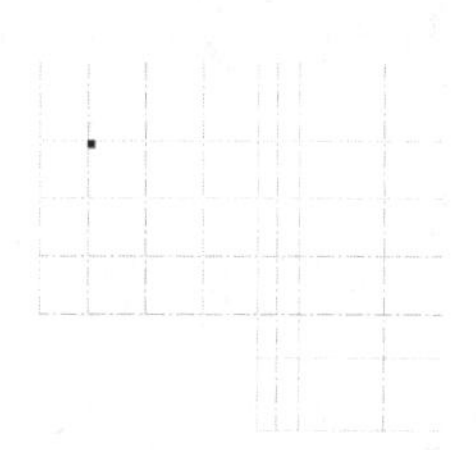

图 13-40　移动柱子

2. 布置柱子

（1）单击“默认”选项卡“修改”面板中的“复制”按钮，选择上步移动的 1000×1000 柱子图形为复制对象，对其进行连续复制并将其放置图形指定位置，命令行提示与操作如下：

```
命令：_COPY
选择对象：（1000×1000 的矩形）
指定对角点：矩形的左上角点
选择对象：
当前设置：  复制模式 = 多个
指定基点或 [位移(D)/模式(O)] <位移>：
指定第二个点或 [阵列(A)] <使用第一个点作为位移>：  <正交 关>
指定第二个点或 [阵列(A)/退出(E)/放弃(U)] <退出>：*取消*
```

完成 1000×1000 的柱子的布置，如图 13-41 所示。

（2）单击“默认”选项卡“修改”面板中的“复制”按钮，选择组合柱子图形为复制对象，对其进行连续复制，并将复制图形放置到指定位置，效果如图 13-42 所示。

（3）单击“默认”选项卡“修改”面板中的“分解”按钮，选择上步复制的组合柱子为分解对象，按 Enter 键进行分解，使组合柱子边成为独立直线。

（4）单击“默认”选项卡“修改”面板中的“偏移”按钮，选择分解的组合柱子各边分别向外偏移，偏移距离为 75，效果如图 13-43 所示。

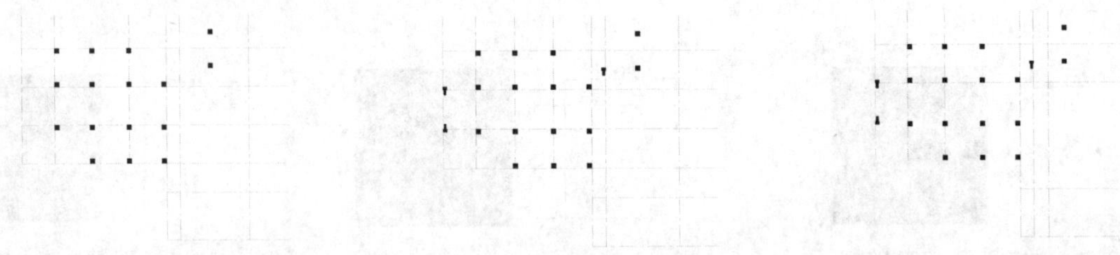

图 13-41　布置 1000×1000 的柱子　　图 13-42　布置组合的柱子　　图 13-43　偏移柱边线

技巧：

向外偏移的柱子线未连接，为断开的分离线时，可利用“倒角”命令（设置倒角距离为 0）分别选择隔离的线段，完成相交延伸。

（5）单击“默认”选项卡“修改”面板中的“移动”按钮，选择绘制的 700×700 的柱子图形为对象，将图形放置到指定位置，效果如图 13-44 所示。

（6）单击“默认”选项卡“修改”面板中的“复制”按钮，选择绘制的 600×700 的柱子图形为复制对象，对其进行连续复制，并将复制图形放置到指定位置，效果如图 13-45 所示。

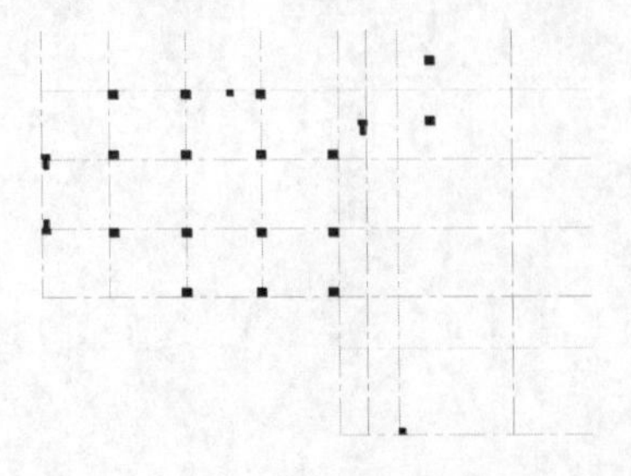

图 13-44　布置 700×700 的柱子

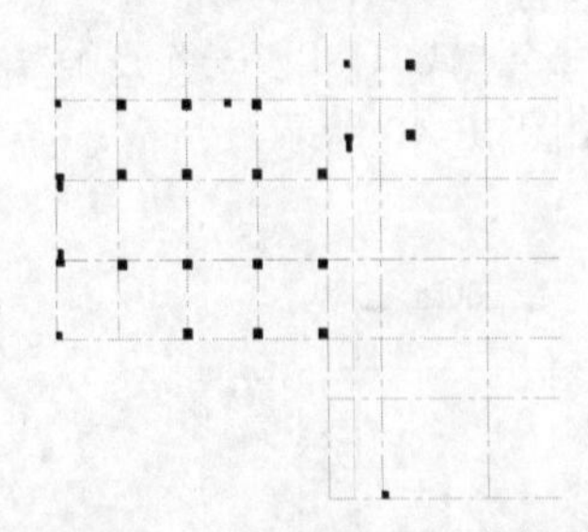

图 13-45　布置 600×700 的柱子

（7）单击“默认”选项卡“修改”面板中的“复制”按钮，选择 500×500 的柱子图形为复制对象，对其进行连续复制，并将复制图形放置到指定位置，效果如图 13-46 所示。

（8）单击“默认”选项卡“修改”面板中的“复制”按钮，选择 800×800 的柱子图形为复制对象，对其进行连续复制，并将复制图形放置到指定位置，效果如图 13-47 所示。

（9）单击“默认”选项卡“修改”面板中的“复制”按钮，选择 900×900 的柱子图形为复制对象，对其进行连续复制，并将复制图形放置到指定位置，效果如图 13-48 所示。

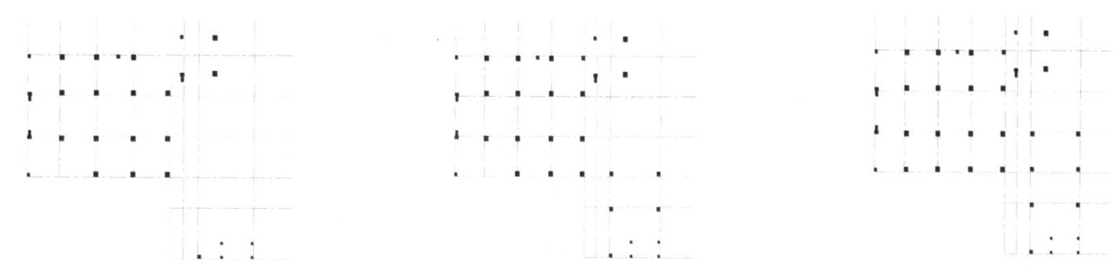

图 13-46　布置 500×500 的柱子　　图 13-47　布置 800×800 的柱子　　图 13-48　布置 900×900 的柱子

（10）单击“默认”选项卡“修改”面板中的“移动”按钮，选择 800×900 的柱子图形为移动对象，将图形放置到指定位置，效果如图 13-49 所示。

（11）单击“默认”选项卡“修改”面板中的“复制”按钮，选择 800×600 及剩余的柱子图形为复制对象，对其进行连续复制移动，并将复制图形放置到指定位置，如图 13-50 所示。

（12）单击“默认”选项卡“修改”面板中的“移动”按钮，选择 600×900 及剩余的柱子图形为复制对象，对其进行移动，并将复制图形放置到指定位置，最终完成图形中所有柱子图形的布置，如图 13-51 所示。

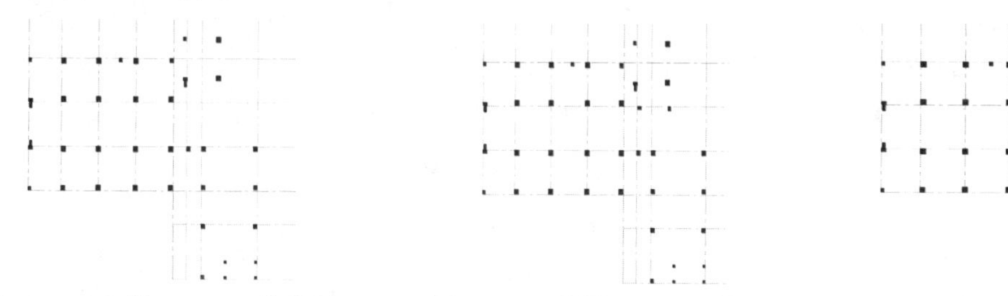

图 13-49　布置 800×900 的柱子　　图 13-50　布置 800×600 柱子　　图 13-51　布置 600×900 柱子

3．修剪图形

（1）单击“默认”选项卡“绘图”面板中的“直线”按钮，在左上角 600×700 的柱子外围绘制连续直线，如图 13-52 所示。

（2）单击“默认”选项卡“修改”面板中的“偏移”按钮，选择上步绘制的柱外围线向内偏移，偏移距离为 100，效果如图 13-53 所示。

（3）单击“默认”选项卡“修改”面板中的“修剪”按钮，对上步偏移线段进行修剪，如图 13-54 所示。

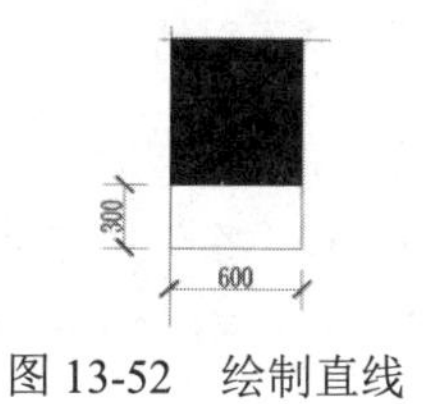

图 13-52　绘制直线

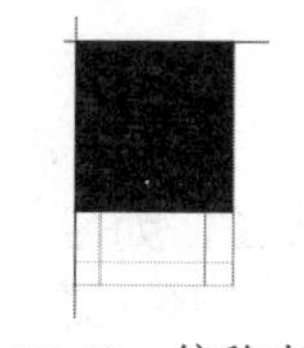

图 13-53　偏移直线

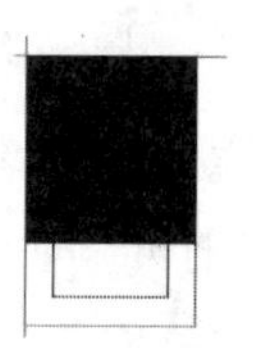

图 13-54　修剪线段

（4）使用上述方法完成剩余相同柱外围柱线的绘制，效果如图 13-55 所示。

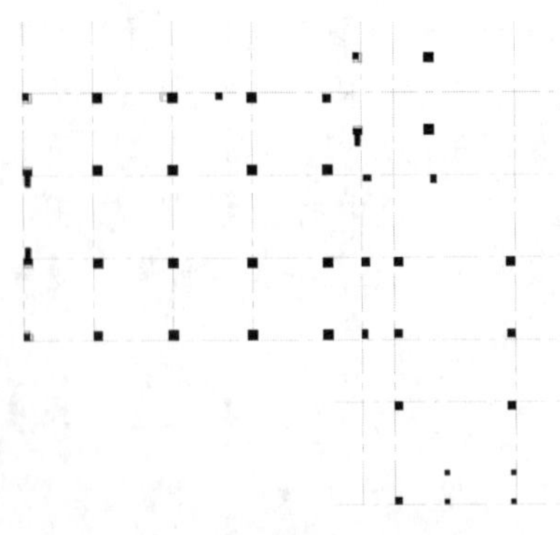

图 13-55　绘制外围柱线

扫一扫，看视频

13.1.4　绘制墙线

一般的建筑结构的墙线均可通过 AutoCAD 的“多线”命令来绘制。本实例将使用“多线”“修剪”和“偏移”命令完成绘制。

操作步骤

1. 设置多线样式

（1）建筑结构包括承载受力的承重结构和用来分隔空间、美化环境的非承重墙。选择“墙线”图层为当前图层，单击“默认”选项卡“绘图”面板中的“直线”按钮╱和“修改”面板中的“偏移”按钮⊆，在图形中间位置绘制部分墙线，如图 13-56 所示。

（2）选择菜单栏中的“格式”→“多线样式”命令，打开“多线样式”对话框，如图 13-57 所示。

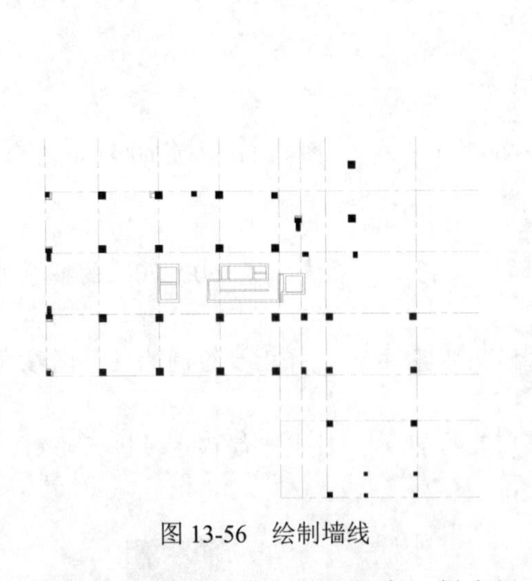

图 13-56　绘制墙线

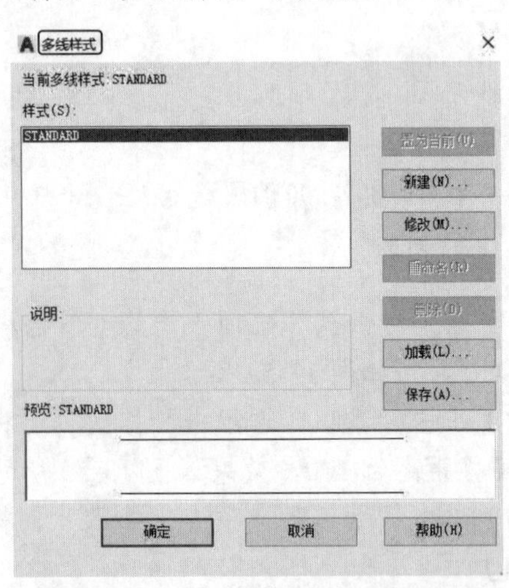

图 13-57　“多线样式”对话框

（3）在“多线样式”对话框中，样式栏中只有系统自带的 STANDARD 样式，单击右侧的“新建”按钮，打开“创建新的多线样式”对话框，如图 13-58 所示。在“新样式名”文本框中输入 200，作为多线的名称。单击“继续”按钮，打开“新建多线样式:200”对话框，如图 13-59 所示。

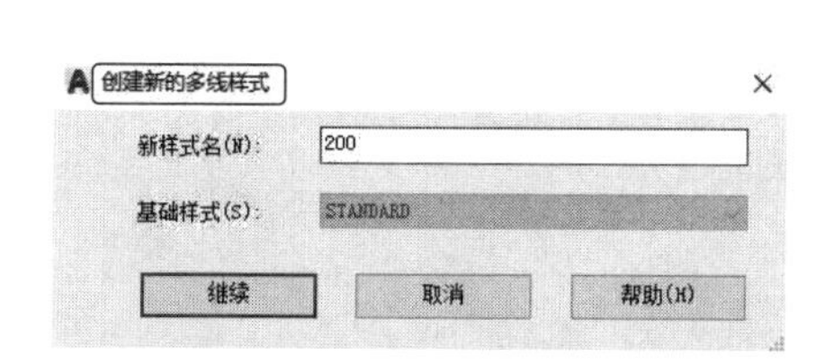

图 13-58 “创建新的多线样式”对话框

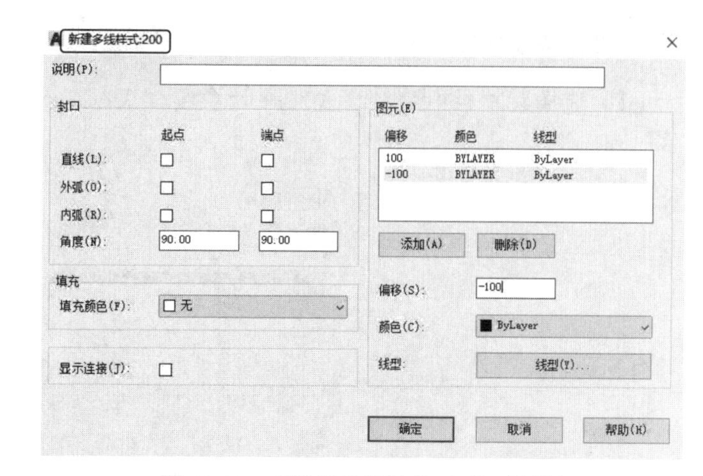

图 13-59 “新建多线样式:200”对话框

（4）外墙的宽度为 200，故将偏移分别修改为 100 和-100，单击“确定”按钮回到“多线样式”对话框，单击“置为当前”按钮，将创建的多线样式设为当前多线样式，单击“确定”按钮，回到绘图状态。

2. 绘制墙线

（1）选择菜单栏中的“绘图”→“多线”命令，绘制二层中餐厅平面图中 200 厚的墙体。命令行提示与操作如下：

```
命令：MLINE
当前设置：对正=上，比例=20.00，样式=STANDARD
指定起点或[对正(J)/比例(S)/样式(ST)]：st（设置多线样式）
输入多线样式名或[?]：200（多线样式为墙 1）
当前设置：对正=上，比例=20.00，样式=200
指定起点或[对正(J)/比例(S)/样式(ST)]：j
输入对正类型[上(T)/无(Z)/下(B)]<上>：z（设置对正模式为无）
当前设置：对正=无，比例=20.00，样式=200
指定起点或[对正(J)/比例(S)/样式(ST)]：s
输入多线比例<20.00>：1（设置线型比例为 1）
当前设置：对正=无，比例=1.00，样式=200
指定起点或[对正(J)/比例(S)/样式(ST)]：（选择左侧竖直直线下端点）
指定下一点：指定下一点或[放弃(U)]：
```

（2）逐步完成 200 厚墙体进行绘制，完成后的效果如图 13-60 所示。

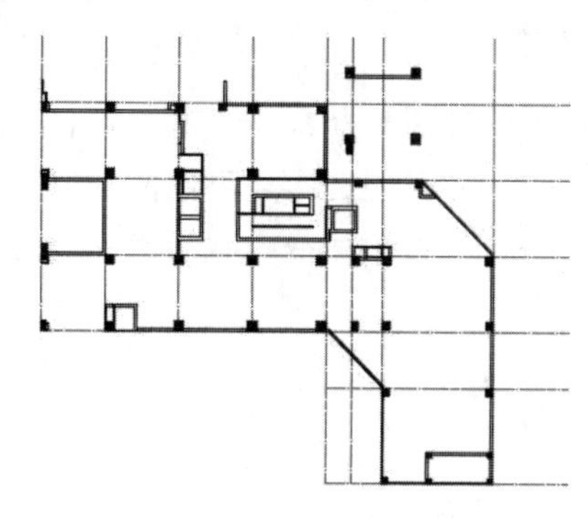

图 13-60 绘制 200 墙线

3. 设置多线样式

（1）选择菜单栏中的“格式”→“多线样式”命令，打开“多线样式”对话框，如图 13-61 所示。

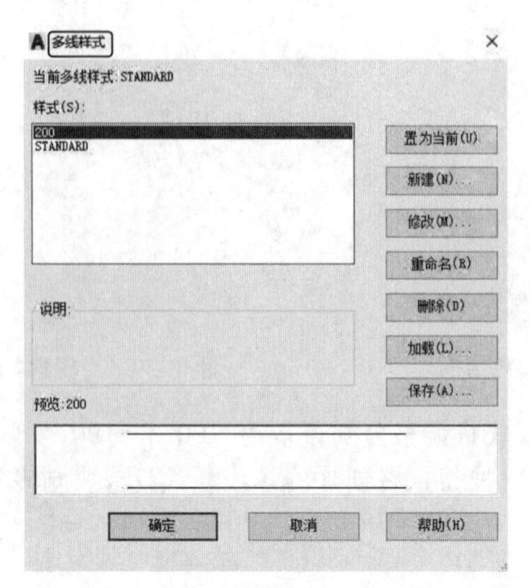

图 13-61 “多线样式”对话框

（2）在“多线样式”对话框中单击右侧的“新建”按钮，打开“创建新的多线样式”对话框，如图 13-62 所示。在“新样式名”文本框中输入 120，作为多线的名称。单击“继续”按钮，打开“新建多线样式:120”对话框，如图 13-63 所示。

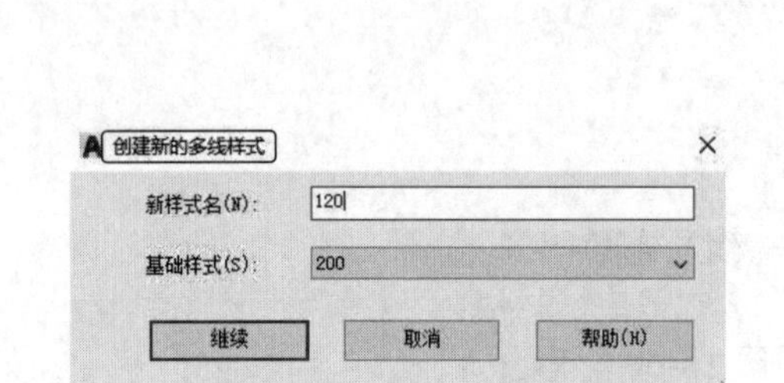

图 13-62 “创建新的多线样式”对话框

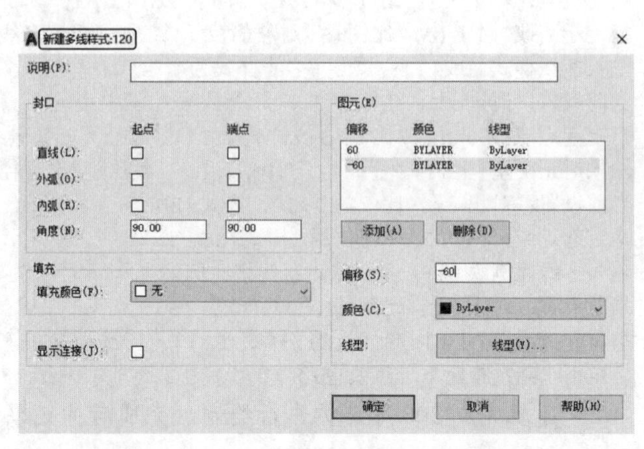

图 13-63 “新建多线样式:120”对话框

（3）墙体的宽度为 120，将偏移分别设置为 60 和-60，单击“置为当前”按钮，将创建的多线样式设为当前多线样式，单击“确定”按钮，回到绘图状态。

（4）选择菜单栏中的“绘图”→“多线”命令，在图形适当位置绘制二层中餐厅平面图中 120 厚墙体，如图 13-64 所示。

4. 设置多线样式

（1）选择菜单栏中的“格式”→“多线样式”命令，打开“多线样式”对话框，如图 13-65 所示。

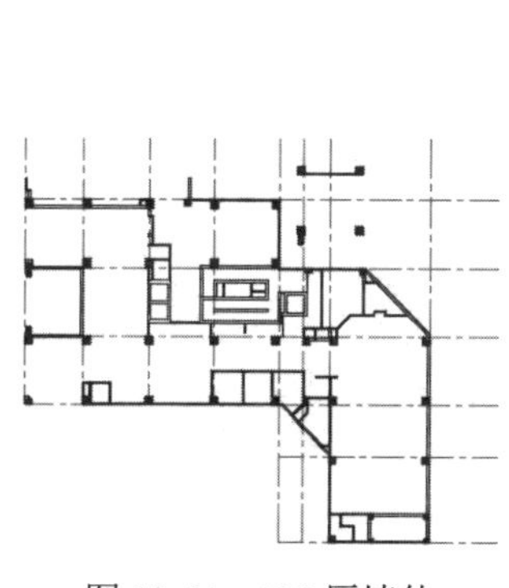

图13-64 120厚墙体

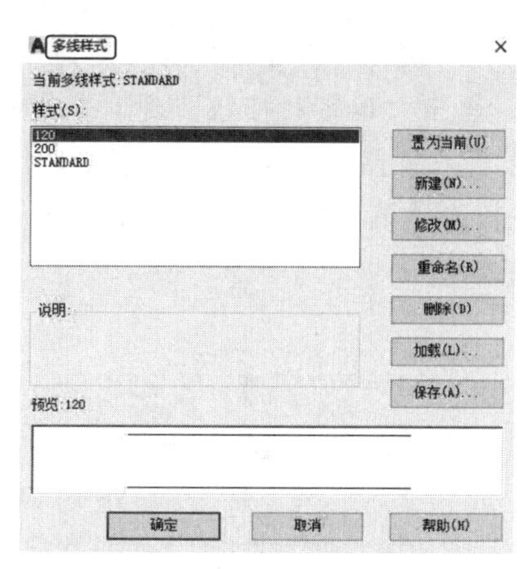

图13-65 “多线样式”对话框

（2）在“多线样式”对话框中单击右侧的“新建”按钮，打开“创建新的多线样式”对话框，如图13-66所示。在“新样式名”文本框中输入60，作为多线的名称。单击“继续”按钮，打开“新建多线样式:60”对话框，如图13-67所示。

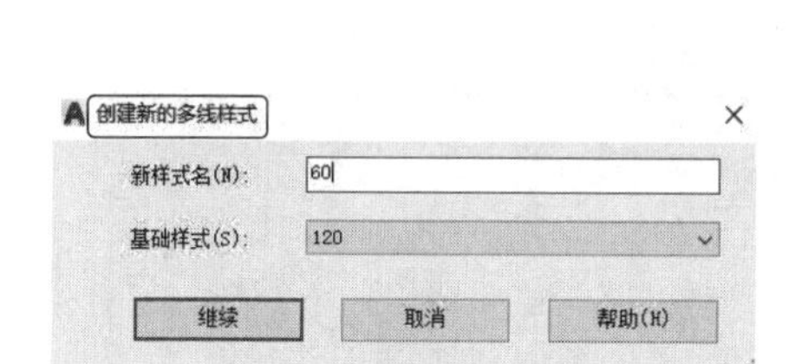

图13-66 “创建新的多线样式”对话框

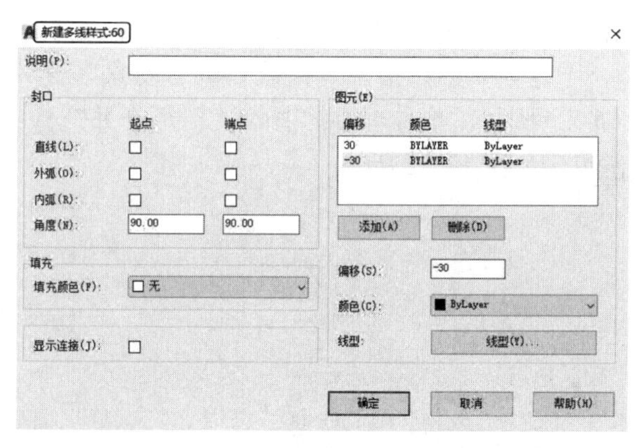

图13-67 “新建多线样式:60”对话框

（3）“墙”为绘制外墙时应用的多线样式，由于外墙的宽度为60，所以按照图13-67所示，将偏移分别修改为30和-30，单击“置为当前”按钮，将创建的多线样式设为当前多线样式，单击“确定”按钮，回到绘图状态。

技巧：

用户绘制墙体时应根据墙体厚度的不同，对多线样式进行修改。

目前，国内对于建筑CAD制图开发了多套适合我国规范的专业软件，如天正、广厦等。这些以AutoCAD为平台开发的制图软件，通常会根据建筑制图的特点，对许多图形进行模块化、参数化，故在使用这些专业软件时，大大提高了CAD制图的速度，而且CAD制图格式规范统一，大大降低了一些单靠CAD制图易出现的小错误，给制图人员带来了极大的方便，节约了大量的制图时间，感兴趣的读者也可试用相关软件。

（4）选择菜单栏中的“绘图”→“多线”命令，绘制二层中餐厅平面图中60厚墙体，如图13-68所示。

（5）选择菜单栏中的“格式”→“多线样式”命令，打开“多线样式”对话框，单击右侧的“新建”按钮，打开“创建新的多线样式”对话框，在“新样式名”文本框中输入75，作为多线的名称。单击“继续”按钮，打开“新建多线样式”对话框，墙体宽度为 75，将偏移分别修改为 32.5 和−32.5，单击“确定”按钮回到“多线样式”对话框，单击“置为当前”按钮，将创建的多线样式设为当前多线样式，单击“确定”按钮，回到绘图状态。

（6）选择菜单栏中的“绘图”→“多线”命令，绘制二层中餐厅平面图中 75 厚墙体，如图 13-69 所示。

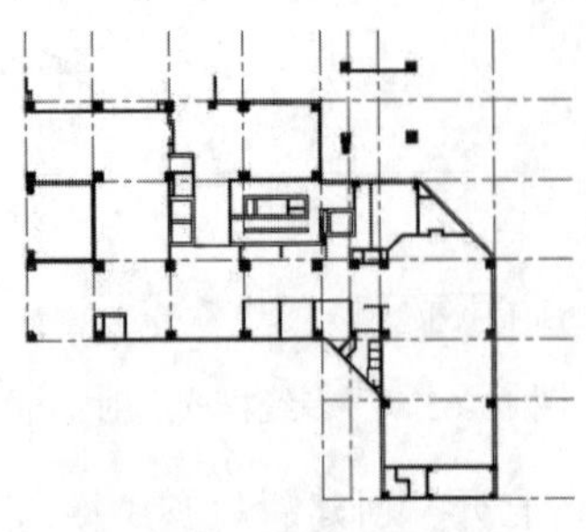

图 13-68　绘制 60 厚墙体

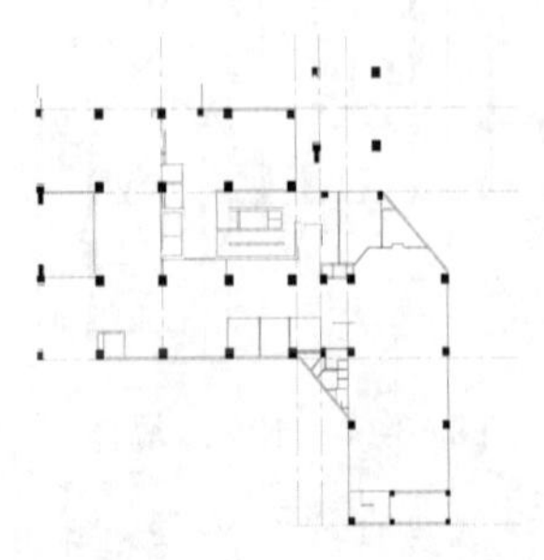

图 13-69　绘制 75 厚墙体

（7）选择菜单栏中的“绘图”→“多线”命令，结合上述设置多线样式的方法，绘制图形中剩余墙体，如图 13-70 所示。

（8）选择菜单栏中的“修改”→“对象”→“多线”命令，弹出“多线编辑工具”对话框，如图 13-71 所示。单击对话框中的“T 形合并”选项，选取多线进行操作，使两段墙体贯穿，完成多线修剪，如图 13-72 所示。

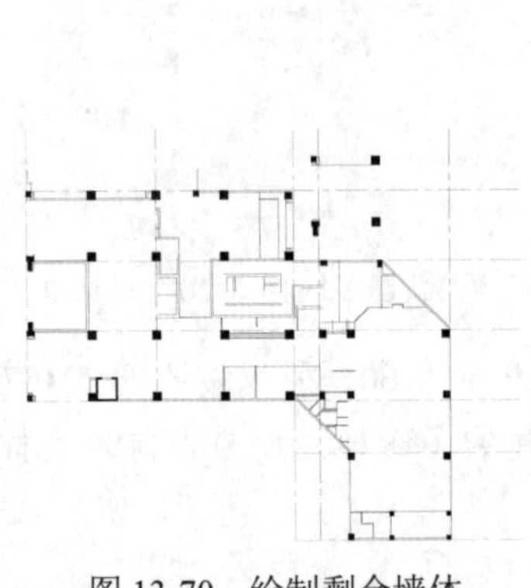

图 13-70　绘制剩余墙体

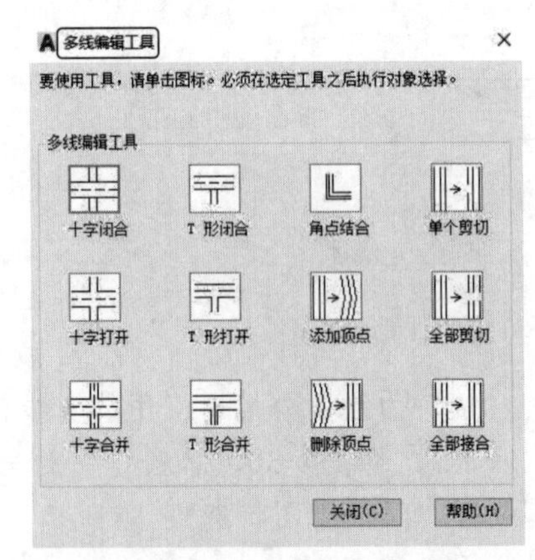

图 13-71　绘制墙体

（9）使用上述方法结合其他“多线编辑”命令，完成剩余墙线的编辑，如图 13-73 所示。

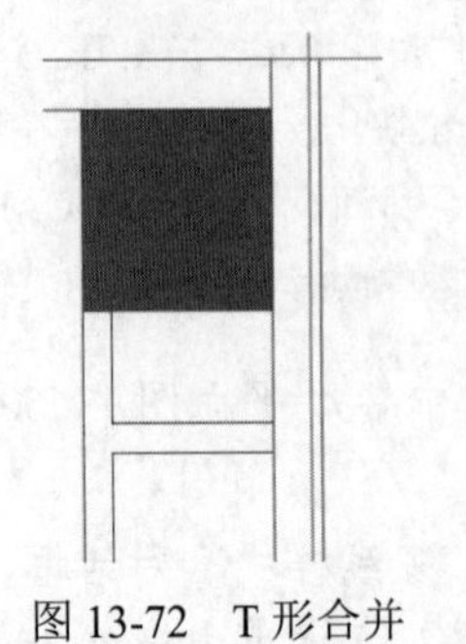

图 13-72　T 形合并

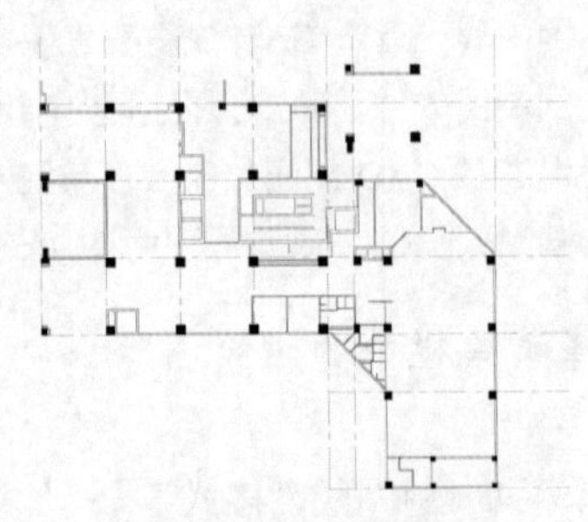

图 13-73　多线修改

✍ 技巧：

有一些多线并不适合用“多线编辑”命令修改，这时可以先将多线分解，再用“修剪”命令进行修改。

13.1.5 绘制门窗

扫一扫，看视频

操作步骤

1. 修剪窗洞

（1）单击“默认”选项卡“绘图”面板中的“直线”按钮╱，在墙体上绘制一条竖直直线，如图 13-74 所示。

（2）单击“默认”选项卡“修改”面板中的“偏移”按钮⊆，选择上步绘制的竖直直线为偏移对象，向右进行偏移，偏移距离为 1800，效果如图 13-75 所示。

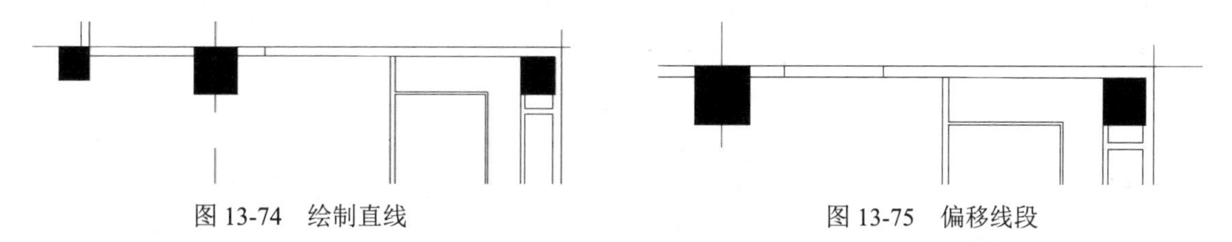

图 13-74　绘制直线　　　　图 13-75　偏移线段

（3）窗线的绘制方法与直线基本相同，使用上述方法完成二层中餐厅平面图中剩余窗线的绘制，如图 13-76 所示。

（4）单击“默认”选项卡“修改”面板中的“修剪”按钮✂，选取窗线间墙线为修剪区域进行修剪，完成窗洞的绘制，如图 13-77 所示。

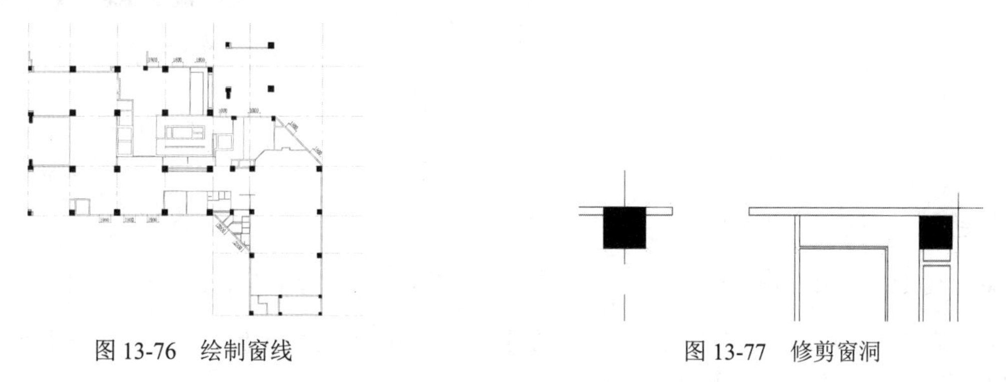

图 13-76　绘制窗线　　　　图 13-77　修剪窗洞

（5）使用上述方法完成二层中餐厅中剩余窗洞的绘制，效果如图 13-78 所示。

2. 设置多线样式

（1）选择“门窗”图层为当前图层，选择菜单栏中的“格式”→“多线样式”命令，打开“多线样式”对话框，如图 13-79 所示。

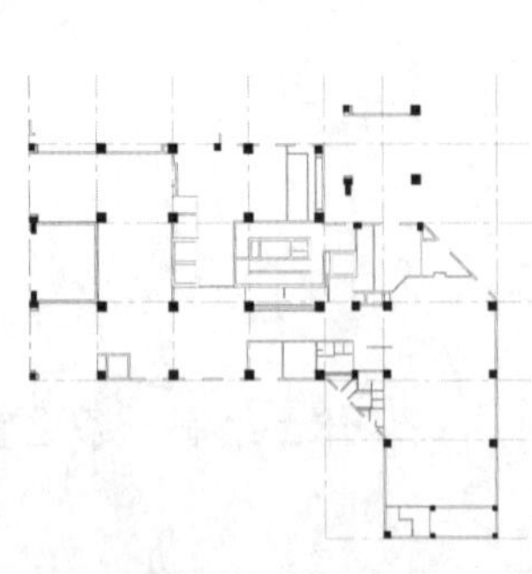

图 13-78　修剪窗洞

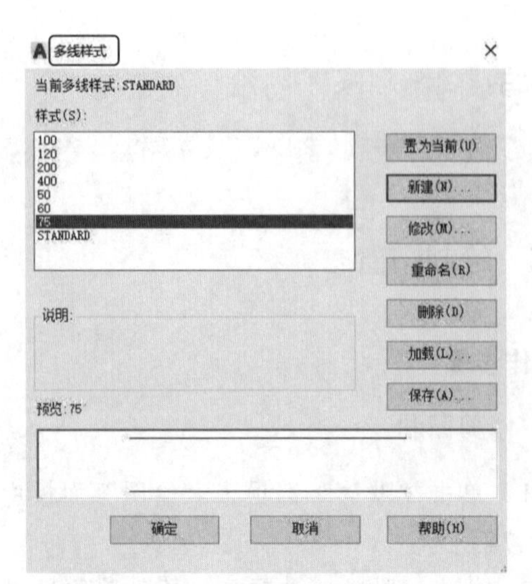

图 13-79　“多线样式”对话框

（2）在“多线样式”对话框中单击右侧的“新建”按钮，打开“创建新的多线样式”对话框，如图 13-80 所示。在“新样式名”文本框中输入“窗户”，作为多线的名称。单击“继续”按钮，打开“新建多线样式:窗户”对话框，如图 13-81 所示。

（3）窗户所在墙体宽度为 200，将偏移分别修改为 100、0 和-100，单击“确定”按钮，如图 13-81 所示，回到“多线样式”对话框中，单击“置为当前”按钮，将创建的多线样式设为当前多线样式，单击“确定”按钮，回到绘图状态。

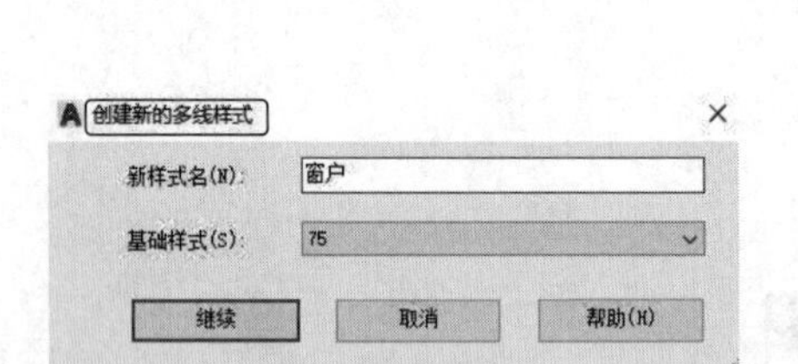

图 13-80　“创建新的多线样式”对话框

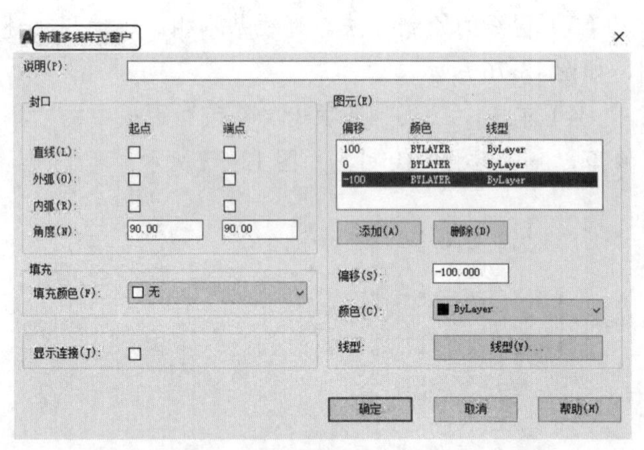

图 13-81　“新建多线样式:窗户”对话框

（4）选择菜单栏中的“绘图”→“多线”命令，选择图 13-82 所示的点 1 为多线起点、点 2 为多线终点，完成窗线的绘制，如图 13-83 所示。

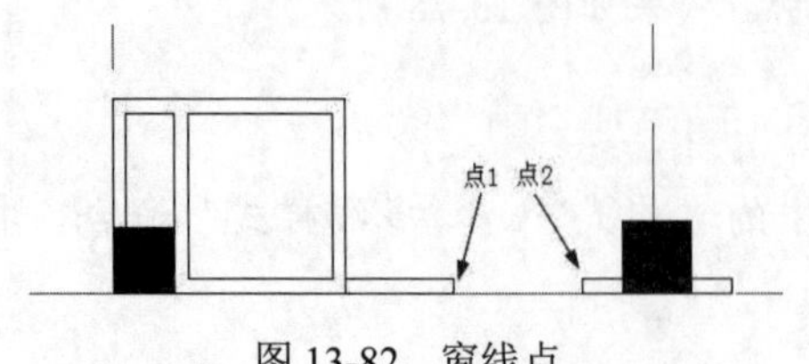

图 13-82　窗线点

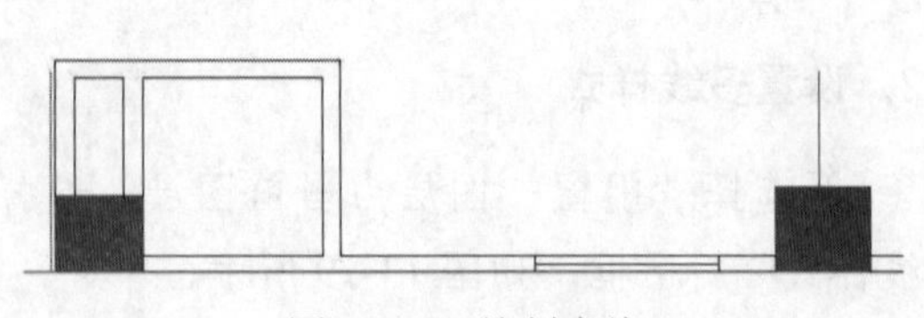

图 13-83　绘制窗线

（5）使用上述方法完成二层中餐厅平面图中所有窗线的绘制，如图 13-84 所示。

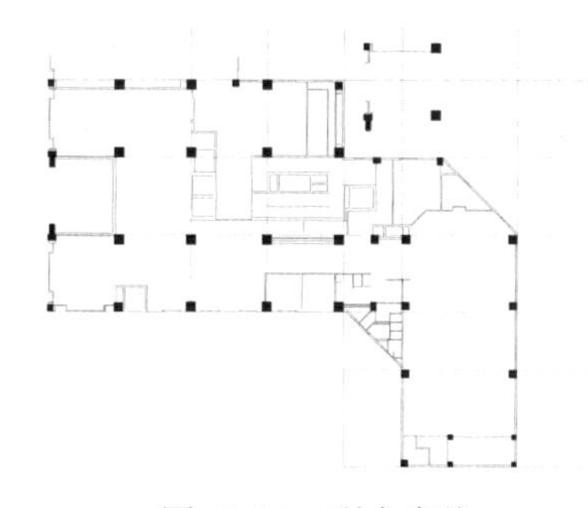

图 13-84　剩余窗线

3. 绘制门

（1）单击“默认”选项卡“绘图”面板中的“矩形”按钮 ，在适当位置绘制一个 50×50 的矩形，如图 13-85 所示。

（2）单击“默认”选项卡“修改”面板中的“复制”按钮 ，选取上步绘制的矩形进行复制，复制距离为 800，复制矩形后的效果如图 13-86 所示。

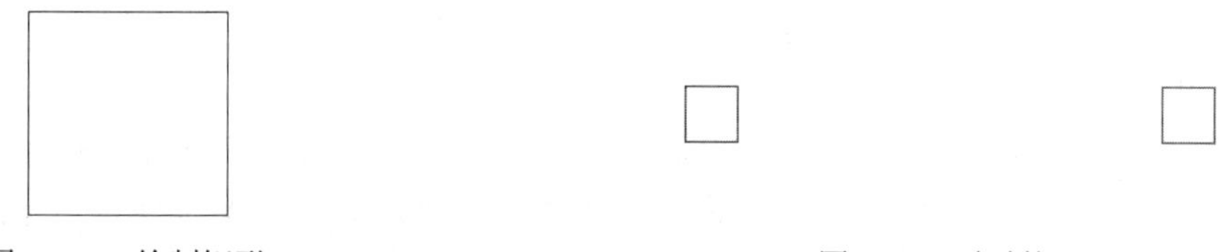

图 13-85　绘制矩形　　　　图 13-86　复制矩形

（3）单击“默认”选项卡“绘图”面板中的“矩形”按钮 ，选取上步左侧矩形右侧竖直边中点为起点向上绘制一个 50×800 的矩形，如图 13-87 所示。

（4）单击“默认”选项卡“绘图”面板中的“圆弧”按钮 ，选取如图 13-88 所示的点 1 为圆弧起点、点 2 为圆弧端点，并设置圆弧角度为 90°，绘制一段圆弧，效果如图 13-89 所示。

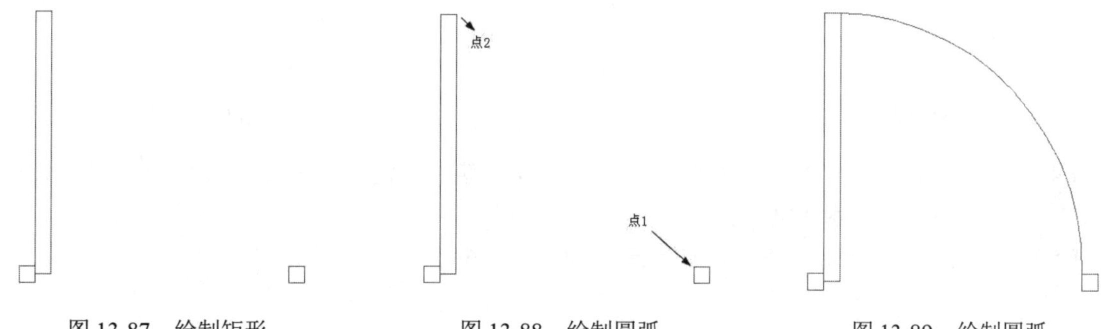

图 13-87　绘制矩形　　　　图 13-88　绘制圆弧　　　　图 13-89　绘制圆弧

技巧：

绘制圆弧时，要指定合适的端点或圆心，指定端点的时针方向即为绘制圆弧的方向。例如，要绘制图 13-89 所示的下半圆弧，则起始端点应在左侧，终端点应在右侧，此时端点的时针方向为逆时针，即可得到相应的逆时针圆弧。

4．绘制双开门

（1）单击“默认”选项卡“绘图”面板中的“矩形”按钮及“修改”面板中的“复制”按钮，绘制两个 50×50 间距为 1200 的矩形。使用上述方法完成一侧双扇门的绘制，效果如图 13-90 所示。

（2）单击“默认”选项卡“修改”面板中的“镜像”按钮，选取上步绘制的单扇门图形为镜像对象，最终效果如图 13-91 所示。

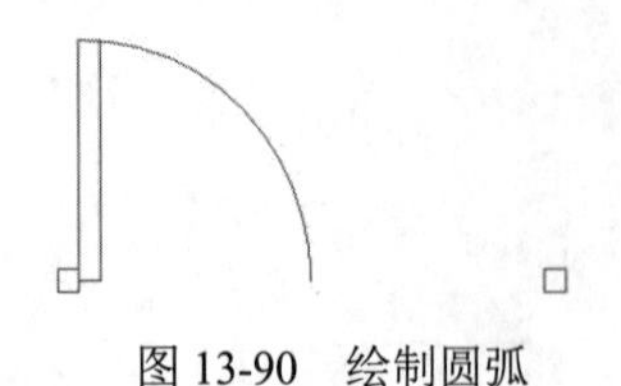

图 13-90　绘制圆弧

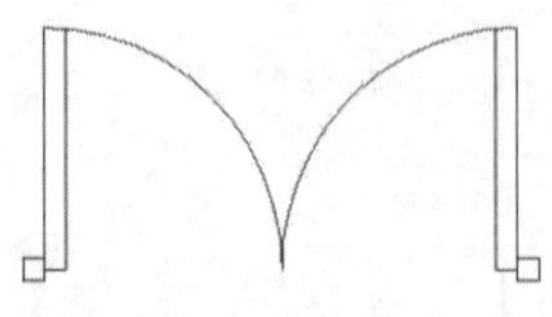

图 13-91　镜像图形

（3）单击“默认”选项卡“绘图”面板中的“矩形”按钮及“修改”面板中的“复制”按钮，绘制两个 50×50 间距为 1200 的矩形。

5．绘制双扇门

（1）单击“默认”选项卡“绘图”面板中的“矩形”按钮，在适当位置绘制一个 50×1100 的矩形，如图 13-92 所示。

（2）单击“默认”选项卡“绘图”面板中的“直线”按钮，以上步绘制的矩形左侧竖直边中点为起点，右侧竖直边中点为直线终点，绘制一条水平分割线，如图 13-93 所示。

（3）单击“默认”选项卡“绘图”面板中的“圆”按钮，以上步绘制的水平直线中点为圆心，以矩形长边为直径绘制圆，如图 13-94 所示。

图 13-92　复制图形　　图 13-93　绘制直线　　图 13-94　绘制圆

（4）单击“默认”选项卡“修改”面板中的“修剪”按钮，选择上步绘制的圆为修剪对象，将其修剪为半圆，如图 13-95 所示。

（5）使用上述方法绘制另一侧半圆图形，如图 13-96 所示。

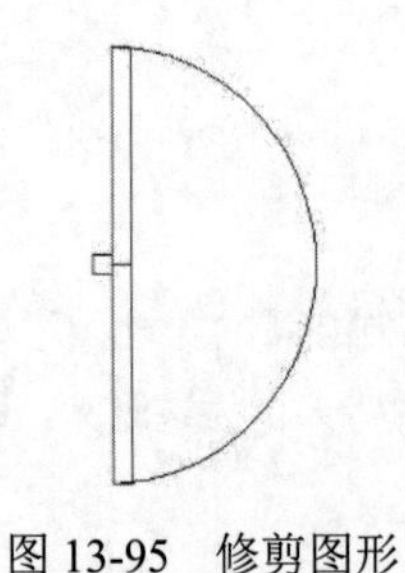

图 13-95　修剪图形

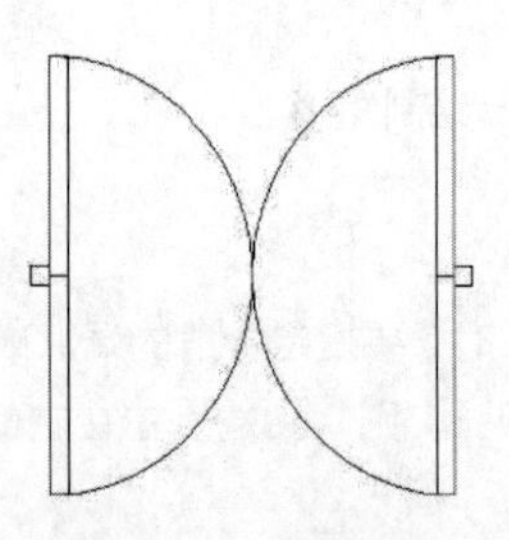

图 13-96　绘制图形

6. 绘制门洞线

（1）单击“默认”选项卡“绘图”面板中的“直线”按钮╱，在墙体上绘制一条竖直直线，然后单击“默认”选项卡“修改”面板中的“偏移”按钮⊆，选择绘制的竖直直线为偏移对象并向右进行偏移，如图13-97所示。

（2）单击“默认”选项卡“修改”面板中的“修剪”按钮✂，对上步偏移门洞线之间的墙体进行修剪，效果如图13-98所示。

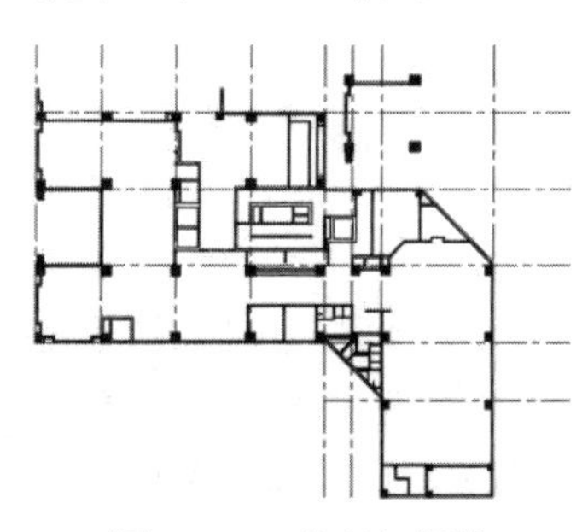

图13-97 绘制门洞线

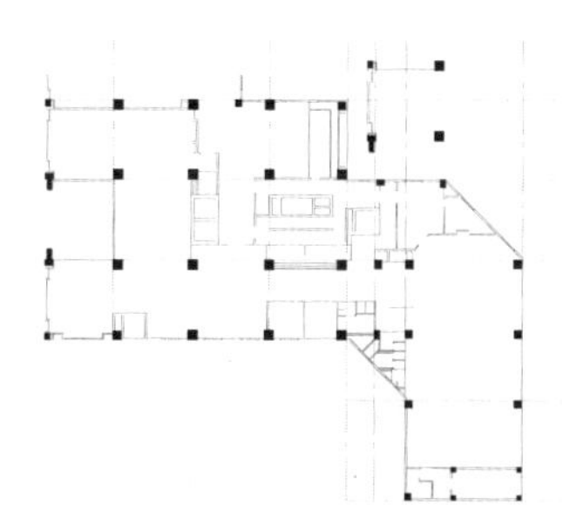

图13-98 修剪门洞线

（3）单击“默认”选项卡“绘图”面板中的“直线”按钮╱和“修改”面板中的“偏移”按钮⊆，在图形过道位置绘制一个长度为150的120宽垛墙，如图13-99所示。

（4）单击“默认”选项卡“修改”面板中的“复制”按钮%，选择前面章节中绘制的单扇门图形和双扇门图形为复制对象，将其放置到门洞中，效果如图13-100所示。

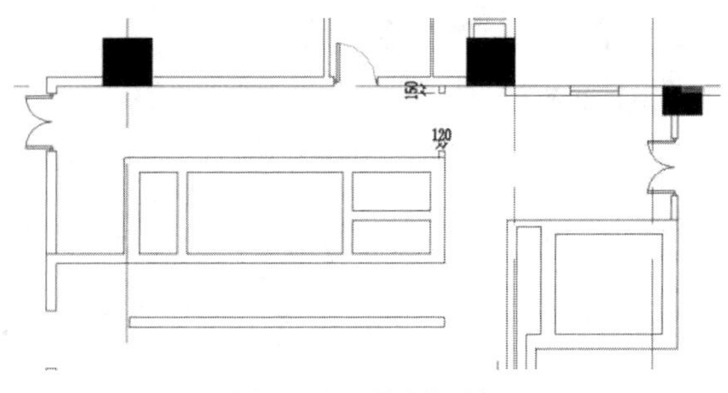

图13-99 绘制垛墙

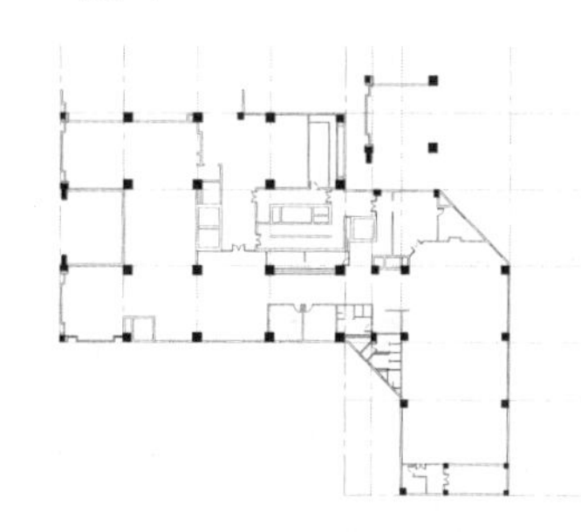

图13-100 复制图形

（5）单击“默认”选项卡“修改”面板中的“复制”按钮%，选择前面绘制的入室大门放置到门洞内，如图13-101所示。

（6）单击“默认”选项卡“绘图”面板中的“直线”按钮╱，在门洞处绘制封闭直线，如图13-102所示。

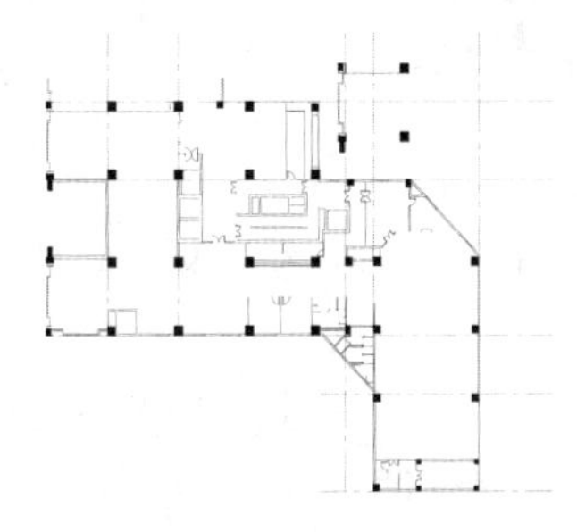

图13-101 放置入室门

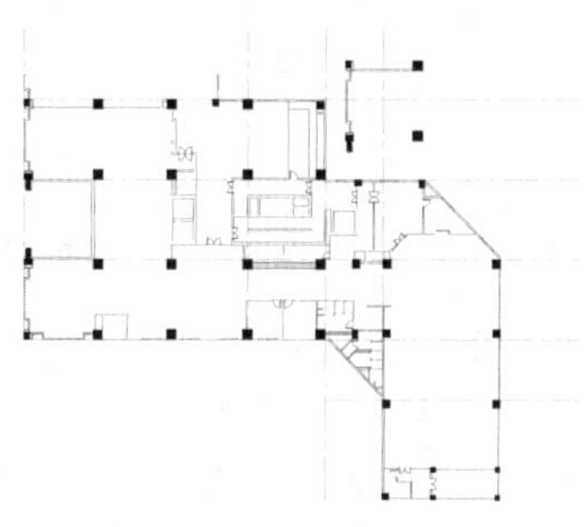

图13-102 绘制封口线

（7）单击“默认”选项卡“绘图”面板中的“直线”按钮╱，在图 13-103 所示的位置绘制多条竖直的直线。

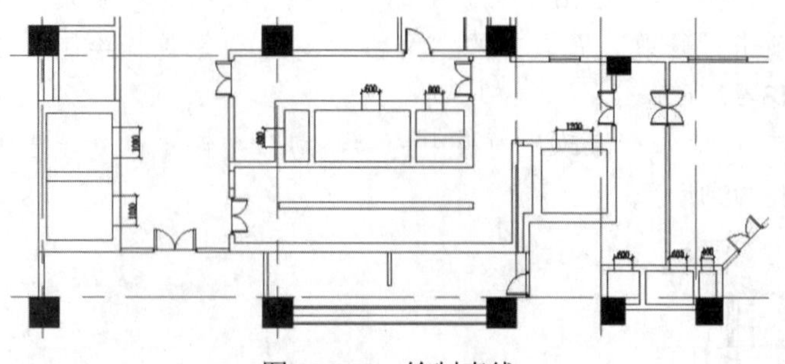

图 13-103　绘制直线

（8）单击“默认”选项卡“绘图”面板中的“图案填充”按钮▦，系统打开“图案填充创建”选项卡，选择 SOLID 的图案类型，单击“拾取点”按钮⊞，选择填充区域，单击“确定”按钮，系统回到“图案填充创建”选项卡，按 Enter 键完成图案填充，效果如图 13-104 所示。

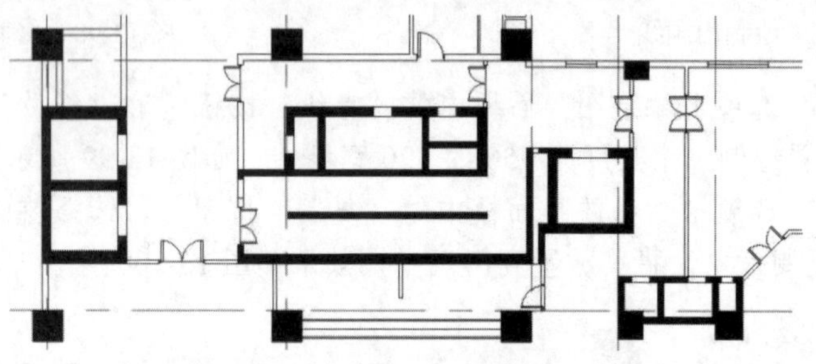

图 13-104　完成图案填充

技巧：

填充图形时填充区域必须是闭合区域。

（9）单击“默认”选项卡“修改”面板中的“复制”按钮，选择图形中已有的单扇门进行复制，并放置到图形中的门洞处，效果如图 13-105 所示。

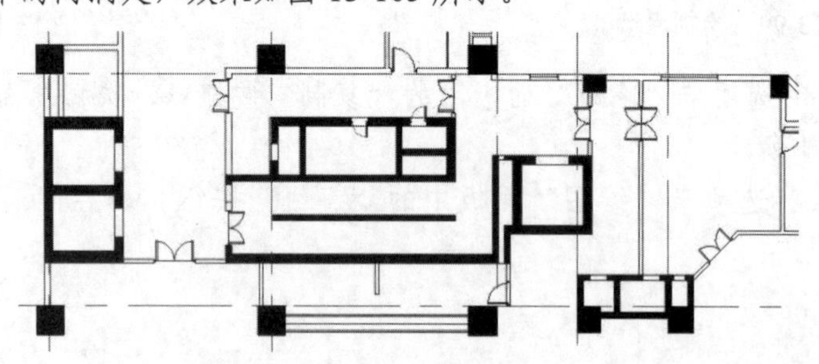

图 13-105　复制门图形

（10）单击“默认”选项卡“绘图”面板中的“矩形”按钮▭，在图形卫生间的门洞处绘制一个 555×37 的矩形，如图 13-106 所示。

（11）单击“默认”选项卡“修改”面板中的“旋转”按钮↻，选择上步绘制的矩形为旋转对象，并以矩形右下侧竖直直线下端点为旋转基点，将绘制矩形旋转-60°，效果如图 13-107 所示。

（12）单击“默认”选项卡“绘图”面板中的“圆弧”按钮⌒，选择适当的两点为圆弧的起点和端点，并绘制一段适当半径的圆弧，如图 13-108 所示。

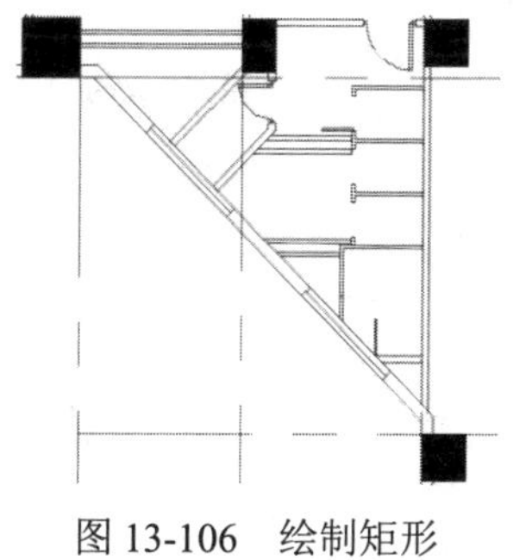
图 13-106　绘制矩形

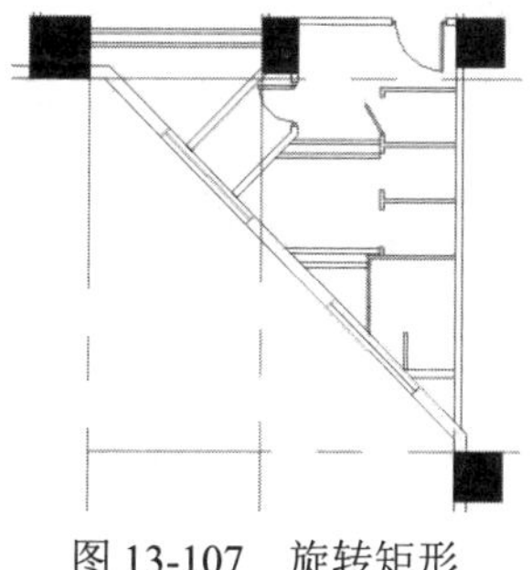
图 13-107　旋转矩形

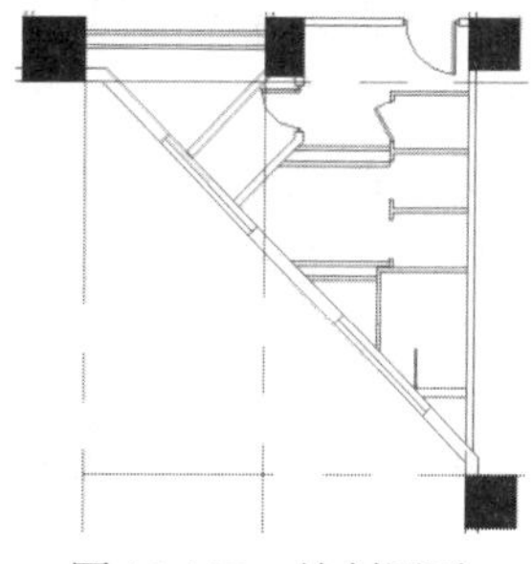
图 13-108　绘制圆弧

（13）单击“默认”选项卡“绘图”面板中的“直线”按钮╱，绘制一条墙延伸线，如图 13-109 所示。

（14）单击“默认”选项卡“修改”面板中的“修剪”按钮✂，对图形进行修剪，使墙体贯通。

（15）单击“默认”选项卡“修改”面板中的“复制”按钮，选择已有的门图形进行复制，如图 13-110 所示。

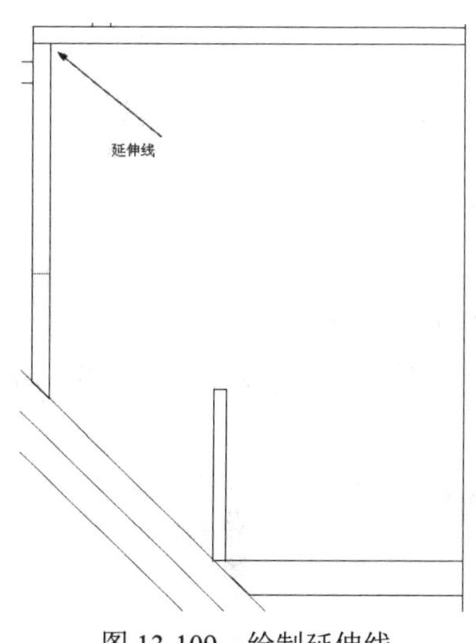

图 13-109　绘制延伸线

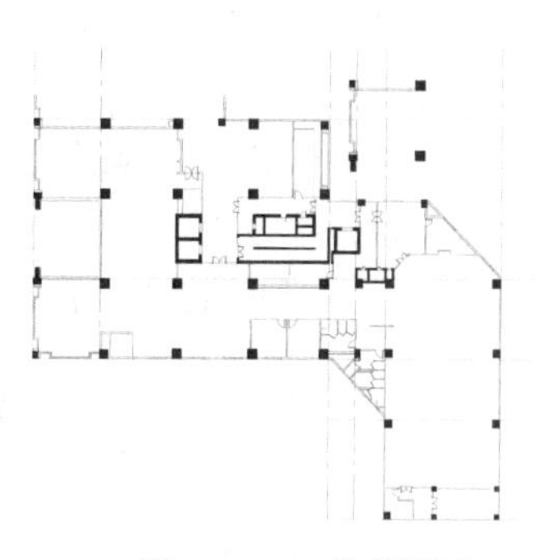
图 13-110　修剪图形

（16）单击“默认”选项卡“修改”面板中的“修剪”按钮✂，对门内的墙线进行修剪，如图 13-111 所示。

（17）单击“默认”选项卡“绘图”面板中的“直线”按钮╱，绘制如图 13-112 所示的连续直线。

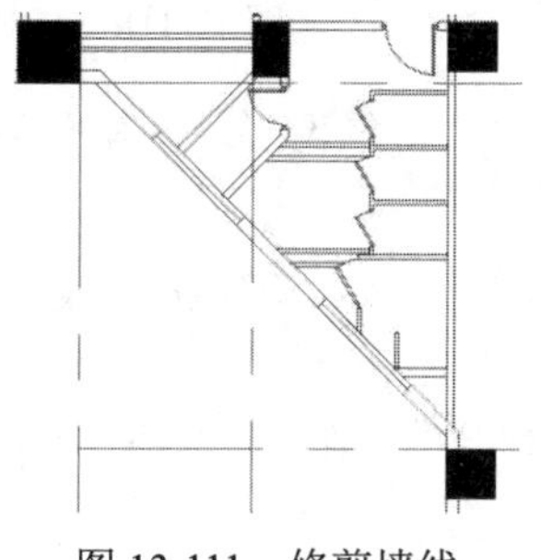
图 13-111　修剪墙线

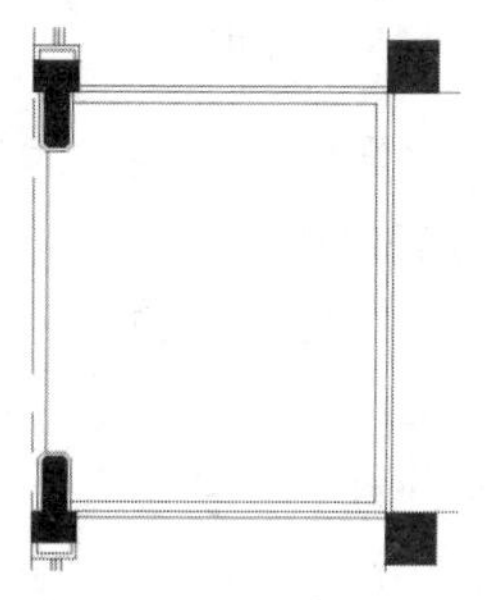
图 13-112　绘制直线

（18）单击“默认”选项卡“修改”面板中的“偏移”按钮⊆，选择上步绘制的直线向右偏移，偏移距离为150、50、150，如图13-113所示。

（19）单击“默认”选项卡“绘图”面板中的“多边形”按钮⬠，在上步偏移的线段内绘制一个适当大小的八边形，如图13-114所示。

（20）单击“默认”选项卡“修改”面板中的“偏移”按钮⊆，选择前面绘制的八边形为偏移对象后向内偏移，偏移距离为45，如图13-115所示。

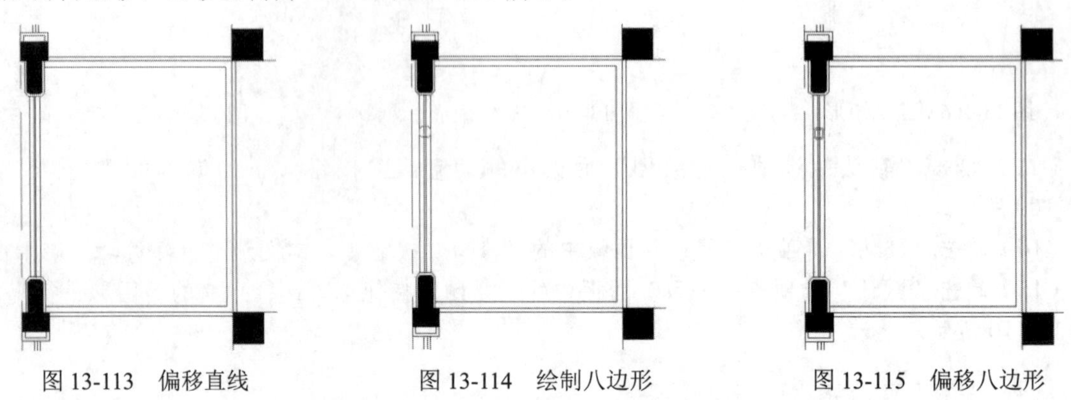

图13-113　偏移直线　　图13-114　绘制八边形　　图13-115　偏移八边形

（21）单击“默认”选项卡“修改”面板中的“修剪”按钮✂，对上步偏移的多边形内的多余线段进行修剪，如图13-116所示。

（22）单击“默认”选项卡“绘图”面板中的“图案填充”按钮▨，系统打开“图案填充创建”选项卡，选择ANSI31图案类型，设置填充比例为30，单击“拾取点”按钮▨，选择八边形内部为填充区域，按Enter键完成图形的图案填充，效果如图13-117所示。

（23）单击“默认”选项卡“修改”面板中的“复制”按钮⚇，选择上步的填充图形为复制对象，并向下进行复制，如图13-118所示。

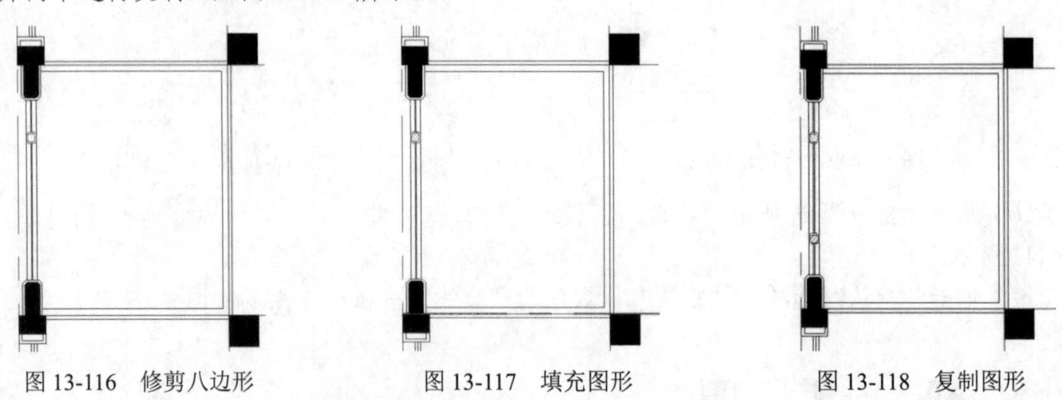

图13-116　修剪八边形　　图13-117　填充图形　　图13-118　复制图形

（24）单击“默认”选项卡“绘图”面板中的“直线”按钮／，在图形中的空位置处绘制一个斜向直线，如图13-119所示。

（25）单击“默认”选项卡“绘图”面板中的“直线”按钮／，多次执行操作后的效果如图13-120所示。

（26）单击“默认”选项卡“绘图”面板中的“矩形”按钮□，在图13-121左侧所示的位置绘制一个200×1230的矩形。

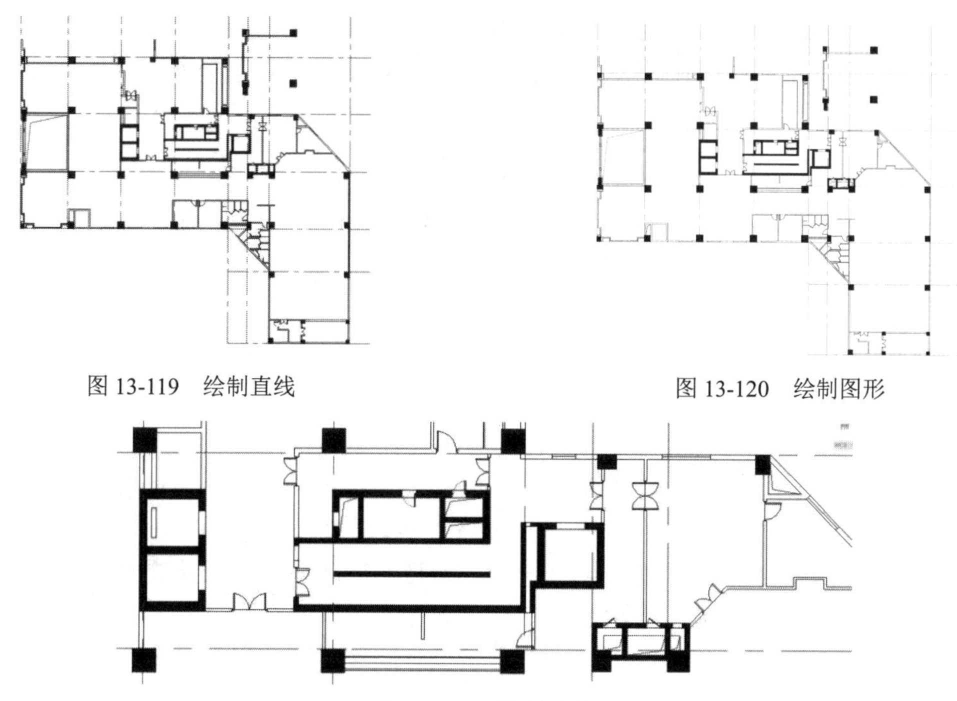

图 13-119　绘制直线

图 13-120　绘制图形

图 13-121　绘制矩形

（27）单击“默认”选项卡“绘图”面板中的“矩形”按钮 ▭，在上步绘制的矩形下侧任选一点为新矩形的起点，并绘制一个 1600×1500 矩形，如图 13-122 所示。

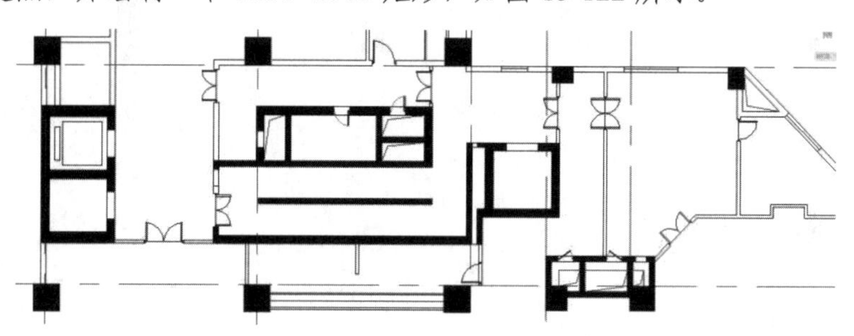

图 13-122　绘制矩形

（28）单击“默认”选项卡“绘图”面板中的“直线”按钮 ╱，在上步绘制的大矩形内绘制对角线，如图 13-123 所示。

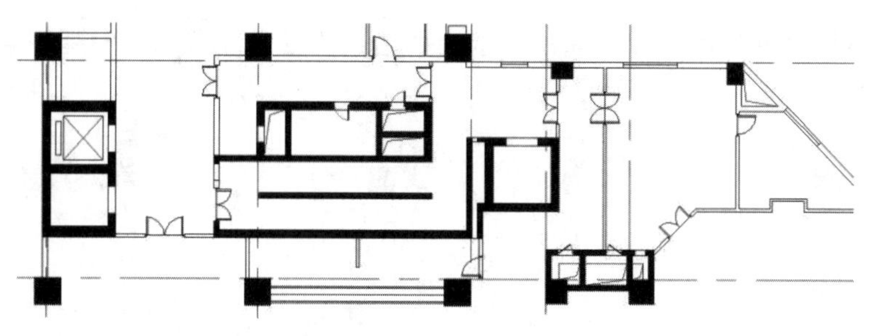

图 13-123　绘制直线

（29）使用上述方法完成剩余图形的绘制，效果如图 13-124 所示。

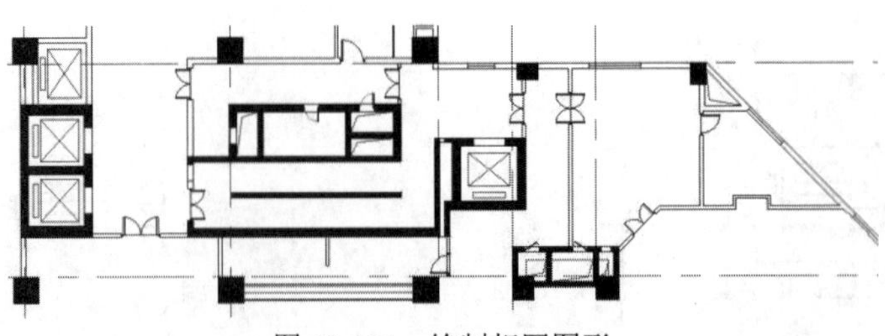

图 13-124　绘制相同图形

扫一扫，看视频

13.1.6　绘制楼梯

操作步骤

（1）单击“默认”选项卡“绘图”面板中的“直线”按钮╱，在左下角楼梯间位置处绘制一个长度为 6800 的水平直线和一条长度为 2000 的竖直直线，如图 13-125 所示。

（2）单击“默认”选项卡“修改”面板中的“偏移”按钮⊂，选择绘制的水平直线为偏移对象，并向上侧进行偏移，偏移距离为 200。

（3）单击“默认”选项卡“修改”面板中的“偏移”按钮⊂，选择竖直直线为偏移对象，并向外侧进行偏移，偏移距离为 100，如图 13-126 所示。

（4）单击“默认”选项卡“修改”面板中的“圆角”按钮⌐，选择上步偏移外侧两边进行倒圆角处理，圆角半径为 0，将偏移两边闭合，如图 13-127 所示。

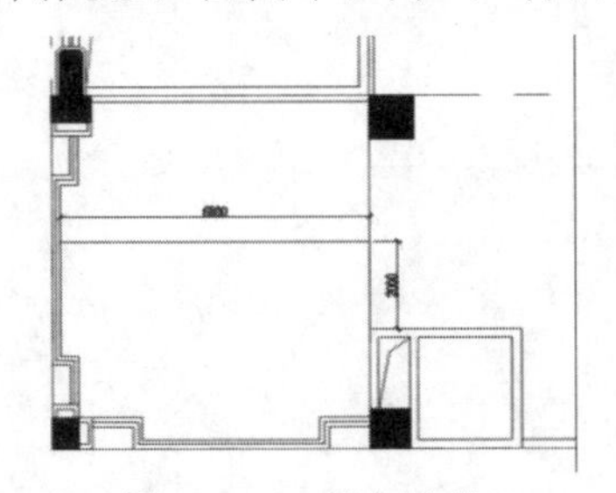

图 13-125　绘制直线

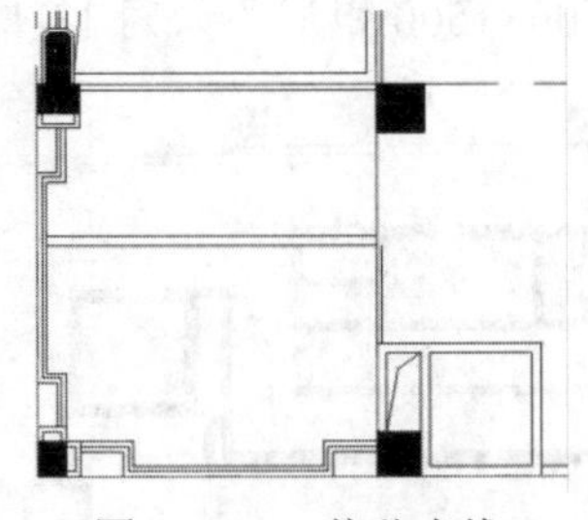

图 13-126　偏移直线

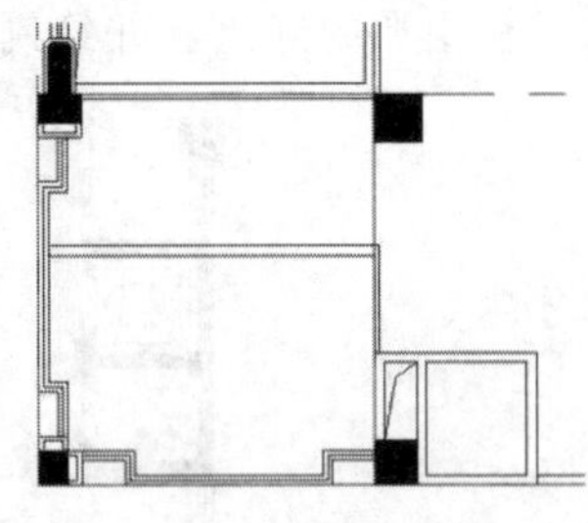

图 13-127　圆角处理

（5）单击“默认”选项卡“绘图”面板中的“直线”按钮╱，在上步绘制的线段上绘制两条竖直直线，如图 13-128 所示。

（6）单击“默认”选项卡“修改”面板中的“修剪”按钮✂，将上步绘制的直线之间的墙线修剪掉，完成楼梯间门洞的修剪，如图 13-129 所示。

（7）电梯门的绘制方法和前面讲述的双扇门的绘制方法基本相同，这里不再赘述，绘制后的效果如图 13-130 所示。

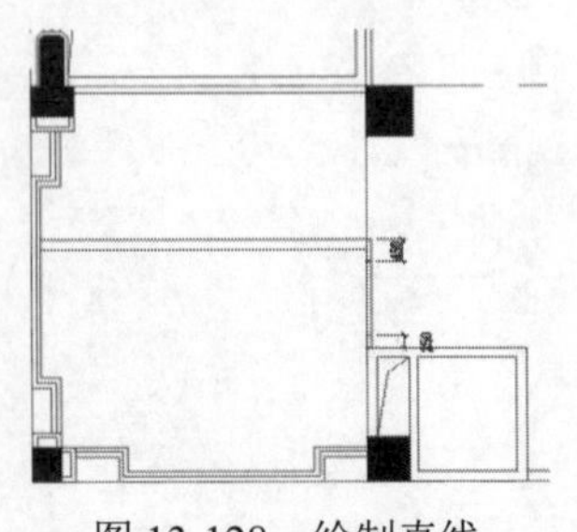

图 13-128　绘制直线

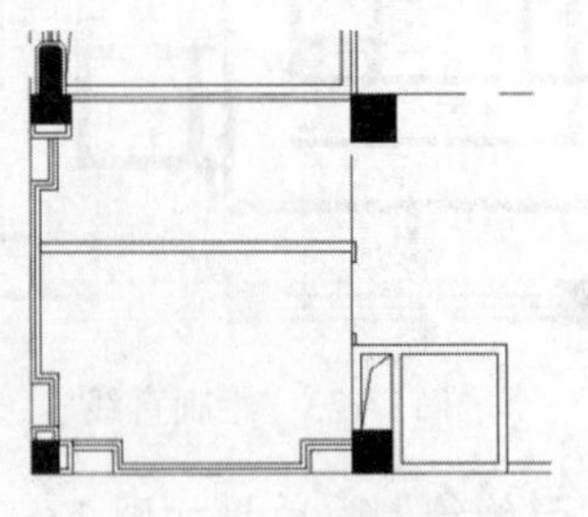

图 13-129　修剪墙线

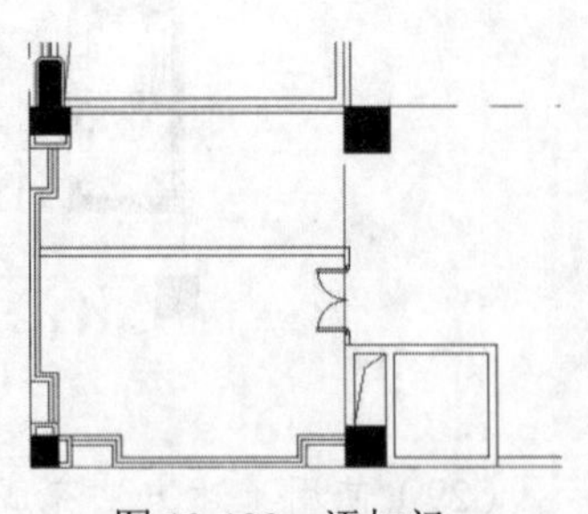

图 13-130　添加门

（8）单击“默认”选项卡“绘图”面板中的“矩形”按钮□，在适当的位置绘制矩形，如图 13-131 所示。

（9）单击“默认”选项卡“绘图”面板中的“直线”按钮／，绘制填充区域分割线，如图 13-132 所示。

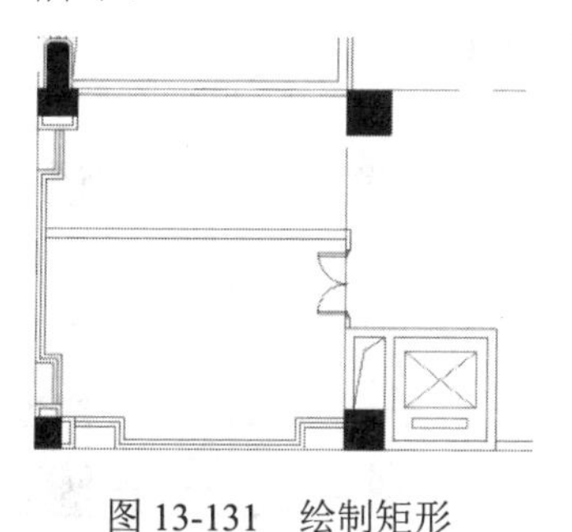

图 13-131　绘制矩形

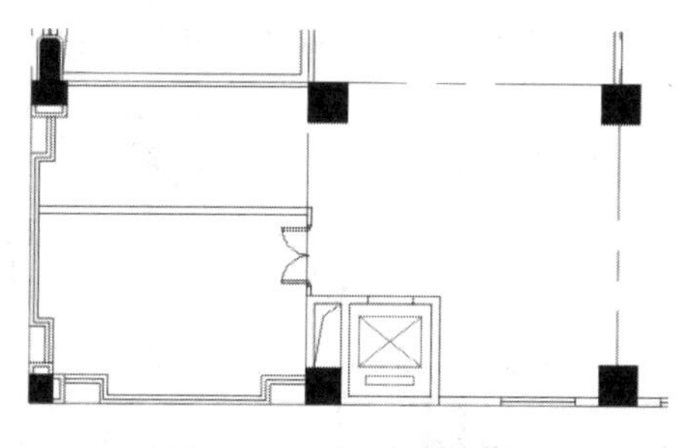

图 13-132　绘制分割线

（10）单击“默认”选项卡“绘图”面板中的“图案填充”按钮▨，对楼梯间外侧墙体填充 SOLID 图案，如图 13-133 所示。

（11）单击“默认”选项卡“绘图”面板中的“多段线”按钮⊃，在楼梯间内绘制连续直线，如图 13-134 所示。

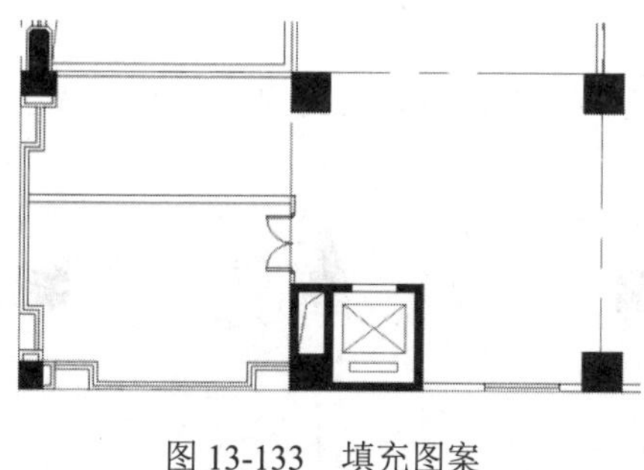

图 13-133　填充图案

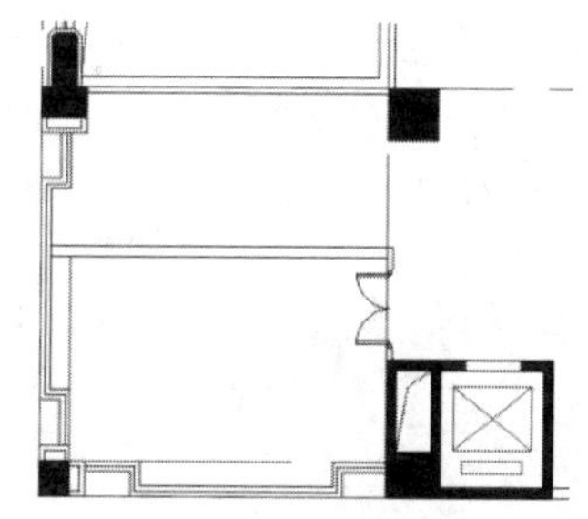

图 13-134　绘制直线

（12）单击“默认”选项卡“修改”面板中的“偏移”按钮⊂，选择上步绘制的连续直线为偏移对象，并向外侧进行偏移，偏移距离均为 30，如图 13-135 所示。

（13）单击“默认”选项卡“绘图”面板中的“直线”按钮／，封闭上步偏移线段未封闭端口，如图 13-136 所示。

（14）单击“默认”选项卡“绘图”面板中的“矩形”按钮□，在楼梯间内绘制一个 3100×1000 的矩形，如图 13-137 所示。

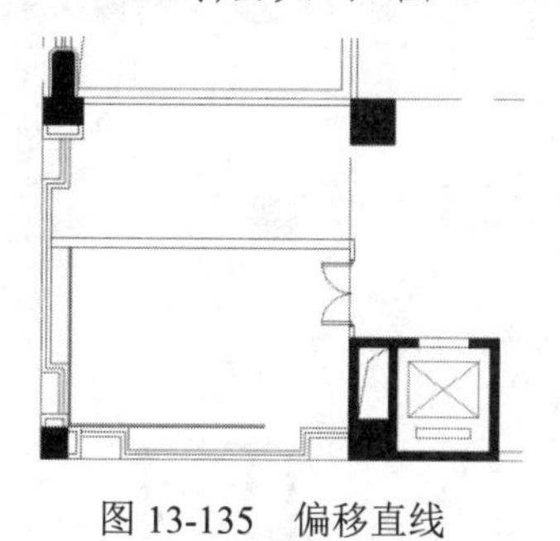

图 13-135　偏移直线

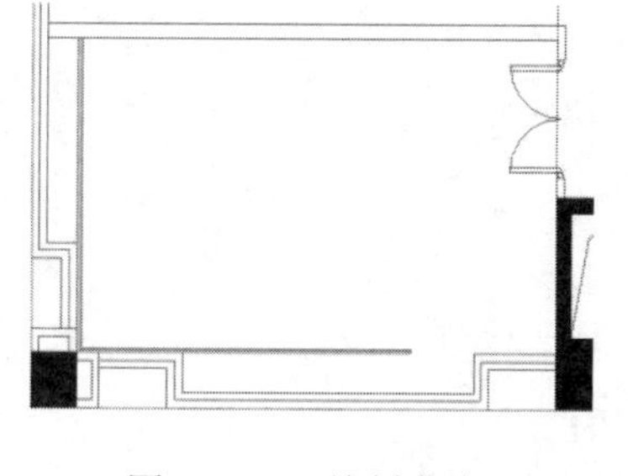

图 13-136　绘制直线

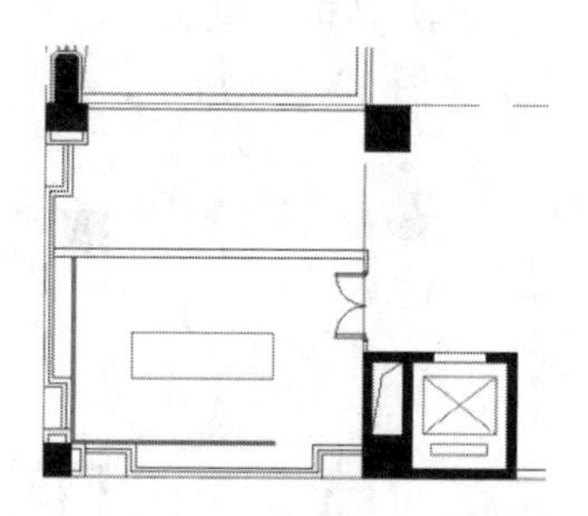

图 13-137　绘制矩形

（15）单击“默认”选项卡“修改”面板中的“偏移”按钮⊂，选取上步绘制的矩形为偏移对象，并向内偏移，偏移距离为 60，如图 13-138 所示。

（16）单击“默认”选项卡“绘图”面板中的“直线”按钮╱，在楼梯间区域绘制两条竖直直线，如图 13-139 所示。

（17）单击“默认”选项卡“修改”面板中的“偏移”按钮⊆，选择上步绘制的两条竖直直线为偏移对象，并连续向下偏移，偏移距离为 300×10，如图 13-140 所示。

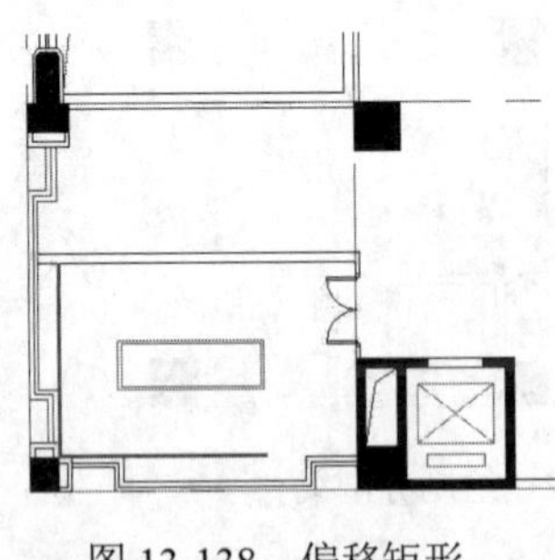

图 13-138　偏移矩形

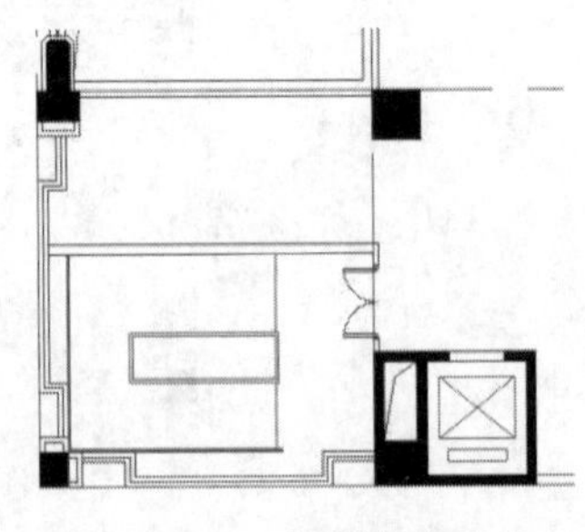

图 13-139　绘制竖直直线

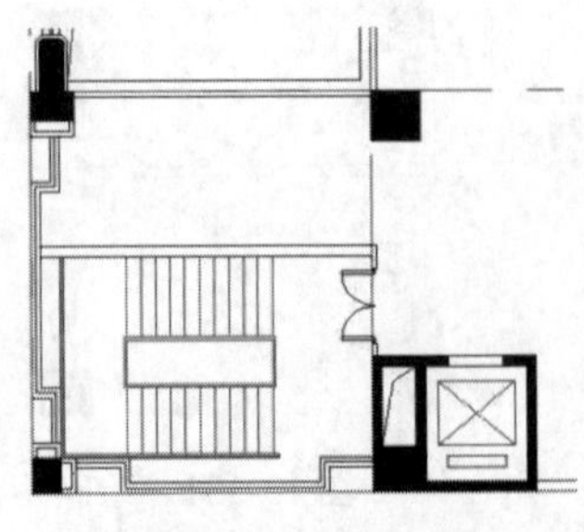

图 13-140　偏移线段

（18）单击“默认”选项卡“绘图”面板中的“直线”按钮╱，在楼梯间下步位置绘制一条水平直线，如图 13-141 所示。

（19）单击“默认”选项卡“修改”面板中的“偏移”按钮⊆，选择上步绘制的直线，并向下偏移 3 次，偏移距离为 300，效果如图 13-142 所示。

（20）单击“默认”选项卡“绘图”面板中的“直线”按钮╱，在绘制完的楼梯线上绘制连续直线，如图 13-143 所示。

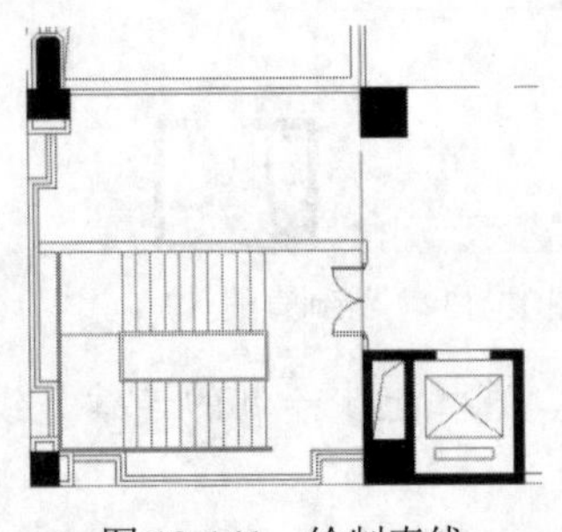

图 13-141　绘制直线

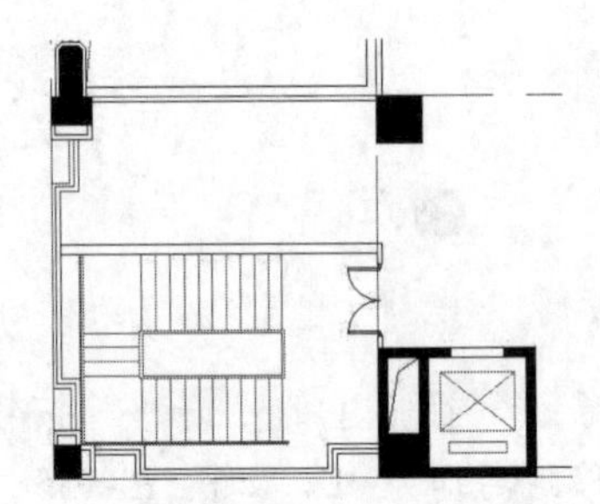

图 13-142　偏移线段

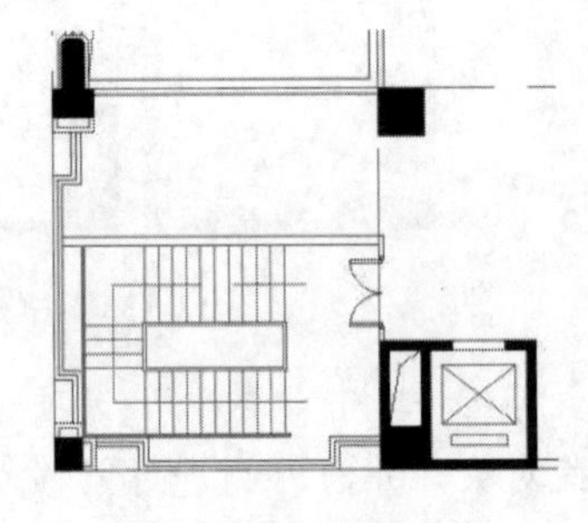

图 13-143　绘制直线

（21）单击“默认”选项卡“绘图”面板中的“多段线”按钮⫘，绘制楼梯指引箭头，效果如图 13-144 所示。

（22）单击“默认”选项卡“绘图”面板中的“直线”按钮╱，在楼梯踏步位置绘制两条斜向直线，如图 13-145 所示。

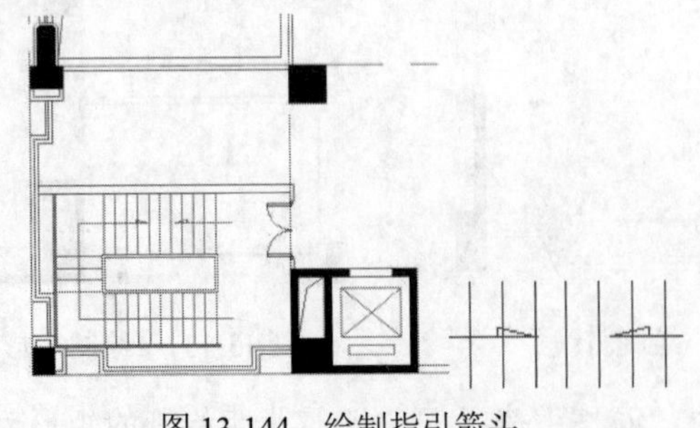

图 13-144　绘制指引箭头

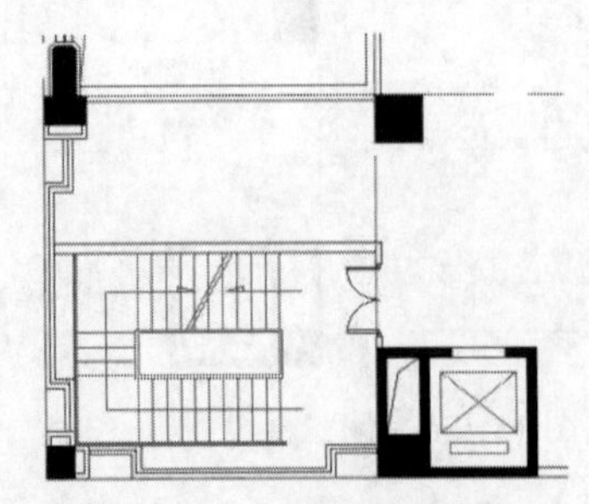

图 13-145　绘制斜向直线

（23）单击“默认”选项卡“绘图”面板中的“直线”按钮╱，在上步绘制的斜向直线上绘制连续线条，如图 13-146 所示。

（24）单击“默认”选项卡“修改”面板中的“修剪”按钮✂，对上步绘制的线段进行修剪，如图 13-147 所示。

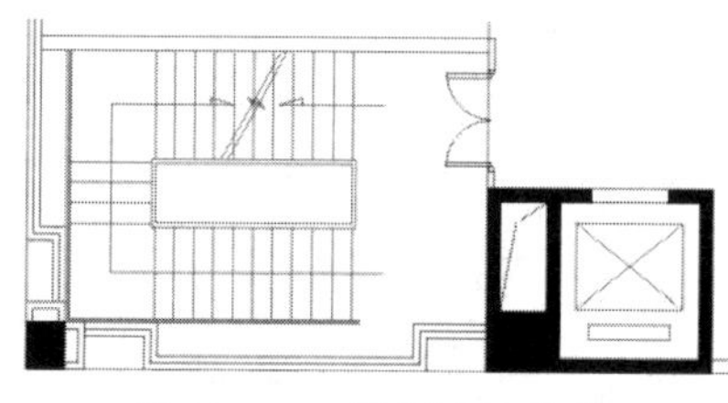
图 13-146　绘制连续线条

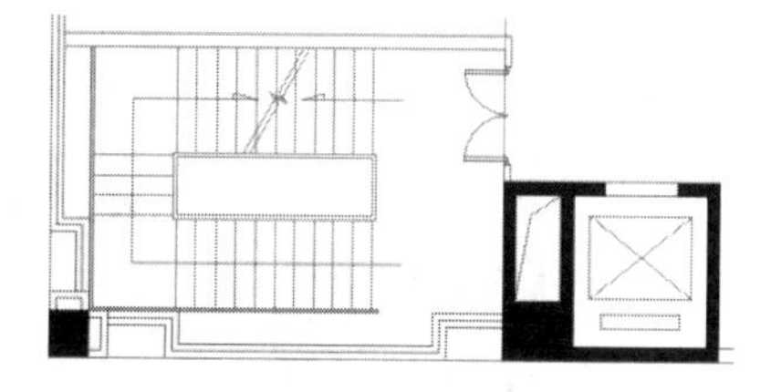
图 13-147　修剪线段

（25）使用上述方法完成二层中餐厅平面图中剩余楼梯的绘制，如图 13-148 所示。

（26）单击“默认”选项卡“绘图”面板中的“直线”按钮╱，封闭右上角图形未闭合区域，如图 13-149 所示。

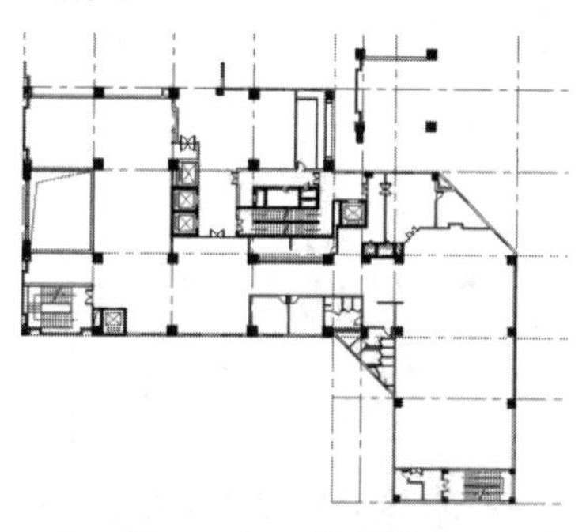
图 13-148　绘制楼梯

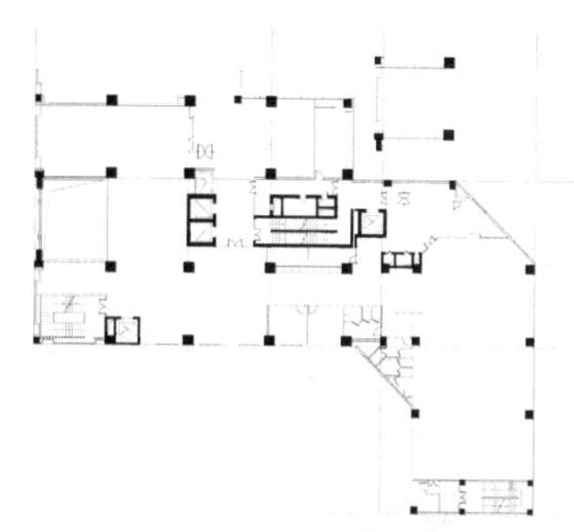
图 13-149　绘制直线

（27）单击“默认”选项卡“绘图”面板中的“直线”按钮╱，在平面图上步位置处绘制 3 条斜向直线，如图 13-150 所示。

（28）单击“默认”选项卡“绘图”面板中的“直线”按钮╱，在包房墙体外侧绘制连续直线，如图 13-151 所示。

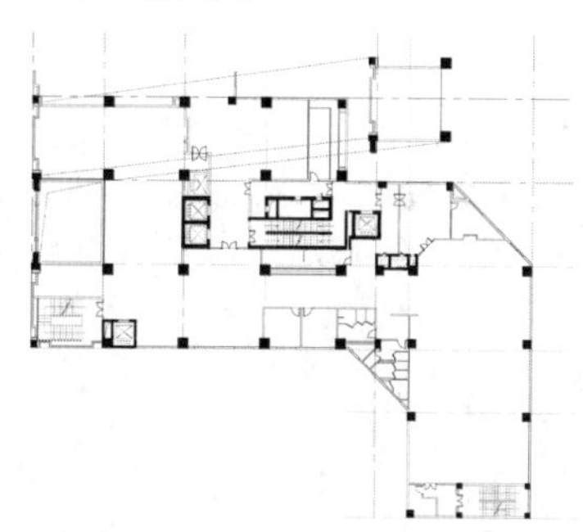
图 13-150　绘制斜向直线

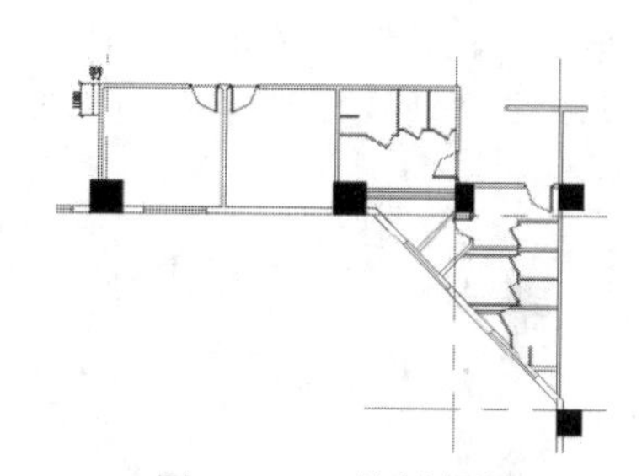
图 13-151　绘制直线

（29）单击“默认”选项卡“修改”面板中的“修剪”按钮✂，对上步绘制的线段内部墙体进行修剪，并将修剪后的直线设置为“墙线”图层，如图 13-152 所示。

（30）单击“默认”选项卡“绘图”面板中的“直线”按钮╱，在平面图顶部绘制一条水平直线，如图 13-153 所示。

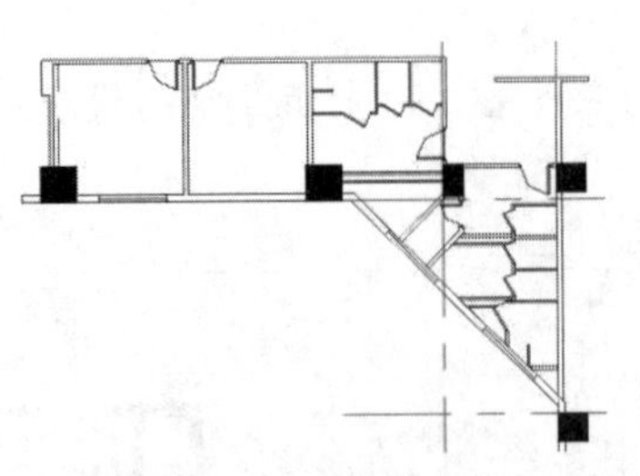

图 13-152　修剪直线

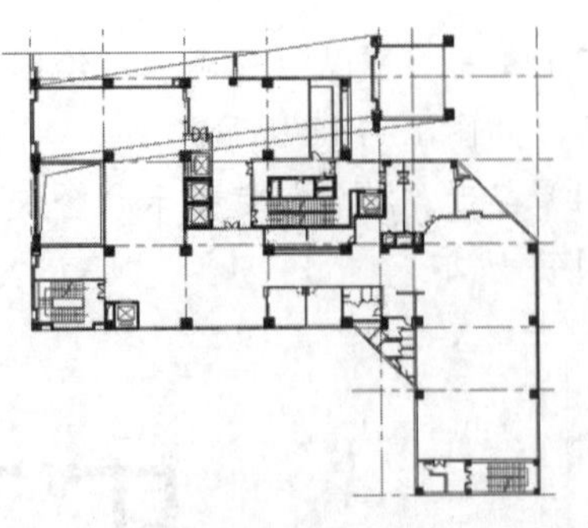

图 13-153　绘制直线

（31）单击“默认”选项卡“绘图”面板中的“直线”按钮╱，在上步绘制的水平直线上绘制折弯线，如图 13-154 所示。

（32）单击“默认”选项卡“修改”面板中的“修剪”按钮✂，对上步绘制的折弯线段进行修剪，如图 13-155 所示。

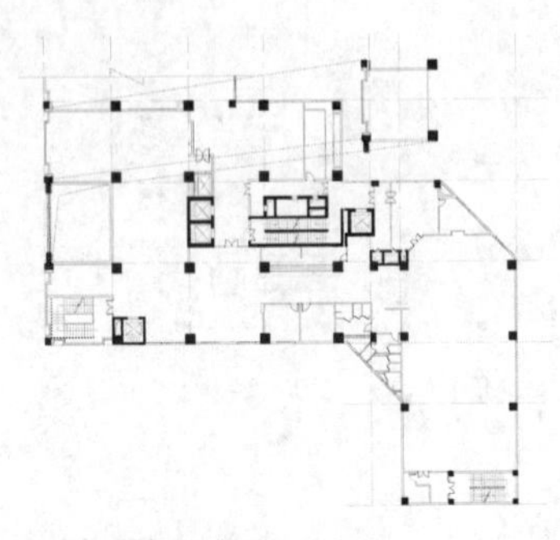

图 13-154　绘制直线

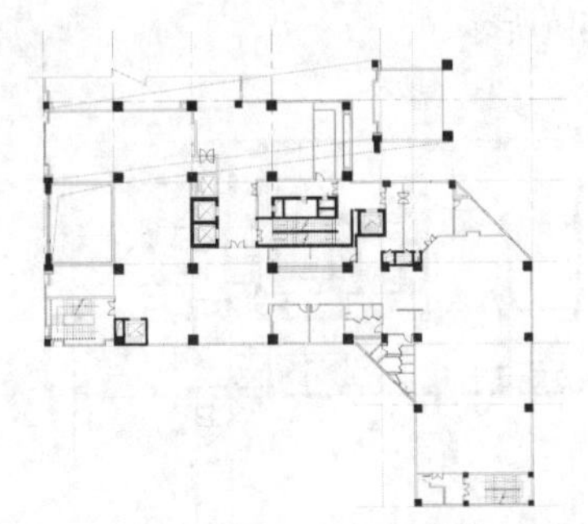

图 13-155　修剪线段

扫一扫，看视频

13.1.7　绘制电梯间

操作步骤

（1）单击“默认”选项卡“绘图”面板中的“直线”按钮╱，在电梯间位置处绘制连续直线，如图 13-156 所示。

（2）单击“默认”选项卡“修改”面板中的“偏移”按钮⊆，选择上步绘制的线段并向外侧进行偏移，单击“默认”选项卡“修改”面板中的“修剪”按钮✂，对偏移线段进行修剪，如图 13-157 所示。

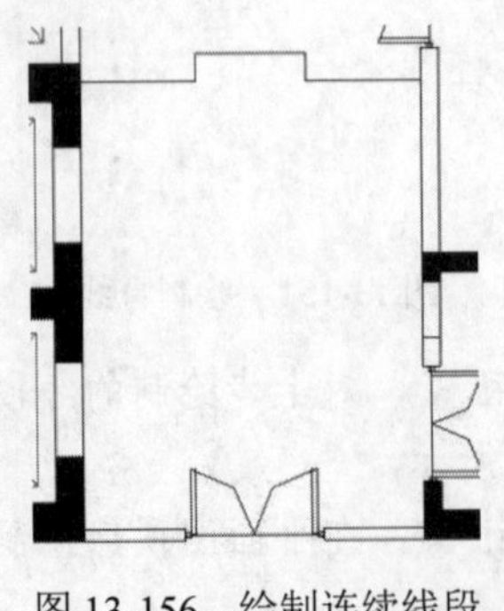

图 13-156　绘制连续线段

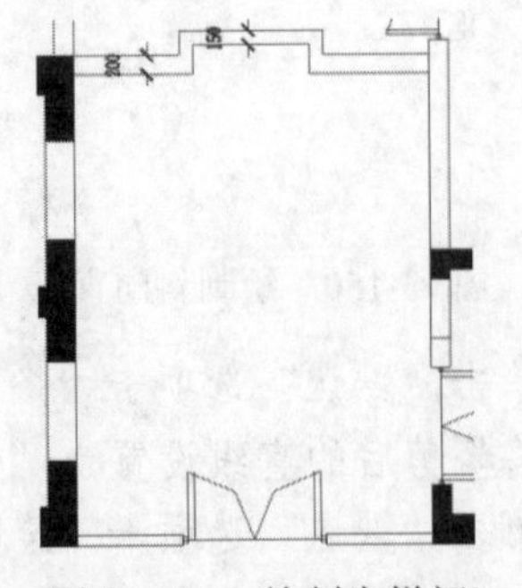

图 13-157　绘制电梯间

✍ 技巧：

若不事先设置线型，除了基本的 Continuous 线型外，其他的线型不会显示在“线型”选项后的下拉列表框中。

13.1.8　尺寸标注

扫一扫，看视频

操作步骤

（1）在“图层面板”中的“图层”下拉列表中选择“尺寸”图层为当前层，选择菜单栏中的“标注”→“标注样式”命令，会弹出“标注样式管理器”对话框，如图 13-158 所示。

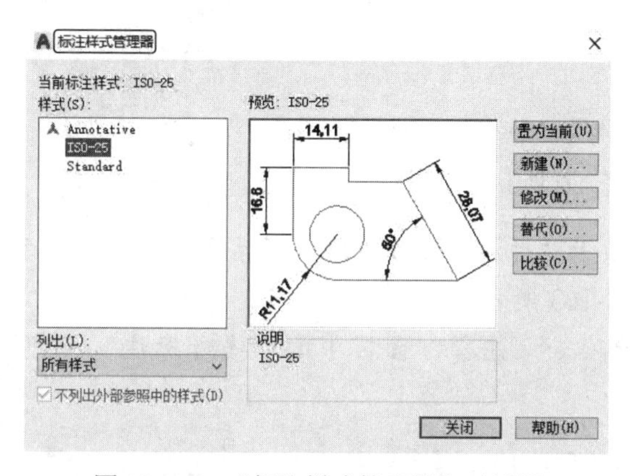

图 13-158　“标注样式管理器”对话框

（2）单击“新建”按钮，会弹出“新建标注样式:副本 ISO-25”对话框。选择“线”选项卡，按照图 13-159 所示的参数修改标注样式。

（3）单击“符号和箭头”选项卡，按照图 13-160 所示进行设置，箭头样式选择为“建筑标记”，箭头大小修改为 500，其他设置保持默认值。

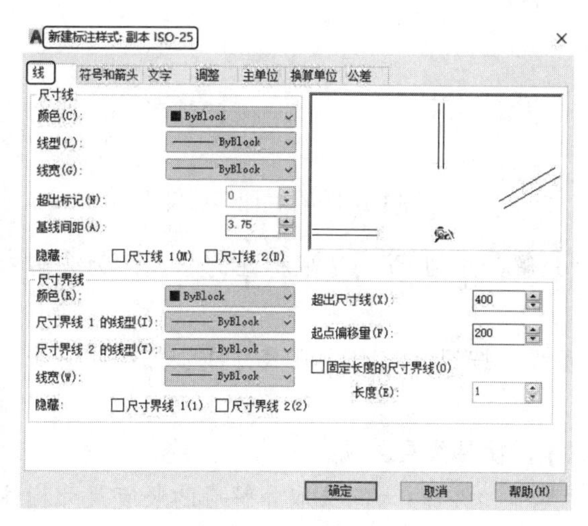

图 13-159　“线”选项卡

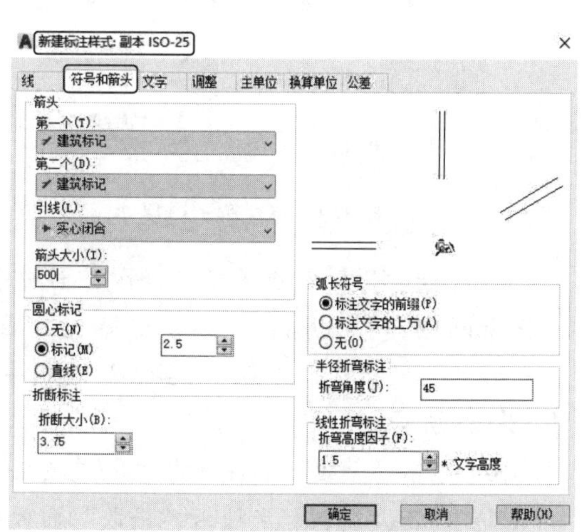

图 13-160　“符号和箭头”选项卡

（4）在“文字”选项卡中设置“文字高度”为600，其他设置保持默认值，如图13-161所示。

（5）在“主单位”选项卡中设置单位精度为0，如图13-162所示。

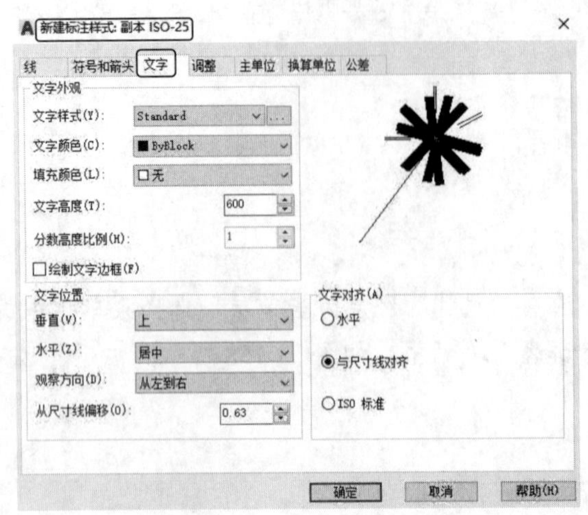

图13-161 “文字”选项卡

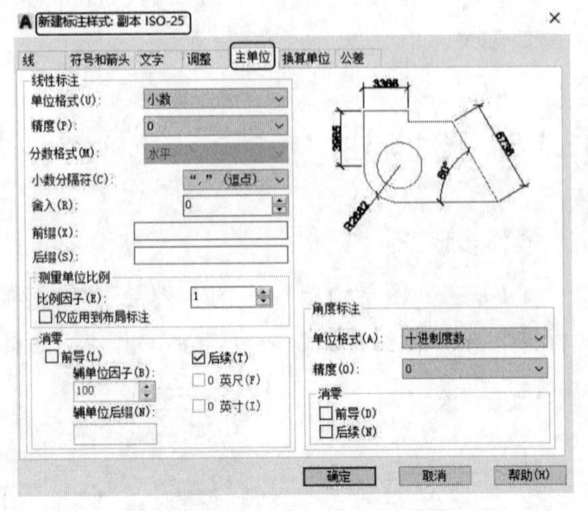

图13-162 “主单位”选项卡

（6）单击“注释”选项卡“标注”面板中的“线性标注”按钮├┤和“连续标注”按钮├┼┤，标注图形第一道尺寸，如图13-163所示。

（7）单击“默认”选项卡“注释”面板中的“线性标注”按钮├┤，标注图形总尺寸，如图13-164所示。

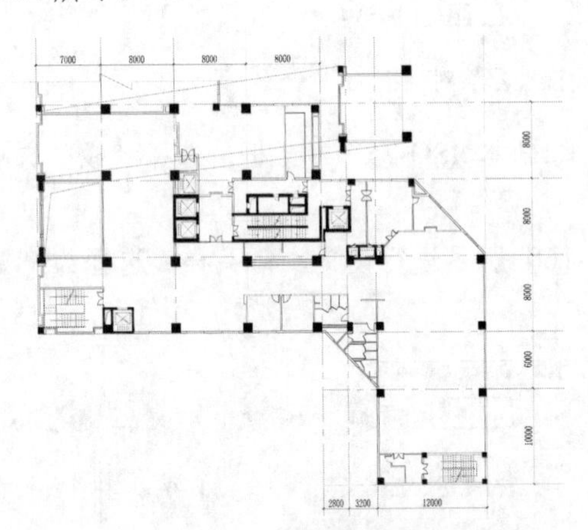

图13-163 标注第一道尺寸

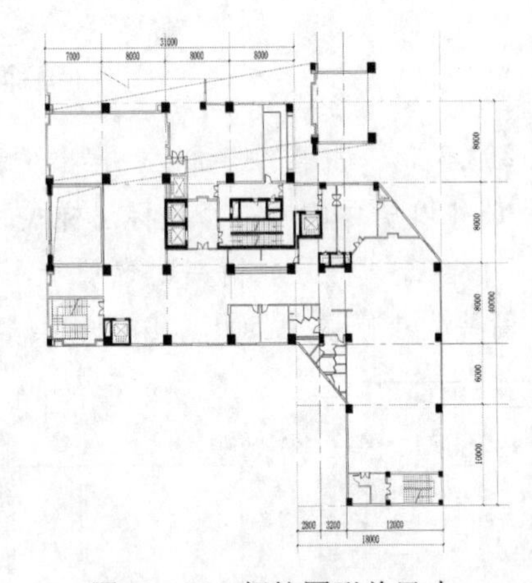

图13-164 标柱图形总尺寸

（8）单击“默认”选项卡“修改”面板中的“分解”按钮，选取标注的总尺寸为分解对象，按Enter键进行分解。

（9）单击“默认”选项卡“绘图”面板中的“直线”按钮╱，分别在尺寸线上方绘制直线，如图13-165所示。

（10）单击“轴线”图层中的“开/关图层”按钮，使轴线层关闭。

（11）单击“默认”选项卡“修改”面板中的“延伸”按钮，选取分解后的竖直尺寸标注线，向上延伸，延伸至绘制的水平直线。

（12）单击“默认”选项卡“修改”面板中的“删除”按钮，删除绘制的直线，如图 13-166 所示。

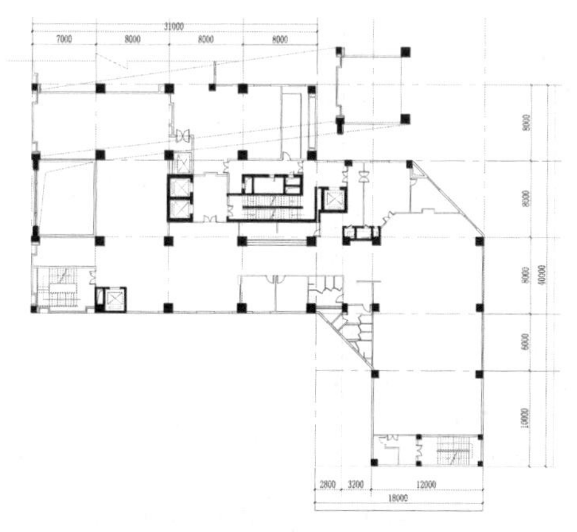

图 13-165　绘制直线

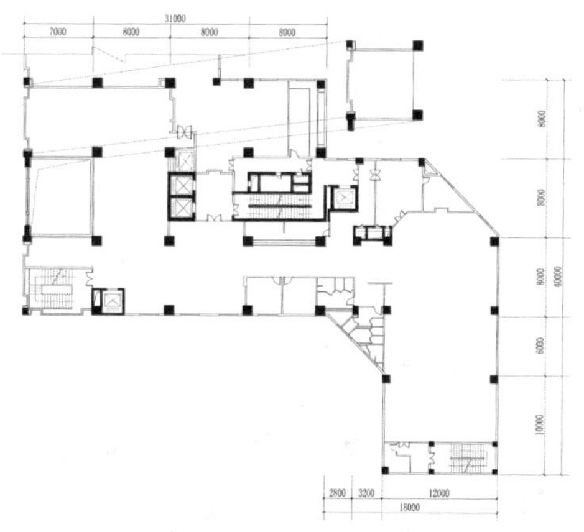

图 13-166　删除直线

13.1.9　添加轴号

扫一扫，看视频

操作步骤

（1）单击“默认”选项卡“绘图”面板中的“圆”按钮，在图 13-167 所示的位置处绘制一个半径为 800 的圆。

（2）选择菜单栏中的“绘图”→“块”→“定义属性”命令，会弹出“属性定义”对话框，按图 13-168 所示进行设置后，单击“确定”按钮，并在圆心位置输入一个块的属性值。设置完成后，效果如图 13-169 所示。

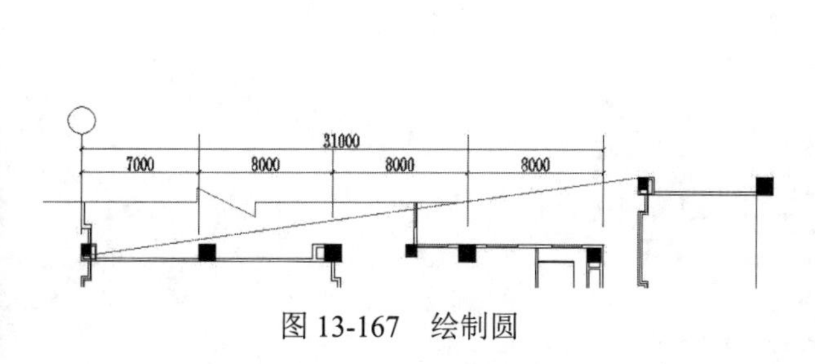

图 13-167　绘制圆

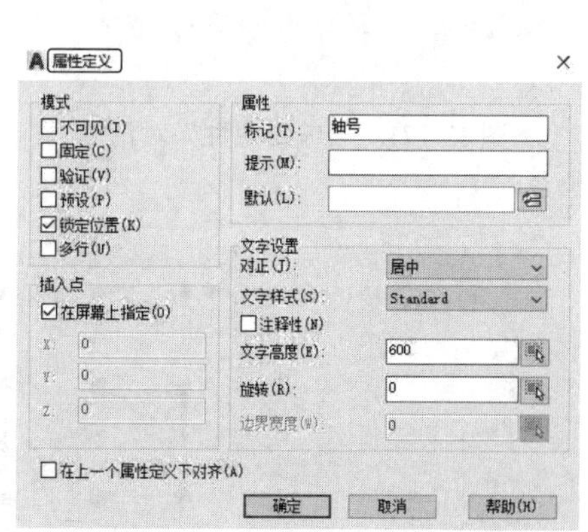

图 13-168　“属性定义”对话框

（3）单击“默认”选项卡“块”面板中的“创建”按钮，会弹出“块定义”对话框，如图 13-170 所示。在“名称”文本框中输入“轴号”，并指定绘制圆与竖直尺寸线的交点为定义基点；选择圆和输入的“轴号”标记为定义对象后，单击“确定”按钮，会弹出如图 13-171 所示的“编辑属性”对话框，在轴号文本框内输入“1”后，单击“确定”按钮，轴号效果图如图 13-172 所示。

（4）单击“默认”选项卡“块”面板中“插入”下拉菜单中的“最近使用的块”选项，系统会弹出“块”选项板，将轴号图块插入到轴线上，依次插入并修改插入的轴号图块属性，最终完成图形中所有轴号的插入，效果如图 13-173 所示。

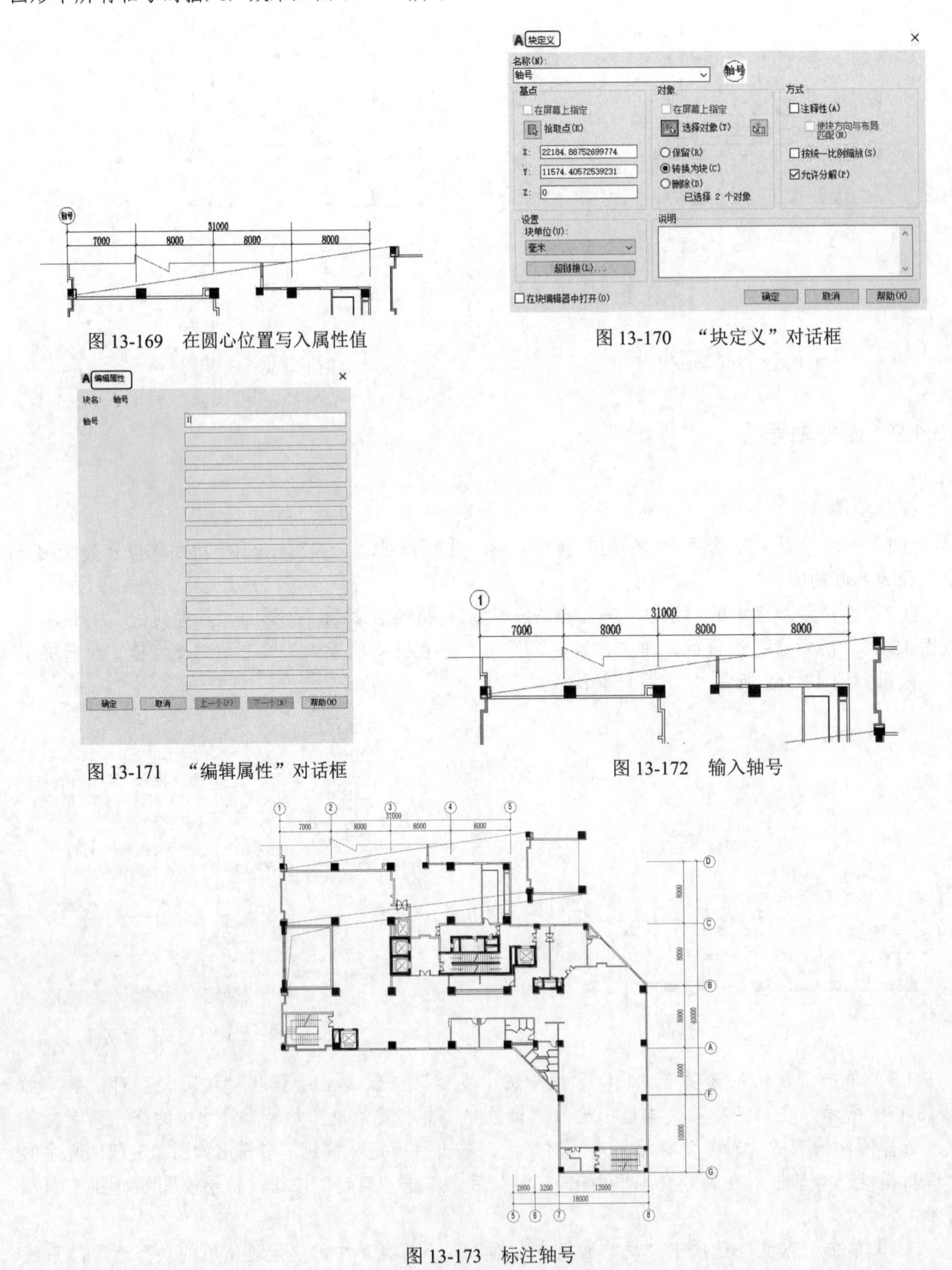

图 13-169 在圆心位置写入属性值

图 13-170 “块定义”对话框

图 13-171 “编辑属性”对话框

图 13-172 输入轴号

图 13-173 标注轴号

13.1.10 文字标注

操作步骤

（1）将“文字”图层设置为当前图层，选择菜单栏中的“格式”→“文字样式”命令，会弹出“文字样式”对话框，如图 13-174 所示。

（2）单击“新建”按钮，弹出“新建文字样式”对话框，将文字样式命名为“说明”，如图 13-175 所示。

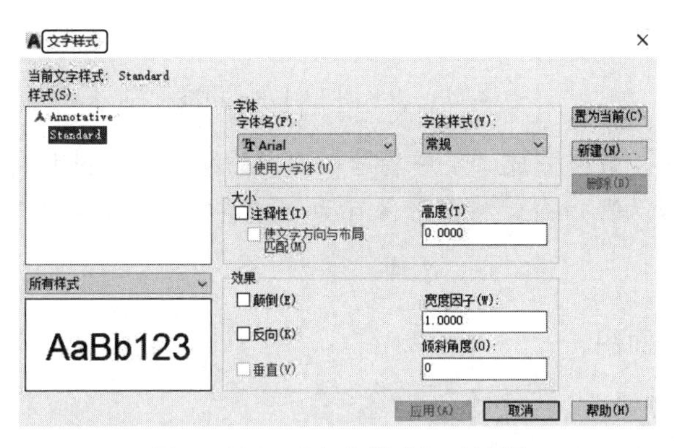

图 13-174 “文字样式”对话框

图 13-175 “新建文字样式”对话框

（3）单击“确定”按钮，在“文字样式”对话框的“字体名”下拉列表框中选择“宋体”，高度设置为 500，如图 13-176 所示。

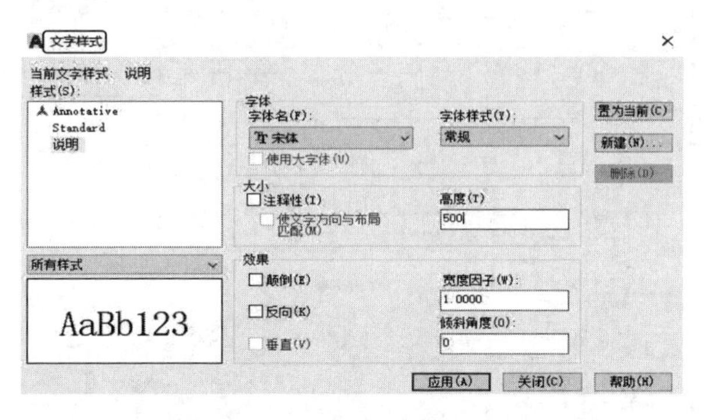

图 13-176 “文字样式”对话框

技巧：

输入汉字时，可以选择不同的字体，在“字体名”下拉列表框中，有些字体前面有“@”标记，如“@仿宋_GB2312”，这说明该字体是为横向输入汉字用的，即输入的汉字会逆时针旋转 90°。如果要输入正向的汉字，就不能选择前面带“@”标记的字体。

（4）打开“轴线”图层。单击“默认”选项卡“注释”面板中的“多行文字”按钮 A，完成图形中文字的标注，效果如图 13-177 所示。

（5）在命令行中输入 QLEADER 命令，为图形添加带引线的标注，如图 13-178 所示。

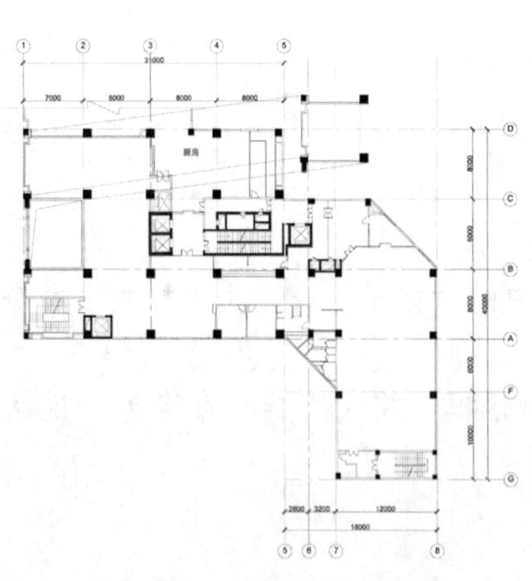

图 13-177　绘制多行文字

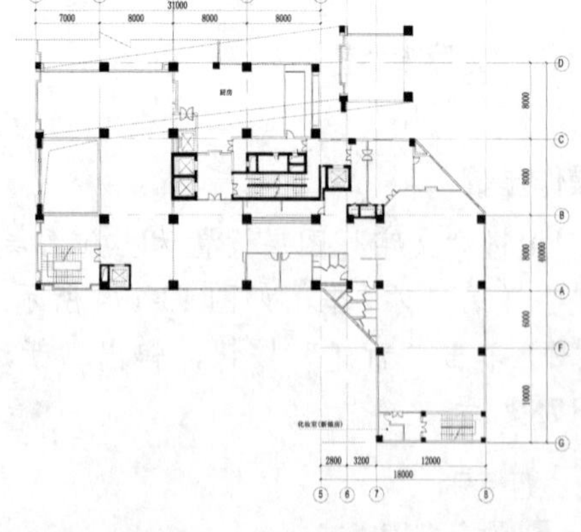

图 13-178　引线标注

扫一扫，看视频

扫一扫，看视频

扫一扫，看视频

（6）使用上述方法完成剩余引线的标注，最终完成二层中餐厅平面图的绘制，如图 13-1 所示。

（7）选择菜单栏中的“文件”→“另存为”命令，将图形保存为“二层中餐厅平面图”。

动手练——洗浴中心一层平面图

绘制如图 13-179 所示的洗浴中心一层平面图。

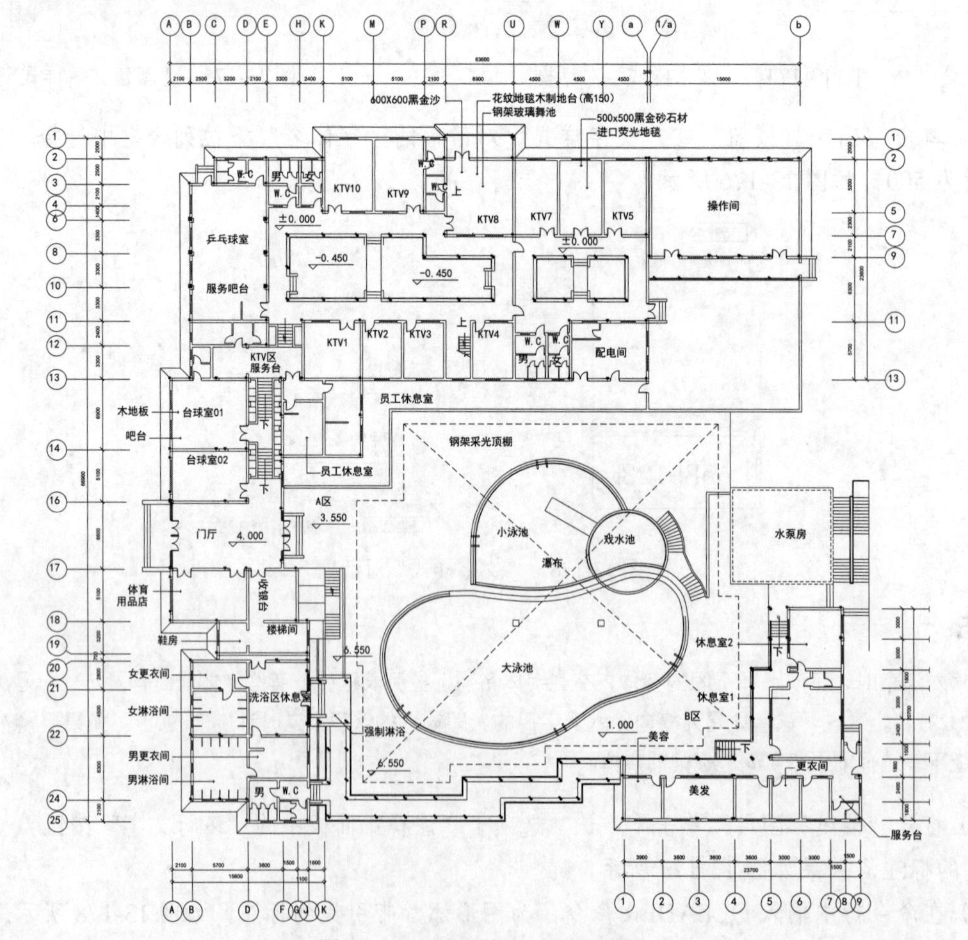

图 13-179　洗浴中心一层平面图

思路点拨：

源文件：源文件\第 13 章\洗浴中心一层平面图.dwg

（1）设置基本参数。

（2）绘制轴线。

（3）绘制及布置墙体柱子。

（4）绘制墙线、门窗。

（5）绘制台阶、楼梯。

（6）绘制戏水池、雨棚。

（7）标注尺寸。

（8）标注文字。

（9）添加标高。

13.2　三层中餐厅平面图的绘制

本实例中的三层中餐厅平面图与二层中餐厅平面图的构造基本相同，都包括中餐大厅、控制室、多个包房、工作备餐间大厅、电梯厅及茶室，如图 13-180 所示。其平面图的绘制可以在二层中餐厅平面图的基础上进行修改来完成，下面主要讲述三层中餐厅平面图的绘制方法。

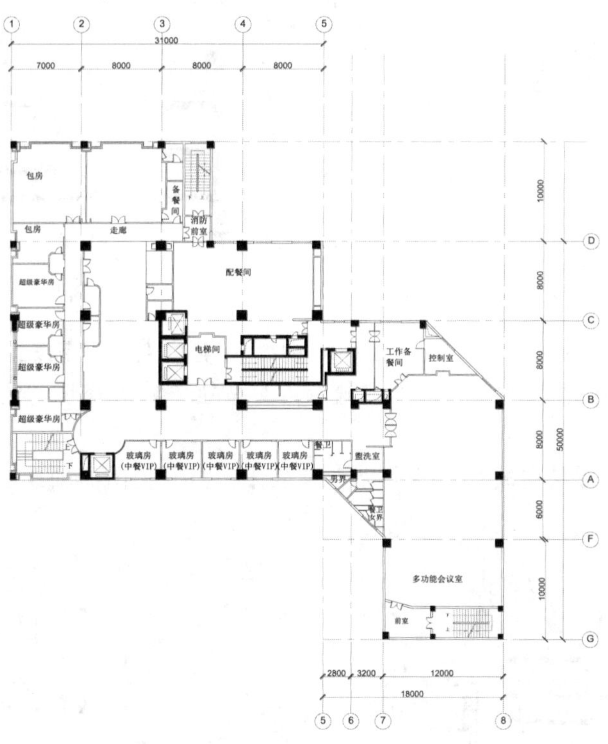

图 13-180　三层中餐厅平面图

源文件：源文件\第 13 章\三层中餐厅平面图.dwg

扫一扫，看视频

13.2.1 绘图准备

操作步骤

（1）打开源文件\第 13 章\二层中餐厅平面图.dwg 文件。

（2）选择菜单栏中的“文件”→“另存为”命令，将打开的“二层中餐厅平面图”另存为“三层中餐厅平面图”。

（3）单击“尺寸”“文字”及“轴线”图层中的“开/关图层”按钮，将图层关闭，如图 13-181 所示。

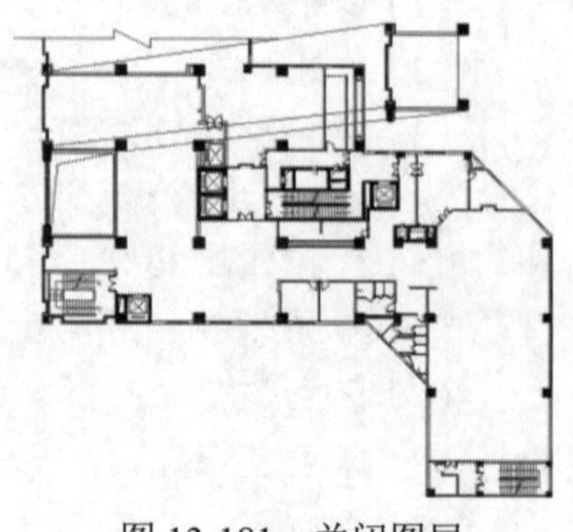
图 13-181 关闭图层

扫一扫，看视频

13.2.2 修改图形

操作步骤

（1）单击“默认”选项卡“修改”面板中的“删除”按钮，将平面图中多余部分墙线进行删除，如图 13-182 所示。

（2）将“墙体”设置为当前图层。单击“默认”选项卡“绘图”面板中的“直线”按钮，在墙线中绘制两条竖直直线，如图 13-183 所示。

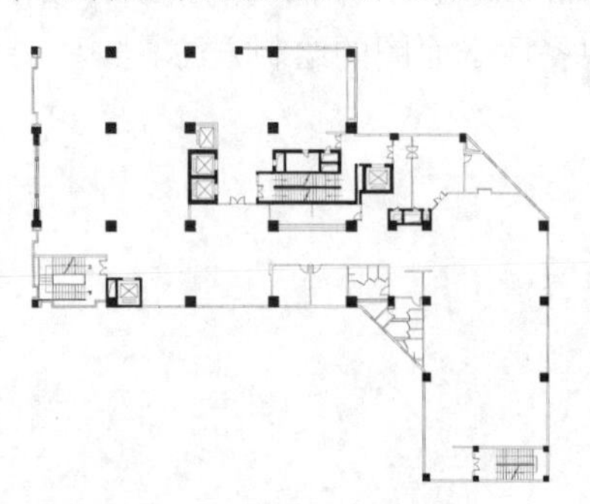
图 13-182 删除多余墙线

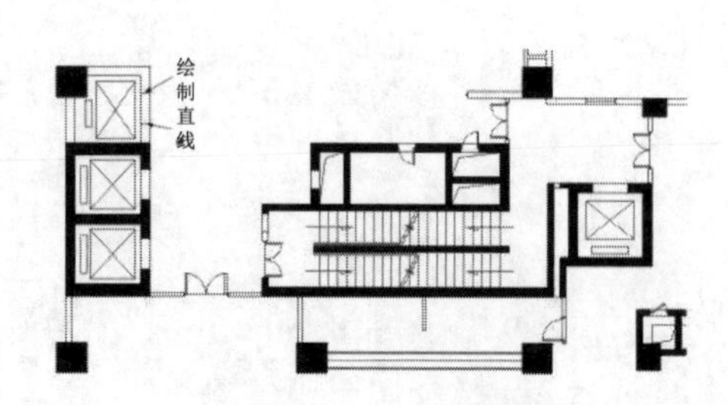

图 13-183 绘制墙线

（3）单击“默认”选项卡“绘图”面板中的“图案填充”按钮，系统打开“图案填充创建”选项卡，选择 SOLID 图案类型，单击“拾取点”按钮，选择填充区域，按 Enter 键完成图案填充，效果如图 13-184 所示。

（4）单击“轴线”图层中的“开/关图层”按钮，打开关闭的轴线层，如图 13-185 所示。

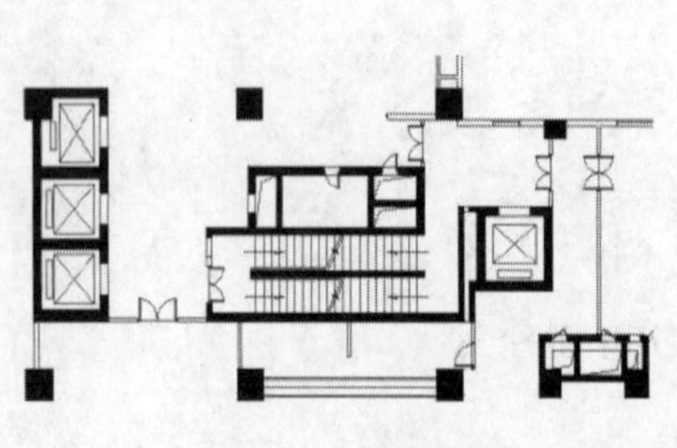
图 13-184 填充图案

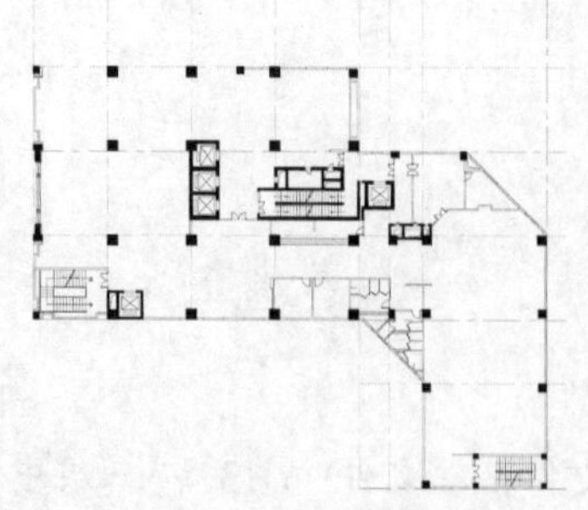
图 13-185 打开轴线

（5）单击“默认”选项卡“修改”面板中的“偏移”按钮⊆，选择最上边水平轴线为偏移对象向上偏移，偏移距离为 10000，如图 13-186 所示。

（6）单击“默认”选项卡“修改”面板中的“拉长”按钮╱，选择平面图中所有竖直轴线为拉长对象，向上拉长距离为 8000。命令行提示与操作如下：

```
命令：_LENGTHEN
选择对象或 [增量(DE)/百分数(P)/全部(T)/动态(DY)]: de
输入长度增量或 [角度(A)] <15000.0000>: 8000
选择要修改的对象或 [放弃(U)]:（选择竖直轴线）
选择要修改的对象或 [放弃(U)]: *取消*
```

绘制效果如图 13-187 所示。

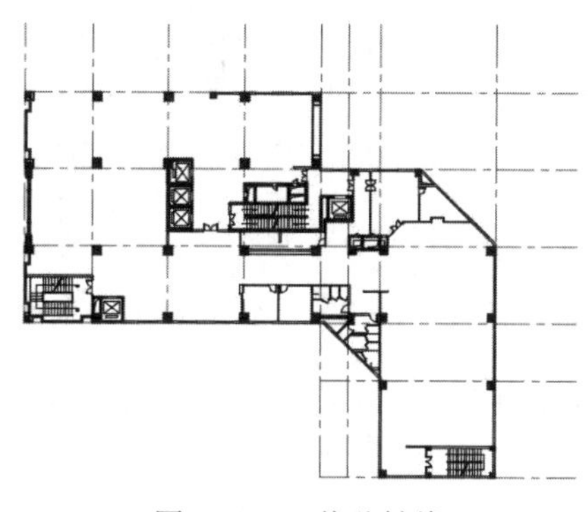

图 13-186　偏移轴线

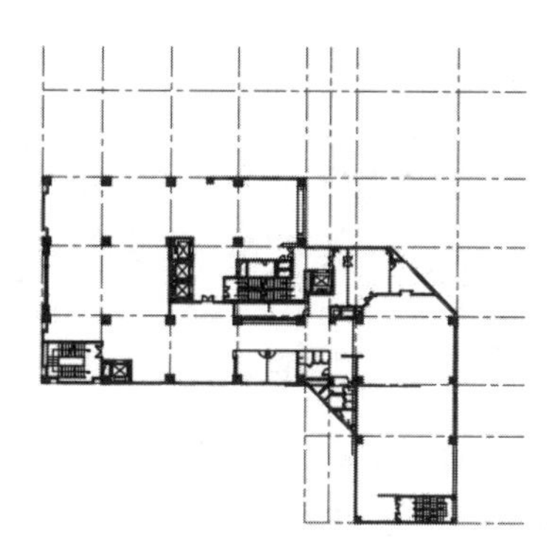

图 13-187　偏移轴线

13.2.3　绘制墙体

扫一扫，看视频

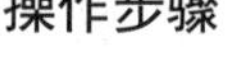

操作步骤

（1）单击“默认”选项卡“修改”面板中的“复制”按钮 ，选择平面图中已有的 700×600 和 700×700 的柱子进行复制，如图 13-188 所示。

（2）单击“默认”选项卡“修改”面板中的“删除”按钮 和“延伸”按钮 ，对部分墙线进行修整。

（3）选择菜单栏中的“绘图”→“多线”命令，将平面图中保留的 200 和 120 墙体的多线样式设为当前多线样式，分别绘制图形中的 200 和 120 的墙体，如图 13-189 所示。

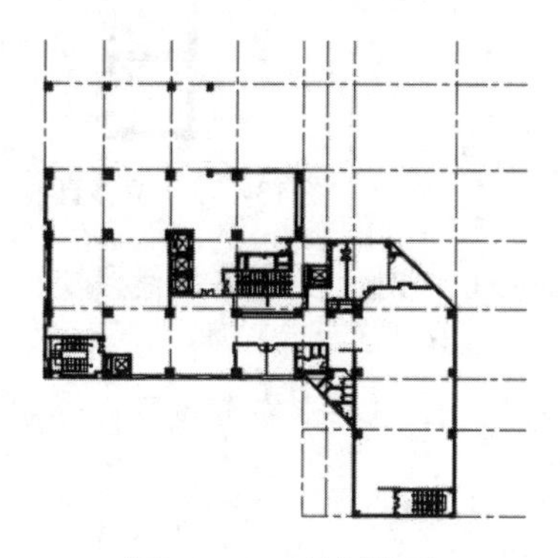

图 13-188　复制柱子

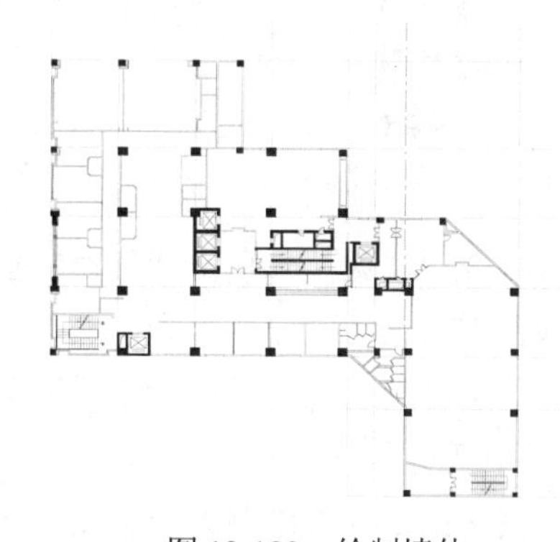

图 13-189　绘制墙体

（4）单击“默认”选项卡“绘图”面板中的“圆弧”按钮，在如图 13-190 所示的位置绘制一段圆弧。

（5）单击“默认”选项卡“修改”面板中的“偏移”按钮，选择上步绘制的圆弧为偏移对象向内进行偏移，偏移距离为 120，如图 13-191 所示。

（6）单击“默认”选项卡“修改”面板中的“修剪”按钮，对上步偏移的圆弧墙体进行修剪，如图 13-192 所示。

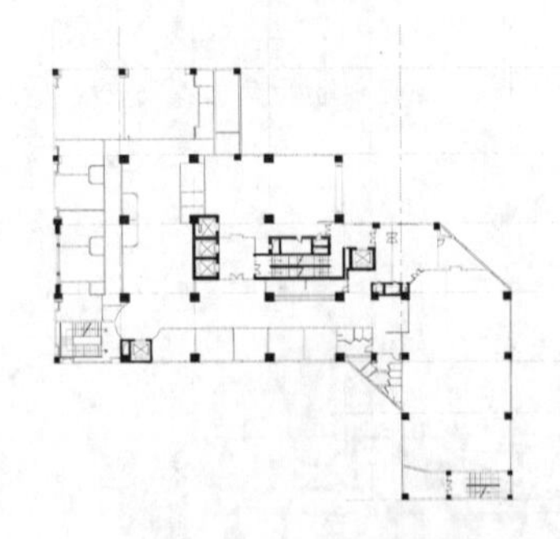

图 13-190　绘制圆弧

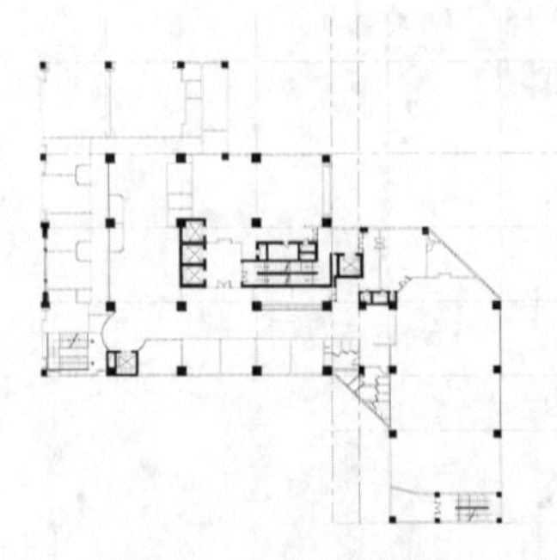

图 13-191　偏移圆弧

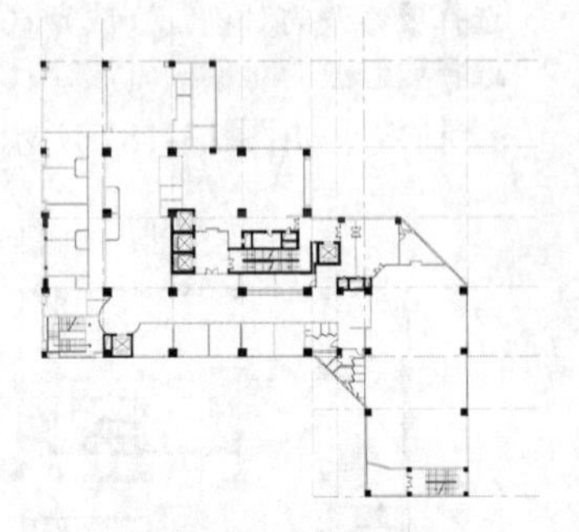

图 13-192　修剪墙体

（7）单击“默认”选项卡“绘图”面板中的“直线”按钮，在图形的适当位置绘制连续直线，如图 13-193 所示。

（8）单击“默认”选项卡“修改”面板中的“修剪”按钮，对上步绘制的连续直线内的多余线段进行修剪，如图 13-194 所示。

（9）单击“默认”选项卡“修改”面板中的“分解”按钮，分解矩形。

（10）单击“默认”选项卡“修改”面板中的“偏移”按钮，选择绘制的直线边向内偏移，偏移距离为 200，如图 13-195 所示。

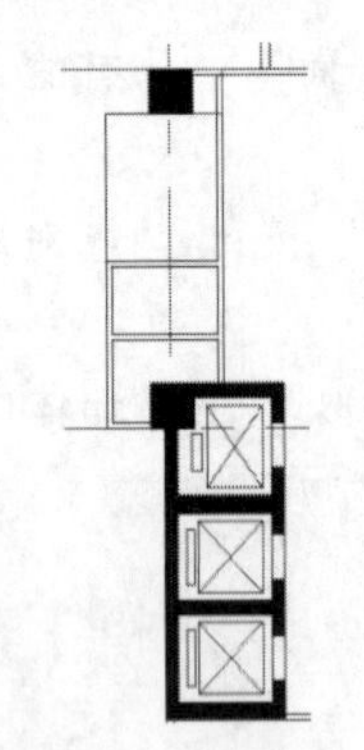

图 13-193　绘制直线

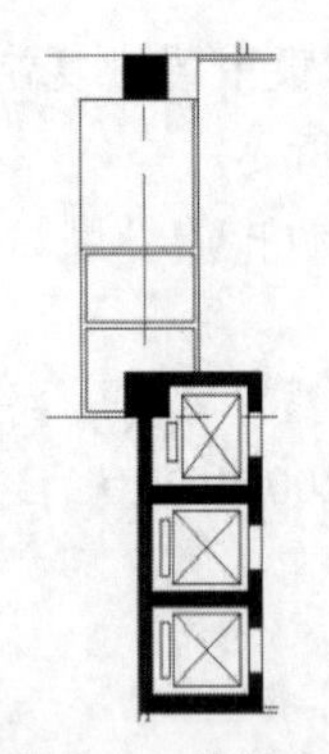

图 13-194　修剪直线

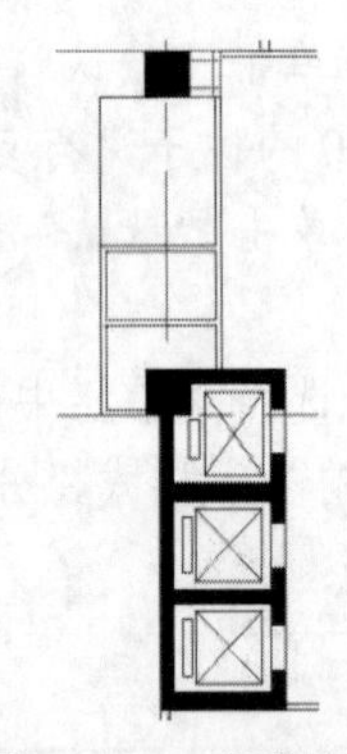

图 13-195　偏移直线

（11）单击“默认”选项卡“修改”面板中的“修剪”按钮，对上步偏移的线段交叉部分进行修剪，如图 13-196 所示。

（12）单击“默认”选项卡“绘图”面板中的“直线”按钮，在上步修剪线段内绘制连续直线，如图 13-197 所示。

（13）使用上述方法绘制另一侧相同图形，如图 13-198 所示。

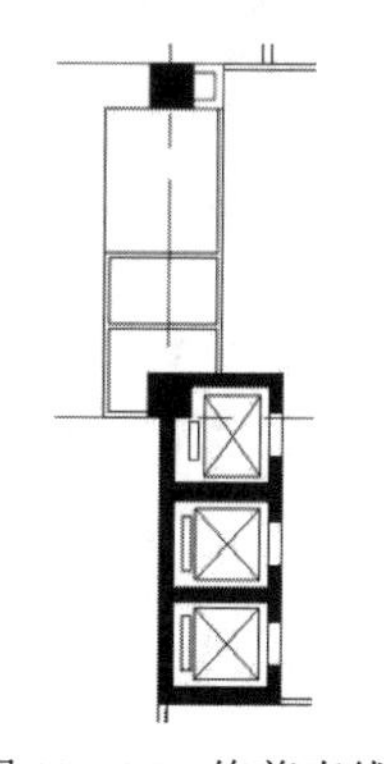

图 13-196　修剪直线

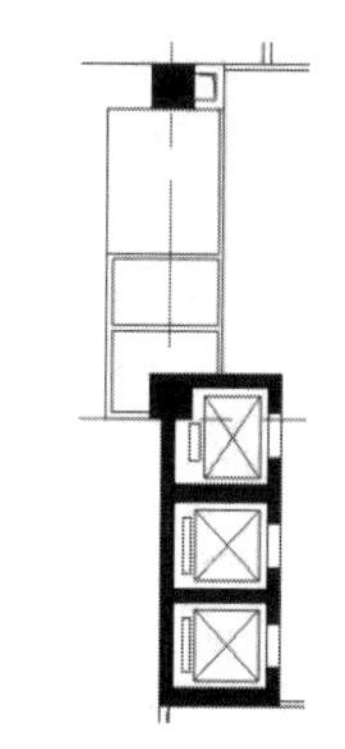

图 13-197　绘制直线

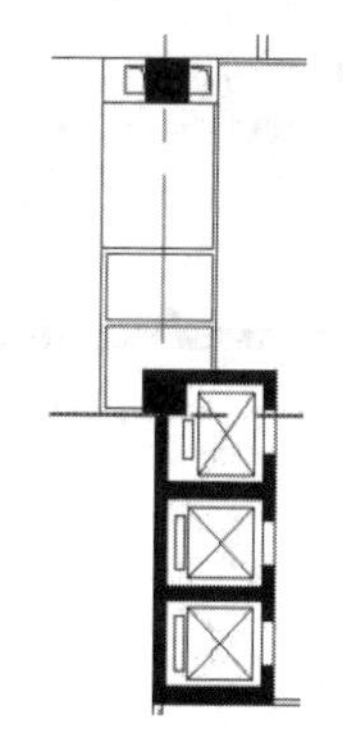

图 13-198　绘制图形

13.2.4　绘制门窗

扫一扫，看视频

操作步骤

（1）单击“默认”选项卡“绘图”面板中的“直线”按钮 ╱ 和“修改”面板中的“偏移”按钮 ⊆，绘制出门窗洞口线，如图 13-199 所示。

（2）单击“默认”选项卡“修改”面板中的“修剪”按钮 ✂，对上步绘制的洞口之间的线段进行修剪，如图 13-200 所示。

（3）单击“默认”选项卡“绘图”面板中的“直线”按钮 ╱，补充图形中缺少的直线，如图 13-201 所示。

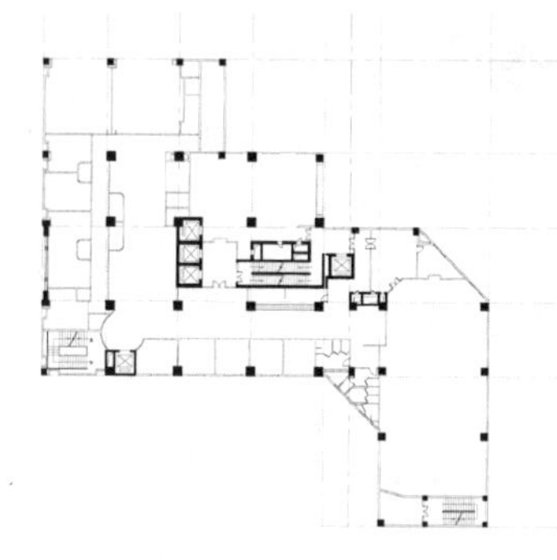

图 13-199　绘制窗线

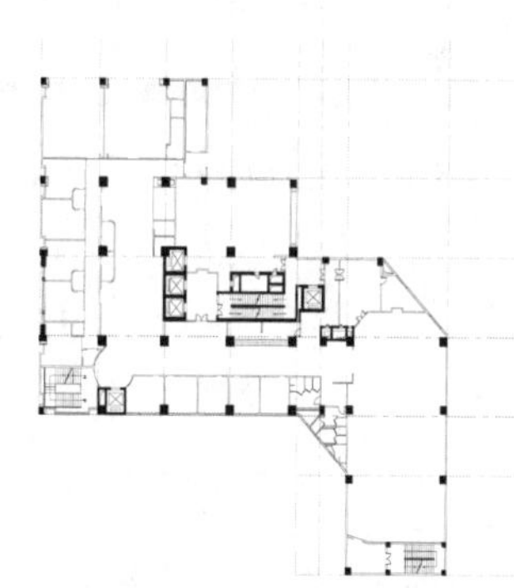

图 13-200　修剪洞口线

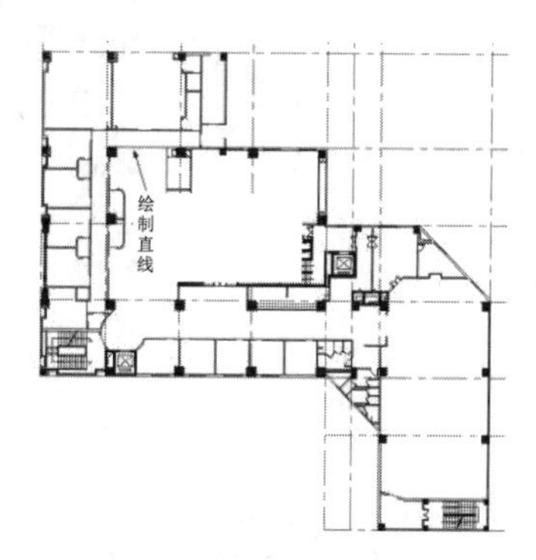

图 13-201　绘制直线

13.2.5　绘制补充窗线

扫一扫，看视频

操作步骤

（1）将“墙线”设置为当前图层。选择菜单栏中的“格式”→“多线样式”命令，打开“多线样式”对话框，如图 13-202 所示。

（2）在“多线样式”对话框中单击右侧的“新建”按钮，打开“创建新的多线样式”对话框。在“新样式名”文本框中输入“120 窗线”，作为多线的名称，如图 13-203 所示。单击“继续”按钮，打开“新建多线样式：120 窗线”对话框。

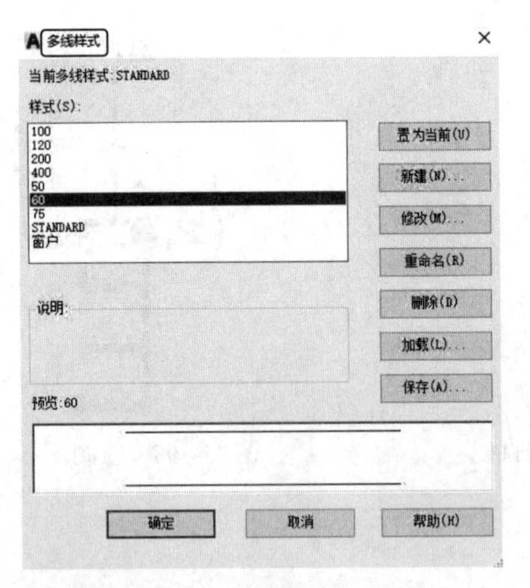

图 13-202 “多线样式”对话框

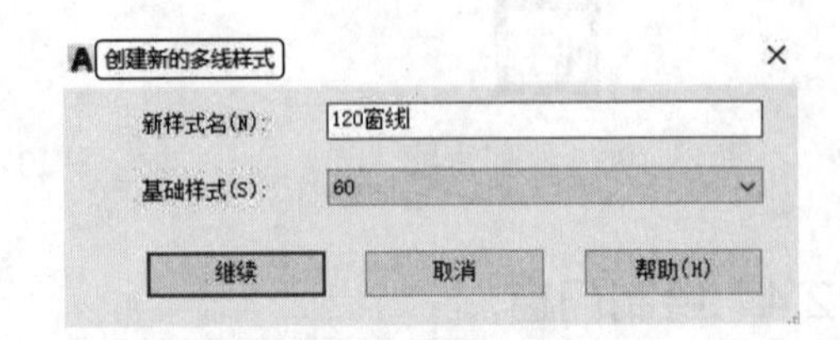

图 13-203 新建多线样式

（3）窗所在墙体宽度为 120，所以按照图 13-204 将偏移分别修改为 60 和-60，并选中左端封口选项栏中的“直线”后面的两个复选框，单击“确定”按钮，回到“多线样式”对话框中，如图 13-202 所示，单击“置为当前”按钮，将创建的多线样式设为当前多线样式，单击“确定”按钮，回到绘图状态。

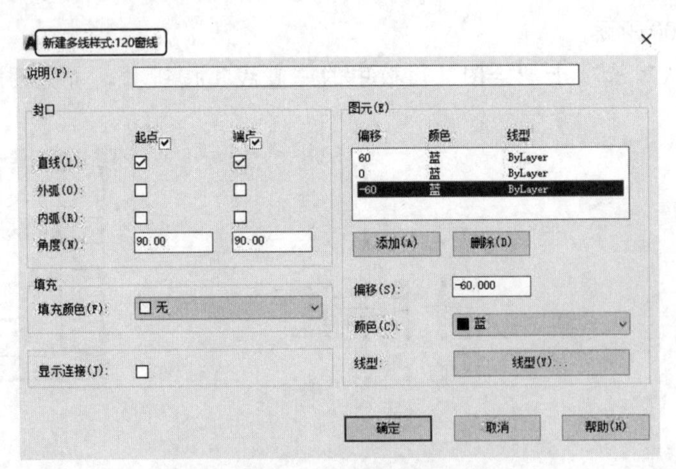

图 13-204 编辑新建多线样式

（4）选择菜单栏中的“绘图”→“多线”命令，设置多线比例为 1，绘制 120 厚墙体的窗线，如图 13-205 所示。

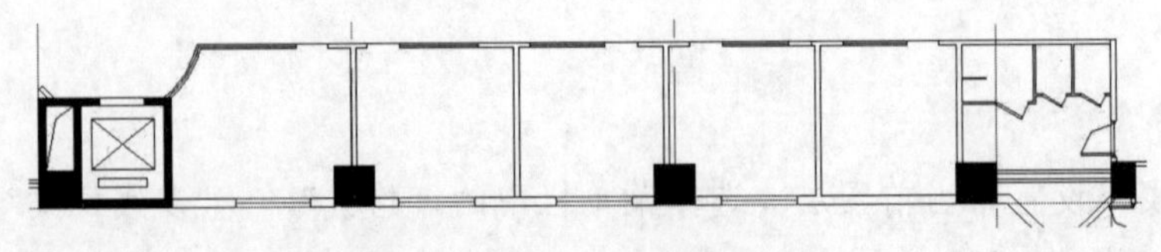

图 13-205 绘制 120 厚窗线

（5）选择菜单栏中的“格式”→“多线样式”命令，打开“多线样式”对话框，单击右侧的“新建”按钮，打开“创建新的多线样式”对话框。在“新样式名”文本框中输入“200 窗线”作为多线的名称。单击“继续”按钮，打开编辑多线的对话框。

（6）将偏移分别修改为 100 和-100，并选中左端封口选项栏中的“直线”后面的两个复选框，单击“确定”按钮，回到“多线样式”对话框中，单击“确定”按钮回到绘图状态。为图形添加窗线，如图 13-206 所示。

（7）使用 13.1.5 小节绘制门的方法绘制图形中的单扇门和双扇门图形，如图 13-207 所示。

（8）使用 13.1.6 小节的方法绘制楼梯，如图 13-208 所示。

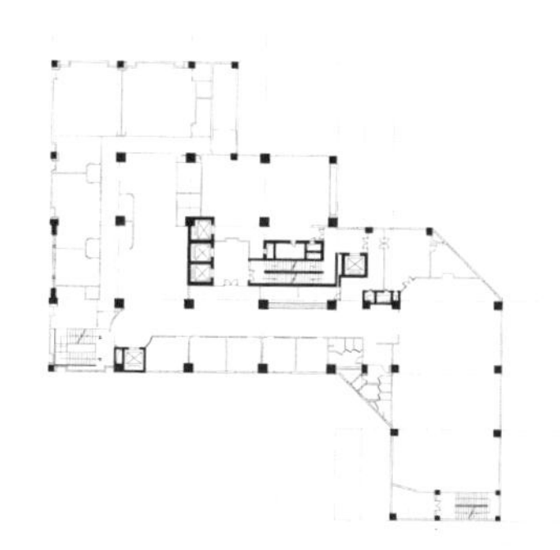

图 13-206　绘制 200 厚窗线

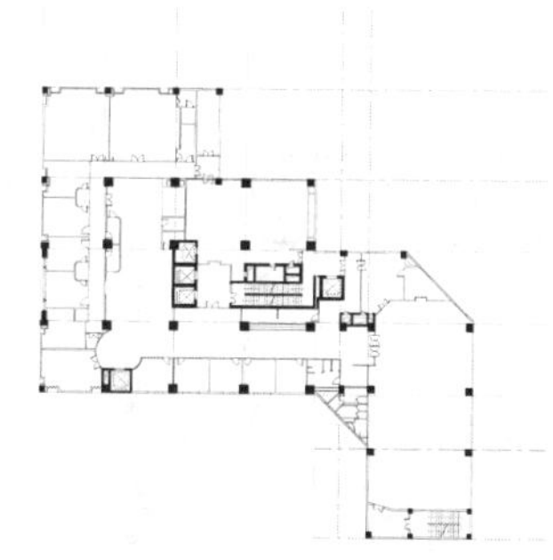

图 13-207　绘制门图形

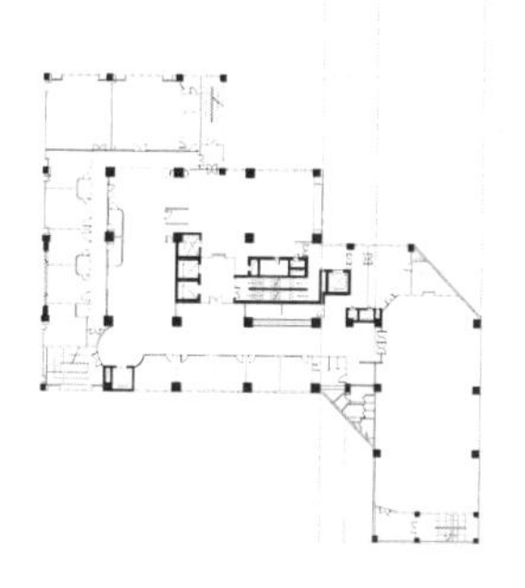

图 13-208　绘制楼梯

13.2.6　添加标注

扫一扫，看视频

操作步骤

（1）将“尺寸”置为当前图层，单击“注释”选项卡“标注”面板中的“线性标注”按钮和“连续标注”按钮，为图形标注第一道尺寸，如图 13-209 所示。

（2）单击“默认”选项卡“注释”面板中的“线性标注”按钮，为图形标注第二道总尺寸，如图 13-210 所示。

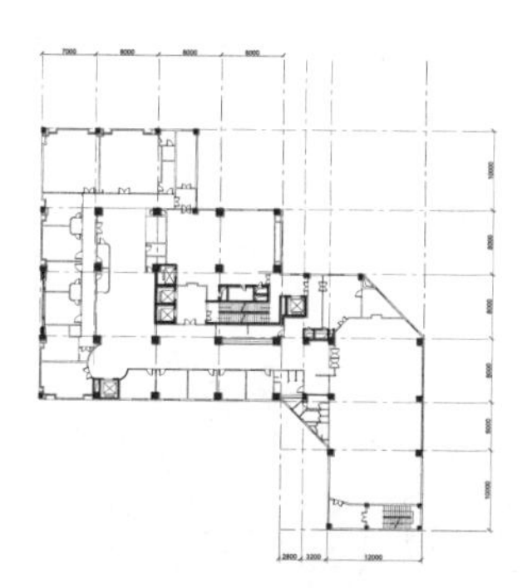

图 13-209　标注第一道尺寸

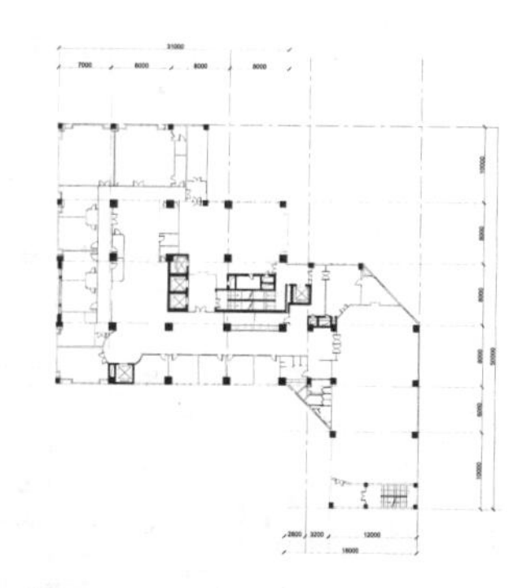

图 13-210　标注第二道总尺寸

（3）单击“默认”选项卡“修改”面板中的“分解”按钮，选取标注的总尺寸为分解对象，按 Enter 键进行分解。

（4）单击“默认”选项卡“绘图”面板中的“直线”按钮，分别在尺寸线上方绘制直线。

（5）单击“默认”选项卡“修改”面板中的“延伸”按钮，选取分解后的竖直尺寸标注线，向上延伸至绘制的水平直线。

（6）单击“默认”选项卡“修改”面板中的“删除”按钮，删除绘制的直线，效果如图 13-211 所示。

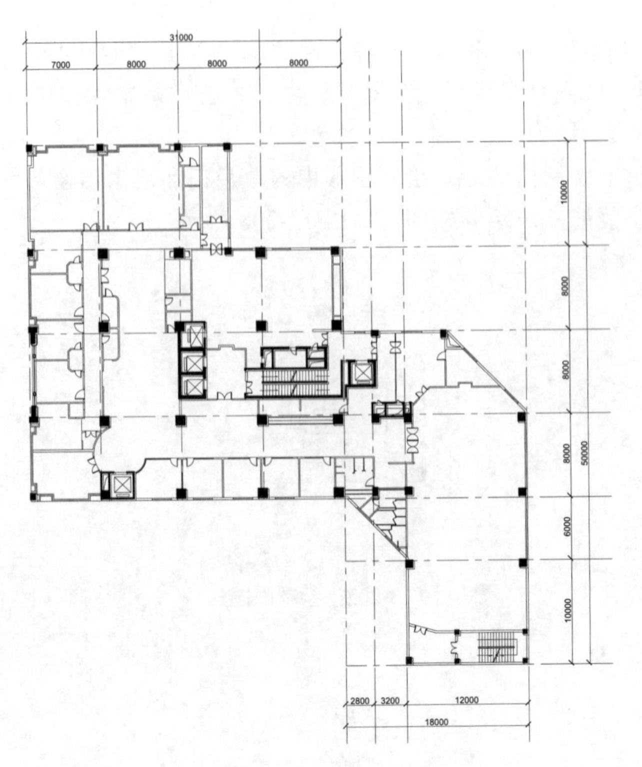

图 13-211　拉长轴线

（7）使用 13.1.9 小节添加轴号的方法为三层中餐厅平面图添加轴号，效果如图 13-212 所示。

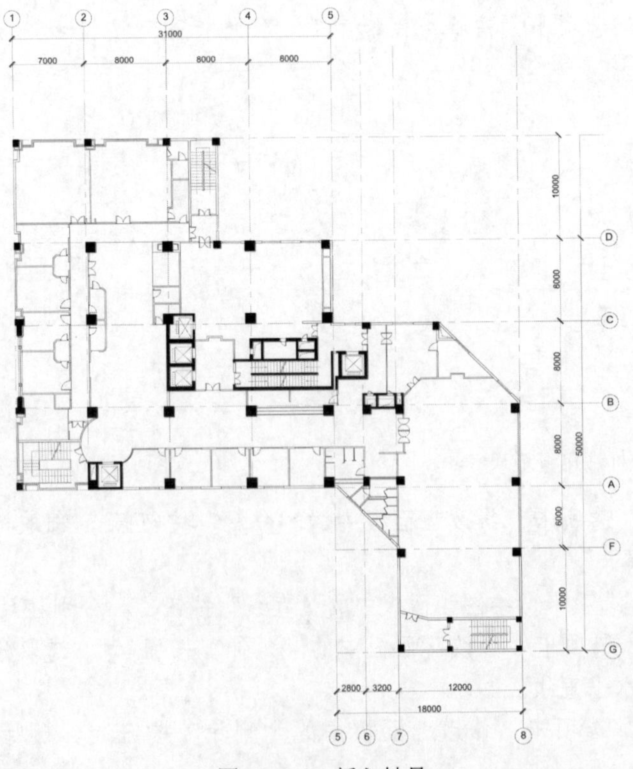

图 13-212　插入轴号

扫一扫，看视频

13.2.7 文字标注

操作步骤

将“文字”设置为当前图层，单击“注释”选项卡“文字”面板中的“多行文字”按钮 A，为图形添加文字说明。最终完成三楼中餐厅平面图的绘制，如图 13-180 所示。

动手练——洗浴中心二层平面图

绘制如图 13-213 所示的洗浴中心二层平面图。

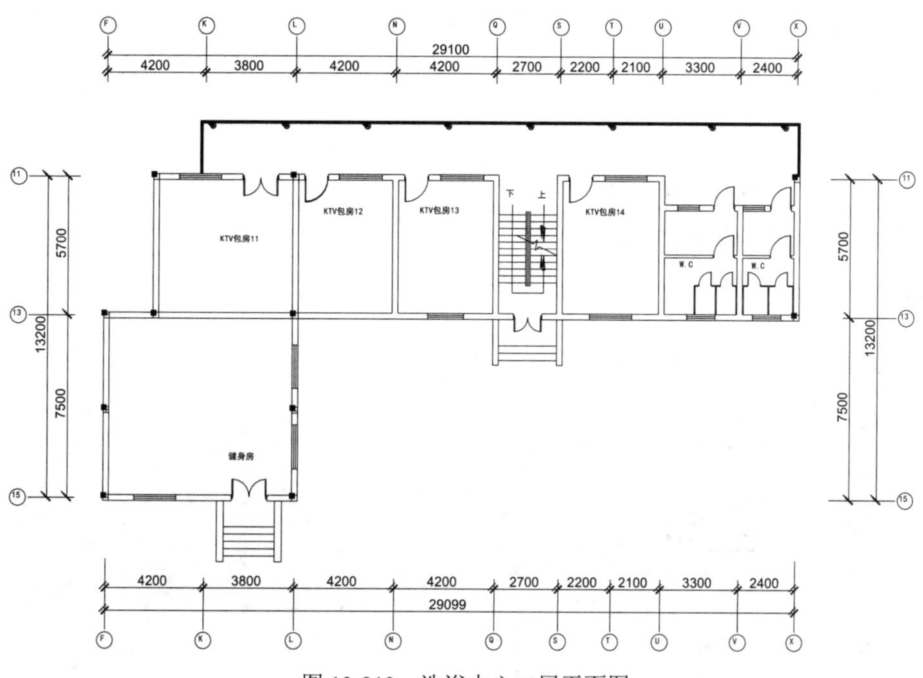

图 13-213 洗浴中心二层平面图

思路点拨：

源文件：源文件\第 13 章\洗浴中心二层平面图.dwg

（1）设置基本参数。

（2）绘制轴线。

（3）绘制及布置墙体柱子。

（4）绘制门窗。

（5）绘制楼梯。

（6）标注尺寸。

（7）标注文字。

第 14 章　中餐厅装饰平面图的绘制

内容简介

装饰平面图是在建筑平面图基础上的深化和细化。装饰是室内设计的精髓所在，是对局部细节的雕琢和布置，最能体现室内设计的品位和格调。餐厅是酒店重要的公共活动场所，布置好餐厅，既能创造一个舒适的就餐环境，也能使酒店档次增色不少。本章主要讲解中餐厅装饰平面图的绘制方法。

内容要点

- 二层中餐厅装饰平面图的绘制
- 三层中餐厅装饰平面图的绘制

案例效果

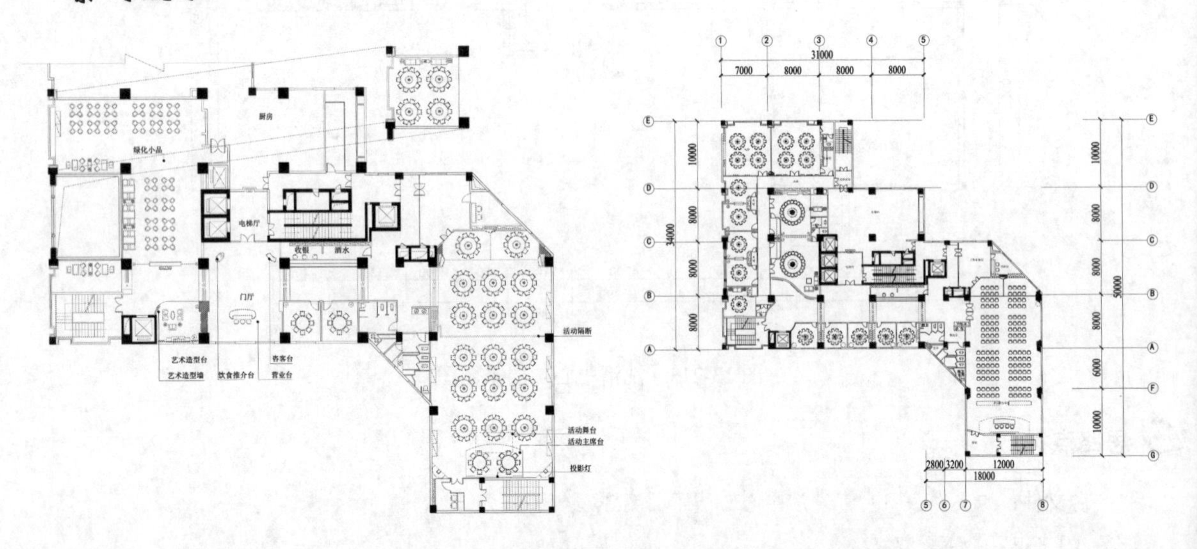

14.1　二层中餐厅装饰平面图的绘制

中餐厅的装饰设计主要包括桌、椅、条案、柜子等基本元素，通过对餐厅整体布局的把握，传达出对现在生活的重视和对过往的怀恋。本节主要讲述二层中餐厅装饰平面图的绘制方法，绘制效果如图 14-1 所示。

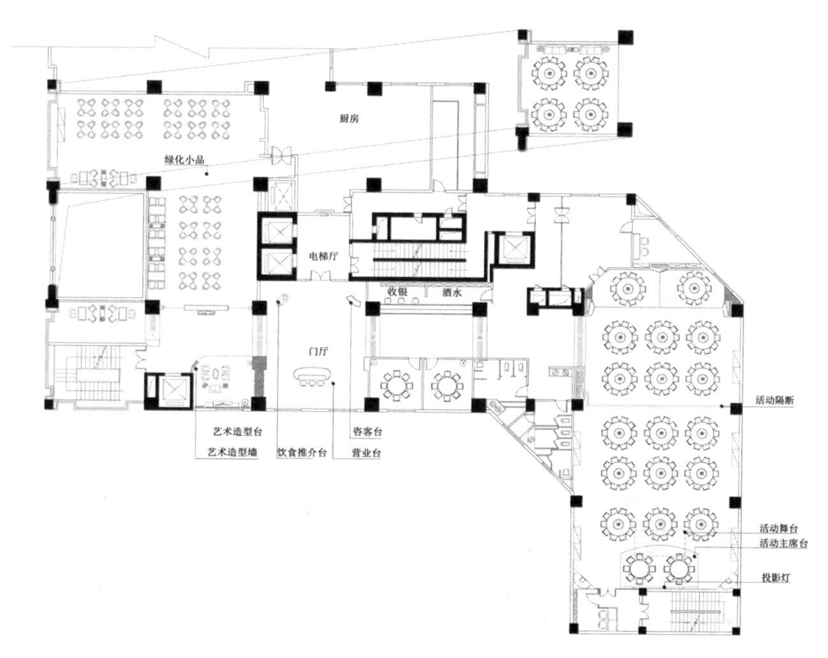

图 14-1　二层中餐厅装饰平面图

源文件：源文件\第 14 章\二层中餐厅装饰平面图.dwg

扫一扫，看视频

14.1.1　绘图准备

操作步骤

（1）打开源文件\第 13 章\二层中餐厅平面图.dwg 文件。

（2）选择菜单栏中的“文件”→“另存为”命令，将打开的“二层中餐厅平面图”另存为“二层中餐厅装饰平面图”。

（3）单击“尺寸”及“轴线”等图形中不需要的图层，选择“开/关图层”按钮，将图层关闭，如图 14-2 所示。

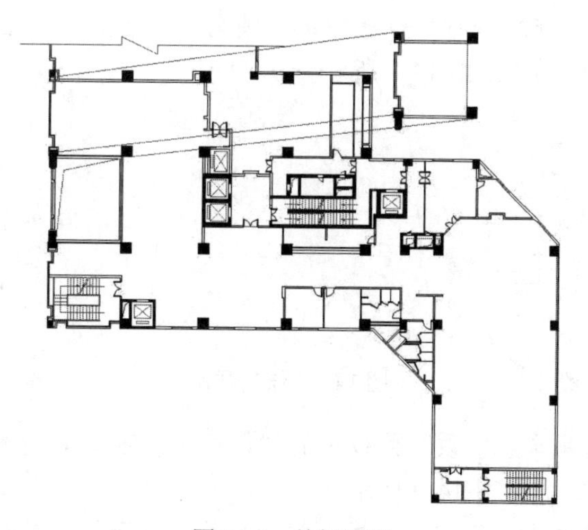

图 14-2　关闭图层

扫一扫，看视频

14.1.2 绘制家具图块

操作步骤

1. 绘制十人桌椅

（1）单击“默认”选项卡“图层”面板中的“图层特性”按钮，弹出“图层特性管理器”选项板，新建“家具”图层并将其定义为当前图层，如图 14-3 所示。

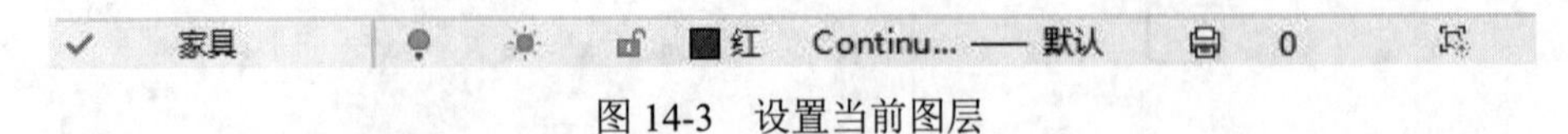

图 14-3 设置当前图层

（2）单击“默认”选项卡“绘图”面板中的“圆”按钮，任选一点为圆心，在图形的适当位置绘制一个半径为 331 的圆，如图 14-4 所示。

（3）单击“默认”选项卡“修改”面板中的“偏移”按钮，选择上步绘制的圆为偏移对象，向外侧进行偏移，偏移距离为 38、454、28，完成圆形餐桌的绘制，如图 14-5 所示。

图 14-4 绘制圆　　　　图 14-5 偏移圆

（4）单击“默认”选项卡“绘图”面板中的“直线”按钮，在图形的空白区域分别绘制两条长为 342 的斜向直线，如图 14-6 所示。

（5）单击“默认”选项卡“绘图”面板中的“圆弧”按钮，以上步绘制的左端直线上端点为圆弧起点，右端直线上端点为圆弧终点绘制圆弧，如图 14-7 所示。

（6）单击“默认”选项卡“修改”面板中的“圆角”按钮，对上步绘制的圆弧和两条斜线进行圆角处理，圆角半径为 16，如图 14-8 所示。

图 14-6 绘制两条斜向直线　　　　图 14-7 绘制圆弧　　　　图 14-8 进行圆角处理

（7）单击“默认”选项卡“修改”面板中的“偏移”按钮，选择两斜线为偏移对象，并分别向外偏移，偏移距离为 26，如图 14-9 所示。

（8）单击“默认”选项卡“修改”面板中的“拉长”按钮，选择上步偏移的两条直线为拉长对象，向上拉长 30，如图 14-10 所示。

（9）单击“默认”选项卡“绘图”面板中的“圆弧”按钮，连接上步两拉长直线绘制圆弧，如图 14-11 所示。

图 14-9 偏移线段　　图 14-10 拉长线段　　图 14-11 绘制圆弧

（10）单击“默认”选项卡“绘图”面板中的“直线”按钮，在两段圆弧之间绘制一条水平直线，如图 14-12 所示。

（11）单击“默认”选项卡“修改”面板中的“偏移”按钮，选择上步绘制的直线并向上偏移，偏移距离为 30，效果如图 14-13 所示。

（12）单击“默认”选项卡“绘图”面板中的“圆”按钮，在上步偏移的线段左右端分别绘制两个相同大小的圆，如图 14-14 所示。

图 14-12 绘制直线　　图 14-13 偏移直线　　图 14-14 绘制圆

（13）单击“默认”选项卡“块”面板中的“创建”按钮，弹出“块定义”对话框，如图 14-15 所示。选择上步图形为定义对象，选择任意点为基点，将其定义为块，块名为“椅子”，如图 14-16 所示。

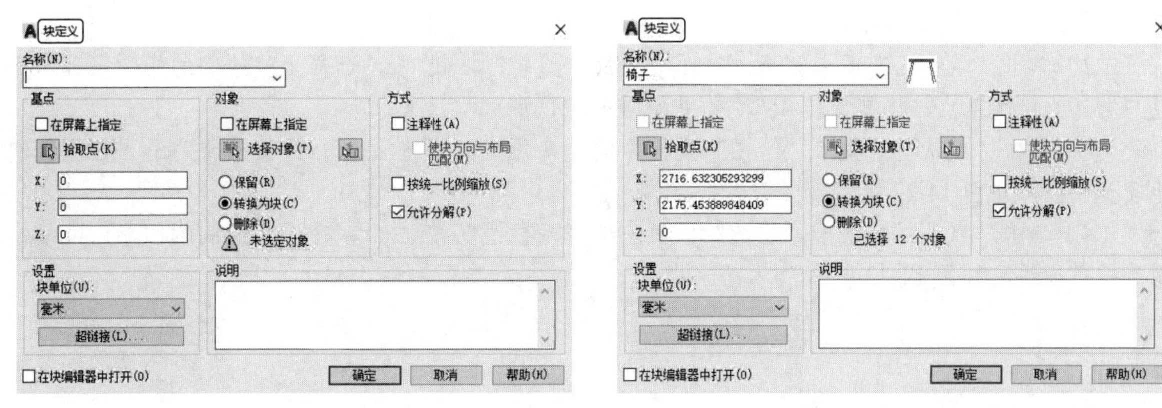

图 14-15 “块定义”对话框　　图 14-16 定义椅子图块

（14）单击“默认”选项卡“修改”面板中的“旋转”按钮，选择定义的椅子图块为旋转对象，在椅子图块上选择一点为旋转基点，并将其旋转适当的角度，单击“默认”选项卡“修改”面板中的“移动”按钮✥，选择椅子图形为移动对象并将其放置到圆形餐桌前，如图 14-17 所示。

（15）单击“默认”选项卡“修改”面板中的“环形阵列”按钮，选择上步旋转的椅子图形为阵列对象，并进行圆周阵列，命令行提示与操作如下：

```
命令: _ARRAYPOLAR
选择对象：指定对角点：找到 1 个
类型 = 极轴  关联 = 是
指定阵列的中心点或 [基点(B)/旋转轴(A)]:
选择夹点以编辑阵列或 [关联(AS)/基点(B)/项目(I)/项目间角度(A)/填充角度(F)/行(ROW)/层(L)/旋转项目(ROT)/退出(X)] <退出>: i
输入阵列中的项目数或 [表达式(E)] <6>: 10
选择夹点以编辑阵列或 [关联(AS)/基点(B)/项目(I)/项目间角度(A)/填充角度(F)/行(ROW)/层(L)/旋转项目(ROT)/退出(X)] <退出>: a
指定项目间的角度或 [表达式(EX)] <36>: 36
选择夹点以编辑阵列或 [关联(AS)/基点(B)/项目(I)/项目间角度(A)/填充角度(F)/行(ROW)/层(L)/旋转项目(ROT)/退出(X)] <退出>:
```

（16）单击“默认”选项卡“绘图”面板中的“直线”按钮╱，在桌子中心绘制装饰物，最终完成十人桌椅的绘制，如图 14-18 所示。

（17）单击“默认”选项卡“块”面板中的“创建”按钮，在上步绘制的图形上任意选一点为定义基点，选择上步所有图形为定义对象，将其定义为块，块名为“十人桌椅”。

（18）使用上述方法绘制八人桌椅，并将其定义为块，如图 14-19 所示。

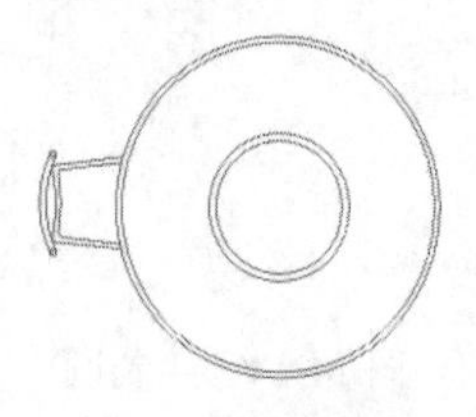

图 14-17 移动图形

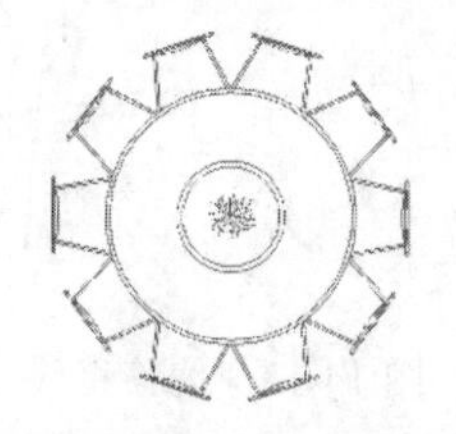

图 14-18 十人桌椅

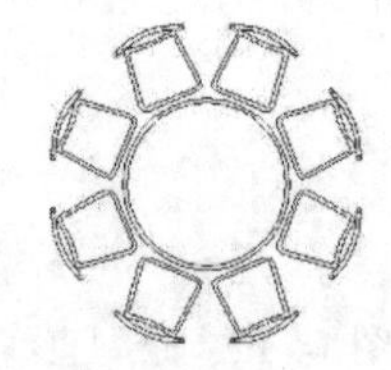

图 14-19 绘制八人桌椅

2. 绘制四人桌椅 1

（1）单击“默认”选项卡“绘图”面板中的“矩形”按钮□，在图形的适当位置绘制一个 500×500 的矩形，如图 14-20 所示。

（2）单击“默认”选项卡“修改”面板中的“旋转”按钮↻，选择上步绘制的矩形下部水平边左端点为旋转基点，将其旋转 45°，效果如图 14-21 所示。

（3）单击“默认”选项卡“绘图”面板中的“多段线”按钮，在绘图区域的适当位置绘制连续多段线，如图 14-22 所示。

（4）单击“默认”选项卡“绘图”面板中的“多段线”按钮，在上步绘制的图形内继续绘制连续多段线，如图 14-23 所示。

图 14-20 绘制矩形

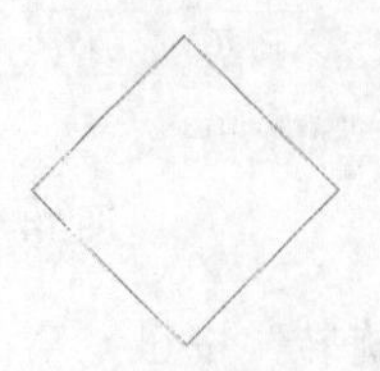

图 14-21 旋转矩形

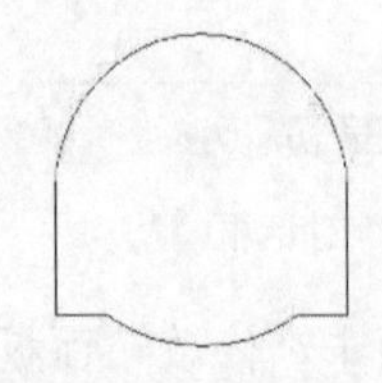

图 14-22 绘制多段线 1

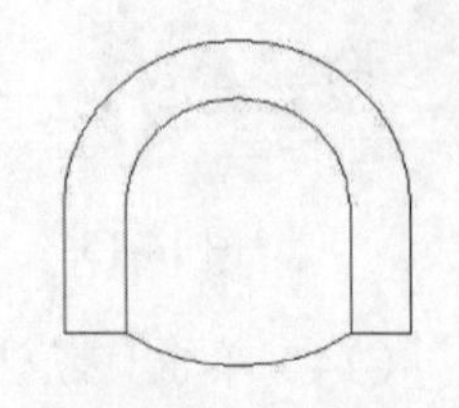

图 14-23 绘制多段线 2

（5）单击“默认”选项卡“绘图”面板中的“圆弧”按钮，在上步绘制的多段线内绘制一段适当半径的圆弧，如图14-24所示。

（6）单击“默认”选项卡“块”面板中的“创建”按钮，在上步绘制的图形上任意选一点为定义基点，选择上步所有图形为定义对象，将其定义为块，块名为“单人座椅”。

（7）单击“默认”选项卡“修改”面板中的“旋转”按钮，选择上步定义为块的单人座椅图形为旋转对象，选择单人座椅底部的圆弧中点为旋转基点，将其旋转45°，如图14-25所示。

（8）单击“默认”选项卡“修改”面板中的“移动”按钮，选择上步旋转后的椅子进行移动，将其移动到方形桌子处，如图14-26所示。

（9）单击“默认”选项卡“修改”面板中的“旋转”按钮和“镜像”按钮，完成四人桌椅的放置，如图14-27所示。

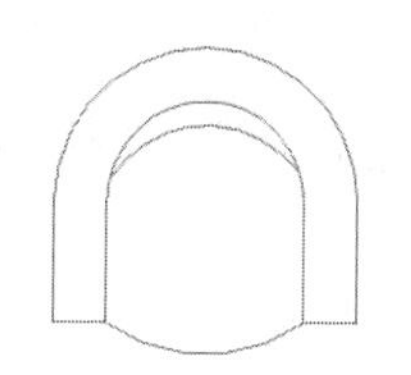

图14-24　绘制圆弧

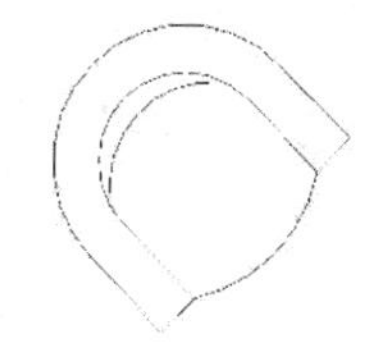

图14-25　旋转椅子

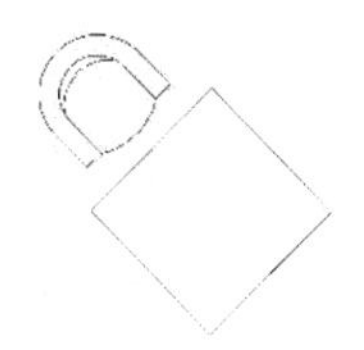

图14-26　移动椅子

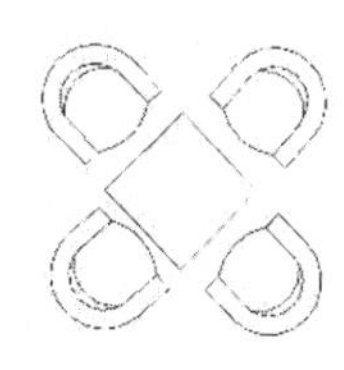

图14-27　镜像椅子

（10）单击“默认”选项卡“块”面板中的“创建”按钮，在上步绘制的图形上任意选一点为定义基点，选择上步所有图形为定义对象，将其定义为块，块名为“四人桌椅”。

3．绘制包房沙发

（1）单击“默认”选项卡“绘图”面板中的“直线”按钮，在图形的空白区域绘制连续直线，长度均为454，如图14-28所示。

（2）单击“默认”选项卡“修改”面板中的“圆角”按钮，选择竖直边和两水平边进行圆角处理，圆角半径为50，如图14-29所示。

（3）单击“默认”选项卡“修改”面板中的“偏移”按钮，选择上步圆角处理后的图形为偏移对象，并向外侧进行偏移，偏移距离为100，如图14-30所示。

（4）单击“默认”选项卡“绘图”面板中的“直线”按钮，封闭上步偏移线段的底部端口，如图14-31所示。

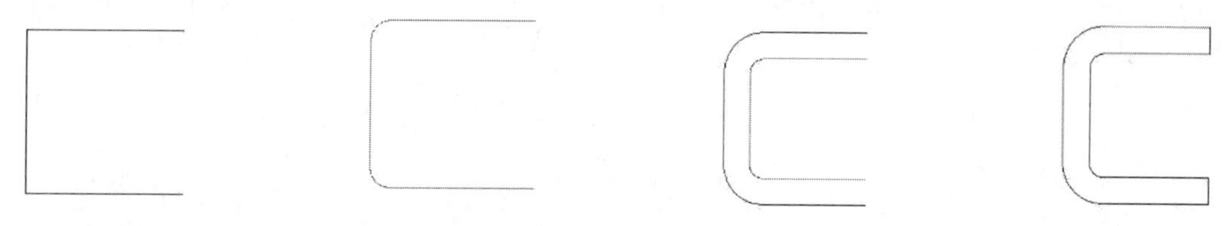

图14-28　绘制直线　　图14-29　圆角处理　　图14-30　偏移图形　　图14-31　绘制封闭直线

（5）单击“默认”选项卡“绘图”面板中的“直线”按钮，选择上步绘制的两直线中点为起点，绘制两条长度为70的水平线段，如图14-32所示。

（6）单击“默认”选项卡“绘图”面板中的“直线”按钮，连接上步绘制的两条水平直线，如图14-33所示。

（7）单击“默认”选项卡“修改”面板中的“圆角”按钮，对上步绘制的直线进行圆角操作，圆角半径为30，如图14-34所示。

（8）单击“默认”选项卡“块”面板中的“创建”按钮，在上步绘制的图形上任意选一点为定义基点，选择上步所有图形为定义对象，将其定义为块，块名为“单人沙发”。

（9）单击“默认”选项卡“修改”面板中的“复制”按钮和“镜像”按钮，选择已经绘制完成的图形进行复制和镜像操作，得到的效果如图14-35所示。

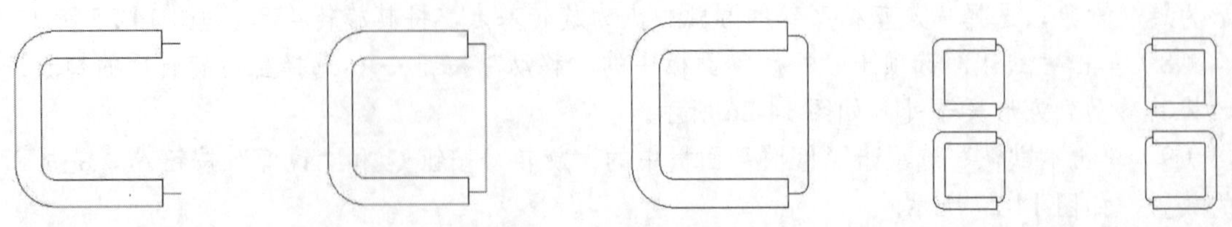

图14-32　绘制直线　　图14-33　绘制连接直线　　图14-34　圆角处理　　图14-35　复制镜像图形

（10）单击“默认”选项卡“绘图”面板中的“椭圆”按钮，在上步绘制的沙发之间绘制一个适当大小的椭圆，如图14-36所示。

（11）单击“默认”选项卡“修改”面板中的“偏移”按钮，选择上步绘制的椭圆为偏移对象，并向内进行偏移，偏移距离为50，如图14-37所示。

（12）单击“默认”选项卡“绘图”面板中的“圆”按钮，在左侧沙发图形的下侧任选一点为圆心，绘制一个半径为202的圆，如图14-38所示。

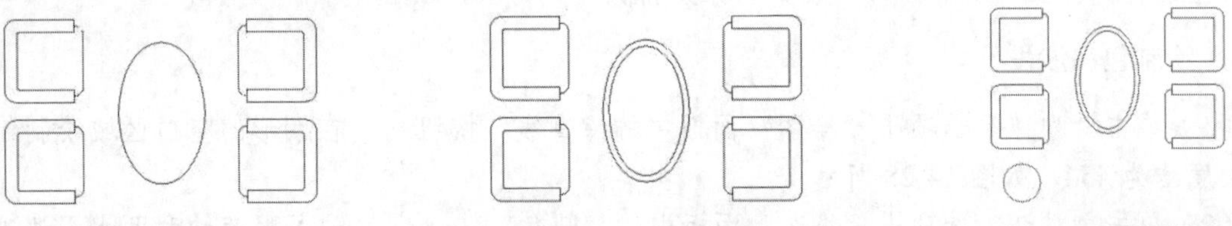

图14-36　绘制椭圆　　图14-37　偏移椭圆　　图14-38　绘制圆

（13）单击“默认”选项卡“修改”面板中的“偏移”按钮，选择上步绘制的圆，并向内偏移，偏移距离为77、20、54，如图14-39所示。

（14）单击“默认”选项卡“绘图”面板中的“直线”按钮，在上步偏移的圆内图形中绘制4段相等的直线，如图14-40所示。

（15）单击“默认”选项卡“修改”面板中的“复制”按钮，选择上步图形为复制对象，向右侧进行复制，如图14-41所示。

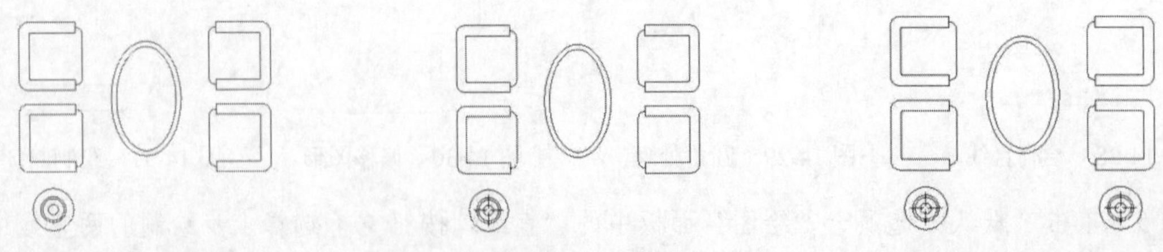

图14-39　偏移圆　　图14-40　绘制直线　　图14-41　复制图形

（16）单击“默认”选项卡“修改”面板中的“复制”按钮，选择前面绘制的单人沙发为复制对象，将其并排放置在适当位置。

（17）单击“默认”选项卡“修改”面板中的“删除”按钮，选择多余线段进行删除，如

图 14-42 所示。

（18）单击“默认”选项卡“修改”面板中的“镜像”按钮，选择上步删除线段后的图形为镜像对象，再选择图 14-43 所示的点 1 和点 2 为两个镜像点，进行镜像操作。

（19）单击“默认”选项卡“绘图”面板中的“直线”按钮，绘制上步图形断开处的连接线，如图 14-44 所示。

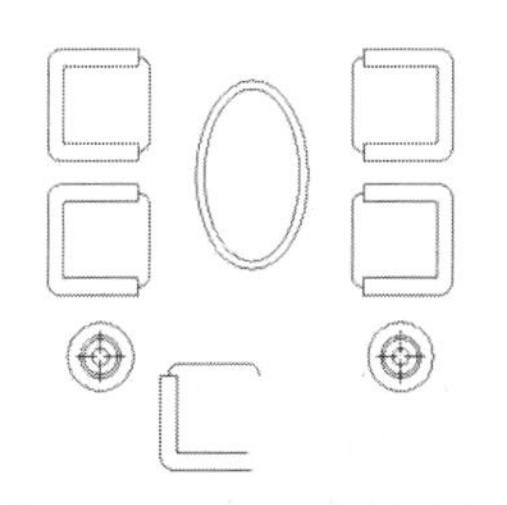

图 14-42　删除图形

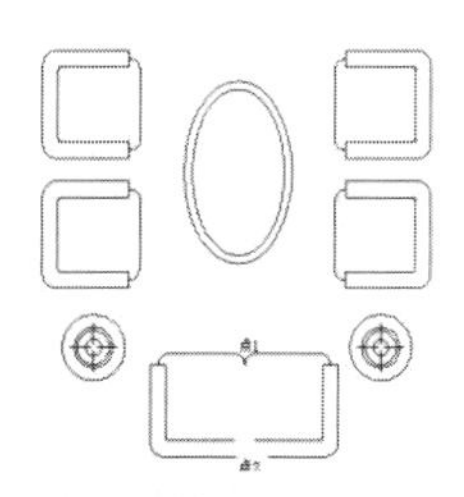

图 14-43　镜像图形

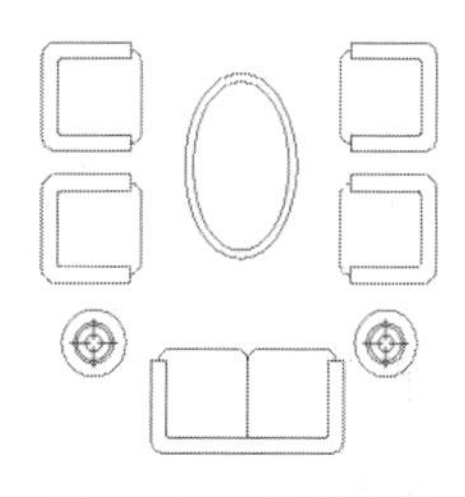

图 14-44　绘制直线

（20）单击“默认”选项卡“块”面板中的“创建”按钮，在上步绘制的图形上任意选一点为定义基点，选择上步所有图形为定义对象，将其定义为块，块名为“包房沙发”。

4．绘制四人桌椅 2

（1）单击“默认”选项卡“绘图”面板中的“矩形”按钮，在空白区域绘制一个 1200×700 的矩形，如图 14-45 所示。

（2）单击“默认”选项卡“修改”面板中的“偏移”按钮，选择上步绘制的矩形为偏移对象，并对其向内进行偏移，偏移距离为 50，如图 14-46 所示。

（3）单击“默认”选项卡“绘图”面板中的“圆弧”按钮，在图形的适当位置绘制两段相等的圆弧，如图 14-47 所示。

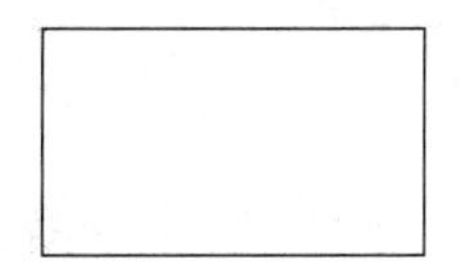

图 14-45　绘制矩形

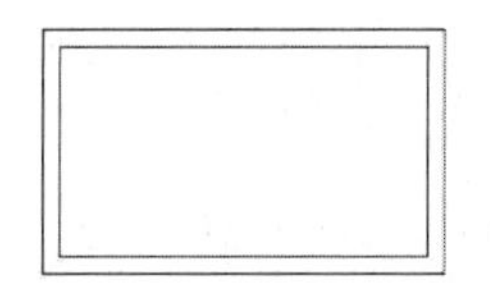

图 14-46　偏移矩形

图 14-47　绘制圆弧

（4）单击“默认”选项卡“绘图”面板中的“圆弧”按钮，绘制上步圆弧的封闭线，如图 14-48 所示。

（5）单击“默认”选项卡“绘图”面板中的“直线”按钮，在上步图形的下端绘制两条直线，如图 14-49 所示。

（6）单击“默认”选项卡“绘图”面板中的“椭圆”按钮，在上步图形的端口处绘制一个椭圆，如图 14-50 所示。

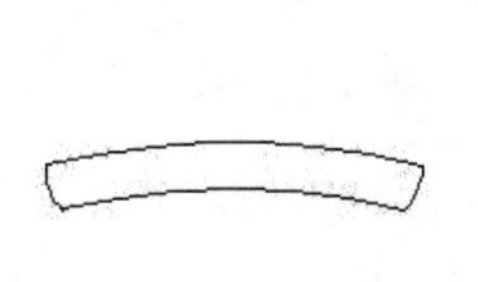

图 14-48　绘制圆弧

图 14-49　绘制连续直线

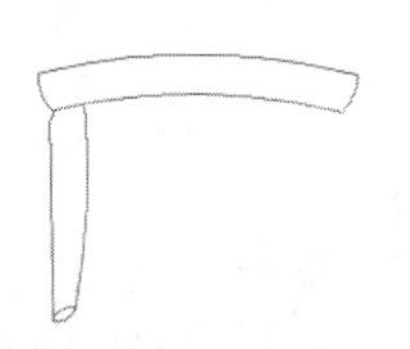

图 14-50　绘制椭圆

（7）单击“默认”选项卡“修改”面板中的“镜像”按钮⚠，选择左侧图形为镜像对象，在右侧生成镜像图形，如图 14-51 所示。单击“默认”选项卡“绘图”面板中的“直线”按钮╱，在上步图形下端绘制连续直线，如图 14-52 所示。

（8）单击“默认”选项卡“修改”面板中的“圆角”按钮⌈，对上步绘制的连续直线进行圆角处理，如图 14-53 所示。

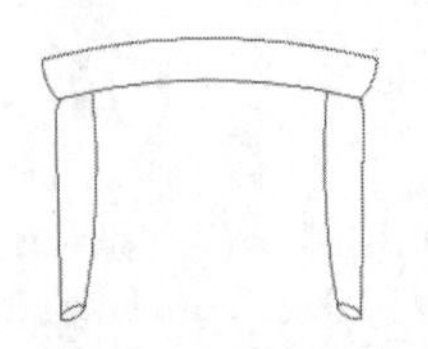

图 14-51　生成镜像图形

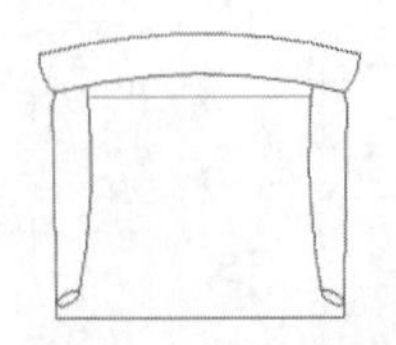

图 14-52　绘制直线

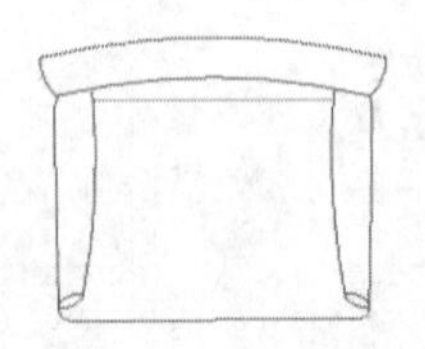

图 14-53　绘制图形

（9）单击“默认”选项卡“块”面板中的“创建”按钮，在上步绘制的图形上任意选一点为定义基点，选择上步所有图形为定义对象，将其定义为块，块名为“沙发 1”。

（10）单击“默认”选项卡“修改”面板中的“复制”按钮和“镜像”按钮⚠，选择上步定义的图块进行复制和镜像，如图 14-54 所示。

（11）单击“默认”选项卡“块”面板中的“创建”按钮，在上步绘制的图形上任意选一点为定义基点，选择上步所有图形为定义对象，将其定义为块，块名为“四人桌椅 2”。

（12）使用所学知识绘制“休息区沙发”图形，并将其定义为块，如图 14-55 所示。

（13）使用所学知识绘制图形中缺少的“单人转椅”图形，并将其定义为块，如图 14-56 所示。

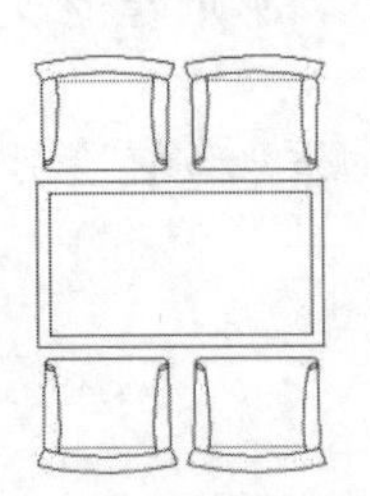

图 14-54　镜像图块

图 14-55　休息区沙发

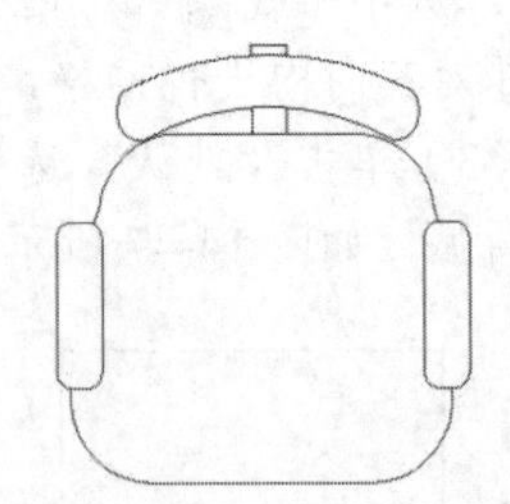

图 14-56　绘制单人转椅

5. 绘制装饰台

（1）单击“默认”选项卡“绘图”面板中的“矩形”按钮□，在适当的位置绘制一个 1200×350 的矩形，如图 14-57 所示。

（2）单击“默认”选项卡“修改”面板中的“偏移”按钮⊆，选择上步绘制的矩形向内侧进行偏移，偏移距离为 44，如图 14-58 所示。

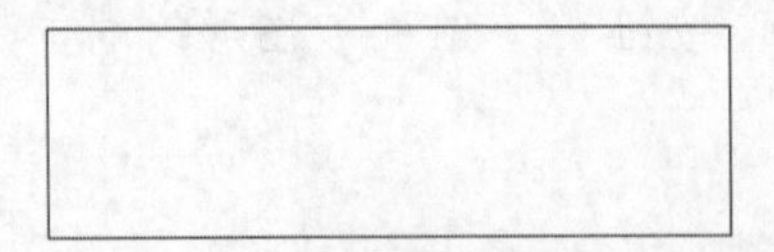

图 14-57　绘制矩形

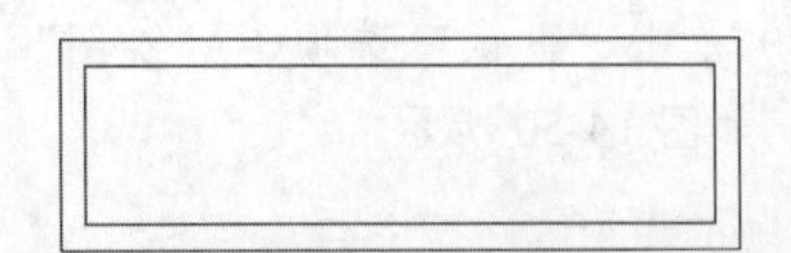

图 14-58　偏移矩形

（3）单击“默认”选项卡“绘图”面板中的“圆”按钮⊙，在上步偏移的矩形内绘制一个半径为 125 的圆，如图 14-59 所示。

（4）单击“默认”选项卡“修改”面板中的“偏移”按钮⊆，选择上步绘制的圆向内进行偏移，偏移距离为 20、54，如图 14-60 所示。

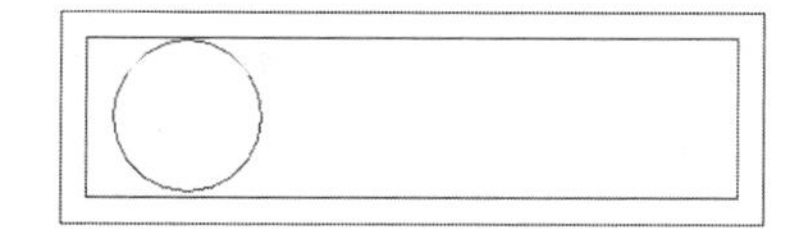

图 14-59　绘制圆

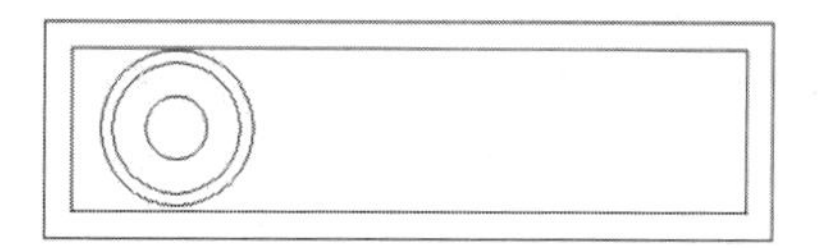

图 14-60　偏移圆

（5）单击“默认”选项卡“绘图”面板中的“直线”按钮，在上步偏移的圆内绘制 4 段相等的直线，如图 14-61 所示。

（6）单击“默认”选项卡“修改”面板中的“复制”按钮，选择上步绘制完成的图形进行复制，完成装饰台的绘制，如图 14-62 所示。

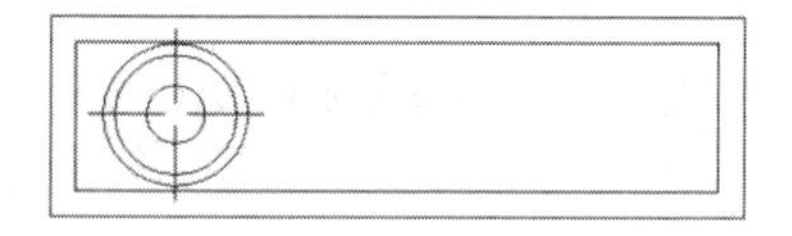

图 14-61　绘制直线

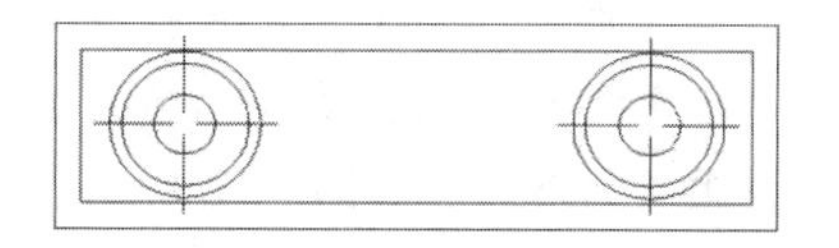

图 14-62　复制图形

（7）单击“默认”选项卡“块”面板中的“创建”按钮，在上步绘制的图形上任意选一点为定义基点，选择上步所有图形为定义对象，将其定义为块，块名为“装饰台”。

6. 绘制沙发和茶几

（1）单击“默认”选项卡“绘图”面板中的“直线”按钮和“圆弧”按钮，绘制沙发的外轮廓线，如图 14-63 所示。

（2）单击“默认”选项卡“修改”面板中的“圆角”按钮，选择上步绘制的图形进行圆角处理，圆角半径为 50，效果如图 14-64 所示。

（3）单击“默认”选项卡“修改”面板中的“偏移”按钮，选择两条竖直直线并向内进行偏移，偏移距离为 120，如图 14-65 所示。

图 14-63　绘制外轮廓线

图 14-64　圆角半径

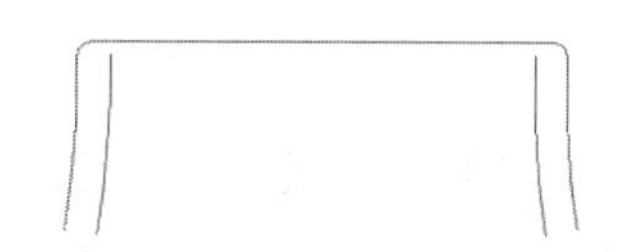

图 14-65　偏移线段

（4）单击“默认”选项卡“绘图”面板中的“圆弧”按钮，绘制如图 14-66 所示的圆弧。

（5）单击“默认”选项卡“修改”面板中的“修剪”按钮，对上步图形进行修剪，如图 14-67 所示。

（6）单击“默认”选项卡“绘图”面板中的“圆弧”按钮，封闭上步图形的底部端口，如图 14-68 所示。

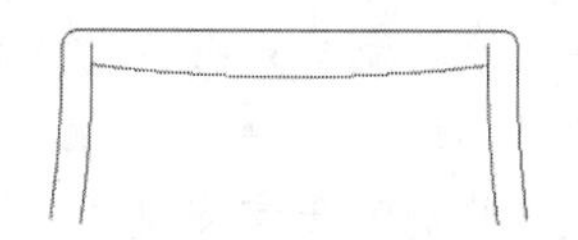

图 14-66　偏移线段

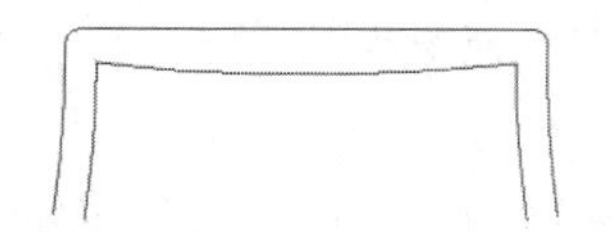

图 14-67　修剪线段

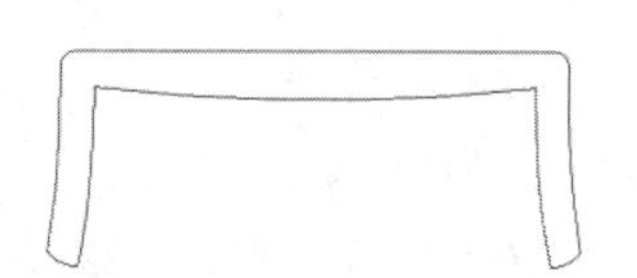

图 14-68　连接端口

（7）单击“默认”选项卡“绘图”面板中的“直线”按钮╱，绘制沙发底部的直线，如图 14-69 所示。

（8）单击“默认”选项卡“绘图”面板中的“直线”按钮╱，将上步绘制的水平直线三等分，如图 14-70 所示。

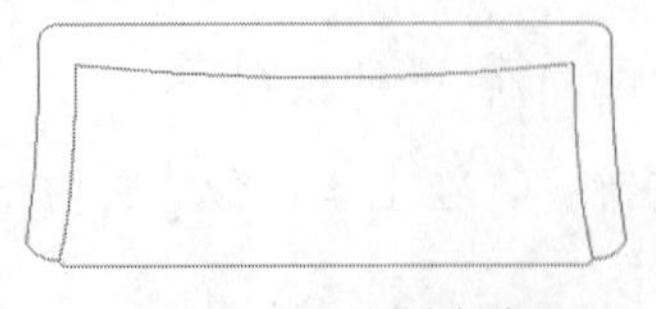

图 14-69　绘制直线

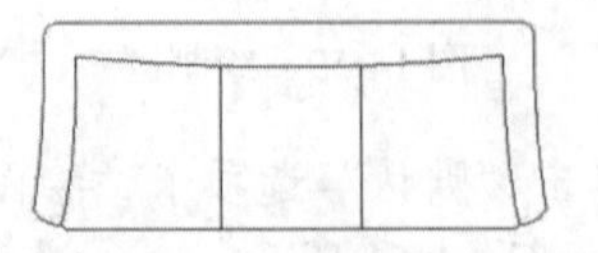

图 14-70　三等分直线

（9）单击“默认”选项卡“绘图”面板中的“矩形”按钮▭，在上步绘制的沙发旁边绘制一个 900×400 的矩形，如图 14-71 所示。

（10）单击“默认”选项卡“修改”面板中的“偏移”按钮⊆，选择上步绘制的矩形向内进行偏移，偏移距离为 50，如图 14-72 所示。

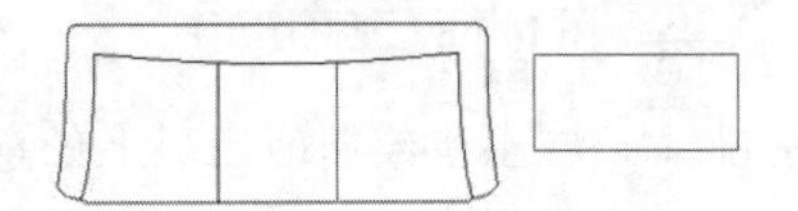

图 14-71　绘制矩形

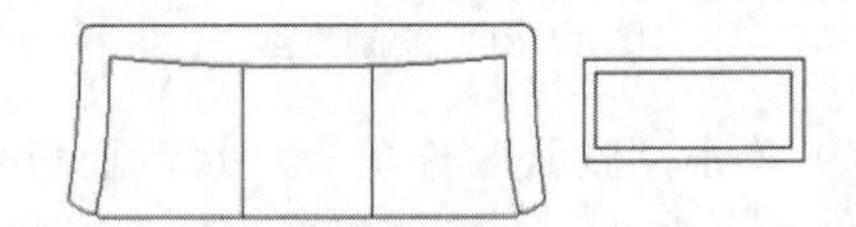

图 14-72　偏移矩形

（11）单击“默认”选项卡“修改”面板中的“镜像”按钮⚠，选择矩形两水平边中点为镜像点，镜像后的效果如图 14-73 所示。

（12）单击“默认”选项卡“绘图”面板中的“直线”按钮╱，绘制沙发与茶几的连接线，如图 14-74 所示。

图 14-73　镜像图形

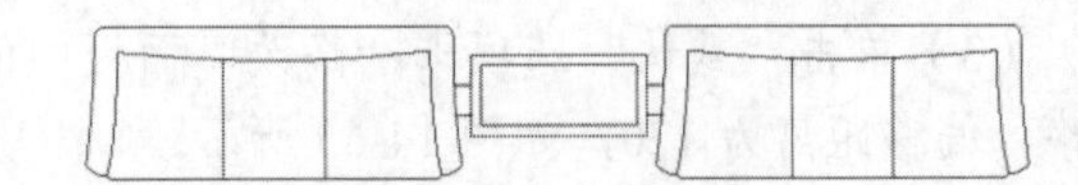

图 14-74　连接图形

（13）选择菜单栏中的“绘图”→“修订云线”命令，绘制茶几上的装饰图形，如图 14-75 所示。

（14）单击“默认”选项卡“绘图”面板中的“矩形”按钮▭，在沙发左侧绘制一个 500×500 的矩形，如图 14-76 所示。

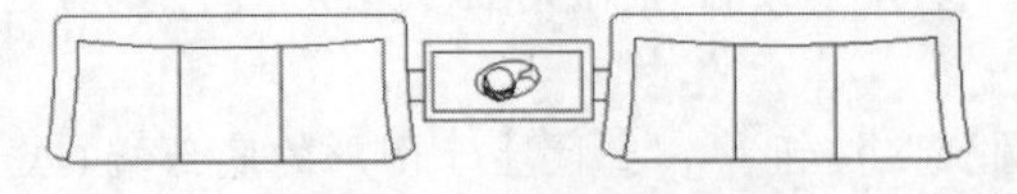

图 14-75　绘制装饰图形

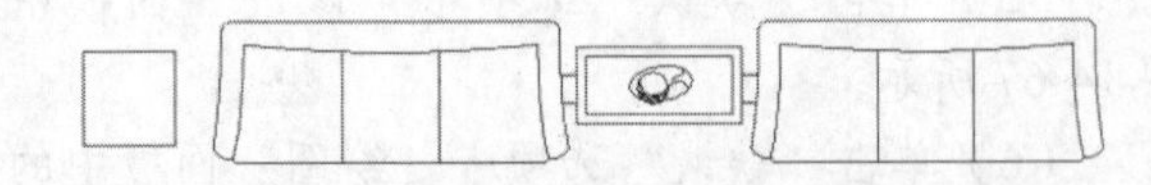

图 14-76　绘制矩形

（15）单击“默认”选项卡“绘图”面板中的“直线”按钮╱，在上步绘制的矩形内绘制十字交叉线，如图 14-77 所示。

（16）单击“默认”选项卡“绘图”面板中的“圆”按钮⊙，以上步绘制的十字交叉线交点为圆心，分别绘制半径为 208 和 59 的圆，如图 14-78 所示。

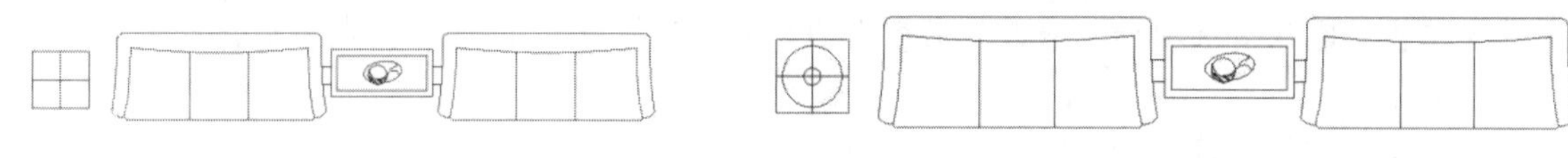

图 14-77 绘制直线　　图 14-78 绘制圆

（17）单击“默认”选项卡“绘图”面板中的“直线”按钮╱，绘制沙发和上步绘制茶几之间的连接线，如图 14-79 所示。

（18）单击“默认”选项卡“修改”面板中的“镜像”按钮⚠，选择上步绘制完成的茶几图形和连接线进行镜像，效果如图 14-80 所示。

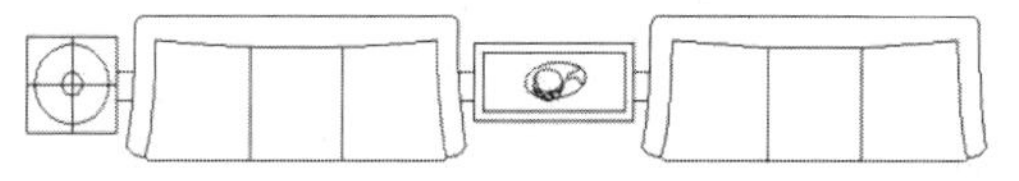

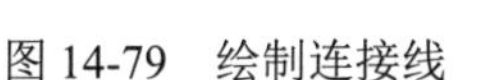

图 14-79 绘制连接线

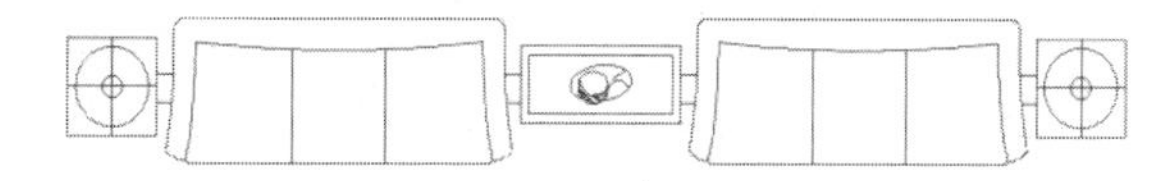

图 14-80 镜像图形

（19）单击“默认”选项卡“块”面板中的“创建”按钮，在上步绘制的图形上任意选一点为定义基点，选择上步所有图形为定义对象，将其定义为块“三人坐沙发”。

7. 绘制桌子

（1）单击“默认”选项卡“绘图”面板中的“矩形”按钮□，在化妆室靠墙的位置绘制一个 2479×300 的矩形，如图 14-81 所示。

（2）单击“默认”选项卡“修改”面板中的“偏移”按钮⋐，选择上步绘制的矩形向内偏移，偏移距离为 50，如图 14-82 所示。

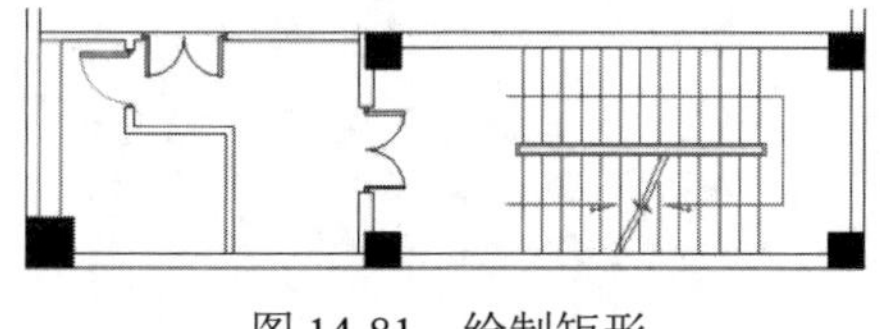

图 14-81 绘制矩形

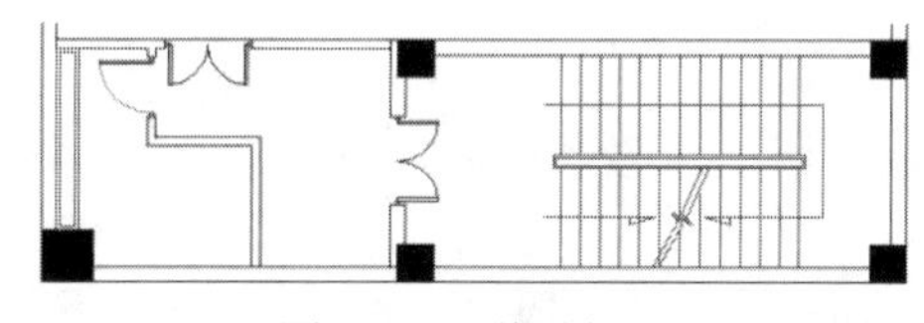

图 14-82 偏移矩形

（3）单击“默认”选项卡“修改”面板中的“分解”按钮，选择上步偏移的内部矩形为分解对象进行分解。

（4）单击“默认”选项卡“绘图”面板中的“定数等分”按钮，选择分解的矩形左侧竖直边进行等分操作，将竖直线等分为 6 份。

（5）单击“默认”选项卡“绘图”面板中的“直线”按钮╱，绘制等分线，如图 14-83 所示。

（6）单击“默认”选项卡“绘图”面板中的“直线”按钮╱，绘制连接线以形成矩形的对角线，如图 14-84 所示。

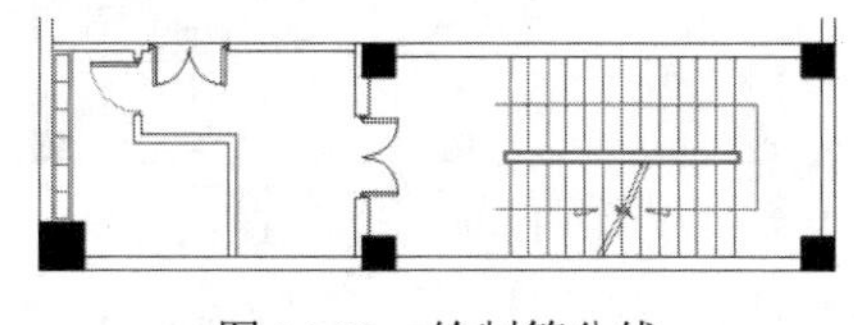

图 14-83 绘制等分线

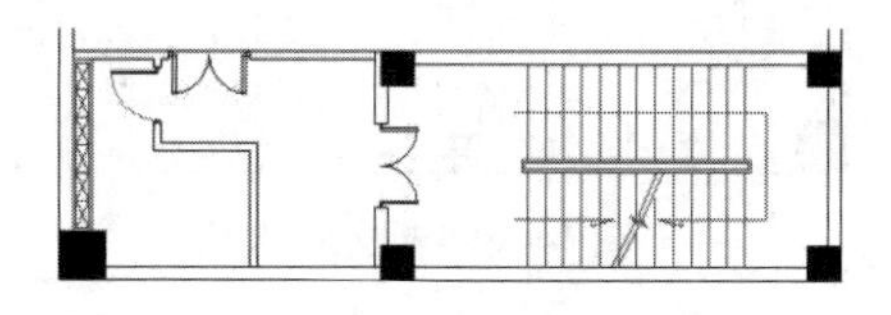

图 14-84 绘制连接线

（7）单击“默认”选项卡“绘图”面板中的“矩形”按钮□，在化妆室的适当位置绘制一个 600×1660 的矩形，如图 14-85 所示。

（8）单击“默认”选项卡“修改”面板中的“分解”按钮，选择上步绘制的矩形为分解对象进行分解。

（9）单击“默认”选项卡“修改”面板中的“偏移”按钮，选择上步分解的矩形后左侧竖直边向右偏移，偏移距离为50，如图14-86所示。

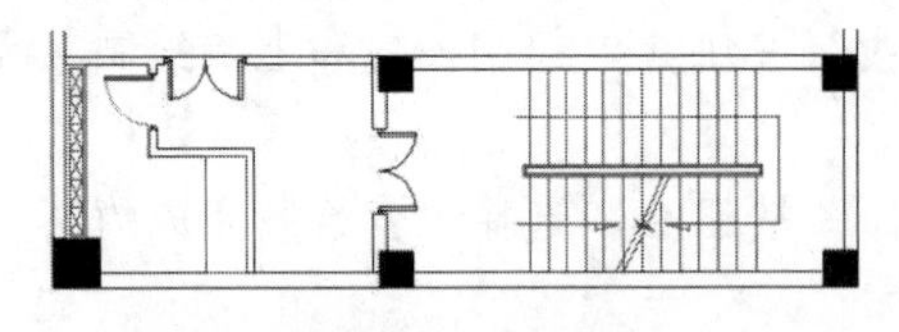

图14-85　绘制矩形

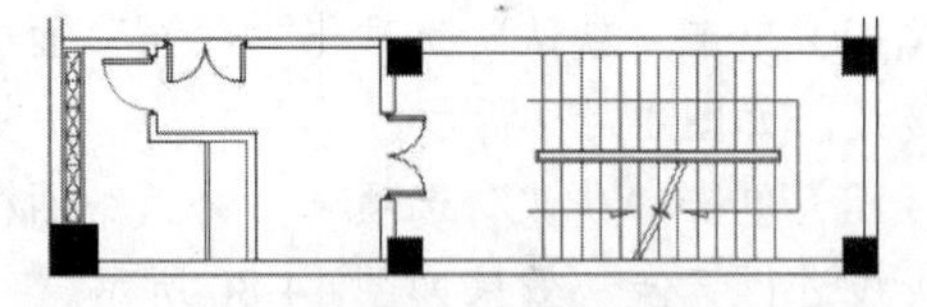

图14-86　偏移直线

（10）单击“默认”选项卡“绘图”面板中的“直线”按钮，选择分解的矩形竖直边中点为直线起点，向右绘制一条水平直线，如图14-87所示。

（11）单击“默认”选项卡“块”面板中的“插入”下拉菜单中的“最近使用的块”选项，系统弹出“块”选项板，单击选项板顶部的按钮，选择“单人转椅”图块，如图14-88所示。在“预览列表”中选择“单人转椅”图块插入到绘图区域内，完成图块的插入，重复该步骤插入的两个单人转椅，如图14-89所示。

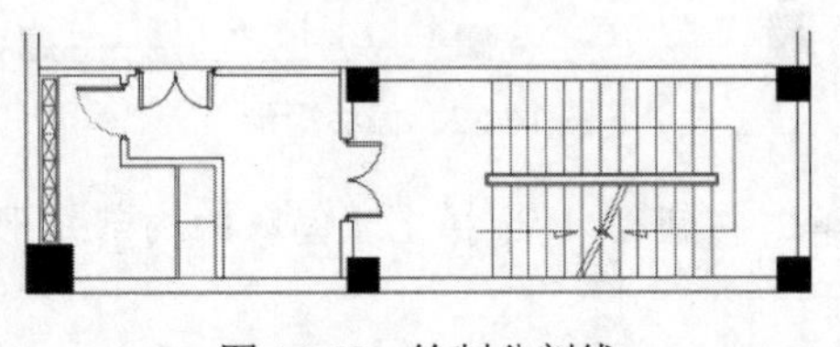

图14-87　绘制分割线

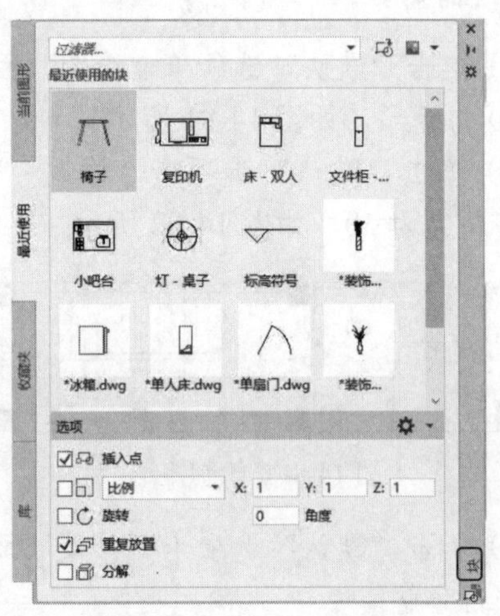

图14-88　选择“单人转椅”

（12）单击“默认”选项卡“绘图”面板中的“直线”按钮，在图形的适当位置绘制一条斜向直线，如图14-90所示。

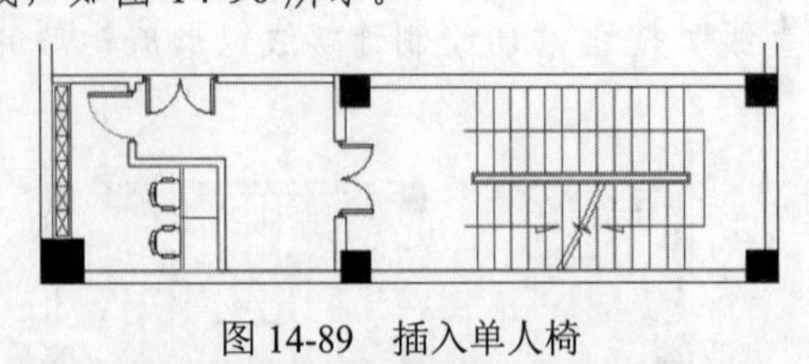

图14-89　插入单人椅

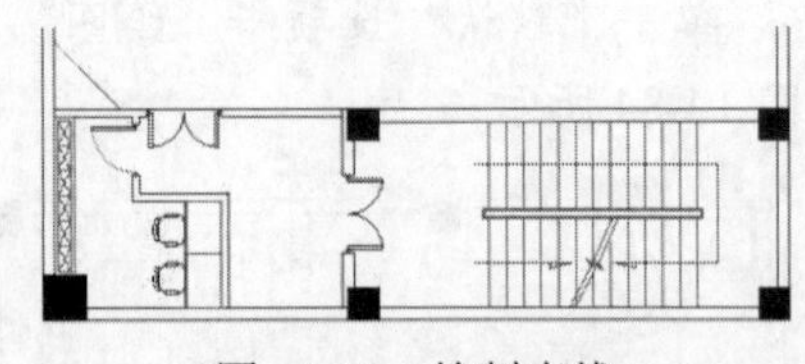

图14-90　绘制直线

（13）单击“默认”选项卡“修改”面板中的“修剪”按钮，对上步绘制的线段内的墙体进行修剪，如图14-91所示。

（14）单击“默认”选项卡“绘图”面板中的“直线”按钮，在上步修剪区域内绘制两条斜线，如图14-92所示。

（15）单击“默认”选项卡“绘图”面板中的“圆弧”按钮，连接两斜线以绘制一个圆弧，如图 14-93 所示。

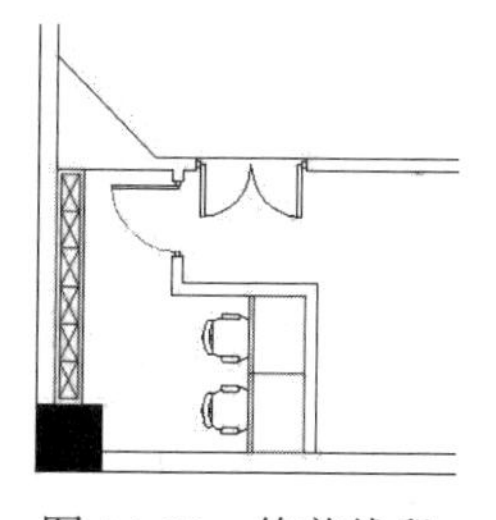

图 14-91　修剪线段

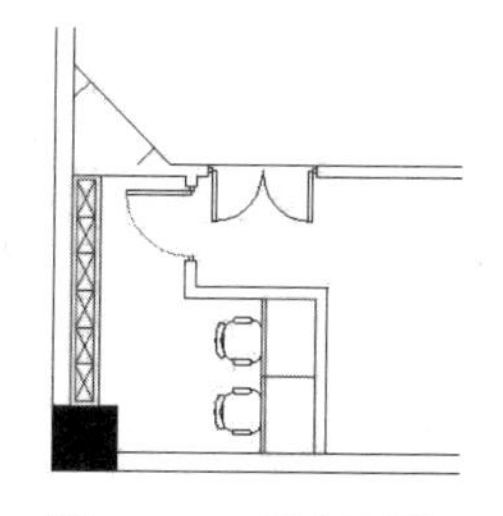
图 14-92　绘制斜线

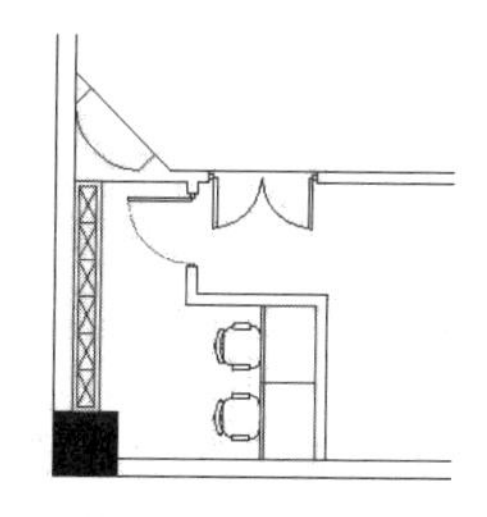
图 14-93　绘制圆弧

（16）单击“默认”选项卡“绘图”面板中的“矩形”按钮，在上步区域内绘制一个适当大小的矩形，如图 14-94 所示。

（17）单击“默认”选项卡“修改”面板中的“偏移”按钮，选择上步绘制的矩形向内进行偏移，如图 14-95 所示。

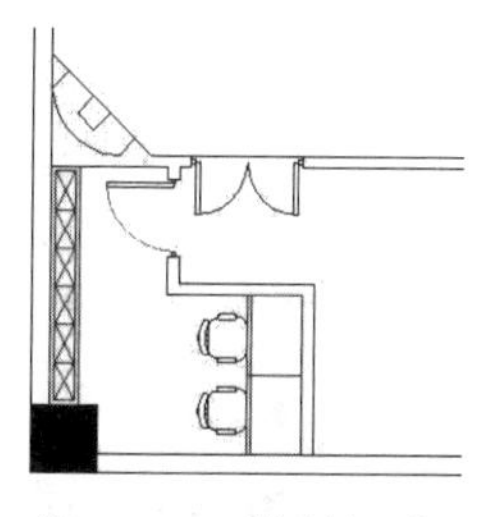
图 14-94　绘制矩形

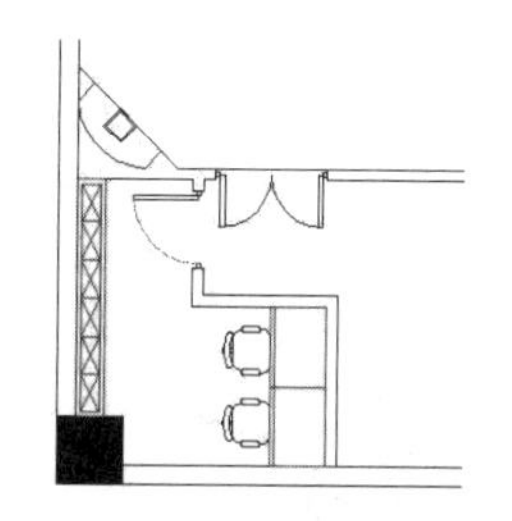
图 14-95　偏移矩形

（18）单击“默认”选项卡“修改”面板中的“镜像”按钮，选择上步完成的图形为镜像对象，向右侧进行镜像，效果如图 14-96 所示。

（19）单击“默认”选项卡“绘图”面板中的“直线”按钮，在墙体上绘制连续线段作为投影屏，如图 14-97 所示。

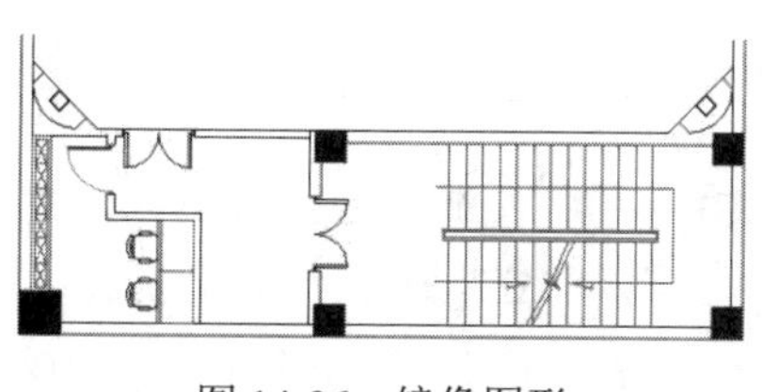
图 14-96　镜像图形

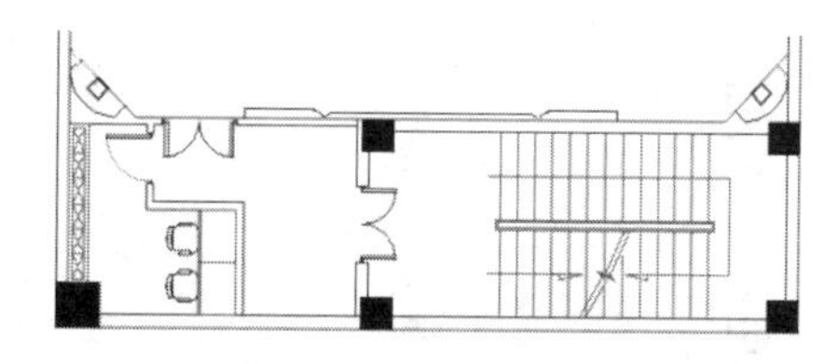
图 14-97　绘制投影屏

8．绘制主席台

（1）单击“默认”选项卡“绘图”面板中的“直线”按钮和“圆弧”按钮，在投影屏上方绘制活动主席台，如图 14-98 所示。

（2）单击“默认”选项卡“绘图”面板中的“矩形”按钮，在活动主席台上绘制一个 3600×1889 的矩形，如图 14-99 所示。

（3）选择上步绘制的活动主席台，单击“默认”选项卡“特性”面板中的“线型”按钮，在“线型”下拉列表中选择线型 DASHED，修改线型后的主席台如图 14-100 所示。

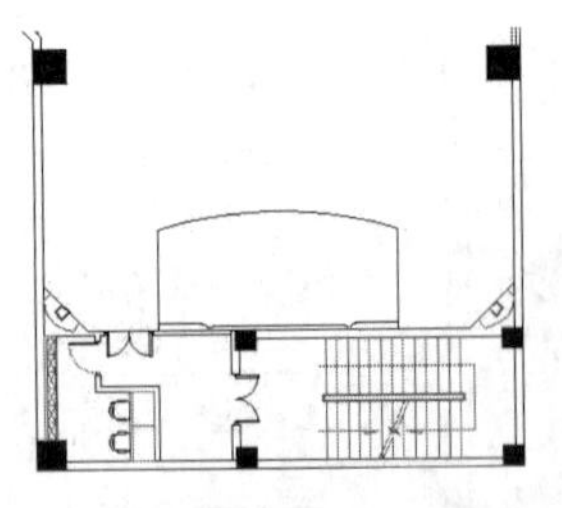

图 14-98　绘制活动主席台

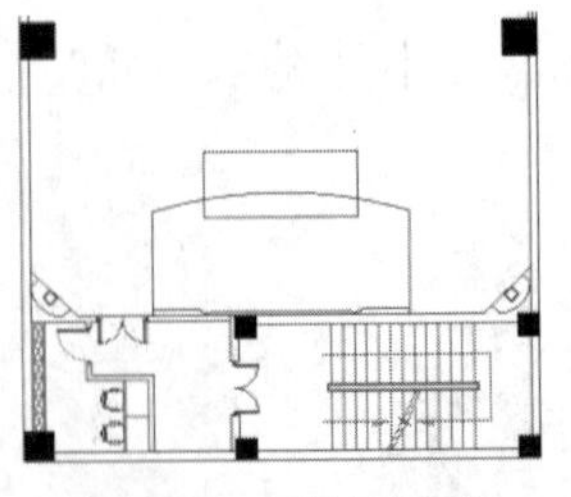

图 14-99　绘制矩形

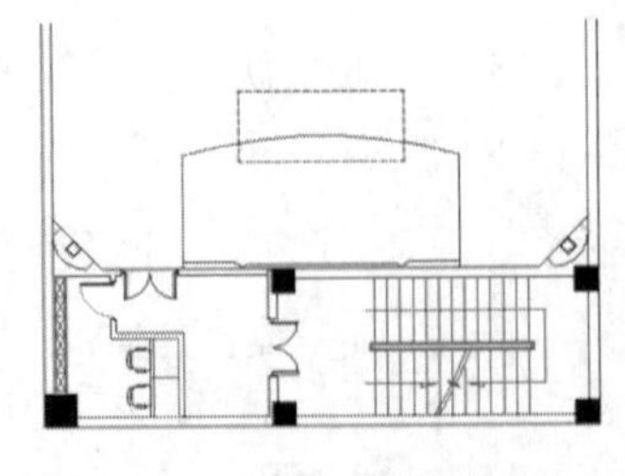

图 14-100　修改线型

（4）单击“默认”选项卡“绘图”面板中的“矩形”按钮 ▭，在图形的适当位置绘制一个 2400×500 的矩形，如图 14-101 所示。

（5）单击“默认”选项卡“绘图”面板中的“直线”按钮 ╱，选取上步绘制的矩形左侧竖直边中点为直线起点，向右绘制一条水平直线，如图 14-102 所示。

（6）单击“默认”选项卡“绘图”面板中的“直线”按钮 ╱，在上步分割的矩形内绘制斜向直线，如图 14-103 所示。

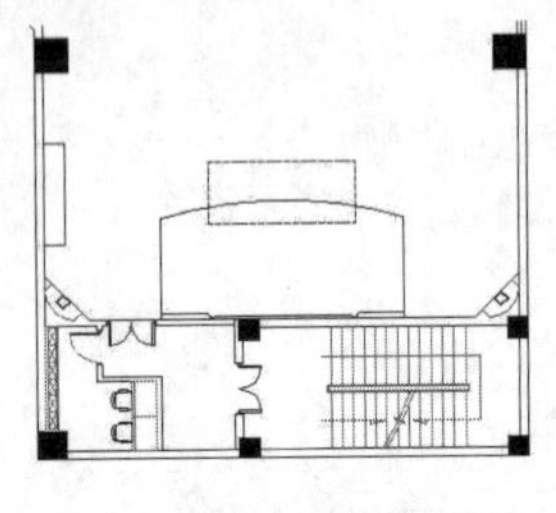

图 14-101　绘制矩形

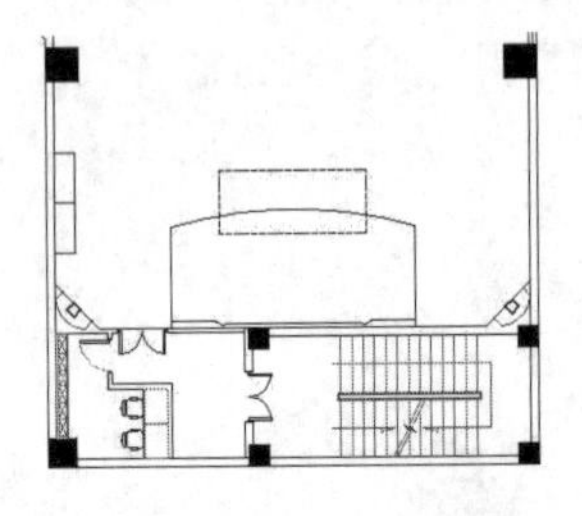

图 14-102　绘制直线

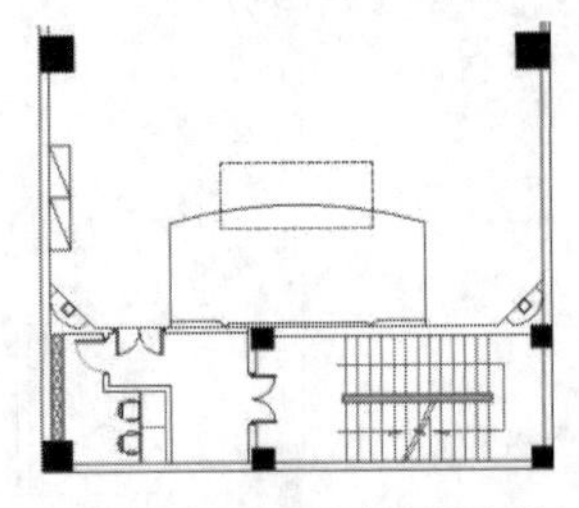

图 14-103　绘制斜向直线

（7）单击“默认”选项卡“修改”面板中的“复制”按钮 ⧉，选择上步绘制的图形为复制对象，进行连续复制，将其放置到适当位置，如图 14-104 所示。

（8）单击“默认”选项卡“绘图”面板中的“矩形”按钮 ▭，在图形的适当位置绘制一个 2285×780 的矩形，如图 14-105 所示。

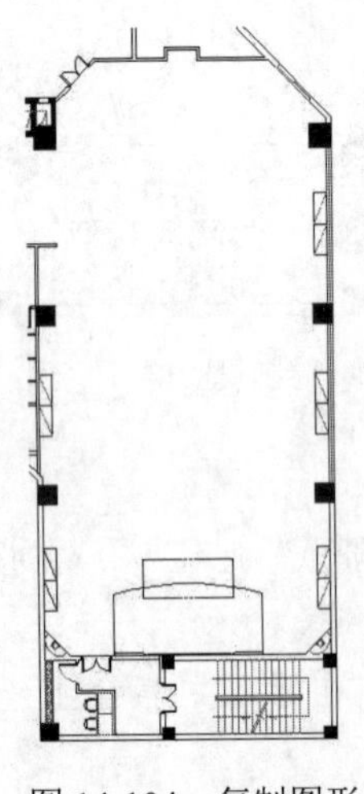

图 14-104　复制图形

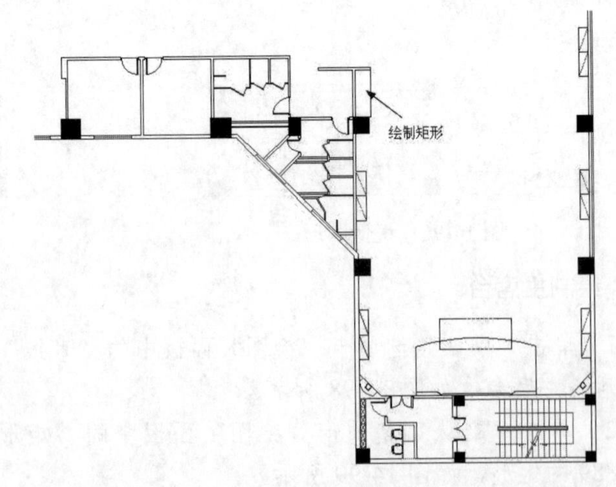

图 14-105　绘制矩形

（9）单击“默认”选项卡“修改”面板中的“偏移”按钮 ⊆，选择上步绘制的矩形进行偏移，如图 14-106 所示。

（10）单击“默认”选项卡“绘图”面板中的“矩形”按钮 ▭，在图形的适当位置内绘制一个 903×50 的矩形，如图 14-107 所示。

（11）单击“默认”选项卡“修改”面板中的“复制”按钮 ⧉，选择上步绘制的矩形为复制对象，连续向下进行复制，如图 14-108 所示。

（12）选择上步复制的矩形，单击“默认”选项卡“特性”面板中的“线型”按钮 ☰，在“线型”下拉列表中选择 DASHED 线型，对线型进行修改，如图 14-109 所示。

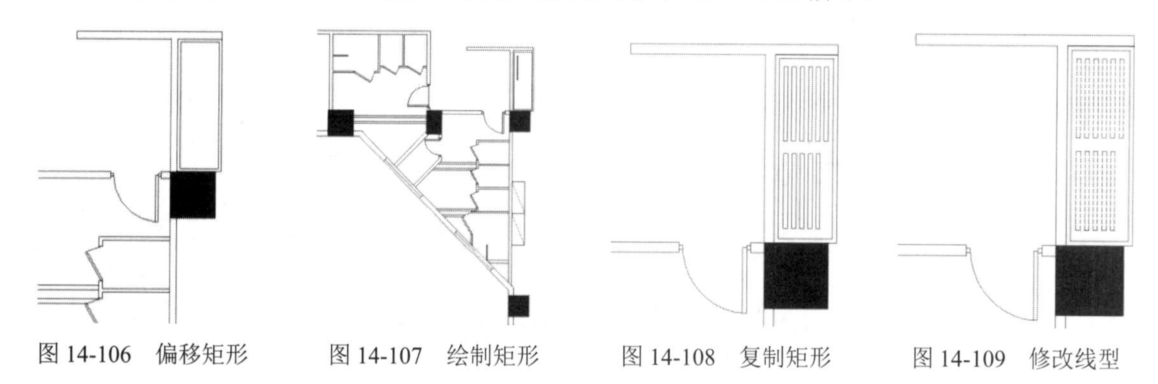

图 14-106　偏移矩形　　图 14-107　绘制矩形　　图 14-108　复制矩形　　图 14-109　修改线型

（13）单击“默认”选项卡“修改”面板中的“旋转”按钮 ↻，选择如图 14-110 所示的矩形上端水平边左端点为旋转基点，旋转角度为 10°，如图 14-111 所示。

（14）使用上述方法完成图形中的相同图形的绘制，如图 14-112 所示。

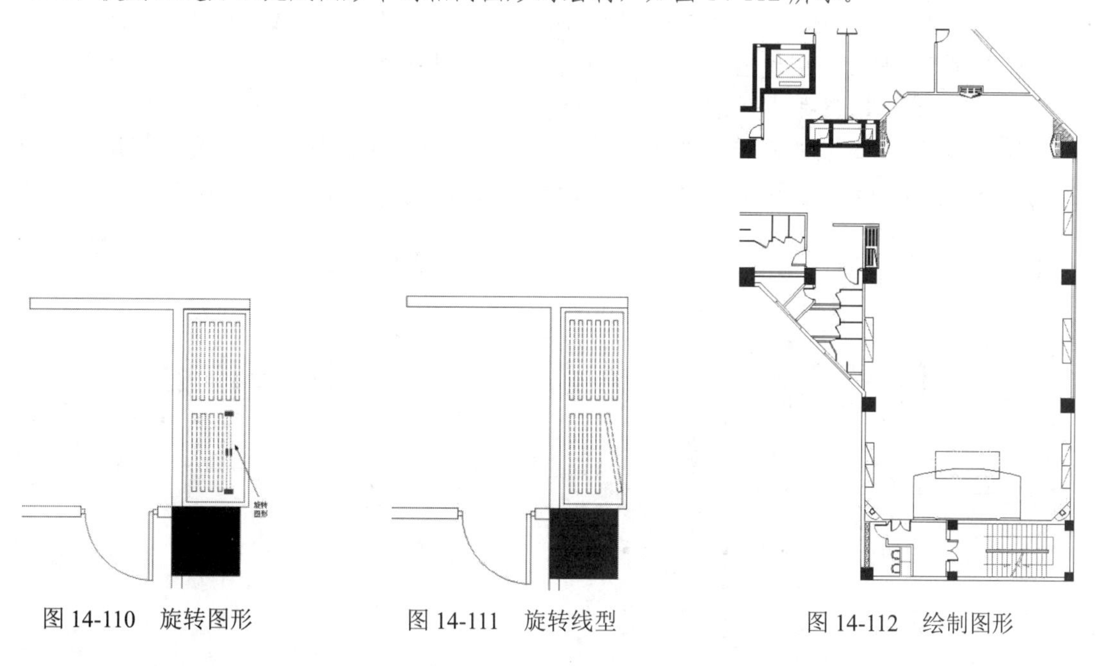

图 14-110　旋转图形　　图 14-111　旋转线型　　图 14-112　绘制图形

14.1.3　布置家具图块

扫一扫，看视频

操作步骤

（1）单击“默认”选项卡“块”面板中的“插入”下拉菜单中的“最近使用的块”选项，系统弹出“块”选项板，单击选项板顶部的按钮，选择“源文件/图库/十人桌椅”图块，在“预览列表”中选择“十人桌椅”图块插入到绘图区域内，完成图块的插入，如图 14-113 所示。

（2）单击“默认”选项卡“块”面板中的“插入”下拉菜单中的“最近使用的块”选项，系统弹出“块”选项板，单击选项板顶部的按钮，选择“源文件/图库/八人桌椅”图块，在“预览列表”中选择“八人桌椅”图块插入到绘图区域内，完成图块的插入，如图 14-114 所示。

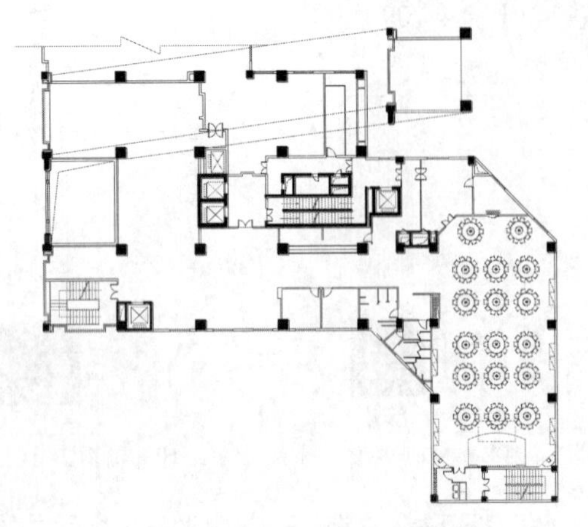

图 14-113　插入十人桌椅

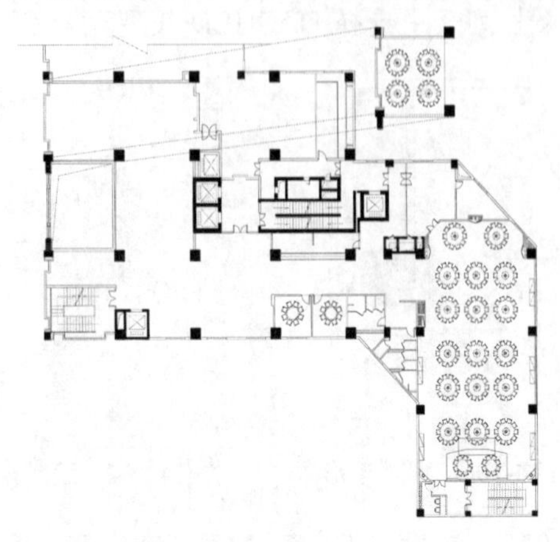

图 14-114　插入八人桌椅

（3）单击“默认”选项卡“块”面板中的“插入”下拉菜单中的“最近使用的块”选项，系统弹出“块”选项板，单击选项板顶部的按钮，选择“源文件/图库/四人桌椅”图块，在“预览列表”中选择“四人桌椅”图块插入到绘图区域内，完成图块的插入，如图 14-115 所示。

（4）单击“默认”选项卡“块”面板中的“插入”下拉菜单中的“最近使用的块”选项，系统弹出“块”选项板。单击选项板顶部的按钮，选择“源文件/图库/包房沙发”图块，在“预览列表”中选择“包房沙发”图块插入到绘图区域内，完成图块的插入，如图 14-116 所示。

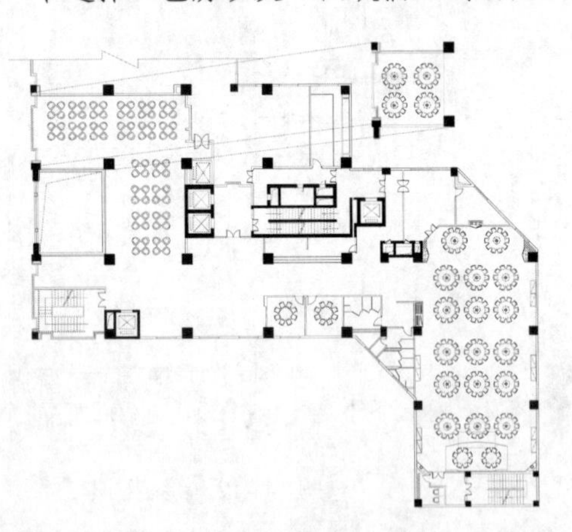

图 14-115　插入四人桌椅

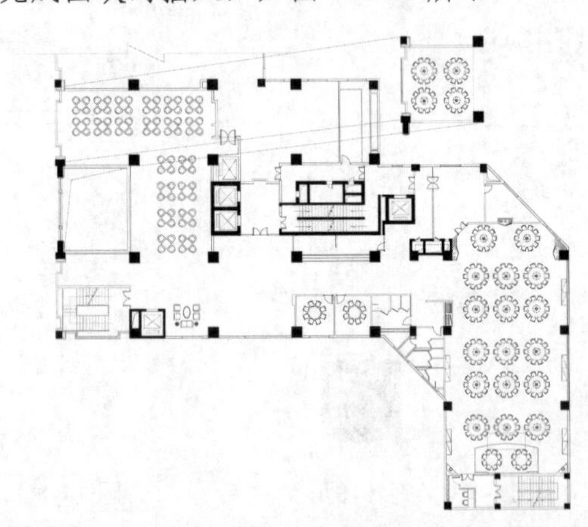

图 14-116　插入包房沙发

（5）单击“默认”选项卡“块”面板中的“插入”下拉菜单中的“最近使用的块”选项，系统弹出“块”选项板。单击选项板顶部的按钮，选择“源文件/图库/装饰台”“四人桌椅 2”图块，在“预览列表”中选择“四人桌椅 2”图块插入到绘图区域内，完成图块的插入，如图 14-117 所示。

（6）单击“默认”选项卡“块”面板中的“插入”下拉菜单中的“最近使用的块”选项，系统弹出“块”选项板，单击选项板顶部的按钮，选择“源文件/图库/休息区沙发”图块，在“预览列表”中选择“休息区沙发”图块插入到绘图区域内，完成图块的插入，如图 14-118 所示。

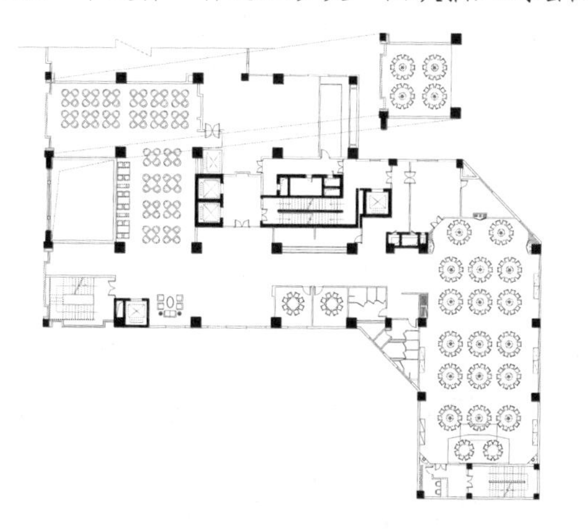

图 14-117　插入装饰台、四人桌椅

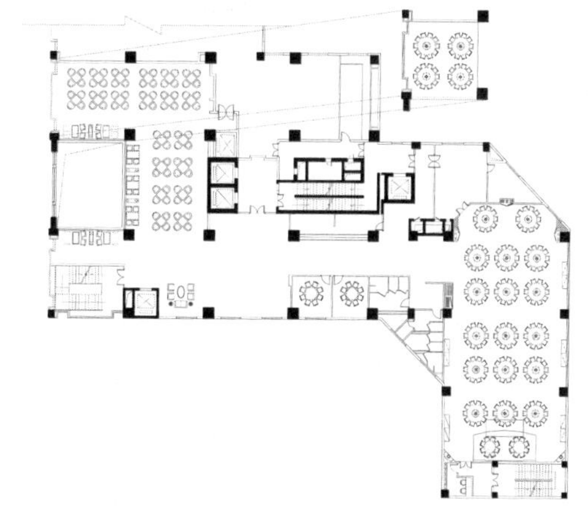

图 14-118　插入休息区沙发

（7）单击“默认”选项卡“块”面板中的“插入”下拉菜单中的“最近使用的块”选项，系统弹出“块”选项板，单击选项板顶部的按钮，选择“源文件/图库/三人坐沙发”图块，在“预览列表”中选择“三人坐沙发”图块插入到绘图区域内，完成图块的插入，如图 14-119 所示。

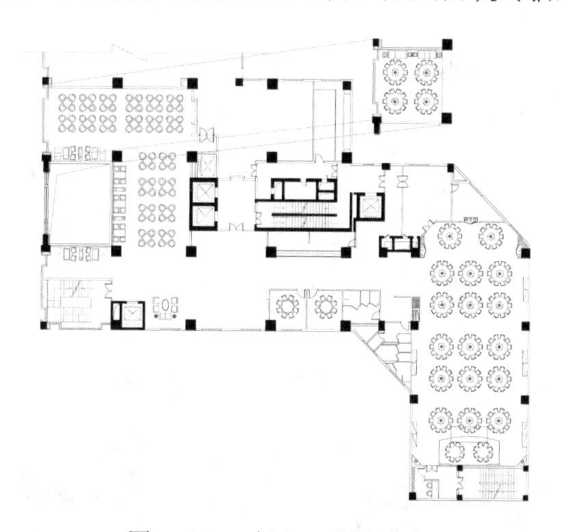

图 14-119　插入三人坐沙发

（8）单击“默认”选项卡“块”面板中的“插入”下拉菜单中的“最近使用的块”选项，系统弹出“块”选项板。单击选项板顶部的按钮，弹出“选择要插入的文件”对话框，选择“源文件/图库/蹲便器”图块，在“预览列表”中选择“蹲便器”图块插入到绘图区域内，完成图块的插入，如图 14-120 所示。

（9）单击“默认”选项卡“绘图”面板中的“椭圆”按钮，在门厅位置绘制两个嵌套的适当大小的椭圆，如图 14-121 所示。

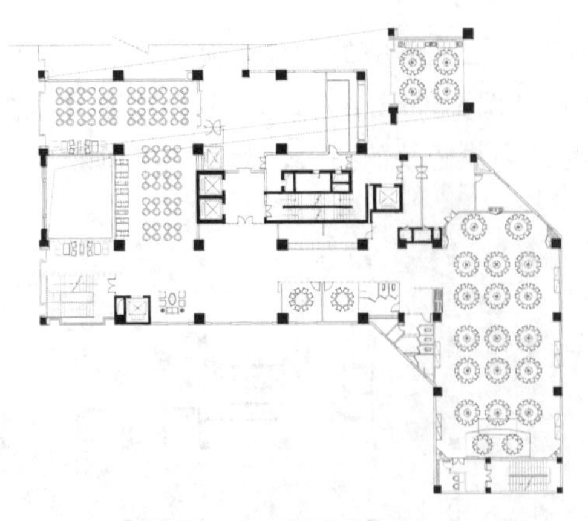

图 14-120　插入蹲便器

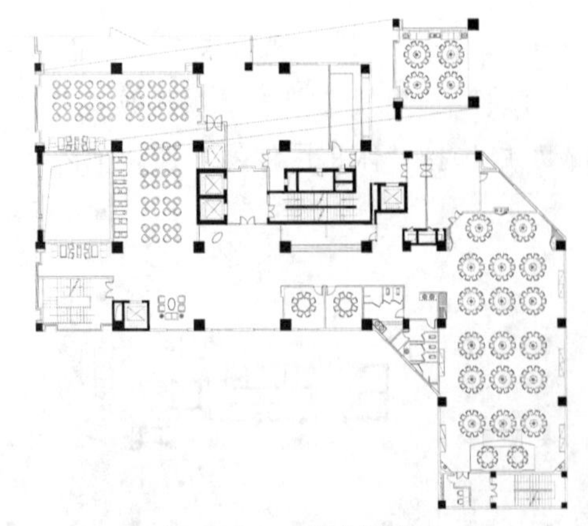

图 14-121　绘制椭圆

（10）单击“默认”选项卡“绘图”面板中的“矩形”按钮 和“圆”按钮，绘制电视机图形，如图 14-122 所示。

（11）单击“默认”选项卡“绘图”面板中的“圆”按钮，在第（9）步所绘制的椭圆图形适当位置绘制适当半径的圆，如图 14-123 所示。

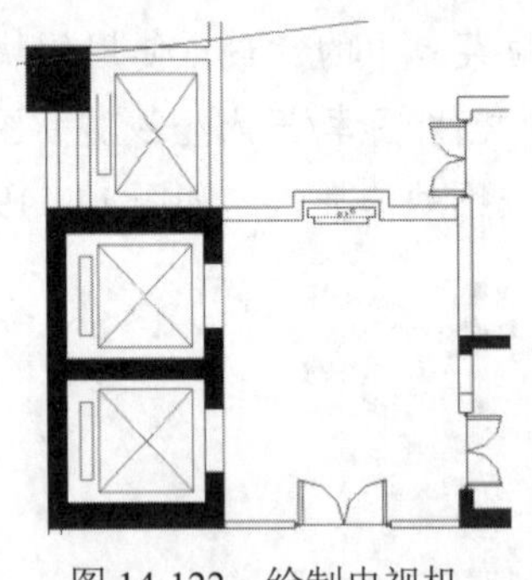

图 14-122　绘制电视机

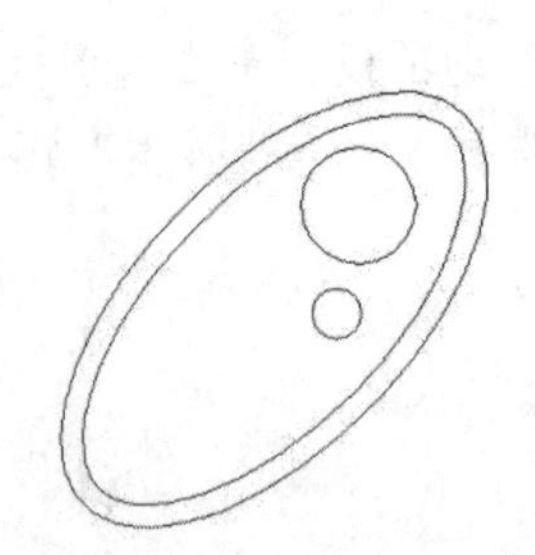

图 14-123　绘制圆

（12）单击“默认”选项卡“绘图”面板中的“直线”按钮和“圆弧”按钮，在图形的适当位置绘制闭合图形，如图 14-124 所示。

（13）单击“默认”选项卡“修改”面板中的“偏移”按钮，选择上步绘制的图形向内偏移，偏移距离为 30，如图 14-125 所示。

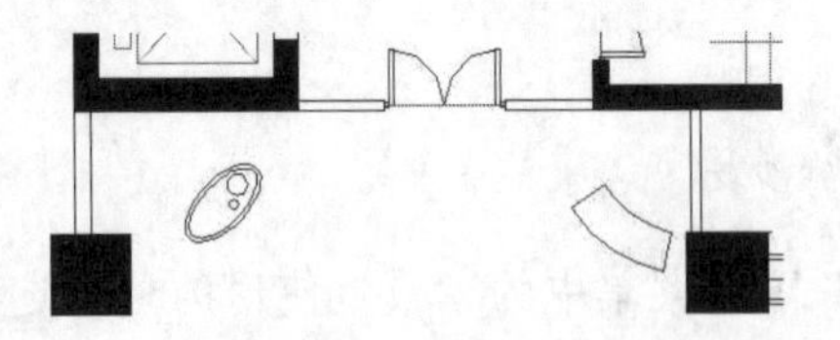

图 14-124　绘制闭合图形

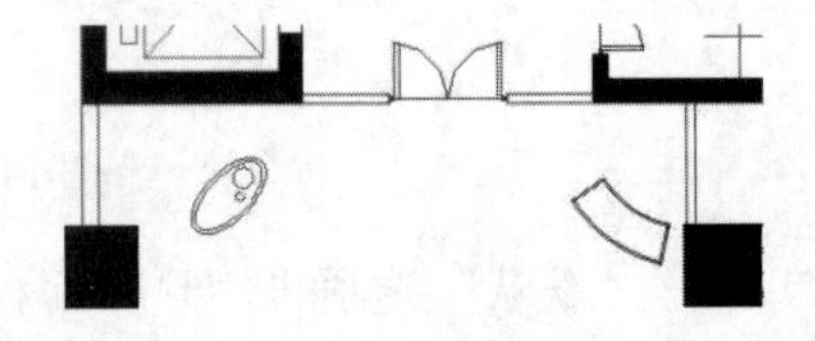

图 14-125　偏移图形

（14）单击“默认”选项卡“绘图”面板中的“直线”按钮和“圆弧”按钮，绘制营业台，如图 14-126 所示。

（15）单击“默认”选项卡“块”面板中的“插入”下拉菜单中的“最近使用的块”选项，系统弹出“块”选项板，单击选项板顶部的按钮，选择“源文件/图库/单人转椅”图块，在“预览列表”中选择“单人转椅”图块插入到绘图区域内，完成图块的插入，如图 4-127 所示。

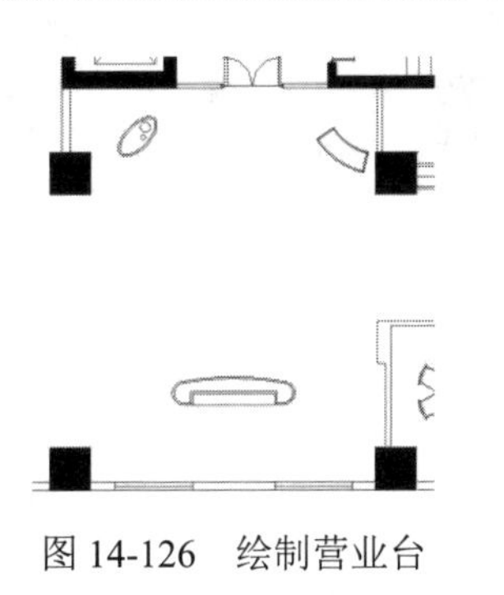

图 14-126 绘制营业台

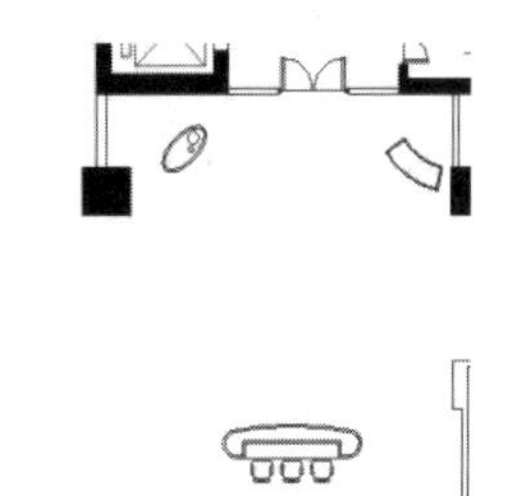

图 14-127 插入单人转椅

（16）单击“默认”选项卡“绘图”面板中的“直线”按钮╱，在男卫生间内绘制连续线段，如图 14-128 所示。

（17）单击“默认”选项卡“修改”面板中的“修剪”按钮✂，将上步绘制的直线内的多余线段修剪掉，如图 14-129 所示。

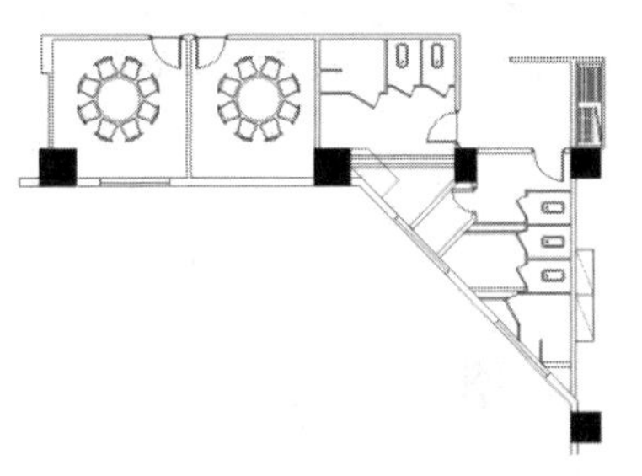

图 14-128 绘制连续直线

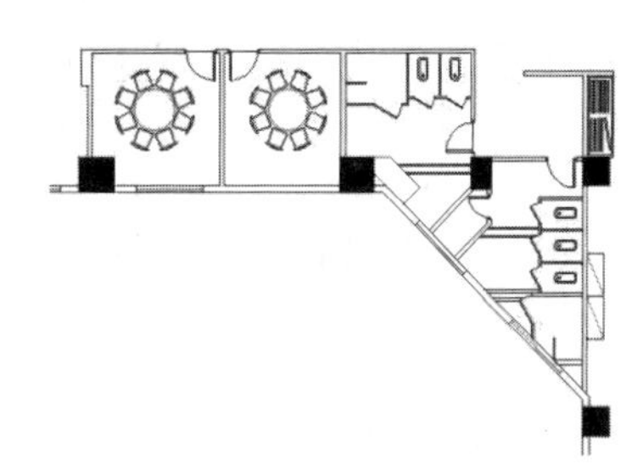

图 14-129 修剪线段

（18）单击“默认”选项卡“修改”面板中的“偏移”按钮⋐，选择上步绘制的线段向内进行偏移，偏移距离为 50。

（19）单击“默认”选项卡“修改”面板中的“修剪”按钮✂，选择上步偏移的线段中的多余线段进行修剪，如图 14-130 所示。

（20）单击“默认”选项卡“绘图”面板中的“矩形”按钮□，在盥洗室内绘制一个 1680×600 的矩形，如图 14-131 所示。

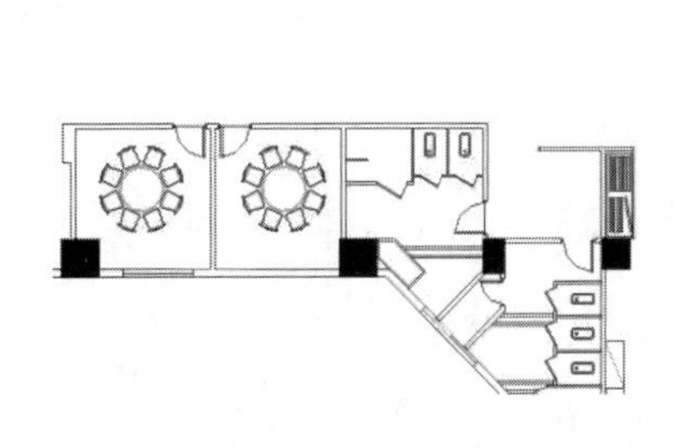

图 14-130 修剪线段

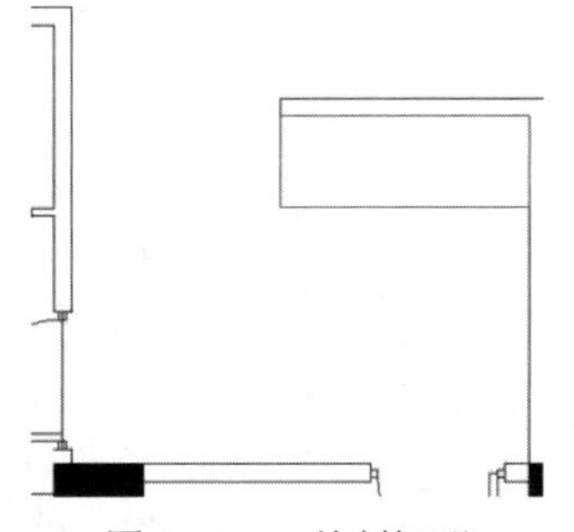

图 14-131 绘制矩形

（21）单击“默认”选项卡“修改”面板中的“偏移”按钮⋐，选择上步绘制的矩形向内偏移，偏移距离为 50，效果如图 14-132 所示。

（22）单击“默认”选项卡“绘图”面板中的“直线”按钮╱，在图形的适当位置绘制连续直线，如图 14-133 所示。

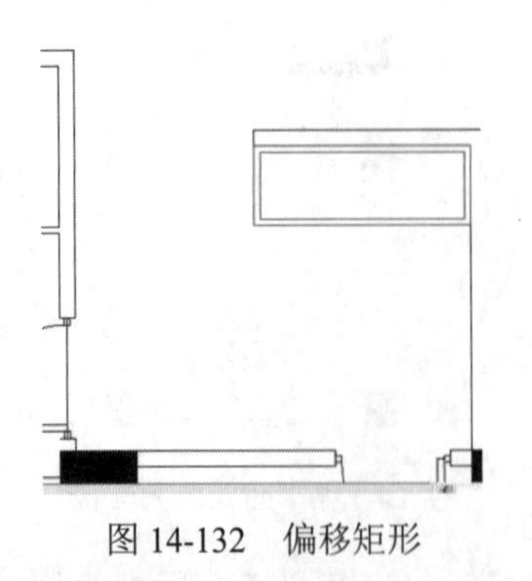

图 14-132　偏移矩形

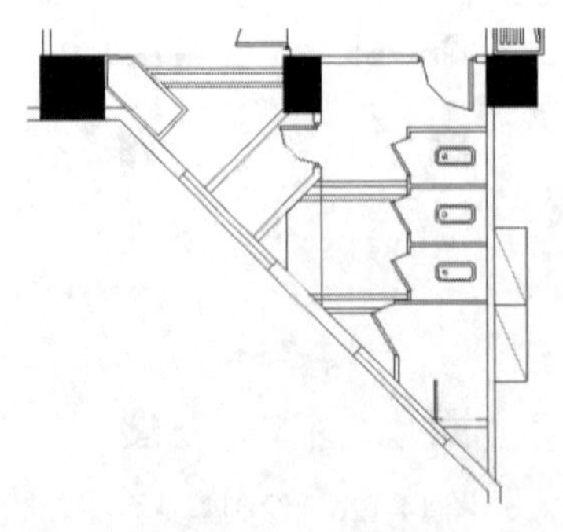

图 14-133　绘制直线

（23）单击“默认”选项卡“修改”面板中的“修剪”按钮，对上步绘制的直线内多余线段进行修剪，如图 14-134 所示。

（24）单击“默认”选项卡“块”面板中的“插入”下拉菜单中的“最近使用的块”选项，系统弹出“块”选项板。单击选项板顶部的按钮，弹出“选择要插入的文件”对话框，选择“源文件/图库/洗手盆”图块，在“预览列表”中选择“洗手盆”图块插入到绘图区域内，完成图块的插入，如图 14-135 所示。

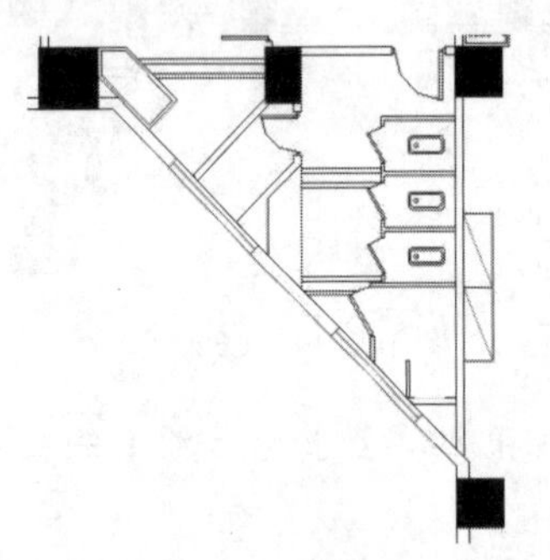

图 14-134　修剪线段

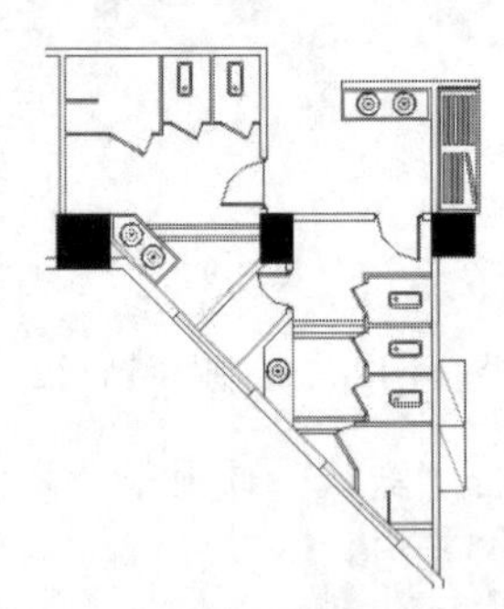

图 14-135　插入洗手盆

（25）单击“默认”选项卡“块”面板中的“插入”下拉菜单中的“最近使用的块”选项，系统弹出“块”选项板，使用上述方法完成二层中餐厅缺少图形的绘制，最终完成二层中餐厅装饰平面图的绘制，如图 14-136 所示。

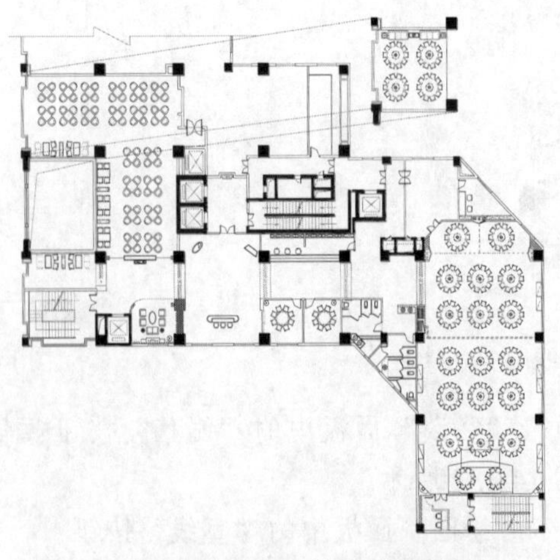

图 14-136　二层中餐厅装饰平面图的绘制

14.1.4　文字标注

操作步骤

（1）将“文字”置为当前图层。在命令行中输入 QLEADER 命令，为图形添加引线标注，如图 14-137 所示。

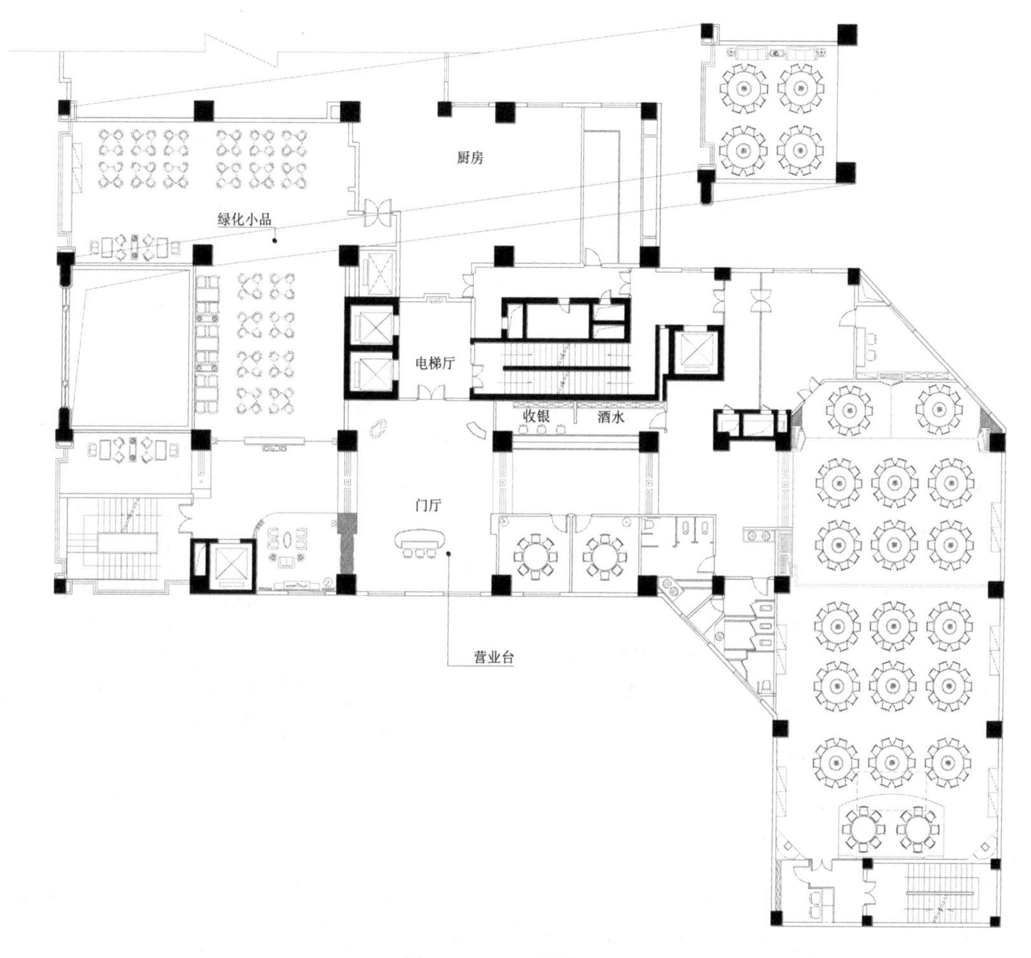

图 14-137　引线标注

（2）使用上述方法完成剩余的文字标注，完成二层中餐厅装饰平面图的绘制，如图 14-1 所示。

动手练——洗浴中心一层装饰平面图

绘制如图 14-138 所示的洗浴中心一层装饰平面图。

思路点拨：

源文件：源文件\第 14 章\洗浴中心一层装饰平面图.dwg

（1）绘图家具。

（2）布置家具。

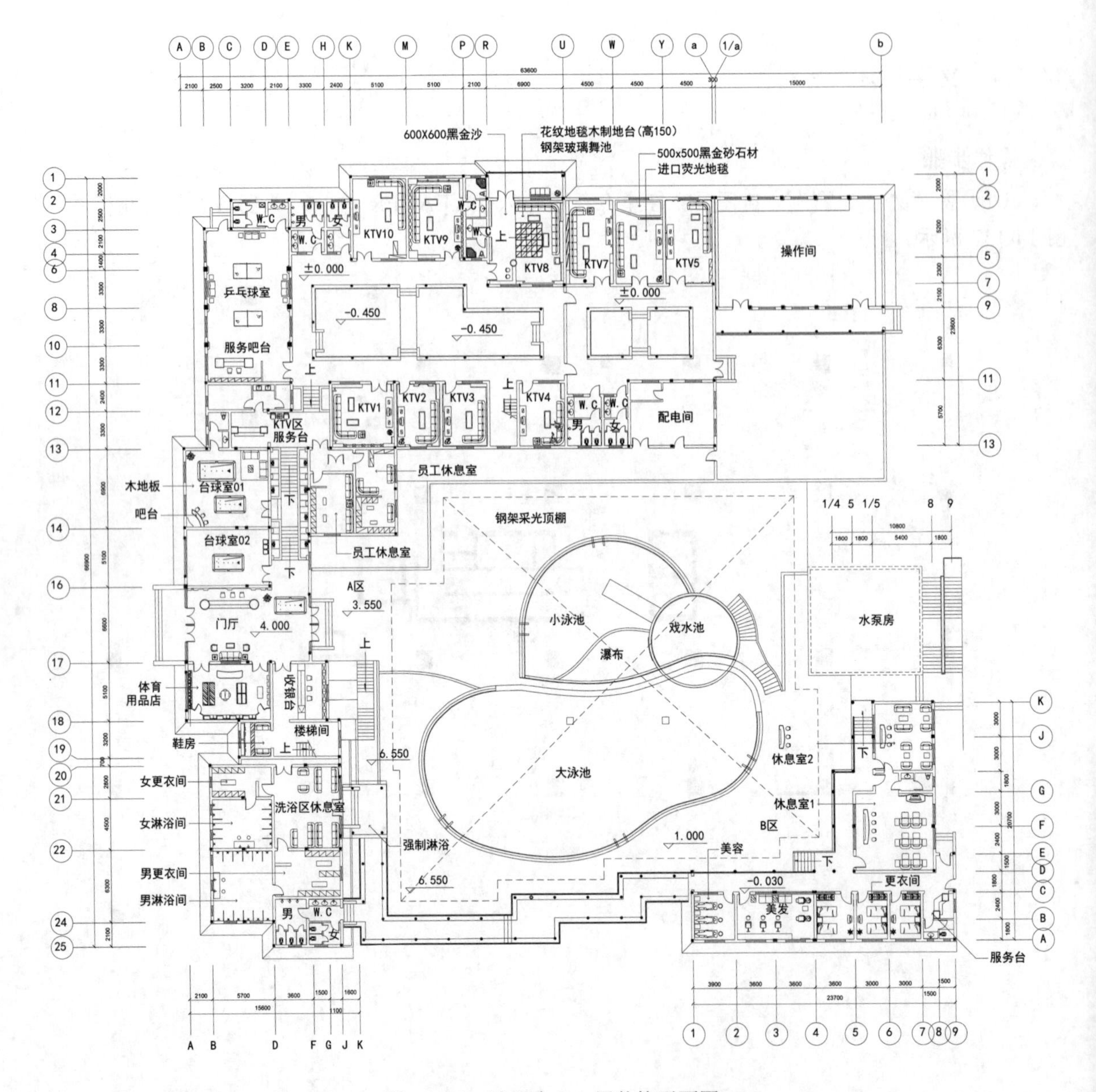

图 14-138　洗浴中心一层装饰平面图

14.2　三层中餐厅装饰平面图的绘制

三层中餐厅主要包括中包厢、大包厢及雅座，其环境布置的总基调为古典风格。下面主要介绍三层中餐厅装饰平面图的绘制过程，如图 14-139 所示。

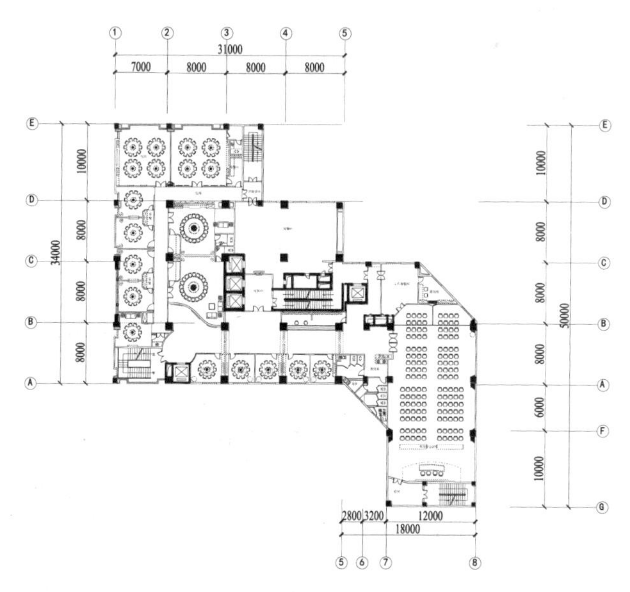

图 14-139　三层中餐厅装饰平面图

源文件：源文件\第 13 章\三层中餐厅装饰平面图.dwg

14.2.1　绘图准备

扫一扫，看视频

操作步骤

（1）打开源文件\第 13 章\三层中餐厅平面图.dwg 文件。

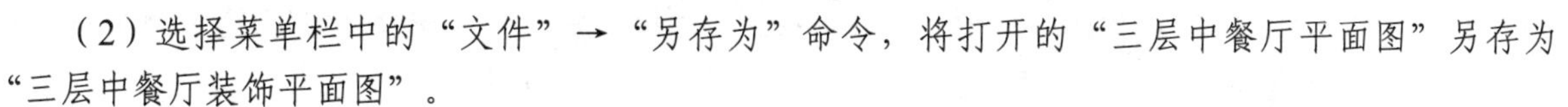
（2）选择菜单栏中的“文件”→“另存为”命令，将打开的“三层中餐厅平面图”另存为“三层中餐厅装饰平面图”。

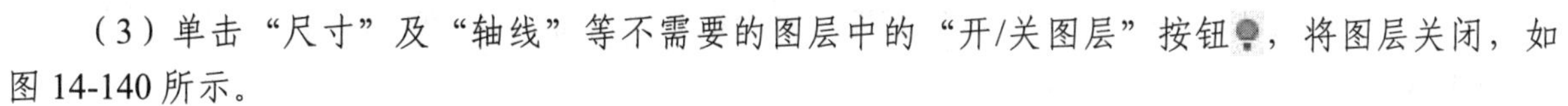
（3）单击“尺寸”及“轴线”等不需要的图层中的“开/关图层”按钮，将图层关闭，如图 14-140 所示。

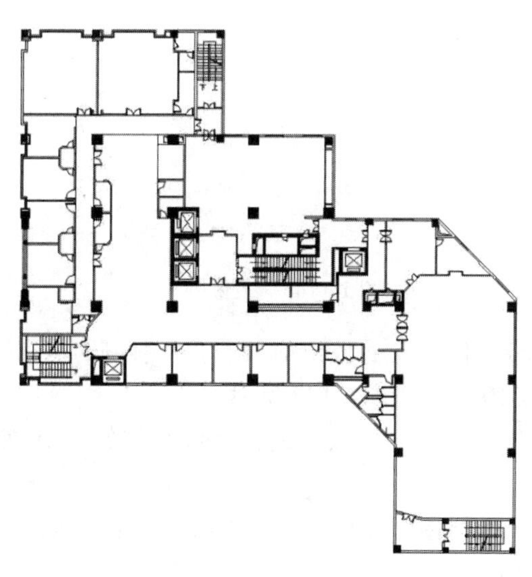

图 14-140　修整平面图

扫一扫，看视频

14.2.2 绘制家具图块

操作步骤

1. 绘制单人座椅

（1）单击“默认”选项卡“图层”面板中的“图层特性”按钮，弹出“图层特性管理器”选项板，新建“家具”图层并将其定义为当前图层，如图 14-141 所示。

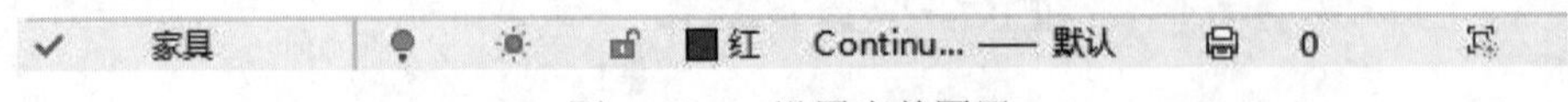

图 14-141 设置当前图层

（2）单击“默认”选项卡“绘图”面板中的“圆弧”按钮，在图形的适当位置绘制一段圆弧，如图 14-142 所示。

（3）单击“默认”选项卡“修改”面板中的“复制”按钮，选择上步绘制的圆弧为复制对象并向下进行复制，如图 14-143 所示。

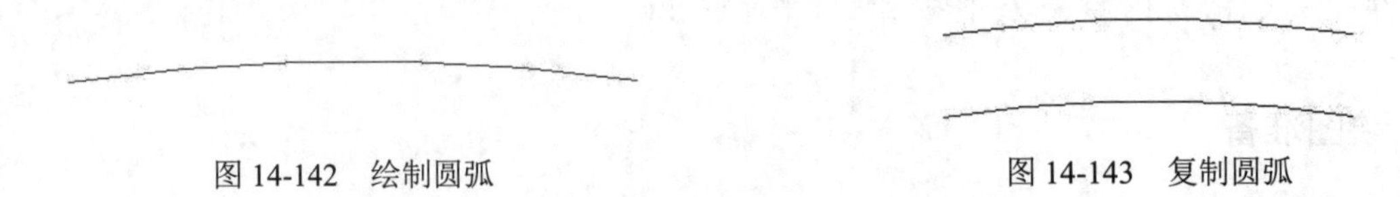
图 14-142 绘制圆弧　　图 14-143 复制圆弧

（4）单击“默认”选项卡“绘图”面板中的“圆弧”按钮，在图形的适当位置绘制一段圆弧，如图 14-144 所示。

（5）单击“默认”选项卡“修改”面板中的“镜像”按钮，选择上步的绘制圆弧进行镜像，如图 14-145 所示。

（6）单击“默认”选项卡“绘图”面板中的“矩形”按钮，在上步图形的下方绘制一个 471×444 的矩形，如图 14-146 所示。

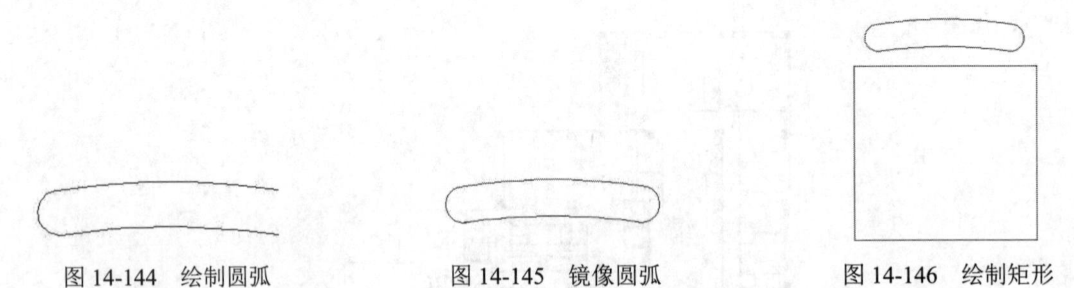
图 14-144 绘制圆弧　　图 14-145 镜像圆弧　　图 14-146 绘制矩形

（7）单击“默认”选项卡“修改”面板中的“圆角”按钮，选择上步绘制的矩形，对其四边进行圆角处理，圆角半径为 102，如图 14-147 所示。

（8）单击“默认”选项卡“绘图”面板中的“直线”按钮，在上步图形的左右两侧绘制两条直线，如图 14-148 所示。

（9）单击“默认”选项卡“绘图”面板中的“矩形”按钮，在上步图形的左侧位置绘制一个 54×273 的矩形，如图 14-149 所示。

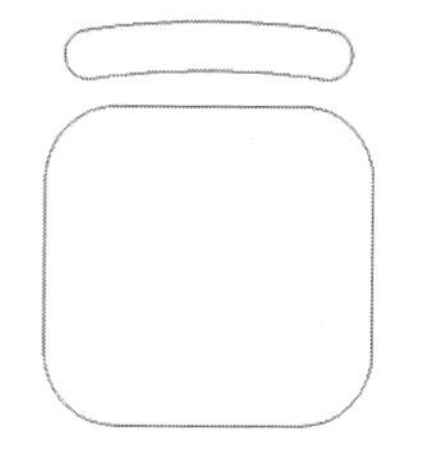

图 14-147 圆角处理

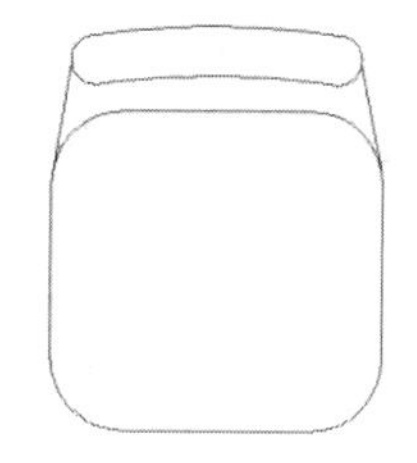

图 14-148 连接图形

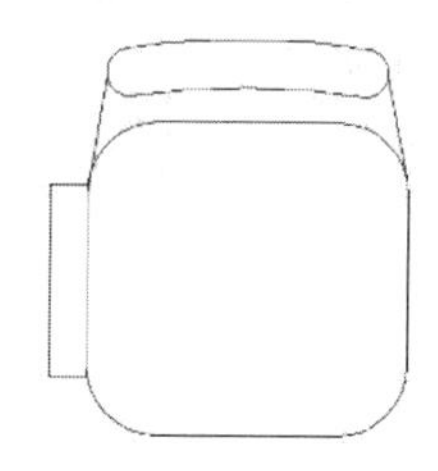

图 14-149 绘制矩形

（10）单击“默认”选项卡“修改”面板中的“圆角”按钮，对上步绘制的矩形进行圆角处理，半径为 20，如图 14-150 所示。

（11）单击“默认”选项卡“修改”面板中的“镜像”按钮。选择上步圆角处理后的矩形进行镜像，如图 14-151 所示。

（12）单击“默认”选项卡“块”面板中的“创建”按钮，弹出“块定义”对话框，选择上步图形为定义对象，选择任意点为基点，将其定义为块，块名为“单人座椅”。

（13）利用前面章节中绘制十人餐桌的方法绘制二十人餐桌，效果如图 14-152 所示。

图 14-150 圆角处理

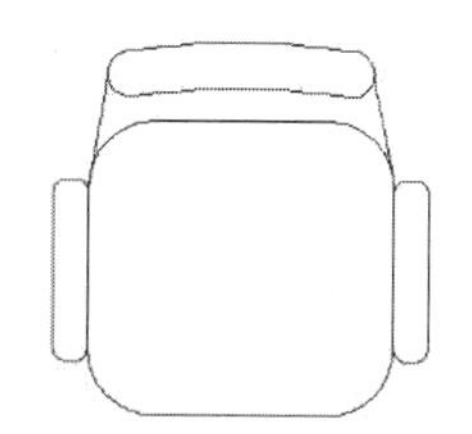

图 14-151 镜像图形

图 14-152 绘制二十人餐桌

（14）单击“默认”选项卡“块”面板中的“创建”按钮，弹出“块定义”对话框，选择上步图形为定义对象，选择任意点为基点，将其定义为块，块名为“二十人座桌椅”。

2. 绘制沙发组

（1）单击“默认”选项卡“绘图”面板中的“直线”按钮和“圆弧”按钮，绘制沙发外部轮廓线，如图 14-153 所示。

（2）单击“默认”选项卡“绘图”面板中的“直线”按钮和“圆弧”按钮，绘制沙发内部轮廓线，如图 14-154 所示。

（3）单击“默认”选项卡“绘图”面板中的“圆弧”按钮，连接上步绘制的内外轮廓线，如图 14-155 所示。

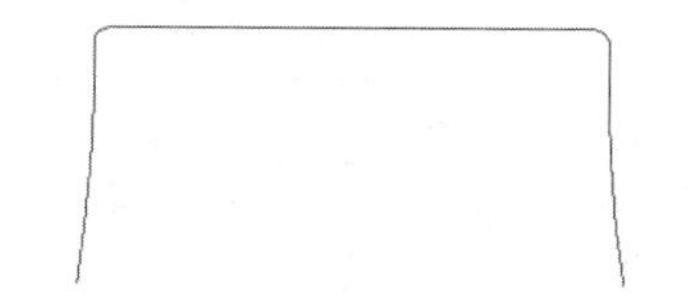

图 14-153 绘制沙发外部轮廓线

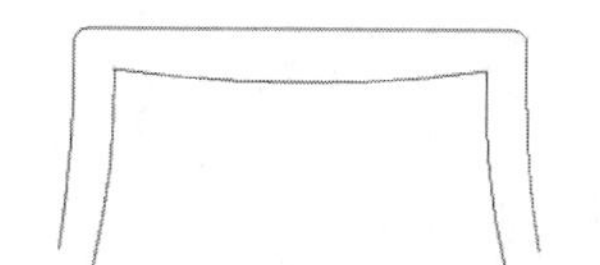

图 14-154 绘制沙发内部轮廓线

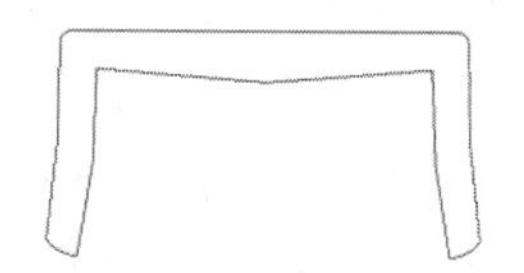

图 14-155 绘制圆弧

（4）单击“默认”选项卡“绘图”面板中的“直线”按钮，在上步图形的下方位置绘制一条水平直线，如图 14-156 所示。

（5）单击“默认”选项卡“绘图”面板中的“圆弧”按钮，绘制圆弧连接图形，如

图 14-157 所示。

（6）单击“默认”选项卡“绘图”面板中的“直线”按钮╱，以水平直线中点为起点向上绘制一条竖直直线，如图 14-158 所示。

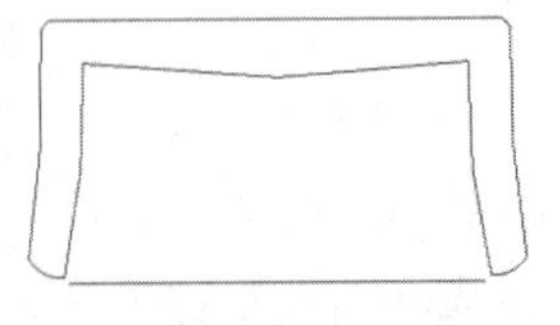

图 14-156　绘制直线

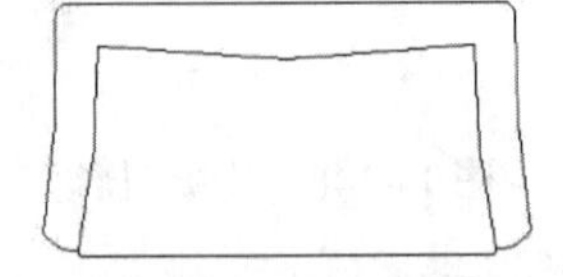

图 14-157　绘制圆弧

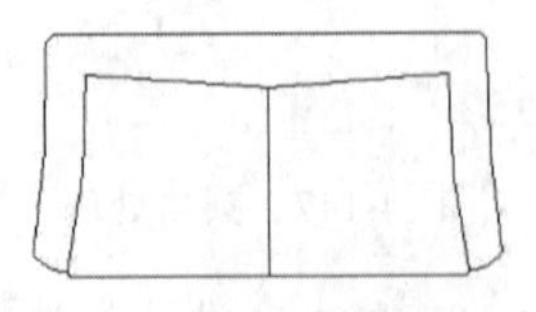

图 14-158　绘制直线

（7）单击“默认”选项卡“修改”面板中的“旋转”按钮和“镜像”按钮，完成沙发组合的绘制，如图 14-159 所示。

（8）单击“默认”选项卡“绘图”面板中的“矩形”按钮，在沙发组合的空白位置绘制一个 800×800 的矩形，如图 14-160 所示。

（9）单击“默认”选项卡“修改”面板中的“偏移”按钮，选择上步绘制的矩形向内进行偏移，偏移距离为 42，如图 14-161 所示。

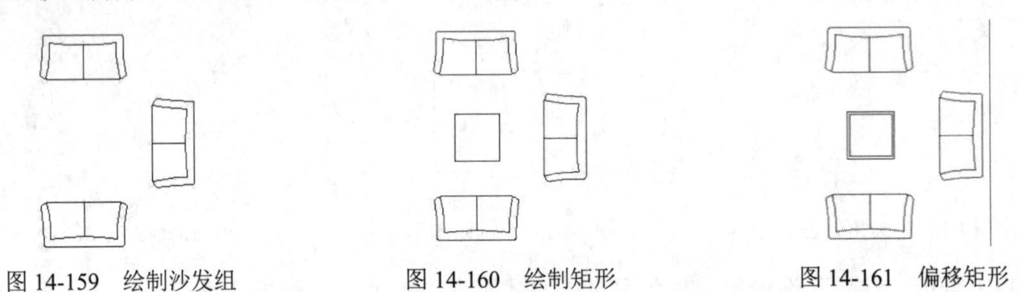

图 14-159　绘制沙发组　　图 14-160　绘制矩形　　图 14-161　偏移矩形

（10）单击“默认”选项卡“绘图”面板中的“矩形”按钮，在图形的适当位置绘制一个 500×500 的矩形，如图 14-162 所示。

（11）单击“默认”选项卡“绘图”面板中的“直线”按钮╱，在上步绘制的矩形内绘制十字交叉线，如图 14-163 所示。

（12）单击“默认”选项卡“绘图”面板中的“圆”按钮，以上步直线交点为圆心，绘制半径为 220 的圆，如图 14-164 所示。

（13）单击“默认”选项卡“修改”面板中的“偏移”按钮，选择上步绘制的圆为偏移对象向内进行偏移，偏移距离为 118，完成沙发组的绘制，如图 14-165 所示。

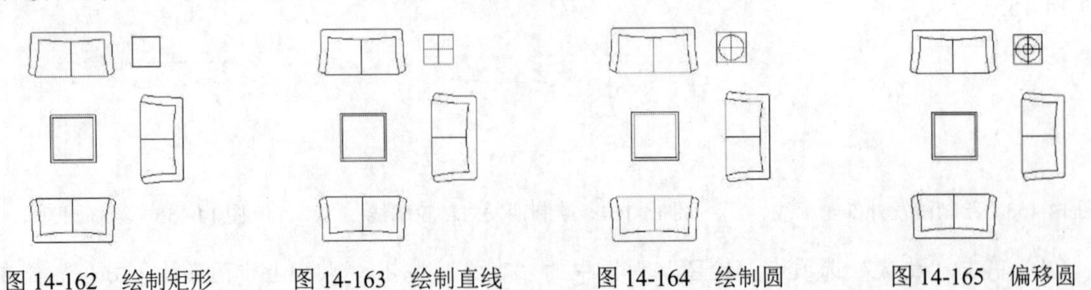

图 14-162　绘制矩形　　图 14-163　绘制直线　　图 14-164　绘制圆　　图 14-165　偏移圆

（14）单击“默认”选项卡“块”面板中的“创建”按钮，弹出“块定义”对话框。选择上步图形为定义对象，选择任意点为基点，将其定义为块，块名为“沙发组”。

14.2.3　布置家具图块

操作步骤

1. 插入家具

（1）单击“默认”选项卡“块”面板中的“插入”下拉菜单中的“最近使用的块”选项，系统弹出“块”选项板。单击选项板顶部的按钮，弹出“选择要插入的文件”对话框，选择“源文件/图库/八人桌椅”图块，在“预览列表”中选择“八人桌椅”图块插入到绘图区域内，完成图块的插入，如图 14-166 所示。

（2）单击“默认”选项卡“块”面板中的“插入”下拉菜单中的“最近使用的块”选项，系统弹出“块”选项板。单击选项板顶部的按钮，弹出“选择要插入的文件”对话框，选择“源文件/图库/单人座椅”图块，在“预览列表”中选择“单人座椅”图块插入到绘图区域内，完成图块的插入，如图 14-167 所示。

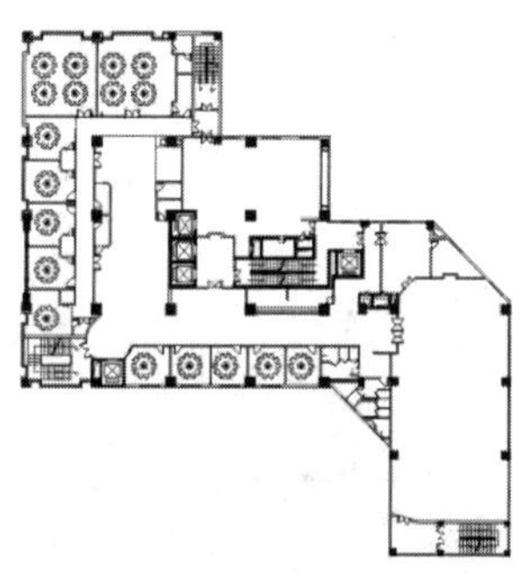

图 14-166　插入八人桌椅

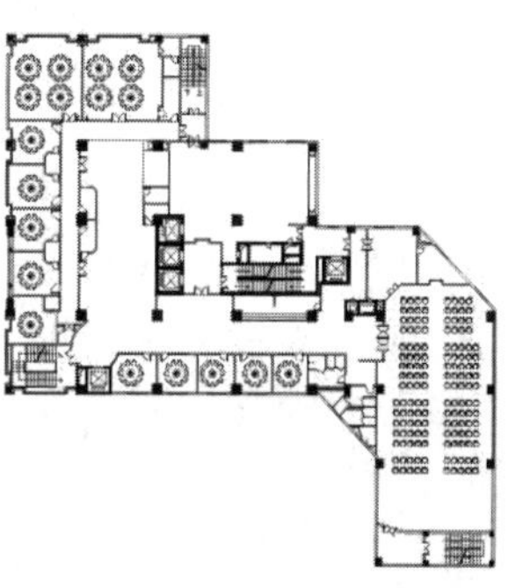

图 14-167　插入单人座椅

（3）单击“默认”选项卡“块”面板中的“插入”下拉菜单中的“最近使用的块”选项，系统弹出“块”选项板。单击选项板顶部的按钮，弹出“选择要插入的文件”对话框，选择“源文件/图库/二十人桌椅”图块，在“预览列表”中选择“二十人桌椅”图块插入到绘图区域内，完成图块的插入，如图 14-168 所示。

（4）单击“默认”选项卡“块”面板中的“插入”下拉菜单中的“最近使用的块”选项，系统弹出“块”选项板。单击选项板顶部的按钮，弹出“选择要插入的文件”对话框，选择“源文件/图库/沙发组”图块，在“预览列表”中选择“沙发组”图块插入到绘图区域内，完成图块的插入，如图 14-169 所示。

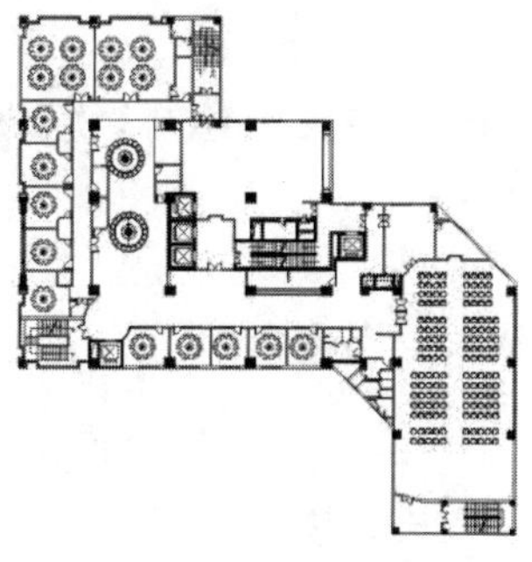

图 14-168　插入二十人桌椅

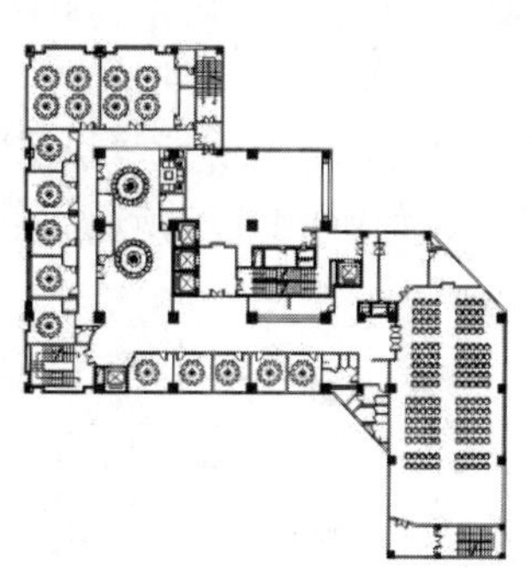

图 14-169　插入沙发组

2．绘制投影屏和主席台

（1）单击“默认”选项卡“绘图”面板中的“矩形”按钮 ▭，在单人座椅前绘制一个 3500×595 的矩形，如图 14-170 所示。

（2）单击“默认”选项卡“绘图”面板中的“矩形”按钮 ▭，在上步绘制的矩形左侧绘制一个 50×550 的矩形，如图 14-171 所示。

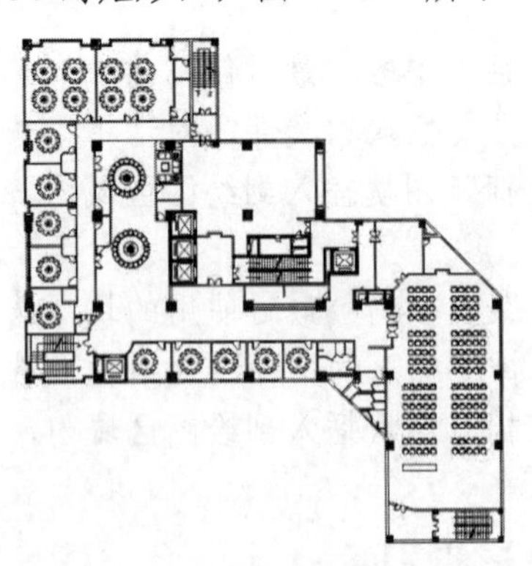

图 14-170　绘制矩形 1

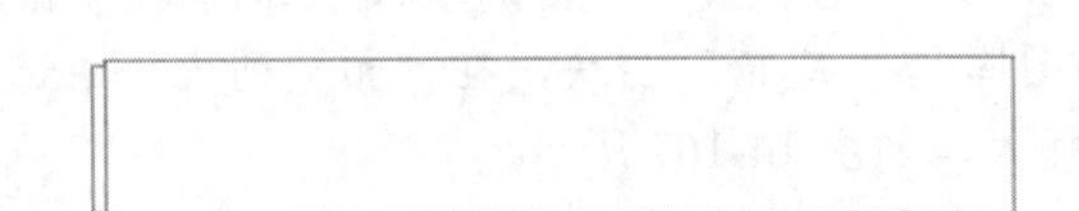

图 14-171　绘制矩形 2

（3）单击“默认”选项卡“修改”面板中的“复制”按钮 ⧉，选择上步绘制的矩形为复制对象，向右侧进行复制，如图 14-172 所示。

（4）单击“默认”选项卡“修改”面板中的“复制”按钮 ⧉，选择上步完成的图形向右侧进行复制，如图 14-173 所示。

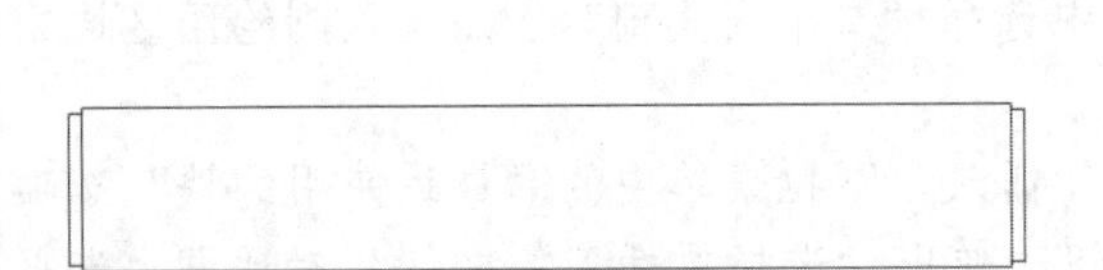

图 14-172　复制矩形

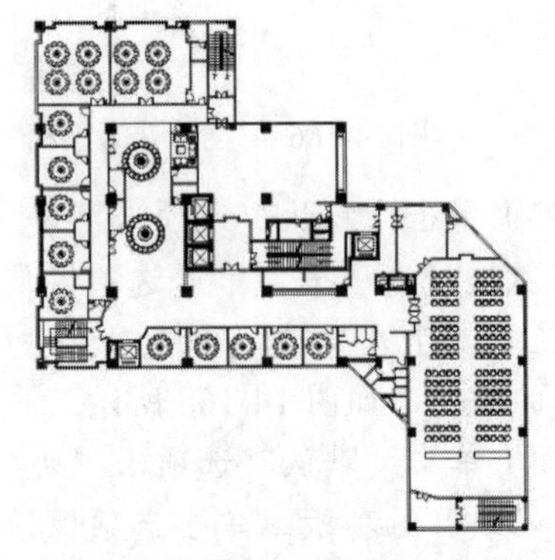

图 14-173　复制图形

（5）单击“默认”选项卡“绘图”面板中的“矩形”按钮 ▭，在图形的适当位置绘制一个 6228×122 的矩形，如图 14-174 所示。

（6）单击“默认”选项卡“绘图”面板中的“矩形”按钮 ▭，在上步绘制的矩形内绘制一个 3500×60 的矩形，如图 14-175 所示。

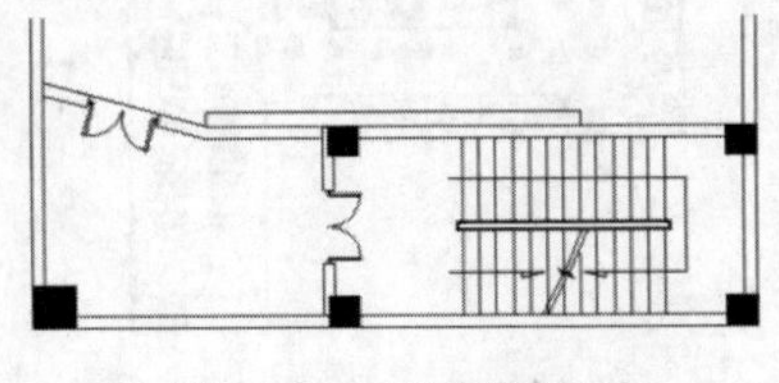

图 14-174　绘制矩形 3

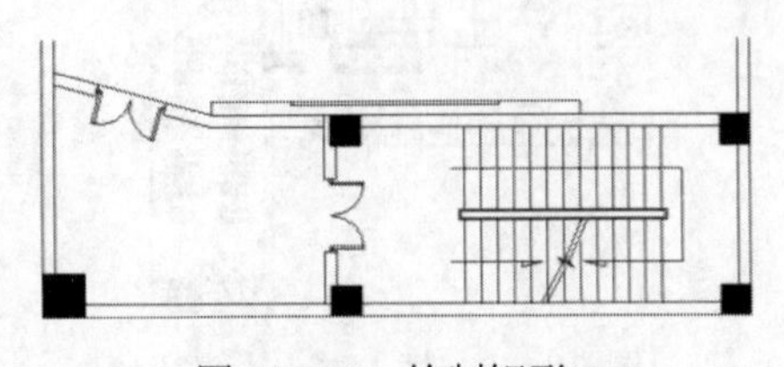

图 14-175　绘制矩形 4

（7）单击“默认”选项卡“绘图”面板中的“矩形”按钮，在图形的适当位置绘制一个4434×172的矩形，如图14-176所示。

（8）单击“默认”选项卡“绘图”面板中的“直线”按钮和“圆弧”按钮，在图形的适当位置绘制连续图形，如图14-177所示。

（9）选择上步绘制的矩形，单击“默认”选项卡“特性”面板中的“线型”按钮，在“线型”下拉列表中选择DASHED线型，对其线型进行修改，如图14-178所示。

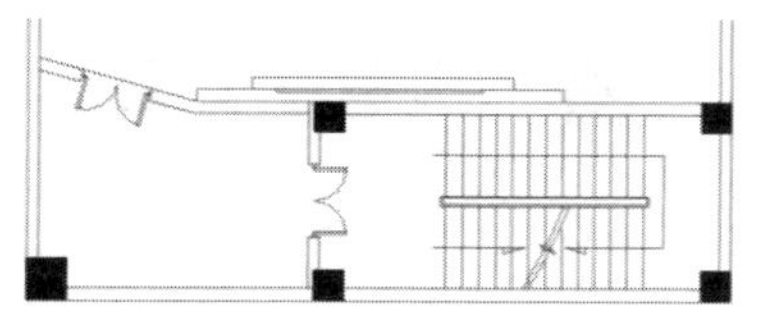

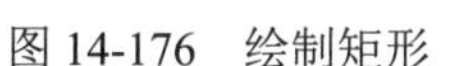

图14-176　绘制矩形

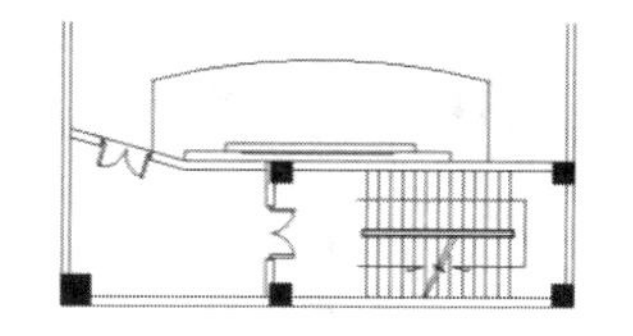

图14-177　绘制直线和圆弧

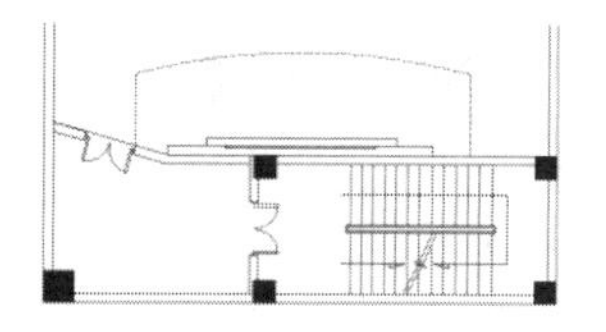

图14-178　修改线型

（10）单击“默认”选项卡“绘图”面板中的“直线”按钮和“圆弧”按钮，在上步图形内继续绘制图形，如图14-179所示。

（11）单击“默认”选项卡“修改”面板中的“偏移”按钮，选择上步绘制的图形向内进行偏移，偏移距离为50，如图14-180所示。

（12）单击“默认”选项卡“修改”面板中的“修剪”按钮，对上步偏移的图形进行修剪，如图14-181所示。

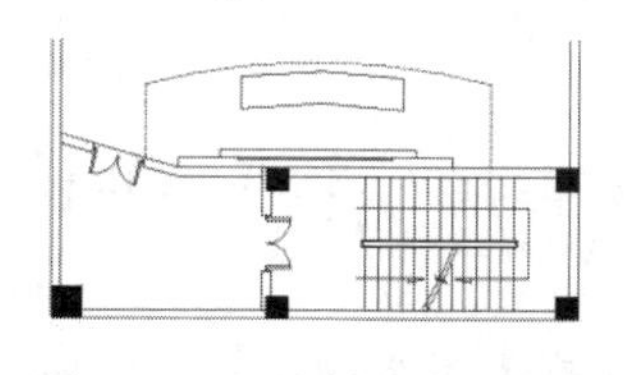

图14-179　绘制直线和圆弧

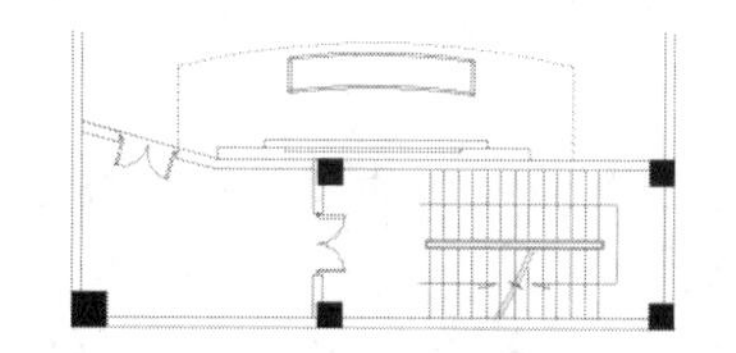

图14-180　偏移图形

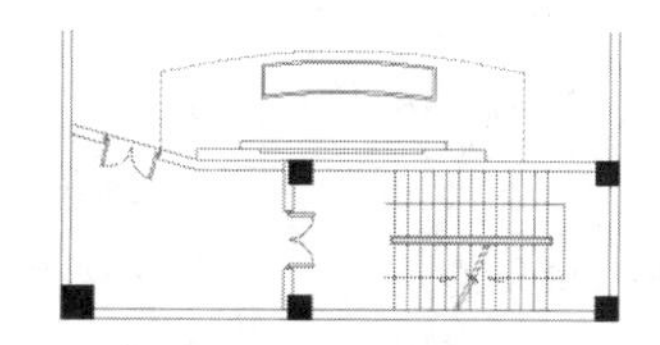

图14-181　修剪图形

（13）单击“默认”选项卡“块”面板中的“插入”下拉菜单中的“最近使用的块”选项，系统弹出“块”选项板。单击选项板顶部的按钮，弹出“选择要插入的文件”对话框，选择“源文件/图库/单人座椅”图块，在“预览列表”中选择“单人座椅”图块插入到绘图区域内，完成图块的插入，如图14-182所示。

3. 绘制卫生间

（1）单击“默认”选项卡“绘图”面板中的“直线”按钮，在卫生间的适当位置绘制连续直线，如图14-183所示。

（2）单击“默认”选项卡“修改”面板中的“修剪”按钮，对上步绘制的图形内的线段进行修剪，如图14-184所示。

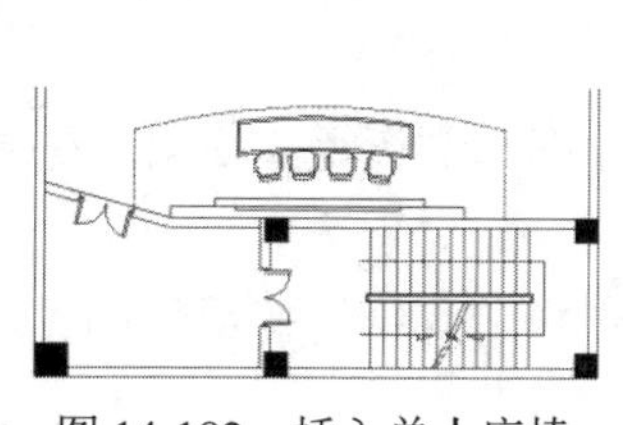

图14-182　插入单人座椅

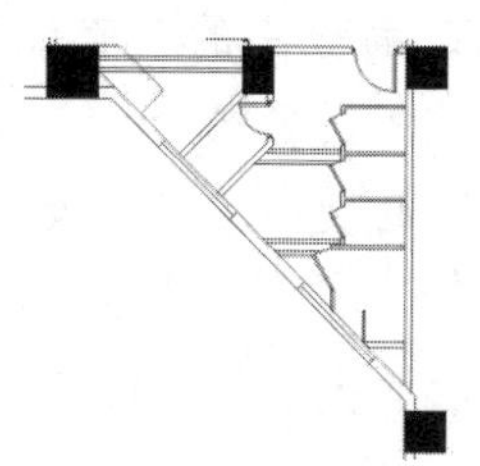

图14-183　绘制图形

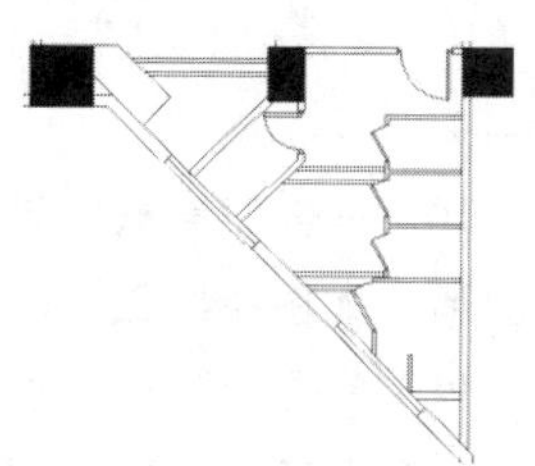

图14-184　修剪线段

（3）单击“默认”选项卡“修改”面板中的“偏移”按钮⊆，选择上步修剪的图形进行偏移，偏移距离为 50，如图 14-185 所示。

（4）单击“默认”选项卡“绘图”面板中的“直线”按钮╱，在图形下端位置绘制一条竖直直线，如图 14-186 所示。

（5）单击“默认”选项卡“修改”面板中的“修剪”按钮✂，对上步绘制的图形进行修剪，如图 14-187 所示。

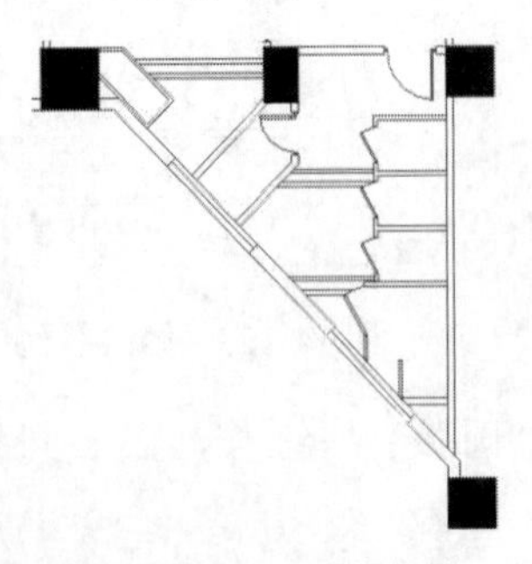

图 14-185　偏移图形

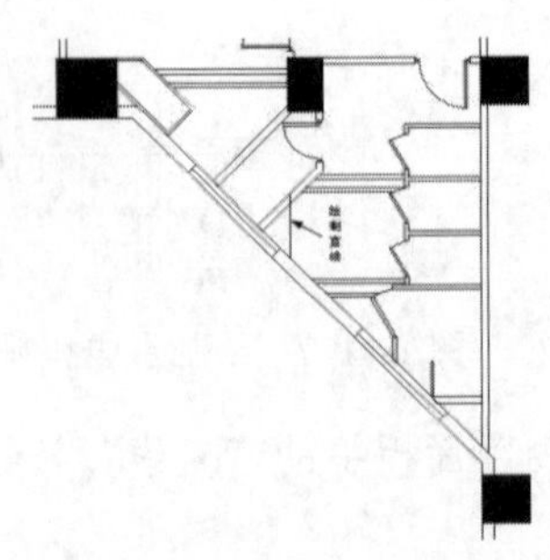

图 14-186　绘制直线

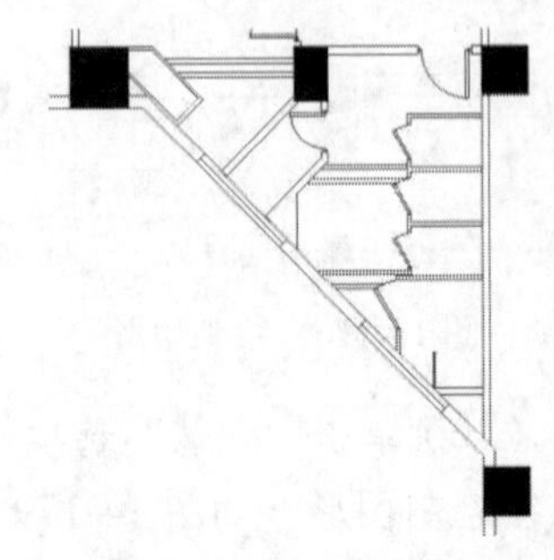

图 14-187　修剪图形

（6）单击“默认”选项卡“块”面板中的“插入”下拉菜单中的“最近使用的块”选项，系统弹出“块”选项板。单击选项板顶部的按钮，弹出“选择要插入的文件”对话框，选择“源文件/图库/蹲便器”图块，在“预览列表”中选择“蹲便器”图块插入到绘图区域内，完成图块的插入，如图 14-188 所示。

（7）单击“默认”选项卡“绘图”面板中的“矩形”按钮□，在图形的适当位置绘制一个 1680×600 的矩形，如图 14-189 所示。

（8）单击“默认”选项卡“修改”面板中的“偏移”按钮⊆，选择上步绘制的矩形向内进行偏移，偏移距离为 50，如图 14-190 所示。

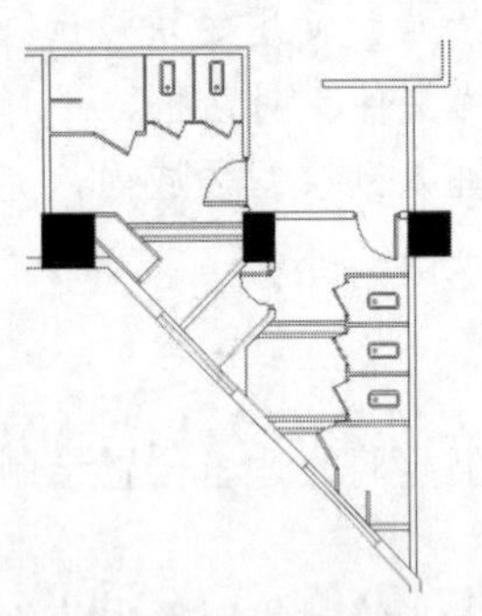

图 14-188　插入蹲便器

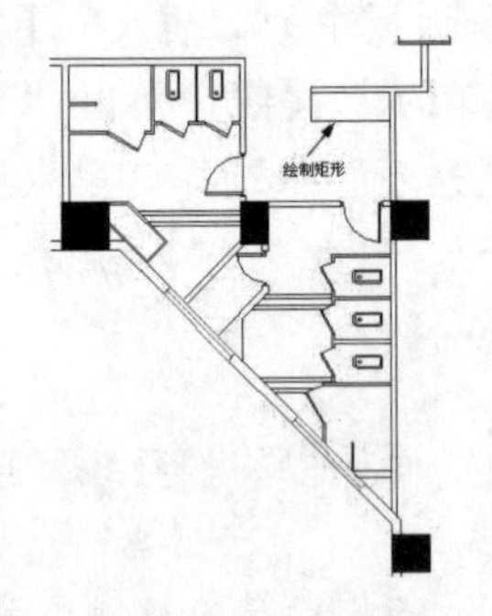

图 14-189　绘制矩形

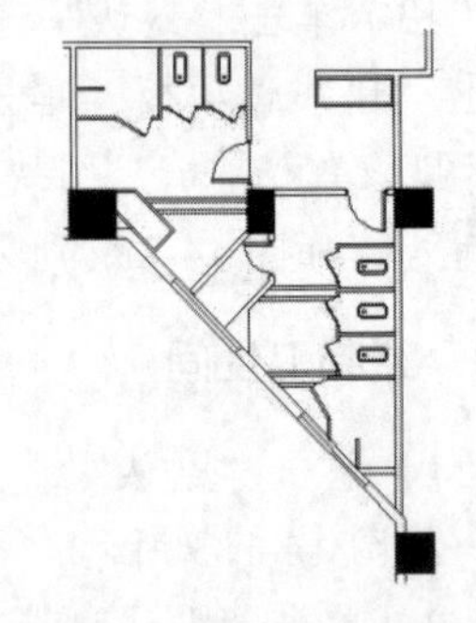

图 14-190　偏移矩形

（9）单击“默认”选项卡“绘图”面板中的“直线”按钮╱，在卫生间位置绘制直线，如图 14-191 所示。

（10）单击“默认”选项卡“绘图”面板中的“多段线”按钮，在上步图形内绘制卫生间洗手台图形，如图 14-192 所示。

（11）单击“默认”选项卡“修改”面板中的“偏移”按钮⊆，选择上步绘制的图形向内进行偏移，偏移距离为 30，如图 14-193 所示。

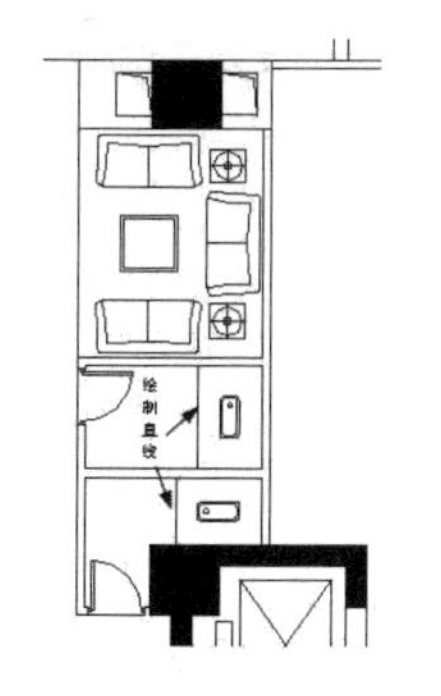

图 14-191　绘制直线

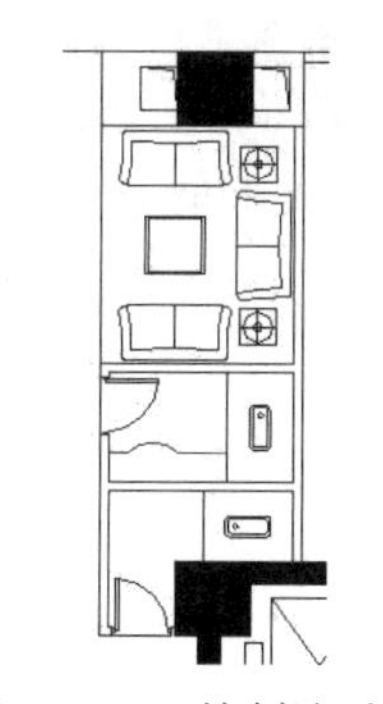

图 14-192　绘制洗手台

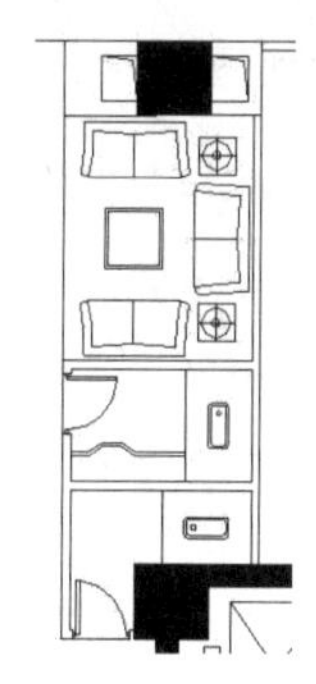

图 14-193　偏移多段线

（12）单击“默认”选项卡“绘图”面板中的“圆弧”按钮和“修改”工具栏中的“偏移”按钮，绘制卫生间弧形洗手台，如图 14-194 所示。

（13）利用上述方法绘制完成图形中剩余的洗手台图形，如图 14-195 所示。

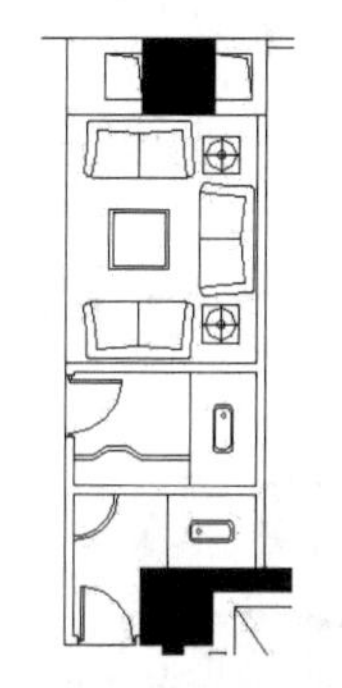

图 14-194　绘制弧形洗手台

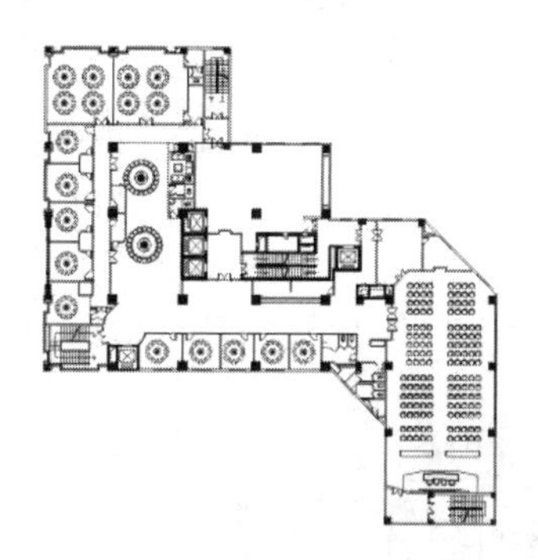

图 14-195　绘制洗手台

（14）单击“默认”选项卡“块”面板中的“插入”下拉菜单中的“最近使用的块”选项，系统弹出“块”选项板。单击选项板顶部的按钮，弹出“选择要插入的文件”对话框，选择“源文件/图库/洗手盆”图块，在“预览列表”中选择“洗手盆”图块插入到绘图区域内，完成图块的插入，如图 14-196 所示。

（15）单击“默认”选项卡“块”面板中的“插入”下拉菜单中的“最近使用的块”选项，系统弹出“块”选项板。单击选项板顶部的按钮，弹出“选择要插入的文件”对话框，选择“源文件/图库/坐便器”图块，在“预览列表”中选择“坐便器”图块插入到绘图区域内，完成图块的插入，如图 14-197 所示。

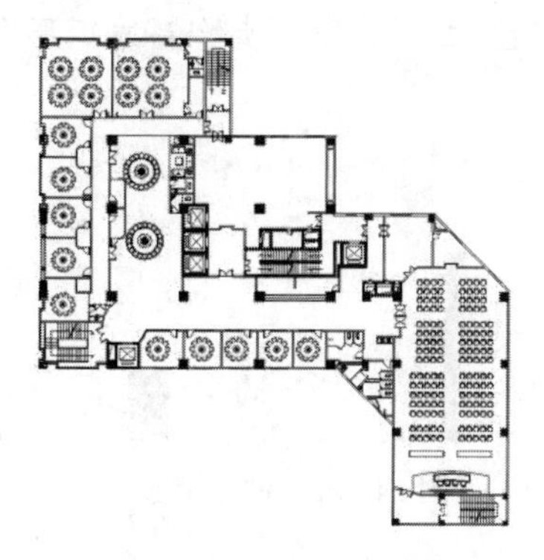

图 14-196　插入洗手盆

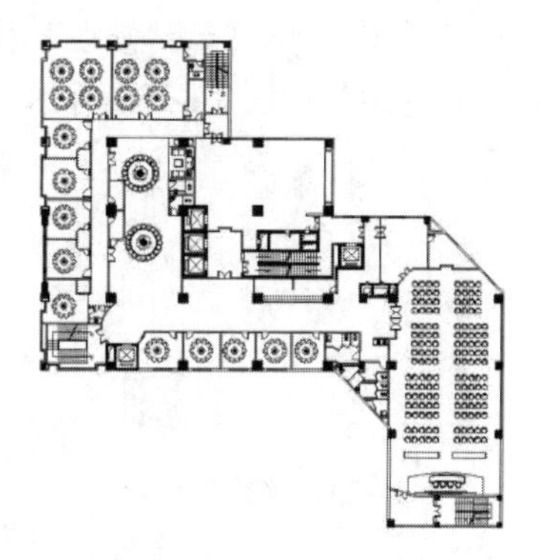

图 14-197　插入坐便器

4．绘制包间

（1）单击“默认”选项卡“绘图”面板中的“直线”按钮，在包间内绘制连续线段，如图14-198所示。

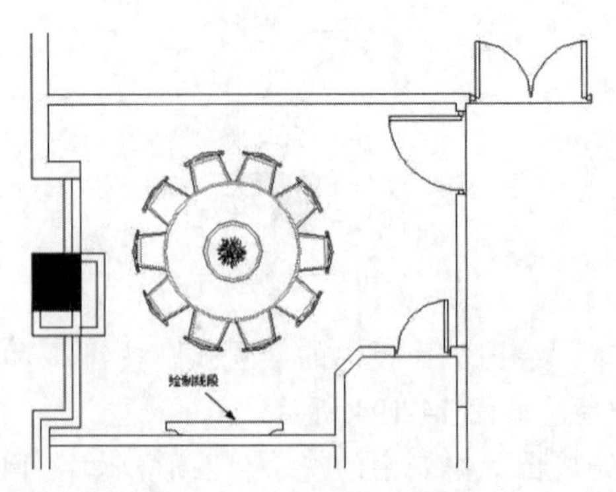

图14-198　绘制连续直线

（2）单击“默认”选项卡“修改”面板中的“复制”按钮，选择上步绘制的图形进行复制并放置在适当的位置，如图14-199所示。

（3）单击“默认”选项卡“绘图”面板中的“直线”按钮和“修改”面板中的“偏移”按钮，绘制装饰图中的装饰柱，如图14-200所示。

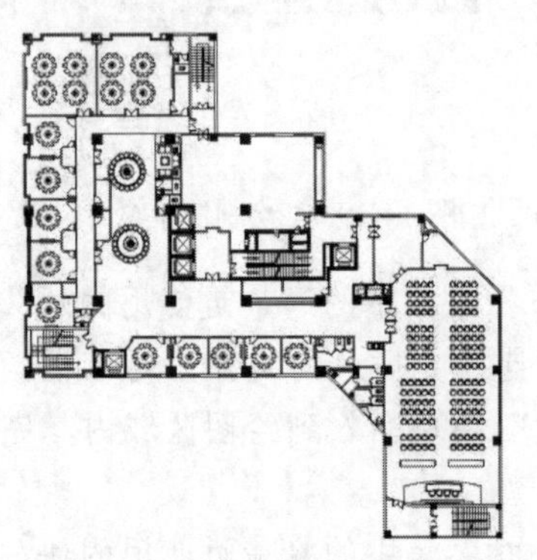

图14-199　复制图形

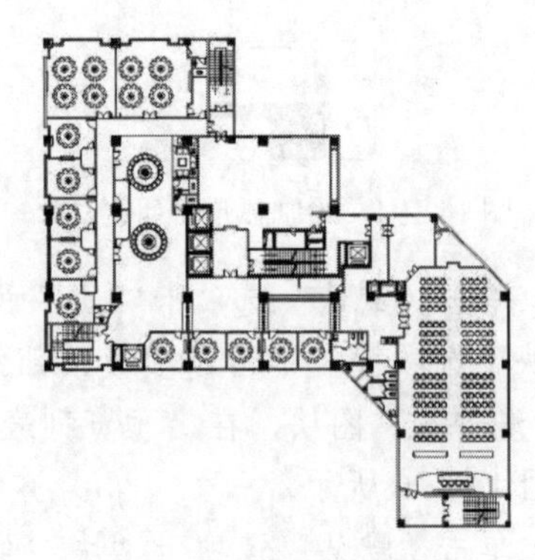

图14-200　绘制装饰柱

（4）单击“默认”选项卡“绘图”面板中的“矩形”按钮，在包间电视架处绘制一个440×2884的矩形，如图14-201所示。

（5）单击“默认”选项卡“修改”面板中的“偏移”按钮，选择上步绘制的矩形向内进行偏移，偏移距离为50，如图14-202所示。

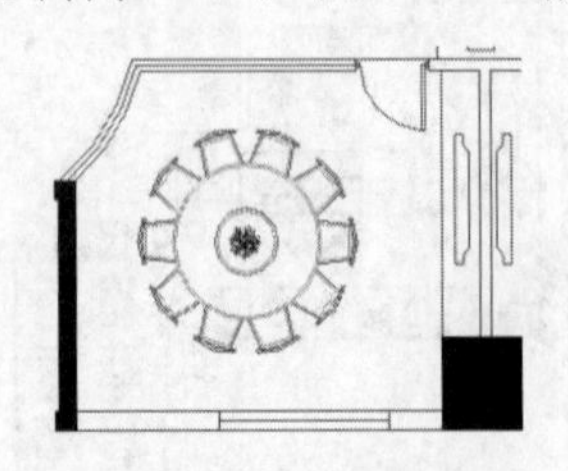

图14-201　绘制矩形

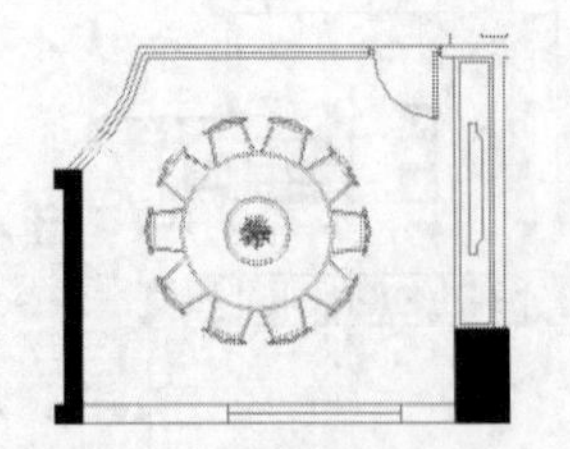

图14-202　偏移矩形

（6）单击“默认”选项卡“修改”面板中的“复制”按钮，选择上步得到的两个矩形进行复制并放置到适当的位置，如图 14-203 所示。

（7）单击“默认”选项卡“绘图”面板中的“多段线”按钮，在配餐间的适当位置绘制连续多段线，如图 14-204 所示。

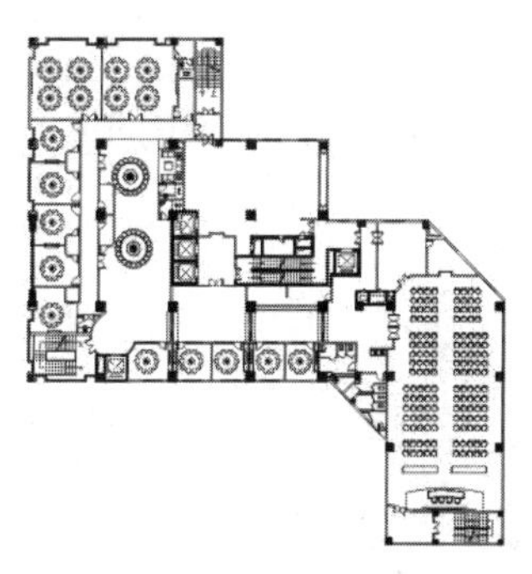

图 14-203　复制矩形

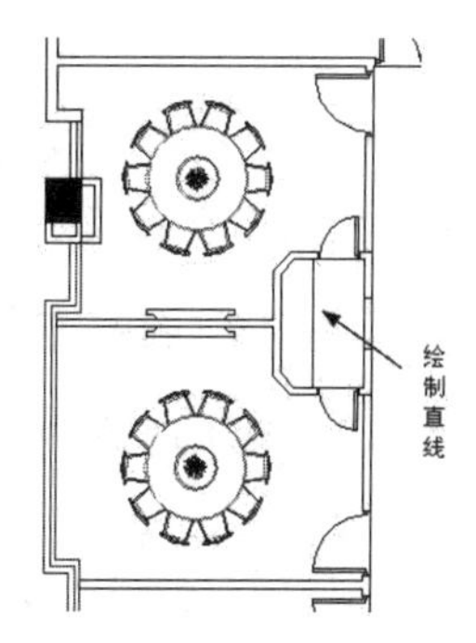

图 14-204　绘制多段线

（8）单击“默认”选项卡“修改”面板中的“偏移”按钮⊆，选择上步绘制的连续多段线向内进行偏移，偏移距离为 50，如图 14-205 所示。

（9）单击“默认”选项卡“绘图”面板中的“直线”按钮／，绘制一条直线以平分上步绘制的矩形，如图 14-206 所示。

（10）单击“默认”选项卡“绘图”面板中的“直线”按钮／，绘制上步分割图形的对角线，如图 14-207 所示。

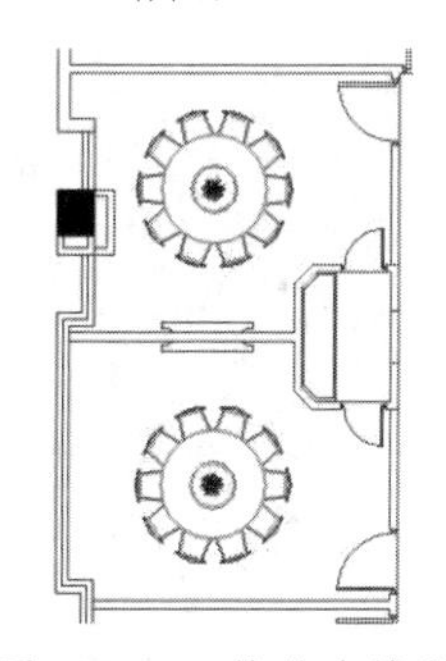

图 14-205　偏移多线段

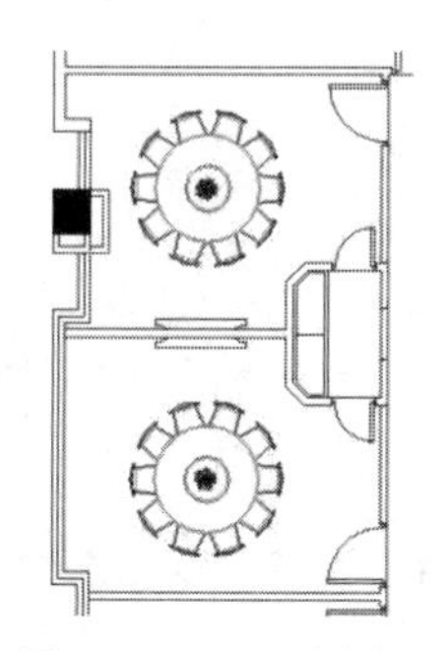

图 14-206　平分图形

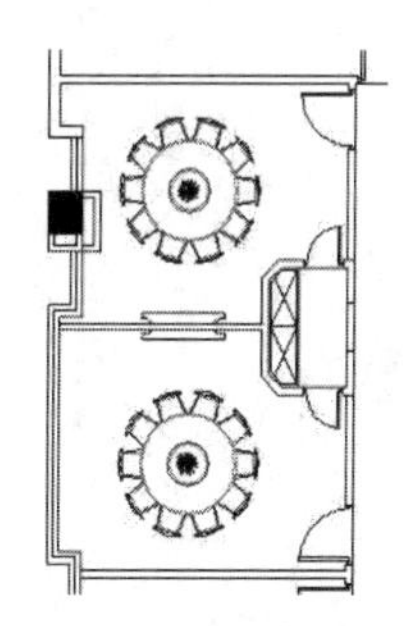

图 14-207　绘制对角线

（11）单击“默认”选项卡“修改”面板中的“复制”按钮，对上步绘制的图形进行复制，如图 14-208 所示。

（12）结合所学知识及上述绘图方法完成三层中餐厅装饰平面图的绘制，如图 14-209 所示。

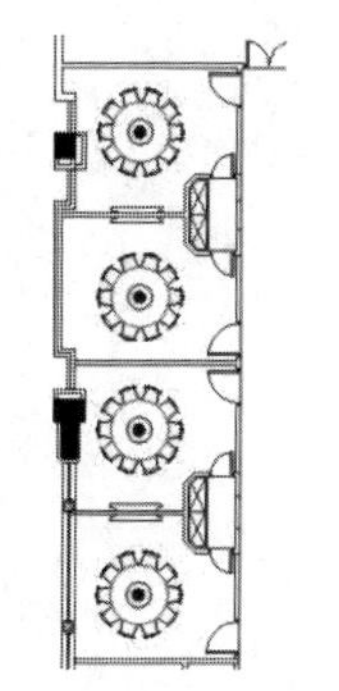

图 14-208　复制图形

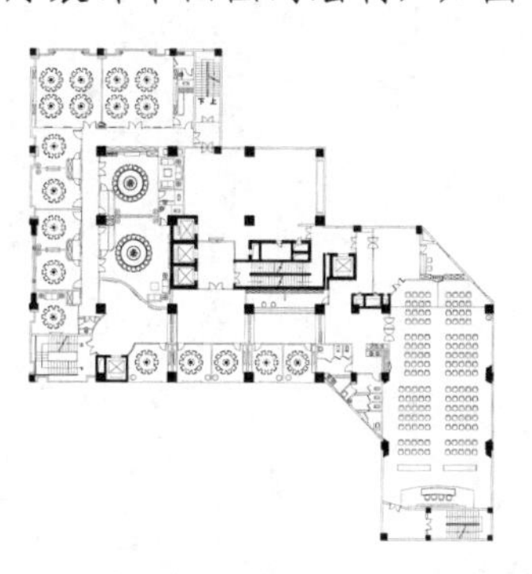

图 14-209　完成三层中餐厅装饰平面图绘制

扫一扫，看视频

14.2.4　文字标注

操作步骤

打开关闭的“尺寸”层和“文字”层，单击“默认”选项卡“注释”面板中的“多行文字”按钮**A**，添加缺少文字，完成三层中餐厅装饰平面图的绘制，如图 14-139 所示。

扫一扫，看视频

动手练——洗浴中心二层装饰平面图

绘制如图 14-210 所示的洗浴中心二层装饰平面图。

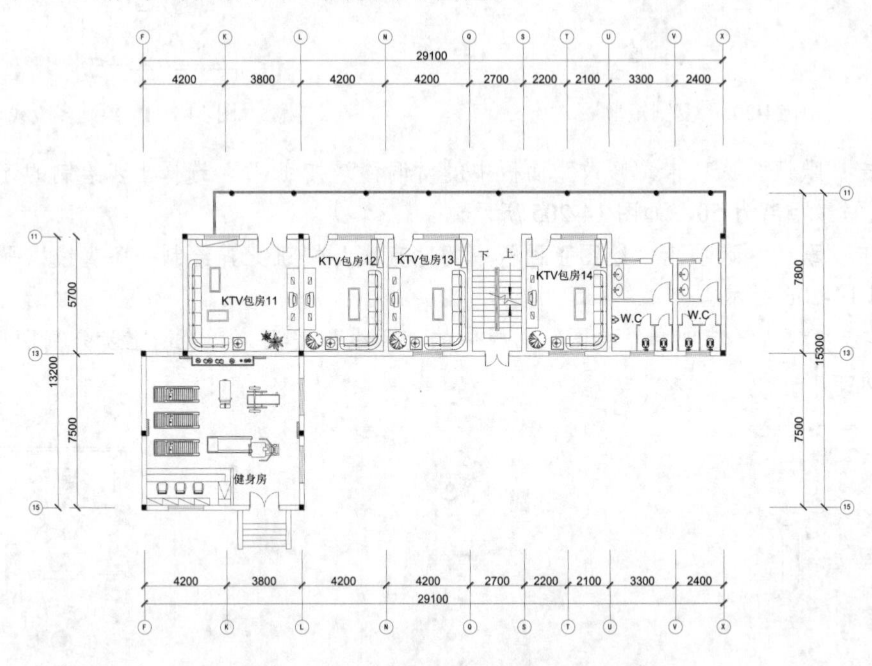

图 14-210　洗浴中心二层装饰平面图

思路点拨：

源文件：源文件\第 14 章\洗浴中心二层装饰平面图.dwg

（1）绘制家具。

（2）布置家具。

第 15 章　中餐厅顶棚图的绘制

内容简介

顶棚图与地坪图是室内设计中特有的图样，顶棚图可用于表达室内顶棚造型、灯具及相关电器布置，是顶棚水平镜像投影图；地坪图则是用于表达室内地面造型、纹饰图案布置的水平镜像投影图。本章将以中餐厅顶棚与地坪室内设计为例，详细讲述中餐厅顶棚与地坪图的绘制过程。在讲述过程中，会逐步带领读者完成绘制，并讲述顶棚及地坪图绘制的相关知识和技巧。

内容要点

- 二层中餐厅顶棚装饰图的绘制
- 三层中餐厅顶棚装饰图的绘制

案例效果

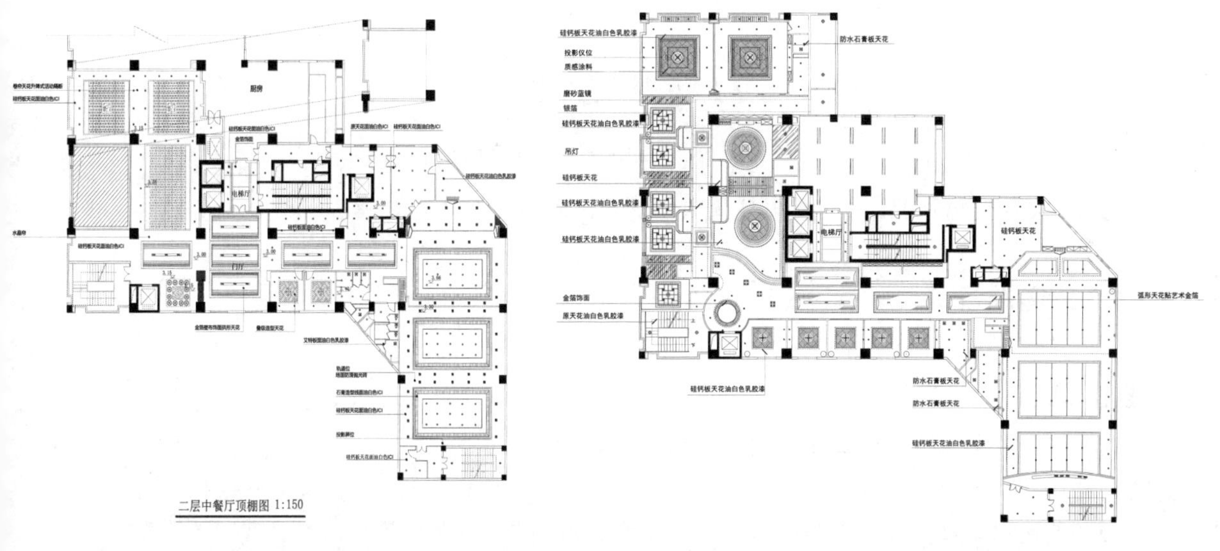

餐厅的顶棚装饰由吊顶和吊灯组成，餐厅的吊灯风格最好与餐厅的整体装饰风格一致，同时要考虑餐厅的面积、层高等因素。

15.1　二层中餐厅顶棚装饰图的绘制

本层餐厅各包房空间较大，所以选择相对华丽的吊灯设计，下面主要讲解二层中餐厅顶棚装饰图的绘制，如图 15-1 所示。

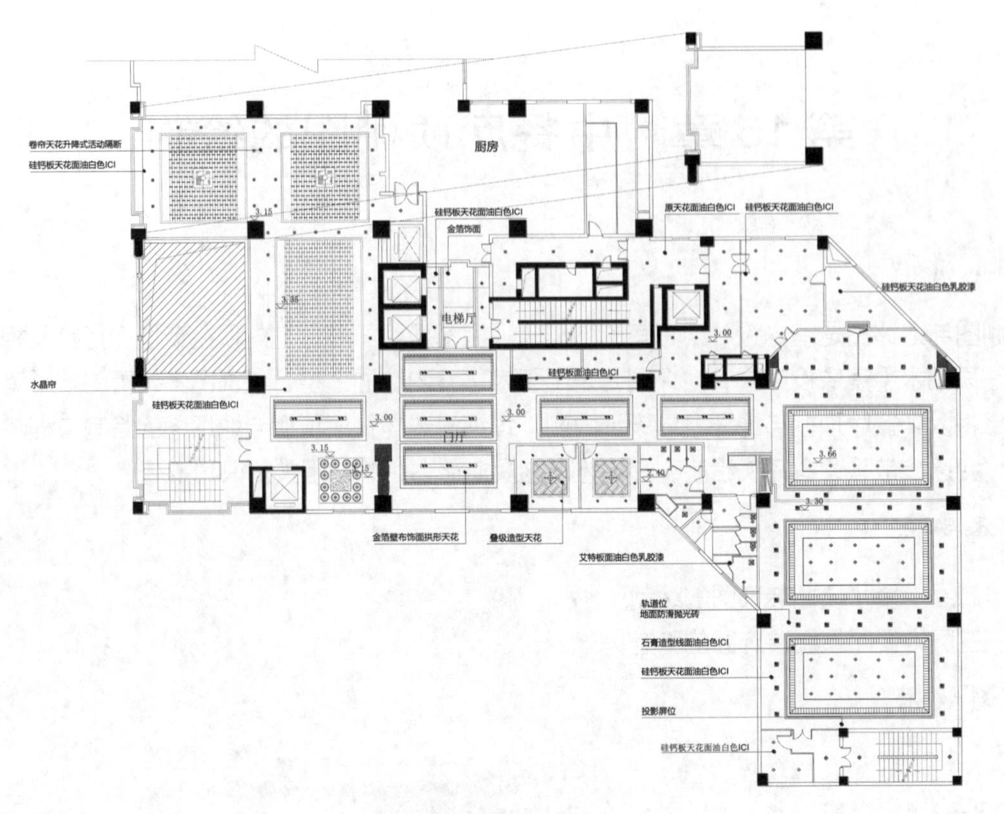

图 15-1　二层中餐厅顶棚装饰图

源文件：源文件\第 15 章\二层中餐厅顶棚装饰图.dwg

扫一扫，看视频

15.1.1　绘图准备

操作步骤

（1）打开源文件\第 14 章\二层中餐厅装饰平面图.dwg 文件。

（2）选择菜单栏中的“文件”→“另存为”命令，将打开的“二层中餐厅装饰平面图”另存为“二层中餐厅顶棚图”。

（3）单击“文字”“轴线”及“家具”图层中的“开/关图层”按钮，将图层关闭，如图 15-2 所示。

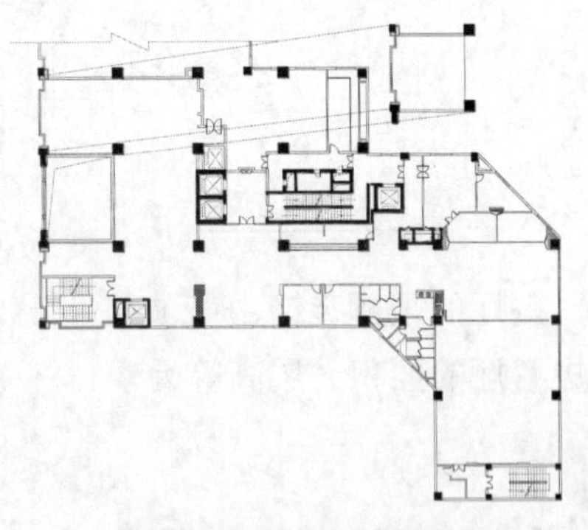

图 15-2　添加文字说明

（4）单击“默认”选项卡“图层”面板中的“图层特性”按钮，新建“顶棚”图层，如图 15-3 所示。

图 15-3　顶棚图层

15.1.2 绘制灯具

扫一扫，看视频

操作步骤

下面先来绘制需要安装的石英射灯、单头雷士灯、方形筒灯、吸顶灯、艺术吊灯等灯具。

1. 绘制进口石英射灯

（1）单击“默认”选项卡“绘图”面板中的“圆”按钮，在图形的空白区域任选一点为圆心，绘制半径为 75 的圆，如图 15-4 所示。

（2）单击“默认”选项卡“绘图”面板中的“直线”按钮，通过上步绘制的圆心位置绘制十字交叉线，如图 15-5 所示。

（3）单击“默认”选项卡“绘图”面板中的“图案填充”按钮，系统打开“图案填充创建”选项卡，单击“图案填充图案”选项，选择 SOLID 图案，单击“确定”按钮退出。回到“图案填充创建”选项卡，在“图案填充创建”选项卡左侧单击“拾取点”按钮，选择填充区域单击“确定”按钮，系统回到“图案填充创建”选项卡，单击“确定”按钮完成图案的填充，效果如图 15-6 所示。

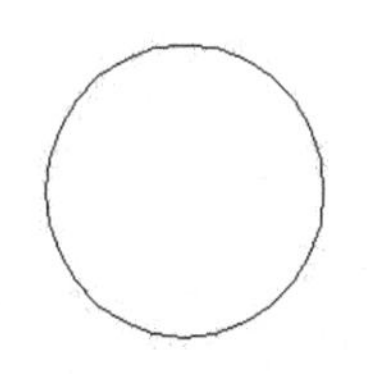

图 15-4　绘制圆

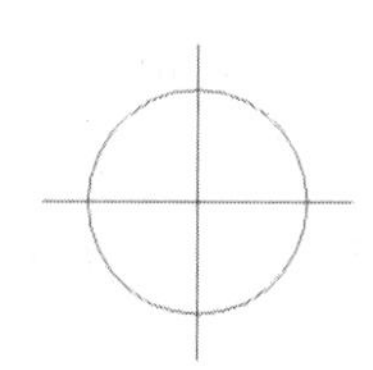

图 15-5　绘制直线

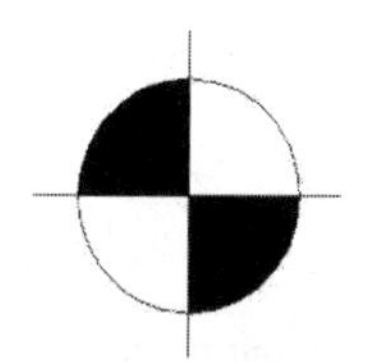

图 15-6　填充图形

（4）单击“默认”选项卡“块”面板中的“创建”按钮，弹出“块定义”对话框。

（5）选择上步图形为定义对象，选择任意点为基点，将其定义为块，块名为“进口石英射灯”，如图 15-7 所示。

2. 绘制单头雷士灯

（1）“单头雷士灯”的绘制方法与“进口石英射灯”的绘制方法基本相同，这里不再赘述，如图 15-8 所示。

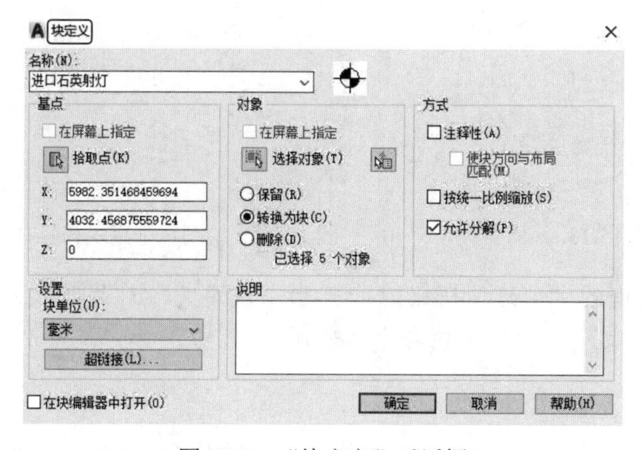

图 15-7　“块定义”对话框

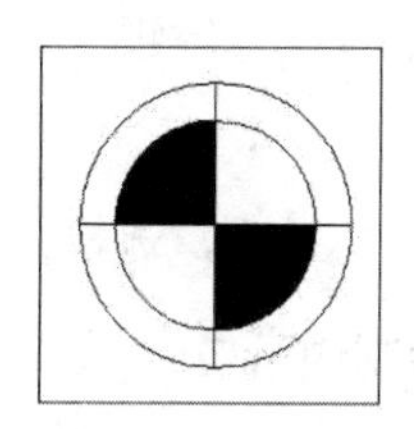

图 15-8　单头雷士灯

（2）单击“默认”选项卡“块”面板中的“创建”按钮，弹出“块定义”对话框，选择单头雷士灯为定义对象，选择任意点为基点，将其定义为块，块名为“单头雷士灯”。

3．绘制方形筒灯

（1）单击“默认”选项卡“绘图”面板中的“矩形”按钮，在图形的适当位置绘制一个150×150的矩形，如图15-9所示。

（2）单击“默认”选项卡“修改”面板中的“偏移”按钮，选择上步绘制的矩形向内进行偏移，偏移距离为45，效果如图15-10所示。

（3）单击“默认”选项卡“绘图”面板中的“直线”按钮，过外侧矩形绘制十字交叉线，如图15-11所示。

图15-9　绘制矩形

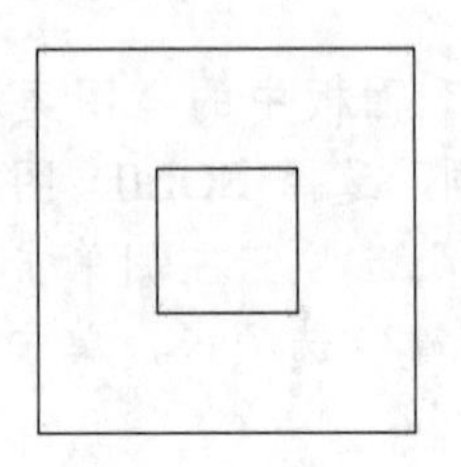

图15-10　偏移矩形

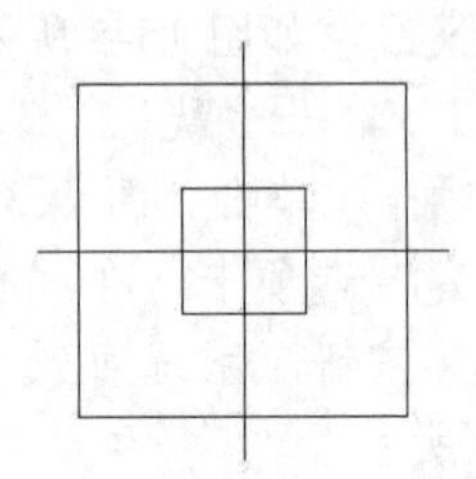

图15-11　绘制十字交叉线

（4）单击“默认”选项卡“块”面板中的“创建”按钮，弹出“块定义”对话框，选择上步图形为定义对象，选择任意点为基点，将其定义为块，块名为“方形筒灯”。

4．绘制吸顶灯

（1）单击“默认”选项卡“绘图”面板中的“圆”按钮，在图形的适当位置绘制一个半径为75的圆，如图15-12所示。

（2）单击“默认”选项卡“修改”面板中的“偏移”按钮，选择上步绘制的圆向内偏移，偏移距离为29，如图15-13所示。

（3）单击“默认”选项卡“绘图”面板中的“直线”按钮，过上步偏移圆的圆心绘制十字交叉线，完成吸顶灯的绘制，如图15-14所示。

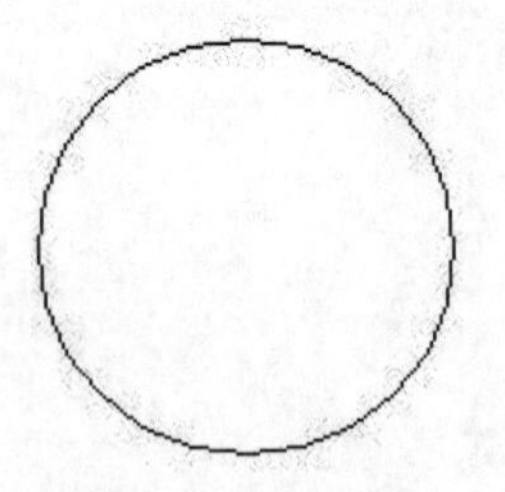

图15-12　绘制圆

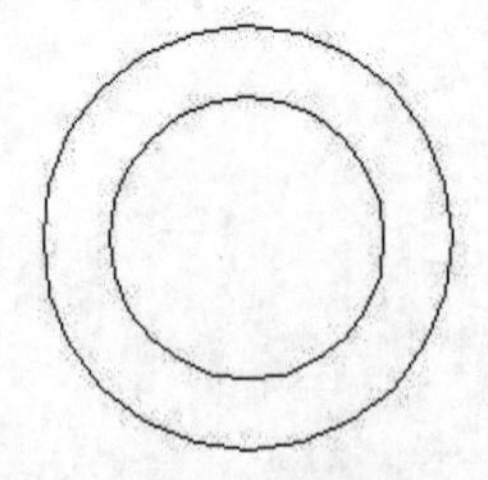

图15-13　绘制圆

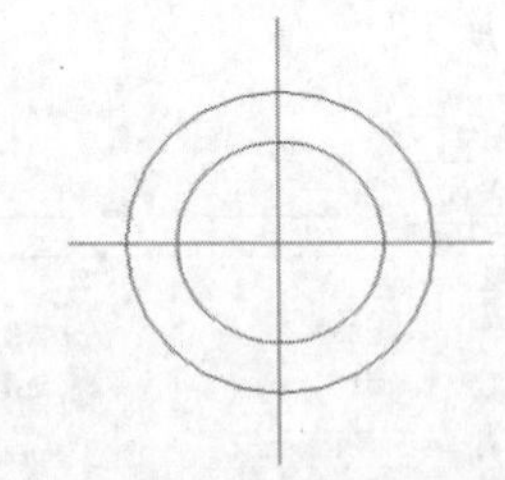

图15-14　绘制水平直线和竖直直线

（4）单击“默认”选项卡“块”面板中的“创建”按钮，弹出“块定义”对话框，选择上步图形为定义对象，选择任意点为基点，将其定义为块，块名为“吸顶灯”。

5．绘制通风口

（1）单击“默认”选项卡“绘图”面板中的“矩形”按钮，在图形的适当位置绘制一个

300×300 的矩形，如图 15-15 所示。

（2）单击“默认”选项卡“修改”面板中的“偏移”按钮⊆，选择上步绘制的矩形连续向内偏移 50，偏移两次，如图 15-16 所示。

（3）单击“默认”选项卡“绘图”面板中的“直线”按钮╱，绘制上步外侧矩形的对角线。

（4）单击“默认”选项卡“块”面板中的“创建”按钮，弹出“块定义”对话框，选择上步图形为定义对象，选择任意点为基点，将其定义为“通风口”。

6．绘制大型艺术吊灯

（1）单击“默认”选项卡“绘图”面板中的“圆”按钮，在图形空白区域内绘制半径为 250 的圆，如图 15-17 所示。

图 15-15　绘制矩形

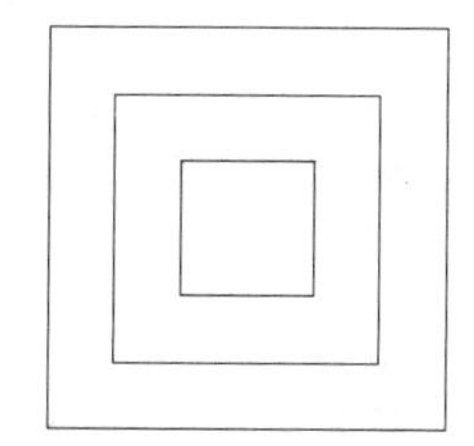

图 15-16　偏移矩形

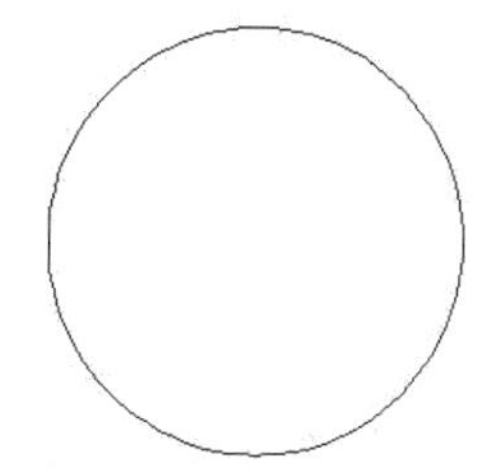

图 15-17　绘制圆

（2）单击“默认”选项卡“修改”面板中的“偏移”按钮⊆，选择上步绘制的圆向内偏移，偏移距离分别为 50、122，如图 15-18 所示。

（3）单击“默认”选项卡“绘图”面板中的“直线”按钮╱，过小圆的圆心绘制十字交叉线，如图 15-19 所示。

（4）单击“默认”选项卡“块”面板中的“创建”按钮，弹出“块定义”对话框，选择上步图形为定义对象，选择任意点为基点，将其定义为块，块名为“大型艺术吊灯”。

（5）使用上述方法完成“筒灯”的绘制，并将其定义为块，如图 15-20 所示。

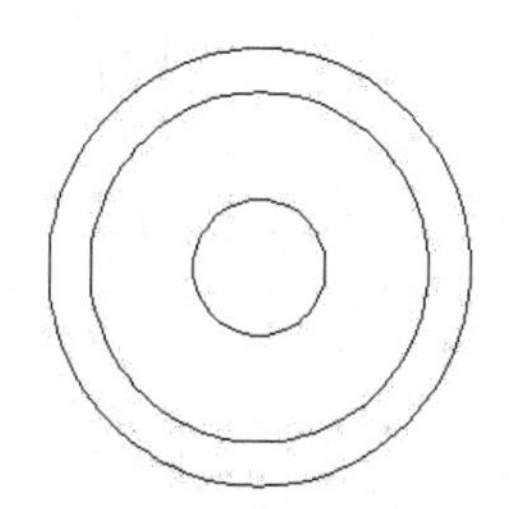

图 15-18　偏移圆

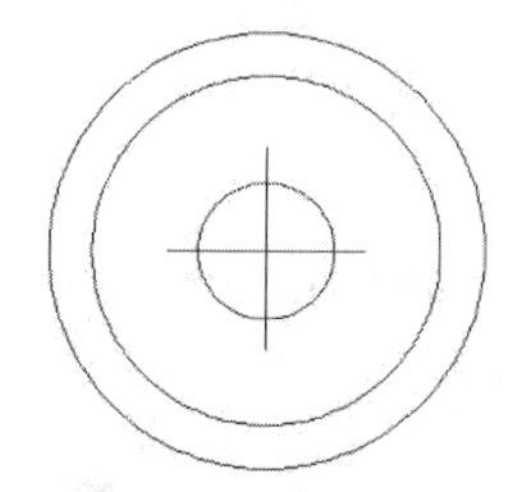

图 15-19　绘制直线

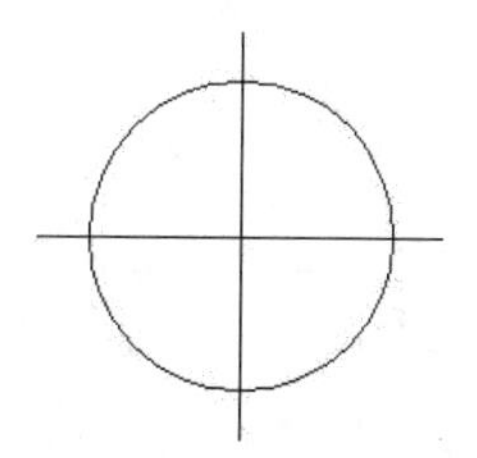

图 15-20　绘制筒灯

15.1.3　绘制天花

扫一扫，看视频

操作步骤

1．绘制石膏造型

（1）单击“默认”选项卡“绘图”面板中的“矩形”按钮□，在图形右下角绘制一个 8780×4960 的矩形，如图 15-21 所示。

（2）单击“默认”选项卡“修改”面板中的“偏移”按钮⊆，选择上步绘制的矩形连续向内偏移，偏移距离分别为 80、60、130、30、300、500、20，效果如图 15-22 所示。

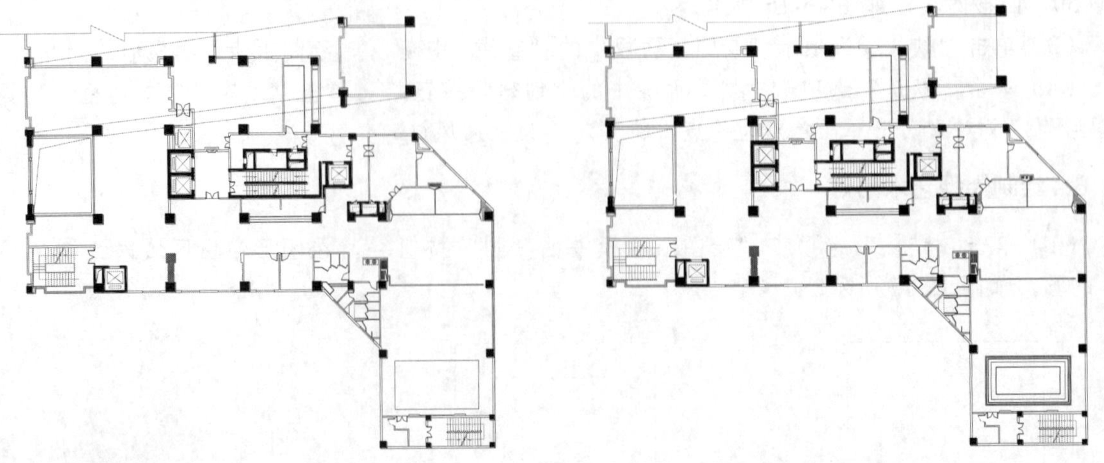

图 15-21　绘制矩形　　　　图 15-22　偏移矩形

（3）单击“默认”选项卡“绘图”面板中的“直线”按钮╱，连接内部矩形对角线，如图 15-23 所示。

（4）单击“默认”选项卡“绘图”面板中的“图案填充”按钮▦，系统打开“图案填充创建”选项卡，选择 ANSI32 图案，设置填充比例为 50，填充角度为 45°和 135°，单击“拾取点”按钮⊞，拾取填充区域，按 Enter 键完成图案的填充，效果如图 15-24 所示。

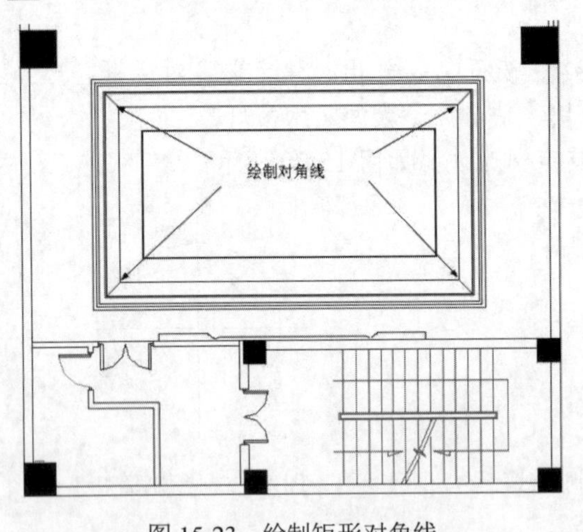

图 15-23　绘制矩形对角线

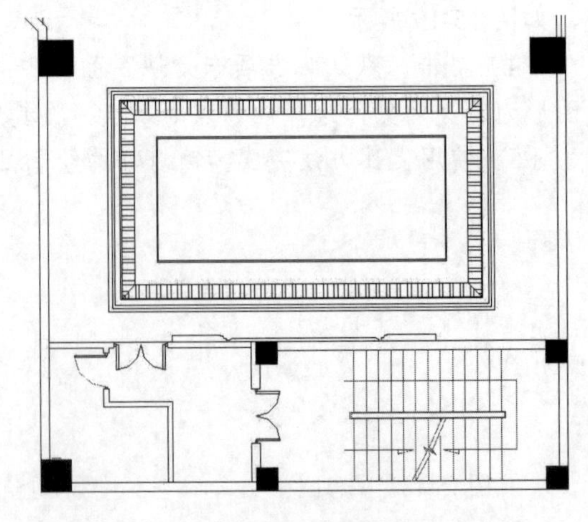

图 15-24　填充图形

（5）单击“默认”选项卡“修改”面板中的“复制”按钮೫，选择上步图形向上复制，复制距离为 6650，如图 15-25 所示。

2. 绘制金箔壁布饰面拱形天花

（1）单击“默认”选项卡“绘图”面板中的“矩形”按钮□，在图形的适当位置绘制一个 5700×2595 的矩形，如图 15-26 所示。

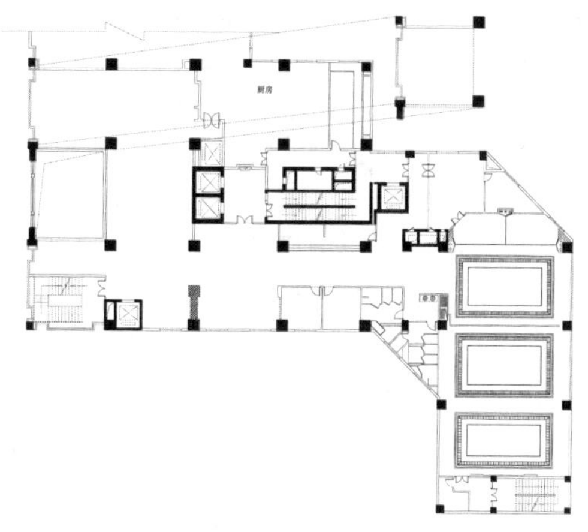

图 15-25　复制图形

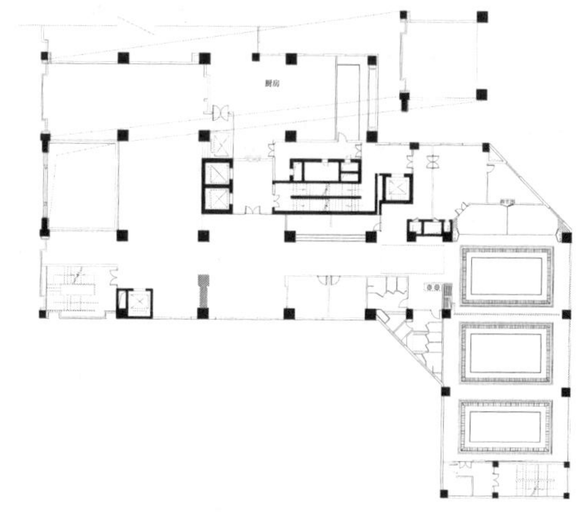

图 15-26　绘制矩形

（2）单击“默认”选项卡“修改”面板中的“偏移”按钮 ，选择上步绘制的矩形向内偏移，偏移距离分别为 200、50、50、897，如图 15-27 所示。

（3）选择如图 15-27 所示的矩形，单击“默认”选项卡“特性”面板中的“线型”按钮 ，在“线型”下拉列表中选择 DASHED 线型，修改后的线型如图 15-28 所示。

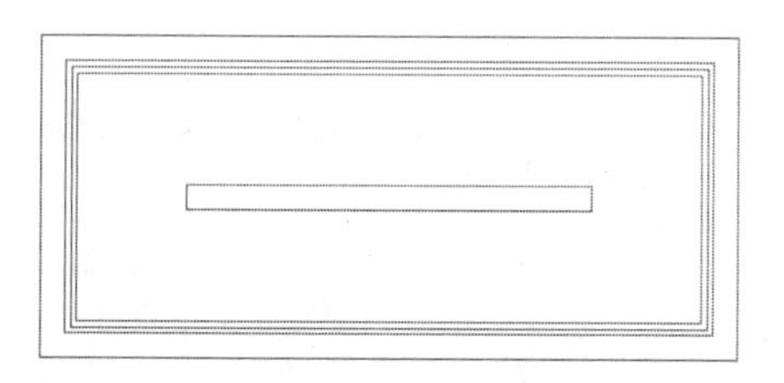

图 15-27　偏移矩形

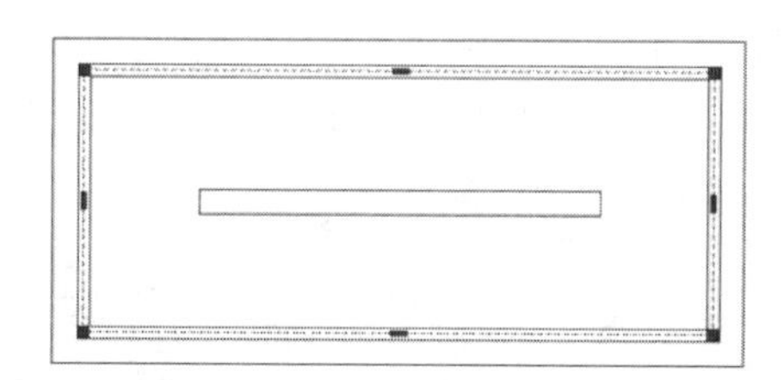

图 15-28　修改线型

（4）单击“默认”选项卡“修改”面板中的“分解”按钮 ，选择如图 15-28 所示的矩形进行分解，如图 15-29 所示。

（5）选择上步分解矩形的上方水平边向下侧偏移，偏移距离分别为 28、43、65、106、152、1205、152、106、65、28，如图 15-30 所示。

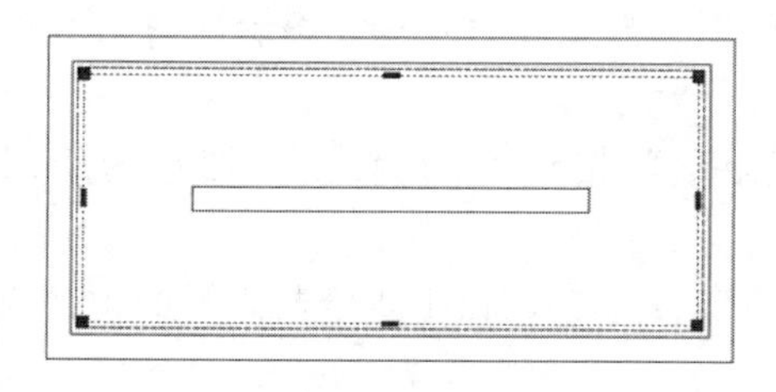

图 15-29　分解矩形

图 15-30　偏移线段

（6）单击“默认”选项卡“修改”面板中的“复制”按钮 ，选择上步绘制的图形为复制对象，将其复制到适当位置，如图 15-31 所示。

3．绘制木皮编织造型饰面

（1）单击“默认”选项卡“绘图”面板中的“矩形”按钮 ，在图形中绘制一个 5200×5200 的矩形，如图 15-32 所示。

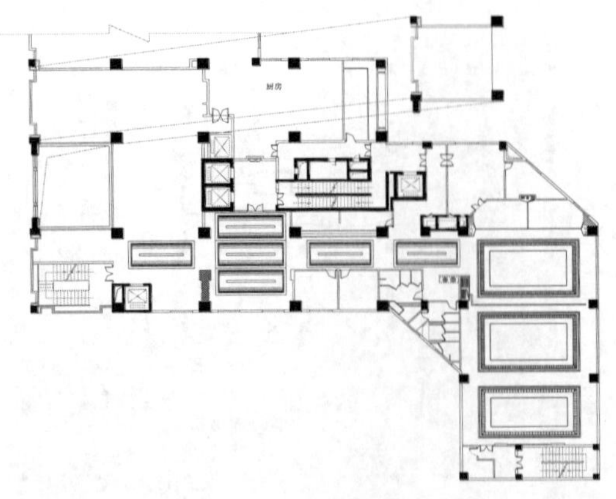

图 15-31　复制图形

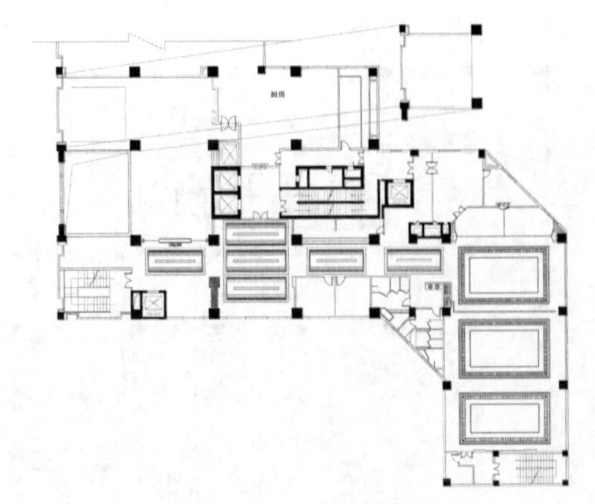

图 15-32　绘制矩形

（2）单击“默认”选项卡“修改”面板中的“偏移”按钮⊂，选择上步绘制的矩形向内偏移，偏移距离为 100，如图 15-33 所示。

（3）单击“默认”选项卡“修改”面板中的“分解”按钮，选择偏移的矩形为分解对象进行分解。

（4）选择上步偏移的内部矩形左侧竖直边线向内偏移，偏移距离分别为 500、150×26、100，如图 15-34 所示。

（5）单击“默认”选项卡“绘图”面板中的“矩形”按钮，在上步偏移的线段内绘制一个 190×40 矩形，如图 15-35 所示。

图 15-33　偏移矩形

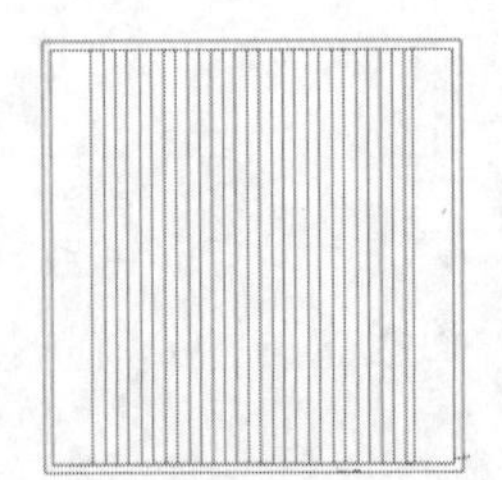

图 15-34　偏移线段

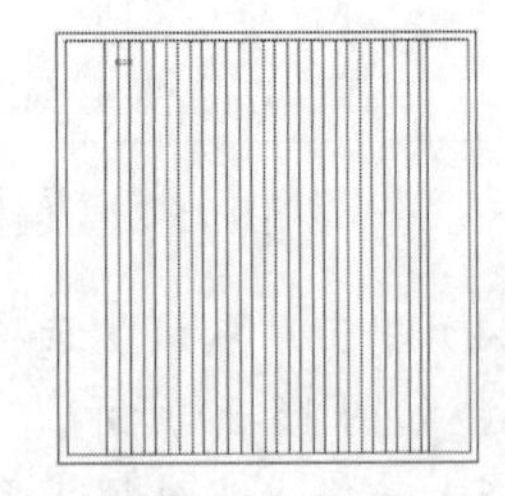

图 15-35　绘制矩形

（6）单击“默认”选项卡“修改”面板中的“复制”按钮，选择上步绘制的矩形进行复制，效果如图 15-36 所示。

（7）单击“默认”选项卡“绘图”面板中的“矩形”按钮，在上步图形内绘制一个 1125×1125 的矩形，如图 15-37 所示。

（8）单击“默认”选项卡“修改”面板中的“修剪”按钮，以上步绘制矩形的内部为修剪区域，将矩形内线段修剪掉，如图 15-38 所示。

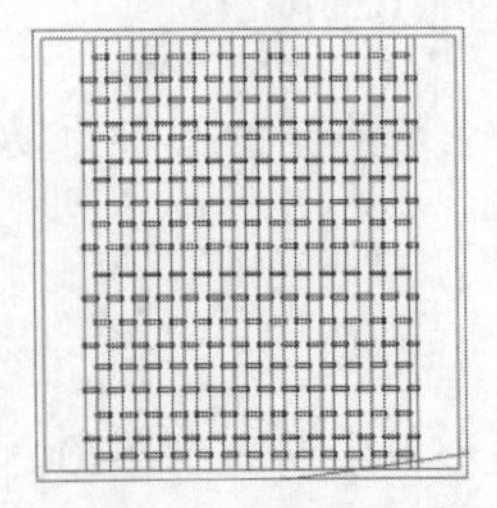

图 15-36　复制矩形

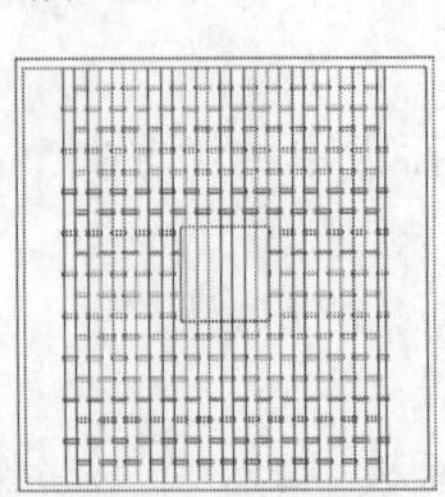

图 15-37　绘制矩形

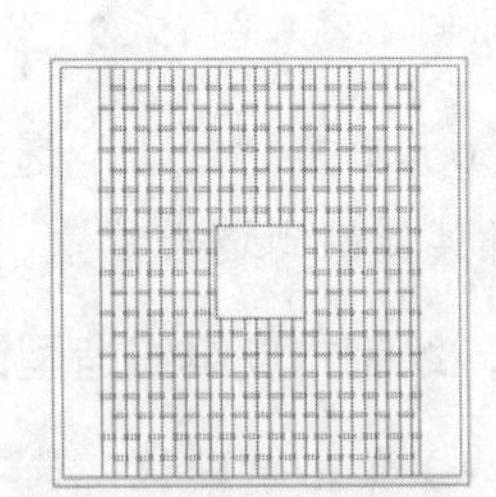

图 15-38　修剪矩形

（9）单击“默认”选项卡“修改”面板中的“偏移”按钮，选择上步绘制的矩形向内偏移，偏移距离为 170，如图 15-39 所示。

（10）单击“默认”选项卡“绘图”面板中的“直线”按钮，过上步偏移的矩形外侧边线绘制十字交叉线，如图 15-40 所示。

（11）单击“默认”选项卡“绘图”面板中的“圆”按钮，以两直线交点为圆心绘制半径为 141 的圆，如图 15-41 所示。

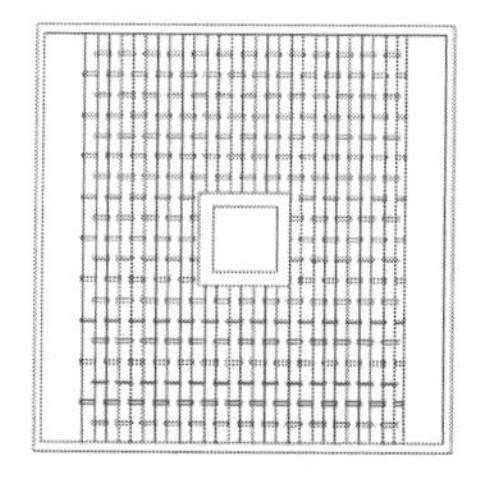

图 15-39　偏移矩形

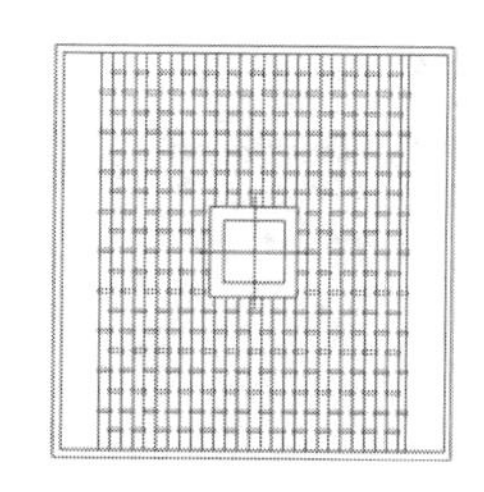

图 15-40　绘制直线

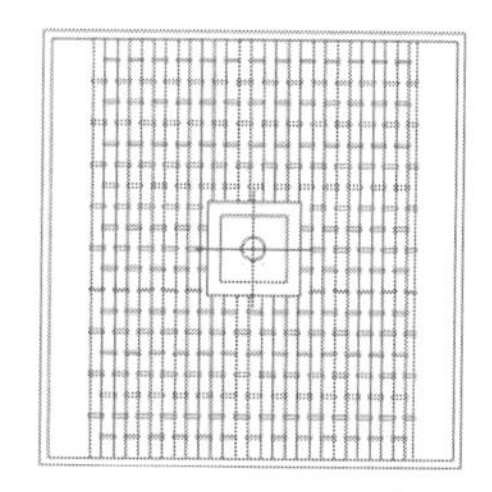

图 15-41　绘制圆

（12）单击“默认”选项卡“修改”面板中的“修剪”按钮，对上步绘制的圆进行修剪，如图 15-42 所示。

（13）单击“默认”选项卡“绘图”面板中的“直线”按钮，在偏移的矩形内绘制不规则直线，最终完成“木皮编织造型饰面”的设置，如图 15-43 所示。

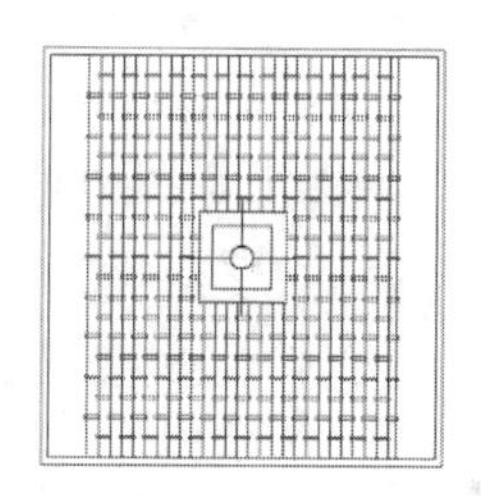

图 15-42　修剪圆

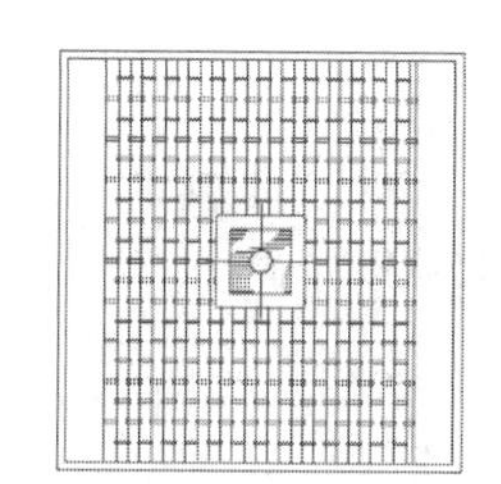

图 15-43　绘制直线

（14）单击“默认”选项卡“修改”面板中的“复制”按钮，选择上步绘制的造型饰面进行复制，复制距离间距为 7300，如图 15-44 所示。

（15）使用上述方法绘制不同尺寸的造型饰面，如图 15-45 所示。

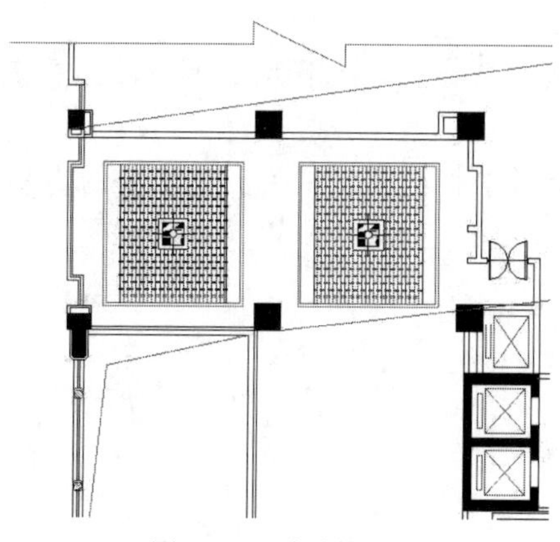

图 15-44　复制图形

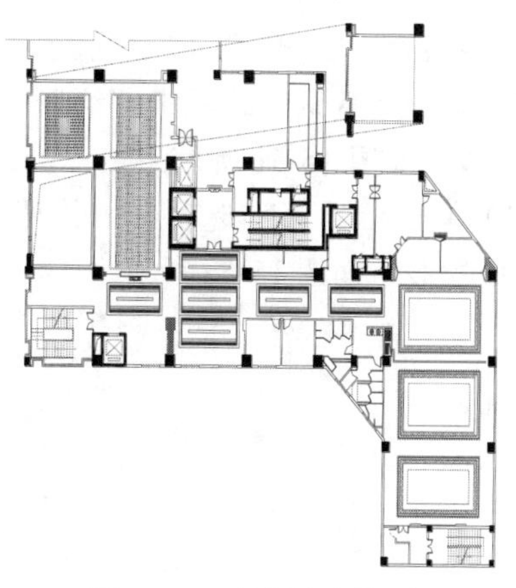

图 15-45　复制造型饰面

4．绘制叠级造型天花

（1）单击“默认”选项卡“绘图”面板中的“矩形”按钮 ▭，在图形的适当位置绘制一个2200×2200 的矩形，如图 15-46 所示。

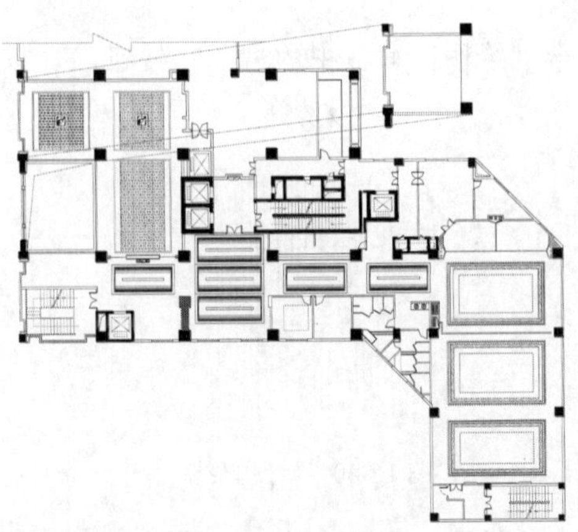

图 15-46　绘制矩形

（2）单击“默认”选项卡“修改”面板中的“偏移”按钮 ⊆，选择上步绘制的矩形进行偏移，偏移距离为 100 和 50，如图 15-47 所示。

（3）选择第（1）步绘制的矩形对其线型进行修改，将线型修改为 DASHED，效果如图 15-48 所示。

（4）单击“默认”选项卡“绘图”面板中的“圆”按钮 ⊙，在上步图形内绘制一个半径为 300 的圆，如图 15-49 所示。

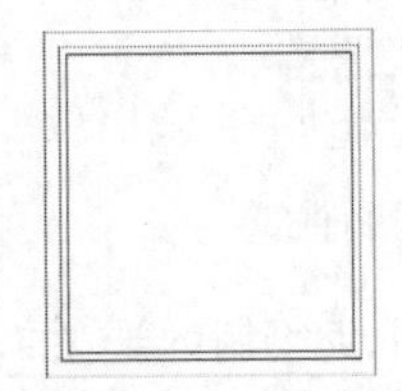

图 15-47　偏移矩形

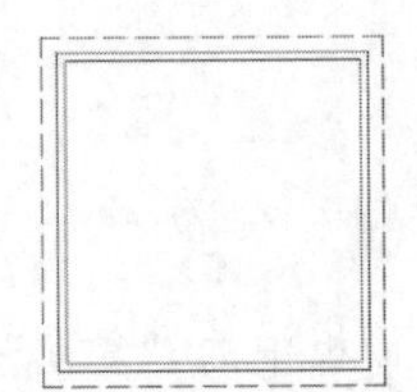

图 15-48　修改线型

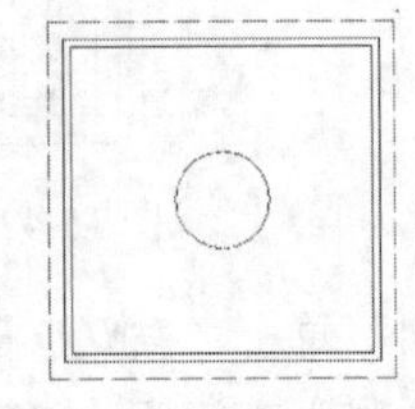

图 15-49　绘制圆

（5）单击“默认”选项卡“修改”面板中的“偏移”按钮 ⊆，选择上步绘制的圆向内进行偏移，偏移距离为 173，如图 15-50 所示。

（6）单击“默认”选项卡“绘图”面板中的“直线”按钮 ／，过圆心绘制一条水平直线和一条竖直直线，如图 15-51 所示。

（7）单击“默认”选项卡“绘图”面板中的“矩形”按钮 ▭，在上步绘制的直线上绘制 709×43 的矩形，如图 15-52 所示。

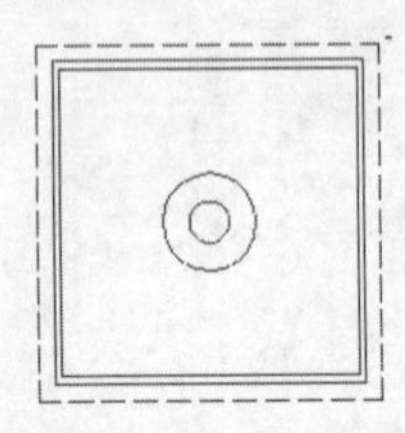

图 15-50　偏移圆

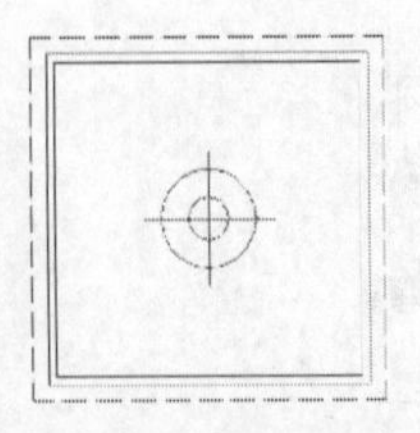

图 15-51　绘制直线

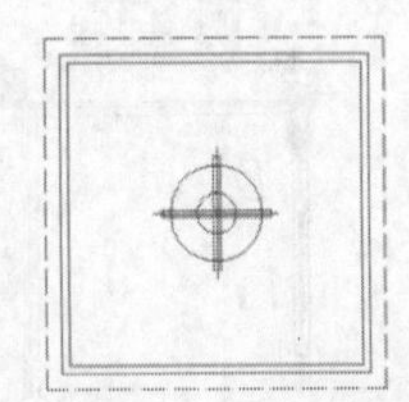

图 15-52　绘制矩形

（8）单击“默认”选项卡“绘图”面板中的“图案填充”按钮▨，打开“图案填充创建”选项卡，选择 AR-PARQ1 图案，设置填充比例为 2，填充角度为 45°，单击“拾取点”按钮⊞，拾取填充区域，按 Enter 键完成填充，效果如图 15-53 所示。

（9）单击“默认”选项卡“修改”面板中的“复制”按钮，选择上步绘制的图形进行复制，如图 15-54 所示。

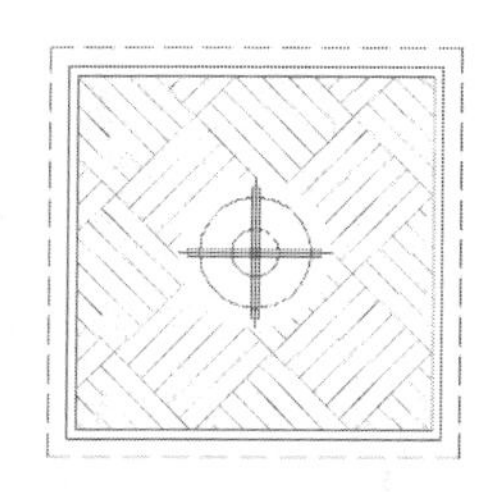

图 15-53　填充图形

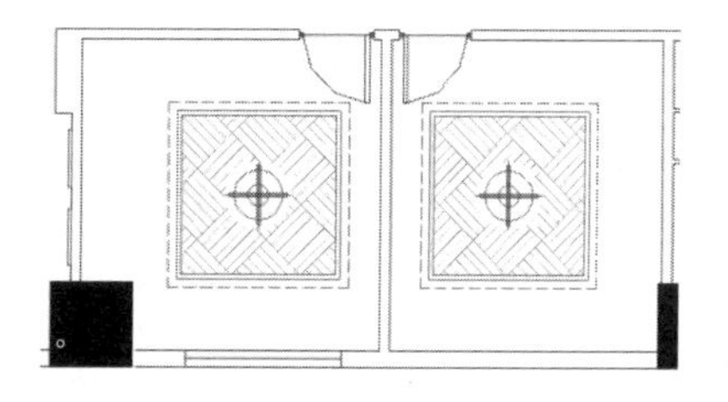

图 15-54　复制图形

（10）使用上述方法完成剩余吊顶天花的绘制，如图 15-55 所示。

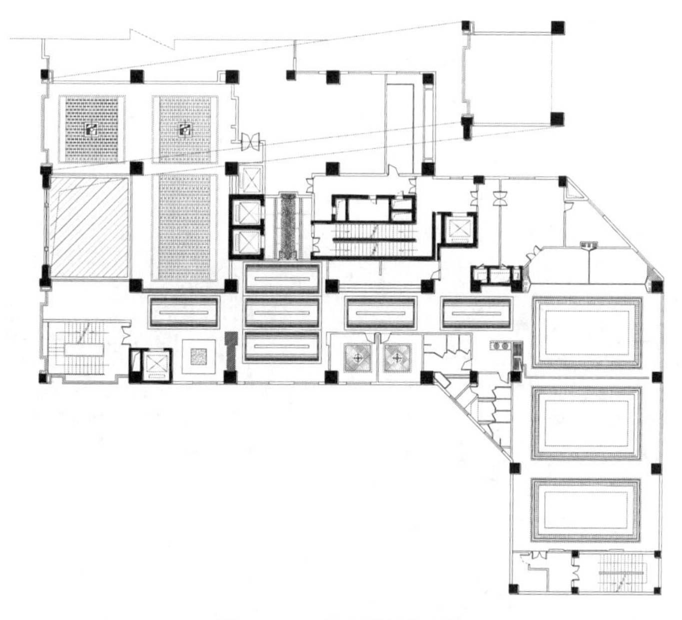

图 15-55　绘制吊顶天花

15.1.4　布置灯具

操作步骤

（1）单击“默认”选项卡“块”面板中的“插入”下拉菜单中的“最近使用的块”选项，系统弹出“块”选项板，切换到“当前图形”选项板，选择“进口石英灯”图块插入到绘图区域内，完成图块的插入，如图 15-56 所示。

（2）单击“默认”选项卡“块”面板中的“插入”下拉菜单中的“最近使用的块”选项，系统弹出“块”选项板，切换到“当前图形”选项板，选择“筒灯”图块插入到绘图区域内，完成图块的插入，如图 15-57 所示。

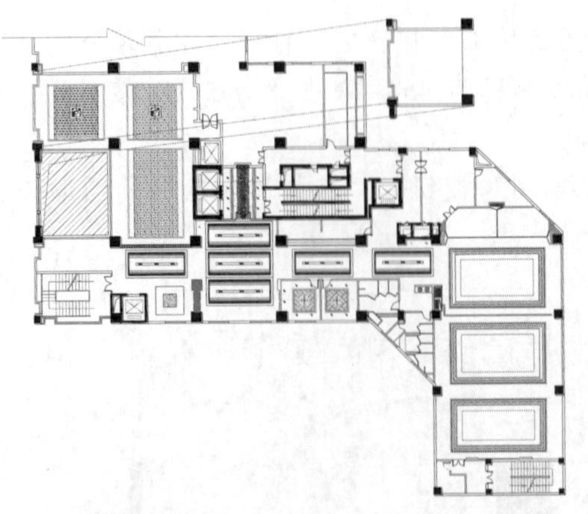

图 15-56　插入进口石英射灯

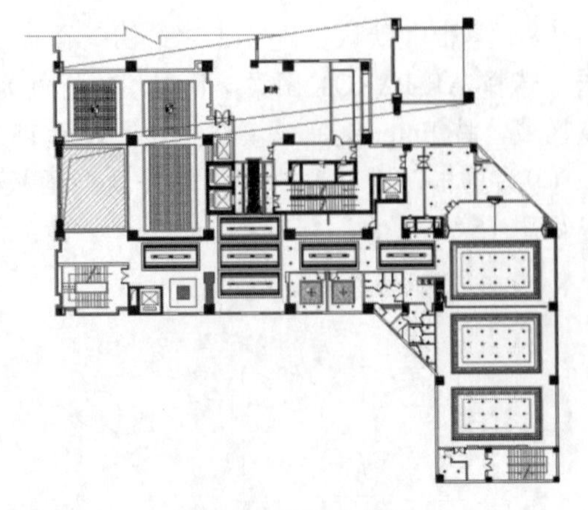

图 15-57　插入筒灯

（3）单击“默认”选项卡“块”面板中的“插入”下拉菜单中的“最近使用的块”选项，系统弹出“块”选项板，切换到“当前图形”选项板，选择“单头雷士”图块插入到绘图区域内，完成图块的插入，如图 15-58 所示。

（4）单击“默认”选项卡“块”面板中的“插入”下拉菜单中的“最近使用的块”选项，系统弹出“块”选项板，切换到“当前图形”选项板，选择“方形筒灯”图块插入到绘图区域内，完成图块的插入，如图 15-59 所示。

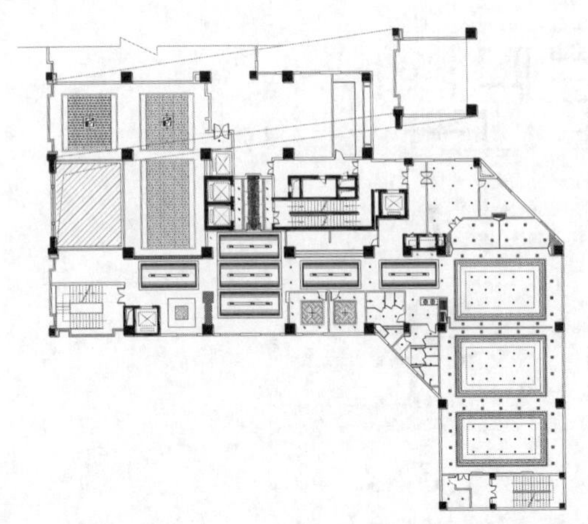

图 15-58　插入单头雷士灯

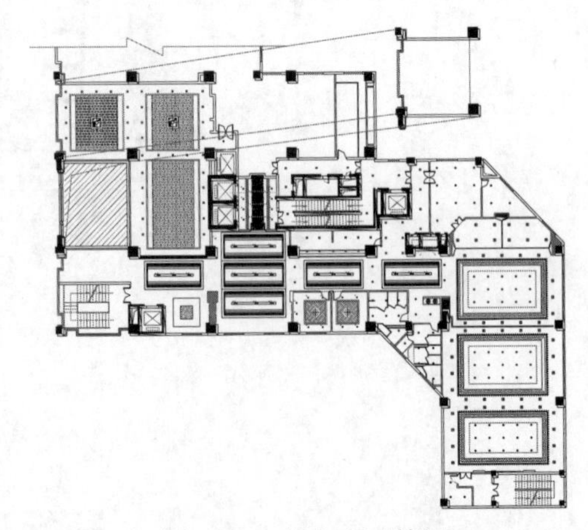

图 15-59　插入方形筒灯

（5）单击“默认”选项卡“块”面板中的“插入”下拉菜单中的“最近使用的块”选项，系统弹出“块”选项板，切换到“当前图形”选项板，选择“吸顶灯”图块插入到绘图区域内，单击“确定”按钮，完成图块的插入，如图 15-60 所示。

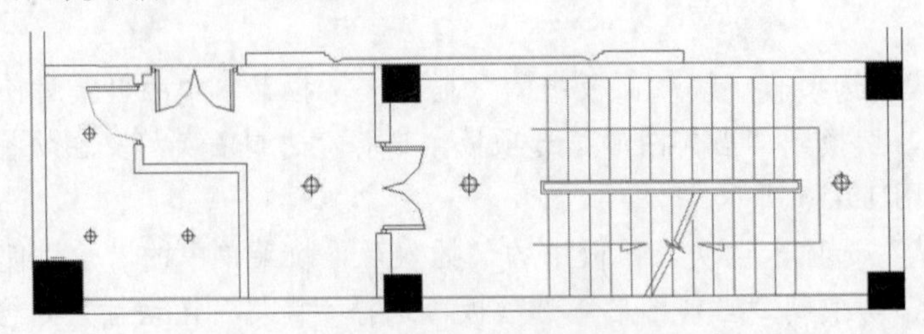

图 15-60　插入吸顶灯

（6）单击“默认”选项卡“块”面板中的“插入”下拉菜单中的“最近使用的块”选项，系统弹出“块”选项板，切换到“当前图形”选项板，选择“大型艺术吊灯”图块插入到绘图区域内，完成图块的插入，如图 15-61 所示。

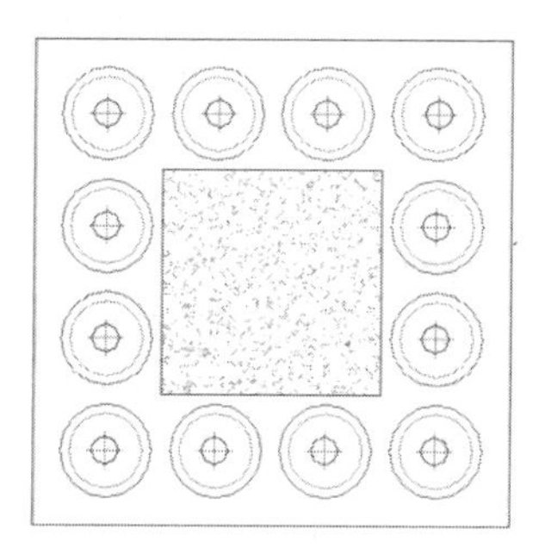

图 15-61　插入大型艺术吊灯

（7）单击“默认”选项卡“块”面板中的“插入”下拉菜单中的“最近使用的块”选项，系统弹出“块”选项板，切换到“当前图形”选项板，选择“通风口”图块插入到绘图区域内，完成图块的插入，如图 15-62 所示。

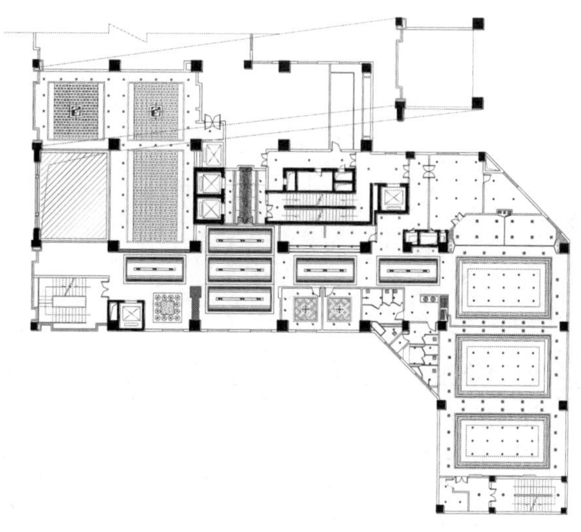

图 15-62　插入通风口

15.1.5　添加文字说明

扫一扫，看视频

操作步骤

（1）将“文字”置为当前图层。在命令行中输入 QLEADER 命令，为图形添加文字说明，如图 15-63 所示。

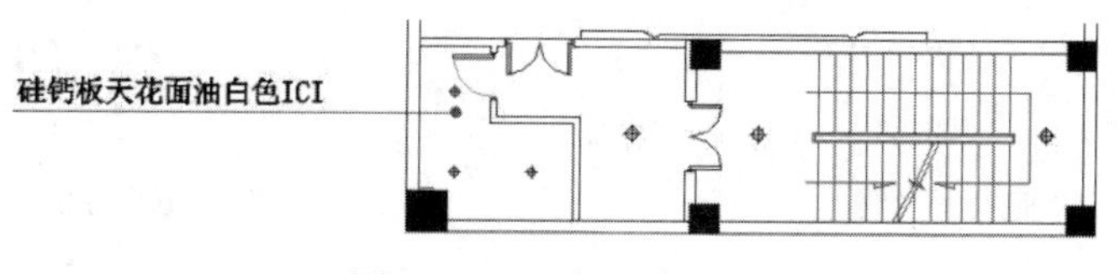

图 15-63　添加文字说明

（2）使用上述方法添加剩余的文字说明，如图 15-64 所示。

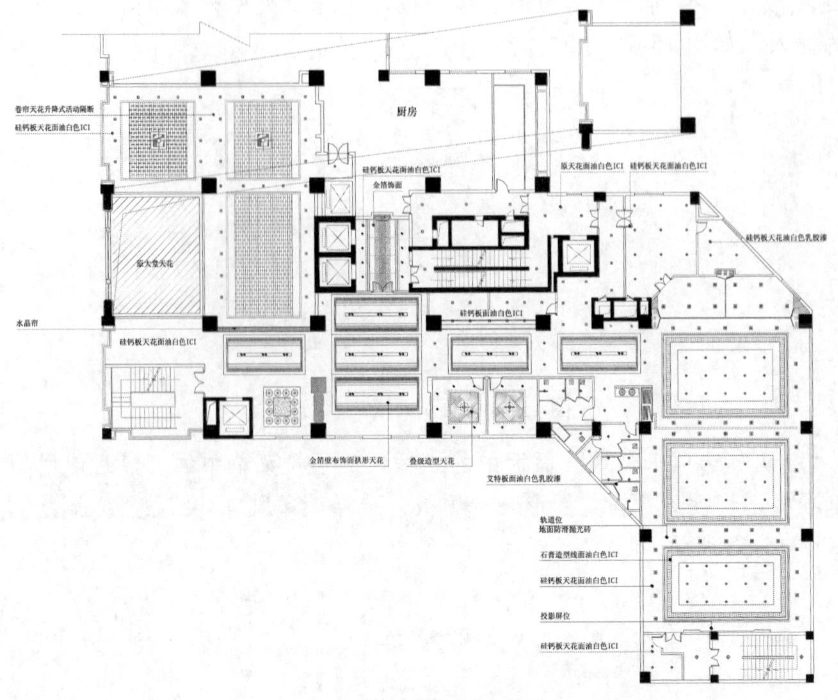

图 15-64　添加文字说明

扫一扫，看视频

15.1.6　绘制标高

操作步骤

（1）单击“默认”选项卡“绘图”面板中的“直线”按钮 ╱，在图形的适当位置绘制一条长为 1386 的水平直线，如图 15-65 所示。

（2）单击“默认”选项卡“绘图”面板中的“直线”按钮 ╱，绘制两条斜向 45° 的直线，如图 15-66 所示。

图 15-65　绘制水平直线

图 15-66　绘制斜向直线

（3）单击“默认”选项卡“绘图”面板中的“直线”按钮 ╱，在上步绘制的直线下方绘制一条水平直线，如图 15-67 所示。

（4）单击“默认”选项卡“注释”面板中的“多行文字”按钮 A，在上步绘制的标高上添加标高数值，如图 15-68 所示。

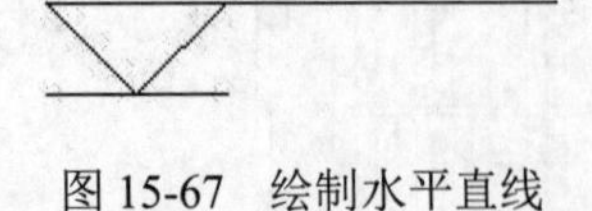

图 15-67　绘制水平直线

3.00

图 15-68　添加文字说明

（5）单击“默认”选项卡“块”面板中的“创建”按钮，弹出“块定义”对话框。选择上步图形为定义对象，选择任意点为基点，将其定义为块，块名为“标高”。

（6）选择菜单栏中的“格式”→“文字样式”命令，弹出“文字样式”对话框，新建“屋顶平面”样式，在“文字样式”对话框中取消选中“使用大字体”复选框，然后在“字体名”下拉列表中选择“宋体”，“高度”设置为 350，如图 15-69 所示。

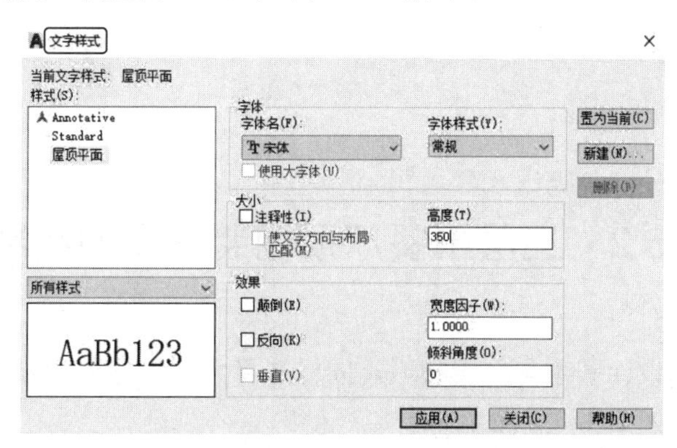

图 15-69　修改文字样式

（7）单击“默认”选项卡“块”面板中的“插入”下拉菜单中的“最近使用的块”选项，系统弹出“块”选项板，选择“标高”图块，将其插入到图中适当的位置。

（8）使用上述方法完成剩余标高的绘制，最终完成二层中餐厅顶棚装饰图的绘制，如图 15-1 所示。

扫一扫，看视频

扫一扫，看视频

扫一扫，看视频

动手练——洗浴中心一层顶棚平面图

绘制如图 15-70 所示的洗浴中心一层顶棚平面图。

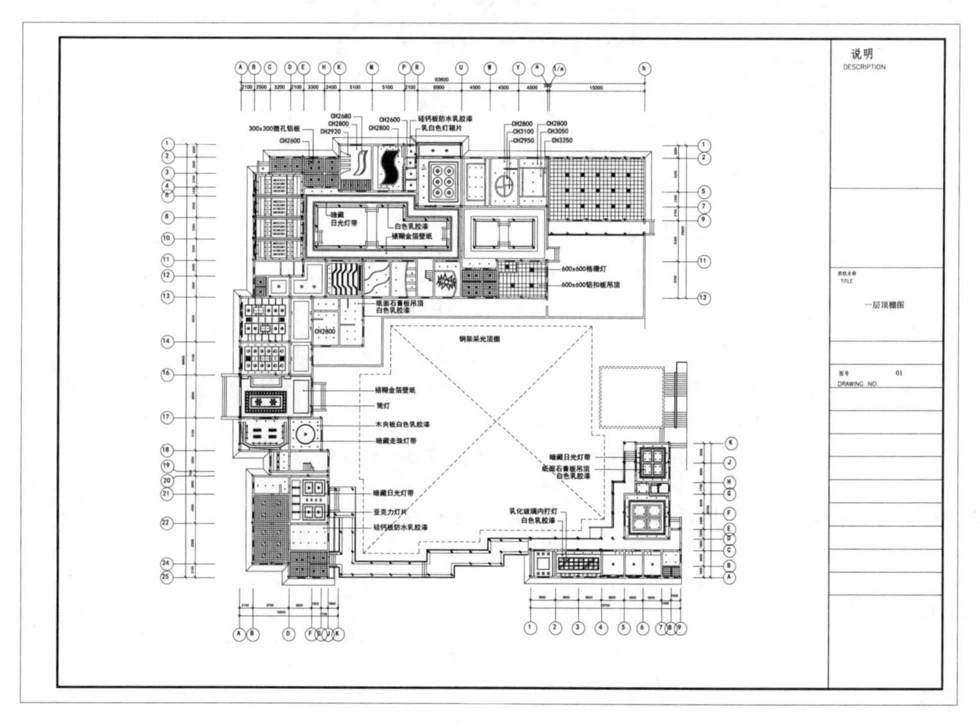

图 15-70　洗浴中心一层顶棚平面图

思路点拨：

源文件：源文件\第 15 章\洗浴中心一层顶棚平面图.dwg

（1）整理图形。

（2）绘制灯具。

（3）绘制装饰吊顶。

（4）布置吊顶灯具。

15.2 三层中餐厅顶棚装饰图的绘制

三层中餐厅各顶棚的设计基本与二层相似，同样选择大型吊灯进行布置，下面简要讲解三层中餐厅顶棚装饰图的绘制，如图 15-71 所示。

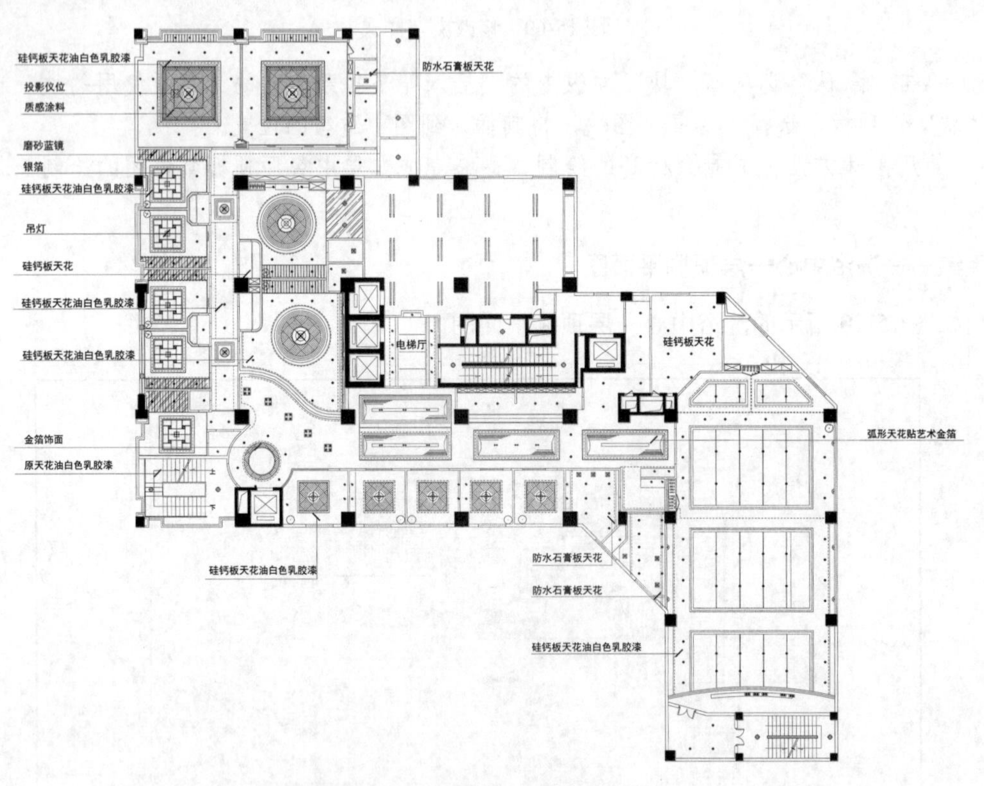

图 15-71　三层中餐厅顶棚装饰图

源文件：源文件\第 15 章\三层中餐厅顶棚装饰图.dwg

扫一扫，看视频

15.2.1 绘图准备

操作步骤

（1）打开源文件\第 14 章\三层中餐厅装饰平面图.dwg 文件。

（2）选择菜单栏中的“文件”→“另存为”命令，将打开的“三层中餐厅装饰平面图”另存为“三层中餐厅顶棚平面图”。

（3）单击“文字”“家具”及“轴线”等不需要图形的图层中的“开/关图层”按钮，将图层关闭。

（4）单击“默认”选项卡“图层”面板中的“图层特性”按钮，弹出“图层特性管理器”选项板，新建“灯具”图层，如图 15-72 所示。

灯具　白　Continu... —— 默认　0

图 15-72　“灯具”图层

（5）单击“默认”选项卡“修改”面板中的“删除”按钮，删除多余图形，并单击“绘图”面板中的“直线”按钮，封闭绘图区域，如图 15-73 所示。

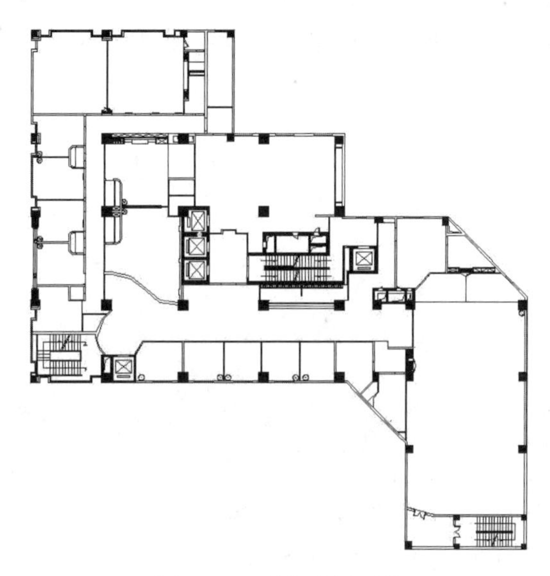

图 15-73　封闭绘图区域

15.2.2　绘制灯具和天花

扫一扫，看视频

操作步骤

1. 绘制壁灯

（1）单击“默认”选项卡“绘图”面板中的“圆弧”按钮，在图形的适当位置绘制一段圆弧，如图 15-74 所示。

（2）单击“默认”选项卡“绘图”面板中的“直线”按钮，以上步绘制的圆弧左端点为直线起点，圆弧右端点为直线终点绘制一条水平直线，如图 15-75 所示。

（3）单击“默认”选项卡“绘图”面板中的“直线”按钮，在上步图形内继续绘制直线，如图 15-76 所示。

（4）单击“默认”选项卡“修改”面板中的“旋转”按钮，选择上步图形为旋转对象，以水平线中点为旋转基点，旋转角度为 90°，完成壁灯的绘制，如图 15-77 所示。

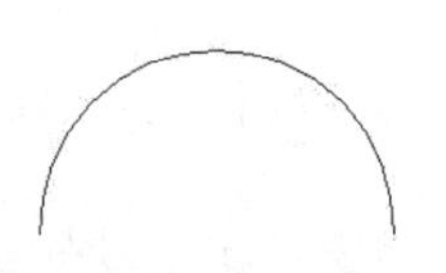
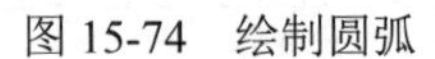
图 15-74　绘制圆弧

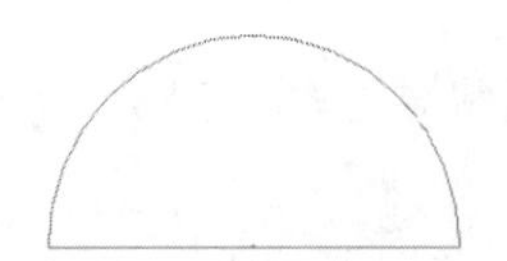
图 15-75　绘制水平直线

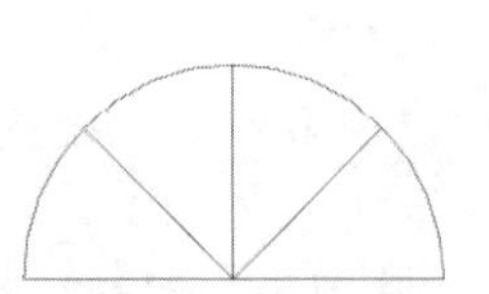
图 15-76　绘制直线

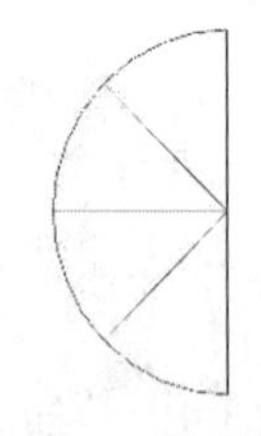
图 15-77　旋转对象

2. 绘制天花造型 1

（1）单击“默认”选项卡“绘图”面板中的“圆弧”按钮，在图形的适当位置绘制一段圆弧，如图 15-78 所示。

（2）单击“默认”选项卡“修改”面板中的“偏移”按钮⊆，选择上步绘制的圆弧连续向上进行偏移，偏移距离分别为 100、100，如图 15-79 所示。

（3）单击“默认”选项卡“绘图”面板中的“多段线”按钮，在图形的适当位置绘制连续的多段线，如图 15-80 所示。

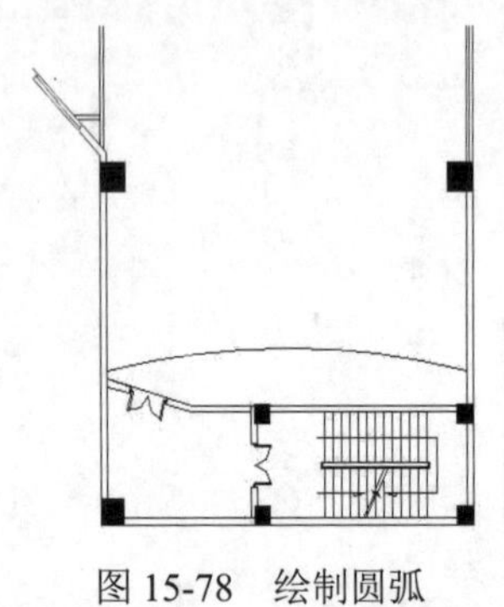
图 15-78　绘制圆弧

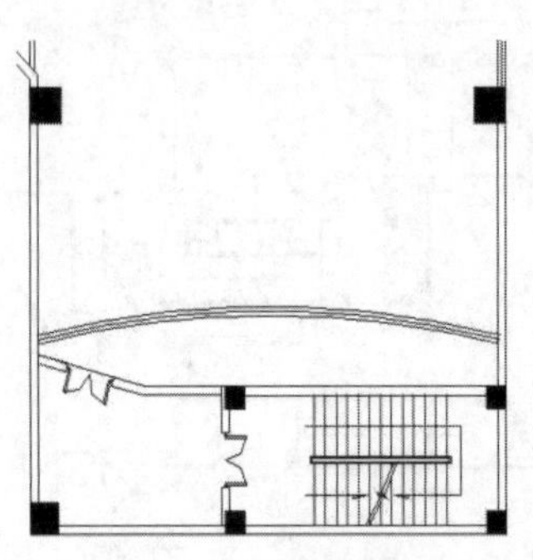
图 15-79　偏移圆弧

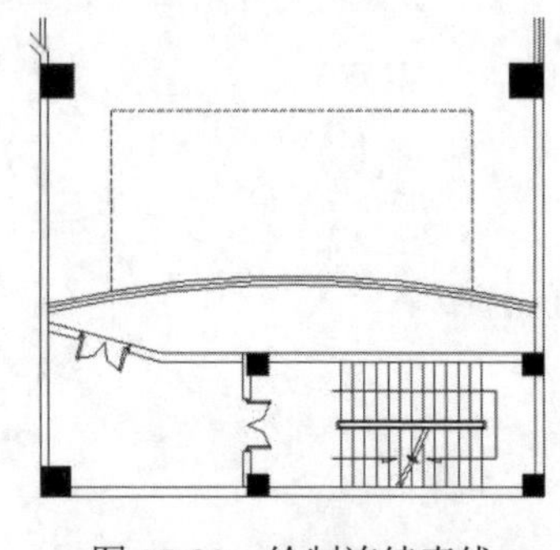
图 15-80　绘制连续直线

（4）单击“默认”选项卡“修改”面板中的“偏移”按钮⊆，选择上步绘制的多段线连续向内进行偏移，偏移距离分别为 100、150，如图 15-81 所示。

（5）单击“默认”选项卡“绘图”面板中的“矩形”按钮□，在上步图形的内适当位置绘制一个 20×3664 的矩形，如图 15-82 所示。

（6）单击“默认”选项卡“修改”面板中的“复制”按钮，选择上步绘制的矩形为复制对象连续向右复制，复制间距均为 1630，如图 15-83 所示。

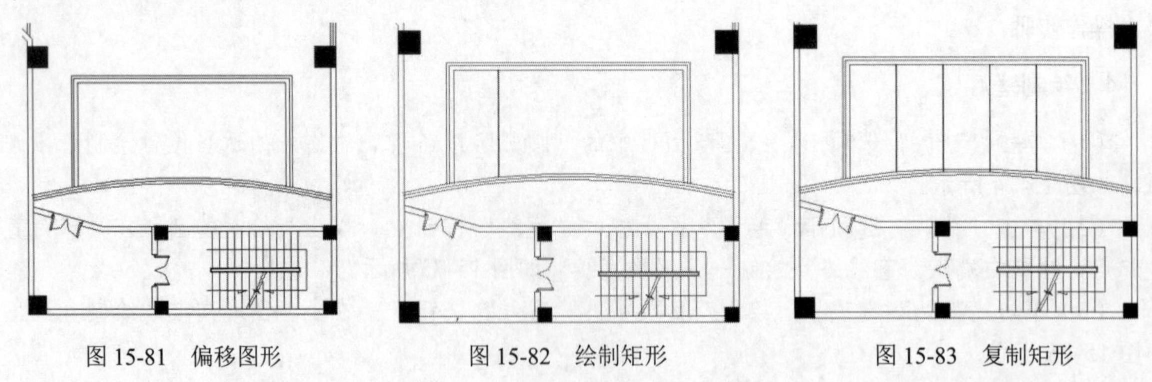
图 15-81　偏移图形　　图 15-82　绘制矩形　　图 15-83　复制矩形

（7）单击“默认”选项卡“修改”面板中的“修剪”按钮，对上步复制矩形内的多余线段进行修剪，如图 15-84 所示。

（8）单击“默认”选项卡“绘图”面板中的“矩形”按钮 ▭，在上步绘制的图形上方绘制一个 8600×5700 的矩形，如图 15-85 所示。

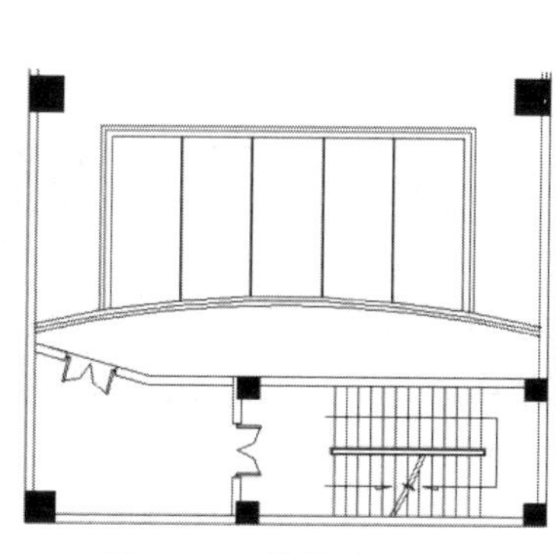

图 15-84　修剪过长线段

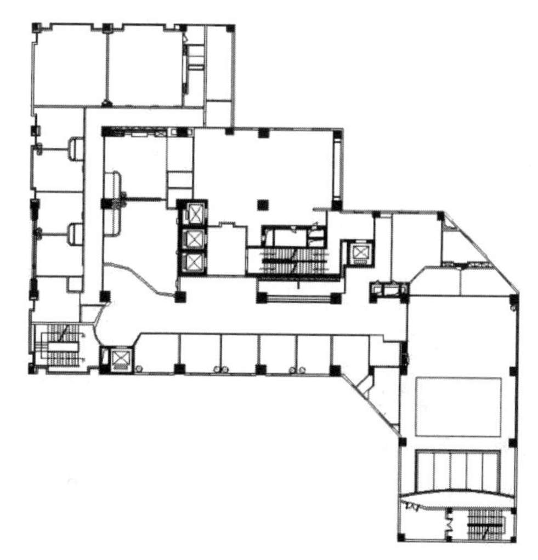

图 15-85　绘制矩形

（9）单击“默认”选项卡“修改”面板中的“偏移”按钮 ⊆，选择上步绘制的矩形向内进行偏移，偏移距离分别为 150、100，如图 15-86 所示。

（10）使用上述方法绘制相同的图形，如图 15-87 所示。

（11）单击“默认”选项卡“修改”面板中的“复制”按钮 ⚯，选择上步图形为复制对象向上进行复制，如图 15-88 所示。

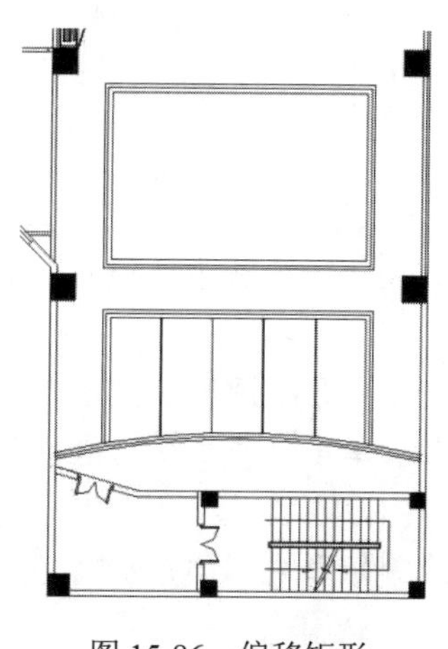

图 15-86　偏移矩形

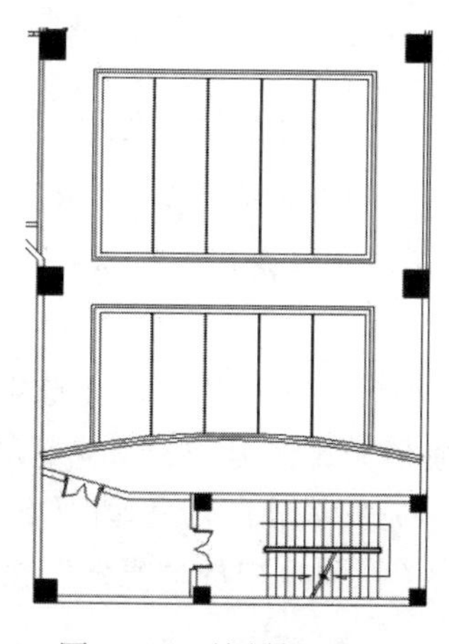

图 15-87　绘制相同图形

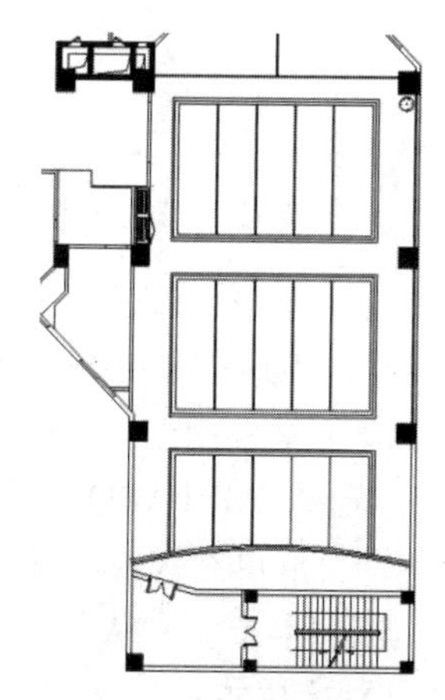

图 15-88　复制图形

（12）选择如图 15-89 所示的线段，单击“默认”选项卡“特性”面板中的“线型”按钮 ☰，在“线型”下拉列表中选择 DASHED 线型，对其线型进行修改，效果如图 15-90 所示。

3．绘制天花造型 2

（1）单击“默认”选项卡“绘图”面板中的“矩形”按钮 ▭，在中餐 VIP 间绘制一个 2200×2200 的矩形，如图 15-91 所示。

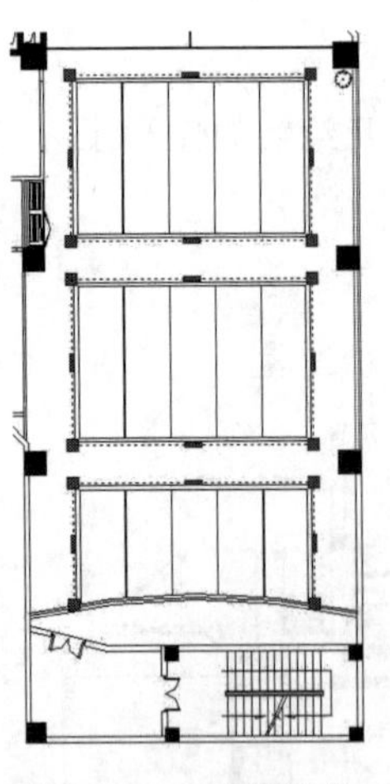

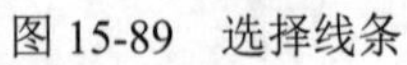

图 15-89　选择线条

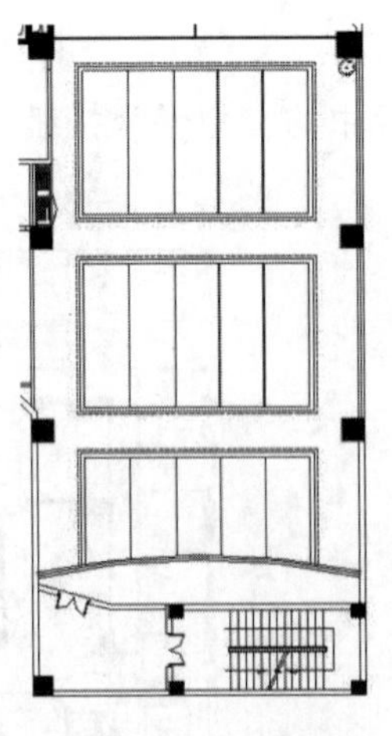

图 15-90　选择线型

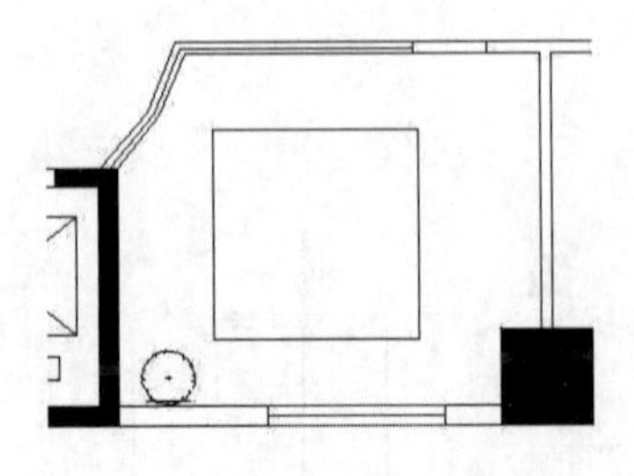

图 15-91　绘制矩形

（2）单击“默认”选项卡“修改”面板中的“偏移”按钮⊆，选择上步绘制的矩形向内进行偏移，偏移距离分别为 100、50，如图 15-92 所示。

（3）单击“默认”选项卡“绘图”面板中的“直线”按钮／，在上步图形内绘制一条长为 818 的水平直线和一条长度相等的竖直直线，如图 15-93 所示。

（4）单击“默认”选项卡“绘图”面板中的“圆”按钮⊙，以上步绘制的十字交叉线交点为圆心，绘制半径为 300 和 140 的圆，如图 15-94 所示。

图 15-92　偏移图形

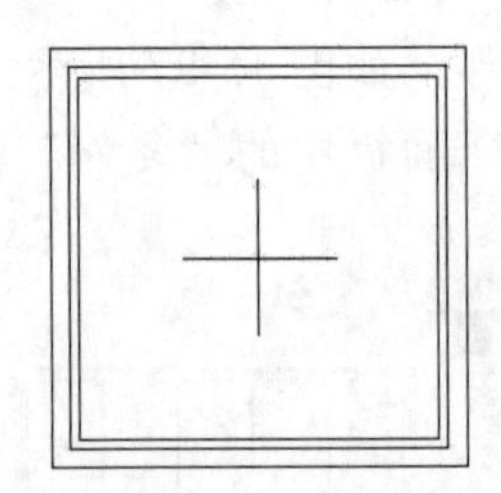

图 15-93　绘制直线

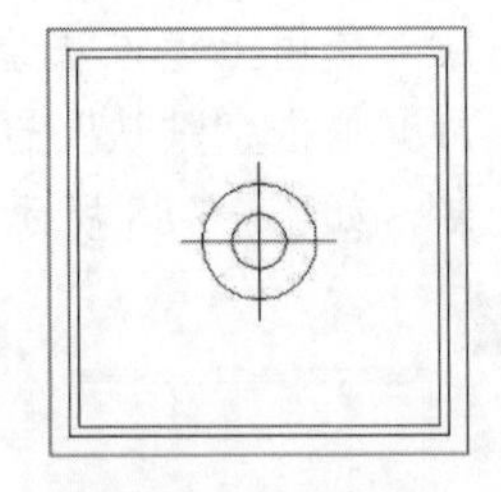

图 15-94　绘制圆

（5）单击“默认”选项卡“绘图”面板中的“矩形”按钮□，在图形内的适当位置绘制两个 43×709 的矩形，如图 15-95 所示。

（6）单击“默认”选项卡“绘图”面板中的“图案填充”按钮▨，打开“图案填充创建”选项卡，选择 AR-PARQ1 图案，设置填充比例为 2、填充角度为 45°后，单击“添加：拾取点”按钮⊞，拾取填充区域，按 Enter 键，完成填充，效果如图 15-96 所示。

（7）单击“默认”选项卡“绘图”面板中的“直线”按钮／，绘制矩形内部的矩形对角线，如图 15-97 所示。

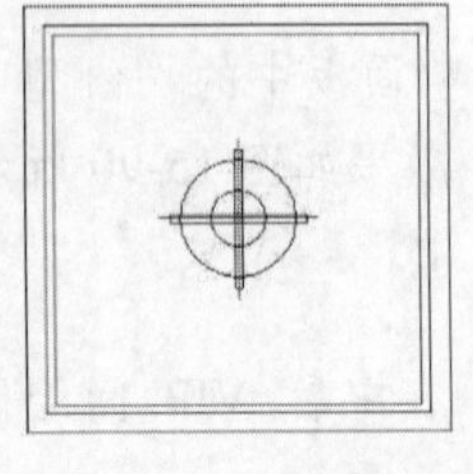

图 15-95　绘制矩形

图 15-96　填充图形

图 15-97　绘制直线

（8）使用上述方法完成相同图案不同尺寸的顶棚天花的绘制，选择所有外侧矩形将其线型修改为 DASHED，如图 15-98 所示。

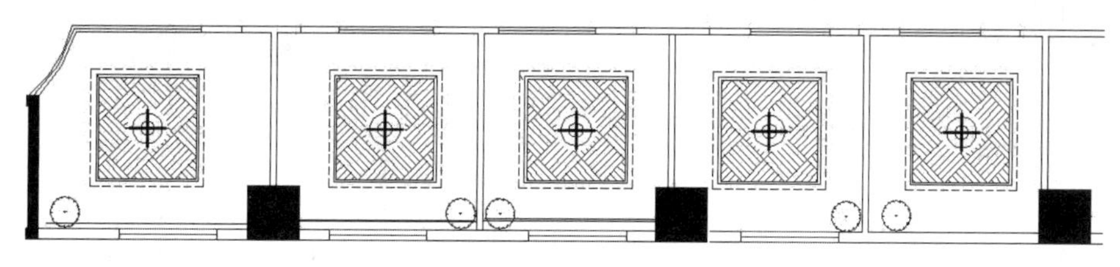

图 15-98　绘制天花

4. 绘制天花造型 3

（1）单击“默认”选项卡“绘图”面板中的“矩形”按钮，在图形的适当位置绘制一个 2520×2520 的矩形，如图 15-99 所示。

（2）单击“默认”选项卡“修改”面板中的“偏移”按钮，选择上步矩形为复制对象向内进行偏移，偏移距离分别为 10、120、80、10、60、10，如图 15-100 所示。

（3）单击“默认”选项卡“绘图”面板中的“矩形”按钮，在上步图形内绘制一个 230×230 的矩形，如图 15-101 所示。

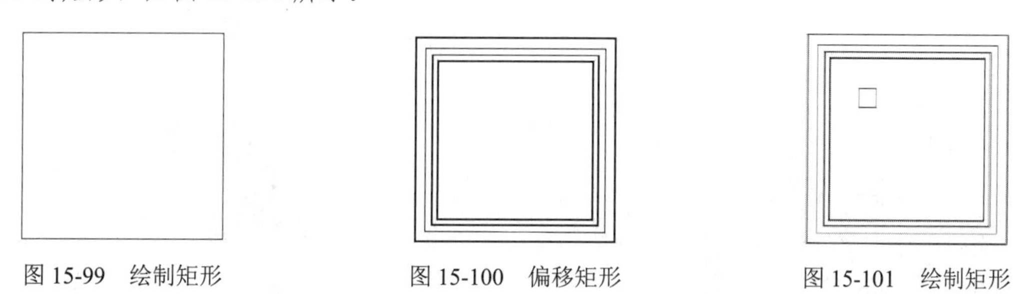

图 15-99　绘制矩形　　图 15-100　偏移矩形　　图 15-101　绘制矩形

（4）单击“默认”选项卡“修改”面板中的“偏移”按钮，选择上步绘制的矩形向内进行偏移，偏移距离分别为 15、15，如图 15-102 所示。

（5）单击“默认”选项卡“修改”面板中的“复制”按钮，选择上步偏移的矩形进行复制，如图 15-103 所示。

（6）单击“默认”选项卡“绘图”面板中的“矩形”按钮和“直线”按钮，绘制中间位置的图形，如图 15-104 所示。

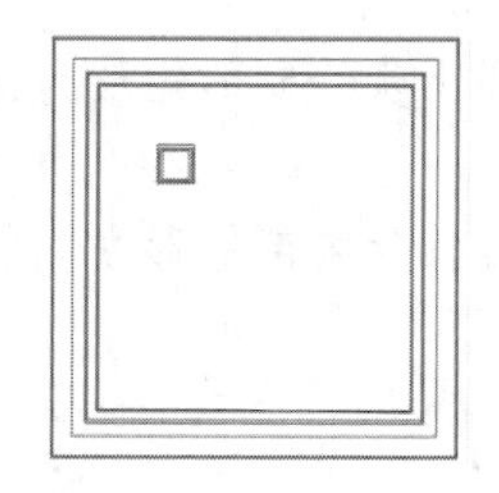

图 15-102　偏移矩形

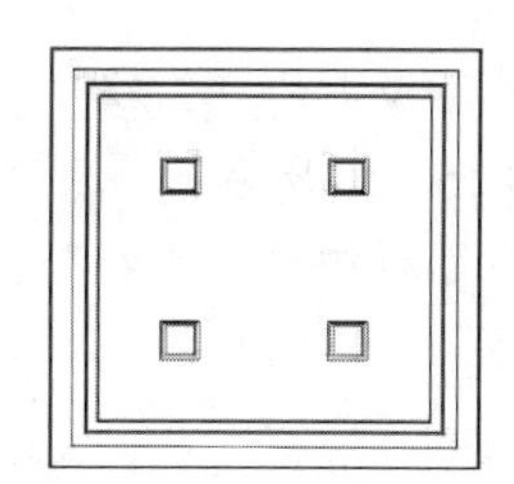

图 15-103　复制矩形

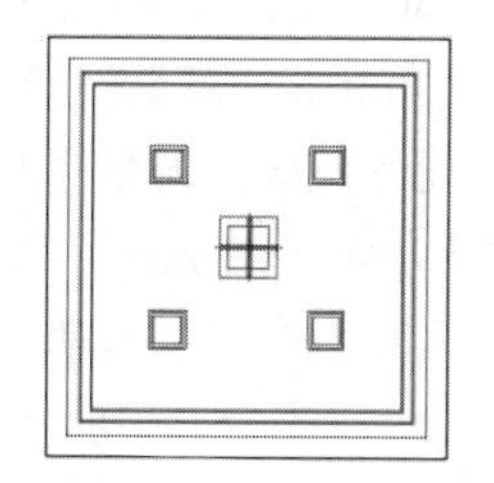

图 15-104　绘制图形

（7）单击“默认”选项卡“绘图”面板中的“直线”按钮，在图形内绘制多条直线，如图 15-105 所示。

（8）单击“默认”选项卡“绘图”面板中的“直线”按钮，在偏移的小矩形内绘制多条斜向直线，如图 15-106 所示。

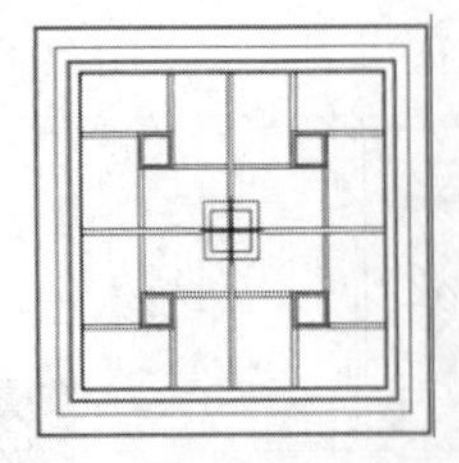

图 15-105　绘制直线

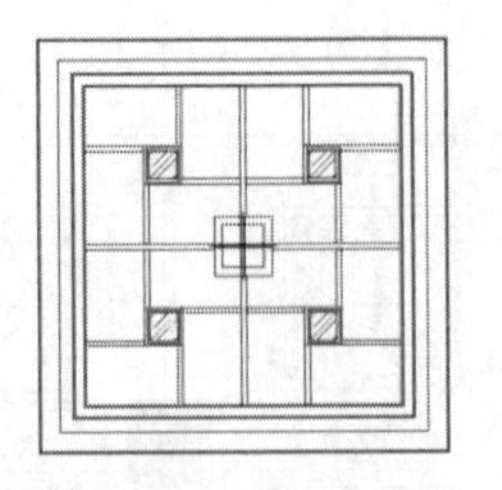

图 15-106　绘制斜线

（9）单击“默认”选项卡“绘图”面板中的“图案填充”按钮，打开“图案填充创建”选项卡，选择 AR-SAND 图案，设置填充比例为 2，填充角度为 0°，单击“添加：拾取点”按钮，拾取填充区域，按 Enter 键完成填充，效果如图 15-107 所示。

（10）单击“默认”选项卡“修改”面板中的“复制”按钮，选择上步绘制完成的天花图形进行复制，如图 15-108 所示。

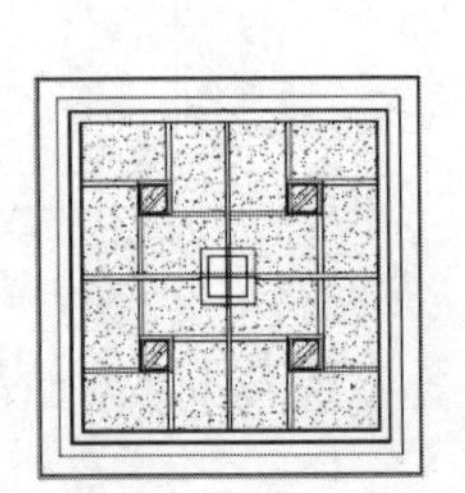

图 15-107　填充图形

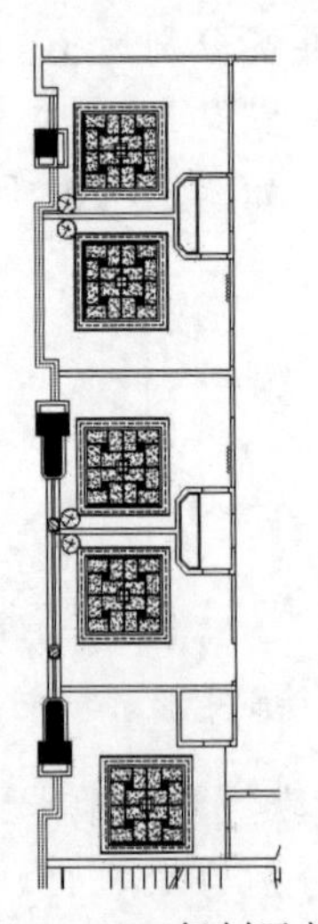

图 15-108　复制天花

5. 绘制弧形天花贴艺术金箔

（1）单击“默认”选项卡“绘图”面板中的“矩形”按钮，在图形适当位置绘制 6440×4440 的矩形，如图 15-109 所示。

（2）单击“默认”选项卡“修改”面板中的“偏移”按钮，选择上步绘制的矩形为偏移对象向内进行偏移，偏移距离为 30，如图 15-110 所示。

（3）单击“默认”选项卡“绘图”面板中的“直线”按钮，以偏移后内部矩形左侧竖直边中点为起点向右绘制一条水平直线，如图 15-111 所示。

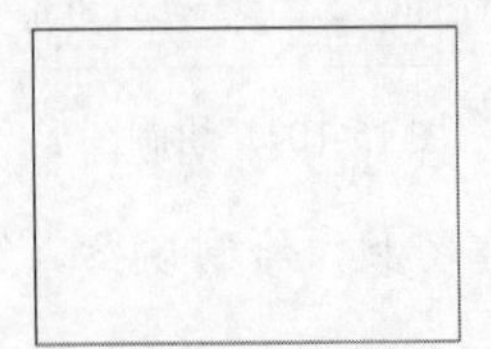

图 15-109　绘制矩形

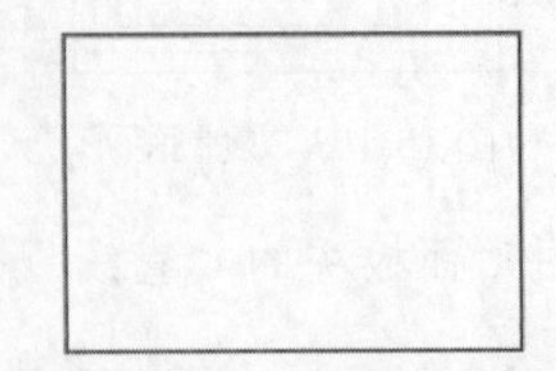

图 15-110　偏移矩形

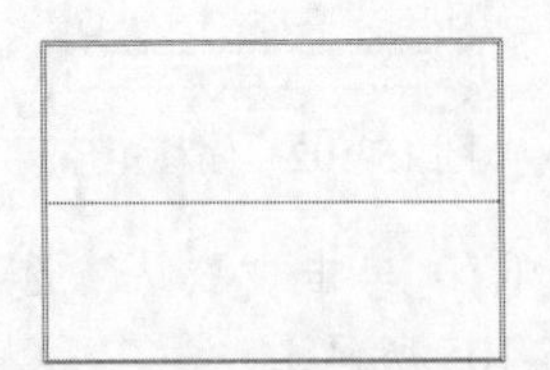

图 15-111　绘制直线

（4）单击“默认”选项卡“修改”面板中的“偏移”按钮⊆，选择上步绘制的水平直线分别向上和向下进行偏移，偏移距离均为 15，单击“默认”选项卡“修改”面板中的“删除”按钮，选择中间线段进行删除，如图 15-112 所示。

（5）单击“默认”选项卡“修改”面板中的“修剪”按钮，对偏移线段进行修剪，如图 15-113 所示。

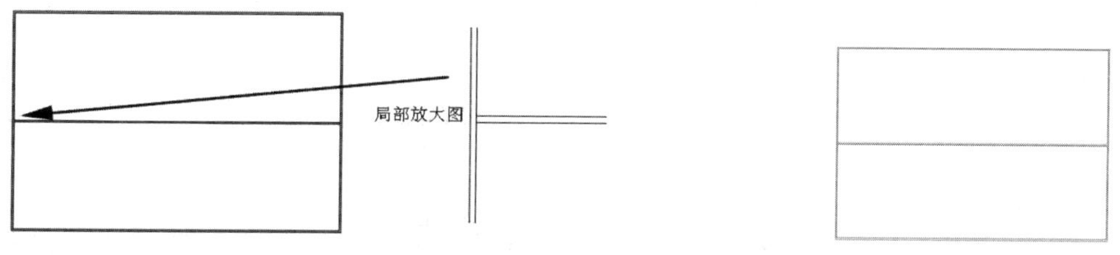

图 15-112 删除直线

图 15-113 修剪线条

（6）单击“默认”选项卡“绘图”面板中的“矩形”按钮，在上步图形内绘制一个 6200×1800 的矩形，如图 15-114 所示。

（7）单击“默认”选项卡“修改”面板中的“偏移”按钮⊆，选择上步绘制的矩形为偏移对象向内进行偏移，偏移距离分别为 90、90、600，如图 15-115 所示。

（8）选择 6200×1800 的矩形，单击“默认”选项卡“特性”面板中的“线型”按钮，在“线型”下拉列表中选择 DASHED 线型，对线型进行修改，如图 15-116 所示。

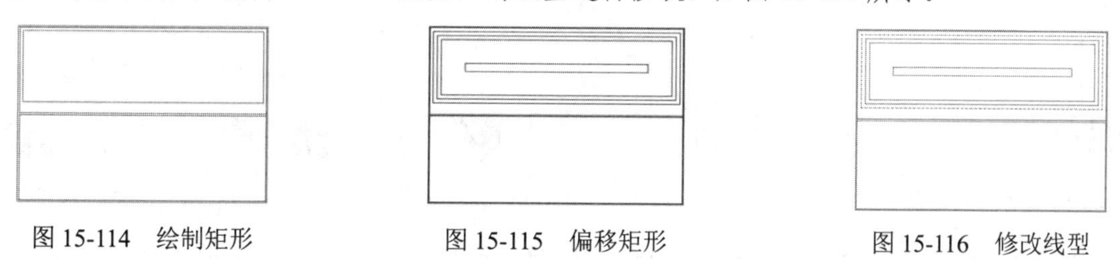

图 15-114 绘制矩形

图 15-115 偏移矩形

图 15-116 修改线型

（9）单击“默认”选项卡“绘图”面板中的“直线”按钮╱，在图形内绘制连续线段，如图 15-117 所示。

（10）单击“默认”选项卡“修改”面板中的“镜像”按钮，选择上步绘制的图形为镜像对象向右侧进行镜像，如图 15-118 所示。

（11）单击“默认”选项卡“绘图”面板中的“直线”按钮╱，在图形内绘制多条不相等直线，如图 15-119 所示。

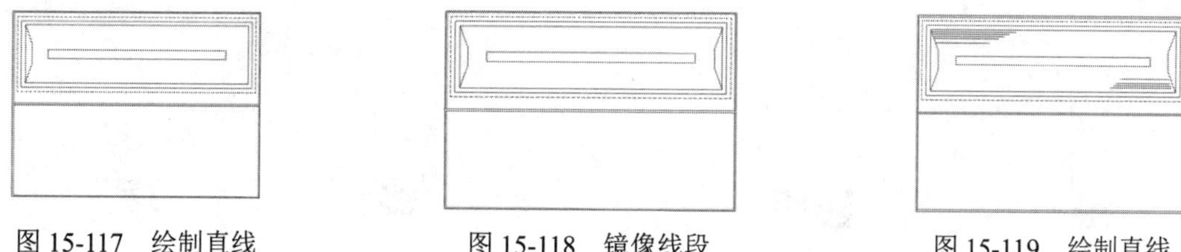

图 15-117 绘制直线

图 15-118 镜像线段

图 15-119 绘制直线

（12）单击“默认”选项卡“修改”面板中的“复制”按钮，选择上步绘制的图形进行复制，如图 15-120 所示。

（13）使用上述方法完成相同图案不同尺寸的顶棚天花的绘制，如图 15-121 所示。

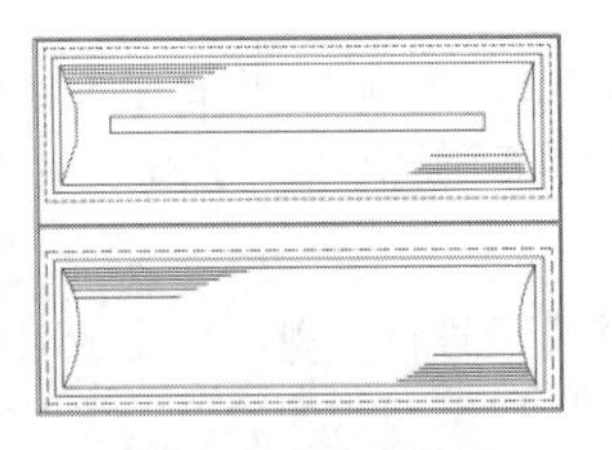

图 15-120　复制图形

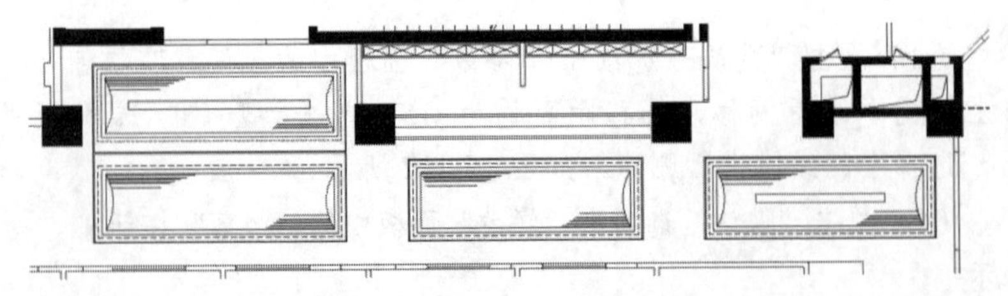

图 15-121　绘制不同尺寸的顶棚天花

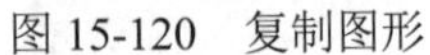

6．绘制天花造型 4

（1）单击“默认”选项卡“绘图”面板中的“圆”按钮⊙，在图形的适当位置处绘制一个半径为 2100 的圆，如图 15-122 所示。

（2）单击“默认”选项卡“修改”面板中的“偏移”按钮⊆，选择上步绘制的圆向内进行偏移，偏移距离分别为 50、200、150、100、100、100、768、39、244、183，如图 15-123 所示。

（3）单击“默认”选项卡“绘图”面板中的“直线”按钮╱，在上步图形内过小圆圆心绘制两条斜向 45°的直线，如图 15-124 所示。

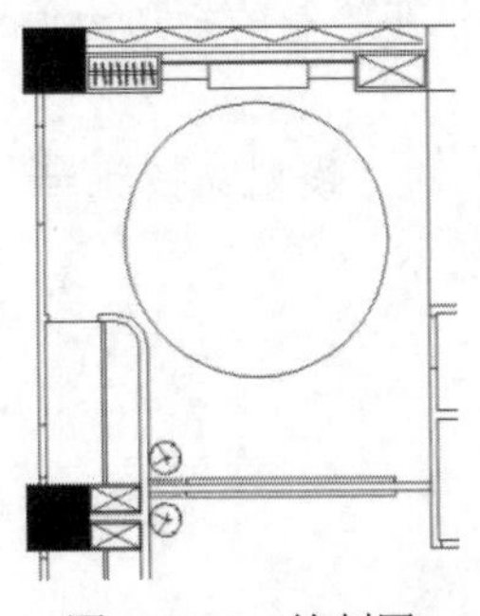

图 15-122　绘制圆

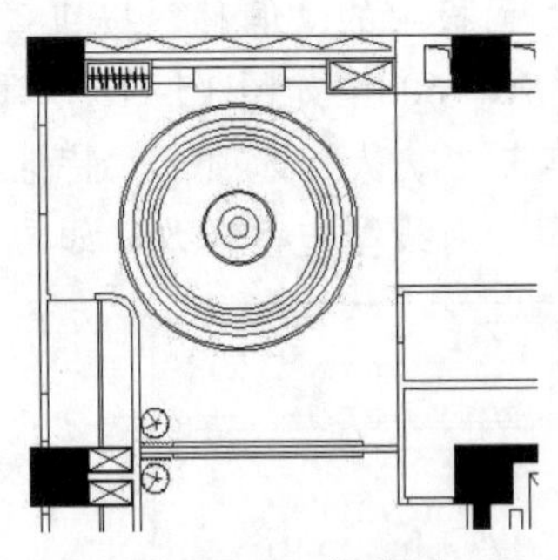

图 15-123　偏移圆

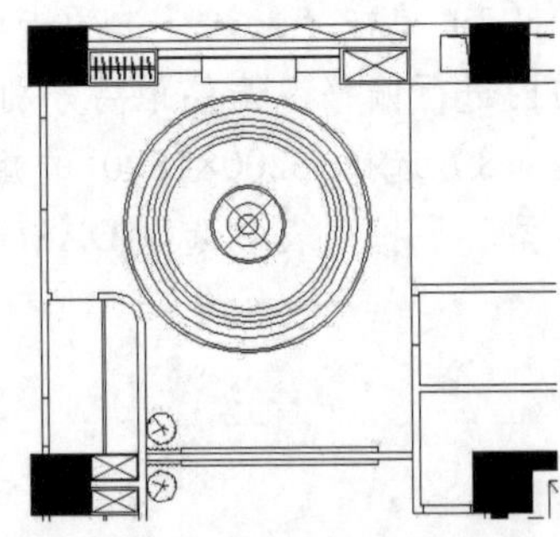

图 15-124　绘制两条斜向直线

（4）单击“默认”选项卡“特性”面板中的“线型”按钮☰，在“线型”下拉列表中选择 DASHED 线型，对其线型进行修改，如图 15-125 所示。

（5）单击“默认”选项卡“绘图”面板中的“图案填充”按钮▨，打开“图案填充创建”选项卡，选择 AR-PARQ1 图案，设置填充比例为 2、填充角度为 45°后，单击“添加：拾取点”按钮⊞，拾取填充区域，按 Enter 键完成填充，效果如图 15-126 所示。

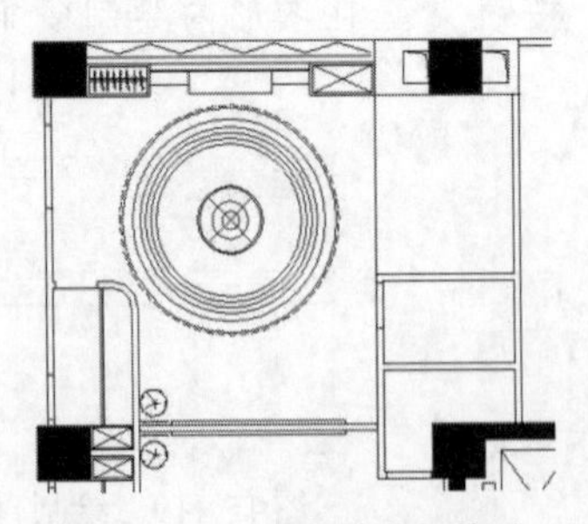

图 15-125　对线型进行修改

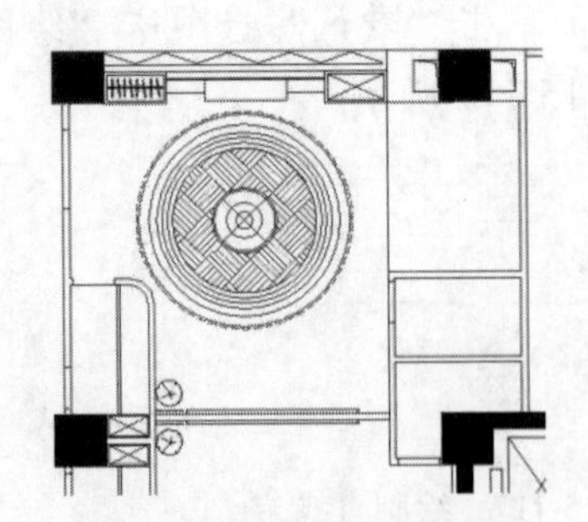

图 15-126　填充图案

（6）单击“默认”选项卡“修改”面板中的“复制”按钮⚇，选择上步绘制完成的天花图案向下进行复制，如图 15-127 所示。

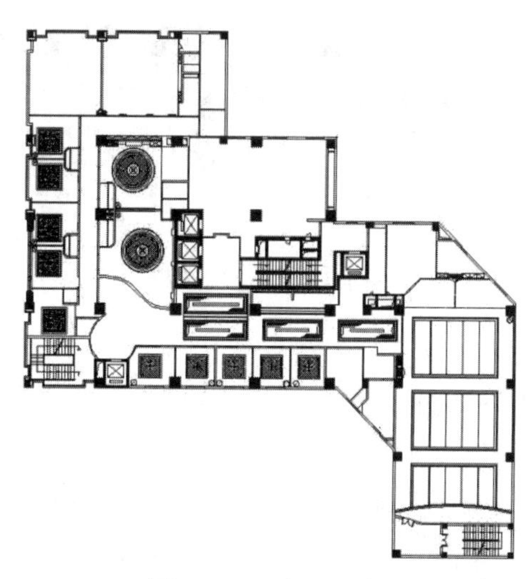

图 15-127 复制图案

7. 绘制日光灯

（1）单击“默认”选项卡“绘图”面板中的“矩形”按钮 ▭，在图形的适当位置绘制一个 77×1561 的矩形，如图 15-128 所示。

（2）单击“默认”选项卡“绘图”面板中的“直线”按钮 ╱，在上步绘制的矩形内绘制一条水平直线，如图 15-129 所示。

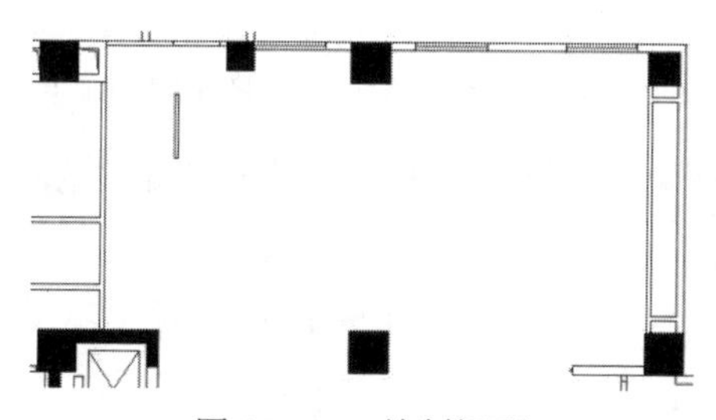

图 15-128 绘制矩形

图 15-129 绘制直线

（3）单击“默认”选项卡“修改”面板中的“复制”按钮 ⚭，选择上步绘制的图形向右进行复制，复制距离为 238，如图 15-130 所示。

（4）单击“默认”选项卡“修改”面板中的“复制”按钮 ⚭，选择上步绘制的图形进行连续复制，复制距离均为 3553，如图 15-131 所示。

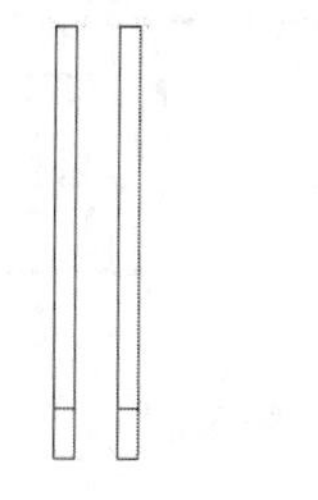

图 15-130 复制矩形

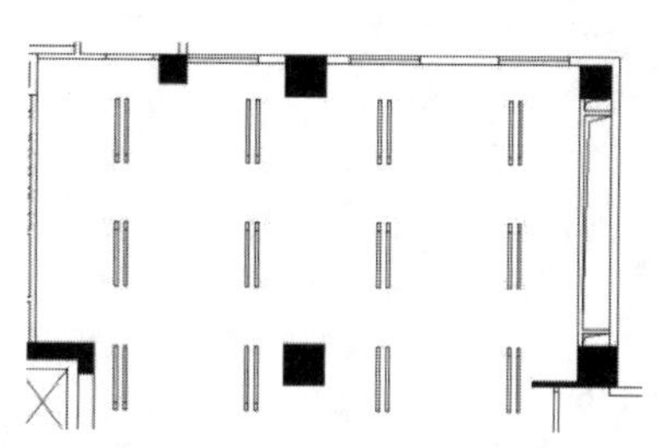

图 15-131 连续复制矩形

（5）顶部包房天花的绘制方法与底部包房天花的绘制方法相同，这里不再详细阐述，效果如图 15-132 所示。

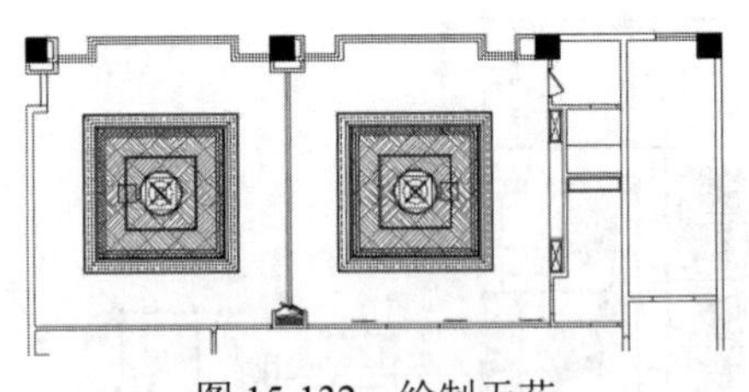

图 15-132　绘制天花

8．绘制天花造型 5

（1）单击“默认”选项卡“绘图”面板中的“矩形”按钮 ，在图形的适当位置绘制一个 500×500 的矩形，如图 15-133 所示。

（2）单击“默认”选项卡“修改”面板中的“分解”按钮 ，选择上步绘制的矩形为分解对象，按 Enter 键进行分解，单击“默认”选项卡“修改”面板中的“偏移”按钮 ，选择上步分解的矩形的上侧水平边向下进行偏移，偏移距离分别为 200、100，如图 15-134 所示。

（3）单击“默认”选项卡“修改”面板中的“偏移”按钮 ，选择矩形竖直边向右进行偏移，偏移距离分别为 200、100，如图 15-135 所示。

图 15-133　绘制矩形

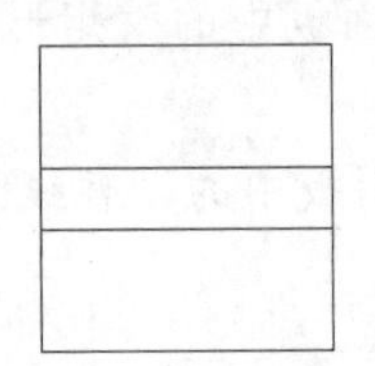

图 15-134　向下偏移矩形

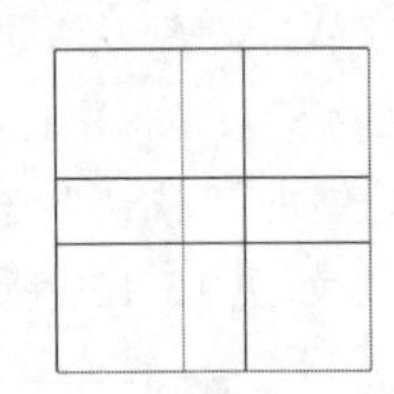

图 15-135　向右偏移矩形

（4）单击“默认”选项卡“修改”面板中的“修剪”按钮 ，对上步偏移的图形进行修剪，如图 15-136 所示。

（5）单击“默认”选项卡“修改”面板中的“复制”按钮 ，选择上步绘制的图形进行复制，如图 15-137 所示。

图 15-136　修剪矩形

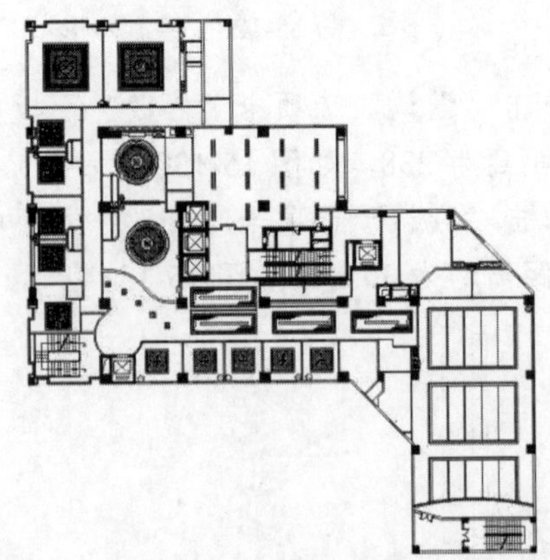

图 15-137　复制图形

9．绘制双头雷士灯

（1）单击“默认”选项卡“绘图”面板中的“矩形”按钮 ，在图形的适当位置绘制一个 1200×480 的矩形，如图 15-138 所示。

（2）使用绘制单头雷士灯的方法绘制双头雷士灯的内部图形，将其放置到上步绘制的矩形内，如图 15-139 所示。

（3）单击“默认”选项卡“修改”面板中的“复制”按钮，选择上步绘制的图形向右侧进行复制，效果如图 15-140 所示。

图 15-138　绘制矩形

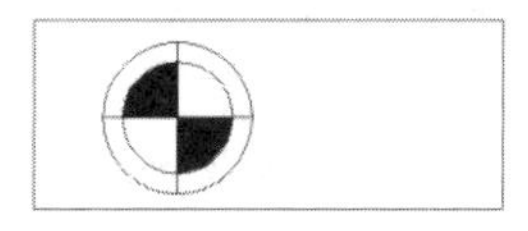

图 15-139　移动放置图形

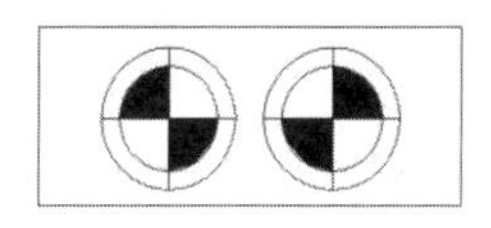

图 15-140　双头雷士灯

（4）在命令行中输入 WBLOCK 命令，弹出“写块”对话框，单击“拾取点”按钮，捕捉图形上一点，返回“写块”对话框，单击“选择对象”按钮，选择所有对象，在“文件名和路径”文本框中选择路径，并输入块名称“双头雷士灯”，单击“确定”按钮完成块的创建，退出对话框。

10．绘制暗藏灯

（1）单击“默认”选项卡“绘图”面板中的“直线”按钮，在图形的空白区域绘制一条直线，如图 15-141 所示。

（2）选择上步绘制的对象，将上步绘制的直线线型修改为 DASHED，如图 15-142 所示。

图 15-141　绘制直线

图 15-142　修改线型

（3）使用上述方法完成窗帘的绘制，并将其定义为块，如图 15-143 所示。

11．完成其他绘制

使用上述方法完成剩余天花及暗藏灯管线的绘制，如图 15-144 所示。

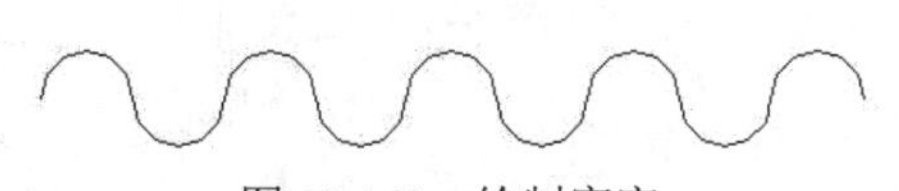

图 15-143　绘制窗帘

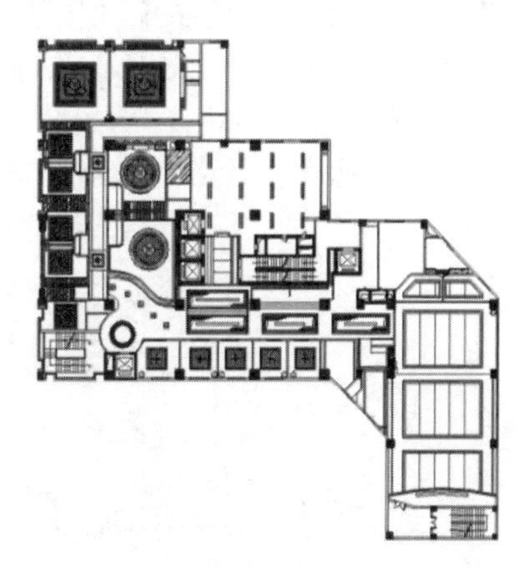

图 15-144　绘制天花

15.2.3　布置灯具和天花

扫一扫，看视频

操作步骤

（1）单击“默认”选项卡“块”面板中的“插入”下拉菜单中的“最近使用的块”选项，系统弹出“块”选项板，单击选项板顶部的按钮，弹出“选择要插入的文件”对话框，选择“源文件/第 15 章/筒灯”图块，单击“打开”按钮，回到“块”面板，在“预览列表”中选择“筒灯”图块插入到绘图区域内，完成图块的插入，如图 15-145 所示。

（2）单击“默认”选项卡“块”面板中的“插入”下拉菜单中的“最近使用的块”选项，系统弹出“块”选项板，单击选项板顶部的按钮，弹出“选择要插入的文件”对话框，选择“源文件/第 15 章/进口石英射灯”图块，单击“打开”按钮，回到“块”面板，在“预览列表”中选择“进口石英射灯”图块插入到绘图区域内，完成图块的插入，如图 15-146 所示。

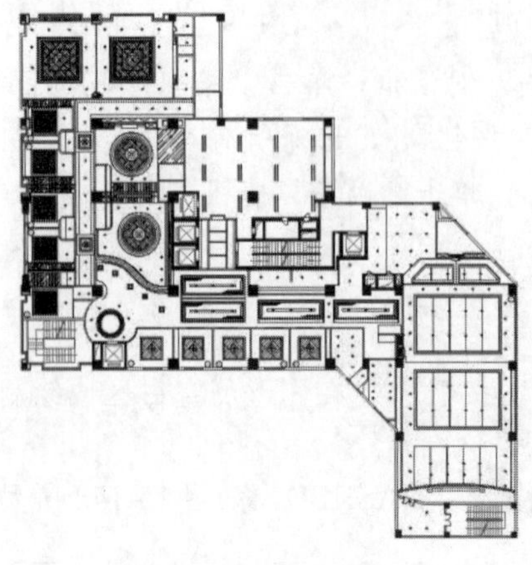

图 15-145　插入筒灯

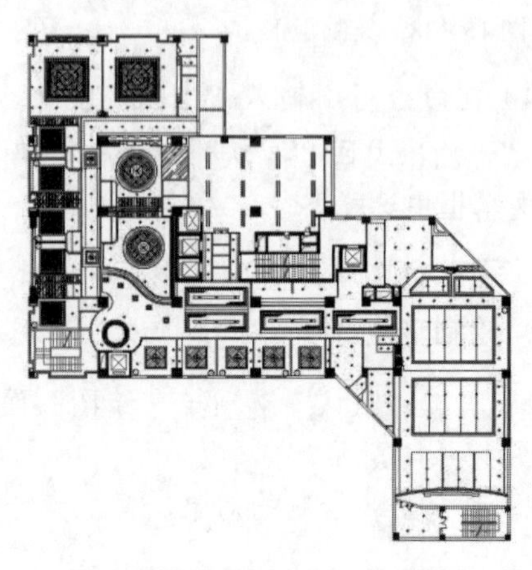

图 15-146　插入进口石英射灯

（3）单击“默认”选项卡“块”面板中的“插入”下拉菜单中的“最近使用的块”选项，系统弹出“块”选项板，单击选项板顶部的按钮，弹出“选择要插入的文件”对话框，选择“源文件/第 15 章/双头雷士灯”图块，单击“打开”按钮，回到“块”面板，在“预览列表”中选择“双头雷士灯”图块插入到绘图区域内，完成图块的插入，如图 15-147 所示。

（4）单击“默认”选项卡“块”面板中的“插入”下拉菜单中的“最近使用的块”选项，系统弹出“块”选项板，单击选项板顶部的按钮，弹出“选择要插入的文件”对话框，选择“源文件/第 15 章/吸顶灯”图块，单击“打开”按钮，回到“块”面板，在“预览列表”中选择“吸顶灯”图块插入到楼道与电梯间，如图 15-148 所示。

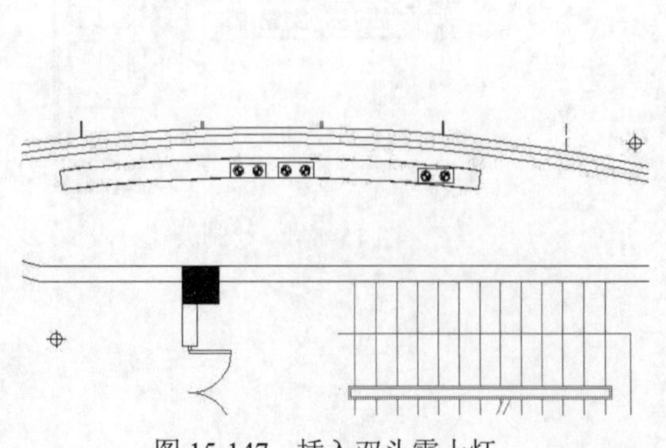

图 15-147　插入双头雷士灯

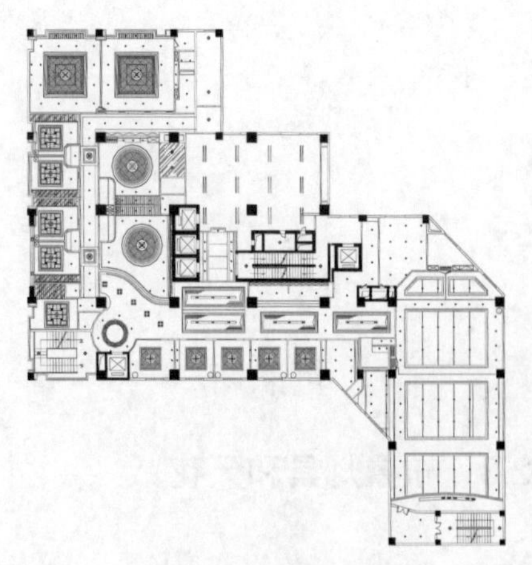

图 15-148　插入吸顶灯

（5）单击“默认”选项卡“块”面板中的“插入”下拉菜单中的“最近使用的块”选项，系统弹出“块”选项板，单击选项板顶部的按钮，弹出“选择要插入的文件”对话框，选择“源文件/第 15 章/通风口”图块，单击“打开”按钮，回到“块”面板，在“预览列表”中选择“通风口”图块插入到绘图区域内，完成图块的插入，如图 15-149 所示。

（6）单击“默认”选项卡“修改”面板中的“复制”按钮，选择已经绘制完成的壁灯进行复制，如图 15-150 所示。

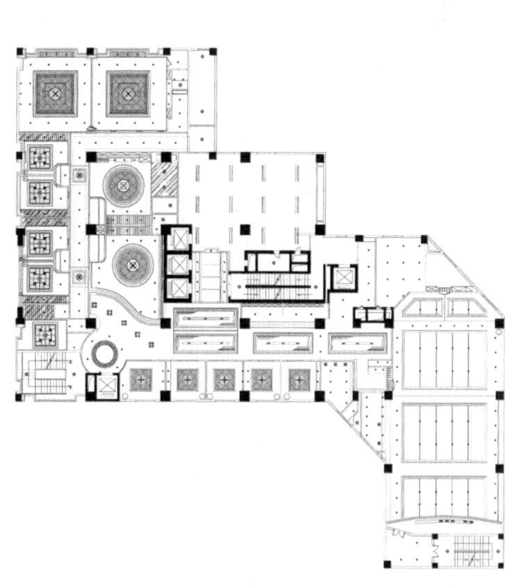

图 15-149　插入通风口

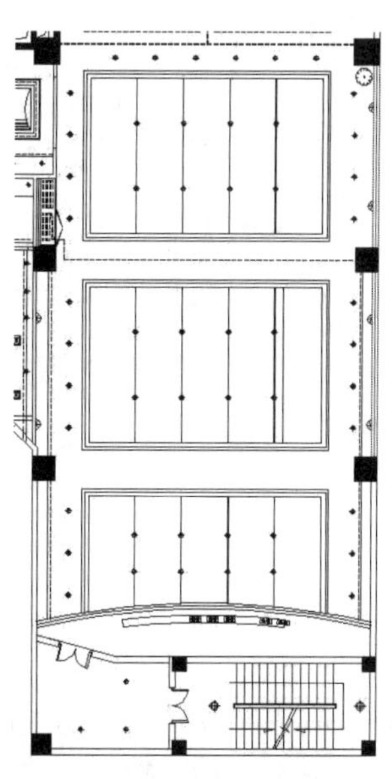

图 15-150　布置壁灯

15.2.4　添加说明文字

扫一扫，看视频

操作步骤

（1）将“文字”设为当前图层。在命令行中输入 QLEADER 命令，为图形添加文字说明，如图 15-151 所示。

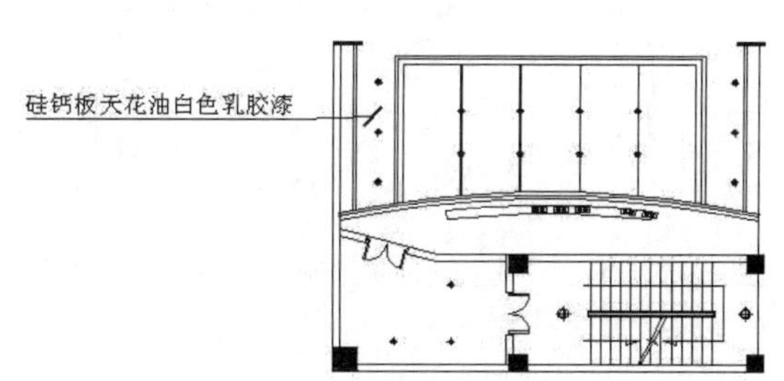

图 15-151　添加文字说明

（2）使用上述方法添加剩余的文字说明，如图 15-152 所示。

（3）结合前面绘制标高的方法绘制新的标高，并将标高插入到图形中，最终完成三层中餐厅顶棚天花的绘制，如图 15-71 所示。

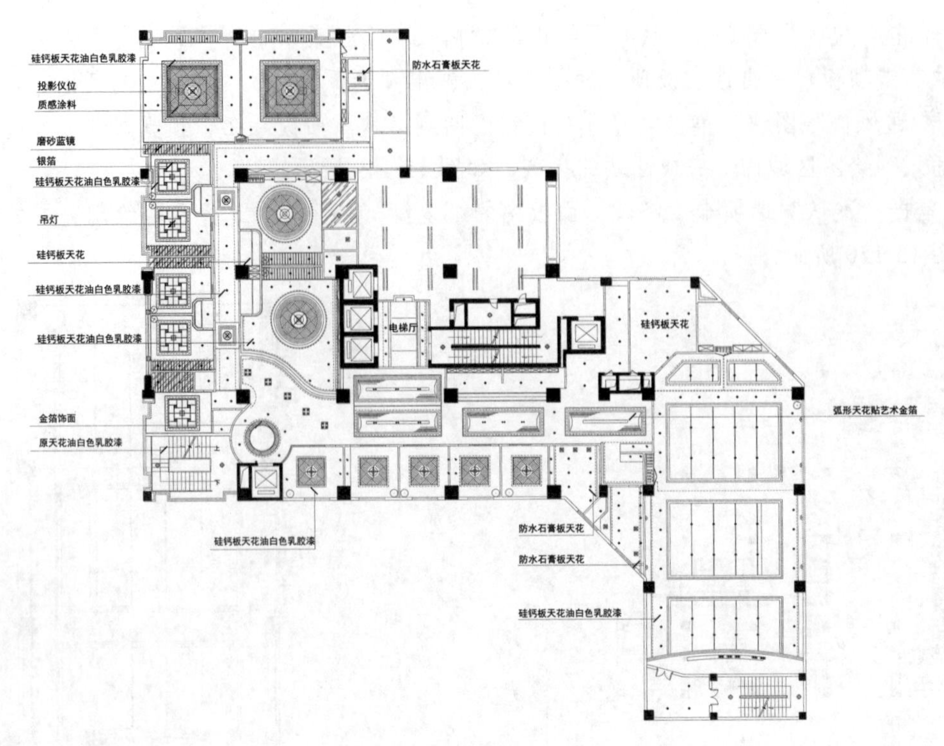

图 15-152　添加文字说明

扫一扫，看视频

动手练——洗浴中心二层顶棚平面图

绘制如图 15-153 所示的洗浴中心二层顶棚平面图。

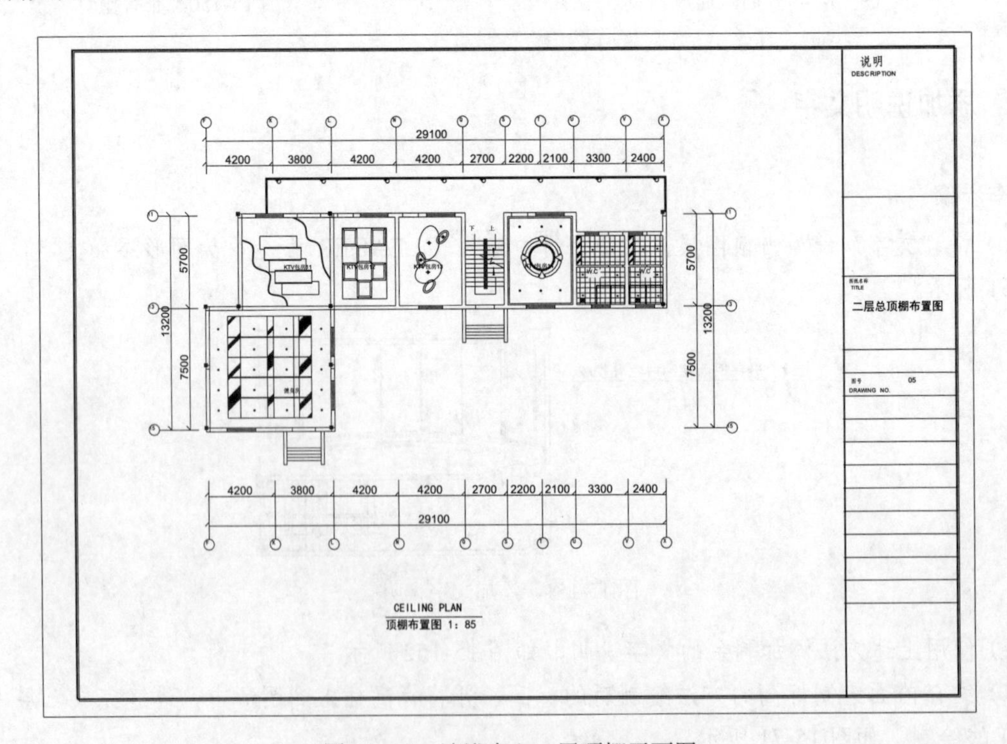

图 15-153　洗浴中心二层顶棚平面图

思路点拨：

源文件：源文件\第 15 章\洗浴中心二层顶棚平面图.dwg

（1）整理图形。

（2）绘制装饰顶棚。

（3）布置灯具。

第 16 章　地坪图装饰图的绘制

内容简介

中餐厅的主要用途是就餐，所以其室内的地面设计就必须相对考究，要从中折射出一种安逸、舒适的气质，在用材和布置方面要尽量繁复。

内容要点

- 二层中餐厅地坪图的绘制
- 三层中餐厅地坪图的绘制

案例效果

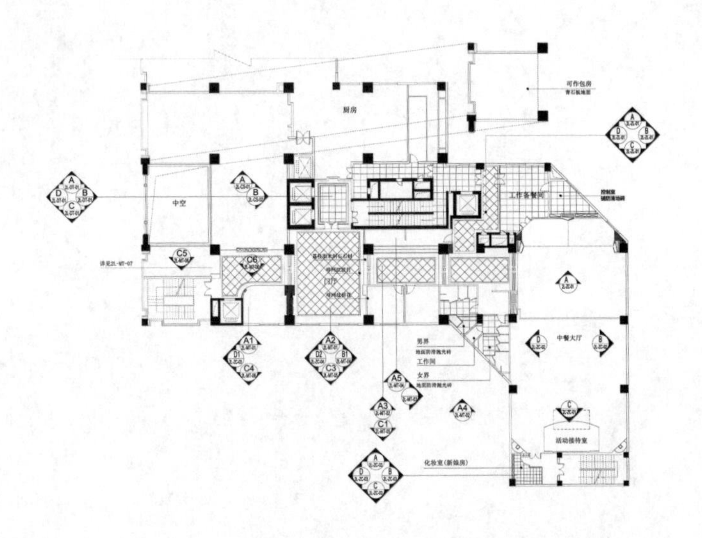

扫一扫，看视频

16.1　二层中餐厅地坪图的绘制

二层中餐厅各包房铺设青石板地面，控制室铺设防滑地砖，卫生间铺设地面抛光砖。下面主要讲解二层中餐厅地坪图的绘制过程，绘制效果如图 16-1 所示。

源文件：源文件\第 16 章\二层中餐厅地坪图.dwg

16.1.1　绘图准备

操作步骤

（1）打开源文件\第 14 章\二层中餐厅装饰平面图.dwg 文件。

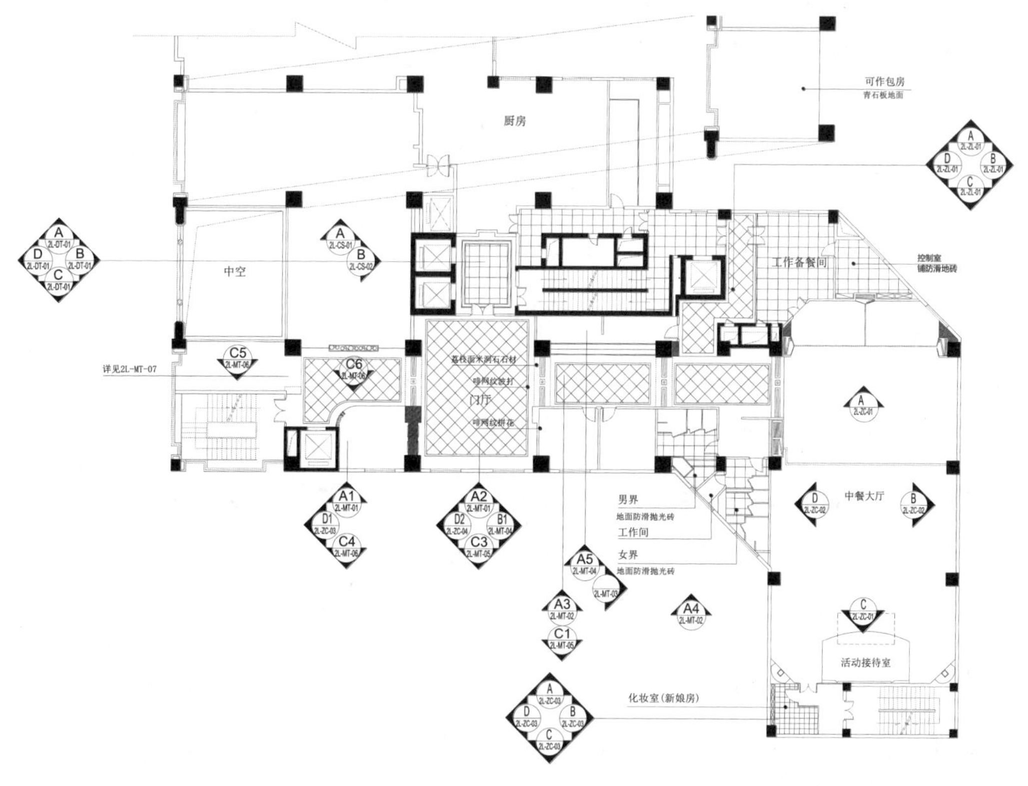

图 16-1　二层中餐厅地坪图

（2）选择菜单栏中的“文件”→“另存为”命令，将打开的“二层中餐厅装饰平面图”另存为“二层中餐厅地坪图”。

（3）单击“文字”及“家具”图层中的“开/关图层”按钮，将图层关闭，如图 16-2 所示。

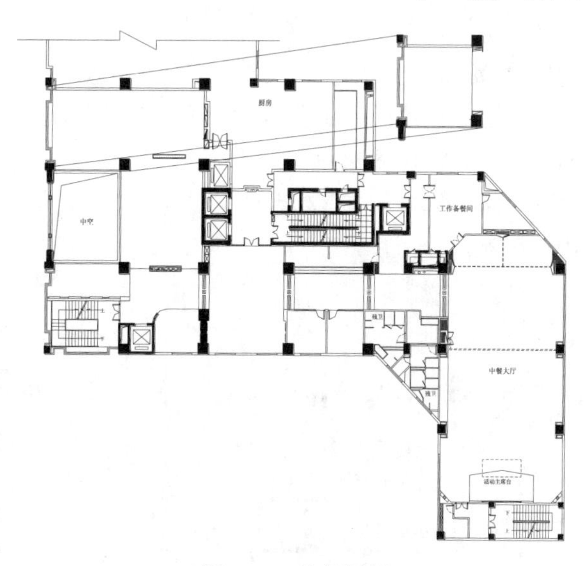

图 16-2　关闭图层

（4）单击“默认”选项卡“图层”面板中的“图层特性”按钮，弹出“图层特性管理器”选项板，新建“地坪”图层并将其设置为当前，如图 16-3 所示。

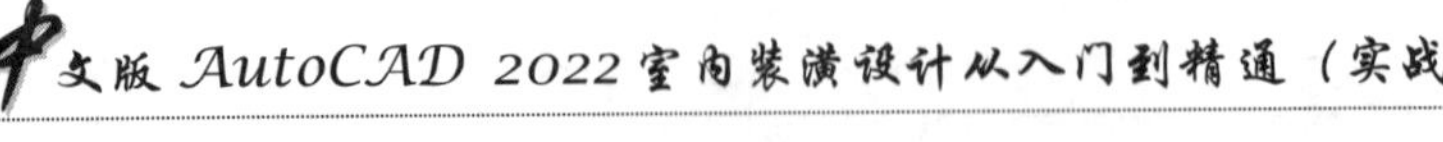

图 16-3　新建“地坪”图层

16.1.2　绘制地面图案

操作步骤

（1）单击“默认”选项卡“绘图”面板中的“多段线”按钮，在图形的适当位置绘制连续多段线，如图 16-4 所示。

（2）单击“默认”选项卡“修改”面板中的“偏移”按钮，选择上步绘制的多段线为偏移对象向内偏移，偏移距离为 100，效果如图 16-5 所示。

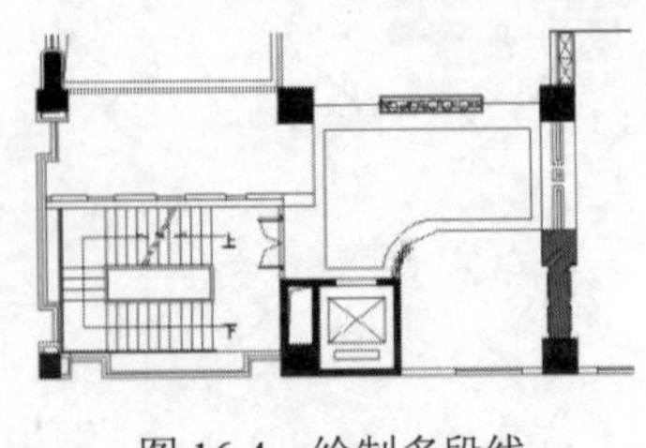

图 16-4　绘制多段线

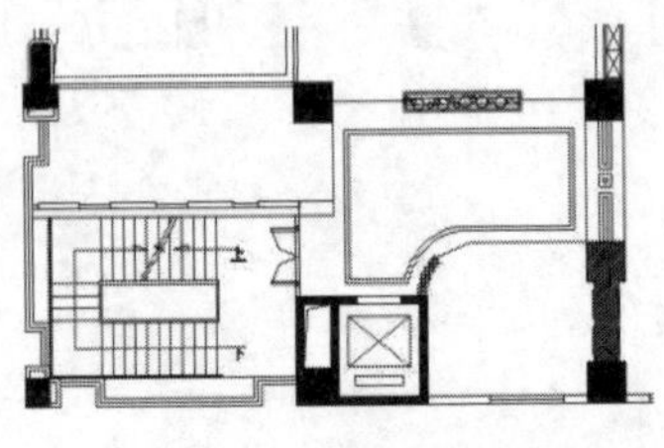

图 16-5　偏移多段线

（3）单击“默认”选项卡“绘图”面板中的“图案填充”按钮，系统打开“图案填充创建”选项卡，如图 16-6 所示。

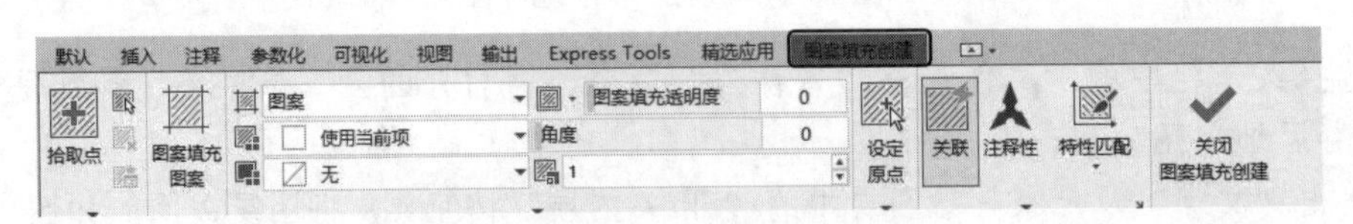

图 16-6　“图案填充创建”选项卡

（4）单击“图案填充图案”按钮，系统打开“填充图案选项板”下拉列表，选择如图 16-7 所示的图案类型，在“图案填充创建”选项板左侧单击“拾取点”按钮，选择填充区域，设置填充比例为 200，完成图案填充，效果如图 16-8 所示。

（5）单击“默认”选项卡“绘图”面板中的“矩形”按钮，在电梯间内绘制一个 3100×4080 的矩形，如图 16-9 所示。

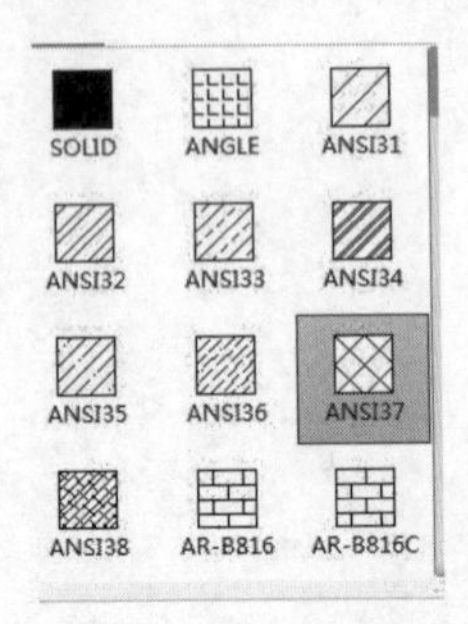

图 16-7　填充图案选项板

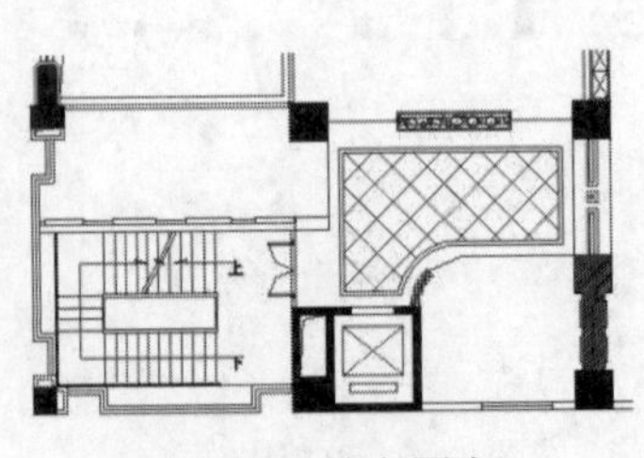

图 16-8　填充图案

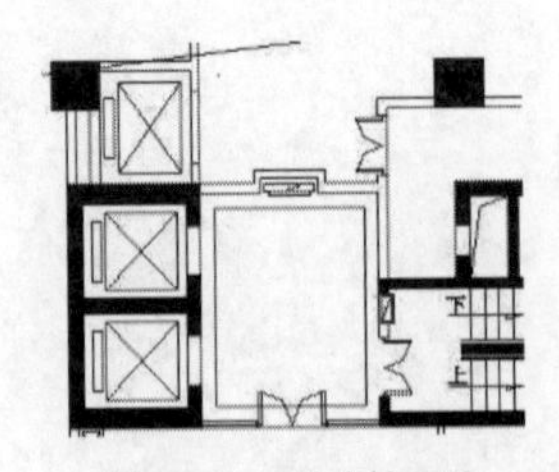

图 16-9　绘制矩形

（6）单击“默认”选项卡“修改”面板中的“偏移”按钮，选择上步绘制的矩形向内进行偏移，偏移距离分别为 50、150、50，如图 16-10 所示。

（7）单击“默认”选项卡“修改”面板中的“修剪”按钮，对门内的偏移线段进行修剪，如图 16-11 所示。

（8）单击“默认”选项卡“绘图”面板中的“图案填充”按钮，打开“图案填充创建”选项卡，选择 ANSI37 图案，单击“拾取点”按钮，选择填充区域，设置填充比例为 200，填充角度为 45°，完成图案填充，效果如图 16-12 所示。

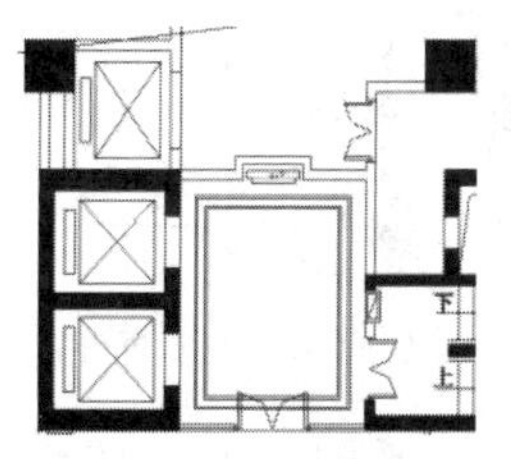

图 16-10　偏移矩形

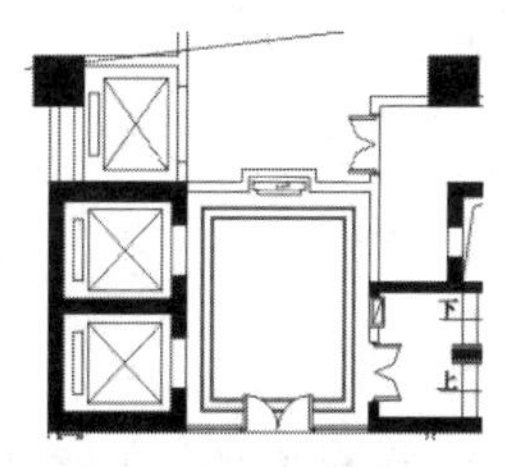

图 16-11　修剪图形

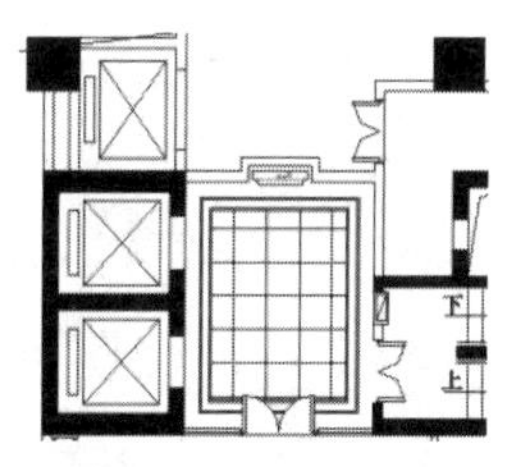

图 16-12　填充图案

（9）单击“默认”选项卡“绘图”面板中的“矩形”按钮，在图形的适当位置绘制一个 6400×8300 的矩形，效果如图 16-13 所示。

（10）单击“默认”选项卡“修改”面板中的“偏移”按钮，选择上步绘制的矩形向内进行偏移，偏移距离为 100，效果如图 16-14 所示。

（11）单击“默认”选项卡“绘图”面板中的“图案填充”按钮，打开“图案填充创建”选项卡，选择 ANSI37 图案，单击“拾取点”按钮，选择填充区域，设置填充比例为 200，填充角度为 0°，完成图案填充，效果如图 16-15 所示。

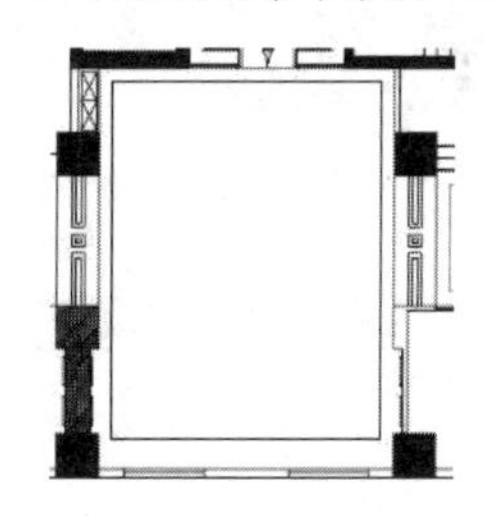

图 16-13　绘制矩形

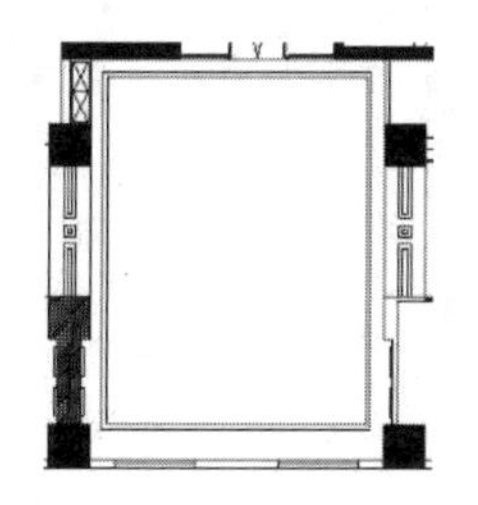

图 16-14　偏移矩形

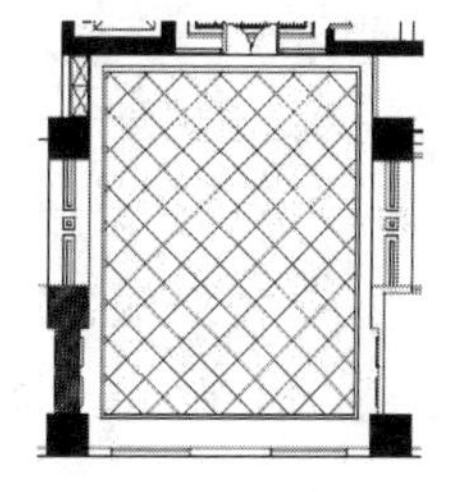

图 16-15　填充图案

（12）单击“默认”选项卡“绘图”面板中的“矩形”按钮，在图形适当位置绘制一个 5900×2505 的矩形，如图 16-16 所示。

（13）单击“默认”选项卡“修改”面板中的“偏移”按钮，选择上步绘制的矩形为偏移对象向内进行偏移，偏移距离为 100，如图 16-17 所示。

（14）单击“默认”选项卡“绘图”面板中的“图案填充”按钮，打开“图案填充创建”选项卡，选择 ANSI37 图案，单击“拾取点”按钮，选择填充区域，设置填充比例为 200，完成图案填充，效果如图 16-18 所示。

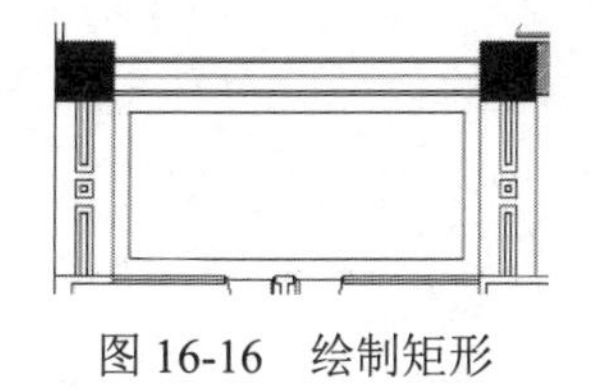

图 16-16　绘制矩形

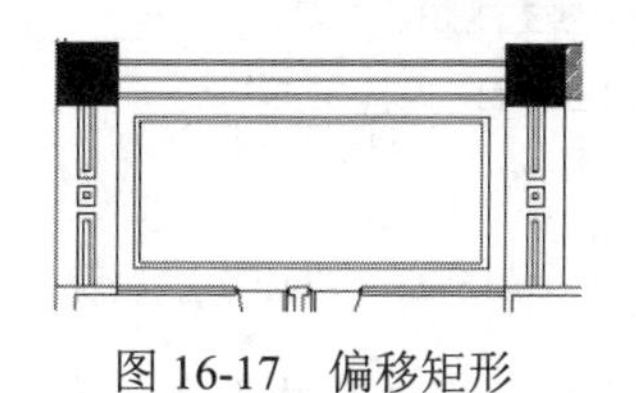

图 16-17　偏移矩形

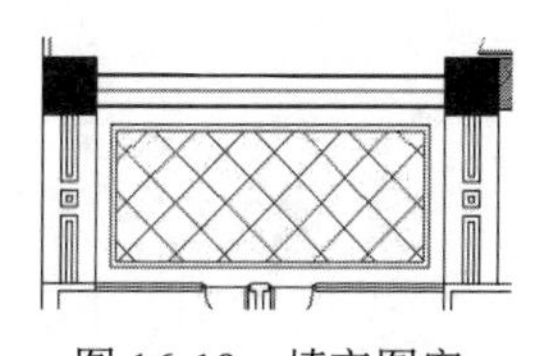

图 16-18　填充图案

（15）单击“默认”选项卡“修改”面板中的“复制”按钮，选择上步绘制的图形进行复制，效果如图 16-19 所示。

（16）单击“默认”选项卡“绘图”面板中的“多段线”按钮，在图形的适当位置绘制连续多段线，效果如图 16-20 所示。

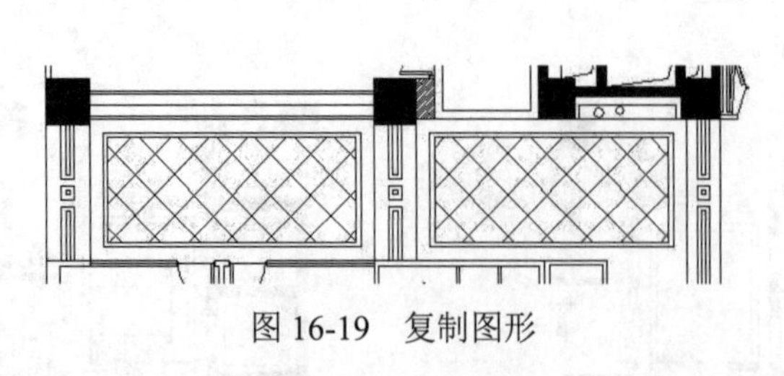

图 16-19　复制图形

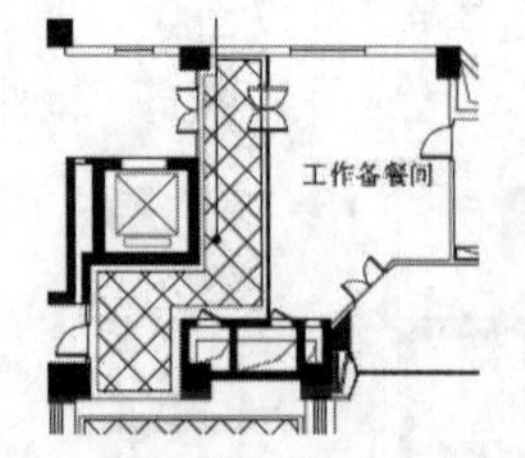

图 16-20　绘制连续直线

（17）单击“默认”选项卡“绘图”面板中的“图案填充”按钮，系统打开“图案填充创建”选项卡，选择 ANSI37 图案，单击“拾取点”按钮，选择填充区域，设置填充比例为 200，完成图案填充，效果如图 16-21 所示。

（18）使用上述方法完成剩余地面图案填充，如图 16-22 所示。

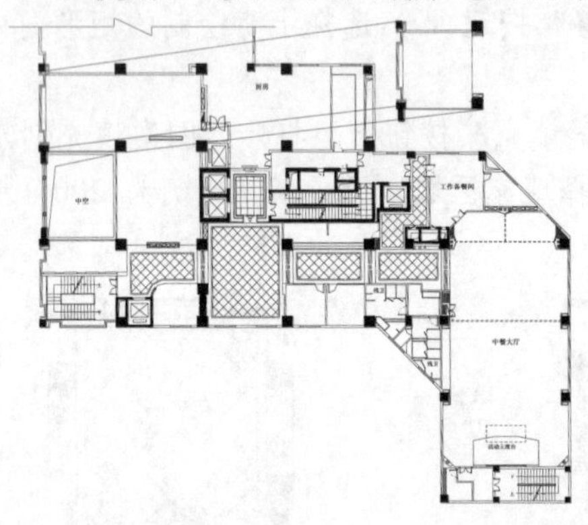

图 16-21　图案填充结果

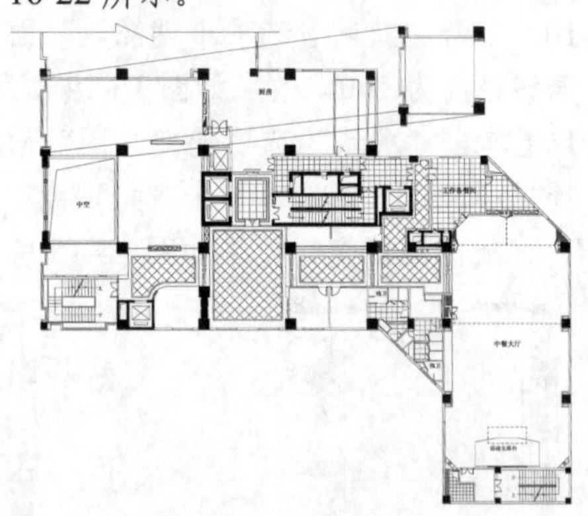

图 16-22　填充图案

16.1.3　添加说明文字

操作步骤

（1）打开“文字”图层，并将其置为当前图层。在命令行中输入 QLEADER 命令，为地坪图添加文字说明，如图 16-23 所示。

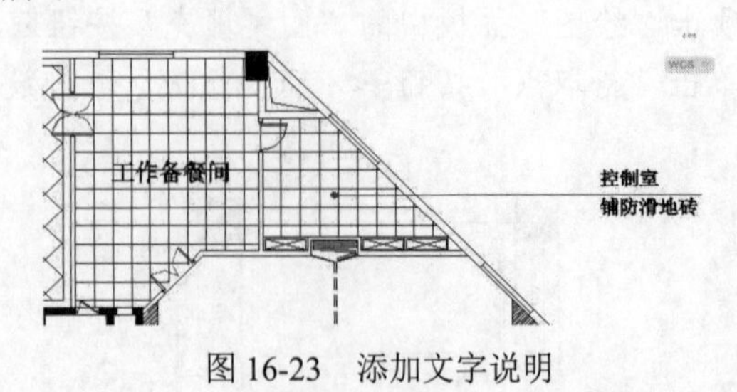

图 16-23　添加文字说明

（2）使用上述方法完成图形中所有文字说明的添加，如图 16-24 所示。

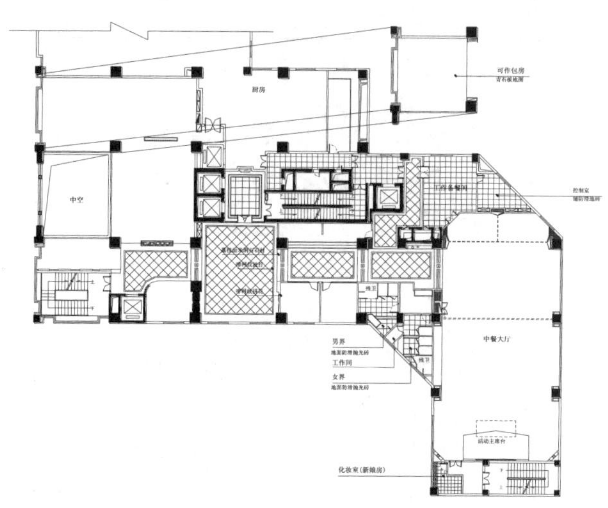

图 16-24　添加文字说明

（3）单击“默认”选项卡“绘图”面板中的“圆”按钮，在图形的空白区域绘制一个半径为 852 的圆，如图 16-25 所示。

（4）单击“默认”选项卡“绘图”面板中的“直线”按钮，绘制如图 16-26 所示的图形。

（5）单击“默认”选项卡“绘图”面板中的“图案填充”按钮，打开“图案填充创建”选项卡，选择 SOLID 图案，单击“拾取点”按钮，选择直线内部为填充区域，设置填充比例为 0，完成图案填充，效果如图 16-27 所示。

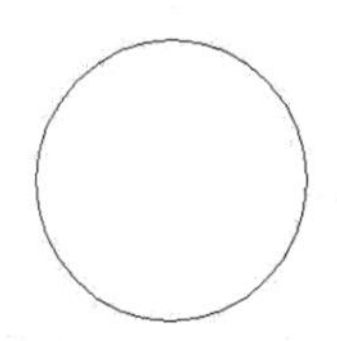

图 16-25　绘制圆

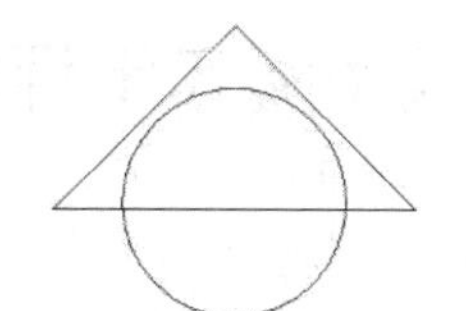

图 16-26　绘制连续直线

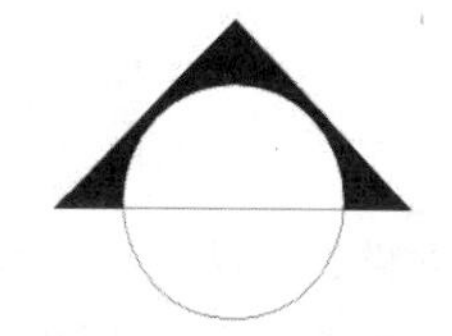

图 16-27　填充图案

（6）单击“默认”选项卡“注释”面板中的“多行文字”按钮A，在直线上部输入大小为 600 的文字，如图 16-28 所示。

（7）单击“默认”选项卡“注释”面板中的“多行文字”按钮A，在直线下部输入大小为 400 的文字，宽度因子为 0.7，间隔符为 0.5 字符，如图 16-29 所示。

（8）使用上述方法完成相同图形的绘制，如图 16-30 所示。

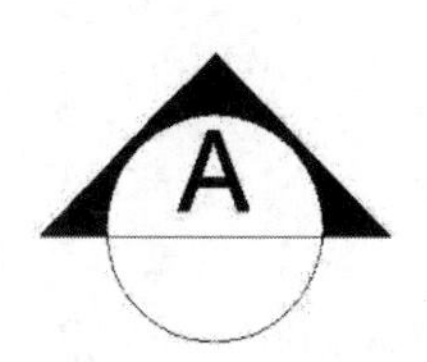

图 16-28　绘制文字

图 16-29　绘制文字

图 16-30　绘制图形

（9）将上步图形进行连接，完成二层中餐厅地面材料的绘制，如图 16-1 所示。

动手练——洗浴中心一层地面平面图

绘制如图 16-31 所示的洗浴中心一层地面平面图。

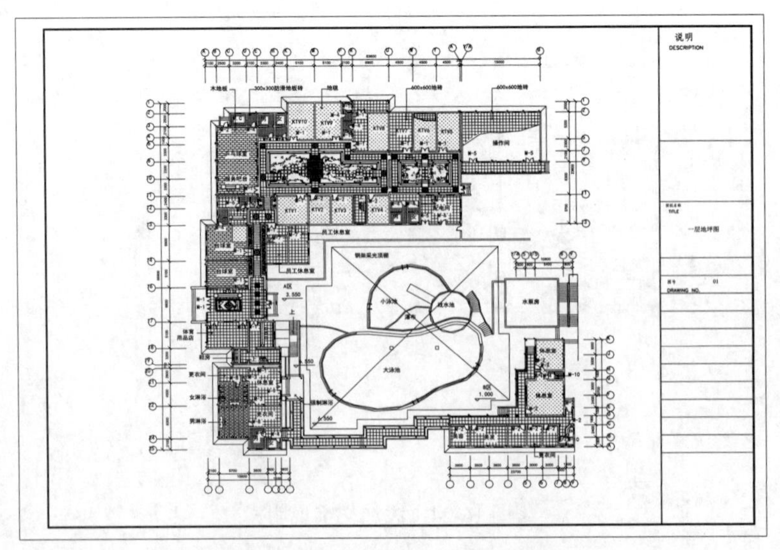

图 16-31　洗浴中心一层地面平面图

思路点拨：

源文件：源文件\第 16 章\洗浴中心一层地面平面图.dwg

（1）整理图形。

（2）绘制地坪装饰图案。

16.2　三层中餐厅地坪图的绘制

源文件：源文件\第 16 章\三层中餐厅地坪图.dwg

三层中餐厅地坪图的绘制方法基本与二层中餐厅地坪图的绘制方法相同，这里不再赘述，如图 16-32 所示。

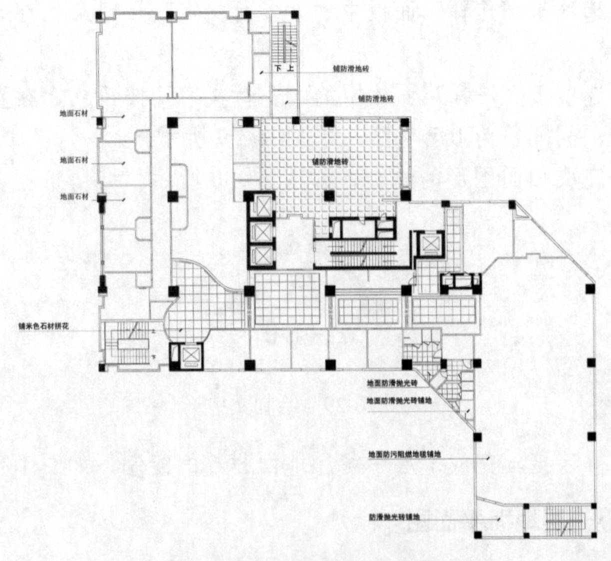

图 16-32　三层中餐厅地坪图

动手练——洗浴中心二层地面平面图

绘制如图 16-33 所示的洗浴中心二层地面平面图。

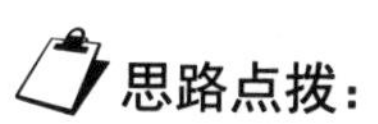

源文件：源文件\第 16 章\洗浴中心二层地面平面图.dwg

（1）整理图形。

（2）绘制地坪装饰图案。

（3）添加说明文字。

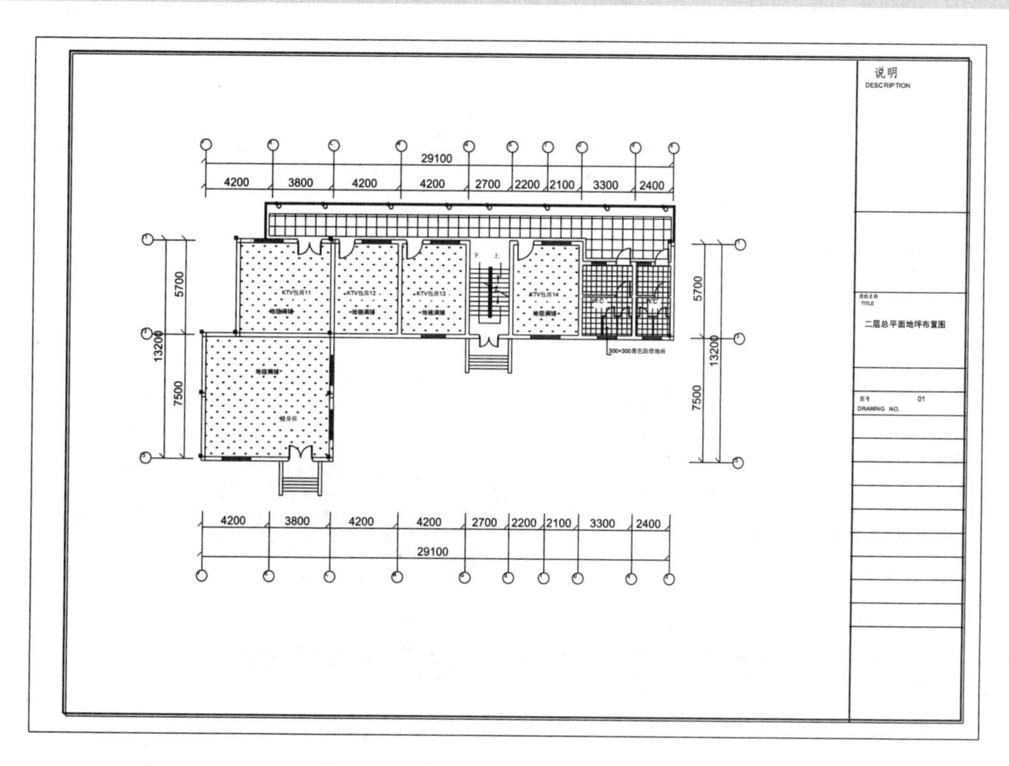

图 16-33　洗浴中心二层地面平面图

第 17 章　中餐厅立面图的绘制

内容简介

立面图是用直接正投影法将建筑各个墙面进行投影所得到的正投影图。立面图是表现室内装饰设计风格和氛围的一个重要载体。本章将以中餐厅立面图为例，详细讲述室内设计立面图的绘制方法与相关技巧。

内容要点

- 二层中餐厅立面图的绘制
- 三层多功能厅立面图的绘制

案例效果

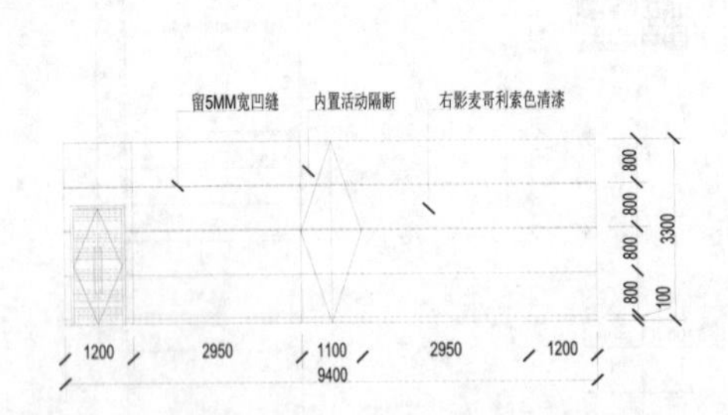

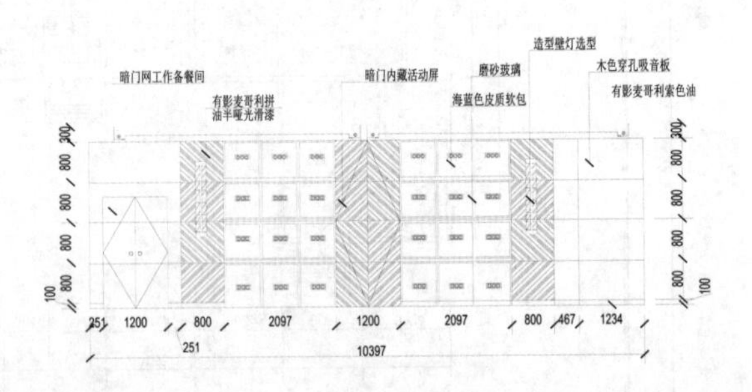

17.1　二层中餐厅立面图的绘制

本实例将绘制二层中餐厅中的部分立面，结合所学知识，合理运用直线、偏移、修剪、标注、多行文字等命令完成立面图的绘制。

扫一扫，看视频

17.1.1　二层中餐厅 A 立面

本小节主要讲述二层中餐厅 A 立面图的绘制过程，如图 17-1 所示。

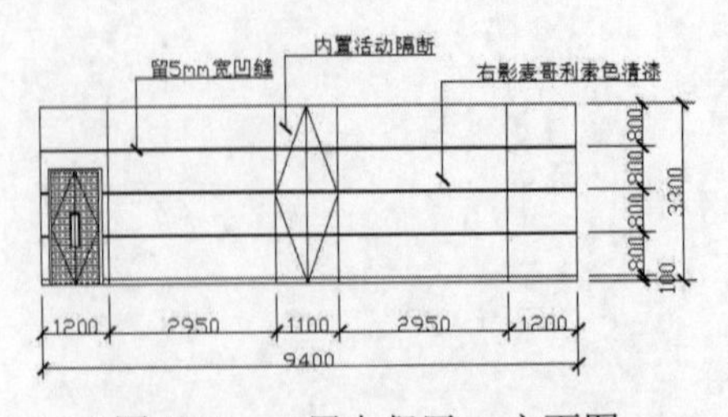

图 17-1　二层中餐厅 A 立面图

源文件：源文件\第 17 章\二层中餐厅 A 立面.dwg

操作步骤

（1）单击“默认”选项卡“绘图”面板中的“直线”按钮╱，在图形空白区域绘制一条长为 9400 的直线，如图 17-2 所示。

（2）单击“默认”选项卡“绘图”面板中的“直线”按钮╱，以上步绘制的水平直线左端点为直线起点向上绘制一条长为 3300 的竖直直线，如图 17-3 所示。

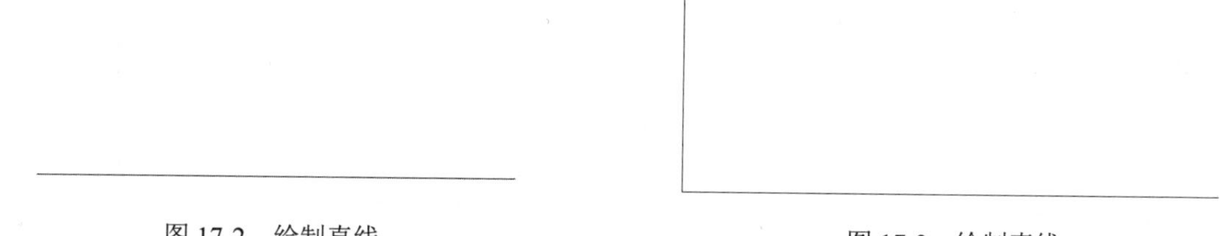

图 17-2　绘制直线　　图 17-3　绘制直线

（3）单击“默认”选项卡“修改”面板中的“偏移”按钮⊆，选择绘制的水平直线向上偏移，偏移距离分别为 100、800、800、800、800，如图 17-4 所示。

（4）单击“默认”选项卡“修改”面板中的“偏移”按钮⊆，选择图 17-3 所示的竖直直线向右偏移，偏移距离分别为 1200、2950、1100、2950、1200，如图 17-5 所示。

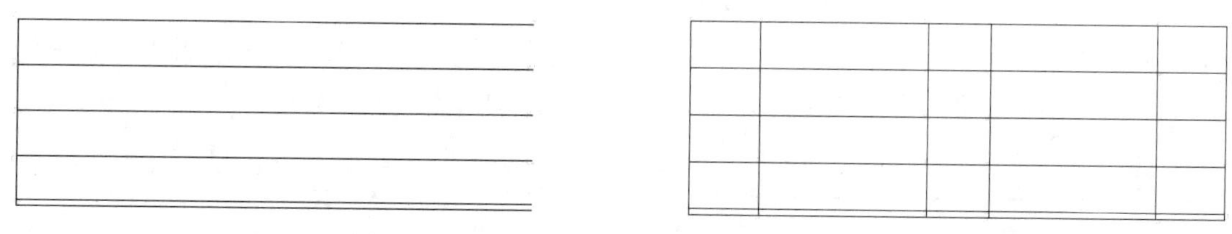

图 17-4　偏移直线　　图 17-5　偏移直线

（5）单击“默认”选项卡“修改”面板中的“偏移”按钮⊆，选择图 17-5 中的水平直线向下偏移，偏移距离分别为 20、20、20，如图 17-6 所示。

（6）单击“默认”选项卡“绘图”面板中的“矩形”按钮□，在图形的左侧位置绘制一个 949×2150 的矩形作为门面，如图 17-7 所示。

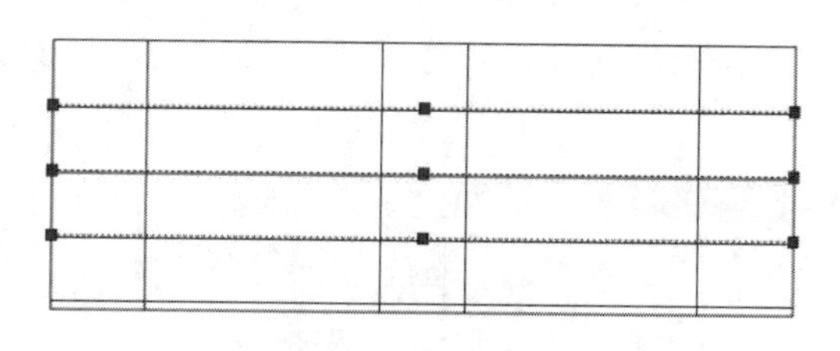

图 17-6　偏移直线

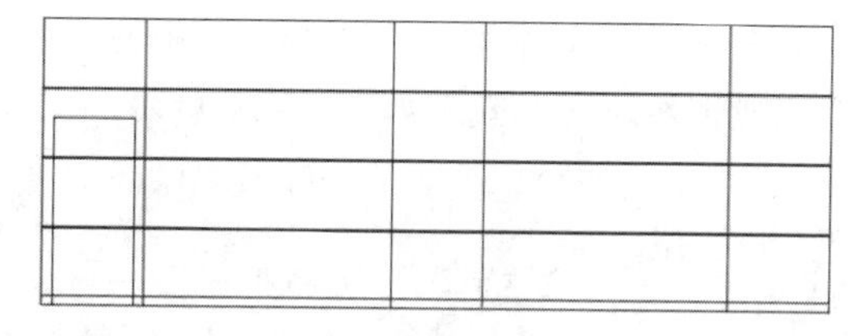

图 17-7　绘制矩形

（7）单击“默认”选项卡“修改”面板中的“修剪”按钮✂，对上步绘制的矩形内的线段进行修剪，如图 17-8 所示。

（8）单击“默认”选项卡“修改”面板中的“偏移”按钮⊆和“修剪”按钮✂，选择修剪后的矩形各边向内偏移，偏移距离为 50，效果如图 17-9 所示。

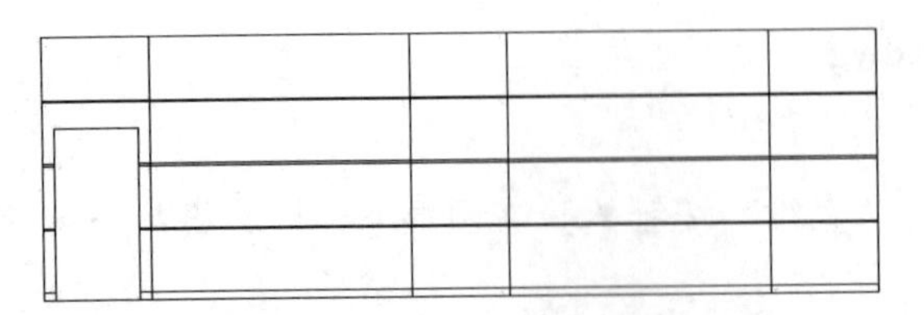

图 17-8　修剪图形

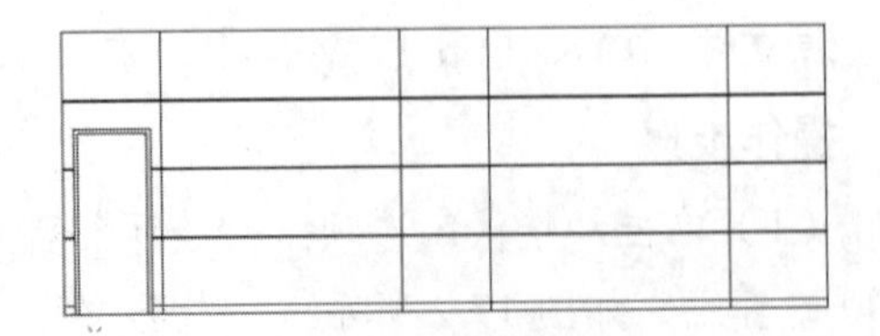

图 17-9　偏移矩形

（9）单击“默认”选项卡“绘图”面板中的“直线”按钮╱，以偏移矩形上侧水平边中点为起点，向下绘制一条竖直直线，如图 17-10 所示。

（10）单击“默认”选项卡“绘图”面板中的“直线”按钮╱，在图形内绘制连接线，如图 17-11 所示。

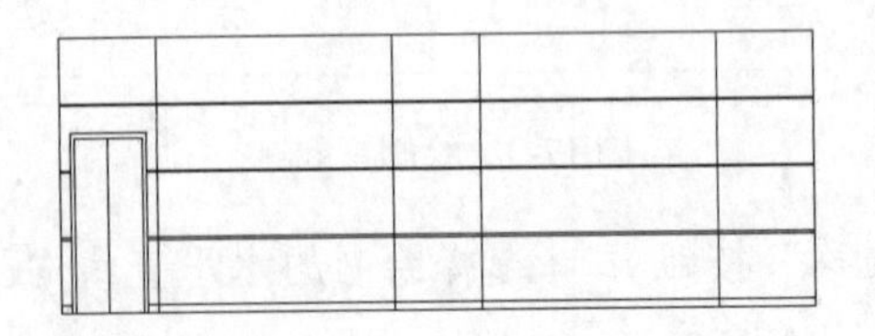

图 17-10　绘制竖直直线

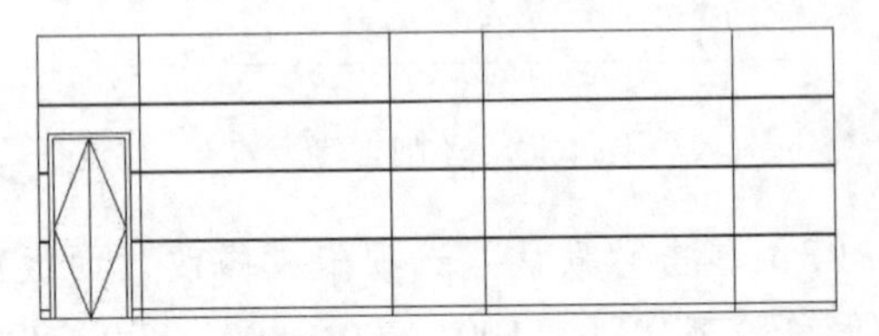

图 17-11　绘制连接线

（11）单击“默认”选项卡“绘图”面板中的“直线”按钮╱，任选一点为起点绘制连续直线，完成立面门把手的绘制，如图 17-12 所示。

（12）单击“默认”选项卡“修改”面板中的“镜像”按钮⚠，选择上步绘制的门把手图形为镜像对象，以门内竖直直线上下端点为镜像点进行镜像，如图 17-13 所示。

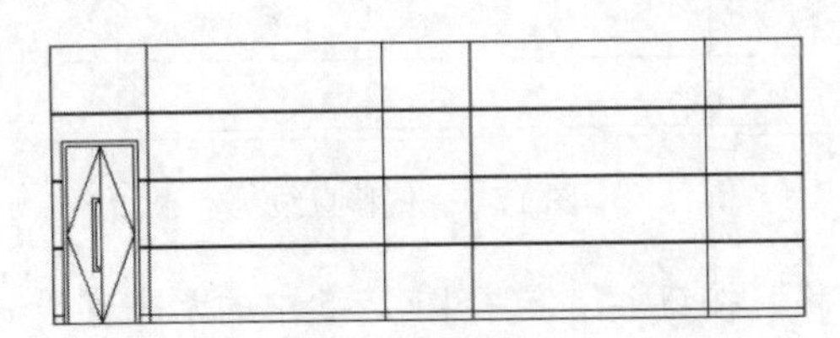

图 17-12　绘制门把手

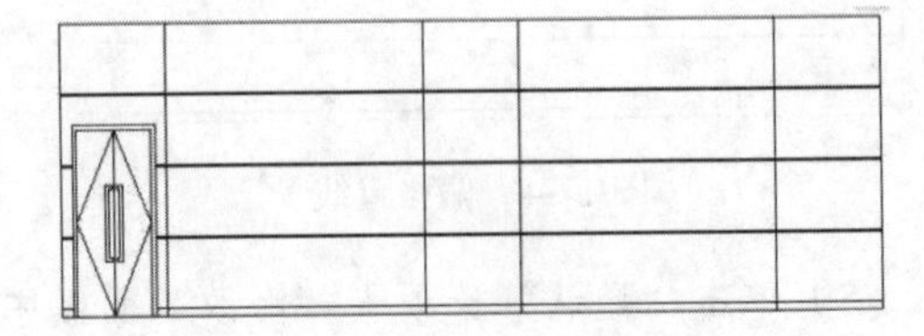

图 17-13　镜像门把手

（13）单击“默认”选项卡“绘图”面板中的“图案填充”按钮▦，打开“图案填充创建”选项卡，如图 17-14 所示。单击“图案填充图案”选项，在打开的“填充图案”下拉列表框中选择如图 17-15 所示的图案类型，单击“拾取点”按钮▦，选择填充区域，设置角度为 315°，比例为 20，完成图案填充，效果如图 17-16 所示。

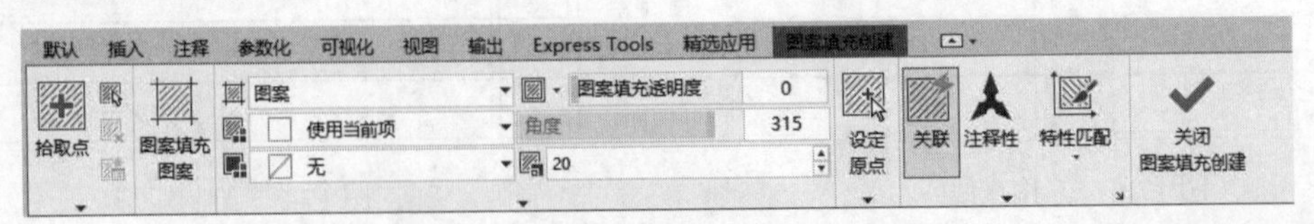

图 17-14　“图案填充创建”选项卡

（14）单击“默认”选项卡“绘图”面板中的“直线”按钮╱，在图形中间位置绘制一条竖直直线，如图 17-17 所示。

（15）单击“默认”选项卡“绘图”面板中的“直线”按钮╱，在图形内部绘制图形对角线，如图 17-18 所示。

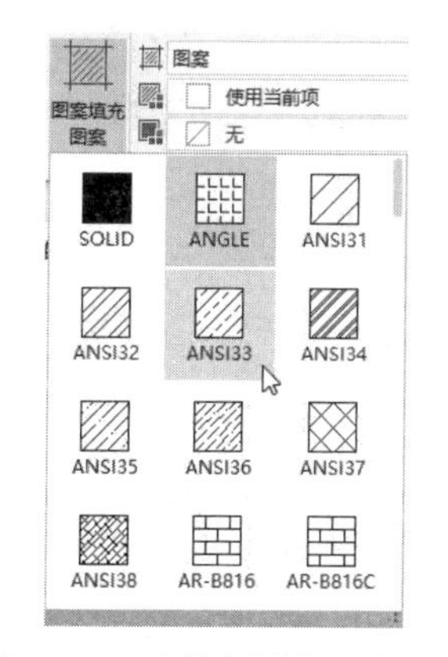

图 17-15　“填充图案”选项板

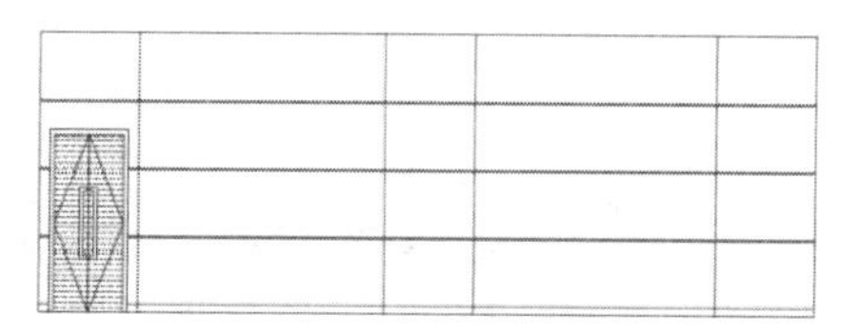

图 17-16　填充图案效果

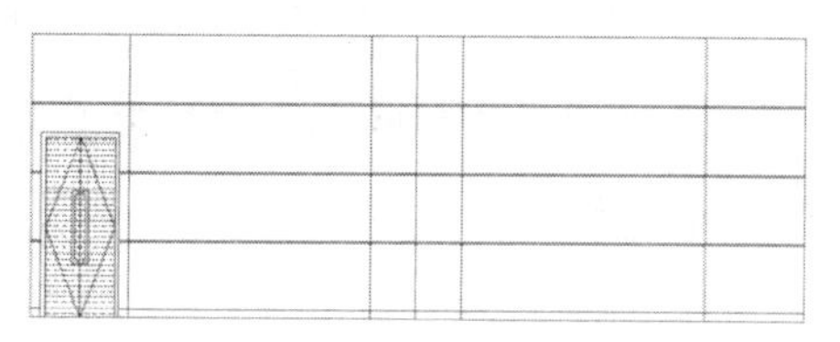

图 17-17　绘制直线

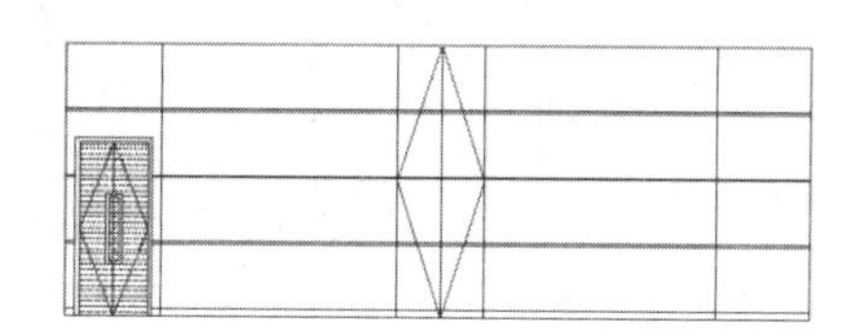

图 17-18　绘制对角线

（16）单击“默认”选项卡“图层”面板中的“图层特性”按钮，弹出“图层特性管理器”选项板，新建“尺寸”图层，并将其置为当前图层，如图 17-19 所示。

图 17-19　设置当前图层

（17）设置标注样式。

① 选择菜单栏中的“标注”→“标注样式”命令，弹出“标注样式管理器”对话框，如图 17-20 所示。

② 单击“新建”按钮，弹出“创建新标注样式”对话框，如图 17-21 所示。输入“立面”名称，单击“继续”按钮，选择“线”选项卡，按照如图 17-22 所示的参数修改标注样式。

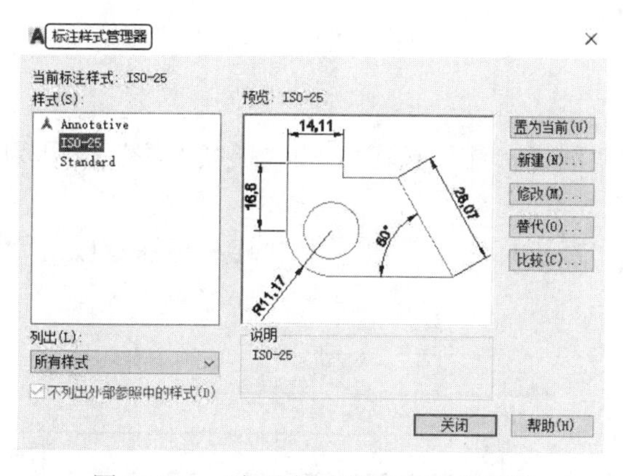

图 17-20　“标注样式管理器”对话框

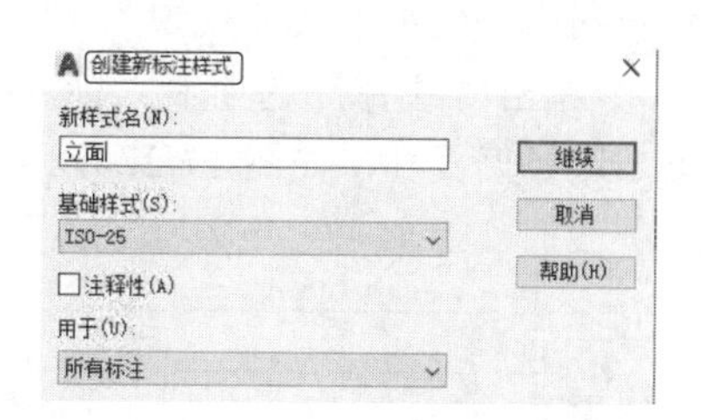

图 17-21　“立面”标注样式

③ 选择“符号和箭头”选项卡，按照图 17-23 所示的设置进行修改，“箭头样式”选择为“建筑标记”，“箭头大小”修改为 200。

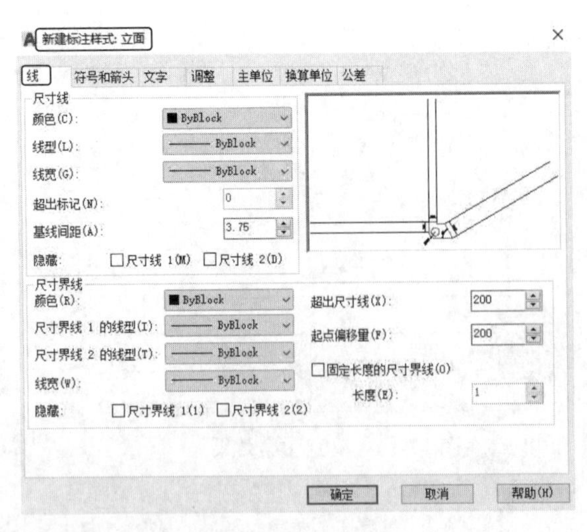

图 17-22　“线”选项卡

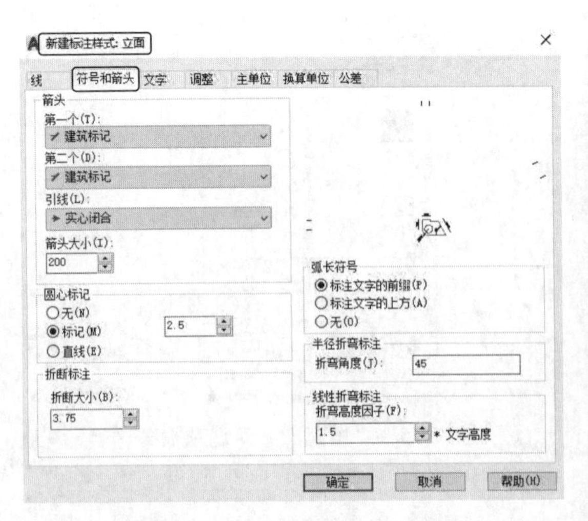

图 17-23　“符号和箭头”选项卡

④ 在“文字”选项卡中设置“文字高度”为250，如图17-24所示。

⑤ “主单位”选项卡按照如图17-25所示进行设置。

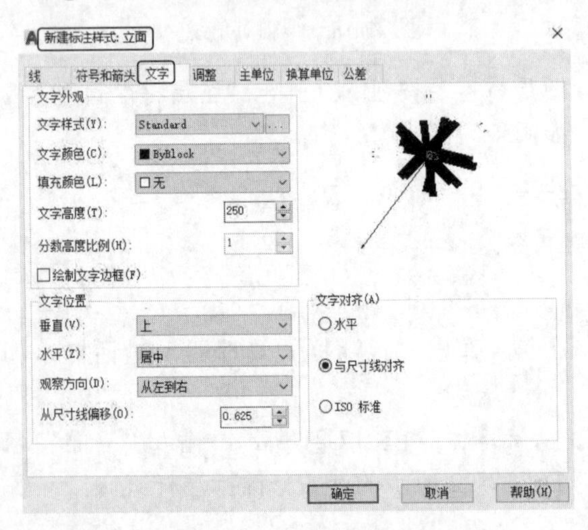

图 17-24　“文字”选项卡

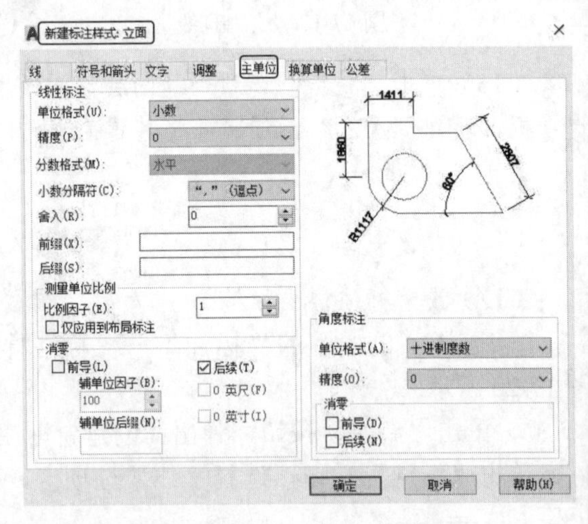

图 17-25　“主单位”选项卡

（18）标注尺寸和文字说明。

① 单击“注释”选项卡“标注”面板中的“线性标注”按钮├┤和“连续标注”按钮├┼┤，标注立面图第一道水平尺寸，如图17-26所示。

② 单击“注释”选项卡“标注”面板中的“线性标注”按钮├┤和“连续标注”按钮├┼┤，标注第一道竖直尺寸，如图17-27所示。

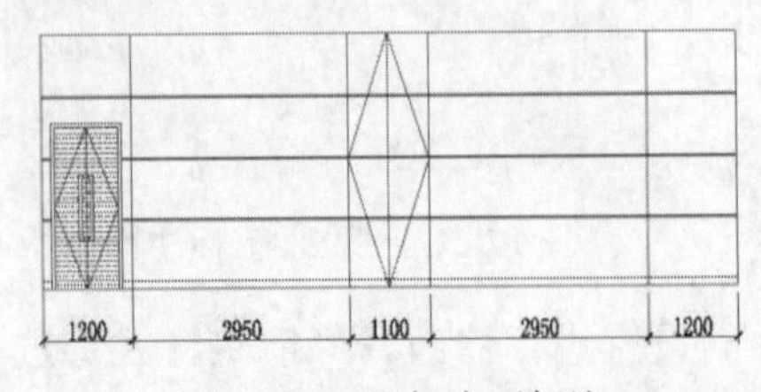

图 17-26　添加水平标注

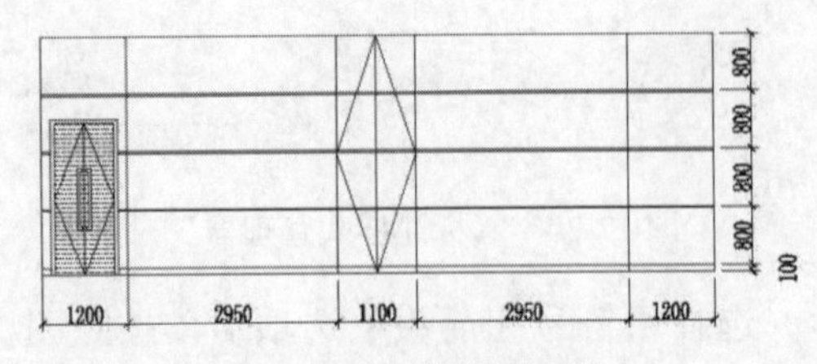

图 17-27　添加竖直标注

③ 单击“默认”选项卡“注释”面板中的“线性标注”按钮⊢⊣，标注水平总尺寸，如图 17-28 所示。

④ 单击“默认”选项卡“注释”面板中的“线性标注”按钮⊢⊣，标注竖直总尺寸，如图 17-29 所示。

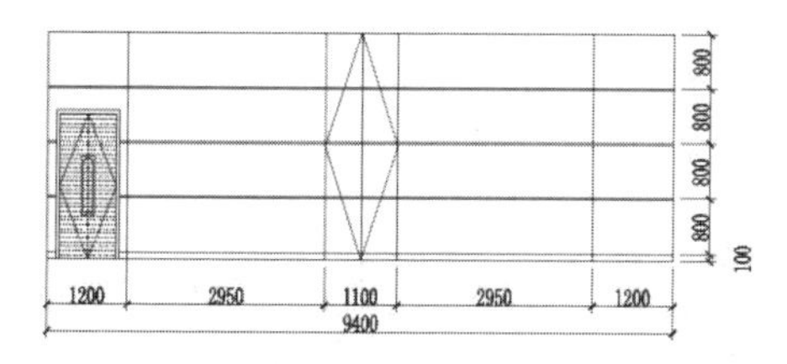

图 17-28　添加水平总尺寸

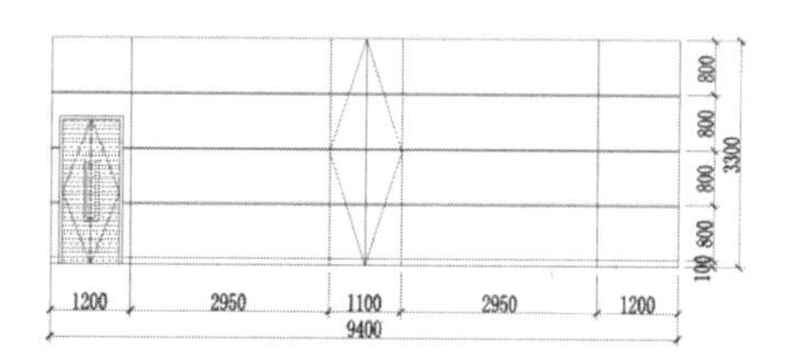

图 17-29　添加竖直总尺寸

⑤ 在命令行中输入 QLEADER 命令，为图形添加文字说明，如图 17-1 所示。

17.1.2　二层中餐厅 B 立面

扫一扫，看视频

本小节主要讲述二层中餐厅 B 立面图的绘制，效果如图 17-30 所示。

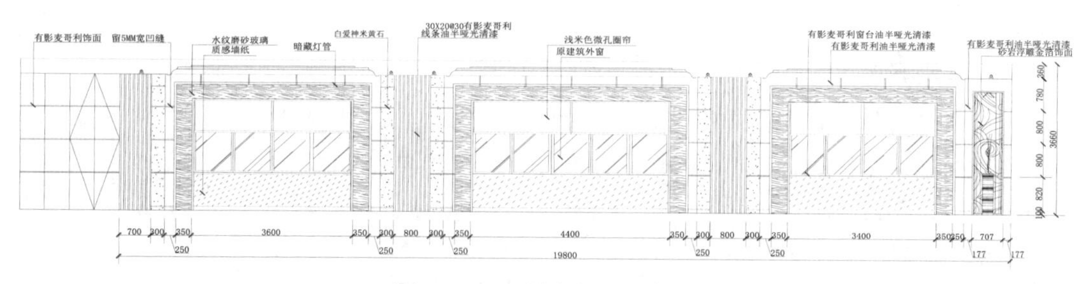

图 17-30　二层中餐厅 B 立面

源文件：源文件\第 17 章\二层中餐厅 B 立面.dwg

操作步骤

1. 绘制装饰隔断

（1）单击“默认”选项卡“绘图”面板中的“直线”按钮╱，在图形的适当位置绘制一条长度为 22000 的水平直线，如图 17-31 所示。

（2）单击“默认”选项卡“绘图”面板中的“直线”按钮╱，以上步绘制的水平直线左端点为起点向上绘制一条长度为 3660 的竖直直线，如图 17-32 所示。

图 17-31　绘制水平直线

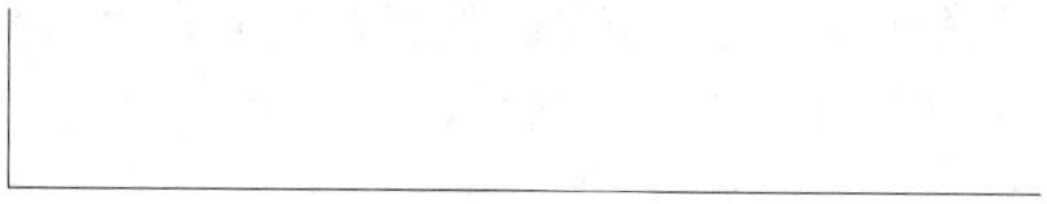

图 17-32　绘制竖直直线

（3）单击“默认”选项卡“修改”面板中的“偏移”按钮⊆，选择上步绘制的竖直直线为偏移对象，向右进行偏移，偏移距离分别为 550、550、550、550、700、300、250、350、3600、

350、250、300、800、300、250、350、4400、350、250、300、800、300、250、350、3340、350、250、177、707、177，效果如图 17-33 所示。

（4）单击“默认”选项卡“修改”面板中的“偏移”按钮⊆，选择前面绘制的水平直线向上偏移，偏移距离分别为 80、20、800、20、780、20、780、20、480、300、360，如图 17-34 所示。

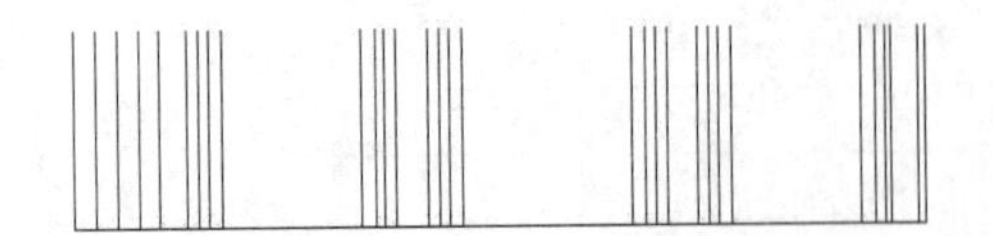

图 17-33　偏移竖直直线

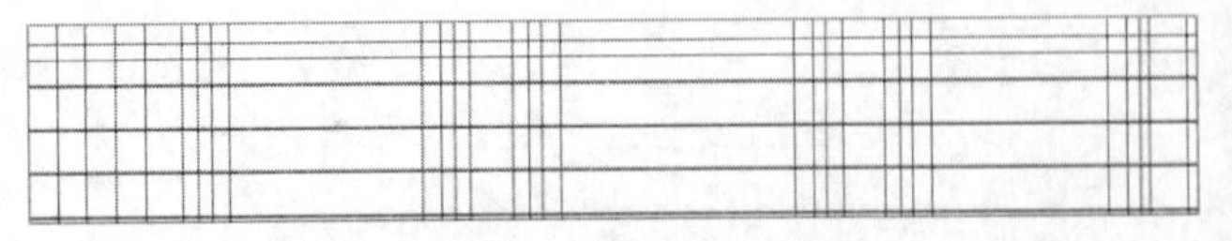

图 17-34　偏移水平直线

（5）单击“默认”选项卡“修改”面板中的“修剪”按钮✂，对上步偏移的线段进行修剪，效果如图 17-35 所示。

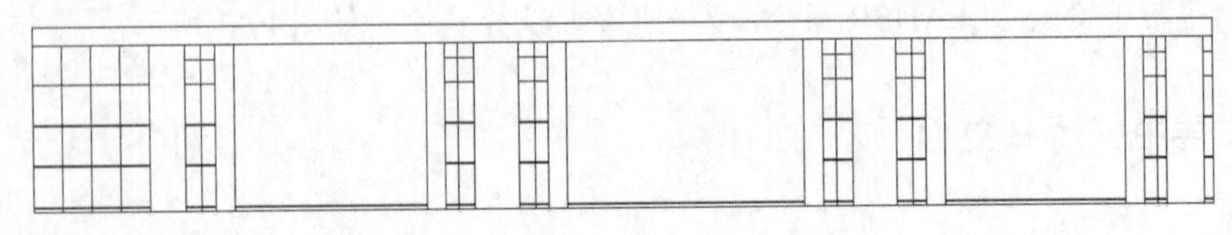

图 17-35　修剪图形

（6）单击“默认”选项卡“绘图”面板中的“直线”按钮／，在上步修剪图形内的适当位置绘制对角线，效果如图 17-36 所示。

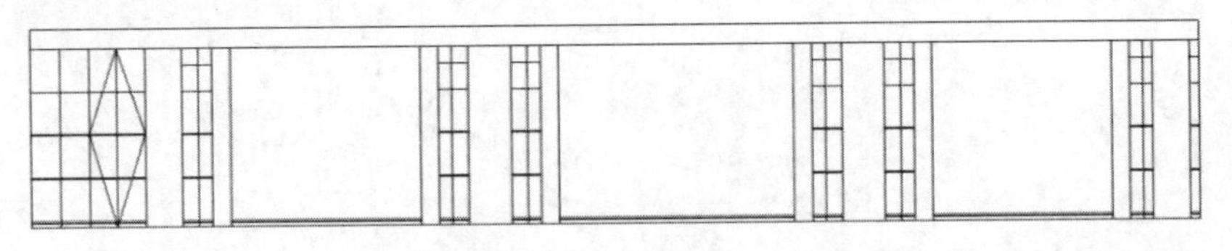

图 17-36　绘制对角线

（7）选择上步绘制的线段，单击“默认”选项卡“特性”面板中的“线型”按钮，在“线型”下拉列表中选择 DASHED 线型，对其线型进行修改，如图 17-37 所示。

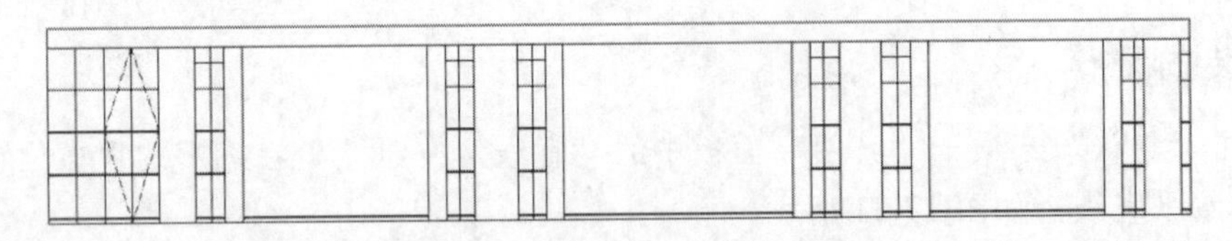

图 17-37　修改线型

（8）单击“默认”选项卡“修改”面板中的“偏移”按钮⊆，选择如图 17-38 所示的竖直直线为偏移对象，向右偏移，偏移距离分别为 34、63、34、63、34、63、34、63、34、63、34、63、34、63，如图 17-39 所示。

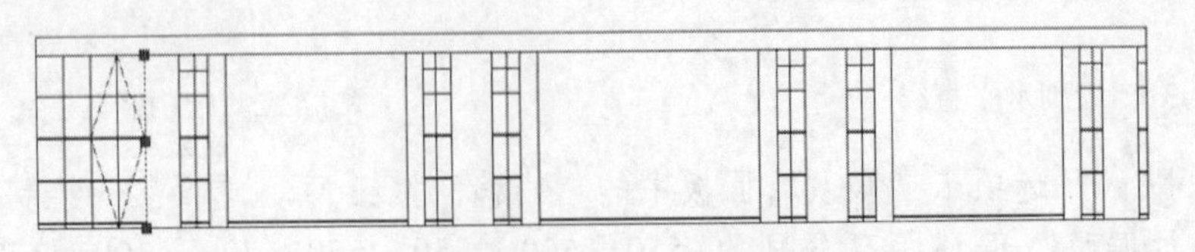

图 17-38　选择偏移对象

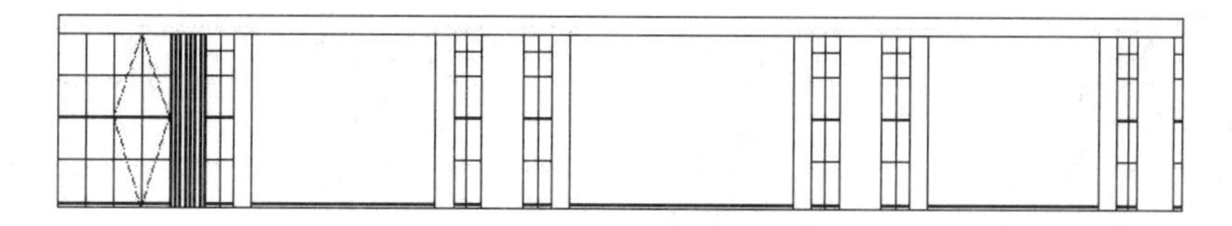

图 17-39 偏移线段

（9）单击“默认”选项卡“修改”面板中的“偏移”按钮⊆，选择如图 17-40 所示的竖直直线为偏移对象，分别向右偏移，偏移距离分别为 41、63、31、63、31、63、31、63、31、63、31、63、31、63、31、63、31、63，如图 17-41 所示。

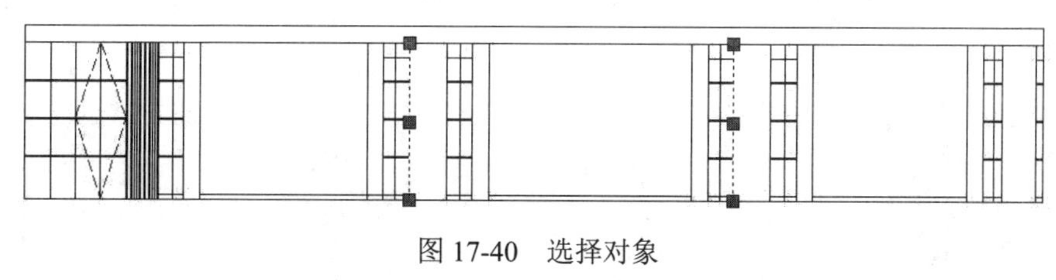

图 17-40 选择对象

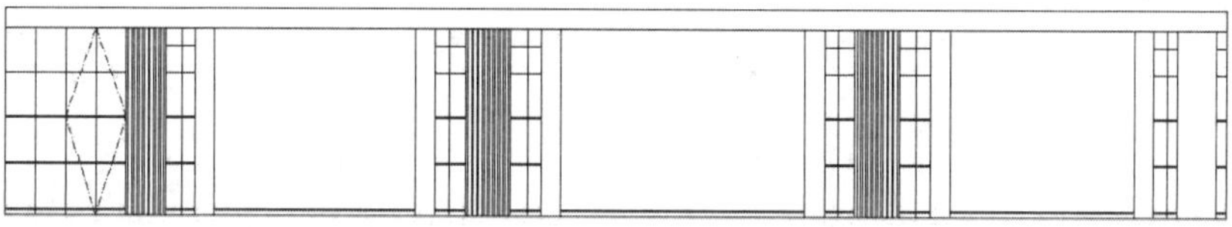

图 17-41 偏移线段

（10）单击“默认”选项卡“绘图”面板中的“图案填充”按钮▨，打开“图案填充创建”选项卡，单击“图案填充图案”选项，在打开的“填充图案”下拉列表框中选择 AR-CONC 图案，单击“添加：拾取点”按钮⊞，选择填充区域，单击“确定”按钮，完成图案填充，效果如图 17-42 所示。

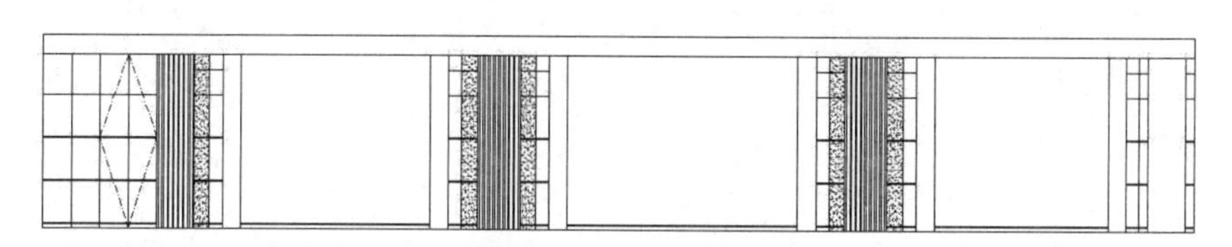

图 17-42 填充图案

（11）单击“默认”选项卡“修改”面板中的“偏移”按钮⊆，选择图形底部水平边为偏移对象向上偏移，偏移距离为 3100，如图 17-43 所示。

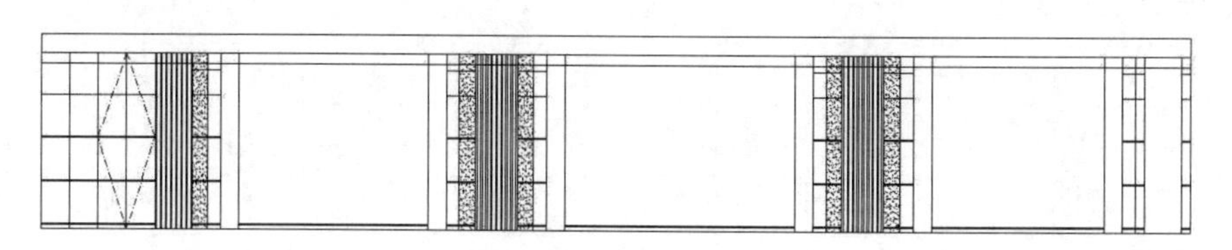

图 17-43 偏移直线

（12）单击“默认”选项卡“修改”面板中的“修剪”按钮✂，对上步偏移的水平直线进行修剪，如图 17-44 所示。

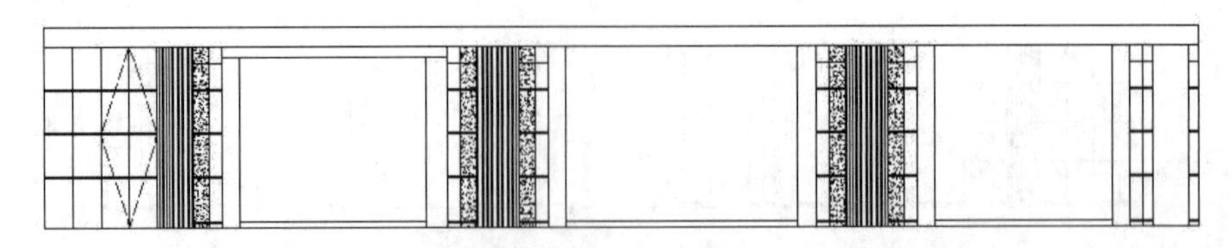

图 17-44　修剪线条

2. 绘制软包背景

（1）单击“默认”选项卡“修改”面板中的“偏移”按钮⊆，选择如图 17-45 所示的竖直直线为偏移对象分别向外侧进行偏移，偏移距离为 50，同理，向内侧进行偏移，偏移距离为 390，如图 17-46 所示。

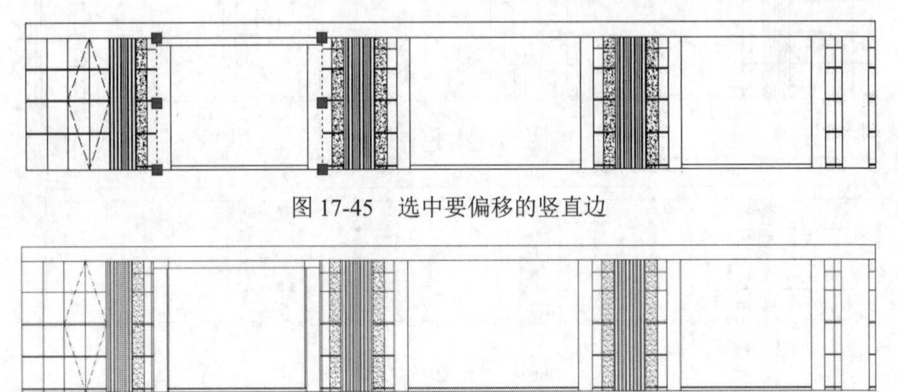

图 17-45　选中要偏移的竖直边

图 17-46　偏移竖直边

（2）单击“默认”选项卡“修改”面板中的“偏移”按钮⊆，选择修剪后的水平边为偏移对象向下侧进行偏移，偏移距离分别为 50、350、40，如图 17-47 所示。

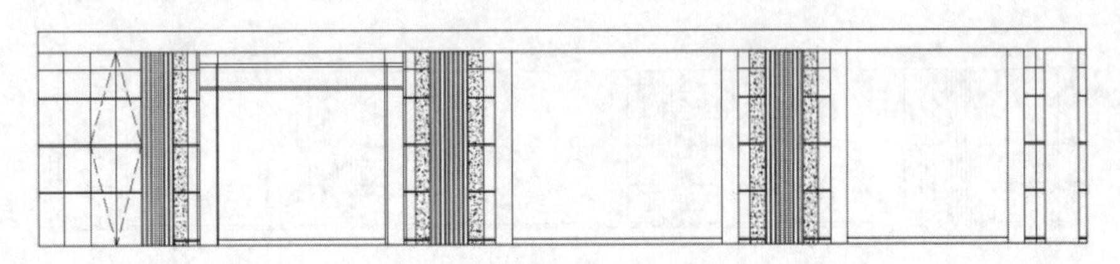

图 17-47　偏移水平边

（3）单击“默认”选项卡“修改”面板中的“延伸”按钮→|和“修剪”按钮✂，对上步图形进行整理，如图 17-48 所示。

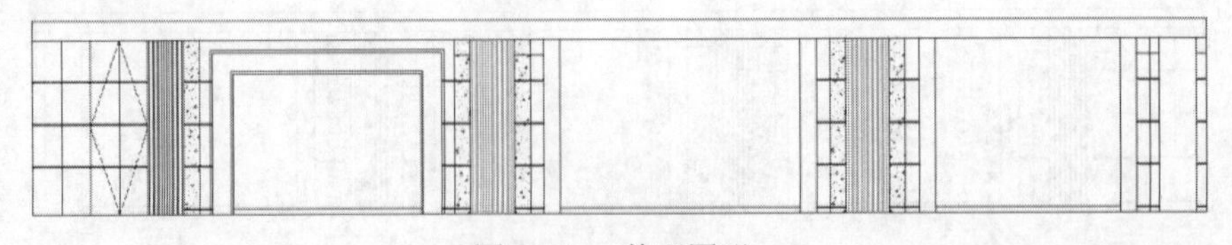

图 17-48　整理图形

（4）选择上步绘制的线条，单击“默认”选项卡“特性”面板中的“线型”按钮，选择线型 DASHED，将上步绘制的线条的线型进行修改，如图 17-49 所示。

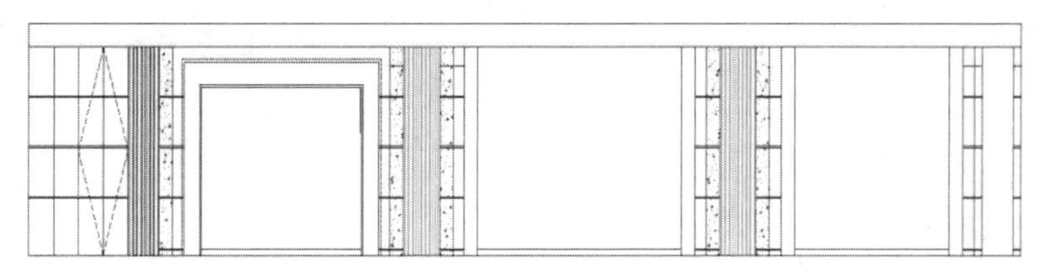

图 17-49　修改线型

（5）单击“默认”选项卡“绘图”面板中的“图案填充”按钮▨，打开“图案填充创建”选项卡，单击“图案填充图案”选项，在打开的“填充图案”下拉列表框中选择 PANEL 图案，单击“添加：拾取点”按钮▣，选择填充区域，设置比例为 600，单击“确定”按钮，完成图案填充，效果如图 17-50 所示。

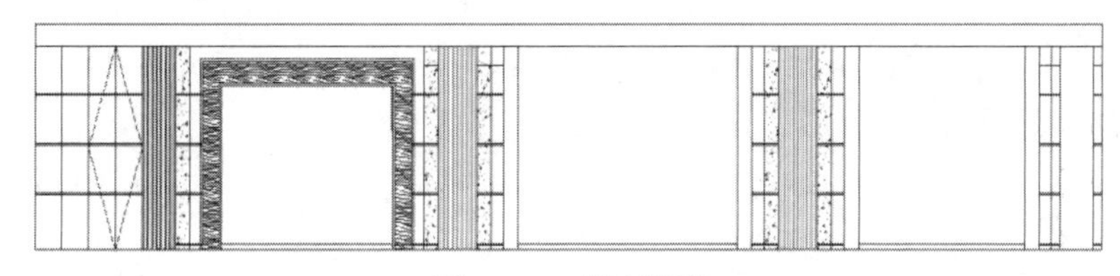

图 17-50　填充图案

（6）单击“默认”选项卡“绘图”面板中的“直线”按钮╱，绘制内部线条，如图 17-51 所示。

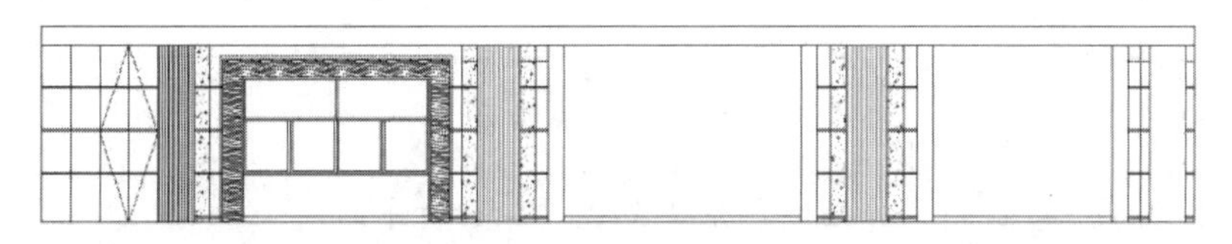

图 17-51　绘制内部线条

（7）单击“默认”选项卡“绘图”面板中的“图案填充”按钮▨，打开“图案填充创建”选项卡，单击“图案填充图案”选项，在打开的“填充图案”下拉列表框中选择 DOTS 图案，单击“添加：拾取点”按钮▣，选择填充区域，单击“确定”按钮，完成图案填充，效果如图 17-52 所示。

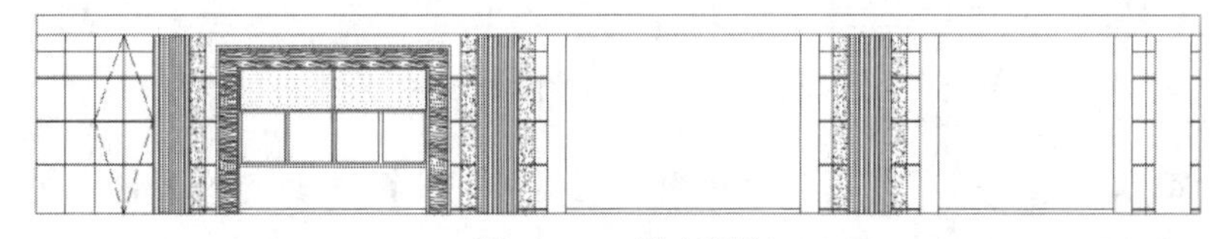

图 17-52　填充图案

（8）单击“默认”选项卡“绘图”面板中的“图案填充”按钮▨，打开“图案填充创建”选项卡，单击“图案填充图案”选项，在打开的“填充图案”下拉列表框中选择 AR-RROOF 图案，单击“添加：拾取点”按钮▣，选择填充区域，设置角度为 45°，比例为 15，单击“确定”按钮，完成图案填充，效果如图 17-53 所示。

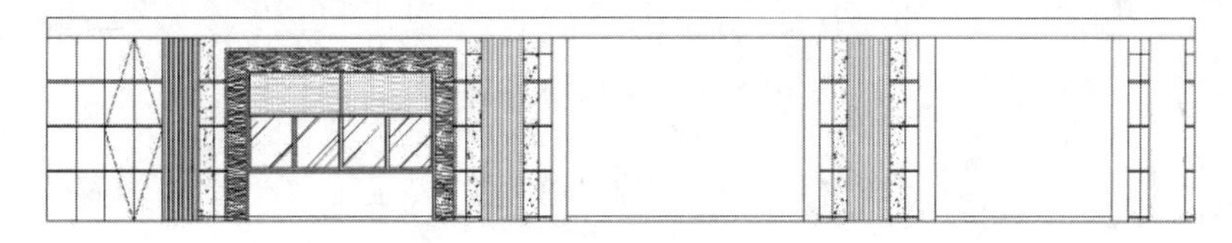

图 17-53　填充图案

（9）单击“绘图”工具栏中的“直线”按钮╱，在图形上方绘制多条竖向直线，如图 17-54 所示。

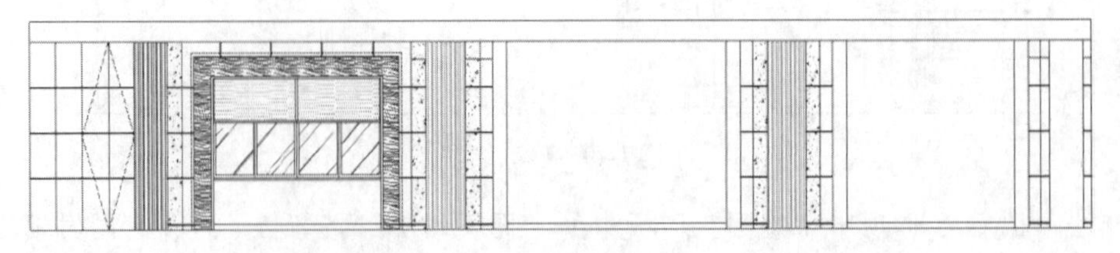

图 17-54　绘制竖向直线

（10）单击“默认”选项卡“绘图”面板中的“图案填充”按钮▨，打开“图案填充创建”选项卡，单击“图案填充图案”选项，在打开的“填充图案”下拉列表框中选择 MUDST 图案，单击“添加：拾取点”按钮⊞，选择填充区域，单击“确定”按钮，设置角度为 45°，比例为 10，单击“确定”按钮，如图 17-55 所示。

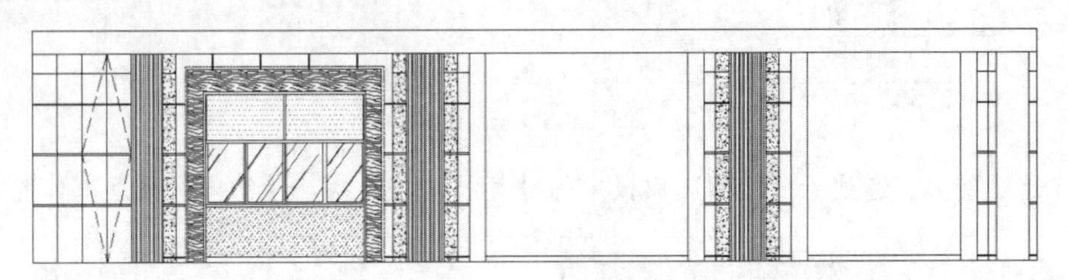

图 17-55　填充图案

（11）使用上述方法绘制剩余的相同图形，如图 17-56 所示。

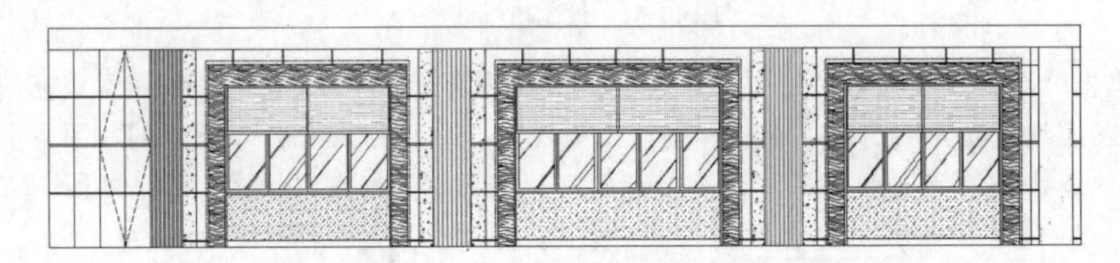

图 17-56　绘制相同图形

（12）单击“默认”选项卡“修改”面板中的“偏移”按钮⊆，选择底部水平边为偏移对象向上偏移，偏移距离为 3000，效果如图 17-57 所示。

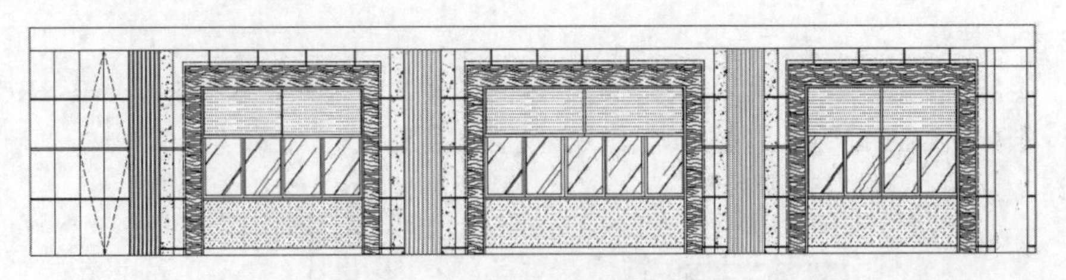

图 17-57　偏移水平边

（13）单击“默认”选项卡“修改”面板中的“修剪”按钮✂，对上步偏移的线段进行修剪，如图 17-58 所示。

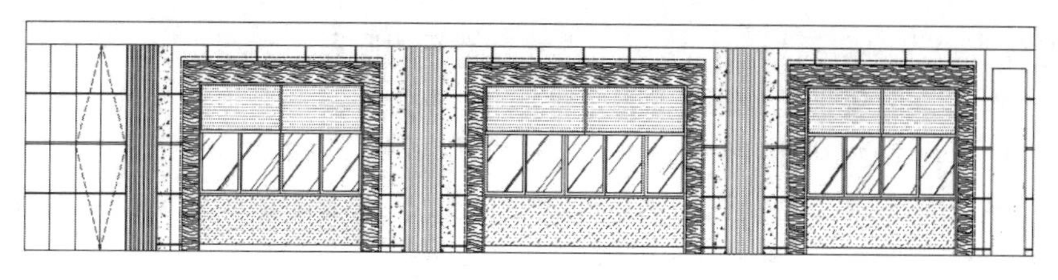

图 17-58 修剪线段

（14）单击“默认”选项卡“修改”面板中的“偏移”按钮⊆，选择上步修剪后的线段为偏移对象向内进行偏移，偏移距离为 30，如图 17-59 所示。

（15）单击“默认”选项卡“修改”面板中的“修剪”按钮✂，对上步绘制的图形进行修剪，如图 17-60 所示。

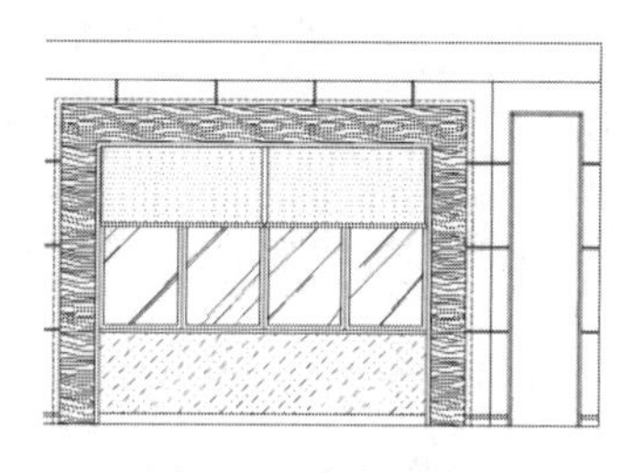

图 17-59 偏移线段

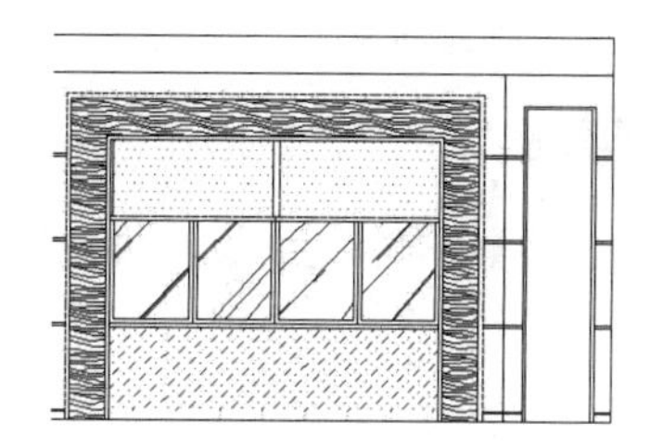

图 17-60 修剪线段

（16）单击“默认”选项卡“绘图”面板中的“矩形”按钮□，在上步修剪的区域内绘制一个 250×1000 的矩形，如图 17-61 所示。

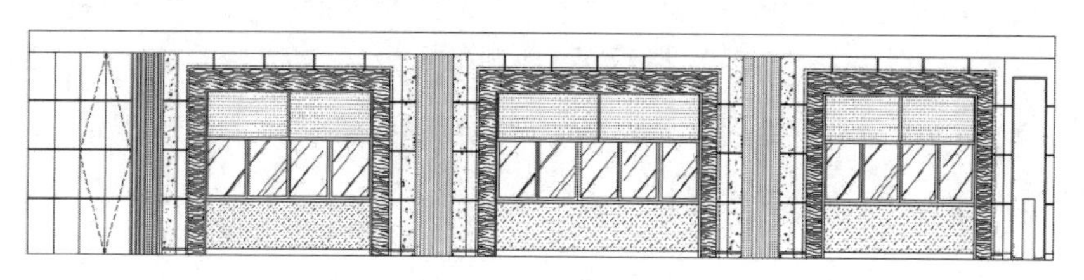

图 17-61 绘制矩形

3．绘制筒灯

（1）单击“默认”选项卡“绘图”面板中的“矩形”按钮□，在图形的适当位置绘制一个 91×23 的矩形，如图 17-62 所示。

（2）单击“默认”选项卡“绘图”面板中的“直线”按钮╱，在上步绘制的矩形上任选直线起点，向上绘制两条长度为 46 的斜向直线，如图 17-63 所示。

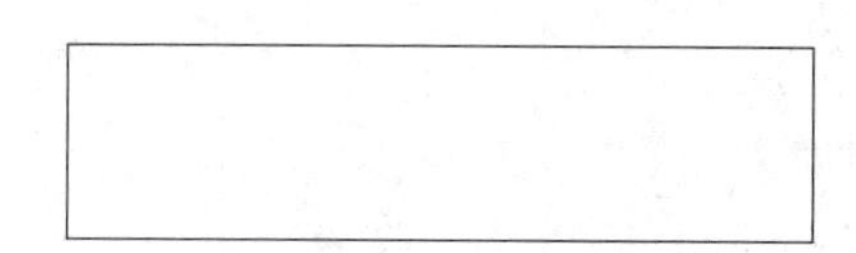

图 17-62 绘制矩形

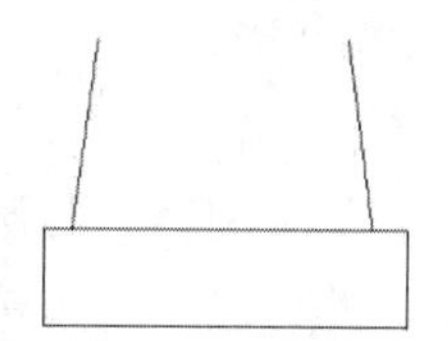

图 17-63 绘制直线

（3）单击“默认”选项卡“绘图”面板中的“圆弧”按钮⌒，以左端斜线上端点为圆弧起点，右端斜向直线上端点为圆弧端点，绘制一段适当半径的圆弧，如图 17-64 所示。

（4）单击“默认”选项卡“绘图”面板中的“圆”按钮⊙，以上步绘制的圆弧圆心为圆心绘制一个半径为 26 的圆，如图 17-65 所示。

（5）单击“默认”选项卡“绘图”面板中的“直线”按钮╱，过上步绘制的圆的圆心绘制一条水平直线和一条竖直直线，如图 17-66 所示。

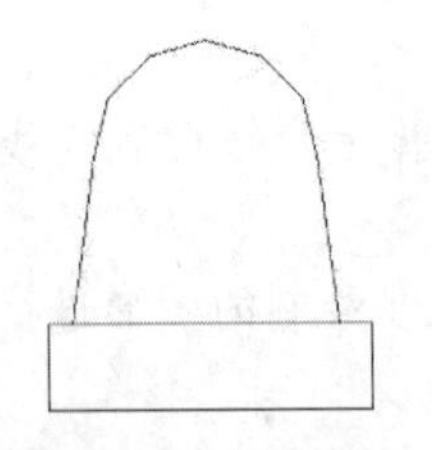

图 17-64　绘制圆弧

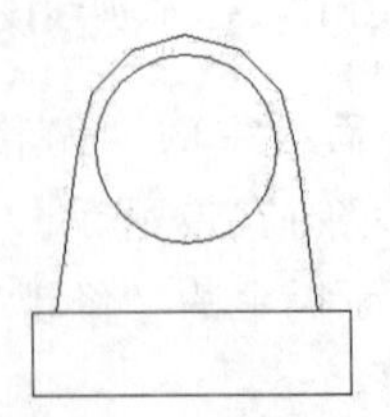

图 17-65　绘制圆

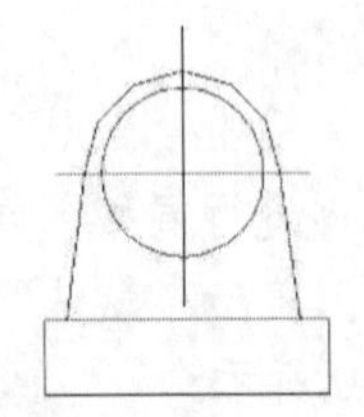

图 17-66　绘制直线

4．绘制隔板

（1）单击“默认”选项卡“修改”面板中的“复制”按钮，选择上步绘制的灯具图形进行复制，放置到适当位置，如图 17-67 所示。

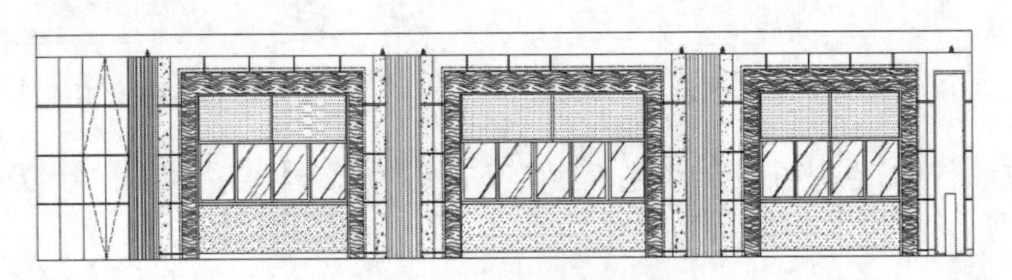

图 17-67　复制图形

（2）单击“默认”选项卡“绘图”面板中的“直线”按钮╱，在图形的适当位置绘制连续线条，如图 17-68 所示。

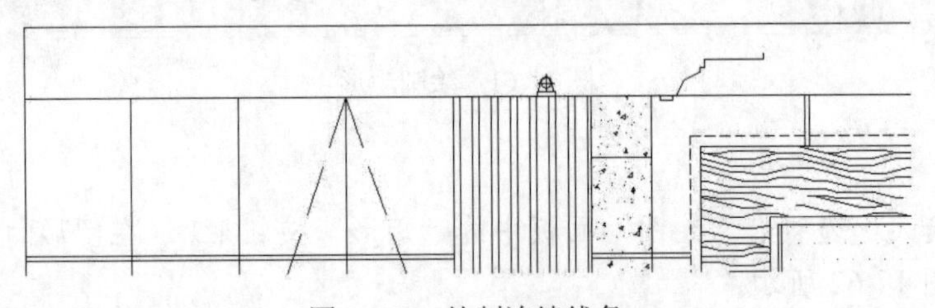

图 17-68　绘制连续线条

（3）单击“默认”选项卡“修改”面板中的“镜像”按钮⚠，选择上步绘制的图形进行镜像处理，如图 17-69 所示。

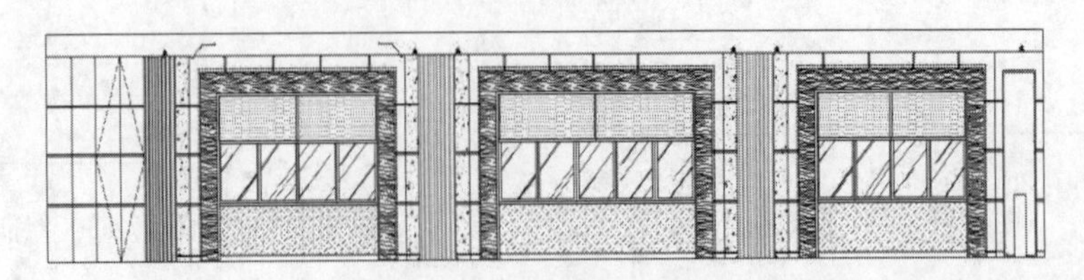

图 17-69　镜像图形

（4）单击“默认”选项卡“绘图”面板中的“直线”按钮╱，绘制水平连接线，如图17-70所示。

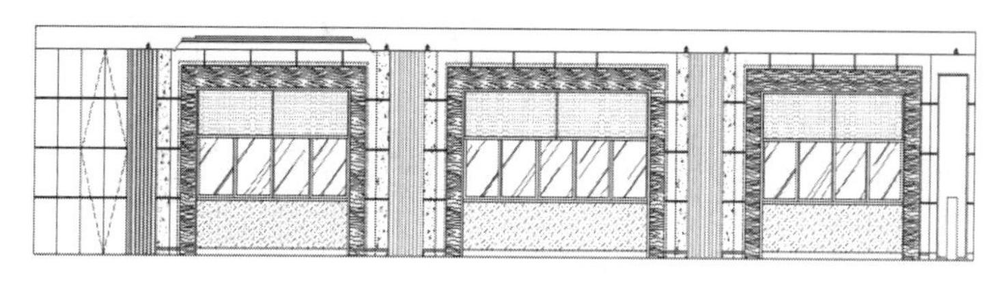

图17-70 绘制水平连接线

（5）单击“默认”选项卡“修改”面板中的“修剪”按钮✂，对图形进行适当的修剪，如图17-71所示。

图17-71 修剪图形

（6）使用上述方法完成剩余相同图形的绘制，如图17-72所示。

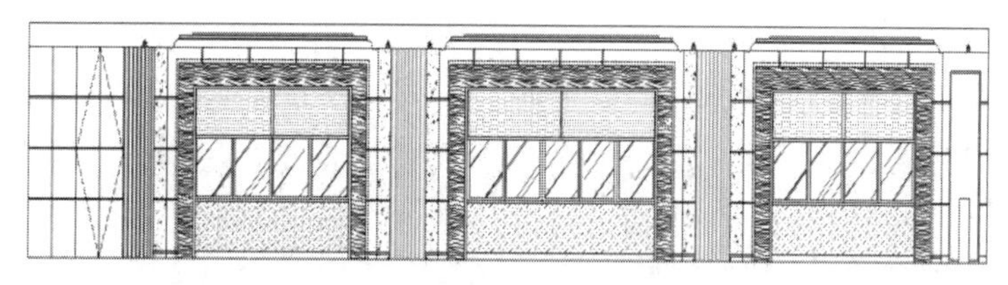

图17-72 绘制相同图形

5. 绘制装饰台

（1）单击“默认”选项卡“绘图”面板中的“样条曲线拟合”按钮∿，绘制图形内部的样条曲线，如图17-73所示。

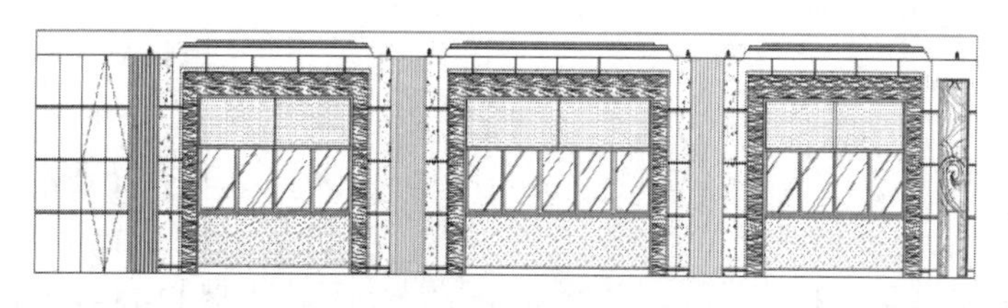

图17-73 绘制内部样条曲线

（2）单击“默认”选项卡“绘图”面板中的“直线”按钮╱，在矩形内绘制多条宽度不同的水平直线，如图17-74所示。

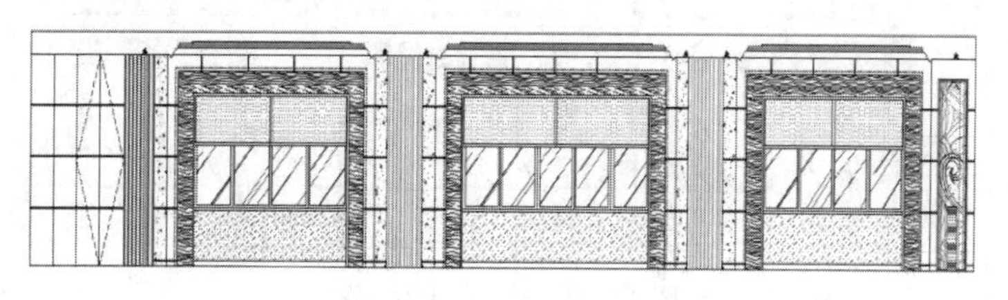

图17-74 绘制水平直线

（3）单击“默认”选项卡“绘图”面板中的“矩形”按钮□，在图形的适当位置绘制一个90×14的矩形，如图17-75所示。

（4）单击“默认”选项卡“绘图”面板中的“直线”按钮╱，在矩形下端绘制斜向直线，如图17-76所示。

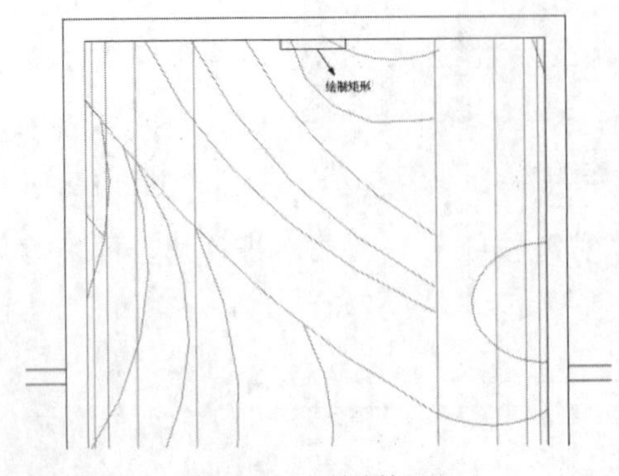

图17-75　绘制矩形

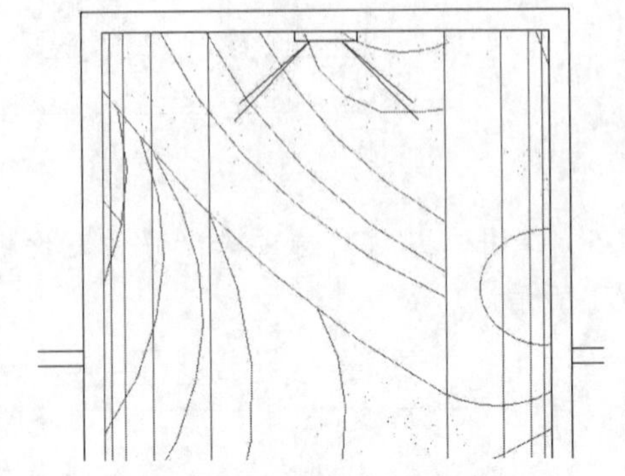

图17-76　绘制斜向直线

（5）单击“默认”选项卡“绘图”面板中的“矩形”按钮□，在图形的适当位置绘制一个矩形，如图17-77所示。

（6）单击“默认”选项卡“绘图”面板中的“直线”按钮╱，以上步绘制矩形的下端绘制斜向直线，如图17-78所示。

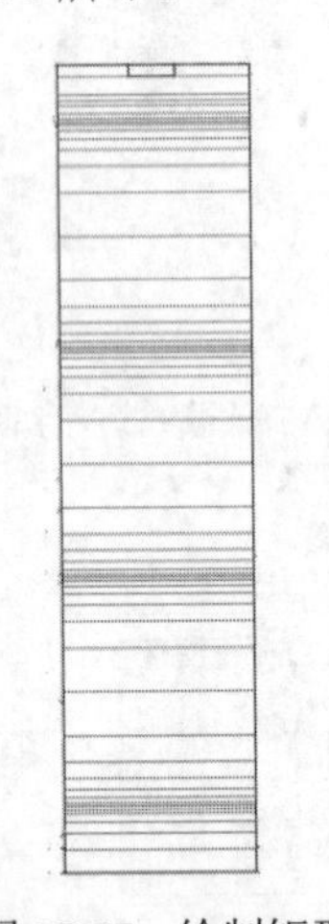

图17-77　绘制矩形

图17-78　绘制直线

（7）单击“默认”选项卡“绘图”面板中的“样条曲线拟合”按钮∿，在上步绘制的图形的适当位置绘制连续线条，如图17-79所示。

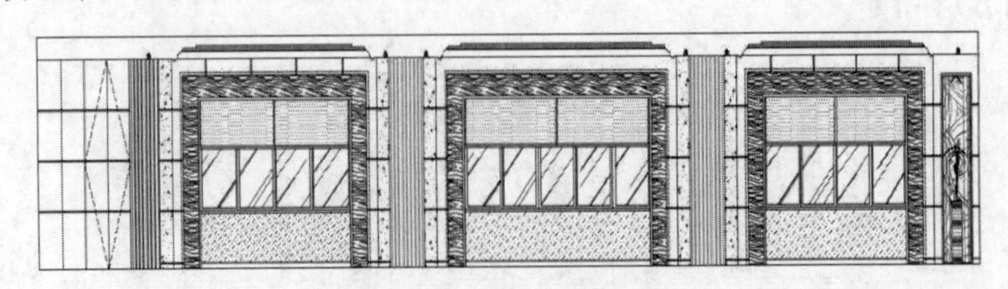

图17-79　绘制连续线条

6. 标注尺寸和文字

（1）将“尺寸”置为当前图层。单击“注释”选项卡“标注”面板中的“线性标注”按钮和“连续标注”按钮，标注图形第一道水平尺寸，如图 17-80 所示。

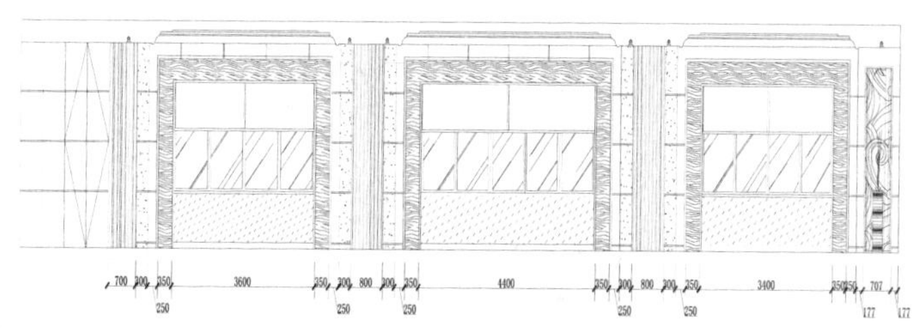

图 17-80　标注水平尺寸

（2）单击“注释”选项卡“标注”面板中的“线性标注”按钮和“连续标注”按钮，标注图形第一道竖直尺寸，如图 17-81 所示。

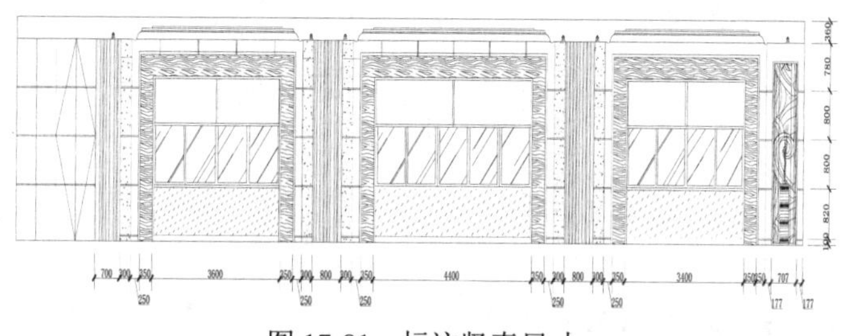

图 17-81　标注竖直尺寸

（3）单击“注释”选项卡“标注”面板中的“线性标注”按钮和“连续标注”按钮，标注图形水平总尺寸，如图 17-82 所示。

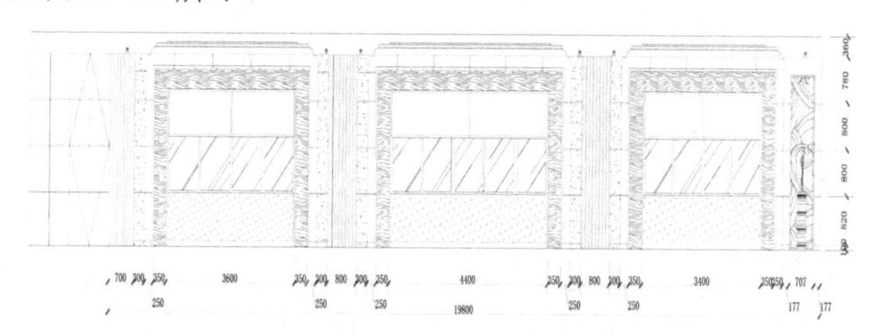

图 17-82　标注水平总尺寸

（4）单击“注释”选项卡“标注”面板中的“线性标注”按钮和“连续标注”按钮，标注图形竖直总尺寸，如图 17-83 所示。

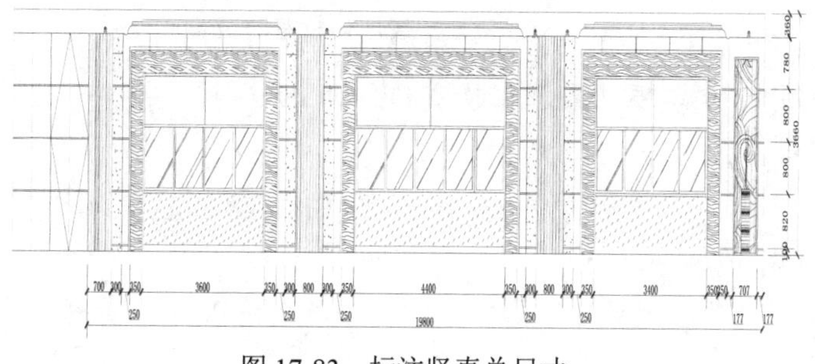

图 17-83　标注竖直总尺寸

（5）在命令行中输入 QLEADER 命令，为图形添加文字说明，如图 17-30 所示。

17.1.3　二层中餐厅 D 立面

使用上述方法绘制二层中餐厅 D 立面图，如图 17-84 所示。

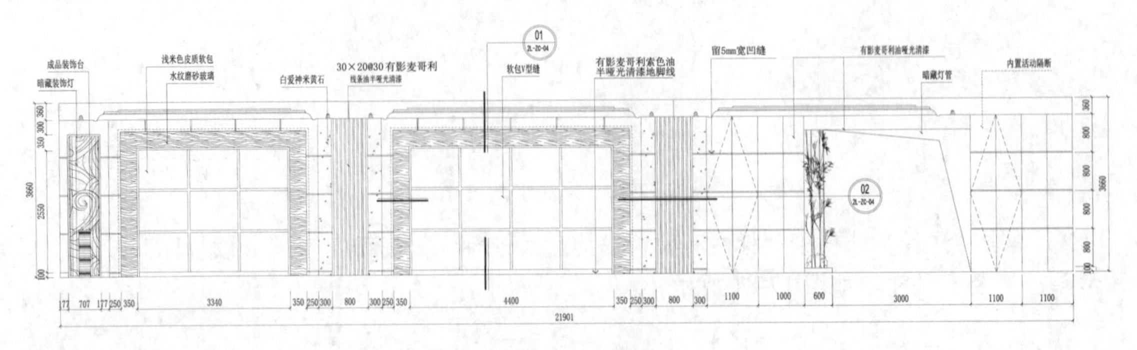

图 17-84　绘制 D 立面图

源文件：源文件\第 17 章\二层中餐厅 D 立面.dwg

扫一扫，看视频

17.1.4　二层中餐厅化妆室 D 立面

本小节主要讲述二层中餐厅化妆室 D 立面图的绘制，如图 17-85 所示。

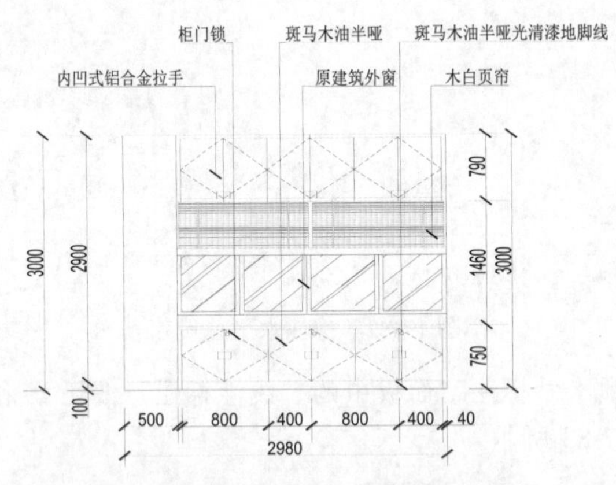

图 17-85　二层中餐厅化妆室 D 立面

源文件：源文件\第 17 章\二层中餐厅化妆室 D 立面.dwg

操作步骤

（1）单击“默认”选项卡“绘图”面板中的“矩形”按钮，在图形的适当位置绘制一个 2980×3000 的矩形，如图 17-86 所示。

（2）单击“默认”选项卡“修改”面板中的“分解”按钮，选择上步绘制的矩形为分解对象将矩形进行分解。

（3）单击“默认”选项卡“修改”面板中的“偏移”按钮⊆，选择上步分解的矩形右侧竖直边向左进行偏移，偏移距离分别为40、800、800、800、40，如图17-87所示。

（4）单击“默认”选项卡“修改”面板中的“偏移”按钮⊆，选择图形底部水平边向上进行偏移，偏移距离分别为100、610、40，如图17-88所示。

图17-86 绘制矩形

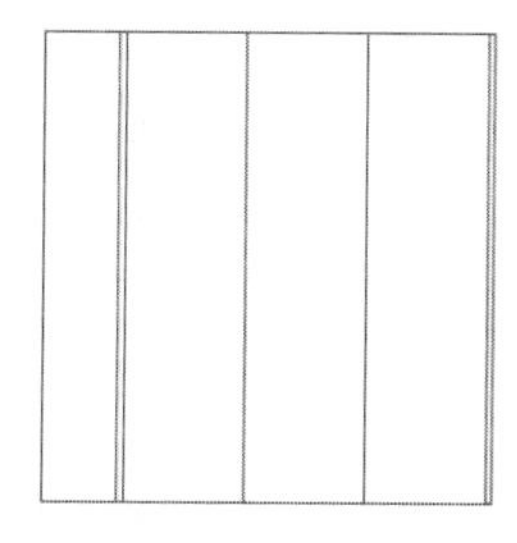
图17-87 偏移直线

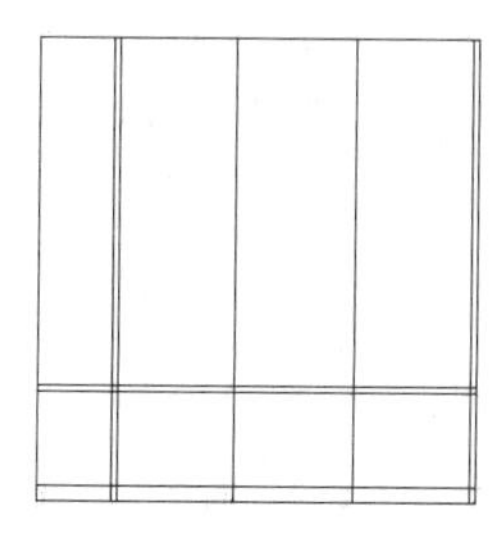
图17-88 偏移直线

（5）单击“默认”选项卡“修改”面板中的“修剪”按钮，对上步偏移的线段进行修剪，如图17-89所示。

（6）单击“默认”选项卡“绘图”面板中的“直线”按钮╱，在上步绘制的矩形内绘制3条竖直直线，如图17-90所示。

（7）单击“默认”选项卡“绘图”面板中的“直线”按钮╱，在上步绘制的矩形内绘制直线，如图17-91所示。

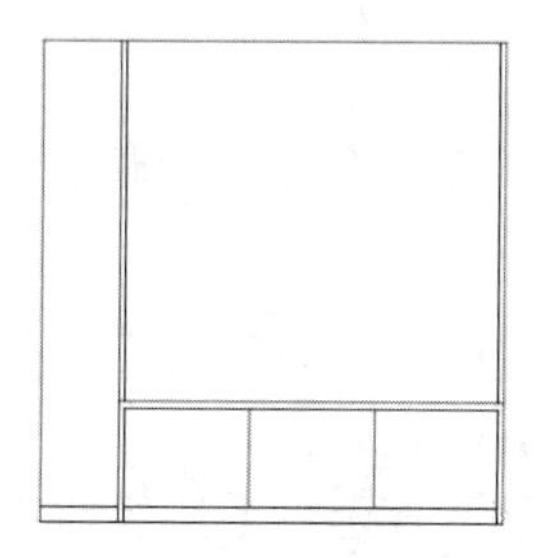
图17-89 修剪图形

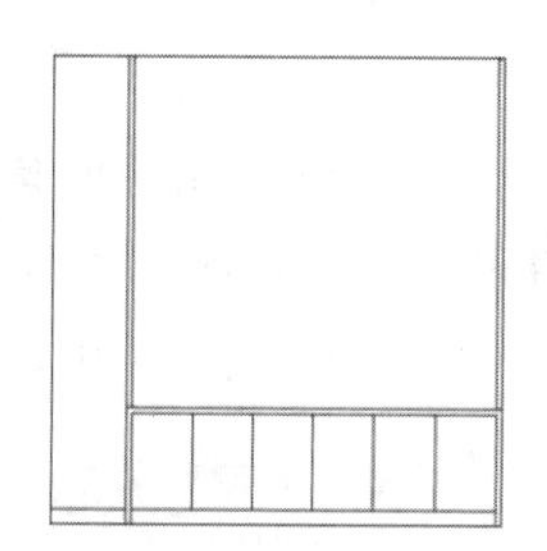
图17-90 绘制直线

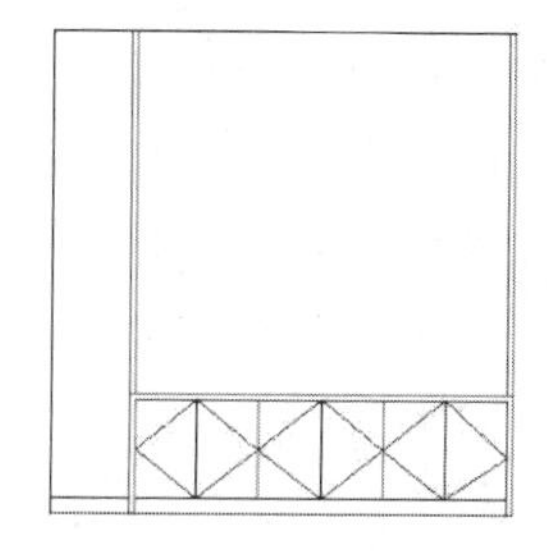
图17-91 绘制直线

（8）单击“默认”选项卡“特性”面板中的“线型”按钮，在“线型”下拉列表中选择DASHED线型，对其线型进行修改，如图17-92所示。

（9）单击“默认”选项卡“修改”面板中的“偏移”按钮⊆，选择底部水平边为偏移对象向上进行偏移，偏移距离分别为880、40、664，如图17-93所示。

（10）单击“默认”选项卡“修改”面板中的“偏移”按钮⊆，选择右侧竖直边为偏移对象向左进行偏移，偏移距离分别为580、40、40、540、40、40、540、40、40，如图17-94所示。

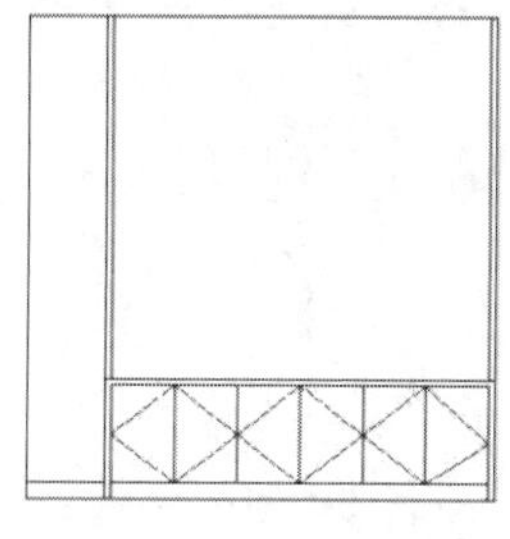
图17-92 修改线型

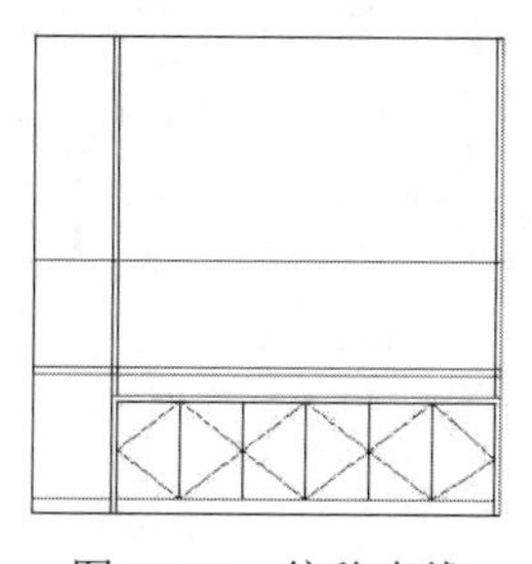
图17-93 偏移直线

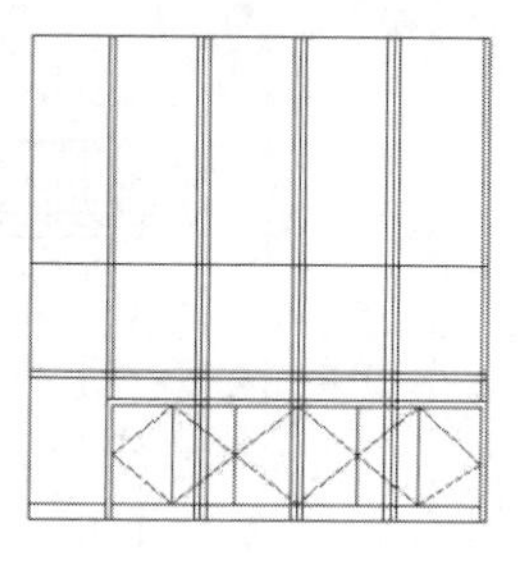
图17-94 偏移直线

（11）单击“默认”选项卡“修改”面板中的“修剪”按钮，对上步偏移的线段进行修剪，如图17-95所示。

（12）单击“默认”选项卡“修改”面板中的“偏移”按钮，选择底部水平边向上偏移，偏移距离分别为1664、546，如图17-96所示。

（13）单击“默认”选项卡“修改”面板中的“偏移”按钮，选择右侧竖直直线为偏移对象向左偏移，偏移距离分别为20、184、10、813、10、184、40、184、10、813、10、184，如图17-97所示。

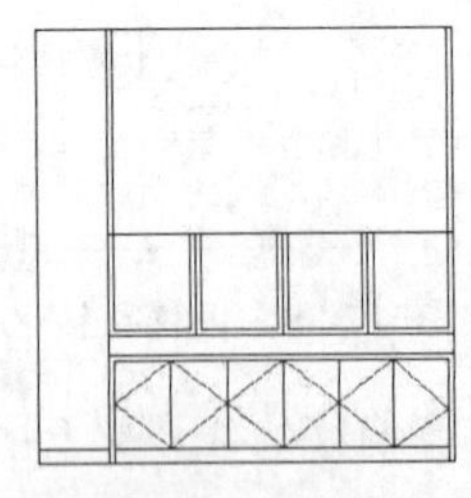
图17-95　修剪线段

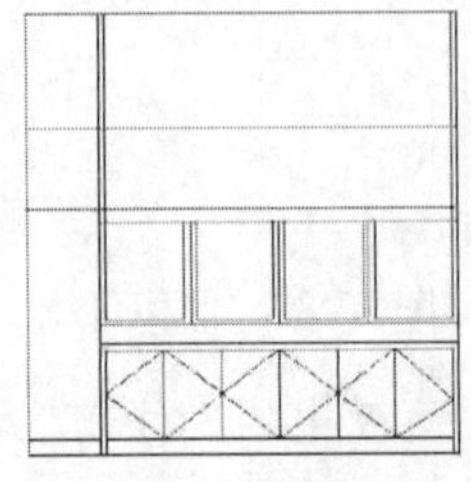
图17-96　偏移直线

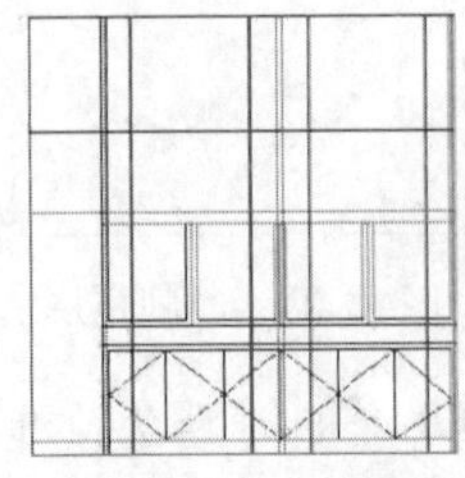
图17-97　偏移直线

（14）单击“默认”选项卡“修改”面板中的“修剪”按钮，对上步偏移的线条进行修剪，如图17-98所示。

（15）单击“默认”选项卡“绘图”面板中的“图案填充”按钮，打开“图案填充创建”选项卡，选择ANSI32图案，单击“拾取点”按钮，选择填充区域，设置填充角度为135°，填充比例为3，完成图案填充，效果如图17-99所示。

（16）单击“默认”选项卡“修改”面板中的“偏移”按钮，选择底部水平边为偏移对象向上进行偏移，偏移距离分别为2250、2960，如图17-100所示。

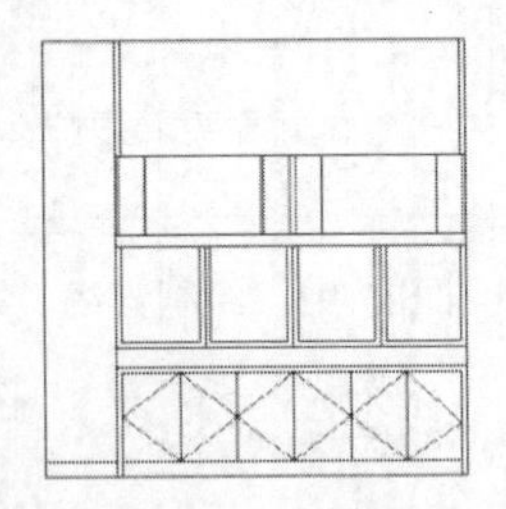
图17-98　修剪线条

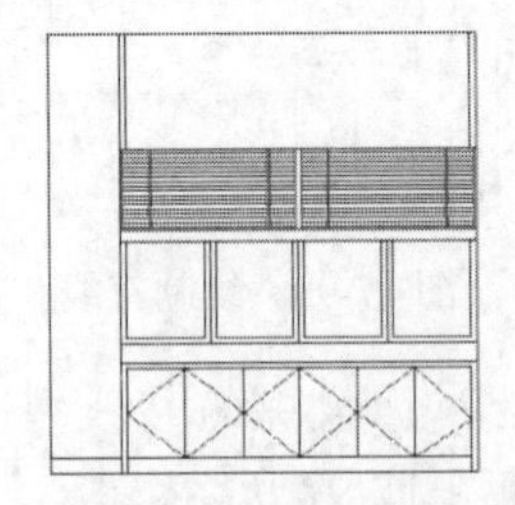
图17-99　填充图案

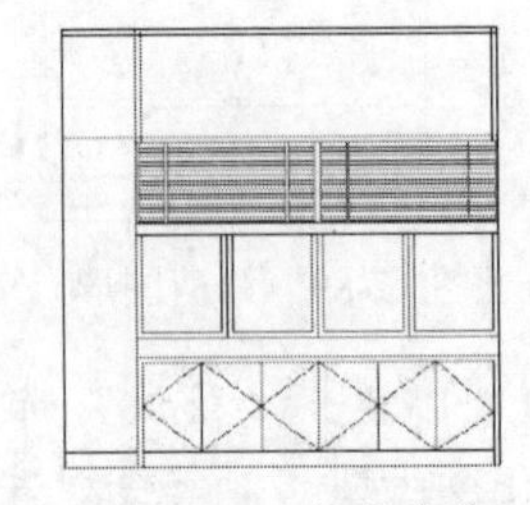
图17-100　偏移直线

（17）单击“默认”选项卡“修改”面板中的“修剪”按钮，对上步偏移的线段进行修剪，如图17-101所示。

（18）使用底部图形的绘制方法完成顶部相同图形的绘制，如图17-102所示。

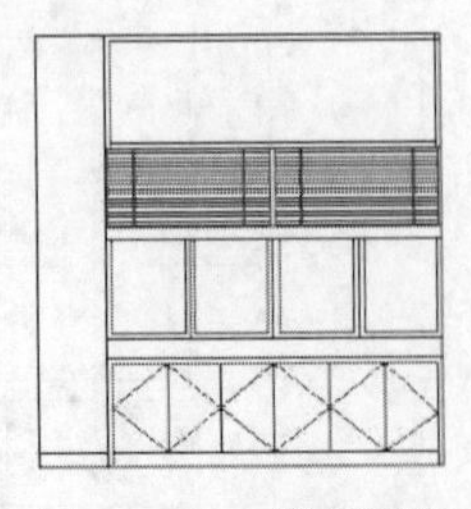
图17-101　修剪图形

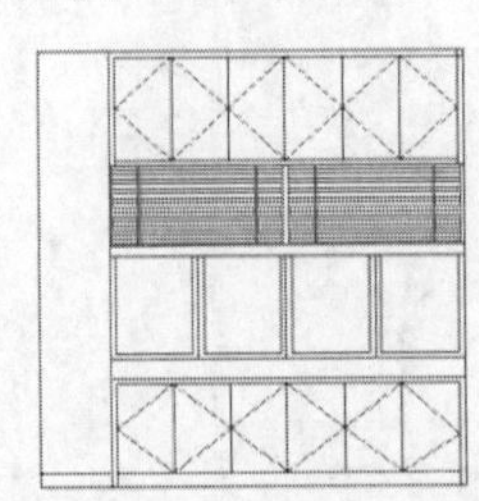
图17-102　绘制顶部图形

（19）单击“默认”选项卡“绘图”面板中的“图案填充”按钮▨，打开“图案填充创建”选项卡，选择 AR-RROOF 图案，单击“拾取点”按钮，选择填充区域，设置角度为 45°，比例为 15，完成图案填充，效果如图 17-103 所示。

（20）单击“默认”选项卡“绘图”面板中的“矩形”按钮□，在图形的适当位置绘制一个 120×80 的矩形，如图 17-104 所示。

（21）单击“默认”选项卡“修改”面板中的“复制”按钮，选择上步绘制的矩形为复制对象，连续向右复制，如图 17-105 所示。

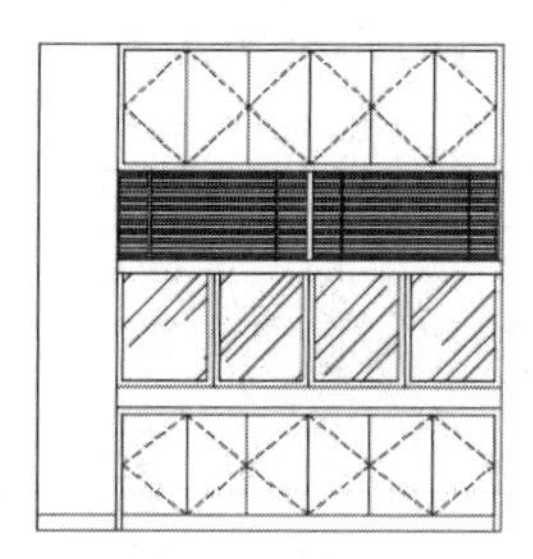

图 17-103　填充图案

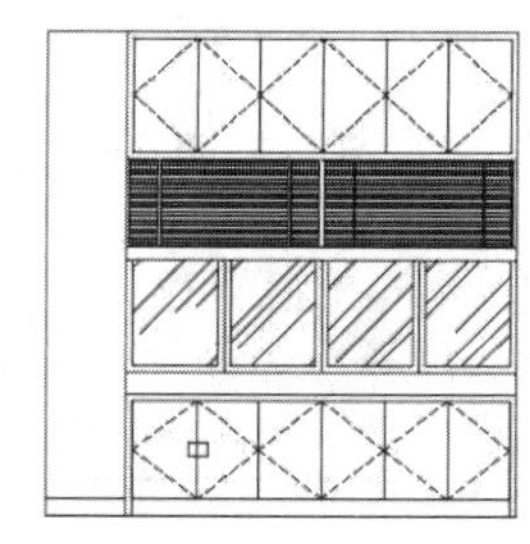

图 17-104　绘制矩形

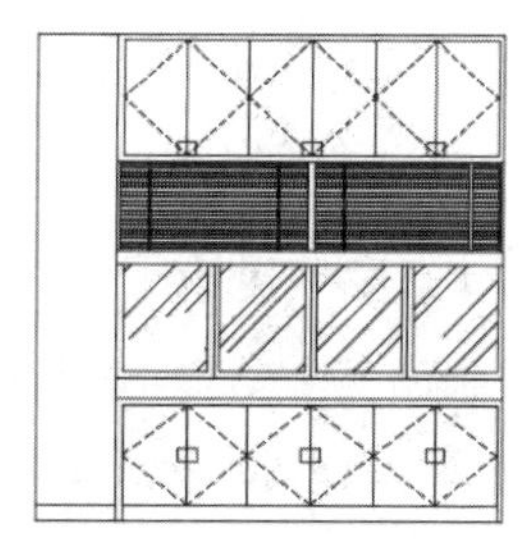

图 17-105　复制矩形

（22）单击“默认”选项卡“绘图”面板中的“圆”按钮⊙，在图形的适当位置绘制一个半径为 19 的圆，如图 17-106 所示。

（23）单击“默认”选项卡“修改”面板中的“复制”按钮，选择上步绘制的圆为复制对象进行复制，如图 17-107 所示。

（24）标注尺寸和文字。

① 单击“注释”选项卡“标注”面板中的“线性标注”按钮和“连续标注”按钮，标注第一道水平尺寸，如图 17-108 所示。

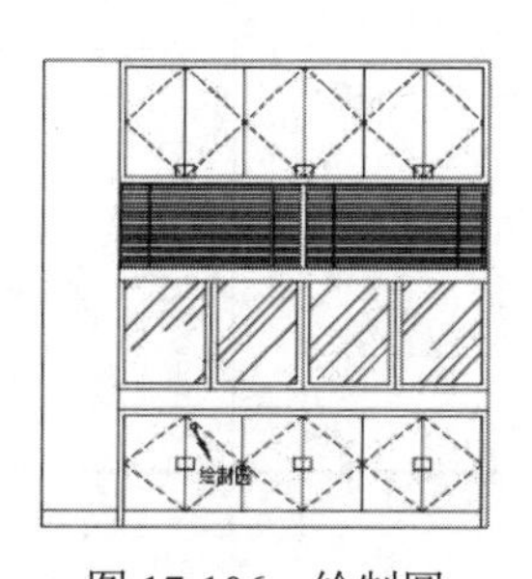

图 17-106　绘制圆

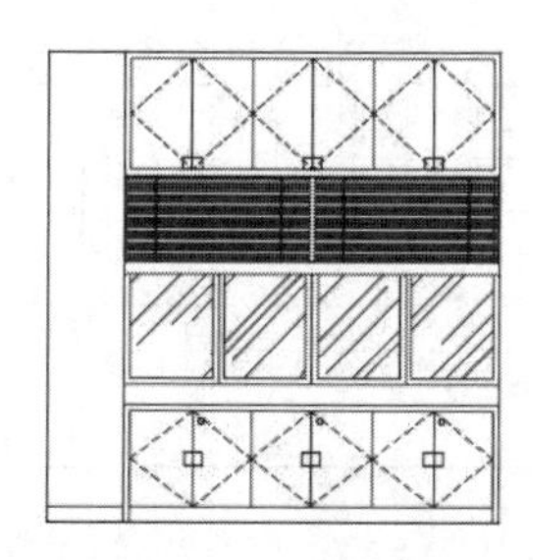

图 17-107　复制圆

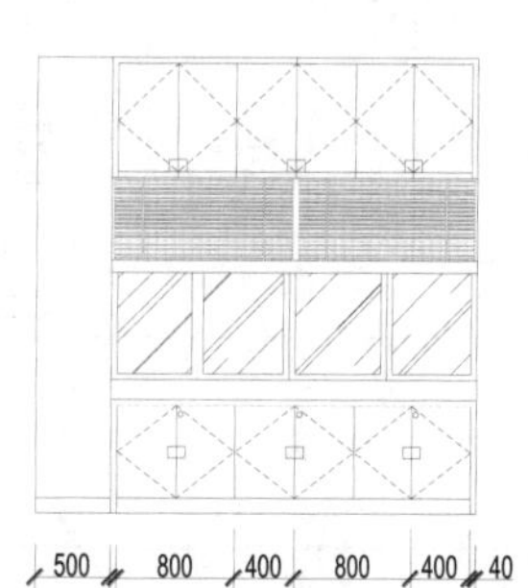

图 17-108　标注水平尺寸

② 单击“注释”选项卡“标注”面板中的“线性标注”按钮和“连续标注”按钮，标注第一道竖直尺寸，如图 17-109 所示。

③ 单击“默认”选项卡“注释”面板中的“线性标注”按钮，标注图形水平总尺寸，如图 17-110 所示。

④ 单击“默认”选项卡“注释”面板中的“线性标注”按钮，标注图形竖直总尺寸，如图 17-111 所示。

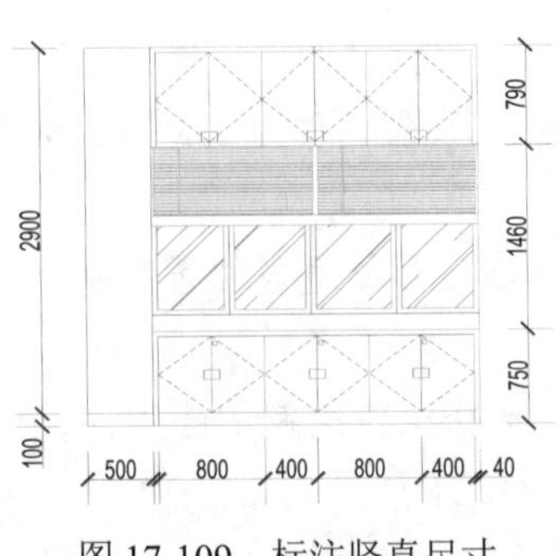

图 17-109　标注竖直尺寸

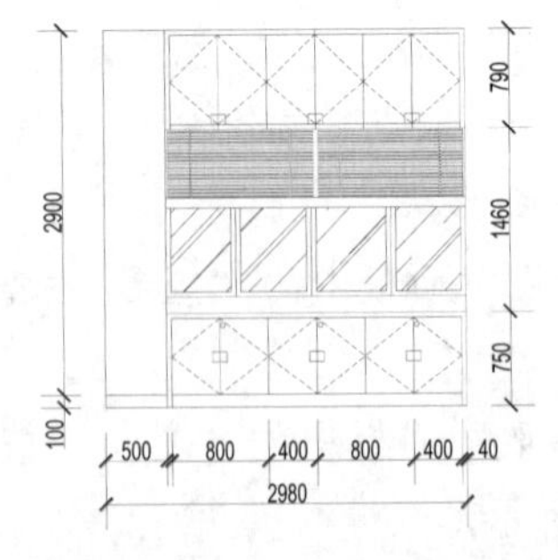

图 17-110　标注水平总尺寸

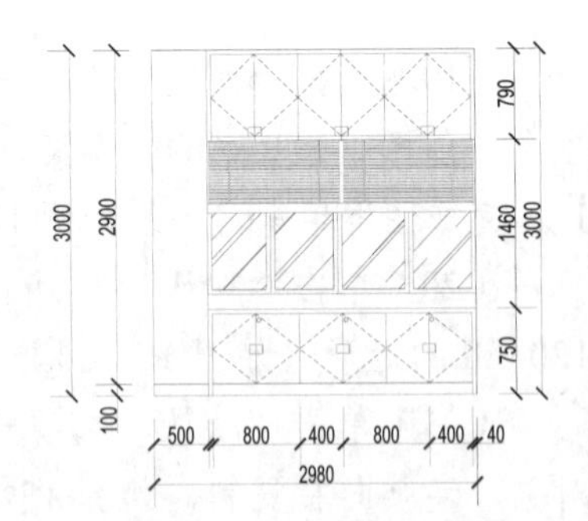

图 17-111　标注竖直总尺寸

⑤ 在命令行中输入 QLEADER 命令，为图形添加文字说明，如图 17-85 所示。

扫一扫，看视频

扫一扫，看视频

动手练——洗浴中心一层门厅立面图

绘制如图 17-112 所示的洗浴中心一层门厅立面图。

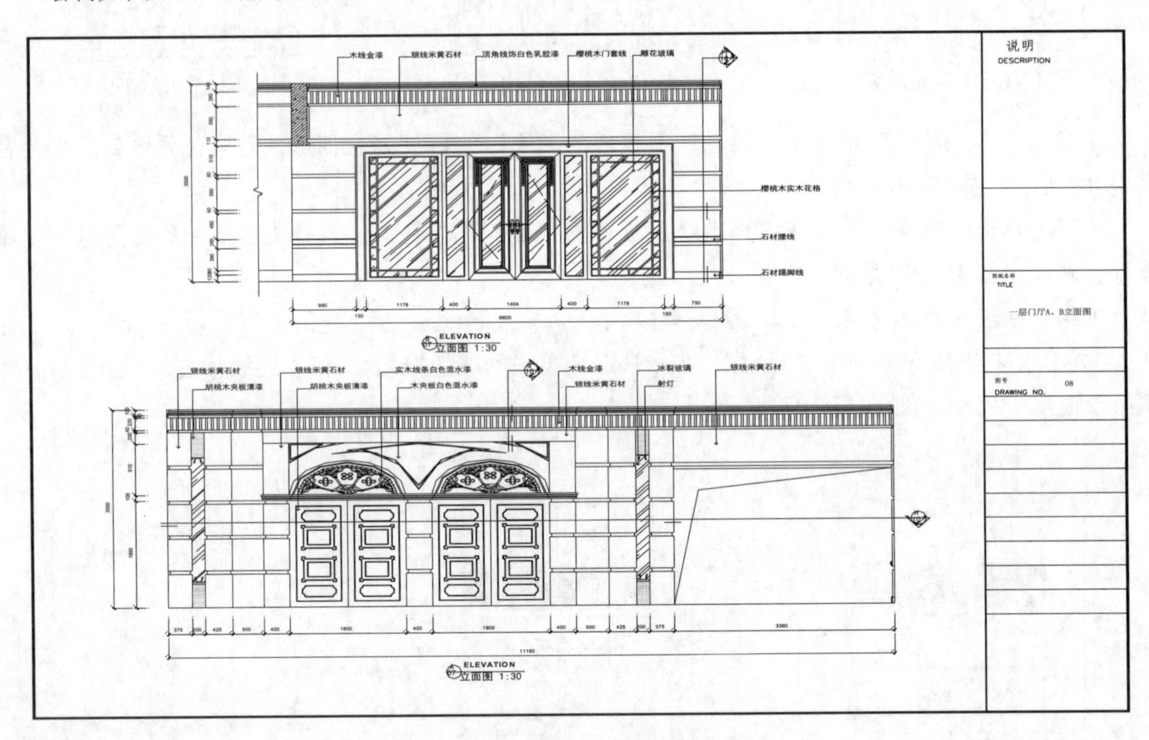

图 17-112　洗浴中心一层门厅立面图

思路点拨：

源文件：源文件\第 17 章\洗浴中心一层门厅立面图.dwg

（1）绘制 B 立面图的大体轮廓。

（2）绘制 B 立面图的窗户造型。

（3）绘制 B 立面图的门造型。

（4）按照 B 立面图的绘制方法绘制 A 立面图。

（5）标注尺寸和文字说明。

17.2　三层多功能厅立面图的绘制

本节主要讲述三层多功能厅及多功能厅控制室的立面图绘制方法。

17.2.1　三层多功能厅 A 立面

本小节主要讲述三层多功能厅 A 立面图的绘制，如图 17-113 所示。

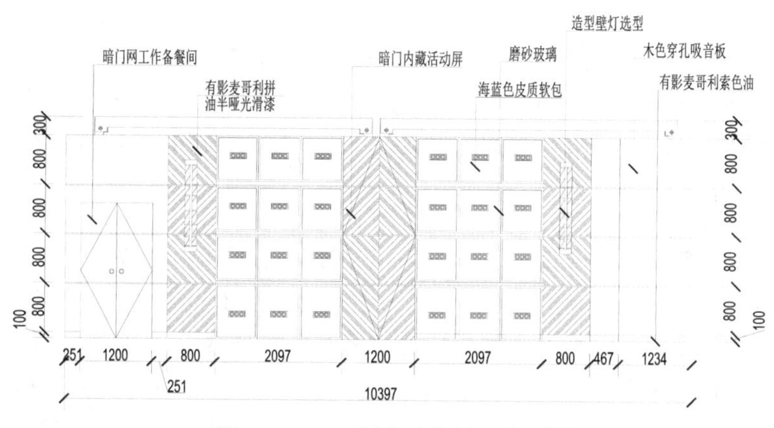

图 17-113　三层多功能厅 A 立面图

源文件：源文件\第 17 章\三层多功能厅 A 立面.dwg

操作步骤

1．绘制立面图轮廓

（1）单击“默认”选项卡“绘图”面板中的“直线”按钮╱，在图形的适当位置绘制一条长为 10396 的水平直线，如图 17-114 所示。

（2）单击“默认”选项卡“绘图”面板中的“直线”按钮╱，以上步绘制的水平直线左端点为起点，向上绘制一条长为 3600 的竖直直线，如图 17-115 所示。

图 17-114　绘制水平直线

图 17-115　绘制竖直直线

（3）单击“默认”选项卡“修改”面板中的“偏移”按钮⊆，选择上步绘制的水平直线为偏移对象向上偏移，偏移距离分别为 100、800、800、800、800、300，如图 17-116 所示。

（4）单击“默认”选项卡“修改”面板中的“偏移”按钮⊆，选择上步绘制的竖直直线为偏移对象向右偏移，偏移距离分别为 251、1200、251、800、2097、1200、2097、800、467、1234，如图 17-117 所示。

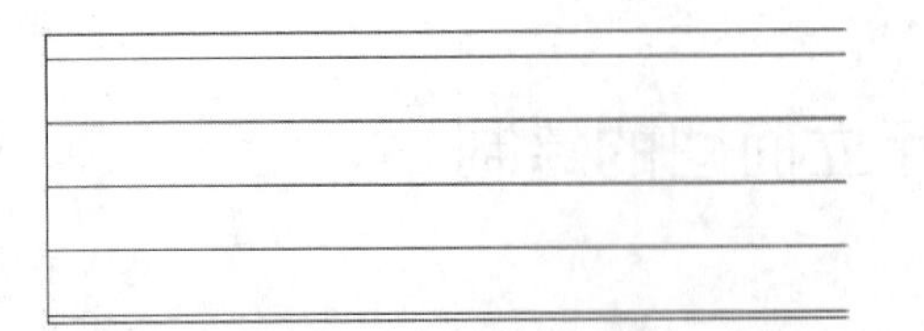

图 17-116　偏移水平直线

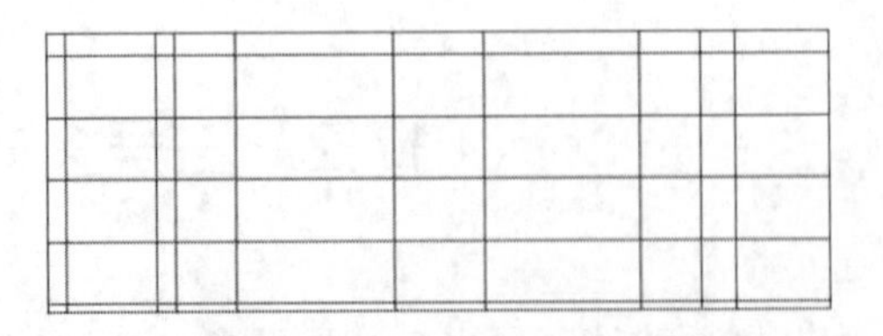

图 17-117　偏移竖直直线

（5）单击“默认”选项卡“修改”面板中的“偏移”按钮⊆，选择如图 17-118 所示的水平直线向下偏移，偏移距离为 20，如图 17-119 所示。

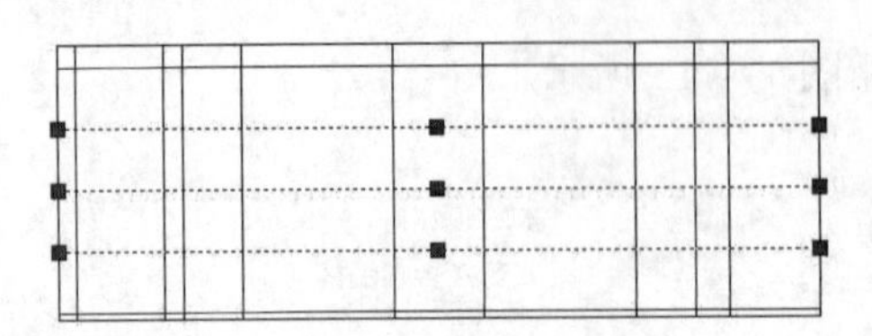

图 17-118　选择直线

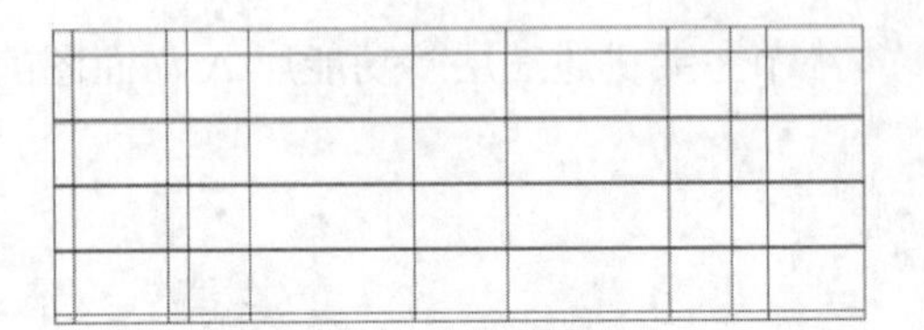

图 17-119　偏移直线

2. 绘制门

（1）单击“默认”选项卡“修改”面板中的“偏移”按钮⊆，选择底部水平直线向上进行偏移，偏移距离为 2200，如图 17-120 所示。

（2）单击“默认”选项卡“修改”面板中的“修剪”按钮✂，对上步偏移线段内的多余线段进行修剪，如图 17-121 所示。

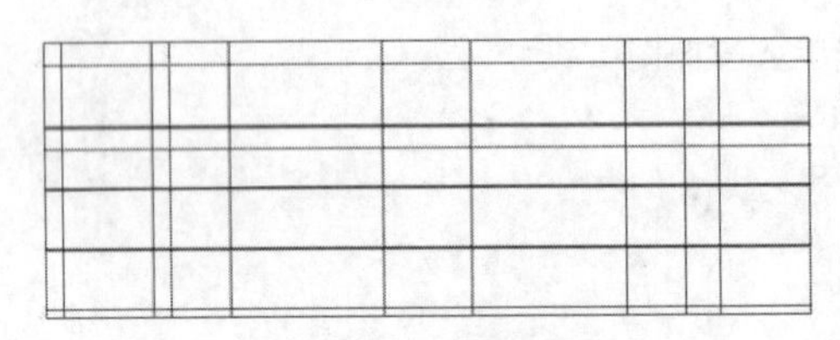

图 17-120　偏移直线

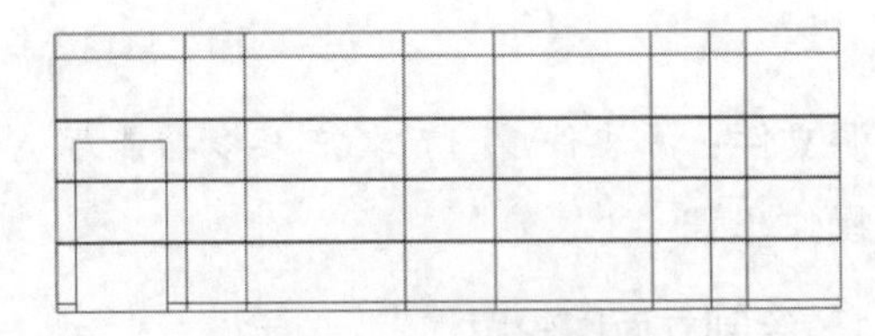

图 17-121　修剪线段

（3）单击“默认”选项卡“绘图”面板中的“直线”按钮／，在上步修剪的线段内绘制直线，如图 17-122 所示。

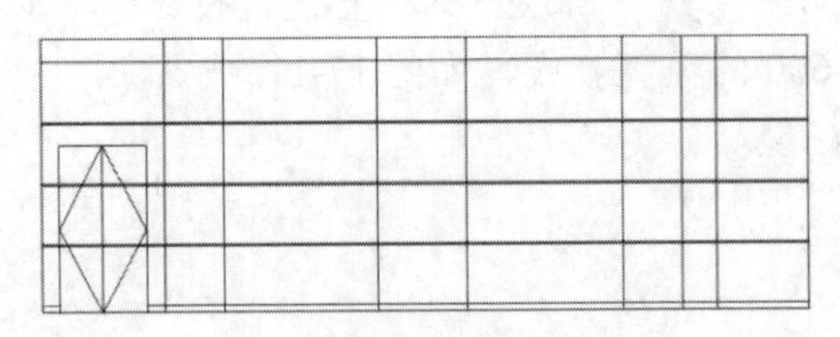

图 17-122　绘制直线

（4）单击“默认”选项卡“绘图”面板中的“圆”按钮⊙，在图形的适当位置绘制一个半径为 30 的圆，如图 17-123 所示。

（5）单击“默认”选项卡“修改”面板中的“偏移”按钮⊆，选择上步绘制的圆为偏移对象向外进行偏移，偏移距离为 10，如图 17-124 所示。

（6）单击“默认”选项卡“修改”面板中的“复制”按钮ꝏ，选择上步偏移的圆为复制对象向右侧进行复制，如图 17-125 所示。

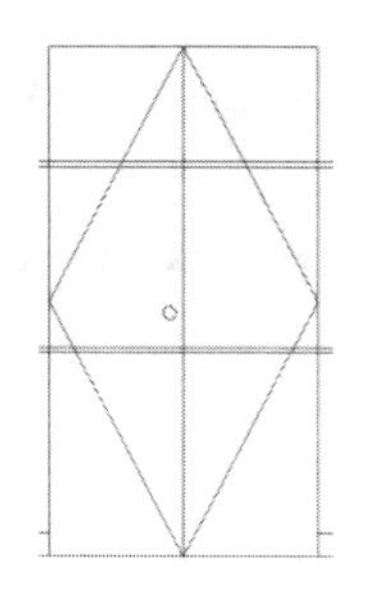

图 17-123 绘制圆

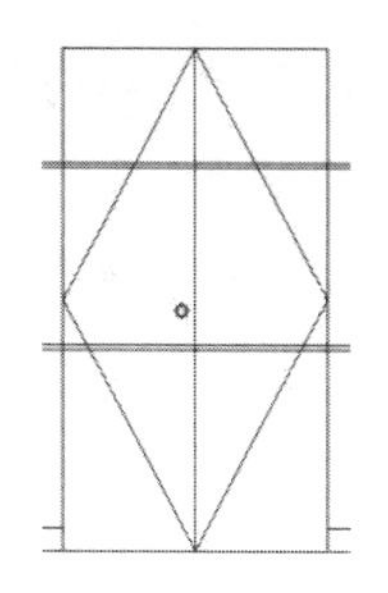

图 17-124 偏移圆

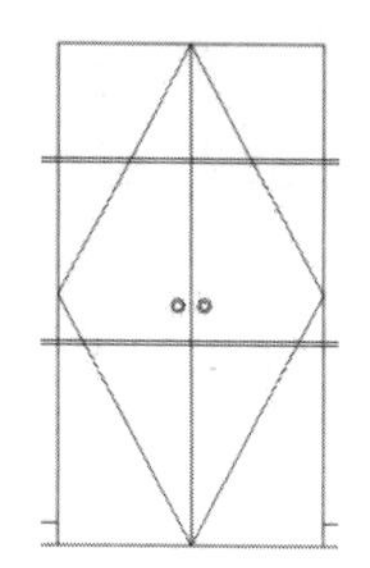

图 17-125 复制圆

3. 绘制软包背景

（1）单击“默认”选项卡“绘图”面板中的“矩形”按钮 ，在图形的适当位置绘制一个 200×1500 的矩形，如图 17-126 所示。

（2）单击“默认”选项卡“修改”面板中的“偏移”按钮 ，选择上步绘制的矩形为偏移对象向内进行偏移，如图 17-127 所示。

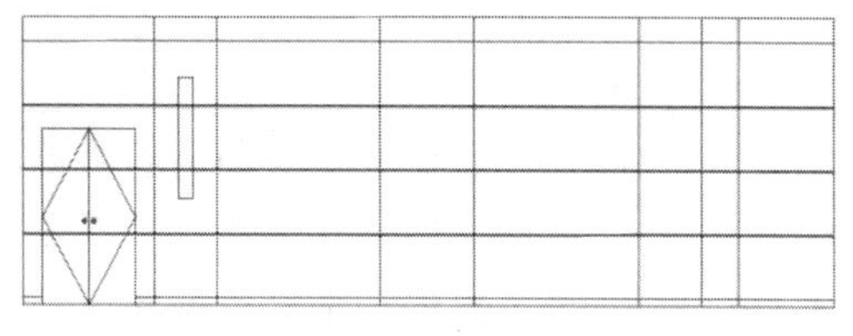

图 17-126 绘制矩形

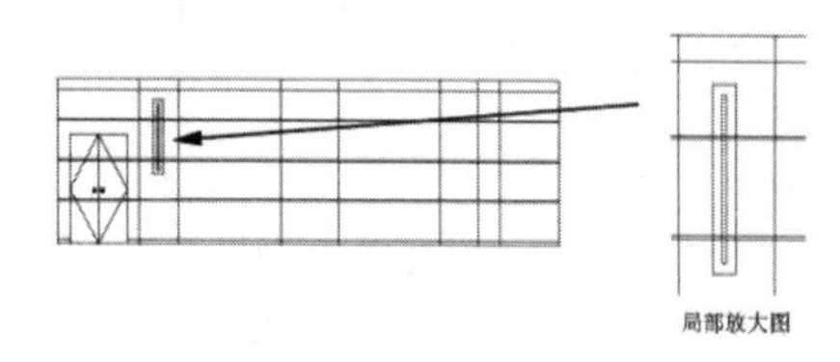

图 17-127 偏移矩形

（3）单击“默认”选项卡“修改”面板中的“修剪”按钮 ，对上步偏移矩形的内部线段进行修剪，如图 17-128 所示。

（4）单击“默认”选项卡“绘图”面板中的“直线”按钮 ，在上步图形内绘制装饰线条，如图 17-129 所示。

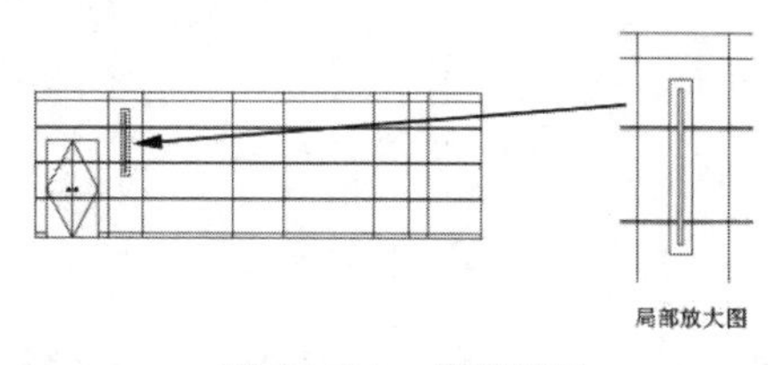

图 17-128 修剪线段

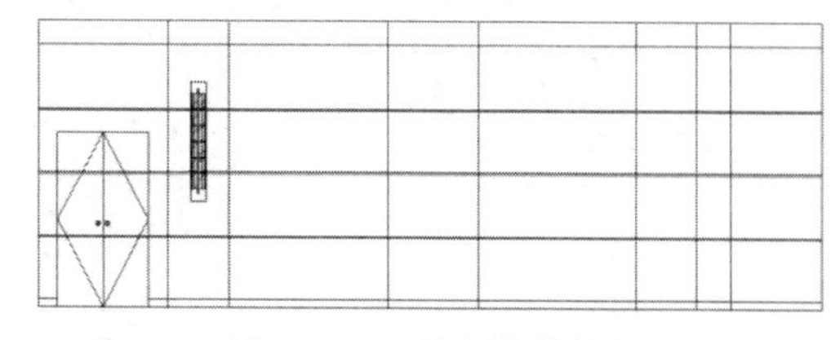

图 17-129 绘制装饰线条

（5）单击“默认”选项卡“绘图”面板中的“矩形”按钮 ，在图形的适当位置绘制一个 699×740 的矩形，如图 17-130 所示。

（6）单击“默认”选项卡“修改”面板中的“偏移”按钮 ，选择上步绘制的矩形向内进行偏移，偏移距离为 30，如图 17-131 所示。

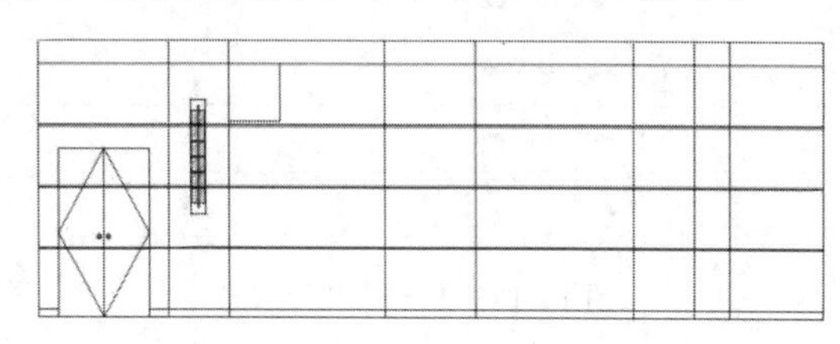

图 17-130 绘制矩形

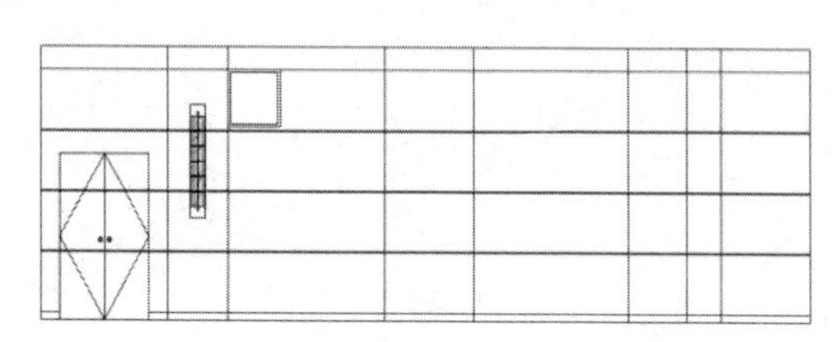

图 17-131 偏移矩形

（7）单击“默认”选项卡“绘图”面板中的“矩形”按钮▭，在上步偏移的矩形内绘制一个280×100的矩形，如图17-132所示。

（8）单击“默认”选项卡“修改”面板中的“偏移”按钮⊆，选择上步绘制的矩形向内进行偏移，偏移距离为10，如图17-133所示。

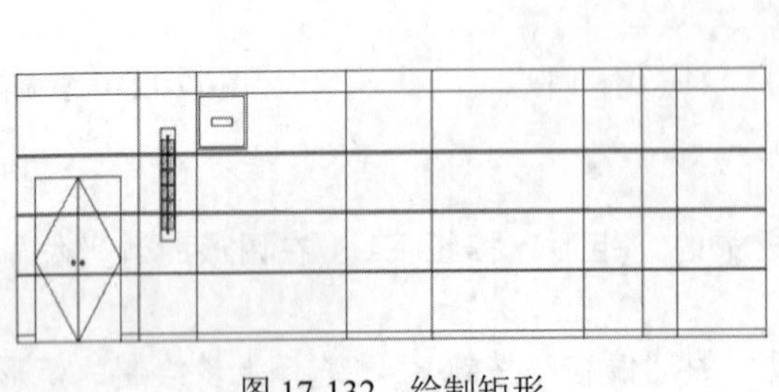

图17-132　绘制矩形

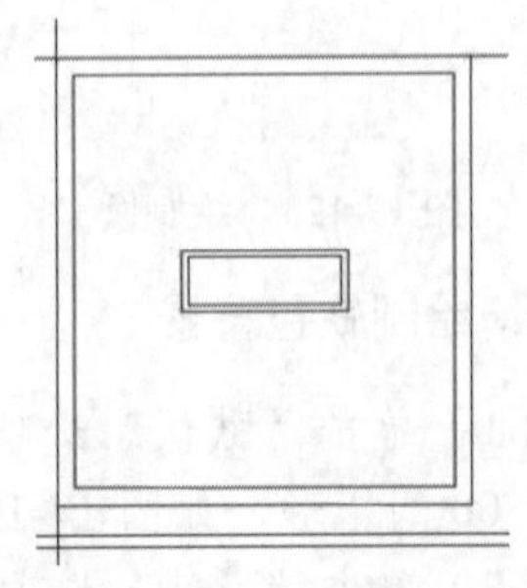

图17-133　偏移矩形

（9）单击“默认”选项卡“绘图”面板中的“圆”按钮⊙，在矩形内绘制一个半径为40的圆，如图17-134所示。

（10）单击“默认”选项卡“修改”面板中的“偏移”按钮⊆，选择上步绘制的圆为偏移对象向内进行偏移，偏移距离分别为10、10，如图17-135所示。

（11）单击“默认”选项卡“修改”面板中的“复制”按钮%，选择上步偏移的圆向右进行复制操作，如图17-136所示。

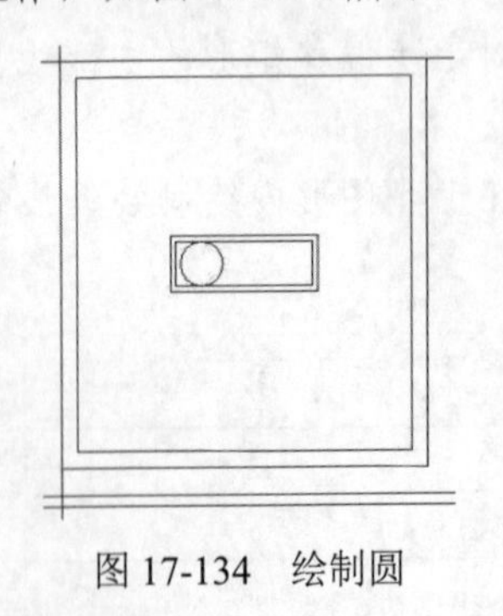

图17-134　绘制圆

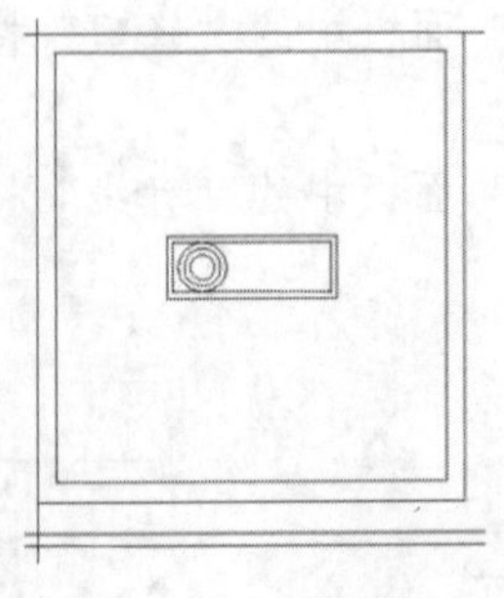

图17-135　偏移圆

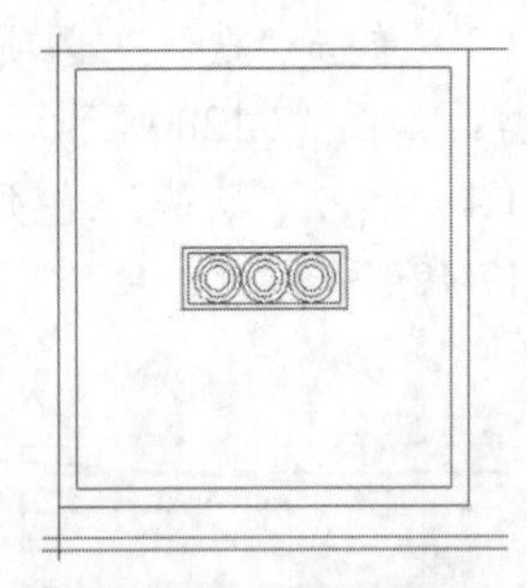

图17-136　复制圆

（12）单击“默认”选项卡“修改”面板中的“复制”按钮%，选择上步图形进行连续复制，如图17-137所示。

（13）使用上述方法绘制下部不同尺寸的相同图形，单击“默认”选项卡“修改”面板中的“修剪”按钮✂，对绘制图形内的多余线段进行修剪，如图17-138所示。

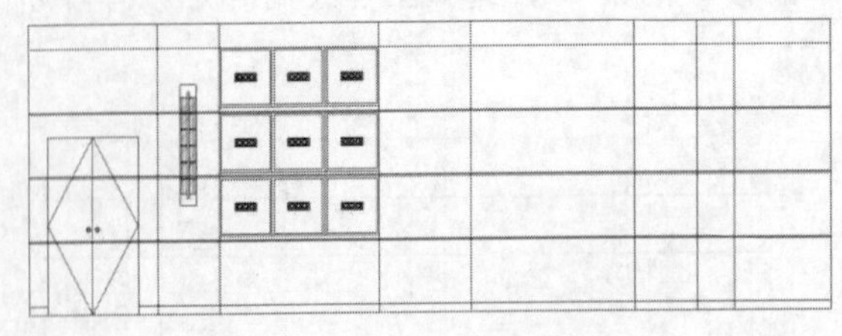

图17-137　复制圆

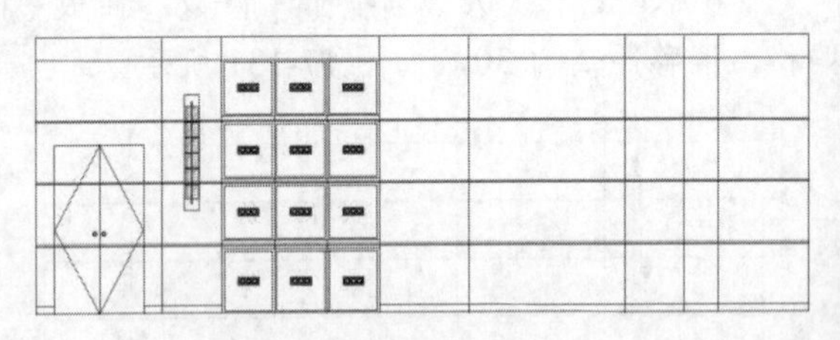

图17-138　绘制相同图形

（14）单击“默认”选项卡“绘图”面板中的“直线”按钮，在图形的适当位置处绘制连续直线，如图 17-139 所示。

（15）单击“默认”选项卡“绘图”面板中的“图案填充”按钮，打开“图案填充创建”选项卡，选择 PLASTI 图案，单击“拾取点”按钮，选择填充区域，设置角度分别为 45°、135°，比例为 30，完成图案填充，效果如图 17-140 所示。

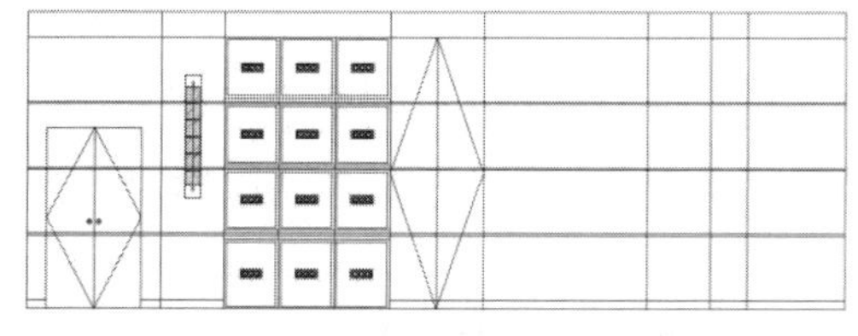

图 17-139 绘制直线

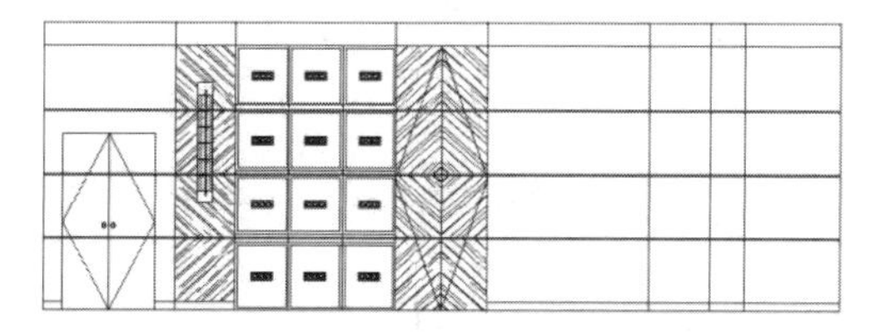

图 17-140 填充图案

（16）单击“默认”选项卡“修改”面板中的“复制”按钮，选择已有图形进行复制，效果如图 17-141 所示。

（17）单击“默认”选项卡“绘图”面板中的“直线”按钮，在图形顶部位置处绘制连续直线，如图 17-142 所示。

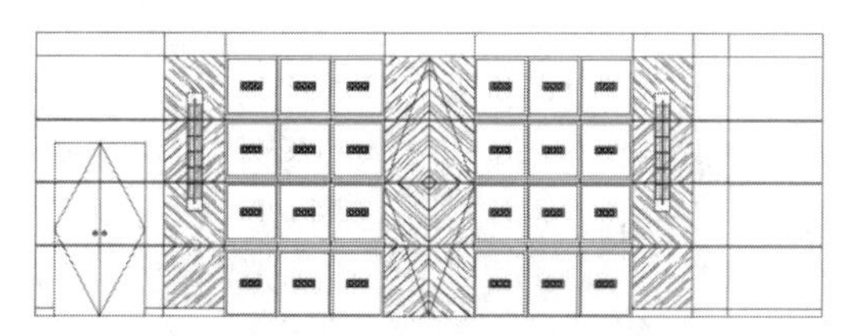

图 17-141 复制图形

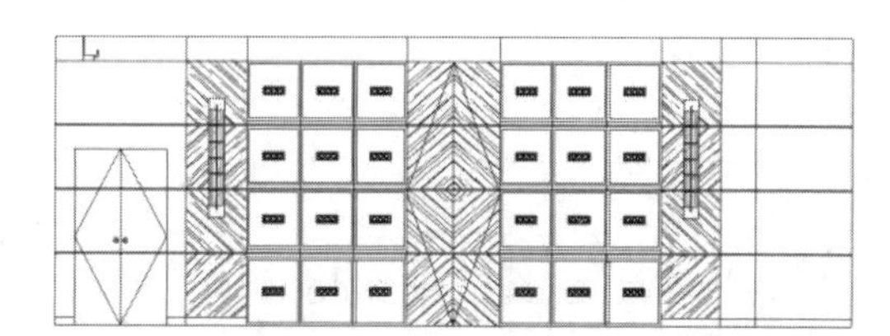

图 17-142 绘制直线

（18）单击“默认”选项卡“修改”面板中的“镜像”按钮，选择上步绘制的图形进行镜像操作，如图 17-143 所示。

（19）单击“默认”选项卡“修改”面板中的“修剪”按钮，对图形顶部线段进行修剪，如图 17-144 所示。

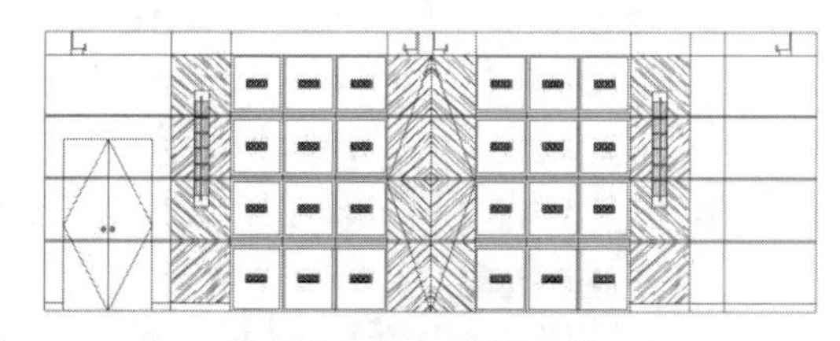

图 17-143 镜像图形

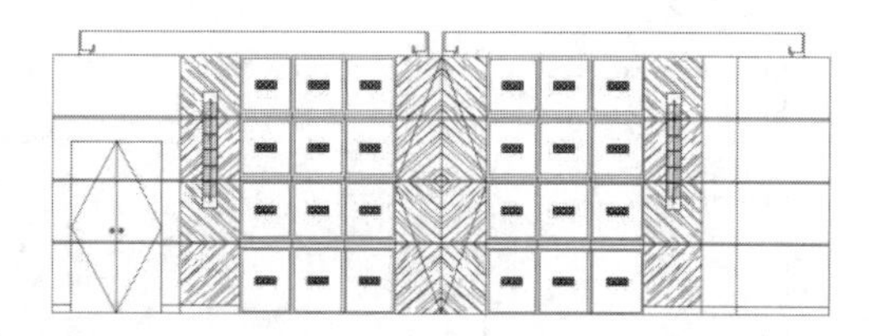

图 17-144 修剪直线

（20）单击“默认”选项卡“绘图”面板中的“直线”按钮，绘制镜像图形间的水平连接线，如图 17-145 所示。

（21）单击“默认”选项卡“绘图”面板中的“圆”按钮，在顶部位置选择一点为圆心，绘制半径分别为 30 和 20 的圆，如图 17-146 所示。

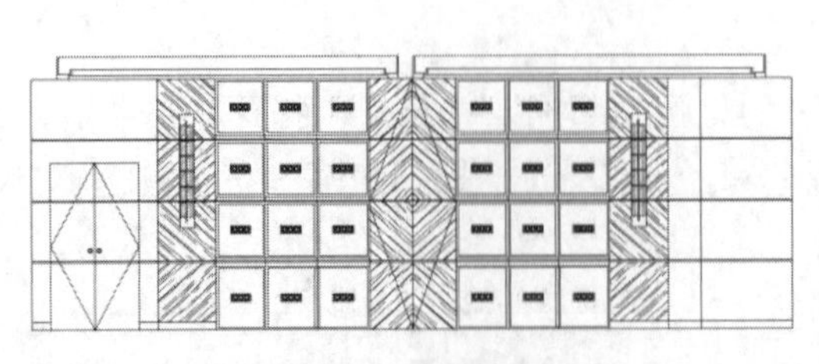

图 17-145　绘制直线

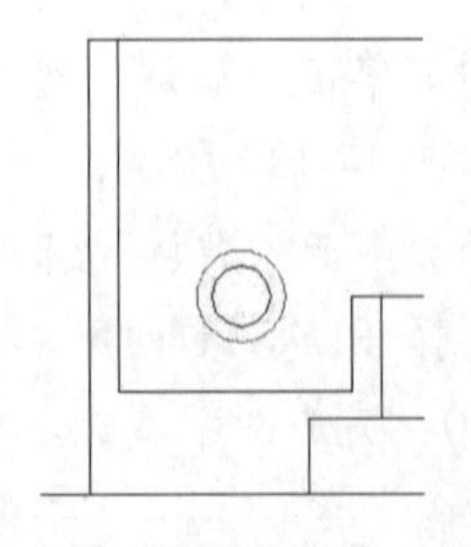

图 17-146　绘制圆

（22）单击“默认”选项卡“绘图”面板中的“直线”按钮╱，过上步两圆圆心绘制十字交叉线，如图 17-147 所示。

（23）单击“默认”选项卡“修改”面板中的“复制”按钮℅，选择上步绘制的立面灯图形向右进行复制，如图 17-148 所示。

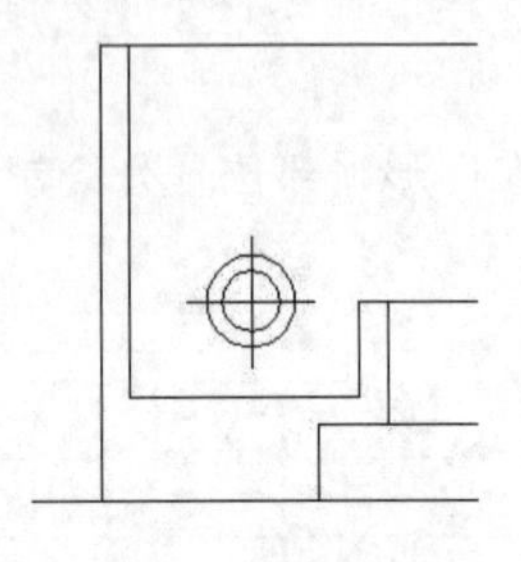

图 17-147　绘制直线

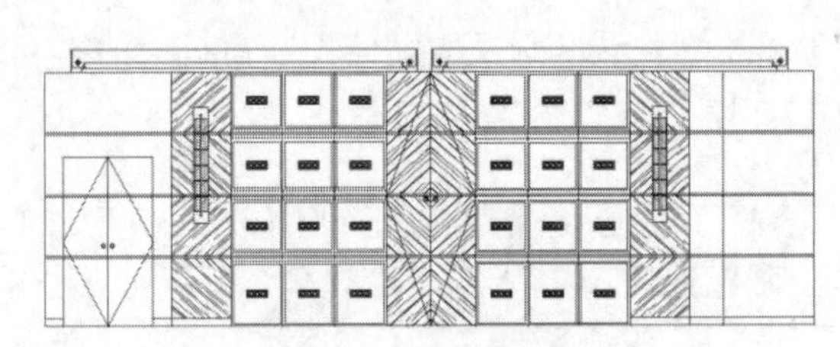

图 17-148　复制灯图形

4．设置标注样式

（1）选择菜单栏中的“标注”→“标注样式”命令，弹出“标注样式管理器”对话框，如图 17-149 所示。

（2）单击“新建”按钮，弹出“创建新标注样式”对话框，如图 17-150 所示。输入“立面”名称，选择“线”选项卡，按照图 17-151 所示的参数修改标注样式。

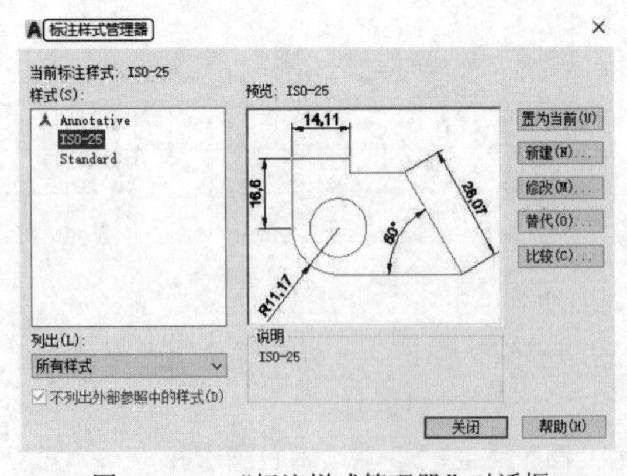

图 17-149　“标注样式管理器”对话框

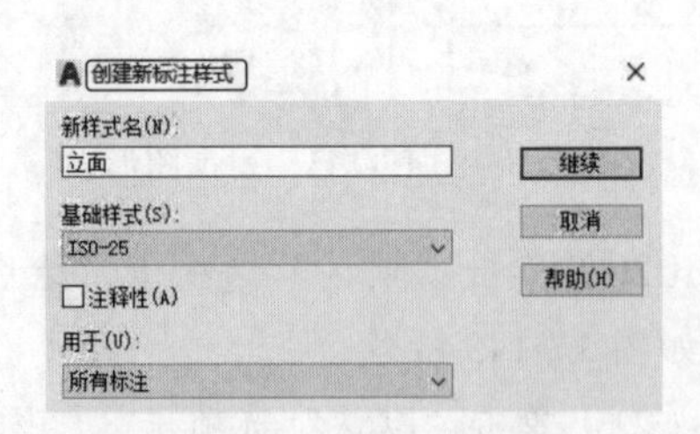

图 17-150　“立面”标注样式

（3）选择“符号和箭头”选项卡，按照图 17-152 所示的设置进行修改，“箭头样式”选择为“建筑标记”，“箭头大小”修改为 150。

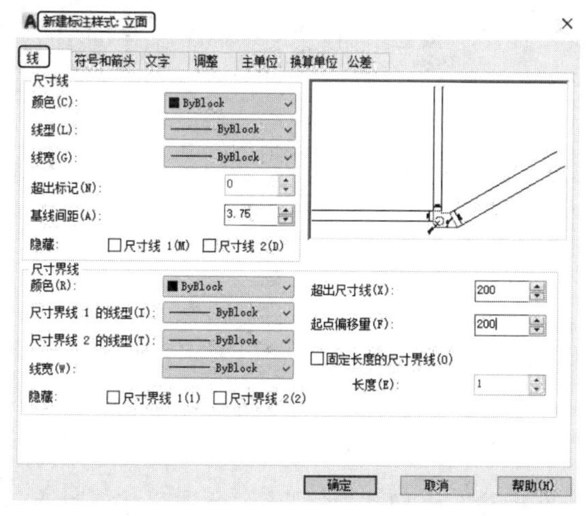

图 17-151　“线”选项卡

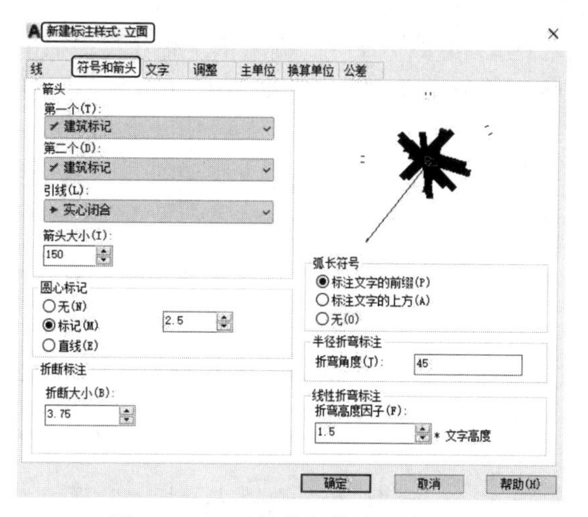

图 17-152　“符号和箭头”选项卡

（4）在“文字”选项卡中设置“文字高度”为 200，如图 17-153 所示。

（5）“主单位”选项卡设置如图 17-154 所示。

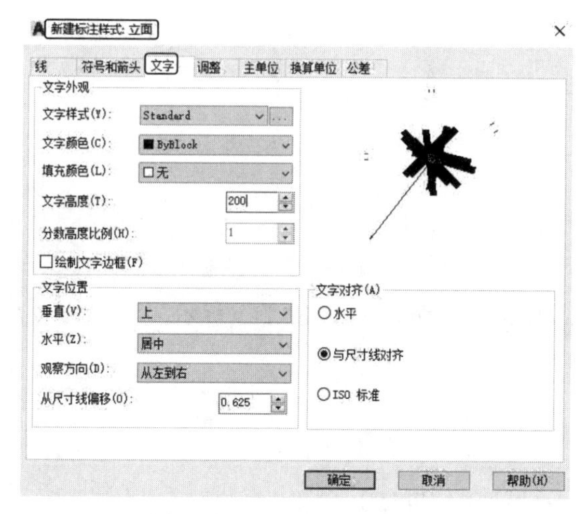

图 17-153　“文字”选项卡

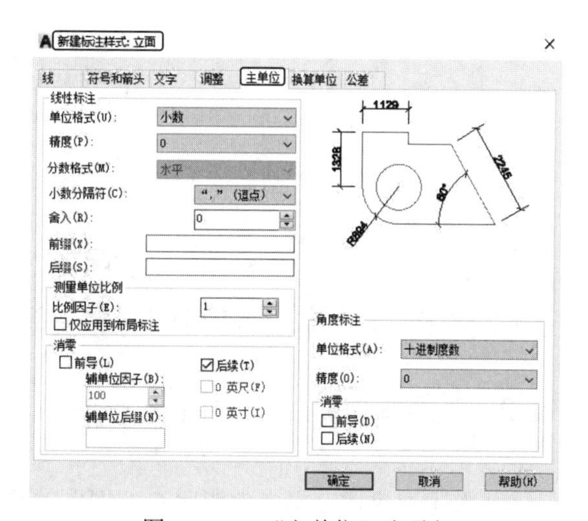

图 17-154　“主单位”选项卡

5．标注尺寸和文字

（1）单击“注释”选项卡“标注”面板中的“线性标注”按钮和“连续标注”按钮，标注图形第一道水平尺寸，如图 17-155 所示。

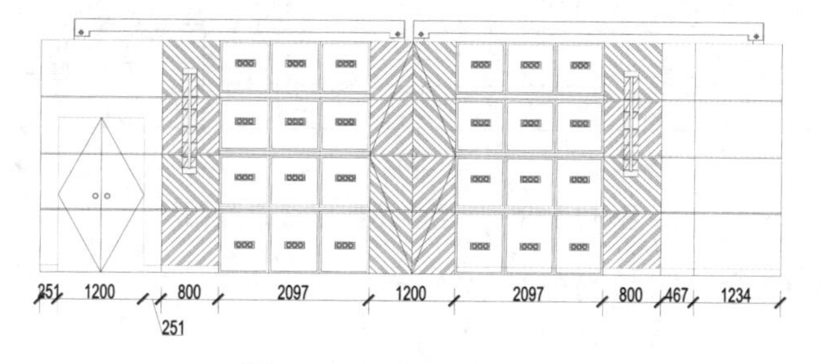

图 17-155　标注水平尺寸

（2）单击“注释”选项卡“标注”面板中的“线性标注”按钮⊢⊣和“连续标注”按钮⊢⊢⊣，标注图形第一道竖直尺寸，如图 17-156 所示。

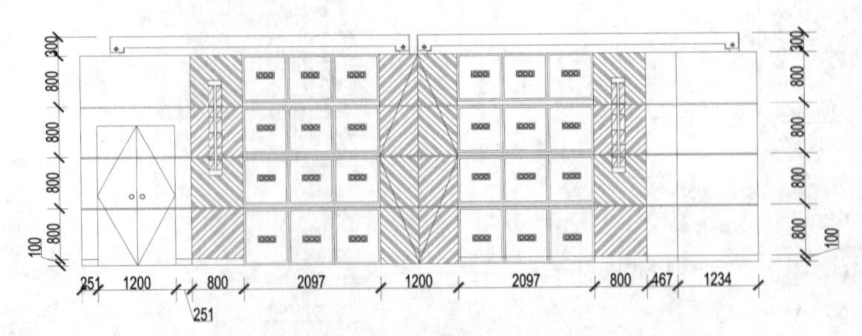

图 17-156　标注竖直尺寸

（3）单击“注释”选项卡“标注”面板中的“线性标注”按钮⊢⊣和“连续标注”按钮⊢⊢⊣，标注图形总尺寸，如图 17-157 所示。

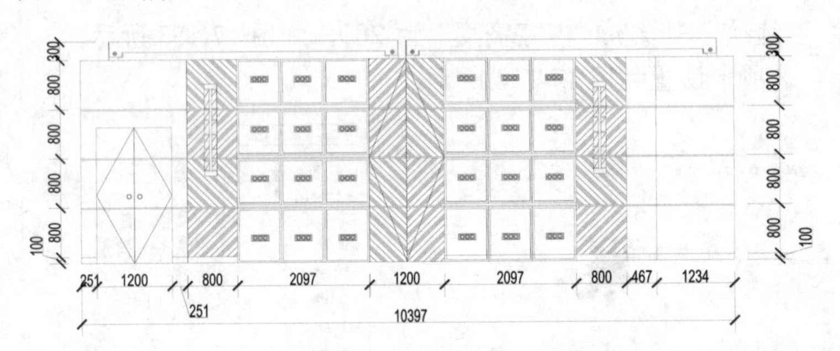

图 17-157　标注总尺寸

（4）在命令行中输入 QLEADER 命令，为图形添加文字说明，如图 17-113 所示。

扫一扫，看视频

17.2.2　三层多功能厅 C 立面

本小节主要讲述三层多功能厅 C 立面图的绘制，效果如图 17-158 所示。

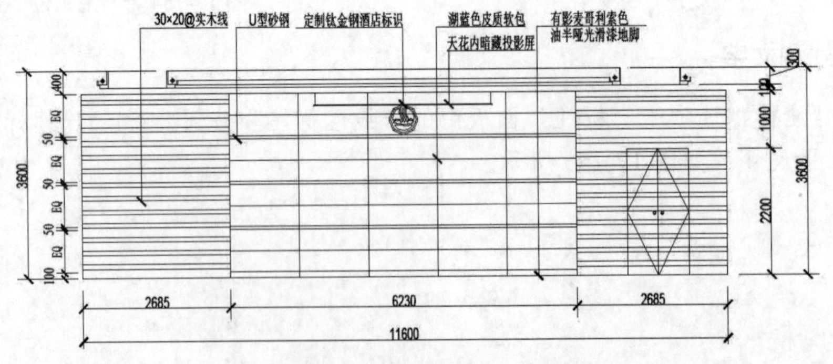

图 17-158　三层多功能厅 C 立面图

源文件：源文件\第 17 章\三层多功能厅 C 立面.dwg

操作步骤

（1）单击“默认”选项卡“绘图”面板中的“直线”按钮╱，在图形的适当位置绘制一条长为 11600 的水平直线，如图 17-159 所示。

（2）单击“默认”选项卡“绘图”面板中的“直线”按钮╱，以水平直线左端点为直线起点向上绘制一条长为 3600 的竖直直线，如图 17-160 所示。

图 17-159　绘制水平直线　　　图 17-160　绘制竖直直线

（3）单击“默认”选项卡“修改”面板中的“偏移”按钮⊆，选择上步绘制的水平直线为偏移对象向上进行偏移，偏移距离分别为 100、738、50、738、50、737、50、737、400，如图 17-161 所示。

（4）单击“默认”选项卡“修改”面板中的“偏移”按钮⊆，选择上步绘制的竖直直线为偏移对象向右进行偏移，偏移距离分别为 2685、6230、2685，如图 17-162 所示。

图 17-161　偏移水平直线　　　图 17-162　偏移竖直直线

（5）单击“默认”选项卡“修改”面板中的“修剪”按钮✂，对上步图形进行修剪，如图 17-163 所示。

（6）单击“默认”选项卡“绘图”面板中的“图案填充”按钮▦，打开“图案填充创建”选项卡，选择 ANSI32 图案，选择填充区域，设置填充角度为 315°，填充比例为 20，完成图案填充，效果如图 17-164 所示。

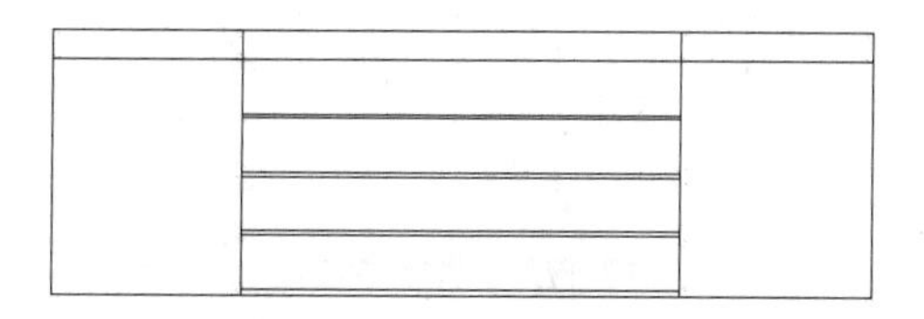

图 17-163　修剪图形

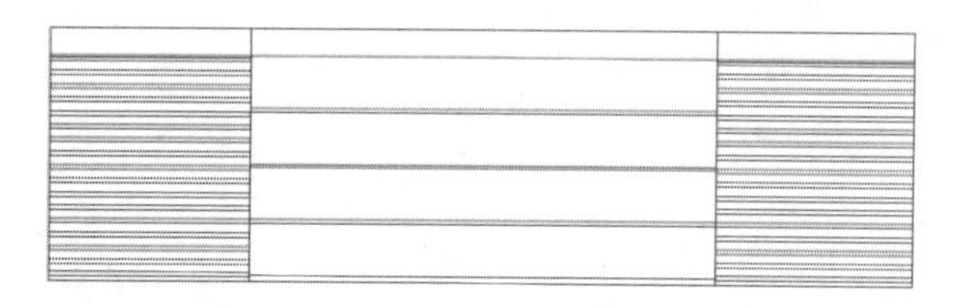

图 17-164　填充图案

（7）单击“默认”选项卡“修改”面板中的“偏移”按钮⊆，选择左侧竖直直线为偏移对象向右进行偏移，偏移距离分别为 3931、1246、1246、1246，如图 17-165 所示。

（8）单击“默认”选项卡“修改”面板中的“偏移”按钮⊆，选择底部水平直线为偏移对象向上进行偏移，偏移距离分别为 469、788、788、788，如图 17-166 所示。

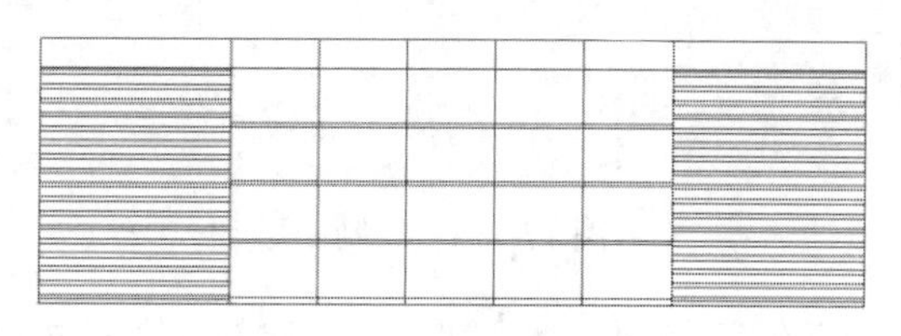

图 17-165　偏移竖直直线

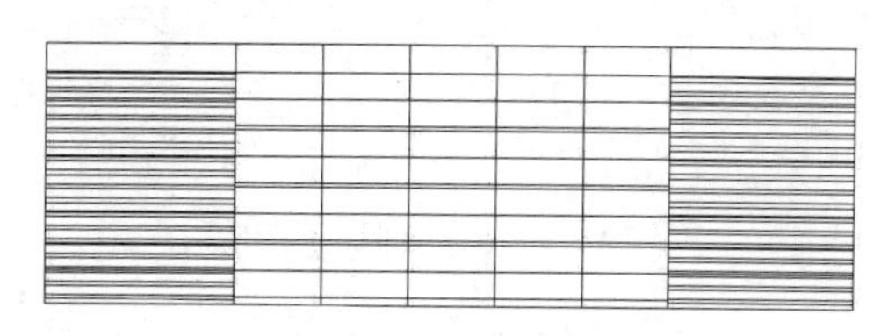

图 17-166　偏移水平直线

（9）单击“默认”选项卡“修改”面板中的“修剪”按钮✂，对上步偏移的线段进行修剪，如图17-167所示。

（10）单击“默认”选项卡“绘图”面板中的“直线”按钮╱，在图形的适当位置绘制两条长为206的竖直直线，如图17-168所示。

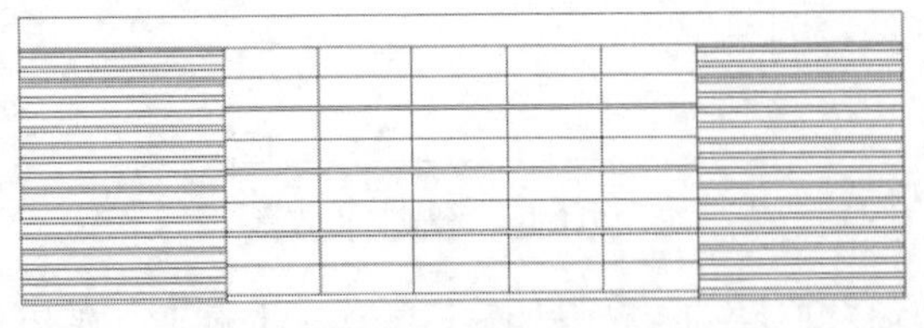

图17-167　修剪线段

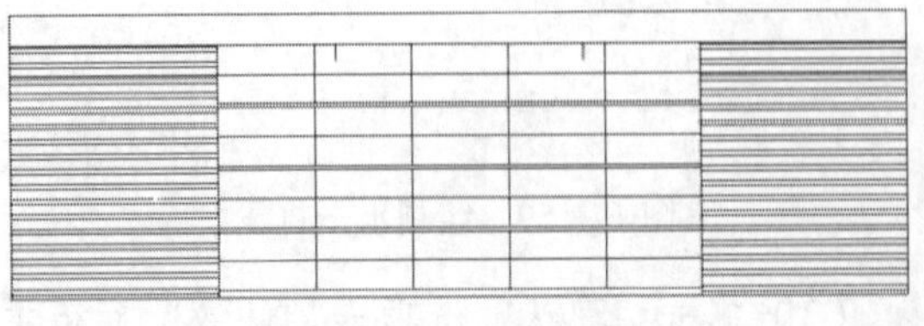

图17-168　绘制直线

（11）单击“默认”选项卡“绘图”面板中的“矩形”按钮□，在图形的适当位置绘制一个3197×15的矩形，如图17-169所示。

（12）单击“默认”选项卡“绘图”面板中的“矩形”按钮□，在上步图形左右两侧分别绘制5×21的矩形，如图17-170所示。

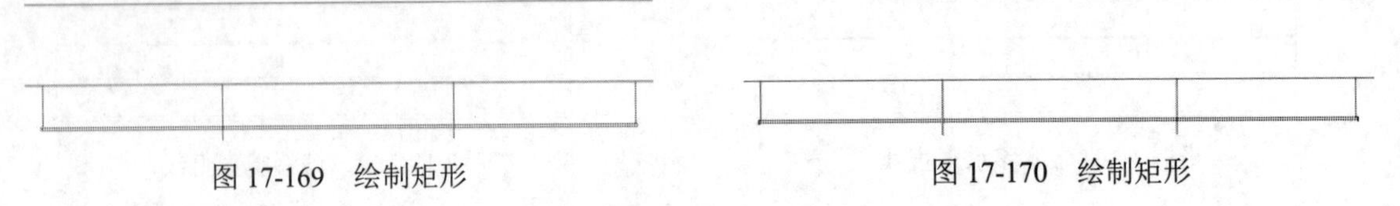

图17-169　绘制矩形

图17-170　绘制矩形

（13）单击“默认”选项卡“绘图”面板中的“多边形”按钮⬠，在图形适当位置绘制一个半径为264的八边形，如图17-171所示。

（14）单击“默认”选项卡“修改”面板中的“偏移”按钮⊆，选择上步绘制的八边形为偏移对象，向内进行偏移，偏移距离为27，如图17-172所示。

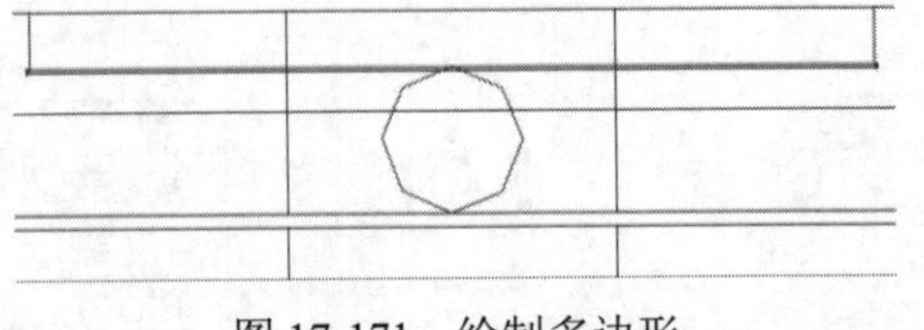

图17-171　绘制多边形

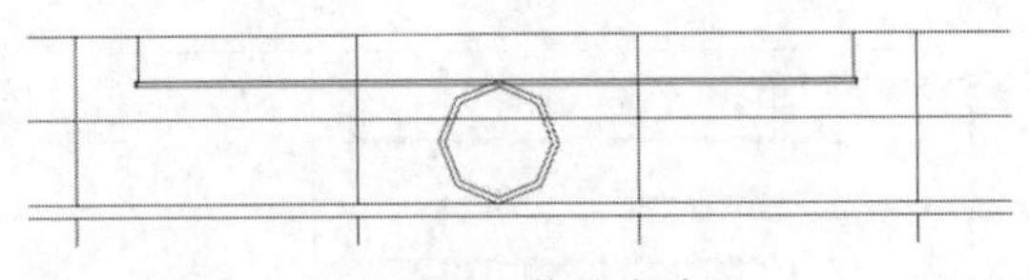

图17-172　偏移多边形

（15）单击“默认”选项卡“绘图”面板中的“直线”按钮╱和“圆弧”按钮⌒，在多边形内绘制标志图案，如图17-173所示。

（16）使用前面章节讲述的方法绘制相同图形，如图17-174所示。

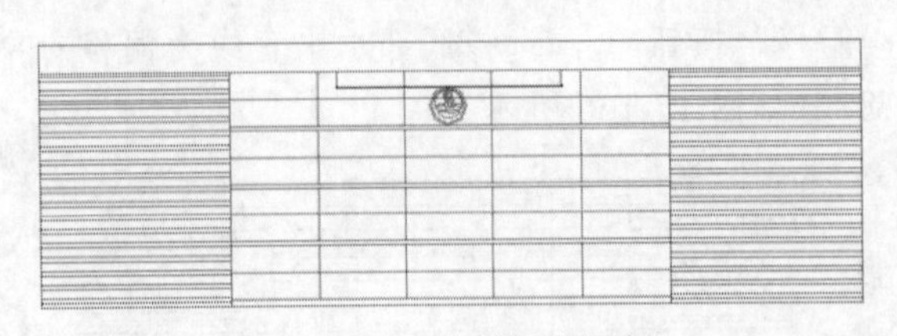

图17-173　绘制标志图案

图17-174　绘制图形

（17）单击“默认”选项卡“绘图”面板中的“直线”按钮╱和“圆”按钮⊙，绘制立面门图形，如图 17-175 所示。

（18）标注尺寸和文字。

① 单击“注释”选项卡“标注”面板中的“线性标注”按钮⊢⊣和“连续标注”按钮⊢⊢⊣，标注图形第一道水平尺寸，如图 17-176 所示。

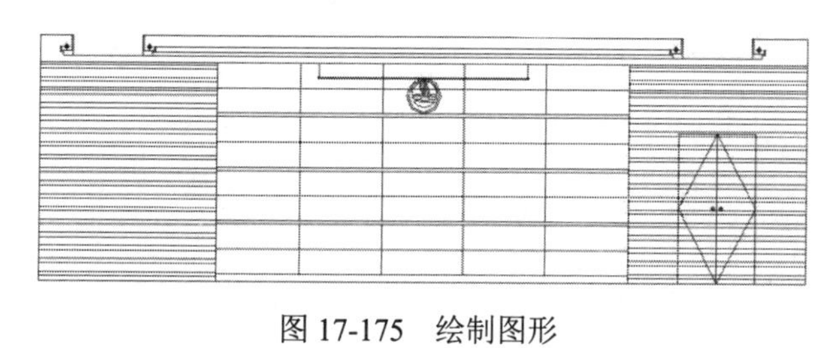

图 17-175　绘制图形

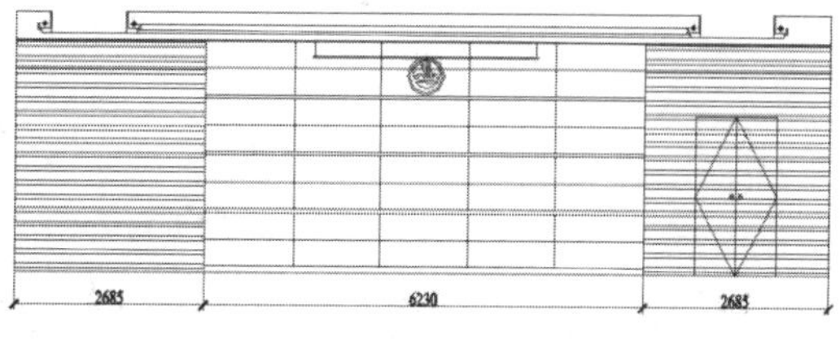

图 17-176　标注水平尺寸

② 单击“注释”选项卡“标注”面板中的“线性标注”按钮⊢⊣和“连续标注”按钮⊢⊢⊣，标注图形第一道竖直尺寸，如图 17-177 所示。

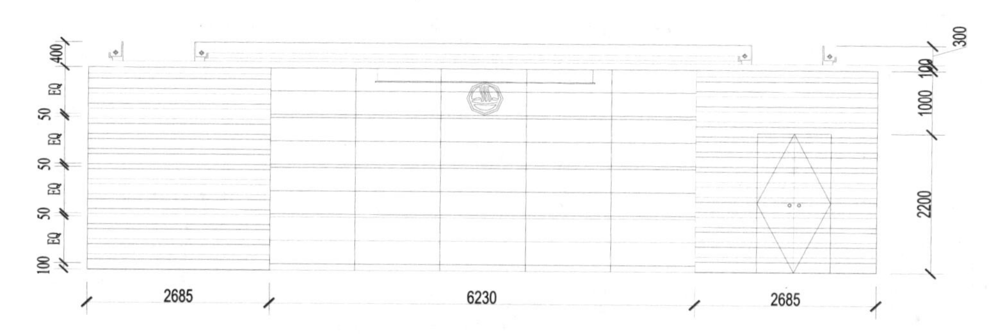

图 17-177　标注竖直尺寸

③ 单击“默认”选项卡“注释”面板中的“线性标注”按钮⊢⊣，标注图形总尺寸，如图 17-178 所示。

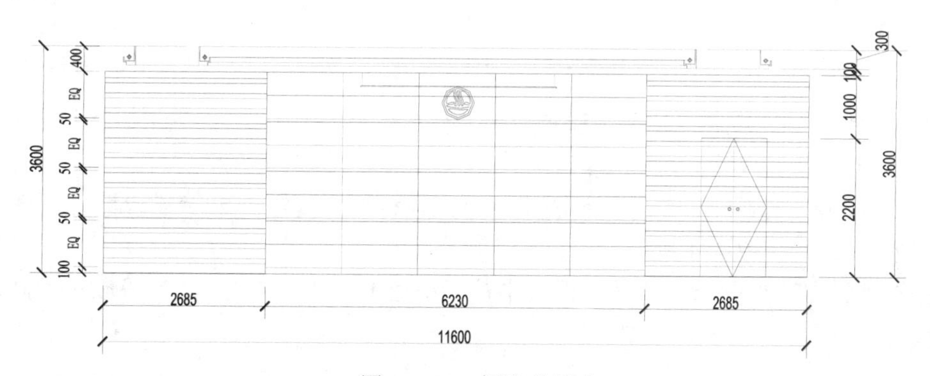

图 17-178　标注总尺寸

④ 在命令行中输入 QLEADER 命令，为图形添加文字说明，如图 17-157 所示。

17.2.3　三层多功能厅控制室 A 立面

本小节主要讲述三层多功能厅控制室 A 立面图的绘制，如图 17-179 所示。

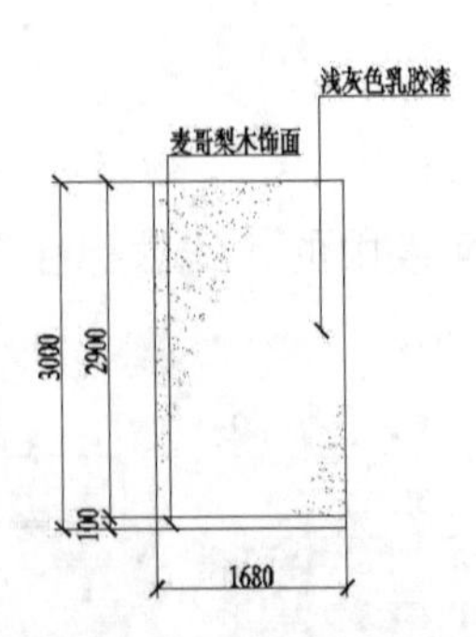

图 17-179　三层多功能厅控制室 A 立面图

源文件：源文件\第 17 章\三层多功能厅控制室 A 立面.dwg

操作步骤

（1）单击“默认”选项卡“绘图”面板中的“矩形”按钮 ，在图形的适当位置绘制一个 1680×3000 的矩形，如图 17-180 所示。

（2）单击“默认”选项卡“修改”面板中的“分解”按钮 ，选择上步绘制的矩形为分解对象，按 Enter 键进行分解。

（3）单击“默认”选项卡“修改”面板中的“偏移”按钮 ，选择上步分解的矩形底部水平边为偏移对象向上进行偏移，偏移距离为 100，如图 17-181 所示。

（4）单击“默认”选项卡“绘图”面板中的“多点”按钮 ，在上步图形内绘制多个点，如图 17-182 所示。

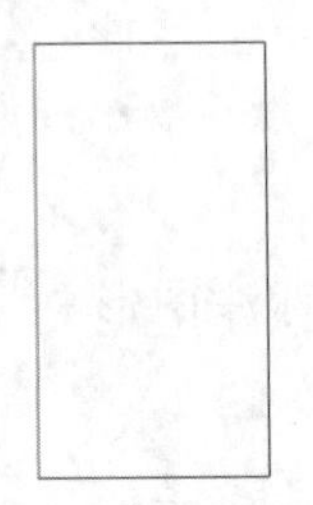

图 17-180　绘制矩形

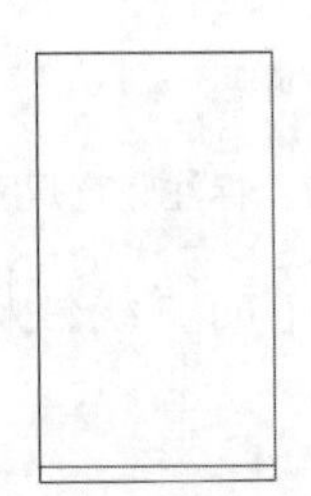

图 17-181　偏移线条

图 17-182　绘制点

（5）单击“默认”选项卡“注释”面板中的“线性标注”按钮 ，为图形添加水平尺寸，如图 17-183 所示。

（6）单击“注释”选项卡“标注”面板中的“线性标注”按钮 和“连续标注”按钮 ，为图形添加竖直尺寸，如图 17-184 所示。

（7）单击“默认”选项卡“注释”面板中的“线性标注”按钮 ，为图形添加总尺寸，如图 17-185 所示。

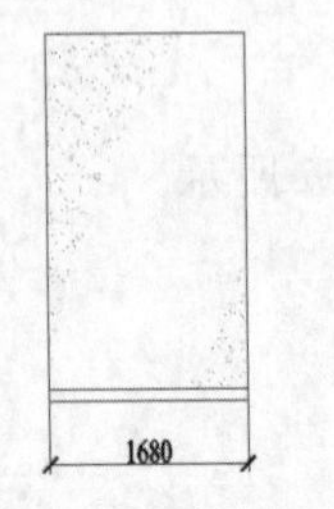

图 17-183　标注水平尺寸

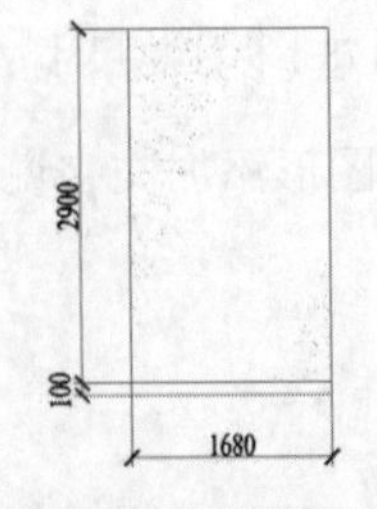

图 17-184　标注竖直尺寸

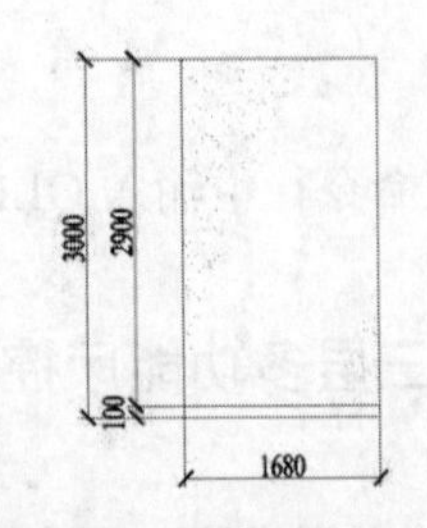

图 17-185　标注总尺寸

（8）在命令行中添加 QLEADER 命令，为图形添加文字说明，如图 17-179 所示。

17.2.4 三层多功能厅控制室 B 立面

本小节主要讲述三层多功能厅控制室 B 立面图的绘制，如图 17-186 所示。

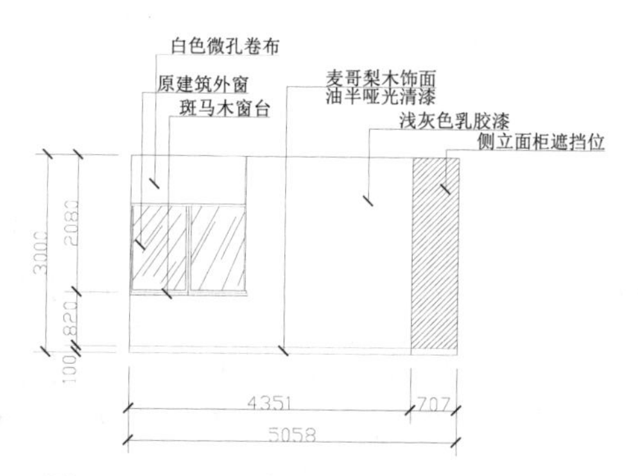

图 17-186 三层多功能厅控制室 B 立面图

源文件：源文件\第 17 章\三层多功能厅控制室 B 立面.dwg

操作步骤

（1）单击“默认”选项卡“绘图”面板中的“直线”按钮，在图形的适当位置绘制一条长为 5058 的水平直线，如图 17-187 所示。

（2）单击“默认”选项卡“绘图”面板中的“直线”按钮，以上步绘制的水平直线左边端点为直线起点，向上绘制一条长为 3000 的竖直直线，如图 17-188 所示。

图 17-187 绘制水平直线　　图 17-188 绘制竖直直线

（3）单击“默认”选项卡“修改”面板中的“偏移”按钮，选择上步绘制的水平直线为偏移对象向上偏移，偏移距离分别为 100、780、40、2080，如图 17-189 所示。

（4）单击“默认”选项卡“修改”面板中的“偏移”按钮，选择左侧竖直直线为偏移对象向右进行偏移，偏移距离分别为 20、20、820、40、40、820、20、20、20、2531、707，如图 17-190 所示。

图 17-189 偏移水平直线

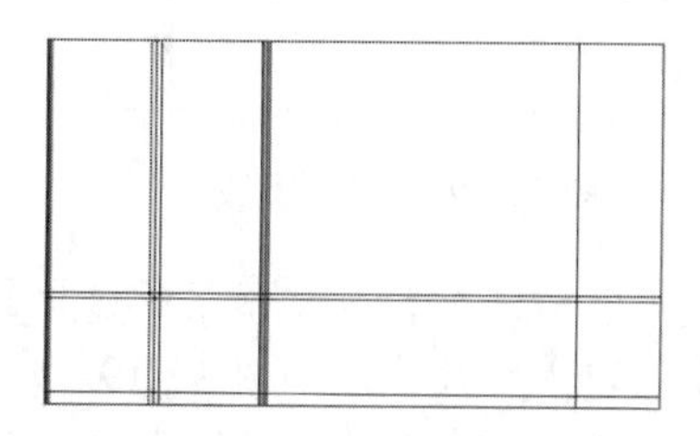

图 17-190 偏移竖直直线

（5）单击“默认”选项卡“修改”面板中的“偏移”按钮⊆，选择上边水平直线为偏移对象向下进行偏移，偏移距离分别为 732、40、1269，如图 17-191 所示。

（6）单击“默认”选项卡“修改”面板中的“修剪”按钮，对上步图形进行修剪，如图 17-192 所示。

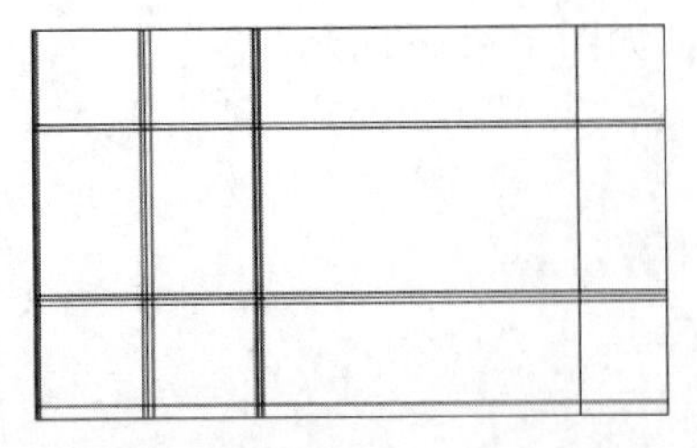

图 17-191　偏移水平直线

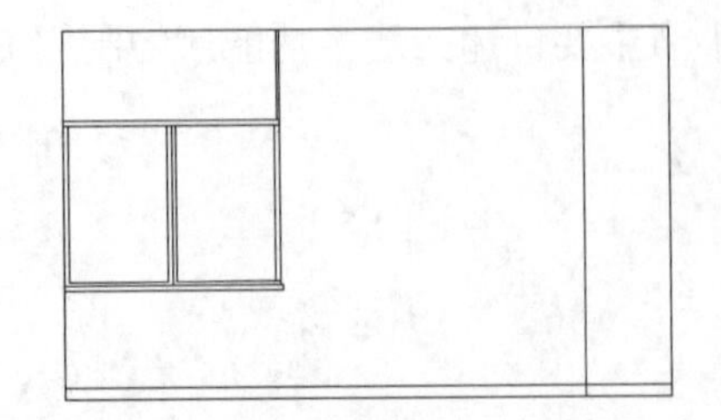

图 17-192　修剪线段

（7）单击“默认”选项卡“绘图”面板中的“图案填充”按钮，打开“图案填充创建”选项卡，选择DOTS图案，单击“拾取点”按钮，选择填充区域，设置填充比例为30，完成图案填充，效果如图 17-193 所示。

（8）单击“默认”选项卡“绘图”面板中的“图案填充”按钮，打开“图案填充创建”选项卡，选择 ANSI31 图案，单击“拾取点”按钮，选择填充区域，设置填充比例为 20，完成图案填充，效果如图 17-194 所示。

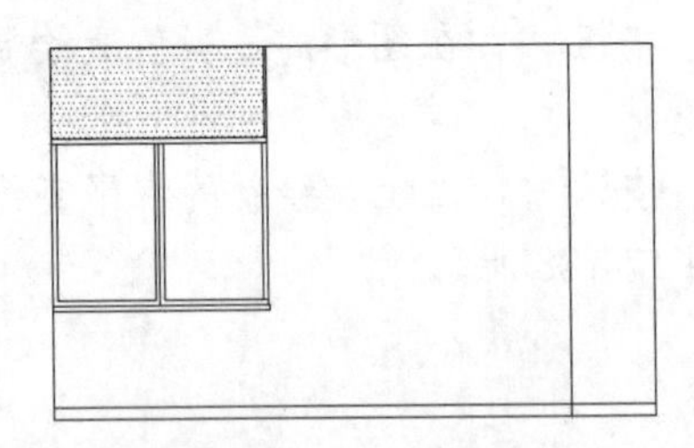

图 17-193　填充图案

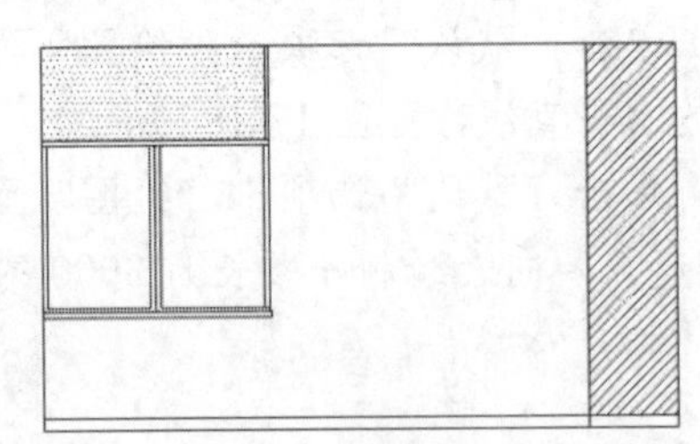

图 17-194　填充图案

（9）单击“默认”选项卡“绘图”面板中的“直线”按钮╱，在图形内绘制多条斜向直线，如图 17-195 所示。

（10）单击“默认”选项卡“绘图”面板中的“多点”按钮∴，在图形的适当位置绘制多个点，如图 17-196 所示。

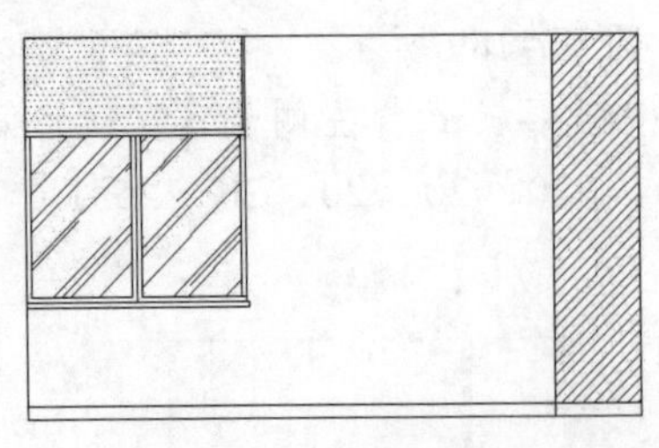

图 17-195　绘制窗线

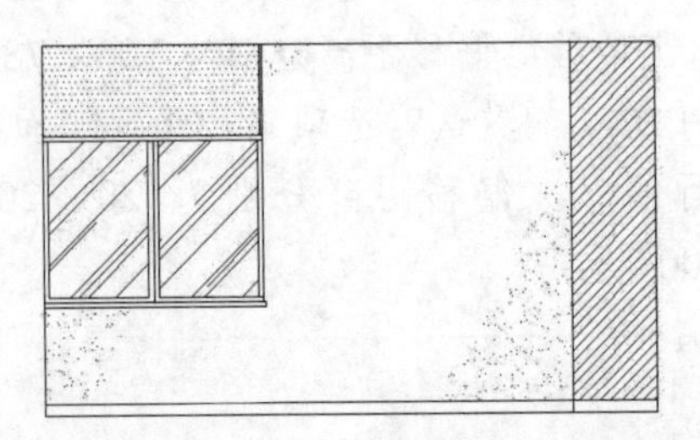

图 17-196　绘制多个点

（11）单击“注释”选项卡“标注”面板中的“线性标注”按钮和“连续标注”按钮，标注图形第一道水平尺寸，如图 17-197 所示。

（12）单击“注释”选项卡“标注”面板中的“线性标注”按钮和“连续标注”按钮，

标注图形第一道竖直尺寸，如图 17-198 所示。

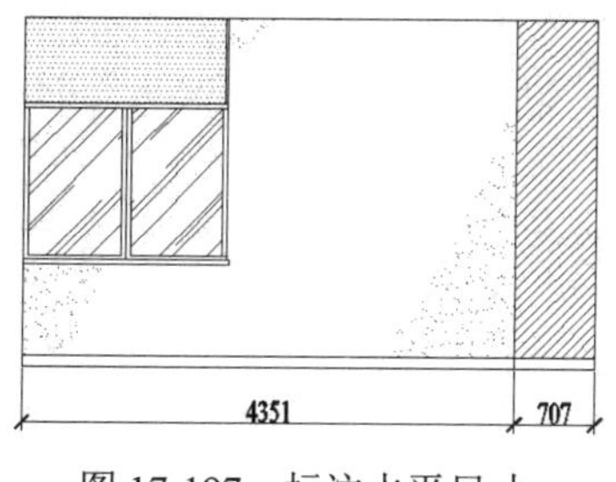

图 17-197　标注水平尺寸

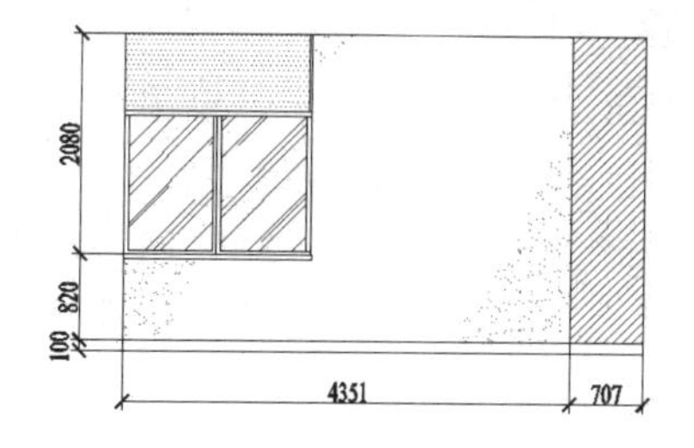

图 17-198　标注竖直尺寸

（13）单击“默认”选项卡“注释”面板中的“线性标注”按钮，为图形添加水平总尺寸，如图 17-199 所示。

（14）单击“默认”选项卡“注释”面板中的“线性标注”按钮，为图形添加竖直总尺寸，如图 17-200 所示。

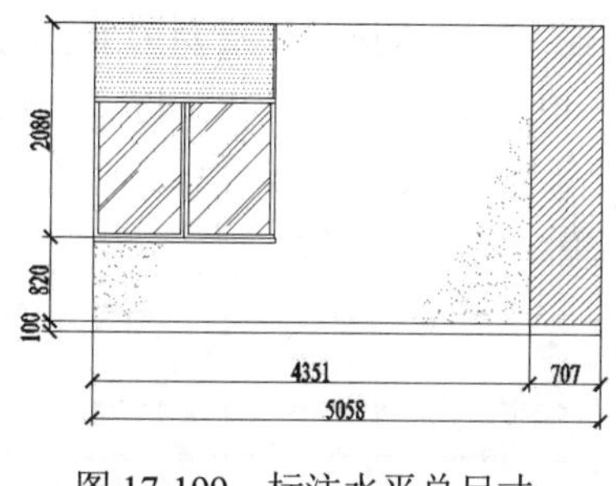

图 17-199　标注水平总尺寸

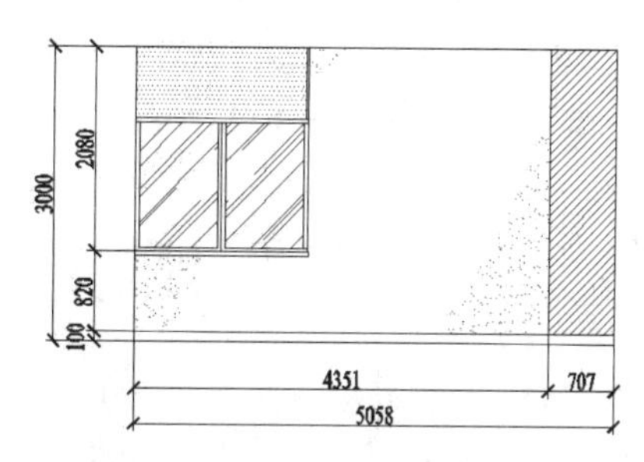

图 17-200　标注竖直总尺寸

（15）在命令行中输入 QLEADER 命令，为图形添加文字说明，如图 17-186 所示。

17.2.5　三层多功能厅控制室 C 立面

扫一扫，看视频

本小节主要讲述三层多功能厅控制室 C 立面图的绘制，如图 17-201 所示。

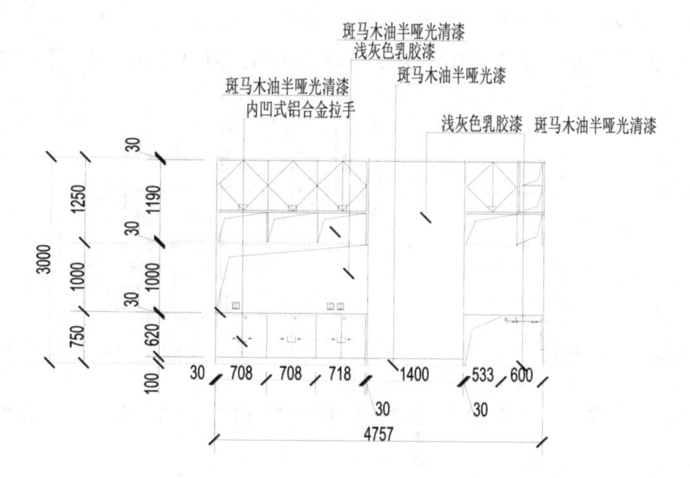

图 17-201　三层多功能厅控制室 C 立面图

源文件：源文件\第 17 章\三层多功能厅控制室 C 立面.dwg

操作步骤

（1）单击“默认”选项卡“绘图”面板中的“直线”按钮╱，在图形的适当位置绘制一条长为 4757 的水平直线，如图 17-202 所示。

（2）单击“默认”选项卡“绘图”面板中的“直线”按钮╱，以水平直线左端点为直线起点向上绘制长度为 3000 的竖直直线，如图 17-203 所示。

图 17-202　绘制水平直线　　图 17-203　绘制竖直直线

（3）单击“默认”选项卡“修改”面板中的“偏移”按钮⊆，选择上步绘制的竖直直线向右进行偏移，偏移距离分别为 30、708、708、718、30、1400、30、533、600，如图 17-204 所示。

（4）单击“默认”选项卡“修改”面板中的“偏移”按钮⊆，选择水平直线向上进行偏移，偏移距离分别为 100、620、30、1000、30、430、30、730、30，如图 17-205 所示。

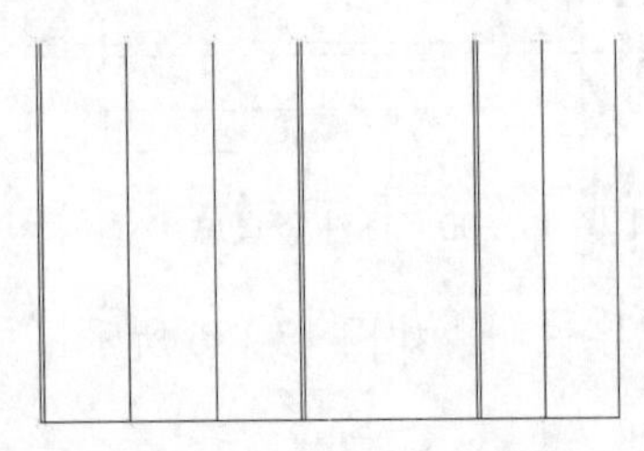

图 17-204　偏移竖直直线

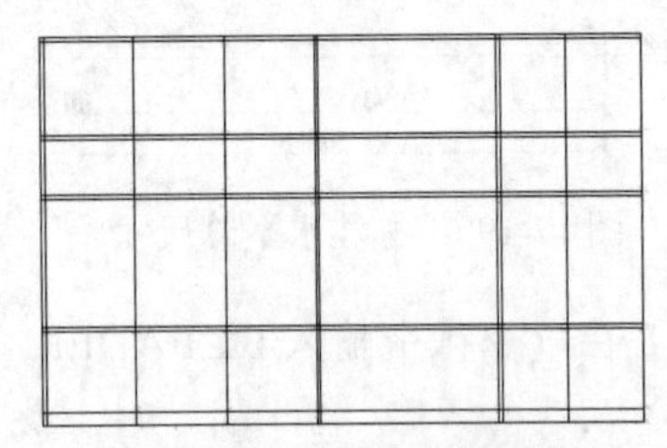

图 17-205　偏移水平直线

（5）单击“默认”选项卡“修改”面板中的“修剪”按钮✂，对上步偏移线段进行修剪，如图 17-206 所示。

（6）单击“默认”选项卡“修改”面板中的“偏移”按钮⊆，选择左侧竖直直线为偏移对象并向右侧偏移，偏移距离分别为 384、340、20、348、348、20、354，如图 17-207 所示。

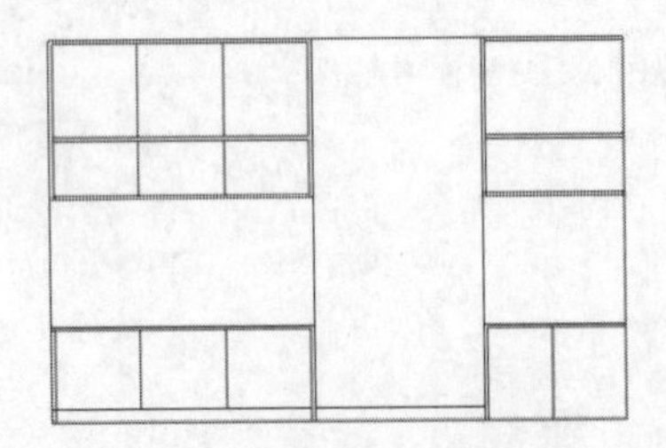

图 17-206　修剪线段

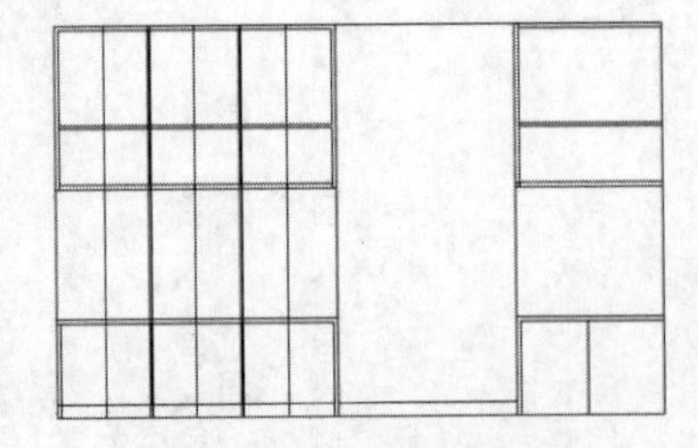

图 17-207　偏移竖直直线

（7）单击“默认”选项卡“修改”面板中的“修剪”按钮✂，对上步图形进行修剪，如图 17-208 所示。

（8）使用上述方法完成右侧图形的绘制，如图 17-209 所示。

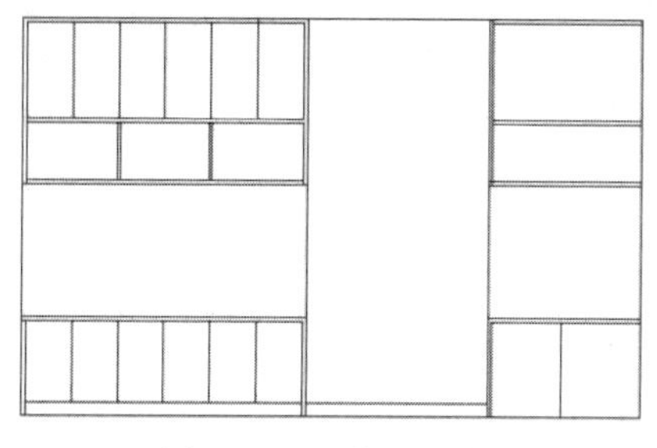
图 17-208　修剪线条

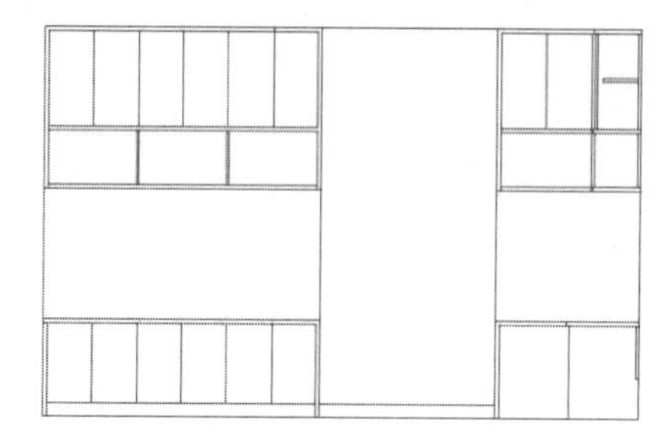
图 17-209　绘制右侧图形

（9）单击“默认”选项卡“绘图”面板中的“直线”按钮，在图形的适当位置绘制多条直线，如图 17-210 所示。

（10）单击“默认”选项卡“绘图”面板中的“矩形”按钮，在图形的适当位置绘制多个 120×80 的矩形，如图 17-211 所示。

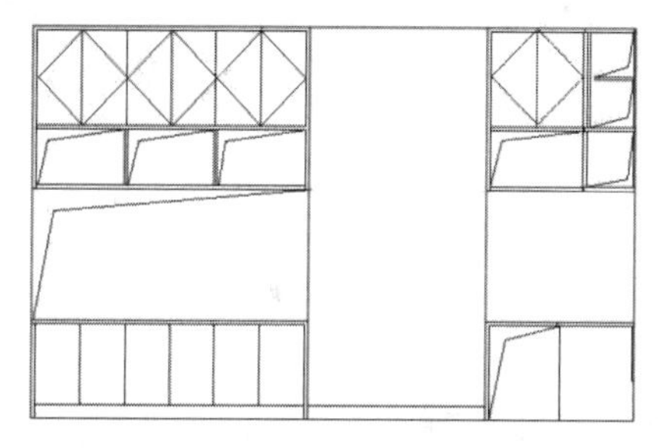
图 17-210　绘制多条直线

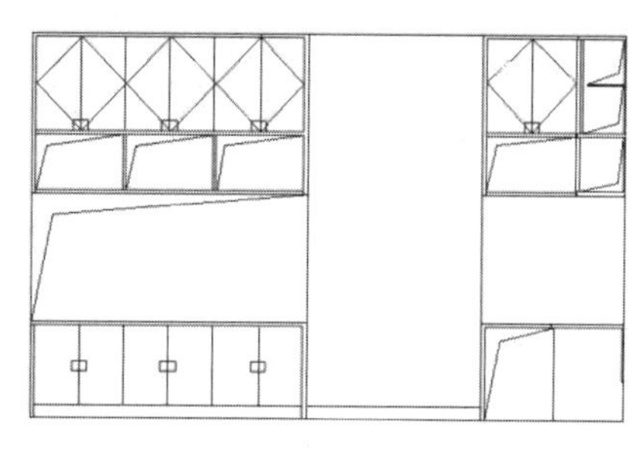
图 17-211　绘制矩形

（11）单击“默认”选项卡“绘图”面板中的“矩形”按钮，在图形的适当位置绘制一个 97×97 的矩形，如图 17-212 所示。

（12）单击“默认”选项卡“修改”面板中的“偏移”按钮，选择上步绘制的矩形为偏移对象向内进行偏移，偏移距离为 5，如图 17-213 所示。

（13）单击“默认”选项卡“修改”面板中的“圆角”按钮，将上步偏移的矩形进行圆角处理，圆角半径为 5，如图 17-214 所示。

（14）单击“默认”选项卡“绘图”面板中的“矩形”按钮，在上步圆角矩形内绘制一个 4×14 的矩形，如图 17-215 所示。

图 17-212　绘制矩形

图 17-213　偏移矩形

图 17-214　圆角处理

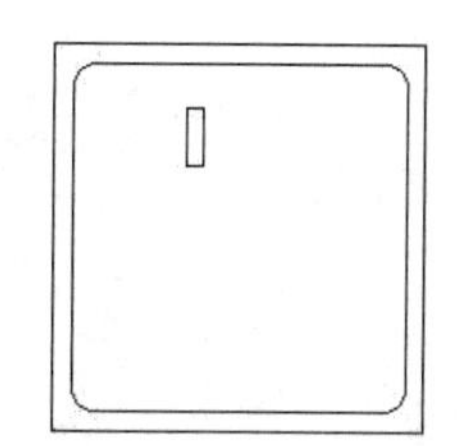
图 17-215　绘制矩形

（15）单击“默认”选项卡“修改”面板中的“复制”按钮，选择上步绘制的矩形为复制对象进行复制，如图 17-216 所示。

（16）单击“默认”选项卡“修改”面板中的“复制”按钮，选择如图 17-216 所示的图形为复制对象向右进行复制，如图 17-217 所示。

图 17-216　复制矩形

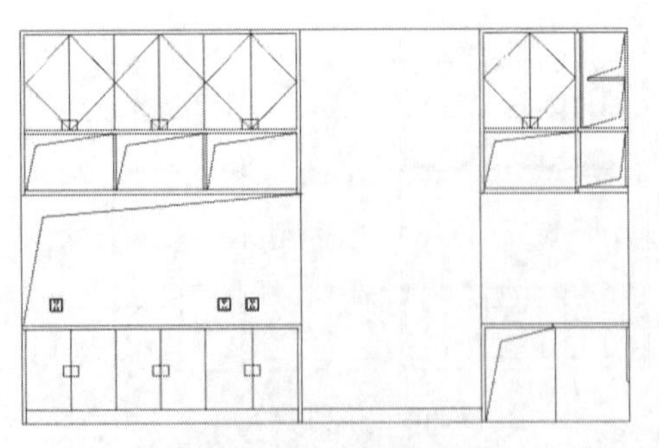

图 17-217　复制图形

（17）单击“默认”选项卡“绘图”面板中的“圆”按钮，在图形的适当位置绘制一个半径为 19 的圆，如图 17-218 所示。

（18）单击“默认”选项卡“修改”面板中的“复制”按钮，选择上步绘制的圆进行复制，如图 17-219 所示。

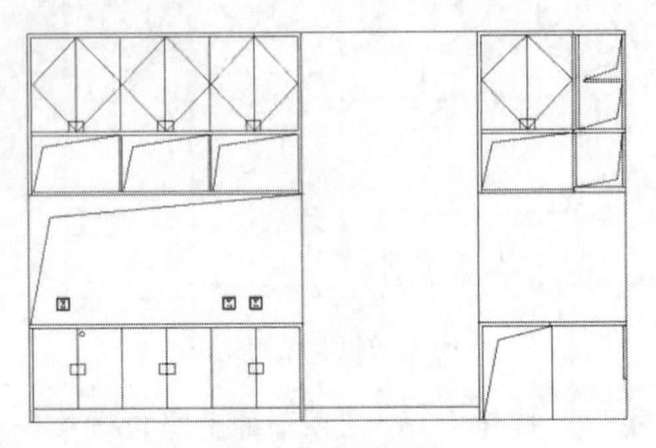

图 17-218　绘制圆

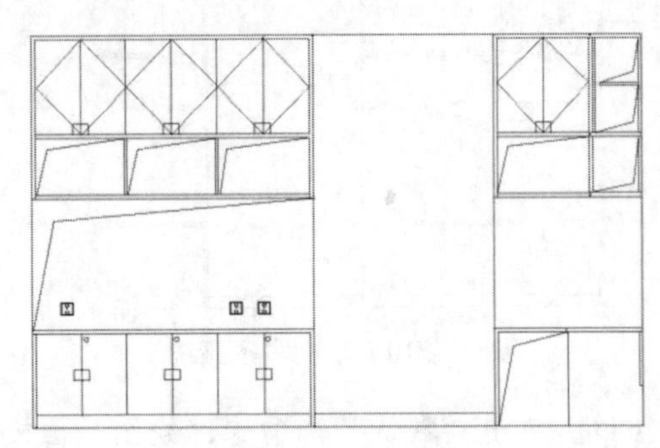

图 17-219　复制圆

（19）单击“默认”选项卡“绘图”面板中的“直线”按钮和“圆”按钮，绘制图形细部，如图 17-220 所示。

（20）单击“默认”选项卡“绘图”面板中的“直线”按钮，在图形的适当位置绘制连续直线，如图 17-221 所示。

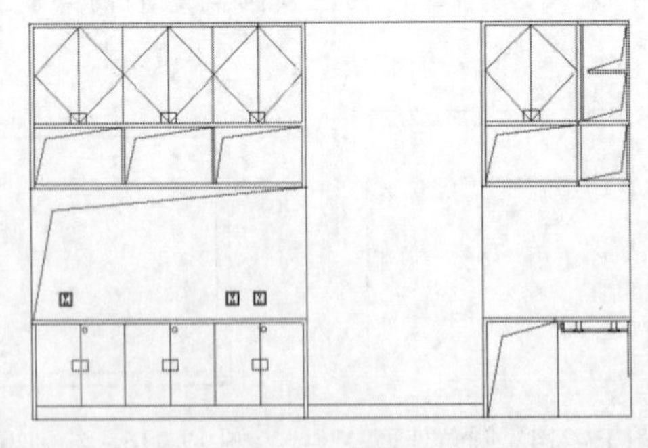

图 17-220　绘制细部

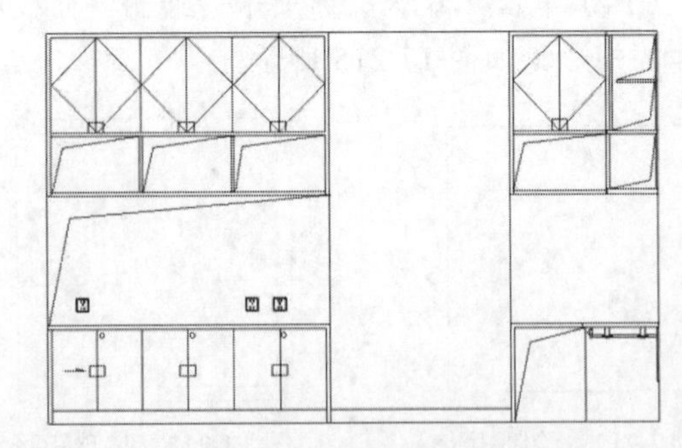

图 17-221　绘制连续直线

（21）单击“默认”选项卡“绘图”面板中的“图案填充”按钮，打开“图案填充创建”选项卡，单击“图案填充图案”选项，在打开的“填充图案”下拉列表框中选择 SOLID 图案，如图 17-222 所示，单击“拾取点”按钮，选择填充区域，完成图案填充，效果如图 17-223 所示。

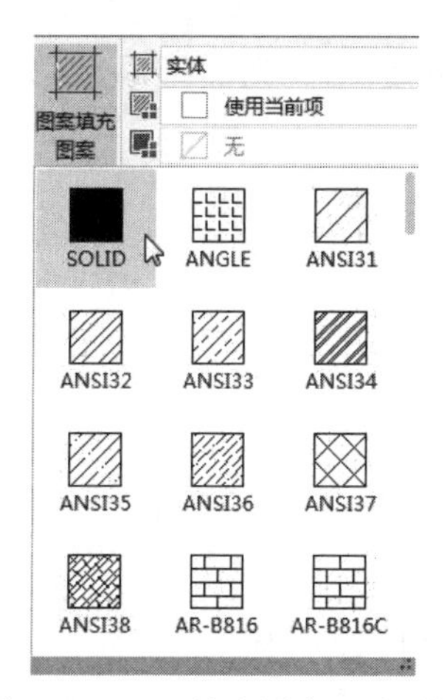

图 17-222　“填充图案”选项板

图 17-223　填充图案

（22）单击“默认”选项卡“修改”面板中的“复制”按钮和“镜像”按钮，完成剩余图形的绘制，如图 17-224 所示。

（23）单击“默认”选项卡“绘图”面板中的“多点”按钮，在图形的适当位置绘制多个点，如图 17-225 所示。

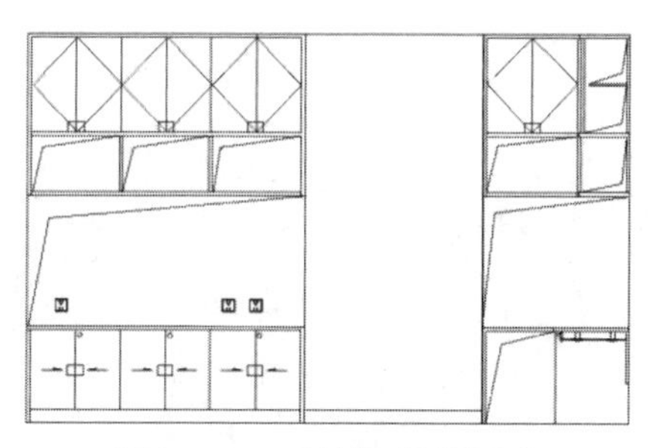

图 17-224　复制和镜像图形

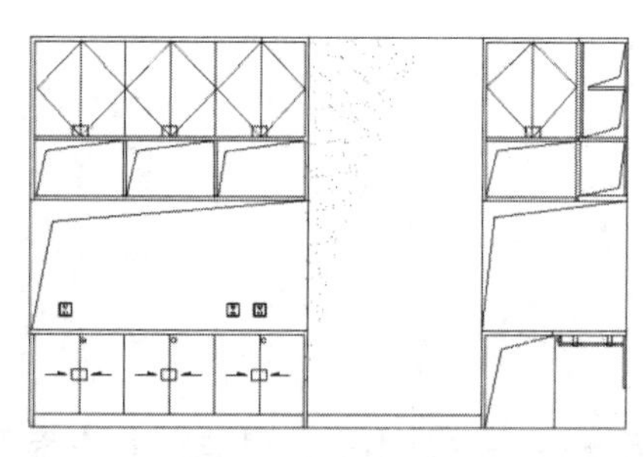

图 17-225　绘制点

（24）标注尺寸和文字。

① 单击“注释”选项卡“标注”面板中的“线性标注”按钮和“连续标注”按钮，标注图形第一道水平尺寸，如图 17-226 所示。

② 单击“注释”选项卡“标注”面板中的“线性标注”按钮和“连续标注”按钮，标注图形第一道竖直尺寸，如图 17-227 所示。

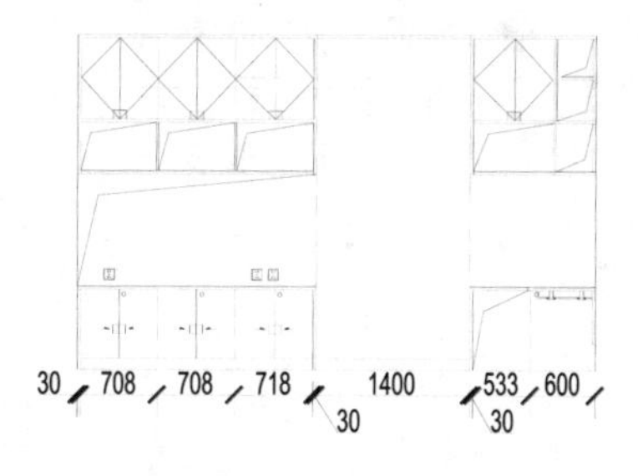

图 17-226　标注水平尺寸

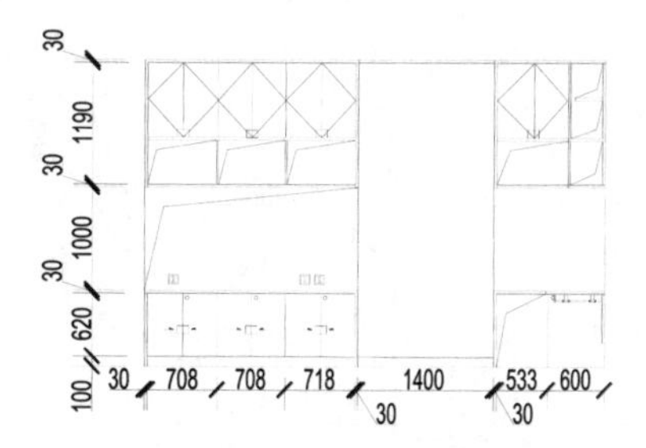

图 17-227　标注竖直尺寸

③ 单击“默认”选项卡“注释”面板中的“线性标注”按钮，为图形添加第二道竖直尺寸，如图 17-228 所示。

④ 单击“默认”选项卡“注释”面板中的“线性标注”按钮⊢⊣，为图形添加总尺寸，如图 17-229 所示。

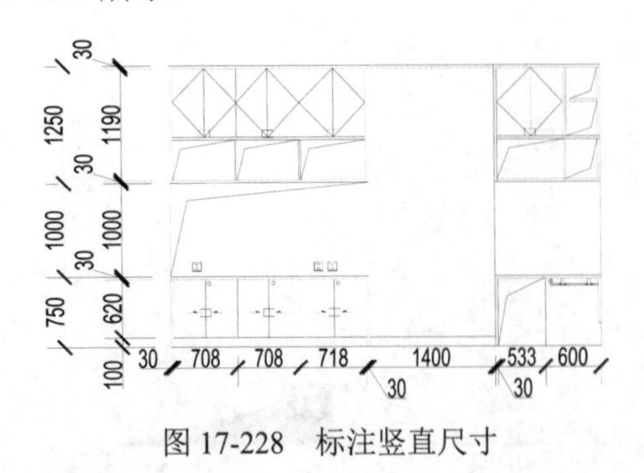

图 17-228　标注竖直尺寸

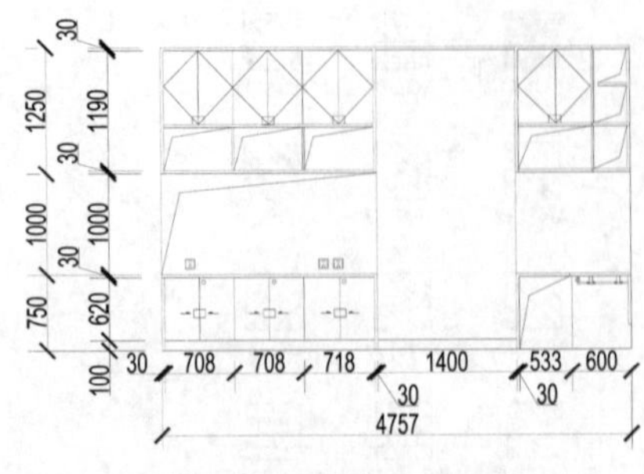

图 17-229　标注总尺寸

⑤ 单击“默认”选项卡“注释”面板中的“线性标注”按钮⊢⊣，为图形添加竖直尺寸，如图 17-230 所示。

⑥ 在命令行中输入 QLEADER 命令，为图形添加文字说明，如图 17-201 所示。

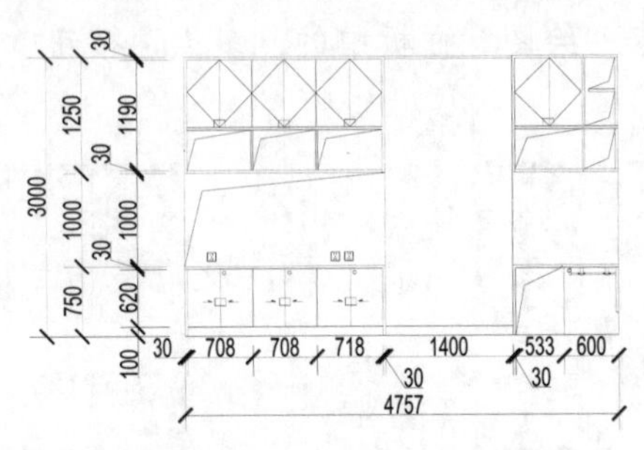

图 17-230　标注竖直尺寸

扫一扫，看视频

动手练——洗浴中心一层走廊 A 立面图

绘制如图 17-231 所示的洗浴中心一层走廊 A 立面图。

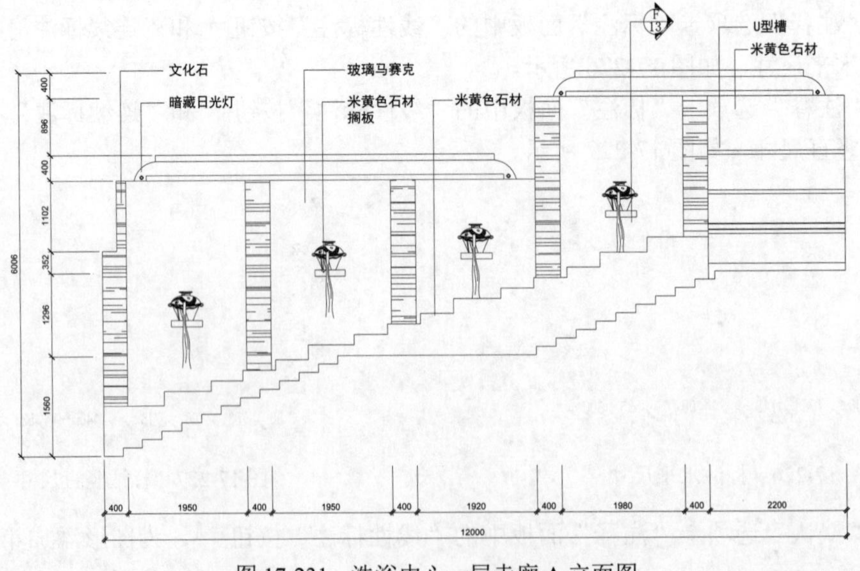

图 17-231　洗浴中心一层走廊 A 立面图

思路点拨：

源文件：源文件\第 17 章\洗浴中心一层走廊 A 立面图.dwg

（1）绘制立面图。

（2）标注尺寸。

（3）标注说明文字。

第 18 章　中餐厅剖面图的绘制

内容简介

建筑剖面图主要反映了建筑物的结构形式、垂直空间的利用、各层的构造做法以及门窗洞口的高度等。本章将以中餐厅剖面图为例，详细讲述建筑剖面图的绘制方法与相关技巧。

内容要点

- 二层中餐厅剖面图的绘制
- 三层中餐厅剖面图的绘制

案例效果

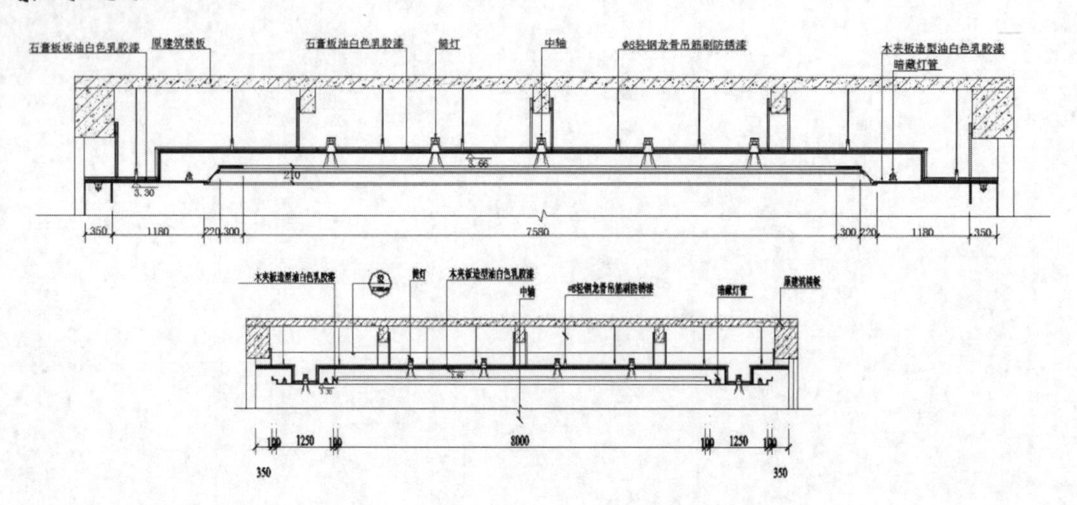

扫一扫，看视频

18.1　二层中餐厅$\frac{A}{2T-01}$剖面图的绘制

本节主要讲述二层中餐厅$\frac{A}{2T-01}$剖面图的绘制方法，剖面图的最终效果如图 18-1 所示。

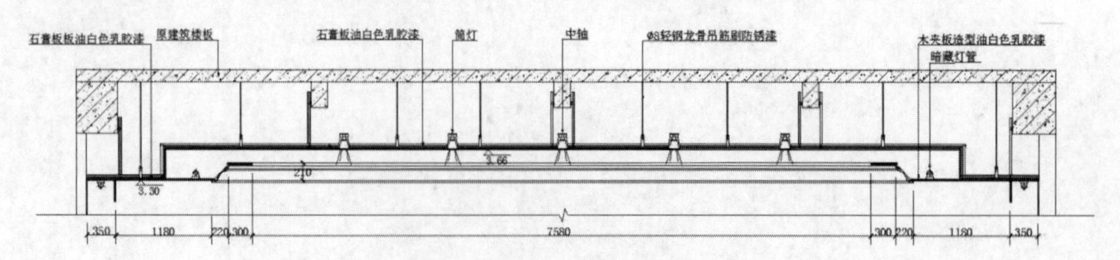

图 18-1　二层中餐厅$\frac{A}{2T-01}$剖面图

源文件： 源文件\第 18 章\二层中餐厅$\frac{A}{2T-01}$剖面图.dwg

18.1.1　绘制剖面图

操作步骤

1. 绘制建筑楼板

（1）单击“默认”选项卡“绘图”面板中的“直线”按钮，在图形的适当位置绘制一条长为 12016 的水平直线，如图 18-2 所示。

图 18-2　绘制水平直线

（2）单击“默认”选项卡“绘图”面板中的“直线”按钮，以上步绘制的直线左端点为直线起点，向上绘制一条长度为 1715 的竖直直线，如图 18-3 所示。

（3）单击“默认”选项卡“修改”面板中的“偏移”按钮，选择绘制的水平直线向上偏移，偏移距离分别为 965、300、300、150，如图 18-4 所示。

图 18-3　绘制竖直直线　　图 18-4　偏移水平直线

（4）单击“默认”选项卡“修改”面板中的“偏移”按钮，选择竖直直线向右进行偏移，偏移距离分别为 120、380、2400、200、2808、200、2808、200、2385、318、200，如图 18-5 所示。

（5）单击“默认”选项卡“修改”面板中的“修剪”按钮，对上步偏移的线段进行修剪，如图 18-6 所示。

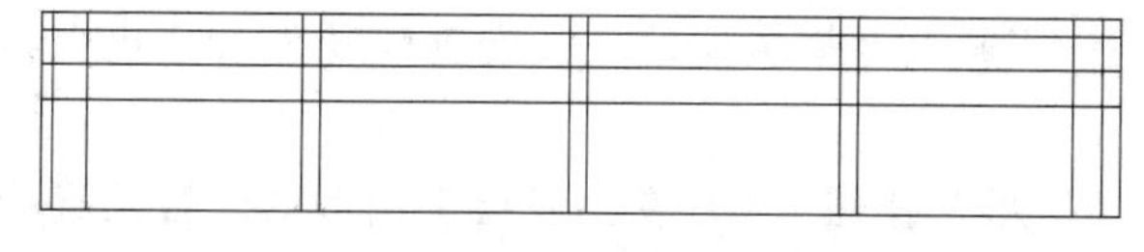

图 18-5　偏移竖直直线

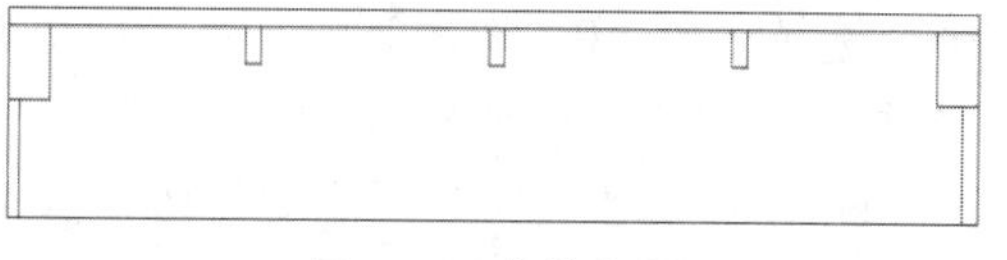

图 18-6　修剪线段

（6）单击“默认”选项卡“绘图”面板中的“图案填充”按钮，打开“图案填充创建”选项卡，选择 ANSI31 图案，单击“拾取点”按钮，选择填充区域，设置角度为 0，比例为 20，完成图案填充，效果如图 18-7 所示。

（7）单击“默认”选项卡“绘图”面板中的“图案填充”按钮，打开“图案填充创建”选项卡，选择 AR-CONC 图案，单击“拾取点”按钮，选择填充区域，设置角度为 0，比例为 1，完成图案填充，效果如图 18-8 所示。

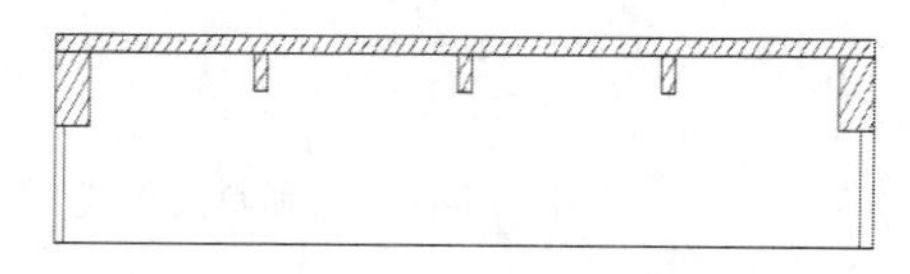

图 18-7　填充 ANSI31 图案

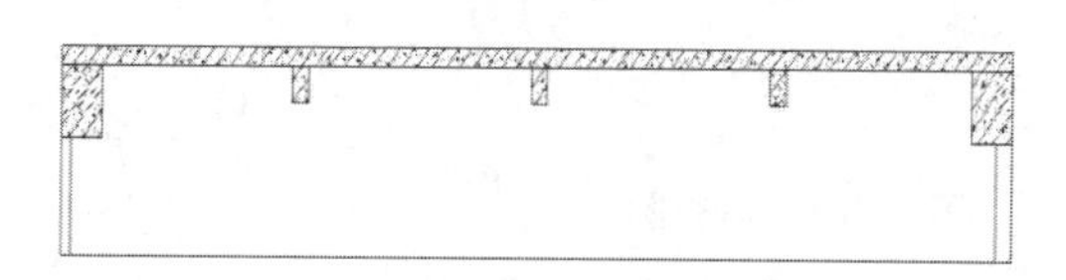

图 18-8　填充 AR-CONC 图案

2．绘制屋架

（1）单击“默认”选项卡“绘图”面板中的“矩形”按钮，在图形的适当位置绘制一个1578×20的矩形，如图18-9所示。

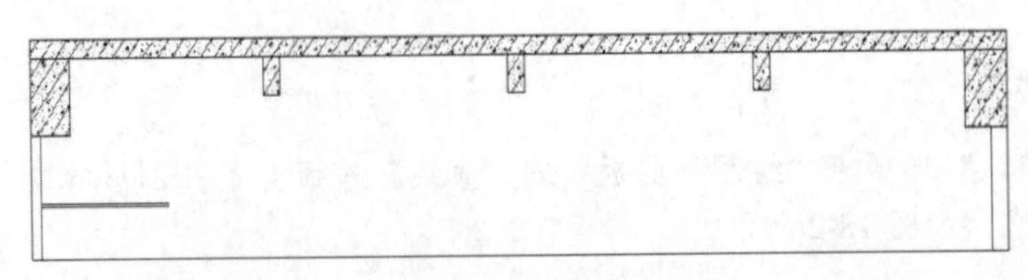

图18-9　绘制矩形

（2）单击“默认”选项卡“修改”面板中的“分解”按钮，选择上步绘制的矩形为分解对象，按Enter键进行分解。

（3）单击“默认”选项卡“修改”面板中的“偏移”按钮，选择分解后的矩形底部水平边向上偏移，偏移距离为7和6，如图18-10所示。

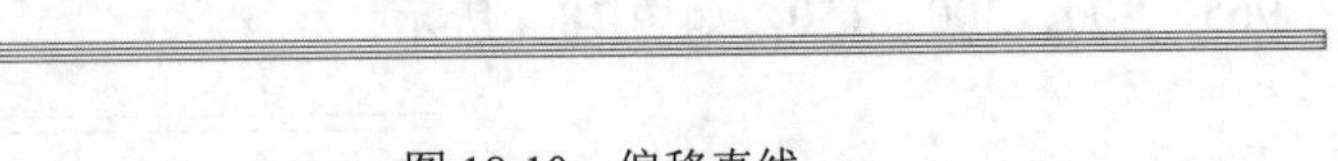

图18-10　偏移直线

（4）单击“默认”选项卡“绘图”面板中的“直线”按钮和“圆弧”按钮，绘制连续线条，如图18-11所示。

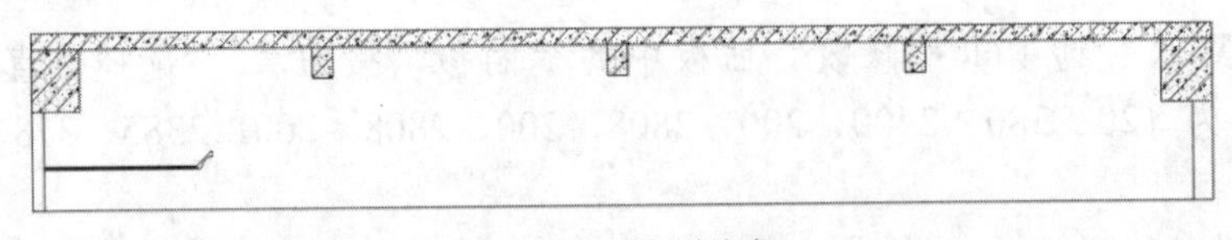

图18-11　绘制线条

（5）单击“默认”选项卡“绘图”面板中的“图案填充”按钮，打开“图案填充创建”选项卡，选择“木10”图案类型，单击“拾取点”按钮，选择填充区域，设置角度为0，比例为2，完成图案填充，效果如图18-12所示。

（6）单击“默认”选项卡“绘图”面板中的“矩形”按钮，在上步绘制图形的适当位置绘制一个20×70的矩形，如图18-13所示。

（7）单击“默认”选项卡“绘图”面板中的“直线”按钮，在上步绘制的矩形内绘制多条斜向直线，如图18-14所示。

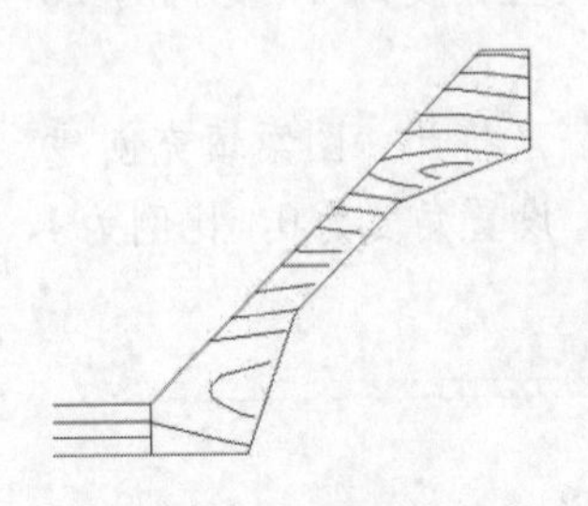

图18-12　填充图案

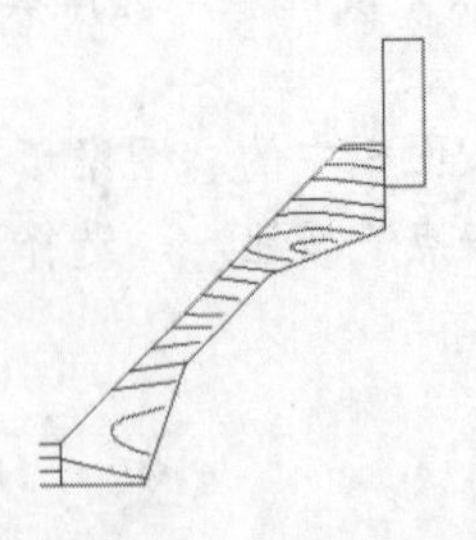

图18-13　绘制矩形

图18-14　绘制斜向直线

（8）单击“默认”选项卡“绘图”面板中的“矩形”按钮，在图形的适当位置绘制一个

300×30 的矩形，如图 18-15 所示。

（9）单击“默认”选项卡“修改”面板中的“分解”按钮，选择上步绘制的矩形为分解对象进行分解。

（10）单击“默认”选项卡“修改”面板中的“偏移”按钮，选择上步分解的矩形水平边为偏移对象向下进行偏移，偏移距离分别为 6、6、6、6，如图 18-16 所示。

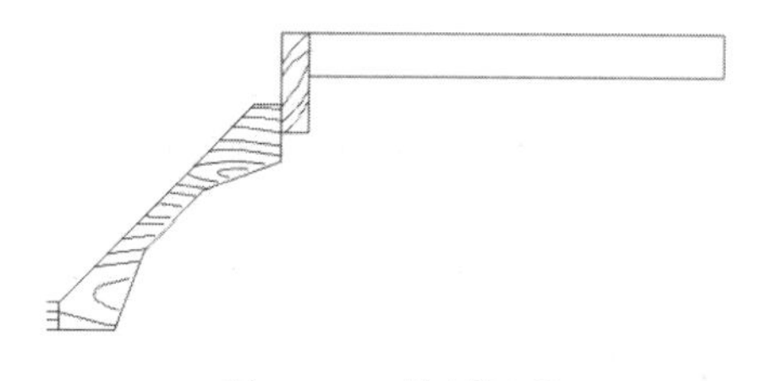

图 18-15　绘制矩形

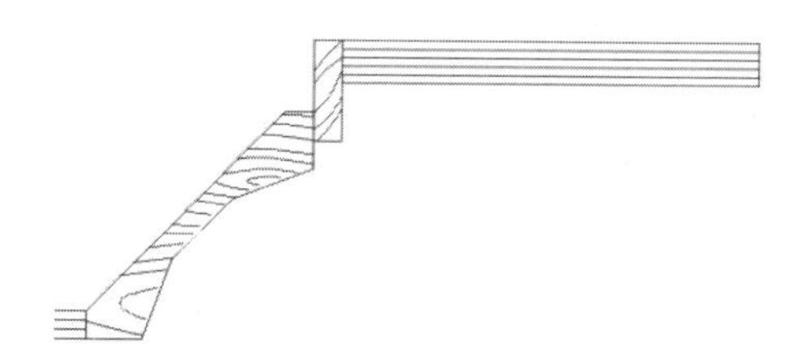

图 18-16　偏移水平边

（11）单击“默认”选项卡“绘图”面板中的“矩形”按钮，在图形的适当位置绘制一个 60×20 的矩形，如图 18-17 所示。

（12）单击“默认”选项卡“绘图”面板中的“直线”按钮，在上步绘制的矩形内绘制多条直线，如图 18-18 所示。

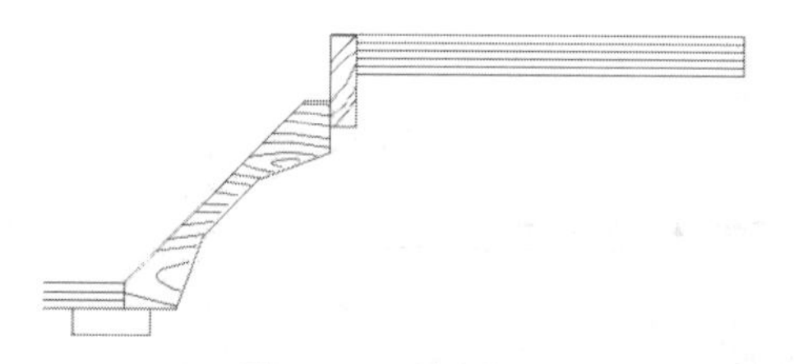

图 18-17　绘制矩形

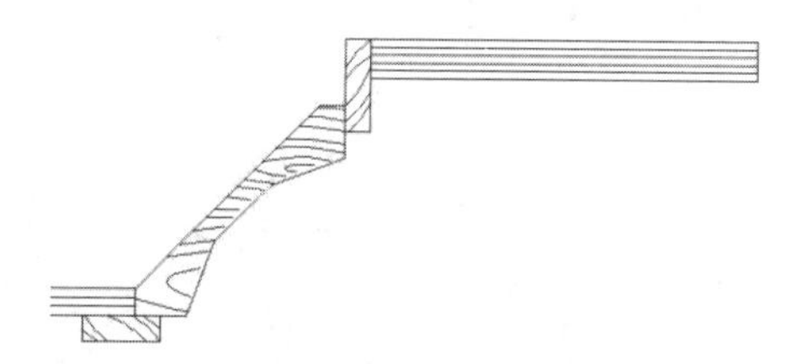

图 18-18　绘制直线

（13）单击“默认”选项卡“修改”面板中的“镜像”按钮，选择上步图形为镜像图形向右侧进行镜像，镜像效果如图 18-19 所示。

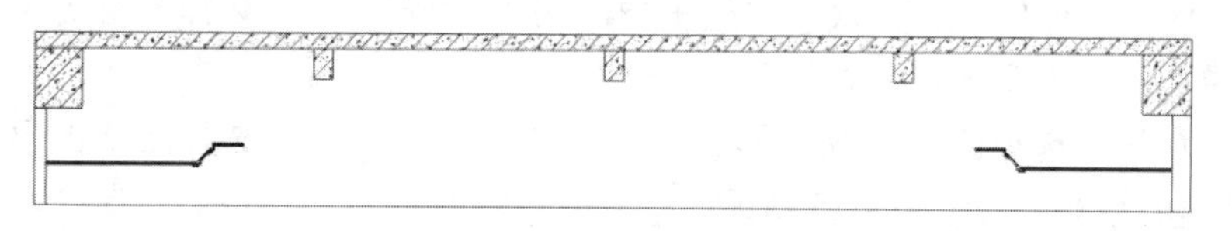

图 18-19　镜像图形

（14）单击“默认”选项卡“绘图”面板中的“直线”按钮，绘制连接两镜像图形的水平直线，如图 18-20 所示。

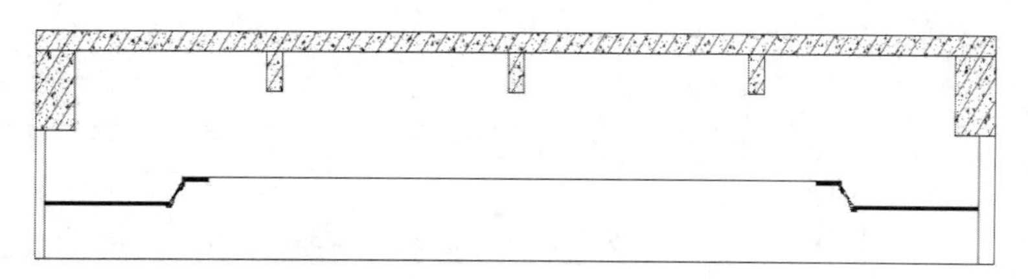

图 18-20　连接图形

（15）单击“默认”选项卡“修改”面板中的“偏移”按钮，选择上步绘制的水平直线向下进行偏移，偏移距离分别为 30、40、20、120、20，如图 18-21 所示。

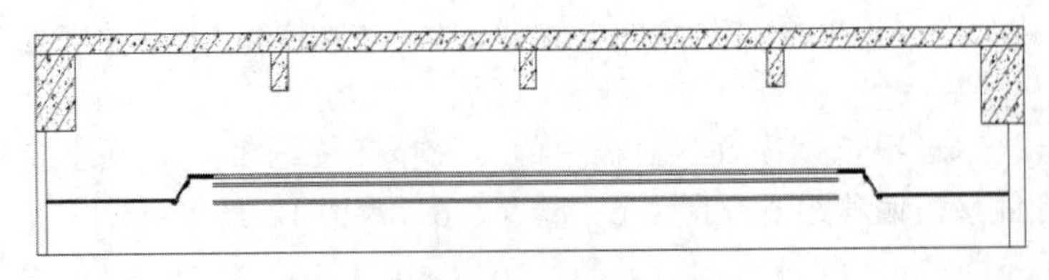

图 18-21 偏移线条

（16）单击“默认”选项卡“修改”面板中的“延伸”按钮⟶|，选择上步偏移的线段向两侧进行延伸，如图 18-22 所示。

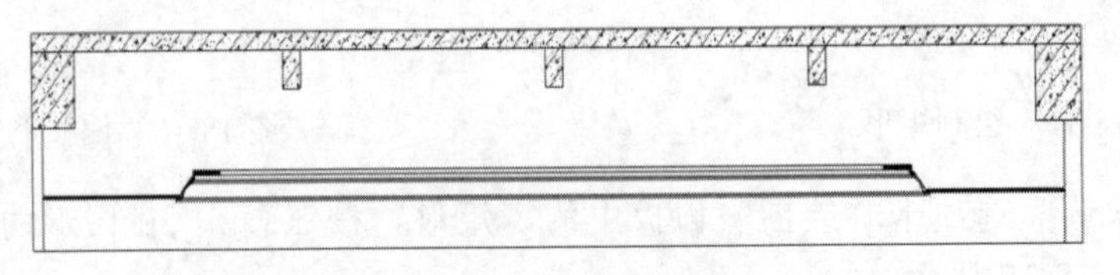

图 18-22 延伸线条

（17）单击“默认”选项卡“绘图”面板中的“矩形”按钮□，在图形的适当位置绘制一个 22×250 的矩形，如图 18-23 所示。

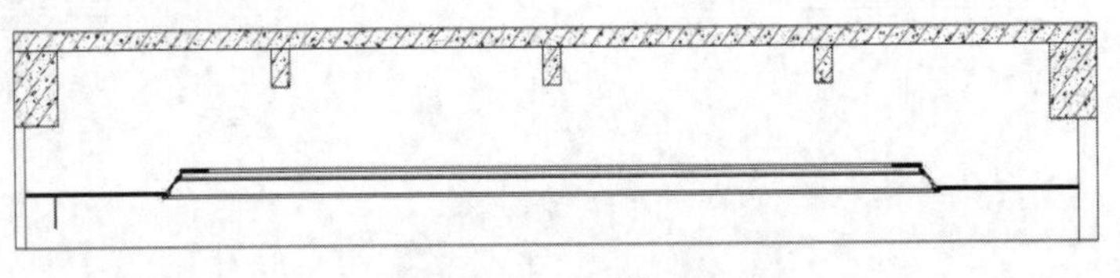

图 18-23 绘制矩形

（18）单击“默认”选项卡“修改”面板中的“分解”按钮，选择上步绘制的矩形为分解对象，按 Enter 键进行分解。

（19）单击“默认”选项卡“修改”面板中的“偏移”按钮⊆，选择分解的矩形左侧的竖直边向右进行偏移，偏移距离为 7 和 7，如图 18-24 所示。

（20）单击“默认”选项卡“修改”面板中的“镜像”按钮⚠，选择上步图形为镜像图形，以 AB 两点为镜像点进行镜像，如图 18-25 所示。

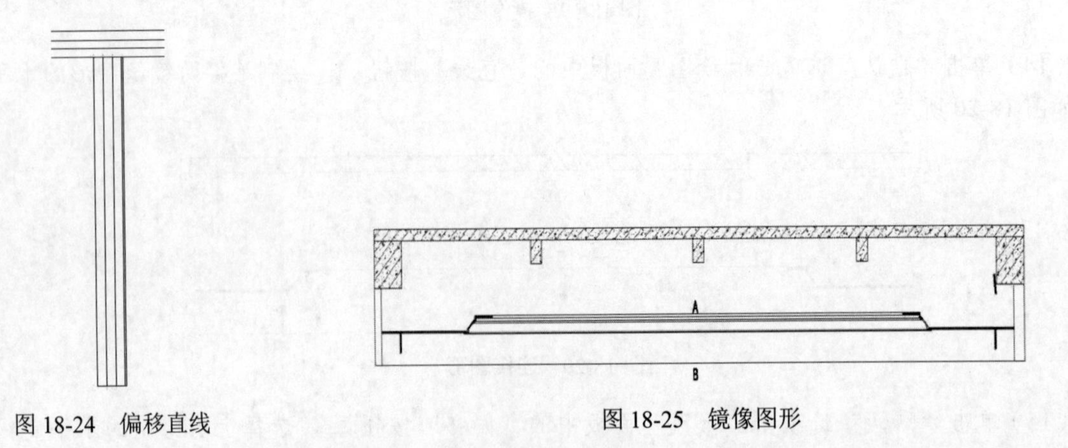

图 18-24 偏移直线

图 18-25 镜像图形

3．绘制暗藏灯管

（1）单击“默认”选项卡“绘图”面板中的“矩形”按钮▭，在图形的适当位置绘制一个91×23 的矩形，如图 18-26 所示。

（2）单击“默认”选项卡“绘图”面板中的“直线”按钮╱，在上步绘制的矩形下方绘制两条斜向直线，如图 18-27 所示。

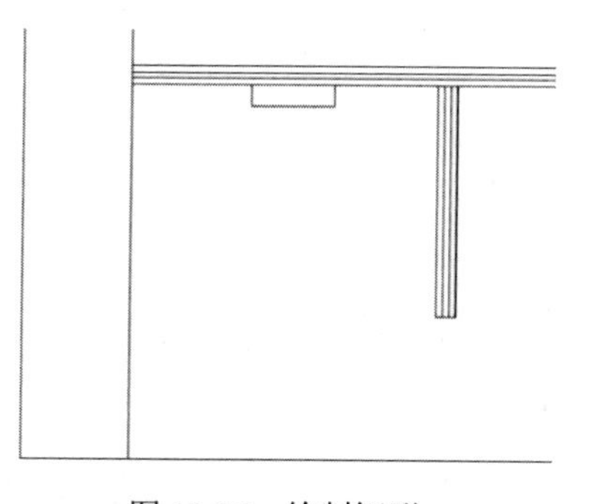

图 18-26　绘制矩形

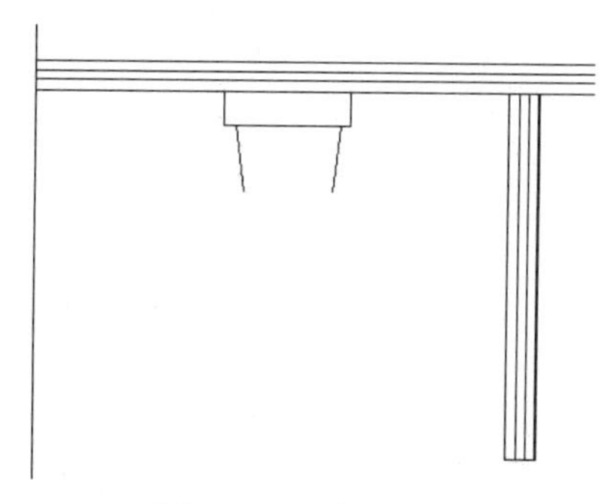

图 18-27　绘制直线

（3）单击“默认”选项卡“绘图”面板中的“圆弧”按钮◜，以上步绘制的两条斜线下端点为圆弧的起点和终点绘制一段圆弧，如图 18-28 所示。

（4）单击“默认”选项卡“绘图”面板中的“圆”按钮⊙，以上步绘制圆弧的中心为圆的圆心，绘制半径为 26 的圆，如图 18-29 所示。

（5）单击“默认”选项卡“绘图”面板中的“直线”按钮╱，绘制过圆心的十字交叉线，如图 18-30 所示。

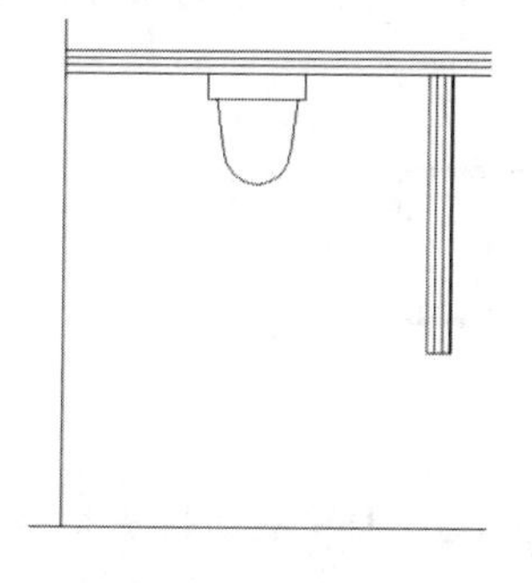

图 18-28　绘制圆弧

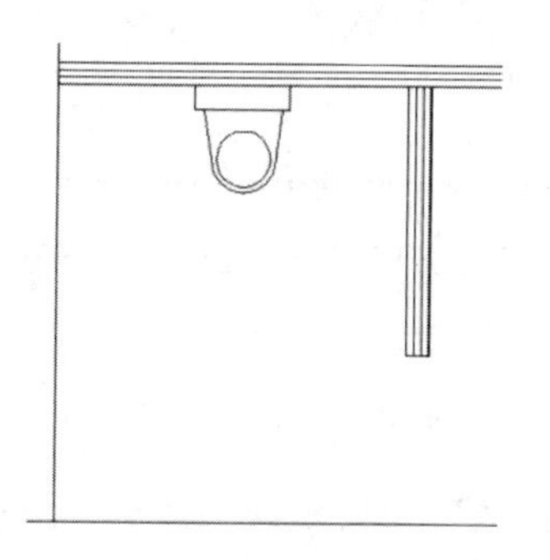

图 18-29　绘制圆

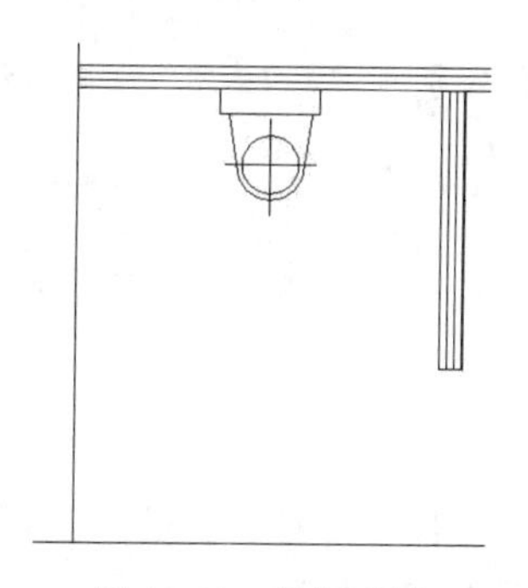

图 18-30　绘制直线

（6）单击“默认”选项卡“修改”面板中的“镜像”按钮⚠，选择上步绘制图形为镜像对象向右侧进行镜像，如图 18-31 所示。

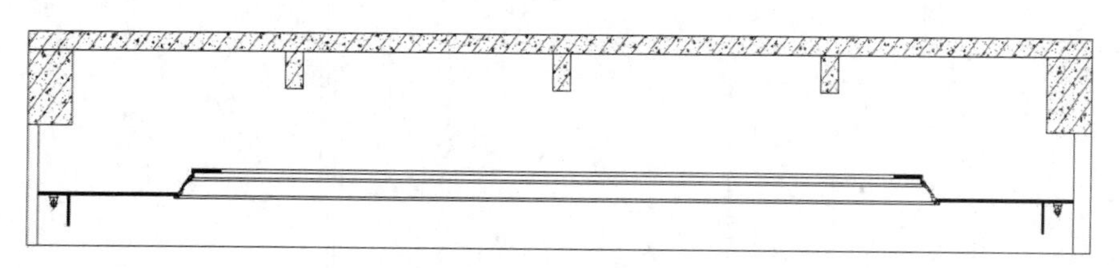

图 18-31　镜像图形

（7）利用相同方法绘制剩余的相同图形，如图 18-32 所示。

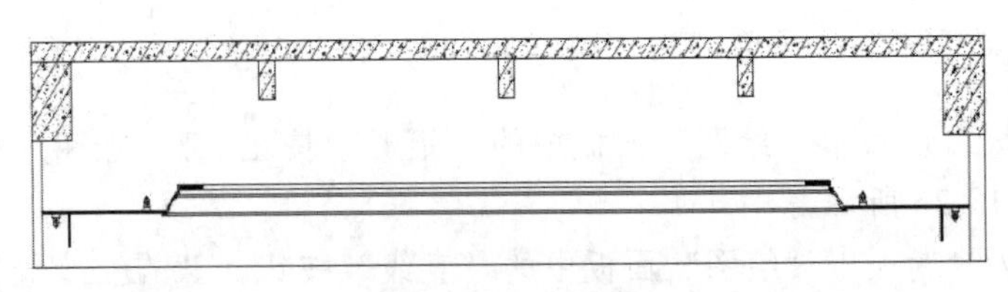

图 18-32　绘制图形

（8）单击“默认”选项卡“绘图”面板中的“直线”按钮╱，在适当的位置绘制连续直线，如图 18-33 所示。

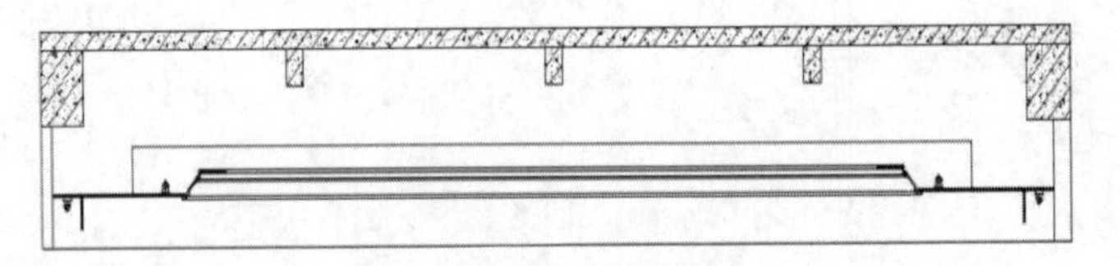

图 18-33　绘制直线

（9）单击“默认”选项卡“修改”面板中的“偏移”按钮⊆，选择上步绘制的连续直线中的竖直直线分别向内偏移，偏移距离分别为 7、7、7，如图 18-34 所示。

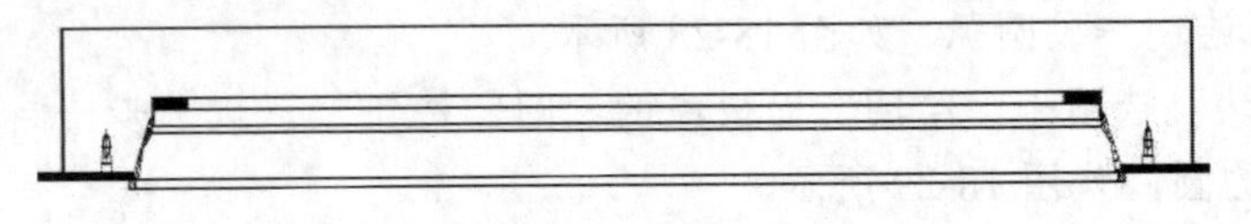

图 18-34　偏移竖直直线

（10）单击“默认”选项卡“修改”面板中的“偏移”按钮⊆，选择水平直线向下偏移，偏移距离分别为 7、7、7，如图 18-35 所示。

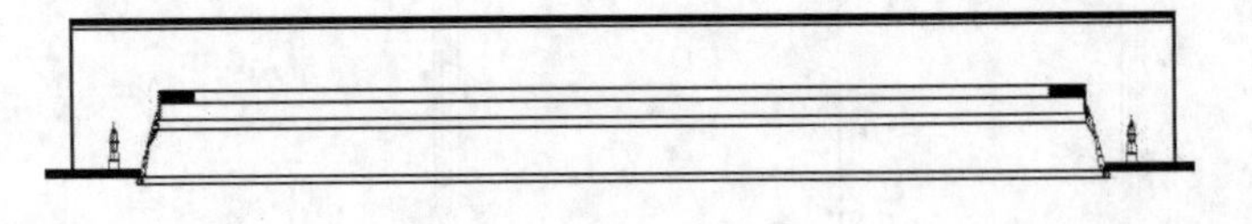

图 18-35　偏移水平直线

（11）单击“默认”选项卡“修改”面板中的“修剪”按钮✂，对上步偏移的线段进行修剪，如图 18-36 所示。

图 18-36　修剪图形

（12）单击“默认”选项卡“绘图”面板中的“直线”按钮╱和“偏移”按钮⊆，绘制外部图形，如图 18-37 所示。

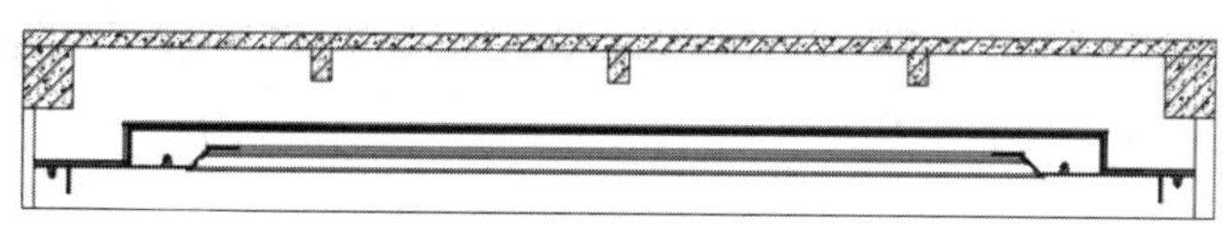

图 18-37 偏移直线

4．绘制筒灯

（1）单击“默认”选项卡“绘图”面板中的“矩形”按钮▭，在图形的适当位置绘制一个 103×11 的矩形，如图 18-38 所示。

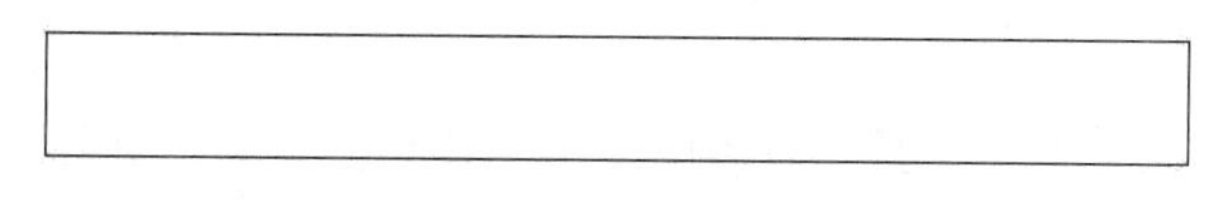

图 18-38 绘制矩形

（2）单击“默认”选项卡“绘图”面板中的“矩形”按钮▭，在上步矩形下方绘制一个 99×28 的矩形，如图 18-39 所示。

（3）单击“默认”选项卡“绘图”面板中的“矩形”按钮▭，在上步图形下方绘制一个 44×33 的矩形，如图 18-40 所示。

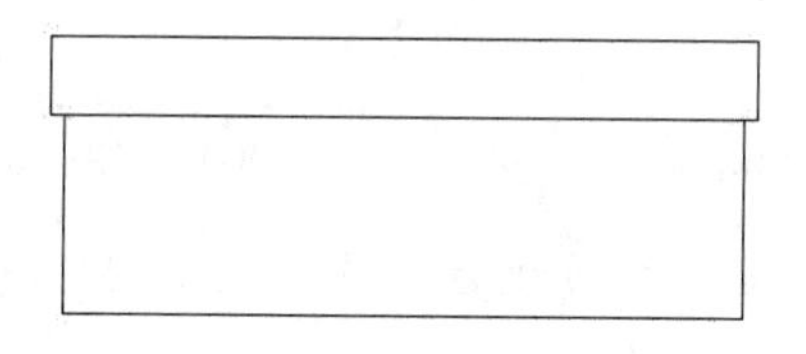

图 18-39 绘制矩形

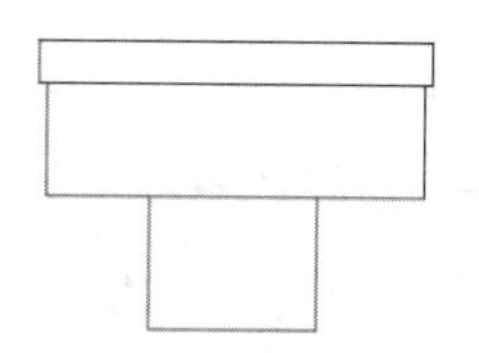

图 18-40 绘制矩形

（4）单击“默认”选项卡“绘图”面板中的“矩形”按钮▭，在上步图形下方绘制一个 77×7 的矩形，如图 18-41 所示。

（5）单击“默认”选项卡“绘图”面板中的“矩形”按钮▭，在距离上步绘制的矩形 98 处的位置绘制 130×9 的矩形，如图 18-42 所示。

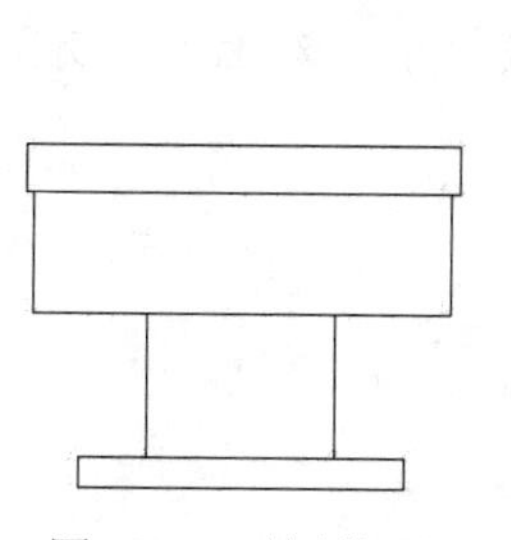

图 18-41 绘制矩形

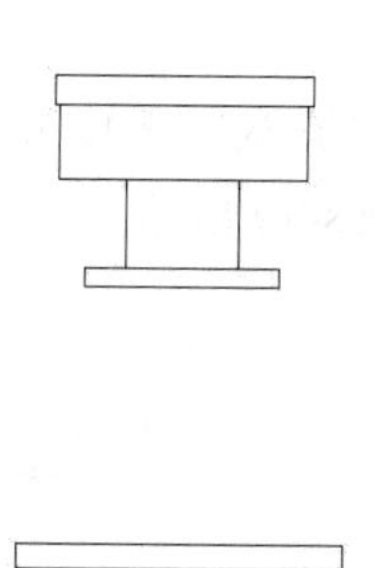

图 18-42 绘制矩形

（6）单击“默认”选项卡“绘图”面板中的“直线”按钮╱，绘制连续直线，如图 18-43 所示。

（7）单击“默认”选项卡“绘图”面板中的“圆弧”按钮⌒，在图形的适当位置绘制两段圆弧，如图 18-44 所示。

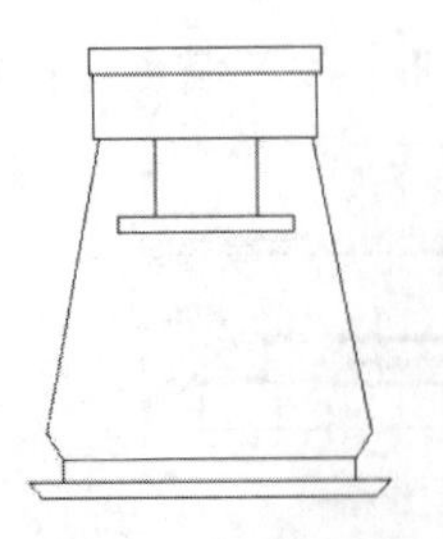

图 18-43　绘制直线

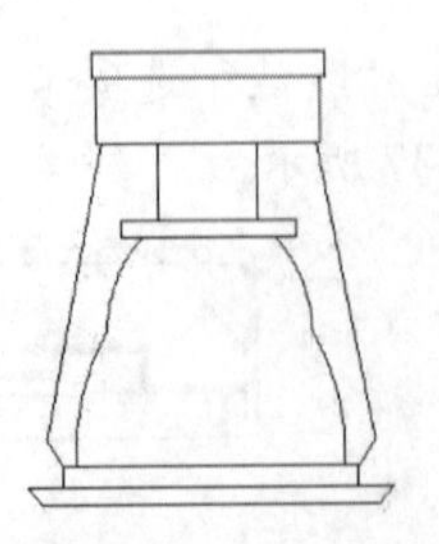

图 18-44　绘制圆弧

（8）单击“默认”选项卡“绘图”面板中的“直线”按钮╱，在图形的适当位置绘制一条水平直线，如图 18-45 所示。

（9）单击“默认”选项卡“绘图”面板中的“圆”按钮⊙，在图形的适当位置绘制半径为 14 的圆，如图 18-46 所示。

（10）单击“默认”选项卡“绘图”面板中的“直线”按钮╱，在图形下方绘制斜向直线，如图 18-47 所示。

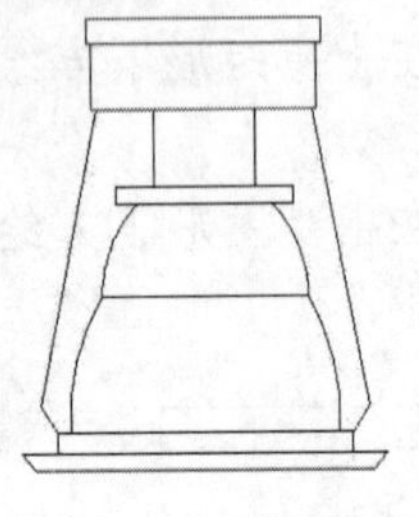

图 18-45　绘制直线

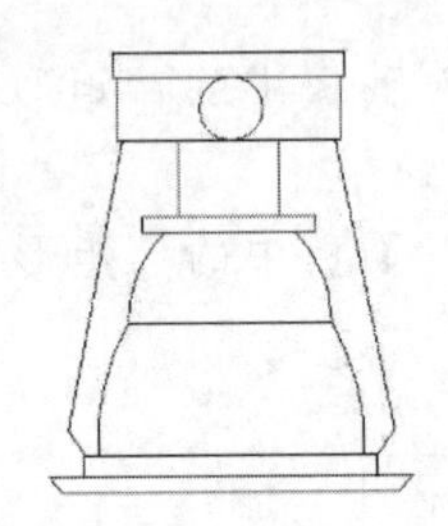

图 18-46　绘制圆

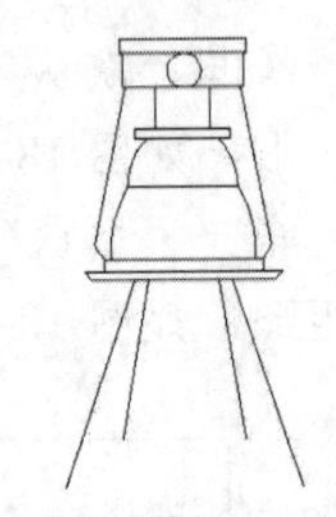

图 18-47　绘制斜向直线

（11）单击“默认”选项卡“修改”面板中的“复制”按钮，选择上步图形进行复制，如图 18-48 所示。

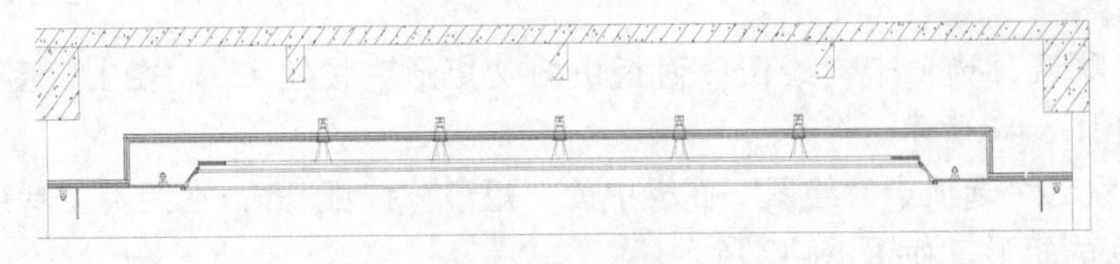

图 18-48　复制图形

（12）单击“默认”选项卡“修改”面板中的“修剪”按钮，对上步复制图形内的多余线段进行修剪，如图 18-49 所示。

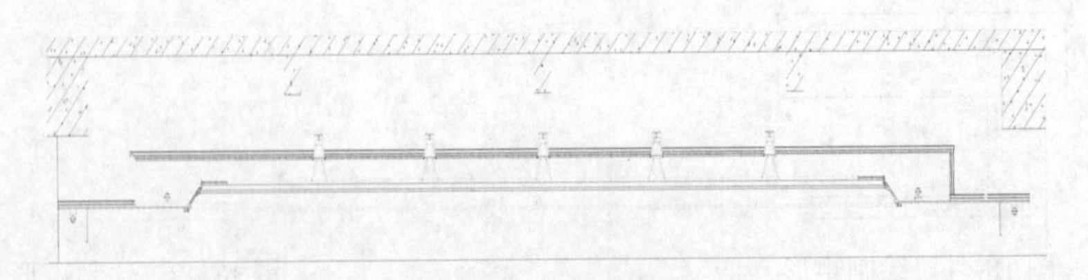

图 18-49　修剪图形

5．绘制吊架

（1）单击“默认”选项卡“绘图”面板中的“矩形”按钮□，在图形的适当位置绘制一个

8×985 的矩形，如图 18-50 所示。

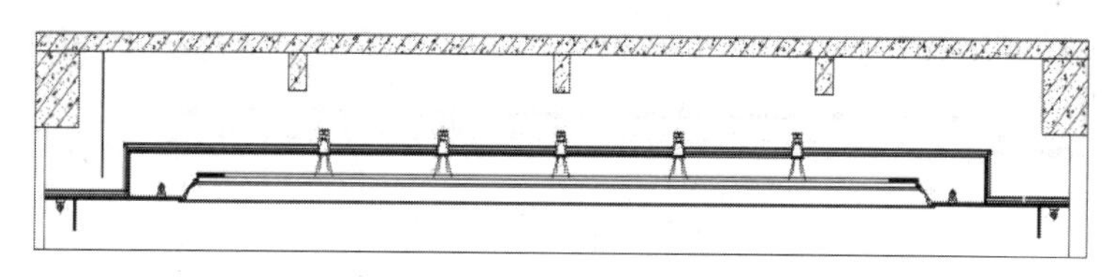

图 18-50 绘制矩形

（2）单击“默认”选项卡“绘图”面板中的“矩形”按钮，在上步绘制的矩形下端绘制一个 18×6 的矩形，如图 18-51 所示。

（3）单击“默认”选项卡“绘图”面板中的“矩形”按钮，在上步绘制的矩形下端绘制一个 29×3 的矩形，如图 18-52 所示。

（4）单击“默认”选项卡“绘图”面板中的“矩形”按钮，在上步绘制的矩形下端绘制一个 29×131 的矩形，如图 18-53 所示。

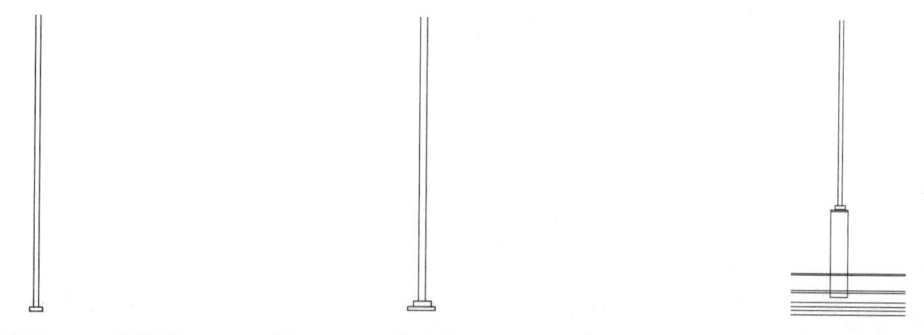

图 18-51 绘制 18×6 的矩形　　图 18-52 绘制 29×3 的矩形　　图 18-53 绘制 29×131 的矩形

（5）单击“默认”选项卡“修改”面板中的“修剪”按钮，对绘制的矩形内线段进行修剪，如图 18-54 所示。

（6）单击“默认”选项卡“绘图”面板中的“矩形”按钮，在上步修剪的矩形内绘制一个 18×6 的矩形，如图 18-55 所示。

（7）单击“默认”选项卡“绘图”面板中的“直线”按钮，在矩形间绘制竖直直线，如图 18-56 所示。

（8）单击“默认”选项卡“绘图”面板中的“直线”按钮和“圆”按钮，完成图形剩余部分的绘制，如图 18-57 所示。

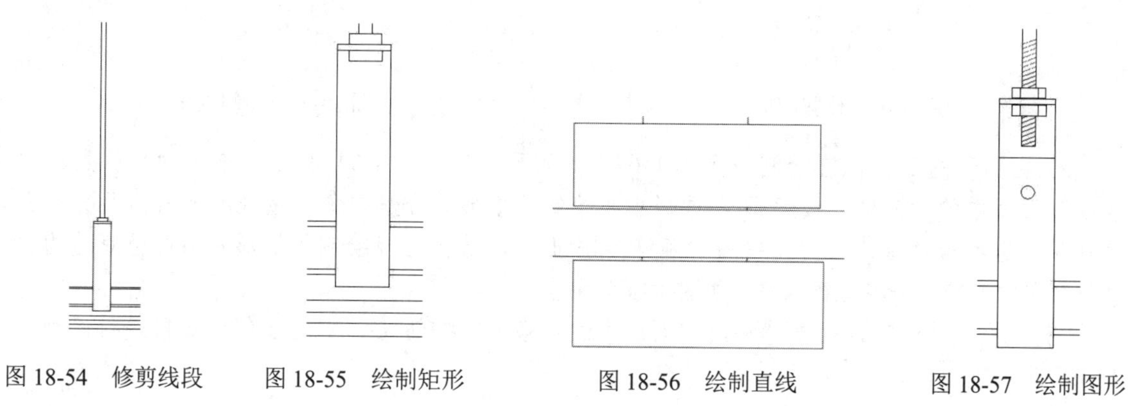

图 18-54 修剪线段　　图 18-55 绘制矩形　　图 18-56 绘制直线　　图 18-57 绘制图形

（9）使用上述方法完成相同图形的绘制，如图 18-58 所示。

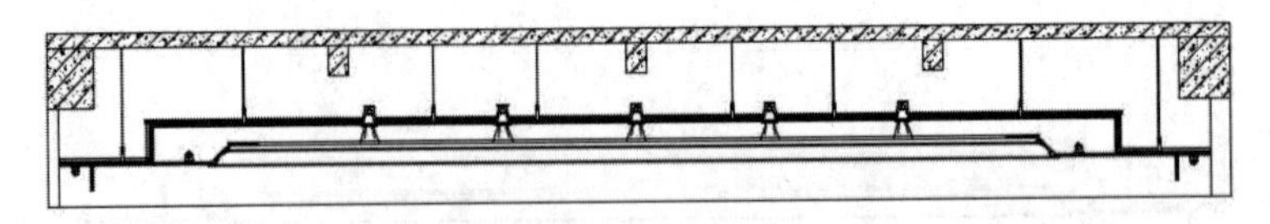

图 18-58　绘制图形

6. 绘制细节部分

（1）单击“默认”选项卡“绘图”面板中的“矩形”按钮□，在图形的适当位置绘制一个 15×33 的矩形，如图 18-59 所示。

（2）单击“默认”选项卡“修改”面板中的“偏移”按钮⊆，选择上步绘制的矩形为偏移对象向内进行偏移，偏移距离为 2，如图 18-60 所示。

（3）单击“默认”选项卡“绘图”面板中的“直线”按钮╱，在矩形内部绘制两条水平直线，如图 18-61 所示。

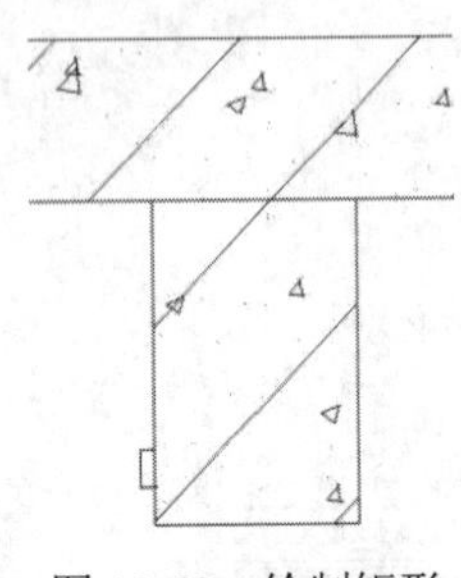

图 18-59　绘制矩形

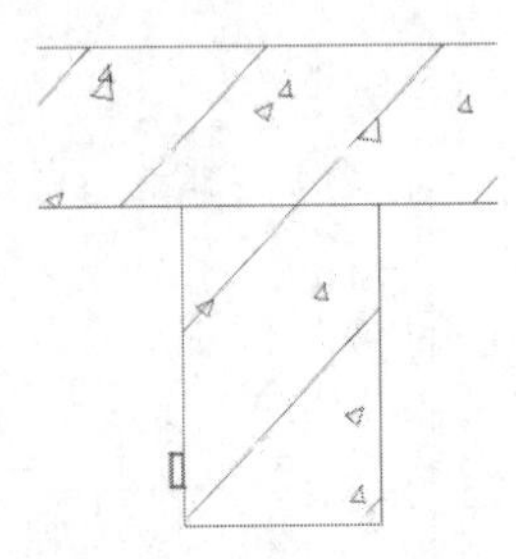

图 18-60　偏移矩形

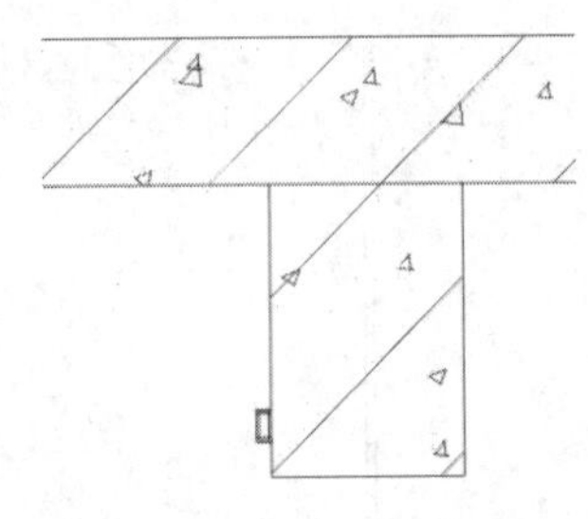

图 18-61　绘制直线

（4）单击“默认”选项卡“修改”面板中的“修剪”按钮✂，对上步图形进行修剪，如图 18-62 所示。

（5）单击“默认”选项卡“绘图”面板中的“直线”按钮╱，在上步绘制图形内绘制连续直线，如图 18-63 所示。

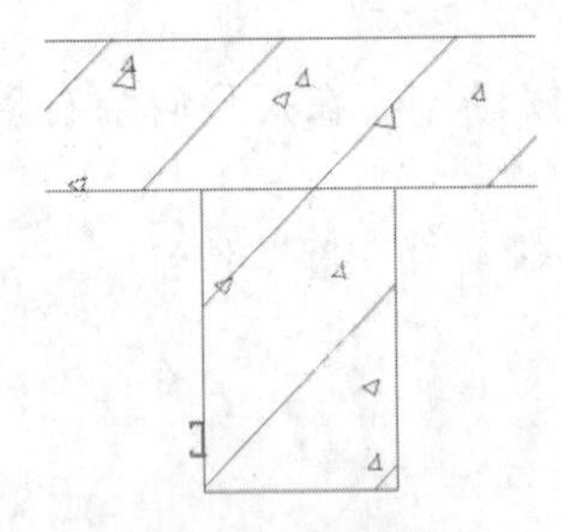

图 18-62　修剪图形

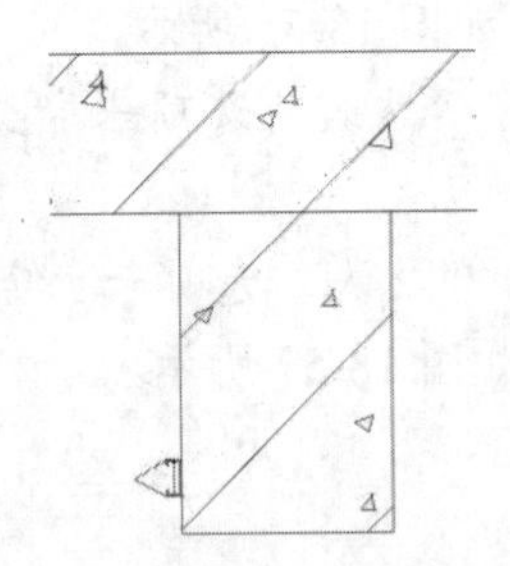

图 18-63　绘制直线

（6）在图形的适当位置绘制一个 30×644 的矩形，如图 18-64 所示。单击“默认”选项卡“修改”面板中的“分解”按钮⊡，选择上步绘制的矩形为分解对象，按 Enter 键进行分解。单击“默认”选项卡“修改”面板中的“偏移”按钮⊆，选择上步绘制的矩形左右两竖直边为偏移对象分别向内偏移，偏移距离为 3，如图 18-65 所示。

（7）单击“默认”选项卡“修改”面板中的“修剪”按钮✂，对上步偏移线段进行修剪，如图 18-66 所示。

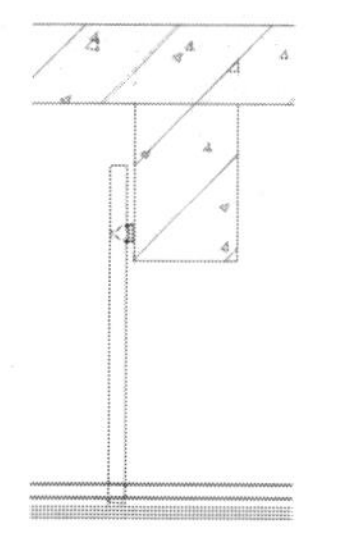

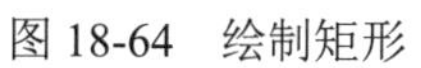
图 18-64　绘制矩形

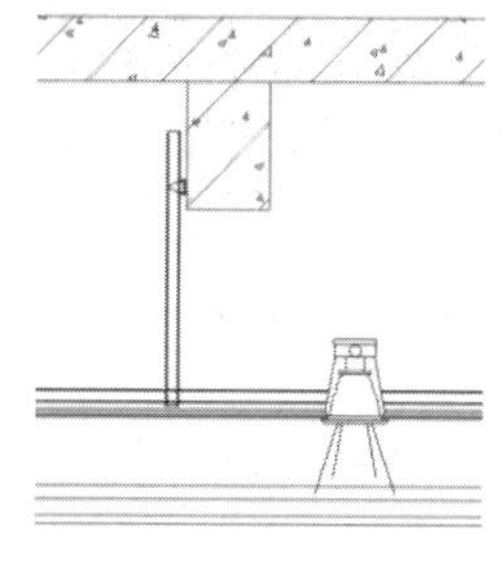
图 18-65　偏移图形

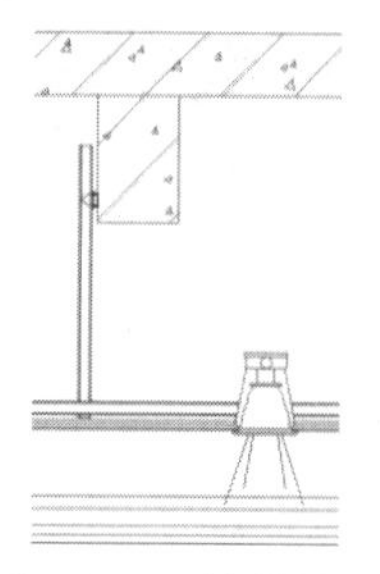
图 18-66　修剪线段

（8）单击“默认”选项卡“绘图”面板中的“圆”按钮⊙，在上步图形内的适当位置绘制半径为 2 的圆，如图 18-67 所示。

（9）单击“默认”选项卡“修改”面板中的“复制”按钮，选择上步绘制的圆为复制对象进行复制，如图 18-68 所示。

（10）单击“默认”选项卡“修改”面板中的“镜像”按钮⚠，选择上步绘制的图为镜像对象，选择 AB 两点为镜像点，对图形进行镜像，如图 18-69 所示。

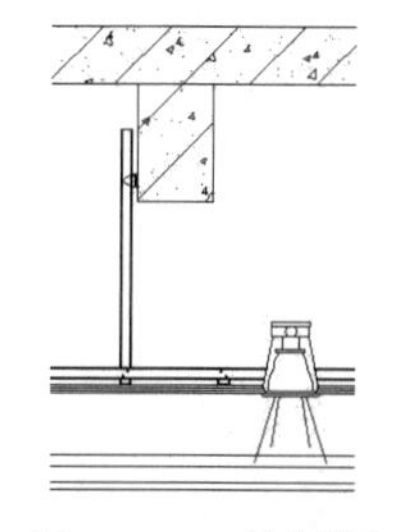
图 18-67　绘制圆

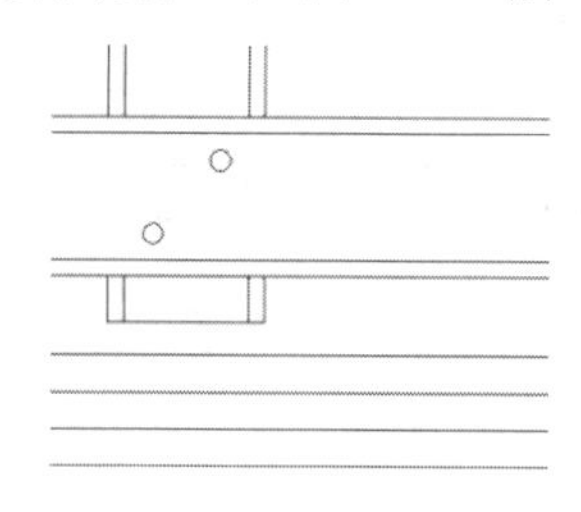
图 18-68　复制圆

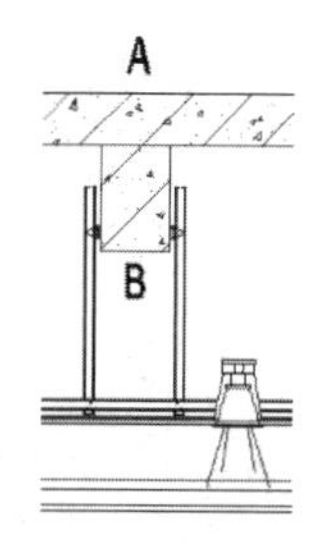

图 18-69　镜像图形

（11）使用上述相同方法绘制剩余的相同图形，如图 18-70 所示。

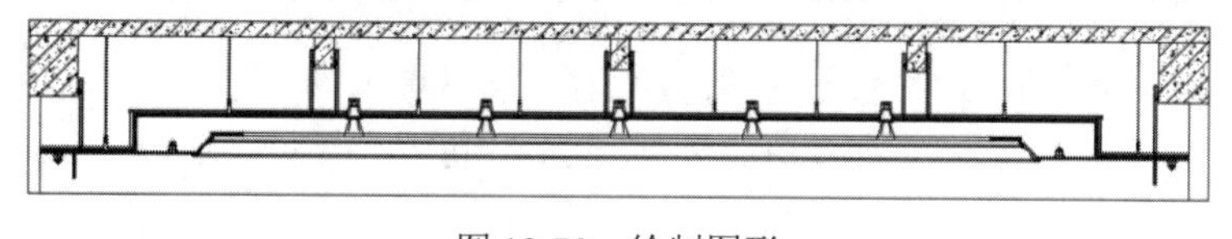
图 18-70　绘制图形

（12）单击“默认”选项卡“修改”面板中的“偏移”按钮⊆，选择直线为偏移对象，偏移距离为 8，如图 18-71 所示。

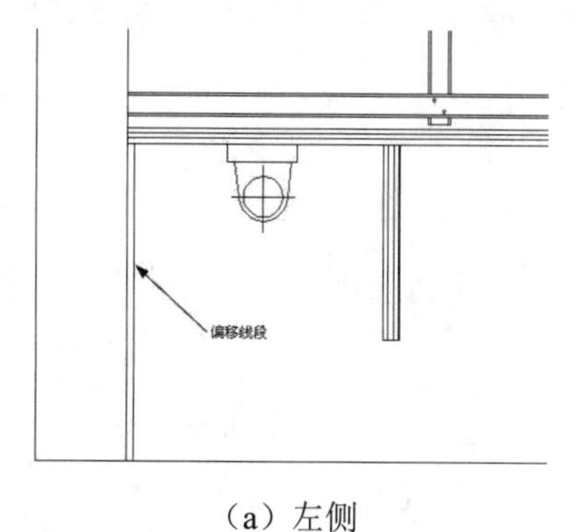

（a）左侧

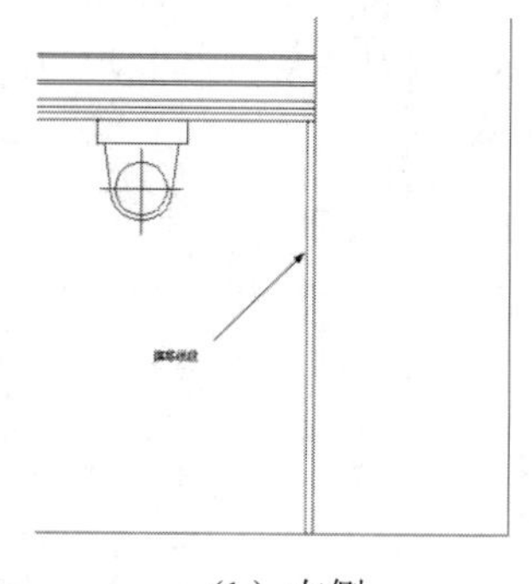
（b）右侧

图 18-71　偏移直线

（13）单击“默认”选项卡“修改”面板中的“拉长”按钮╱，选择底部水平直线为拉长对象，将该直线分别向左右拉长各500，如图18-72所示。

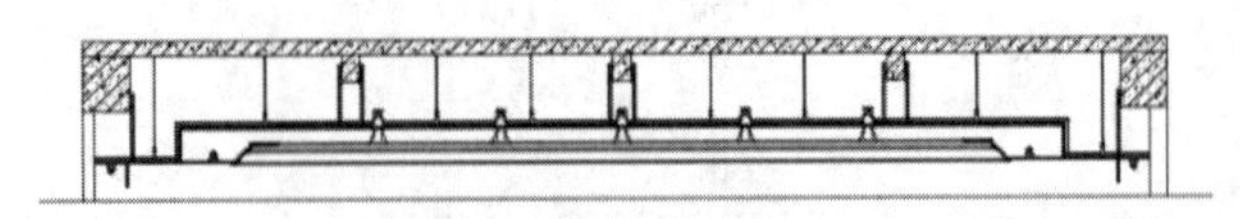

图18-72　拉长图形

（14）单击“默认”选项卡“绘图”面板中的“直线”按钮╱，在上步拉长的直线上绘制连续折弯线，如图18-73所示。

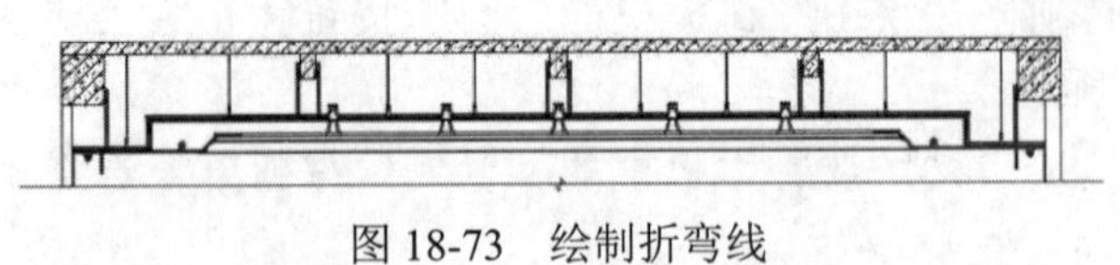

图18-73　绘制折弯线

（15）单击“默认”选项卡“修改”面板中的“修剪”按钮，对上步绘制的折弯线进行修剪，如图18-74所示。

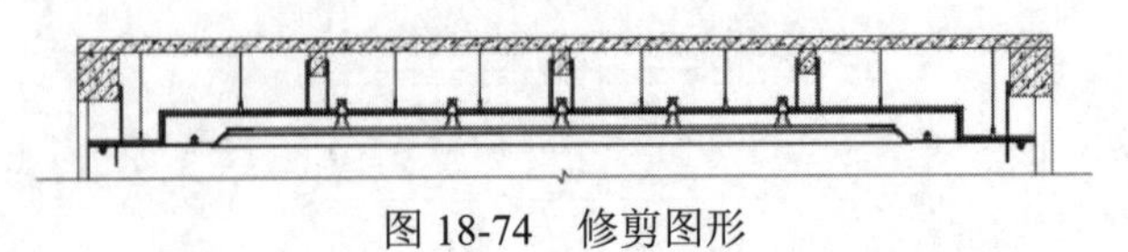

图18-74　修剪图形

18.1.2　标注文字和尺寸

操作步骤

（1）在“图层特性管理器”选项板中新建“尺寸”图层并设为当前层，如图18-75所示。

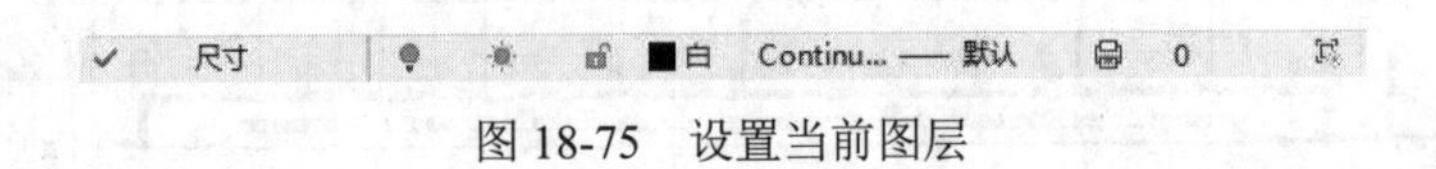

图18-75　设置当前图层

（2）设置标注样式。

① 选择菜单栏中的“格式”→“标注样式”命令，弹出“标注样式管理器”对话框，如图18-76所示。

② 单击“新建”按钮，弹出“创建新标注样式”对话框。在“新样式名”文本框内输入“详图”，如图18-77所示，单击“继续”按钮。

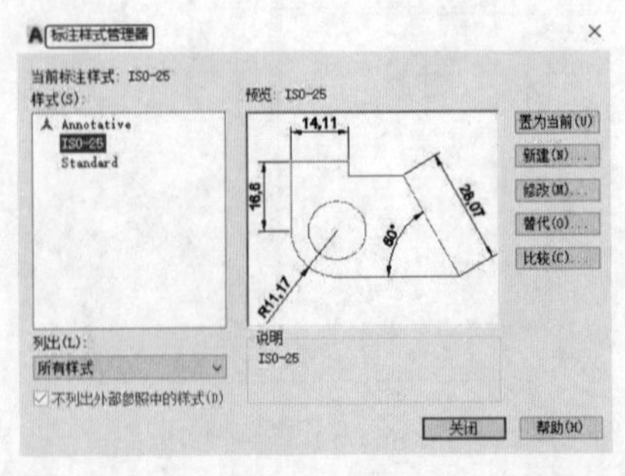

图18-76　“标注样式管理器”对话框

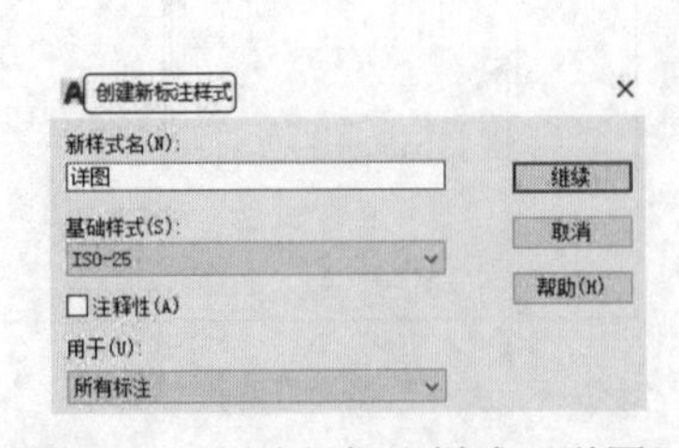

图18-77　创建新标注样式“详图”

③ 选择“线”选项卡，按照图 18-78 所示的参数修改标注样式。

④ 选择“符号和箭头”选项卡，按照图 18-79 所示的设置进行修改，“箭头样式”选择为“建筑标记”，“箭头大小”修改为 100。

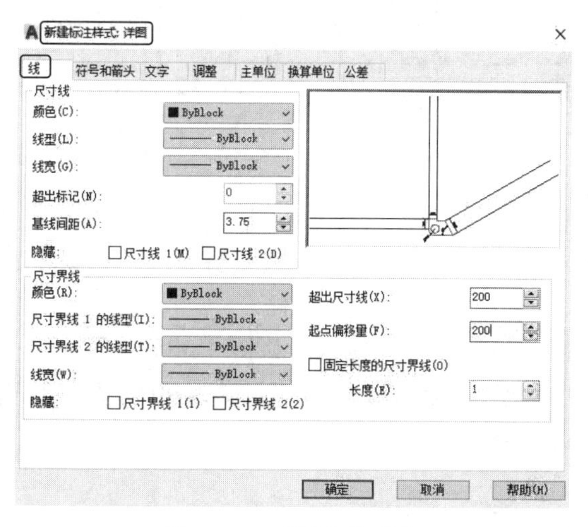

图 18-78　“线”选项卡

图 18-79　“符号和箭头”选项卡

⑤ 在“文字”选项卡中设置“文字高度”为 150，如图 18-80 所示。

⑥ “主单位”选项卡设置如图 18-81 所示。

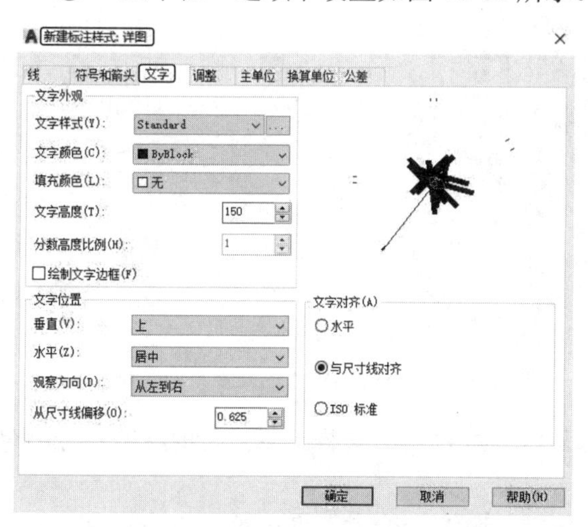

图 18-80　“文字”选项卡

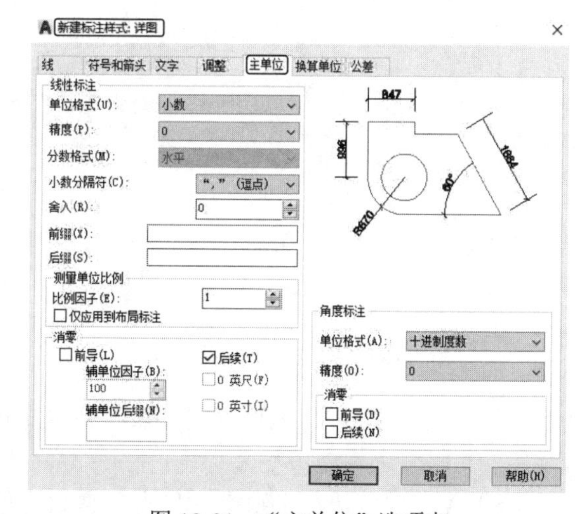

图 18-81　“主单位”选项卡

（3）将“尺寸”图层设为当前层，单击“默认”选项卡“注释”面板中的“线性标注”按钮 ⊢⊣，标注图形细部尺寸的第一道尺寸线，如图 18-82 所示。

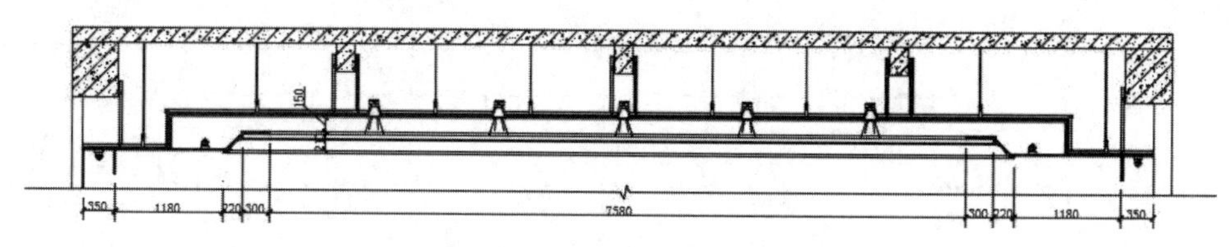

图 18-82　标注图形细部尺寸

（4）在命令行中输入 QLEADER 命令为图形添加文字说明，如图 18-83 所示。

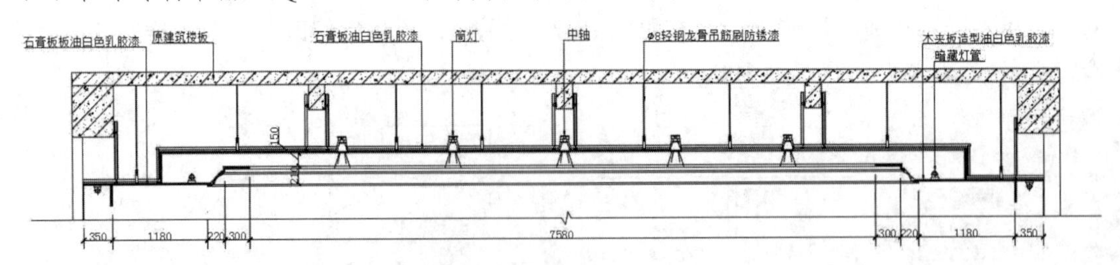

图 18-83　添加文字说明

（5）单击“默认”选项卡“块”面板中的“插入”下拉菜单中的“最近使用的块”选项，系统弹出“块”选项板，如图 18-84 所示。

（6）单击选项板顶部的按钮，弹出“选择要插入的文件”对话框，如图 18-85 所示。选择“源文件/图库/标高”图块，单击“打开”按钮，回到“块”面板，设置旋转角度为 90°，在“预览列表”中选择“标高符号”图块插入绘图区域内，如图 18-86 所示。

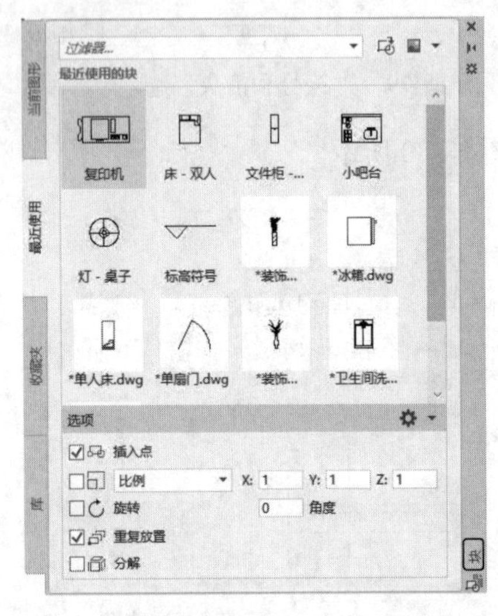

图 18-84　添加文字说明

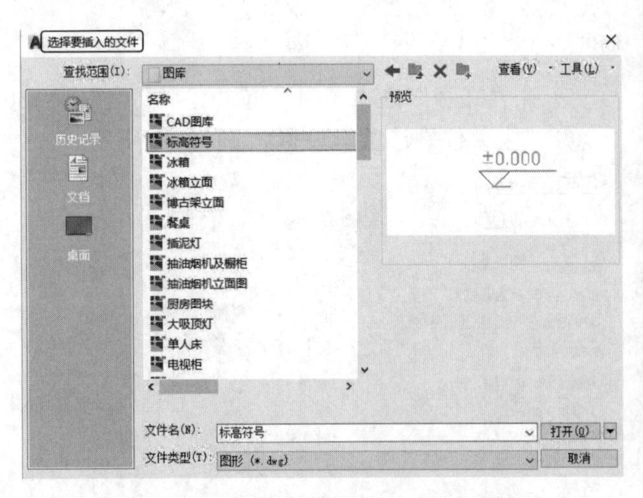

图 18-85　“选择要插入的文件”对话框

（7）单击“默认”选项卡“修改”面板中的“复制”按钮，选择上步插入的标高符号为复制对象，复制剩余标高图形。

（8）单击“默认”选项卡“修改”面板中的“分解”按钮，选择复制的标高为分解对象，双击标高上的文字输入新的标高数值，如图 18-1 所示。

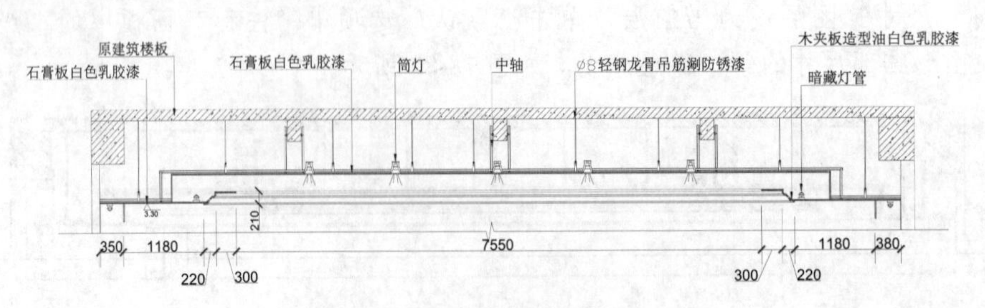

图 18-86　插入标高

扫一扫，看视频

动手练——一层走廊 E 剖面图

绘制如图 18-87 所示的一层走廊 E 剖面图。

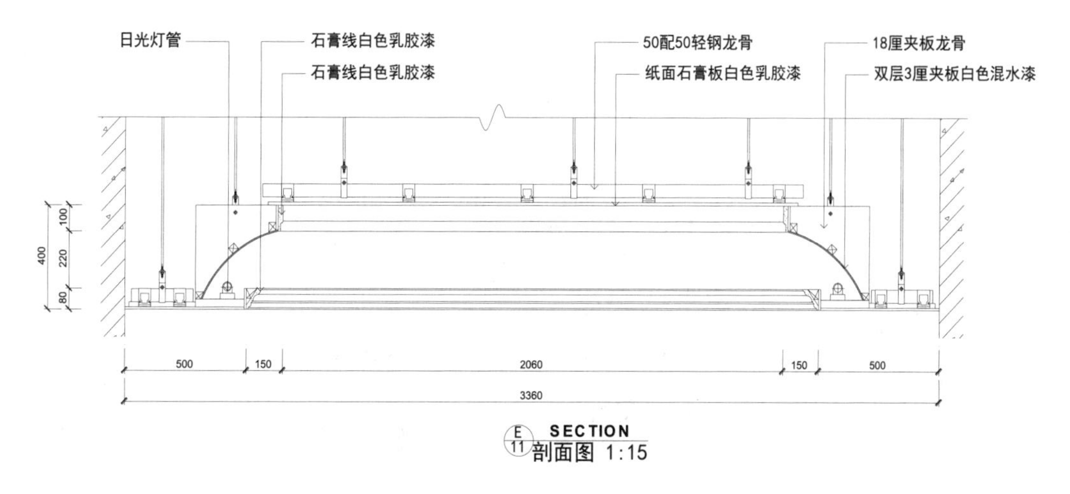

图 18-87　一层走廊 E 剖面图

思路点拨：

源文件：源文件\第 18 章\一层走廊 E 剖面图.dwg

（1）绘制剖面图。

（2）标注尺寸。

（3）添加文字说明。

18.2　三层中餐厅$\frac{\text{A}}{\text{3T-01}}$剖面图的绘制

利用上述方法完成三层中餐厅$\frac{\text{A}}{\text{3T-01}}$剖面图的绘制，如图 18-88 所示。

源文件：源文件\第 18 章\三层中餐厅$\frac{\text{A}}{\text{3T-01}}$剖面图.dwg

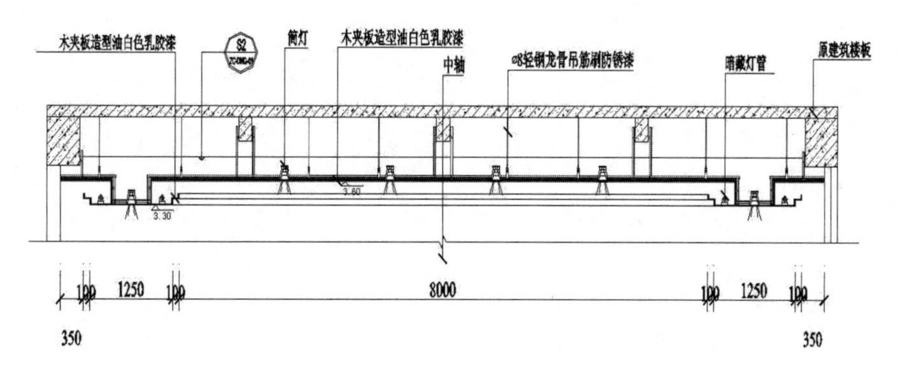

图 18-88　三层中餐厅$\frac{\text{A}}{\text{3T-01}}$剖面图

扫一扫，看视频

动手练——一层体育用品店 F 剖面图

绘制如图 18-89 所示的一层体育用品店 F 剖面图。

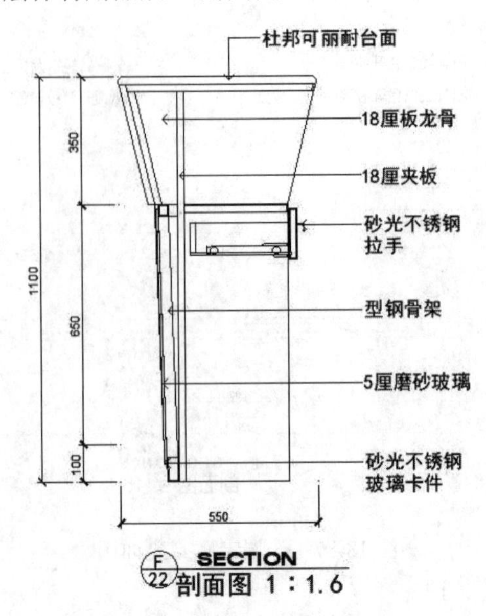

图 18-89　一层体育用品店 F 剖面图

思路点拨：

源文件： 源文件\第 18 章\一层体育用品店 F 剖面图.dwg

（1）绘制剖面图。

（2）标注尺寸。

（3）添加文字说明。

3

大型公共空间是指大型会议中心、体育馆、剧场、商场等大空间、人流密集的场所。随着城市化进程加深，城市人口集中度不断提高，促使城市大型建筑的数量迅速增加。

第3篇 商业广场展示中心篇

本篇围绕商业广场展示中心室内设计为核心，详细讲述室内设计工程图绘制的操作步骤、方法和技巧等，包括平面图、装饰平面图、顶棚图、地坪图、立面图和剖面图等知识。

本篇内容通过实例加深读者对AutoCAD功能的理解，使读者掌握各种室内设计工程图的绘制方法。

第 19 章　商业广场展示中心建筑平面图

内容简介

展示空间作为展品的展示舞台，具有视觉冲击力、听觉感染力、触觉启动力、味觉和嗅觉刺激感，通过娱乐色彩的环境、气氛和商品陈列、促销活动等吸引顾客注意力，提高顾客对展品的记忆。展示空间的生动化比大众媒体广告更直接、更富有感受力，更容易刺激顾客的购买行为和消费行为。在各大城市的一些大型商业中心里，一般都设置有展示空间。

本章将以一个大型商业广场展示中心的室内设计过程为例，讲述展示空间这类建筑的室内设计思路和方法。

内容要点

- 设计思想
- 商业广场展示中心建筑平面图

案例效果

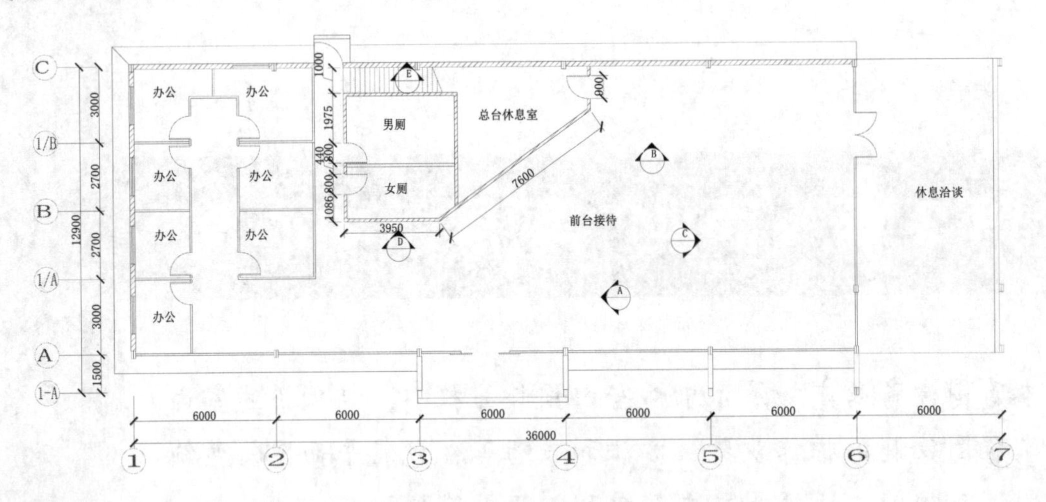

19.1　设计思想

商业广场展示中心设计属于典型的大型固定展示空间设计范畴，建筑空间设计是指定使用功能下制作能满足多数人审美观的建筑物并能加以实施的艺术创作，所以在每个创作中设计者需要关注以下方面。

（1）充分配合建设方的前期策划建筑文件。作为具体实施项目的指导性文件，直接影响建设方与使用者利益。设计者以自身专业配合建筑方得到利益最大化的策划方案，为项目全面成功奠定基础。

（2）坚持方案设计的前瞻性、独创性与经济实用相结合。建筑作为长期存在于城市中的雕塑，其外观应满足多数人的审美要求，而使用者更在乎长期停留在其中的自我感受，功能要完善，细节坚持以人为本。如果忽略了建设方的经济利益，设计只能是纸上谈兵，如何得到多方认同是设计者的努力方向。

（3）注重新技术、新理念的运用，确保建筑的可持续性。成熟的新技术与理念的运用，对建筑的建造与使用成本的控制均大有裨益。设计者可以提供给委托方、使用方一个新颖、高技术含量的产品。

（4）强调实施中的多方配合。在实施过程中，设计方的积极配合，将给建筑空间设计工程的顺利完成提供坚实的专业技术支持。

现代化的大型固定展示空间设计普遍采用高科技，使展示更符合时代的要求，主要有以下几种形式。

（1）标本与活体结合展示，这种方式备受观众喜爱。

（2）室内展示与露天展示结合，将某些展品放置在露天展示，可以使它们接近大自然，与观众的距离也可以缩短，这种“回归自然”的形式新奇逼真，很适合当代人的审美情趣。

（3）动与静的结合，巧妙运用幻灯、全息摄影、镭射、录像、电影、多媒体等现代单像技术，虚拟现实技术，使静态展品得到拓展，营造生动活泼、气氛热烈的展示环境，使观众具有身临其境的感觉。

（4）实物与电子资讯的结合，通过电子导览系统寻找理想的参观路线，通过计算机问答机详细了解展示的知识内容，测试观看与参与相结合，更加满足观众的自主性。

本实例具体设计的是某大型商业广场的展示中心。该展示中心主要用于展示本商业中心正在或即将销售的重点或贵重商品，以及合作厂家意向提供的新产品。作为一个高档商业广场对外展示的窗口，该展示中心的设计务必豪华显眼，以给展示的商品提供一个光彩夺目的舞台，在色彩的选择上应以明亮的浅色调为主。在灯光布置上则要力尽所能地给展台上的展品提供最耀眼的照明和渲染环境。

由于展示中心往往是商业中心向意向客户或供货厂家提供交流的场所，所以为了沟通方便，往往在两侧分别设置洽谈休息室和办公区，有利于双方进行及时的沟通和交流。为了对来访的不同客人进行有序地接待和安排，展示中心要设置总服务台，安排前台服务人员值班；休息区设置在总服务台附近靠墙的一侧，便于服务人员与客人能够进行及时的简单交流和安排会见洽谈；洽谈区和办公区要有墙体或门隔开，这样可以保证洽谈的私密性，也便于将喧嚣的展示环境与要求相对安静的办公区分隔开。

具体设计平面图如图19-1所示，本节将讲解具体设计过程。

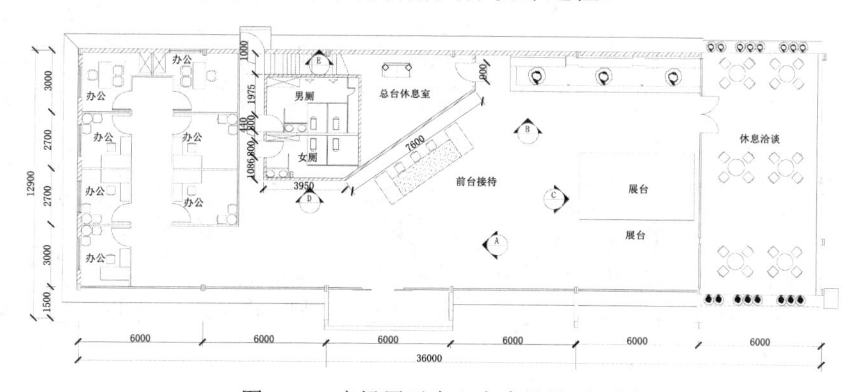

图19-1　广场展示中心室内设计平面图

扫一扫，看视频

19.2　商业广场展示中心建筑平面图的绘制

室内平面图的绘制是在建筑平面图的基础上逐步细化展开的，掌握建筑平面图的绘制是一个必备和基础环节，因此本节讲解应用 AutoCAD 2022 绘制广场展示中心建筑平面图，如图 19-2 所示。

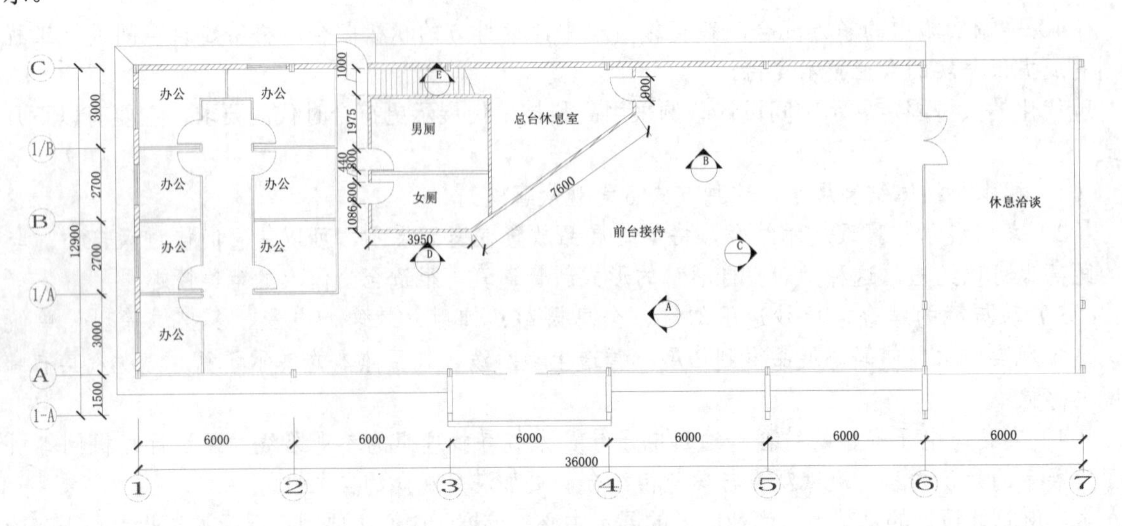

图 19-2　商业广场展示中心建筑平面图

源文件： 源文件\第 19 章\商业广场展示中心建筑平面图.dwg

19.2.1　设置绘图区域

操作步骤

（1）单击快速访问工具栏中的“新建”按钮，弹出“选择样板”对话框，新建一个默认文件，单击快速访问工具栏中的“保存”按钮，将图形文件保存为“广场展示中心平面图”。

（2）AutoCAD 的绘图空间很大，绘图时要设定绘图区域。可以通过以下两种方法设定绘图区域。

- 可以绘制一个已知长度的矩形，将图形充满程序窗口，就可以估计出当前的绘图大小。
- 选择菜单栏中的“格式”→“图形界限”命令来设定绘图区大小。命令行提示与操作如下：

```
命令：LIMITS
重新设置模型空间界限：
指定左下角点或 [开(ON)/关(OFF)] <0.0000,0.0000>:
指定右上角点 <420.0000,297.0000>: 42000,29700
```

（3）单击“默认”选项卡“图层”面板中的“图层特性”按钮，弹出“图层特性管理器”选项板，设置图层如图 19-3 所示。

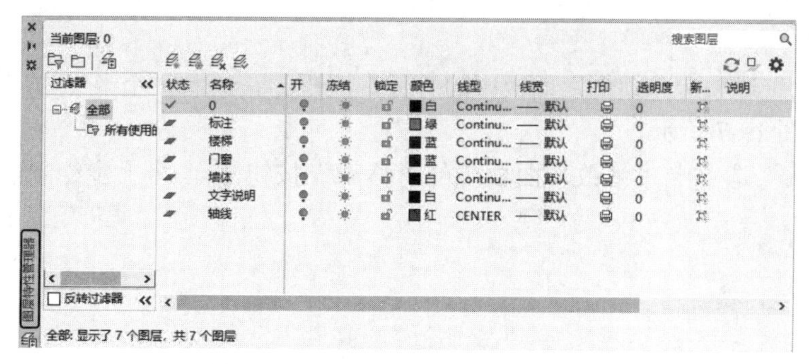

图 19-3　“图层特性管理器”选项板

19.2.2　绘制轴线

操作步骤

（1）单击“默认”选项卡“图层”面板中的“图层特性”按钮，弹出“图层特性管理器”选项板，在其下拉列表中选择“轴线”，将其设置为当前图层。

注意：

初学者务必首先学会图层的灵活运用。图层分类合理，则图样的修改很方便，在改一个图层的时候可以把其他的图层都关闭。把图层设为不同颜色，这样不会画错图层。要灵活使用冻结和关闭功能。

（2）绘制相交轴线。单击“默认”选项卡“绘图”面板中的“直线”按钮，在状态栏中单击“正交”按钮，打开正交，绘制相交轴线，水平轴线长度为 37000，竖直轴线长度为 13900。

（3）选中上步创建的直线，右击，在弹出的快捷菜单中选择“特性”命令，弹出“特性”对话框，修改线型比例为 30，效果如图 19-4 所示。

（4）偏移轴线。

① 单击“默认”选项卡“修改”面板中的“偏移”按钮，选择竖直轴线并依次向右偏移 6000、6000、6000、6000、6000、6000，如图 19-5 所示。

图 19-4　绘制轴线　　图 19-5　偏移竖直轴线

② 单击“默认”选项卡“修改”面板中的“偏移”按钮，选择水平轴线并依次向上偏移 1500、3000、2700、2700、3000，偏移效果如图 19-6 所示。

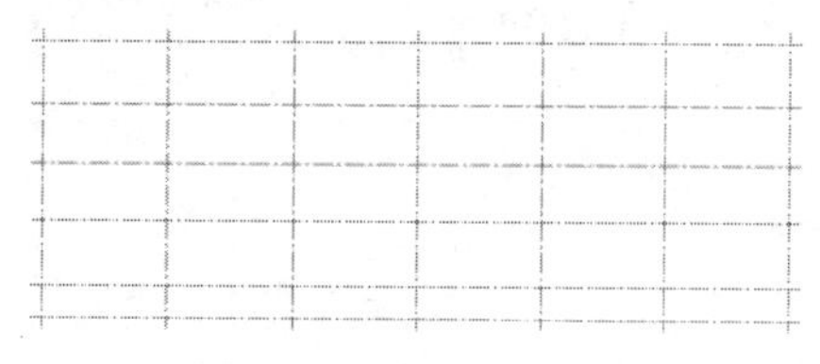

图 19-6　偏移水平轴线

（5）绘制轴号。

① 单击“默认”选项卡“绘图”面板中的“圆”按钮，绘制一个半径为 500 的圆，圆心为轴号线的端点，如图 19-7 所示。

② 单击“默认”选项卡“修改”面板中的“移动”按钮，将上步绘制的圆移动到适当位置，如图 19-8 所示。

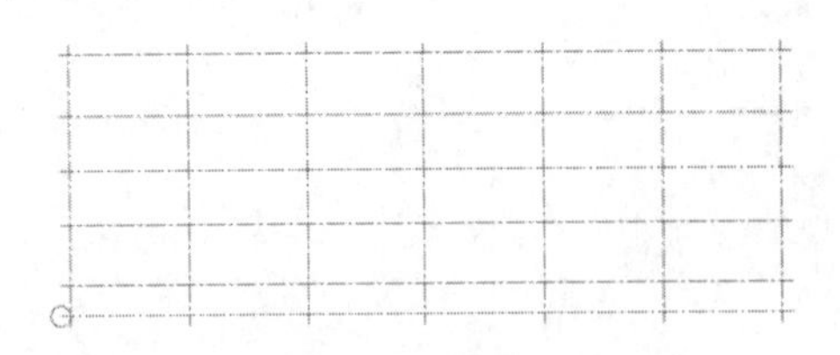

图 19-7　绘制轴号

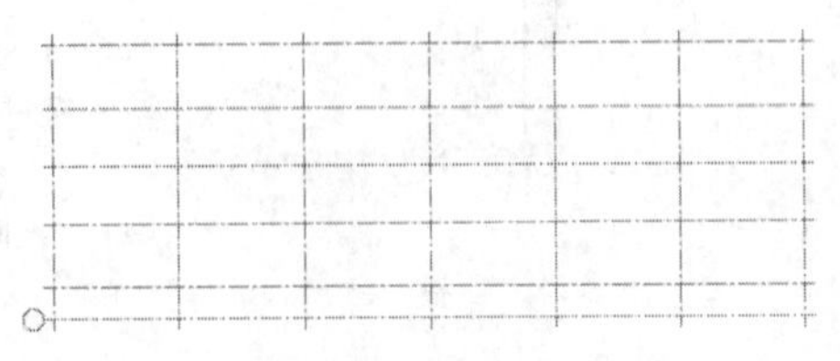

图 19-8　移动圆

③ 选择菜单栏中的“绘图”→“块”→“定义属性”命令，弹出“属性定义”对话框，如图 19-9 所示，单击“确定”按钮，在圆心位置写入一个块的属性值，设置完成后的效果如图 19-10 所示。

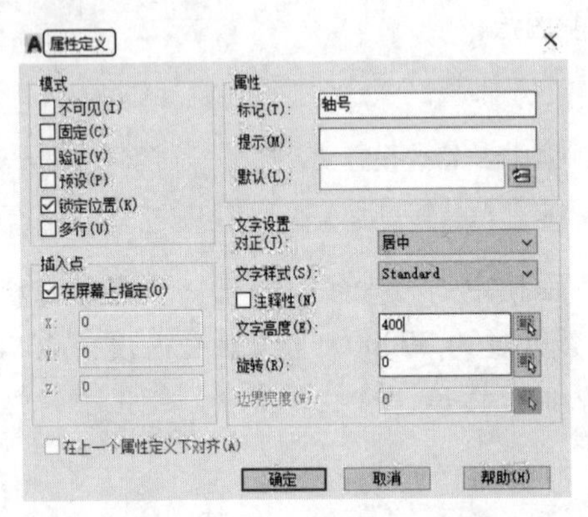

图 19-9　“属性定义”对话框

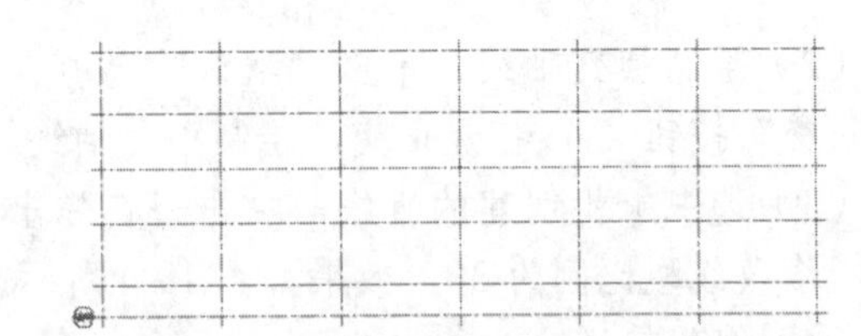

图 19-10　在圆心位置写入属性值

④ 单击“默认”选项卡“块”面板中的“创建”按钮，弹出“块定义”对话框，如图 19-11 所示。在“名称”文本框中写入“块定义”，指定圆心为基点；选择整个圆和刚才的“轴号”标记为对象，单击“确定”按钮，弹出如图 19-12 所示的“编辑属性”对话框，输入轴号为“1-A”，单击“确定”按钮，轴号效果图如图 19-13 所示。

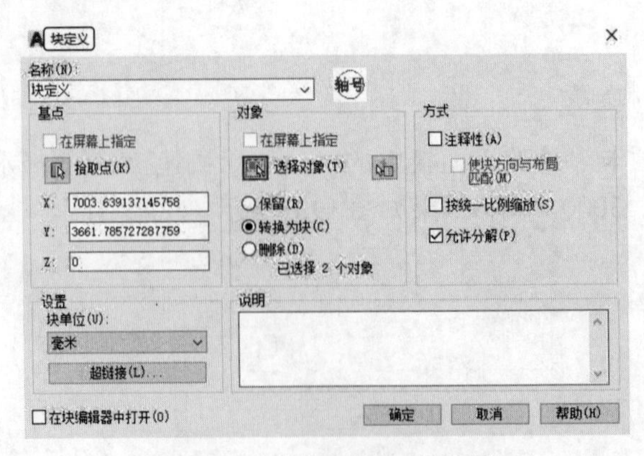

图 19-11　“块定义”对话框

图 19-12　“编辑属性”对话框

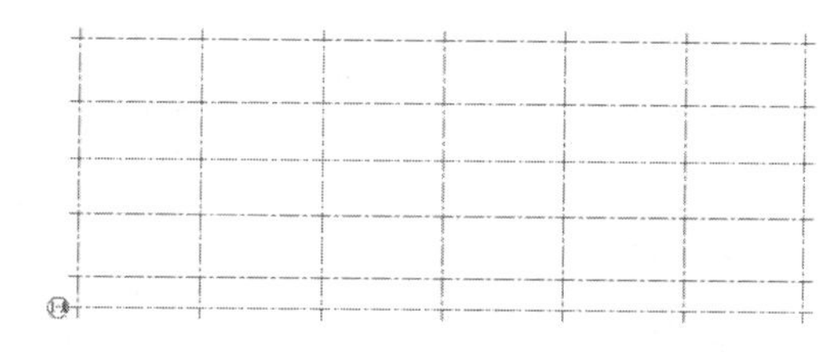

图 19-13　输入轴号

⑤ 单击“默认”选项卡“修改”面板中的“复制”按钮，将轴号复制到适当位置，双击轴号内数字，弹出“增强属性编辑器”对话框，如图 19-14 所示。使用上述方法绘制图形竖直轴号，绘制效果如图 19-15 所示。

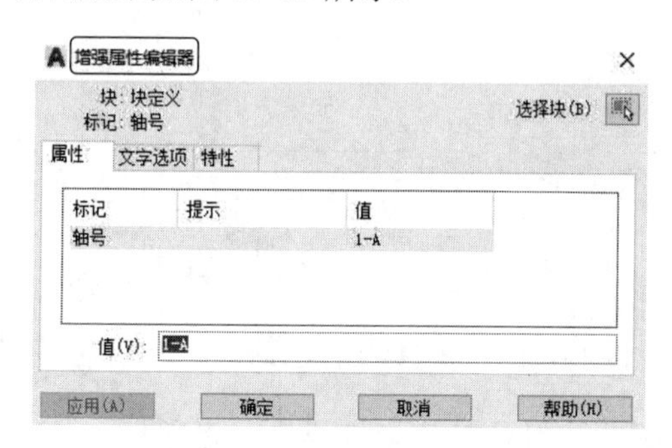

图 19-14　“增强属性编辑器”对话框

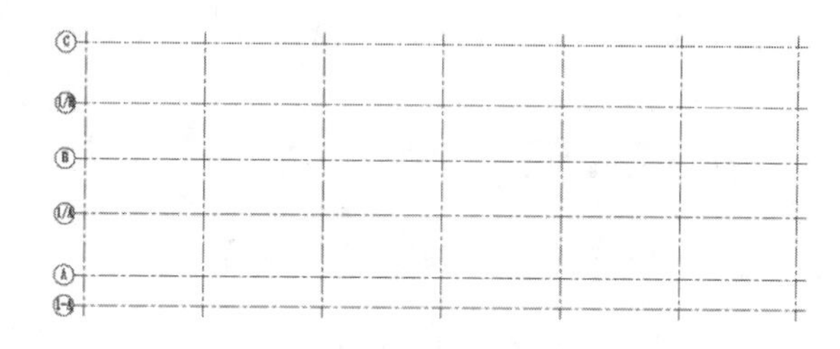

图 19-15　标注竖直轴号

⑥ 使用上述方法标注水平轴号，如图 19-16 所示。

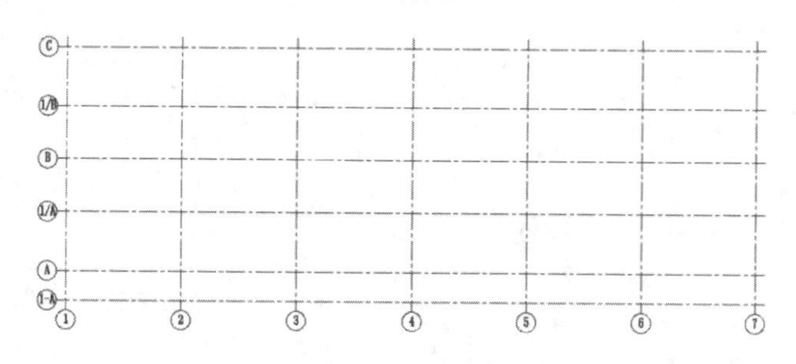

图 19-16　标注水平轴号

注意：

轴线的长度可以使用 STRETCH（拉伸功能）命令或热点键调整某个轴线的长短。

19.2.3 绘制墙线、门窗、洞口

操作步骤

1．绘制砖砌墙体

（1）将“墙体”设置为当前图层。选择菜单栏中的“格式”→“多线样式”命令，弹出如图 19-17 所示的“多线样式”对话框，单击“新建”按钮，弹出如图 19-18 所示的“创建新的多线样式”对话框，输入新样式名为 200，单击“继续”按钮，弹出如图 19-19 所示的“新建多线样式：200”对话框，在“偏移”文本框中输入 100 和−100，单击“确定”按钮，返回到“多线样式”对话框。

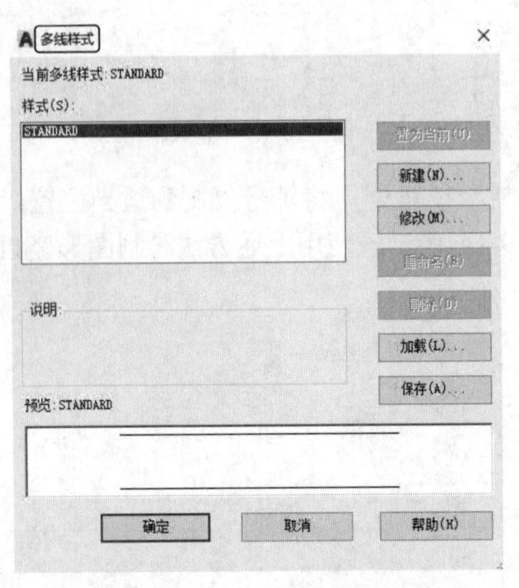

图 19-17　“多线样式”对话框

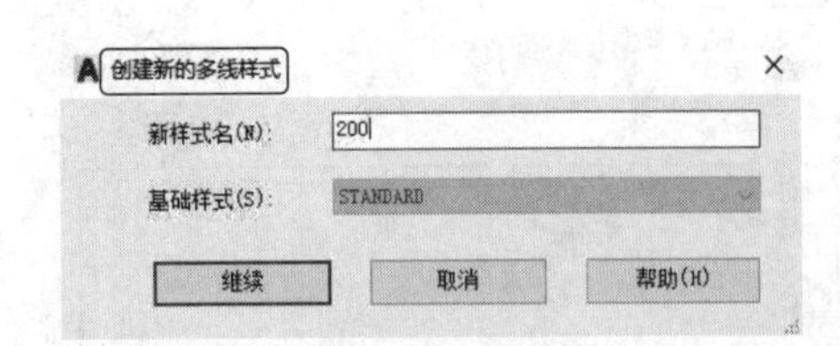

图 19-18　“创建新的多线样式”对话框

（2）在“多线样式”对话框中单击“新建”按钮，弹出“创建新的多线样式”对话框，输入新样式名为 120，如图 19-20 所示。

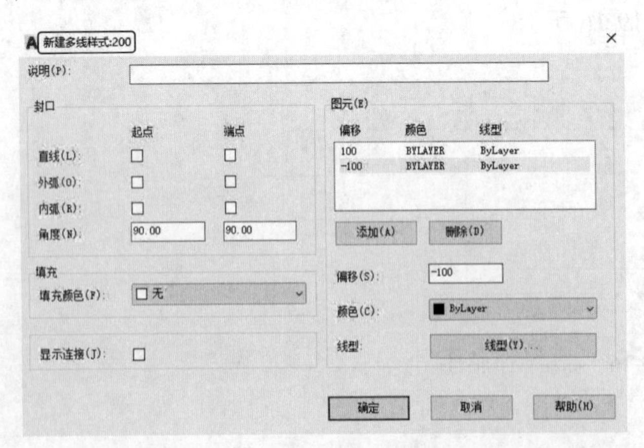

图 19-19　“新建多线样式：200”对话框

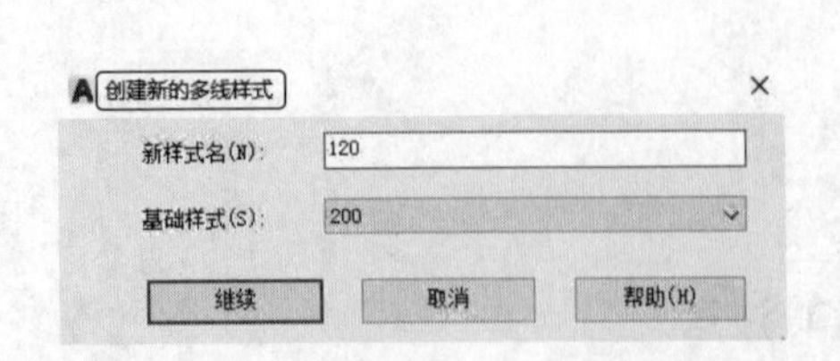

图 19-20　“创建新的多线样式”对话框

（3）单击“继续”按钮，弹出如图19-21所示的“新建多线样式：120”对话框，在“偏移”文本框中输入60和-60，单击“确定”按钮，返回到“多线样式”对话框。选择多线样式120，单击“置为当前”按钮，将其置为当前多线样式，单击“确定”按钮关闭对话框。

（4）将多线样式200置为当前，选择菜单栏中的“绘图”→“多线”命令，选取轴线上一点为起点绘制墙体，效果如图19-22所示。

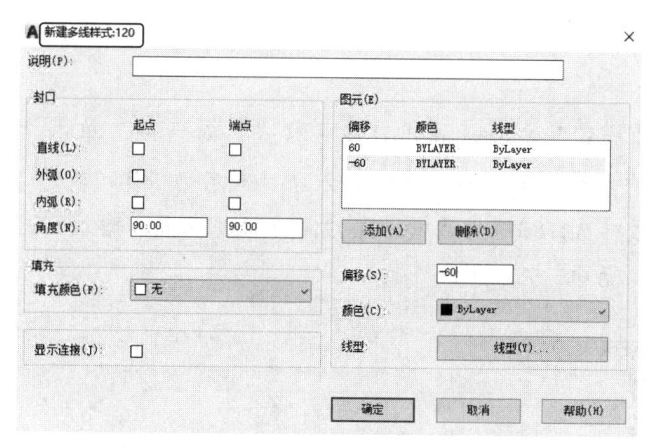

图19-21　“新建多线样式：120”对话框

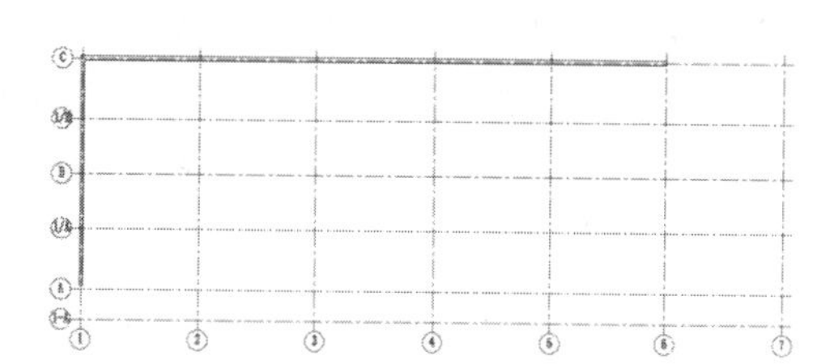

图19-22　绘制砖砌墙体

2．绘制成品玻璃隔断

（1）选择菜单栏中的“格式”→“多线样式”命令，弹出“多线样式”对话框，单击“新建”按钮，弹出如图19-23所示的“创建新的多线样式”对话框，输入新样式名为180，单击“继续”按钮，弹出如图19-24所示的“新建多线样式：180”对话框，在“偏移”文本框中输入90和-90，单击“确定”按钮返回到“多线样式”对话框。

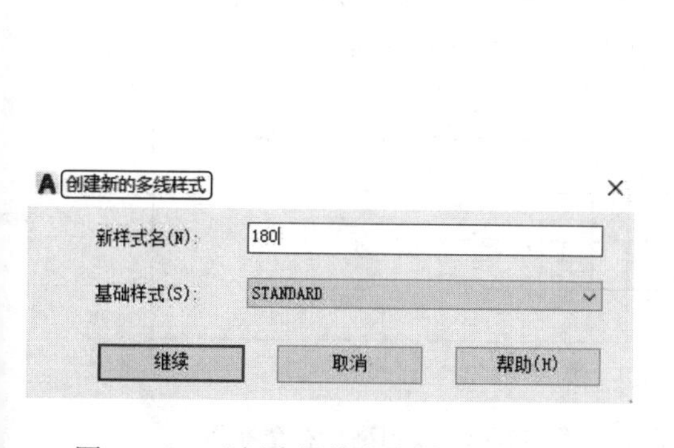

图19-23　“创建新的多线样式”对话框

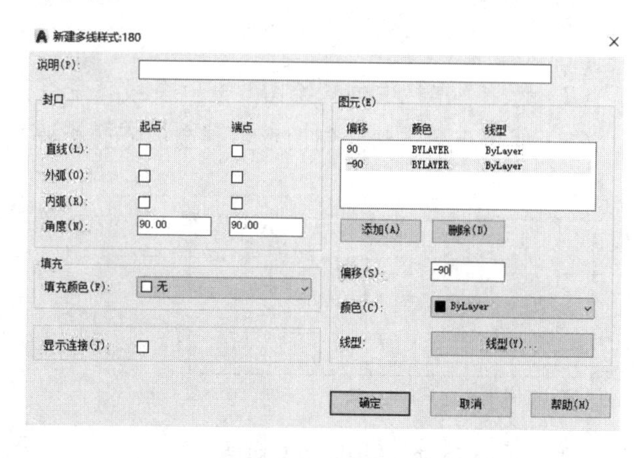

图19-24　“新建多线样式：180”对话框

（2）选择菜单栏中的“绘图”→“多线”命令，选择起点绘制成品玻璃隔墙，如图19-25所示。

（3）使用上述方法绘制剩余的相同成品玻璃隔墙，如图19-26所示。

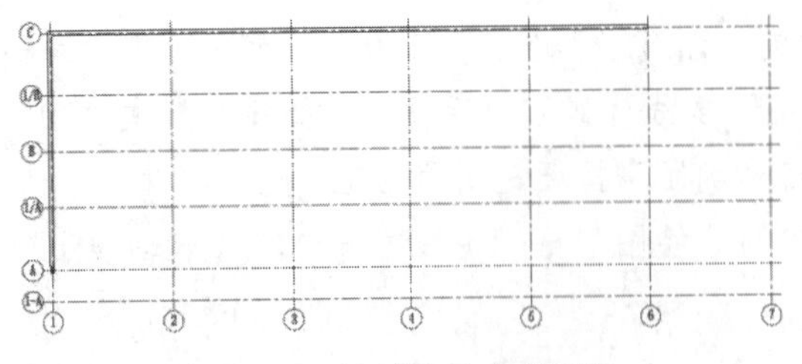

图 19-25　绘制成品玻璃隔墙

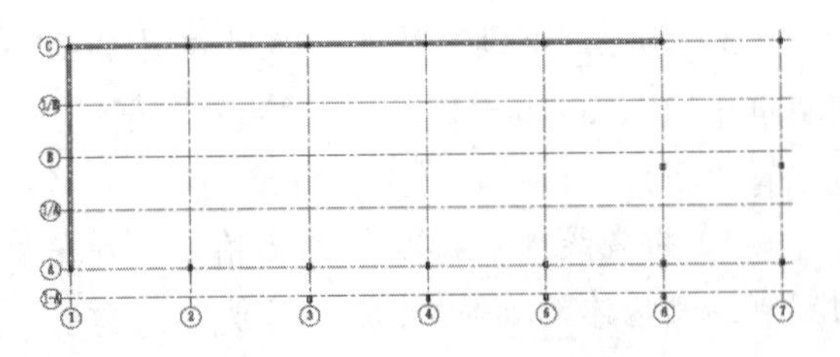

图 19-26　绘制成品玻璃隔墙

3. 绘制80隔墙

（1）选择菜单栏中的“格式”→“多线样式”命令，弹出“多线样式”对话框，单击“新建”按钮，弹出如图19-27所示的“创建新的多线样式”对话框，输入新样式名为80，单击“继续”按钮，弹出如图19-28所示的“新建多线样式：80”对话框，在“偏移”文本框中输入40和-40，单击“确定”按钮返回到“多线样式”对话框。

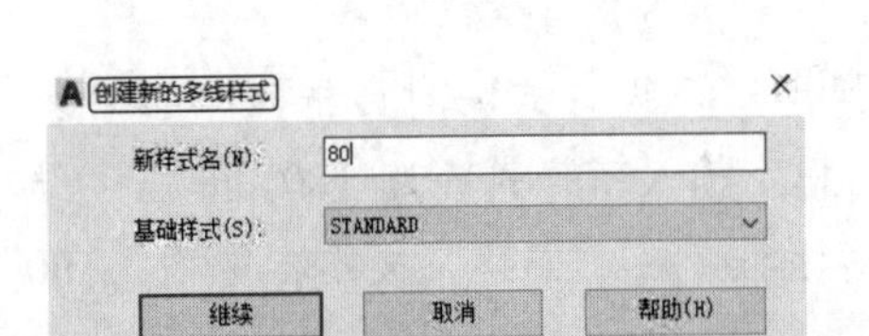

图 19-27　“创建新的多线样式”对话框

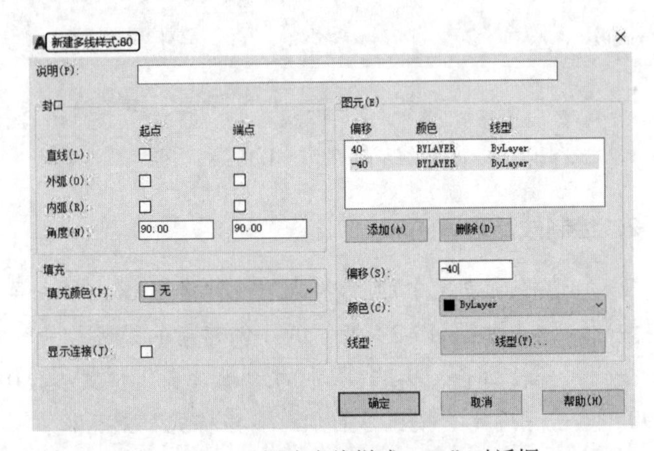

图 19-28　“新建多线样式：80”对话框

（2）选择菜单栏中的“绘图”→“多线”命令，绘制图形中的石膏板隔墙，如图19-29所示。

（3）使用上述方法绘制图形中剩余的石膏板隔墙，如图19-30所示。

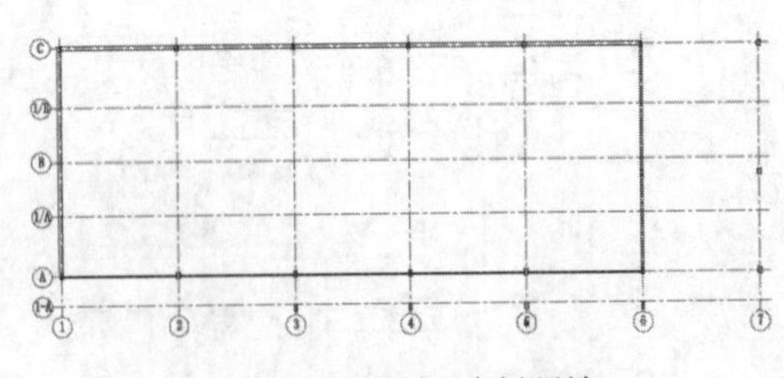

图 19-29　绘制石膏板隔墙

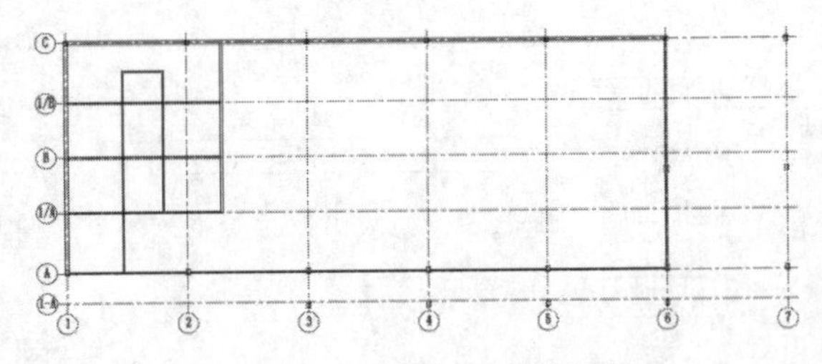

图 19-30　绘制剩余石膏板隔墙

（4）使用上述方法完成剩余墙体的绘制，如图19-31所示。

（5）单击“默认”选项卡“修改”面板中的“移动”按钮✥，选择图形中的下端轴号向下移动1000，左端轴号向左移动1000，如图19-32所示。

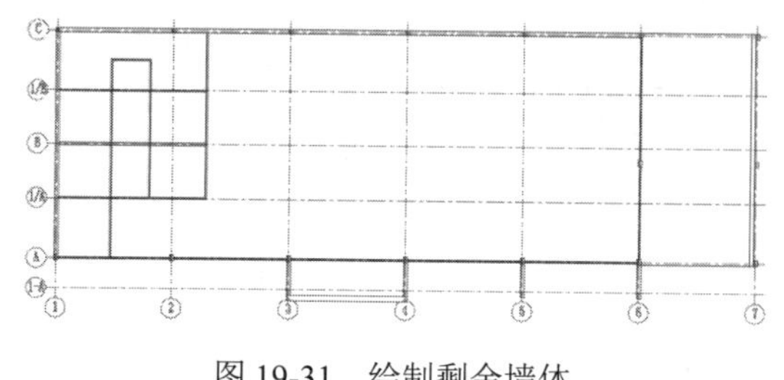

图 19-31　绘制剩余墙体

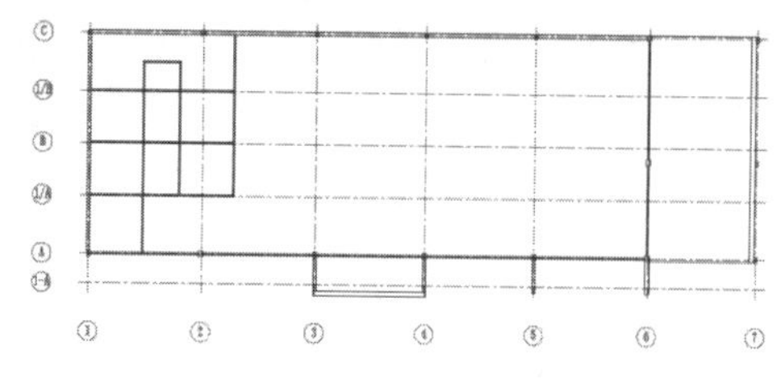

图 19-32　移动轴号

（6）单击“默认”选项卡“修改”面板中的“延伸”按钮，将轴线延伸至轴号上部，如图 19-33 所示。

（7）单击“默认”选项卡“修改”面板中的“分解”按钮，选取全部墙体后按 Enter 键，对墙体进行分解。

（8）单击“默认”选项卡“修改”面板中的“修剪”按钮，对上步分解的墙体进行修剪，如图 19-34 所示。

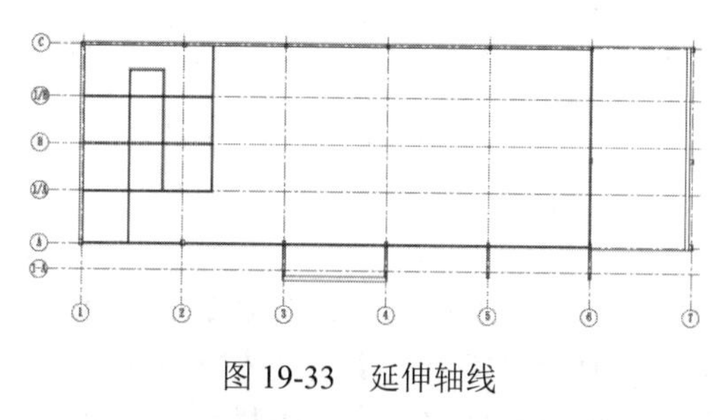

图 19-33　延伸轴线

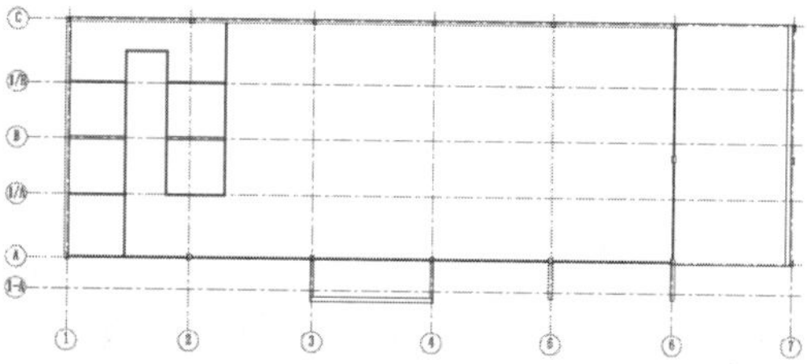

图 19-34　修剪墙体

4．绘制内部墙体

（1）单击“默认”选项卡“绘图”面板中的“直线”按钮，在图形的适当位置绘制连续直线，尺寸如图 19-35 所示。

（2）单击“默认”选项卡“修改”面板中的“偏移”按钮，选取上步绘制的直线向内偏移，偏移距离为 120，如图 19-36 所示。

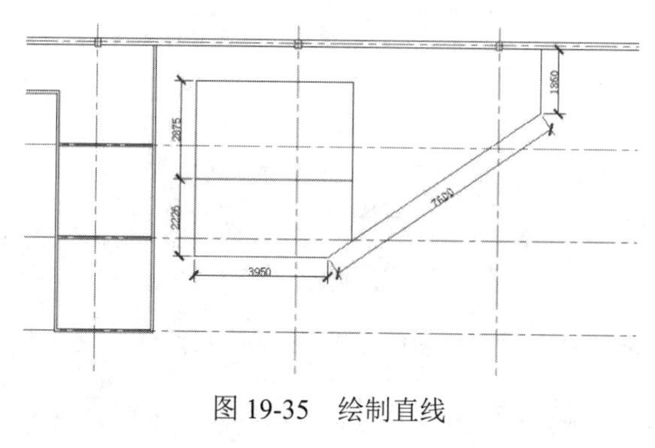

图 19-35　绘制直线

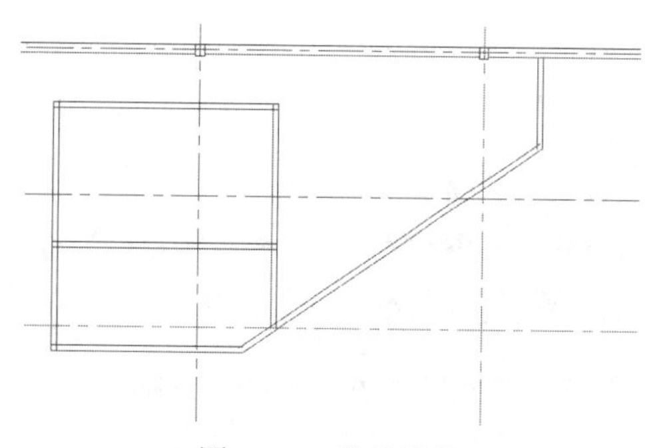

图 19-36　偏移线段

（3）单击“默认”选项卡“修改”面板中的“修剪”按钮，选择上步绘制的墙线进行修剪，效果如图 19-37 所示。

（4）单击“默认”选项卡“绘图”面板中的“直线”按钮和“修改”面板中的“偏移”按钮，完成其他墙体的绘制，如图 19-38 所示。

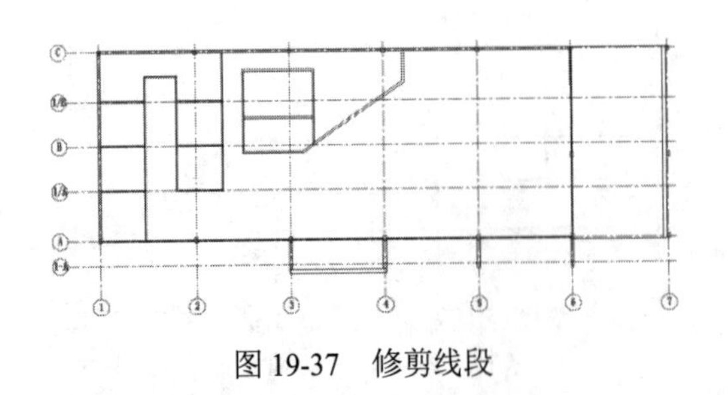

图 19-37　修剪线段

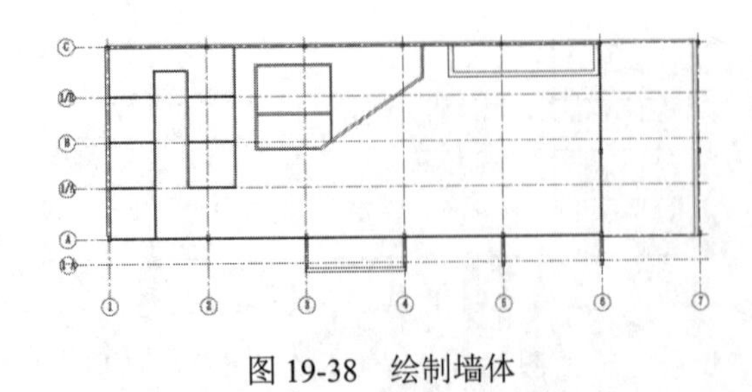

图 19-38　绘制墙体

5. 绘制门窗 1

（1）单击“默认”选项卡“绘图”面板中的“直线”按钮／，在适当的位置绘制一条直线，如图 19-39 所示。

（2）单击“默认”选项卡“修改”面板中的“偏移”按钮⊆，选择上步绘制的直线向右偏移，偏移距离为 1500，如图 19-40 所示。

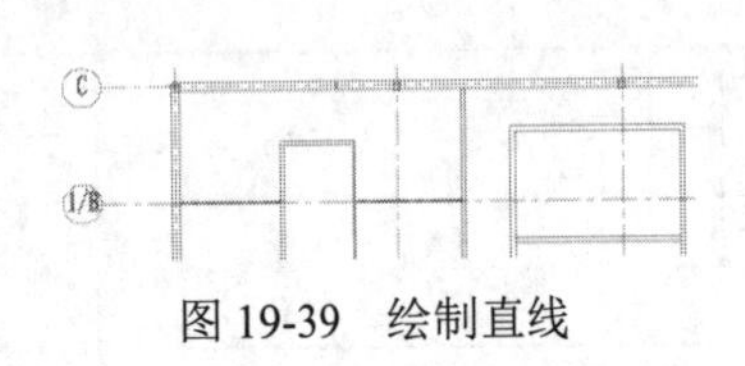

图 19-39　绘制直线

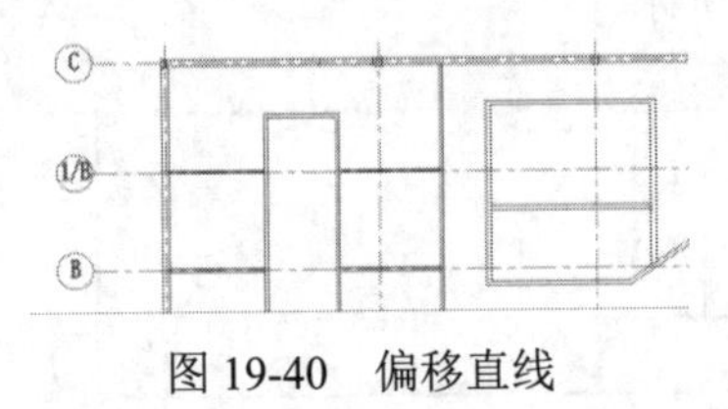

图 19-40　偏移直线

（3）将“门窗”置为当前图层。选择菜单栏中的“格式”→“多线样式”命令，弹出“多线样式”对话框，单击“新建”按钮，弹出如图 19-41 所示的“创建新的多线样式”对话框，输入新样式名为“门窗”，单击“继续”按钮，弹出如图 19-42 所示的“新建多线样式：门窗”对话框，在“偏移”文本框中输入 100 和 30，-30 和-100，单击“确定”按钮，返回到“多线样式”对话框。

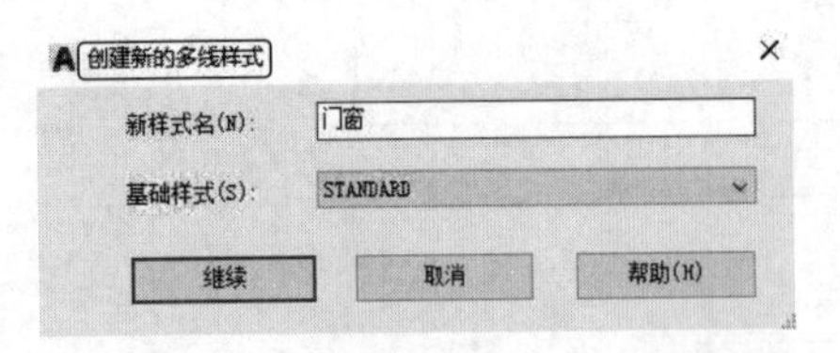

图 19-41　“创建新的多线样式”对话框

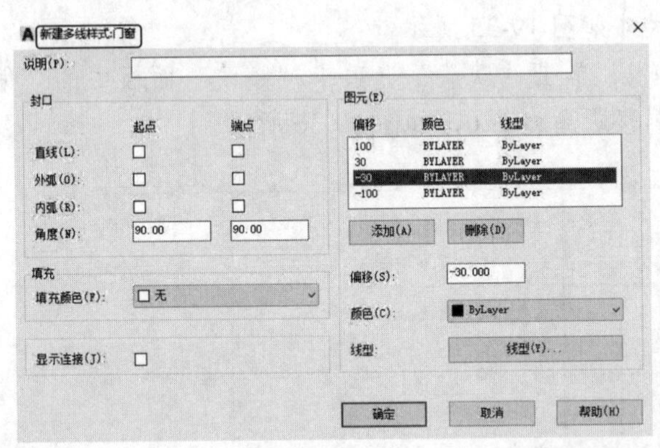

图 19-42　“新建多线样式：门窗”对话框

（4）选取前面绘制的左侧竖直直线中点为起点，选取右侧直线中点为终点，绘制窗线，如图 19-43 所示。

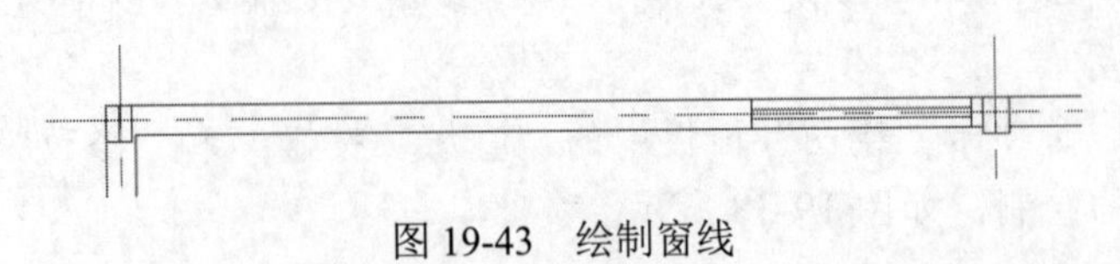

图 19-43　绘制窗线

（5）选择如图 19-22 所示的直线，向下进行偏移，偏移距离分别为 880、1500、1320、1500、1200、1500、1280、1500，如图 19-44 所示。

（6）单击“默认”选项卡“修改”面板中的“修剪”按钮，对上步偏移的线段进行修剪，如图 19-45 所示。

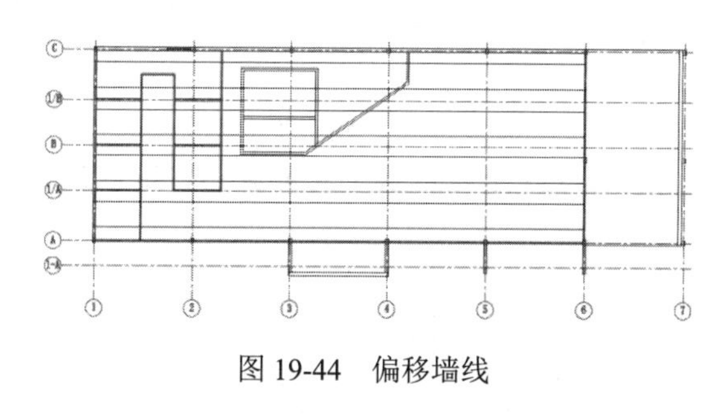

图 19-44　偏移墙线

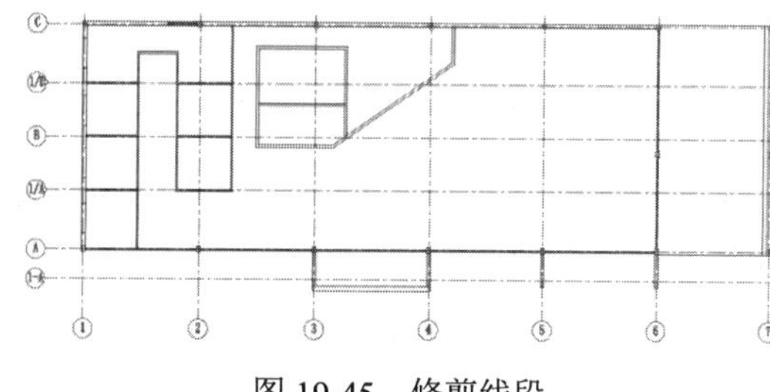

图 19-45　修剪线段

（7）选择菜单栏中的“绘图”→“多线”命令，在上步修剪的窗口内绘制窗线，如图 19-46 所示。

（8）使用修剪窗口的方法完成所有门洞的修剪，如图 19-47 所示。

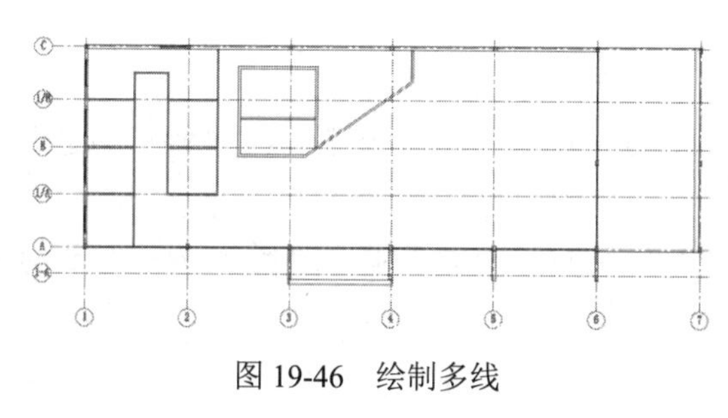

图 19-46　绘制多线

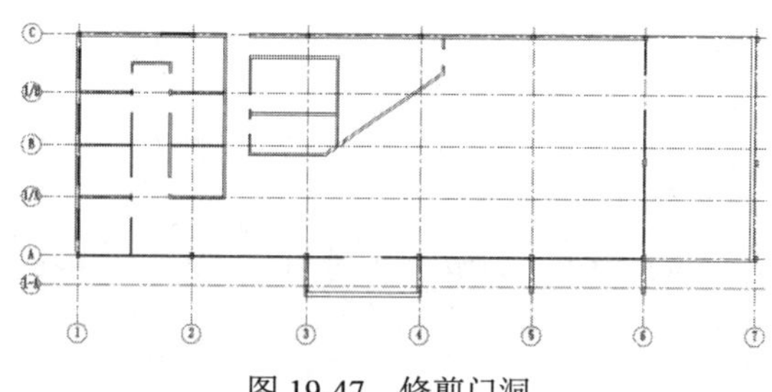

图 19-47　修剪门洞

6. 绘制门窗 2

（1）单击“默认”选项卡“绘图”面板中的“矩形”按钮，在门洞处绘制一个 900×40 的矩形，如图 19-48 所示。

（2）单击“默认”选项卡“绘图”面板中的“圆弧”按钮，选择上步绘制的矩形上端点为起点，选取墙体终点绘制一段 90° 圆弧，如图 19-49 所示。

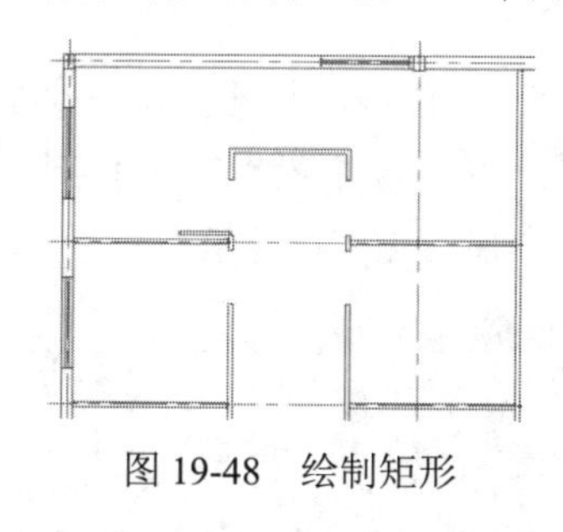

图 19-48　绘制矩形

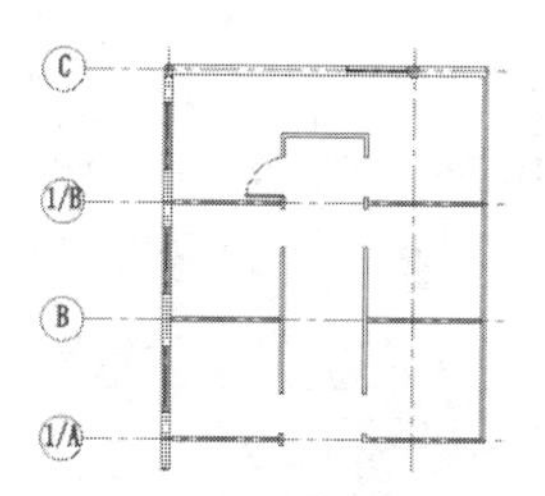

图 19-49　绘制圆弧

（3）使用上述方法绘制剩余的单扇门图形，如图 19-50 所示。

（4）单击“默认”选项卡“修改”面板中的“复制”按钮，选取上步绘制的单扇门图形进行复制，放置到双开门位置，如图 19-51 所示。

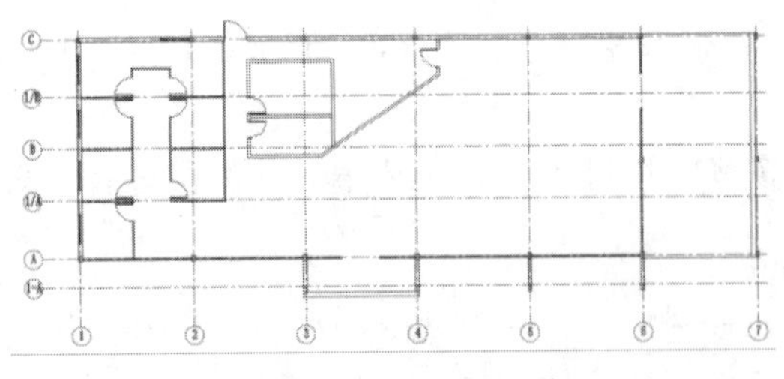

图 19-50　绘制单扇门图形

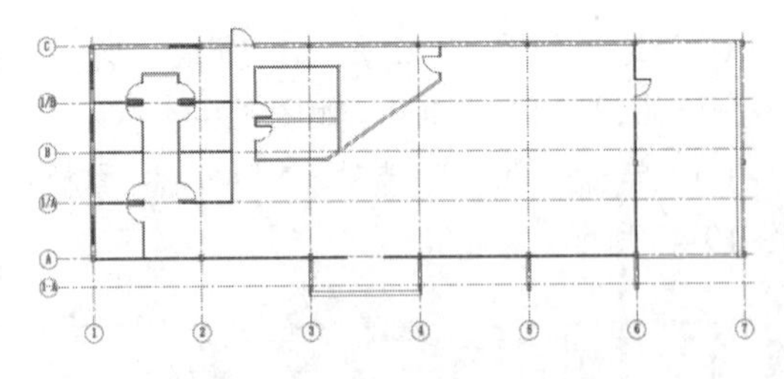

图 19-51　复制单扇门图形

（5）单击“默认”选项卡“修改”面板中的“镜像”按钮⚠，选取上步复制的单扇门图形进行镜像，如图 19-52 所示。

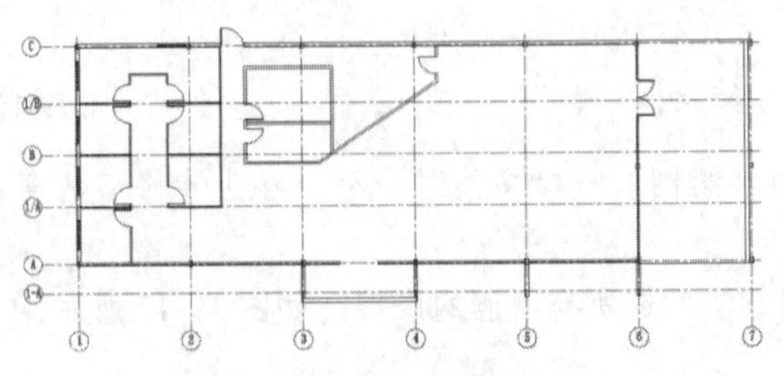

图 19-52　镜像单扇门图形

（6）单击“默认”选项卡“修改”面板中的“复制”按钮ꝏ，选择上步绘制的矩形进行复制，如图 19-53 所示。

（7）单击“默认”选项卡“修改”面板中的“复制”按钮ꝏ，选择上步绘制的矩形进行复制，如图 19-54 所示。

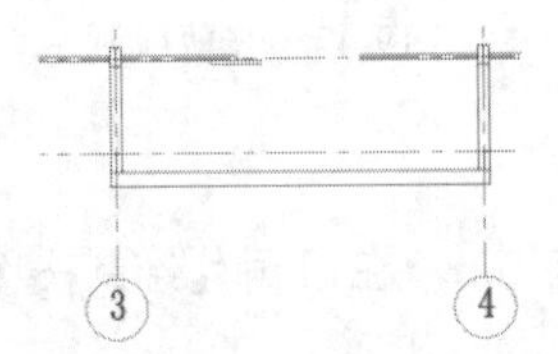

图 19-53　复制矩形

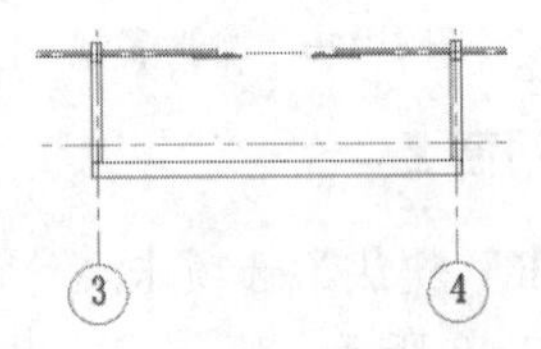

图 19-54　复制矩形

7. 填充墙体

（1）单击“默认”选项卡“绘图”面板中的“图案填充”按钮▦，打开“图案填充创建”选项卡，如图 19-55 所示。单击“图案填充图案”选项，在打开的“填充图案”下拉列表框中选择 ANSI31 图案，选择“砖砌墙体”为填充区域，对其进行填充，如图 19-56 所示。

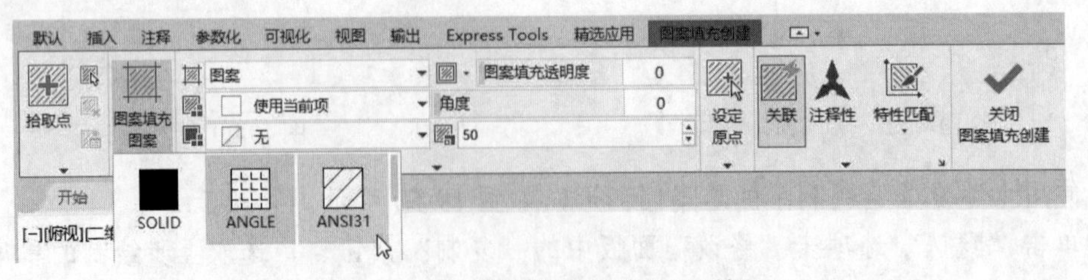

图 19-55　“图案填充创建”对话框

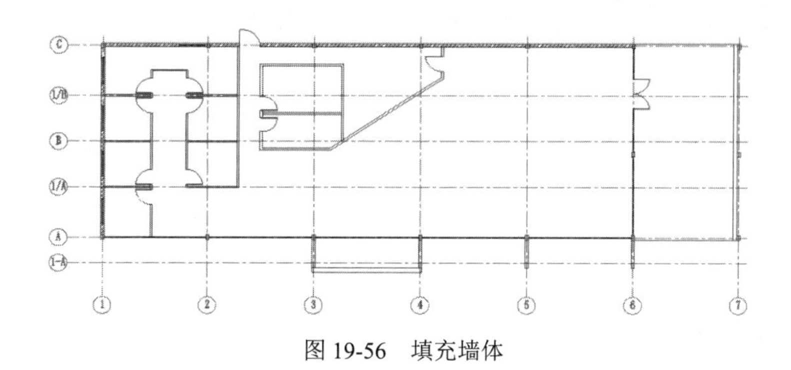

图 19-56　填充墙体

（2）单击“默认”选项卡“绘图”面板中的“图案填充”按钮，选取图形中间的墙体为填充区域，如图 19-57 所示。

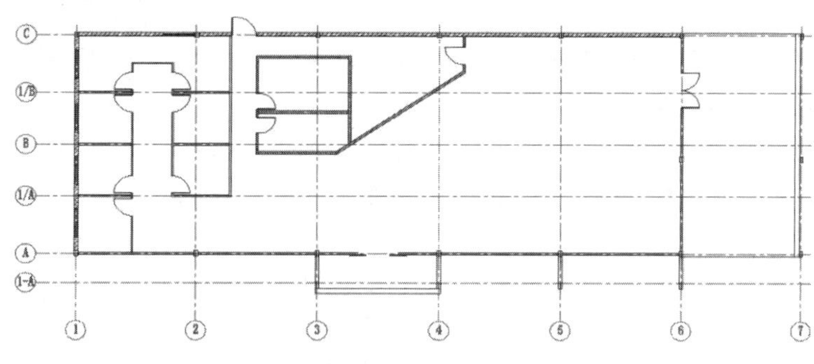

图 19-57　填充中间墙体

8．绘制楼梯线

（1）单击“默认”选项卡“绘图”面板中的“直线”按钮，在楼梯间处绘制一条水平直线，如图 19-58 所示。

（2）单击“默认”选项卡“修改”面板中的“偏移”按钮，选取上步绘制的水平直线向下偏移，偏移距离分别为 300、200、200、200、200、200、200、200、200、200、200、1000、200、200、200、200，如图 19-59 所示。

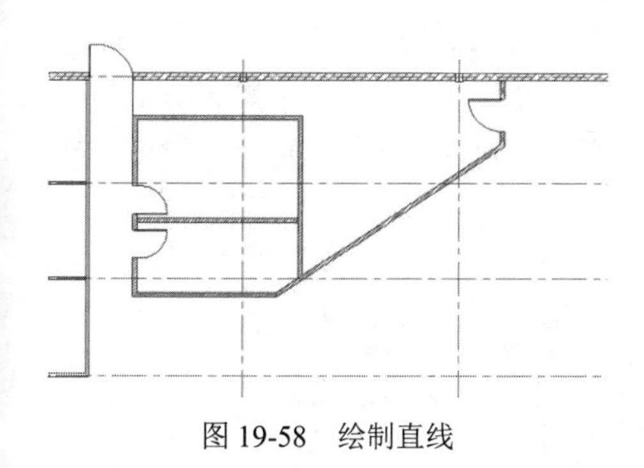

图 19-58　绘制直线

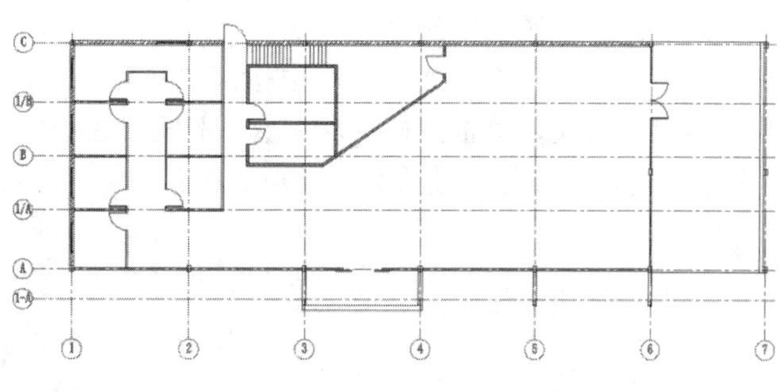

图 19-59　偏移直线

（3）单击“默认”选项卡“绘图”面板中的“直线”按钮，在图形的适当位置绘制一条直线，如图 19-60 所示。

（4）单击“默认”选项卡“修改”面板中的“修剪”按钮，对上步绘制的线段进行修剪，如图 19-61 所示。

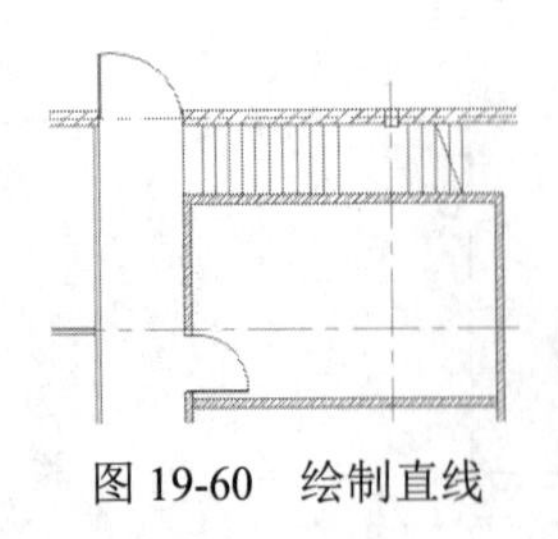

图 19-60　绘制直线

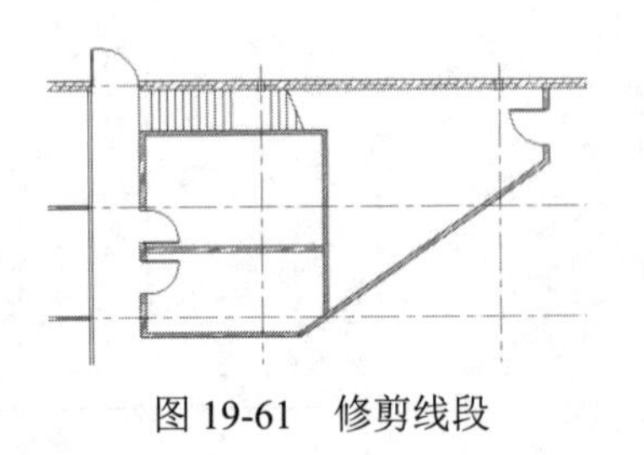

图 19-61　修剪线段

19.2.4　绘制立面符号

操作步骤

1. 绘制立面符号

（1）将“标注”图层置为当前图层，单击“默认”选项卡“绘图”面板中的“圆”按钮⊘，绘制一个半径为 500 的圆，如图 19-62 所示。

（2）选择菜单栏中的“绘图”→“块”→“定义属性”命令，弹出“属性定义”对话框，如图 19-63 所示，单击“确定”按钮，在圆心位置写入一个块的属性值。设置完成后的效果如图 19-64 所示。

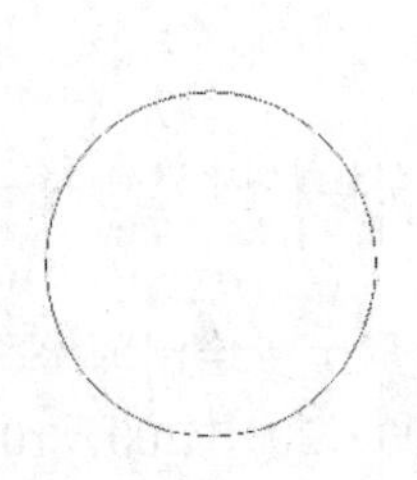

图 19-62　绘制圆

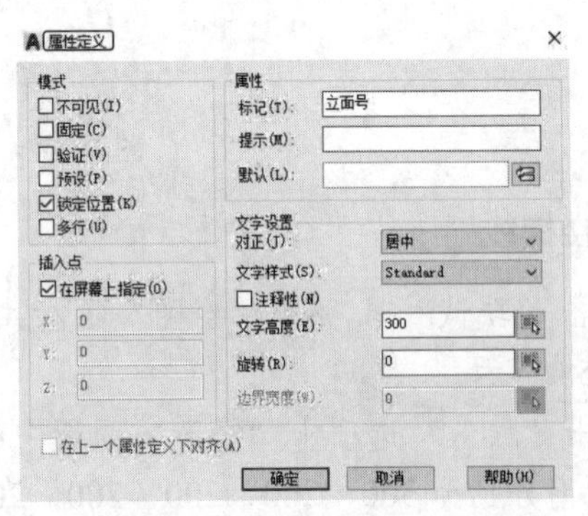

图 19-63　“属性定义”对话框

（3）单击“默认”选项卡“块”面板中的“创建”按钮，弹出“块定义”对话框，如图 19-65 所示。在“名称”文本框中输入“立面号”，指定圆心为基点；选择整个圆和刚才的“立面号”标记为对象，单击“确定”按钮，弹出如图 19-66 所示的“编辑属性”对话框，输入轴号为 A。单击“确定”按钮，效果如图 19-67 所示。

图 19-64　在圆心位置写入属性值

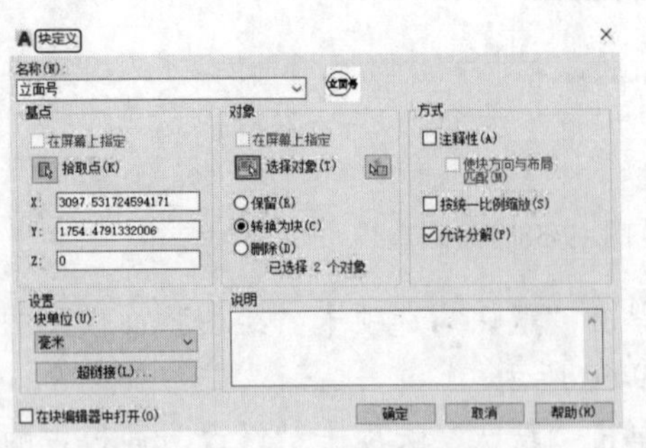

图 19-65　“块定义”对话框

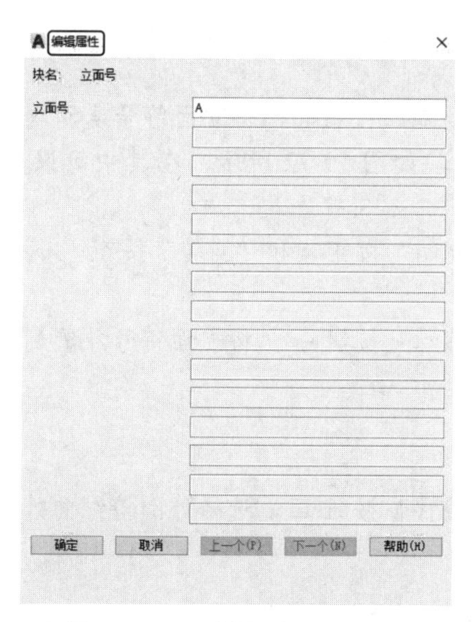

图 19-66　“编辑属性”对话框

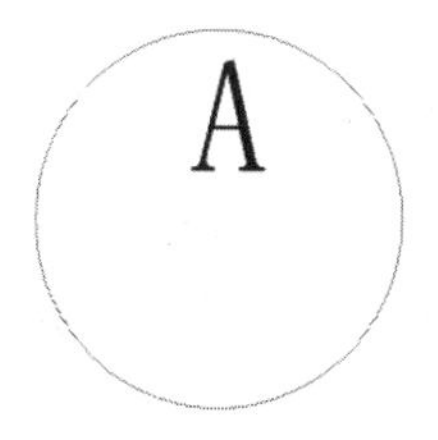

图 19-67　输入轴号

（4）单击“默认”选项卡“绘图”面板中的“直线”按钮，单击“默认”选项卡“修改”面板中的“修剪”按钮和“镜像”按钮，绘制索引符号，完成图形后的效果如图 19-68 所示。

（5）单击“默认”选项卡“绘图”面板中的“图案填充”按钮，打开“图案填充图案”选项卡，选择 SOLID 图案，如图 19-69 所示。单击“拾取点”按钮，拾取填充区域，按 Enter 键完成填充，效果如图 19-70 所示。

（6）单击“默认”选项卡“修改”面板中的“复制”按钮和“旋转”按钮，将立面索引符号复制旋转到另外两个立面符号上，如图 19-71 所示。

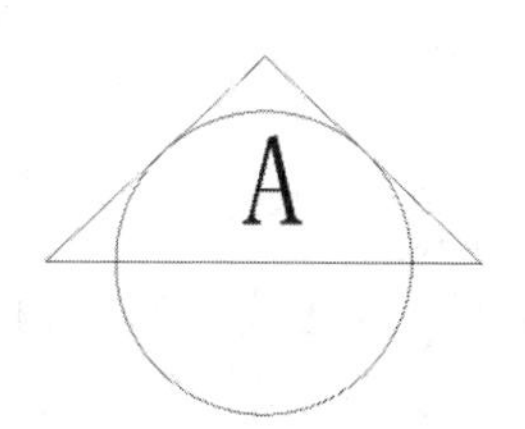

图 19-68　绘制索引号

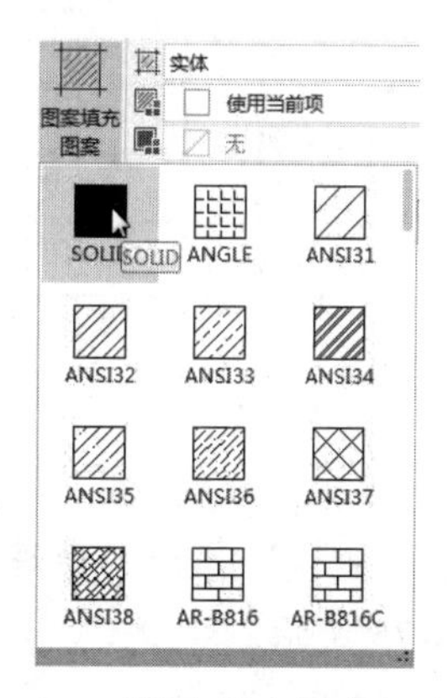

图 19-69　“图案填充图案”选项卡

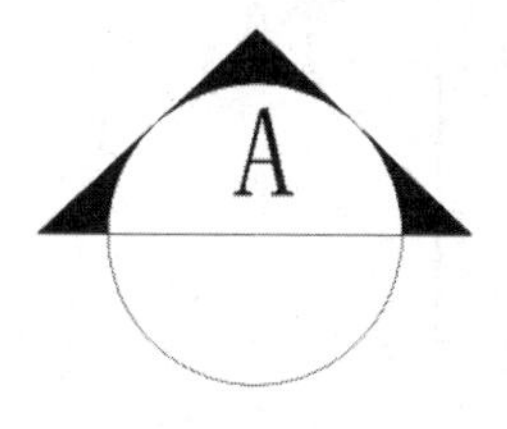

图 19-70　填充图形

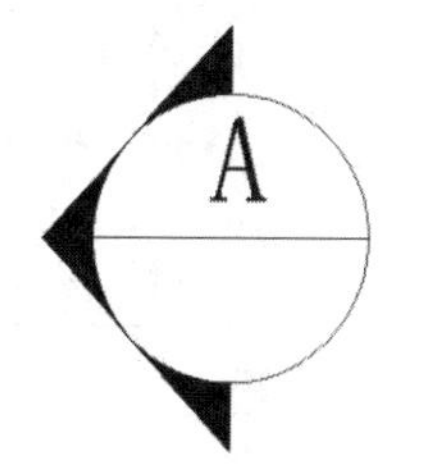

图 19-71　复制旋转图形

2. 插入立面符号

（1）单击“默认”选项卡“修改”面板中的“复制”按钮 ，将立面符号复制到适当位置，双击立面号标记，弹出“增强属性编辑器”对话框，如图 19-72 所示，在其中可以更改立面符号值。

（2）单击“默认”选项卡“修改”面板中的“复制”按钮 和“旋转”按钮 ，按要求旋转索引符号。

（3）单击“默认”选项卡“修改”面板中的“移动”按钮 ，将立面符号放置到适当位置，绘制效果如图 19-73 所示。

3. 绘制雨棚

（1）单击“默认”选项卡“修改”面板中的“偏移”按钮 ，选择外围墙线向外侧偏移，偏移距离为 700，如图 19-74 所示。

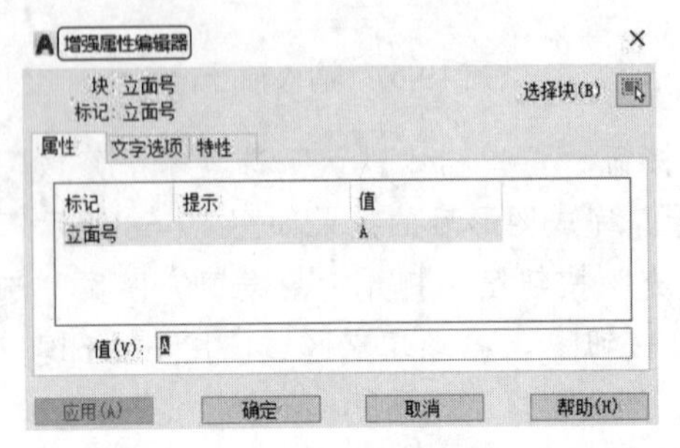

图 19-72 “增强属性编辑器”对话框

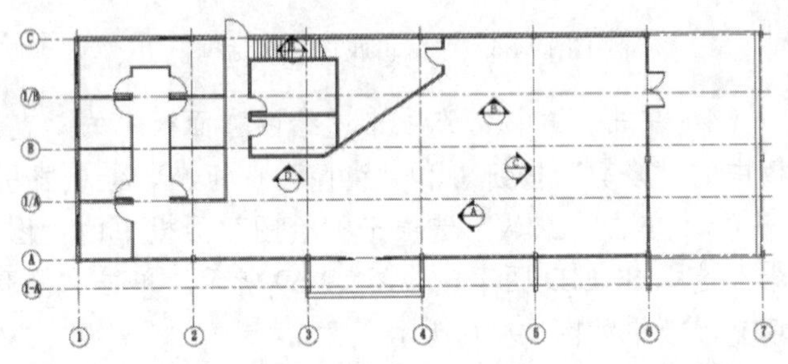

图 19-73 标注立面符号

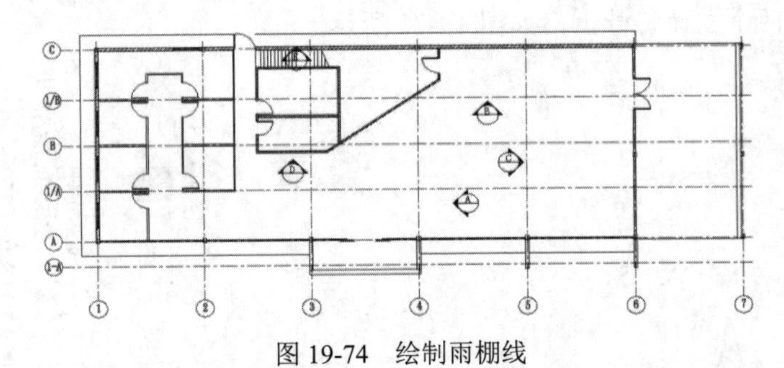

图 19-74 绘制雨棚线

（2）单击“默认”选项卡“绘图”面板中的“直线”按钮 ，在上步偏移的雨棚线内绘制对角线，如图 19-75 所示。

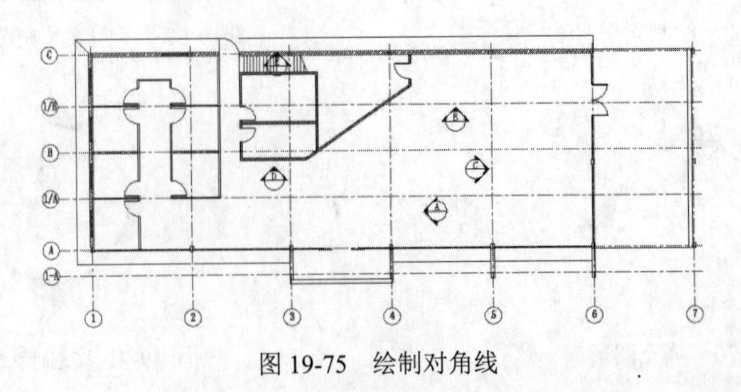

图 19-75 绘制对角线

（3）单击“默认”选项卡“绘图”面板中的“直线”按钮╱，绘制连续图形，如图 19-76 所示。

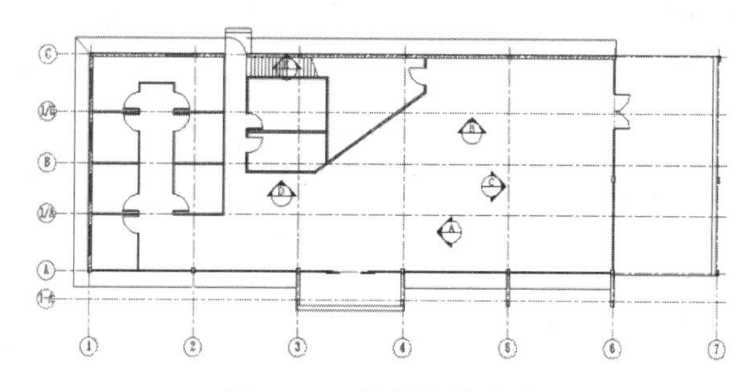

图 19-76　绘制连续直线

（4）单击“默认”选项卡“修改”面板中的“修剪”按钮✂，对多余线段进行修剪，如图 19-77 所示。

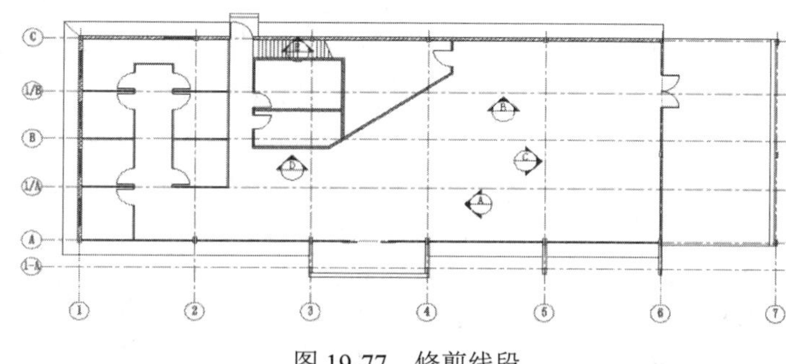

图 19-77　修剪线段

19.2.5　标注尺寸

操作步骤

（1）将“标注”图层置为当前图层。选择菜单栏中的“格式”→“标注样式”命令，弹出“标注样式管理器”对话框，如图 19-78 所示。

（2）单击“新建”按钮，弹出“创建新标注样式”对话框，输入新样式名为“建筑平面图”，如图 19-79 所示。

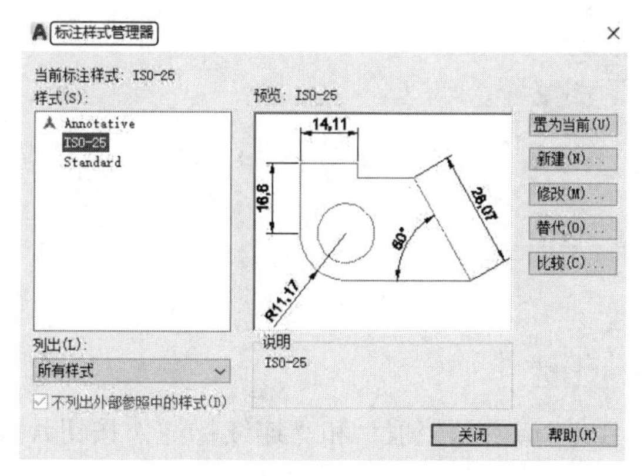

图 19-78　“标注样式管理器”对话框

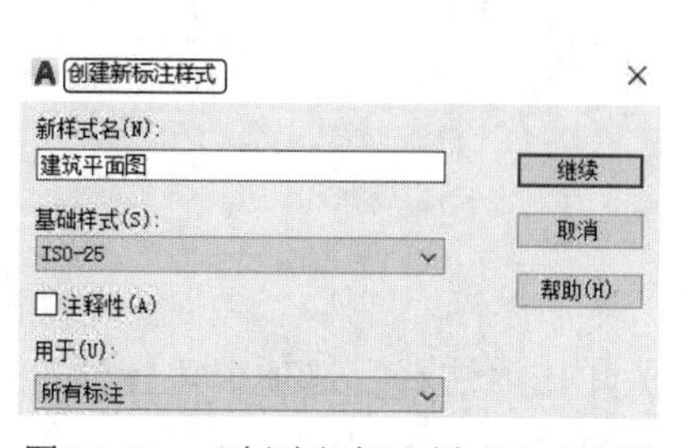

图 19-79　“创建新标注样式”对话框

（3）单击“继续”按钮，弹出“新建标注样式：建筑平面图”对话框，在各个选项卡中设置参数，如图 19-80 所示。设置完参数后，单击“确定”按钮，返回到“标注样式管理器”对话框，将“建筑”样式置为当前。

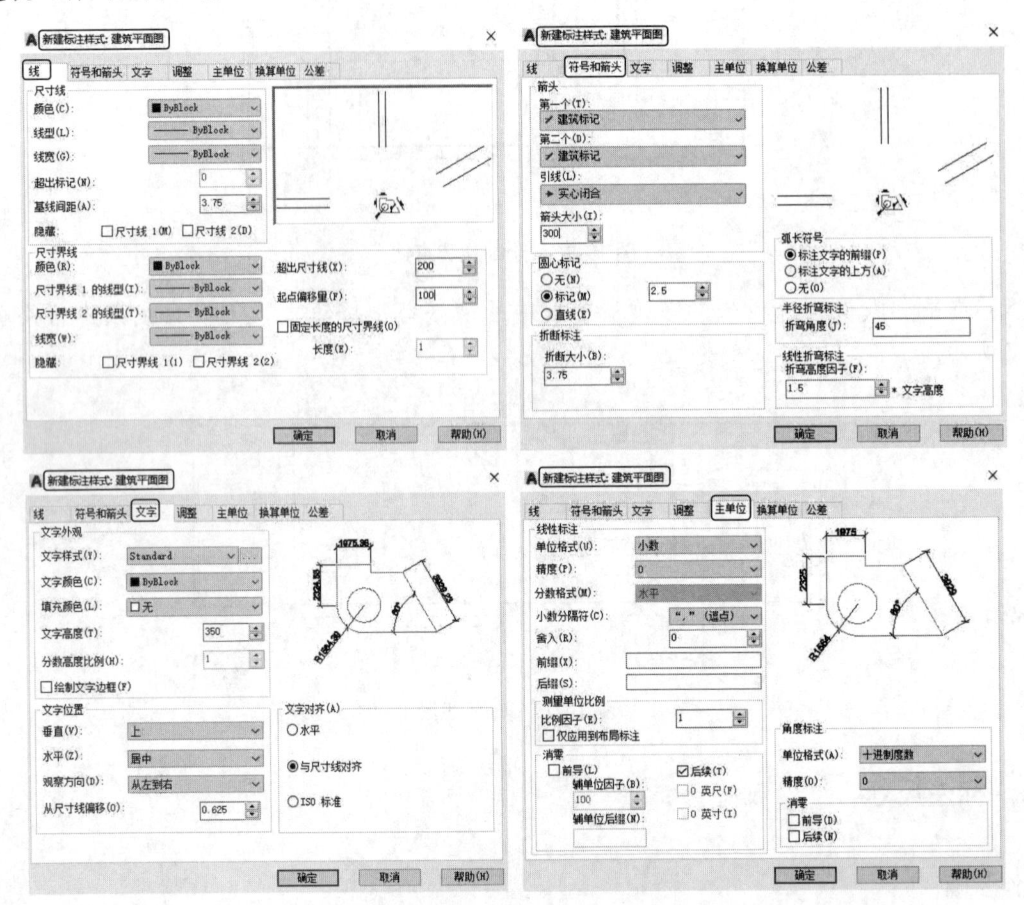

图 19-80 “新建标注样式：建筑平面图”对话框

（4）标注尺寸。

① 单击“注释”选项卡“标注”面板中的“线性标注”按钮和“连续标注”按钮，标注内部尺寸，如图 19-81 所示。

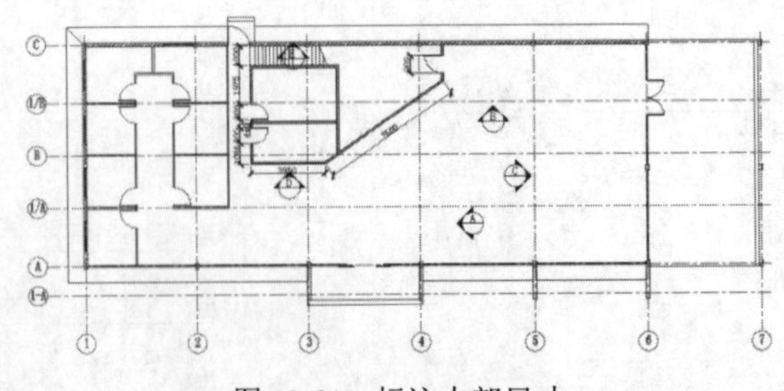

图 19-81 标注内部尺寸

② 单击“注释”选项卡“标注”面板中的“线性标注”按钮和“连续标注”按钮，标注第一道尺寸，如图 19-82 所示。

③ 单击“注释”选项卡“标注”面板中的“线性标注”按钮和“连续标注”按钮，标注总尺寸，如图 19-83 所示。

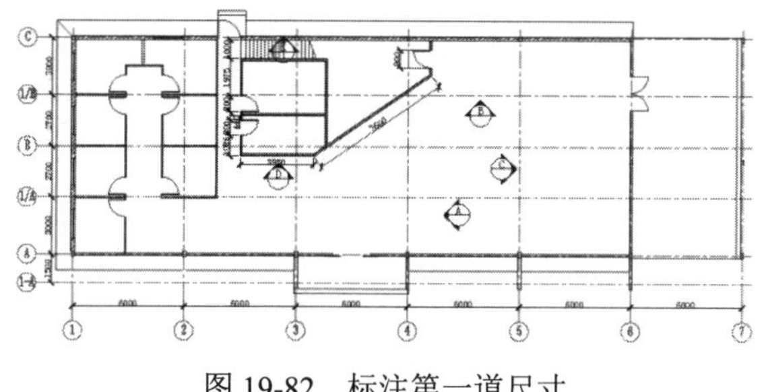

图 19-82　标注第一道尺寸

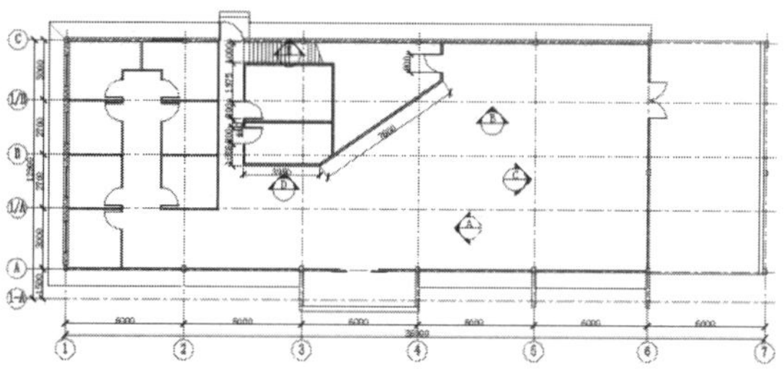

图 19-83　标注总尺寸

（5）单击“默认”选项卡“修改”面板中的“删除”按钮，选择全部轴线进行删除。

（6）单击“默认”选项卡“修改”面板中的“分解”按钮和“延伸”按钮，将标注线延伸至轴号处，如图 19-84 所示。

（7）单击“默认”选项卡“修改”面板中的“移动”按钮，选择左侧标注线和轴号向左进行适当移动，如图 19-85 所示。

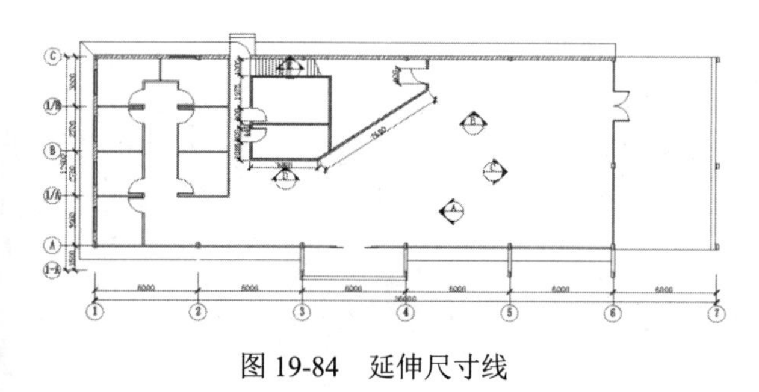

图 19-84　延伸尺寸线

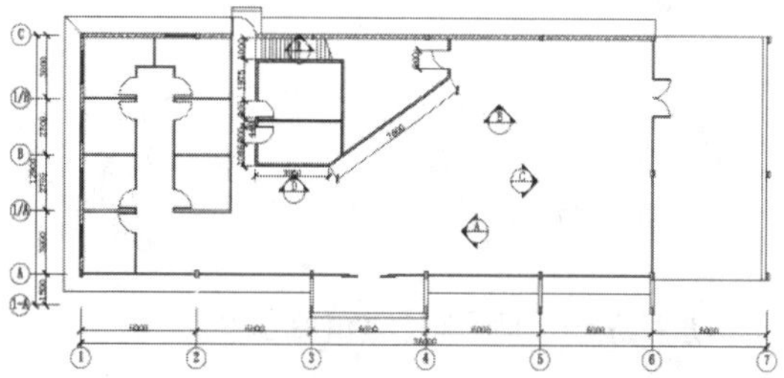

图 19-85　移动轴号

19.2.6　标注文字

操作步骤

（1）选择菜单栏中的“格式”→“文字样式”命令，弹出“文字样式”对话框，对其中选项进行设置，如图 19-86 所示。

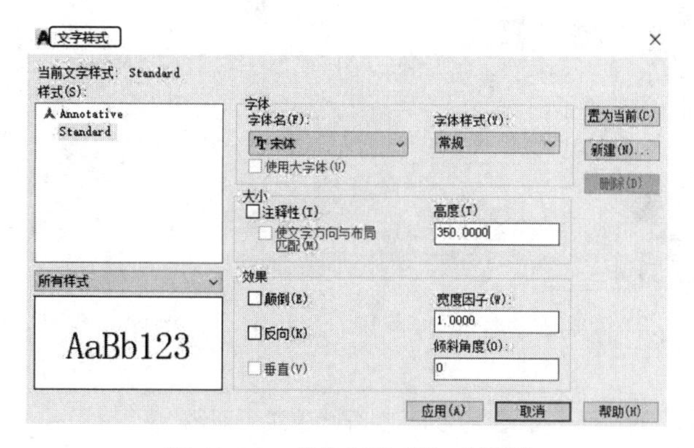

图 19-86　“文字样式”对话框

（2）单击“默认”选项卡“注释”面板中的“多行文字”按钮A，为图形添加文字说明，如图 19-87 所示。

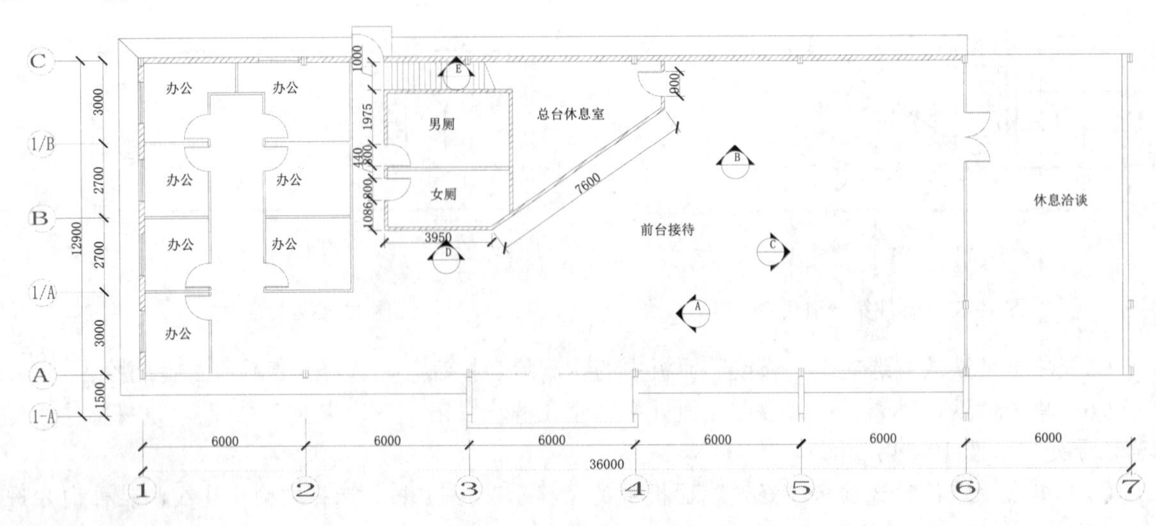

图 19-87　添加文字说明

注意：

一般一幅工程图中可能涉及几种不同的标注样式，此时用户可建立不同的标注样式，进行“新建”“修改”或“替代”，在使用某标注样式时，可直接单击选用“样式名”下拉列表中的样式。若用户对标注样式的设置有不理解的地方，可随时调用帮助（F1）文档进行学习。

扫一扫，看视频

动手练——咖啡吧建筑平面图

绘制如图 19-88 所示的咖啡吧建筑平面图。

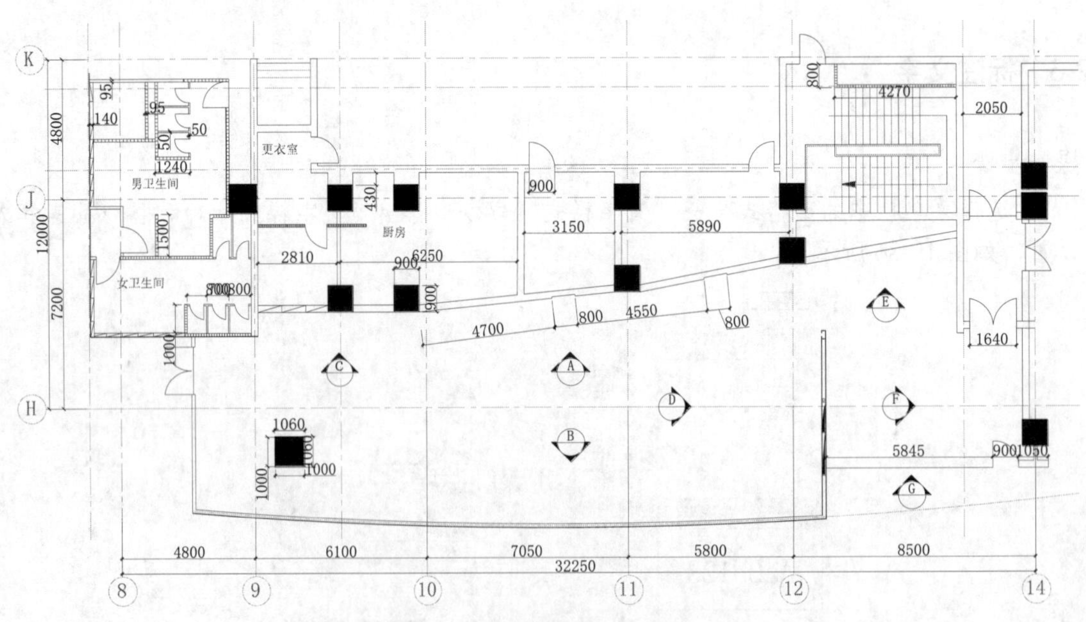

图 19-88　咖啡吧建筑平面图

思路点拨：

源文件：源文件\第 19 章\咖啡吧建筑平面图.dwg

（1）绘图前准备。

（2）绘制轴线。

（3）绘制墙线、门窗和洞口。

（4）绘制楼梯及台阶。

（5）绘制装饰凹槽。

（6）标注尺寸。

（7）标注文字。

扫一扫，看视频

第 20 章　商业广场展示中心装饰平面图

内容简介

在建筑平面图的基础上，本章将展开室内平面图的绘制。依次介绍各室内空间布局、桌椅布置、装饰元素及细部处理、地面材料绘制、尺寸标注、文字说明及其他符号标注等内容。

内容要点

- 绘图准备
- 绘制家具图块
- 布置家具
- 标注文字

案例效果

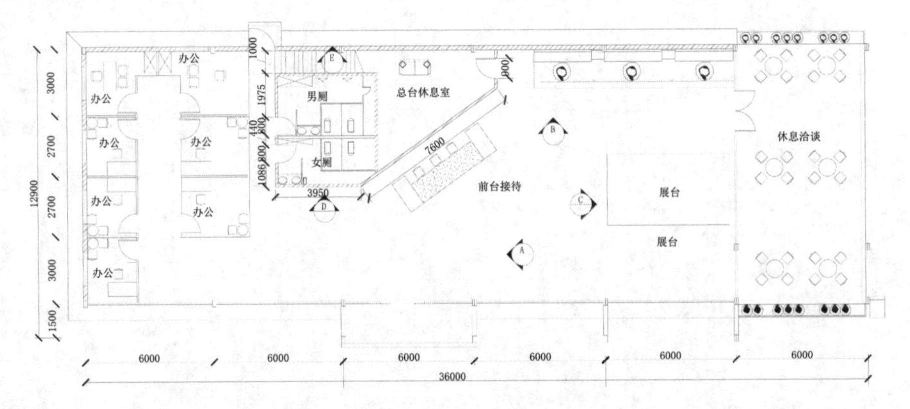

本章绘制的商业广场展示中心装饰平面图的最终效果如图 20-1 所示。

源文件： 源文件\第 19 章\广场展示中心平面图.dwg

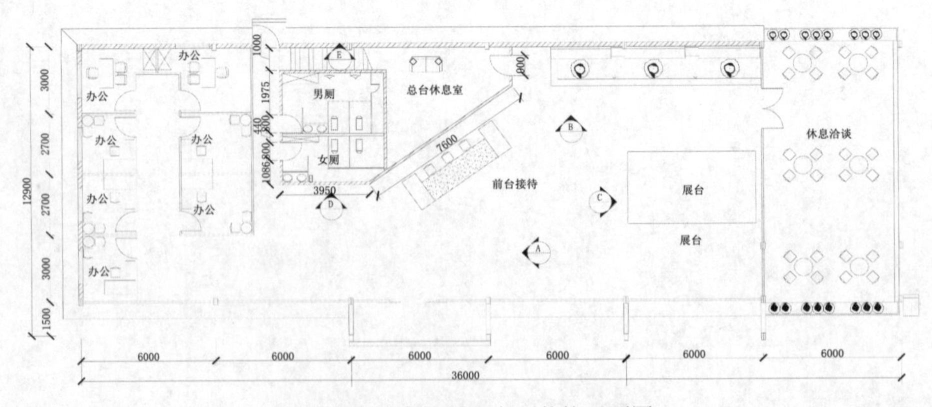

图 20-1　广场展示中心装饰平面图

20.1 绘 图 准 备

操作步骤

（1）打开源文件\第 19 章\广场展示中心平面图.dwg 文件。

（2）单击“默认”选项卡“图层”面板中的“图层特性”按钮，新建“装饰”图层，将“装饰”图层设置为当前图层。关闭“文字说明”图层和“标注”图层。

20.2 绘制家具图块

操作步骤

1. 绘制置物柜

（1）单击“默认”选项卡“绘图”面板中的“矩形”按钮，在图形的适当位置绘制一个 500×1200 的矩形，如图 20-2 所示。

（2）单击“默认”选项卡“绘图”面板中的“直线”按钮，在上步绘制的矩形内绘制对角线，如图 20-3 所示。

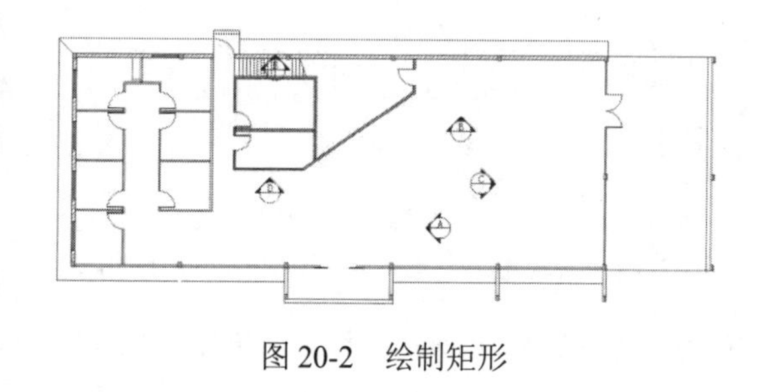

图 20-2　绘制矩形

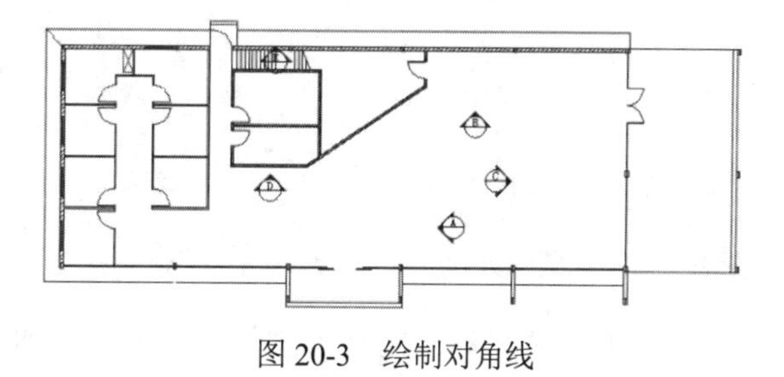

图 20-3　绘制对角线

（3）单击“默认”选项卡“修改”面板中的“复制”按钮，选取绘制的置物柜进行复制，如图 20-4 所示。

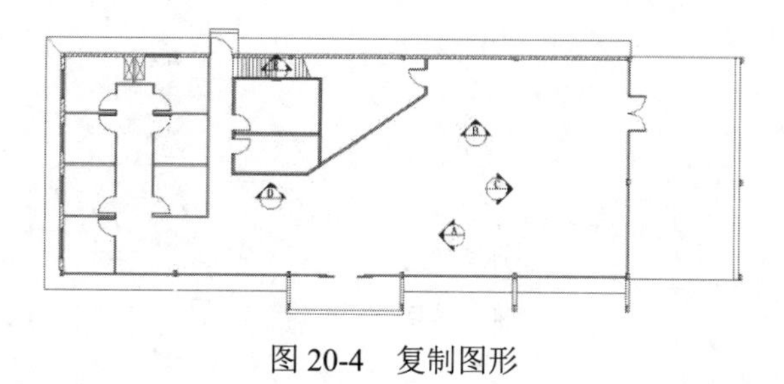

图 20-4　复制图形

2. 绘制办公桌椅

（1）单击“默认”选项卡“绘图”面板中的“矩形”按钮，在办公区域内绘制一个 1300×600 的矩形，如图 20-5 所示。

（2）单击“默认”选项卡“绘图”面板中的“矩形”按钮，在办公桌的适当位置绘制一个500×400的矩形，如图20-6所示。

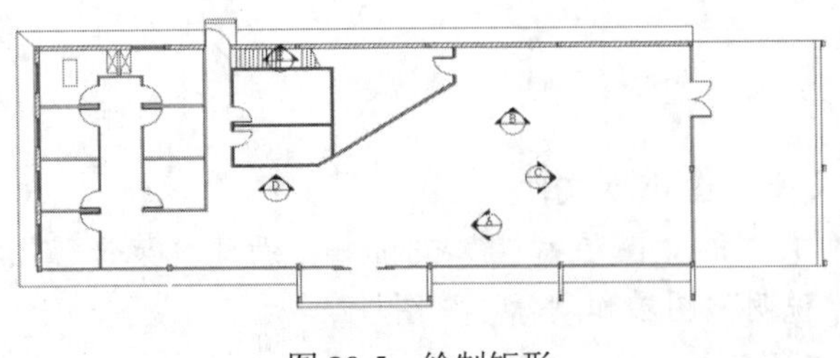

图20-5　绘制矩形

图20-6　绘制矩形

（3）单击“默认”选项卡“修改”面板中的“圆角”按钮，选择上步绘制的矩形四边进行圆角操作，圆角半径为50，如图20-7所示。

（4）单击“默认”选项卡“绘图”面板中的“圆弧”按钮，在上步圆角的矩形内绘制一段圆弧，如图20-8所示。

（5）单击“默认”选项卡“绘图”面板中的“矩形”按钮，在绘制的椅子的适当位置绘制一个300×50的矩形，如图20-9所示。

（6）单击“默认”选项卡“修改”面板中的“圆角”按钮，选择上步绘制的矩形进行圆角处理，圆角半径为20，效果如图20-10所示。

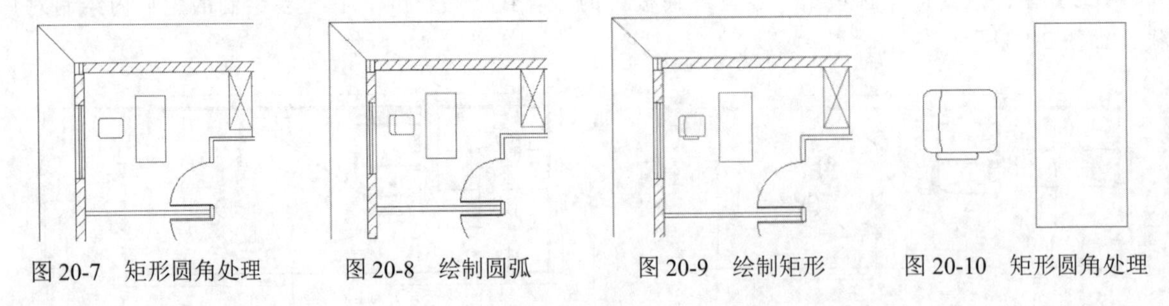

图20-7　矩形圆角处理　　图20-8　绘制圆弧　　图20-9　绘制矩形　　图20-10　矩形圆角处理

（7）单击“默认”选项卡“修改”面板中的“镜像”按钮，选取上步倒圆角后的矩形进行镜像，效果如图20-11所示。

（8）在命令行中输入WBLOCK命令，弹出如图20-12所示的“写块”对话框，选择上步绘制图形为定义块对象。

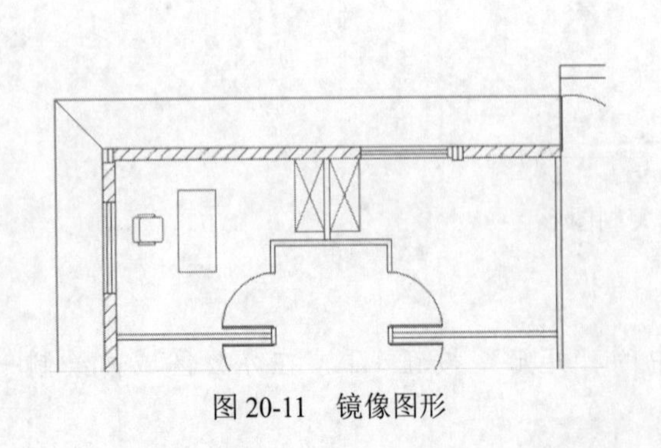

图20-11　镜像图形

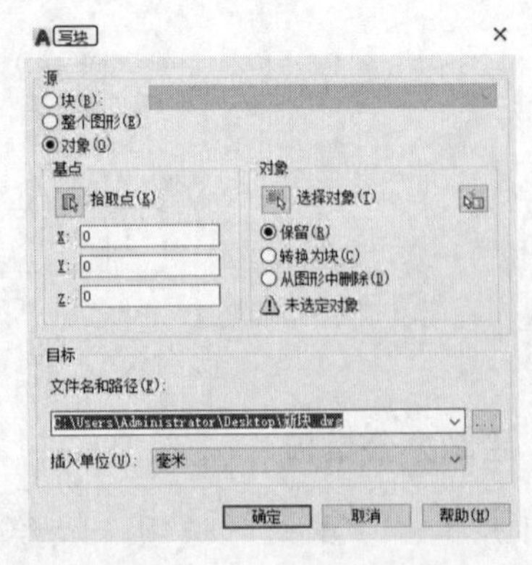

图20-12　“写块”对话框

（9）单击“默认”选项卡“块”面板中的“插入”下拉菜单中的“最近使用的块”选项，系统弹出“块”选项板，选择上步创建的椅子图形并进行插入，效果如图 20-13 所示。

（10）单击“默认”选项卡“修改”面板中的“镜像”按钮，选取绘制的桌椅为镜像对象，并以图形中间分隔墙上下两点为镜像点进行镜像，如图 20-14 所示。

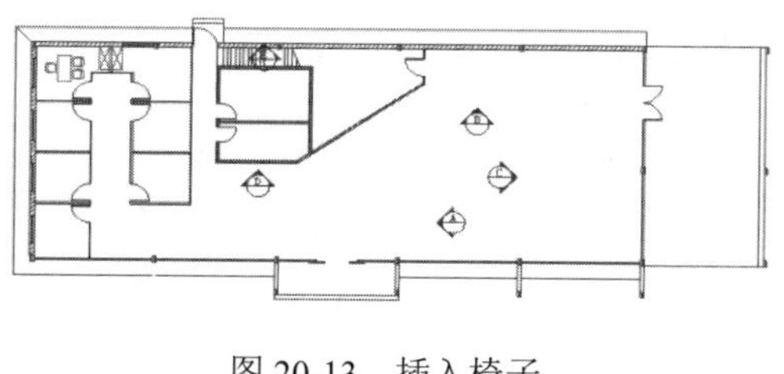

图 20-13　插入椅子

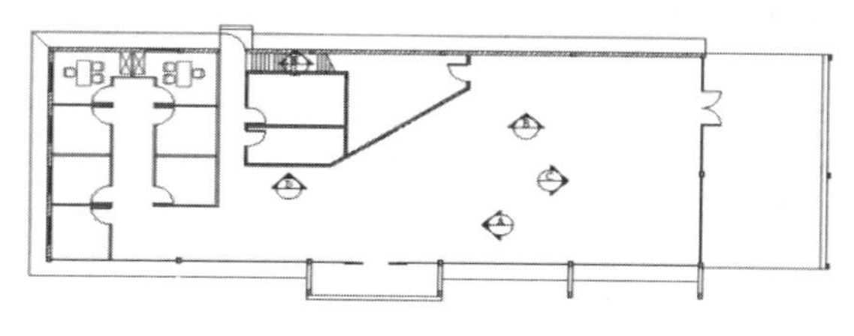

图 20-14　镜像桌椅

3. 绘制会客桌椅

（1）单击“默认”选项卡“绘图”面板中的“圆”按钮，在办公区域内绘制一个半径为 250 的圆，如图 20-15 所示。

（2）单击“默认”选项卡“绘图”面板中的“矩形”按钮，在上步绘制的圆旁绘制一个 400×400 的矩形，如图 20-16 所示。

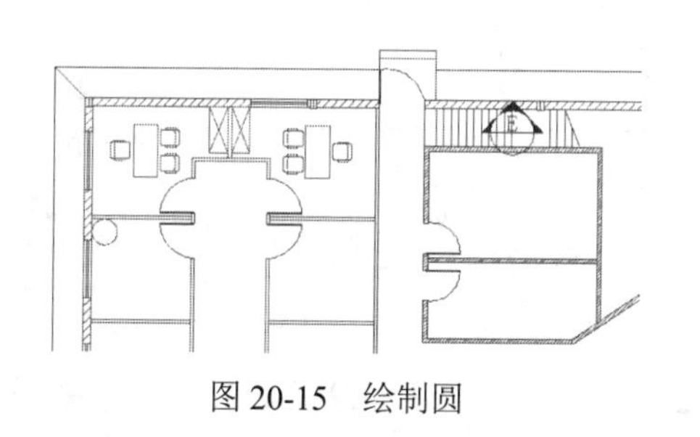

图 20-15　绘制圆

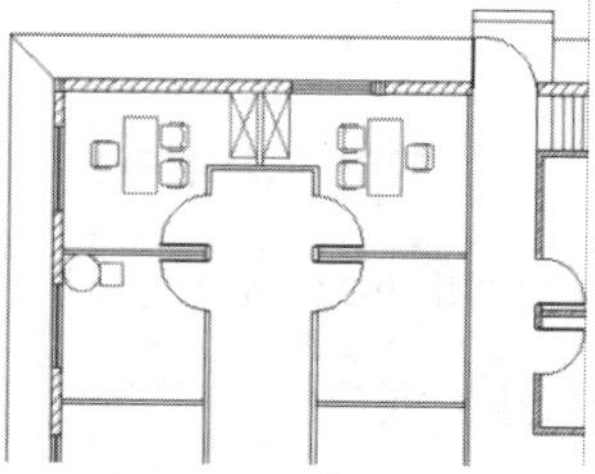

图 20-16　绘制矩形

（3）单击“默认”选项卡“修改”面板中的“圆角”按钮，对上步绘制的矩形进行圆角处理，圆角半径为 30，如图 20-17 所示。

（4）单击“默认”选项卡“绘图”面板中的“直线”按钮，绘制连续直线，如图 20-18 所示。

（5）单击“默认”选项卡“块”面板中的“创建”按钮，弹出“块定义”对话框，选择上步绘制的“会客椅”为块定义对象，并将其创建成块。

（6）单击“默认”选项卡“块”面板中的“插入”下拉菜单中的“最近使用的块”选项，系统弹出“块”选项板，选择上步绘制的“会客椅”插入到图形中，如图 20-19 所示。

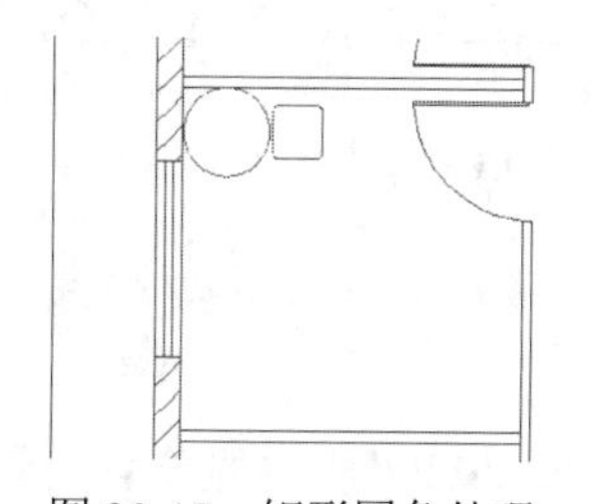

图 20-17　矩形圆角处理

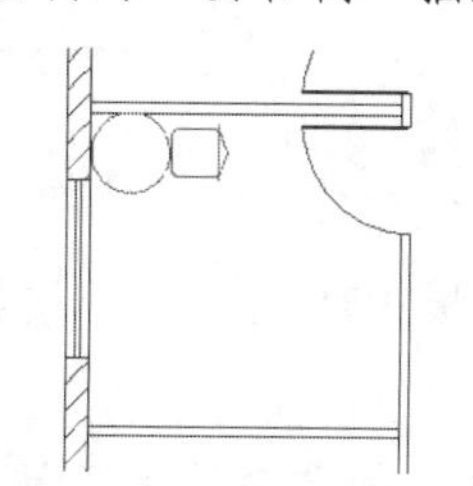

图 20-18　绘制连续直线

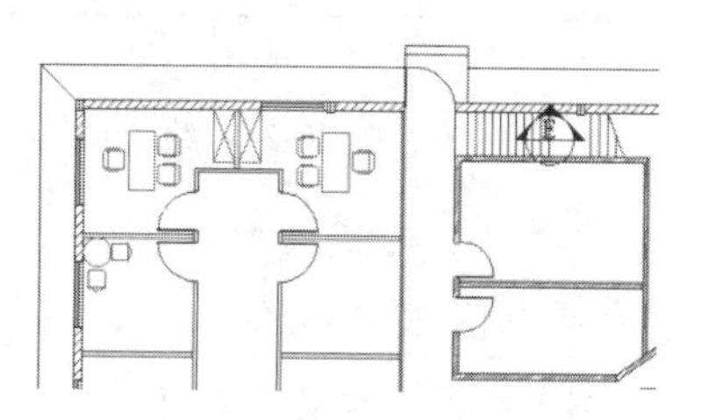

图 20-19　插入会客椅

（7）单击“默认”选项卡“绘图”面板中的“矩形”按钮，在图 20-20 所示的位置绘制一个 1370×630 的矩形。

（8）单击“默认”选项卡“绘图”面板中的“矩形”按钮，在图 20-21 所示的位置绘制一个 440×880 的矩形。

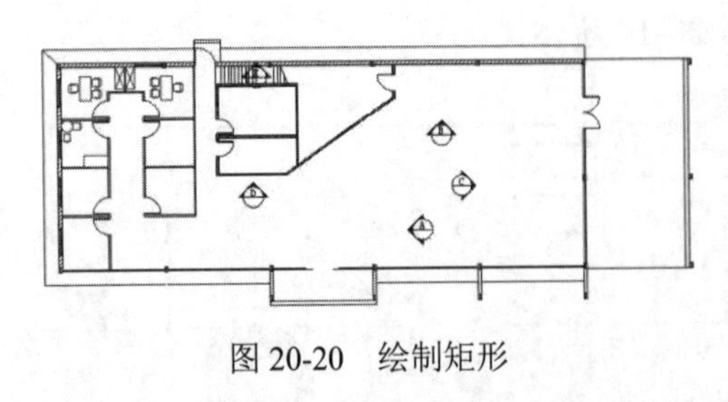

图 20-20 绘制矩形

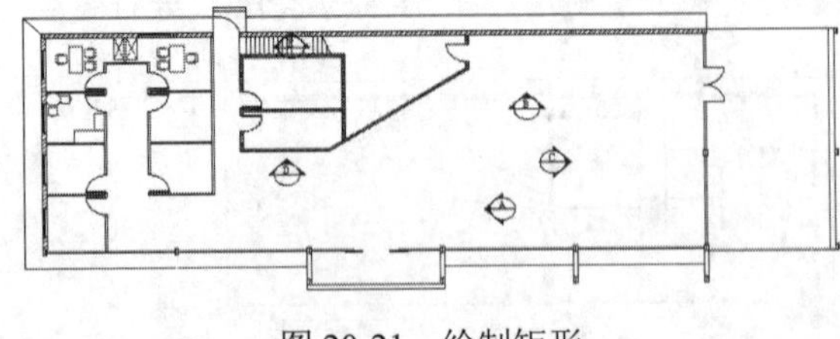

图 20-21 绘制矩形

（9）单击“默认”选项卡“块”面板中的“插入”下拉菜单中的“最近使用的块”选项，系统弹出“块”选项板，选择“办公椅”插入到图形中，如图 20-22 所示。

（10）单击“默认”选项卡“修改”面板中的“复制”按钮，选择已有办公桌椅进行复制，效果如图 20-23 所示。

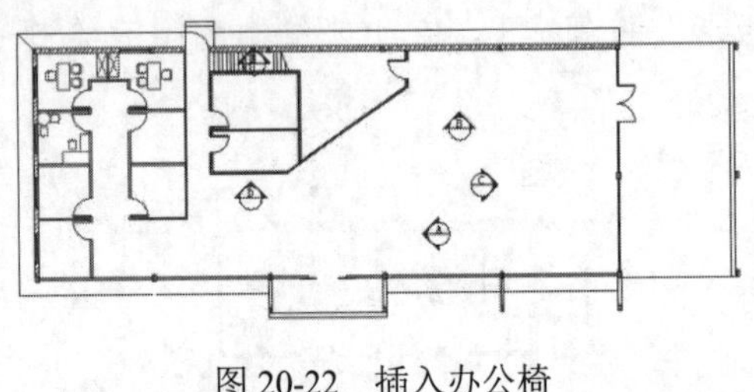

图 20-22 插入办公椅

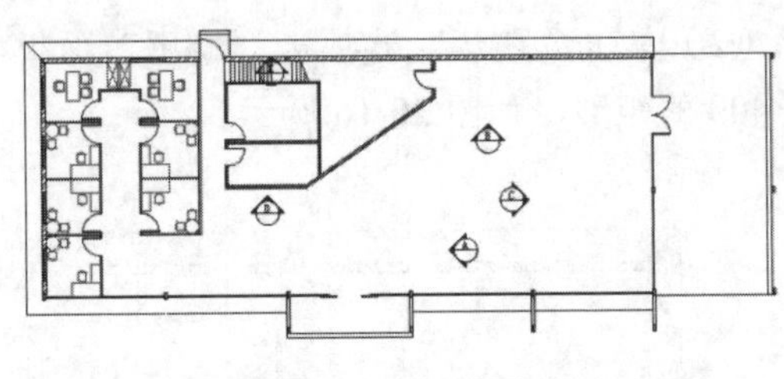

图 20-23 复制图形

4. 四人座洽谈桌椅

（1）单击“默认”选项卡“绘图”面板中的“圆”按钮，在洽谈室内绘制一个半径为 400 的圆，如图 20-24 所示。

（2）单击“默认”选项卡“块”面板中的“插入”下拉菜单中的“最近使用的块”选项，系统弹出“块”选项板，选择前面绘制的办公椅图形，插入到洽谈桌周边，效果如图 20-25 所示。

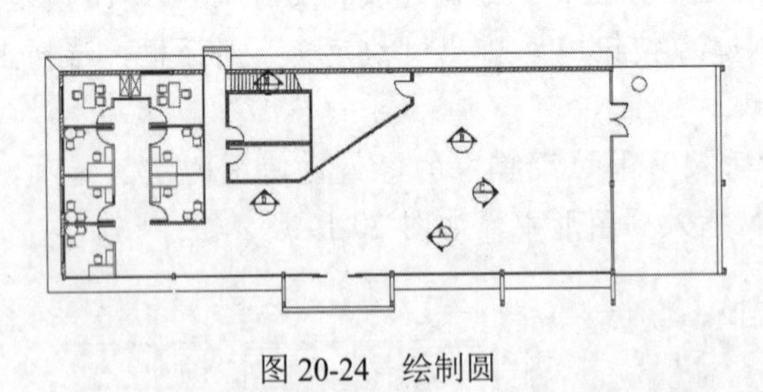

图 20-24 绘制圆

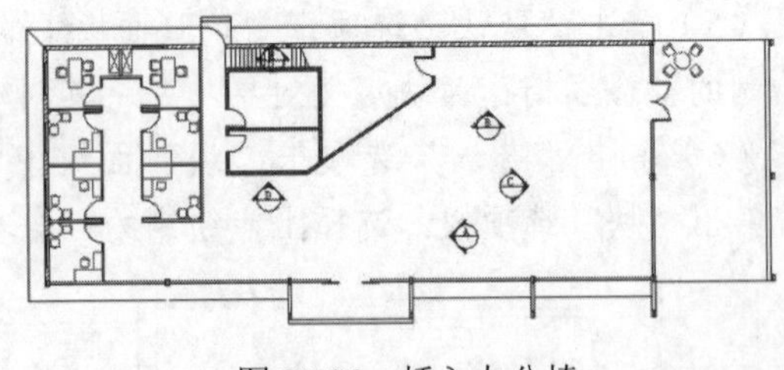

图 20-25 插入办公椅

（3）单击“默认”选项卡“修改”面板中的“复制”按钮，选择已有洽谈室桌椅进行复制，效果如图 20-26 所示。

（4）单击“默认”选项卡“绘图”面板中的“矩形”按钮，在图 20-27 所示的位置绘制一个 3200×5600 的矩形。

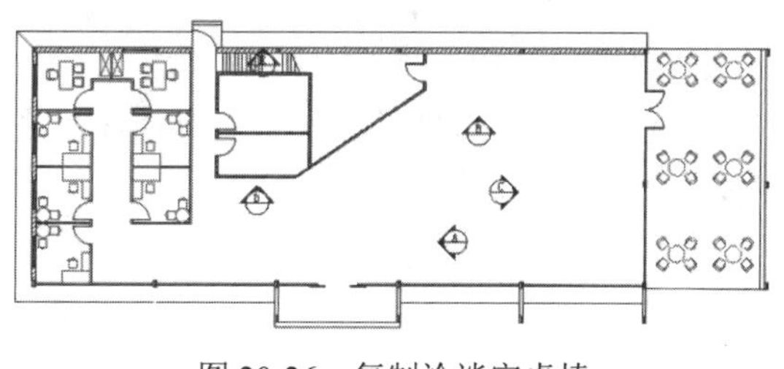

图 20-26 复制洽谈室桌椅

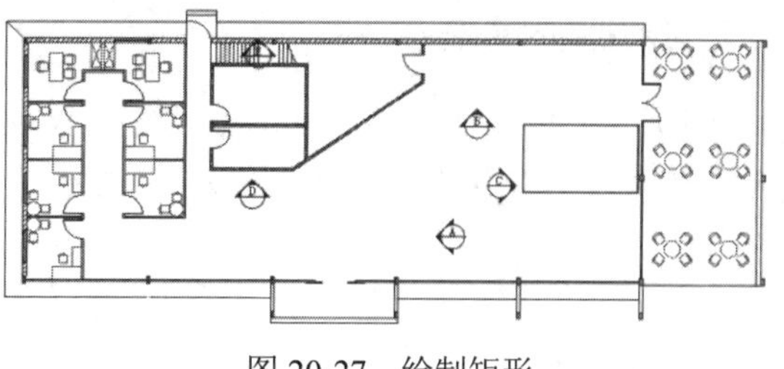

图 20-27 绘制矩形

（5）单击“默认”选项卡“绘图”面板中的“矩形”按钮 ▭，在图 20-28 所示的位置绘制一个 700×1500 的矩形。

（6）单击“默认”选项卡“绘图”面板中的“矩形”按钮 ▭，在图 20-29 所示的位置绘制一个 3400×1000 的矩形。

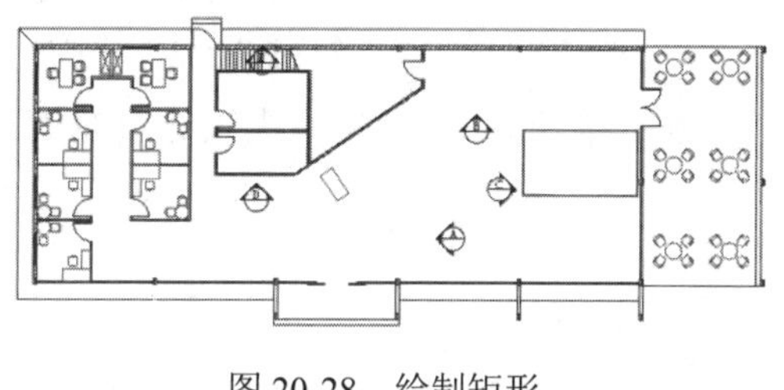

图 20-28 绘制矩形

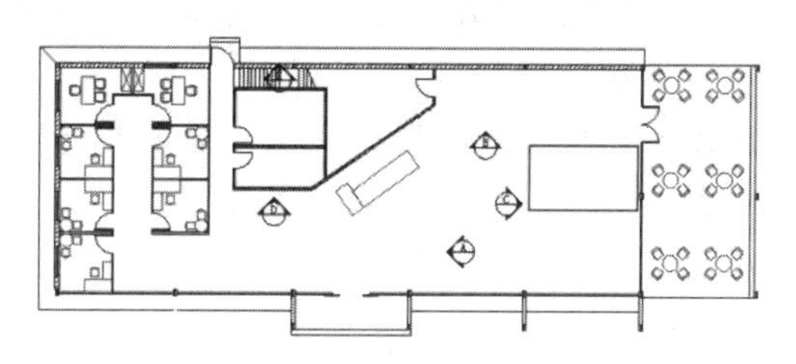

图 20-29 绘制矩形

（7）单击“默认”选项卡“修改”面板中的“复制”按钮 ，选择 700×1500 的矩形进行复制，如图 20-30 所示。

（8）单击“默认”选项卡“块”面板中的“插入”下拉菜单中的“最近使用的块”选项，系统弹出“块”选项板，选择前面定义的办公椅图块，将其插入到图形中，如图 20-31 所示。

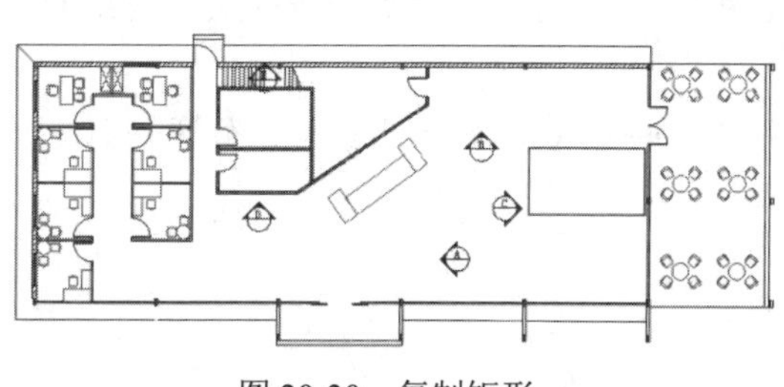

图 20-30 复制矩形

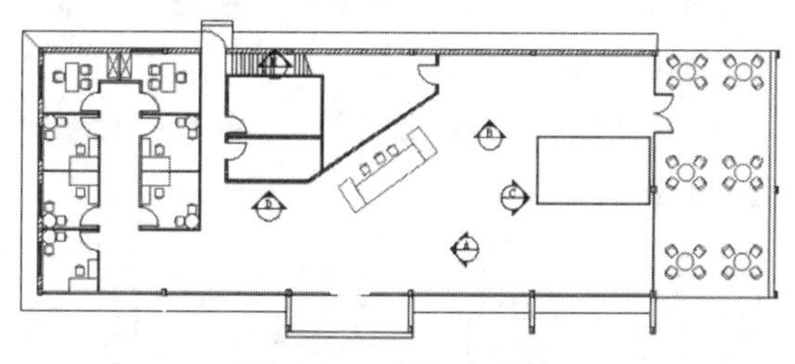

图 20-31 插入办公椅

（9）单击“默认”选项卡“绘图”面板中的“图案填充”按钮 ，打开“图案填充创建”选项卡，单击“图案填充图案”选项，在打开的“填充图案”下拉列表框中选择 AR-CONC 图案，按图 20-32 所示进行设置。选择图 20-33 所示的区域为填充区域。

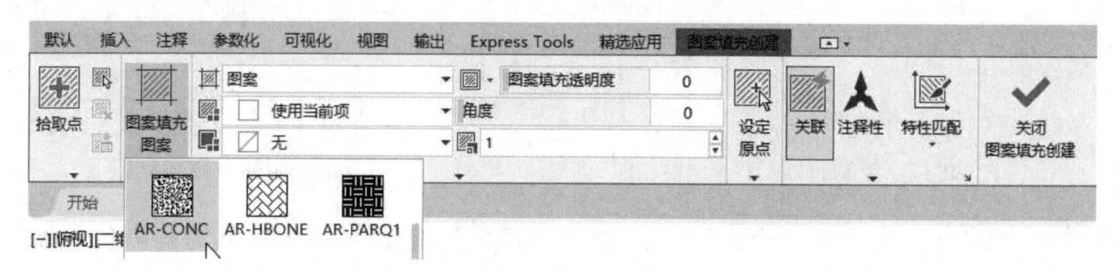

图 20-32 “图案填充创建”选项卡

5．绘制室内花坛

（1）单击“默认”选项卡“修改”面板中的“偏移”按钮⊆，选择图 20-34 所示的线段进行偏移，偏移距离分别为 50、2650、600、2650、600、2650。

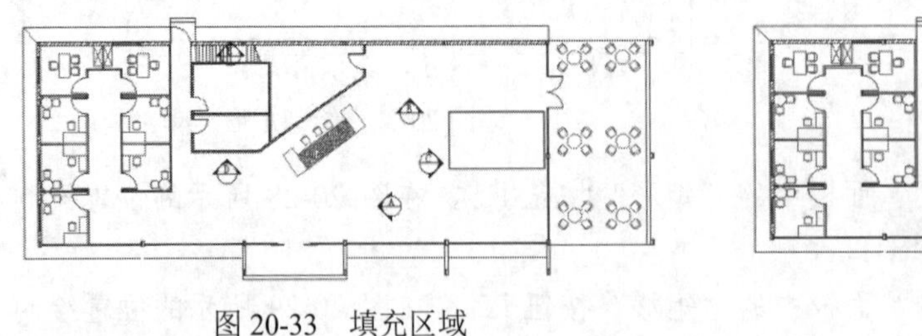
图 20-33　填充区域

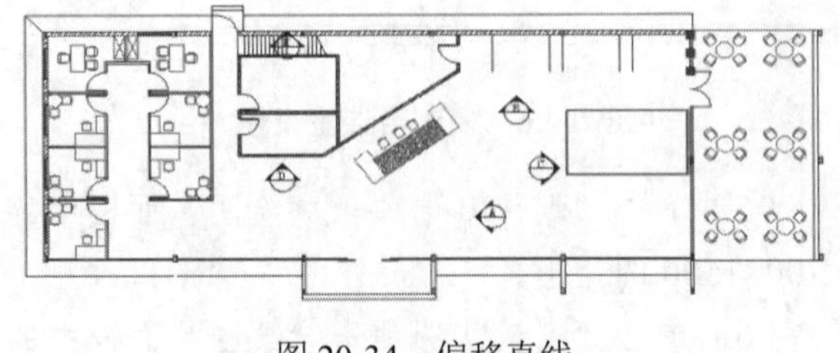
图 20-34　偏移直线

（2）单击“默认”选项卡“修改”面板中的“偏移”按钮⊆，选择图 20-35 所示的直线并向下偏移，偏移距离分别为 50、390、100。

（3）单击“默认”选项卡“修改”面板中的“修剪”按钮，对偏移线段进行修剪，如图 20-36 所示。

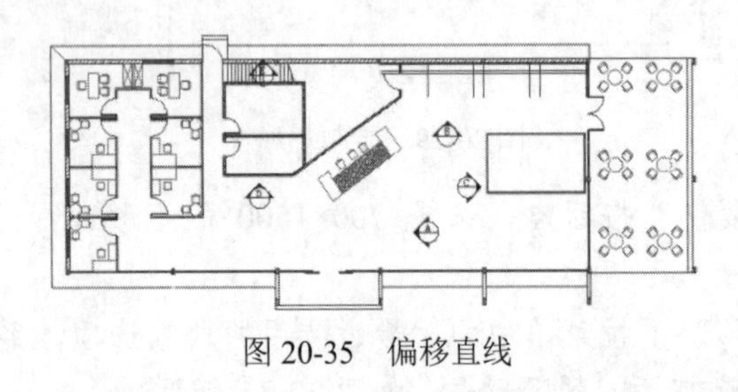
图 20-35　偏移直线

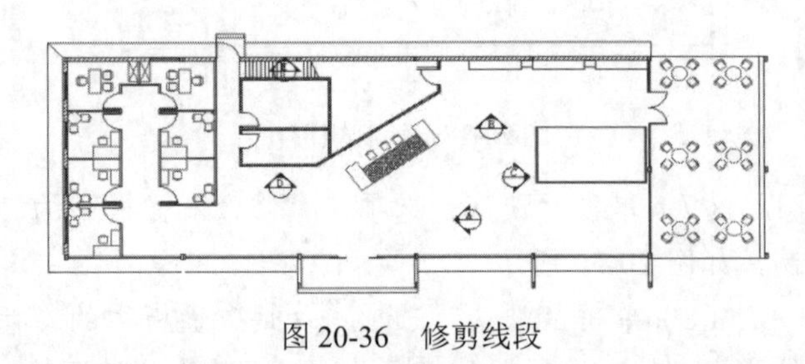
图 20-36　修剪线段

（4）单击“默认”选项卡“绘图”面板中的“直线”按钮╱，在上步修剪的线段内绘制水平直线，如图 20-37 所示。

（5）单击“默认”选项卡“修改”面板中的“修剪”按钮，对上步绘制的线段进行修剪，如图 20-38 所示。

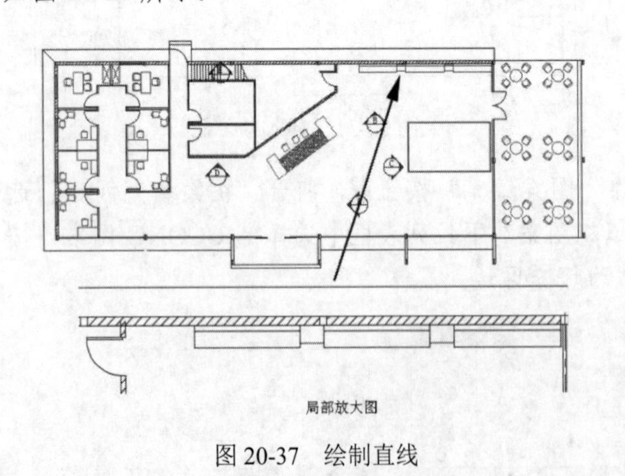

图 20-37　绘制直线

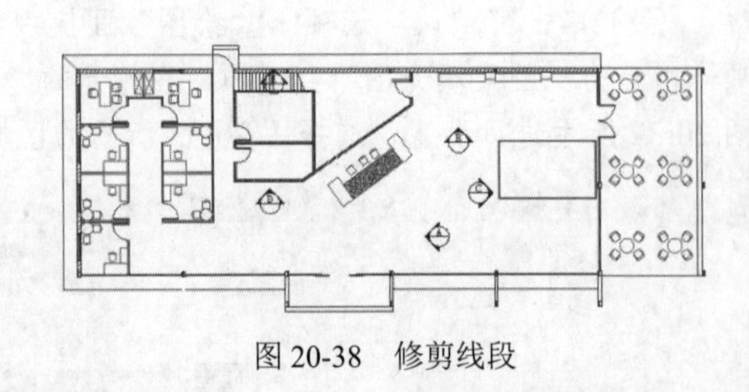
图 20-38　修剪线段

（6）单击“默认”选项卡“绘图”面板中的“直线”按钮╱，在图形的适当位置绘制连续直线，如图 20-39 所示。

（7）单击“默认”选项卡“修改”面板中的“偏移”按钮，选择上步绘制的线段并分别向内偏移 300，单击“默认”选项卡“修改”面板中的“修剪”按钮，对偏移线段进行修剪，如图 20-40 所示。

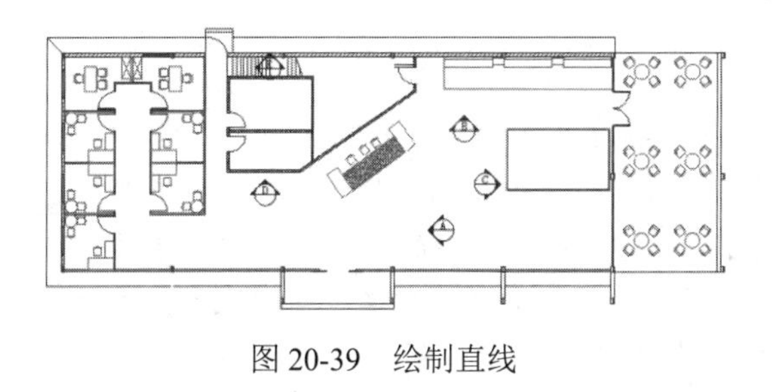

图 20-39　绘制直线

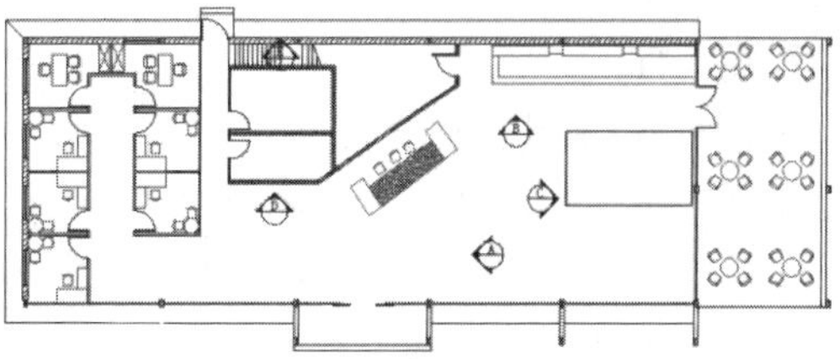

图 20-40　修剪线段

（8）单击“默认”选项卡“块”面板中的“插入”下拉菜单中的“最近使用的块”选项，系统弹出“块”选项板，选择“源文件/图库/花”图块插入到图 20-41 所示的位置。

（9）单击“默认”选项卡“块”面板中的“插入”下拉菜单中的“最近使用的块”选项，系统弹出“块”选项板，选择“源文件/图库/草”图块插入到图 20-42 所示的位置。

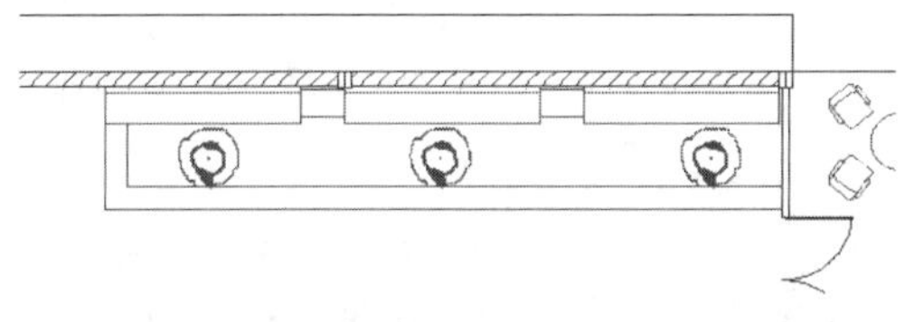

图 20-41　插入花

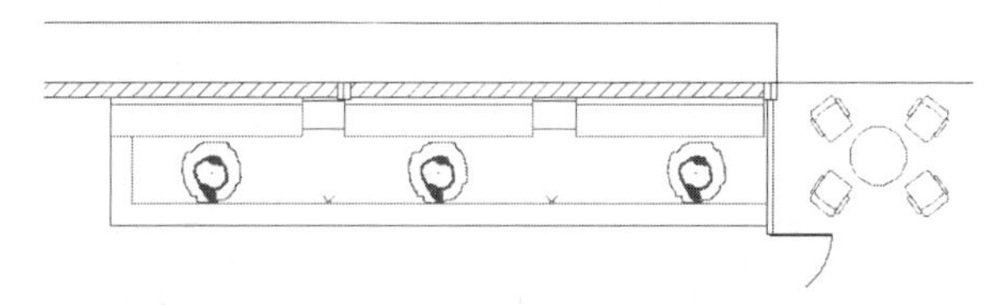

图 20-42　插入草

（10）单击“默认”选项卡“绘图”面板中的“矩形”按钮，在图 20-43 所示的位置绘制一个 1600×480 的矩形。

（11）单击“默认”选项卡“绘图”面板中的“直线”按钮，在上步绘制的矩形内绘制对角线，如图 20-44 所示。

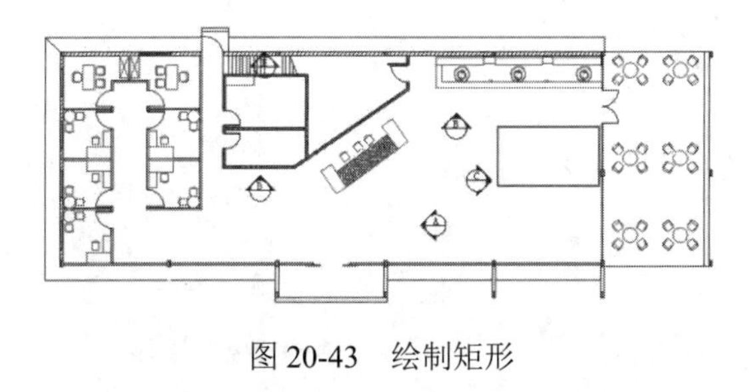

图 20-43　绘制矩形

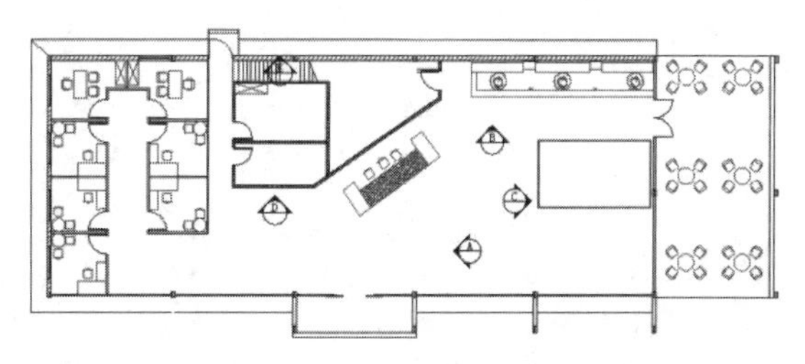

图 20-44　绘制对角线

（12）使用上述方法绘制相同的图形，效果如图 20-45 所示。

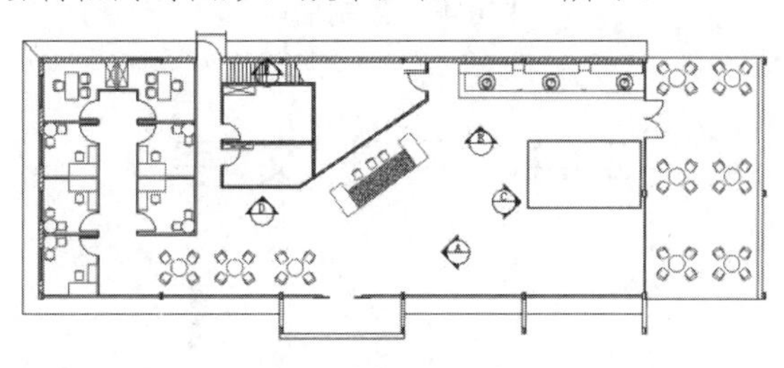

图 20-45　绘制图形

20.3 布置家具

操作步骤

（1）单击“默认”选项卡“块”面板中的“插入”下拉菜单中的“最近使用的块”选项，系统弹出“块”选项板，选择“源文件/图库/小便器”图块插入到图形的适当位置，如图 20-46 所示。

（2）单击“默认”选项卡“块”面板中的“插入”下拉菜单中的“最近使用的块”选项，系统弹出“块”选项板，选择“源文件/图库/坐便器”图块插入到图形的适当位置，如图 20-47 所示。

（3）单击“默认”选项卡“块”面板中的“插入”下拉菜单中的“最近使用的块”选项，系统弹出“块”选项板，选择“源文件/图库/洗手盆”图块插入到图形的适当位置，如图 20-48 所示。

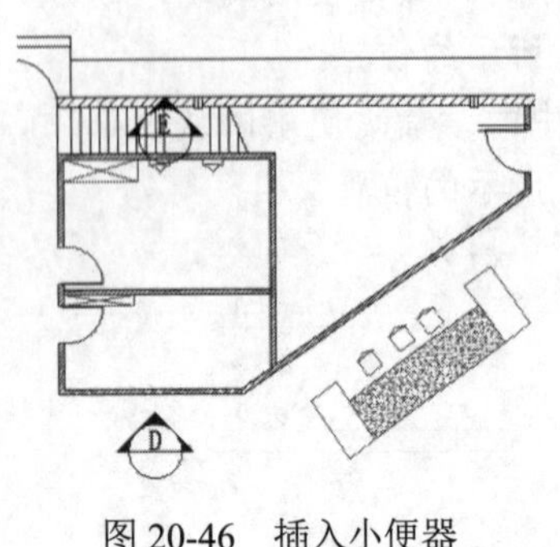

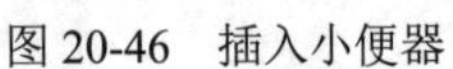

图 20-46　插入小便器

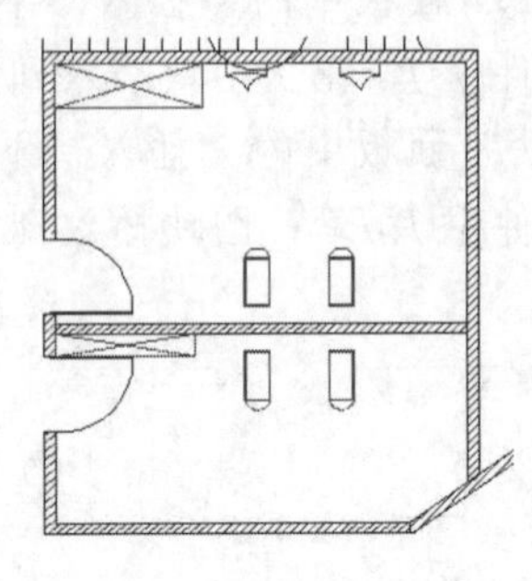

图 20-47　插入坐便器

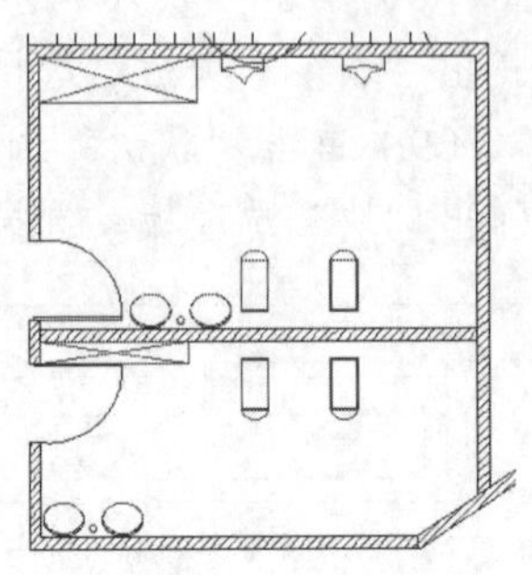

图 20-48　插入洗手盆

（4）使用前面章节绘制卫生间门和墙体的方法绘制剩余的图形，效果如图 20-49 所示。

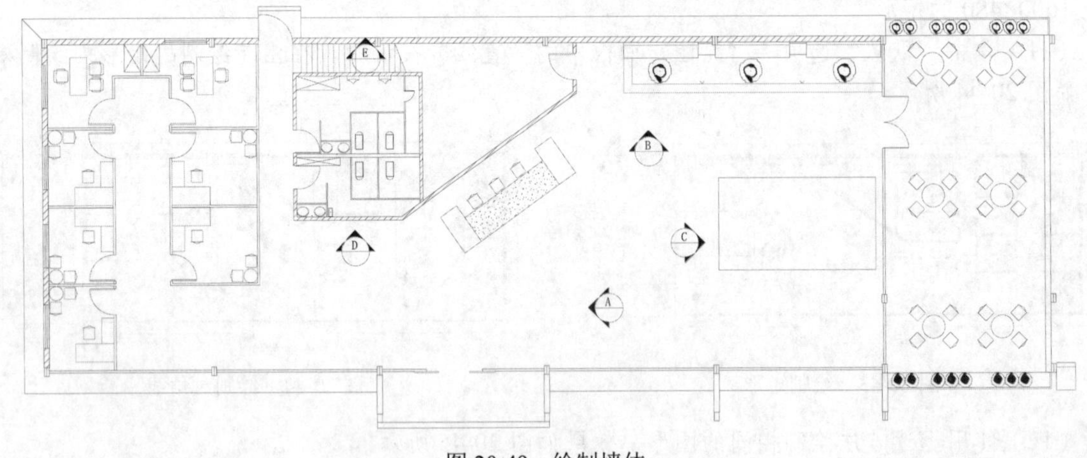

图 20-49　绘制墙体

20.4 标注文字

操作步骤

（1）打开关闭的“轴线”图层和“标注”图层。

（2）单击“默认”选项卡“注释”面板中的“多行文字”按钮A和“线性标注”按钮⊢⊣，完成图形中剩余的文字及标注，最终效果如图 20-1 所示。

扫一扫，看视频

动手练——咖啡吧装饰平面图

绘制如图 20-50 所示的咖啡吧装饰平面图。

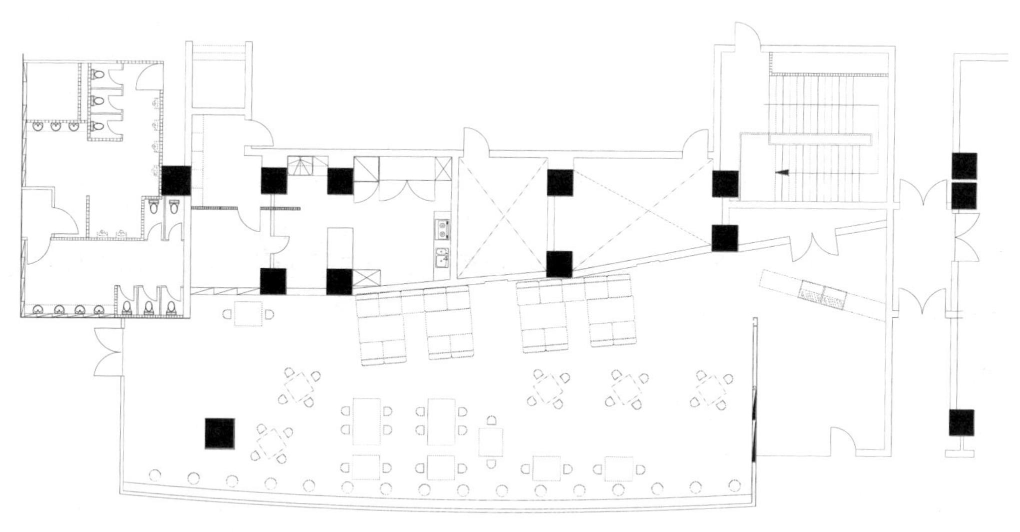

图 20-50 咖啡吧装饰平面图

思路点拨：

源文件：源文件\第 20 章\咖啡吧装饰平面图.dwg

（1）绘图准备。

（2）绘制图块。

（3）布置咖啡吧。

第 21 章　商业广场展示中心地坪图与顶棚图

内容简介

对于商业广场的展示中心而言，地坪图和顶棚图尤为重要。因为这两种图样是显示展示中心设计效果的精华所在。

本章将继续以某商业广场展示中心地坪图和顶棚图的设计过程为例，讲述展示中心这类建筑的室内设计思路和方法。

内容要点

- 商业广场展示中心地坪图的绘制
- 商业广场展示中心顶棚图的绘制

案例效果

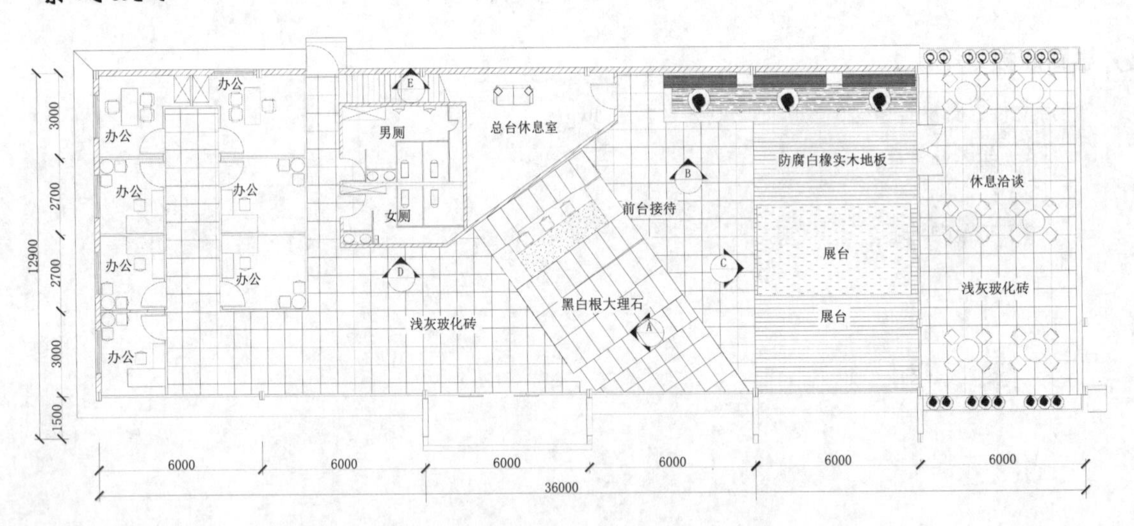

21.1　商业广场展示中心地坪图的绘制

在建筑平面图的基础上，本节将展开讲解商业广场展示中心地坪图的绘制。商业广场展示中心地坪图的最终效果如图 21-1 所示。

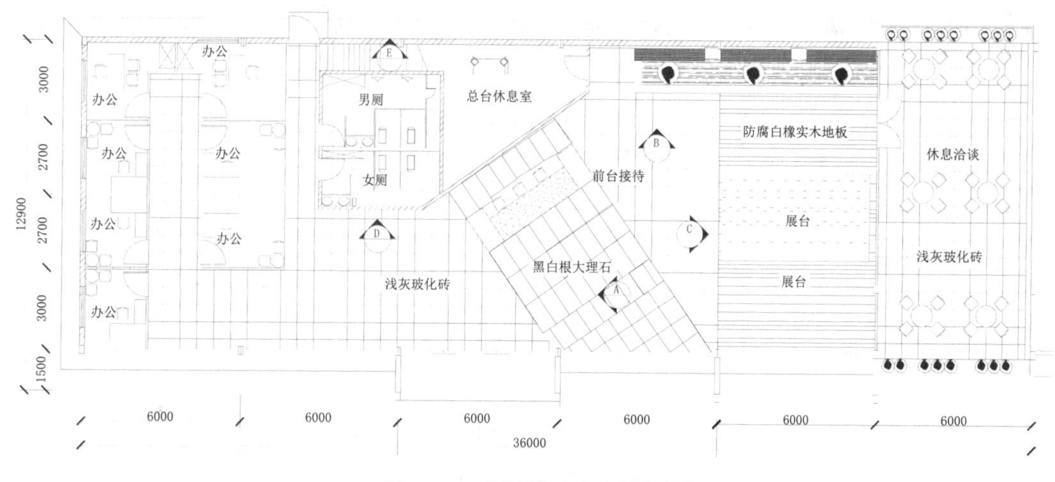

图 21-1 广场展示中心地坪图

源文件：源文件\第 21 章\广场展示中心地坪图.dwg

21.1.1 绘图准备

操作步骤

（1）打开源文件\第 20 章\广场展示中心装饰平面图.dwg 文件，并将其另存为“广场展示中心地坪图”。

（2）单击“默认”选项卡“图层”面板中的“图形特性管理器”按钮，新建“地坪”图层，并将“地坪”设置为当前图层，关闭“轴线”“标注”和“尺寸 1”图层，并删除多余图形，如图 21-2 所示。

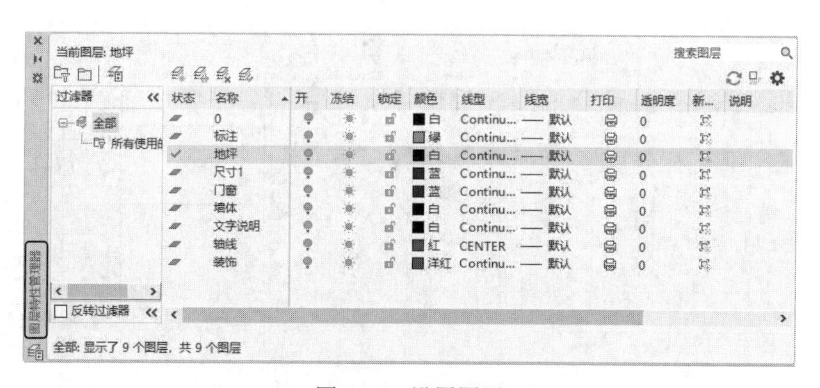

图 21-2 设置图层

21.1.2 绘制地坪图

操作步骤

（1）单击“默认”选项卡“绘图”面板中的“图案填充”按钮，打开“图案填充创建”选项卡，单击“图案填充图案”选项，在打开的“填充图案”下拉列表框中选择 NET 图案，设置比例为 200，如图 21-3 所示。单击“拾取点”按钮，拾取填充区域，按 Enter 键完成图案填充，效果如图 21-4 所示。

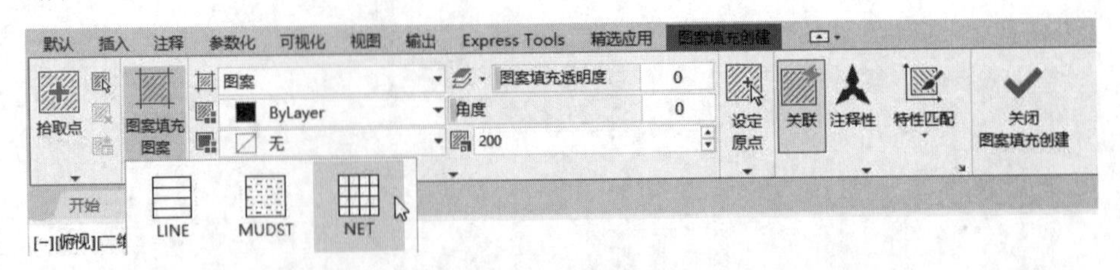

图 21-3　设置图案填充

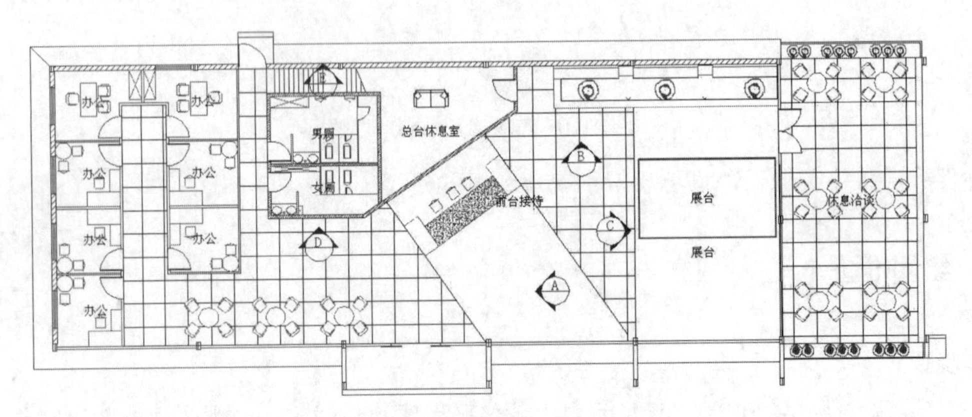

图 21-4　填充结果

（2）单击“默认”选项卡“绘图”面板中的“矩形”按钮，在前台区域绘制黑白格大理石，如图 21-5 所示。

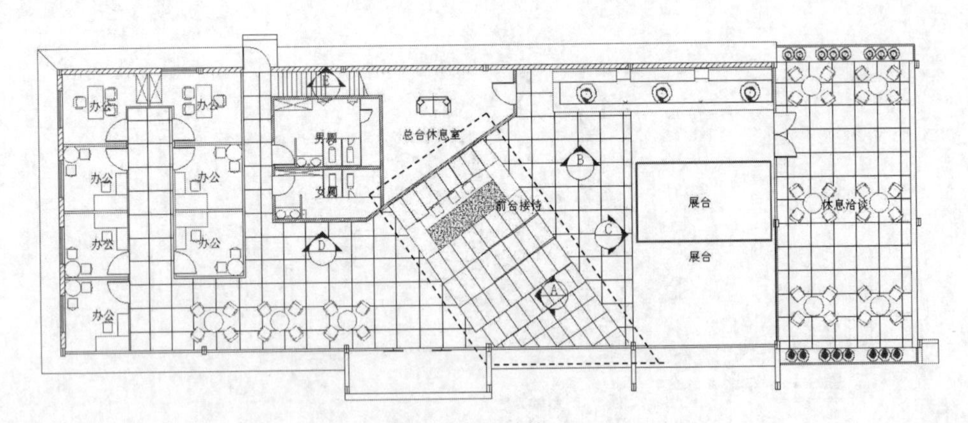

图 21-5　绘制矩形

（3）单击“默认”选项卡“绘图”面板中的“图案填充”按钮，打开“图案填充创建”选项卡，单击“图案填充图案”选项，在打开的“填充图案”下拉列表框中选择 LINE 图案，设置比例为 60，如图 21-6 所示。单击“拾取点”按钮，拾取填充区域，按 Enter 键完成填充，效果如图 21-7 所示。

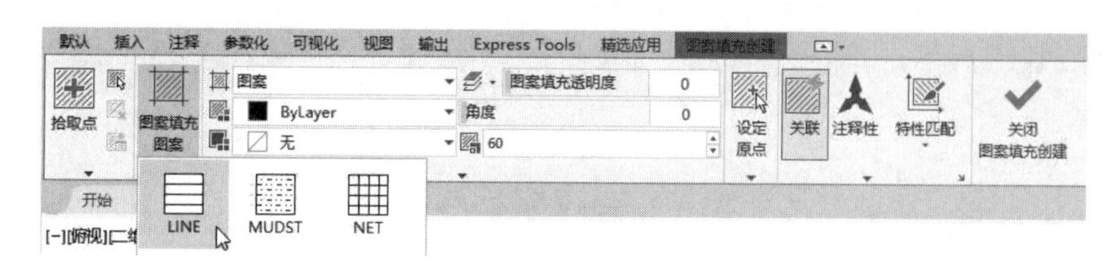

图 21-6　设置图案填充

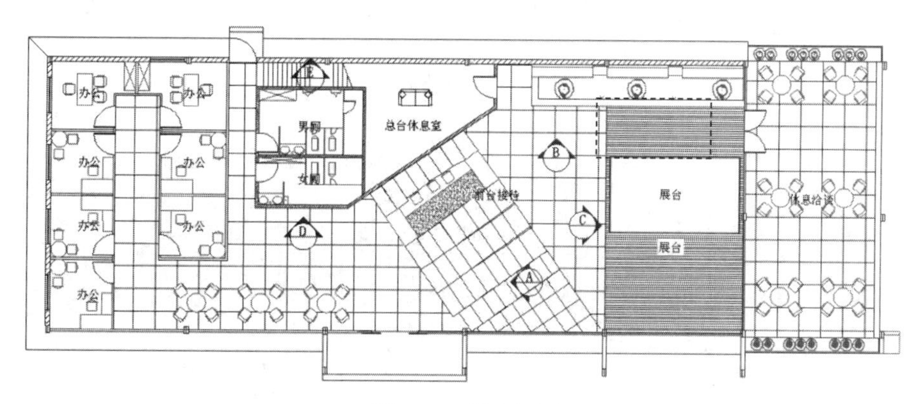

图 21-7　填充图形

（4）单击“默认”选项卡“绘图”面板中的“图案填充”按钮，打开“图案填充创建”选项卡，单击“图案填充图案”选项，在打开的“填充图案”下拉列表框中选择 MUDST 图案，设置比例为 20，如图 21-8 所示，单击“拾取点”按钮，拾取展台为填充区域，按 Enter 键完成填充，效果如图 21-9 所示。

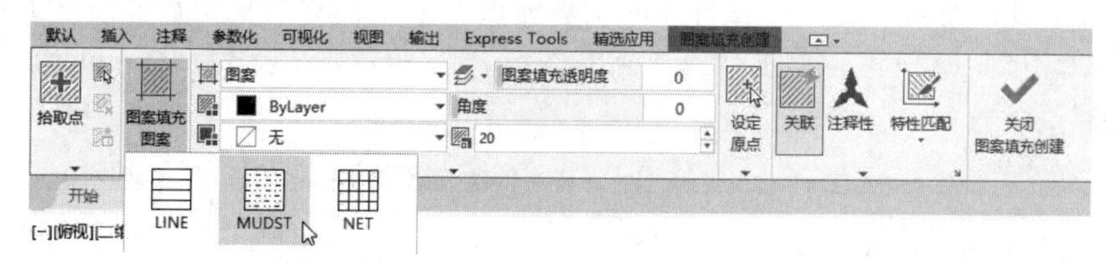

图 21-8　图案填充

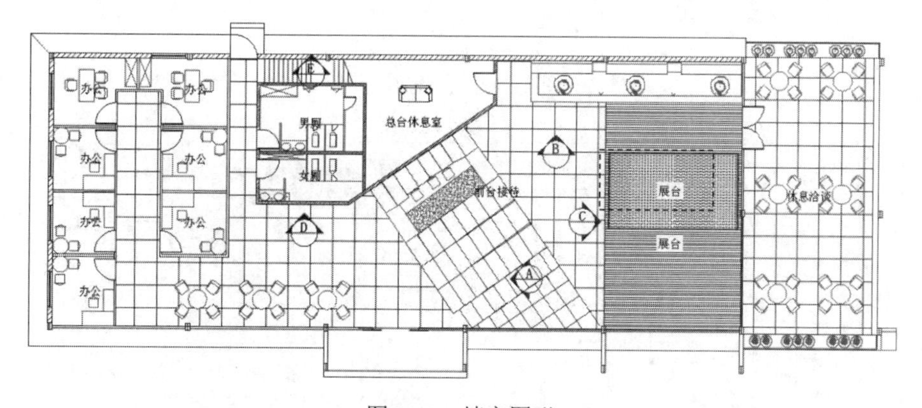

图 21-9　填充图形

（5）单击“默认”选项卡“绘图”面板中的“图案填充”按钮，打开“图案填充创建”选项卡，单击“图案填充图案”选项，在打开的“填充图案”下拉列表框中选择 PLAST 图案，设置比例为6，如图21-10所示。单击“拾取点”按钮，拾取填充区域，按Enter键完成填充，效果如图21-11所示。

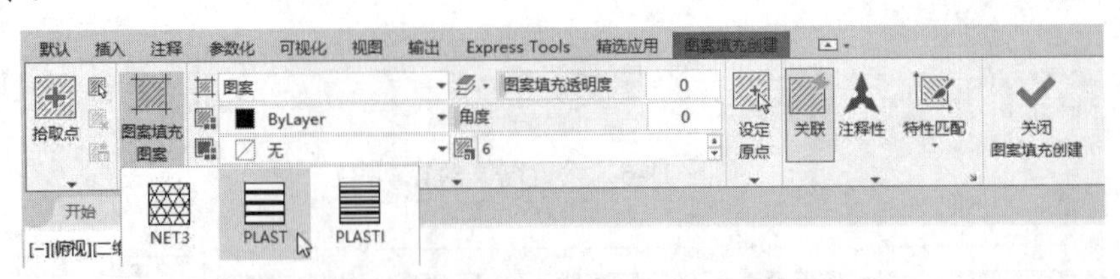

图21-10　图案填充

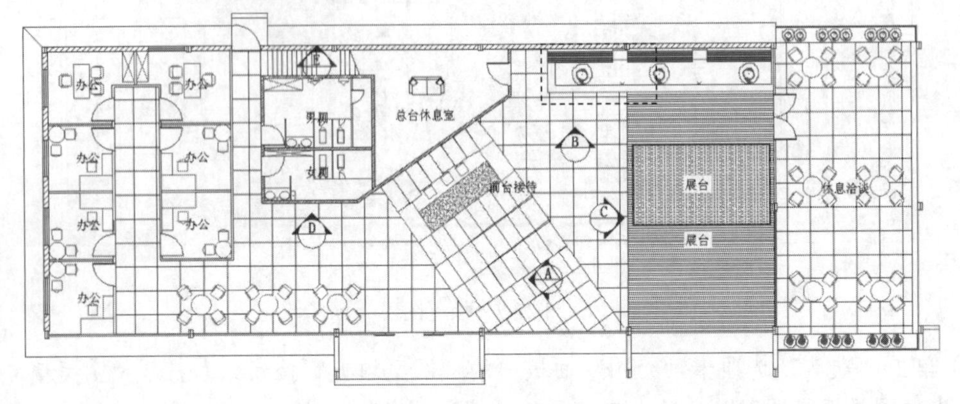

图21-11　填充图形

（6）单击“默认”选项卡“绘图”面板中的“图案填充”按钮，打开“图案填充创建”选项卡，单击“图案填充图案”选项，在打开的“填充图案”下拉列表框中选择AR-RROOF图案，设置比例为5，如图21-12所示。单击“拾取点”按钮，拾取填充区域，按Enter键完成填充，效果如图21-13所示。

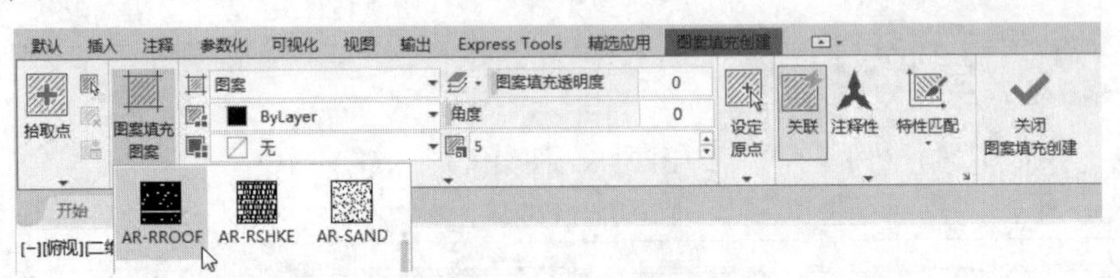

图21-12　图案填充

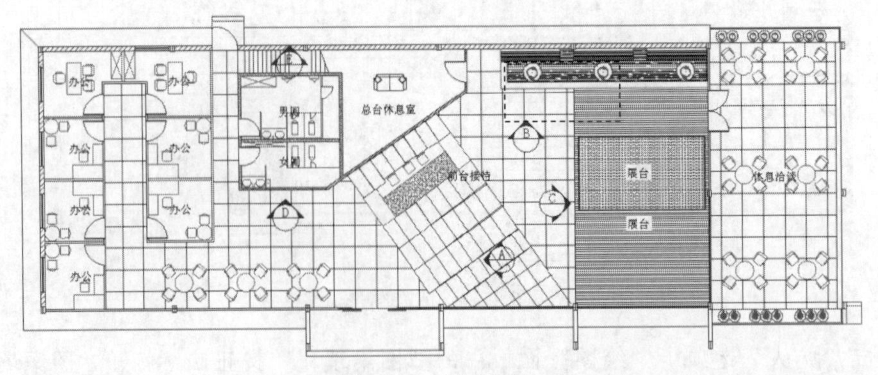

图21-13　填充图形

（7）单击“默认”选项卡“图层”面板中的“图层特性”按钮，弹出“图层特性管理器”选项板，打开关闭的“标注”图层和“文字”图层，如图 21-14 所示。

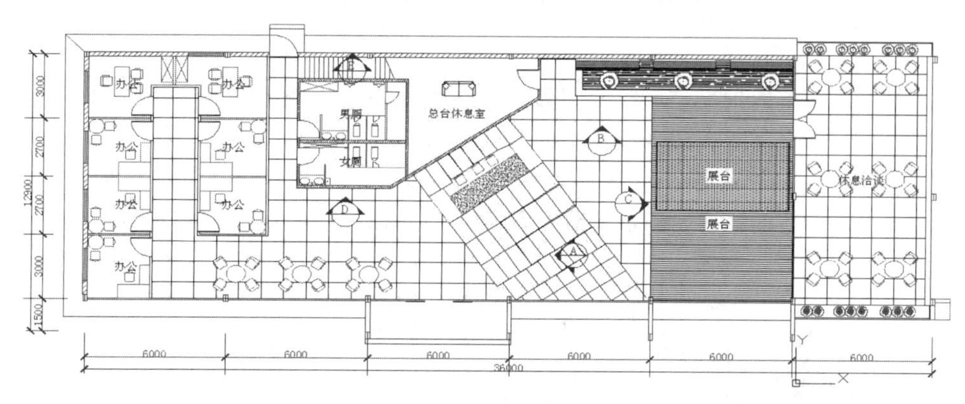

图 21-14 打开“关闭”图层

（8）单击“默认”选项卡“注释”面板中的“多行文字”按钮A，为填充的地面图形添加文字说明，如图 21-1 所示。

注意：

用户可以根据需要，从已完成的图纸中导入该图纸中使用的标注样式，然后应用于新的图纸绘制中。

动手练——咖啡吧地面平面图

扫一扫，看视频

绘制如图 21-15 所示的咖啡吧地面平面图。

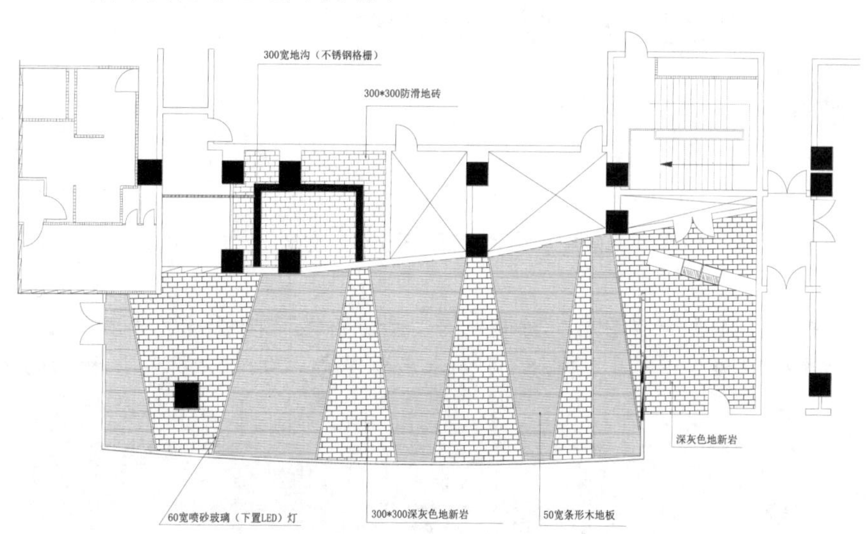

图 21-15 咖啡吧地面平面图

思路点拨：

源文件：源文件\第 21 章\咖啡吧地面平面图.dwg

（1）绘制喷砂玻璃。

（2）绘制各种地面。

（3）添加文字说明。

扫一扫，看视频

21.2 商业广场展示中心顶棚图的绘制

顶棚图是用来表现室内顶棚造型、灯具及相关电器布置的顶棚水平镜像投影图。用户在绘制顶棚图时，可以利用室内平面图墙线形成的空间分隔而删除其门窗洞口图线。

在讲解顶棚图绘制的过程中，会按室内平面图修改、顶棚造型绘制、灯具布置、文字尺寸标注、符号标注及线宽设置的顺序进行。商业广场展示中心顶棚图的最终效果如图 21-16 所示。

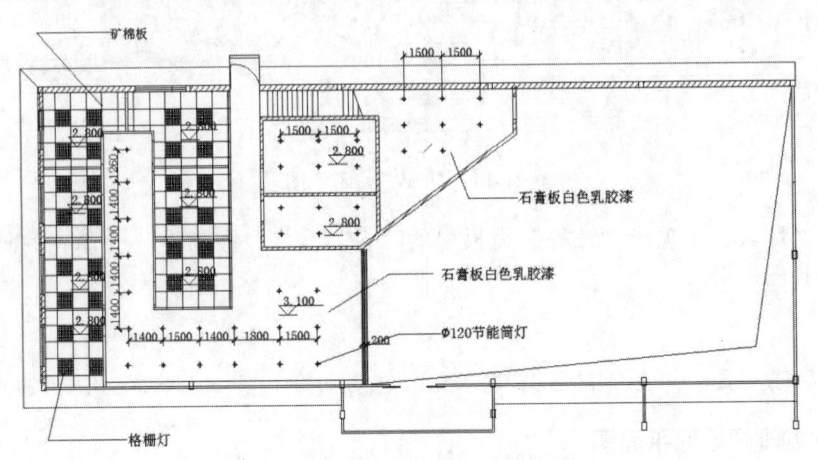

图 21-16　广场展示中心顶棚平面图

源文件：源文件\第 21 章\广场展示中心顶棚图.dwg

21.2.1 绘图准备

操作步骤

（1）打开源文件\第 19 章\广场展示中心平面图.dwg 文件，并将其另存为“广场展示中心顶棚图”。

（2）单击“默认”选项卡“图层”面板中的“图层特性”按钮，弹出“图层特性管理器”选项板，新建“顶棚”图层，将“顶棚”设置为当前图层，关闭“标注”和“轴线”图层，如图 21-17 所示。

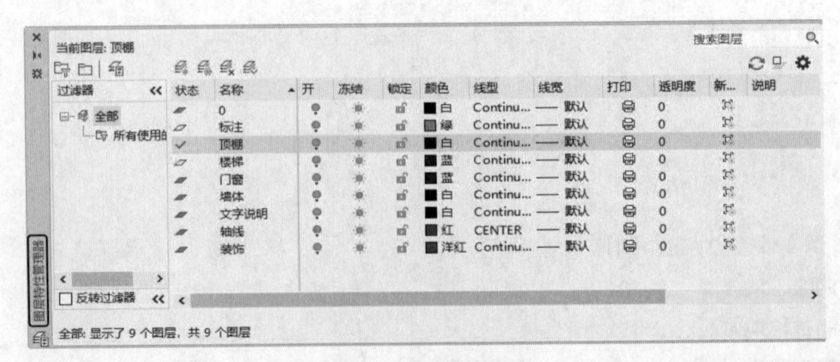

图 21-17　设置图层

（3）单击“默认”选项卡“修改”面板中的“删除”按钮和“延伸”按钮，整理图形，如图 21-18 所示。

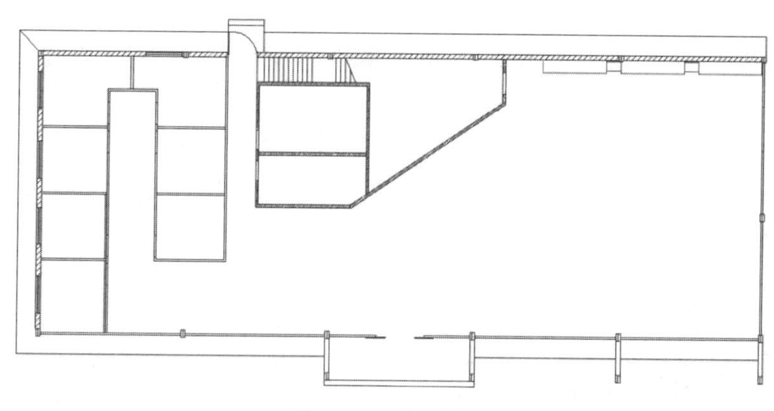

图 21-18　整理图形

21.2.2　绘制顶棚图

操作步骤

（1）单击“默认”选项卡“绘图”面板中的“图案填充”按钮，打开“图案填充创建”选项卡，单击“图案填充图案”选项，在打开的“填充图案”下拉列表框中选择 NET 图案，设置比例为 200，如图 21-19 所示。单击“拾取点”按钮，拾取展台为填充区域，按 Enter 键完成填充，效果如图 21-20 所示。

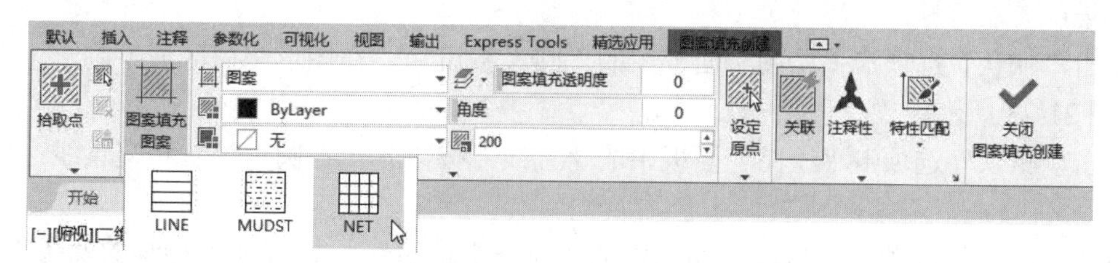

图 21-19　图案填充

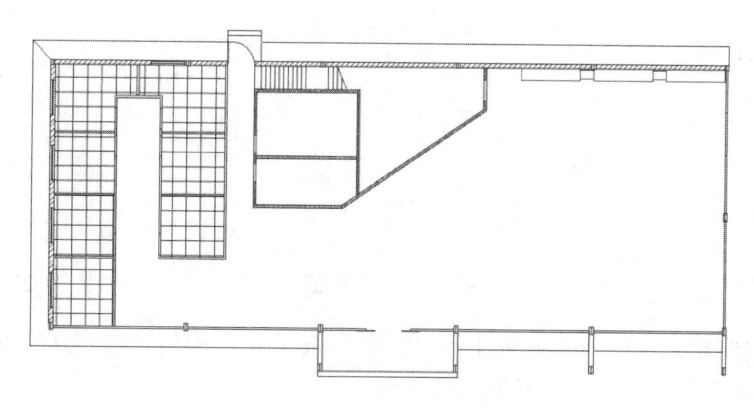

图 21-20　填充图形

（2）单击“默认”选项卡“绘图”面板中的“图案填充”按钮，打开“图案填充创建”选项卡，单击“图案填充图案”选项，在打开的“填充图案”下拉列表框中选择 NET 图案，设置比例为 20，如图 21-21 所示。单击“拾取点”按钮，拾取展台为填充区域，按 Enter 键完成填充，效果如图 21-22 所示。

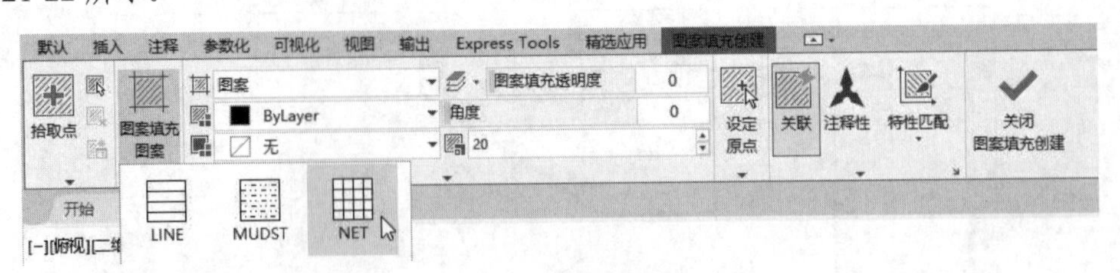

图 21-21　图案填充

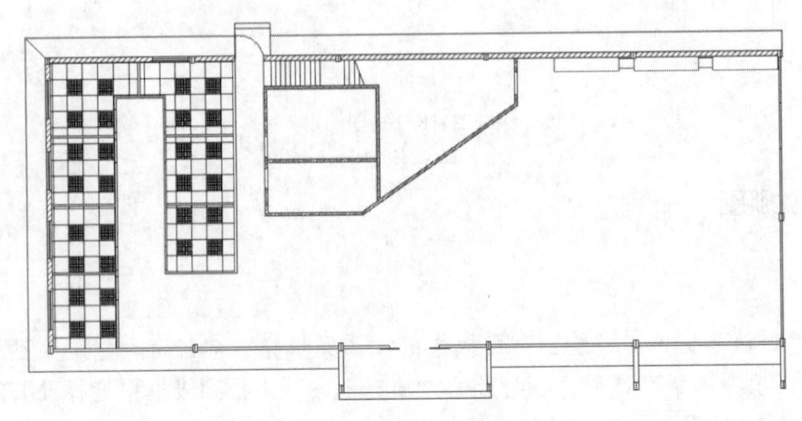

图 21-22　填充图形

（3）绘制节能筒灯。

① 单击“默认”选项卡“绘图”面板中的“圆”按钮，在图形空白区域绘制一个半径为 60 的圆，如图 21-23 所示。

② 单击“默认”选项卡“绘图”面板中的“直线”按钮，在圆内绘制相交直线，如图 21-24 所示。

③ 单击“默认”选项卡“修改”面板中的“拉长”按钮，选择上步绘制的两条直线分别延伸 50，如图 21-25 所示。

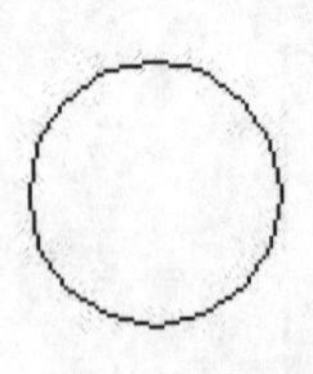

图 21-23　绘制圆

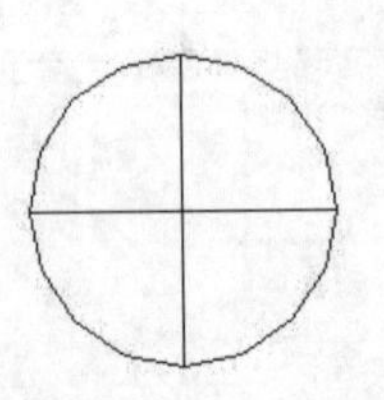

图 21-24　绘制直线

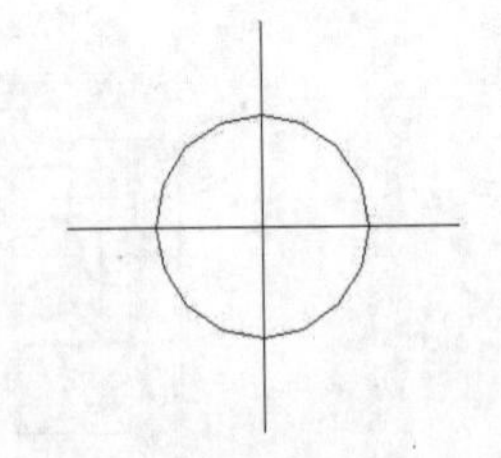

图 21-25　拉长直线

④ 单击“默认”选项卡“块”面板中的“创建”按钮，弹出“块定义”对话框，选择绘制完成的筒灯图形为定义对象，将其命名为筒灯图形。

⑤ 单击“默认”选项卡“块”面板中的“插入”下拉菜单中的“最近使用的块”选项，系统弹出“块”选项板，选择上步创建的筒灯图块插入到图形中，如图 21-26 所示。

⑥ 单击“默认”选项卡“绘图”面板中的“直线”按钮╱，在图形的适当位置绘制一条竖直直线，如图 21-27 所示。

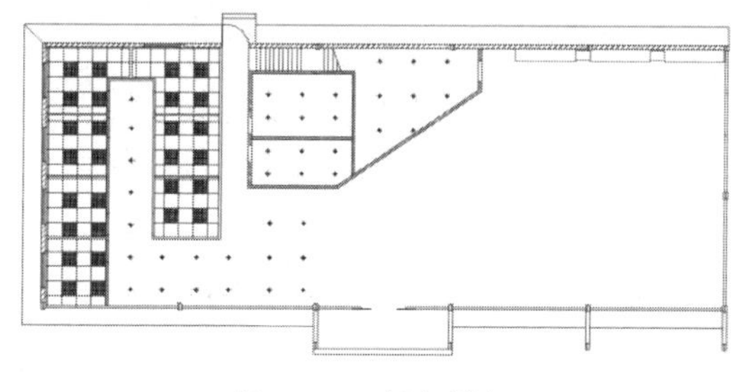

图 21-26　插入筒灯

图 21-27　绘制竖直直线

⑦ 单击“默认”选项卡“修改”面板中的“偏移”按钮⋐，选择上步绘制的直线并向左偏移，偏移距离分别为 40、40、40、40、40，如图 21-28 所示。

⑧ 单击“默认”选项卡“绘图”面板中的“直线”按钮╱，在图形适当位置绘制连续直线，如图 21-29 所示。

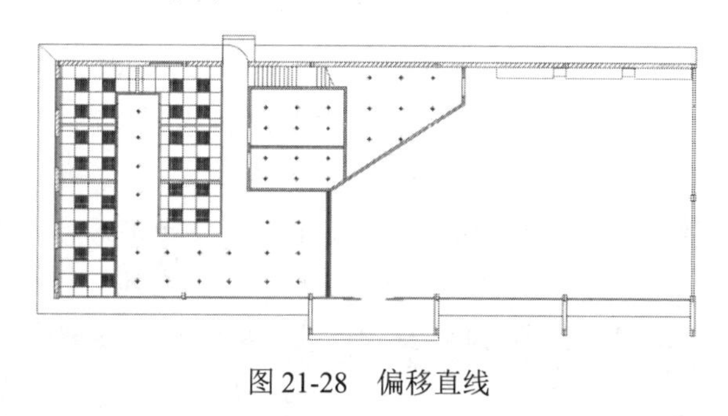

图 21-28　偏移直线

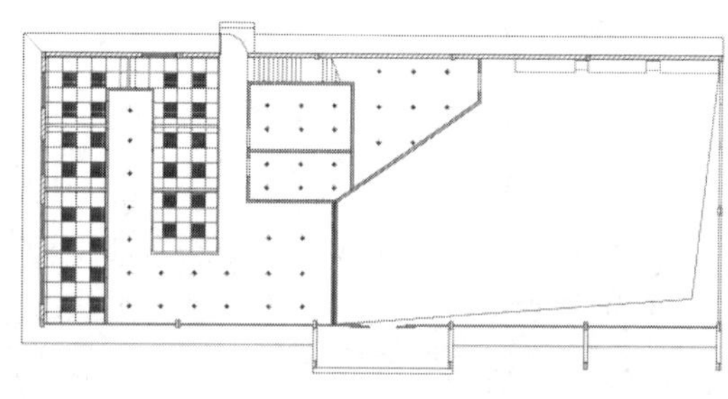

图 21-29　绘制直线

⑨ 单击“默认”选项卡“绘图”面板中的“直线”按钮╱，在图形适当位置绘制窗帘箱，如图 21-30 所示。

⑩ 单击“默认”选项卡“注释”面板中的“线性标注”按钮├┤，为图形添加细部标注，如图 21-31 所示。

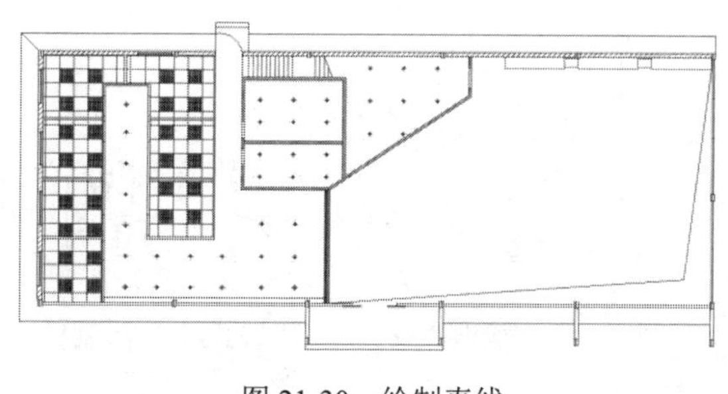

图 21-30　绘制直线

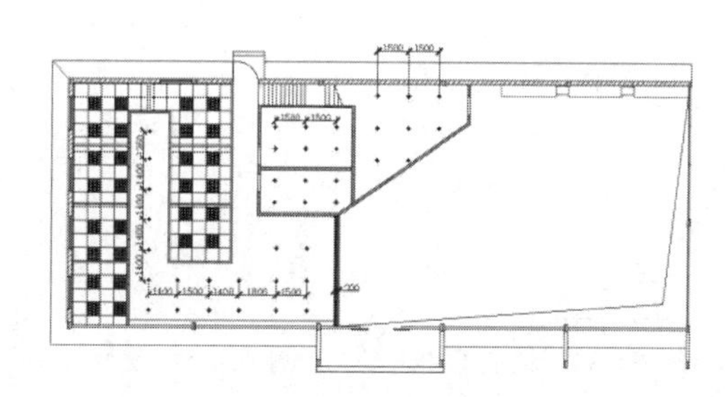

图 21-31　添加标注

⑪ 选择菜单栏中的“格式”→“文字样式”命令，弹出“文字样式”对话框，新建“说明”文字样式，设置高度为 350，并将其置为当前。

⑫ 在命令行中输入 QLEADER 命令，命令行提示与操作如下：

```
命令：QLEADER
指定第一个引线点或［设置(S)］<设置>：s
```

```
指定第一个引线点或 [设置(S)] <设置>:（弹出“引线设置”对话框，如图 21-32 所示）
指定下一点:
指定下一点:
指定文字宽度 <0>: 150
输入注释文字的第一行 <多行文字(M)>: 矿棉板
输入注释文字的下一行:
```

⑬ 标注文字说明后的效果如图 21-33 所示。

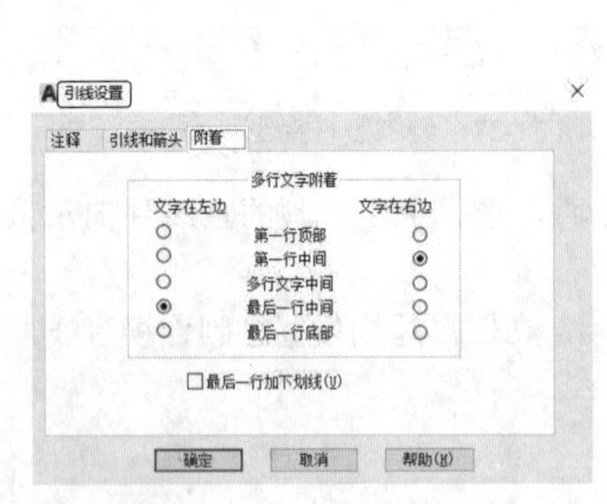

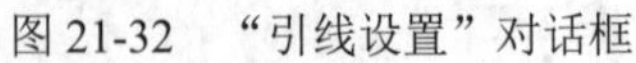

图 21-32 “引线设置”对话框

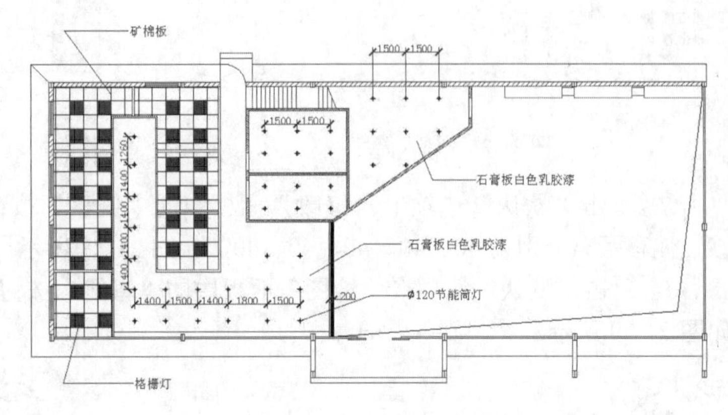

图 21-33 添加文字说明

（4）标高符号。

① 单击“默认”选项卡“绘图”面板中的“直线”按钮╱，输入第二点坐标值（@500<45），如图 21-34 所示。

② 单击“默认”选项卡“修改”面板中的“旋转”按钮↻，旋转复制直线，旋转角度为 90°，如图 21-35 所示。

③ 单击“默认”选项卡“绘图”面板中的“直线”按钮╱，绘制水平直线，如图 21-36 所示。

④ 单击“默认”选项卡“注释”面板中的“多行文字”按钮A，设置文字高度为 350，在水平直线上方输入标高值，如图 21-37 所示。

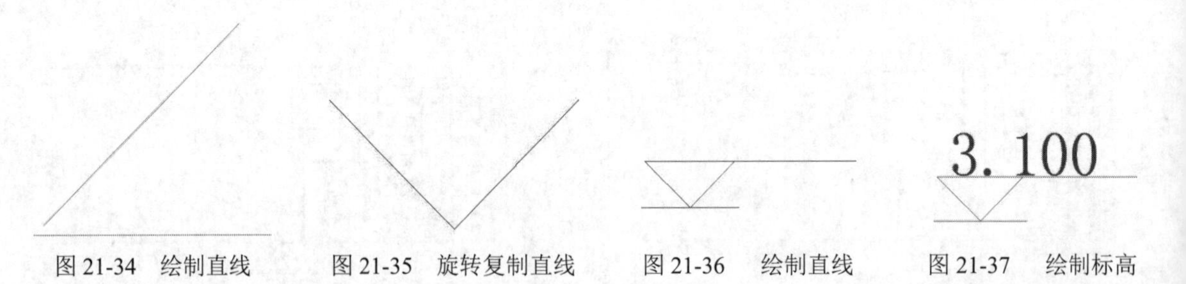

图 21-34 绘制直线　　图 21-35 旋转复制直线　　图 21-36 绘制直线　　图 21-37 绘制标高

⑤ 在命令行中输入 WBLOCK 命令，弹出“写块”对话框，选择对象，如图 21-38 所示，完成块的创建。

⑥ 单击“默认”选项卡“块”面板中的“插入”下拉菜单中的“最近使用的块”选项，系统弹出“块”选项板，插入“标高”，如图 21-39 所示，在图中的相应位置标高，效果如图 21-16 所示。

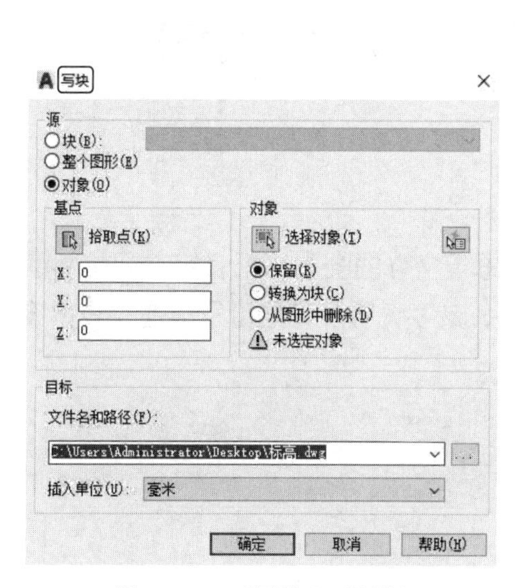

图 21-38　“写块”对话框

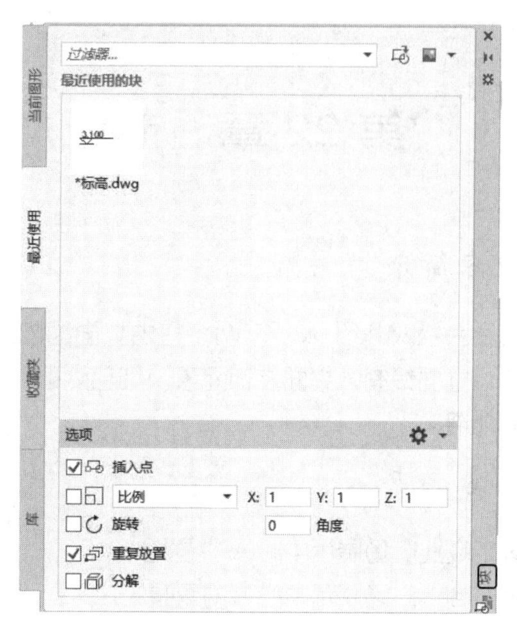

图 21-39　“块”选项板

扫一扫，看视频

动手练——咖啡吧顶棚平面图

绘制如图 21-40 所示的咖啡吧顶棚平面图。

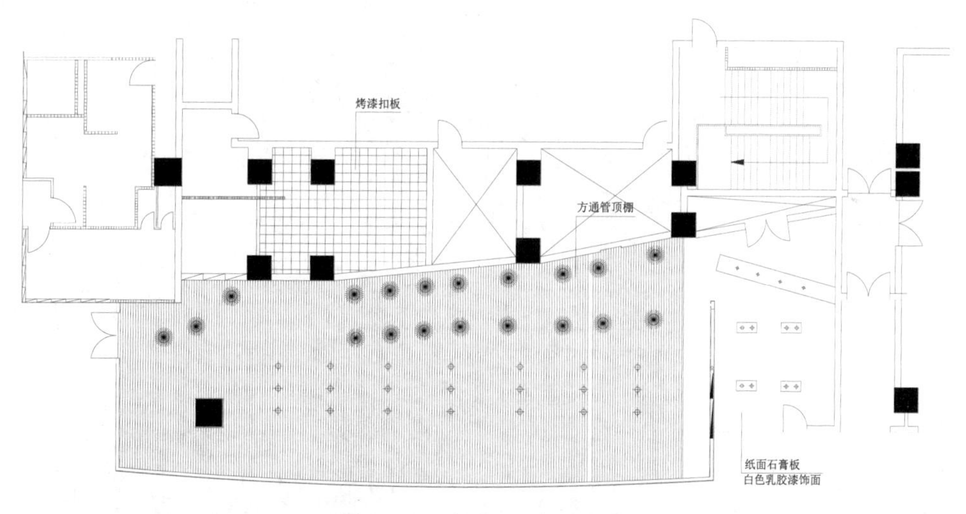

图 21-40　咖啡吧顶棚平面图

思路点拨：

源文件：源文件\第 21 章\咖啡吧顶棚平面图.dwg

（1）绘图准备。

（2）绘制吊顶。

（3）布置灯具。

第 22 章　商业广场展示中心立面图

内容简介

本章会依次介绍 A、C 两个室内立面图的绘制。在每一个立面图中，都会按立面轮廓绘制、家具陈设立面绘制、立面装饰元素及细部处理、尺寸标注、文字说明及其他符号标注、线宽设置的顺序来介绍。

内容要点

- 商业广场展示中心 A 立面图
- 商业广场展示中心 B 立面图

案例效果

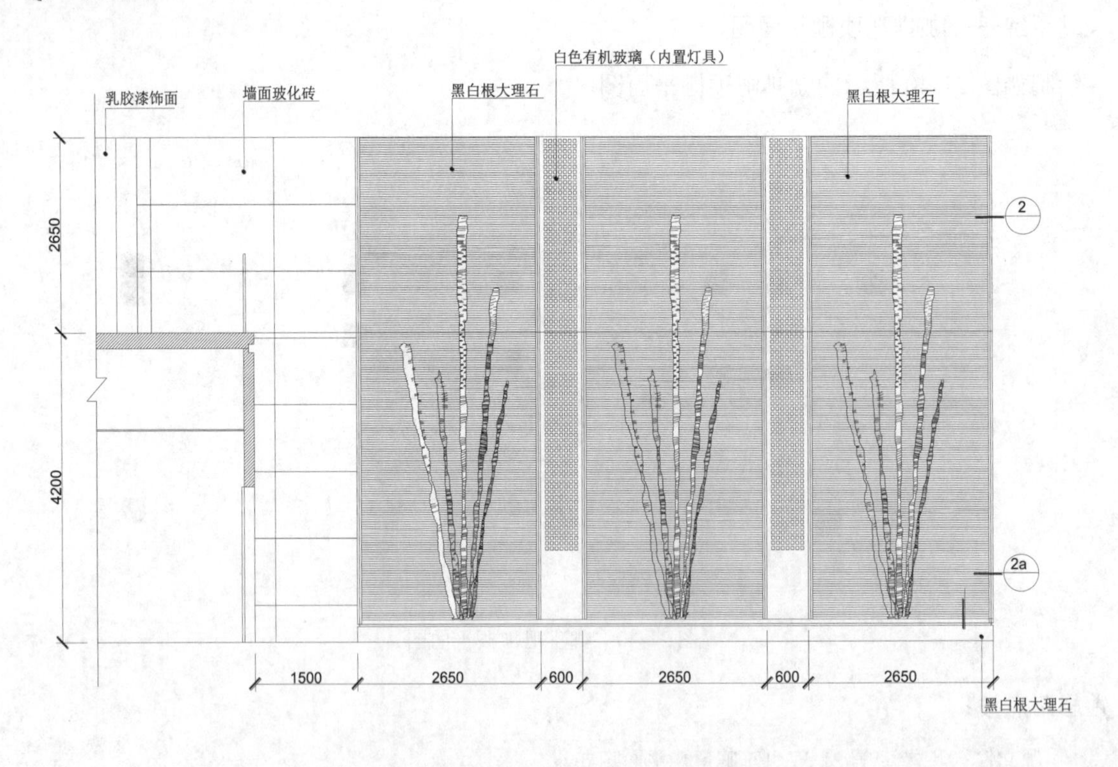

扫一扫，看视频

22.1　商业广场展示中心 A 立面图

本节将绘制如图 22-1 所示的商业广场展示中心 A 立面图。

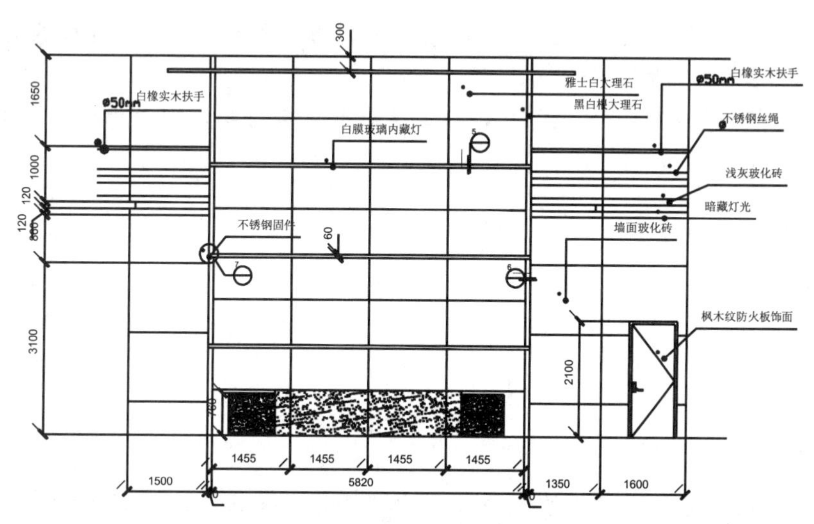

图 22-1　商业广场展示中心 A 立面图

源文件：源文件\第 22 章\商业广场展示中心 A 立面图.dwg

22.1.1　绘制 A 立面图形

操作步骤

（1）单击“默认”选项卡“绘图”面板中的“直线”按钮╱，在图形的适当位置绘制一条长度为 11850 的直线，如图 22-2 所示。

（2）单击“默认”选项卡“修改”面板中的“偏移”按钮⊆，选择上步绘制的水平直线并向上进行偏移，偏移距离为 3100、860、120、120、1000、1650，如图 22-3 所示。

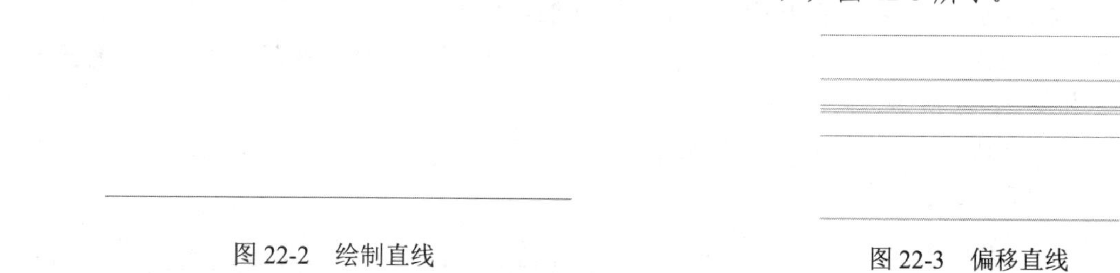

图 22-2　绘制直线

图 22-3　偏移直线

（3）单击“默认”选项卡“绘图”面板中的“直线”按钮╱，在图形的适当位置绘制一条竖直直线，如图 22-4 所示。

（4）单击“默认”选项卡“修改”面板中的“偏移”按钮⊆，选择上步绘制的竖直直线并向右偏移，偏移距离为 1500、90、1455、1455、1455、1455、90、1350、1600，如图 22-5 所示。

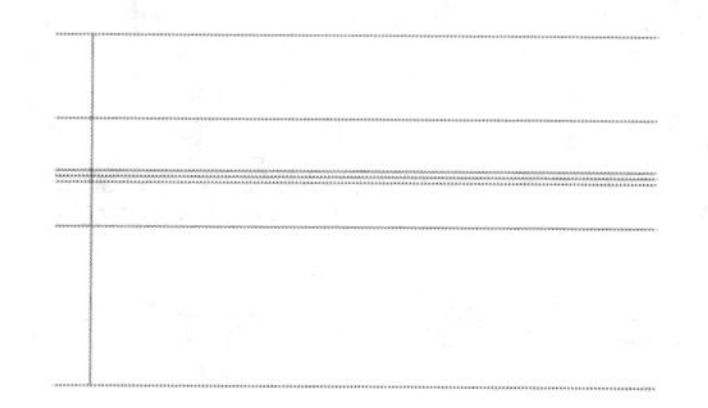

图 22-4　绘制竖直直线

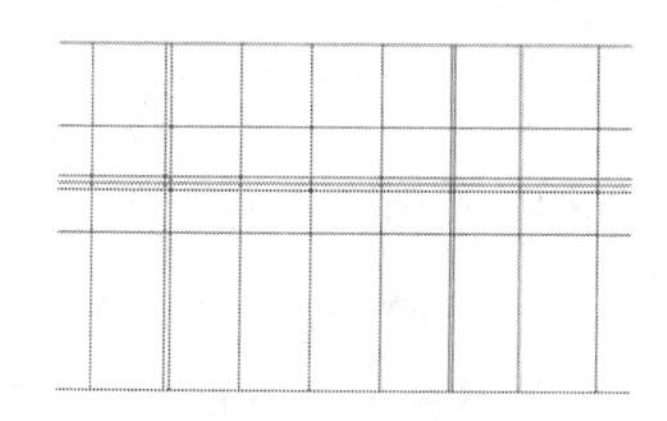

图 22-5　偏移竖直直线

（5）单击“默认”选项卡“绘图”面板中的“矩形”按钮，在偏移的直线内绘制一个7600×50的矩形，如图22-6所示。

（6）单击“默认”选项卡“修改”面板中的“修剪”按钮，对上步绘制的矩形内线段进行修剪，如图22-7所示。

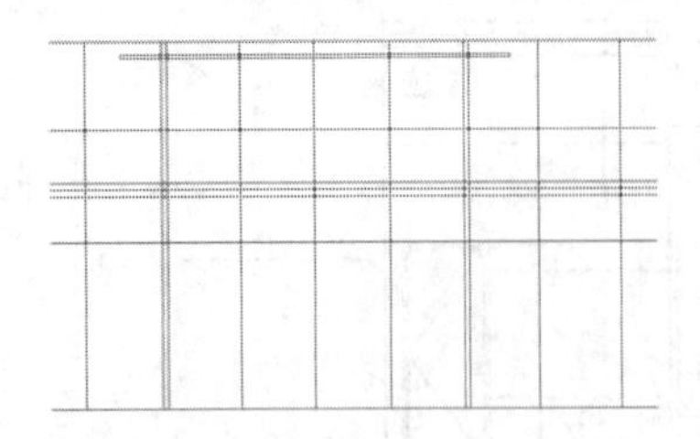
图22-6　绘制矩形

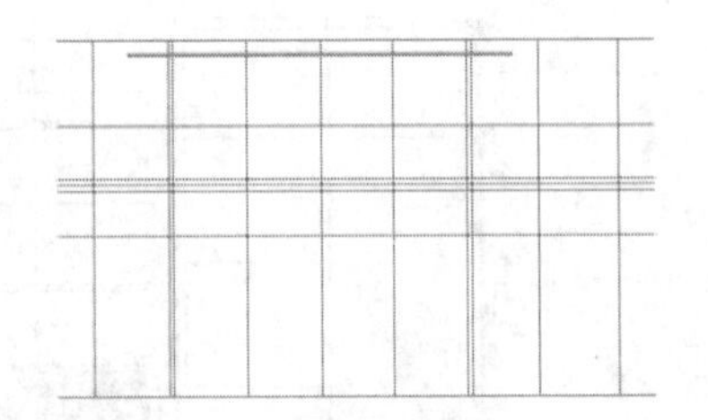
图22-7　修剪线段1

（7）单击“默认”选项卡“修改”面板中的“修剪”按钮，选择多余线段进行修剪，如图22-8所示。

（8）单击“默认”选项卡“修改”面板中的“偏移”按钮，选择图22-9所示的直线并向下偏移，偏移距离为50、240、120、120、120、240。

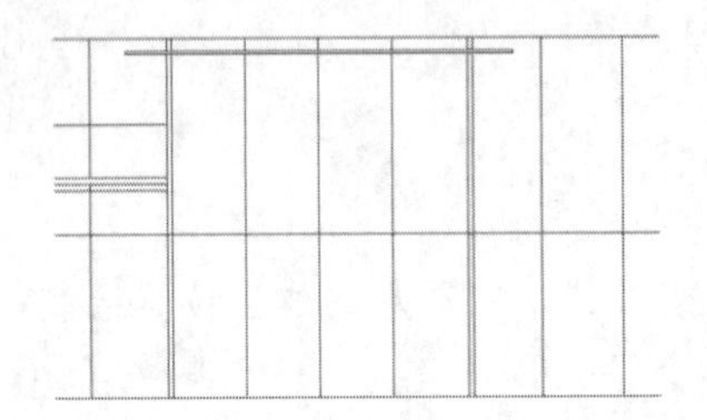
图22-8　修剪线段2

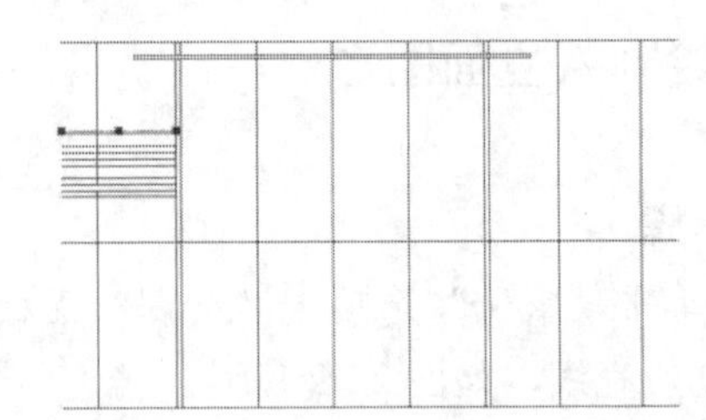
图22-9　偏移图形

（9）使用同样的方法绘制右侧相同的线段，如图22-10所示。

（10）单击“默认”选项卡“绘图”面板中的“直线”按钮，在左侧图形的适当位置绘制一条竖直直线，如图22-11所示。

（11）单击“默认”选项卡“绘图”面板中的“直线”按钮，在右侧图形的适当位置绘制一条竖直直线，如图22-12所示。

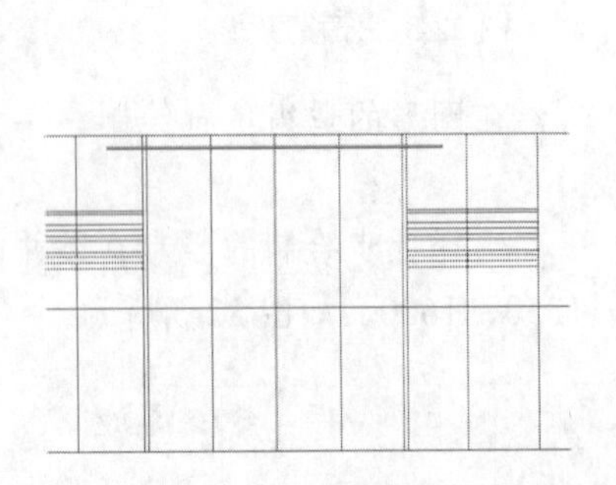
图22-10　绘制线段

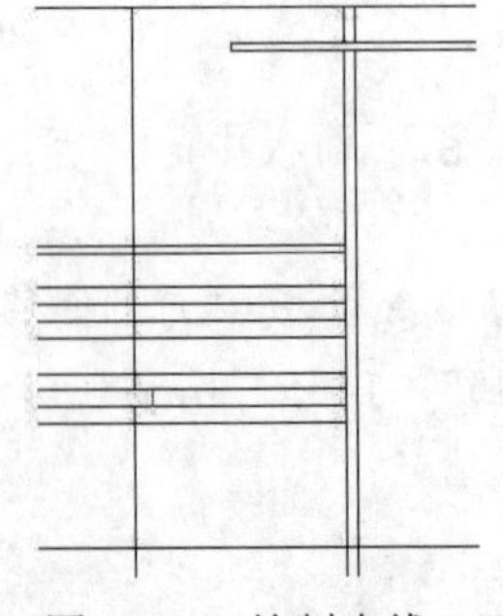
图22-11　绘制直线1

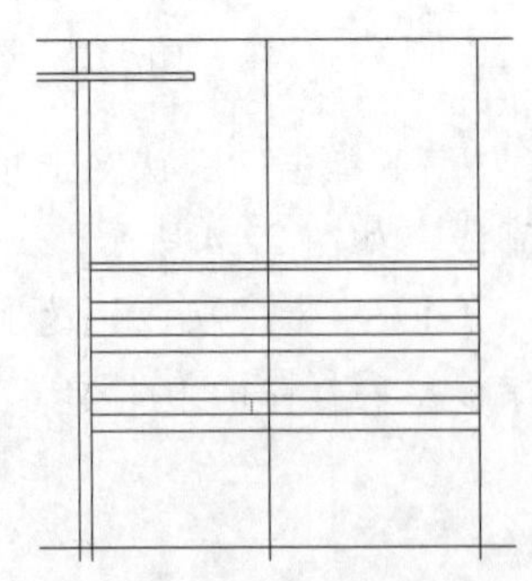
图22-12　绘制直线2

（12）单击“默认”选项卡“修改”面板中的“偏移”按钮，选择最下端水平直线为偏移对象并向上偏移，偏移距离为600和1250，如图22-13所示。

（13）单击“默认”选项卡“修改”面板中的“修剪”按钮，对上步偏移的线段进行修剪，如图 22-14 所示。

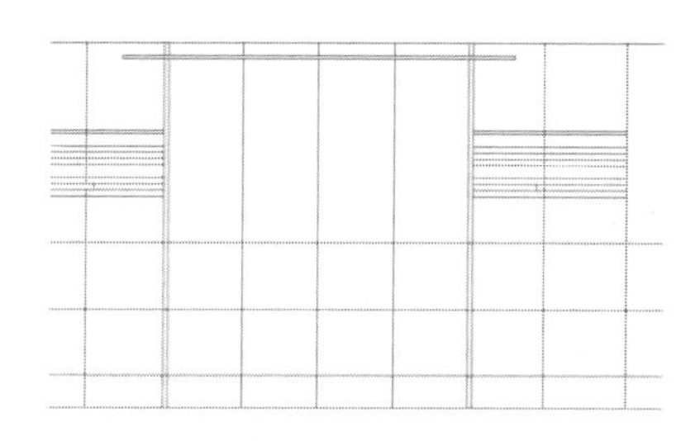

图 22-13　偏移线段

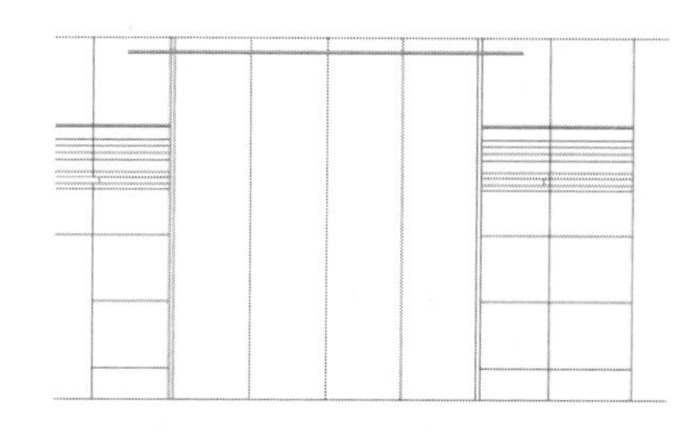

图 22-14　修剪线段

（14）单击“默认”选项卡“修改”面板中的“偏移”按钮，选取右侧竖直直线并向左偏移，偏移距离为 180 和 900，如图 22-15 所示。

（15）单击“默认”选项卡“修改”面板中的“偏移”按钮，选择最下边水平直线并向上偏移，偏移距离为 2100，如图 22-16 所示。

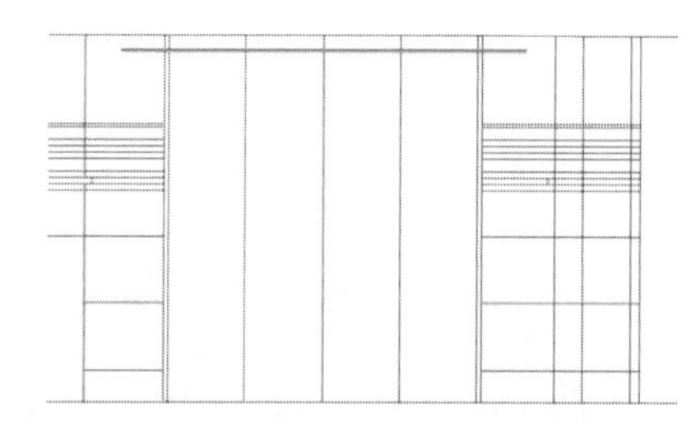

图 22-15　偏移线段

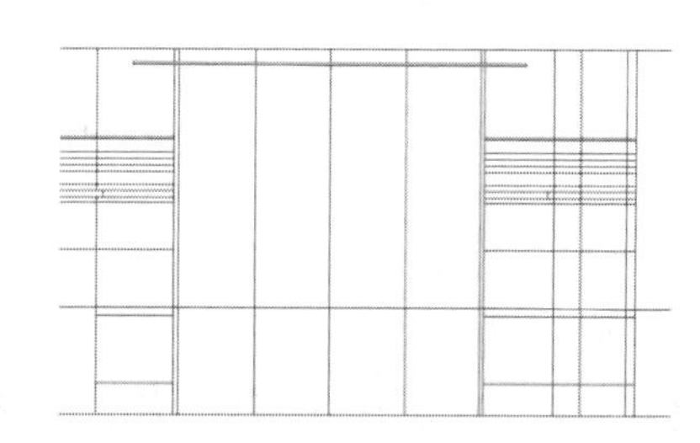

图 22-16　偏移线段

（16）单击“默认”选项卡“修改”面板中的“修剪”按钮，对偏移线段进行修剪，如图 22-17 所示。

（17）单击“默认”选项卡“修改”面板中的“偏移”按钮，选择上步修剪的线段并向内偏移，偏移距离为 50，如图 22-18 所示。

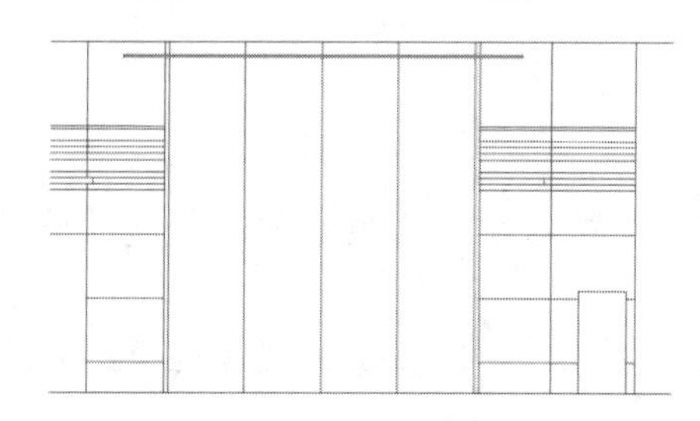

图 22-17　修剪线段

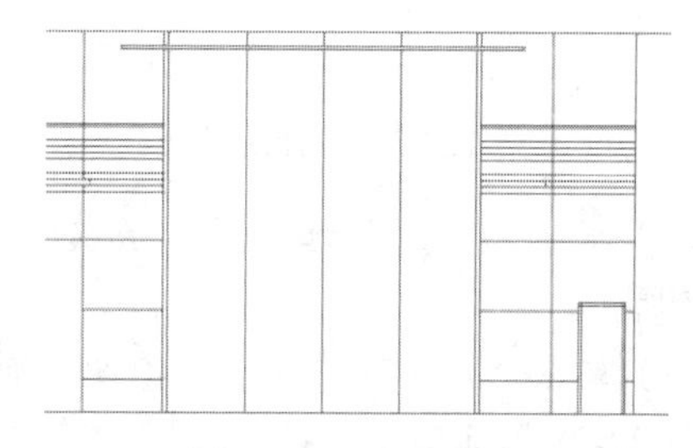

图 22-18　偏移线段

（18）单击“默认”选项卡“修改”面板中的“修剪”按钮，对偏移线段进行修剪，如图 22-19 所示。

（19）单击“默认”选项卡“绘图”面板中的“直线”按钮，在修剪的线段内绘制图形对角线，如图 22-20 所示。

（20）单击“默认”选项卡“绘图”面板中的“矩形”按钮，在图形的适当位置绘制一个矩形，如图 22-21 所示。

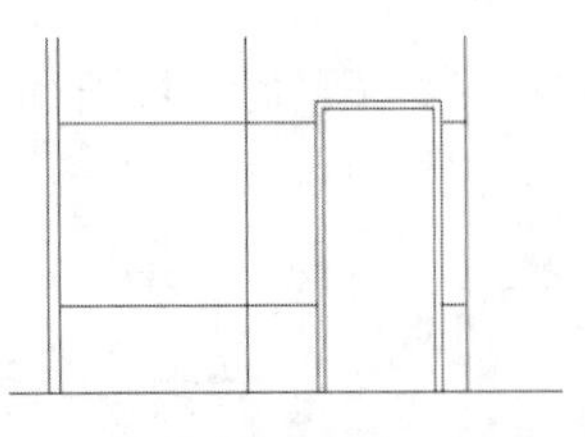
图 22-19　修剪线段

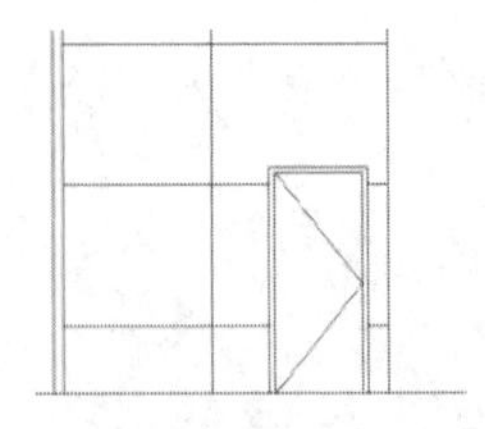
图 22-20　绘制对角线

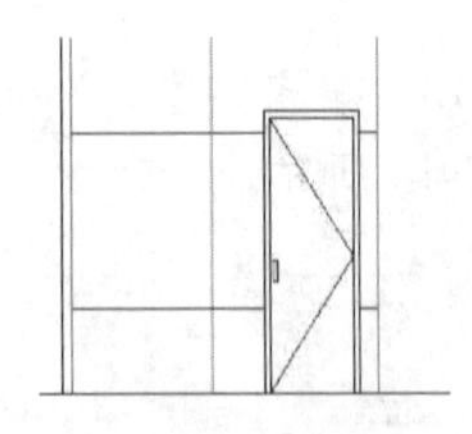
图 22-21　绘制矩形

（21）单击“默认”选项卡“绘图”面板中的“多段线”按钮，指定起点宽度为 20，端点宽度为 20，绘制门把手，如图 22-22 所示。

（22）单击“默认”选项卡“修改”面板中的“偏移”按钮，选择最下端水平直线并向上偏移，偏移距离为 818，如图 22-23 所示。

（23）单击“默认”选项卡“修改”面板中的“修剪”按钮，对上步偏移的多余线段进行修剪，如图 22-24 所示。

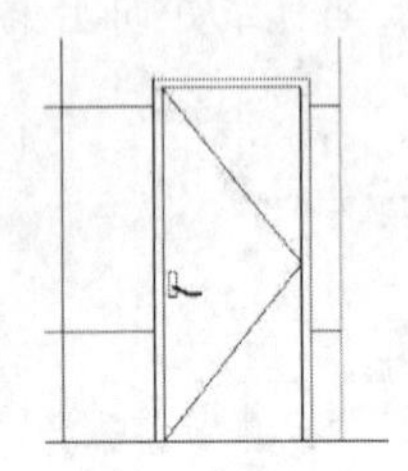
图 22-22　绘制门把手

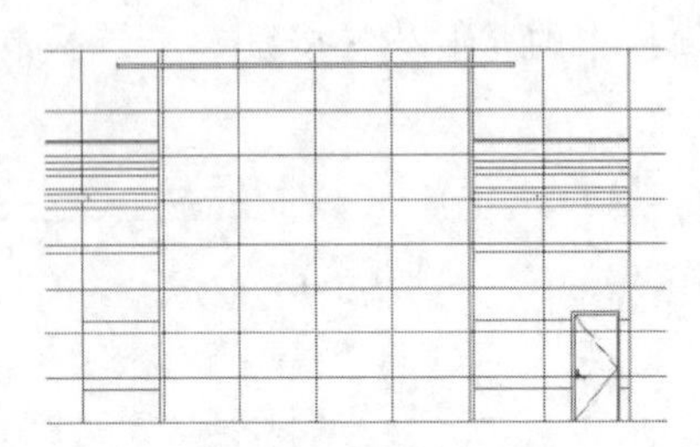
图 22-23　偏移线段

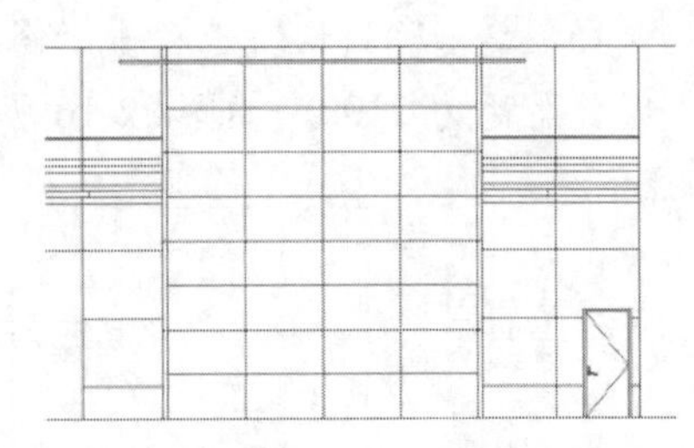
图 22-24　修剪线段

（24）单击“默认”选项卡“修改”面板中的“偏移”按钮，选择图 22-25 所示的线段并向下偏移，偏移距离为 60，如图 22-26 所示。

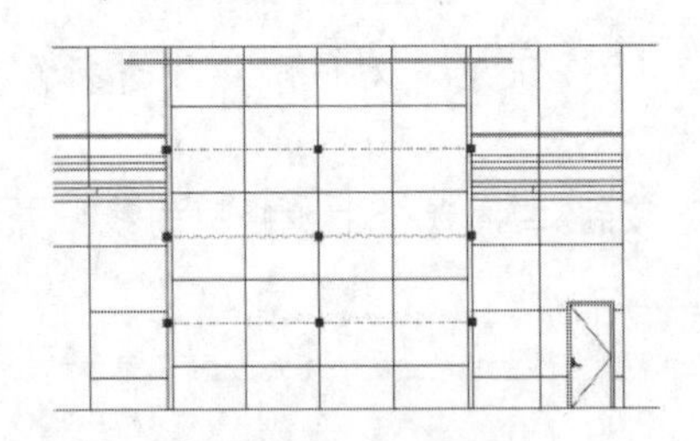
图 22-25　选择线段

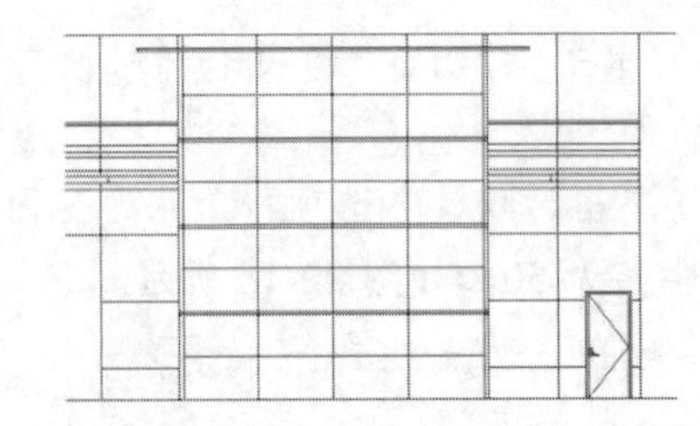
图 22-26　偏移线段

（25）单击“默认”选项卡“修改”面板中的“修剪”按钮，对偏移的线段进行修剪，如图 22-27 所示。

（26）单击“默认”选项卡“绘图”面板中的“直线”按钮，在图形的适当位置绘制连续直线，如图 22-28 所示。

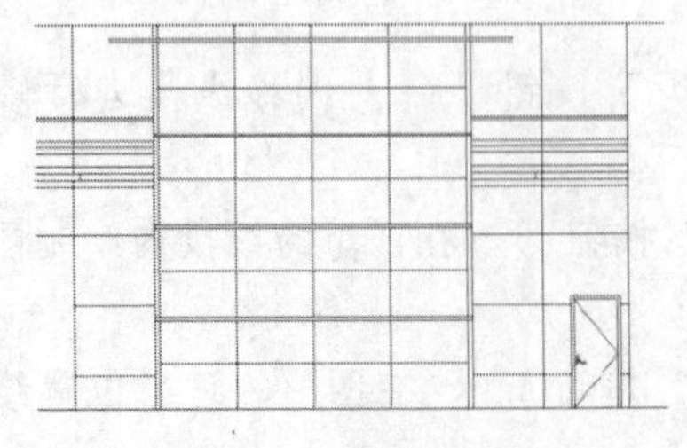
图 22-27　修剪线段

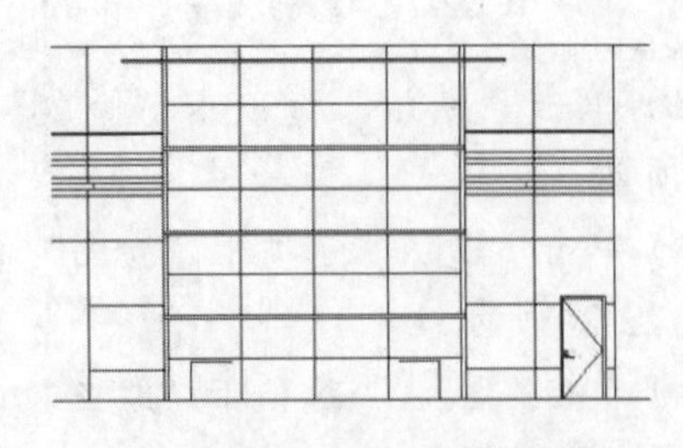
图 22-28　绘制直线

（27）单击“默认”选项卡“修改”面板中的“偏移”按钮⊆，选择上步绘制的图形并向内偏移，偏移距离为 30，如图 22-29 所示。

（28）单击“默认”选项卡“绘图”面板中的“直线”按钮╱，绘制两条竖直直线，如图 22-30 所示。

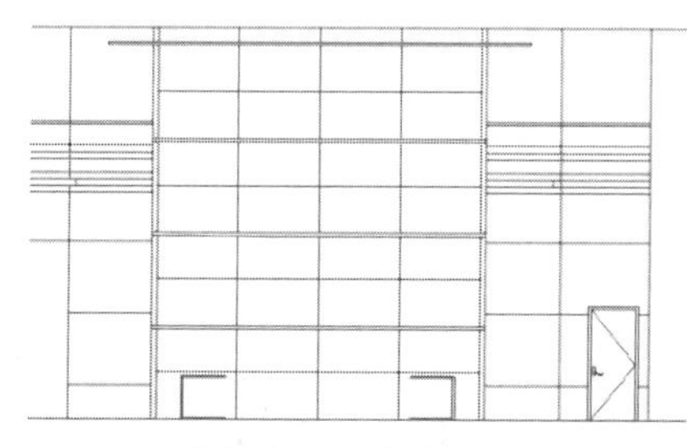

图 22-29　偏移线段

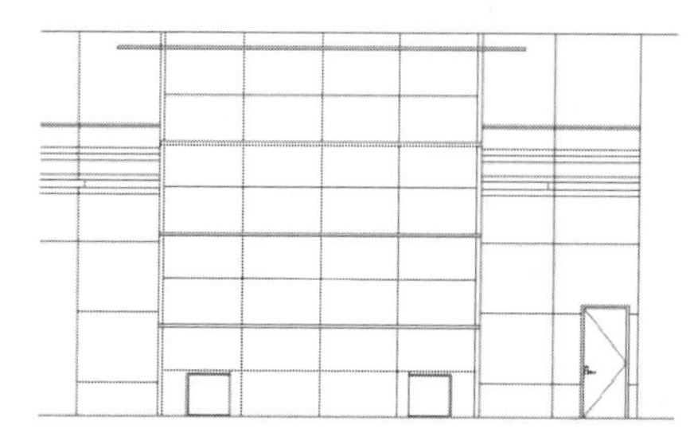

图 22-30　绘制竖直直线

（29）单击“默认”选项卡“绘图”面板中的“图案填充”按钮▨，打开“图案填充创建”选项卡，单击“图案填充图案”选项，在打开的“填充图案”下拉列表框中选择 AR-SAND 图案，设置比例为 0.5，如图 22-31 所示。单击“拾取点”按钮▣，拾取填充区域，按 Enter 键完成填充，效果如图 22-32 所示。

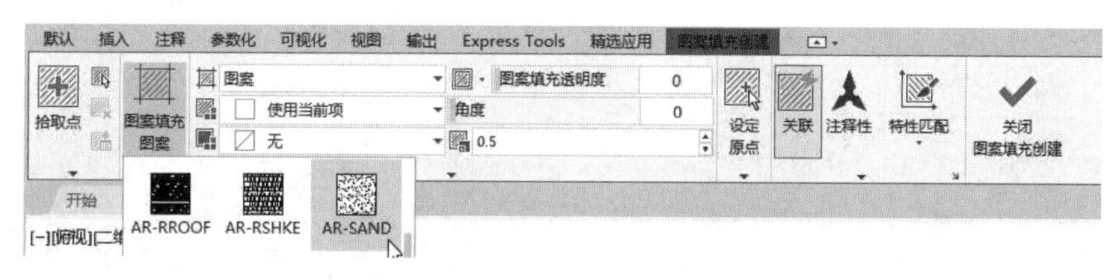

图 22-31　设置图案填充

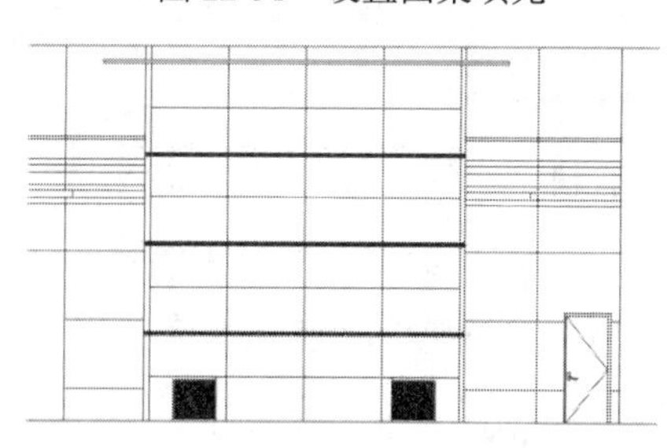

图 22-32　填充图案的效果

（30）单击“默认”选项卡“绘图”面板中的“图案填充”按钮▨，打开“图案填充创建”选项卡，单击“图案填充图案”选项，在打开的“填充图案”下拉列表框中选择 AR-SAND 图案，设置比例为 1，如图 22-33 所示。单击“拾取点”按钮▣，拾取填充区域，按 Enter 键完成填充，效果如图 22-34 所示。

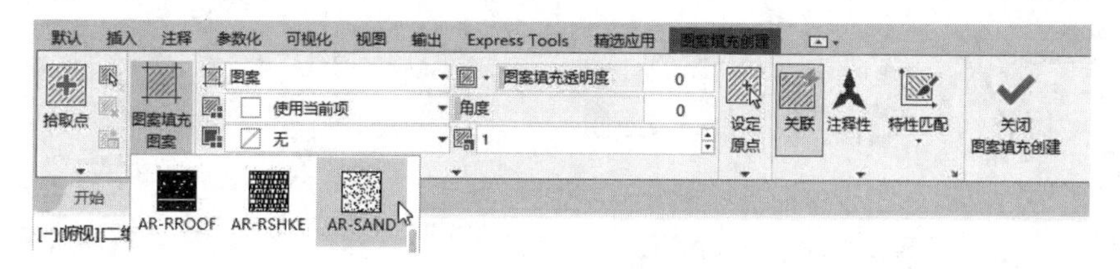

图 22-33　设置图案填充

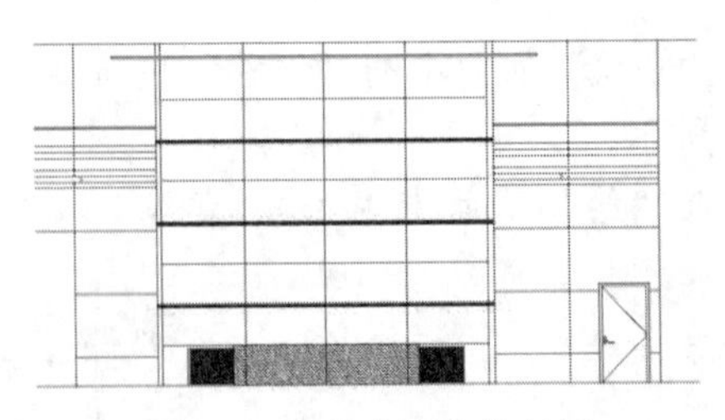

图 22-34　填充图案的效果

22.1.2　标注尺寸

操作步骤

（1）选择菜单栏中的“格式”→“标注样式”命令，弹出“标注样式管理器”对话框，如图 22-35 所示。

（2）单击“新建”按钮，弹出“创建新标注样式”对话框，输入新样式名为“立面”，如图 22-36 所示。

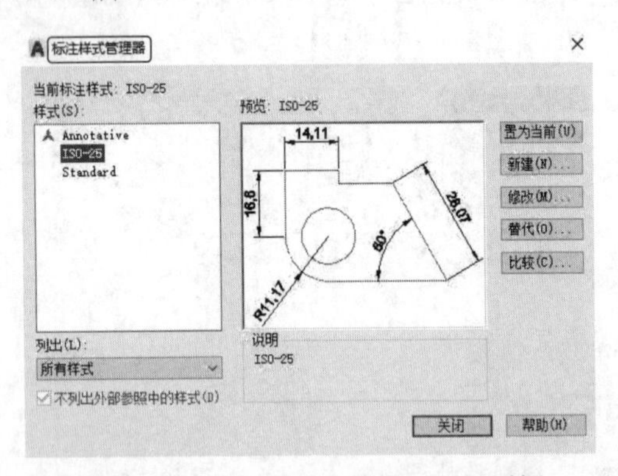

图 22-35　“标注样式管理器”对话框

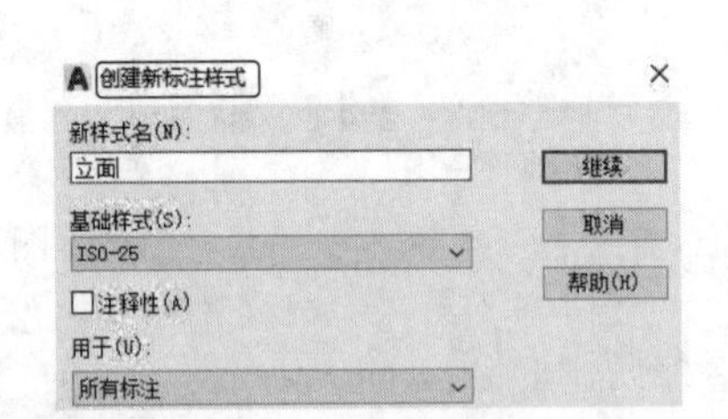

图 22-36　“创建新标注样式”对话框

（3）单击“继续”按钮，弹出“新建标注样式：立面”对话框，各个选项卡的参数设置如图 22-37~图 22-40 所示。设置完后单击“确定”按钮，返回到“标注样式管理器”对话框，将“立面”样式置为当前。

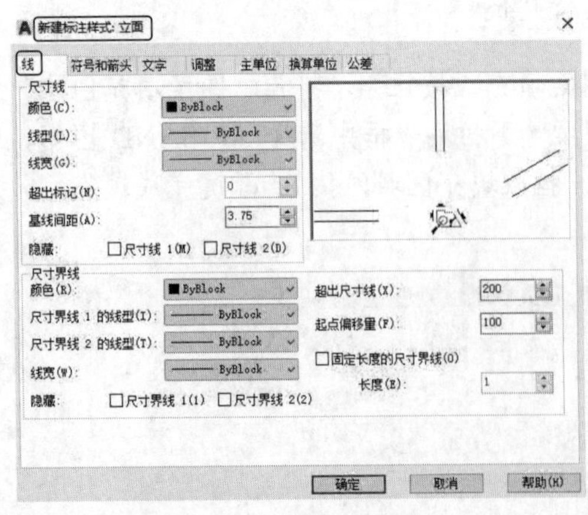

图 22-37　“线”选项卡

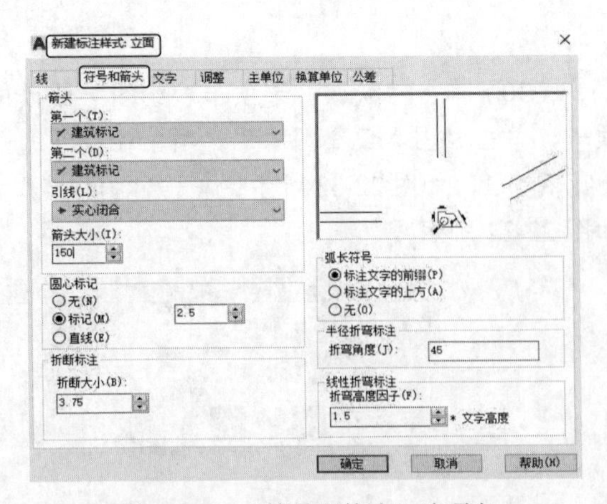

图 22-38　“符号和箭头”选项卡

图 22-39　“文字”选项卡

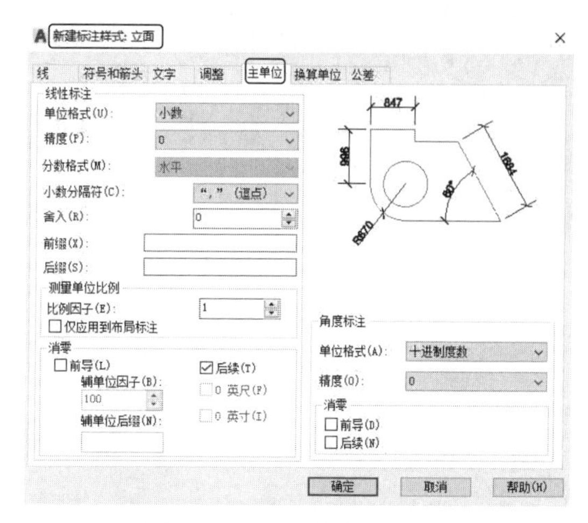

图 22-40　“主单位”选项卡

（4）单击“注释”选项卡“标注”面板中的“线性标注”按钮和“连续标注”按钮，标注立面图尺寸，如图 22-41 所示。

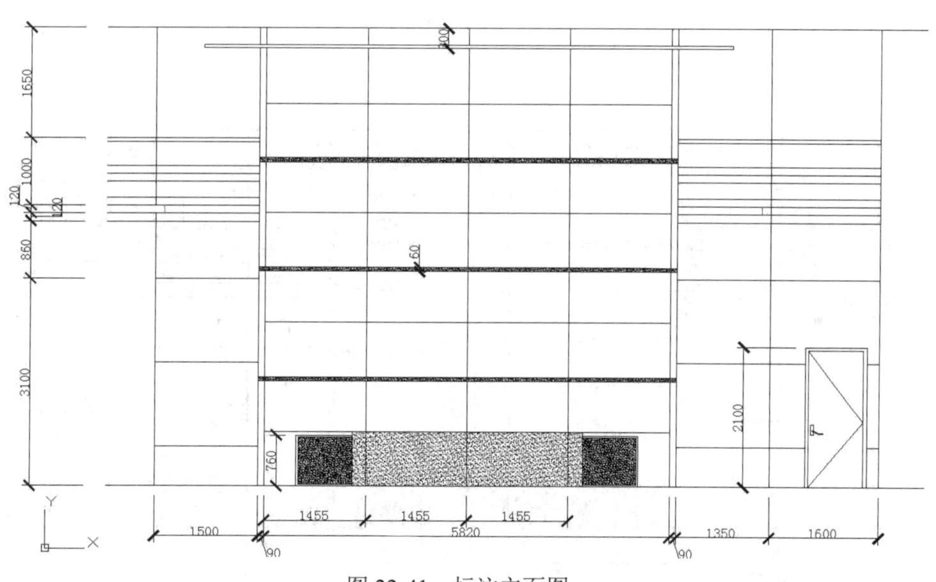

图 22-41　标注立面图

22.1.3　添加说明文字

操作步骤

（1）选择菜单栏中的“格式”→“文字样式”命令，弹出“文字样式”对话框，新建“说明”文字样式，设置高度为 150，并将其置为当前。

（2）在命令行中输入 QLEADER 命令，标注文字说明，如图 22-42 所示。

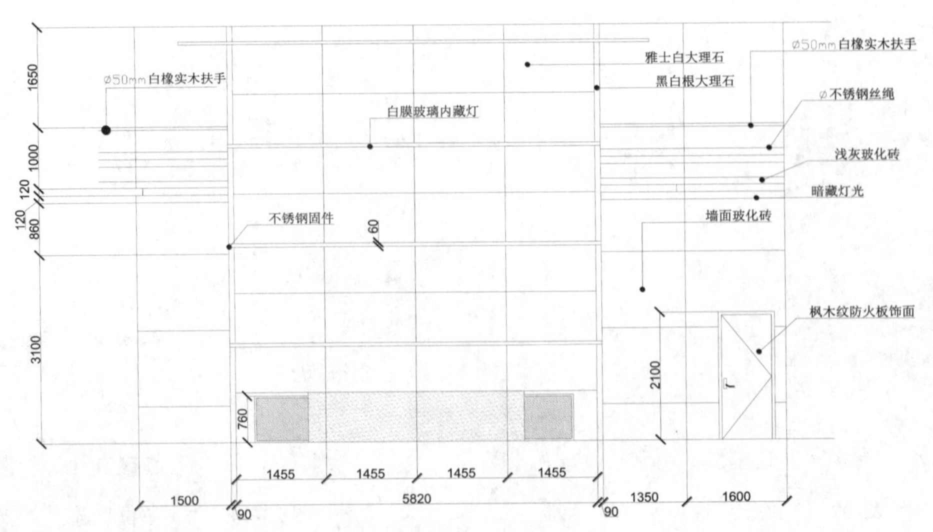

图 22-42　标注文字说明

（3）单击“默认”选项卡“绘图”面板中的“圆”按钮⊙和“直线”按钮╱，绘制剖面符号。

（4）单击“默认”选项卡“注释”面板中的“多行文字”按钮A和“修改”面板中的“复制”按钮，绘制剖面号 5、6、7，如图 22-43 所示。

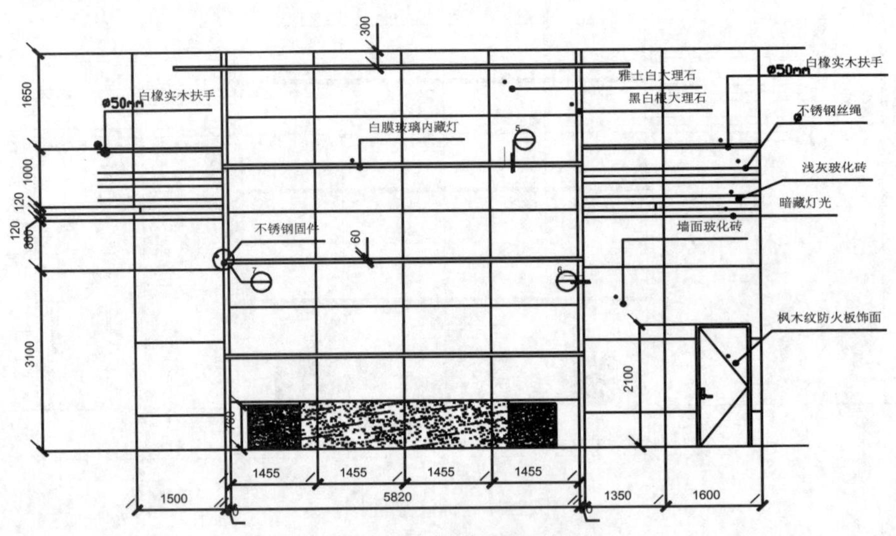

图 22-43　插入剖面符号

（5）单击快速访问工具栏中的“保存”按钮，保存文件。

注意：

用户可用 DWT 模板文件创建专业 CAD 制图的统一文字及标注样式，以方便下次制图时直接调用，节省了重复设置样式的时间。用户也可从 CAD 设计中心查找所需的标注样式，并直接导入新建的图纸中，这样即完成了对其的调用。

扫一扫，看视频

动手练——咖啡吧 A 立面图

绘制如图 22-44 所示的咖啡吧 A 立面图。

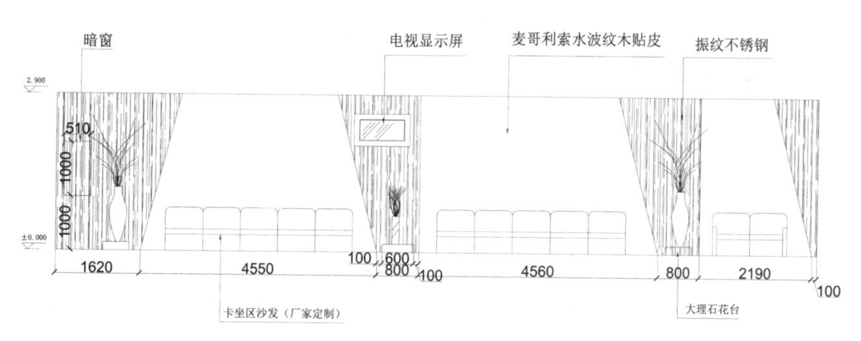

图 22-44　咖啡吧 A 立面图

思路点拨：

源文件：源文件\第 22 章\咖啡吧 A 立面图.dwg

（1）绘制立面图。

（2）标注尺寸。

（3）添加文字说明。

22.2　商业广场展示中心 B 立面图

本节将绘制如图 22-45 所示的商业广场展示中心 B 立面图。

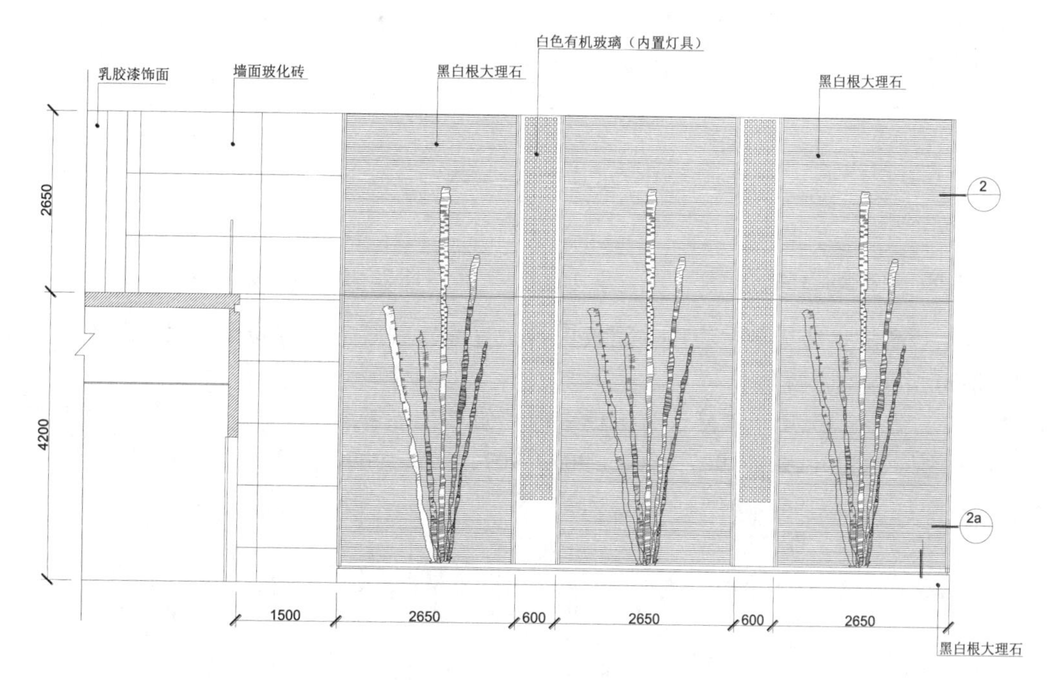

图 22-45　商业广场展示中心 B 立面图

源文件：源文件\第 22 章\商业广场展示中心 B 立面图.dwg

22.2.1 绘制B立面图形

操作步骤

（1）单击快速访问工具栏中的“新建”按钮，弹出“选择样板”对话框，新建一个默认文件，单击快速访问工具栏中的“保存”按钮，建立名为“B立面图”的图形文件。

（2）单击“默认”选项卡“图层”面板中的“图层特性”按钮，弹出“图层特性管理器”选项板，新建“立面”图层，并将其设置为当前图层。图层设置如图22-46所示。

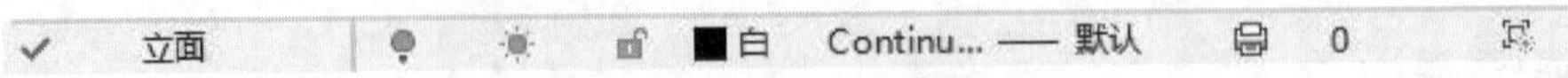

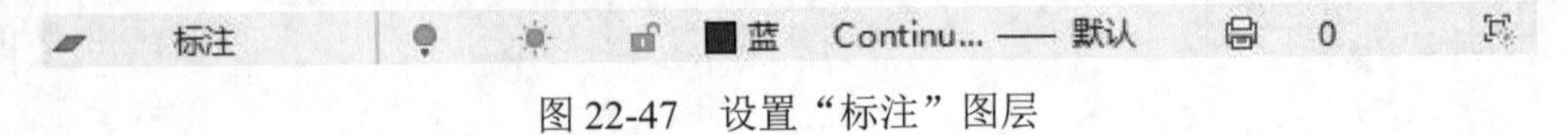

图22-46 设置“立面”图层

（3）单击“默认”选项卡“图层”面板中的“图层特性”按钮，弹出“图层特性管理器”选项板，新建“标注”图层，图层设置如图22-47所示。

标注 | 蓝 | Continu... —— 默认 | 0

图22-47 设置“标注”图层

（4）单击“默认”选项卡“绘图”面板中的“直线”按钮，在图形适当位置绘制一条长度为6850的垂直直线，如图22-48所示。

（5）单击“默认”选项卡“修改”面板中的“偏移”按钮，选择上步绘制的竖直直线并向右偏移，偏移距离为1500、2650、600、2650、600、2650，如图22-49所示。

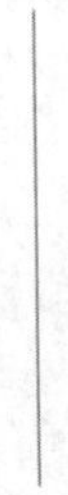

图22-48 绘制竖直直线

图22-49 偏移竖直直线

（6）单击“默认”选项卡“绘图”面板中的“直线”按钮，连接偏移线段绘制一条水平直线，如图22-50所示。

（7）单击“默认”选项卡“修改”面板中的“偏移”按钮，选择上步绘制的水平线段并向上偏移，偏移距离为500、907、907、907、907、907、907、907，如图22-51所示。

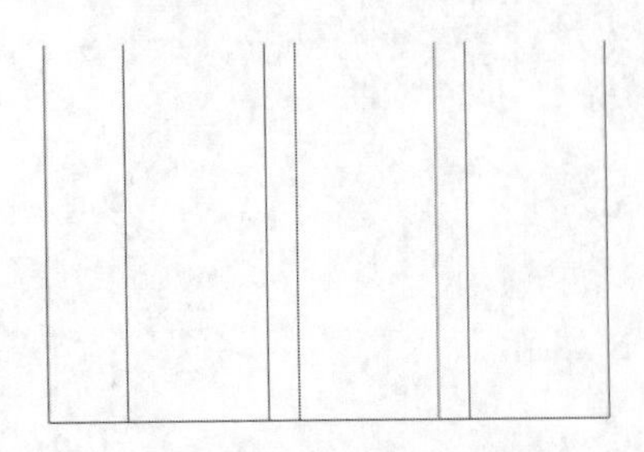

图22-50 绘制水平直线

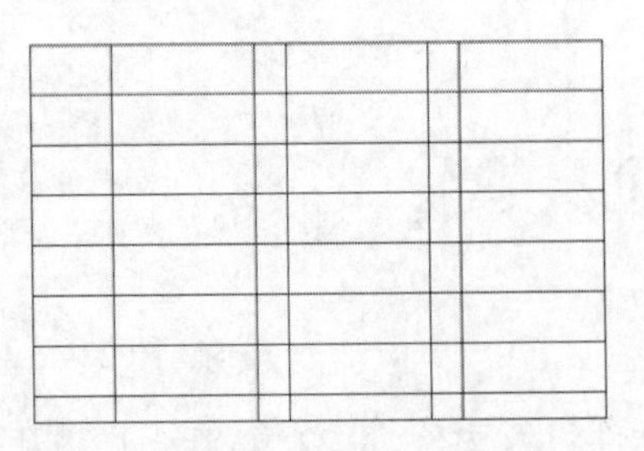

图22-51 绘制直线

（8）单击“默认”选项卡“修改”面板中的“修剪”按钮✂，对偏移线段进行修剪，如图 22-52 所示。

（9）单击“默认”选项卡“修改”面板中的“偏移”按钮⋐，选择最下边的水平直线并向上偏移，偏移距离为 210、30、60，如图 22-53 所示。

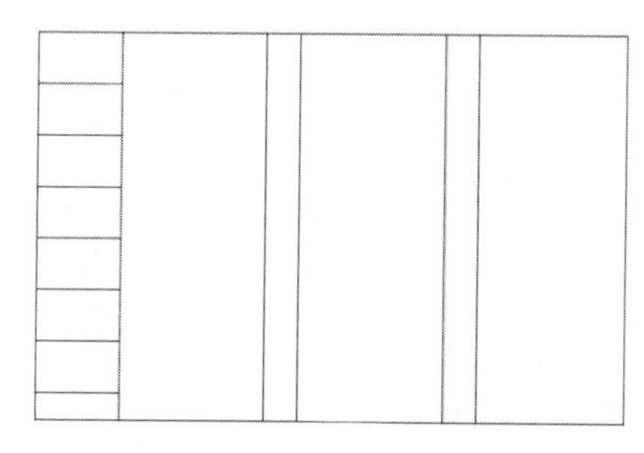

图 22-52　修剪线段

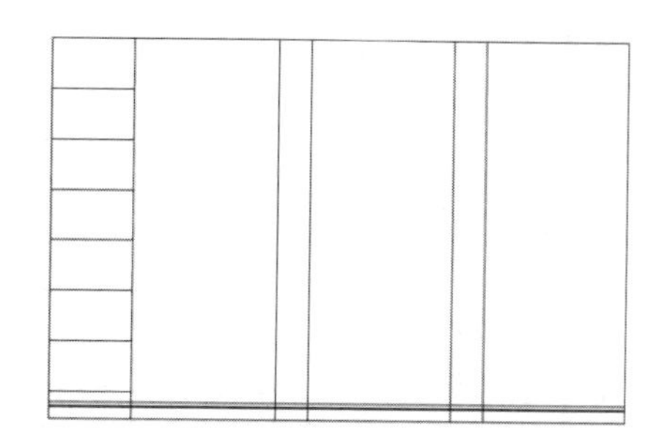

图 22-53　偏移线段

（10）单击“默认”选项卡“修改”面板中的“修剪”按钮✂，选择上步偏移的线段进行修剪，如图 22-54 所示。

（11）单击“默认”选项卡“修改”面板中的“偏移”按钮⋐，选择左边最外侧的竖直直线并向右偏移，偏移距离为 300、1230、30、2530、30、660、30、2530、30、660、30、2530、30，如图 22-55 所示。

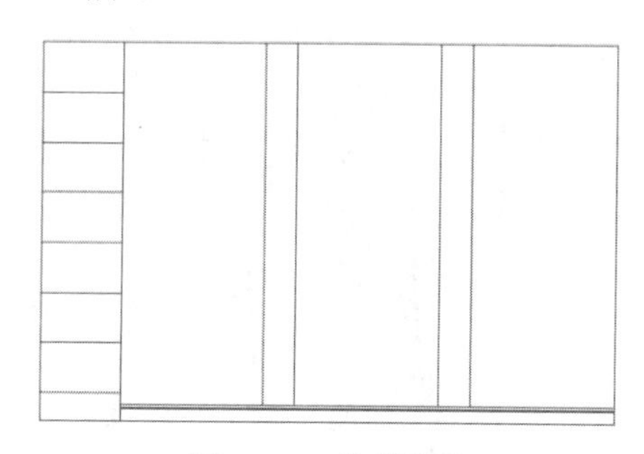

图 22-54　修剪线段

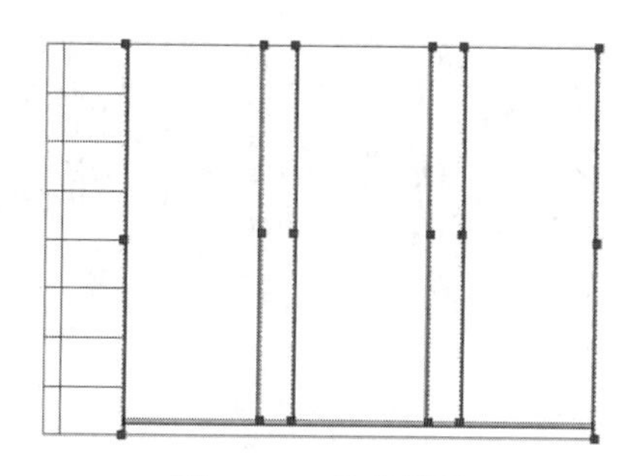

图 22-55　偏移线段

（12）单击“默认”选项卡“修改”面板中的“修剪”按钮✂，对上步偏移的线段进行修剪，如图 22-56 所示。

（13）选择菜单栏中的“绘图”→“修订云线”命令，在上步修剪的线段内绘制连续线段，如图 22-57 所示。

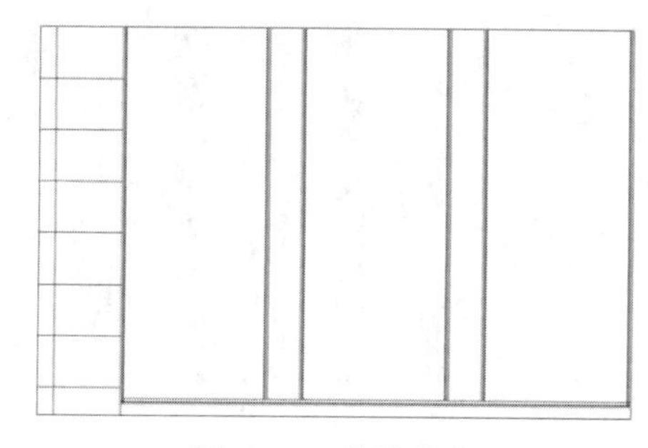

图 22-56　修剪线段

图 22-57　绘制连续线段

（14）单击“默认”选项卡“绘图”面板中的“直线”按钮，在上步绘制的连续线段内绘制多条不等直线，如图 22-58 所示。

（15）单击“默认”选项卡“修改”面板中的“复制”按钮，选择上步绘制的图形进行复制，如图 22-59 所示。

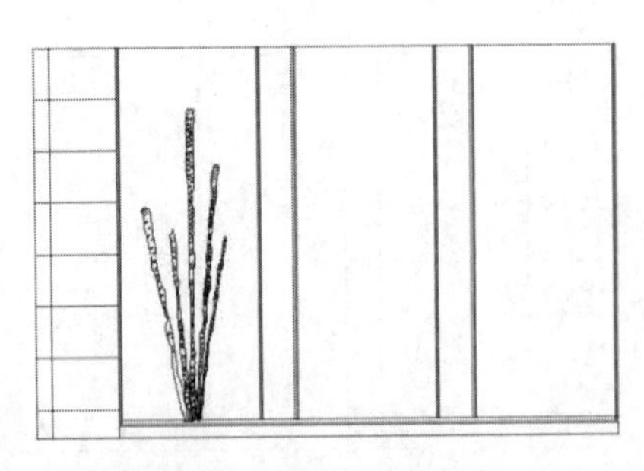

图 22-58　绘制直线

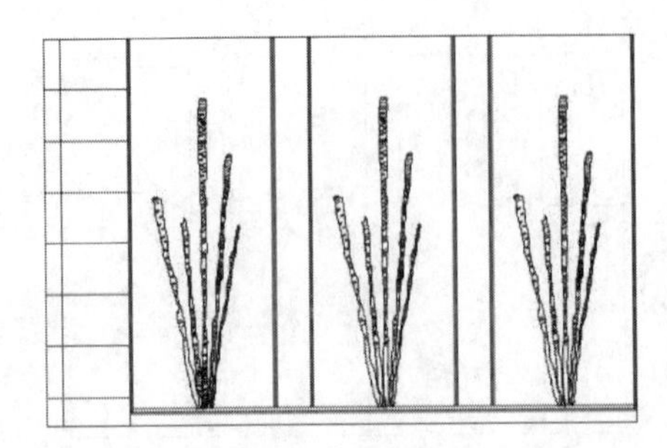

图 22-59　复制图形

（16）单击“默认”选项卡“绘图”面板中的“矩形”按钮，在图形的适当位置绘制一个矩形，如图 22-60 所示。

（17）单击“默认”选项卡“修改”面板中的“矩形阵列”按钮，选择上步绘制的矩形为阵列对象，设置列数为 7，行数为 80，行间距为−70，列间距为 70，阵列后的图形如图 22-61 所示。

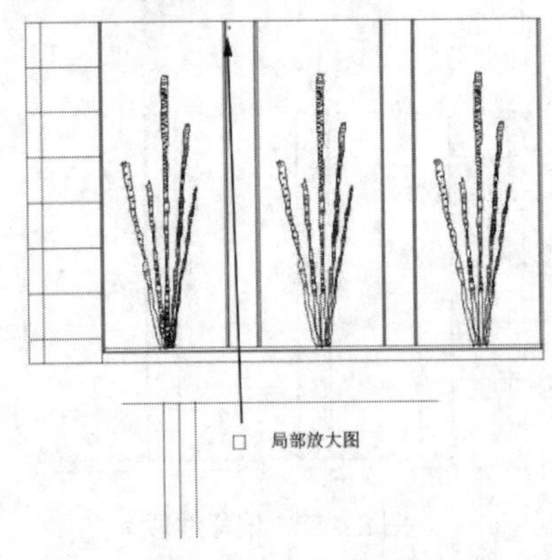

图 22-60　绘制矩形

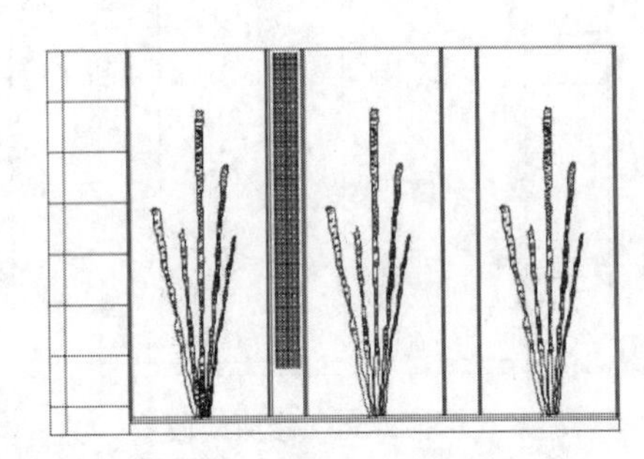

图 22-61　绘制矩形阵列

（18）使用上述方法绘制剩余图形，如图 22-62 所示。

（19）单击“默认”选项卡“修改”面板中的“偏移”按钮，选择左侧竖直直线并向左偏移，偏移距离为 1500、200、300、300，如图 22-63 所示。

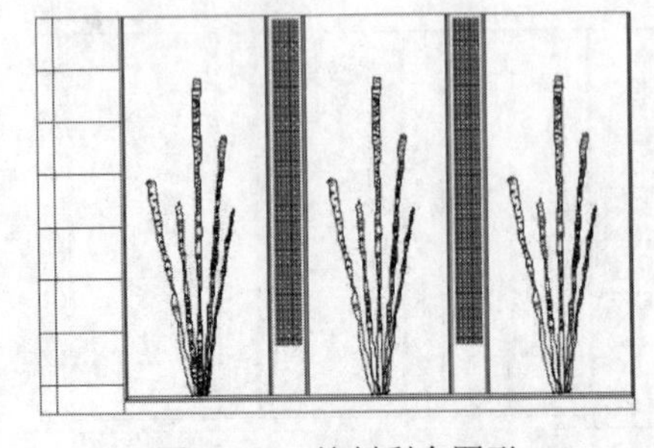

图 22-62　绘制剩余图形

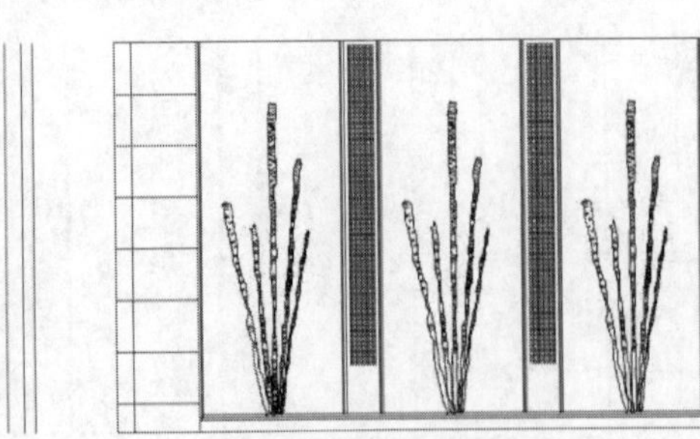

图 22-63　偏移直线

（20）单击“默认”选项卡“修改”面板中的“延伸”按钮，选择图形中的水平直线向偏移的竖直直线进行延伸，如图 22-64 所示。

（21）单击“默认”选项卡“修改”面板中的“修剪”按钮，对多余线段进行修剪，如图 22-65 所示。

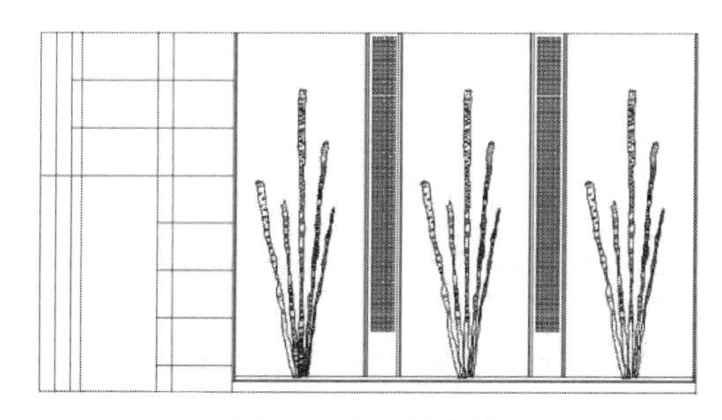

图 22-64　延伸直线

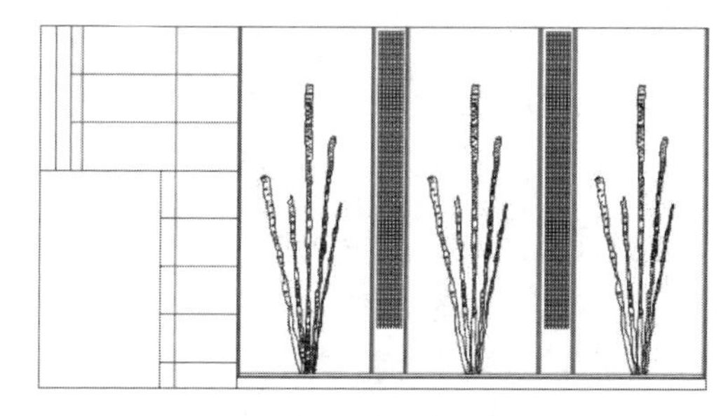

图 22-65　修剪线段

（22）单击“默认”选项卡“绘图”面板中的“直线”按钮，在图形的适当位置绘制连续直线，如图 22-66 所示。

（23）单击“默认”选项卡“修改”面板中的“修剪”按钮，对上步绘制的线段进行修剪，如图 22-67 所示。

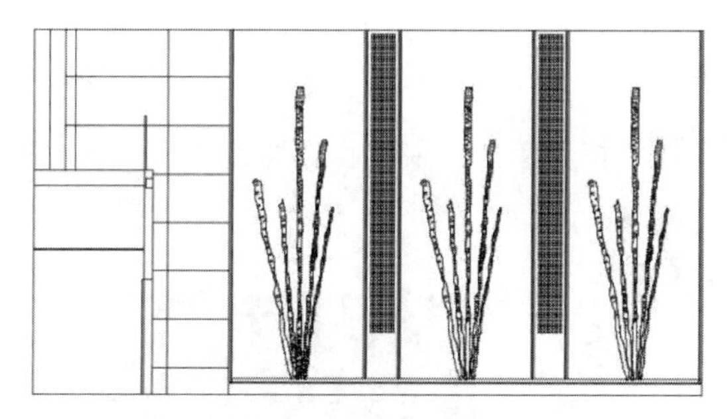

图 22-66　绘制连续直线

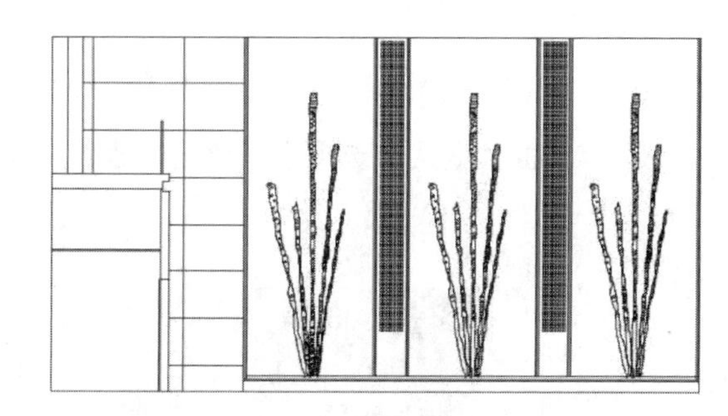

图 22-67　修剪线段

（24）单击“默认”选项卡“绘图”面板中的“图案填充”按钮，打开“图案填充创建”选项卡，单击“图案填充图案”选项，在打开的“填充图案”下拉列表框中选择 ANSI31 图案，如图 22-68 所示。单击“拾取点”按钮，拾取填充区域，按 Enter 键完成填充，效果如图 22-69 所示。

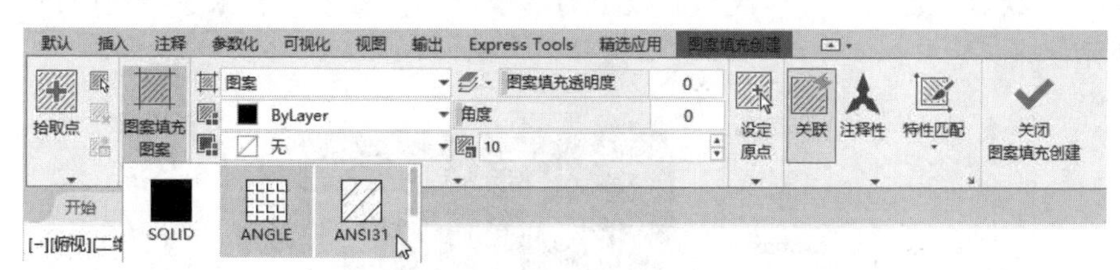

图 22-68　设置图案填充

（25）单击“默认”选项卡“修改”面板中的“拉长”按钮，选择左侧竖直直线并分别向上、向下拉长 600，如图 22-70 所示。

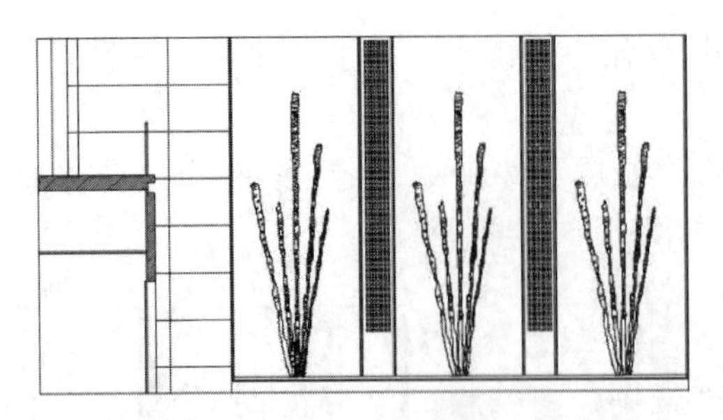

图 22-69　填充图形

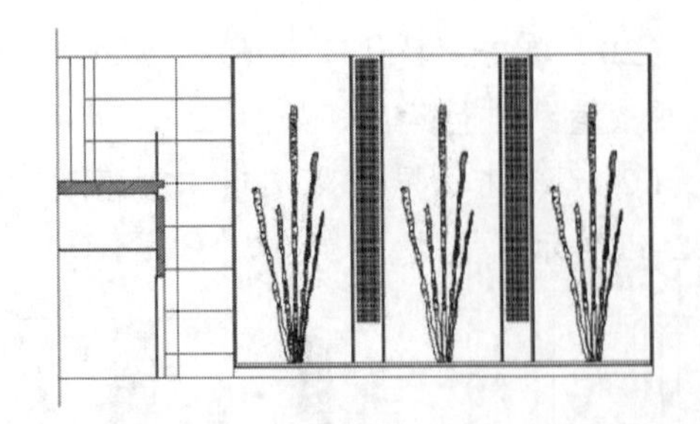

图 22-70　拉长图形

（26）单击“默认”选项卡“绘图”面板中的“图案填充”按钮▧，打开“图案填充创建”选项卡，单击“图案填充图案”选项，在打开的“填充图案”下拉列表框中选择 LINE 图案，如图 22-71 所示。单击“拾取点”按钮，拾取填充区域，按 Enter 键完成填充，效果如图 22-72 所示。

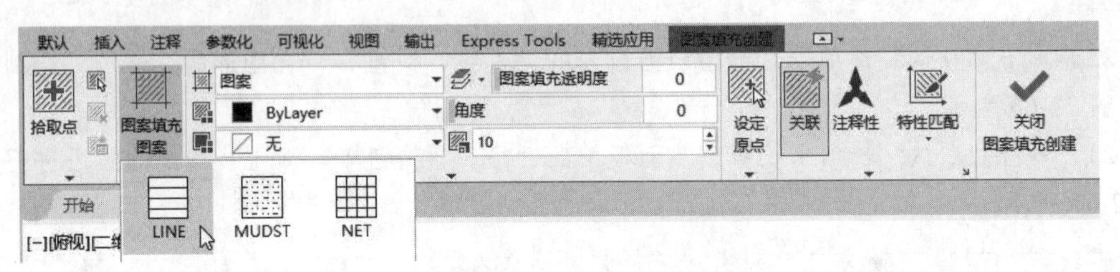

图 22-71　设置图案填充

（27）单击“默认”选项卡“绘图”面板中的“直线”按钮╱，绘制立面图折断线，如图 22-73 所示。

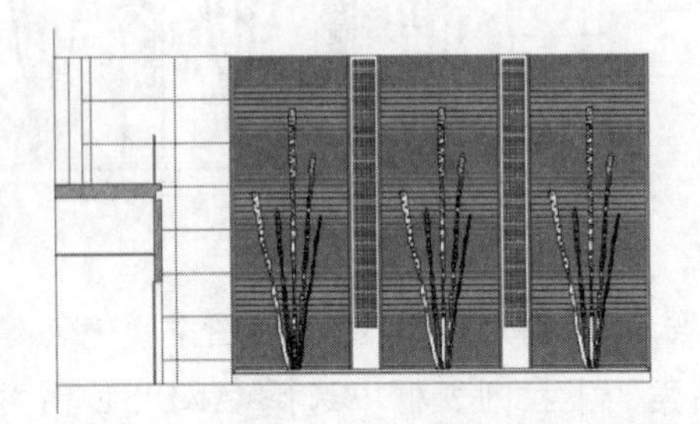

图 22-72　填充图形

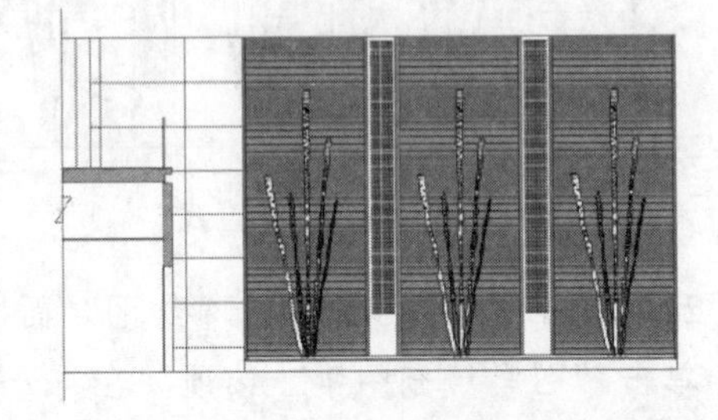

图 22-73　绘制折断线

（28）单击“默认”选项卡“修改”面板中的“修剪”按钮，对上步绘制的线段进行修剪，如图 22-74 所示。

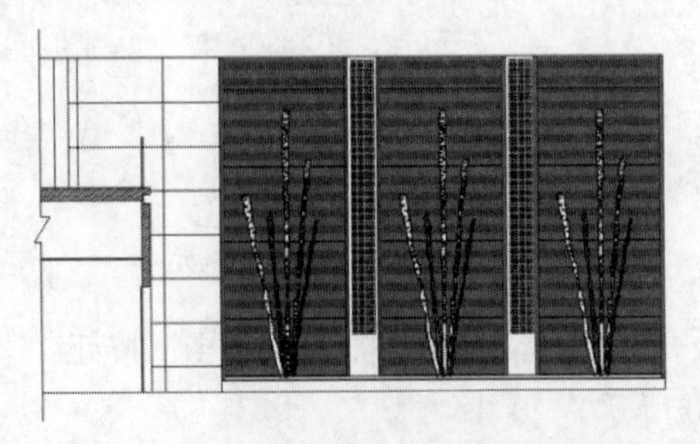

图 22-74　修剪线段

22.2.2 添加尺寸和文字说明

操作步骤

（1）单击“注释”选项卡“标注”面板中的“线性标注”按钮和“连续标注”按钮，标注立面图尺寸，如图 22-75 所示。

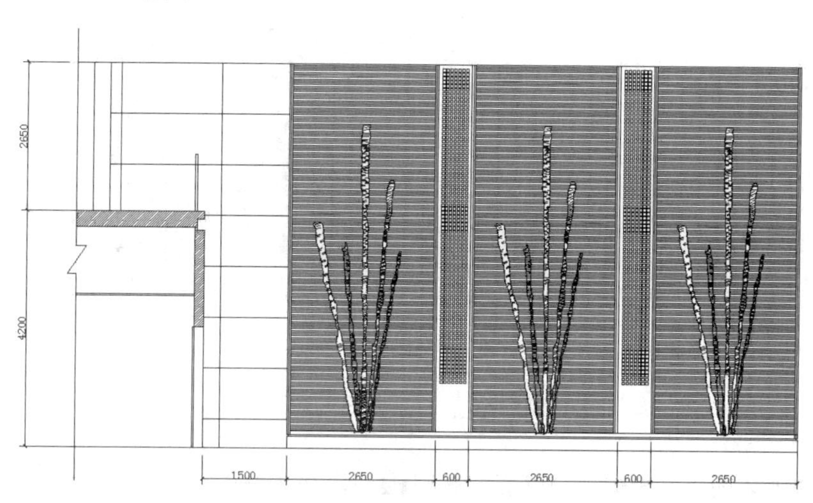

图 22-75 标注立面图尺寸

（2）选择菜单栏中的“格式”→“文字样式”命令，弹出“文字样式”对话框，新建“说明”文字样式，设置高度为 150，并将其置为当前。

（3）在命令行中输入 QLEADER 命令，标注文字说明后的效果如图 22-76 所示。

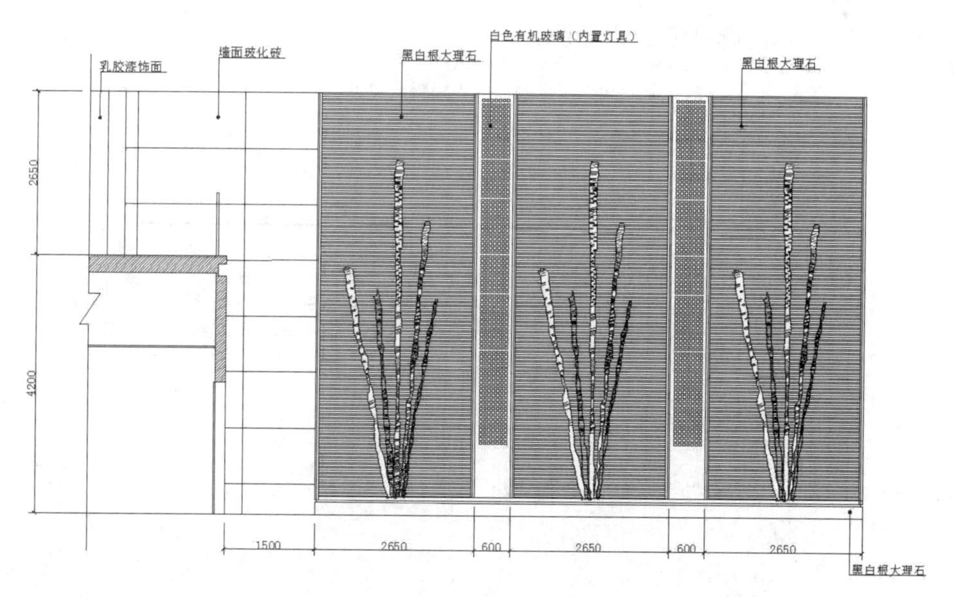

图 22-76 标注文字说明

（4）单击“默认”选项卡“绘图”面板中的“圆”按钮和“直线”按钮，绘制剖面符号。

（5）单击“默认”选项卡“注释”面板中的“多行文字”按钮A，添加文字说明后的效果如图 22-77 所示。

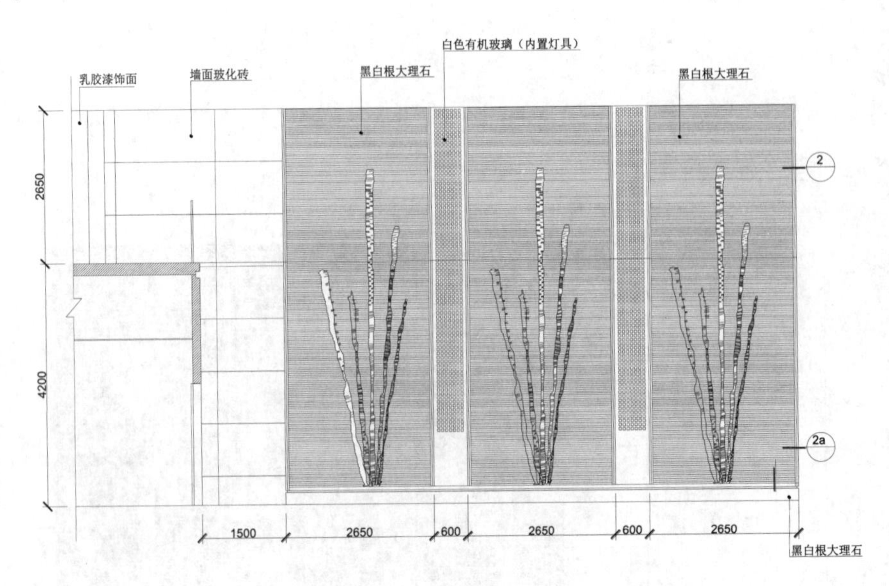

图 22-77 添加文字说明

（6）单击快速访问工具栏中的“保存”按钮，保存文件。

注意：

进行图样尺寸及文字标注时，一个好的制图习惯是首先设置文字样式，即先准备好写字的字体。

扫一扫，看视频

动手练——咖啡吧 B 立面图

绘制如图 22-78 所示的咖啡吧 B 立面图。

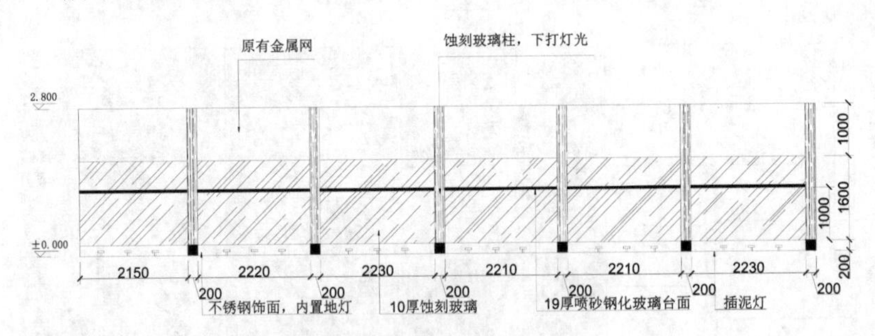

图 22-78 咖啡吧 B 立面图

思路点拨：

源文件：源文件\第 22 章\咖啡吧 B 立面图.dwg

（1）绘制立面图。

（2）标注尺寸。

（3）标注标高。

（4）添加文字说明。

第 23 章　商业广场展示中心剖面图和详图

内容简介

本章会依次介绍两个室内剖面图的绘制。在每一个剖面图中，都会按剖面轮廓绘制、家具陈设立面绘制、剖面装饰元素及细部处理、尺寸标注、文字说明及其他符号标注、线宽设置的顺序来介绍。

室内设计中，剖面图作为其他图样的补充，在其他图样对室内设计具体结构表述不够充分时，具有独到的作用。下面简要介绍商业广场展示中心剖面图的绘制方法。

内容要点

- 商业广场展示中心剖面图 1
- 商业广场展示中心剖面图 2
- 商业广场展示中心详图

案例效果

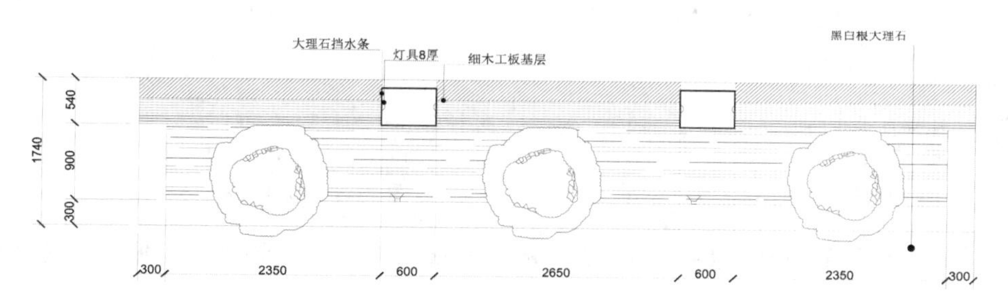

23.1　商业广场展示中心剖面图 1

扫一扫，看视频

本节将绘制如图 23-1 所示的商业广场展示中心剖面图 1。

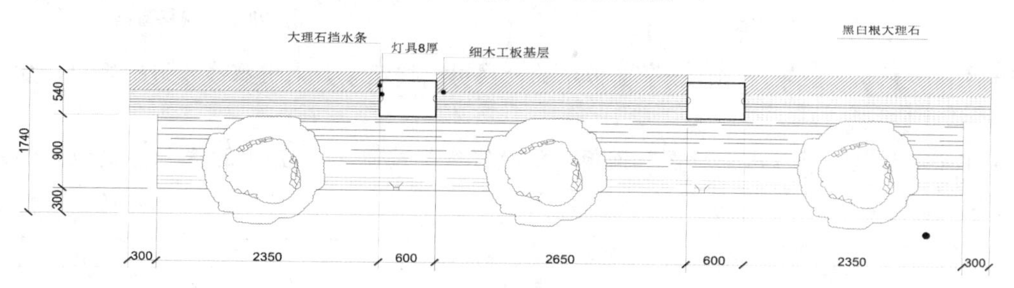

图 23-1　商业广场展示中心剖面图 1

源文件：源文件\第 23 章\商业广场展示中心剖面图 1.dwg

23.1.1 绘图准备

操作步骤

（1）单击快速访问工具栏中的“新建”按钮，弹出“选择样板”对话框，新建一个默认文件，单击快速访问工具栏中的“保存”按钮，建立名为“剖面图 1”的图形文件。

（2）单击“默认”选项卡“图层”面板中的“图层特性”按钮，弹出“图层特性管理器”选项板，新建“剖面”图层，属性默认，并将其设置为当前图层。图层设置如图 23-2 所示。

✓ 剖面 白 Continu... —— 默认 0

图 23-2 设置“剖面”图层

23.1.2 绘制剖面图

操作步骤

（1）单击“默认”选项卡“绘图”面板中的“直线”按钮，在图形的适当位置绘制一条长为 1740 的竖直直线，如图 23-3 所示。

（2）单击“默认”选项卡“修改”面板中的“偏移”按钮，选择上步绘制的直线进行偏移，偏移距离为 300、2350、600、2650、600、2350、300，如图 23-4 所示。

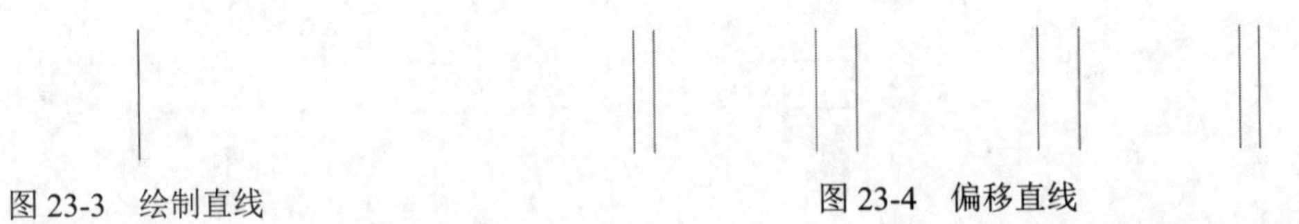

图 23-3 绘制直线　　图 23-4 偏移直线

（3）单击“默认”选项卡“绘图”面板中的“直线”按钮，连接上步偏移的竖直直线，如图 23-5 所示。

（4）单击“默认”选项卡“修改”面板中的“偏移”按钮，选择上步绘制的直线并向上偏移，偏移距离为 300、900、540，如图 23-6 所示。

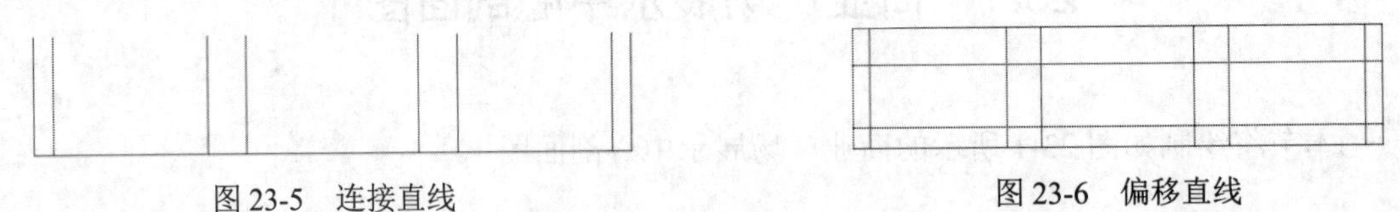

图 23-5 连接直线　　图 23-6 偏移直线

（5）单击“默认”选项卡“修改”面板中的“修剪”按钮，对偏移线段进行修剪，如图 23-7 所示。

（6）单击“默认”选项卡“绘图”面板中的“直线”按钮，在图 23-8 所示的位置绘制两条水平直线。

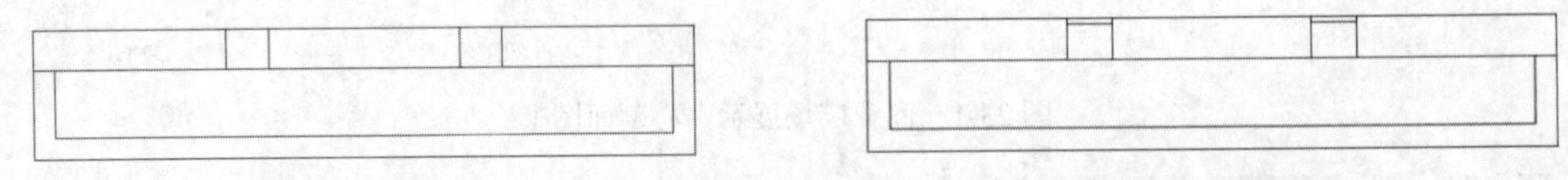

图 23-7 修剪直线　　图 23-8 绘制直线

（7）单击“默认”选项卡“绘图”面板中的“多段线”按钮，指定起点宽度为 10，端点宽度为 10，在图 23-9 所示的位置绘制连续多段线。

（8）单击“默认”选项卡“绘图”面板中的“圆弧”按钮，在图形的适当位置绘制圆弧，如图 23-10 所示。

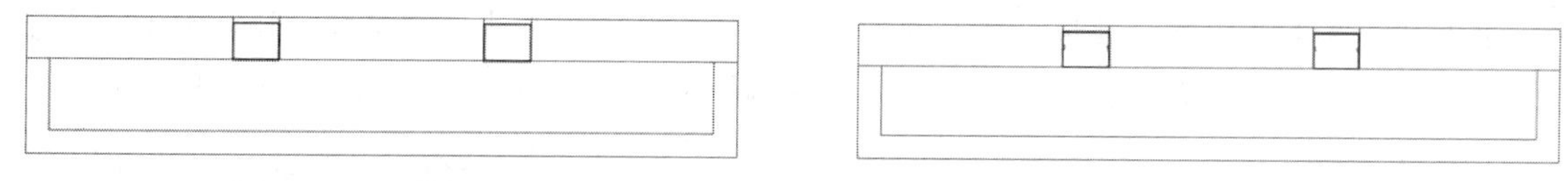

图 23-9 绘制多段线　　图 23-10 绘制圆弧

（9）单击“默认”选项卡“块”面板的“插入”下拉菜单中的“最近使用的块”选项，系统弹出“块”选项板，选择“源文件/图库/剖面/花”图块插入到图 23-11 所示的位置。

（10）单击“默认”选项卡“修改”面板中的“修剪”按钮，对多余线段进行修剪，如图 23-12 所示。

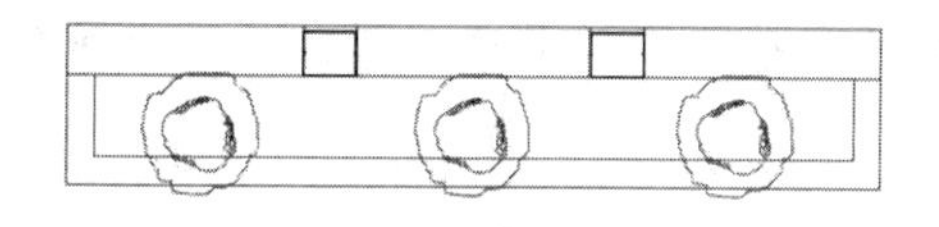

图 23-11 插入花

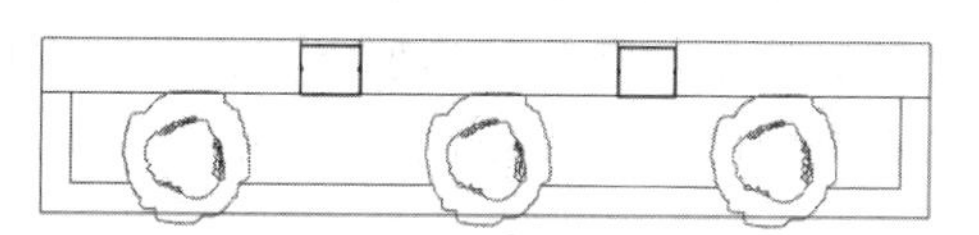

图 23-12 修剪图形

（11）单击“默认”选项卡“绘图”面板中的“图案填充”按钮，打开“图案填充创建”选项卡，单击“图案填充图案”选项，在打开的“填充图案”下拉列表框中选择 AR-RROOF 图案，如图 23-13 所示。设置比例为 10，单击“拾取点”按钮，拾取填充区域，按 Enter 键完成填充，效果如图 23-14 所示。

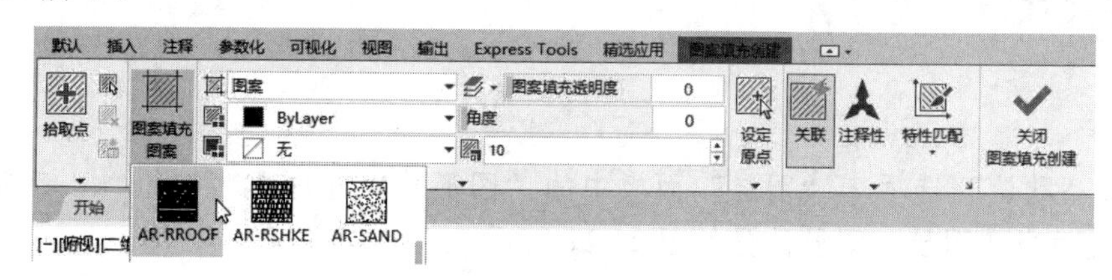

图 23-13 设置图案填充

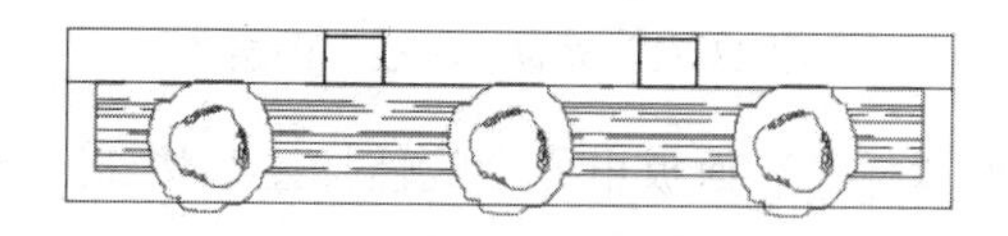

图 23-14 填充图案

（12）单击“默认”选项卡“修改”面板中的“偏移”按钮，选择最上边的直线并向下偏移，偏移距离为 240，如图 23-15 所示。

（13）单击“默认”选项卡“修改”面板中的“修剪”按钮，对偏移的图形进行修剪，如图 23-16 所示。

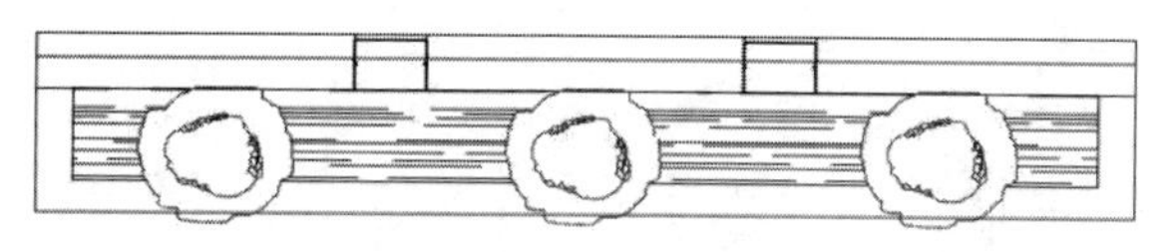

图 23-15 偏移线段

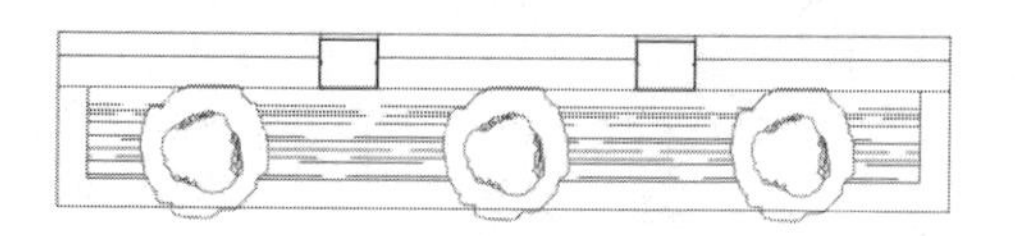

图 23-16 修剪线段

（14）单击“默认”选项卡“绘图”面板中的“图案填充”按钮，打开“图案填充创建”选项卡，单击“图案填充图案”选项，在打开的“填充图案”下拉列表框中选择 ANSI31 图案。设置比例为 10，单击“拾取点”按钮，拾取填充区域，按 Enter 键完成填充，效果如图 23-17 所示。

（15）单击“默认”选项卡“绘图”面板中的“图案填充”按钮，打开“图案填充创建”选项卡，单击“图案填充图案”选项，在打开的“填充图案”下拉列表框中选择 LINE 图案。设置比例为 10，单击“拾取点”按钮，拾取填充区域，按 Enter 键完成填充，效果如图 23-18 所示。

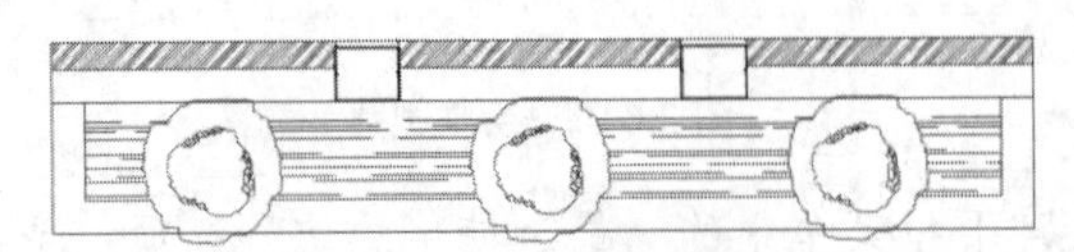

图 23-17　填充图案

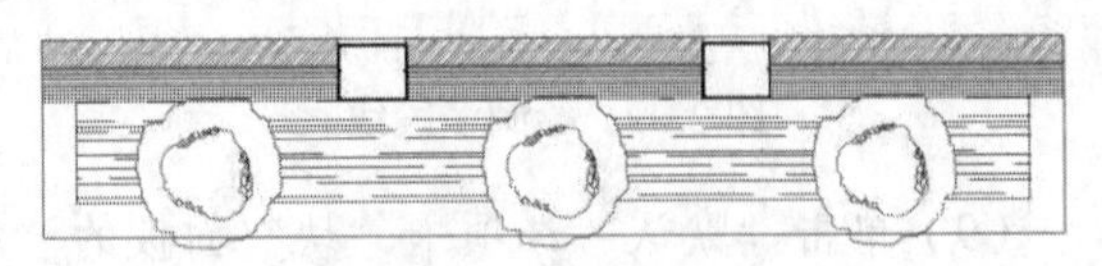

图 23-18　填充图案

（16）单击“默认”选项卡“块”面板的“插入”下拉菜单中的“最近使用的块”选项，系统弹出“块”选项板，选择“源文件/图库/草”图块插入到图 23-19 所示的位置。

（17）单击“默认”选项卡“修改”面板中的“拉长”按钮，将最上面的水平直线分别向左、向右进行拉长，拉长距离为 300，如图 23-20 所示。

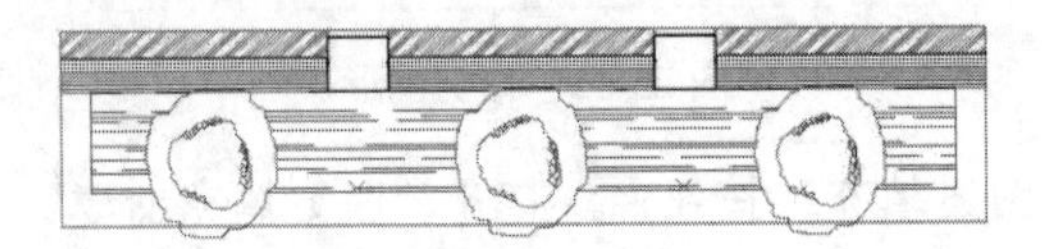

图 23-19　插入草

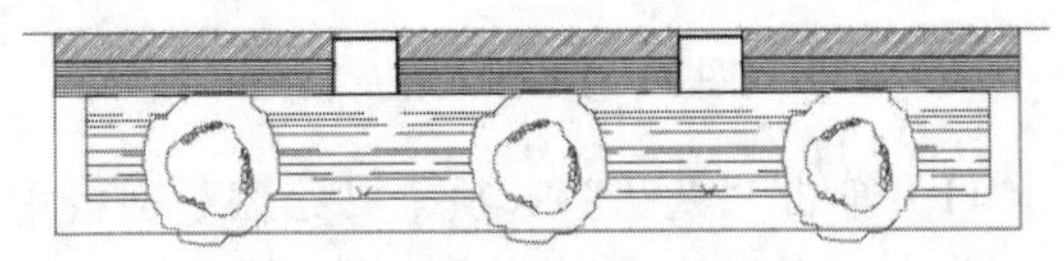

图 23-20　拉长图形

23.1.3　标注尺寸

操作步骤

（1）单击“默认”选项卡“图层”面板中的“图形特性管理器”按钮，新建“标注”图层，并将其设置为当前图层。图层设置如图 23-21 所示。

图 23-21　设置“标注”图层

（2）单击“注释”选项卡“标注”面板中的“线性标注”按钮和“连续标注”按钮，标注剖面图尺寸如图 23-22 所示。

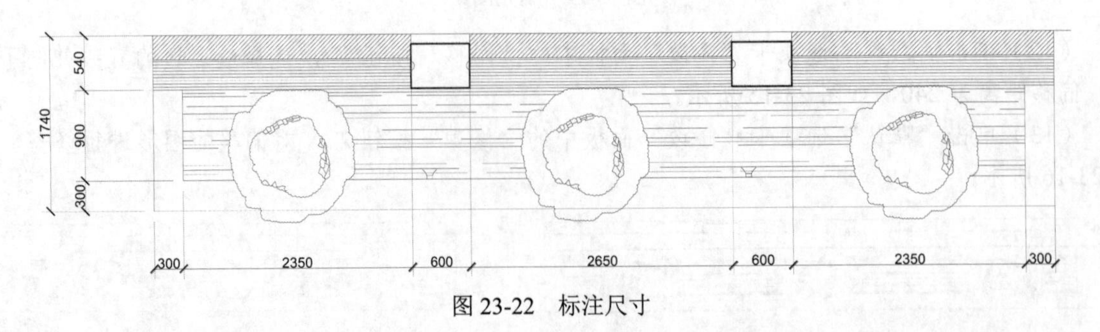

图 23-22　标注尺寸

23.1.4　添加文字说明

操作步骤

（1）选择菜单栏中的“格式”→“文字样式”命令，弹出“文字样式”对话框，新建“说明”文字样式，设置高度为 30，并将其置为当前。

（2）在命令行中输入 QLEADER 命令，并通过“引线设置”对话框设置参数，如图 23-23 所示。标注说明文字后的效果如图 23-1 所示。

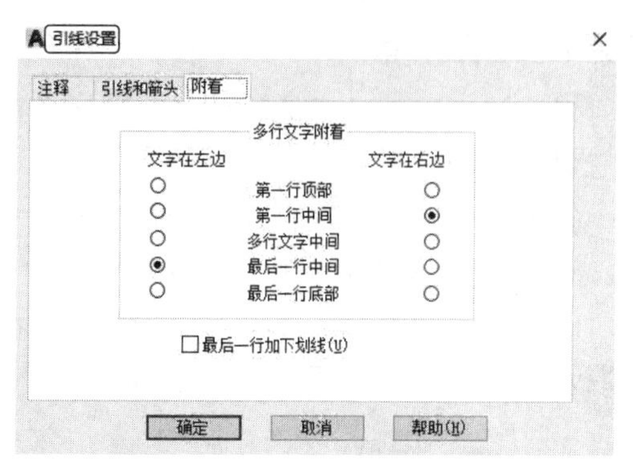

图 23-23　“引线设置”对话框

23.2　商业广场展示中心剖面图 2

扫一扫，看视频

本节将绘制如图 23-24 所示的商业广场展示中心剖面图 2。

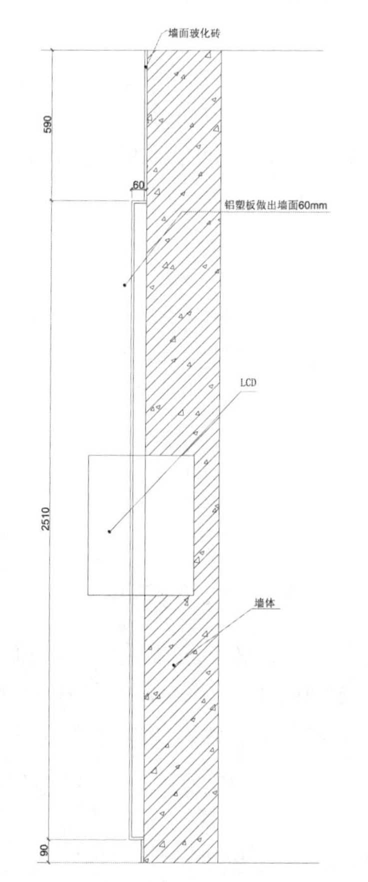

图 23-24　商业广场展示中心剖面图 2

源文件：源文件\第 23 章\商业广场展示中心剖面图 2.dwg

23.2.1 绘图准备

操作步骤

（1）单击快速访问工具栏中的“新建”按钮，弹出“选择样板”对话框，新建一个默认文件，单击快速访问工具栏中的“保存”按钮，建立名为“剖面图 2”的图形文件。

（2）单击“默认”选项卡“图层”面板中的“图层特性”按钮，弹出“图层特性管理器”选项板，新建“剖面”图层，并将其设置为当前图层。图层设置如图 23-25 所示。

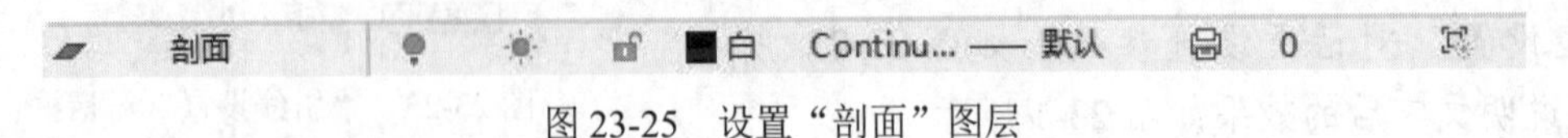

图 23-25　设置“剖面”图层

23.2.2 绘制剖面图

操作步骤

（1）单击“默认”选项卡“绘图”面板中的“直线”按钮，在图形的适当位置绘制一条长为 3190 的竖直直线，如图 23-26 所示。

（2）单击“默认”选项卡“修改”面板中的“偏移”按钮，选择上步绘制的竖直直线并向右偏移，偏移距离分别为 10、50、300，如图 23-27 所示。

（3）单击“默认”选项卡“绘图”面板中的“直线”按钮，在上步偏移的直线下端绘制一条水平直线，如图 23-28 所示。

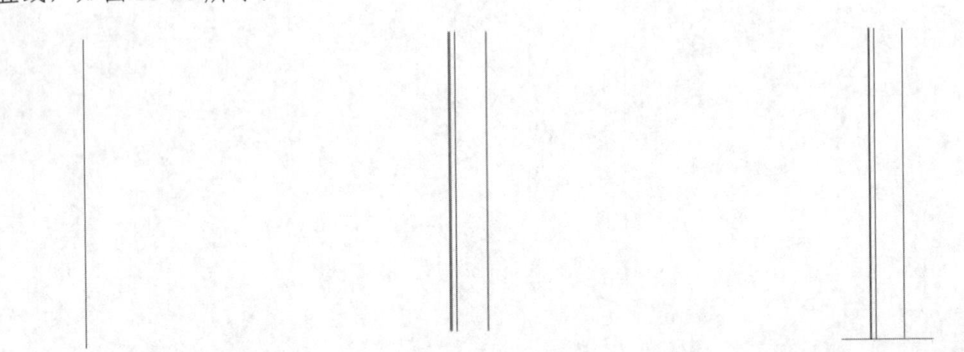

图 23-26　绘制直线　　图 23-27　偏移直线　　图 23-28　绘制水平直线

（4）单击“默认”选项卡“修改”面板中的“偏移”按钮，选择上步绘制的水平直线并向上偏移，偏移距离分别为 90、10、2490、10、590，如图 23-29 所示。

（5）单击“默认”选项卡“修改”面板中的“偏移”按钮，选择最外侧的竖直直线并向右偏移，单击“默认”选项卡“修改”面板中的“修剪”按钮，对上步偏移的线段进行修剪，如图 23-30 所示。

（6）单击“默认”选项卡“绘图”面板中的“矩形”按钮，在图形的适当位置绘制一个 400×600 的矩形，如图 23-31 所示。

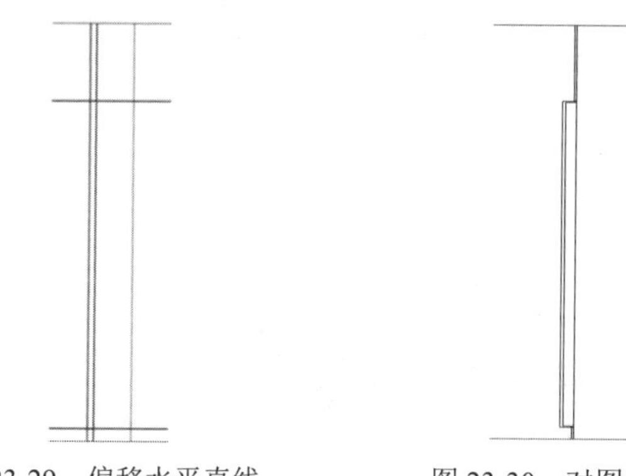

图 23-29　偏移水平直线　　图 23-30　对图形进行修剪　　图 23-31　绘制矩形

（7）单击“默认”选项卡“绘图”面板中的“图案填充”按钮，打开“图案填充创建”选项卡，单击“图案填充图案”选项，在打开的“填充图案”下拉列表框中选择 ANSI31 图案，设置比例为 10，如图 23-32 所示，单击“添加：拾取点”按钮，拾取填充区域，按 Enter 键完成填充，效果如图 23-33 所示。

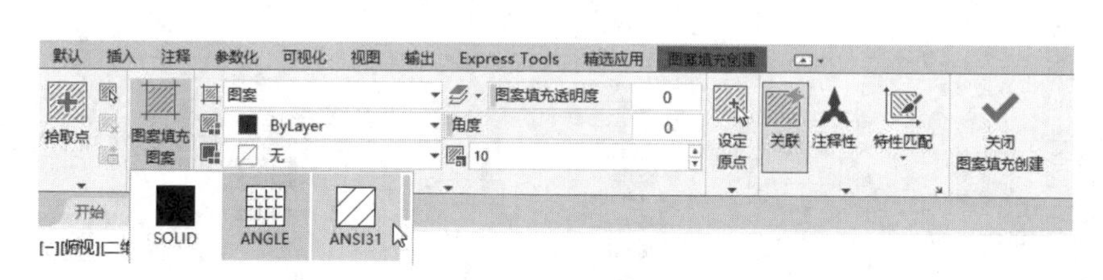

图 23-32　设置图案填充

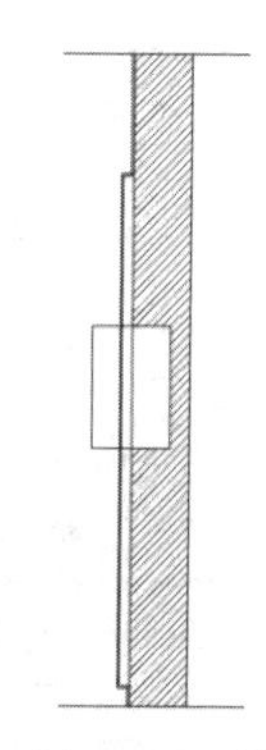

图 23-33　填充图案

（8）单击“默认”选项卡“绘图”面板中的“图案填充”按钮，打开“图案填充创建”选项卡，单击“图案填充图案”选项，在打开的“填充图案”下拉列表框中选择 AR-CONC 图案，如图 23-34 所示，设置比例为 1，单击“添加：拾取点”按钮，拾取填充区域，按 Enter 键完成填充，效果如图 23-35 所示。

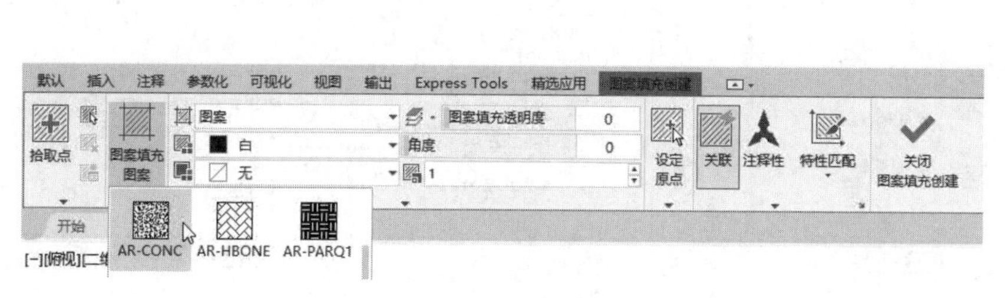

图 23-34　设置图案填充

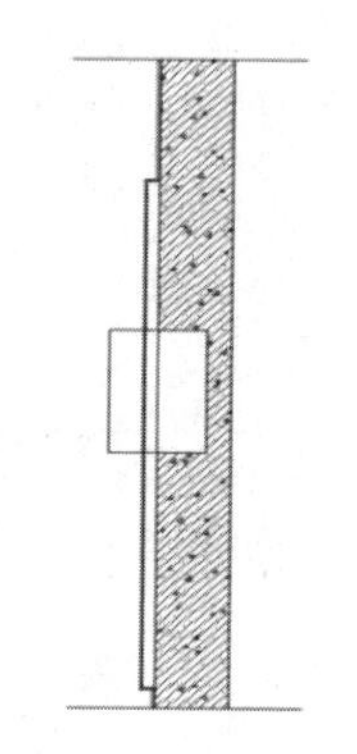

图 23-35　填充图案

23.2.3 标注尺寸

操作步骤

（1）选择菜单栏中的“格式”→“标注样式”命令，弹出“标注样式管理器”对话框，单击“新建”按钮，弹出“创建新标注样式”对话框，新建“剖面图”标注样式，如图 23-36 所示。

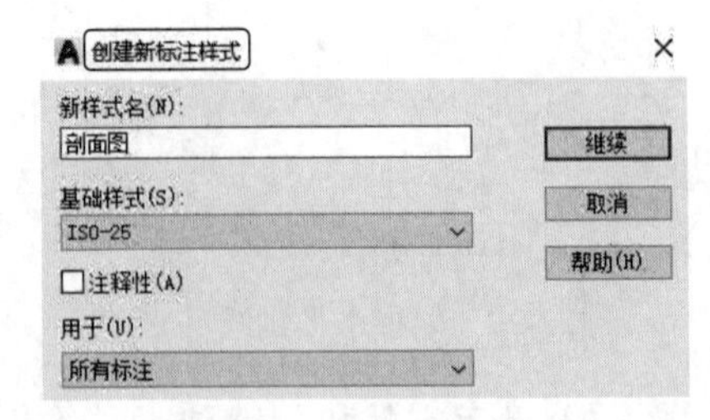

图 23-36 创建新标注样式

（2）在“线”选项卡中设置超出尺寸线为 10，起点偏移量为 10；在“符号和箭头”选项卡中设置箭头符号为“建筑标记”，箭头大小为 50；在“文字”选项卡中设置文字高度为 100；在“主单位”选项卡中设置“精度”为 0，小数分隔符为“,”（逗点），如图 23-37 所示。

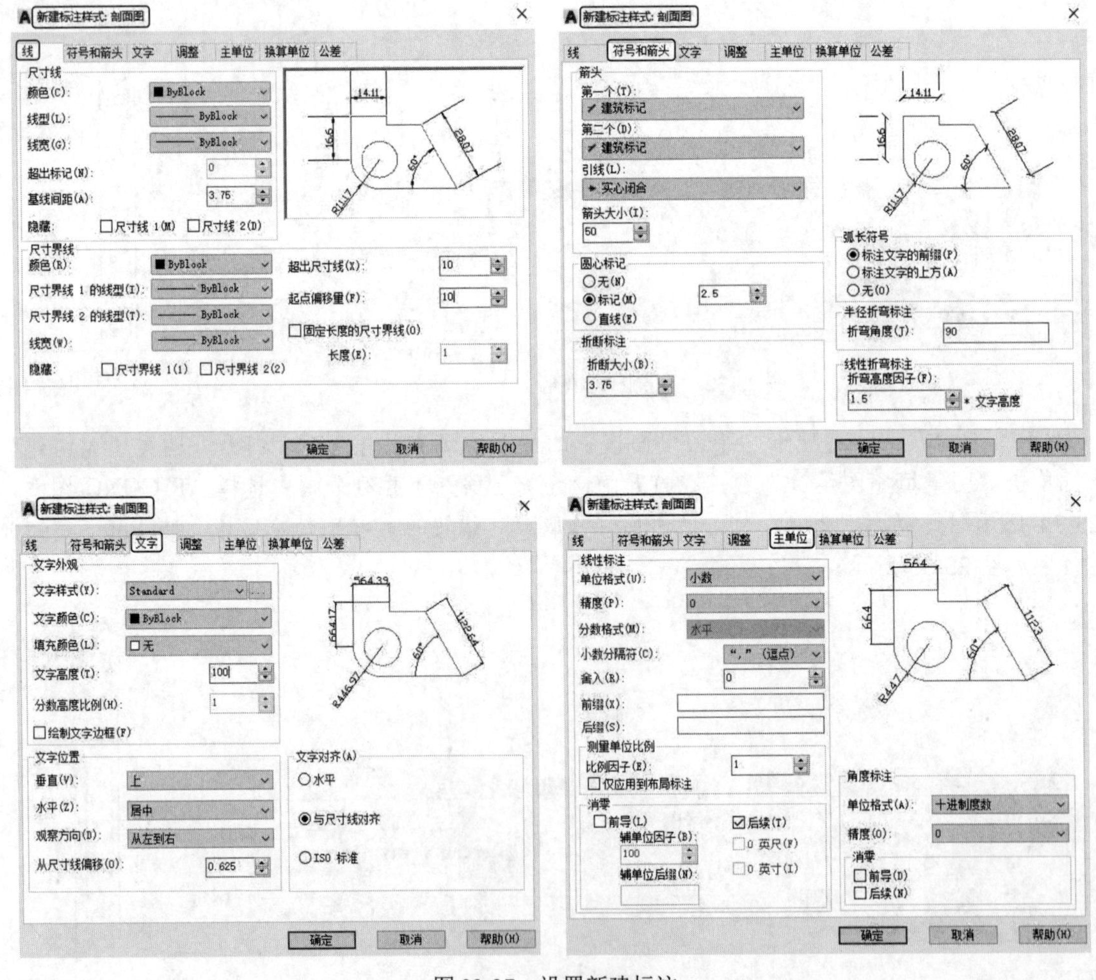

图 23-37 设置新建标注

（3）单击“默认”选项卡“图层”面板中的“图层特性”按钮，弹出“图层特性管理器”

选项板，新建“标注”图层，并将其设置为当前图层。图层设置如图 23-38 所示。

图 23-38　图层设置

（4）单击“注释”选项卡“标注”面板中的“线性标注”按钮和“连续标注”按钮，标注剖面图尺寸如图 23-39 所示。

23.2.4　添加文字说明

操作步骤

（1）选择菜单栏中的“格式”→“文字样式”命令，弹出“文字样式”对话框，新建“说明”文字样式，设置高度为 30，并将其置为当前。

（2）在命令行中输入 QLEADER 命令，并通过“引线设置”对话框设置参数，如图 23-40 所示。标注说明文字后的效果如图 23-24 所示。

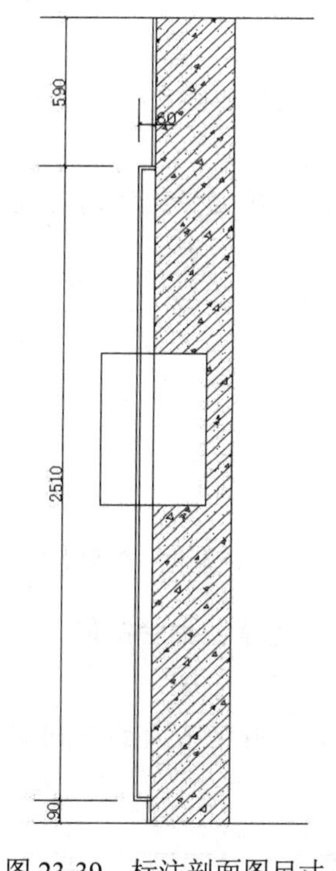

图 23-39　标注剖面图尺寸

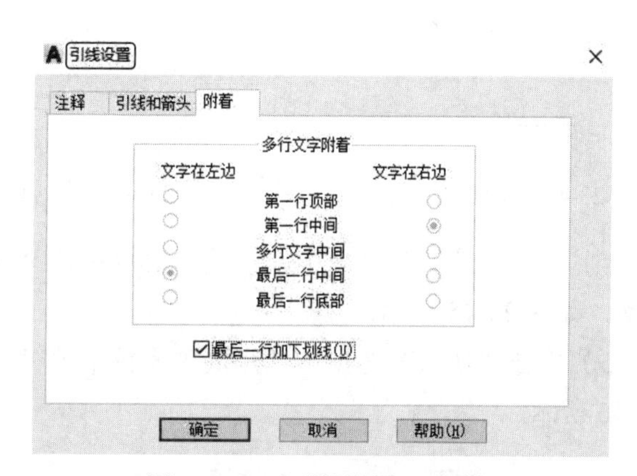

图 23-40　“引线设置”对话框

23.3　商业广场展示中心详图

对于一些在前面图样中表达不够清楚而又非常重要的室内设计单元，可以通过节点详图加以详细表达。

图 23-41 所示即为玻璃台面节点详图。

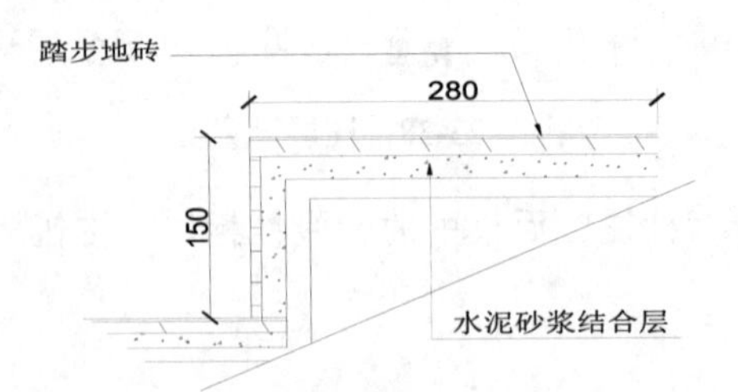

图 23-41　玻璃台面节点详图

源文件：源文件\第 23 章\玻璃台面节点详图.dwg

23.3.1　绘制详图

操作步骤

（1）单击“默认”选项卡“绘图”面板中的“直线”按钮╱，在图形的适当位置绘制一条长为 280 的水平直线，如图 23-42 所示。

（2）单击“默认”选项卡“绘图”面板中的“直线”按钮╱，选择上步绘制的水平直线左端点为起点，向下绘制竖直直线，如图 23-43 所示。

（3）单击“默认”选项卡“绘图”面板中的“直线”按钮╱，选择上步绘制的竖直直线下端点为起点，向左绘制水平直线，如图 23-44 所示。

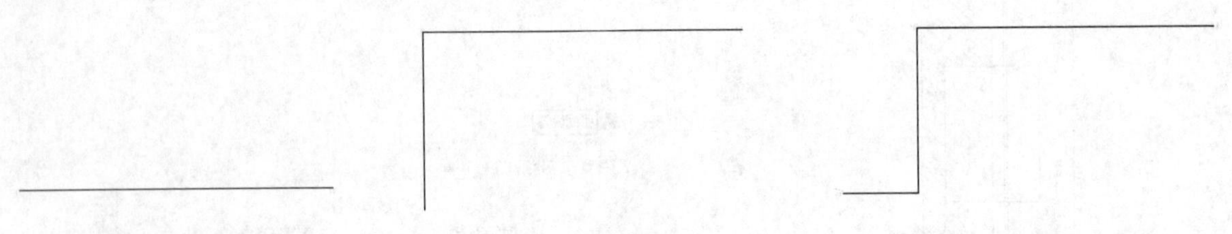

图 23-42　绘制水平线　　图 23-43　绘制竖直线　　图 23-44　绘制水平直线

（4）单击“默认”选项卡“修改”面板中的“偏移”按钮⋐，选择上步绘制的水平直线并向下偏移，如图 23-45 所示。

（5）单击“默认”选项卡“修改”面板中的“偏移”按钮⋐，选择竖直直线并向右偏移，如图 23-46 所示。

图 23-45　偏移水平直线　　图 23-46　偏移竖直直线

（6）单击“默认”选项卡“修改”面板中的“延伸”按钮→|，选择下端水平直线并向右延

伸，如图23-47所示。

（7）单击“默认”选项卡“修改”面板中的“偏移”按钮⊆，选择上步延伸直线并向下偏移，如图23-48所示。

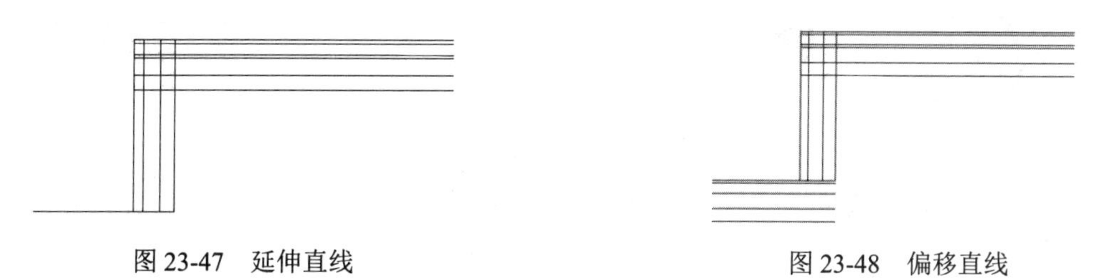

图23-47 延伸直线　　图23-48 偏移直线

（8）单击“默认”选项卡“修改”面板中的“延伸”按钮，选择竖直直线并向下端水平直线进行延伸，如图23-49所示。

（9）单击“默认”选项卡“修改”面板中的“修剪”按钮，对上步偏移的线段进行修剪，如图23-50所示。

（10）单击“默认”选项卡“绘图”面板中的“直线”按钮╱，在图形的适当位置绘制多段斜向直线，如图23-51所示。

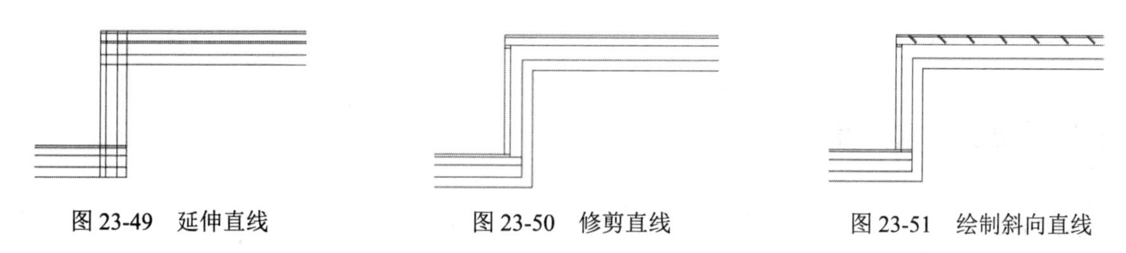

图23-49 延伸直线　　图23-50 修剪直线　　图23-51 绘制斜向直线

（11）单击“默认”选项卡“绘图”面板中的“直线”按钮╱，在图形的底部绘制两条斜向直线，如图23-52所示。

（12）单击“默认”选项卡“修改”面板中的“修剪”按钮，对多余图形进行修剪，如图23-53所示。

（13）单击“默认”选项卡“绘图”面板中的“直线”按钮╱，在图形的适当位置绘制直线，如图23-54所示。

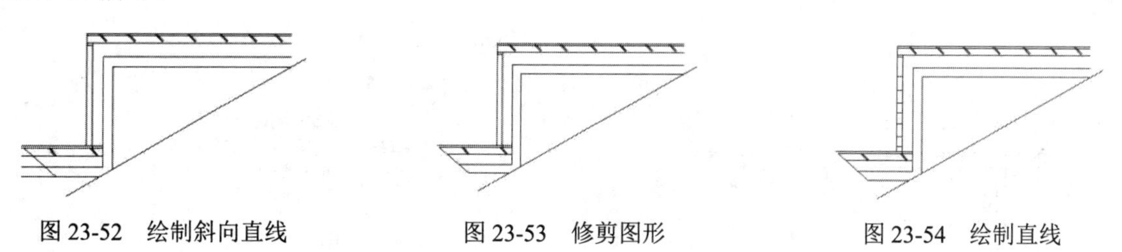

图23-52 绘制斜向直线　　图23-53 修剪图形　　图23-54 绘制直线

（14）单击“默认”选项卡“绘图”面板中的“图案填充”按钮，打开“图案填充创建”选项卡，单击“图案填充图案”选项，在打开的“填充图案”下拉列表框中选择AR-CONC图案，如图23-55所示，设置比例为0.1，单击“添加：拾取点”按钮，拾取填充区域，按Enter键完成填充后的效果如图23-56所示。

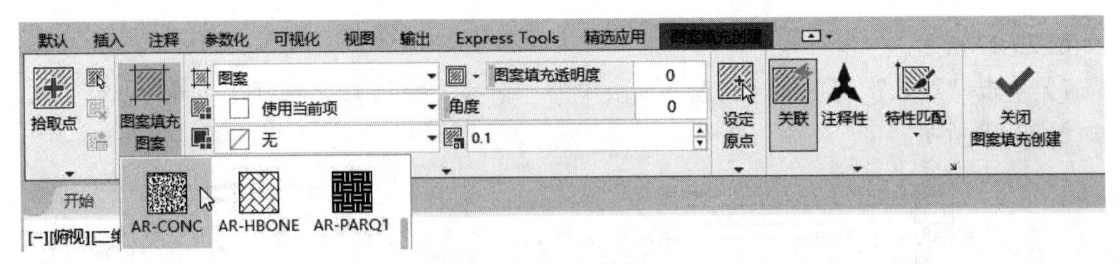

图 23-55　设置图案填充

（15）单击“默认”选项卡“修改”面板中的“删除”按钮，选择多余线段进行删除，如图 23-57 所示。

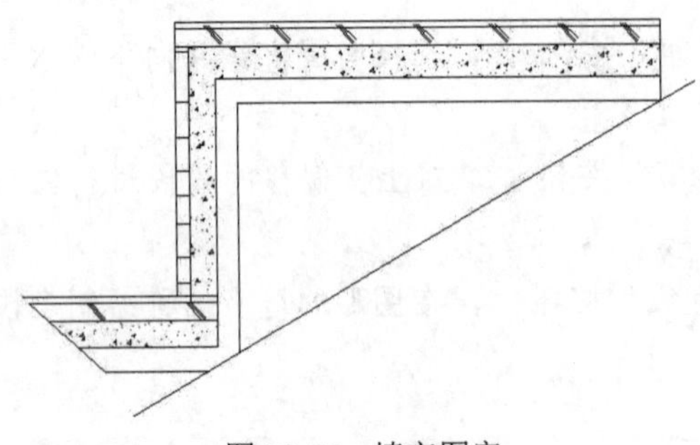

图 23-56　填充图案

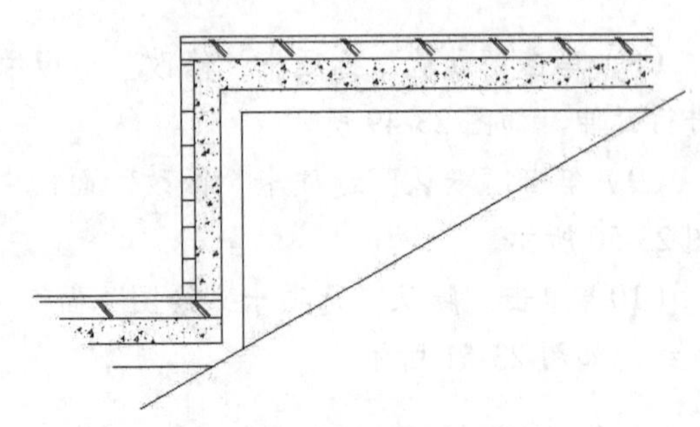

图 23-57　删除多余线段

23.3.2　添加尺寸和文字说明

操作步骤

（1）单击“默认”选项卡“注释”面板中的“线性标注”按钮，标注细部尺寸大小，如图 23-58 所示。

（2）选择菜单栏中的“格式”→“文字样式”命令，弹出“文字样式”对话框，新建“说明”文字样式，设置高度为 30，并将其置为当前图层。

（3）在命令行中输入 QLEADER 命令，并通过“引线设置”对话框设置参数，如图 23-59 所示。为图形添加所有文字说明，如图 23-41 所示。

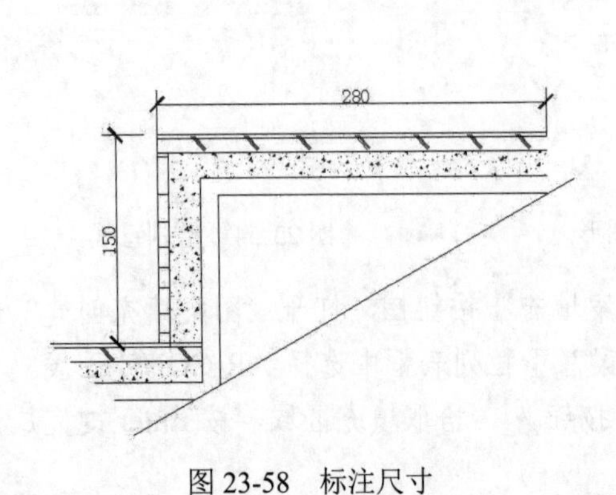

图 23-58　标注尺寸

引线设置
注释　引线和箭头　附着
多行文字附着
文字在左边　文字在右边
第一行顶部
第一行中间
多行文字中间
最后一行中间
最后一行底部
☑最后一行加下划线(U)
确定　取消　帮助(H)

图 23-59　“引线设置”对话框

动手练——咖啡吧玻璃台面节点详图

绘制如图 23-60 所示的咖啡吧玻璃台面节点详图。

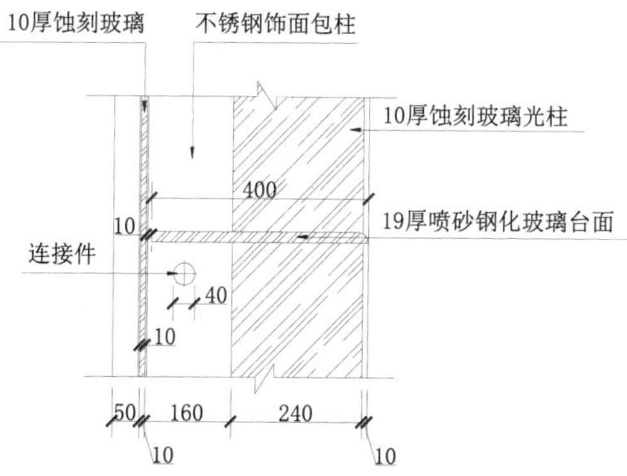

图 23-60　咖啡吧玻璃台面节点详图

思路点拨：

源文件：源文件\第 23 章\咖啡吧玻璃台面节点详图.dwg

（1）绘制详图。

（2）标注尺寸。

（3）添加文字说明。